U0036749

D M
Deep Mind
Deepen Your Mind

前言

2015 年 7 月，Windows 10 作業系統正式發行，新版本的作業系統在 UI 介面、安全性和易用性等方面都有了大幅提升。64 位元作業系統已經普及，但傳統的 32 位元 Windows 系統 API 也應該稱為 Windows API，因為不管編譯為 32 位元還是 64 位元的應用程式，使用的都是相同的 API，只不過是擴充了一些 64 位元資料型態。目前微軟公司 Windows 在作業系統市場中佔據相當大的百分比，讀者學習 Windows 程式設計的需求非常迫切。但是遺憾的是，近年來可選的關於 Windows API 的圖書較少。

使用 Windows API 是撰寫程式的一種經典方式，這一方式為 Windows 程式提供了優秀的性能、強大的功能和較好的靈活性，生成的執行程式量相對比較小，不需要外部程式庫就可以執行，更重要的是，無論將來讀者用什麼程式語言來撰寫 Windows 程式，只要熟悉 Windows API，就能對 Windows 的內部機制有更深刻、更獨到的理解。

熱愛逆向研究的讀者都應該先學好 Windows API 程式設計，而初學 Windows 程式設計的讀者可能會非常困惑。於是，在 2018 年年初，我產生了一個想法：複習我這 10 年的程式設計經驗，為 Windows 開發人員寫一本深入淺出的符合市場需求的書。本來我計畫用一年的時間撰寫本書，可是沒想到一寫就是 3 年！

為了確保本書內容的準確性，MSDN 是最主要的參考物件。我的初心就是把 10 年的程式設計經驗毫無保留地分享給讀者，並幫助讀者學會偵錯技術。為了精簡篇幅，大部分程式的完整原始程式碼並沒有寫入書中。讀者透過本書可以全面掌握 Windows 程式設計，對於沒有涉及的問題也可以透過使用 MSDN 自行解決。

本書基於 Windows 10 和 Visual Studio 2019（VS 2019）撰寫，提供了大量的範例程式。本書內容包括記憶體管理、多執行緒及執行緒間同步、處理程序間通訊、檔案操作、剪貼簿、動態連結程式庫、登錄檔、異常 (或稱例外) 處理、WinSock 網路程式設計、系統服務和使用者帳戶控制等，其中對動態連結程式庫（DLL）注入和 API Hook 進行了深入講解，並解析了 WinSock 網路程式設計以及各種非同步 I/O 模型，透過執行緒池和完成通訊埠技術實作了一個高性能的服務程式。另外，本書還對 32 位元 /64 位元程式的 PE/PE32+ 檔案格式進行了深入剖析，這是加殼、脫殼必備的基礎知識。

✣ 目標讀者

（1）對 Windows 程式設計已經有一定了解的讀者，透過本書可以高效而全面地掌握 Windows 程式設計。

（2）學習 Windows 程式設計多年但仍有困惑的讀者，透過本書可以系統地學習 Windows 程式設計的各方面。

（3）其他任何愛好或需要學習 Windows API 程式設計的讀者，透過本書可以進一步了解 Windows API 程式設計的基本技巧。

✣ 讀者需要具備的基礎知識

在閱讀本書前，讀者必須熟悉 C 或 C++ 語法。除此之外，不需要具備任何其他專業知識。

✣ 致謝

本書可以成功出版，得益於多位專業人士的共同努力。感謝家人無條件的支持，感謝微軟和 CSDN 的朋友、15PB 資訊安全教育創始人任曉琿、《Windiws 核心程式設計》的作者陳銘霖、《Windows 環境下 32 位元組合語言程式設計》的作者羅雲彬、微軟總部高級軟體工程師 Tiger Sun 以及各軟體安全討論區的朋友對本書提出的寶貴建議以及予以的認可和肯定。

由於我的能力和水準的限制，書中難免會存在疏漏，歡迎讀者批評指正。讀者可以透過 Windows 中文網與我溝通。

作者簡介

王端明，從 2008 年開始參與 Windows API 程式設計，精通組合語言、C/C++ 語言和 Windows API 程式設計，精通 Windows 環境下的桌面軟體開發和加密 / 解密。曾為客戶訂製開發 32 位元 /64 位元 Windows 桌面軟體，對加密 / 解密情有獨鍾，對 VMProtect、Safengine 等高增強式加密保護軟體的脫殼或記憶體更新有深入的研究和獨到的見解，喜歡分析軟體安全性漏洞，曾在金山和 360 等網站發表過多篇防毒軟體漏洞相關的分析文章。

目錄

Chapter 01 多執行緒程式設計

Chapter 02 記憶體管理

Chapter 03 檔案、磁碟和目錄操作

Chapter 04 處理程序

Chapter 05 剪貼簿

Chapter 07 INI 設定檔和登錄檔操作

Chapter 08 Windows 異常處理

Chapter 09 WinSock 網路程式設計

Chapter 10 其他常用 Windows API 程式設計知識

Chapter 11 PE 檔案格式深入剖析

CHAPTER

01 多執行緒程式設計

磁碟中儲存的可執行檔是由指令和資料等組成的二進位檔案，是一個靜態的概念。處理程序（process）是系統中正在執行的可執行檔，可執行檔一旦執行就成為處理程序，是一個動態的概念，是一個活動的實體。處理程序是一個正在執行的可執行檔所使用的資源的總和，包括虛擬位址空間、程式、資料、物件控制碼、環境變數等。一個可執行檔被同時多次執行，產生多個處理程序，雖然它們是同一個可執行檔，但是它們的虛擬位址空間是相互隔離的，就像不同的可執行檔在同時執行。

處理程序是不「活潑」的。要使處理程序中的程式被真正執行，必須擁有在這個處理程序環境中執行程式的「執行單元」，也就是執行緒。執行緒是作業系統分配 CPU 處理器時間的基本單位，一個執行緒可以看作一個執行單元，它負責執行處理程序位址空間中的程式。當一個處理程序被建立時，系統會自動為它建立一個執行緒。這個執行緒從程式指定的入口位址處開始執行，通常把這個執行緒稱為主執行緒。當主執行緒執行完最後一行程式（例如 return msg.wParam;）時，處理程序結束，這時系統會撤銷處理程序所擁有的位址空間和資源，程式終止。

在主執行緒中，程式可以繼續建立多個執行緒來「同時」執行處理程序位址空間中的程式，這些執行緒被稱為子執行緒。作業系統為每個執行緒儲存各自的暫存器和堆疊環境，但是它們共享處理程序的位址空間、物件控制碼、程式和資料等其他資源，它們可以執行相同的程式，可以對相同的資料操作，也可以使用相同的控制碼。處理程序和執行緒的關係可以看作「容器」和「內容物」的關係，處理程序是執行緒的容器，執行緒總是在某個處理程序的環境中被建立，它不可以脫離處理程序而單獨存在，而且執行緒的整個生命週期都存在於處理程序中，如果處理程序被終止，則其中的執行緒也會同時結束。

系統中可以同時存在多個處理程序，每個處理程序中又可以有多個執行緒同時執行。為了使所有處理程序中的執行緒都能夠「同時」執行，作業系統為每個執行緒輪流分配 CPU 時間切片。當輪到一個執行緒執行的時候，系統將儲存的執行緒的暫存器值恢復並開始執行。當時間切片結束時，系統將執行緒當前的暫存器環境儲存下來並切換到另一個執行緒中執行，如此迴圈。

對單 CPU 處理器的電腦來說，不同執行緒實際上是在輪流使用同一個處理器。一個程式的執行速度並不會因為建立了多個執行緒而加快，因為執行緒多了以後，每個執行緒等待時間切片的時間也就越長。但是對於多核心 CPU 的電腦，作業系統可以將不同的執行緒安排到不同的處理器核心中執行，系統可以同時執行與電腦上的 CPU 處理器核心一樣多的執行緒，這樣一個處理程序中的多個執行緒會因為同時獲得多個時間切片而加快整個處理程序的執行速度。

不過，多執行緒程式設計的出發點並不僅是為了充分利用多核心 CPU，程式設計過程中會遇到僅依靠一個主執行緒無法解決問題的情況，下面我們將透過一個典型的「問題程式」來引出多執行緒程式設計。

1.1 使用多執行緒的必要性

本節的範例程式介面如圖 1.1 所示。

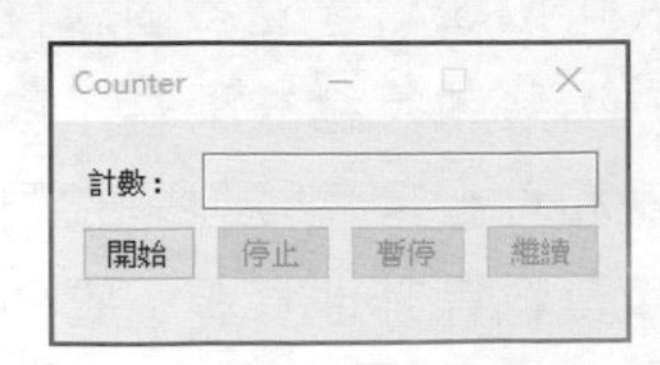

▲ 圖 1.1

初始狀態下，停止、暫停和繼續按鈕是禁用的，使用者點擊「開始」按鈕，呼叫自訂函數 Counter 進入一個 while 迴圈。在迴圈中，不停地把一個數進行自加，並即時顯示到編輯控制項中。在計數迴圈過程中，使用者可以隨時按下「停止」、「暫停」或「繼續」按鈕。

Counter.cpp 原始檔案的內容如下：

```
#include <windows.h>
#include "resource.h"

#pragma comment(linker,"\"/manifestdependency:type='win32' \
     name='Microsoft.Windows.Common-Controls' version='6.0.0.0' \
     processorArchitecture='*' publicKeyToken='6595b64144ccf1df' language='*'\"")

// 常數定義
#define F_START      1        // 開始計數
#define F_STOP       2        // 停止計數

// 全域變數
HWND g_hwndDlg;
int g_nOption;               // 標識

// 函數宣告
INT_PTR CALLBACK DialogProc(HWND hwndDlg, UINT uMsg, WPARAM wParam, LPARAM
lParam);
VOID Counter();

int WINAPI WinMain(HINSTANCE hInstance, HINSTANCE hPrevInstance, LPSTR
lpCmdLine, int nCmdShow)
{
     // 建立模態對話方塊
     DialogBoxParam(hInstance, MAKEINTRESOURCE(IDD_MAIN), NULL, DialogProc,
NULL);
     return 0;

}

INT_PTR CALLBACK DialogProc(HWND hwndDlg, UINT uMsg, WPARAM wParam, LPARAM
lParam)
```

```
{
    static HWND hwndBtnStart, hwndBtnStop, hwndBtnPause, hwndBtnContinue;

    switch (uMsg)
    {
    case WM_INITDIALOG:
        g_hwndDlg = hwndDlg;
        hwndBtnStart = GetDlgItem(hwndDlg, IDC_BTN_START);
        hwndBtnStop = GetDlgItem(hwndDlg, IDC_BTN_STOP);
        hwndBtnPause = GetDlgItem(hwndDlg, IDC_BTN_PAUSE);
        hwndBtnContinue = GetDlgItem(hwndDlg, IDC_BTN_CONTINUE);

        // 禁用停止、暫停、繼續按鈕
        EnableWindow(hwndBtnStop, FALSE);
        EnableWindow(hwndBtnPause, FALSE);
        EnableWindow(hwndBtnContinue, FALSE);
        return TRUE;

    case WM_COMMAND:
        switch (LOWORD(wParam))
        {
        case IDC_BTN_START:
            g_nOption = 0;      // 如果按下開始按鈕，然後停止，然後再開始，
                                   則 g_nOption 的值為 3
            g_nOption |= F_START;
            Counter();             // 開始計數

            EnableWindow(hwndBtnStart, FALSE);
            EnableWindow(hwndBtnStop, TRUE);
            EnableWindow(hwndBtnPause, TRUE);
            break;

        case IDC_BTN_STOP:
            g_nOption |= F_STOP;
            EnableWindow(hwndBtnStart, TRUE);
            EnableWindow(hwndBtnStop, FALSE);
            EnableWindow(hwndBtnPause, FALSE);
            EnableWindow(hwndBtnContinue, FALSE);
            break;
```

```
        case IDC_BTN_PAUSE:
            g_nOption &= ~F_START;
            EnableWindow(hwndBtnStart, FALSE);
            EnableWindow(hwndBtnStop, TRUE);
            EnableWindow(hwndBtnPause, FALSE);
            EnableWindow(hwndBtnContinue, TRUE);
            break;

        case IDC_BTN_CONTINUE:
            g_nOption |= F_START;
            EnableWindow(hwndBtnStart, FALSE);
            EnableWindow(hwndBtnStop, TRUE);
            EnableWindow(hwndBtnPause, TRUE);
            EnableWindow(hwndBtnContinue, FALSE);
            break;

        case IDCANCEL:
            EndDialog(hwndDlg, 0);
            break;
        }
        return TRUE;
    }

    return FALSE;
}

VOID Counter()
{
    int n = 0;

    while (!(g_nOption & F_STOP))
    {
        if (g_nOption & F_START)
            SetDlgItemInt(g_hwndDlg, IDC_EDIT_COUNT, n++, FALSE);
    }
}
```

程式很簡單。按下「開始」按鈕，設定開始標識 F_START，呼叫 Counter 函數開始計數並顯示，禁用「開始」、「繼續」按鈕，啟用「停止」、「暫停」按鈕；按下「暫停」按鈕，為標識變數 g_nOption 清除開始標識 F_START，然後禁用「開始」、「暫停」按鈕，啟用「停止」、「繼續」按鈕；按下「繼續」按鈕，為標識變數 g_nOption 設定開始標識 F_START，然後禁用「開始」、「繼續」按鈕，啟用「停止」、「暫停」按鈕；按下「停止」按鈕，為標識變數 g_nOption 設定停止標識 F_STOP，然後禁用「停止」、「暫停」、「繼續」按鈕，啟用「開始」按鈕。

按 Ctrl + F5 複合鍵編譯執行程式，點擊「開始」按鈕，可以看到編輯控制項並沒有即時顯示計數值，「開始」按鈕沒有被禁用，「停止」、「暫停」按鈕也沒有被啟用，滑鼠指標移過在客戶區時變成一個忙碌形狀的游標，程式已經失去響應。

當一個處理程序被建立時，系統會自動為它建立一個「主執行緒」。按下「開始」按鈕，「主執行緒」執行 WM_COMMAND 訊息的 IDC_BTN_START 分支，呼叫 Counter 函數後，「主執行緒」一直處於 while 迴圈中，Counter 函數後面的敘述不會被執行，因此永遠不會傳回對 WM_COMMAND 訊息 IDC_BTN_ START 的處理結果，導致「主執行緒」沒有機會去處理後續的任何訊息。2.2.4 節將講解訊息迴圈的原理，本例是對話方塊程式，即按下「開始」按鈕後，程式停留在對話方塊內建訊息迴圈的 DispatchMessage 函數呼叫中不能傳回，訊息佇列中的後續訊息得不到獲取、分發，更得不到處理，因此出現程式視窗中的按鈕不能點擊、程式失去回應、程式介面得不到更新等情況。

在程式設計中有一個「1/10 秒規則」，即視窗過程處理任何一筆訊息的時間都不應超過 1/10 秒，否則會造成程式無法即時回應使用者操作的情況。如果程式的訊息處理過程中存在一項非常複雜或耗時的任務，就需要使用其他合理的解決方法，例如在處理 WM_COMMAND 訊息的 IDC_BTN_START 分支時，可以建立一個新的「子執行緒」負責執行 Counter 函數，由「子執行緒」去處理耗時的操作，「主執行緒」可以繼續往下執行，處理其他訊息。

1.2 多執行緒程式設計

CreateThread 函數用於在當前處理程序中建立一個新執行緒：

```
HANDLE WINAPI CreateThread(
    _In_opt_  LPSECURITY_ATTRIBUTES  lpThreadAttributes,  //指向執行緒安全屬性
                                                            結構的指標
    _In_      SIZE_T          dwStackSize,  //執行緒的堆疊空間大小，以位元組為單位
    _In_      LPTHREAD_START_ROUTINE lpStartAddress,//執行緒函數指標
    _In_opt_  LPVOID          lpParameter,        //傳遞給執行緒函數的參數
    _In_      DWORD           dwCreationFlags,    //執行緒建立標識
    _Out_opt_ LPDWORD         lpThreadId);        //傳回執行緒 ID，可以設定為 NULL
```

當程式呼叫 CreateThread 函數時，系統會為執行緒建立一個用來管理執行緒的資料結構，其中包含執行緒的一些資訊，例如安全性描述元、引用計數和退出碼等，這個資料結構稱為執行緒物件。執行緒物件屬於核心物件，核心物件由作業系統管理，核心物件的資料結構只能由作業系統核心存取，應用程式不能在記憶體中定位這些資料結構並修改其內容。在呼叫一個建立核心物件的函數後，函數會傳回一個控制碼。該控制碼標識了所建立的核心物件，可以由同一個處理程序中的任何執行緒使用，舉例來説，對 CreateThread 函數來説，就是建立一個執行緒核心物件，傳回一個執行緒控制碼，執行緒控制碼標識了所建立的執行緒物件。以後我們還會學習很多核心物件，例如處理程序物件、檔案物件等都是核心物件。

接下來，系統會從處理程序的位址空間中為執行緒的堆疊分配記憶體空間並開始執行執行緒函數。堆疊空間用於儲存執行緒執行時所需的函數參數和區域變數等，新執行緒在建立執行緒的處理程序環境中執行，因此它可以存取處理程序的所有控制碼和其中的所有記憶體等，同一個處理程序中的多個執行緒也可以很容易地相互通訊。

當執行緒結束時，執行緒的堆疊空間被釋放，但是執行緒物件卻不一定如此。在呼叫 CreateThread 函數後，執行緒物件的引用計數被設定為 1，但是由於傳回了一個執行緒控制碼，引用計數又被加 1，所以執行緒

物件的引用計數為 2。執行緒控制碼可以由同一個處理程序中的任何執行緒使用，如果其他地方用不到該執行緒控制碼，那麼在呼叫 CreateThread 函數建立執行緒後，可以接著呼叫 CloseHandle 函數關閉執行緒控制碼。關閉執行緒控制碼會使執行緒物件的引用計數減 1。這樣一來當執行緒結束時，執行緒物件的引用計數再次減 1，系統發現執行緒物件的引用計數為 0，會立即銷毀該執行緒物件。在呼叫 CloseHandle 函數關閉執行緒控制碼後，對當前處理程序來說這個控制碼就無效了，不可以再試圖引用它，因此還應同時將這個執行緒控制碼變數設為 NULL，防止在其他函數呼叫中使用這個無效的執行緒控制碼。例如：

```
HANDLE hThread;
hThread = CreateThread(NULL, 0, ThreadProc, NULL, 0, NULL);
if (hThread != NULL)
{
    CloseHandle(hThread);
    hThread = NULL;
}
```

當然，當處理程序結束時，該處理程序所屬的一切物件、資源都會被系統釋放，不會因為沒有呼叫相關物件、資源關閉或釋放函數而造成記憶體洩漏。對執行緒物件來說，適時地呼叫 CloseHandle 函數關閉執行緒物件控制碼，是為了在執行緒結束時立即銷毀執行緒物件，但是即使沒有呼叫 CloseHandle 函數，如果處理程序結束了，系統也會自動關閉執行緒控制碼。

（1）lpThreadAttributes 參數。lpThreadAttributes 參數是一個指向 SECURITY_ATTRIBUTES 結構的指標，該結構在 minwinbase.h 標頭檔中定義如下：

```
typedef struct _SECURITY_ATTRIBUTES {
   DWORD  nLength;                  // 該結構的大小
   LPVOID lpSecurityDescriptor; // 指向安全性描述元 SECURITY_DESCRIPTOR 結構的指標
   BOOL   bInheritHandle;      // 在建立新處理程序時是否繼承傳回的控制碼，TRUE 或 FALSE
} SECURITY_ATTRIBUTES, *PSECURITY_ATTRIBUTES, *LPSECURITY_ATTRIBUTES;
```

- lpSecurityDescriptor 欄位用於指定執行緒的安全屬性，通常設定為 NULL，表示使用預設的安全屬性。
- 新執行緒建立以後，可以在新執行緒中建立子處理程序，bInheritHandle 欄位用於指定 CreateThread 函數傳回的執行緒控制碼是否可以被新執行緒的子處理程序繼承使用。

lpThreadAttributes 參數通常設定為 NULL，表示使用預設的安全屬性，傳回的執行緒控制碼不能被新執行緒的子處理程序繼承。如果希望執行緒控制碼被新執行緒的子處理程序繼承，那麼可以按以下方式設定：

```
SECURITY_ATTRIBUTES sa;
sa.nLength = sizeof(SECURITY_ATTRIBUTES);
sa.lpSecurityDescriptor = NULL;
sa.bInheritHandle = TRUE;
hThread = CreateThread(&sa, 0, ThreadProc, NULL, 0, NULL);
```

（2）dwStackSize 參數。dwStackSize 參數指定為新執行緒保留的堆疊空間大小，以位元組為單位。系統會從處理程序的位址空間中為每個新執行緒分配私有的堆疊空間，在執行緒結束時堆疊空間會自動被系統釋放，通常可以指定為 0，表示新執行緒的堆疊空間大小和主執行緒使用的堆疊空間大小相同（預設是 1MB）。

（3）lpStartAddress 和 lpParameter 參數。lpStartAddress 參數指定新執行緒執行的執行緒函數的位址，執行緒函數的定義格式如下：

```
DWORD WINAPI ThreadProc(LPVOID lpParameter);
```

執行緒函數的名稱可以隨意設定。執行緒函數的 lpParameter 參數是從 CreateThread 函數的 lpParameter 參數傳遞過來的值，該參數可以用來傳遞一些自訂資料，例如可以是一個數值，也可以是一個指向某資料結構的指標。

多個子執行緒可以使用同一個執行緒函數，例如對於 Web 伺服器，每當有用戶端請求時可以建立一個執行緒來執行本次請求，所有的用戶端請求可以執行相同的執行緒函數，但是為每個用戶端呼叫 CreateThread 函數建立執行緒時可以指定不同的 lpParameter 參數，在執行緒函數中透過傳遞的參數來區別是哪一個用戶端。

執行緒函數（實際包括所有函數）應該盡可能地使用函數參數和區域變數。在使用靜態變數和全域變數時，多個執行緒都可以存取這些變數，這可能會破壞變數中儲存的資料。而函數參數和區域變數儲存在執行緒的堆疊空間中，因此不太可能被其他執行緒破壞。

執行緒函數傳回值為 DWORD 類型，因此執行緒函數必須傳回一個值，該值將作為執行緒物件的退出碼。

（4）dwCreationFlags 參數。dwCreationFlags 參數用來指定執行緒建立標識，可以指定為 0 表示執行緒建立後立即開始執行；也可以指定為 CREATE_SUSPENDED 表示執行緒建立後處於暫停狀態，直到呼叫 ResumeThread 函數顯性地啟動執行緒為止。第二種情況下，使用者可以在執行緒執行程式前修改執行緒的一些屬性，不過通常不需要。

（5）lpThreadId 參數。lpThreadId 參數是一個指向 DWORD 類型變數的指標，函數在該變數中傳回執行緒 ID。如果不需要執行緒 ID，則該參數可以設定為 NULL。

如果執行緒建立成功，則函數傳回一個執行緒控制碼，該控制碼可以用在一些控制執行緒的函數中，例如 SuspendThread（暫停執行緒）、ResumeThread（恢復執行緒）和 TerminateThread（終止執行緒）等函數，如果執行緒建立失敗則傳回值為 NULL。

接下來將 Counter 程式改進為多執行緒程式，只需要把 WM_COMMAND 訊息的 IDC_BTN_START 中對 Counter 函數的呼叫修改如下：

```
hThread = CreateThread(NULL, 0, ThreadProc, NULL, 0, NULL); //建立一個子執行緒
if (hThread != NULL)
{
    CloseHandle(hThread);
```

```
    hThread = NULL;
}
```

完整程式參見 Chapter1\CounterThread 專案。Counter 函數需要修改為執行緒函數 ThreadProc，執行緒函數傳回值為 DWORD 類型，因此在執行緒函數尾端需要傳回一個值。當使用者按下「停止」按鈕後，為標識變數 g_nOption 設定停止標識 F_STOP，執行緒函數的 while 迴圈條件不滿足，退出迴圈，然後執行緒函數傳回，執行緒結束。

在呼叫 CreateThread 函數建立執行緒後，我們呼叫 CloseHandle (hThread)，即時關閉不需要的執行緒控制碼，因此執行緒物件的引用計數減 1。在執行緒結束後，系統也會遞減執行緒物件的引用計數。因此在本例中的執行緒結束後，執行緒物件會馬上被系統釋放。即時關閉用不到的核心物件控制碼的好處是，程式執行過程中不會造成記憶體洩漏。在處理程序結束時，該處理程序所屬的一切物件、資源都會被系統釋放，不會因為沒有呼叫相關物件、資源關閉或釋放函數而造成記憶體洩漏。

在按下「開始」按鈕後，計數值即時顯示在編輯控制項中，但是「停止」和「暫停」按鈕未顯示為啟用狀態，實際上這兩個按鈕已經啟用。在 Windows 7 系統中測試該程式，不存在這個問題。SetDlgItemInt 函數實際上是透過發送 WM_SETTEXT 訊息來實作的，執行緒函數向主視窗發送 WM_ SETTEXT 訊息的速度非常快，因為這個 while 迴圈已經導致系統的 CPU 佔用率飆升（可以按 Ctrl + Alt + Delete 複合鍵開啟工作管理員中的處理程序標籤，查看本程式佔用 CPU 的情況），而 WM_PAINT 訊息又是一個低優先順序的訊息，所以程式視窗中的按鈕得不到立即更新。

訊息佇列與執行緒和視窗互相關聯。如果在某個執行緒中建立了一個視窗，則 Windows 會為該執行緒分配一個訊息佇列。為了使該視窗正常執行，執行緒中必須存在一個訊息迴圈來分發訊息，即如果一個視窗是在子執行緒中建立的，則主執行緒中的訊息迴圈無法獲得該視窗的訊息，子執行緒必須單獨設定一個訊息迴圈。當呼叫 SendMessage 或

PostMessage 函數向一個視窗發送訊息時，系統會先確認該視窗是由哪個執行緒建立的，然後將訊息發送到正確執行緒的訊息佇列中。

如果在一個執行緒中建立了視窗，就必須設定訊息迴圈。視窗過程應該遵循 1/10 秒規則，即該執行緒不應該用來處理耗時的工作。在一個程式中為不同的執行緒設定多個訊息迴圈，不但會使程式複雜化，而且會產生其他許多問題，所以在多執行緒程式設計中，規劃好程式結構很重要。規劃多執行緒程式的原則是：首先，處理使用者介面（指擁有視窗和需要處理視窗訊息）的執行緒不應該處理 1/10 秒以上的工作；其次，處理長時間工作的執行緒不應該擁有使用者介面。根據這個規則，我們大致可以把執行緒分成兩大類。

- 處理使用者介面的執行緒：這類執行緒通常會建立一個視窗並設定訊息迴圈來負責分發訊息，一個處理程序中並不需要太多這種執行緒，一般由主執行緒負責該項工作。
- 工作執行緒：這類執行緒通常不會建立視窗，因此也不用處理訊息，工作執行緒一般在後台執行，執行一些耗時的複雜的計算任務。

一般來說，處理使用者介面的工作由主執行緒，如果主執行緒接到一個使用者指令，完成該指令可能需要比較長的時間，那麼主執行緒可以建立一個工作執行緒來完成該項工作，並負責指揮該工作執行緒。

1.3 執行緒的終止及其他相關函數

執行緒從執行緒函數的第一句程式開始執行，直到執行緒被終止。如果執行緒是正常終止的，系統會執行以下工作。

- 執行緒函數中建立的所有 C++ 物件都能透過其解構函數被正確銷毀。
- 執行緒使用的堆疊空間被釋放。
- 系統將執行緒物件中的退出碼設定為執行緒函數的傳回值。執行緒終止後的退出碼可以被其他執行緒透過呼叫 GetExitCodeThread 函數檢測到。

- 系統將遞減執行緒物件的引用計數。

執行緒可以透過以下 4 種方式來終止執行緒。

(1) 執行緒函數的 return 敘述傳回(強烈推薦)。在這種情況下,上面列出的所有專案都會得以執行。

(2) 執行緒透過呼叫 ExitThread 函數結束執行緒(要避免使用這種方法)。為了強迫執行緒終止執行,執行緒可以呼叫 ExitThread 函數:VOID ExitThread(__in DWORD dwExitCode)。

ExitThread 函數的 dwExitCode 參數用於指定執行緒的退出碼。ExitThread 函數本身沒有傳回值,因為執行緒已終止,不能繼續執行程式。

- ExitThread 函數將終止執行緒的執行,系統會清理該執行緒使用的所有資源,但是 C/C++ 資源(例如 C++ 類別物件)不會被銷毀。
- ExitThread 函數只能用於終止當前執行緒,而不能用於在一個執行緒中終止另外一個執行緒,因為沒有執行緒控制碼或執行緒 ID 參數。

(3) 同一個處理程序或另一個處理程序中的執行緒呼叫 TerminateThread 函數(要避免使用這種方法)。

```
BOOL WINAPI TerminateThread(
    _Inout_ HANDLE hThread,        // 要終止的執行緒的控制碼
    _In_    DWORD  dwExitCode);    // 執行緒的退出碼,呼叫 GetExitCodeThread 函數可以
                                   獲取執行緒的退出碼
```

不同於 ExitThread 函數只能終止當前執行緒,TerminateThread 函數可以終止任何執行緒,hThread 參數指定要終止的執行緒的控制碼;執行緒終止執行時期,其退出碼就是 dwExitCode 參數傳遞的值。

TerminateThread 函數是非同步的，在函數傳回時，並不保證執行緒已經終止。如果需要確定執行緒是否已經終止執行，則可以透過呼叫 WaitForSingleObject 或 GetExitCodeThread 函數檢測。

一個設計良好的應用程式不會使用這個函數，因為被終止執行的執行緒收不到它被終止的通知，執行緒無法正確清理，而且執行緒不能阻止自己被終止執行。如果使用的是 TerminateThread，除非擁有此執行緒的處理程序終止執行，否則系統不會銷毀該執行緒的堆疊。微軟公司以這種方式來實作 TerminateThread 函數，因為假設還有其他正在執行的執行緒需要引用被終止執行緒的資料，就會引發存取違規，使被終止執行緒的堆疊保留在記憶體中，其他執行緒則可以繼續正常執行。此外，動態連結程式庫通常會在執行緒終止執行時期收到通知，如果執行緒是呼叫 TerminateThread 函數強行終止的，則動態連結程式庫不會收到這個通知，其結果是不能執行正常的清理工作。

（4）執行緒所屬的處理程序終止執行（要避免使用這種方法）。

可以隨時顯性呼叫 ExitProcess 函數結束一個處理程序的執行，該函數的呼叫會導致系統自動結束處理程序中所有執行緒的執行。在多執行緒程式中，用這種方法結束執行緒相當於對每個執行緒呼叫 TerminateThread 函數，所以也應當避免這種做法。

正常情況下，在我們啟動一個處理程序時，系統都會建立一個主執行緒。對於用微軟公司 C/C++ 編譯器生成的應用程式，主執行緒首先會執行 C/C++ 執行函數庫的啟動程式，然後 C/C++ 執行函數庫會呼叫程式的進入點函數 WinMain 並繼續執行，直到進入點函數傳回，最後 C/C++ 執行函數庫會呼叫 ExitProcess 函數結束處理程序。因此，如果處理程序中併發執行有多個執行緒，則需要在主執行緒傳回前，明確處理好每個執行緒的終止過程，否則其他所有正在執行中的執行緒都會在毫無預警的前提下突然終止。

執行緒終止執行時期，還會發生以下事情。

- 當一個執行緒終止執行時期，系統會自動銷毀由執行緒建立的任何視窗，並移除由執行緒建立或安裝的任何鉤子（後面會詳細介紹鉤子）。視窗和鉤子都是與執行緒相連結的。
- 執行緒物件的退出碼從 STILLL_ACTIVE 變成執行緒函數的傳回值（執行緒建立時執行緒物件的退出碼被設定為 STILL_ACTIVE）。
- 執行緒物件的狀態變成有訊號狀態（後面會學習這個問題）。
- 如果該執行緒是處理程序中的最後一個活動執行緒，則表示處理程序中正在執行的執行緒數量為 0，則處理程序失去繼續存在的意義，處理程序會隨執行緒結束而終止。

其他執行緒可以透過呼叫 GetExitCodeThread 函數來檢查 hThread 參數指定的執行緒是否已終止執行，如果已終止，可以傳回其退出碼：

```
BOOL WINAPI GetExitCodeThread(
    _In_   HANDLE   hThread,          // 執行緒控制碼
    _Out_  LPDWORD lpExitCode);       // 傳回執行緒的退出碼
```

如果在呼叫 GetExitCodeThread 函數時執行緒尚未終止，則 lpExitCode 參數指向的 DWORD 值為 STILL_ACTIVE 常數；如果執行緒已經終止，則 lpExitCode 參數指向的 DWORD 值為執行緒的退出碼。透過檢查 lpExitCode 參數指向的 DWORD 值是否為 STILL_ACTIVE 即可確定一個執行緒是否已經結束。

▨ 其他相關函數

執行緒物件資料結構中有一個欄位表示執行緒的暫停（暫停）計數。呼叫 CreateThread 函數時，系統首先會建立一個執行緒物件，並把暫停計數設定為 1，因此剛開始的時候系統不會為該執行緒排程 CPU，因為執行緒初始化需要時間，在完成執行緒初始化前，不會執行執行緒函數。當執行緒初始化完成後，CreateThread 函數會檢查 dwCreationFlags 參數，如果指定為 CREATE_SUSPENDED 標識，則 CreateThread 函數會

傳回並使新的執行緒處於暫停狀態；如果指定為 0，函數會將執行緒的暫停計數遞減為 0，當執行緒的暫停計數為 0 時才可以被排程。

當呼叫 CreateThread 函數建立執行緒時，如果 dwCreationFlags 參數指定了 CREATE_SUSPENDED 標識，那麼執行緒建立後並不馬上開始執行，而是處於被暫停狀態，直到呼叫 ResumeThread 函數啟動它為止。呼叫 ResumeThread 函數可以減少執行緒的暫停計數，當執行緒的暫停計數為 0 時，執行緒成為可排程狀態：

```
DWORD WINAPI ResumeThread(_In_ HANDLE hThread);
```

如果函數執行成功，則傳回值是執行緒的先前暫停計數；如果函數執行失敗，則傳回值為 -1。

一個執行緒可以被暫停（暫停），也可以在暫停後恢復執行。除在建立執行緒時使執行緒處於暫停狀態外，也可以呼叫 SuspendThread 函數將正在執行中的執行緒暫停。SuspendThread 函數用於暫停指定的執行緒，並增加執行緒的暫停計數：

```
DWORD WINAPI SuspendThread(_In_ HANDLE hThread);
```

如果函數執行成功，則傳回值是執行緒的先前暫停計數；如果函數執行失敗，則傳回值為 -1。

任何執行緒都可以呼叫 SuspendThread 函數暫停另一個執行緒（只要有執行緒的控制碼），執行緒也可以將自己暫停，但是它無法將自己恢復，一個執行緒最多可以被暫停 MAXIMUM_SUSPEND_COUNT(127) 次。一個執行緒可以被多次暫停，也可以被多次恢復。如果一個執行緒被暫停 3 次，那麼必須恢復 3 次以後該執行緒才可以排程，即如果多次呼叫 SuspendThread 函數導致暫停計數遠遠大於 1，就必須多次呼叫 ResumeThread 函數；當執行緒的暫停計數為 0 時，執行緒可被排程，即執行緒恢復執行。

呼叫 Sleep 函數可以暫停執行當前執行緒，直到指定的逾時時間結束：

```
VOID WINAPI Sleep(_In_ DWORD dwMilliseconds);    //以毫秒為單位
```

即告知系統，在一段時間內自己不需要被排程。如果 dwMilliseconds 參數設定為 0，表示告知系統放棄本執行緒在當前 CPU 時間切片的剩餘時間，系統可以轉去排程其他執行緒，待該執行緒輪流到下一個時間切片時再繼續執行。

1.4 執行緒間的通訊

主執行緒建立工作執行緒時可以透過執行緒函數參數向工作執行緒傳遞自訂資料。當工作執行緒開始執行後，主執行緒可能還需要控制工作執行緒，工作執行緒有時也需要將一些工作情況主動通知給主執行緒。常用的執行緒間通訊方式有全域變數、自訂訊息和事件物件（Event）。

1.4.1 全域變數

最簡單常用的方式是使用全域變數，例如 CounterThread 程式就是透過在主執行緒中設定 g_nOption 變數的值來控制工作執行緒的工作。使用全域變數傳遞資料的缺點是當多個工作執行緒使用同一個全域變數時，由於每個執行緒都可以修改全域變數，因此可能會引起同步問題，後面會探討這個問題。

1.4.2 自訂訊息

舉例來說，當工作執行緒完成自己的工作後，可以向主執行緒發送自訂的 WM_XXX 訊息來通知主執行緒，因此主執行緒不需要隨時檢查工作執行緒是否已經完成某項操作或工作執行緒是否結束，只需要在視窗過程中處理 WM_XXX 訊息。當然，主執行緒也可以向工作執行緒發送自訂訊息，但是工作執行緒需要維護一個訊息迴圈。如果工作執行緒建立了視窗，則還需要有一個視窗過程，這違背了多執行緒程式設計的原則，所以發送自訂訊息的方法通常用於工作執行緒向主執行緒發送。

工作執行緒向主執行緒發送自訂訊息比較簡單，呼叫 SendMessage/PostMessage 函數即可。下面透過一個範例來建立兩個工作執行緒。

CustomMSG 程式有「開始」和「停止」兩個按鈕。使用者按下「開始」按鈕，建立顯示執行緒和計數執行緒，計數執行緒模擬執行一項任務，每 50ms 計數加 1。建立計數執行緒時需要將顯示執行緒的 ID 作為執行緒函數參數，以便計數執行緒定時透過 PostThreadMessage 函數向顯示執行緒發送自訂訊息 WM_ WORKPROGRESS 報告工作進度，顯示執行緒獲取到 WM_WORKPROGRESS 訊息後將工作進度顯示在程式的編輯控制項中。如果計數執行緒的計數已經達到 100，則說明工作已經完成，向顯示執行緒發送 WM_QUIT 訊息通知其終止執行緒，向主執行緒發送自訂訊息 WM_CALCOVER 告知工作已完成，主執行緒獲取到 WM_CALCOVER 訊息後會關閉兩個執行緒控制碼，啟用 / 禁用相關按鈕，然後顯示一個訊息方塊。

在計數執行緒工作過程中，使用者隨時可以按下「停止」按鈕，主執行緒將全域變數 g_bRuning 設定為 FALSE 告知計數執行緒終止執行緒，呼叫 PostThreadMessage 函數向顯示執行緒發送 WM_QUIT 訊息告知其終止執行緒，然後關閉兩個執行緒控制碼，啟用 / 禁用相關按鈕。

CustomMSG.cpp 原始檔案的內容如下：

```
#include <windows.h>
#include "resource.h"

#pragma comment(linker,"\"/manifestdependency:type='win32' \
   name='Microsoft.Windows.Common-Controls' version='6.0.0.0' \
   processorArchitecture='*' publicKeyToken='6595b64144ccf1df' language='*'\"")

// 自訂訊息，用於計數執行緒向顯示執行緒發送訊息報告工作進度（這兩個都是工作執行緒）
#define WM_WORKPROGRESS (WM_APP + 1)
// 自訂訊息，計數執行緒發送訊息給主執行緒告知工作已完成
```

```
#define WM_CALCOVER      (WM_APP + 2)

// 全域變數
HWND g_hwndDlg;
BOOL g_bRuning;   // 計數執行緒沒有訊息迴圈，主執行緒透過將該標識設定為 FALSE 通知其終止
                  執行緒

// 函數宣告
INT_PTR CALLBACK DialogProc(HWND hwndDlg, UINT uMsg, WPARAM wParam, LPARAM
lParam);
// 執行緒函數宣告
DWORD WINAPI ThreadProcShow(LPVOID lpParameter);  // 將數值顯示到編輯控制項中
DWORD WINAPI ThreadProcCalc(LPVOID lpParameter);  // 模擬執行一項任務，定時把一個
                                                     數加 1

int WINAPI WinMain(HINSTANCE hInstance, HINSTANCE hPrevInstance, LPSTR
lpCmdLine, int nCmdShow)
{
    DialogBoxParam(hInstance, MAKEINTRESOURCE(IDD_MAIN), NULL, DialogProc,
NULL);
    return 0;
}

INT_PTR CALLBACK DialogProc(HWND hwndDlg, UINT uMsg, WPARAM wParam, LPARAM
lParam)
{
    static HANDLE hThreadShow, hThreadCalc;
    static DWORD dwThreadIdShow;

    switch (uMsg)
    {
    case WM_INITDIALOG:
        g_hwndDlg = hwndDlg;
        // 禁用停止按鈕
        EnableWindow(GetDlgItem(hwndDlg, IDC_BTN_STOP), FALSE);
        return TRUE;

    case WM_COMMAND:
        switch (LOWORD(wParam))
        {
```

```
        case IDC_BTN_START:
            g_bRuning = TRUE;
            //建立顯示執行緒和計數執行緒
            hThreadShow = CreateThread(NULL, 0, ThreadProcShow, NULL, 0,
&dwThreadIdShow);
            hThreadCalc = CreateThread(NULL, 0, ThreadProcCalc, (LPVOID)
dwThreadIdShow, 0, NULL);

            EnableWindow(GetDlgItem(hwndDlg, IDC_BTN_START), FALSE);
            EnableWindow(GetDlgItem(hwndDlg, IDC_BTN_STOP), TRUE);
            break;

        case IDC_BTN_STOP:
            //通知計數執行緒退出
            g_bRuning = FALSE;
            //通知顯示執行緒退出
            PostThreadMessage(dwThreadIdShow, WM_QUIT, 0, 0);

            CloseHandle(hThreadShow);
            CloseHandle(hThreadCalc);
            hThreadShow = hThreadCalc = NULL;
            EnableWindow(GetDlgItem(hwndDlg, IDC_BTN_START), TRUE);
            EnableWindow(GetDlgItem(hwndDlg, IDC_BTN_STOP), FALSE);
            break;

        case IDCANCEL:
            EndDialog(hwndDlg, 0);
            break;
        }
        return TRUE;

    case WM_CALCOVER:
        CloseHandle(hThreadShow);
        CloseHandle(hThreadCalc);
        hThreadShow = hThreadCalc = NULL;
        EnableWindow(GetDlgItem(hwndDlg, IDC_BTN_START), TRUE);
        EnableWindow(GetDlgItem(hwndDlg, IDC_BTN_STOP), FALSE);

        MessageBox(hwndDlg, TEXT("計數執行緒工作已完成"), TEXT("提示"), MB_OK);
        return TRUE;
```

```
    }

    return FALSE;
}

DWORD WINAPI ThreadProcShow(LPVOID lpParameter)
{
    MSG msg;

    while (GetMessage(&msg, NULL, 0, 0) != 0)
    {
        switch (msg.message)
        {
        case WM_WORKPROGRESS:
            SetDlgItemInt(g_hwndDlg, IDC_EDIT_COUNT, (UINT)msg.wParam, FALSE);
            break;
        }
    }

    return msg.wParam;
}

DWORD WINAPI ThreadProcCalc(LPVOID lpParameter)
{
    //lpParameter 參數是傳遞過來的顯示執行緒 ID
    DWORD dwThreadIdShow = (DWORD)lpParameter;
    int nCount = 0;

    while (g_bRuning)
    {
        PostThreadMessage(dwThreadIdShow, WM_WORKPROGRESS, nCount++, NULL);
        Sleep(50);

        //nCount 到達 100，說明工作完成
        if (nCount > 100)
        {
            // 通知顯示執行緒退出
            PostThreadMessage(dwThreadIdShow, WM_QUIT, 0, 0);

            // 發送訊息給主執行緒告知工作已完成
```

```
            PostMessage(g_hwndDlg, WM_CALCOVER, 0, 0);

            //本計數執行緒也退出
            g_bRuning = FALSE;
            break;
        }
    }

    return 0;
}
```

#define WM_MYTHREADMSG (WM_APP + 1) 敘述用於定義一個自訂訊息，常數 WM_USER 和 WM_APP 在 WinUser.h 標頭檔中定義如下：

```
#define WM_USER  0x0400
#define WM_APP   0x8000
```

Windows 所用的訊息分為表 1.1 所示的幾種類別。

表 1.1

範圍	含義
0 ～ WM_USER-1	系統定義的訊息，這些訊息的含義由作業系統定義，不能更改
WM_USER ～ 0x7FFF	用於向自己註冊的視窗類別視窗中發送自訂訊息

WM_APP ～ 0xBFFF	用於向系統預先定義的視窗類別控制項（例如按鈕、編輯方塊）發送自訂訊息，因為 WM_USER + x 都已被系統使用，例如 WM_USER + 1 在不同的系統預先定義控制項中表示不同的訊息：
	`#define TB_ENABLEBUTTON (WM_USER + 1)   // 工具列訊息`
	`#define TTM_ACTIVATE (WM_USER + 1)      // 工具提示訊息`
	`#define DM_SETDEFID (WM_USER + 1)       // 對話方塊訊息`

0xC000 ～ 0xFFFF	已註冊的訊息，這些訊息的含義由 RegisterWindowMessage 函數的呼叫者確定
0xFFFF ～	系統保留的訊息

WM_USER ～ 0x7FFF 和 WM_APP ～ 0xBFFF 都可以用於自訂訊息，自訂訊息的 wParam 和 lParam 參數的含義由使用者指定。向自己註冊的視窗類別視窗中發送自訂訊息時可以使用 WM_USER + *x* 或 WM_

APP + x，向系統預先定義的視窗類別控制項（例如按鈕、編輯方塊）發送自訂訊息建議使用 WM_APP + x（WM_USER + x 已被系統使用），因此如果需要在程式中發送自訂訊息，那麼建議直接使用 WM_APP + x。

PostThreadMessage 函數用於把一個訊息發送到指定執行緒的訊息佇列，並立即傳回，不需要等待中的執行緒處理完訊息：

```
BOOL WINAPI PostThreadMessage(
    _In_ DWORD  idThread,      //要將訊息發送到的執行緒的執行緒 ID
    _In_ UINT   Msg,           //訊息類型
    _In_ WPARAM wParam,        //訊息參數
    _In_ LPARAM lParam);       //訊息參數
```

1.4.3 事件物件

下面來看 CounterThread 程式的工作執行緒的執行緒函數：

```
DWORD WINAPI ThreadProc(LPVOID lpParameter)
{
    int n = 0;

    while (!(g_nOption & F_STOP))
    {
        if (g_nOption & F_START)
            SetDlgItemInt(g_hwndDlg, IDC_EDIT_COUNT, n++, FALSE);
    }

    return 0;
}
```

當使用者按下「暫停」按鈕時，雖然 while 迴圈內部的 if 敘述不成立，不會執行下面的 SetDlgItemInt 函數，但是整個 while 迴圈實際上還在高速運轉，一直在迴圈判斷是否設定了停止標識。因此，即讓使用者按下「暫停」按鈕，程式的 CPU 佔用率還是居高不下。

程式為了即時檢測標識耗費大量的 CPU 銷耗。對於這種問題，最徹底的解決方法是由作業系統來決定是否繼續執行程式。如果作業系統了

解執行緒需要等待和執行的具體時間，系統就可以僅在執行緒執行時為其分配 CPU 時間切片，在執行緒等待時取消分配時間切片，這樣就不會因為需要即時檢測一個標識浪費 CPU 資源。

一個可行的方法是使用 SuspendThread 和 ResumeThread 函數來暫停和恢復執行緒，主執行緒不必透過設定標識位元來通知工作執行緒進入等候狀態，而是直接使用 SuspendThread 函數將工作執行緒暫停。使用這種方法的好處是可以解決 CPU 佔用率高的問題，因為作業系統不會為暫停的執行緒分配時間切片；缺點是無法精確地控制執行緒，因為主執行緒並不了解工作執行緒會在哪裡被暫停。指令是 CPU 執行的最小單位，執行緒不可能在一行指令執行到一半時被打斷，以下面的執行緒函數反組譯程式所示，暫停點可能在下面的任何一行指令中，甚至在執行 SetDlgItemInt 函數的系統核心中，在核心中中斷可能會導致該程式出現一些問題。另外，當暫停一個執行緒時，我們不了解執行緒在做什麼，舉例來說，如果執行緒正在分配堆積中的記憶體，執行緒將鎖定堆積，其他執行緒要存取堆積時需要等待，直到第一個執行緒完成，而現在第一個執行緒被暫停，這就會導致其他執行緒一直等待，形成鎖死。在程式設計中，呼叫 SuspendThread 函數需要謹慎或避免：

```
00A111F0 > .  A1 78B8A400     MOV     EAX, DWORD PTR [g_nOption]
00A111F5   .  56              PUSH    ESI
00A111F6   .  33F6            XOR     ESI, ESI
00A111F8   .  A8 02           TEST    AL, 2
00A111FA   .  75 26           JNZ     SHORT Counter.00A11222
00A111FC   .  57              PUSH    EDI
00A111FD   .  8B3D 28B1A300   MOV     EDI, DWORD PTR [<&USER32.SetDlgItemInt>] ;
                                          USER32.SetDlgItemInt
00A11203   >  A8 01           TEST    AL, 1
00A11205   .  74 16           JE      SHORT Counter.00A1121D
00A11207   .  6A 00           PUSH    0
00A11209   .  56              PUSH    ESI
00A1120A   .  68 E9030000     PUSH    3E9
00A1120F   .  FF35 74B8A400 PUSH      DWORD PTR [g_hwndDlg]
00A11215   .  FFD7            CALL    EDI              ;  呼叫 SetDlgItemInt
00A11217   .  A1 78B8A400     MOV     EAX, DWORD PTR [g_nOption]
```

```
00A1121C   . 46          INC    ESI              ;  n++
00A1121D   > A8 02       TEST   AL, 2
00A1121F   .^ 74 E2      JE     SHORT Counter.00A11203
00A11221   . 5F          POP    EDI
00A11222   > 33C0        XOR    EAX, EAX
00A11224   . 5E          POP    ESI
00A11225   . C2 0400     RET    4
```

下面介紹另一個核心物件：事件物件，利用事件物件可以解決上述問題。

核心物件由作業系統管理，其資料結構只能由作業系統核心存取，應用程式無法在記憶體中定位這些資料結構並修改其內容。呼叫一個建立核心物件的函數後，函數會傳回一個控制碼。該控制碼標識了程式建立的核心物件，可以由同一個處理程序中的任何執行緒使用，但是這些控制碼值與處理程序相連結，如果將核心物件控制碼值傳遞給另一個處理程序中的執行緒（透過某種處理程序間的通訊方式），則另一個處理程序對該控制碼操作會出錯。

我們學過的執行緒物件資料結構中包含執行緒的一些資訊，例如安全性描述元、引用計數和退出碼等，很快我們還會學習其他核心物件例如互斥量（Mutex）物件、訊號量（Semaphore）物件、可等待計時器（Waitable Timer）物件、處理程序物件、檔案物件、檔案映射物件、I/O 完成通訊埠物件、郵件槽物件、管道（Pipe）物件等。所有核心物件的資料結構中通常包含安全性描述元和引用計數欄位，其他欄位則根據核心物件的不同而有所不同，例如處理程序物件有處理程序 ID、基本優先順序和退出碼等屬性，而檔案物件有檔案偏移、共享模式和開啟模式等屬性。

所有核心物件的資料結構中通常包含安全性描述元和引用計數欄位，這說明建立這些核心物件的函數都有一個指定物件安全屬性和執行緒的子處理程序能否繼承傳回的控制碼的 SECURITY_ATTRIBUTES 結構，例如 CreateThread 函數的 lpThreadAttributes 參數，有引用計數則說明在不需要核心物件時需要呼叫 CloseHandle 函數關閉核心物件控制碼。

要使用事件物件，首先需要呼叫 CreateEvent 函數建立一個事件物件：

```
HANDLE WINAPI CreateEvent(
    _In_opt_ LPSECURITY_ATTRIBUTES lpEventAttributes, // 指向事件物件安全屬性
                                                          結構的指標
    _In_     BOOL       bManualReset,       // 手動重置還是自動重置，TRUE 或 FALSE
    _In_     BOOL       bInitialState,      // 事件物件的初始狀態，TRUE 或 FALSE
    _In_opt_ LPCTSTR    lpName);            // 事件物件的名稱字串，區分大小寫
```

- lpEventAttributes 參數是一個指向 SECURITY_ATTRIBUTES 結構的指標，建立核心物件的函數通常都有一個 SECURITY_ATTRIBUTES 結構的參數，一般設定為 NULL，表示使用預設的安全屬性，傳回的物件控制碼不可以被執行緒的子處理程序繼承。
- 可以把事件物件看作一個由 Windows 管理的標識，事件物件有兩種狀態：有訊號和無訊號狀態，也稱為觸發和未觸發狀態。bManualReset 參數指定建立的事件物件是手動重置還是自動重置類型，這裡的重置可以視為使之恢復為無訊號（未觸發）狀態。如果設定為 TRUE，則表示建立手動重置事件物件，可以呼叫 SetEvent 函數將事件物件狀態設定為有訊號，或呼叫 ResetEvent 函數將事件物件狀態設定為無訊號。如果事件物件為有訊號狀態，會一直保持到呼叫 ResetEvent 函數以後才轉變為無訊號狀態。如果設定為 FALSE，則表示建立自動重置事件物件。如果需要設定事件物件為有訊號狀態可以呼叫 SetEvent 函數，當等待事件物件狀態的函數（例如 WaitForSingleObject）獲取到事件物件有訊號的資訊後，系統會自動設定事件物件為無訊號狀態，不需要程式呼叫 ResetEvent 函數。
- bInitialState 參數指定事件物件建立時的初始狀態。TRUE 表示初始狀態是有訊號狀態，FALSE 表示初始狀態是無訊號狀態。
- lpName 參數用於指定事件物件的名稱，區分大小寫，最多 MAX_PATH(260) 個字元。

如前所述，「呼叫一個建立核心物件的函數後，函數會傳回一個控制碼，該控制碼標識了所建立的核心物件，可供同一個處理程序中的任何執行緒使用，這些控制碼值是與處理程序相連結的，如果將控制碼值傳遞給另一個處理程序中的執行緒（透過某種處理程序間的通訊方式），則另一個處理程序對這個控制碼操作時會出錯。」核心物件是由系統管理的，如何允許其他處理程序使用這個核心物件呢？一種方法是為核心物件指定一個名稱。以事件物件為例，在呼叫 CreateEvent 函數時，如果透過 lpName 參數為事件物件指定一個名稱，假設為 "MyEventObject"，這表示建立一個命名事件物件，則在其他處理程序中可以透過呼叫 CreateEvent 或 OpenEvent 函數並指定 lpName 參數為 "MyEventObject" 來獲取到這個事件物件。如果不需要共享這個事件物件，則 lpName 參數可以設定為 NULL 表示建立一個匿名事件物件。

（1）如果系統中已經存在一個名稱為 "MyEventObject" 的事件物件，那麼呼叫

```
hEvent = CreateEvent(NULL, TRUE, FALSE, TEXT("MyEventObject"));
```

不會建立一個新的事件物件，而是會獲取到名稱為 "MyEventObject" 的事件物件，函數成功被呼叫並傳回一個事件物件控制碼，傳回的控制碼值不一定與其他處理程序中該事件物件的控制碼值相同，但是指的是同一個事件物件。這種情況下呼叫 GetLastError 函數將傳回 ERROR_ALREADY_EXISTS。

（2）如果系統中已經存在一個名稱為 "MyEventObject" 的其他核心物件，例如互斥量（Mutex）物件、訊號量（Semaphore）物件，則呼叫

```
hEvent = CreateEvent(NULL, TRUE, FALSE, TEXT("MyEventObject"));
```

會失敗，傳回值為 NULL，呼叫 GetLastError 函數將傳回 ERROR_INVALID_HANDLE。

因此，如果要建立一個命名事件物件，應保證事件物件名稱在系統中是唯一的。

可以在呼叫 CreateEvent 以後，立即呼叫 GetLastError 函數判斷是建立了一個新的事件物件，還是僅開啟了一個已經存在的事件物件：

```
hEvent = CreateEvent(NULL, TRUE, FALSE, TEXT("MyEventObject"));
if (hEvent != NULL)
{
    if (GetLastError() == ERROR_ALREADY_EXISTS)
    {
        // 開啟了一個已經存在的事件物件
    }
    else
    {
        // 建立了一個新的事件物件
    }
}
else
{
    //CreateEvent 函數執行失敗
}
```

如果 CreateEvent 函數執行成功，則傳回值是事件物件的控制碼，否則傳回值為 NULL。如果呼叫 CreateEvent 函數時指定了事件物件名稱，並且系統中已經存在指定名稱的事件物件，則函數呼叫會成功並獲取到該事件物件，然後傳回一個事件物件控制碼，呼叫 GetLastError 函數將傳回 *ERROR_ ALREADY_EXISTS*；如果系統中已經存在指定名稱的其他核心物件，則函數呼叫會失敗，傳回值為 NULL，呼叫 GetLastError 函數將傳回 ERROR_INVALID_HANDLE。

在建立事件物件後，可以呼叫 SetEvent 函數將事件物件的狀態設定為有訊號，也可以呼叫 ResetEvent 函數將事件物件的狀態重置為無訊號（主要用於手動重置事件物件）：

```
BOOL WINAPI SetEvent(_In_ HANDLE hEvent);    // CreateEvent 或 OpenEvent 函數傳回
                                             的事件物件控制碼
BOOL WINAPI ResetEvent(_In_ HANDLE hEvent);  // CreateEvent 或 OpenEvent 函數傳回
                                             的事件物件控制碼
```

可以透過呼叫 OpenEvent 函數開啟一個已經存在的命名事件物件：

```
HANDLE WINAPI OpenEvent(
    _In_ DWORD   dwDesiredAccess,   // 事件物件存取權限，一般設定為 NULL
    _In_ BOOL    bInheritHandle,    // 在建立新處理程序時是否繼承傳回的控制碼，
                                       TRUE 或 FALSE
    _In_ LPCTSTR lpName);           // 要開啟的事件物件的名稱，區分大小寫
```

如果沒有找到該名稱對應的事件物件，函數將傳回 NULL，GetLastError 傳回 ERROR_FILE_NOT_ FOUND；如果找到了該名稱對應的核心物件，但是類型不同，函數也將傳回 NULL，GetLastError 傳回 ERROR_INVALID_HANDLE；如果名稱相同，類型也相同，函數將傳回事件物件的控制碼。呼叫 CreateEvent 和 OpenEvent 函數的主要區別在於，如果事件物件不存在，則 CreateEvent 函數會建立它；OpenEvent 函數則不同，如果物件不存在，則函數傳回 NULL。呼叫 CreateEvent 或 OpenEvent 函數開啟一個已經存在的命名事件物件，都會導致事件物件的引用計數加 1。

在建立或開啟事件物件後，當不再需要事件物件控制碼時，需要呼叫 CloseHandle 函數關閉控制碼。

我們可以把事件物件看作一個由 Windows 管理的標識，如何檢測該標識是有訊號狀態還是無訊號狀態呢？ WaitForSingleObject 函數用於等待指定的物件變成有訊號狀態：

```
DWORD WINAPI WaitForSingleObject(
    _In_ HANDLE hHandle,   // 要等待的物件控制碼，可以是事件物件，也可以是其他核心物件
    _In_ DWORD  dwMilliseconds); // 逾時時間，以毫秒為單位
```

dwMilliseconds 參數用於指定逾時時間，也就是要等待多久，以毫秒為單位。如果指定為 0，則函數在測試指定物件的狀態後立即傳回；如果指定為一個非零值，則函數會一直等待直到指定的物件變成有訊號狀態或逾時時間已過才傳回；如果指定為 INFINITE(0xFFFFFFFF)，則函數會一直等待直到指定的物件變成有訊號狀態才傳回。

WaitForSingleObject 函數檢查指定物件的當前狀態，如果物件是無訊號狀態，則呼叫執行緒進入等候狀態，直到物件有訊號或逾時時間已過；如果執行緒在呼叫該函數時，對應的物件已經處於有訊號狀態，則執行緒不會進入等候狀態。在等待過程中，呼叫執行緒處於不可排程狀態，即系統不會為呼叫執行緒分配 CPU 時間切片，因此不應該在主執行緒中指定較長時間或 INFINITE 來呼叫該函數。

函數傳回值表明函數傳回的原因，可以是表 1.2 中的任意值。

表 1.2

傳回值	含義
WAIT_OBJECT_0	等待的物件變成有訊號狀態
WAIT_TIMEOUT	逾時時間已過
WAIT_FAILED	函數執行失敗

改寫 CounterThread 程式，使用事件物件作為開始和停止計數的標識。Chapter1\CounterThread2\Counter\Counter.cpp 原始檔案的內容如下：

```
#include <windows.h>
#include "resource.h"

#pragma comment(linker,"\"/manifestdependency:type='win32' \
    name='Microsoft.Windows.Common-Controls' version='6.0.0.0' \
    processorArchitecture='*' publicKeyToken='6595b64144ccf1df' language='*'\"")

// 全域變數
HWND g_hwndDlg;
HANDLE g_hEventStart;           // 事件物件控制碼，作為開始標識
HANDLE g_hEventStop;            // 事件物件控制碼，作為停止標識

// 函數宣告
INT_PTR CALLBACK DialogProc(HWND hwndDlg, UINT uMsg, WPARAM wParam, LPARAM
lParam);
DWORD WINAPI ThreadProc(LPVOID lpParameter);

int WINAPI WinMain(HINSTANCE hInstance, HINSTANCE hPrevInstance, LPSTR
lpCmdLine, int nCmdShow)
```

```
{
    DialogBoxParam(hInstance, MAKEINTRESOURCE(IDD_MAIN), NULL, DialogProc,
NULL);
    return 0;
}

INT_PTR CALLBACK DialogProc(HWND hwndDlg, UINT uMsg, WPARAM wParam, LPARAM
lParam)
{
    static HWND hwndBtnStart, hwndBtnStop, hwndBtnPause, hwndBtnContinue;
    HANDLE hThread;

    switch (uMsg)
    {
    case WM_INITDIALOG:
        g_hwndDlg = hwndDlg;
        hwndBtnStart = GetDlgItem(hwndDlg, IDC_BTN_START);
        hwndBtnStop = GetDlgItem(hwndDlg, IDC_BTN_STOP);
        hwndBtnPause = GetDlgItem(hwndDlg, IDC_BTN_PAUSE);
        hwndBtnContinue = GetDlgItem(hwndDlg, IDC_BTN_CONTINUE);

        //禁用停止、暫停、繼續按鈕
        EnableWindow(hwndBtnStop, FALSE);
        EnableWindow(hwndBtnPause, FALSE);
        EnableWindow(hwndBtnContinue, FALSE);

        //建立事件物件
        g_hEventStart = CreateEvent(NULL, TRUE, FALSE, NULL);
        g_hEventStop = CreateEvent(NULL, TRUE, FALSE, NULL);
        return TRUE;

    case WM_COMMAND:
        switch (LOWORD(wParam))
        {
        case IDC_BTN_START:
            hThread = CreateThread(NULL, 0, ThreadProc, NULL, 0, NULL);
            CloseHandle(hThread);
            hThread = NULL;

            SetEvent(g_hEventStart);     //設定開始標識
```

```
            ResetEvent(g_hEventStop);    // 清除停止標識

            EnableWindow(hwndBtnStart, FALSE);
            EnableWindow(hwndBtnStop, TRUE);
            EnableWindow(hwndBtnPause, TRUE);
            break;

        case IDC_BTN_STOP:
            SetEvent(g_hEventStop);      // 設定停止標識
            EnableWindow(hwndBtnStart, TRUE);
            EnableWindow(hwndBtnStop, FALSE);
            EnableWindow(hwndBtnPause, FALSE);
            EnableWindow(hwndBtnContinue, FALSE);
            break;

        case IDC_BTN_PAUSE:
            ResetEvent(g_hEventStart);   // 清除開始標識
            EnableWindow(hwndBtnStart, FALSE);
            EnableWindow(hwndBtnStop, TRUE);
            EnableWindow(hwndBtnPause, FALSE);
            EnableWindow(hwndBtnContinue, TRUE);
            break;

        case IDC_BTN_CONTINUE:
            SetEvent(g_hEventStart);     // 設定開始標識
            EnableWindow(hwndBtnStart, FALSE);
            EnableWindow(hwndBtnStop, TRUE);
            EnableWindow(hwndBtnPause, TRUE);
            EnableWindow(hwndBtnContinue, FALSE);
            break;

        case IDCANCEL:
            // 關閉事件物件控制碼
            CloseHandle(g_hEventStart);
            CloseHandle(g_hEventStop);
            EndDialog(hwndDlg, 0);
            break;
        }
        return TRUE;
    }
```

```
    return FALSE;
}

DWORD WINAPI ThreadProc(LPVOID lpParameter)
{
    int n = 0;

    // 是否設定了停止標識
    while (WaitForSingleObject(g_hEventStop, 0) != WAIT_OBJECT_0)
    {
        // 是否設定了開始標識
        if (WaitForSingleObject(g_hEventStart, 100) == WAIT_OBJECT_0)
            SetDlgItemInt(g_hwndDlg, IDC_EDIT_COUNT, n++, FALSE);
    }

    return 0;
}
```

編譯執行程式，按下「開始」按鈕，可以看到系統 CPU 佔用率飆升；按下「暫停」按鈕，CPU 佔用率立即下降，如圖 1.2 所示。

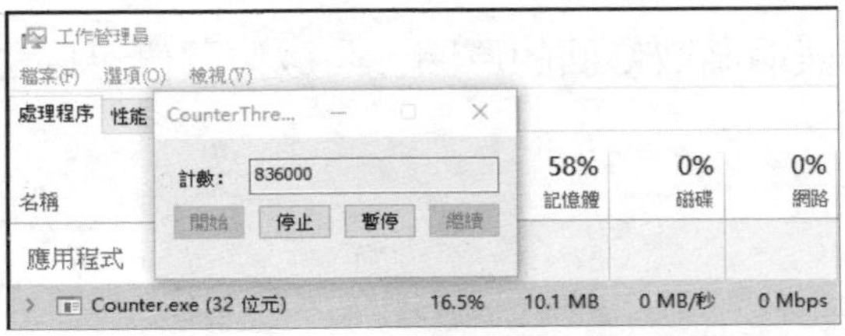

▲ 圖 1.2

完整程式請參考 Chapter1\CounterThread2 專案。

等待函數 WaitForSingleObject 可以測試的物件有多種，例如互斥量（Mutex）物件、訊號量（Semaphore）物件、可等待計時器（Waitable Timer）物件、處理程序物件、執行緒物件等。不同物件對狀態的定義是不同的，對事件物件來說，呼叫 SetEvent 函數後狀態為有訊號，呼叫 ResetEvent 函數後狀態重置為無訊號。對執行緒物件來說，建立時總是處於無訊號狀態，當執行緒終止時，系統會自動將執行緒物件的狀態更改為有訊號。

WaitForSingleObject 函數每次只能測試一個物件，在實際應用中，有時候可能需要同時測試多個物件的狀態，這時可以使用另外一個函數 WaitForMultipleObjects。WaitForMultipleObjects 函數用於等待指定的多個物件變為有訊號狀態：

```
DWORD WINAPI WaitForMultipleObjects(
    _In_        DWORD  nCount,        // 要等待的物件控制碼個數，最大為
                                         MAXIMUM_WAIT_OBJECTS(64)
    _In_  const HANDLE *lpHandles,    // 要等待的物件控制碼陣列
    _In_        BOOL   bWaitAll,      // 是否等待 lpHandles 陣列中的所有物件的狀態都
                                         變為有訊號
    _In_        DWORD  dwMilliseconds);  // 逾時時間
```

- bWaitAll 參數指定是否等待 lpHandles 陣列中的所有物件的狀態都轉變為有訊號。如果設定為 TRUE，當 lpHandles 陣列中的所有物件的狀態都轉變為有訊號時函數才傳回；如果設定為 FALSE，當任何一個物件的狀態轉變為有訊號時函數就傳回。
- dwMilliseconds 參數的含義同 WaitForSingleObject 函數。

函數傳回值表明函數傳回的原因，函數傳回值可以是表 1.3 中的任意值。

表 1.3

傳回值	含義
WAIT_TIMEOUT	逾時時間已過
WAIT_FAILED	函數執行失敗
WAIT_OBJECT_0	如果給 bWaitAll 參數傳遞的是 TRUE 並且所有物件都是有訊號狀態，則傳回值是 WAIT_OBJECT_0
WAIT_OBJECT_0 ～ (WAIT_OBJECT_0 + nCount - 1)	如果給 bWaitAll 參數傳遞的是 FALSE，則只要有任何一個物件變成有訊號狀態，函數就會立即傳回，這時的傳回值是 WAIT_OBJECT_0 到（WAIT_OBJECT_0 + nCount - 1）之間的值，即如果傳回值既不是 WAIT_FAILED，也不是 WAIT_TIMEOUT，則應該把傳回值減去 WAIT_OBJECT_0，得到的數值是 lpHandles 參數指定的物件控制碼陣列的索引，該索引表示轉變為有訊號狀態的是哪個物件

1.4.4 手動和自動重置事件物件

當執行緒成功等待到自動重置事件物件有訊號時，事件物件會自動重置為無訊號狀態，因此自動重置事件物件通常不需要呼叫 ResetEvent 函數。手動和自動重置事件物件有一個很重要的區別：當一個手動重置事件物件轉變為有訊號狀態時，正在等待該事件物件的所有執行緒都將變成可排程狀態；而當一個自動重置事件物件轉變為有訊號狀態時，只有一個正在等待該事件物件的執行緒可以變成可排程狀態。

具體請看圖 1.3 的範例。

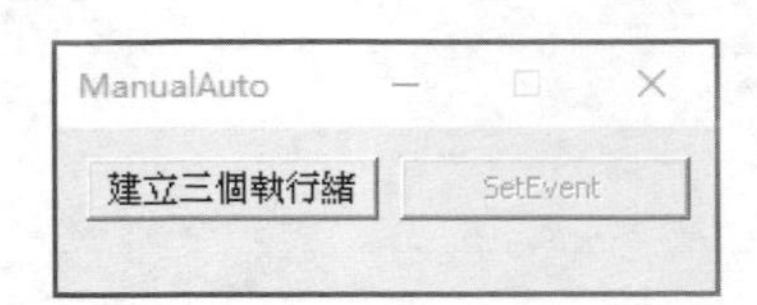

▲ 圖 1.3

ManualAuto 程式在 WM_INITDIALOG 訊息中建立了一個手動重置匿名事件物件，使用者按下「建立三個執行緒」按鈕，程式建立 3 個執行緒，這 3 個執行緒可以各自完成一些工作，本例中是每個執行緒函數彈出一個訊息方塊。點擊 "SetEvent" 按鈕，可以視為一個執行緒完成了對應的工作以後通知其他執行緒，程式呼叫 SetEvent 函數設定事件物件為有訊號狀態，此時 3 個正在等待事件物件的執行緒都會收到事件物件變為有訊號狀態的通知，依次彈出 3 個訊息方塊。程式如下：

```
#include <windows.h>
#include "resource.h"

// 全域變數
HWND g_hwndDlg;
HANDLE g_hEvent;

// 函數宣告
INT_PTR CALLBACK DialogProc(HWND hwndDlg, UINT uMsg, WPARAM wParam, LPARAM
lParam);
DWORD WINAPI ThreadProc1(LPVOID lpParameter);
```

```
DWORD WINAPI ThreadProc2(LPVOID lpParameter);
DWORD WINAPI ThreadProc3(LPVOID lpParameter);

int WINAPI WinMain(HINSTANCE hInstance, HINSTANCE hPrevInstance, LPSTR
lpCmdLine, int nCmdShow)
{
    DialogBoxParam(hInstance, MAKEINTRESOURCE(IDD_MAIN), NULL, DialogProc,
NULL);
    return 0;
}

INT_PTR CALLBACK DialogProc(HWND hwndDlg, UINT uMsg, WPARAM wParam, LPARAM
lParam)
{
    HANDLE hThread[3];

    switch (uMsg)
    {
    case WM_INITDIALOG:
        g_hwndDlg = hwndDlg;

        //建立事件物件，手動重置
        g_hEvent = CreateEvent(NULL, TRUE, FALSE, NULL);

        EnableWindow(GetDlgItem(hwndDlg, IDC_BTN_SETEVENT), FALSE);
        return TRUE;

    case WM_COMMAND:
        switch (LOWORD(wParam))
        {
        case IDC_BTN_CREATETHREAD:
            //重置事件物件
            ResetEvent(g_hEvent);

            hThread[0] = CreateThread(NULL, 0, ThreadProc1, NULL, 0, NULL);
            hThread[1] = CreateThread(NULL, 0, ThreadProc2, NULL, 0, NULL);
            hThread[2] = CreateThread(NULL, 0, ThreadProc3, NULL, 0, NULL);
            for (int i = 0; i < 3; i++)
                CloseHandle(hThread[i]);
```

```
            EnableWindow(GetDlgItem(hwndDlg, IDC_BTN_SETEVENT), TRUE);
            break;

        case IDC_BTN_SETEVENT:
            //設定事件物件
            SetEvent(g_hEvent);
            EnableWindow(GetDlgItem(hwndDlg, IDC_BTN_SETEVENT), FALSE);
            break;

        case IDCANCEL:
            //關閉事件物件控制碼
            CloseHandle(g_hEvent);
            EndDialog(hwndDlg, 0);
            break;
        }
        return TRUE;
    }

    return FALSE;
}

DWORD WINAPI ThreadProc1(LPVOID lpParameter)
{
    WaitForSingleObject(g_hEvent, INFINITE);
    MessageBox(g_hwndDlg, TEXT("執行緒1成功等待到事件物件"), TEXT("提示"),
MB_OK);
    //做一些工作

    return 0;
}

DWORD WINAPI ThreadProc2(LPVOID lpParameter)
{
    WaitForSingleObject(g_hEvent, INFINITE);
    MessageBox(g_hwndDlg, TEXT("執行緒2成功等待到事件物件"), TEXT("提示"),
MB_OK);
    //做一些工作

    return 0;
}
```

```
DWORD WINAPI ThreadProc3(LPVOID lpParameter)
{
     WaitForSingleObject(g_hEvent, INFINITE);
     MessageBox(g_hwndDlg, TEXT("執行緒3成功等待到事件物件"), TEXT("提示"),
MB_OK);
     //做一些工作

     return 0;
}
```

WM_COMMAND 訊息中 IDC_BTN_CREATETHREAD 的 ResetEvent 函數呼叫是為了防止下次建立 3 個執行緒的時候，使用的還是前面的有訊號狀態的事件物件。完整程式請參考 Chapter1\ManualAuto 專案。

但是，如果把建立事件物件的程式改為 g_hEvent = CreateEvent (NULL, FALSE, FALSE, NULL); 來建立一個自動重置匿名事件物件，重新編譯執行程式，先點擊「建立三個執行緒」按鈕，再點擊 "SetEvent" 按鈕，可以發現只有一個訊息方塊彈出，這是因為在呼叫 SetEvent 函數後，系統只允許 3 個執行緒中的變成可排程狀態，但是不確定會排程其中的哪個執行緒，剩下的 2 個執行緒則一直等待。

對於本程式中設定事件物件為自動重置的情況，可以在每個執行緒函數傳回前加上一句 SetEvent(g_ hEvent); 設定事件物件為有訊號狀態，這樣 3 個執行緒都可以等待到事件物件的有訊號狀態。

1.5 執行緒間的同步

對多執行緒的程式來說，執行緒間的同步是一個非常重要的話題，例如當多個執行緒同時讀寫同一個記憶體變數或檔案時很容易出現混亂，如果一個執行緒正在修改檔案的資料，而這時另一個執行緒也在修改或讀取檔案的資料，則檔案的資料內容就會出現混亂。

產生同步問題的根源在於執行緒之間的切換是無法預測的，在一個執行緒執行完任何一行指令後，系統可能會打斷當前執行緒的執行，而去執行另一個執行緒。而另一個執行緒可能會修改前一個執行緒正在讀寫的資料，這就可能會引發錯誤的結果，一個執行緒不了解自己的 CPU 時間切片何時結束，也無法獲知下一個 CPU 時間切片會分配給哪個執行緒。

如果系統中執行緒的執行機制是，當一個執行緒修改共享資源時，其他執行緒只能等待前一個執行緒修改完成後才可以對該資源操作，因此程式設計師不需要關心執行緒間的同步問題。但是，Windows 是一個先佔式多工多執行緒作業系統，系統可以在任何時刻停止一個執行緒而去排程另一個執行緒。

我們先看一個會產生執行緒同步問題的程式 ThreadSync，如圖 1.4 所示。

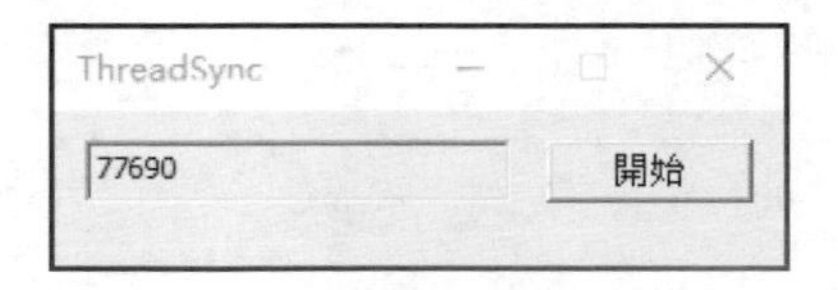

▲ 圖 1.4

點擊「開始」按鈕，程式把全域變數 g_n 的值指定值為 10，然後建立兩個執行緒同時對全域變數 g_n 的值做以下運算 1 億次：

```
g_n++; g_n--;
```

等這兩個執行緒結束後，把 g_n 的值顯示到編輯控制項中。ThreadSync.cpp 原始檔案內容如下：

```
#include <windows.h>
#include "resource.h"

// 常數定義
#define NUM 2

```

```
//全域變數
int g_n;

//函數宣告
INT_PTR CALLBACK DialogProc(HWND hwndDlg, UINT uMsg, WPARAM wParam, LPARAM
lParam);
DWORD WINAPI ThreadProc(LPVOID lpParameter);

int WINAPI WinMain(HINSTANCE hInstance, HINSTANCE hPrevInstance, LPSTR
lpCmdLine, int nCmdShow)
{
    DialogBoxParam(hInstance, MAKEINTRESOURCE(IDD_MAIN), NULL, DialogProc,
NULL);
    return 0;
}

INT_PTR CALLBACK DialogProc(HWND hwndDlg, UINT uMsg, WPARAM wParam, LPARAM
lParam)
{
    HANDLE hThread[NUM];

    switch (uMsg)
    {
    case WM_COMMAND:
        switch (LOWORD(wParam))
        {
        case IDC_BTN_START:
            EnableWindow(GetDlgItem(hwndDlg, IDC_BTN_START), FALSE);
            g_n = 10;      //建立執行緒執行執行緒函數以前把全域變數g_n指定值為10
            for (int i = 0; i < NUM; i++)
                hThread[i] = CreateThread(NULL, 0, ThreadProc, NULL, 0,
NULL);

            //實際程式設計中避免在主執行緒中這樣無限制地等待核心物件
            WaitForMultipleObjects(NUM, hThread, TRUE, INFINITE);
            for (int i = 0; i < NUM; i++)
                CloseHandle(hThread[i]);

            //所有執行緒結束以後，把g_n的最終值顯示在編輯控制項中
            SetDlgItemInt(hwndDlg, IDC_EDIT_NUM, g_n, TRUE);
```

```
            EnableWindow(GetDlgItem(hwndDlg, IDC_BTN_START), TRUE);
            break;

        case IDCANCEL:
            EndDialog(hwndDlg, 0);
            break;
        }
        return TRUE;
    }

    return FALSE;
}

DWORD WINAPI ThreadProc(LPVOID lpParameter)
{
    for (int i = 1; i <= 100000000; i++)
    {
        g_n++;
        g_n--;
    }

    return 0;
}
```

完整程式請參考 Chapter1\ThreadSync 專案。

正常情況下，執行緒函數中 g_n++;g_n--; 會保持全域變數 g_n 的值不變，但是編譯執行程式後，每次按下「開始」按鈕，編輯控制項中顯示的 g_n 的值都不同。注意不要編譯為 Release 版本，否則智慧的編譯器發現 g_n++;g_n--; 是在做無用功，會進行最佳化，結果總是為 10。

在 g_n++; 一行按 F9 鍵設定中斷點，按 F5 鍵開始偵錯，然後點擊「開始」按鈕，程式中斷，選擇 VS 功能表列的偵錯→視窗→反組譯命令，可以看到 g_n++; g_n--; 這兩行敘述被組合語言為以下敘述：

```
        g_n++;
001C4839  mov eax,    [g_n]
001C483E  add eax,    1
```

```
001C4841  mov [g_n], eax
        g_n--;
001C4846  mov eax,   [g_n]
001C484B  sub eax,   1
001C484E  mov [g_n], eax
```

前面說過：在一個執行緒執行完任何一行指令後，系統可能會打斷執行緒的執行，而去執行另一個執行緒，而另一個執行緒可能會修改前一個執行緒正在讀寫的物件，這就可能會引發錯誤的結果，一個執行緒並不了解自己的 CPU 時間切片何時會結束，也無法確定下一個 CPU 時間切片會分配給哪個執行緒。一個執行緒有 6 行敏感指令，執行緒函數迴圈 1 億次，如果執行緒 1 執行了 1 行指令，然後切換到執行緒 2 執行了 2 行指令，依此類推，有無數種可能的組合。請看下面的指令執行順序組合，有縮排的程式行代表執行緒 2：

```
001C4839  mov eax, [g_n]          //10
   001C4839  mov eax, [g_n]
001C483E  add eax, 1
   001C483E  add eax, 1
001C4841  mov [g_n], eax          //12
   001C4841  mov [g_n], eax
001C4846  mov eax, [g_n]
001C484B  sub eax, 1
   001C4846  mov eax, [g_n]   //12
   001C484B  sub eax, 1
001C484E  mov [g_n], eax          //11
   001C484E  mov [g_n], eax
```

以上程式將全域變數 g_n 的值增加了 1 變為 11。

執行緒同步要解決的問題就是當多個執行緒同時存取一個共享資源時避免破壞資源的完整性。當有一個執行緒正在對共享資源操作時，其他執行緒只能等待，直到該執行緒完成操作後才可以對該共享資源操作，即保證執行緒對共享資源操作的獨佔性、原子性。

Windows 提供了許多執行緒間同步機制，包括使用者模式下的關鍵區段（Critical Section）物件，核心模式下的事件物件、可等待計時器物件、訊號量物件以及互斥量物件等。關鍵區段物件是由處理程序維護的，使用關鍵區段進行執行緒間同步稱為使用者模式下的執行緒同步。事件物件、可等待計時器物件、訊號量物件以及互斥量物件屬於核心物件，核心物件由作業系統維護，使用這些核心物件進行執行緒間同步稱為核心模式下的執行緒同步。

使用者模式下的執行緒同步最常用的是關鍵區段，在進行執行緒同步時執行緒保持處於使用者模式，在使用者模式下進行執行緒同步的最大好處是速度非常快。與使用者模式下的同步機制相比，使用核心物件進行執行緒間同步，呼叫執行緒必須從使用者模式切換到核心模式，這種切換非常耗時，可能需要上千個 CPU 週期。

1.5.1 使用者模式執行緒同步

1. Interlocked 原子存取系列函數

就上面的 ThreadSync 範例而言，最簡單的執行緒同步方式是使用 Interlocked 原子存取系列函數。InterlockedIncrement、Interlocked Decrement 這兩個函數可以保證以原子方式對多個執行緒的共享變數進行遞增、遞減操作：

```
LONG InterlockedIncrement(_Inout_ LONG volatile* Addend);
LONG InterlockedDecrement(_Inout_ LONG volatile* Addend);
```

當讀取一個變數時，為了提高讀取速度，編譯器最佳化時可能會把變數讀取到一個暫存器中，下次讀取變數值時直接從暫存器中設定值。volatile 關鍵字表示告知編譯器不要對該變數進行任何形式的最佳化，而是始終從變數所在的記憶體位址中讀取變數的值。當多個執行緒同時讀寫一個共享變數時，為了安全起見，可以為共享變數設定 volatile 關鍵字。

把執行緒函數 ThreadProc 中對全域變數 g_n 的遞增、遞減更改為以下程式：

```
DWORD WINAPI ThreadProc(LPVOID lpParameter)
{
    for (int i = 1; i <= 100000000; i++)
    {
        InterlockedIncrement((PLONG)&g_n);
        InterlockedDecrement((PLONG)&g_n);
    }

    return 0;
}
```

即可保證兩個執行緒函數執行結束後全域變數 g_n 的值始終為 10。

也可以使用 InterlockedExchangeAdd 函數：

```
LONG InterlockedExchangeAdd(
    _Inout_ LONG volatile* Addend, // 共享變數
    _In_    LONG      Value); // 要加到 Addend 參數指向的變數的值，指定為負數就是減
```

該函數將 Addend + Value 的結果放入 Addend 參數指向的變數中，函數傳回值為原 Addend 參數指向的變數的值。

InterlockedExchange 函數用於將一個共享變數的值設定為指定的值，InterlockedExchangePointer 函數用於將一個共享指標變數的值設定為指定的指標值：

```
LONG InterlockedExchange(
    _Inout_ LONG volatile* Target,        // 共享變數
    _In_    LONG           Value);           //*Target = Value
PVOID InterlockedExchangePointer(
    _Inout_ PVOID volatile* Target,       // 共享變數
    _In_    PVOID           Value);          //*Target = Value
```

以上兩個函數的傳回值是原 Target 參數指向的變數的值。

InterlockedCompareExchange 函數用於將一個共享變數的值與指定值進行比較，如果相等則將共享變數指定值為另一個指定值，InterlockedCompareExchangePointer 函數用於將一個共享指標變數的值與指定的指標值

進行比較，如果相等則將共享指標變數指定值為另一個指定的指標值：

```
LONG InterlockedCompareExchange(
    _Inout_ LONG volatile* Destination,   //共享變數
    _In_    LONG           ExChange,
    _In_    LONG           Comperand);    // if (*Destination == Comperand)
                                            *Destination = ExChange;
PVOID InterlockedCompareExchangePointer(
    _Inout_ PVOID volatile* Destination, //共享變數
    _In_    PVOID           Exchange,
    _In_    PVOID           Comperand); // if (*Destination == Comperand)
                                            *Destination = ExChange;
```

以上兩個函數的傳回值是原 Destination 參數指向的變數的值。

將一個共享變數的值和指定值進行逐位元與、逐位元或、逐位元互斥的函數分別是 InterlockedAnd、InterlockedOr、InterlockedXor：

```
LONG InterlockedAnd(
    _Inout_ LONG volatile* Destination,// 共享變數
    _In_    LONG           Value);     //*Destination = *Destination & Value
LONG InterlockedOr(
    _Inout_ LONG volatile* Destination,// 共享變數
    _In_    LONG           Value);     //*Destination = *Destination | Value
LONG InterlockedXor(
    _Inout_ LONG volatile* Destination,// 共享變數
    _In_    LONG           Value);     //*Destination = *Destination ^ Value
```

以上 3 個函數的傳回值是原 Destination 參數指向的變數的值。

如果程式編譯為 64 位元，LPVOID 則為 64 位元指標，因此 InterlockedExchangePointer 和 Interlocked CompareExchangePointer 這兩個函數可以對 32 位元和 64 位元的指標值操作。除了這兩個函數，上述其他函數都是對 32 位元值操作，Windows 也提供了對 64 位元值操作的相關函數：

```
InterlockedIncrement64;
InterlockedDecrement64;
```

```
InterlockedExchangeAdd64;
InterlockedExchange64;
InterlockedCompareExchange64;
```

2. 關鍵區段

關鍵區段（Critical Section）物件也稱為臨界區物件，即把操作共享資源的一段程式保護起來，當一個執行緒正在執行操作共享資源的這段程式時，其他試圖存取共享資源的執行緒都將被暫停，一直等待到前一個執行緒執行完，其他執行緒才可以執行操作共享資源的程式。當然，系統也可以暫停當前執行緒去排程其他執行緒，但是在當前執行緒離開關鍵區段前，系統是不會去排程任何想要存取同一資源的其他執行緒的。

使用關鍵區段物件進行執行緒間同步，涉及以下 4 個函數：

```
// 初始化關鍵區段物件
VOID WINAPI InitializeCriticalSection(_Out_ LPCRITICAL_SECTION
lpCriticalSection);
// 試圖進入關鍵區段
VOID WINAPI EnterCriticalSection(_Inout_ LPCRITICAL_SECTION
lpCriticalSection);
// 離開關鍵區段
VOID WINAPI LeaveCriticalSection(_Inout_ LPCRITICAL_SECTION lpCriticalSection);
// 釋放關鍵區段物件
VOID WINAPI DeleteCriticalSection(_Inout_ LPCRITICAL_SECTION lpCriticalSection);
```

lpCriticalSection 參數是一個指向 CRITICAL_SECTION 結構的指標，我們不需要關注結構的具體欄位，因為其維護和測試工作都由 Windows 完成。CRITICAL_SECTION 結構通常需要定義為全域變數，以便處理程序中的所有執行緒都能夠存取到該結構。

在使用關鍵區段物件前必須先呼叫 InitializeCriticalSection 函數初始化 CRITICAL_SECTION 結構，該函數會設定 CRITICAL_SECTION 結構的一些欄位。

對共享資源操作的程式必須包含在 EnterCriticalSection 和 LeaveCriticalSection 函數呼叫之間，為了實作對共享資源的互斥存取，每個執行緒在執行操作共享資源的任何程式前必須先呼叫 EnterCriticalSection 函數，該函數試圖擁有關鍵區段物件的所有權。同一時刻只能有一個執行緒擁有關鍵區段物件，EnterCriticalSection 函數會一直等待，直到獲取了關鍵區段物件的所有權後函數才傳回，等待逾時時間由登錄檔 HKEY_LOCAL_MACHINE\SYSTEM\CurrentControlSet\Control\SessionManager\CriticalSectionTimeout 指定，預設值為 2,592,000 秒，大約相當於 30 天。

執行完操作共享資源的程式後，需要呼叫 LeaveCriticalSection 函數釋放對關鍵區段物件的所有權，以便其他正在等待的執行緒獲得關鍵區段物件的所有權並執行操作共享資源的程式。

不再需要關鍵區段物件時需要呼叫 DeleteCriticalSection 函數釋放關鍵區段物件，該函數會釋放關鍵區段物件使用的所有系統資源。

下面使用關鍵區段物件改寫 ThreadSync 程式，Chapter1\ThreadSync_CriticalSection\ThreadSync\ThreadSync.cpp 原始檔案的內容如下：

```
#include <windows.h>
#include "resource.h"

// 常數定義
#define NUM 2

// 全域變數
int g_n;
CRITICAL_SECTION g_cs;

// 函數宣告
INT_PTR CALLBACK DialogProc(HWND hwndDlg, UINT uMsg, WPARAM wParam, LPARAM
lParam);
DWORD WINAPI ThreadProc(LPVOID lpParameter);

int WINAPI WinMain(HINSTANCE hInstance, HINSTANCE hPrevInstance, LPSTR
lpCmdLine, int nCmdShow)
{
    DialogBoxParam(hInstance, MAKEINTRESOURCE(IDD_MAIN), NULL, DialogProc,
NULL);
```

```
    return 0;
}

INT_PTR CALLBACK DialogProc(HWND hwndDlg, UINT uMsg, WPARAM wParam, LPARAM
lParam)
{
    HANDLE hThread[NUM];

    switch (uMsg)
    {
    case WM_INITDIALOG:
        // 初始化關鍵區段物件 CRITICAL_SECTION 結構
        InitializeCriticalSection(&g_cs);
        return TRUE;

    case WM_COMMAND:
        switch (LOWORD(wParam))
        {
        case IDC_BTN_START:
            EnableWindow(GetDlgItem(hwndDlg, IDC_BTN_START), FALSE);
            g_n = 10;    // 建立執行緒執行執行緒函數以前將全域變數 g_n 指定值為 10
            for (int i = 0; i < NUM; i++)
                hThread[i] = CreateThread(NULL, 0, ThreadProc, NULL, 0,
NULL);

            WaitForMultipleObjects(NUM, hThread, TRUE, INFINITE);
            for (int i = 0; i < NUM; i++)
                CloseHandle(hThread[i]);

            // 所有執行緒結束後，將 g_n 的最終值顯示在編輯控制項中
            SetDlgItemInt(hwndDlg, IDC_EDIT_NUM, g_n, TRUE);
            EnableWindow(GetDlgItem(hwndDlg, IDC_BTN_START), TRUE);
            break;

        case IDCANCEL:
            // 釋放關鍵區段物件
            DeleteCriticalSection(&g_cs);
            EndDialog(hwndDlg, 0);
            break;
        }
```

```
            return TRUE;
        }

        return FALSE;
}

DWORD WINAPI ThreadProc(LPVOID lpParameter)
{
        for (int i = 1; i <= 100000000; i++)
        {
            // 進入關鍵區段
            EnterCriticalSection(&g_cs);
            g_n++;
            g_n--;
            // 離開關鍵區段
            LeaveCriticalSection(&g_cs);
        }

        return 0;
}
```

完整程式請參考 Chapter1\ThreadSync_CriticalSection 專案。因為每個執行緒獨佔對共享資源的存取，因此使用關鍵區段物件進行執行緒同步後，執行速度肯定會慢一些，但是能夠保證操作結果的正確性。

有以下兩個需要注意的問題。

（1）同時存取多個共享資源。有時候程式可能需要同時存取兩個（或多個）共享資源，例如程式可能需要鎖定一個資源來從中讀取資料，同時鎖定另一個資源將剛剛讀取的資料寫入其中，如果每個資源都有專屬的關鍵區段物件：

```
DWORD WINAPI ThreadProc1(LPVOID lpParameter)
{
      EnterCriticalSection(&g_cs1);
      EnterCriticalSection(&g_cs2);
      // 從資源 1 讀取資料
      // 向資源 2 寫入資料
```

```
    LeaveCriticalSection(&g_cs2);
    LeaveCriticalSection(&g_cs1);
    return 0;
}
```

假設程式中有另一個執行緒 2 也需要存取這兩個共享資源：

```
DWORD WINAPI ThreadProc2(LPVOID lpParameter)
{
    EnterCriticalSection(&g_cs2);
    EnterCriticalSection(&g_cs1);
    // 從資源 1 讀取資料
    // 向資源 2 寫入資料
    LeaveCriticalSection(&g_cs1);
    LeaveCriticalSection(&g_cs2);
    return 0;
}
```

執行緒 2 函數所做的改動是調換 EnterCriticalSection 和 LeaveCriticalSection 函數使用兩個關鍵區段物件的順序，假設執行緒 1 開始執行並得到 g_cs1 關鍵區段的所有權，然後執行執行緒 2 並得到 g_cs2 關鍵區段的所有權，程式將發生鎖死，當執行緒 1 和執行緒 2 中的任何一個試圖繼續執行時，都無法得到它需要的另一個關鍵區段的所有權。

為了解決這個問題，我們必須在程式中以完全相同的順序來獲得關鍵區段的所有權。呼叫 LeaveCriticalSection 函數時順序則無關緊要，這是因為呼叫該函數從來不會使執行緒進入等候狀態。

（2）一個執行緒不要長時間獨佔共享資源。如果一個關鍵區段被長時間獨佔，那麼其他需要獲得關鍵區段所有權的執行緒只能進入等候狀態，這會影響到應用程式的性能。下面的程式將在 WM_SOMEMSG 訊息被發送到另一個視窗並得到處理前阻止其他執行緒修改 g_struct 結構的值：

```
SOMESTRUCT g_struct;
CRITICAL_SECTION g_cs;

DWORD WINAPI SomeThreadProc(LPVOID lpParameter)
```

```
{
    EnterCriticalSection(&g_cs);
    SendMessage(hwndSomeWnd, WM_SOMEMSG, (WPARAM) &g_struct, 0);
    LeaveCriticalSection(&g_cs);
    return 0;
}
```

我們不確定 hwndSomeWnd 所屬的視窗過程需要多長時間來處理 WM_SOMEMSG 訊息，可能只需要幾秒，也可能需要幾小時。在這段時間內，其他執行緒都無法得到對 g_struct 結構的存取權。將前述程式寫成以下形式會更好：

```
SOMESTRUCT g_struct;
CRITICAL_SECTION g_cs;

DWORD WINAPI SomeThreadProc(LPVOID lpParameter)
{
    EnterCriticalSection(&g_cs);
    SOMESTRUCT structTemp = g_struct;    // 複製一份 g_struct 結構作為臨時變數
    LeaveCriticalSection(&g_cs);

    SendMessage(hwndSomeWnd, WM_SOMEMSG, (WPARAM)&structTemp, 0);
    return 0;
}
```

複製一份 g_struct 結構作為臨時變數後，即可呼叫 LeaveCritical Section 函數釋放關鍵區段的所有權。採用這樣的處理方式，如果其他執行緒需要等待使用 g_struct 結構，那麼它們最多只需要等待幾個 CPU 週期，而非一段長度不確定的時間。當然，前提是假設 hwndSomeWnd 視窗過程只需要讀取 g_struct 結構的內容，並且視窗過程不會修改結構中的欄位。

SendMessage 函數為指定的視窗呼叫視窗過程，直到視窗過程處理完訊息後函數才傳回，傳回值為指定訊息處理的結果，即當視窗過程處理完該訊息後，Windows 才把控制權交還給 SendMessage 呼叫的下一行敘述。與 SendMessage 函數不同的是 PostMessage 函數是將一個訊息投遞到一個執行緒的訊息佇列然後立即傳回，PostMessage 是把訊息發送到指定視窗控制碼所在執行緒的訊息佇列再由執行緒來分發。這裡不可以使用 PostMessage 函數代替 SendMessage 函數呼叫，因為程式無法保證在 WM_SOMEMSG 訊息得到處理前 g_struct 結構的欄位不發生變化。

3. SRW 鎖

SRW 鎖（Slim Reader/Writer Locks）和關鍵區段物件類似，也可以用於把操作共享資源的一段程式保護起來，系統對 SRW 鎖進行了速度最佳化，佔用的記憶體較少。SRW 鎖的性能與關鍵區段不相上下，在某些場合性能可能會超過關鍵區段，因此 SRW 鎖可以替代關鍵區段來使用。

SRW 鎖提供了以下兩種對於共享資源的存取模式。

- 共享模式。多個讀取執行緒（用於讀取共享資源的執行緒）可以同時獲取到 SRW 鎖物件，所以可以同時讀取共享資源的內容。如果一個處理程序中執行緒讀取操作的頻率超過寫入操作，則與關鍵區段相比，這種併發性可以提高程式的性能和輸送量。
- 獨佔模式。同一時刻只能有一個寫入執行緒（用於寫入共享資源的執行緒）可以獲取到 SRW 鎖物件，如果一個寫入執行緒以獨佔模式獲取到 SRW 鎖物件，則在該執行緒釋放鎖前，其他任何執行緒都無法獲取到 SRW 鎖物件因而不能存取共享資源。

在使用 SRW 鎖前必須對其進行初始化，InitializeSRWLock 函數用於動態初始化一個 SRW 鎖物件：

```
VOID WINAPI InitializeSRWLock(_Out_ PSRWLOCK pSRWLock);
```

pSRWLock 參數指向的 SRWLOCK 結構只有一個 LPVOID 類型的指標欄位（結構的具體欄位不需要也不應該關心），優點是更新鎖狀態的速度很快，缺點是只能儲存很少的狀態資訊，因此 SRW 鎖無法檢測共享模式下不正確的遞迴使用。

InitializeSRWLock 函數用於動態初始化 SRWLOCK 結構，也可以將常數 SRWLOCK_INIT 指定值給 SRWLOCK 結構的變數以靜態初始化。

一個讀取執行緒可以透過呼叫 AcquireSRWLockShared 函數以共享模式獲取 SRW 鎖；當不再需要 SRW 鎖時，同一執行緒應該呼叫 ReleaseSRWLockShared 函數釋放以共享模式獲取到的 SRW 鎖。需要注意的是，SRW 鎖必須由獲取它的同一個執行緒釋放。這兩個函數的原型如下：

```
VOID WINAPI AcquireSRWLockShared(_Inout_ PSRWLOCK pSRWLock);
VOID WINAPI ReleaseSRWLockShared(_Inout_ PSRWLOCK pSRWLock);
```

一個寫入執行緒可以透過呼叫 AcquireSRWLockExclusive 函數以獨佔模式獲取 SRW 鎖；當不再需要 SRW 鎖時，同一執行緒應該呼叫 ReleaseSRWLockExclusive 函數釋放以獨佔模式獲取到的 SRW 鎖。同樣需要注意，SRW 鎖必須由獲取它的同一個執行緒釋放。這兩個函數的原型如下：

```
VOID WINAPI AcquireSRWLockExclusive(_Inout_ PSRWLOCK pSRWLock);
VOID WINAPI ReleaseSRWLockExclusive(_Inout_ PSRWLOCK pSRWLock);
```

不應該遞迴獲取共享模式 SRW 鎖，因為當與獨佔獲取結合時會形成鎖死；不能遞迴獲取獨佔模式 SRW 鎖，如果一個執行緒試圖獲取它已經持有的鎖，會失敗或形成鎖死。

4. 條件變數

條件變數是利用執行緒間共享的全域變數進行同步的一種機制，主要包括兩個動作：一個執行緒因為「等待條件變數觸發」而進入睡眠狀態，另一個執行緒可以「觸發條件變數」從而喚醒睡眠執行緒。條件變數可以和關鍵區段或 SRW 鎖一起使用。

假設這種情況，讀取執行緒和寫入執行緒共享一個緩衝區，且共享一個關鍵區段或 SRW 鎖物件以同步對共享緩衝區的讀 / 寫，緩衝區有大小限制，比如說只能寫入 10 項資料，寫入執行緒作為生產者負責向緩衝區寫入資料，讀取執行緒作為消費者從緩衝區讀取資料。寫入執行緒不斷向緩衝區寫入資料，當緩衝期已滿（佇列已滿），寫入執行緒可以釋放關鍵區段或 SRW 鎖物件並讓自己進入睡眠狀態，這樣一來，讀取執行緒就可以獲取到關鍵區段或 SRW 鎖物件從而進行讀取操作；讀取執行緒每讀取一項就讓緩衝區減少一項（清空一項，減小佇列），當佇列為空的時候，讀取執行緒可以釋放關鍵區段或 SRW 鎖物件並讓自己進入睡眠狀態，這樣一來，寫入執行緒就可以獲取到關鍵區段或 SRW 鎖物件從而進行寫入操作。當然，為了提高工作效率，當讀取執行緒清空一項時，可以喚醒寫入執行緒繼續寫入資料（進行生產工作），當寫入執行緒寫入一項時，可以喚醒讀取執行緒繼續讀取資料（進行消費工作），就是說只要佇列未滿那麼寫入執行緒就不停生產，只要佇列不為空那麼讀取執行緒就不停消費。

在使用條件變數前必須對其進行初始化，InitializeConditionVariable 函數用於動態初始化條件變數：

```
VOID WINAPI InitializeConditionVariable(_Out_ PCONDITION_VARIABLE
pConditionVariable);
```

pConditionVariable 參數指向的 CONDITION_VARIABLE 結構只有一個 LPVOID 類型的指標欄位（結構的具體欄位不需要也不應該關心）。InitializeConditionVariable 函數用於動態初始化 CONDITION_VARIABLE 結構，也可以將常數 CONDITION_VARIABLE_INIT 指定值給 CONDITION_VARIABLE 結構的變數以靜態初始化。

一個執行緒可以透過呼叫 SleepConditionVariableCS 函數原子性地釋放關鍵區段並進入睡眠狀態；另一個執行緒可以透過呼叫 SleepConditionVariableSRW 函數原子性地釋放 SRW 鎖並進入睡眠狀態。這兩個函數的原型如下：

```
BOOL WINAPI SleepConditionVariableCS(
    _Inout_ PCONDITION_VARIABLE pConditionVariable, // 指向條件變數的指標
    _Inout_ PCRITICAL_SECTION   pCriticalSection,   // 指向關鍵區段物件的指標
    _In_    DWORD               dwMilliseconds);    // 逾時時間，以毫秒為單位
BOOL WINAPI SleepConditionVariableSRW(
    _Inout_ PCONDITION_VARIABLE pConditionVariable, // 指向條件變數的指標
```

```
    _Inout_ PSRWLOCK            pSRWLock,           //指向 SRW 鎖物件的指標
    _In_    DWORD               dwMilliseconds,     //逾時時間，以毫秒為單位
    _In_    ULONG               ulFlags);           //SRW 鎖的存取模式
```

- pConditionVariable 參數是一個指向條件變數的指標，呼叫執行緒正在該條件變數上睡眠。
- pCriticalSection 和 pSRWLock 參數是分別指向關鍵區段物件和 SRW 鎖物件的指標，關鍵區段物件和 SRW 鎖物件用於同步對共享資源的存取。
- SleepConditionVariableCS 和 SleepConditionVariableSRW 函數可以分別原子性地釋放關鍵區段物件和 SRW 鎖物件的所有權並使呼叫執行緒進入睡眠狀態，因此在呼叫這兩個函數前必須已經分別呼叫 EnterCriticalSection 和 AcquireSRWLockShared（或 AcquireSRWLockExclusive）函數獲取到關鍵區段物件和 SRW 鎖物件的所有權。
- dwMilliseconds 參數指定逾時時間，以毫秒為單位。如果逾時時間已過，SleepConditionVariableCS 和 SleepConditionVariableSRW 函數將分別重新獲取到關鍵區段物件和 SRW 鎖物件的所有權並傳回 FALSE；如果該參數設定為 0，這兩個函數在測試指定條件變數的狀態後會立即傳回；如果該參數設定為 INFINITE，表示逾時時間永不過期。
- SleepConditionVariableSRW 函數的 ulFlags 參數用於指定 SRW 鎖的存取模式。如果該參數設定為 CONDITION_VARIABLE_LOCKMODE_SHARED(1)，表示 SRW 鎖處於共享模式；如果該參數設定為 0，表示 SRW 鎖處於獨佔模式。
- 如果函數執行成功，則傳回值為 TRUE；如果函數執行失敗或逾時時間已過，則傳回值為 FALSE。

WakeConditionVariable 函數用於喚醒正在條件變數上睡眠的執行緒；WakeConditionVariable 函數用於喚醒正在條件變數上睡眠的所有執行緒。前者僅喚醒正在條件變數上睡眠的單一執行緒，後者可以喚醒正在

條件變數上睡眠的所有執行緒，喚醒一個執行緒類似於自動重置事件，而喚醒所有執行緒類似於自動重置事件。執行緒被喚醒後，會重新獲取到執行緒進入睡眠狀態時釋放的關鍵區段 /SRW 鎖物件。這兩個函數的原型如下：

```
VOID WINAPI WakeConditionVariable(_Inout_ PCONDITION_VARIABLE
pConditionVariable);
VOID WINAPI WakeAllConditionVariable(_Inout_ PCONDITION_VARIABLE
pConditionVariable);
```

條件變數會受到虛假喚醒（與顯性喚醒無關的喚醒）和失 喚醒（另一個執行緒設法在被喚醒執行緒之前執行）的影響，因此應該在 SleepConditionVariableCS/SleepConditionVariableSRW 函數呼叫傳回後重新檢查「所需的條件」是否成立。例如下面的虛擬程式碼：

```
CRITICAL_SECTION    g_csCritSection;
CONDITION_VARIABLE g_cvConditionVar;

VOID PerformOperationOnSharedData()
{
   // 獲取關鍵區段物件的所有權
   EnterCriticalSection(&g_csCritSection);

   // 除非 " 所需的條件 " 成立，否則一直睡眠
   while (" 所需的條件 " 不成立 )
      SleepConditionVariableCS(&g_cvConditionVar, &g_csCritSection, INFINITE);

   // 現在 " 所需的條件 " 已經成立，可以安全地讀 / 寫共享資源
   //...

   // 釋放關鍵區段物件的所有權
   LeaveCriticalSection(&g_csCritSection);

   // 這裡，可以透過呼叫 WakeConditionVariable / WakeAllConditionVariable 函數來喚
     醒其他執行緒
}
```

條件變數的例子參見 ConditionVariableDemo 專案。

1.5.2 核心模式執行緒同步

需要反覆說明的是，使用者模式下的執行緒同步最常用的是關鍵區段。在進行執行緒同步時使執行緒保持在使用者模式下，在使用者模式下進行執行緒同步的最大好處是速度非常快。與使用者模式下的同步機制相比，使用核心物件進行執行緒間同步，呼叫執行緒必須從使用者模式切換到核心模式，這種切換是非常耗時的，可能需要上千個 CPU 週期。

但是關鍵區段物件的缺點是，關鍵區段只能用來對同一個處理程序中的執行緒進行同步，一般用於對速度要求比較高並且不需要跨處理程序進行同步的情況。呼叫 EnterCriticalSection 函數進入關鍵區段的時候沒有指定最長等待時間的參數，如果一個執行緒在呼叫 EnterCriticalSection 函數以後被迫中斷，則其他執行緒對 EnterCriticalSection 函數的呼叫就永遠不會傳回，即其他執行緒一直沒有機會獲得關鍵區段物件的所有權。

1. 事件物件

根據自動重置事件物件（Event）的特點：當一個自動重置事件物件變成有訊號狀態時，只有一個正在等待該事件物件的執行緒可以變成可排程狀態，可以使用自動重置事件物件進行執行緒間同步。

下面使用事件物件改寫 ThreadSync 程式，Chapter1\ThreadSync_Event\ThreadSync\ThreadSync.cpp 原始檔案的內容如下：

```
#include <windows.h>
#include "resource.h"

// 常數定義
#define NUM 2

// 全域變數
int g_n;
HANDLE g_hEvent;

// 函數宣告
INT_PTR CALLBACK DialogProc(HWND hwndDlg, UINT uMsg, WPARAM wParam, LPARAM
```

```
lParam);
DWORD WINAPI ThreadProc(LPVOID lpParameter);

int WINAPI WinMain(HINSTANCE hInstance, HINSTANCE hPrevInstance, LPSTR
lpCmdLine, int nCmdShow)
{
    DialogBoxParam(hInstance, MAKEINTRESOURCE(IDD_MAIN), NULL, DialogProc,
NULL);
    return 0;
}

INT_PTR CALLBACK DialogProc(HWND hwndDlg, UINT uMsg, WPARAM wParam, LPARAM
lParam)
{
    HANDLE hThread[NUM];

    switch (uMsg)
    {
    case WM_INITDIALOG:
        //建立一個自動重置匿名事件物件
        g_hEvent = CreateEvent(NULL, FALSE, FALSE, NULL);
        return TRUE;

    case WM_COMMAND:
        switch (LOWORD(wParam))
        {
        case IDC_BTN_START:
            //設定事件物件為有訊號狀態
            SetEvent(g_hEvent);

            EnableWindow(GetDlgItem(hwndDlg, IDC_BTN_START), FALSE);
            g_n = 10;    //建立執行緒執行執行緒函數以前將全域變數g_n指定值為10
            for (int i = 0; i < NUM; i++)
                hThread[i] = CreateThread(NULL, 0, ThreadProc, NULL, 0,
NULL);

            WaitForMultipleObjects(NUM, hThread, TRUE, INFINITE);
            for (int i = 0; i < NUM; i++)
                CloseHandle(hThread[i]);
```

```
                //所有執行緒結束以後，將g_n的最終值顯示在編輯控制項中
                SetDlgItemInt(hwndDlg, IDC_EDIT_NUM, g_n, TRUE);
                EnableWindow(GetDlgItem(hwndDlg, IDC_BTN_START), TRUE);
                break;

            case IDCANCEL:
                //關閉事件物件控制碼
                CloseHandle(g_hEvent);
                EndDialog(hwndDlg, 0);
                break;
            }
            return TRUE;
        }

    return FALSE;
}

DWORD WINAPI ThreadProc(LPVOID lpParameter)
{
    for (int i = 1; i <= 100000000; i++)
    {
        //等待事件物件
        WaitForSingleObject(g_hEvent, INFINITE);
        g_n++;
        g_n--;
        //設定事件物件為有訊號
        SetEvent(g_hEvent);
    }

    return 0;
}
```

完整程式請參考 Chapter1\ThreadSync_Event 專案。編譯執行程式可以發現，使用事件物件後，執行速度相比使用關鍵區段物件慢了很多，讀者可以設定較少的迴圈次數（例如 100 萬次）。

事件物件不僅可以用於同一個處理程序中的執行緒同步，還可以用於不同處理程序中的執行緒同步。在呼叫 CreateEvent 函數建立事件物件時，可以將最後一個參數 lpName 設定為事件名稱字串，表示建立一個命

名事件物件，在其他處理程序中可以使用 CreateEvent 或 OpenEvent 函數指定相同的事件名稱開啟該事件物件進行使用。

2. 互斥量物件

互斥量物件（Mutex）與關鍵區段物件類似，用於提供對共享資源的互斥存取，同一時刻只能有一個執行緒擁有互斥量物件的所有權。互斥量有兩種狀態：有訊號和無訊號狀態，當沒有任何執行緒擁有互斥量的所有權時為有訊號狀態，如果有一個執行緒擁有了互斥量的所有權則為無訊號狀態。

使用互斥量物件進行執行緒間同步，涉及以下函數。

```
// 建立一個互斥量物件
HANDLE WINAPI CreateMutex(
    _In_opt_ LPSECURITY_ATTRIBUTES lpMutexAttributes,
    _In_     BOOL                  bInitialOwner,   // 初始情況下呼叫執行緒是否擁
                                                       有互斥量物件的所有權
    _In_opt_ LPCTSTR               lpName);      // 互斥量物件名稱字串，區分大小寫
// 等待互斥量物件
WaitForSingleObject
// 釋放互斥量物件所有權
BOOL WINAPI ReleaseMutex(_In_ HANDLE hMutex);
// 關閉互斥量物件控制碼
CloseHandle
```

- lpMutexAttributes 參數是一個指向 SECURITY_ATTRIBUTES 結構的指標，與建立執行緒、事件物件的第一個參數的含義相同。
- bInitialOwner 參數指定初始情況下呼叫執行緒是否擁有互斥量物件的所有權。如果設定為 TRUE 則呼叫執行緒建立互斥量物件以後自動獲得其所有權，如果設定為 FALSE 則初始情況下呼叫執行緒不會獲得互斥量物件的所有權。
- lpName 參數的用法與建立事件物件的名稱相同參數用法相同，用於指定互斥量物件的名稱，區分大小寫，最多 MAX_PATH(260) 個字元。如果需要共享該互斥量物件，可以設定一個名稱，表示

建立一個命名互斥量物件，在其他地方可以透過呼叫 CreateMutex 或 OpenMutex 函數並指定名稱來獲取到該互斥量物件；如果不需要共享互斥量物件，lpName 參數可以設定為 NULL 表示建立一個匿名互斥量物件。

如果 CreateMutex 函數執行成功，則傳回值為互斥量物件的控制碼，否則傳回值為 NULL。如果呼叫 CreateMutex 函數時指定了互斥量物件名稱，則有下面兩種情況。

（1）如果系統中已經存在指定名稱的互斥量物件，則函數會獲取到該互斥量物件。函數呼叫成功並傳回一個互斥量物件控制碼，呼叫 GetLastError 函數將傳回 ERROR_ALREADY_EXISTS。

（2）如果系統中已經存在一個名稱相同的其他核心物件，例如事件物件、訊號量物件，則函數呼叫會失敗，傳回值為 NULL，呼叫 GetLastError 函數將傳回 ERROR_INVALID_HANDLE。

如前所述，在執行操作共享資源的程式前，應該呼叫 WaitForSingleObject 函數等待互斥量物件變成有訊號狀態。如果有其他執行緒正在擁有互斥量物件的所有權，則函數會一直等待。當沒有任何執行緒擁有互斥量物件的所有權時，函數傳回，並擁有互斥量物件的所有權，接下來即可進行對共享資源的獨佔操作。

執行完操作共享資源的程式後，應該呼叫 ReleaseMutex 釋放對互斥量物件的所有權。

可以透過呼叫 OpenMutex 函數開啟一個已經存在的命名互斥量物件：

```
HANDLE WINAPI OpenMutex(
    _In_ DWORD    dwDesiredAccess,    // 互斥量物件存取權限，一般設定為 NULL
    _In_ BOOL     bInheritHandle,     // 在建立新處理程序時是否繼承傳回的控制碼，
                                          TRUE 或 FALSE
    _In_ LPCTSTR lpName);             // 要開啟的互斥量物件的名稱，區分大小寫
```

如果沒有找到這個名稱的互斥量物件，函數將傳回 NULL，GetLast Error 傳回 ERROR_FILE_ NOT_FOUND；如果找到了這個名稱的核心物件，但是類型不同，函數將傳回 NULL，GetLastError 傳回 ERROR_INVALID_HANDLE；如果名稱相同，類型也相同，函數將傳回互斥量物件的控制碼。呼叫 CreateMutex 和 OpenMutex 函數的主要區別在於，如果互斥量物件不存在，CreateMutex 函數會建立它；OpenMutex 函數則不同，如果物件不存在，函數將傳回 NULL。呼叫 CreateMutex 或 OpenMutex 函數開啟一個已經存在的命名互斥量物件，都會導致互斥量物件的引用計數加 1。

建立或開啟互斥量物件後，不再需要時應該呼叫 CloseHandle 函數關閉互斥量物件控制碼。

下面使用互斥量物件改寫 ThreadSync 程式，Chapter1\ThreadSync_Mutex\ThreadSync\ThreadSync. cpp 原始檔案的內容如下：

```
#include <windows.h>
#include "resource.h"

// 常數定義
#define NUM 2

// 全域變數
int g_n;
HANDLE g_hMutex;

// 函數宣告
INT_PTR CALLBACK DialogProc(HWND hwndDlg, UINT uMsg, WPARAM wParam, LPARAM
lParam);
DWORD WINAPI ThreadProc(LPVOID lpParameter);

int WINAPI WinMain(HINSTANCE hInstance, HINSTANCE hPrevInstance, LPSTR
lpCmdLine, int nCmdShow)
{
    DialogBoxParam(hInstance, MAKEINTRESOURCE(IDD_MAIN), NULL, DialogProc,
NULL);
    return 0;
```

```
}

INT_PTR CALLBACK DialogProc(HWND hwndDlg, UINT uMsg, WPARAM wParam, LPARAM
lParam)
{
    HANDLE hThread[NUM];

    switch (uMsg)
    {
    case WM_INITDIALOG:
        //建立互斥量物件
        g_hMutex = CreateMutex(NULL, FALSE, NULL);
        break;

    case WM_COMMAND:
        switch (LOWORD(wParam))
        {
        case IDC_BTN_START:
            EnableWindow(GetDlgItem(hwndDlg, IDC_BTN_START), FALSE);
            g_n = 10;      //建立執行緒執行執行緒函數以前將全域變數 g_n 指定值為 10
            for (int i = 0; i < NUM; i++)
                hThread[i] = CreateThread(NULL, 0, ThreadProc, NULL, 0,
NULL);

            WaitForMultipleObjects(NUM, hThread, TRUE, INFINITE);
            for (int i = 0; i < NUM; i++)
                CloseHandle(hThread[i]);

            //所有執行緒結束後，將 g_n 的最終值顯示在編輯控制項中
            SetDlgItemInt(hwndDlg, IDC_EDIT_NUM, g_n, TRUE);
            EnableWindow(GetDlgItem(hwndDlg, IDC_BTN_START), TRUE);
            break;

        case IDCANCEL:
            //關閉互斥量物件控制碼
            CloseHandle(g_hMutex);
            EndDialog(hwndDlg, 0);
            break;
        }
        return TRUE;
```

```
    }

    return FALSE;
}

DWORD WINAPI ThreadProc(LPVOID lpParameter)
{
    for (int i = 1; i <= 1000000; i++)
    {
        // 等待互斥量
        WaitForSingleObject(g_hMutex, INFINITE);
        g_n++;
        g_n--;
        // 釋放互斥量
        ReleaseMutex(g_hMutex);
    }

    return 0;
}
```

完整程式請參考 Chapter1\ThreadSync_Mutex 專案，使用互斥量物件後，執行速度會很慢，讀者可以減少迴圈次數，例如 100 萬次。

互斥量是核心物件，不同處理程序中的執行緒可以存取同一個互斥量，而關鍵區段是使用者模式下的執行緒同步物件，互斥量比關鍵區段在速度上要慢得多。但是作為核心物件，互斥量物件有更多的用途，例如有的程式會利用命名核心物件來防止執行一個應用程式的多個實例，有些遊戲程式不允許同時執行兩個程式，使用者無法在兩個程式中登入不同的帳號刷積分。這只需要在程式的開頭呼叫 Create* 函數來建立一個命名核心物件（具體建立什麼類型的核心物件無關緊要），Create* 函數傳回後，立即呼叫 GetLastError 函數。如果 GetLastError 傳回 ERROR_ALREADY_EXISTS，表明應用程式的另一個實例已經在執行，新的實例即可退出。例如：

```
int WINAPI WinMain(HINSTANCE hInstance, HINSTANCE hPrevInstance, LPSTR
lpCmdLine, int nCmdShow)
```

```
{
    HANDLE g_hMutex = CreateMutex(NULL, FALSE, TEXT("{FA531CC1-0497-11d3-
A180- 00105A276C3E}"));
    if (GetLastError() == ERROR_ALREADY_EXISTS)
    {
        //已經有一個程式實例正在執行
        MessageBox(NULL, TEXT("已經有一個程式實例正在執行"), TEXT("提示"),
MB_OK);
        CloseHandle(g_hMutex);
        return 0;
    }

    //程式的第一個實例
    //程式正常執行
    //...
}
```

完整程式請參考 Chapter1\HelloWindows 專案。

3. 訊號量物件

訊號量物件（Semaphore）是一個允許指定數量的執行緒同時擁有的核心物件，訊號量物件通常用於執行緒等候。核心物件的資料結構中通常包含安全性描述元和引用計數欄位，其他欄位則根據核心物件的不同而有所不同。訊號量物件還有兩個計數值：最大可用資源計數和當前可用資源計數，最大可用資源計數表示允許同時有多少個執行緒擁有訊號量物件，當前可用資源計數表示當前還可以有多少個執行緒擁有訊號量物件。訊號量物件同樣有兩種狀態：有訊號狀態和無訊號狀態，如果訊號量的當前可用資源計數值大於 0 為有訊號狀態，如果訊號量的當前可用資源計數值等於 0 則為無訊號狀態。當前可用資源計數值不會小於 0，也不會大於最大可用資源計數。

舉例來説，一個伺服器程式建立了 3 個工作執行緒，可以同時處理 3 個用戶端的請求。這種情況下可以建立一個最大可用資源計數為 3 的訊號量物件，初始情況下當前可用資源計數為 3，當有一個用戶端請求時，需要等待訊號量物件，等待成功以後執行工作執行緒，同時當前可用資源計數值減 1，在當前可用資源計數值為 0 時，其他所有用戶端請求只能處於等候狀態，當工作執行緒完一個用戶端請求後，應該釋放訊號量物件使當前可用資源計數值加 1。

與使用互斥量物件類似，使用訊號量物件進行執行緒間同步，涉及以下 4 個函數：

```
//建立訊號量物件
HANDLE WINAPI CreateSemaphore(
    _In_opt_ LPSECURITY_ATTRIBUTES lpSemaphoreAttributes, //同其他建立核心物件
                                                           函數的相關參數
    _In_      LONG        lInitialCount,         //訊號量物件的當前可用資源計數
    _In_      LONG        lMaximumCount,         //訊號量物件的最大可用資源計數
    _In_opt_ LPCTSTR  lpName);       //同其他建立核心物件函數的 lpName 參數等待訊號量
WaitForSingleObject
//釋放訊號量
BOOL WINAPI ReleaseSemaphore(
    _In_      HANDLE     hSemaphore,              //訊號量物件控制碼
    _In_      LONG       lReleaseCount,           //當前可用資源計數增加的量，通常設定為 1
    _Out_opt_ LPLONG lpPreviousCount);      //傳回先前的當前可用資源計數值關閉訊
                                              號量物件控制碼
CloseHandle
```

為了獲得對共享資源的存取權，執行緒需要呼叫等待函數並傳入訊號量物件的控制碼，等待函數會檢查訊號量物件的當前可用資源計數，如果值大於 0（訊號量物件處於有訊號狀態），則函數會把當前可用資源計數值減 1 並使呼叫執行緒繼續執行。如果等待函數發現訊號量物件的當前可用資源計數為 0（訊號量物件處於無訊號狀態），則系統會使呼叫執行緒進入等候狀態，當另一個執行緒將訊號量物件的當前可用資源計數遞增時，系統會使等待的執行緒變成可排程狀態（並對應地遞減當前可用資源計數）。

下面使用訊號量物件改寫 ThreadSync 程式。為了使一個執行緒獨佔對共享資源的存取，在呼叫 CreateSemaphore 函數建立訊號量物件時，將當前可用資源計數和最大可用資源計數參數都設定為 1，在執行操作

共享資源的程式前呼叫 WaitForSingleObject 函數等待訊號量物件變為有訊號，執行完操作共享資源的程式以後呼叫 ReleaseSemaphore 函數使當前可用資源計數值遞增 1。Chapter1\ThreadSync_ Semaphore\ThreadSync\ThreadSync.cpp 原始檔案的內容如下：

```
#include <windows.h>
#include "resource.h"

//常數定義
#define NUM 2

//全域變數
int g_n;
HANDLE g_hSemaphore;

//函數宣告
INT_PTR CALLBACK DialogProc(HWND hwndDlg, UINT uMsg, WPARAM wParam, LPARAM
lParam);
DWORD WINAPI ThreadProc(LPVOID lpParameter);

int WINAPI WinMain(HINSTANCE hInstance, HINSTANCE hPrevInstance, LPSTR
lpCmdLine, int nCmdShow)
{
    DialogBoxParam(hInstance, MAKEINTRESOURCE(IDD_MAIN), NULL, DialogProc,
NULL);
    return 0;
}

INT_PTR CALLBACK DialogProc(HWND hwndDlg, UINT uMsg, WPARAM wParam, LPARAM
lParam)
{
    HANDLE hThread[NUM];

    switch (uMsg)
    {
    case WM_INITDIALOG:
        //建立訊號量物件
        g_hSemaphore = CreateSemaphore(NULL, 1, 1, NULL);
        return TRUE;
```

```
    case WM_COMMAND:
        switch (LOWORD(wParam))
        {
        case IDC_BTN_START:
            EnableWindow(GetDlgItem(hwndDlg, IDC_BTN_START), FALSE);
            g_n = 10;      // 建立執行緒執行執行緒函數之前將全域變數 g_n 指定值為 10
            for (int i = 0; i < NUM; i++)
                hThread[i] = CreateThread(NULL, 0, ThreadProc, NULL, 0, 
NULL);

            WaitForMultipleObjects(NUM, hThread, TRUE, INFINITE);
            for (int i = 0; i < NUM; i++)
                CloseHandle(hThread[i]);

            // 所有執行緒結束以後，將 g_n 的最終值顯示在編輯控制項中
            SetDlgItemInt(hwndDlg, IDC_EDIT_NUM, g_n, TRUE);
            EnableWindow(GetDlgItem(hwndDlg, IDC_BTN_START), TRUE);
            break;

        case IDCANCEL:
            // 關閉訊號量物件控制碼
            CloseHandle(g_hSemaphore);
            EndDialog(hwndDlg, 0);
            break;
        }
       return TRUE;
    }

    return FALSE;
}

DWORD WINAPI ThreadProc(LPVOID lpParameter)
{
    for (int i = 1; i <= 1000000; i++)
    {
        // 等待訊號量
        WaitForSingleObject(g_hSemaphore, INFINITE);
        g_n++;
        g_n--;
```

```
        // 釋放訊號量，當前可用資源計數值遞增 1
        ReleaseSemaphore(g_hSemaphore, 1, NULL);
    }

    return 0;
}
```

訊號量物件是核心物件，一些用法和事件物件、互斥量物件等是相似的，例如：在呼叫 CreateSemaphore 函數時可以指定一個名稱以共享該訊號量物件，在其他位置可以透過呼叫 CreateSemaphore 或 OpenSemaphore 函數開啟該訊號量物件，不再需要時應該呼叫 CloseHandle 函數關閉訊號量物件控制碼。

4. 可等待計時器物件

可等待計時器（Waitable Timer）是一種核心物件，可以在指定的時間觸發（有訊號狀態），也可以選擇每隔一段時間觸發（有訊號狀態）一次，通常可以用於在某個時間執行一些任務。因為是核心物件，因此其用法與前面介紹的其他核心物件類似，可等待計時器物件同樣有兩種狀態：有訊號狀態和無訊號狀態（也稱為觸發狀態和未觸發狀態）。

呼叫 CreateWaitableTimer 函數可以建立一個可等待計時器物件：

```
HANDLE WINAPI CreateWaitableTimer(
    _In_opt_ LPSECURITY_ATTRIBUTES lpTimerAttributes,// 同其他核心物件的相關參數
    _In_      BOOL       bManualReset,  // 手動重置還是自動重置，TRUE 或 FALSE
    _In_opt_ LPCTSTR     lpTimerName);  // 同其他核心物件的相關參數
```

bManualReset 參數表示要建立的是一個手動重置計時器還是自動重置計時器。當手動重置計時器被觸發時，正在等待該計時器的所有執行緒都會變成可排程狀態；當自動重置計時器被觸發時，只有一個正在等待該計時器的執行緒會變成可排程狀態。

建立計時器物件後，初始情況下計時器處於未觸發狀態，可以透過呼叫 SetWaitableTimer 函數觸發計時器：

```
BOOL WINAPI SetWaitableTimer(
    _In_       HANDLE            hTimer,  // CreateWaitableTimer 或
                                            OpenWaitableTimer 函數傳回的控制碼
    _In_       LARGE_INTEGER     *pDueTime,// 指定計時器觸發的時間，UTC 時間
    _In_       LONG              lPeriod,  // 指定計時器多久觸發一次，以毫秒為單位
    _In_opt_ PTIMERAPCROUTINE pfnCompletionRoutine,      // 指向完成常式的指標
    _In_opt_ LPVOID           lpArgToCompletionRoutine, // 傳遞給完成常式的自訂
                                                           資料的指標
    _In_       BOOL              fResume);  // 系統暫停的時候是否繼續觸發計時器
```

- pDueTime 參數指定計時器觸發的時間。可以指定一個基於協調世界時 UTC 的絕對時間，例如 2019 年 8 月 5 日 17:45:00。還可以指定一個相對時間，這時需要在 pDueTime 參數中傳入一個負值，單位是 100 毫微秒。1 秒 = 1000 毫秒 = 1000000 微秒 = 1000000000 毫微秒，即 1 秒為 10000000 個 100 毫微秒。
- lPeriod 參數表示計時器在第一次觸發後每隔多久觸發一次，即計時器應該以怎樣的頻度觸發，以毫秒為單位。如果將 lPeriod 參數設定為一個正數，則表示計時器是週期性的，每經過指定的時間後計時器被觸發一次，直到呼叫 CancelWaitableTimer 函數取消計時器或呼叫 SetWaitableTimer 函數重新設定計時器；如果將 lPeriod 參數設定為 0，則表示計時器是一次性的，只會被觸發一次。

舉例來說，下面的程式將計時器的第一次觸發時間設定為 2019 年 8 月 5 日 17:45:00，之後每隔 10 秒觸發一次：

```
SYSTEMTIME st = { 0 };
FILETIME ftLocal, ftUTC;
LARGE_INTEGER li;

st.wYear = 2019;
st.wMonth = 8;
st.wDay = 5;
st.wHour = 17;
st.wMinute = 45;
st.wSecond = 0;
```

```
st.wMilliseconds = 0;
//系統時間轉換成 FILETIME 時間
SystemTimeToFileTime(&st, &ftLocal);
//本地 FILETIME 時間轉換成 UTC 的 FILETIME 時間
LocalFileTimeToFileTime(&ftLocal, &ftUTC);
//不要將指向 FILETIME 結構的指標強制轉為 LARGE_INTEGER *或__int64 *類型，
li.LowPart = ftUTC.dwLowDateTime;
li.HighPart = ftUTC.dwHighDateTime;
//設定可等待計時器
SetWaitableTimer(g_hTimer, &li, 10 * 1000, NULL, NULL, FALSE);
```

SetWaitableTimer 函數的 pDueTime 參數是一個指向 LARGE_INTEGER 結構的指標，該結構在 winnt.h 標頭檔中定義如下：

```
typedef union _LARGE_INTEGER {
    struct {
        DWORD LowPart;
        LONG HighPart;
    } DUMMYSTRUCTNAME;
    struct {
        DWORD LowPart;
        LONG HighPart;
    } u;
    LONGLONG QuadPart;
} LARGE_INTEGER;
```

FILETIME 結構在 minwindef.h 標頭檔中定義如下：

```
typedef struct _FILETIME {
    DWORD dwLowDateTime;
    DWORD dwHighDateTime;
} FILETIME, *PFILETIME, *LPFILETIME;
```

系統時間 SYSTEMTIME 無法直接指定值給 LARGE_INTEGER 結構，因此需要先呼叫 SystemTimeToFileTime 函數將系統時間轉為 FILETIME 時間。SetWaitableTimer 函數的 pDueTime 參數需要的是一個基於 UTC 的時間，因此還需要呼叫 LocalFileTimeToFileTime 函數將本

地 FILETIME 時間轉換成 UTC 的 FILETIME 時間，然後可以把 UTC 的 FILETIME 時間指定值給 LARGE_INTEGER 結構的對應欄位。

雖然 FILETIME 結構與 LARGE_INTEGER 結構類似，但是 FILETIME 結構的位址必須對齊到 32 位元（4 位元組）邊界，而 LARGE_INTEGER 結構的位址必須對齊到 64 位元（8 位元組）邊界，因此不可以直接把指向 FILETIME 結構的指標強制轉為指向 LARGE_INTEGER 結構的指標。

使用者還可以指定一個相對時間，這時需要在 pDueTime 參數中傳入一個負值，單位是 100 毫微秒，例如下面的程式將計時器的第一次觸發時間設定為 SetWaitableTimer 函數呼叫結束的 60 秒後，之後每隔 10 秒觸發一次：

```
const int nSecond = 10000000;

li.QuadPart = -(60 * nSecond);
// 設定可等待計時器
SetWaitableTimer(g_hTimer, &li, 10 * 1000, NULL, NULL, FALSE);
```

如果需要重新設定計時器的觸發時間或頻率，只需要再次呼叫 SetWaitableTimer 函數。如果需要取消計時器，可以呼叫 CancelWaitableTimer 函數，之後計時器不會再被觸發：

```
BOOL WINAPI CancelWaitableTimer(_In_ HANDLE hTimer);
```

可等待計時器物件的簡單範例程式參見 Chapter1\WaitableTimer 專案。

CHAPTER

02 記憶體管理

電腦的技術發展過程經歷了以下階段：管線、超過標準量、超執行緒、多核心、超頻，電腦性能可謂高速提高。CPU 的發展歷史可以大致歸結為以下幾個階段（以 Intel 為例）：Intel 4004（1971—1973 年，4 位元和 8 位元 CPU），Intel 8080（1974—1977 年，8 位元 CPU），Intel 8086（1978—1984 年，16 位 元 CPU），Intel 80386（1985—1992 年，32 位 元 CPU），Pentium 系 列（1993—2005 年，32/64 位 元 CPU）， 酷睿系列（2005 年至今，32/64 位元 CPU）。時至今日，WIntel（Windows-Intel）聯盟依然佔據著絕大多數的桌上型電腦市場。從 16 位元處理器和 DOS 單任務作業系統，到 32/64 位元多工圖形介面作業系統，無論多先進的硬體都有對應的作業系統支援。

CPU 有 3 種工作模式：真實模式、保護模式和虛擬 8086 模式。學習過 8086 組合語言的讀者都知道，8086 CPU 有 20 根位址匯流排，可以傳送 20 位元位址，具有 1MB 的定址能力，但是 8086 CPU 是 16 位元系統架構，通用暫存器、段暫存器、指令指標暫存器等都是 16 位元，只有 64KB 的定址能力。為了定址 1MB，採用了「段位址 ×0x10 + 偏移位址」的方式來合成真實的實體記憶體位址。真實模式表現在程式中用到的位址都是真實的實體記憶體位址，「段位址 ×0x10 + 偏移位址」產生的邏輯位址就是實體記憶體位址。真實模式下沒有特權等級的概念，或說使用者程式和作業系統擁有同樣的特權等級，程式可以隨意修改任意實體記憶體位址處的內容，包括作業系統所在的記憶體，這給作業系統帶來了極大的安全問題。

從 80386 開始，CPU 的位址匯流排和暫存器都是 32 位元，定址範圍為 0x00000000 ～ 0xFFFFFFFF，即 4GB 大小，出現了保護模式的概念、記憶體分段管理機制和記憶體分頁管理機制，為實作虛擬記憶體提供了硬體支援，支援多工，能夠快速地進行任務切換和保護任務環境，4 個特權等級和完整的特權檢查機制，既能實作資源分享又能保證程式和資料的安全及任務的隔離。

以前，電腦可能沒有如此大的實體記憶體（4GB），為了執行大型程式和實作多工，Windows 採用了虛擬記憶體技術，即拿出一部分磁碟空間來充當記憶體空間，這部分空間稱為虛擬記憶體。虛擬記憶體在磁碟上的存在形式是 PageFile.sys 分頁檔（頁面交換檔），如果一個處理程序試圖使用比當前可用實體記憶體更多的記憶體，系統會將一些實體記憶體內容分頁到磁碟頁面交換檔。8GB、16GB 記憶體的電腦已經普遍存在，在日常使用過程中 16GB 記憶體足夠支撐我們完成絕大多數工作，但是虛擬記憶體的存在有時候和實體記憶體的大小無關，例如深度學習、科學實驗計算等應用程式會自動將大量資料儲存至虛擬記憶體中。細心且使用過這類軟體的使用者應該會發現，不論記憶體有多大，在虛擬記憶體中總會有幾 GB 的資料。

保護模式下，每個處理程序使用的記憶體位址稱為虛擬位址。每個處理程序都有自己的虛擬位址空間，對 32 位元處理程序來說，可以使用的虛擬位址空間範圍為 0x00000000 ～ 0xFFFFFFFF，即 4GB 大小。虛擬位址空間使應用程式認為它擁有「連續可用的記憶體」，而實際上這些「連續可用的記憶體」通常由多個實體記憶體碎片組成，還有部分暫時儲存在磁碟上，在需要的時候進行資料交換。舉例來說，處理程序 A 在 0x12345678 位址處儲存了一個資料結構，而處理程序 B 也可以在 0x12345678 位址處儲存一個完全不同的資料結構。0x12345678 是一個虛擬位址，程式在執行時還要透過 MMU（記憶體管理單元）把虛擬位址轉為實體記憶體位址，處理程序 A 和 B 雖然都有虛擬位址 0x12345678，但是它們被映射到了不同的實體記憶體位址處。當處理程序 A 中的執行緒存取位於位址 0x12345678 處的記憶體時，它存取的是處理程序 A 的資料結構；當處理程序 B 中的執行緒存取位於位址 0x12345678 處的記憶體時，它存取的是處理程序 B 的資料結構。處理程序 A 中的執行緒無法直接存取位於處理程序 B 的位址空間內的資料結構，反之亦然，處理程序之間的記憶體空間相互獨立、隔離，提高了安全性。

每個處理程序的虛擬位址空間被劃分成許多分區。虛擬位址空間的分區依賴於作業系統的底層實作，因此會根據 Windows 核心版本的不同而略有變化。表 2.1 列出了 Win32 系統和 Win64 系統對處理程序虛擬位址空間的分區。

表 2.1

分區	x86 32 位元 Windows	x64 64 位元 Windows
空指標指定值分區	0x00000000 ～ 0x0000FFFF，大小為 64KB	0x00000000 00000000 ～ 0x00000000 0000FFFF，大小為 64KB
使用者模式分區	0x00010000 ～ 0x7FFEFFFF，大小為約 2GB	0x00000000 00010000 ～ 0x00007FFF FFFEFFFF，大小為約 128TB
64KB 禁入分區	0x7FFF0000 ～ 0x7FFFFFFF，大小為 64KB	0x00007FFF FFFF0000 ～ 0x00007FFF FFFFFFFF，大小為 64KB
核心模式分區	0x80000000 ～ 0xFFFFFFFF，大小為約 2GB	0x00008000 00000000 ～ 0xFFFFFFFF FFFFFFFF，大小為約 16777208TB

可以看到，32 位元和 64 位元 Windows 核心的分區基本一致，唯一的不同在於分區的大小和分區的位置。表 2.1 中 64 位元 Windows 的記憶體分區以 Windows 10 64 位元系統為例，其他 64 位元系統可能會稍有差別。

（1）空指標指定值分區。空（NULL）指標指定值分區是處理程序虛擬位址空間中 0x00000000 ～ 0x0000FFFF 的閉區間，保留該分區的目的是幫助開發人員捕捉對 NULL 指標的指定值，如果處理程序中的執行緒試圖讀取或寫入位於這一分區的記憶體位址，就會引發存取違規。舉例來說，有時開發人員可能會忽視對記憶體分配函數傳回值的判斷：

```
LPINT pInt = (LPINT)malloc(sizeof(int));
*pInt = 5;
```

malloc 函數執行成功會傳回一個 VOID 類型的記憶體指標，函數執行失敗則傳回 NULL。上面的程式中，如果函數執行失敗，就會導致向 0x00000000 位址處寫入資料，因為位址空間中的這一分區是禁止存取的，所以會引發記憶體存取違規並導致處理程序被終止，這一特性可以幫助開發人員發現應用程式中的缺陷。

（2）使用者模式分區。使用者模式分區是每個處理程序可以使用的虛擬位址空間。對於 32 位元處理程序（即 0x00010000 ～ 0x7FFEFFFF）約為 2GB；對於 64 位元處理程序（即 0x0000000000010000 ～ 0x00007FFFFFFEFFFF）約為 128TB，這是程式可以使用的虛擬位址範圍。每個程式都可以使用 2GB 或 128TB 的虛擬位址空間，程式中用到的動態連結程式庫也會載入這一分區，但是程式在執行時還要透過記憶體管理單元（MMU）將虛擬位址映射為實體記憶體位址，處理程序可用的虛擬位址空間總量受物理儲存空間大小即實體記憶體和虛擬記憶體大小之和的限制。64 位元程式理論上可以使用 128TB 的虛擬位址空間，但是實際上作業系統目前並不支援這麼大的虛擬位址空間，一方面不需要，另一方面系統核心對這麼大的虛擬位址空間進行維護需要較大的銷耗。Windows Server 2016 伺服器作業系統最大可以支援 24TB，Windows 10 最大可以支援 8TB，不同的作業系統支援的記憶體位址空間會有所不同。

Windows 是一個分時的多工作業系統，系統中執行的所有處理程序的執行緒輪流獲得 CPU 時間切片，同一時刻只有一部分（取決於 CPU 核心數）處理程序的執行緒擁有時間切片。以 32 位元處理程序為例，每個處理程序都有屬於自己的 2GB 虛擬位址空間，一個處理程序無法透過一個虛擬位址直接讀寫其他處理程序的資料，只有當一個處理程序的執行緒獲得 CPU 時間切片時，虛擬位址和實體記憶體位址才會形成映射關係，虛擬位址才有意義。

（3）64KB 禁入分區。64KB 禁入分區是由 Windows 保留的禁止存取的一塊虛擬記憶體位址區域。

（4）核心模式分區。核心模式分區是作業系統程式的駐地，與執行緒排程、記憶體管理、檔案系統和網路支援以及裝置驅動程式相關的程式都載入該分區。該分區中的所有程式和資料都被完全保護起來，如果一個應用程式試圖讀取或寫入位於這一分區中的記憶體位址，就會引發存取違規，導致系統向使用者顯示一個訊息方塊，然後結束該應用程式。

在 64 位元 Windows 中，128TB 的使用者模式分區和 16777208TB 的核心模式分區看起來完全不成比例，這並不是因為核心模式分區需要這麼大的虛擬位址空間，而是因為 64 位元位址空間實在是太大了，其中的大部分尚未使用。對於核心模式分區中尚未使用的部分，系統不必分配任何內部資料結構來對它們進行維護。

2.1 保護模式的分段與分頁管理機制

每一個任務都有一個虛擬位址空間。為了避免多個平行任務的多個虛擬位址空間直接映射到同一個物理位址空間，通常採用線性位址空間來隔離虛擬位址空間和物理位址空間。80386 分兩步實作虛擬位址空間到物理位址空間的映射（即轉換），第一步是虛擬位址透過分段管理機制轉為線性位址，第二步是線性位址透過分頁管理機制轉為物理位址。

虛擬位址空間由大小可變的儲存區塊組成，這樣的儲存區塊稱為段，80386 採用稱為描述符號的 8 位元組資料來描述段的位置、大小和使用情況，描述符號由段基底位址、段界限和段屬性組成。段基底位址指定段的開始位址，在 80386 保護模式下，段基底位址長 32 位元，因為段基底位址長度與定址位址的長度相同，所以任何一個段都可以從 32 位元位址空間中的任何位元組開始。段界限指定段的大小，在 80386 保護模式下，段界限用 20 位元來表示，段界限可以以位元組為單位或以 4KB 為單位。如果以 4KB 為單位，則 20 位元的段界限可以表示的範圍為 4KB ～ 4GB。段描述符號的結構如圖 2.1 所示。

第7位元組	第6位元組	第5位元組	第4位元組	第3位元組	第2位元組	第1位元組	第0位元組
段基底位址的24～31位元	段屬性		段基底位址的0～23位元			段界限的0～15位元	

第6位元組								第5位元組							
7	6	5	4	3	2	1	0	7	6	5	4	3	2	1	0
其他				段界限的16～19位元				其他							

▲ 圖 2.1

一個任務會涉及多個段，每個段需要一個描述符號來描述。為了便於組織管理，80386 把描述符號組織成線性串列，由描述符號組成的線性串列稱為描述符號表，每個描述符號表最多可以含有 8192 個描述符號。在 80386 中有 3 種類型的描述符號表：通用描述元表（Global Descriptor Table，GDT）、局部描述符號表（Local Descriptor Table，LDT）和中斷描述符號表（Interrupt Descriptor Table，IDT）。在整個系統中，通用描述元表和中斷描述符號表只有一個，局部描述符號表可以有若干個，每個任務可以有一個。

每個任務的局部描述符號表含有該任務的程式碼部分、資料段和堆疊段的描述符號，也包含該任務所使用的一些門描述符號，如任務門和呼叫門描述符號等。任務進行切換時，系統當前的局部描述符號表也隨之切換。通用描述元表含有每一個任務都可能或可以存取的段的描述符號，通常包含描述作業系統所使用的程式碼部分、資料段和堆疊段的描述符號，也包含多種特殊資料段描述符號，如各個用於描述任務局部描述符號表的特殊資料段等。任務切換時，並不切換通用描述元表。透過局部描述符號表可以使各任務私有的各個段與其他任務相隔離，從而達到受保護的目的；透過通用描述元表可以使各任務都需要使用的段能夠被共享。

一個任務可以使用的整個虛擬位址空間分為相等的兩半，一半空間的描述符號在通用描述元表中，另一半空間的描述符號在局部描述符號表中。由於全域和局部描述符號表都可以包含多達 8192 個描述符號，而每個描述符號所描述的段最大可達 4GB，因此最大的虛擬位址空間為 4GB×8192×2 = 64TB。

虛擬位址空間中一個儲存單元的位址由段選擇子和段內偏移兩部分組成。段選擇子長 16 位元，高 13 位元是描述符號索引（Index），所謂描述符號索引是指描述符號在描述符號表中的序號。段選擇子的第 2 位元是描述符號表指示位元，標記為 TI（Table Indicator）。TI=0 指示從通用描述元表中讀取描述符號；TI=1 指示從局部描述符號表中讀取描述符號。段選擇子的最低兩位元是請求特權等級（Requested Privilege Level，RPL），用於特權檢查。

段選擇子在哪裡？段暫存器含有段選擇子，即段暫存器 CS、SS、DS、ES、FS、GS 的值。

段選擇子確定段描述符號，段描述符號確定段基底位址，段基底位址與偏移之和就是線性位址，因此虛擬位址空間中的由段基底位址和偏移兩部分組成的二維虛擬位址（也稱二維邏輯位址），就是這樣映射為線性位址空間中的一維線性位址。分段管理機制實作虛擬位址空間到線性位址空間的映射，把二維的虛擬位址轉為一維的線性位址，如圖 2.2 所示。

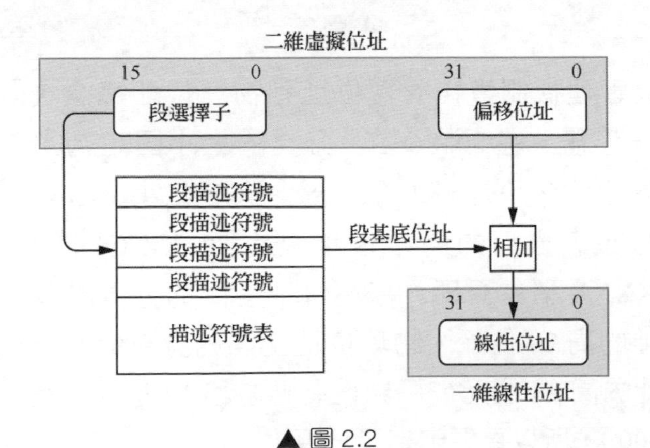

▲ 圖 2.2

從 80386 開始支援記憶體分頁管理機制，分頁機制是記憶體管理機制的第 2 部分。分頁管理機制將線性位址空間和物理位址空間分別劃分為大小相同的區塊，這樣的區塊稱為分頁。透過在線性位址空間的分頁與物理位址空間的分頁之間建立的映射表，分頁管理機制實作線性位址空間到物理位址空間的映射，實作線性位址到物理位址的轉換，如圖 2.3 所示。分段管理機制實作虛擬位址到線性位址的轉換、分頁管理機制實作線性位址到物理位址的轉換。如果不啟用分頁管理機制，那麼線性位址就是物理位址，在保護模式下，控制暫存器 CR0 中的最高位元 PG 位元控制分頁管理機制是否生效。如果 PG=1，分頁機制生效，把線性位址轉為物理位址；如果 PG=0，分頁機制無效，線性位址就直接作為物理位址。

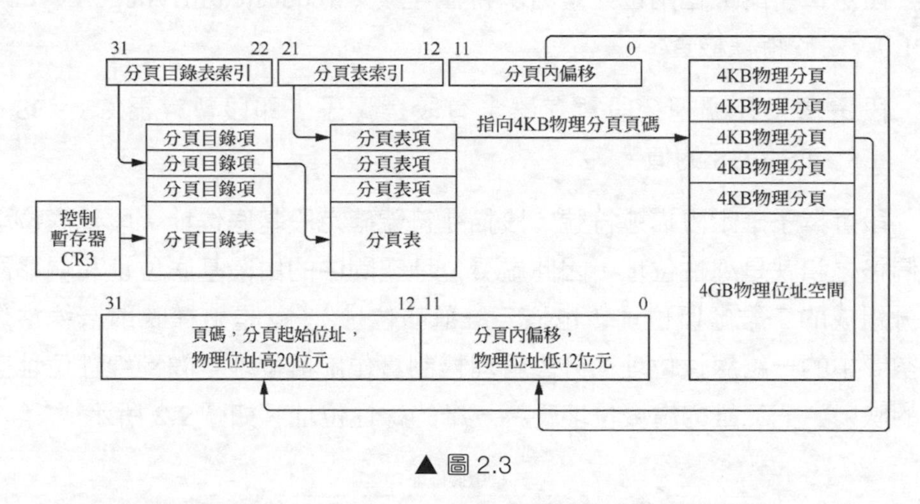

▲ 圖 2.3

採用分頁管理機制實作線性位址到物理位址轉換映射的主要目的是實作虛擬記憶體。在 80386 中，分頁的大小固定為 4KB，因此每一頁的起始邊界位址必須是 4KB 的倍數，4GB 大小的位址空間被劃分為 1024×1024 分頁。分頁的開始位址具有 "0xXXXXX000" 的形式，高 20 位元 0xXXXXX 稱為頁碼。線性位址空間的分頁的頁碼是分頁起始邊界線性位址的高 20 位元，物理位址空間的分頁的頁碼也是分頁起始邊界物理位址的高 20 位元，可見，頁碼左移 12 位元就是分頁開始位址（0xXXXXX000），所以頁碼確定了分頁。

由於分頁的大小固定為 4KB，而且分頁的邊界是 4KB 的倍數，因此在把 32 位元線性位址轉換成 32 位元物理位址的過程中，低 12 位元位址可以保持不變，即線性位址的低 12 位元就是物理位址的低 12 位元。假設分頁機制採用的轉換映射把線性位址空間的 0xXXXXX 分頁映射到物理位址空間的 0xYYYYY 分頁，則線性位址 0xXXXXXxxx 就被轉為物理位址 0xYYYYYxxx。因此，線性位址到物理位址的轉換要解決的是線性位址空間分頁到物理位址空間分頁的映射，也就是線性位址高 20 位元到物理位址高 20 位元的轉換。

線性位址空間分頁到物理位址空間分頁之間的映射用表來描述，由於 4GB 的位址空間可以劃分為 1024×1024 分頁，因此如果用一張表來描述這種映射，那麼該映射表就有 1024×1024 個記錄，如果每個記錄佔用 4 位元組，那麼該映射表就要佔用 4MB。為了避免映射表佔用這麼大的記憶體資源，80386 把分頁映射表分為兩級。分頁映射表的第 1 級稱為分頁目錄表，儲存在一個 4KB 的物理分頁中。分頁目錄表共有 1024 個記錄，每個記錄為 4 位元組長，分頁目錄表的記錄包含對應第二級表所在物理位址空間分頁的頁碼。分頁映射表的第 2 級稱為分頁表，每張分頁表也儲存在一個 4KB 的分頁中，每張分頁表都有 1024 個記錄，每個記錄為 4 位元組長，分頁表的記錄包含對應物理位址空間分頁的頁碼。

由於分頁目錄表和分頁表均由 1024 個記錄組成，所以分別使用 10 位元就能指定記錄。控制暫存器 CR3 指定分頁目錄表。首先，把線性位址的最高 10 位元（位元 22 ～位元 31）作為分頁目錄表的索引，對應記錄所包含的頁碼指定分頁表；然後，再把線性位址的中間 10 位元（位元 12 ～位元 21）作為已找到分頁表的索引，對應記錄所包含的頁碼指定物理位址空間中的一頁；最後，把已找到物理分頁的頁碼作為高 20 位元，把線性位址的低 12 位元直接作為低 12 位元，組成 32 位元物理位址。

上面簡介了 80386 中虛擬位址到物理位址的轉換過程，x64 平台上的虛擬位址轉換更加複雜，採用了 4 級甚至 5 級分頁映射表，讀者如果需要詳細了解請閱讀相關書籍。

2.2 獲取系統資訊與記憶體狀態

在學習記憶體管理函數前，我們先學習兩個相關的函數。

GetSystemInfo 函數用於獲取系統資訊：

```
void GetSystemInfo(LPSYSTEM_INFO lpSystemInfo);
```

lpSystemInfo 參數是一個指向 SYSTEM_INFO 結構的指標，該結構在 sysinfoapi.h 標頭檔中定義如下：

```
typedef struct _SYSTEM_INFO {
    union {
        DWORD dwOemId;                          // 過時欄位，不可使用
        struct {
            WORD wProcessorArchitecture;        // 處理器系統結構
            WORD wReserved;                     // 保留欄位
        } DUMMYSTRUCTNAME;
    } DUMMYUNIONNAME;
    DWORD dwPageSize;              // 頁面大小，在 x86 和 x64 機器中，該值為 4096 位元組
    LPVOID lpMinimumApplicationAddress;    // 處理程序可用位址空間中最小的記憶體位址
    LPVOID lpMaximumApplicationAddress;    // 處理程序可用位址空間中最大的記憶體位址
    DWORD_PTR dwActiveProcessorMask;       // 位元遮罩，表示哪些 CPU 處於活動狀態
    DWORD dwNumberOfProcessors;            // 邏輯 CPU 個數
    DWORD dwProcessorType;                 // 過時欄位
    DWORD dwAllocationGranularity;         // 用於預訂虛擬位址空間區域的分配細微性
    WORD wProcessorLevel;
    WORD wProcessorRevision;
} SYSTEM_INFO, *LPSYSTEM_INFO;
```

常用的一些欄位解釋如下。

- wProcessorArchitecture 欄位表示作業系統的處理器系統結構，該欄位可以是表 2.2 所示的值之一。
- dwPageSize 欄位表示頁面大小，在 x86 和 x64 系統中，該值為 4KB，即 0x00001000。

表 2.2

常數	值	含義
PROCESSOR_ARCHITECTURE_INTEL	0	x86
PROCESSOR_ARCHITECTURE_AMD64	9	x64（AMD 或 Intel）
PROCESSOR_ARCHITECTURE_IA64	6	IA-64（基於 Intel 安騰架構的 64 位元處理器）
PROCESSOR_ARCHITECTURE_ARM	5	ARM
PROCESSOR_ARCHITECTURE_ARM64	12	ARM64
PROCESSOR_ARCHITECTURE_UNKNOWN	0xFFFF	未知

- lpMinimumApplicationAddress 欄位表示處理程序可用位址空間中最小的記憶體位址，因為虛擬位址空間的前 64KB 為空指標指定值分區，所以最小記憶體位址為 65536，即 0x00010000。
- lpMaximumApplicationAddress 欄位表示處理程序可用位址空間中最大的記憶體位址。對 32 位元處理程序來說，使用者模式分區範圍為 0x00010000 ～ 0x7FFEFFFF，因此最大記憶體位址為 0x7FFEFFFF；對 64 位元處理程序來說，最大記憶體位址為 0x00007FFF FFFEFFFF。
- dwAllocationGranularity 欄位表示用於預訂虛擬位址空間區域的分配細微性，在所有 Windows 平台上該值均為 64KB，即 0x00010000。

dwPageSize 欄位表示頁面大小，dwAllocationGranularity 欄位表示用於預訂虛擬位址空間區域的分配細微性。VirtualAlloc 函數用於在一個處理程序的虛擬位址空間中分配（預定、提交）一塊記憶體區域，該記憶體區域的起始位址是分配細微性的整數倍（在所有 Windows 平台上分配細微性均為 64KB），系統所分配記憶體區域的大小一定是頁面大小的整數倍，假設程式指定分配 1KB 或 6KB 的記憶體區域，系統實際上會分配 4KB 或 8KB 的記憶體區域（在 x86 和 x64 系統中頁面大小均為 4KB）。

GlobalMemoryStatusEx 函數用於獲取記憶體的當前使用情況：

```
BOOL WINAPI GlobalMemoryStatusEx(_Inout_ LPMEMORYSTATUSEX lpBuffer);
```

lpBuffer 參數是一個指向 MEMORYSTATUSEX 結構的指標，該結構在 sysinfoapi.h 標頭檔中定義如下：

```
typedef struct _MEMORYSTATUSEX {
    DWORD dwLength;                  // 該結構的大小
    DWORD dwMemoryLoad;              // 已使用實體記憶體的百分比（0～100）
    DWORDLONG ullTotalPhys;          // 實體記憶體總量，以位元組為單位
    DWORDLONG ullAvailPhys;          // 當前可用的實體記憶體總量，以位元組為單位
    DWORDLONG ullTotalPageFile;      // 最大記憶體總量（等於實體記憶體總量 + 頁面交換檔
                                        大小）
    DWORDLONG ullAvailPageFile;      // 當前可用的記憶體總量
    DWORDLONG ullTotalVirtual;       // 處理程序的虛擬位址空間中使用者模式分區的總大小，
                                        以位元組為單位
    DWORDLONG ullAvailVirtual;       // 處理程序的虛擬位址空間中當前可用的使用者模式分區
                                        的大小，以位元組為單位
    DWORDLONG ullAvailExtendedVirtual; // 保留欄位
} MEMORYSTATUSEX, *LPMEMORYSTATUSEX;
```

假設有一台電腦安裝了 8GB 實體記憶體，設定了 16GB 虛擬記憶體（頁面交換檔），讀者應該發現一個程式可以使用的記憶體限制是「實體記憶體總量 + 頁面交換檔大小」，對 32 位元處理程序來說使用者模式位址空間就是 2GB。該電腦呼叫 GlobalMemoryStatusEx 函數的結果如下：

```
MEMORYSTATUSEX ms = { 0 };
ms.dwLength = sizeof(MEMORYSTATUSEX);
...
GlobalMemoryStatusEx(&ms);
wsprintf(szBuf, TEXT(" 已用實體記憶體：\t%d%%\n 總實體記憶體：\t%I64d\n 當前可用
實體記憶體：\t%I64d\n 總可用記憶體：\t%I64d\n 當前可用記憶體：\t%I64d\n 總可用位址
空間：\t%I64d\n 當前可用位址空間：\t%I64d\n"),
    ms.dwMemoryLoad, ms.ullTotalPhys, ms.ullAvailPhys, ms.ullTotalPageFile,
    ms.ullAvailPageFile, ms.ullTotalVirtual, ms.ullAvailVirtual);
MessageBox(hwnd, szBuf, TEXT(" 記憶體狀態 "), MB_OK);
```

程式執行效果如圖 2.4 所示。

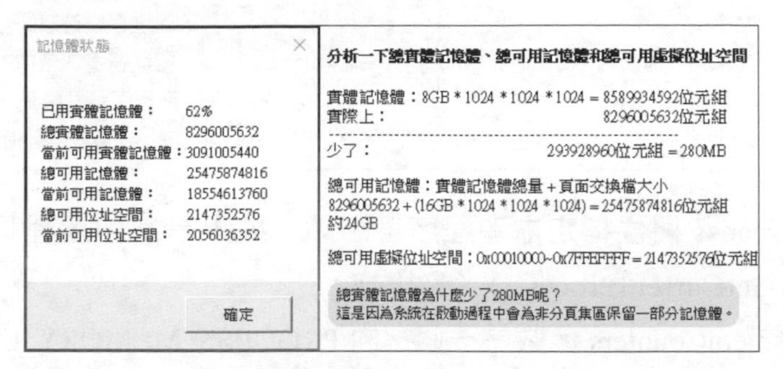

▲ 圖 2.4

如果把本程式編譯為 x64 程式，程式執行效果如圖 2.5 所示。

▲ 圖 2.5

可以看到總實體記憶體和總可用記憶體並沒有發生變化，但是可用虛擬位址空間有所變化，在 Windows 10 64 位元系統中 64 位元處理程序的使用者模式位址空間是 0x0000000000010000 ～ 0x00007FFFFFFEFFFF，即 140737488224256 位元組，約 128TB。

在 64 位元程式中，wsprintf 函數可以使用 %I64d、%I64X、%p 輸出 64 位元整數、十六進位數值、指標值（十六進位）。

MEMORYSTATUSEX 結構並沒有一個欄位可以表示當前處理程序正在使用的實體記憶體的數量，我們把一個處理程序的位址空間中被儲存在實體記憶體中的那些頁面稱為它的工作集（Working Set），即處理程序的虛擬位址空間中當前駐留在實體記憶體中的頁面集。GetProcessMemoryInfo 函數可以獲取指定處理程序的記憶體使用情況：

```
BOOL WINAPI GetProcessMemoryInfo(
    _In_   HANDLE                     hProcess,        //處理程序控制碼
    _Out_  PPROCESS_MEMORY_COUNTERS ppsmemCounters, //函數在這個結構中傳回有關處
                                                      理程序記憶體使用情況的資訊
    _In_   DWORD                      cb);     //ppsmemCounters 參數所指定結構的大小
```

- hProcess 欄位指定處理程序控制碼，如果是當前處理程序可以呼叫 GetCurrentProcess() 函數獲取。
- ppsmemCounters 參數是一個指向 PROCESS_MEMORY_COUNTERS 或 PROCESS_MEMORY_ COUNTERS_EX 結構的指標，該結構接收有關處理程序記憶體使用情況的資訊，通常都是使用 PROCESS_MEMORY_COUNTERS_EX 結構，在 Psapi.h 標頭檔中定義如下：

```
typedef struct _PROCESS_MEMORY_COUNTERS_EX {
    DWORD cb;                                  //該結構的大小
    DWORD PageFaultCount;                      //分頁錯誤的數量
    SIZE_T PeakWorkingSetSize;                 //峰值工作集大小，以位元組為單位
    SIZE_T WorkingSetSize;                     //當前工作集大小，以位元組為單位
    SIZE_T QuotaPeakPagedPoolUsage;            //峰值分頁池使用情況，以位元組為單位
    SIZE_T QuotaPagedPoolUsage;                //當前分頁池使用情況，以位元組為單位
    SIZE_T QuotaPeakNonPagedPoolUsage;         //峰值非分頁池使用情況，以位元組為單位
    SIZE_T QuotaNonPagedPoolUsage;             //當前非分頁池使用情況，以位元組為單位
    SIZE_T PagefileUsage;                  //處理程序提交的記憶體總量，以位元組為單位
    SIZE_T PeakPagefileUsage;              //處理程序提交的記憶體總量峰值，以位元組為單位
    SIZE_T PrivateUsage;
} PROCESS_MEMORY_COUNTERS_EX, *PPROCESS_MEMORY_COUNTERS_EX;
```

現在來看，大部分欄位是陌生的，我們先研究其中幾個欄位的含義。WorkingSetSize 欄位表示當前工作集大小，即處理程序的虛擬位址空間中當前駐留在實體記憶體中的頁面集大小；PeakWorkingSetSize 欄位表示峰值工作集大小，即自該處理程序開始執行以來所使用過的最大實體記憶體；PagefileUsage 欄位表示處理程序提交的記憶體總量，即透過呼叫記憶體分配函數分配了多少記憶體；PeakPagefileUsage 欄位表示處理程序提交的記憶體總量峰值。

2.3 虛擬位址空間管理函數

任何程式或資料都必須載入到實體記憶體中後才可以進行讀寫或執行操作。當一個執行緒試圖存取所屬處理程序的位址空間中的一區塊資料時，可能會出現兩種情況。

- 第一種情況是執行緒要存取的資料儲存在實體記憶體中。在這種情況下，CPU 把資料的虛擬位址映射到實體記憶體位址，接下來即可存取實體記憶體中的資料。
- 第二種情況是執行緒要存取的資料不在實體記憶體中，而是位於頁面交換檔中。在這種情況下，會發生一個分頁錯誤，這時 CPU 會通知作業系統，作業系統隨即在實體記憶體中找到一個閒置的頁面（如果找不到，則系統會首先釋放一個實體記憶體分頁面。如果待釋放的頁面沒有被修改過，則系統可以直接釋放該頁面，但是如果待釋放的頁面已經被修改過，則必須先把頁面從實體記憶體複製到頁面交換檔中，然後才可以釋放該頁面），並把資料載入實體記憶體閒置的頁面中，然後由作業系統對其內部的記錄進行更新，以反映要存取的資料的虛擬位址現在已經被映射到了對應的實體記憶體位址處，接著 CPU 會再次執行那筆引發分頁錯誤的指令，但與前一次不同的是，這一次 CPU 能夠將虛擬位址映射到實體記憶體位址並成功地存取到所需的資料。

當系統中的可用實體記憶體不足時，Windows 會將實體記憶體中不常用的頁面移動到頁面交換檔中，當程式需要時再從頁面交換檔中載入實體記憶體，因此使用頁面交換檔可以增大應用程式的可用記憶體總量，但是系統從實體記憶體讀取資料的速度要比從硬碟讀取資料的速度快得多，頻繁地在實體記憶體和頁面交換檔之間交換資料會嚴重拖慢系統的執行速度，因而擴增實體記憶體容量才是最佳選擇。

Windows 系統提供了幾群組不同層次的函數來管理記憶體，例如堆積管理函數、虛擬位址空間（虛擬記憶體）管理函數和記憶體映射檔案函數。每群組函數都有不同的應用場合。

- 堆積管理函數。處理程序初始化時，系統會在處理程序的位址空間中建立一個預設堆積，程式也可以利用堆積管理函數在處理程序的位址空間中建立多個額外的堆積，稱為私有堆積。堆通常用於分配 1MB 以下的小型記憶體，用於一些小型態資料結構。

- 虛擬位址空間管理函數。該函數也稱為虛擬記憶體管理函數（虛擬位址空間也可以稱為虛擬記憶體，但是為了與頁面交換檔意義上的虛擬記憶體區分，本書還是稱之為虛擬位址空間管理函數）。這群組函數比較底層，對記憶體管理提供了更大的靈活性，通常用於分配大區塊記憶體，用於一些大型態資料結構。

- 記憶體映射檔案函數。當對檔案操作時，可以先開啟檔案，然後申請一塊記憶體用作緩衝區，再迴圈讀取檔案資料並處理，當檔案長度大於緩衝區長度時需要多次讀取，每次讀取後處理緩衝區邊界位置的資料通常比較麻煩。記憶體映射檔案函數將一個檔案直接映射到處理程序的位址空間中，這樣就可以透過記憶體指標讀寫記憶體的方法直接讀寫檔案內容。記憶體映射檔案函數適合用來管理大型態資料串流（通常是檔案），以及在同一機器上執行的多個處理程序之間共享資料。

本節將介紹虛擬位址空間管理函數。處理程序虛擬位址空間中的頁面可以處於以下狀態之一。

- 預定狀態（保留狀態）：程式可以預定保留一塊虛擬位址空間區域供將來使用，相當於佔用一塊虛擬位址空間區域。

- 已提交狀態：已預訂的虛擬位址空間區域映射物理位址，處理程序虛擬位址空間的頁面只有在提交以後才可以被存取。

- 空閒狀態：該頁面既未預定也未提交，處理程序無法存取該頁面，嘗試讀取或寫入空閒頁面會導致存取違規或異常。

2.3.1 虛擬位址空間的分配與釋放

VirtualAlloc 函數用於在呼叫處理程序的虛擬位址空間中預定、提交或同時預定並提交一塊位址空間區域（記憶體區域），該函數會將分配的記憶體自動初始化為 0。函數原型定義如下：

```
LPVOID WINAPI VirtualAlloc(
    _In_opt_  LPVOID lpAddress,          // 要分配的空間區域的起始位址，通常設定為 NULL
    _In_      SIZE_T dwSize,              // 要分配的空間區域的大小，以位元組為單位
    _In_      DWORD  flAllocationType,  // 記憶體分配的類型
    _In_      DWORD  flProtect);          // 要分配的空間區域的記憶體保護類型
```

- lpAddress 參數指定要分配的空間區域的起始位址（也稱為基底位址），通常可以設定為 NULL，系統會自動對一塊閒置區域進行分配。
- dwSize 參數指定要分配的空間區域的大小，以位元組為單位。
- 如果 flAllocationType 參數設定為 MEM_RESERVE，表示預定一塊空間區域，例如：

```
LPVOID lp = VirtualAlloc((LPVOID)(500 * 1024 * 1024 + 8192), 7 * 1024,
    MEM_RESERVE, PAGE_READWRITE);
```

上面的程式表示希望從處理程序虛擬位址空間中第 500MB + 8192 位元組的位置為起始位址預定 7KB 讀寫的空間區域。如前所述，系統會保證所預定空間區域的起始位址是分配細微性的整數倍，系統會把指定的起始位址向下取整數為 64KB 的整數倍，上面的程式中，函數傳回的記憶體位址為 500×1024×1024；系統所分配空間區域的大小一定是頁面大小的整數倍，因此雖然指定為 7KB 大小，但是實際上預定的空間區域大小為 16KB（不是 8KB，起始位址向下取整數），因為預定的空間區域必須覆蓋 (500×1024×1024) ～ (500×1024×1024) + 8192 + 7×1024 範圍的頁面。如果 lpAddress 參數指定的位址不合法，或 lpAddress 位址處沒有閒置區域，或閒置區域不夠大，則 VirtualAlloc 函數會傳回 NULL。

flAllocationType 參數指定記憶體分配的類型，常用的值如表 2.3 所示。

表 2.3

常數	含義
MEM_RESERVE 0x2000	預定保留一塊虛擬位址空間區域供將來使用，相當於佔用一塊虛擬位址空間區域。在該保留的空間區域被釋放前，其他記憶體分配函數無法使用該空間區域
MEM_COMMIT 0x4000	提交已預訂的虛擬位址空間區域，虛擬位址空間的頁面只有在提交後才可以被存取。如果想同時預定並提交空間區域，可以指定為 MEM_RESERVE | MEM_COMMIT（也可以只指定 MEM_COMMIT）

MEM_TOP_DOWN
0x100000
	如果預訂一塊空間區域並且打算使用很長時間，則可以指定該標識告知系統從盡可能高的記憶體位址來預訂區域，這樣可以防止在處理程序位址空間的中間位置預訂區域，從而避免可能會引起的記憶體碎片。如果使用該標識，則 lpAddress 參數應該設定為 NULL，例如：
	`lp = VirtualAlloc(NULL, 100 * 1024 * 1024,`
	`    MEM_RESERVE | MEM_TOP_DOWN, PAGE_READWRITE);`

只有在第一次嘗試讀取或寫入頁面時，系統才會將已提交的頁面初始化並載入到實體記憶體中，即假設預定並提交了 100MB 的空間區域，系統並不會立即把這塊空間區域全部載入到實體記憶體中。

- flProtect 參數指定要分配的空間區域的記憶體保護屬性，常用的值如表 2.4 所示。

表 2.4

保護屬性	值	含義
PAGE_NOACCESS	0x01	禁用對已提交頁面區域的所有存取權限，試圖讀取、寫入或執行頁面中的程式都將引發存取違規
PAGE_READONLY	0x02	已提交的頁面區域可以讀取，試圖寫入或執行頁面中的程式將引發存取違規
PAGE_READWRITE	0x04	已提交的頁面區域可以讀寫，試圖執行頁面中的程式將引發存取違規
PAGE_EXECUTE	0x10	已提交的頁面區域可以執行，試圖讀取或寫入頁面將引發存取違規
PAGE_EXECUTE_READ	0x20	已提交的頁面區域可以讀取、執行，試圖寫入頁面將引發存取違規
PAGE_EXECUTE_ READWRITE	0x40	已提交的頁面區域可以讀寫、執行，對頁面執行任何操作都不會引發存取違規

如果 VirtualAlloc 函數執行成功，則傳回值是分配的空間區域的起始位址；如果函數執行失敗，則傳回值為 NULL。

有時候程式可能需要一個區塊用作緩衝區。隨著程式的執行，該區塊可能隨時需要擴充，最大可能擴充為 500MB 大小，所以希望系統在分配其他區塊時不要使用這個 500MB 大小範圍內的空間區域。程式可以先預定一塊空間區域，預定時可以指定任意的記憶體保護屬性，因為不管指定什麼屬性，在空間區域提交以前都是不可存取的，但是如果預定和提交時指定的記憶體保護屬性相同可以加快執行速度。例如下面的程式預定了一塊 500MB 大小的空間區域：

```
LPBYTE lp = NULL;

//lp 傳回 0x1016 0000
lp = (LPBYTE)VirtualAlloc(NULL, 500 * 1024 * 1024, MEM_RESERVE, PAGE_READWRITE);
```

使用者可以根據程式需要分多次提交預定的空間區域，這可以透過 lpAddress 和 dwSize 參數指定從哪裡開始提交多少位元組。如果是預定操作，系統會保證所預定的起始位址一定是分配細微性的整數倍。如果是提交操作，系統會把指定的起始位址向下取整數到下一頁邊界，實際提交的頁面區域大小一定是頁面大小的整數倍。具體請看下面的範例。

系統基於整個頁面來指定保護屬性，不可能出現同一頁面中的記憶體有不同保護屬性的情況，但是空間區域中的頁面有一種保護屬性（如 PAGE_READWRITE），而同一區域中的另一個頁面有另一種不同的保護屬性（如 PAGE_EXECUTE_READWRITE），這種情況是可能的。例如下面的程式，1 分頁是 4KB 即 4096 位元組，十六進位為 0x1000：

```
lp = (LPBYTE)VirtualAlloc(lp + 128, 1024, MEM_COMMIT, PAGE_READWRITE);
//lp 傳回 0x1016 0000，提交的空間區域範圍為 0x1016 0000～0x1016 0FFF，共 1 分頁
StringCchCopy((LPTSTR)lp, _tcslen(TEXT("Hello，Windows")) + 1, TEXT("Hello，
Windows"));

lp = (LPBYTE)VirtualAlloc(lp + 8000, 6 * 1024, MEM_COMMIT, PAGE_EXECUTE_
```

```
READWRITE);
//lp 傳回 0x1016 1000，提交的空間區域範圍為 0x1016 1000 ～ 0x1016 3FFF，跨 3 分頁
//0x1016 1000 ～ 0x1016 0000 + 8000 + 6 × 1024，所以是 0x1016 1000 ～ 0x1016
3FFF，跨 3 分頁
StringCchCopy((LPTSTR)lp, _tcslen(TEXT("你好，老王")) + 1, TEXT("你好，老王"));
```

通常使用一步預定並提交的做法，舉例來說，下面的程式預定並提交 10MB 空間區域，然後可以直接使用該空間區域：

```
lp = (LPBYTE)VirtualAlloc(NULL, 10 * 1024 * 1024, MEM_RESERVE | MEM_COMMIT,
PAGE_READWRITE);
StringCchCopy((LPTSTR)lp, _tcslen(TEXT("Hello，Windows")) + 1, TEXT("Hello，
Windows"));
```

上述程式中的 MEM_RESERVE 可以省略不寫。

有時系統以應用程式的名義來預訂位址空間區域，舉例來說，建立一個處理程序時，系統會分配一塊位址空間區域用來儲存處理程序環境區塊（Process Environment Block，PEB），PEB 是一個由系統建立、操控的小型態資料結構。在建立執行緒時，系統同時還需要建立執行緒環境區塊（Thread Environment Block，TEB）來管理處理程序中的執行緒。雖然系統規定應用程式在預訂位址空間區域時起始位址必須是分配細微性的整數倍，但是系統自身卻不存在這樣的限制，系統為 PEB 和 TEB 預訂的空間區域的起始位址並不一定是 64KB 的整數倍，但是這些空間區域的大小必須是頁面大小的整數倍。

VirtualFree 函數用於解除提交或釋放呼叫處理程序虛擬位址空間中的頁面區域：

```
BOOL WINAPI VirtualFree(
    _In_ LPVOID lpAddress,      // 要釋放的空間區域的起始位址
    _In_ SIZE_T dwSize,         // 要釋放的空間區域的大小，以位元組為單位，通常指定為 0
    _In_ DWORD  dwFreeType);    // 釋放操作的類型
```

dwFreeType 參數指定釋放操作的類型，可以是表 2.5 所示的值之一。

表 2.5

常數	含義
MEM_ DECOMMIT	解除提交已提交的空間區域。解除提交後頁面處於預定狀態並且不可存取，不能與 MEM_RELEASE 標識一起使用。如果 lpAddress 參數指定為 VirtualAlloc 函數傳回的起始位址，並且 dwSize 參數設定為 0，則函數將解除提交由 VirtualAlloc 函數分配的整個空間區域，該區域處於預定狀態；當然也可以只解除提交一部分空間區域，lpAddress 和 dwSize 參數指定從哪裡開始解除提交多少位元組，與 VirtualAlloc 函數相同，系統會把指定的起始位址向下取整數到下一頁邊界，實際解除提交的空間區域大小一定是頁面大小的整數倍。後續解除提交的頁面還可以透過呼叫 VirtualAlloc 函數來提交
MEM_RELEASE	釋放空間區域。釋放以後頁面處於空閒狀態，不能與 MEM_DECOMMIT 標識一起使用。指定為 MEM_RELEASE 時，lpAddress 參數必須指定為 VirtualAlloc 函數傳回的起始位址，dwSize 參數必須設定為 0，系統會釋放預定的所有空間區域，即必須一次性釋放預定的所有空間區域，例如不能先預訂 128KB 的區域，然後釋放其中的 64KB，而是必須釋放整個 128KB 的區域。如果空間區域中的頁面處於不同的狀態，例如部分頁面處於預定狀態，而部分頁面處於提交狀態，並不會影響釋放所有空間區域的操作

要在另一個處理程序的虛擬位址空間中分配、釋放記憶體，可以使用 VirtualAllocEx、VirtualFreeEx 函數，這兩個函數多了一個處理程序控制碼參數。

2.3.2 改變頁面保護屬性

有時為了保護已分配記憶體區域的資料，在需要向該記憶體區域寫入資料時可以設定頁面保護屬性為 PAGE_READWRITE，操作完成後可以設定頁面保護屬性為 PAGE_READONLY 或 PAGE_NOACCESS，這樣可對記憶體資料進行保護。改變頁面保護屬性也可以用於加密解密領域，例如原程式中要呼叫 User32.dll 中的 MessageBoxA 函數，程式通常是唯讀的，如果想把對 User32.dll 中 MessageBoxA 函數的呼叫改為對另一個函數的呼叫（例如自訂函數 MyMessageBoxA），在改寫記憶體中的程式前必須將對應的頁面保護屬性設定為 PAGE_READWRITE，改寫完後應該立即將頁面保護屬性設定為唯讀。

VirtualProtect 函數用於更改呼叫處理程序的虛擬位址空間中已提交頁面區域的保護屬性，要更改其他處理程序的頁面保護屬性可以使用 VirtualProtectEx 函數。VirtualProtect 函數原型定義如下：

```
BOOL WINAPI VirtualProtect(
    _In_  LPVOID lpAddress,          // 要更改其保護屬性的頁面區域的起始位址
    _In_  SIZE_T dwSize,             // 頁面區域的大小，以位元組為單位
    _In_  DWORD  flNewProtect,       // 新頁面保護屬性，同 VirtualAlloc 函數的
                                        flProtect 參數
    _Out_ PDWORD lpflOldProtect);    // 傳回原頁面保護屬性，不能設定為 NULL
```

系統會把指定的起始位址向下取整數到下一頁邊界，實際更改的頁面區域大小一定是頁面大小的整數倍，即頁面保護屬性與整個頁面相連結，無法單獨為一位元組或幾位元組指定保護屬性。例如我們在頁面大小為 4KB 的系統中使用下面的程式呼叫 VirtualProtect 函數，那麼實際上是在替兩個頁面指定 PAGE_READWRITE 保護屬性：

```
LPVOID pvRgnBase = NULL;

pvRgnBase = VirtualAlloc(NULL, 10 * 1024 * 1024, MEM_RESERVE | MEM_COMMIT,
PAGE_READONLY);
VirtualProtect((LPBYTE)pvRgnBase + (3 * 1024), 2 * 1024, PAGE_READWRITE,
&dwProtectOld);
```

如果指定的要設定頁面保護屬性的區域跨越了不同的空間區域，那麼 VirtualProtect 函數無法一次性改變它們的保護屬性，也就是說，如果多次呼叫 VirtualAlloc 或 VirtualAllocEx 函數分配了不同的空間區域，當要設定跨越了不同空間區域的頁面的保護屬性時，必須多次呼叫 VirtualProtect 函數。後面會經常用到 VirtualProtect/VirtualProtectEx 函數。

2.3.3 查詢頁面資訊

VirtualQuery 函數用於查詢呼叫處理程序虛擬位址空間中一片頁面區域的資訊，如果要查詢另一個處理程序虛擬位址空間中頁面的資訊，可

以使用 VirtualQueryEx 函數。VirtualQuery 函數原型定義如下：

```
SIZE_T WINAPI VirtualQuery(
    _In_opt_ LPCVOID                    lpAddress, // 要查詢的頁面區域的起始位址
    _Out_    PMEMORY_BASIC_INFORMATION lpBuffer,// 在這個結構中傳回頁面區域的資訊
    _In_     SIZE_T                     dwLength); // 上面結構的大小
```

同樣，系統會把指定的起始位址向下取整數到下一頁邊界。函數傳回值是複製到 lpBuffer 中的位元組數。

lpBuffer 參數是一個指向 MEMORY_BASIC_INFORMATION 結構的指標，該結構在 winnt.h 標頭檔中定義如下：

```
typedef struct _MEMORY_BASIC_INFORMATION {
    PVOID  BaseAddress;          // 頁面區域的基底位址，它的值等於參數 lpAddress 向下取
                                    整數到下一頁邊界
    PVOID  AllocationBase;       // 空間區域的基底位址，該空間區域包含參數 lpAddress
                                    所指定的位址
    DWORD  AllocationProtect;// 最開始分配空間區域時指定的保護屬性
    SIZE_T RegionSize;    // 頁面區域的大小，以 BaseAddress 為起始位址，以位元組為單位
    DWORD  State;         // 頁面區域中頁面的狀態，MEM_FREE 空閒、MEM_RESERVE 預定或
                             MEM_COMMIT 提交
    DWORD  Protect; // 頁面區域中頁面的記憶體保護屬性
    DWORD  Type;       // 頁面區域中頁面的類型，MEM_IMAGE、MEM_MAPPED 或 MEM_PRIVATE
} MEMORY_BASIC_INFORMATION, *PMEMORY_BASIC_INFORMATION;
```

頁面區域指的是以 BaseAddress 為起始位址的具有相同記憶體保護屬性、狀態以及類型的多個相鄰頁面，RegionSize 欄位指的是頁面區域的大小，VirtualQuery 函數獲取的是頁面區域的資訊。透過 State 欄位可以確定某個記憶體位址處的頁面是否已提交，透過 Protect 欄位可以確定該頁面是否讀取寫入等。

例如下面的程式：

```
LPVOID pvRgnBase = NULL;
DWORD dwProtectOld;
MEMORY_BASIC_INFORMATION mbi;
```

```
case WM_INITDIALOG:
    pvRgnBase = VirtualAlloc(NULL, 10 * 1024 * 1024, MEM_RESERVE | MEM_
COMMIT, PAGE_READONLY);
    VirtualProtect((LPBYTE)pvRgnBase + 5 * 1024 * 1024, 4 * 1024, PAGE_
READWRITE, &dwProtectOld);
    VirtualQuery((LPBYTE)pvRgnBase + 5 * 1024 * 1024 + 1024, &mbi,
sizeof(mbi));
    return TRUE;
```

在上面的程式中，我們首先呼叫 VirtualAlloc 函數預定並提交保護屬性為 PAGE_READONLY 的 10MB 大小的空間區域，然後呼叫 VirtualProtect 函數修改這塊空間區域後半部分的第 1 個頁面的保護屬性為 PAGE_READWRITE，最後呼叫 VirtualQuery 函數獲取 (LPBYTE) pvRgnBase + 5 × 1024 × 1024 + 1024 為起始位址的頁面區域的資訊。偵錯過程如圖 2.6 所示。

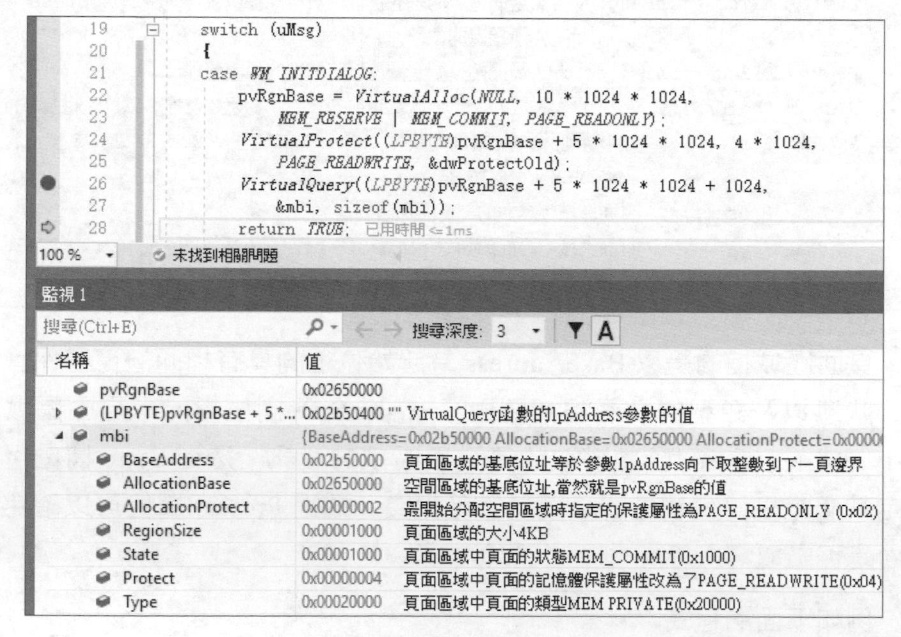

▲ 圖 2.6

2.4 堆積管理函數

虛擬位址空間管理函數提供了比較底層的控制，例如基底位址、分配細微性、頁面邊界、記憶體保護屬性等。如果不需要這些精確的控制，可以使用堆積管理函數分配記憶體。

處理程序初始化時，系統會在處理程序的位址空間中建立一個堆積，這個堆積稱為處理程序的預設堆積。初始情況下預設堆積的記憶體空間大小為 1MB，在處理程序開始執行之前由系統自動建立。程式也可以利用堆積管理函數在處理程序的位址空間中建立其他堆積，稱為私有堆積。對一個處理程序來說，預設堆積只有一個，而私有堆積可以建立多個。堆積通常用於分配 1MB 以下的小型記憶體，用於一些小型態資料結構，例如管理鏈結串列和樹。預設堆積是在建立處理程序的時候預定的一塊空間區域，預設大小是 1MB，可以透過選擇專案設定屬性→連結器→系統→堆積保留大小選項來設定處理程序預設堆積的初始大小。

預設堆積是由系統自動建立的，可以直接拿來使用，而私有堆積在使用前需要先建立。不過有時候程式可能需要使用私有堆積，例如以下場合。

- 很多 API 函數都是使用處理程序的預設堆積來分配臨時記憶體，如果是多執行緒，每個執行緒都可以呼叫一些 API 函數來使用預設堆積。為了保持同步，對預設堆積的存取是依次進行的，在同一時刻內只能有一個執行緒可以分配和釋放預設堆積中的記憶體，如果兩個執行緒試圖同時分配預設堆積中的記憶體，則只有一個執行緒能夠進行，另一個執行緒必須等待第一個執行緒的記憶體分配結束以後才能繼續執行。如果每個執行緒都使用私有堆積，那麼不同執行緒在不同的私有堆積中同時分配記憶體並不會引起衝突，所以程式的執行速度更快。不過，很多時候我們無法控制 API 函數不使用處理程序的預設堆積，例如呼叫包含字串參數的 API 函數的 ANSI 版本，系統會把字串參數轉為 Unicode 格式並呼叫該函數的 Unicode 版本，轉換用的字串緩衝區就是使用了處理程序的預設堆積。

- 使記憶體存取局部化。假設程式需要一些不同的資料結構，如果這些不同的資料結構混雜在同一個堆積中，則如圖 2.7 所示。

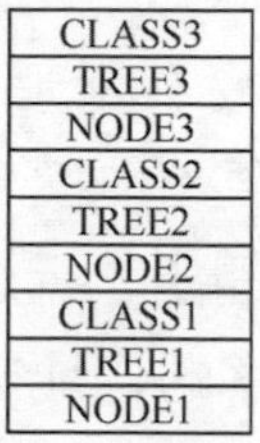

CLASS3
TREE3
NODE3
CLASS2
TREE2
NODE2
CLASS1
TREE1
NODE1

▲ 圖 2.7

圖 2.7 中，NODE、TREE 和 CLASS 類型的資料結構之間沒有連結。當程式存取 NODE1 時，可能需要繼續存取 NODE2、NODE3，但是各個 NODE 結構可能不在同一個實體記憶體分頁中，因此需要在實體記憶體和頁面交換檔之間進行資料交換，這會影響程式性能。如果 NODE、TREE 和 CLASS 這 3 個類型的資料結構分別使用一個私有堆積，就可以在相鄰的記憶體位址處分配相同類型的資料結構。以 NODE 結構為例，很有可能多個 NODE 結構位於同一個實體記憶體分頁中，程式在存取 NODE1 時進行資料交換，如果接下來存取 NODE2、NODE3 即可直接讀取實體記憶體分頁，避免系統頻繁地在實體記憶體和頁面交換檔之間進行資料交換。

另外，假設 NODE、TREE 和 CLASS 類型的資料結構混雜在同一個堆積中，如果因為程式書寫錯誤對 NODE 結構記憶體操作越界，那麼可能會覆蓋 TREE 和 CLASS 結構的資料，導致程式存取這兩個結構時出錯，而且錯誤原因不容易追蹤和定位。如果不同的結構分別使用一個私有堆積，那麼它們使用的記憶體會隔離開來。雖然越界錯誤仍然可能發生，但很容易被發現。

- 更有效的記憶體管理。假設每個 NODE 結構需要 24 位元組，每個 TREE 和 CLASS 結構需要 32 位元組，如果釋放了 NODE1 和

NODE2 共 48 位元組，現在要分配一個 TREE 或 CLASS 結構，但是因為記憶體空間是不連續的，雖然有 48 位元組的空閒記憶體空間，卻無法容納一個 32 位元組大小的 TREE 或 CLASS 結構，這就是記憶體碎片。如果每個結構使用一個私有堆積，那麼釋放一個物件就可以保證釋放出的空間剛好能夠容納另一個同類型的物件，消除了記憶體碎片。

- 快速釋放。如果在預設堆積中分配了多塊記憶體，則不用的時候需要逐塊單獨釋放。程式無法銷毀處理程序的預設堆積，但是將一個私有堆積釋放後，堆積中的記憶體會被全部釋放，並不需要預先釋放堆積中的每個區塊，這非常利於程式的掃尾工作。

2.4.1 私有堆積的建立和釋放

要使用私有堆積，必須先透過呼叫 HeapCreate 函數建立一個堆積，該函數傳回一個堆積控制碼，然後透過這個堆積控制碼呼叫 HeapAlloc 函數從堆積中分配一塊記憶體。要從預設堆積中分配一塊記憶體，可以呼叫 GetProcessHeap() 函數獲取處理程序預設堆積的控制碼。當不再需要所建立的堆積時，可以透過呼叫 HeapDestroy 函數銷毀堆積，銷毀私有堆積可以釋放堆積中包含的所有區塊，程式無法銷毀處理程序的預設堆積。

HeapCreate 函數用於建立一個私有堆積，該函數在處理程序的虛擬位址空間中預定空間區域，並提交指定大小的頁面區域：

```
HANDLE WINAPI HeapCreate(
    _In_ DWORD  flOptions,         // 堆積分配選項，可以設定為 0
    _In_ SIZE_T dwInitialSize,     // 為堆積提交的初始記憶體大小，以位元組為單位，設定
                                      為 0 表示初始提交 1 分頁
    _In_ SIZE_T dwMaximumSize);   // 為堆積預定的記憶體空間大小，以位元組為單位，設定
                                      為 0 表示不限制
```

- flOptions 參數指定堆積分配選項，該參數可以設定為 0 或表 2.6 所示的值的組合。

表 2.6

常數	含義
HEAP_CREATE_ENABLE_EXECUTE	從堆積中分配的區塊具有可執行屬性，如果不設定，表示堆積中儲存的是不可執行的資料
HEAP_GENERATE_EXCEPTIONS	在預設情況下，從堆積中分配（HeapAlloc）或重新分配（HeapReAlloc）區塊失敗會傳回 NULL。指定該標識後，如果分配失敗則會拋出一個例外以通知應用程式有錯誤發生（有時捕捉異常比檢查傳回值更簡單，後面會講解異常處理）
HEAP_NO_SERIALIZE	如前所述，多執行緒對預設堆積的存取是依次進行的，同一時刻只能有一個執行緒可以分配和釋放預設堆積中的記憶體，對私有堆積來說，該限制仍然存在。指定該標識表示對堆積的存取是非獨佔的，如果一個執行緒沒有完成對堆積的操作，其他執行緒也可以對堆積操作。使用這個標識是非常危險的，要儘量避免使用，但是如果處理程序只使用了一個執行緒，或雖然是多執行緒但每個執行緒只存取屬於自己的私有堆積，或採取了一些執行緒同步方式來保證它們不會同時去存取、修改同一個私有堆積，這些情況下可以指定該標識以加快存取速度

- dwInitialSize 參數表示為堆積提交的初始記憶體大小，以位元組為單位，會被取整數為頁面大小的整數倍，不能大於第 3 個參數 dwMaximumSize 指定的值，如果該參數設定為 0 表示初始提交 1 分頁。
- dwMaximumSize 參數表示為堆積預定的記憶體空間大小，即堆積的最大大小，以位元組為單位，取整數為頁面大小的整數倍。隨著不斷在堆積中分配記憶體，系統會從堆積中不斷提交記憶體分頁，直到達到堆積的最大大小。該參數可以設定為 0 表示不限制最大大小，堆積的大小僅受可用記憶體的限制。

如果函數執行成功，則傳回值為新建立的堆積的控制碼；如果函數執行失敗，則傳回值為 NULL。

當不再需要所建立的堆積時，可以透過呼叫 HeapDestroy 函數銷毀堆積：

```
BOOL WINAPI HeapDestroy(_In_ HANDLE hHeap); //要銷毀的堆積的控制碼，由HeapCreate
                                              函數傳回
```

該函數銷毀指定的堆積物件，解除提交並釋放私有堆積中包含的所有頁面，並使堆積的控制碼故障。

2.4.2 在堆積中分配和釋放區塊

HeapAlloc 函數用於從堆積中分配一塊記憶體：

```
LPVOID WINAPI HeapAlloc(
    _In_ HANDLE hHeap,      //堆積的控制碼，從中分配記憶體，由HeapCreate或
                              GetProcessHeap函數傳回
    _In_ DWORD  dwFlags,    //堆積分配選項
    _In_ SIZE_T dwBytes);   //要分配的區塊大小，以位元組為單位
```

- dwFlags 參數指定堆積分配選項，可以是表 2.7 所示的或多個值。
- dwBytes 參數指定要分配的區塊大小，以位元組為單位，函數實際分配的區塊大小不會小於該參數指定的大小。

表 2.7

常數	含義
HEAP_ZERO_MEMORY	將分配的區塊初始化為 0，即清零操作
HEAP_GENERATE_EXCEPTIONS	在預設情況下，從堆積中分配（HeapAlloc）或重新分配（HeapReAlloc）區塊失敗會傳回 NULL，指定該標識後，如果分配失敗則會拋出一個例外以通知應用程式有錯誤發生 如果希望堆積中所有記憶體分配（HeapAlloc）或重新分配（HeapReAlloc）函數失敗時都拋出一個例外，則應該在呼叫 HeapCreate 函數建立堆積時為 flOptions 參數指定該標識。如果呼叫 HeapCreate 函數時指定了 HEAP_GENERATE_EXCEPTIONS 標識，則以後在該堆積中的所有記憶體分配（HeapAlloc）或重新分配（HeapReAlloc）函數失敗時都會拋出一個例外。如果呼叫 HeapCreate 函數時未指定 HEAP_GENERATE_EXCEPTIONS 標識，則可以在這裡使用該標識單獨指定對本次分配操作失敗拋出一個例外

常數	含義
HEAP_NO_SERIALIZE	如果當初呼叫 HeapCreate 函數時指定了 HEAP_NO_SERIALIZE 標識，則後續在該堆積中的所有記憶體分配或釋放操作都不進行獨佔檢測。如果當初呼叫 HeapCreate 函數時沒有指定 HEAP_ NO_SERIALIZE 標識，則可以在這裡使用該標識單獨指定不對本次分配操作進行獨佔檢測。在處理程序的預設堆積中分配記憶體時，絕對不要使用這個標識，否則可能會破壞資料，因為處理程序中的其他執行緒可能會在同一時刻存取堆

如果函數執行成功，則傳回值是指向已分配區塊的指標。如果函數執行失敗並且沒有指定 HEAP_ GENERATE_EXCEPTIONS 標識，則傳回值為 NULL。如果函數執行失敗並且已經指定 HEAP_GENERATE_EXCEPTIONS 標識，則該函數可能會生成表 2.8 所示的異常。

表 2.8

異常程式	含義
STATUS_NO_MEMORY	由於缺少可用記憶體或堆積損壞導致分配操作失敗
STATUS_ACCESS_VIOLATION	由於堆積損壞或不正確的函數參數導致分配操作失敗

當從堆積中分配記憶體時，系統會執行以下操作步驟。

（1）遍歷已分配記憶體的鏈結串列和閒置記憶體的鏈結串列。

（2）找到一塊足夠大的閒置區塊。

（3）將剛剛找到的閒置區塊標記為已分配，並分配一塊新的記憶體。

（4）將新分配的區塊增加到已分配記憶體的鏈結串列中。

例如下面的程式，建立一個不限制最大大小的私有堆積，然後從堆積中分配 1024 位元組的記憶體：

```
LPVOID lp = NULL;

hHeap = HeapCreate(0, 0, 0);
lp = HeapAlloc(hHeap, HEAP_ZERO_MEMORY, 1024);  // 分配 1024 位元組的記憶體
```

有時候程式可能需要調整已分配區塊的大小，程式一開始可能分配一塊大於實際需要的區塊，在把需要的資料都放到這塊記憶體中以後再減小區塊的大小；也可能一開始分配的區塊太小，不滿足實際需要，這時需要增大區塊的大小。如果需要調整區塊的大小可以呼叫 HeapReAlloc 函數：

```
LPVOID WINAPI HeapReAlloc(
    _In_ HANDLE hHeap,     // 堆積的控制碼，從中重新分配記憶體
    _In_ DWORD  dwFlags,   // 堆積分配選項
    _In_ LPVOID lpMem,     // 要調整大小的區塊指標
    _In_ SIZE_T dwBytes);  // 要調整到的大小，以位元組為單位
```

dwFlags 參數指定堆積分配選項，可以是表 2.9 所示的或多個值。

表 2.9

常數	含義
HEAP_ZERO_MEMORY	如果重新分配的區塊比原來的大，則超出原始大小的部分將初始化為 0，但是區塊中原始大小的內容不受影響；如果重新分配的區塊比原來小，則該標識不起作用
HEAP_REALLOC_IN_PLACE_ONLY	在增大區塊時，HeapReAlloc 函數可能會在堆積內部移動區塊，如果在原區塊位址處無法找到一塊連續的滿足新分配大
	小的記憶體空間，則函數會在其他位置尋找一塊足夠大的閒置記憶體空間並把原區塊的內容複製過來，然後函數將傳回一個新位址，很明顯新位址與原位址不同；如果 HeapReAlloc 函數能夠在不移動區塊的前提下使它增大，則函數將傳回原區塊的位址。指定 HEAP_REALLOC_IN_PLACE_ONLY 標識是用來告訴 HeapReAlloc 函數不要移動區塊，如果能夠在不移動區塊的前提下使它增大，或要把區塊減小，則 HeapReAlloc 函數會傳回原區塊的位址；如果指定了該標識並且無法在不移動區塊的情況下調整區塊的大小，則函數呼叫將失敗。無論哪種情況，原始區塊部分的內容始終保持不變
HEAP_GENERATE_EXCEPTIONS	參見 HeapAlloc 函數的說明
HEAP_NO_SERIALIZE	參見 HeapAlloc 函數的說明

HeapReAlloc 函數的傳回值情況與 HeapAlloc 函數相同。如果函數執行成功，則傳回值是指向新區塊的指標。如果指定了 HEAP_REALLOC_IN_PLACE_ONLY 標識，則新區塊的指標必定與原來的相同，否則它既有可能與原來的指標相同也有可能不同。

例如圖 2.8 所示的程式。

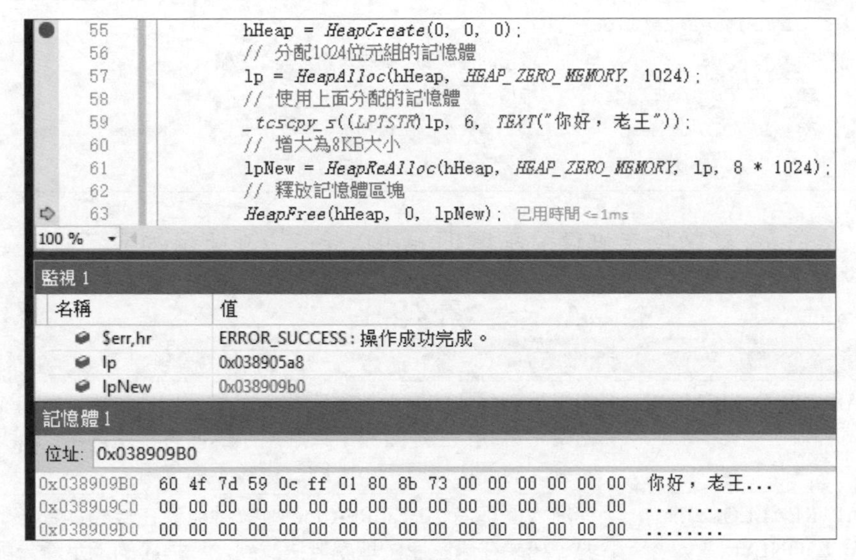

▲ 圖 2.8

這段程式呼叫 HeapAlloc 函數分配區塊傳回的位址為 0x038905A8，接著程式向這塊記憶體中寫入字串，然後呼叫 HeapReAlloc 函數增大區塊為 8KB，函數傳回一個新的區塊位址 0x038909B0，從記憶體 1 視窗可以看到，原區塊的內容複製到了新區塊中。

HeapFree 函數用於釋放 HeapAlloc 或 HeapReAlloc 函數從堆積中分配的區塊：

```
BOOL WINAPI HeapFree(
    _In_ HANDLE hHeap,      // 要釋放其區塊的堆積的控制碼
    _In_ DWORD  dwFlags,    // 堆積釋放選項，可以設定為 0 或 HEAP_NO_SERIALIZE
    _In_ LPVOID lpMem);     // 要釋放的區塊的指標
```

2.4.3 其他堆積管理函數

HeapLock 和 HeapUnlock 函數用來鎖定堆積和解鎖堆積，這兩個函數主要用於執行緒同步。當在一個執行緒中呼叫 HeapLock 函數時，這個執行緒暫時成為指定堆積的所有者，也就是說只有這個執行緒能對堆積操作（包括記憶體分配、釋放等函數），其他執行緒如果需要對這個堆積操作則只能等待，直到所有者執行緒呼叫 HeapUnlock 函數解鎖為止。這兩個函數必須成對使用，函數原型如下：

```
BOOL WINAPI HeapLock(_In_ HANDLE hHeap);
BOOL WINAPI HeapUnlock(_In_ HANDLE hHeap);
```

一般來說，不需要在程式中使用這兩個函數。如果沒有指定 HEAP_NO_SERIALIZE 標識，則 HeapAlloc、HeapReAlloc、HeapFree、HeapSize 和 HeapValidate 等函數會在內部自行呼叫 HeapLock 和 HeapUnlock 函數。

分配一塊記憶體後（HeapAlloc 或 HeapReAlloc），可以呼叫 HeapSize 函數來得到這塊記憶體的實際大小：

```
SIZE_T WINAPI HeapSize(
    _In_ HANDLE   hHeap,       // 區塊所在堆積的控制碼
    _In_ DWORD    dwFlags,     // 選項，可以設定為 0 或 HEAP_NO_SERIALIZE
    _In_ LPCVOID lpMem);       // 要獲取其大小的區塊的指標
```

如果函數執行成功，則傳回值為分配的區塊的大小，以位元組為單位；如果函數執行失敗，則傳回值為 (SIZE_T)-1。

HeapValidate 函數用於驗證堆積的完整性或堆積中某個區塊的完整性：

```
BOOL WINAPI HeapValidate(
    _In_        HANDLE  hHeap,       // 要驗證的堆積的控制碼
    _In_        DWORD   dwFlags,     // 選項，可以設定為 0 或 HEAP_NO_SERIALIZE
    _In_opt_ LPCVOID lpMem);         // 指向區塊的指標，設定為 NULL 表示驗證整個堆積
```

lpMem 參數是指向區塊的指標，如果設定為 NULL 表示驗證整個堆積，則函數會遍歷堆積中的每個區塊，確保沒有任何一塊記憶體被破壞；如果 lpMem 參數指定為一個區塊的位址，則函數只檢查這一塊記憶體的完整性。

一個處理程序的位址空間中可以有多個堆積，GetProcessHeaps 函數可以獲取呼叫處理程序的所有堆積的控制碼，該函數主要用於偵錯：

```
DWORD WINAPI GetProcessHeaps(
    _In_  DWORD    NumberOfHeaps,        //ProcessHeaps 陣列的陣列元素個數
    _Out_ PHANDLE ProcessHeaps);         // 接收堆積控制碼的陣列
```

GetProcessHeaps 函數傳回的堆積控制碼包括預設堆積控制碼，函數傳回值是呼叫處理程序中堆積的個數；如果傳回值為 0，則函數呼叫失敗，因為每個處理程序至少有一個堆積，即處理程序的預設堆積。如果傳回值大於 NumberOfHeaps，則說明 ProcessHeaps 參數指向的緩衝區太小，無法容納呼叫處理程序的所有堆積控制碼，程式可以透過傳回值來分配足夠大的緩衝區以接收所有堆積的控制碼，並再次呼叫該函數。例如下面的程式：

```
PHANDLE pArrProcessHeaps = new HANDLE[100];
DWORD dwHeaps = 0;

dwHeaps = GetProcessHeaps(100, pArrProcessHeaps);
if (dwHeaps > 100)
{
    // 這個處理程序中的堆積比我們預期的要多，可以分配足夠大的緩衝區並再次呼叫該函數
}
else
{
    //arrProcessHeaps[0] 到 arrProcessHeaps[dwHeaps - 1] 標識現有堆積
}

delete[]pArrProcessHeaps;
```

HeapWalk 函數可以列舉指定堆積中的區塊，該函數主要用於偵錯：

```
BOOL WINAPI HeapWalk(
     _In_     HANDLE                 hHeap,      // 堆積的控制碼
     _Inout_  LPPROCESS_HEAP_ENTRY lpEntry); // 指向 PROCESS_HEAP_ENTRY 結構的指標
```

lpEntry 參數是一個指向 PROCESS_HEAP_ENTRY 結構的指標，程式需要迴圈呼叫 HeapWalk 函數以獲取堆積中所有區塊的資訊，函數每次在 PROCESS_HEAP_ENTRY 結構中傳回一個區塊的資訊。如果還有其他區塊，函數傳回 TRUE，程式迴圈呼叫 HeapWalk 函數直到函數傳回 FALSE 為止。通常應該在 HeapWalk 迴圈的外部呼叫 HeapLock 和 HeapUnlock 函數，這樣一來，在遍歷一個堆積時，其他執行緒就無法從同一個堆積中分配或釋放區塊。

2.4.4 在 C++ 中使用堆積

C++ 語言定義了兩個運算子來分配和釋放動態記憶體，運算子 new 分配記憶體，運算子 delete 用於釋放 new 分配的記憶體。另外，new 和 delete 還是實例化和銷毀一個類別物件的運算子。

我們可以多載 C++ 類別的 new 和 delete 運算子。這裡以一個 C++ 類別為例說明透過堆積管理函數實例化和銷毀一個類別物件的方法：

```
class MyClass
{
public:
     MyClass();
     ~MyClass();
     VOID * operator new(size_t size);
     VOID operator delete(VOID * p);

private:
     // 靜態成員變數宣告
     static HANDLE m_hHeap;              // 堆積控制碼
     static UINT m_uAllocNumsInHeap; // 類別實例個數
     // 其他成員變數
```

```
    int a;
    double b;
};

//靜態成員變數定義
HANDLE MyClass::m_hHeap = NULL;
UINT MyClass::m_uAllocNumsInHeap = 0;

MyClass::MyClass(){}

MyClass::~MyClass(){}

VOID * MyClass::operator new(size_t size)
{
    if (m_hHeap == NULL)
    {
        m_hHeap = HeapCreate(0, 0, 0);
        if (m_hHeap == NULL)
            return NULL;
    }

    VOID *p = HeapAlloc(m_hHeap, 0, size);
    if (p != NULL)
        m_uAllocNumsInHeap++;

    return p;
}

VOID MyClass::operator delete(VOID * p)
{
    if (HeapFree(m_hHeap, 0, p))
        m_uAllocNumsInHeap--;

    if (m_uAllocNumsInHeap == 0)
    {
        if (HeapDestroy(m_hHeap))
            m_hHeap = NULL;
    }
}
```

m_hHeap 和 m_uAllocNumsInHeap 都是靜態成員變數，所有類別的實例共享這兩個變數。m_hHeap 用於儲存堆積控制碼，所有 MyClass 物件都將從這個堆積中分配。m_uAllocNumsInHeap 用於記錄從堆積中分配了多少個 MyClass 物件。每次從堆積中分配一個 MyClass 物件，m_uAllocNumsInHeap 就會遞增；每次銷毀一個 MyClass 物件，m_uAllocNumsInHeap 就會遞減。當 m_uAllocNumsInHeap 為 0 時，可以呼叫 HeapDestroy 函數銷毀堆積。

多載 new 運算子的成員函數，首先判斷 m_hHeap 變數是否為 NULL。如果為 NULL 說明這是第一次透過 new 運算子實例化 MyClass 物件，這時需要呼叫 HeapCreate 函數建立一個堆積並把堆積控制碼儲存在 m_hHeap 變數中，後續使用 new 實例化物件時直接使用這個堆積即可。

多載 delete 運算子的成員函數，呼叫 HeapFree 函數傳入堆積控制碼和要釋放的物件的位址。如果物件被成功釋放，則 m_uAllocNumsInHeap 會遞減，以表示堆積中的 MyClass 物件又少了一個。然後判斷 m_uAllocNumsInHeap 是否為 0，如果為 0 說明堆積中已經沒有 MyClass 物件，可以呼叫 HeapDestroy 函數銷毀堆積。堆銷毀成功應該將 m_hHeap 變數設為 NULL，如果程式在以後需要分配另一個 MyClass 物件，多載 new 運算子的成員函數會建立一個新的堆積。

考慮繼承的情況，如果以 MyClass 為基礎類別衍生一個新類別，那麼新類別將繼承 MyClass 的 new 和 delete 運算子，同時還會繼承 MyClass 的堆積，就是說在呼叫衍生類別的 new 運算子時，會與 MyClass 一樣，從同一個堆積中分配記憶體，取決於具體情況。這可能是我們希望的，也可能不是我們希望的，如果基礎類別與衍生類別物件的大小相差非常大，那麼容易在堆積中形成記憶體碎片。如果想在衍生類別中使用一個單獨的堆積，則可以在衍生類別中增加一組 m_hHeap 和 m_uAllocNumsInHeap 變數，將 new 和 delete 運算子的多載程式複製，在編譯時，編譯器會發現衍生類別也多載了 new 和 delete 運算子，這樣它就會呼叫衍生類別的運算子，而不會呼叫基礎類別的運算子。

2.5 其他記憶體管理函數

CopyMemory 函數用於把一塊記憶體從一個位置複製到另一個位置：

```
void CopyMemory(
    _In_       PVOID  Destination,  // 目標區塊的起始位址
    _In_ const VOID   *Source,      // 要複製的區塊的起始位址
    _In_       SIZE_T Length);      // 要複製的區塊的大小（要複製到 Destination 中
                                       的位元組數）
```

第一個參數 Destination 必須足夠大才能儲存 Source 的 Length 位元組，否則可能會發生緩衝區溢位。CopyMemory 函數在內部透過呼叫 C 執行函數庫函數 memcpy：

```
#define CopyMemory RtlCopyMemory
#define RtlCopyMemory(Destination,Source,Length) memcpy((Destination),
(Source),(Length))
```

為了防止緩衝區溢位，可以使用安全版本的 memcpy_s 函數：

```
errno_t memcpy_s(
    void *dest,          // 目標緩衝區
    size_t destSize,     // 目標緩衝區的大小，以位元組為單位
    const void *src,     // 來源緩衝區
    size_t count);       // 要複製的位元組數
```

MoveMemory 函數用於把一塊記憶體從一個位置移動到另一個位置：

```
void MoveMemory(
    _In_       PVOID  Destination,  // 目標區塊的起始位址
    _In_ const VOID   *Source,      // 要移動的區塊的起始位址
    _In_       SIZE_T Length);      // 要移動的區塊的大小（要移動到 Destination 中
                                       的位元組數）
```

同樣，第一個參數 Destination 必須足夠大才能儲存 Source 的 Length 位元組，否則可能會發生緩衝區溢位。MoveMemory 函數在內部透過呼叫 C 執行函數庫函數 memmove：

```
#define MoveMemory RtlMoveMemory
#define RtlMoveMemory(Destination,Source,Length) memmove((Destination),
(Source),(Length))
```

為了防止緩衝區溢位，可以使用安全版本的 memmove_s 函數：

```
errno_t memmove_s(
    void *dest,                    // 目標緩衝區
    size_t numberOfElements,       // 目標緩衝區的大小，以位元組為單位
    const void *src,               // 來源緩衝區
    size_t count);                 // 要移動的位元組數
```

CopyMemory 與 MoveMemory 這兩個函數作用類似。如果目標緩衝區和來源緩衝區存在重疊區域，呼叫 CopyMemory 函數的結果是未知的，而 MoveMemory 函數則允許目標緩衝區和來源緩衝區重疊。

RtlEqualMemory 函數用於比較兩個區塊的指定位元組是否相同：

```
BOOL RtlEqualMemory(
    _In_ const VOID    *Source1,  // 區塊 1 的起始位址
    _In_ const VOID    *Source2,  // 區塊 2 的起始位址
    _In_        SIZE_T Length);   // 要比較的位元組數
```

如果 Source1 和 Source2 的指定位元組的資料是相同的，函數傳回 TRUE；否則傳回 FALSE。RtlEqualMemory 函數在內部透過呼叫 C 執行函數庫函數 memcmp：

```
#define RtlEqualMemory(Destination,Source,Length) (!memcmp((Destination),
(Source),(Length)))
```

CHAPTER

03

檔案、磁碟和目錄操作

檔案是系統中操作最為頻繁的物件，例如文字文件、音視訊、可執行檔等。檔案儲存的載體是磁碟，我們先來學習與磁碟有關的概念。磁碟（Disk）是指利用磁記錄技術儲存資料的記憶體，早期電腦使用的磁碟是軟碟（Soft Disk，簡稱軟碟），現在常用的磁碟是硬式磁碟（Hard Disk，簡稱硬碟）。

硬碟有機械硬碟（Hard Disk Drive，HDD）和固態硬碟（Solid State Drive，SSD）之分。機械硬碟是傳統的普通硬碟，主要由碟片、碟片旋轉軸及控制馬達、磁頭、磁頭控制器、資料轉換器、介面和快取等幾部分組成。

硬碟是精密裝置，塵埃是其大敵，所以進入硬碟的空氣必須過濾。硬碟按體積大小可以分為 1.8 英吋、2.5 英吋、3.5 英吋等；按轉數可以分為 5400 轉 / 分、7200 轉 / 分、10000 轉 / 分，甚至 15000 轉 / 分等；按介面可以分為 PATA、SATA、SCSI 等，PATA、SATA 一般為桌面級應用，容量大，價格相對較低，適合家用；而 SCSI 一般為伺服器、工作站等高端應用，容量相對較小，價格較貴，但是性能較好，穩定性也較高。轉速是硬碟內碟片旋轉軸的旋轉速度（碟片固定在旋轉軸上），轉速的快慢是決定硬碟等級的重要參數之一。硬碟的轉速越快，硬碟的讀寫以及傳送速率也就越快，但是隨著硬碟轉速的不斷提高也帶來了溫度升高、旋轉軸磨損加大、雜訊增大等負面影響。筆記型電腦硬碟通常採用 2.5 英吋、5400 轉 / 分、SATA 介面；桌上型電腦硬碟通常採用 3.5 英吋、7200 轉 /

分、SATA 介面；伺服器、工作站則可能採用 10000 轉 / 分甚至 15000 轉 / 分、SCSI 介面的硬碟。機械硬碟的物理結構如圖 3.1 所示。

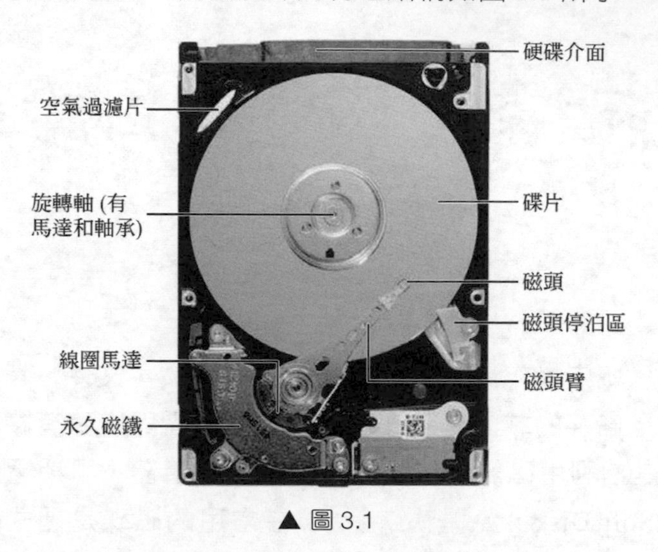

▲ 圖 3.1

硬碟由多個碟片疊加在一起，碟片之間透過墊圈隔開。碟片通常是雙面都可以使用的，就是說一個碟片通常有 2 個碟面，碟面上面附著磁性物質用於儲存資料，因為碟片在硬碟內部高速旋轉，因此製作碟片的材料對硬度和耐磨性要求很高，一般採用合金或玻璃材質。

硬碟中的所有碟片都安裝固定在一個旋轉軸上，每張碟片之間是平行的，每個碟面上都有一個磁頭，磁頭與碟面之間的距離比頭髮絲的直徑還要小許多，所有的磁頭連在一個磁頭控制器上，由磁頭控制器負責各個磁頭的運動。磁頭可以沿碟面的半徑方向運動，加上碟片每分鐘幾千轉的高速旋轉，磁頭就可以定位在碟面的指定位置上進行資料的讀寫操作。

3.1 基本概念

3.1.1 與硬碟儲存有關的幾個重要概念

先介紹與硬碟儲存有關的幾個重要概念。

（1）磁軌（Track）。當碟片旋轉時，如果磁頭保持在一個位置上，那麼每個磁頭都會在碟面劃出一個圓形軌跡，這些圓形軌跡稱為磁軌。磁軌用肉眼看不見，磁軌僅是碟面上以特殊方式磁化的一些區域，硬碟上的資料就是沿著這樣的磁軌儲存的。相鄰磁軌之間並不是緊挨著的，因為磁化單元相隔太近的話磁性會相互產生影響，一個碟面通常有幾十萬個磁軌。

（2）磁區（Sector）。碟面上的每個磁軌可以被等距為若干個弧段，這些弧段稱為磁區，每個磁區通常可以儲存 512 位元組的資料（以後可能發展為 4096 位元組）。向硬碟讀取和寫入資料時，要以磁區為單位，磁區是硬碟物理存取的最小單位。

（3）磁柱（Cylinder）。如圖 3.2 所示，硬碟由多個碟片疊加在一起，每個碟面都被劃分為數目相等的磁軌，碟面最外緣的磁軌編號為 0，具有相同編號的多個碟面的磁軌形成一個圓柱，稱為硬碟的磁柱。很明顯硬碟的磁柱數與一個碟面上的磁軌數相等。另外，因為每個碟面都有自己的磁頭，所以總的碟面數等於總的磁頭數。硬碟容量的計算方式：磁柱數 × 磁頭數（碟面數）× 每磁軌磁區數 × 每磁區位元組數。

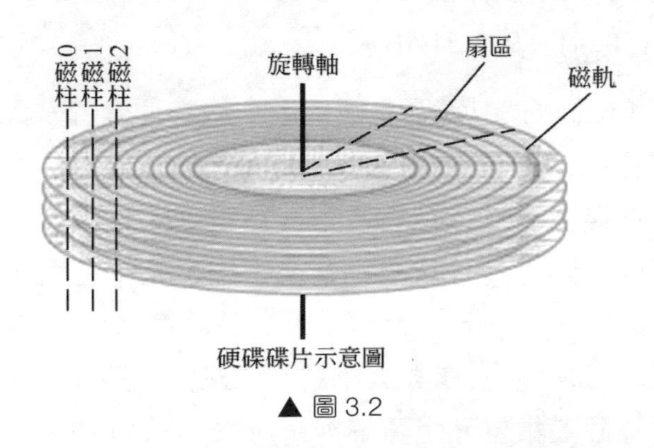

▲ 圖 3.2

舉例來說，一台電腦有一個 250GB 的固態硬碟和一個 1TB 的機械硬碟，透過 DiskGenius 軟體查看到的 1TB 機械硬碟的資訊如圖 3.3 所示。

介面類型:	SATA	序號:	S30YJ9AF904846
型號:	ST1000LM024HN-M101MBB	分區表類型:	MBR
MBR簽名:	0224B433		
屬性:	連線		
磁柱數:	121601		
磁頭數:	255		
每磁軌磁區數:	63		
總容量:	931.5GB	總位元組數:	1000204886016
總磁區數:	1953525168	磁區大小:	512 Bytes
附加磁區數:	5103	物理磁區大小:	4096 Bytes
S.M.A.R.T. 資訊:			
健康狀態:	良好	溫度:	33 ℃
轉速:	5400 RPM	緩衝區大小:	16384 KB
通電時間:	30270 小時	通電次數:	3383
傳輸模式:	SATA/300 | SATA/600		
標準:	ATA8-ACS | ATA8-ACS version 6		
支援的功能:	S.M.A.R.T., APM, AAM, 48bit LBA, NCQ		

▲ 圖 3.3

在圖 3.3 中，磁柱數 × 磁頭數（碟面數）× 每磁軌磁區數 × 每磁區位元組數 = 121601×255×63×512 = 1000202273280 位元組。另外，從圖 3.3 中可以看到還有一個附加磁區數 5103，附加磁區是系統不可存取的，5103×512 = 2612736 位元組。1000202273280 位元組 + 2612736 位元組可以計算出總位元組數為 1000204 886016 位元組。

另外，可以看到總容量為 931.5GB，總位元組數 1000204886016 / (1024×1024×1024) = 931.51GB。

（4）叢集（Cluster）。磁區是硬碟最小的物理儲存單元，但是如果對數目許多的磁區操作則會大大降低效率，於是系統將相鄰的磁區組合在一起，形成一個叢集，然後再對叢集進行管理。叢集是系統使用的邏輯概念，而非硬碟的物理特性。叢集就是一組磁區，在對一個硬碟分區進行格式化時可以選擇分配單元大小（也就是叢集大小），叢集大小可以是 8 ～ 128 個磁區，通常預設叢集大小是 8 個磁區，即 4KB。要查看每個磁區位元組數、每個叢集位元組數等，可以透過 cmd 使用命令 fsutil fsinfo ntfsinfo c: 實作。

為了更進一步地管理硬碟空間以及更高效率地從硬碟讀寫資料，系統規定一個叢集中只能儲存一個檔案的資料，不允許兩個或兩個以上的檔案共享一個叢集，不然會造成資料混亂，即叢集是儲存檔案的最小單位，因此檔案所佔用的空間只能是叢集的整數倍。如果檔案實際大小小於一個叢集，那麼它也要佔用一個叢集的空間；如果檔案實際大小大於一個叢集，那麼該檔案要佔用兩個或兩個以上叢集的空間。一般情況下檔案所佔空間要略大於檔案的實際大小，只有當檔案的實際大小恰好是叢集的整數倍時，檔案的實際大小才會與所佔空間一致。

3.1.2 分區、邏輯磁碟機、檔案系統和卷冊

一顆物理硬碟可以劃分為一個或多個稱為分區的邏輯區域，如果使用 MBR 分區方案在一顆物理硬碟上最多可以建立 4 個分區：4 個主要磁碟分割，或 1 ～ 3 個主要磁碟分割和 1 個擴充分區。每個主要磁碟分割就是一個邏輯磁碟機，而一個擴充分區則可以劃分成一個或多個邏輯磁碟機，邏輯磁碟機就是我們熟悉的 C 磁碟、D 磁碟等磁碟代號。主要磁碟分割可以有 1 ～ 4 個，主要用來安裝作業系統，如果需要在一顆物理硬碟中安裝多個作業系統，則可以建立多個主要磁碟分割，用於當前作業系統的主要磁碟分割稱為使用中的磁碟分割；擴充分區可以沒有，最多只能有 1 個。為了檔案分類管理，一個擴充分區可以劃分成多個邏輯磁碟機。

例如電腦中安裝了 2 顆硬碟，每顆硬碟都分為一個主要磁碟分割和一個擴充分區，其中第 1 顆硬碟的擴充分區分為 3 個邏輯磁碟機，第 2 顆硬碟的擴充分區分為 2 個邏輯磁碟機，那麼電腦中的邏輯磁碟機就會從 C 磁碟排列到 I 磁碟（早期的電腦沒有硬碟，只有兩個軟碟機 A 和 B，所以現在的邏輯磁碟機從 C 開始），如圖 3.4 所示。

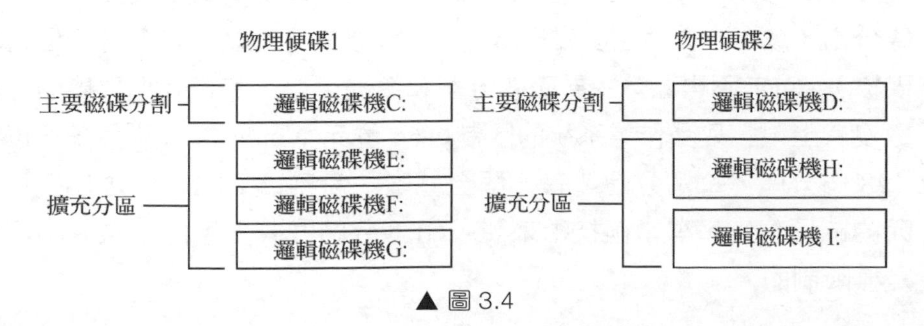

▲ 圖 3.4

1. 分區方式（方案）MBR 和 GPT（GUID）

在對一顆硬碟進行分區時需要選擇分區方式，MBR 和 GPT 是在硬碟上儲存分區資訊的兩種不同方式，這些分區資訊包含分區從哪裡開始，這樣作業系統才了解磁區與分區的從屬關係，以及哪個分區可以啟動作業系統等。

- MBR 指主啟動記錄（Master Boot Record），在該方案中，一顆物理硬碟有一個主啟動磁區，即該硬碟的 0 號磁柱 0 號磁頭的第 1 個磁區，大小為 512 位元組，該磁區包含主啟動記錄（MBR）資料結構。MBR 包含以下內容：啟動程式（最大 442 位元組），硬碟簽名（唯一的 4 位元組數字），分區表（最多 4 個記錄，每個記錄 16 位元組），MBR 結束標記（始終為 0xAA55）。主啟動磁區用於管理整個硬碟空間，它不屬於硬碟上的任何分區，也不屬於任何一個作業系統。當電腦開機時，執行 BIOS 初始化與自檢，執行啟動程式。啟動程式用於檢查硬碟分區表是否完好、在分區表中尋找可啟動的使用中的磁碟分割、將使用中的磁碟分割的第一邏輯磁區的內容載入記憶體，然後將控制權交給使用中的磁碟分割內的作業系統（啟動程式是可以改變的，從而能夠實作多系統啟動）。
- GPT 指 GUID 分區表（GUID Partition Table），即全域唯一標識分區表。GPT 是一種新的分區方式，正在逐漸取代 MBR 分區方式。

雖然 GPT 有很多新特性，但 MBR 仍然擁有更好的相容性。MBR 最大支援 2TB 硬碟，它無法處理大於 2TB 容量的硬碟，最多支援 4 個主要磁碟分割（或 1 ～ 3 個主要磁碟分割，1 個擴充分區及其包含的多個邏輯磁碟機）；GPT 不再區分主要磁碟分割和擴充分區，每個物理硬碟的分區個數沒有上限，只受作業系統的限制，64 位元 Windows 系統最多可以建立 128 個分區，每個分區都有一個全域唯一識別碼 GUID，GPT 使用 64 位元的磁區位址，對當前技術來說，GPT 分區方式支援的硬碟大小可以說是無限制的。

在 MBR 分區方式的電腦啟動過程中，BIOS 擔負著初始化、檢測硬體以及啟動作業系統的責任，BIOS 程式儲存於一個斷電後內容不會遺失的唯讀記憶體中，系統接上電源時處理器的第一行指令的位址會被定位到 BIOS 程式位址處，在 MBR 分區方式的硬碟中分區和啟動資訊是儲存在一起的，如果這部分資料被覆蓋或破壞，則無法啟動作業系統；而 GPT 與支援 UEFI 模式的主機板配合使用，UEFI 用於取代老舊的 BIOS，而 GPT 則取代老舊的 MBR，GPT 在整個硬碟上儲存了多份分區表資訊、啟動資訊的副本，因此它更安全，並可以恢復被破壞的啟動資訊，GPT 還為這些資訊儲存了循環容錯驗證碼 CRC，如果資料被破壞，GPT 會自動發現，並從硬碟上的其他地方進行恢復，因此，今後 GPT 的發展越來越佔優勢，MBR 也會逐漸被 GPT 所取代。

2. 檔案系統 FAT32、NTFS 和 ReFS

在對一顆硬碟進行分區時還需要選擇檔案系統，檔案系統是指在儲存裝置（例如硬碟）或分區上組織檔案的方法。從系統角度來看，檔案系統是對儲存裝置的儲存空間進行組織、分配和回收，負責檔案的儲存、獲取、共享和保護；從使用者角度來看，檔案系統主要是實作「按名存取」，使用者只要知道所需檔案的檔案名稱，就可以存取檔案中的資料，而無須知道這些檔案究竟儲存在什麼地方。常用的檔案系統有 FAT32、NTFS、ReFS 等。

- FAT（File Allocation Table）是 MS-DOS 作業系統使用的檔案系統，檔案位址以 FAT 表結構儲存，檔案目錄為 32B，檔案名稱為 8 個基本名稱加上一個 "." 和 3 個字元的副檔名（最多 12 個字元，稱為 8.3 短檔案名稱格式）。FAT32 是 FAT 檔案系統的升級版，是 32 位元檔案系統，支持的最大分區為 2TB，單一檔案的大小不能超過 4GB。FAT32 不支援記錄檔，不能設定許可權，因此安全等級較低。除小容量隨身碟為了裝置相容考慮可以使用 FAT、FAT32 之外，沒有推薦使用的理由。
- NTFS（NT File System）是 Windows NT 作業系統使用的檔案系

統，NTFS 提供長檔名（凡檔案基本名稱超過 8 位元組或副檔名超過 3 位元組的檔案名稱，都稱為長檔名，Windows XP 及以後的系統支援最多可達 255 個字元的長檔名），支援壓縮分區、檔案索引、資料保護和恢復、加密存取等，支持的最大分區為 2TB，支持的單一檔案大小為 2TB。

- ReFS（Resilient File System，彈性檔案系統）是 Windows 8 和 Server 2012 及以後的系統中新引入的檔案系統，ReFS 與 NTFS 大部分相容，主要目的是保持較高的穩定性，可以自動驗證資料是否損壞，並盡力恢復資料，目前只能應用於儲存資料，不能啟動系統。

3. 卷冊

對於每個邏輯磁碟機，都可以取一個標誌叫作標籤（Volume Label），標籤被當作一個目錄項儲存在邏輯磁碟機的根目錄中，如果不設定標籤，預設情況下顯示為本機硬碟或隨身碟一類的名稱。要談論卷冊（Volume），就需要區分基本硬碟和動態硬碟。在基本硬碟中，一個邏輯磁碟機就是一個卷冊；而在動態硬碟中可以實作跨越物理硬碟進行分區管理，例如電腦中有 160GB 和 250GB 的硬碟各一顆，如果想劃分為 90GB 和 320GB 的兩個分區，只能使用動態硬碟來劃分管理，即在動態硬碟中一個卷冊可以跨越多顆物理硬碟。不再深究基本硬碟和動態硬碟，平時我們只需要基本硬碟。

3.1.3 檔案名稱、目錄、路徑和目前的目錄

與接下來的學習有關的，還有一個目錄（習慣上稱為資料夾）的概念。在邏輯磁碟機中的檔案可以儲存在各個目錄中，目錄按照多層樹狀結構來組織，每個邏輯磁碟機中有一個頂層目錄叫作根目錄（例如 C:\、D:\），根目錄下可以儲存多個檔案和子目錄，每個子目錄中也可以儲存多個檔案和下層子目錄。

同一個目錄中的檔案名稱必須是唯一的，但是不同的子目錄中可以

存在名稱相同的檔案，所以只依靠檔案名稱並不能唯一確定一個檔案，要唯一確定一個檔案還需要指出檔案的位置，包括檔案位於的邏輯磁碟機以及從根目錄開始一直到檔案所在目錄為止的所有子目錄名稱，這就是路徑。從目前的目錄開始直到檔案為止所組成的路徑稱為相對路徑名稱，而從根目錄開始直到檔案為止的路徑稱為絕對路徑（完整路徑），例如：F:\Source\Windows\Chapter3\CopyFileExDemo\Debug\CopyFileExDemo.exe 是一個完整路徑的檔案名稱，以反斜線 \ 分隔的每個部分稱為檔案名稱的組成部分。路徑名稱的最大長度為 MAX_PATH(260) 個字元，Unicode 版本的函數支援 32767 個字元的路徑名稱，每個組成部分都不能超過 255 個字元。

一個檔案名稱的最大字元個數限制為 255 個，在 8.3 格式短檔案名稱規範中不合法的一些字元例如小數點、空格等在長檔名中都可以使用，只有 / \:*?"<>|9 個字元不能用於長檔名。

目錄是一種特殊的檔案，命名規則與檔案名稱相同。"..\" 表示目前的目錄的父目錄，也就是上一級目錄，".\" 表示目前的目錄，不過表示目前的目錄時通常可以省略 ".\"。

對一個處理程序來說，Windows 維護一個當前磁碟，並為每個邏輯磁碟機維護一個目前的目錄。如果不指定路徑，則表示要操作的檔案位於當前磁碟的目前的目錄下。如果要操作非目前的目錄下的檔案，則必須明確指出包含全路徑的檔案名稱。例如指定一個檔案 System.ini，如果目前的目錄下有這個檔案，那麼操作的物件就是這個檔案；如果目前的目錄下並沒有這個檔案，即使其他目錄中存在多個名稱相同的檔案，那麼程式也無法知道它究竟對應哪個檔案。

處理程序預設目前的目錄就是其可執行檔所在的目錄（但是在 VS 中按 Ctrl + F5 複合鍵編譯執行程式時，處理程序的目前的目錄被認為是原始檔案所在的目錄），程式可以透過呼叫 SetCurrentDirectory、GetCurrentDirectory 函數設定、獲取目前的目錄，透過 GetFullPathName 函數獲取一個檔案的完整路徑：

```
BOOL SetCurrentDirectory(LPCTSTR lpPathName);
DWORD GetCurrentDirectory(
    _In_  DWORD  nBufferLength,          // 緩衝區大小，以字元為單位
    _Out_ LPTSTR lpBuffer);              // 傳回目前的目錄
DWORD WINAPI GetFullPathName(
    _In_          LPCTSTR lpFileName,      // 檔案的名稱
    _In_          DWORD    nBufferLength,  // 緩衝區大小，以字元為單位
    _Out_         LPTSTR  lpBuffer,      // 傳回包括路徑和檔案名稱的完整路徑檔案名稱
    _Outptr_opt_ LPTSTR* lpFilePart);   // 傳回檔案名稱起始位址的指標，如果不需要可
                                         以設定為 NULL
```

在呼叫函數（如 GetOpenFileName、GetSaveFileName）時，如果使用者選擇了一個新的路徑名稱，則系統會更改處理程序的目前的目錄為新路徑名稱對應的目錄。

3.2 檔案操作

3.2.1 建立和開啟檔案

要對檔案操作，首先需要透過呼叫 CreateFile 函數建立或開啟一個檔案，該函數傳回一個檔案控制代碼，後續對檔案執行的操作都會用到這個控制碼。CreateFile 函數原型如下所示：

```
HANDLE WINAPI CreateFile(
    _In_      LPCTSTR               lpFileName,   // 要建立或開啟的檔案的名稱字串
    _In_      DWORD                 dwDesiredAccess,  // 對檔案的存取權限
    _In_      DWORD                 dwShareMode,      // 檔案的共享模式
    _In_opt_  LPSECURITY_ATTRIBUTES lpSecurityAttributes, // 含義同其他核心物件
                                                              的安全屬性結構
    _In_      DWORD           dwCreationDisposition,// 建立或開啟標識
    _In_      DWORD           dwFlagsAndAttributes, // 檔案的標識和系統內容
    _In_opt_  HANDLE          hTemplateFile); // 範本檔案的控制碼，可以設定為 NULL
```

- lpFileName 參數指定要建立或開啟的檔案的名稱字串，如果使用函數的 ANSI 版本，則路徑名稱字串限制為 MAX_PATH 個字元；如果使用函數的 Unicode 版本，則路徑名稱字串限制為 32767 個字元。

- dwDesiredAccess 參數指定對檔案的存取權限，透過這個參數可以指定要對開啟的檔案進行什麼操作。指定為 GENERIC_READ 標識表示需要讀取檔案資料，指定為 GENERIC_WRITE 標識表示需要向檔案寫入資料，如果要對一個檔案進行讀寫則需要同時指定這兩個標識 GENERIC_READ | GENERIC_WRITE。
- dwShareMode 參數指定檔案的共享模式，即檔案被開啟後是否還允許其他處理程序或執行緒以某種方式再次開啟檔案，可以是表 3.1 所示的值的組合。

表 3.1

常數	值	含義
0		不允許檔案再被開啟，即獨佔對該檔案的存取
FILE_SHARE_READ	0x00000001	允許其他處理程序或執行緒同時以讀取方式開啟檔案
FILE_SHARE_WRITE	0x00000002	允許其他處理程序或執行緒同時以寫入方式開啟檔案
FILE_SHARE_DELETE	0x00000004	允許其他處理程序或執行緒同時對檔案進行刪除

- lpSecurityAttributes 參數的含義同其他核心物件的安全屬性結構。
- dwCreationDisposition 參數指定建立或開啟標識，該參數用來設定檔案已經存在或不存在時系統採取的操作，在這裡指定不同的標識就可以決定函數執行的功能究竟是建立檔案還是開啟檔案。該參數可以是表 3.2 所示的值之一。

表 3.2

常數	值	含義
CREATE_NEW	1	僅在指定的檔案尚不存在的情況下建立一個新檔案。如果指定的檔案已經存在，則函數呼叫失敗，此時呼叫 GetLastError 函數傳回錯誤碼 ERROR_FILE_EXISTS(80)
CREATE_ALWAYS	2	始終建立一個新檔案。如果指定的檔案不存在並且是有效路徑，則建立一個新檔案，函數呼叫成功，此時呼叫 GetLastError 函數傳回錯誤碼 0；如果指定的檔案已經存在並且寫入，則函數將覆蓋該檔案（檔案內容會被清空），函數呼叫成功，此時呼叫 GetLastError 函數傳回錯誤碼 ERROR_ALREADY_EXISTS(183)

常數	值	含義
OPEN_EXISTING	3	僅開啟已經存在的檔案。如果指定的檔案不存在，則函數呼叫失敗，此時呼叫 GetLastError 函數傳回錯誤碼 ERROR_FILE_NOT_FOUND(2)
OPEN_ALWAYS	4	始終開啟檔案。如果指定的檔案已經存在，則函數呼叫成功，此時呼叫 GetLastError 函數傳回錯誤碼 ERROR_ALREADY_EXISTS(183)；如果指定的檔案不存在並且是有效路徑，則建立一個新檔案，函數呼叫成功，此時呼叫 GetLastError 函數傳回錯誤碼 0
TRUNCATE_EXISTING	5	開啟檔案並將其截斷，使其大小為 0 位元組（僅當檔案存在時）。如果指定的檔案不存在，函數呼叫失敗，此時呼叫 GetLastError 函數傳回錯誤碼 ERROR_FILE_NOT_FOUND(2)

簡單來說，如果要建立檔案，則可以指定為 CREATE_NEW（如果指定的檔案已經存在，則函數呼叫失敗）或 CREATE_ALWAYS（如果指定的檔案已經存在，則函數將覆蓋該檔案）；如果要開啟檔案，則可以指定為 OPEN_EXISTING（如果指定的檔案不存在，則函數呼叫失敗）或 OPEN_ALWAYS（如果指定的檔案不存在，則建立一個新檔案）。

- dwFlagsAndAttributes 參數指定檔案的標識和系統內容，一般設定為 FILE_ATTRIBUTE_ NORMAL 即可，檔案系統屬性（FILE_ATTRIBUTE_*）和檔案標識（FILE_FLAG_*）可以組合使用。dwFlagsAndAttributes 參數可以指定的常用檔案系統屬性如表 3.3 所示。

表 3.3

檔案系統屬性	值	含義
FILE_ATTRIBUTE_NORMAL	0x80	普通檔案
FILE_ATTRIBUTE_READONLY	0x1	該檔案是唯讀的，程式可以讀取檔案，但不能向檔案寫入資料或刪除檔案
FILE_ATTRIBUTE_HIDDEN	0x2	該檔案是隱藏的，不會出現在普通目錄清單中
FILE_ATTRIBUTE_SYSTEM	0x4	該檔案是作業系統的一部分或僅由作業系統使用

檔案系統屬性	值	含義
FILE_ATTRIBUTE_ARCHIVE	0x20	設定歸檔屬性，程式使用這個標識將檔案標記為待備份或待刪除，CreateFile 在建立一個新檔案時，會自動設定這個標識
FILE_ATTRIBUTE_TEMPORARY	0x100	該檔案用於臨時儲存，即該檔案的資料只會使用一小段時間。為了提高存取效率，系統會儘量將檔案資料儲存在記憶體中，而非儲存在硬碟中，程式不再使用檔案時應該儘快將它刪除。它通常與檔案標識 FILE_FLAG_DELETE_ ON_CLOSE 一起使用
FILE_ATTRIBUTE_ENCRYPTED	0x4000	該檔案已加密

檔案標識用於控制檔案的快取行為、存取模式等，dwFlagsAndAttributes 參數可以指定的常用檔案標識如表 3.4 所示。

表 3.4

檔案標識	值	含義
FILE_FLAG_DELETE_ON_CLOSE	0x04000000	關閉檔案控制代碼後立刻刪除該檔案
FILE_FLAG_OVERLAPPED	0x40000000	建立或開啟的檔案使用非同步 I/O 操作方式。在後面的 WinSock 網路程式設計章節中將詳細介紹非同步 I/O
FILE_FLAG_NO_BUFFERING	0x20000000	對檔案的讀寫操作不使用系統快取。為了提高性能，系統在存取硬碟時會對資料進行快取。系統會從檔案中讀取超出實際需要的資料位元組量，如果後續需要繼續讀取後面的位元組，就可以直接從系統快取中而非從檔案中讀取
FILE_FLAG_WRITE_THROUGH	0x80000000	對檔案的寫入操作將不會透過任何中間快取，檔案的修改會被馬上寫入硬碟中

- hTemplateFile 參數指定範本檔案的控制碼，通常設定為 NULL。函數會將該參數對應的檔案的屬性複製到新建立的檔案上面，即該參數可以用於將某個新建立檔案的屬性設定為與現有檔案（一個已開啟或已建立的檔案）相同，這種情況下會忽略 dwFlagsAndAttributes 參數。

如果 CreateFile 函數執行成功，則傳回一個檔案物件控制碼；如果函數執行失敗，則傳回值為 INVALID_HANDLE_VALUE(-1)，可以透過呼叫 GetLastError 函數獲取錯誤程式。注意，函數執行失敗時傳回值為 INVALID_HANDLE_VALUE(-1)，而非 NULL。

其實，CreateFile 函數的使用方法很簡單，如果需要開啟一個已經存在的檔案，可以按以下方式：

```
HANDLE hFile;

// 開啟檔案
hFile = CreateFile(TEXT("D:\\Test.txt"), GENERIC_READ | GENERIC_WRITE,
    FILE_SHARE_READ, NULL, OPEN_EXISTING, FILE_ATTRIBUTE_NORMAL, NULL);
if (hFile == INVALID_HANDLE_VALUE)
{
    // 函數呼叫失敗
}
```

如果需要始終建立一個新檔案，可以按以下方式：

```
// 建立檔案
hFile = CreateFile(TEXT("D:\\Test.txt"), GENERIC_READ | GENERIC_WRITE,
    FILE_SHARE_READ, NULL, CREATE_ALWAYS, FILE_ATTRIBUTE_NORMAL, NULL);
if (hFile == INVALID_HANDLE_VALUE)
{
    // 函數呼叫失敗
}
```

當不再需要所建立或開啟的檔案控制代碼時，需要呼叫 CloseHandle 函數關閉檔案物件控制碼。

3.2.2 讀寫檔案

獲取到檔案控制代碼後，即可從檔案讀取資料或向檔案寫入資料。讀寫檔案可以使用 ReadFile、WriteFile 函數，這兩個函數讀寫的方式可以是同步的也可以是非同步的。

對應的還有 ReadFileEx、WriteFileEx 函數，這兩個函數只用於非同步讀寫檔案。非同步指的是讓 CPU 暫時擱置當前請求，繼續處理下一個請求。對檔案來說，例如需要讀取或寫入 1GB 的檔案，這肯定需要一定的時間（假設這些操作需要 5 秒的時間，那麼如果是預設的同步操作，程式就會阻塞，也就是等待、卡頓 5 秒），非同步採取的辦法是發出讀取或寫入的請求後（呼叫相關函數），程式並不等待請求完成，而是繼續執行其他任務，當剛才請求的操作完成後系統會通知程式，因為電腦速度很快，檔案操作通常不需要非同步。後面的章節將詳細介紹非同步 I/O（Input/Output，輸入 / 輸出，即讀寫）。

ReadFile 函數用於從指定的檔案讀取資料，函數原型如下：

```
BOOL WINAPI ReadFile(
    _In_          HANDLE       hFile,                  // 檔案控制代碼
    _Out_         LPVOID       lpBuffer,               // 接收檔案資料的緩衝區
    _In_          DWORD        nNumberOfBytesToRead,   // 要讀取的位元組數
    _Out_opt_     LPDWORD      lpNumberOfBytesRead,    //DWORD 類型變數的指標，傳回
                                                         實際讀取到的位元組數
    _Inout_opt_   LPOVERLAPPED lpOverlapped);          // 用於非同步檔案操作，不需要
                                                         的話可以設定為 NULL
```

如果函數執行成功，則傳回值為 TRUE，否則傳回值為 FALSE。nNumberOfBytesToRead 參數指定要讀取的位元組數，實際讀取到的位元組數 lpNumberOfBytesRead 並不一定總是等於要求讀取的位元組數，例如當讀取到檔案尾端時，ReadFile 函數傳回 TRUE，此時 *lpNumberOfBytesRead 為 0，程式可以透過 *lpNumberOfBytesRead 參數傳回的值確定檔案是否已經讀取到檔案尾端。

WriteFile 函數用於向指定的檔案寫入資料，用法與 ReadFile 函數相同，函數原型如下：

```
BOOL WINAPI WriteFile(
    _In_          HANDLE       hFile,                  // 檔案控制代碼
    _In_          LPCVOID      lpBuffer,               // 要寫入檔案的資料的緩衝區
    _In_          DWORD        nNumberOfBytesToWrite,  // 要寫入的位元組數
```

```
    _Out_opt_    LPDWORD       lpNumberOfBytesWritten,// DWORD 類型變數的指標，
                                                        傳回成功寫入的字節數
    _Inout_opt_ LPOVERLAPPED lpOverlapped);           // 用於非同步檔案操作，不需
                                                        要的話可以設定為 NULL
```

如果需要非同步 I/O，CreateFile 函數的 dwFlagsAndAttributes 參數應該指定 FILE_FLAG_OVERLAPPED 標識，ReadFile、WriteFile 等函數的 lpOverlapped 參數應該指定為一個指向 OVERLAPPED 結構的指標。

呼叫 WriteFile 函數向指定的檔案寫入資料時，寫入的資料可能會被系統暫時儲存在內部的快取記憶體中，系統會定期把快取記憶體中的資料寫入硬碟，雖然這些資料一般不會遺失，但並不能保證它們總是不會遺失，比如在檔案關閉前電腦斷電。為了保證所有資料都被正確地寫入了硬碟，當寫入操作完成後應該立即呼叫 CloseHandle 函數關閉檔案控制代碼，關閉檔案控制代碼後，系統會把緩衝區中的所有資料寫入硬碟。或，程式可以透過呼叫 FlushFileBuffers 函數來更新指定檔案的緩衝區，並使所有緩衝區中的資料寫入檔案：

```
BOOL WINAPI FlushFileBuffers(_In_ HANDLE hFile);
```

為了把關鍵資料即時寫入硬碟，程式可能需要多次（甚至每次呼叫 WriteFile 函數後）呼叫 FlushFileBuffers 函數立即更新緩衝區，效率可能會很低。對於這種情況，程式應該使用無緩衝 I/O，而非頻繁地呼叫 FlushFileBuffers 函數。要使用無緩衝 I/O，呼叫 CreateFile 函數建立或開啟檔案時需要指定 FILE_FLAG_NO_BUFFERING | FILE_FLAG_WRITE_THROUGH 標識，這樣可以防止檔案內容被快取，並在每次寫入時將資料更新到硬碟。

接下來實作一個讀取文字檔內容到編輯控制項，並同時將該文字檔複製一份到目前的目錄下的簡單範例，ReadWriteFile 程式執行效果如圖 3.5 所示。

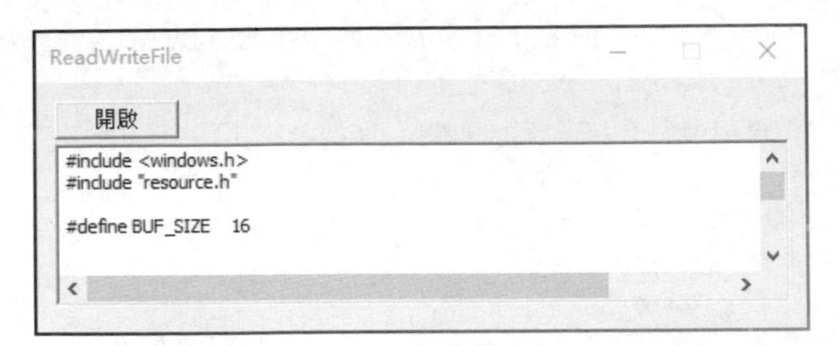

▲ 圖 3.5

點擊「開啟」按鈕，程式呼叫 CreateFile 函數開啟目前的目錄下的文字檔 Test.txt，並呼叫 CreateFile 函數建立一個新文字檔 Test2.txt；然後程式迴圈呼叫 ReadFile 函數讀取 Test.txt 檔案的內容，每次讀取 16 個字元的資料，然後把讀取到的資料顯示到編輯控制項中，同時把讀取到的資料寫入新檔案 Test2.txt 中。ReadWriteFile.cpp 原始檔案的部分內容如下：

```
INT_PTR CALLBACK DialogProc(HWND hwndDlg, UINT uMsg, WPARAM wParam, LPARAM
lParam)
{
    static HWND hwndEdit;
    HANDLE hFile1, hFile2;
    TCHAR szBuf[BUF_SIZE + 1] = { 0 };
    DWORD dwNumberOfBytesRead;

    switch (uMsg)
    {
    case WM_INITDIALOG:
        hwndEdit = GetDlgItem(hwndDlg, IDC_EDIT_TEXT);
        //設定多行編輯控制項的緩衝區大小為不限制
        SendMessage(hwndEdit, EM_SETLIMITTEXT, 0, 0);
        return TRUE;

    case WM_COMMAND:
        switch (LOWORD(wParam))
        {
        case IDC_BTN_OPEN:
            hFile1 = CreateFile(TEXT("Test.txt"), GENERIC_READ | GENERIC_WRITE,
                      FILE_SHARE_READ, NULL, OPEN_EXISTING, FILE_ATTRIBUTE_
                      NORMAL, NULL);
            hFile2 = CreateFile(TEXT("Test2.txt"), GENERIC_READ | GENERIC_WRITE,
```

```
                FILE_SHARE_READ, NULL, CREATE_ALWAYS, FILE_ATTRIBUTE_
                NORMAL, NULL);
            if (hFile1 != INVALID_HANDLE_VALUE && hFile2 != INVALID_HANDLE_
                    VALUE)
            {
                while (TRUE)
                {
                    // 從 Test 檔案讀取資料
                    ZeroMemory(szBuf, BUF_SIZE * sizeof(TCHAR));
                    ReadFile(hFile1, szBuf, BUF_SIZE * sizeof(TCHAR),
&dwNumber OfBytesRead, NULL);
                    if (dwNumberOfBytesRead == 0)
                        break;

                    // 把讀取到的資料顯示到編輯控制項中
                    SendMessage(hwndEdit, EM_SETSEL, -1, -1);
                    SendMessage(hwndEdit, EM_REPLACESEL, TRUE, (LPARAM)szBuf);

                    // 把讀取到的資料寫入新檔案 Test2.txt 中
                    // 第 3 個參數不能寫為 BUF_SIZE * sizeof(TCHAR)，否則最後一次可能
                      會出現問題
                    WriteFile(hFile2, szBuf, dwNumberOfBytesRead, NULL, NULL);
                }

                CloseHandle(hFile1);
                CloseHandle(hFile2);
            }
            break;

        case IDCANCEL:
            EndDialog(hwndDlg, 0);
            break;
        }
        return TRUE;
    }

    return FALSE;
}
```

完整程式參見 Chapter3\ReadWriteFile 專案。每次讀取 BUF_SIZE(16) 個字元，但是 EM_REPLACESEL 訊息的 lParam 參數需要一個以 0 結尾的字串，因此 szBuf 緩衝區大小為 BUF_SIZE + 1。本程式是 Unicode 版本程式，要想把文字檔的內容正確顯示到編輯控制項中，要求文字檔必須是 Unicode 格式，如果是 ANSI 或 UTF-8 等其他格式，則不能正確顯示，要想正確顯示各種編碼格式的文字檔，需要經過額外處理。不過，不管是什麼編碼格式，都不影響檔案的複製，複製出來的檔案必定和原始檔案一致，因為讀寫的是二進位資料。

3.2.3 檔案指標

開啟一個檔案後，系統會為該檔案維護一個檔案指標，檔案指標是一個 64 位元的偏移值，用於指定要讀取或要寫入的下一位元組的位置。開啟一個檔案時，檔案指標位於檔案的開頭，偏移量為 0，每個讀取或寫入操作都會使檔案指標前進所讀取或寫入的位元組數，舉例來說，如果檔案指標位於檔案的開頭，然後請求 5 位元組的讀取操作，那麼檔案指標將在讀取操作後立即位於偏移量 5 處，因此在迴圈讀取或寫入一個檔案時，隨著資料的讀取或寫入，檔案指標會隨之移動，我們並不需要關心檔案指標的問題。

但是有時候我們可能需要從檔案的指定位置讀取或寫入資料，這就需要先調整檔案指標，然後再進行讀寫操作。調整檔案指標可以使用 SetFilePointerEx 函數：

```
BOOL WINAPI SetFilePointerEx(
    _In_        HANDLE          hFile,              // 檔案控制代碼
    _In_        LARGE_INTEGER   liDistanceToMove,   // 檔案指標要移動的位元組數
    _Out_opt_   PLARGE_INTEGER  lpNewFilePointer,   // 傳回新檔案指標，不需要可以設定
                                                       為 NULL
    _In_        DWORD           dwMoveMethod);      // 檔案指標移動的起點
```

dwMoveMethod 參數指定檔案指標移動的起點，該參數可以是表 3.5 所示的常數之一。

表 3.5

常數	含義
FILE_BEGIN	起點為 0，也就是檔案的開頭
FILE_CURRENT	起點為檔案指標的當前位置
FILE_END	起點為檔案的結束位置（尾端）

dwMoveMethod 參數指定的起點加上 liDistanceToMove 參數指定的值就是我們要設定的新檔案指標。如果 dwMoveMethod 參數指定為 FILE_BEGIN，那麼 liDistanceToMove 參數相當於一個絕對值，應該指定為一個正數，因為起點為 0；如果 dwMoveMethod 參數指定為 FILE_CURRENT 或 FILE_END，liDistanceToMove 參數指定為正數就是把檔案指標向檔案結尾部移動，指定為負數就是把檔案指標向檔案表頭部移動。

dwMoveMethod 參數指定為 FILE_END，liDistanceToMove 參數指定為正數，即往檔案結尾部的後面移動指標，這沒有問題，檔案指標完全可以移動到檔案所有資料的後面，例如現在檔案的長度是 100B，執行下面的程式可以成功地把檔案指標移動到 1000B 的位置，該操作的用途是可以將檔案擴充到需要的長度，然後繼續呼叫 WriteFile 函數寫入資料。如果沒有再次調整檔案指標，系統會將檔案從 100B 擴充到 1000B 後再從 1000B 處寫入資料。例如下面的程式：

```
TCHAR szStr[] = TEXT("你好，Windows 程式設計");
static HANDLE hFile;
LARGE_INTEGER liDistanceToMove = { 900 };
LARGE_INTEGER liNewFilePointer;

hFile = CreateFile(TEXT("D:\\Test.txt"), GENERIC_READ | GENERIC_WRITE,
    FILE_SHARE_READ, NULL, OPEN_EXISTING, FILE_ATTRIBUTE_NORMAL, NULL);
if (hFile != INVALID_HANDLE_VALUE)
{
    SetFilePointerEx(hFile, liDistanceToMove, &liNewFilePointer, FILE_END);
    WriteFile(hFile, szStr, _tcslen(szStr) * sizeof(TCHAR), NULL, NULL);

    CloseHandle(hFile);
}
```

在上面的程式中，Test.txt 檔案的長度是 100 位元組，也就是 0 ～ 99。呼叫 SetFilePointerEx 函數後 liNewFilePointer 參數傳回 1000，然後從 1000 位元組處開始寫入字串 " 你好，Windows 程式設計 "（本例中沒有包括字串結尾的 0）。執行上述程式後，新的檔案大小 = 1000 + " 你好，Windows 程式設計 " 但不包括字串結尾的 0，位元組數為 1000 + 28 = 1028 位元組。第 100B ～ 999B 的內容被設為 0，新檔案後半部分的資料如圖 3.6 所示（使用十六進位編輯工具 WinHex 查看）。

```
960   00 00 00 00 00 00 00 00  00 00 00 00 00 00 00 00
976   00 00 00 00 00 00 00 00  00 00 00 00 00 00 00 00
992   00 00 00 00 00 00 00 00  60 4F 7D 59 0C FF 57 00          你好，W
1008  69 00 6E 00 64 00 6F 00  77 00 73 00 0B 7A 8F 5E  i n d o w s 程式
1024  BE 8B A1 8B                                       設計
```

▲ 圖 3.6

如何獲取當前的檔案指標呢？微軟公司並沒有提供一個獲取當前檔案指標的函數，我們可以透過呼叫 SetFilePointerEx 函數把 liDistanceToMove 參數的值設定為 0，把 dwMoveMethod 參數設定為 FILE_CURRENT，即從檔案指標的當前位置移動 0 位元組，檔案指標不會作任何移動，呼叫函數後在 lpNewFilePointer 參數中傳回當前檔案指標。例如：

```
LARGE_INTEGER liDistanceToMove = { 0 };

SetFilePointerEx(hFile, liDistanceToMove, &liNewFilePointer, FILE_CURRENT);
```

SetEndOfFile 函數用於把檔案結尾設定為檔案指標的當前位置，即把檔案的檔案大小設定為檔案指標的當前位置，該函數可以實作檔案的截斷或擴充。舉例來說，假設呼叫 CreateFile 函數開啟了一個 1KB 大小的檔案，呼叫 SetFilePointerEx 函數把檔案指標設定為 1000B 的位置，然後呼叫 SetEndOfFile 函數可以把該檔案從 1000B 的地方截斷，截斷以後的檔案只有 1000B 大小。如果把檔案指標設定為 2000B 然後呼叫 SetEndOfFile 函數即可把該檔案擴充到 2000B 大小，新擴充部分的資料通常是全 0。SetEndOfFile 函數只需要一個檔案控制代碼參數：

```
BOOL WINAPI SetEndOfFile(_In_ HANDLE hFile);
```

例如下面的程式把一個檔案的大小擴充為 8GB 大小：

```
static HANDLE hFile;
LARGE_INTEGER  liDistanceToMove;
liDistanceToMove.QuadPart = (LONGLONG)8 * 1024 * 1024 * 1024;     //8GB
LARGE_INTEGER  liNewFilePointer;

hFile = CreateFile(TEXT("D:\\Test.txt"), GENERIC_READ | GENERIC_WRITE,
    FILE_SHARE_READ, NULL, OPEN_EXISTING, FILE_ATTRIBUTE_NORMAL, NULL);
if (hFile != INVALID_HANDLE_VALUE)
{
    SetFilePointerEx(hFile, liDistanceToMove, &liNewFilePointer, FILE_BEGIN);
    SetEndOfFile(hFile);
}
```

liDistanceToMove.QuadPart = (LONGLONG)8*1024*1024*1024; 中的 liDistanceToMove.QuadPart 欄位是一個 LONGLONG 類型，運算式的右值 8*1024*1024*1024 預設為一個 int 類型，而 8*1024*1024* 1024 作為 int 會溢位，因此需要強制轉為 LONGLONG 類型。

透過網路下載檔案時通常是建立一個檔案，立即設定檔案指標到要下載的檔案大小處，然後呼叫 SetEndOfFile 函數擴充其大小，再慢慢填充資料，其目的是先佔用磁碟空間。

3.2.4 檔案屬性

有了檔案控制代碼後，可以透過呼叫 GetFileSizeEx 函數獲取該檔案的檔案大小：

```
BOOL WINAPI GetFileSizeEx(
    _In_   HANDLE         hFile,        // 檔案控制代碼
    _Out_  PLARGE_INTEGER lpFileSize);  // 在這個 LARGE_INTEGER 結構中傳回的檔案
                                           大小、位元組數
```

CreateFile 函數不僅可以建立、開啟普通磁碟檔案，還可以用於建立或開啟主控台、管道等。GetFileType 函數用於獲取指定檔案的檔案類型：

```
DWORD WINAPI GetFileType(_In_ HANDLE hFile);
```

函數傳回表 3.6 所示的值之一。

表 3.6

常數	值	含義
FILE_TYPE_UNKNOWN	0x0000	指定的檔案類型未知，或函數呼叫失敗
FILE_TYPE_DISK	0x0001	指定的檔案是磁碟檔案
FILE_TYPE_CHAR	0x0002	指定的檔案是字元檔案，通常是 LPT 裝置或主控台
FILE_TYPE_PIPE	0x0003	指定的檔案是通訊端、具名管線或匿名管道

GetFileTime、SetFileTime 函數用於獲取、設定檔案的建立時間、最後存取時間和最後修改時間：

```
BOOL WINAPI GetFileTime(
    _In_          HANDLE          hFile,                  // 檔案控制代碼
    _Out_opt_  LPFILETIME    lpCreationTime,       // 檔案建立時間
    _Out_opt_  LPFILETIME    lpLastAccessTime,     // 最後存取時間
    _Out_opt_  LPFILETIME    lpLastWriteTime);     // 最後修改時間
BOOL WINAPI SetFileTime(
    _In_                HANDLE    hFile,
    _In_opt_ const FILETIME *lpCreationTime,
    _In_opt_ const FILETIME *lpLastAccessTime,
    _In_opt_ const FILETIME *lpLastWriteTime);
```

呼叫 GetFileTime 函數後，為了得到年月日時間資料，可以呼叫 FileTimeToSystemTime 函數將 FILETIME 轉為 SYSTEMTIME 結構；呼叫 SetFileTime 函數設定時間時，可以先設定好 SYSTEMTIME 結構，再呼叫 SystemTimeToFileTime 函數將 SYSTEMTIME 結構轉為 FILETIME。

要獲取、設定檔案系統屬性可以呼叫 GetFileAttributes、SetFileAttributes 函數，這裡的檔案系統屬性是指 CreateFile 函數的 dwFlagsAndAttributes 參數指定的 FILE_ATTRIBUTE_* 值。這兩個函數的函數原型如下：

```
DWORD WINAPI GetFileAttributes(_In_ LPCTSTR lpFileName);
                                                // 函數傳回 FILE_ ATTRIBUTE_* 值的組合
BOOL WINAPI SetFileAttributes(
    _In_ LPCTSTR lpFileName,                    // 檔案名稱
    _In_ DWORD   dwFileAttributes);             // 指定為 FILE_ATTRIBUTE_* 值的組合
```

如果需要獲取更完整的檔案屬性資訊，包括 FILE_ATTRIBUTE_* 值的檔案系統屬性，以及檔案的建立時間、最後存取時間和最後修改時間，以及檔案大小等資訊，可以呼叫 GetFileAttributesEx 函數：

```
BOOL WINAPI GetFileAttributesEx(
    _In_  LPCTSTR                lpFileName,  // 檔案名稱
    _In_  GET_FILEEX_INFO_LEVELS fInfoLevelId, // 指定為 GetFileExInfoStandard
    _Out_ LPVOID                 lpFileInformation);  // 傳回檔案屬性
```

■ fInfoLevelId 參數是一個 GET_FILEEX_INFO_LEVELS 列舉類型：

```
typedef enum _GET_FILEEX_INFO_LEVELS {
    GetFileExInfoStandard,
    GetFileExMaxInfoLevel
} GET_FILEEX_INFO_LEVELS;
```

在這個函數中，該列舉值只能指定為 GetFileExInfoStandard，表示 lpFileInformation 參數是一個指向 WIN32_FILE_ATTRIBUTE_DATA 結構的指標。

■ lpFileInformation 參數需要指定為一個指向 WIN32_FILE_ATTRIBUTE_DATA 結構的指標，函數在這個結構中傳回檔案的屬性資訊。該結構在 fileapi.h 標頭檔中定義如下：

```
typedef struct _WIN32_FILE_ATTRIBUTE_DATA {
    DWORD dwFileAttributes;          // 檔案系統屬性資訊，FILE_ATTRIBUTE_* 值的組合
    FILETIME ftCreationTime;         // 檔案建立時間
    FILETIME ftLastAccessTime;       // 最後存取時間
    FILETIME ftLastWriteTime;        // 最後修改時間
    DWORD nFileSizeHigh;             // 檔案大小的高 32 位元
    DWORD nFileSizeLow;              // 檔案大小的低 32 位元
} WIN32_FILE_ATTRIBUTE_DATA, *LPWIN32_FILE_ATTRIBUTE_DATA;
```

GetFileAttributesEx 函數透過指定一個檔案名稱來獲取其檔案屬性資訊，還有一個功能類似的函數 GetFileInformationByHandle，該函數透過指定一個檔案控制代碼來獲取其檔案屬性資訊，獲取的檔案資訊更多一些。GetFileInformationByHandle 函數原型如下：

```
BOOL WINAPI GetFileInformationByHandle(
    _In_  HANDLE                       hFile,              // 檔案控制代碼
    _Out_ LPBY_HANDLE_FILE_INFORMATION lpFileInformation); // 傳回檔案資訊
```

lpFileInformation 參數是一個指向 BY_HANDLE_FILE_INFORMATION 結構的指標，函數在這個結構中傳回檔案資訊，該結構在 fileapi.h 標頭檔中定義如下：

```
typedef struct _BY_HANDLE_FILE_INFORMATION {
    DWORD dwFileAttributes;       // 檔案系統屬性資訊，FILE_ATTRIBUTE_* 值的組合
    FILETIME ftCreationTime;      // 檔案建立時間
    FILETIME ftLastAccessTime;    // 最後存取時間
    FILETIME ftLastWriteTime;     // 最後修改時間
    DWORD dwVolumeSerialNumber;   // 檔案所屬的卷冊的序號
    DWORD nFileSizeHigh;          // 檔案大小的高 32 位元
    DWORD nFileSizeLow;           // 檔案大小的低 32 位元
    DWORD nNumberOfLinks;         // 指向該檔案的連結數
    DWORD nFileIndexHigh;         // 該檔案 ID 的高 32 位元
    DWORD nFileIndexLow;          // 該檔案 ID 的低 32 位元
} BY_HANDLE_FILE_INFORMATION, *PBY_HANDLE_FILE_INFORMATION, *LPBY_HANDLE_
FILE_ INFORMATION;
```

與 GetFileAttributesEx 函數使用的 WIN32_FILE_ATTRIBUTE_DATA 結構相比，BY_HANDLE_ FILE_INFORMATION 結構多了 4 個欄位：dwVolumeSerialNumber、nNumberOfLinks、nFileIndexHigh 和 nFileIndex Low。磁碟區序號和檔案 ID 組合才可以唯一地標識一台電腦上的檔案，要確定兩個開啟的檔案控制代碼是否代表同一個檔案，磁碟區序號和檔案 ID 必須相同，因為在不同的邏輯磁碟機上可以有相同 ID 的檔案。

對應地，還有一個 SetFileInformationByHandle 函數可以透過檔案控制代碼來設定一個檔案的資訊，如果需要，可以自行參考 MSDN。

3.2.5 複製檔案

CopyFile 函數用於將現有檔案複製到新檔案，函數原型如下：

```
BOOL WINAPI CopyFile(
    _In_ LPCTSTR lpExistingFileName,   // 現有檔案對應於原始檔案檔案名稱
    _In_ LPCTSTR lpNewFileName,        // 新檔案對應於目的檔案檔案名稱
    _In_ BOOL    bFailIfExists);
```

如果 lpExistingFileName 參數指定的原始檔案不存在，則函數呼叫失敗，呼叫 GetLastError 函數傳回 ERROR_FILE_NOT_FOUND。

如果 bFailIfExists 參數設定為 TRUE 並且 lpNewFileName 參數指定的目的檔案已經存在，函數呼叫將失敗，呼叫 GetLastError 函數傳回 ERROR_FILE_EXISTS；如果設定為 FALSE 並且指定的目的檔案已經存在，則函數將覆蓋已經存在的檔案並成功執行。但是在這種情況下，如果目的檔案設定了 FILE_ATTRIBUTE_HIDDEN 或 FILE_ATTRIBUTE_READONLY 屬性，則函數呼叫還是會失敗，呼叫 GetLastError 函數傳回 ERROR_ACCESS_DENIED。例如下面的程式：

```
if (!CopyFile(TEXT("F:\\Test.rar"), TEXT("F:\\Downloads\\Test.rar"), TRUE))
{
    if (GetLastError() == ERROR_FILE_EXISTS)
    {
        int nRet = MessageBox(NULL, TEXT(" 指定的新檔案已經存在，是否覆蓋目的檔案 "),
```

```
            TEXT("提示"), MB_OKCANCEL | MB_ICONINFORMATION | MB_DEFBUTTON2);
        switch (nRet)
        {
        case IDOK:
            CopyFile(TEXT("F:\\Test.rar"), TEXT("F:\\Downloads\\Test.rar"),
FALSE);
            break;

        case IDCANCEL:
            break;
        }
    }
    else
    {
        MessageBox(hwnd, TEXT("函數執行失敗，錯誤原因未知"), TEXT("提示"), MB_OK);
    }
}
```

CopyFile 函數僅實作了基本的複製檔案功能，如何在複製過程中即時獲取複製進度呢？這裡介紹一下 CopyFileEx 函數，CopyFileEx 函數提供了兩個附加功能：每當一部分複製操作完成時可以呼叫指定的回呼函數；在複製操作期間可以取消正在進行的複製操作。該函數通常用於複製比較大的檔案，函數原型如下：

```
BOOL WINAPI CopyFileEx(
    _In_      LPCTSTR         lpExistingFileName,  // 現有檔案對應於原始檔案檔案名稱
    _In_      LPCTSTR         lpNewFileName,        // 新檔案對應於目的檔案檔案名稱
    _In_opt_  LPPROGRESS_ROUTINE lpProgressRoutine, // 回呼函數的位址，可以設定為
                                                       NULL
    _In_opt_  LPVOID          lpData,       // 傳遞給回呼函數的參數，可以設定為 NULL
    _In_opt_  LPBOOL          pbCancel,     // 指向布林變數的指標，如果在複製操作過程中將
                                              該指標指向的變數設定為 TRUE，則操作將被取消
    _In_      DWORD           dwCopyFlags);  // 指定如何複製檔案的標識，可以設定為 0
```

- lpProgressRoutine 參數指定為一個指向回呼函數的指標，每當一部分複製操作完成時系統會呼叫該回呼函數，回呼函數的定義格式稍後介紹。

- lpData 參數是傳遞給回呼函數的參數，可以指定為一個自訂資料，如果不需要則設定為 NULL。
- pbCancel 參數是一個指向布林變數的指標，如果在複製操作過程中將該指標指向的變數設定為 TRUE，則操作將被取消，例如當使用者按下「取消」按鈕時，程式可以把該參數指向的變數設定為 TRUE，CopyFileEx 函數會取消複製操作並立即傳回 FALSE（呼叫 GetLastError 傳回 ERROR_ REQUEST_ABORTED），並刪除目的檔案。
- dwCopyFlags 參數是指定如何複製檔案的標識，如果沒有特殊需求，則設定為 0。該參數可以是表 3.7 所示的值的組合（僅列舉部分）。

如果 lpExistingFileName 參數指定的原始檔案不存在，則函數呼叫失敗，呼叫 GetLastError 函數傳回 ERROR_FILE_NOT_FOUND。

表 3.7

常數	值	含義
COPY_FILE_FAIL_IF_EXISTS	0x00000001	如果目的檔案已經存在，則函數呼叫將失敗，此時呼叫 GetLastError 函數傳回錯誤碼 ERROR_FILE_EXISTS
COPY_FILE_ALLOW_DECRYPTED_DESTINATION	0x00000008	呼叫 CopyFileEx 函數複製加密檔案時，該函數嘗試使用在原始檔案加密中使用的金鑰對目的檔案進行加密；如果無法完成此操作，則函數嘗試使用預設金鑰對目的檔案進行加密。如果這兩種方法都不能完成，則 CopyFileEx 函數呼叫失敗，呼叫 GetLastError 函數傳回 ERROR_ENCRYPTION_FAILED。如果指定了該標識，即使無法對目的檔案進行加密，CopyFileEx 函數依然可以完成複製操作
COPY_FILE_NO_BUFFERING	0x00001000	複製操作使用無緩衝 I/O，不使用系統的 I/O 快取，該標識通常用於傳輸非常大的檔案

如果 dwCopyFlags 參數指定了 COPY_FILE_FAIL_IF_EXISTS 標識並且 lpNewFile Name 參數指定的目的檔案已經存在，則函數呼叫將失敗，

呼叫 GetLastError 函數傳回 ERROR_FILE_EXISTS；如果 dwCopyFlags 參數沒有指定 COPY_FILE_FAIL_IF_EXISTS 標識並且指定的目的檔案已經存在，則函數將覆蓋已經存在的檔案並成功執行，但是在這種情況下，如果目的檔案設定了 FILE_ATTRIBUTE_HIDDEN 或 FILE_ATTRIBUTE_READONLY 屬性，則函數呼叫還是會失敗，呼叫 GetLastError 函數傳回 ERROR_ACCESS_DENIED。

CopyFileEx 函數使用的回呼函數格式也適用於移動檔案所使用的 MoveFileWithProgress 函數，每當複製或移動操作完成一部分時系統會呼叫回呼函數。回呼函數的定義格式如下：

```
DWORD CALLBACK CopyProgressRoutine(
    _In_      LARGE_INTEGER TotalFileSize,          // 檔案的總大小，以位元組為單位
    _In_      LARGE_INTEGER TotalBytesTransferred,  // 已經從原始檔案傳輸到目的檔案
                                                    的位元組總數
    _In_      LARGE_INTEGER StreamSize,         // 當前檔案串流的總大小，以位元組為單位
    _In_      LARGE_INTEGER StreamBytesTransferred,  // 當前串流中已經從原始檔案傳
                                                      輸到目的檔案的位元組總數
    _In_      DWORD         dwStreamNumber,          // 當前串流的編號
    _In_      DWORD         dwCallbackReason,        // 呼叫該回呼函數的原因
    _In_      HANDLE        hSourceFile,             // 原始檔案的控制碼
    _In_      HANDLE        hDestinationFile,        // 目的檔案的控制碼
    _In_opt_  LPVOID        lpData);                 // 傳遞過來的回呼函數參數
```

我們感興趣的通常是前兩個參數 TotalFileSize 和 TotalBytesTransferred。dwCallbackReason 參數指出呼叫該回呼函數的原因，如果是 CALLBACK_STREAM_SWITCH，則說明一個檔案串流已經建立，即將開始複製，這是在第一次呼叫回呼函數時舉出的回呼原因；如果是 CALLBACK_CHUNK_FINISHED，則說明複製操作已經完成了一部分，關於這裡說的一部分到底是多大，不同的系統可能有不同的定義，可能是 64KB，也可能是 1MB。

回呼函數 CopyProgressRoutine 應傳回表 3.8 所示的值之一。

表 3.8

常數	值	含義
PROGRESS_CONTINUE	0	繼續複製操作，通常都是傳回該值
PROGRESS_CANCEL	1	取消複製操作，並刪除目的檔案
PROGRESS_STOP	2	停止複製操作，已複製的目的檔案會保留。通常不應該傳回該值，如果僅複製了一部分資料，那麼目的檔案是不完整的，保留目的檔案沒有意義
PROGRESS_QUIET	3	繼續複製操作，但在以後的複製操作過程中停止呼叫 CopyProgressRoutine 回呼函數

經過測試，回呼函數傳回 PROGRESS_CANCEL 和 PROGRESS_STOP 的效果是相同的，CopyFileEx 函數會取消複製操作並立即傳回 FALSE（呼叫 GetLastError 傳回 ERROR_REQUEST_ABORTED），並刪除目的檔案。因此對於回呼函數，通常簡單地傳回 PROGRESS_CONTINUE 即可。

程式中可以放置一個「取消」按鈕，當使用者按下「取消」按鈕時，程式可以把 CopyFileEx 函數的 pbCancel 參數指向的變數設定為 TRUE，CopyFileEx 函數會取消複製操作並立即傳回 FALSE（呼叫 GetLastError 傳回 ERROR_REQUEST_ABORTED），並刪除目的檔案。關於 CopyFileEx 函數的範例參見 CopyFileExDemo 專案，程式執行效果如圖 3.7 所示，可以看到每複製完 0x100000 位元組（即 1MB），系統就會呼叫回呼函數一次。範例中複製的是一個 4.12GB，（即 4 424 850 689，對應 0x107BDDD01）位元組的壓縮檔。

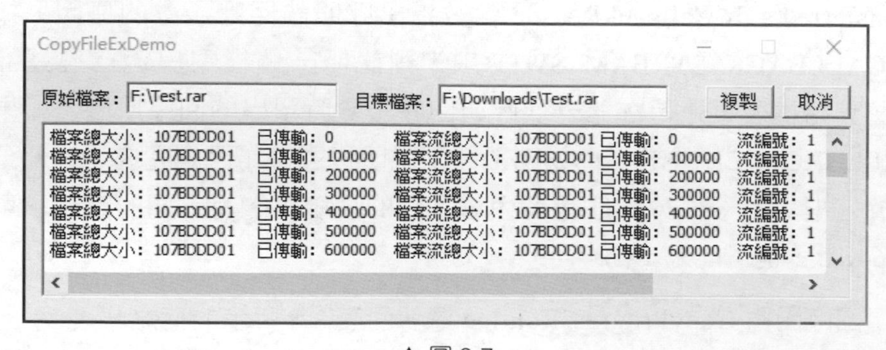

▲ 圖 3.7

範例程式透過呼叫 PathFileExists 函數判斷原始檔案和目的檔案是否存在，該函數用於判斷指定路徑的目錄或檔案是否存在：

```
BOOL PathFileExists(_In_ LPCTSTR pszPath);
```

3.2.6 移動檔案（目錄）、刪除檔案

MoveFile 函數用於移動一個檔案或目錄，移動成功後原始檔案或原始目錄會被刪除：

```
BOOL WINAPI MoveFile(
    _In_ LPCTSTR lpExistingFileName, // 現有檔案（目錄）對應於原始檔案（目錄）名稱
    _In_ LPCTSTR lpNewFileName);     // 新檔案（目錄）對應於目的檔案（目錄）名稱
```

呼叫 MoveFile 函數移動檔案或目錄時，需要注意以下幾點。

- 如果指定的原始檔案（目錄）不存在，則函數呼叫會失敗，此時呼叫 GetLastError 函數會傳回 ERROR_FILE_NOT_FOUND。
- 不管移動的是檔案還是目錄，如果目的檔案（目錄）已經存在，則函數呼叫會失敗。如果目的檔案已經存在，則呼叫 GetLastError 函數會傳回 ERROR_FILE_EXISTS（80）；如果目標目錄已經存在，則呼叫 GetLastError 函數會傳回 ERROR_ALREADY_EXISTS（183）。
- 不管移動的是檔案還是目錄，目的檔案（目錄）名稱的上一層目錄必須存在，否則函數呼叫會失敗，呼叫 GetLastError 函數會傳回 ERROR_PATH_NOT_ FOUND。舉例來說，下面的程式：

```
// 移動檔案
MoveFile(TEXT("F:\\Test.avi"), TEXT("F:\\Downloads\\Test.avi"));
// 移動目錄
MoveFile(TEXT("F:\\DTLFolder"), TEXT("F:\\Downloads\\DTLFolder"));
```

上面的程式中，F:\Downloads 目錄必須存在，否則移動到其下層的檔案或目錄都會失敗。

- 如果移動的是檔案，目的檔案名稱可以位於同一個邏輯磁碟機中，也可以位於其他邏輯磁碟機中；如果移動的是目錄，目標目錄必須位於同一個邏輯磁碟機中；否則函數呼叫會失敗，呼叫 GetLastError 函數會傳回 ERROR_ACCESS_DENIED。

MoveFileEx 函數同樣用於移動一個檔案或目錄，在移動檔案或目錄時可以設定一些移動選項：

```
BOOL WINAPI MoveFileEx(
    _In_ LPCTSTR lpExistingFileName, // 現有檔案（目錄）對應於原始檔案（目錄）名稱
    _In_opt_ LPCTSTR lpNewFileName,   // 新檔案（目錄）對應於目的檔案（目錄）名稱
    _In_      DWORD   dwFlags);       // 移動選項標識
```

呼叫 MoveFileEx 函數移動檔案或目錄時，需要注意以下幾點。

- 如果指定的原始檔案（目錄）不存在，則函數呼叫會失敗，此時呼叫 GetLastError 函數會傳回 ERROR_FILE_NOT_FOUND。
- 不管移動的是檔案還是目錄，如果目的檔案（目錄）已經存在，則函數呼叫會失敗。如果目的檔案已經存在，則呼叫 GetLastError 函數會傳回 ERROR_ALREADY_EXISTS；如果目標目錄已經存在，則呼叫 GetLastError 函數也會傳回 ERROR_ALREADY_EXISTS。
- 不管移動的是檔案還是目錄，目的檔案（目錄）名稱的上一層目錄必須存在，否則函數呼叫會失敗，呼叫 GetLastError 函數傳回 ERROR_PATH_NOT_FOUND。
- 預設情況下，不管移動的是檔案還是目錄，目的檔案（目錄）名稱必須位於同一個邏輯磁碟機中；否則函數呼叫會失敗，呼叫 GetLastError 函數傳回 ERROR_NOT_SAME_DEVICE。

要把一個檔案成功移動到其他邏輯磁碟機中，可以在呼叫 MoveFileEx 函數時為 dwFlags 參數指定 MOVEFILE_COPY_ALLOWED 標識，但是不能透過指定該標識把一個目錄移動到其他邏輯磁碟機中。dwFlags 參數是移動選項標識，可以是以下值的組合（僅列舉部分），如表 3.9 所示。

表 3.9

常數	值	含義
MOVEFILE_REPLACE_ EXISTING	0x1	用於移動檔案，允許目的檔案已經存在。如果存在，MoveFileEx 函數會覆蓋目的檔案
MOVEFILE_COPY_ ALLOWED	0x2	用於移動檔案，允許把一個檔案移動到其他邏輯磁碟機中，MoveFileEx 函數在內部呼叫 CopyFile 和 DeleteFile 函數模擬該移動操作

MOVEFILE_DELAY_
UNTIL_REBOOT
	0x4	用於移動檔案或目錄，在下一次重新開機系統後才移動檔案或目錄，該標識不能與 MOVEFILE_COPY_ALLOWED 一起使用。該標識是透過修改登錄檔來實作的，例如下面的程式：
		`// 移動檔案`
		`bRet = MoveFileEx(TEXT("F:\\Test.avi"), TEXT("F:\\Downloads\\Test.avi"), MOVEFILE_ DELAY_UNTIL_REBOOT);`
		`// 移動目錄`
		`bRet = MoveFileEx(TEXT("F:\\DTLFolder"), TEXT("F:\\Downloads\\DTLFolder"), MOVEFILE_ DELAY_UNTIL_REBOOT);`
		函數會在登錄檔的 HKEY_LOCAL_MACHINE\SYSTEM\CurrentControlSet\Control\Session Manager\PendingFileRenameOperations 中增加以下內容：
		`\??\F:\Test.avi`
		`\??\F:\Downloads\Test.avi`
		`\??\F:\DTLFolder`
		`\??\F:\Downloads\DTLFolder`
		如果指定了該標識，並且 lpNewFileName 參數設定為 NULL，那麼在下一次重新開機系統後，系統會刪除 lpExistingFileName 參數指定的原始檔案

MoveFileEx 函數也不能把一個目錄移動到其他邏輯磁碟機中。後面會詳細講解這個問題。

MoveFileWithProgress 函數的功能與 MoveFileEx 相同，可以指定一個接收進度通知的回呼函數：

```
BOOL WINAPI MoveFileWithProgress(
    _In_      LPCTSTR              lpExistingFileName, // 現有檔案（目錄）對應於原
                                                          始檔案（目錄）名稱
    _In_opt_  LPCTSTR              lpNewFileName,       // 新檔案（目錄）對應於目的
                                                          檔案（目錄）名稱
    _In_opt_  LPPROGRESS_ROUTINE lpProgressRoutine,  // 回呼函數的位址，可以設定為
                                                        NULL
    _In_opt_  LPVOID               lpData,    // 傳遞給回呼函數的參數，可以設定為 NULL
    _In_      DWORD                dwFlags); // 移動選項標識
```

MoveFileEx 函數的使用方法非常簡單，這裡不再重複介紹。

刪除一個檔案可以呼叫 DeleteFile 函數：

```
BOOL WINAPI DeleteFile(_In_ LPCTSTR lpFileName);// 目的檔案
```

如果目的檔案是唯讀取檔案，函數呼叫會失敗，呼叫 GetLastError 函數會傳回 ERROR_ACCESS_DENIED（隱藏檔案不影響，可以刪除隱藏檔案）。如果需要刪除一個唯讀取檔案，只需要呼叫 SetFileAttributes 函數刪除其 FILE_ATTRIBUTE_READONLY 屬性即可。

一個檔案處於開啟狀態時不能進行刪除，DeleteFile 函數呼叫會失敗，GetLastError 函數傳回 ERROR_SHARING_VIOLATION，通常應該先呼叫 CloseHandle 函數關閉檔案，然後再呼叫 DeleteFile 函數刪除檔案。但是，如果呼叫 CreateFile 函數時指定了 FILE_SHARE_DELETE 共享標識，那麼在呼叫 CloseHandle 函數關閉檔案前，呼叫 DeleteFile 函數會成功，例如下面的程式：

```
hFile = CreateFile(TEXT("D:\\Test.txt"), GENERIC_READ | GENERIC_WRITE,
    FILE_SHARE_READ | FILE_SHARE_DELETE, NULL, OPEN_EXISTING,
FILE_ATTRIBUTE_NORMAL, NULL);
DeleteFile(TEXT("D:\\Test.txt"));       // 函數呼叫成功，但是檔案還沒有被刪除
CloseHandle(hFile);                      // 執行 CloseHandle 以後，檔案會被刪除
```

如果沒有呼叫 CloseHandle 函數，程式關閉後 D:\Test.txt 檔案也會被刪除。

3.2.7 無緩衝 I/O

呼叫 CreateFile 函數時指定 FILE_FLAG_NO_BUFFERING | FILE_FLAG_WRITE_THROUGH 標識，表示使用無緩衝 I/O，這裡涉及系統快取和硬碟快取。FILE_FLAG_NO_BUFFERING 標識表示對檔案的讀寫操作不使用系統快取，但是不影響硬碟快取和記憶體映射檔案；FILE_FLAG_WRITE_ THROUGH 標識表示對檔案的寫入操作不會透過任何中間快取，寫入請求會被馬上寫入物理硬碟中。使用 FILE_FLAG_NO_BUFFERING | FILE_FLAG_WRITE_THROUGH 標識，讀取操作理論上還會使用硬碟快取，寫入操作則不會使用系統快取和硬碟快取。

不建議使用 FILE_FLAG_WRITE_THROUGH 標識，當進行寫入操作的時候，如果沒有使用該標識，那麼透過硬碟快取可以立即完成 I/O 請求並延遲執行物理 I/O，硬碟定址和磁頭定位需要時間，因此不使用該標識可以提高程式性能。

也不建議使用 FILE_FLAG_NO_BUFFERING 標識，如果有需要使用該標識的場合，對於檔案的讀寫操作，請注意以下問題。

- 讀取 / 寫入檔案的時候檔案偏移量必須是磁區大小的整數倍。
- 讀取 / 寫入檔案的位元組數必須是磁區大小的整數倍，舉例來說，如果磁區大小為 512 位元組，那麼可以請求讀取 / 寫入 512 位元組、1024 位元組、1536 位元組，但不能請求讀取 / 寫入 335 位元組、981 位元組、1500 位元組。
- 用於讀取 / 寫入檔案的緩衝區位址必須是物理磁區大小的整數倍（根據硬碟的不同，可能不會強制執行此要求）。

前 2 項指的是邏輯磁區大小，第 3 項指的是物理磁區大小。以前硬碟物理磁區大小通常是 512 位元組，現在則多數是 4KB，直接使用 4KB 作為定址單位可能會存在相容性問題，臨時相容性解決方案是引入模擬常規 512 位元組磁區硬碟的裝置。上述模擬解決方案導致出現了邏輯磁區大小和物理磁區大小兩個概念，邏輯磁區大小是邏輯定址單位，物理磁區大小是硬碟原子寫入單位，為了獲得最佳的性能和可靠性，微軟公司強烈建議無緩衝 I/O 應該與物理磁區大小對齊。舉例來説，在一台電腦上，透過 fsutil fsinfo ntfsinfo c: 命令獲取的固態硬碟的邏輯磁區和物理磁區大小均為 512 位元組，透過 fsutil fsinfo ntfsinfo e: 命令獲取的機械硬碟的邏輯磁區和物理磁區大小分別為 512 位元組和 4KB。

大多數情況下，頁面對齊的記憶體也是磁區對齊的，因為磁區大小大於頁面大小的情況很少見，因此讀取 / 寫入檔案時檔案偏移量和讀寫位元組數可以設定為頁面大小的整數倍；為了保證用於讀取 / 寫入檔案的緩衝區位址一定是物理磁區大小的整數倍，可以使用 VirtualAlloc 函數分配緩衝區，該函數可以保證記憶體區域的起始位址是分配細微性的整數倍（在所有 Windows 平台上分配細微性均為 64KB），所分配的記憶體區域大小一定是頁面大小的整數倍。

透過 GetDiskFreeSpace 函數可以獲取邏輯磁區大小，使用控制程式 IOCTL_DISK_GET_DRIVE_ GEOMETRY_EX 呼叫 DeviceIoControl 函數也可以獲取邏輯磁區大小，如果需要獲取物理磁區大小，可以使用控制程式 IOCTL_STORAGE_QUERY_PROPERTY 呼叫 DeviceIoControl 函數。後面還會介紹 GetDiskFreeSpace 和 DeviceIoControl 函數，Chapter3\LogicalAndPhysicalSectorSize 專案演示了如何透過 DeviceIoControl 函數獲取邏輯和物理磁區大小。

3.3 邏輯磁碟機和目錄

3.3.1 邏輯磁碟機操作

SetVolumeLabel 函數用於為一個卷冊（邏輯磁碟機）設定標籤：

```
BOOL WINAPI SetVolumeLabel(
    _In_opt_ LPCTSTR lpRootPathName,    // 邏輯磁碟機根目錄的字串，例如 "C:\\"，
                                           反斜線不可省
    _In_opt_ LPCTSTR lpVolumeName);     // 新的標籤名稱，最大長度為 32 個字元
```

如果 lpRootPathName 參數設定為 NULL，則使用目前的目錄的根目錄；如果 lpVolumeName 參數設定為 NULL，則刪除標籤。例如下面的程式：

```
SetVolumeLabel(TEXT("C:\\"), TEXT("系統"));
```

執行上面的程式設定標籤前後效果如圖 3.8 所示。

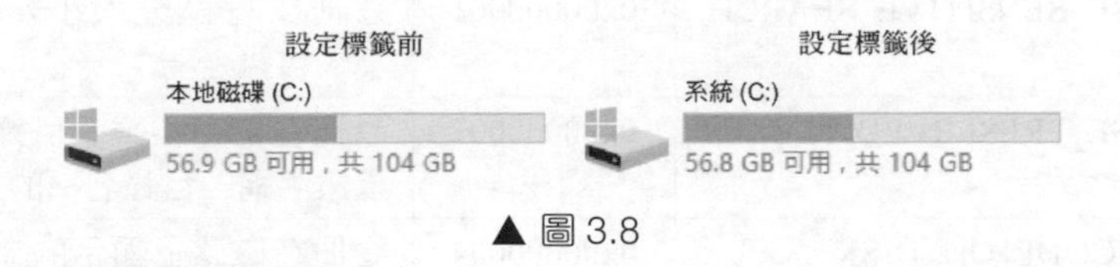

▲ 圖 3.8

GetVolumeInformation 函數可以獲取一個邏輯磁碟機的詳細資訊，例如標籤名稱、磁碟區序號等：

```
BOOL WINAPI GetVolumeInformation(
    _In_opt_   LPCTSTR lpRootPathName,       // 邏輯磁碟機根目錄的字串
    _Out_opt_  LPTSTR  lpVolumeNameBuffer,   // 指向一個字串緩衝區，用來傳回標籤名稱
    _In_       DWORD   nVolumeNameSize,           // 標籤名稱緩衝區的大小，字元單位
    _Out_opt_  LPDWORD lpVolumeSerialNumber,      // 傳回磁碟區序號
    _Out_opt_  LPDWORD lpMaximumComponentLength,  // 傳回檔案系統支持的最大檔案名稱
                                                  長度，通常是 255
    _Out_opt_  LPDWORD lpFileSystemFlags,         // 傳回一些檔案系統標識
    _Out_opt_  LPTSTR  lpFileSystemNameBuffer,    // 指向一個字串緩衝區，用來傳回檔
                                                  案系統名稱
    _In_       DWORD    nFileSystemNameSize);  // 檔案系統名稱緩衝區的大小，字元單位
```

- lpVolumeSerialNumber 參數指向的 DWORD 變數傳回磁碟區序號，磁碟區序號是格式化硬碟時作業系統分配的序號，磁碟區序號在每次格式化硬碟後都可能發生變化。後面將介紹如何獲取硬碟製造商為一顆硬碟分配的固定不變的硬碟序號（例如 WD-WXS1E32RSVAY）。
- lpMaximumComponentLength 參數指向的 DWORD 變數傳回檔案系統支援的最大檔案名稱長度。參數名稱 Maximum Component Length 的字面意思是檔案名稱元件的最大長度，檔案名稱元件是

指一個完整路徑檔案名稱中以反斜線 "\" 分隔的每一部分，該參數通常傳回 255。

- lpFileSystemFlags 參數指向的 DWORD 變數傳回一些檔案系統標識，該參數可以是以下值的組合（僅列舉部分），如表 3.10 所示。

表 3.10

常數	值	含義
FILE_CASE_SENSITIVE_SEARCH	0x00000001	卷冊支持區分大小寫的檔案名稱、目錄名稱
FILE_CASE_PRESERVED_NAMES	0x00000002	卷冊在儲存檔案、目錄時，保留檔案名稱、目錄名稱的大小寫
FILE_UNICODE_ON_DISK	0x00000004	卷冊在磁碟上顯示的檔案名稱支援 Unicode
FILE_FILE_COMPRESSION	0x00000010	卷冊支援檔案的壓縮
FILE_SUPPORTS_ENCRYPTION	0x00020000	卷冊支持檔案的加密
FILE_READ_ONLY_VOLUME	0x00080000	卷冊為唯讀
FILE_VOLUME_IS_COMPRESSED	0x00008000	卷冊是壓縮卷冊

- lpFileSystemNameBuffer 參數指向一個字串緩衝區，用來傳回檔案系統名稱，例如 FAT32、NTFS、ReFS 等。

要獲取系統中所有可用的邏輯磁碟機，可以呼叫 GetLogicalDrives 函數：

```
DWORD WINAPI GetLogicalDrives(void);
```

該函數傳回一個 32 位元的 DWORD 值，每一位元表示當前可用邏輯磁碟機的位元遮罩，位元 0 是磁碟 A，位元 1 是磁碟 B，位元 2 是磁碟 C，依此類推。假設呼叫 GetLogicalDrives 函數傳回 0x000000FC（二進位的 11111100），代表系統中有 C ～ H 共 6 個邏輯磁碟機。函數執行失敗則傳回值為 0。13.3.7 節將介紹一個使用邏輯磁碟機位元遮罩 DWORD 值的範例。

GetLogicalDrives 函數傳回的是一個 DWORD 位元遮罩，處理起來有些麻煩，透過呼叫 GetLogicalDriveStrings 函數可以傳回字串類型的邏輯磁碟機列表：

```
DWORD WINAPI GetLogicalDriveStrings(
    _In_  DWORD   nBufferLength,  //lpBuffer 指向的緩衝區的大小，單位為字元，不包括
                                    終止的空白字元
    _Out_ LPTSTR lpBuffer);       // 指向緩衝區的指標
```

lpBuffer 參數是一個指向緩衝區的指標，該緩衝區接收一系列以 0 結尾的字串，每個字串表示系統中的有效邏輯磁碟機，最後一個字串的後面有一個額外的空白字元。

如果函數執行成功，則傳回值是複製到緩衝區中的字元個數，否則傳回值為 0。

可以兩次呼叫 GetLogicalDriveStrings 函數，第一次呼叫設定 nBuffer Length 為 0，設定 lpBuffer 為 NULL，函數會傳回所需的緩衝區大小，包括最後一個字串後面的額外空白字元；然後分配合適大小的緩衝區，進行第二次呼叫。

邏輯磁碟機可以是普通硬碟、移動硬碟、隨身碟、光碟、記憶體中的虛擬碟等，透過呼叫 GetDriveType 函數可以確定邏輯磁碟機的類型：

```
UINT WINAPI GetDriveType(_In_opt_ LPCTSTR lpRootPathName);
```

函數傳回值確定邏輯磁碟機的類型，可以是表 3.11 所示的值之一。

DRIVE_FIXED 指普通硬碟，包括固態硬碟和可移動硬碟，相對以前的軟碟、光碟一類的儲存媒體來說，Fixed 指的是硬碟固定在硬碟殼中不可拆卸。

表 3.11

常數	值	含義
DRIVE_UNKNOWN	0	無法確定磁碟類型
DRIVE_NO_ROOT_DIR	1	lpRootPathName 參數指定的根目錄無效
DRIVE_REMOVABLE	2	磁碟是可移動媒體，例如隨身碟
DRIVE_FIXED	3	磁碟具有固定媒體，即普通硬碟中的邏輯磁碟機

常數	值	含義
DRIVE_REMOTE	4	磁碟是遠端（網路）磁碟
DRIVE_CDROM	5	磁碟是 CD-ROM 光碟機
DRIVE_RAMDISK	6	磁碟是 RAM 磁碟

假設有台電腦中安裝了一顆 250G 的固態硬碟和一顆 1T 的機械硬碟，在 USB 插座上連接一顆移動硬碟和一顆隨身碟，呼叫 GetDriveType 函數後，固態硬碟、機械硬碟和移動硬碟都會傳回 DRIVE_FIXED，而隨身碟則會傳回 DRIVE_REMOVABLE。如何區分電腦中安裝的硬碟和 USB 插座上的移動硬碟呢？它們的介面類別型是不同的，電腦中安裝的硬碟通常使用 SATA 介面，而移動硬碟使用的是 USB 介面。如果需要確定一個磁碟是否為 USB 類型的磁碟，可以呼叫 SetupAPI 系列的 SetupDiGetDeviceRegistryProperty 函數（指定 SPDRP_REMOVAL_POLICY 屬性）或 DeviceIoControl 函數。

如果需要獲取一個邏輯磁碟機的總容量或空閒磁碟空間，可以使用 GetDiskFreeSpace 函數：

```
BOOL WINAPI GetDiskFreeSpace(
    _In_  LPCTSTR lpRootPathName,          //邏輯磁碟機根目錄的字串
    _Out_ LPDWORD lpSectorsPerCluster,//一個指向 DWORD 變數的指標，傳回每叢集磁區數
    _Out_ LPDWORD lpBytesPerSector, //一個指向 DWORD 變數的指標，傳回每磁區位元組數
    _Out_ LPDWORD lpNumberOfFreeClusters, //一個指向 DWORD 變數的指標，傳回空閒的
                                           叢集總數
    _Out_ LPDWORD lpTotalNumberOfClusters);//一個指向 DWORD 變數的指標，傳回叢集總數
```

呼叫 GetDiskFreeSpace 獲取邏輯磁碟機的總容量或空閒磁碟空間的時候，可以參考以下公式：

磁碟的總容量 = 叢集總數 × 每叢集磁區數 × 每磁區位元組數

空閒磁碟空間 = 空閒的叢集總數 × 每叢集磁區數 × 每磁區位元組數

如果覺得 GetDiskFreeSpace 函數計算起來比較麻煩，可以使用 GetDiskFreeSpaceEx 函數：

```
BOOL WINAPI GetDiskFreeSpaceEx(
    _In_opt_   LPCTSTR          lpDirectoryName,          // 磁碟根目錄（也可以是
                                                            子目錄）的字串
    _Out_opt_ PULARGE_INTEGER lpFreeBytesAvailable,     // 程式可用的空閒磁碟空間
    _Out_opt_ PULARGE_INTEGER lpTotalNumberOfBytes,     // 磁碟的總容量
    _Out_opt_ PULARGE_INTEGER lpTotalNumberOfFreeBytes); // 空閒磁碟空間
```

3.3.2 目錄操作

要建立一個目錄可以使用 CreateDirectory 函數：

```
BOOL WINAPI CreateDirectory(
    _In_      LPCTSTR               lpPathName,              // 要建立的目錄名稱
    _In_opt_ LPSECURITY_ATTRIBUTES lpSecurityAttributes);// 指向安全屬性結構的指標
```

建立一個目錄時需要注意以下兩點。

（1）如果指定的目錄已經存在，則函數呼叫會失敗，呼叫 GetLastError 函數會傳回 ERROR_ ALREADY_EXISTS。如前所述，目錄是一種特殊的檔案，假設 F:\Downloads\Web 目錄中存在一個名為 "JavaWeb" 的檔案，沒有副檔名，那麼試圖建立 F:\Downloads\Web\JavaWeb 這個目錄也會失敗，呼叫 GetLastError 函數會傳回 ERROR_ALREADY_EXISTS。

（2）要建立的目錄的所有上層目錄必須都存在，如果一個或多個中間目錄不存在，則函數呼叫會失敗，呼叫 GetLastError 函數會傳回 ERROR_PATH_NOT_FOUND。

要刪除一個目錄可以使用 RemoveDirectory 函數：

```
BOOL WINAPI RemoveDirectory(_In_ LPCTSTR lpPathName);    // 要刪除的目錄名稱
```

該函數只能刪除一個空目錄，如果指定的目錄中存在任何檔案或子目錄，則函數呼叫會失敗，呼叫 GetLastError 函數會傳回 ERROR_DIR_NOT_EMPTY。

注意，呼叫 DeleteFile 函數刪除檔案和呼叫 RemoveDirectory 函數刪除目錄，檔案、目錄會被徹底刪除，而非移動到資源回收筒。

如果要建立一個目錄，必須首先建立該目錄的父目錄，要建立父目錄還必須首先建立父目錄的父目錄，依此類推。如果要刪除一個目錄，必須首先刪除該目錄中的所有檔案和子目錄，要刪除子目錄還必須首先刪除子目錄中的所有檔案和子目錄下的目錄，依此類推。我們利用前面所學的知識實作兩個自訂函數，用於遞迴建立和刪除一個目錄：

```
// 建立目錄
BOOL MyCreateDirectory(LPTSTR lpPathName)
{
    TCHAR szBuf[MAX_PATH] = { 0 };
    LPTSTR lp;

    // 首先判斷目錄是否已經存在
    if (PathFileExists(lpPathName))
        return TRUE;

    // 如果 F:\Downloads\Web\JavaWeb\ 尾端有一個 \ 反斜線，則刪除
    if (lpPathName[_tcslen(lpPathName) - 1] == TEXT('\\'))
        lpPathName[_tcslen(lpPathName) - 1] = TEXT('\0');

    // 遞迴建立上一級目錄
    lp = _tcsrchr(lpPathName, TEXT('\\'));
    for (int i = 0; i < lp - lpPathName; i++)
        szBuf[i] = *(lpPathName + i);
    MyCreateDirectory(szBuf);

    // 建立對應的目錄
    if (CreateDirectory(lpPathName, NULL))
        return TRUE;

    return FALSE;
}

// 刪除目錄
BOOL MyRemoveDirectory(LPTSTR lpPathName)
```

```
{
    TCHAR szDirectory[MAX_PATH] = { 0 };
    TCHAR szSearch[MAX_PATH] = { 0 };
    TCHAR szDirFile[MAX_PATH] = { 0 };
    HANDLE hFindFile;
    WIN32_FIND_DATA fd = { 0 };

    // 如果路徑結尾沒有 \ 則增加一個
    StringCchCopy(szDirectory, _countof(szDirectory), lpPathName);
    if (szDirectory[_tcslen(szDirectory) - 1] != TEXT('\\'))
        StringCchCat(szDirectory, _countof(szDirectory), TEXT("\\"));

    // 拼接搜尋字串
    StringCchCopy(szSearch, _countof(szSearch), szDirectory);
    StringCchCat(szSearch, _countof(szSearch), TEXT("*.*"));
    // 遞迴遍歷目錄
    hFindFile = FindFirstFile(szSearch, &fd);
    if (hFindFile != INVALID_HANDLE_VALUE)
    {
        do
        {
            // 如果是代表目前的目錄的 . 或代表上一級目錄的 .. 則跳過
            if (_tcscmp(fd.cFileName, TEXT(".")) == 0 || _tcscmp(fd.
cFileName, TEXT("..")) == 0)
                continue;

            // 找到的檔案或子目錄名稱
            StringCchCopy(szDirFile, _countof(szDirFile), szDirectory);
            StringCchCat(szDirFile, _countof(szDirFile), fd.cFileName);

            // 處理本次找到的檔案或子目錄
            if (fd.dwFileAttributes & FILE_ATTRIBUTE_DIRECTORY)
            {
                // 如果是目錄，遞迴呼叫
                MyRemoveDirectory(szDirFile);
            }
            else
            {
                // 刪除唯讀屬性
                if (fd.dwFileAttributes & FILE_ATTRIBUTE_READONLY)
```

```
                    SetFileAttributes(szDirFile, fd.dwFileAttributes &
~FILE_ ATTRIBUTE_ READONLY);
                // 刪除檔案
                DeleteFile(szDirFile);
            }
        } while (FindNextFile(hFindFile, &fd));

        // 關閉查詢控制碼
        FindClose(hFindFile);
    }
    // 刪除對應的目錄
    if (RemoveDirectory(lpPathName))
        return TRUE;

    return FALSE;
}
```

完整程式參見 DeepCreateAndRemoveDirectory 專案。

如果需要對一個目錄中的所有檔案（包括子目錄中的）進行某種操作，只需要稍微修改本例即可。有一點需要注意，如果要查詢的是 "*.exe" 一類具有指定副檔名的檔案而非 "*.*" 的話，則拼接的搜尋檔案名稱不能使用 "*.exe"，因為這樣做會過濾掉子目錄，正確的做法是使用 "*.*" 當作要搜尋的檔案名稱，在處理找到的檔案時再對檔案名稱進行判斷，直接忽略副檔名不是 ".exe" 的檔案。

程式設計中經常需要獲取一些特殊的目錄。

（1）Windows 目錄：Windows 作業系統的安裝目錄，通常是 C:\WINDOWS。

（2）系統目錄：Windows 目錄下儲存系統檔案（例如動態連結程式庫和驅動程式）的目錄，通常是 C:\WINDOWS\system32。

（3）臨時目錄：儲存暫存檔案的目錄，在磁碟空間不足時系統會自動刪除該目錄中的檔案，通常是 C:\Users\ 使用者名稱 \AppData\Local\Temp\。

程式需要動態獲取這些目錄，而不能假設為一個固定的目錄，舉例來說，當撰寫系統等級的動態連結程式庫檔案（以下簡稱 DLL 檔案）時可能需要將其複製到 Windows 目錄或系統目錄中去，而在建立暫存檔案時最好使用系統的臨時目錄。

獲取這些目錄的對應函數如下：

```
UINT GetWindowsDirectory(_Out_ LPTSTR lpBuffer, _In_ UINT uSize);
UINT GetSystemDirectory(_Out_ LPTSTR lpBuffer, _In_ UINT uSize);
UINT GetTempPath(_In_ UINT uSize, _Out_ LPTSTR lpBuffer);
```

以上幾個函數的 uSize 參數指定緩衝區的大小，以字元為單位，通常設定為 MAX_PATH。如果函數執行成功，傳回值是複製到緩衝區中的字元個數，則不包括終止的空白字元；如果函數執行失敗，則傳回值為 0。

GetTempPath 函數傳回的字串中尾端有一個反斜線 "\"，GetWindows Directory 和 GetSystemDirectory 函數傳回的則沒有，不過這不是問題，在拼接路徑時我們通常應該檢查尾端有沒有反斜線 "\"。GetTempPath 函數按照以下順序獲取暫存檔案目錄，並使用找到的第一個路徑。

（1）TMP 環境變數指定的路徑。

（2）TEMP 環境變數指定的路徑。

（3）USERPROFILE 環境變數指定的路徑。

（4）Windows 目錄。

GetUserName 函數用於獲取系統的當前登入使用者名稱：

```
BOOL WINAPI GetUserName(
    _Out_    LPTSTR   lpBuffer,   //用於傳回使用者名稱的緩衝區，最大字元個數為 UNLEN
                                    (256，在 Lmcons.h 中定義)
    _Inout_ LPDWORD lpnSize);  //指定緩衝區的大小（字元），傳回複製到緩衝區中的字元數
                                    (包括終止空白字元)
```

應用程式應該安裝在 Program Files 目錄中，字型檔案應該儲存在字型專用目錄中，Windows 提供了一個新函數 SHGetKnownFolderPath 來

獲取這些目錄。SHGetKnownFolderPath 函數用於獲取指定目錄的完整路徑：

```
HRESULT SHGetKnownFolderPath(
    _In_      REFKNOWNFOLDERID rfid,        // 標識一個目錄的 GUID，透過該 GUID 來指
                                               定一個目錄
    _In_      DWORD            dwFlags,      // 一些標識，可以設定為 0
    _In_opt_  HANDLE           hToken,       // 使用者的存取權杖，通常設定為 NULL
    _Out_     PWSTR            *ppszPath);   // 一個指向 PWSTR 類型變數的指標，傳回指
                                               定目錄的完整路徑
```

rfid 參數是標識一個目錄的 GUID。我們看一下 REFKNOWNFOLDERID 類型的定義：

```
#define REFKNOWNFOLDERID const KNOWNFOLDERID &
typedef GUID KNOWNFOLDERID;
typedef struct _GUID {
    unsigned long  Data1;
    unsigned short Data2;
    unsigned short Data3;
    unsigned char  Data4[ 8 ];
} GUID;
```

可以看到，REFKNOWNFOLDERID 類型就是對一個 GUID 類型變數的引用（C++ 語法）。

GUID 是 Globally Unique Identifier 的縮寫，指全域唯一識別碼，GUID 是一個 128 位元也就是 16 位元組的二進位數字，格式為 "XXXXXXXX-XXXX-XXXX-XXXX-XXXXXXXXXXXX"，其中每個 X 是 0～9 或 A～F 範圍內的十六進位數字，例如 6F9619FF-8B86-D011-B42D-00C04FC964FF。GUID 的生成使用網路卡 MAC、毫微秒級時間、晶片 ID 碼和許多可能的數字，保證每次生成的 GUID 永遠不會重複，無論是同一台電腦還是不同的電腦，一個 GUID 在同一時空中的所有機器上都是唯一的。

常用的目錄及其對應的 GUID 如表 3.12 所示。

表 3.12

GUID	含義
F38BF404-1D43-42F2-9305-67DE0B28FC23	Windows 目錄，C:\WINDOWS
1AC14E77-02E7-4E5D-B744-2EB1AE5198B7	系統目錄，C:\WINDOWS\system32
0762D272-C50A-4BB0-A382-697DCD729B80	使用者目錄，C:\Users
5E6C858F-0E22-4760-9AFE-EA3317B67173	當前使用者目錄，C:\Users\ 使用者名
B4BFCC3A-DB2C-424C-B029-7FE99A87C641	使用者桌面資料夾，C:\Users\ 使用者名稱 \Desktop
FDD39AD0-238F-46AF-ADB4-6C85480369C7	文件資料夾（我的文件），C:\Users\ 使用者名稱 \Documents
905E63B6-C1BF-494E-B29C-65B732D3D21A	應用程式安裝目錄，C:\Program Files(x86)，如果是 64 位元程式則是 C:\Program Files
62AB5D82-FDC1-4DC3-A9DD-070D1D495D97	應用程式資料的目錄（所有使用者），儲存程式的圖示、捷徑、程式設定和程式使用過程中產生的資料等，C:\ProgramData
F1B32785-6FBA-4FCF-9D55-7B8E7F157091	應用程式資料的目錄（當前使用者），儲存程式的設定檔和暫存檔案等，C:\Users\ 使用者名稱 \AppData\Local，該目錄稱為本機使用者設定檔目錄
3EB685DB-65F9-4CF6-A03A-E3EF65729F3D	應用程式資料的目錄（當前使用者），儲存程式的設定檔和暫存檔案等，C:\Users\ 使用者名稱 \AppData\Roaming，該目錄稱為漫遊使用者設定檔，漫遊使用者設定檔是本機使用者設定檔的副本，該副本被儲存到伺服器上（應用程式提供的伺服器），如果使用者在另一台電腦使用對應的程式，會從程式伺服器中下載使用者以前儲存的設定檔
8983036C-27C0-404B-8F08-102D10DCFD74	用滑鼠按右鍵發送到的目錄，C:\Users\ 使用者名稱 \AppData\Roaming\Microsoft\Windows\SendTo
82A5EA35-D9CD-47C5-9629-E15D2F714E6E	開機自動啟動程式目錄（所有使用者），C:\ProgramData\Microsoft\Windows\Start Menu\Programs\Startup
B97D20BB-F46A-4C97-BA10-5E3608430854	開機自動啟動程式目錄（當前使用者），C:\Users\ 使用者名稱 \AppData\Roaming\Microsoft\Windows\Start Menu\Programs\Startup

GUID	含義
374DE290-123F-4565-9164-39C4925E467B	使用者下載檔案夾，C:\Users\ 使用者名稱 \Downloads
FD228CB7-AE11-4AE3-864C-16F3910AB8FE	字型資料夾，C:\Windows\Fonts

SHGetKnownFolderPath 函數需要 Shlobj.h 標頭檔。如果函數執行成功，則傳回值為 S_OK；如果函數執行失敗，則傳回值為 E_FAIL 或 E_INVALIDARG，可以使用 SUCCEEDED（傳回值）巨集來判斷函數是否執行成功。

新版本的 Windows 提供了很多新的函數，這些函數功能更加強大，但是使用起來有點複雜，一些舊版本的函數在內部都是透過呼叫新函數來實作的。使用 SHGetKnownFolderPath 函數獲取文件目錄完整路徑的程式如下：

```
GUID guid;
PWSTR lpPath;
HRESULT hResult;

// 文件目錄對應的 GUID 是 FDD39AD0-238F-46AF-ADB4-6C85480369C7
UuidFromString((RPC_WSTR)TEXT("FDD39AD0-238F-46AF-ADB4-6C85480369C7"),
&guid);
hResult = SHGetKnownFolderPath(guid, 0, NULL, &lpPath);
if (SUCCEEDED(hResult))
{
    MessageBox(hwndDlg, lpPath, TEXT(" 文件目錄完整路徑 "), MB_OK);
    CoTaskMemFree(lpPath);
}
```

UuidFromString 函數用於把一個字串形式的 GUID 轉為 GUID 類型，後面的 WinSock 網路程式設計會講解這個函數，UuidFromString 函數需要 Rpcdce.h 標頭檔和 Rpcrt4.lib 匯入函數庫。也可以不使用 UuidFromString 函數，直接為 guid 變數指定值：

```
GUID guid = { 0xFDD39AD0, 0x238F, 0x46AF, {0xAD, 0xB4, 0x6C, 0x85, 0x48,
0x03, 0x69, 0xC7} };
```

SHGetKnownFolderPath 函數的 ppszPath 參數是一個指向 PWSTR 類型變數的指標，函數會自動分配所需的緩衝區，並在該緩衝區中傳回指定目錄的完整路徑。當不再需要該緩衝區時，需要呼叫 CoTaskMemFree 函數釋放：

```
VOID CoTaskMemFree(_In_opt_ LPVOID pv);
```

3.3.3 環境變數

每個處理程序都有一個環境區塊，環境區塊是一個字串陣列，每個字串是一組環境變數及其值。環境變數有兩種類型：使用者環境變數（為每個使用者設定）和系統環境變數（為所有使用者設定）。開啟控制台→系統→進階系統設定→進階標籤，點擊「環境變數」按鈕，可以看到如圖 3.9 所示視窗。

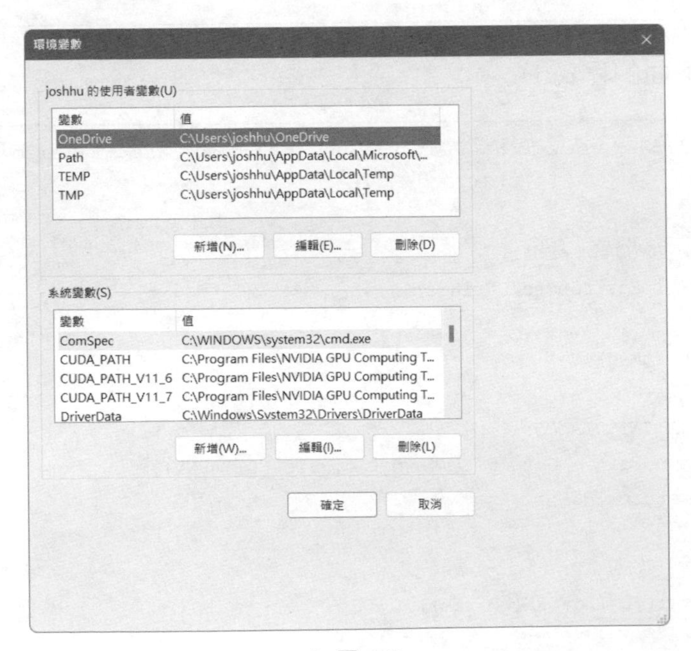

▲ 圖 3.9

預設情況下，子處理程序繼承其父處理程序的環境變數，由命令列啟動的程式將繼承 cmd 處理程序的環境變數。

呼叫 GetEnvironmentStrings 函數可以傳回一個指向呼叫處理程序的環境區塊的指標：

```
LPTSTR  WINAPI  GetEnvironmentStrings(void);
```

如果函數執行成功，則傳回值是指向當前處理程序環境區塊的指標，格式為「環境變數＝環境變數值」，該函數傳回的環境區塊包括使用者環境變數和系統環境變數；如果函數執行失敗，則傳回值為 NULL。環境區塊中是以下格式的環境變數群組，最後一個字串的尾端有一個額外的空白字元：

```
Var1=Value1\0
Var2=Value2\0
Var3=Value3\0
...
VarN=ValueN\0\0
```

例如下面的程式：

```
INT_PTR CALLBACK DialogProc(HWND hwndDlg, UINT uMsg, WPARAM wParam, LPARAM
lParam)
{
    static HWND hwndEdit;
    LPTSTR lpEnvironmentStrings;

    switch (uMsg)
    {
    case WM_INITDIALOG:
        hwndEdit = GetDlgItem(hwndDlg, IDC_EDIT_ENV);
        return TRUE;

    case WM_COMMAND:
        switch (LOWORD(wParam))
        {
        case IDC_BTN_LOOK:
            SetWindowText(hwndEdit, TEXT(""));

            lpEnvironmentStrings = GetEnvironmentStrings();
```

```
            while (lpEnvironmentStrings[0] != TEXT('\0'))
            {
                SendMessage(hwndEdit, EM_SETSEL, -1, -1);
                SendMessage(hwndEdit, EM_REPLACESEL, TRUE, (LPARAM)
lpEnvironment Strings);
                SendMessage(hwndEdit, EM_SETSEL, -1, -1);
                SendMessage(hwndEdit, EM_REPLACESEL, TRUE, (LPARAM)
TEXT("\n"));

                lpEnvironmentStrings += _tcslen(lpEnvironmentStrings) + 1;
            }
             break;

        case IDCANCEL:
            EndDialog(hwndDlg, 0);
            break;
        }
        return TRUE;
    }

    return FALSE;
}
```

完整程式參見 GetEnvironmentStringsDemo 專案。程式執行效果如圖 3.10 所示。

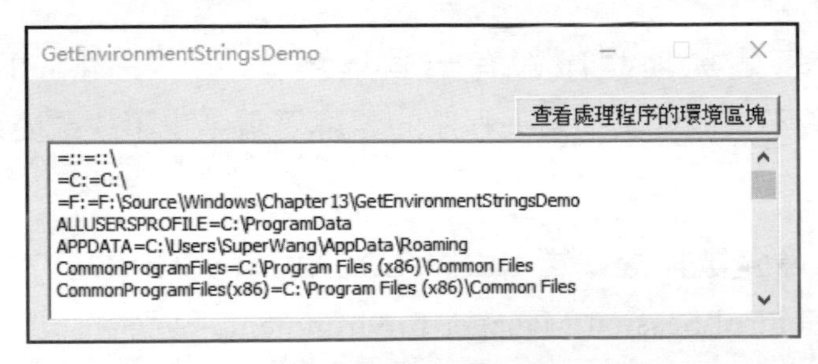

▲ 圖 3.10

呼叫 GetEnvironmentVariable 函數可以獲取當前處理程序中指定環境變數的值：

```
DWORD WINAPI GetEnvironmentVariable(
    _In_opt_   LPCTSTR lpName,       // 環境變數的名稱
    _Out_opt_  LPTSTR  lpBuffer,     // 指向接收環境變數值（內容）的緩衝區
    _In_       DWORD   nSize);       // 緩衝區的大小，最大為 32767 個字元
```

如果函數執行成功，則傳回值是複製到 lpBuffer 指向的緩衝區中的字元數，不包括終止的空白字元；如果函數執行失敗，則傳回值為 0。為了獲取準確的緩衝區大小，可以兩次呼叫 GetEnvironmentVariable 函數，第一次呼叫時 lpBuffer 參數設定為 NULL，nSize 參數設定為 0，函數傳回所需的緩衝區大小，包括終止的空白字元。

呼叫 SetEnvironmentVariable 函數可以設定當前處理程序中指定環境變數的值：

```
BOOL WINAPI SetEnvironmentVariable(
    _In_       LPCTSTR lpName,       // 環境變數的名稱
    _In_opt_   LPCTSTR lpValue);     // 環境變數的值，最大為 32767 個字元
```

如果 lpName 參數指定的環境變數不存在，且 lpValue 參數不為 NULL，系統將建立該環境變數；如果 lpName 參數指定了一個環境變數，且 lpValue 參數設定為 NULL，將從當前處理程序的環境區塊中刪除該環境變數。

注意，每個處理程序都有一個環境區塊，呼叫 SetEnvironmentVariable 函數不會改變其他處理程序的環境變數，也不會改變系統環境變數的值。

系統環境變數與登錄檔 HKEY_LOCAL_MACHINE\SYSTEM\CurrentControlSet\Control\Session Manager\Environment 下面的環境變數是一一對應的，要增加或修改系統環境變數，可以操作登錄檔，然後廣播一個 WM_SETTINGCHANGE 訊息（將 lParam 參數設定為字串 "Environment"），其他應用程式會收到該系統資訊更改的通知。

當不再需要環境區塊時，應該呼叫 FreeEnvironmentStrings 函數釋放：

```
BOOL WINAPI FreeEnvironmentStrings(_In_ LPTSTR  lpszEnvironmentBlock);
//當前處理程序的環境區塊的指標
```

一個比較重要的函數，ExpandEnvironmentStrings 函數用於展開環境變數字串，將其替換為當前使用者定義的值：

```
DWORD WINAPI ExpandEnvironmentStrings(
    _In_        LPCTSTR lpSrc,     //包含一個或多個環境變數字串的緩衝區，格式為
                                     %variableName%
    _Out_opt_   LPTSTR lpDst,      //傳回 lpSrc 緩衝區中展開環境變數字串結果的緩衝區
    _In_        DWORD   nSize);    //lpDst 參數指向的緩衝區的大小，以字元為單位
```

如果函數執行成功，則傳回值是複製到目標緩衝區 lpDst 中的字元數，否則傳回值為 NULL。

關於如何使用該函數，可參考下面的程式：

```
INT_PTR CALLBACK DialogProc(HWND hwndDlg, UINT uMsg, WPARAM wParam, LPARAM
lParam)
{
    static HWND hwndEdit;

    LPCTSTR lpSrc[] = {
        TEXT("SystemDrive\t= %SystemDrive%"),
        TEXT("windir\t\t= %windir%"),
        TEXT("TEMP\t\t= %TEMP%"),
        TEXT("ProgramFiles\t= %ProgramFiles%"),
        TEXT("USERNAME\t= %USERNAME%"),
        TEXT("USERPROFILE\t= %USERPROFILE%"),
        TEXT("ALLUSERSPROFILE\t= %ALLUSERSPROFILE%"),
        TEXT("APPDATA\t\t= %APPDATA%"),
        TEXT("LOCALAPPDATA\t= %LOCALAPPDATA%") };
    TCHAR szDst[BUFFER_SIZE] = { 0 };

    switch (uMsg)
    {
    case WM_INITDIALOG:
        hwndEdit = GetDlgItem(hwndDlg, IDC_EDIT_ENV);
        return TRUE;
```

```
    case WM_COMMAND:
        switch (LOWORD(wParam))
        {
        case IDC_BTN_LOOK:
            for (int i = 0; i < _countof(lpSrc); i++)
            {
                ExpandEnvironmentStrings(lpSrc[i], szDst, BUFFER_SIZE);

                SendMessage(hwndEdit, EM_SETSEL, -1, -1);
                SendMessage(hwndEdit, EM_REPLACESEL, TRUE, (LPARAM)szDst);
                SendMessage(hwndEdit, EM_SETSEL, -1, -1);
                SendMessage(hwndEdit, EM_REPLACESEL, TRUE, (LPARAM)
TEXT("\n"));
            }
            break;

        case IDCANCEL:
            EndDialog(hwndDlg, 0);
            break;
        }
        return TRUE;
    }

    return FALSE;
}
```

完整程式參見 ExpandEnvironmentStringsDemo 專案。程式執行效果如圖 3.11 所示。

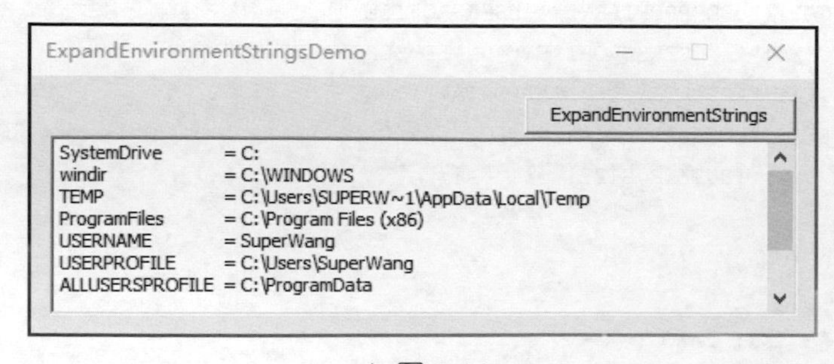

▲ 圖 3.11

3.3.4 SHFileOperation 函數

CopyFile 函數用於複製檔案。MoveFile 函數用於移動檔案（目錄），如果移動的是檔案，目的檔案名稱可以位於同一個邏輯磁碟機中也可以位於其他邏輯磁碟機中；如果移動的是目錄，目標目錄名稱必須位於同一個邏輯磁碟機中。DeleteFile 函數用於刪除一個檔案。RemoveDirectory 函數用於刪除一個目錄（必須是空目錄）。如何複製一個目錄？如何把一個目錄移動到其他邏輯磁碟機中？如何刪除一個不可為空目錄？利用前面所學的知識，完全可以實作這些目的。但是，微軟公司提供了更簡單的方法，即 SHFileOperation 函數。SHFileOperation 函數用於複製、移動、重新命名或刪除一個檔案（目錄）：

```
int SHFileOperation(_Inout_ LPSHFILEOPSTRUCT lpFileOp);
```

lpFileOp 參數是一個指向 SHFILEOPSTRUCT 結構的指標，該結構包含操作類型及所需的資訊，在 shellapi.h 標頭檔中定義如下：

```
typedef struct _SHFILEOPSTRUCT {
    HWND            hwnd;                    // 視窗控制碼
    UINT            wFunc;                   // 指定執行哪個操作
    PCZZTSTR        pFrom;                   // 要操作的原始檔案（目錄）名稱
    PCZZTSTR        pTo;                     // 目的檔案（目錄）名稱
    FILEOP_FLAGS    fFlags;                  // 控制檔案（目錄）操作的標識
    BOOL            fAnyOperationsAborted;   // 操作是否被使用者取消（傳回值）
    LPVOID          hNameMappings;           // 通常設定為 NULL
    PCTSTR          lpszProgressTitle;       // 通常設定為 NULL
} SHFILEOPSTRUCT, *LPSHFILEOPSTRUCT;
```

- wFunc 欄位指定執行哪個操作，可以是表 3.13 所示的值之一。

表 3.13

常數	含義
FO_COPY	將 pFrom 欄位中指定的檔案（目錄）複製到 pTo 欄位指定的位置
FO_MOVE	將 pFrom 欄位中指定的檔案（目錄）移動到 pTo 欄位指定的位置
FO_RENAME	重新命名 pFrom 欄位指定的檔案（目錄）
FO_DELETE	刪除 pFrom 欄位指定的檔案（目錄）

- pFrom 欄位指定要操作的原始檔案（目錄）名稱，應該使用完整路徑名稱。pFrom 欄位可以指定多個字串，表示同時操作多個原始檔案（目錄），最後一個字串的尾端應該有一個額外的空白字元，但是即使只操作一個原始檔案（目錄），字串也應該有一個額外的空白字元，例如 TEXT("D:\\Test.txt\0");。
- pTo 欄位指定目的檔案（目錄）名稱，應該使用完整路徑名稱。同樣，pTo 欄位可以指定多個字串，表示多個目的檔案（目錄），最後一個字串的尾端應該有一個額外的空白字元，但是即使只有一個字串也應該有一個額外的空白字元。複製和移動操作可以指定不存在的目標目錄，系統會建立它們。
- fFlags 欄位是控制檔案（目錄）操作的標識，常見值如表 3.14 所示。

表 3.14

常數	含義
FOF_RENAMEONCOLLISION	如果在目標位置已經存在具有相同名稱的檔案（目錄），則系統會自動指定一個新的檔案（目錄）名稱
FOF_ALLOWUNDO	當刪除檔案（目錄）時，SHFileOperation 函數會永久刪除檔案（目錄），如果指定了 FOF_ALLOWUNDO 標識則會將檔案（目錄）放置到資源回收筒
FOF_MULTIDESTFILES	可以指定多個原始檔案（目錄）與目的檔案（目錄）
FOF_NOCONFIRMMKDIR	如果操作需要建立一個新目錄，則不要彈出對話方塊提示使用者是否建立
FOF_SIMPLEPROGRESS	顯示一個操作進度對話方塊，可以透過 lpszProgress Title 欄位設定一個對話方塊標題
FOF_SILENT	不顯示操作進度對話方塊
FOF_NOERRORUI	如果發生錯誤，則不要彈出對話方塊通知使用者
FOF_NOCONFIRMATION	對於彈出的所有對話方塊，全部答覆是（確定）
FOF_NO_UI	執行靜默操作，不向使用者顯示任何對話方塊，等於 FOF_SILENT | FOF_NOCONFIRMATION | FOF_NOERRORUI | FOF_NOCONFIRMMKDIR

■ fAnyOperationsAborted 欄位表示操作在完成前是否被使用者取消。當函數傳回時，如果操作在完成之前被使用者中止，則該欄位的值為 TRUE；否則為 FALSE。

如果函數執行成功，則傳回值為 0；如果函數執行失敗，則傳回值為非零。如果需要判斷操作是否被使用者取消，可以在函數傳回以後判斷 fAnyOperationsAborted 欄位傳回的值。

3.3.5 監視目錄變化

要監視一個目錄中的檔案、目錄的變化資訊，例如新建、刪除、重新命名檔案或目錄，可以使用 ReadDirectoryChangesW 函數：

```
BOOL WINAPI ReadDirectoryChangesW(
    _In_          HANDLE          hDirectory,        // 要監視的目錄的控制碼，需要
                                                       FILE_LIST_DIRECTORY 存取權限
    _Out_         LPVOID          lpBuffer,          // 傳回目錄變化資訊的緩衝區
    _In_          DWORD           nBufferLength,     //lpBuffer 參數指向的緩衝區大
                                                       小，以位元組為單位
    _In_          BOOL            bWatchSubtree,     // 設定為 TRUE 表示同時監控子目
                                                       錄，FALSE 則不監控
    _In_          DWORD           dwNotifyFilter,    // 監視類型
    _Out_opt_     LPDWORD         lpBytesReturned,   // 傳回寫入 lpBuffer 參數中的位元
                                                       組數，可為 NULL
    _Inout_opt_   LPOVERLAPPED    lpOverlapped,      // 指向 OVERLAPPED 結構的指標，
                                                       用於非同步作業，可為 NULL
    _In_opt_      LPOVERLAPPED_COMPLETION_ROUTINE lpCompletionRoutine);
                                                     // 指向完成常式的指標，可為 NULL
```

■ hDirectory 參數指定要監視的目錄的控制碼，必須具有對該目錄的 FILE_LIST_DIRECTORY 存取權限。要獲得一個目錄的控制碼，可以呼叫 CreateFile 函數。CreateFile 函數不能建立目錄，但是可以開啟目錄獲得一個目錄控制碼，呼叫 CreateFile 函數開啟目錄時，dwFlagsAndAttributes 參數需要指定 FILE_FLAG_BACKUP_SEMANTICS 標識。

- lpBuffer 參數是傳回目錄變化資訊的緩衝區，函數傳回以後將該緩衝區解析為一個 FILE_ NOTIFY_INFORMATION 結構，即可獲取檔案、目錄變化的資訊。
- dwNotifyFilter 參數表示監視類型，可以是表 3.15 所示的值之一，對於同步操作，直到發生指定的事件時函數才傳回。

表 3.15

常數	值	含義
FILE_NOTIFY_CHANGE_FILE_NAME	0x00000001	監視檔案名稱更改（例如建立、刪除或重新命名檔案）
FILE_NOTIFY_CHANGE_DIR_NAME	0x00000002	監視目錄名稱更改（例如建立、刪除或重新命名目錄）
FILE_NOTIFY_CHANGE_ATTRIBUTES	0x00000004	監視檔案、目錄的屬性更改
FILE_NOTIFY_CHANGE_SIZE	0x00000008	監視檔案大小變化
FILE_NOTIFY_CHANGE_LAST_WRITE	0x00000010	監視對檔案的最後寫入時間的更改
FILE_NOTIFY_CHANGE_LAST_ACCESS	0x00000020	監視對檔案的最後存取時間的更改
FILE_NOTIFY_CHANGE_CREATION	0x00000040	監視對檔案的建立時間的更改
FILE_NOTIFY_CHANGE_SECURITY	0x00000100	監視檔案、目錄的安全性描述元的更改

對於同步操作，直到指定目錄中的檔案、目錄發生變化時，ReadDirectoryChangesW 函數才傳回，函數傳回後可以把 lpBuffer 參數指向的緩衝區解析為一個 FILE_NOTIFY_INFORMATION 結構，即可獲取檔案、目錄變化的資訊，FILE_NOTIFY_INFORMATION 結構在 winnt.h 標頭檔中定義如下：

```
typedef struct _FILE_NOTIFY_INFORMATION {
    DWORD NextEntryOffset;    // 下一個 FILE_NOTIFY_INFORMATION 結構的偏移位址
    DWORD Action;             // 發生變化的類型
    DWORD FileNameLength;     // 檔案、目錄名稱的大小，以位元組為單位
```

```
    WCHAR FileName[1];          //可變長度的檔案、目錄名稱，並不以零結尾，而是依靠
                                   FileNameLength 欄位
} FILE_NOTIFY_INFORMATION, * PFILE_NOTIFY_INFORMATION;
```

FILE_NOTIFY_INFORMATION 結構是可變長度的，因此 ReadDirectoryChangesW 函數的 lpBuffer 參數並不能簡單地設定為一個指向 FILE_NOTIFY_INFORMATION 結構的指標，而應該設定為一個更大的緩衝區。

Action 欄位表示發生變化的類型，可以是表 3.16 所示的值之一。

表 3.16

常數	值	含義
FILE_ACTION_ADDED	0x00000001	新建檔案、目錄，FILE_NOTIFY_INFORMATION.FileName 是新建檔案、目錄的名稱
FILE_ACTION_REMOVED	0x00000002	刪除檔案、目錄，FILE_NOTIFY_INFORMATION.FileName 是所刪除檔案、目錄的名稱
FILE_ACTION_MODIFIED	0x00000003	檔案已修改（例如時間戳記、檔案大小、屬性的修改），或建立了檔案，或目錄屬性的修改
FILE_ACTION_RENAMED_OLD_NAME	0x00000004	檔案、目錄已重新命名，FILE_NOTIFY_INFORMATION.FileName 是檔案、目錄的舊名稱，FILE_NOTIFY_INFORMATION.NextEntryOffset 是下一個 FILE_NOTIFY_ INFORMATION 結構的偏移位址，下一個 FILE_ NOTIFY_INFORMATION 結構的 FileName 欄位是檔案、目錄的新名稱，在這種情況下，下一個 FILE_ NOTIFY_INFORMATION 結構的 Action 欄位通常是 FILE_ ACTION_RENAMED_NEW_NAME(5)。除檔案、目錄重新命名的情況外，FILE_NOTIFY_INFORMATION.NextEntryOffset 欄位的值均為 0
FILE_ACTION_RENAMED_NEW_NAME	0x00000005	檔案、目錄已重新命名

下面實作一個監視指定目錄變化的範例程式 DirectoryMonitor，程式執行效果如圖 3.12 所示。

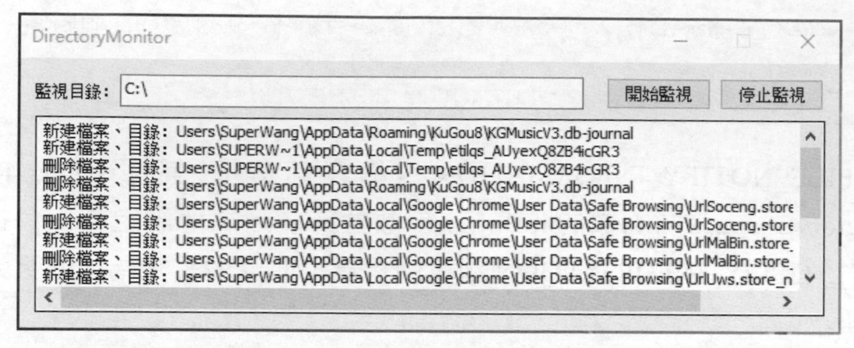

▲ 圖 3.12

使用者點擊「開始監視」按鈕，程式建立一個新執行緒開始監視目錄變化，在執行緒函數中迴圈呼叫 ReadDirectoryChangesW 函數獲取目錄變化資訊，如果指定目錄中的檔案、子目錄發生變化就把變化結果寫入全域變數緩衝區 g_szShowChanges，並呼叫 PostMessage 函數發送一個自訂訊息 WM_ DIRECTORYCHANGES，主執行緒獲取到自訂訊息以後，在編輯控制項中顯示變化結果。具體請看以下程式：

```
#include <windows.h>
#include <shlwapi.h>
#include "resource.h"

#pragma comment(linker,"\"/manifestdependency:type='win32' \
    name='Microsoft.Windows.Common-Controls' version='6.0.0.0' \
    processorArchitecture='*' publicKeyToken='6595b64144ccf1df' language='*'\"")

#pragma comment(lib, "Shlwapi.lib")

// 自訂訊息
#define WM_DIRECTORYCHANGES (WM_APP + 1)

// 全域變數
HWND  g_hwndDlg;
BOOL  g_bStarting;                    // 工作執行緒開始、結束標識
TCHAR g_szShowChanges[1024];          // 顯示指定目錄中檔案、子目錄變化結果所用的緩衝區

// 函數宣告
INT_PTR CALLBACK DialogProc(HWND hwndDlg, UINT uMsg, WPARAM wParam, LPARAM
```

```
lParam);
DWORD WINAPI ThreadProc(LPVOID lpParameter);

int WINAPI WinMain(HINSTANCE hInstance, HINSTANCE hPrevInstance, LPSTR
lpCmdLine, int nCmdShow)
{
    DialogBoxParam(hInstance, MAKEINTRESOURCE(IDD_MAIN), NULL, DialogProc,
NULL);
    return 0;
}

INT_PTR CALLBACK DialogProc(HWND hwndDlg, UINT uMsg, WPARAM wParam, LPARAM
lParam)
{
    static HWND hwndEditChanges;
    HANDLE hThread = NULL;

    switch (uMsg)
    {
    case WM_INITDIALOG:
        g_hwndDlg = hwndDlg;
        // 多行編輯控制項視窗控制碼
        hwndEditChanges = GetDlgItem(hwndDlg, IDC_EDIT_CHANGES);
        // 初始化監視目錄編輯方塊
        SetDlgItemText(hwndDlg, IDC_EDIT_PATH, TEXT("C:\\"));
        return TRUE;

    case WM_COMMAND:
        switch (LOWORD(wParam))
        {
        case IDC_BTN_START:
            // 建立執行緒，開始監視目錄變化
            g_bStarting = TRUE;
            hThread = CreateThread(NULL, 0, ThreadProc, NULL, 0, NULL);
            if (hThread)
                CloseHandle(hThread);
            break;

        case IDC_BTN_STOP:
            g_bStarting = FALSE;
```

```
            break;

        case IDCANCEL:
            EndDialog(hwndDlg, 0);
            break;
        }
        return TRUE;

    case WM_DIRECTORYCHANGES:
        // 處理自訂訊息，顯示 g_szShowChanges 中的目錄變化結果
        SendMessage(hwndEditChanges, EM_SETSEL, -1, -1);
        SendMessage(hwndEditChanges, EM_REPLACESEL, TRUE, (LPARAM)
g_szShowChanges);
        return TRUE;
    }

    return FALSE;
}

DWORD WINAPI ThreadProc(LPVOID lpParameter)
{
    TCHAR   szPath[MAX_PATH] = { 0 };               // 獲取監視目錄編輯控制項中的路徑
    HANDLE  hDirectory = INVALID_HANDLE_VALUE;      // 要監視的目錄的控制碼
    TCHAR   szBuffer[1024] = { 0 };                 // 傳回目錄變化資訊的緩衝區
    DWORD   dwBytesReturned;                        // 實際寫入到緩衝區的位元組數
    PFILE_NOTIFY_INFORMATION pFNI, pFNINext;
    TCHAR szFileName[MAX_PATH], szFileNameNew[MAX_PATH];

    // 清空多行編輯控制項
    SetDlgItemText(g_hwndDlg, IDC_EDIT_CHANGES, TEXT(""));

    // 開啟目錄
    GetDlgItemText(g_hwndDlg, IDC_EDIT_PATH, szPath, _countof(szPath));
    hDirectory = CreateFile(szPath, /*GENERIC_READ | GENERIC_WRITE | */FILE_
LIST_DIRECTORY,
        FILE_SHARE_READ | FILE_SHARE_WRITE | FILE_SHARE_DELETE,
        NULL, OPEN_EXISTING, FILE_FLAG_BACKUP_SEMANTICS, NULL);
    if (hDirectory == INVALID_HANDLE_VALUE)
    {
        MessageBox(g_hwndDlg, TEXT("CreateFile 函數呼叫失敗"), TEXT("Error"),
```

```
MB_OK);
        return 0;
    }

    while (g_bStarting)
    {
        if (!PathFileExists(szPath))
        {
            MessageBox(g_hwndDlg, TEXT("監視目錄資料夾已被刪除"), TEXT("Error"),
MB_OK);
            return 0;
        }

        // 對於同步操作，直到指定目錄中的檔案、目錄發生變化時，ReadDirectoryChangesW
          函數才傳回。因此使用非同步作業比較恰當一些
        ZeroMemory(szBuffer, sizeof(szBuffer));
        ReadDirectoryChangesW(hDirectory, szBuffer, sizeof(szBuffer), TRUE,
            FILE_NOTIFY_CHANGE_FILE_NAME | FILE_NOTIFY_CHANGE_DIR_NAME |
            FILE_NOTIFY_CHANGE_ATTRIBUTES | FILE_NOTIFY_CHANGE_SIZE |
            FILE_NOTIFY_CHANGE_LAST_WRITE | FILE_NOTIFY_CHANGE_LAST_ACCESS |
            FILE_NOTIFY_CHANGE_CREATION | FILE_NOTIFY_CHANGE_SECURITY,
            &dwBytesReturned, NULL, NULL);

        pFNI = (PFILE_NOTIFY_INFORMATION)szBuffer;
        ZeroMemory(szFileName, sizeof(szFileName));
        ZeroMemory(szFileNameNew, sizeof(szFileNameNew));
        memcpy_s(szFileName, sizeof(szFileName), pFNI->FileName, pFNI->
FileNameLength);
        if (pFNI->NextEntryOffset)
        {
            pFNINext = (PFILE_NOTIFY_INFORMATION)((LPBYTE)pFNI + pFNI->
NextEntryOffset);
            memcpy_s(szFileNameNew, sizeof(szFileNameNew),
                pFNINext->FileName, pFNINext->FileNameLength);
        }

        // 工作執行緒把目錄變化結果寫入 g_szShowChanges 中
        ZeroMemory(g_szShowChanges, sizeof(g_szShowChanges));
        switch (pFNI->Action)
        {
```

```
        case FILE_ACTION_ADDED:
            wsprintf(g_szShowChanges, TEXT("新建檔案、目錄：%s\n"), szFileName);
            PostMessage(g_hwndDlg, WM_DIRECTORYCHANGES, 0, 0);
            break;

        case FILE_ACTION_REMOVED:
            wsprintf(g_szShowChanges, TEXT("刪除檔案、目錄：%s\n"), szFileName);
            PostMessage(g_hwndDlg, WM_DIRECTORYCHANGES, 0, 0);
            break;

        case FILE_ACTION_MODIFIED:
            wsprintf(g_szShowChanges, TEXT("修改檔案、目錄：%s\n"), szFileName);
            PostMessage(g_hwndDlg, WM_DIRECTORYCHANGES, 0, 0);
            break;

        case FILE_ACTION_RENAMED_OLD_NAME:
            wsprintf(g_szShowChanges, TEXT("檔案目錄重新命名：%s  -->  %s\n"),
                szFileName, szFileNameNew);
            PostMessage(g_hwndDlg, WM_DIRECTORYCHANGES, 0, 0);
            break;
        }
    }

    return 0;
}
```

ReadDirectoryChangesW 函數不會對 hDirectory 參數指定的監視目錄本身進行監視，因此在執行緒函數的 while 迴圈中需要呼叫 PathFileExists 函數判斷監視目錄是否已被刪除。

如果監視的是一個龐大的瞬息萬變的目錄，本例中採用的處理方法可能會漏掉一些目錄變化資訊，對此可以使用非同步 I/O 操作，但是非同步作業比較麻煩，第 9 章會詳細介紹非同步 I/O。

3.3.6 獲取硬碟序號

DeviceIoControl 函數用於向指定的裝置驅動程式發送指定的控制程式。控制程式相當於一個命令，應用程式透過這種方式可以與硬體裝置進行通訊（讀寫資料）：

```
BOOL WINAPI DeviceIoControl(
    _In_          HANDLE        hDevice,              // 要在其上執行操作的裝置的控制碼
    _In_          DWORD         dwIoControlCode,      // 控制程式
    _In_opt_      LPVOID        lpInBuffer,           // 輸入緩衝區
    _In_opt_      DWORD         nInBufferSize,        // 輸入緩衝區的大小，以位元組為單位
    _Out_opt_     LPVOID        lpOutBuffer,          // 輸出緩衝區
    _Out_opt_     DWORD         nOutBufferSize,       // 輸出緩衝區的大小，以位元組為單位
    _Out_opt_     LPDWORD       lpBytesReturned,      // 實際傳回到輸出緩衝區的位元組數
    _Inout_opt_   LPOVERLAPPED  lpOverlapped);        // 用於非同步作業的 OVERLAPPED 結構，
                                                      可為 NULL
```

■ hDevice 參數指定要在其上執行操作的裝置的控制碼，裝置可以是檔案、目錄、邏輯磁碟機、物理磁碟等。要獲取指定裝置的控制碼可以呼叫 CreateFile 函數，從名稱上看 CreateFile 函數最初或許是為建立、開啟檔案而設計的，但是實際上 CreateFile 函數可以開啟的物件有很多，例如檔案、目錄、邏輯磁碟機、物理磁碟、序列埠、平行埠、郵件槽、具名管線用戶端等。要獲取指定裝置的控制碼，CreateFile 函數的 lpFileName 參數應該使用 "\\.\DeviceName" 的格式，例如：

```
\\.\C:                  // 開啟邏輯磁碟機 C 的控制碼
\\.\PhysicalDrive0      // 開啟物理磁碟 0 的控制碼
```

例如下面的程式：

```
hDriver = CreateFile(TEXT("\\\\.\\PhysicalDrive0"), GENERIC_READ |
  GENERIC_WRITE, FILE_SHARE_READ | FILE_SHARE_WRITE | FILE_SHARE_DELETE,
  NULL, OPEN_EXISTING, 0, NULL);
```

■ dwIoControlCode 參數指定控制程式，控制程式標識了要在其上執行操作的裝置的類型以及要執行的特定操作，控制程式分為通訊、裝置管理、目錄管理、磁碟管理、檔案管理、電源管理和卷冊管理等幾個類別，合計有上百種控制程式。輸入、輸出緩衝區

參 數 lpInBuffer、nInBufferSize、lpOutBuffer 和 nOutBufferSize 都是可選類型的參數，因為有些控制程式可能只需要輸入參數，有些控制程式可能只需要輸出參數，指定不同的控制程式，輸入、輸出緩衝區參數都有不同的含義（通常對應一個結構）。DeviceIoControl 函數使用起來並不複雜，但是可用的控制程式特別多，因此這裡只介紹幾個控制程式，讀者如果需要可以自行參考 MSDN。

- 如果 lpOverlapped 參數設定為 NULL，則 lpBytesReturned 參數不能為 NULL，因為即使操作不傳回任何輸出資料並且 lpOutBuffer 參數為 NULL 時，DeviceIoControl 函數也會用到 lpBytesReturned 參數；如果 lpOverlapped 參數不為 NULL，則 lpBytesReturned 參數可以為 NULL。

控制程式 IOCTL_STORAGE_QUERY_PROPERTY 用於查詢儲存裝置或介面卡的屬性，這種情況下 DeviceIoControl 函數的用法如下所示：

```
BOOL WINAPI DeviceIoControl(
    _In_          HANDLE        hDevice,          // 要在其上執行操作的裝置的控制碼
    _In_          DWORD         dwIoControlCode,// 控制程式 IOCTL_STORAGE_QUERY_
                                                  PROPERTY
    _In_opt_      LPVOID        lpInBuffer,       // 輸入緩衝區，STORAGE_PROPERTY_
                                                  QUERY 結構的指標
    _In_opt_      DWORD         nInBufferSize,  //sizeof(STORAGE_PROPERTY_QUERY)
    _Out_opt_     LPVOID        lpOutBuffer,      // 輸出緩衝區
    _Out_opt_     DWORD         nOutBufferSize, // 輸出緩衝區的大小，以位元組為單位
    _Out_opt_     LPDWORD       lpBytesReturned,// 實際傳回到輸出緩衝區的位元組數
    _Inout_opt_   LPOVERLAPPED  lpOverlapped);  // 用於非同步作業的 OVERLAPPED 結
                                                  構，可為 NULL
```

- 輸入緩衝區 lpInBuffer 參數指定為一個指向 STORAGE_PROPERTY_QUERY 結構的指標，STORAGE_PROPERTY_QUERY 結構在 winioctl.h 標頭檔中定義如下：

```
typedef struct _STORAGE_PROPERTY_QUERY {
    STORAGE_PROPERTY_ID PropertyId; //屬性 ID，STORAGE_PROPERTY_ID 列舉類型
    STORAGE_QUERY_TYPE  QueryType;  //要執行的查詢類型，STORAGE_QUERY_TYPE 列舉
                                      類型
    BYTE                AdditionalParameters[1];
} STORAGE_PROPERTY_QUERY, * PSTORAGE_PROPERTY_QUERY;
```

PropertyId 欄位表示屬性 ID，是一個 STORAGE_PROPERTY_ID 列舉類型，常用的值與含義如表 3.17 所示。

表 3.17

常數	值	含義
StorageDeviceProperty	0	查詢裝置描述符號
StorageAdapterProperty	1	查詢介面卡描述符號
StorageDeviceIdProperty	2	查詢 SCSI 重要產品資料分頁提供的裝置 ID
StorageDeviceUniqueIdProperty	3	查詢裝置唯一 ID
StorageDeviceWriteCacheProperty	4	查詢寫入快取屬性
StorageMiniportProperty	5	查詢微型通訊埠驅動程式描述符號

QueryType 欄位表示要執行的查詢類型，是一個 STORAGE_QUERY_TYPE 列舉類型，可用的值與含義如表 3.18 所示。

表 3.18

常數	值	含義
PropertyStandardQuery	0	查詢相關描述符號，例如裝置描述符號、介面卡描述符號、裝置唯一 ID 等
PropertyExistsQuery	1	驅動程式是否支援指定的描述符號，在這種情況下輸出緩衝區參數 lpOutBuffer 和 nOutBufferSize 都可以設定為 NULL，DeviceIoControl 函數傳回 TRUE 表示支援指定的描述符號

- DeviceIoControl 函數傳回後，輸出緩衝區 lpOutBuffer 的含義取決於輸入參數 lpInBuffer 指向的 STORAGE_PROPERTY_QUERY 結構的 PropertyId 欄位的值，如表 3.19 所示。

表 3.19

PropertyId 欄位所用常數	值	輸出緩衝區 lpOutBuffer 對應的結構
StorageDeviceProperty	0	STORAGE_DEVICE_DESCRIPTOR
StorageAdapterProperty	1	STORAGE_ADAPTER_DESCRIPTOR
StorageDeviceIdProperty	2	STORAGE_DEVICE_ID_DESCRIPTOR
StorageDeviceUniqueIdProperty	3	STORAGE_DEVICE_UNIQUE_IDENTIFIER
StorageDeviceWriteCacheProperty	4	STORAGE_WRITE_CACHE_PROPERTY
StorageMiniportProperty	5	STORAGE_MINIPORT_DESCRIPTOR

STORAGE_DEVICE_DESCRIPTOR 結構在 winioctl.h 標頭檔中定義如下：

```
typedef struct _STORAGE_DEVICE_DESCRIPTOR {
    DWORD              Version;             // 該結構的大小，以位元組為單位
    DWORD              Size;                // 描述符號的總大小（包括該結構），以位元組為單位
    BYTE               DeviceType;              // 裝置類型
    BYTE               DeviceTypeModifier;  // 裝置類型修飾符號
    BOOLEAN            RemovableMedia;          // 是否為可移動媒體
    BOOLEAN            CommandQueueing;         // 是否支援命令佇列
    DWORD              VendorIdOffset;          // 裝置供應商 ID 字串相對於結構開始的偏移
    DWORD              ProductIdOffset;         // 裝置產品 ID 字串相對於結構開始的偏移
    DWORD              ProductRevisionOffset;   // 裝置產品修訂版本字串相對於結構開
                                                   始的偏移
    DWORD              SerialNumberOffset;      // 裝置序號字串相對於結構開始的偏移
    STORAGE_BUS_TYPE BusType;                   // 裝置連接到的匯流排的類型，
                                                   STORAGE_BUS_TYPE 列舉類型
    DWORD              RawPropertiesLength;     // 匯流排特定屬性資料的位元組數
    BYTE               RawDeviceProperties[1];  // 匯流排特定屬性資料的第 1 位元組的預
                                                   留位置
} STORAGE_DEVICE_DESCRIPTOR, * PSTORAGE_DEVICE_DESCRIPTOR;
```

需要注意的是，輸出緩衝區中傳回的字串均是 ASCII 格式。

BusType 欄位表示裝置連接到的匯流排（介面）的類型，是一個 STORAGE_BUS_ TYPE 列舉類型：

```
typedef enum _STORAGE_BUS_TYPE {
    BusTypeUnknown = 0x00,                // 未知的匯流排類型
```

```
    BusTypeScsi = 0x1,                    //SCSI 匯流排類型
    BusTypeAtapi = 0x2,                   //ATAPI 匯流排類型
    BusTypeAta = 0x3,                     //ATA 匯流排類型
    BusType1394 = 0x4,                    //IEEE 1394 匯流排類型
    BusTypeSsa = 0x5,                     //SSA 匯流排類型
    BusTypeFibre = 0x6,                   // 光纖通道匯流排類型
    BusTypeUsb = 0x7,                     //USB 匯流排類型
    BusTypeRAID = 0x8,                    //RAID 匯流排類型
    BusTypeiScsi = 0x9,                   //iSCSI 匯流排類型
    BusTypeSas = 0xA,                     // 串列連接的 SCSI(SAS) 匯流排類型
    BusTypeSata = 0xB,                    //SATA 匯流排類型
    BusTypeSd = 0xC,                      // 安全數字 (SD) 匯流排類型
    BusTypeMmc = 0xD,                     // 多媒體卡 (MMC) 匯流排類型
    BusTypeVirtual = 0xE,                 // 虛擬匯流排類型
    BusTypeFileBackedVirtual = 0xF,       // 檔案支援的虛擬匯流排類型
    BusTypeMax = 0x10,
    BusTypeMaxReserved = 0x7F
} STORAGE_BUS_TYPE, * PSTORAGE_BUS_TYPE;
```

接下來實作一個獲取物理磁碟產品 ID（ProductIdOffset）、序號（SerialNumberOffset）和裝置介面類別型（BusType）的範例程式 GetHardDriveInfo，程式執行效果如圖 3.13 所示。

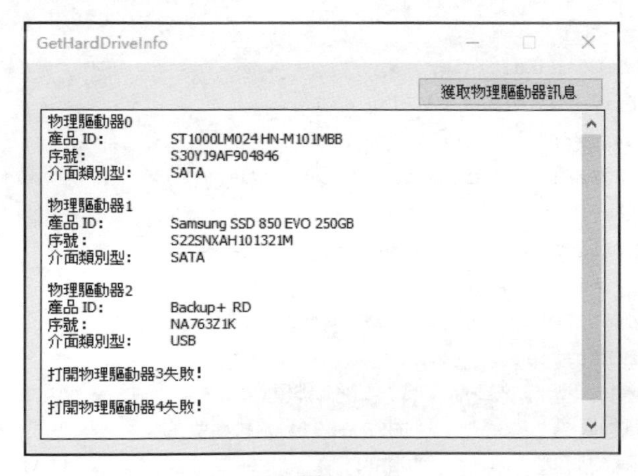

▲ 圖 3.13

筆者的筆記型電腦內建一顆 1TB 的希捷機械硬碟，為了提高機器性能，將一顆 250GB 的三星固態硬碟安裝在原光碟機的位置，另外還連接

了一顆 USB 介面的 2TB 移動硬碟，圖 3.13 中物理磁碟 0～2 分別是這 3 顆硬碟的資訊。如果把固態硬碟放置在原機械硬碟的位置，那麼物理磁碟 0 就是固態硬碟。

程式如下：

```
#include <windows.h>
#include "resource.h"

//函數宣告
INT_PTR CALLBACK DialogProc(HWND hwndDlg, UINT uMsg, WPARAM wParam, LPARAM
lParam);

int WINAPI WinMain(HINSTANCE hInstance, HINSTANCE hPrevInstance, LPSTR
lpCmdLine, int nCmdShow)
{
    DialogBoxParam(hInstance, MAKEINTRESOURCE(IDD_MAIN), NULL, DialogProc,
NULL);
    return 0;
}

INT_PTR CALLBACK DialogProc(HWND hwndDlg, UINT uMsg, WPARAM wParam, LPARAM
lParam)
{
    static HWND hwndEditInfo;
    TCHAR szDriverName[MAX_PATH] = { 0 };
    HANDLE hDriver;
    STORAGE_PROPERTY_QUERY storagePropertyQuery;        //輸入緩衝區
    CHAR cOutBuffer[1024] = { 0 };                      //輸出緩衝區
    PSTORAGE_DEVICE_DESCRIPTOR pStorageDeviceDesc;
    DWORD dwBytesReturned;
    CHAR szBuf[1024] = { 0 };
    LPCSTR arrBusType[] = {
    "未知的匯流排類型",        "SCSI 匯流排類型",              "ATAPI 匯流排類型",
    "ATA 匯流排類型",          "IEEE 1394 匯流排類型",         "SSA 匯流排類型",
    "光纖通道匯流排類型",      "USB",                          "RAID 匯流排類型",
    "iSCSI 匯流排類型",        "串列連接的 SCSI 匯流排類型",   "SATA",
    "安全數字 (SD) 匯流排類型", "多媒體卡 (MMC) 匯流排類型",   "虛擬匯流排類型",
    "檔案支援的虛擬匯流排類型" };
```

```
    switch (uMsg)
    {
    case WM_INITDIALOG:
        hwndEditInfo = GetDlgItem(hwndDlg, IDC_EDIT_INFO);
        return TRUE;

    case WM_COMMAND:
        switch (LOWORD(wParam))
        {
        case IDC_BTN_GETINFO:
            for (int i = 0; i < 5; i++)
            {
                // 開啟物理磁碟
                wsprintf(szDriverName, TEXT("\\\\.\\PhysicalDrive%d"), i);
                hDriver = CreateFile(szDriverName, GENERIC_READ | GENERIC_
                    WRITE, FILE_SHARE_READ | FILE_SHARE_WRITE | FILE_
                    SHARE_DELETE, NULL, OPEN_EXISTING, 0, NULL);
                if (hDriver == INVALID_HANDLE_VALUE)
                {
                    wsprintfA(szBuf, "開啟物理磁碟 %d 失敗！\r\n\r\n", i);
                    SendMessage(hwndEditInfo, EM_SETSEL, -1, -1);
                    SendMessageA(hwndEditInfo, EM_REPLACESEL, TRUE,
(LPARAM)szBuf);
                    continue;
                }

                // 控制程式 IOCTL_STORAGE_QUERY_PROPERTY
                ZeroMemory(&storagePropertyQuery, sizeof(STORAGE_
PROPERTY_QUERY));
                storagePropertyQuery.PropertyId = StorageDeviceProperty;
                storagePropertyQuery.QueryType = PropertyStandardQuery;
                DeviceIoControl(hDriver, IOCTL_STORAGE_QUERY_PROPERTY,
                    &storagePropertyQuery, sizeof(STORAGE_PROPERTY_QUERY),
                    cOutBuffer, sizeof(cOutBuffer),
                    &dwBytesReturned, NULL);

                pStorageDeviceDesc = (PSTORAGE_DEVICE_DESCRIPTOR)cOutBuffer;
                wsprintfA(szBuf, "物理磁碟 %d\r\n產品 ID：\t%s\r\
n序號：\t%s\r\n介面類別型：\t%s\r\n\r\n", i, (LPBYTE)pStorageDeviceDesc +
pStorageDeviceDesc->ProductIdOffset, (LPBYTE) pStorageDeviceDesc +
```

```
pStorageDeviceDesc->SerialNumberOffset, arrBusType[pStorageDeviceDesc->
BusType]);
                    SendMessage(hwndEditInfo, EM_SETSEL, -1, -1);
                    SendMessageA(hwndEditInfo, EM_REPLACESEL, TRUE, (LPARAM)
szBuf);

                    // 關閉裝置控制碼
                    CloseHandle(hDriver);
                }
                break;

            case IDCANCEL:
                EndDialog(hwndDlg, 0);
                break;
            }
            return TRUE;
        }

    return FALSE;
}
```

如果需要獲取一個物理磁碟的大小、磁頭數、磁柱數等資訊，可以使用控制程式 IOCTL_DISK_ GET_DRIVE_GEOMETRY_EX。

WMI（Windows Management Instrumentation）是一項 Windows 管理技術，是一種與語言無關的程式設計模型，使用者可以使用 WMI 來管理本機和遠端電腦，透過 WMI 可以存取、設定、管理並監視幾乎所有的 Windows 資源，所有 WMI 介面都是基於 COM 元件物件模型。透過 WMI 技術也可以獲取電腦的相關硬體資訊，例如硬碟序號、主機板序號、BIOS 序號、CPUID 和網路卡位址等，請讀者自行參考 Chapter3\GetComputerPhysicalInfoByWMI 範例程式。

透過 WMI 還可以獲取 SMART 資訊，SMART 稱為自我監控、分析和報告技術（Self Monitoring、Analysis and Reporting Technology，SMART），可以對硬碟的溫度、內部電路和碟片表面媒體材料等進行監測，力求即時分析出硬碟可能發出的問題，並發出警告，從而保護資料不受損失，SMART 在 1996 年已經成為硬碟儲存行業的技術標準，主流硬碟企業均支援此技術。SMART 資訊是一段 512 位元組的資料，儲存在硬碟控制記憶體中，其中前 2 位元組為 SMART 的版本資訊，後面的資料中每 12 位元組為一個 SMART 屬性。

透過 DeviceIoControl 函數也可以獲取 SMART 資訊，程式可以透過發送控制程式 SMART_GET_ VERSION 來獲取磁碟裝置是否支援 SMART 技術，還可以透過發送控制程式 SMART_RCV_DRIVE_ DATA 來獲取磁碟裝置的 SMART 資訊。

對綁定電腦的程式來說，通常都需要獲取 CPUID 和硬碟序號，還可以獲取主機板序號、BIOS 序號和 MAC 位址。一般不建議使用 WMI 來獲取這些資訊，因為速度比較慢，後文將介紹獲取 CPUID 和 MAC 位址的方法。

3.3.7 可移動硬碟和隨身碟監控

使用者通常使用移動媒體（例如可移動硬碟、隨身碟等）來複製辦公檔案或其他重要檔案。對病毒木馬來說，實作可移動硬碟、隨身碟等的監控可以輕鬆獲取使用者的隱私資料。當電腦的硬體裝置或硬體規格發生變化時，系統會在視窗過程廣播一筆 WM_DEVICECHANGE 訊息。

- WM_DEVICECHANGE 訊息的 wParam 參數表示發生的事件類型，常見的值如表 3.20 所示。

表 3.20

常數	值	含義
DBT_DEVICEARRIVAL	0x8000	已插入裝置或媒體，並且現在可用
DBT_DEVICEQUERYREMOVE	0x8001	請求刪除裝置或媒體，任何應用程式都可以拒絕該請求並取消刪除操作
DBT_DEVICEQUERYREMOVEFAILED	0x8002	刪除裝置或媒體的請求已被取消
DBT_DEVICEREMOVEPENDING	0x8003	裝置或媒體將被刪除，應用程式無法拒絕

常數	值	含義
DBT_DEVICEREMOVECOMPLETE	0x8004	裝置或媒體已被刪除
DBT_DEVICETYPESPECIFIC	0x8005	發生了特定於裝置的事件
DBT_CUSTOMEVENT	0x8006	發生了自訂事件
DBT_USERDEFINED	0xFFFF	使用者自訂訊息

- WM_DEVICECHANGE 訊息的 lParam 參數是一個指向與具體事件相關的資料結構的指標，資料結構的類型取決於 wParam 參數的值。具體參見 MSDN 對 WM_DEVICECHANGE 訊息的解釋。

處理完 WM_DEVICECHANGE 訊息後，傳回 TRUE 表示接受請求，傳回 BROADCAST_QUERY_ DENY(0x424D5144) 表示拒絕請求。

要實作對移動裝置的監控，主要是對移動裝置的插入和拔出進行監控，也就是對 DBT_ DEVICEARRIVAL 和 DBT_DEVICEREMOVECOMPLETE 事件進行處理。

當發生 DBT_DEVICEARRIVAL 和 DBT_DEVICEREMOVECOMPLETE 事件時，應該首先把 lParam 參數看作一個指向 DEV_BROADCAST_HDR 結構的指標，該結構在 Dbt.h 標頭檔中定義如下：

```
typedef struct _DEV_BROADCAST_HDR {
    DWORD   dbch_size;          // 該結構的大小
    DWORD   dbch_devicetype;    // 裝置類型
    DWORD   dbch_reserved;      // 保留欄位
}DEV_BROADCAST_HDR, DBTFAR* PDEV_BROADCAST_HDR;
```

- dbch_devicetype 欄位表示裝置類型，可以是表 3.21 所示的值之一。

表 3.21

常數	值	含義
DBT_DEVTYP_ DEVICEINTERFACE	0x00000005	裝置類別，lParam 實際上是一個指向 DEV_ BROADCAST_ DEVICEINTERFACE 結構的指標
DBT_DEVTYP_ HANDLE	0x00000006	檔案系統控制碼，lParam 實際上是一個指向 DEV_BROADCAST_ HANDLE 結構的指標

常數	值	含義
DBT_DEVTYP_OEM	0x00000000	OEM 或 IHV 定義的裝置類型，lParam 實際上是一個指向 DEV_ BROADCAST_OEM 結構的指標
DBT_DEVTYP_ PORT	0x00000003	通訊埠裝置（串列或平行），lParam 實際上是一個指向 DEV_ BROADCAST_PORT 結構的指標
DBT_DEVTYP_ VOLUME	0x00000002	邏輯卷冊，lParam 實際上是一個指向 DEV_ BROADCAST_VOLUME 結構的指標

要對移動裝置的插入和拔出進行監控，透過 DEV_BROADCAST_HDR.dbch_devicetype 欄位判斷裝置類型是 DBT_DEVTYP_VOLUME 後，應該把 lParam 參數轉為一個指向 DEV_BROADCAST_ VOLUME 結構的指標。DEV_BROADCAST_VOLUME 結構在 Dbt.h 標頭檔中的定義如下，該結構包含邏輯卷冊的資訊：

```
typedef struct _DEV_BROADCAST_VOLUME {
    DWORD   dbcv_size;                //該結構的大小
    DWORD   dbcv_devicetype;          //DBT_DEVTYP_VOLUME
    DWORD   dbcv_reserved;            //保留欄位
    DWORD   dbcv_unitmask;            //表示邏輯磁碟機位元遮罩的 DWORD 值
    WORD    dbcv_flags;               //標識位元
}DEV_BROADCAST_VOLUME, DBTFAR* PDEV_BROADCAST_VOLUME;
```

DEV_BROADCAST_VOLUME 結構的前 3 個欄位是一個 DEV_BROADCAST_HDR 結構。

- dbcv_unitmask 欄位是一個表示邏輯磁碟機位元遮罩的 DWORD 值。在每一位元表示邏輯磁碟機的位元遮罩中，位元 0 是磁碟 A，位元 1 是磁碟 B，位元 2 是磁碟 C，依此類推。
- dbcv_flags 欄位是標識位元，可用的值如表 3.22 所示。

表 3.22

常數	值	含義
DBTF_MEDIA	0x0001	更改會影響磁碟中的媒體，如果未設定，則更改會影響物理裝置或磁碟
DBTF_MEDIA	0x0002	指示的邏輯卷冊是網路卷冊

現在我們很容易監控移動裝置的插入和拔出，MobileDeviceMonitor 程式執行效果如圖 3.14 所示。

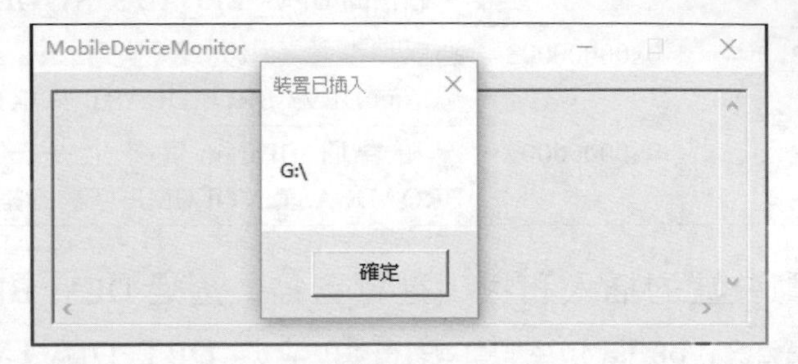

▲ 圖 3.14

相關程式如下所示：

```
INT_PTR CALLBACK DialogProc(HWND hwndDlg, UINT uMsg, WPARAM wParam, LPARAM
lParam)
{
    PDEV_BROADCAST_HDR pDevBroadcastHdr = NULL;
    PDEV_BROADCAST_VOLUME pDevBroadcastVolume = NULL;
    DWORD dwDriverMask, dwIndex;

    switch (uMsg)
    {
    case WM_COMMAND:
        switch (LOWORD(wParam))
        {
        case IDCANCEL:
            EndDialog(hwndDlg, 0);
            break;
        }
        return TRUE;

    case WM_DEVICECHANGE:
        switch (wParam)
        {
        case DBT_DEVICEARRIVAL:
            pDevBroadcastHdr = (PDEV_BROADCAST_HDR)lParam;
            if (pDevBroadcastHdr->dbch_devicetype == DBT_DEVTYP_VOLUME)
            {
```

```
                pDevBroadcastVolume = (PDEV_BROADCAST_VOLUME)lParam;
                dwDriverMask = pDevBroadcastVolume->dbcv_unitmask;
                dwIndex = 0x00000001;
                TCHAR szDriverName[] = TEXT("A:\\");
                for (szDriverName[0] = TEXT('A'); szDriverName[0] <=
TEXT('Z'); szDriverName[0]++)
                {
                    if ((dwDriverMask & dwIndex) > 0)
                        MessageBox(hwndDlg, szDriverName, TEXT("裝置已插
入"), MB_OK);

                    // 檢測下一個輯磁碟位元遮罩
                    dwIndex = dwIndex << 1;
                }
            }
            break;

        case DBT_DEVICEREMOVECOMPLETE:
            pDevBroadcastHdr = (PDEV_BROADCAST_HDR)lParam;
            if (pDevBroadcastHdr->dbch_devicetype == DBT_DEVTYP_VOLUME)
            {
                pDevBroadcastVolume = (PDEV_BROADCAST_VOLUME)lParam;
                dwDriverMask = pDevBroadcastVolume->dbcv_unitmask;
                dwIndex = 0x00000001;
                TCHAR szDriverName[] = TEXT("A:\\");
                for (szDriverName[0] = TEXT('A'); szDriverName[0] <=
TEXT('Z'); szDriverName[0]++)
                {
                    if ((dwDriverMask & dwIndex) > 0)
                        MessageBox(hwndDlg, szDriverName, TEXT("裝置已拔
出"), MB_OK);

                    // 檢測下一個輯磁碟位元遮罩
                    dwIndex = dwIndex << 1;
                }
            }
            break;
        }
        return TRUE;
    }
```

```
    return FALSE;
}
```

透過移動裝置的磁碟代號，使用者可以遍歷其中所有或指定類型的目錄、檔案。

3.3.8 獲取主機板和 BIOS 序號

SMBIOS（System Management BIOS，系統管理 BIOS）是首個透過系統韌體傳遞管理資訊的標準，定義了主機板或系統製造商以標準格式顯示產品管理資訊所需遵循的統一規範。自從 SMBIOS 在 1995 年發佈以來，其廣泛的實作簡化了超過 20 億客戶端設備、伺服器系統的管理。在 OS-present、OS-absent 及 pre-OS 環境中，SMBIOS 提供了一個母版，並為系統供應商提供了一個標準格式，用來表示產品的管理資訊。SMBIOS 透過擴充系統韌體介面來管理那些使用 DMTF 的公共資訊模型（CIM）或其他技術（例如 SNMP）的應用程式，它消除了對某些容易導致錯誤的操作的依賴，例如為了存在性檢測而進行的系統硬體系統的探測。SMBIOS 最初的設計是採用 Intel 處理器架構的系統，但現在 SMBIOS 支援 IA-32（x86）、x64（Intel 64 和 AMD64）、IA-64、Aarch32 及 Aarch64。

在非 UEFI 系統上，32 位元和 64 位元 SMBIOS 進入點結構可以透過在實體記憶體位址範圍 0x000F0000 ～ 0x000FFFFF 的 16 位元組邊界上搜尋錨字串來定位，進入點封裝了一些現有 DMI 瀏覽器使用的中間錨字串。在基於 UEFI 的系統上，32 位元 SMBIOS 進入點結構可以透過在 EFI 設定表中查詢 SMBIOS GUID(SMBIOS_TABLE_GUID，{EB9D2D31-2D88-11D3-9A16-0090273FC14D}) 並使用相關指標來定位 SMBIOS 進入點結構；64 位元 SMBIOS 進入點結構可以透過在 EFI 設定表中查詢 SMBIOS 3.x GUID(SMBIOS3_TABLE_GUID、{F2FD1544-

9794-4A2C-992E-E5BBCF20E394}) 並使用相關指標來定位 SMBIOS 進入點結構，詳細資訊請參閱 UEFI 規範。如果自己程式設計去定位並解析 SMBIOS 進入點結構比較繁瑣，好在微軟公司提供了相關 API 支援。

GetSystemFirmwareTable 函數用於從韌體表提供程式中獲取指定的韌體表，函數原型如下：

```
UINT WINAPI GetSystemFirmwareTable(
    _In_  DWORD FirmwareTableProviderSignature, // 韌體表提供程式的 ID
    _In_  DWORD FirmwareTableID,                // 韌體表的 ID
    _Out_ PVOID pFirmwareTableBuffer,           // 用於傳回請求的韌體表緩衝區的指標
    _In_  DWORD BufferSize);    //pFirmwareTableBuffer 緩衝區的大小，以位元組為單位
```

- FirmwareTableProviderSignature 參數用於指定韌體表提供程式的 ID，該參數可以是表 3.23 所示的值之一：

表 3.23

值	含義
'ACPI'	ACPI 韌體表提供程式
'FIRM'	原始韌體表提供程式
'RSMB'	原始 SMBIOS 韌體表提供程式

- FirmwareTableID 參數用於指定韌體表的 ID，如果使用 GetSystemFirmwareTable 函數獲取原始 SMBIOS 韌體表，可以指定為 0。對 ACPI 韌體表和原始韌體表感興趣的讀者可以自行參考 MSDN。
- pFirmwareTableBuffer 參數指定為用於傳回請求的韌體表緩衝區的指標。如果該參數設定為 NULL，則傳回值是所需的緩衝區大小。
- BufferSize 參數用於指定 pFirmwareTableBuffer 緩衝區的大小，以位元組為單位。

如果函數執行成功，則傳回值是寫入緩衝區的位元組數；如果因緩衝區不足而失敗，則傳回值是所需的緩衝區大小，以位元組為單位，可以呼叫兩次 GetSystemFirmwareTable 函數，第 1 次呼叫的時候把

pFirmwareTableBuffer 和 BufferSize 參數分別設定為 NULL 和 0，函數會傳回所需的緩衝區大小 dwBufferSize，分配 dwBufferSize 位元組大小的緩衝區後，進行第 2 次函數呼叫，就可以傳回所需的韌體表；如果因為任何其他原因而失敗，則傳回值為 0，可以透過呼叫 GetLastError 函數獲取錯誤程式。

如果是獲取原始 SMBIOS 韌體表，則 pFirmwareTableBuffer 參數傳回的緩衝區是一個原始 SMBIOS 韌體表 RawSMBIOSTable 結構，該結構的定義如下：

```
// 原始 SMBIOS 韌體表結構
typedef struct _RawSMBIOSTable
{
    BYTE    m_bUsed20CallingMethod;
    BYTE    m_bSMBIOSMajorVersion;
    BYTE    m_bSMBIOSMinorVersion;
    BYTE    m_bDmiRevision;          // 開頭 4 個欄位我們不關心
    DWORD   m_dwLength;              // 原始 SMBIOS 韌體表資料的長度，以位元組為單位
    BYTE    m_bSMBIOSTableData[1];  // 偏移 8 位元組，原始 SMBIOS 韌體表資料，可變長度
}RawSMBIOSTable, * PRawSMBIOSTable;
```

RawSMBIOSTable.m_bSMBIOSTableData 欄位表示原始 SMBIOS 韌體表資料，可變長度。請注意，本節用到的所有結構均為自訂結構。

現在，不難寫出獲取原始 SMBIOS 韌體表的程式：

```
DWORD dwBufferSize = 0;
LPBYTE lpBuf = NULL;
PRawSMBIOSTable pRawSMBIOSTable = NULL;      // 原始 SMBIOS 韌體表
LPBYTE lpData = NULL;                              // 原始 SMBIOS 韌體表資料

// 第 1 次呼叫獲取所需的緩衝區大小
dwBufferSize = GetSystemFirmwareTable('RSMB', 0, NULL, 0);
if (dwBufferSize == 0)
    return FALSE;

// 第 2 次呼叫獲取原始 SMBIOS 韌體表
lpBuf = new BYTE[dwBufferSize];
```

```
ZeroMemory(lpBuf, dwBufferSize);
if (GetSystemFirmwareTable('RSMB', 0, lpBuf, dwBufferSize) != dwBufferSize)
    return FALSE;

//解析獲取到的原始 SMBIOS 韌體表資料
pRawSMBIOSTable = (PRawSMBIOSTable)lpBuf;
lpData = pRawSMBIOSTable->m_bSMBIOSTableData;
//...

delete[]lpBuf;
```

獲取到的原始 SMBIOS 韌體表的前半部分如下：

```
0x00CCFB08  00 02 07 00 68 09 00 00 04 2a 00 00 04 03 c6 02  ....h....*....?.
0x00CCFB18  c3 06 03 00 ff fb eb bf 01 88 64 00 fc 08 fc 08  ?....???.?d.?.?.
0x00CCFB28  41 21 02 00 03 00 04 00 03 05 06 04 04 08 04 00  A!..............
0x00CCFB38  c6 00 49 6e 74 65 6c 28 52 29 20 43 6f 72 65 28  ?.Intel(R) Core(
0x00CCFB48  54 4d 29 20 69 37 2d 34 37 31 32 4d 51 20 43 50  TM) i7-4712MQ CP
0x00CCFB58  55 20 40 20 32 2e 33 30 47 48 7a 00 49 6e 74 65  U @ 2.30GHz.Inte
0x00CCFB68  6c 28 52 29 20 43 6f 72 70 6f 72 61 74 69 6f 6e  l(R) Corporation
0x00CCFB78  00 54 6f 20 42 65 20 46 69 6c 6c 65 64 20 42 79  .To Be Filled By
0x00CCFB88  20 4f 2e 45 2e 4d 2e 00 43 50 55 20 53 6f 63 6b   O.E.M..CPU Sock
0x00CCFB98  65 74 20 2d 20 55 33 45 31 00 54 6f 20 42 65 20  et - U3E1.To Be
0x00CCFBA8  46 69 6c 6c 65 64 20 42 79 20 4f 2e 45 2e 4d 2e  Filled By O.E.M.
0x00CCFBB8  00 54 6f 20 42 65 20 46 69 6c 6c 65 64 20 42 79  .To Be Filled By
0x00CCFBC8  20 4f 2e 45 2e 4d 2e 00 00 07 13 01 00 01 80 01   O.E.M.......€.
0x00CCFBD8  20 00 20 00 40 00 40 00 00 05 04 07 4c 31 2d 43   . .@.@.....L1-C
0x00CCFBE8  61 63 68 65 00 00 07 13 02 00 01 80 01 20 00 20  ache.......€. .
0x00CCFBF8  00 40 00 40 00 00 05 03 07 4c 31 2d 43 61 63 68  .@.@.....L1-Cach
0x00CCFC08  65 00 00 07 13 03 00 01 81 01 00 01 00 01 40 00  e.......?.....@.
```

開頭的 8 位元組是 RawSMBIOSTable 結構的前 5 個欄位，後面的則是原始 SMBIOS 韌體表資料。

GetSystemFirmwareTable 函數可以獲取各種類型的韌體資料，類型 0 ～ 127(7Fh) 的韌體資料的定義由 DMTF（制定 SMBIOS 規範的組織）規定，類型 128 ～ 256 可以由作業系統和 OEM 原始裝置製造商自行定義，例如 BIOS 資訊（Type 0）、系統資訊（Type 1）、基板（或模組）資訊（Type 2）、系統外殼或週邊設備（Type 3）、處理器資訊（Type 4）、快取資訊（Type 7）、通訊埠連接器資訊（Type 8）、系統插槽（Type 9）、OEM 字串（Type 11）、系統組態選項（Type 12）、BIOS 語言資訊（Type 13）、群組相聯（Type 14）、系統事件記錄檔（Type 15）、實體記憶體陣列（Type 16）、記憶體裝置（Type 17）、32 位元記憶體錯誤資訊（Type 18）、記憶體陣列映射位址（Type 19）、記憶體裝置映射位址（Type 20）、系統內建定點裝置（Type 21）、可攜式電池或系統電池（Type 22）、系統重置（Type 23）、硬體安全（Type 24）、系統電源控制（Type 25）、電壓探針（Type 26）、冷卻裝置（Type 27）、溫度感測器（Type 28）、電流感測器（Type 29）、頻外遠端存取（Type 30）、啟動完整性服務（BIS）進入點（Type 31）、系統啟動資訊（Type 32）、64 位元記憶體錯誤資訊（Type 33）、管理裝置（Type 34）、管理裝置元件（Type 35）、管理裝置設定值資料（Type 36）、記憶體通道（Type 37）、IPMI 裝置資訊（Type 38）、系統電源（Type 39）、附加資訊（Type 40）、板載裝置擴充資訊（Type 41）、管理控制器主機介面（Type 42）、TPM 裝置（Type 43）、處理器附加資訊（Type 44）、非活動（Type 126）、表尾（Type 127）。

獲取到的原始 SMBIOS 韌體表資料（RawSMBIOSTable.m_bSMBIOSTableData 欄位）是一個 SMBIOS 結構陣列，每一個 SMBIOS 結構代表一個韌體的資訊，需要注意的是，所有資料均為 ASCII 編碼，每一個 SMBIOS 結構以 2 位元組的 0 結尾（WORD 類型 0x0000）。

每個 SMBIOS 結構都包括一個格式化區域和一個可選的未格式化區域（字串陣列）。格式化區域以一個 4 位元組的 SMBIOS 結構表頭 SMBIOSStructHeader 開始，格式化區域中結構表頭 SMBIOSStructHeader 後面的資料內容則由結構類型（韌體類型）決定，因此格式化區域的總長度由結構類型決定。結構表頭 SMBIOSStructHeader 的定義如下：

```
typedef struct _SMBIOSStructHeader
{
    BYTE     m_bType;         // 結構類型
    BYTE     m_bLength;       // 該類型結構的格式化區域長度（請注意，長度取決於主機板或系統支
```

```
                    援的具體版本）
    WORD      m_wHandle;    // 結構控制碼（0 ～ 0xFEFF 範圍內的數字）
}SMBIOSStructHeader, * PSMBIOSStructHeader;
```

每個 SMBIOS 結構的格式化區域的前 4 位元組都是一個 SMBIOS StructHeader 結構表頭，格式化區域沒有統一的完整定義，因為格式化區域中結構表頭 SMBIOSStructHeader 後面的資料內容由結構類型決定。

另外還要注意，即使是同一類型的結構，格式化區域的長度也會因為主機板或系統支援的具體版本不同而不同，韌體總是在不斷升級，韌體的參數、資訊肯定越來越豐富。各種類型的 SMBIOS 結構的格式化區域的完整定義請參考 DMTF 官方網站頒佈的 SMBIOS 規範。

在我的電腦中，獲取到的原始 SMBIOS 韌體表資料的最開始是處理器資訊（Type 4），可以看到 Type 4 格式化區域的長度是 0x2A，也就是 0x00CCFB10 ～ 0x00CCFB39 的資料。處理器資訊的格式化區域的完整定義以下（參考自 SMBIOS 規範 3.4.0）：

```
typedef struct _Type4ProcessorInformation
{
    SMBIOSStructHeader m_sHeader;          //SMBIOS 結構表頭 SMBIOSStructHeader
    BYTE      m_bSocketDesignation;        //Socket Designation 字串的編號
    BYTE      m_bProcessorType;            // 處理器類型，ENUM 值，例如 03 是中央處理器
    BYTE      m_bProcessorFamily;          // 處理器家族，ENUM 值，例如 0xC6 是 Intel®
                                             Core™ i7 processor
    BYTE      m_bProcessorManufacturer;    //Processor Manufacturer 字串的編號
    QWORD     m_qProcessorID; //CPUID（本書結尾還會介紹），包含描述處理器功能的特定資訊
    BYTE      m_bProcessorVersion;         //Processor Version 字串的編號
    BYTE      m_bVoltage;                  //Voltage（電壓）
    WORD      m_wExternalClock;            // 外部時鐘頻率，以 MHz 為單位
    WORD      m_wMaxSpeed;                 // 適用於 233MHz 處理器
    WORD      m_wCurrentSpeed;         // 處理器在系統啟動時的速度，處理器可以支援多種速度
    BYTE      m_bStatus;                   //CPU 和 CPU 插槽的狀態
    BYTE      m_bProcessorUpgrade;         //Processor Upgrade，ENUM 值
    WORD      m_wL1CacheHandle;            // 一級快取資訊結構的控制碼
    WORD      m_wL2CacheHandle;            // 二級快取資訊結構的控制碼
    WORD      m_wL3CacheHandle;            // 三級快取資訊結構的控制碼
```

```
    BYTE     m_bSerialNumber;        // 處理器序號字串的編號，由製造商設定，通常不可更改
    BYTE     m_bAssetTag;                  //Asset Tag 字串的編號
    BYTE     m_bPartNumber;         // 處理器部件號字串的編號，由製造商設定，通常不可更改
    BYTE     m_bCoreCount;                 // 處理器的核心數
    BYTE     m_bCoreEnabled;               // 由 BIOS 啟用並可供系統使用的核心數
    BYTE     m_bThreadCount;               // 處理器的執行緒數
    WORD     m_wProcessorCharacteristics; // 處理器特性，例如 0x0004 表示 64 位元處理器
    // 最後 4 個欄位 2.6 及以上版本才支持
    //WORD     m_wProcessorFamily2;        // 處理器家族 2
    //WORD     m_wCoreCount2;              // 處理器的核心數，用於個數大於 255 時
    //WORD     m_wCoreEnabled2;            // 由 BIOS 啟用並可供系統使用的核心數，用於個
                                              數大於 255 時
    //WORD     m_wThreadCount2;            // 處理器的執行緒數，用於個數大於 255 時
}Type4ProcessorInformation, * PType4ProcessorInformation;
```

最後 4 個欄位需要 2.6 及以上版本才支持，也就是說前面的所有欄位只要不低於 2.5 版本就可以支援，2.5 版本是 2006 年 9 月頒佈的。對處理器資訊來說，2.0 版本支援的長度為 0x1A，2.3 版本支援的長度為 0x23，2.5 版本支援的長度為 0x28，2.6 版本支援的長度為 0x2A，3.0 及更新版本支持的長度為 0x30（也就是上述所有欄位）。

我獲取到的原始 SMBIOS 韌體表資料的最開始是處理器資訊，0x00CCFB3A ～ 0x00CCFBD0 的資料是未格式化區域（字串陣列），可以看到有 6 個字串，0x00CCFBD0 位址處是 1 位元組的額外的 0，表示本 SMBIOS 結構的結束。6 個字串的含義如下：

```
Processor Version：       "Intel(R) Core(TM) i7-4712MQ CPU @ 2.30GHz"
Processor Manufacturer："Intel(R) Corporation"
Serial Number：           "To Be Filled By O.E.M."
Socket Designation：      "CPU Socket - U3E1"
Asset Tag：               "To Be Filled By O.E.M."
Part Number：             "To Be Filled By O.E.M."
```

注意，Type4ProcessorInformation 結構中說的字串編號不是從 0 而是從 1 開始，這很好解釋，擔心組合成為 2 位元組的 0（這是每個 SMBIOS 結構的結束標識）。

顯而易見，未格式化區域的資料內容也是由結構類型、主機板或系統支援的具體版本決定，因為每個韌體的參數、資訊各不相同。

每一個 SMBIOS 結構都以 2 位元組的 0 結尾，因此我們很容易遍歷 SMBIOS 結構陣列獲取到的所需類型的 SMBIOS 結構。

本節我們關心的是系統資訊和基板資訊，它們分別包含 BIOS 序號和主機板序號，兩者的完整格式化區域定義以下（參考自 SMBIOS 規範 3.4.0）：

```
//系統資訊 SMBIOS 結構的格式化區域的完整定義
typedef struct _Type1SystemInformation
{
    SMBIOSStructHeader m_sHeader;      //SMBIOS 結構表頭 SMBIOSStructHeader
    BYTE      m_bManufacturer;         //Manufacturer 字串的編號
    BYTE      m_bProductName;          //Product Name 字串的編號
    BYTE      m_bVersion;              //Version 字串的編號
    BYTE      m_bSerialNumber;         //BIOS Serial Number 字串的編號
    UUID      m_uuid;                  //UUID
    BYTE      m_bWakeupType;           //標識導致系統啟動的事件（原因）
    BYTE      m_bSKUNumber;            //SKU Number 字串的編號
    BYTE      m_bFamily;               //Family 字串的編號
}Type1SystemInformation, * PType1SystemInformation;
//基板資訊 SMBIOS 結構的格式化區域的完整定義
typedef struct _Type2BaseboardInformation
{
    SMBIOSStructHeader m_sHeader;      //SMBIOS 結構表頭 SMBIOSStructHeader
    BYTE      m_bManufactur;           //Manufactur 字串的編號
    BYTE      m_bProduct;              //Product 字串的編號
    BYTE      m_bVersion;              //Version 字串的編號
    BYTE      m_bSerialNumber;         //Baseboard Serial Number 字串的編號
    BYTE      m_bAssetTag;             //Asset Tag 字串的編號
    BYTE      m_bFeatureFlags;         //基板特徵標識
    BYTE      m_bLocationInChassis;    //Location In Chassis 字串的編號
    WORD      m_wChassisHandle;        //Chassis Handle
    BYTE      m_bBoardType;            //基板類型
    //BYTE    m_bNumberOfContainedObjectHandles;
    //WORD    m_wContainedObjectHandles[1];
}Type2BaseboardInformation, * PType2BaseboardInformation;
```

注意，每種類型的 SMBIOS 結構的格式化區域定義都應該使用 #pragma pack(1) 命令來指明結構需要 1 位元組對齊，如果使用預設對齊，可能會導致其中的欄位引用錯誤。

獲取原始 SMBIOS 韌體表資料很簡單，困難的是如何解析各種韌體類型的 SMBIOS 結構的格式化區域，這需要參考 DMTF 官方規範去自訂相關結構。

登錄檔 HKEY_LOCAL_MACHINE\SYSTEM\CurrentControlSet\Services\mssmbios\Data 子鍵下面有一個鍵名 SMBiosData，其鍵值資料是原始 SMBIOS 韌體表，但是 GetSystemFirmwareTable 函數並不是讀取的登錄檔資料。

本節範例程式獲取原始 SMBIOS 韌體表資料並解析了系統資訊、基板資訊和處理器資訊的各個欄位，參見 Chapter3\SMBIOSDemo 專案。

3.4 記憶體映射檔案

很多文字編輯軟體都提供了一個剪裁行尾空格的功能，例如 EditPlus 軟體的編輯選單項→格式→剪裁行尾空格。在呼叫 ReadFile 函數讀取檔案時，每次讀取一定大小的位元組數例如 64 位元組，這涉及一個緩衝區邊界的問題。如果緩衝區的尾端有一個或多個空格，那麼如何判斷這些空格是單字之間的空格還是行尾的空格呢？因為緩衝區的尾端不一定正好是換行 "\r\n"，所以類似這樣的問題並不能很好解決。我們可以一次讀取整數個檔案，但是在 Win32 程式中可以使用的記憶體空間只有 2GB 大小（實際上無法申請這麼大的記憶體），如果檔案大小超過 2GB 怎麼辦呢？

記憶體映射檔案提供了一組獨立的函數，透過記憶體映射檔案函數可以將磁碟上一個檔案的全部或部分映射到處理程序虛擬位址空間的某個位置，完成映射後，程式就能夠透過記憶體指標像存取記憶體一樣對磁碟上的檔案進行讀寫操作。

具體機制是，對磁碟檔案所映射的記憶體的讀寫操作會透過系統底層自動實作對磁碟檔案的讀寫。實際上還是需要把相關資料讀取實體記憶體，類似於虛擬記憶體管理函數，記憶體映射檔案會預訂一塊位址空間區域並在需要的時候提交頁面。不同之處在於，記憶體映射檔案的物理記憶體來自磁碟上已有的檔案，而非系統的頁面交換檔，實質上並沒有省略什麼環節，但是程式的結構將從中受益，緩衝區邊界等問題將不復存在。另外，記憶體映射檔案會將硬碟上的檔案不做修改地加載到記憶體中，記憶體中的檔案和硬碟上的檔案一樣逐位元組順序排列。但是，硬碟上的檔案不一定按檔案內容排列在一起，因為檔案儲存以叢集為單位，整個檔案內容可能會儲存在不相鄰的各個叢集中；而透過記憶體映射檔案讀取到記憶體中的檔案按線性排列，存取相對簡單，存取速度獲得了提升。

除此之外，以下兩方面也用到了記憶體映射檔案技術。

（1）Windows 作業系統載入、執行 .exe 和 .dll 等可執行檔時也用到了記憶體映射檔案技術，執行一個可執行檔時系統並不會把整個檔案全部載入虛擬記憶體（頁面交換檔和實體記憶體）中，這就節省了頁面交換檔的空間以及應用程式啟動所需的時間。

（2）使用記憶體映射檔案還可以在同一台電腦上執行的多個處理程序之間共享資料，當一個處理程序改變了共享資料分頁的內容時，透過分頁映射機制，其他處理程序的共享資料區的內容就會同時改變，因為它們實際上儲存在同一個地方。許多處理程序間通訊、同步機制在底層都是透過記憶體映射檔案技術實作的。

使用記憶體映射檔案的步驟通常如下。

（1）呼叫 CreateFile 函數建立或開啟一個檔案核心物件，傳回一個檔案物件控制碼 hFile，該物件標識了我們想要用作記憶體映射檔案的磁碟檔案。

（2）呼叫 CreateFileMapping 函數為 hFile 檔案物件建立或開啟一個檔案映射核心物件，傳回一個檔案映射物件控制碼 hFileMap。

（3）呼叫 MapViewOfFile 函數把檔案映射物件 hFileMap 的部分或全部映射到處理程序的虛擬位址空間中，傳回一個記憶體指標 lpMemory，即可透過該指標來讀寫檔案，這一步操作是映射檔案映射物件的視圖到虛擬位址空間中。

當不再需要記憶體映射檔案時，應該執行以下清理工作。

（1）呼叫 UnmapViewOfFile 函數取消對檔案映射核心物件的映射，傳入參數為 lpMemory。

（2）呼叫 CloseHandle 函數關閉檔案映射核心物件，傳入參數為 hFileMap。

（3）呼叫 CloseHandle 函數關閉檔案核心物件，傳入參數為 hFile。

3.4.1 記憶體映射檔案相關函數

使用記憶體映射檔案的第一步是呼叫 CreateFile 函數建立或開啟一個檔案核心物件，傳回一個檔案物件控制碼 hFile，該物件標識了我們想要用作記憶體映射檔案的磁碟檔案。然後，呼叫 CreateFileMapping 函數為 hFile 檔案物件建立或開啟一個檔案映射核心物件，傳回一個檔案映射物件控制碼 hFileMap。CreateFileMapping 函數原型如下：

```
HANDLE WINAPI CreateFileMapping(
    _In_      HANDLE                hFile,            // 檔案物件控制碼
    _In_opt_  LPSECURITY_ATTRIBUTES lpAttributes,     // 含義同其他核心物件的安全屬
                                                      性結構
    _In_      DWORD     flProtect,              // 檔案映射物件的頁面保護屬性
    _In_      DWORD     dwMaximumSizeHigh,      // 檔案映射物件大小的高 32 位元，以位
                                                元組為單位
    _In_      DWORD     dwMaximumSizeLow,       // 檔案映射物件大小的低 32 位元，以位
                                                元組為單位
    _In_opt_  LPCTSTR   lpName);                // 檔案映射物件的名稱，可為 NULL
```

- flProtect 參數指定檔案映射物件的頁面保護屬性，可以是表 3.24 所示的值之一，以下頁面保護屬性都包含一個寫入時複製屬性，後面會介紹寫入時複製。

表 3.24

頁面保護屬性	值	含義
PAGE_READONLY	0x02	完成對檔案映射物件的映射時，檔案具有讀取和寫入時複製屬性，必須使用 GENERIC_READ 存取權限建立 hFile 參數指定的檔案
PAGE_READWRITE	0x04	完成對檔案映射物件的映射時，檔案具有讀取寫入和寫入時複製屬性，必須使用 GENERIC_READ | GENERIC_WRITE 存取權限建立 hFile 參數指定的檔案
PAGE_EXECUTE_READ	0x20	完成對檔案映射物件的映射時，檔案具有讀取、可執行和寫入時複製屬性，必須使用 GENERIC_READ | GENERIC_EXECUTE 存取權限建立 hFile 參數指定的檔案
PAGE_EXECUTE_READWRITE	0x40	完成對檔案映射物件的映射時，檔案具有讀取寫入、可執行和寫入時複製屬性，必須使用 GENERIC_READ | GENERIC_WRITE | GENERIC_EXECUTE 存取權限建立 hFile 參數指定的檔案
PAGE_WRITECOPY	0x08	等效於 PAGE_READONLY
PAGE_EXECUTE_WRITECOPY	0x80	等效於 PAGE_EXECUTE_READ

- 如果 hFile 參數指定了一個有效的檔案控制代碼，CreateFileMapping 函數會為該檔案建立或開啟一個檔案映射物件，即檔案映射物件是基於這個檔案的。hFile 參數還可以設定為 INVALID_HANDLE_ VALUE，系統會使用頁面交換檔建立或開啟一個檔案映射物件，基於頁面交換檔的檔案映射物件通常用於處理程序間共享資料。flProtect 參數還可以同時指定表 3.25 所示的屬性，表中的屬性可以與表 3.24 中的頁面保護屬性組合使用。

表 3.25

屬性	值	含義
SEC_COMMIT	0x8000000	如果是基於頁面交換檔的檔案映射物件，那麼該屬性是預設屬性，當呼叫 MapViewOfFile 函數把檔案映射物件映射到處理程序的虛擬位址空間中時，會提交所有頁面。該屬性不能與 SEC_RESERVE 一起使用

屬性	值	含義
SEC_RESERVE	0x4000000	如果是基於頁面交換檔的檔案映射物件，當呼叫 MapViewOfFile 函數把檔案映射物件映射到處理程序的虛擬位址空間中時，所有頁面處於預定 (保留) 狀態，需要時可以呼叫 VirtualAlloc 函數提交這些頁面，該屬性不能與 SEC_COMMIT 一起使用
SEC_IMAGE	0x1000000	表示 hFile 參數指定的檔案是可執行映射檔案，該屬性可以與任何頁面保護屬性結合使用

- dwMaximumSizeHigh 和 dwMaximumSizeLow 參數指定檔案映射物件的大小，有以下幾種情況。
  - 如果檔案映射物件基於 hFile 參數指定的檔案，那麼這兩個參數可以都指定為 0，表示檔案映射物件的大小等於 hFile 參數所指定的檔案的大小。
  - 如果 hFile 參數指定的檔案的大小為 0，並且 dwMaximumSizeHigh 和 dwMaximumSizeLow 參數均指定為 0，那麼 CreateFileMapping 函數呼叫會失敗，即傳回 NULL，呼叫 GetLastError 函數傳回 ERROR_FILE_INVALID。
  - 如果 dwMaximumSizeHigh 和 dwMaximumSizeLow 參數指定的大小大於 hFile 參數所指定的檔案的大小，並且 flProtect 參數指定了可防寫屬性（PAGE_READWRITE 或 PAGE_ EXECUTE_READWRITE），則會擴充檔案到指定的大小，如果擴充失敗，則函數呼叫失敗並傳回 NULL，呼叫 GetLastError 函數傳回 ERROR_DISK_FULL。
  - 如果是基於頁面交換檔的檔案映射物件，dwMaximumSizeHigh 和 dwMaximumSizeLow 參數必須指定一個明確的大小。
- lpName 參數指定檔案映射物件的名稱，設定為 NULL 表示建立一個匿名檔案映射物件。如果系統中已經存在指定名稱的檔案映射物件，那麼呼叫 CreateFileMapping 函數只是開啟這個已經存在的命名檔案映射物件並傳回一個檔案映射物件控制碼。具體用法參見其他核心物件的名稱相同參數。

如果函數執行成功，則傳回值是新建立的檔案映射物件的控制碼；如果系統中已經存在指定名稱的檔案映射物件，則函數只是開啟這個已經存在的命名檔案映射物件並傳回一個檔案映射物件控制碼，在這種情況下，檔案映射物件的大小是已存在物件的大小，而非函數指定的大小；如果函數呼叫失敗，則傳回值為 NULL。

MapViewOfFile 函數把檔案映射物件 hFileMap 的部分或全部映射到處理程序的虛擬位址空間中，傳回一個記憶體指標 lpMemory，然後透過該指標讀寫檔案，這一步操作是映射檔案映射物件的視圖到虛擬位址空間中，系統會在處理程序的位址空間中預訂一塊空間區域：

```
LPVOID WINAPI MapViewOfFile(
    _In_ HANDLE hFileMappingObject,    // 檔案映射物件控制碼，CreateFileMapping
                                          或 OpenFileMapping 傳回
    _In_ DWORD  dwDesiredAccess,       // 對檔案映射物件的存取類型
    _In_ DWORD  dwFileOffsetHigh,      // 檔案映射物件偏移量的高 32 位元
    _In_ DWORD  dwFileOffsetLow,       // 檔案映射物件偏移量的低 32 位元
    _In_ SIZE_T dwNumberOfBytesToMap); // 要映射的位元組數，也就是視圖大小
```

- dwDesiredAccess 參數指定對檔案映射物件的存取類型，可以是表 3.26 所示的值之一。

表 3.26

常數	含義
FILE_MAP_READ	讀取，建立檔案映射物件時必須指定 PAGE_READONLY、PAGE_READWRITE、PAGE_EXECUTE_READ 或 PAGE_EXECUTE_READWRITE 保護屬性
FILE_MAP_WRITE	讀取寫入，建立檔案映射物件時必須指定 PAGE_READWRITE 或 PAGE_EXECUTE_READWRITE 保護屬性
FILE_MAP_ALL_ACCESS 同 FILE_MAP_WRITE	讀取寫入，建立檔案映射物件時必須指定 PAGE_READWRITE 或 PAGE_EXECUTE_READWRITE 保護屬性
FILE_MAP_COPY	寫時複製，建立檔案映射物件時必須指定 PAGE_READONLY、PAGE_READWRITE、PAGE_ EXECUTE_READ 或 PAGE_EXECUTE_READWRITE 保護屬性
FILE_MAP_EXECUTE	可執行，建立檔案映射物件時必須指定 PAGE_EXECUTE_READ 或 PAGE_EXECUTE_ READWRITE 保護屬性

要使映射的視圖可執行，呼叫 CreateFileMapping 函數時必須指定 PAGE_EXECUTE_READ 或 PAGE_EXECUTE_READWRITE 保護屬性，呼叫 MapViewOfFile 函數時必須指定 FILE_MAP_EXECUTE | (FILE_MAP_READ 或 FILE_MAP_WRITE 或 FILE_MAP_ALL_ACCESS)。

- dwFileOffsetHigh 和 dwFileOffsetLow 參數指定檔案映射物件的偏移量，dwNumberOfBytesToMap 參數指定要映射的位元組數，MapViewOfFile 函數會從偏移量開始映射 dwNumberOfBytesToMap 位元組，如果 dwNumberOfBytesToMap 參數指定為 0，則從偏移量開始映射到檔案映射物件的尾端。另外，偏移量必須是分配細微性的整數倍。

如果函數執行成功，則傳回值是映射的視圖的起始位址，然後可以透過使用這個位址來讀寫檔案；如果函數執行失敗，傳回值為 NULL。

OpenFileMapping 函數用於開啟一個命名檔案映射物件：

```
HANDLE WINAPI OpenFileMapping(
    _In_ DWORD    dwDesiredAccess,// 對檔案映射物件的存取類型，FILE_MAP_*
    _In_ BOOL     bInheritHandle, // 傳回的檔案映射物件控制碼是否可以被子處理程序繼承
    _In_ LPCTSTR lpName);         // 檔案映射物件的名稱
```

為了最佳化性能，系統會對檔案視圖的頁面進行快取處理，即在寫入檔案視圖時不一定會隨時更新磁碟上的檔案。如果需要確保所做的修改即時寫入磁碟中，可以呼叫 FlushViewOfFile 函數，該函數用來強制系統把部分或全部已修改過的資料（稱為髒分頁）寫回到磁碟中：

```
BOOL WINAPI FlushViewOfFile(
    _In_ LPCVOID lpBaseAddress,
    _In_ SIZE_T  dwNumberOfBytesToFlush);
```

- lpBaseAddress 參數指定記憶體映射檔案的視圖的起始位址，函數會把該位址向下取整數到頁面大小的整數倍。
- dwNumberOfBytesToFlush 參數指定想要更新的位元組數，系統會

把這個數值向上取整數為頁面大小的整數倍，如果設定為 0 表示從基底位址更新到視圖的尾端。

當不再需要檔案映射視圖時，應該呼叫 UnmapViewOfFile 函數撤銷對視圖的映射以釋放記憶體空間，並呼叫 CloseHandle 關閉檔案映射物件 hFileMap 和檔案物件 hFile 控制碼：

```
BOOL WINAPI UnmapViewOfFile(_In_ LPCVOID lpBaseAddress);
// 記憶體映射檔案的視圖的起始位址
```

對於大於程式位址空間的檔案，一次可以映射一小部分檔案資料，當完成對第一個視圖的操作時，取消映射並繼續映射下一個新視圖。

接下來實作一個範例程式 MemoryMappingFile，點擊「開啟檔案」按鈕，程式建立一個記憶體映射檔案並將檔案內容顯示到多行編輯控制項中；點擊「追加資料」按鈕，程式把單行編輯控制項中的內容追加到檔案中，並把新檔案內容顯示到多行編輯控制項中，如圖 3.15 所示。

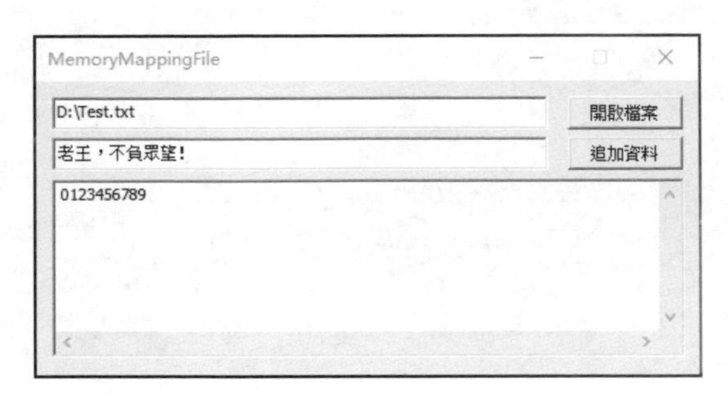

▲ 圖 3.15

MemoryMappingFile.cpp 原始檔案的部分內容如下所示：

```
INT_PTR CALLBACK DialogProc(HWND hwndDlg, UINT uMsg, WPARAM wParam, LPARAM
lParam)
{
    TCHAR szPath[MAX_PATH] = { 0 }; // 檔案路徑
    TCHAR szBuf[512] = { 0 };       // 追加資料
    LARGE_INTEGER liFileSize;
    HANDLE hFile, hFileMap;
    LPVOID lpMemory;
```

```
    switch (uMsg)
    {
    case WM_INITDIALOG:
        SetDlgItemText(hwndDlg, IDC_EDIT_PATH, TEXT("D:\\Test.txt"));
        return TRUE;

    case WM_COMMAND:
        switch (LOWORD(wParam))
        {
        case IDC_BTN_OPEN:
            //開啟一個檔案
            GetDlgItemText(hwndDlg, IDC_EDIT_PATH, szPath, _countof(szPath));
            hFile = CreateFile(szPath, GENERIC_READ | GENERIC_WRITE,
                FILE_SHARE_READ, NULL, OPEN_EXISTING, FILE_ATTRIBUTE_
NORMAL, NULL);
            if (hFile == INVALID_HANDLE_VALUE)
            {
                MessageBox(hwndDlg, TEXT("CreateFile 函數呼叫失敗"),
TEXT("提示"), MB_OK);
                return TRUE;
            }
            else
            {
                GetFileSizeEx(hFile, &liFileSize);
                if (liFileSize.QuadPart == 0)
                {
                    MessageBox(hwndDlg, TEXT("檔案大小為 0"), TEXT
("提示"), MB_OK);
                    return TRUE;
                }
            }

            //為 hFile 檔案物件建立一個檔案映射核心物件
            hFileMap = CreateFileMapping(hFile, NULL, PAGE_READWRITE, 0,
0, NULL);
            if (!hFileMap)
            {
                MessageBox(hwndDlg, TEXT("CreateFileMapping 呼叫失敗"),
TEXT("提示"), MB_OK);
```

```
                return TRUE;
            }

            // 把檔案映射物件 hFileMap 的全部映射到處理程序的虛擬位址空間中
            lpMemory = MapViewOfFile(hFileMap, FILE_MAP_READ | FILE_MAP_
WRITE, 0, 0, 0);
            if (!lpMemory)
            {
                MessageBox(hwndDlg, TEXT("MapViewOfFile 呼叫失敗 "), TEXT
(" 提示 "), MB_OK);
                return TRUE;
            }

            // 把檔案內容顯示到編輯控制項中
            SetDlgItemText(hwndDlg, IDC_EDIT_TEXT, (LPTSTR)lpMemory);

            // 清理工作
            UnmapViewOfFile(lpMemory);
            CloseHandle(hFileMap);
            CloseHandle(hFile);
            break;

        case IDC_BTN_APPEND:
            if (!GetDlgItemText(hwndDlg, IDC_EDIT_APPEND, szBuf,
_countof(szBuf)))
            {
                MessageBox(hwndDlg, TEXT(" 請輸入追加內容 "), TEXT(" 提示 "),
MB_OK);
                break;
            }

            // 開啟一個檔案
            GetDlgItemText(hwndDlg, IDC_EDIT_PATH, szPath, _countof(szPath));
            hFile = CreateFile(szPath, GENERIC_READ | GENERIC_WRITE,
                FILE_SHARE_READ, NULL, OPEN_EXISTING, FILE_ATTRIBUTE_
NORMAL, NULL);
            if (hFile == INVALID_HANDLE_VALUE)
            {
                MessageBox(hwndDlg, TEXT("CreateFile 函數呼叫失敗 "), TEXT
(" 提示 "), MB_OK);
```

```
                return TRUE;
            }

            //為 hFile 檔案物件建立一個檔案映射核心物件
            //擴充檔案到指定的大小
            GetFileSizeEx(hFile, &liFileSize);
            hFileMap = CreateFileMapping(hFile, NULL, PAGE_READWRITE,
liFileSize. HighPart,
                liFileSize.LowPart + _tcslen(szBuf) * sizeof(TCHAR), NULL);
            if (!hFileMap)
            {
                MessageBox(hwndDlg, TEXT("CreateFileMapping 呼叫失敗 "),
TEXT(" 提示 "), MB_OK);
                return TRUE;
            }

            //把檔案映射物件 hFileMap 的全部映射到處理程序的虛擬位址空間中
            lpMemory = MapViewOfFile(hFileMap, FILE_MAP_READ | FILE_MAP_
WRITE, 0, 0, 0);
            if (!lpMemory)
            {
                MessageBox(hwndDlg, TEXT("MapViewOfFile 呼叫失敗 "), TEXT
(" 提示 "), MB_OK);
                return TRUE;
            }

            //寫入追加資料
            memcpy_s((LPBYTE)lpMemory + liFileSize.QuadPart,
_tcslen(szBuf) * sizeof(TCHAR),
                szBuf, _tcslen(szBuf) * sizeof(TCHAR));
            FlushViewOfFile(lpMemory, 0);
            //把新檔案內容顯示到編輯控制項中
            SetDlgItemText(hwndDlg, IDC_EDIT_TEXT, (LPTSTR)lpMemory);

            //清理工作
            UnmapViewOfFile(lpMemory);
            CloseHandle(hFileMap);
            CloseHandle(hFile);
            break;

        case IDCANCEL:
```

```
                EndDialog(hwndDlg, 0);
                break;
            }
            return TRUE;
        }

        return FALSE;
}
```

完整程式參見 MemoryMappingFile 專案。

MapViewOfFileEx 比 MapViewOfFile 函數多了一個 lpBaseAddress 基底位址參數，MapViewOfFileEx 函數在把檔案映射物件的視圖映射到處理程序虛擬位址空間中時，可以指定映射到的基底位址：

```
LPVOID WINAPI MapViewOfFileEx(
    _In_        HANDLE hFileMappingObject,
    _In_        DWORD  dwDesiredAccess,
    _In_        DWORD  dwFileOffsetHigh,
    _In_        DWORD  dwFileOffsetLow,
    _In_        SIZE_T dwNumberOfBytesToMap,
    _In_opt_  LPVOID lpBaseAddress);   //映射到的基底位址，記憶體分配細微性的整數倍
```

▨ 寫入時複製

啟動一個應用程式時，系統會呼叫 CreateFile 函數來開啟磁碟上的 .exe 檔案，然後呼叫 CreateFileMapping 函數來建立檔案映射物件，並以新建立的處理程序的名義呼叫 MapViewOfFileEx（傳入 SEC_IMAGE 標識）函數，這樣就把 .exe 檔案映射到了處理程序的位址空間中。之所以呼叫 MapViewOfFileEx 而非 MapViewOfFile，是為了把檔案映射到指定的基底位址處，這個基底位址儲存在 .exe 檔案的 PE 檔案表頭中，然後系統建立處理程序的主執行緒，在映射得到的視圖中取得可執行程式的起始位址，把該位址放到執行緒的指令指標中，最後由 CPU 開始執行其中的程式。如果使用者啟動同一個應用程式的第二個實例，則系統會發現該 .exe 檔案已經有一個檔案映射物件，因此不會再建立一個新的檔案物件或檔案映射物件，取而代之的是，系統會映射 .exe 檔案的另一個視

圖，但這次是在新建立的處理程序的位址空間中，至此，系統已經把同一個 .exe 檔案同時映射到了兩個位址空間中。顯然，由於實體記憶體中包含 .exe 檔案可執行程式的那些頁面為兩個處理程序所共享，因此記憶體的使用率更高。

從 Windows Vista 開始 PE 檔案（可執行檔）支援動態基底位址，在 VS 中透過滑鼠按右鍵專案名稱，選擇屬性→設定屬性→連結器→進階→隨機基址和固定基址，可以看到預設情況下已經設定了隨機基址，如果把隨機基址設定為否，當執行可執行檔時，系統會把可執行檔預設映射到處理程序虛擬位址空間中 0x00400000 的位置（即 4MB，這是 Windows 98 系統中可執行檔能載入到的最低位址），如果不想使用這個位址，還可以指定其他固定基址。WinMain 函數的 hInstance 參數的值表示的是這個基底位址，系統會將可執行檔載入到虛擬位址空間的對應位置。

執行一個程式的多個實例，系統不會真正載入多份程式實例到記憶體中，每個程式實例只是可執行檔的記憶體映射視圖，系統會共享一份程式的唯讀頁面（程式可執行程式、只讀取資料），以及寫入頁面（例如全域變數、靜態變數），但是採用了寫入時複製技術。Windows 允許多個處理程序共享同一塊記憶體，例如如果有 10 個記事本程式正在同時執行，所有的處理程序會共享程式的程式和資料，同一個程式的多個實例共享相同的記憶體分頁極大地提升了系統性能，但另一方面，這也要求所有的程式實例只能讀取其中的資料或執行其中的程式，如果有一個程式實例修改並寫入一個記憶體分頁，那麼其他程式實例正在使用的記憶體分頁也會改變，將會導致混亂。因此，系統會給共享的寫入記憶體分頁指定寫入時複製屬性，當系統把一個 .exe 或 .dll 映射到處理程序位址空間時，系統會統計有多少頁面是寫入的，然後從頁面交換檔中分配記憶體空間來容納這些寫入頁面，除非有一個程式實例真的更改了寫入頁面，否則不會用到頁面交換檔中的記憶體分頁。

當執行緒試圖寫入一個共享頁面時，系統會從最初將模組映射到處理程序的位址空間時分配的頁面交換檔頁面中找到一個閒置頁面，並為該閒置頁面指定 PAGE_READWRITE 或 PAGE_EXECUTE_READWRITE

保護屬性，然後把執行緒想要修改的頁面內容複製到閒置頁面中，系統不會對原始頁面的保護屬性和資料做任何修改。然後，系統更新該處理程序的頁面表，原來的虛擬記憶體位址即對應到記憶體中一個新的頁面，系統在執行這些步驟後，這個處理程序即可存取它自己的副本。

記憶體映射檔案同樣用到了寫入時複製技術，因為檔案映射物件是核心物件，可能有多個處理程序或執行緒同時使用同一個檔案映射物件。寫入時複製是一種系統特性，各種場合都可能會用到該技術。比如，有一個大型陣列，有一個自訂函數需要這個陣列指標作為參數，除非函數要修改該陣列的內容，否則沒必要為函數複製一份新陣列。

3.4.2 透過記憶體映射檔案在多個處理程序間共享資料

Windows 提供了多種機制，使應用程式之間能夠快速、方便地共享資料和資訊，這些機制包括 Windows 訊息、RPC、剪貼簿、郵件槽（Mailslot）、管道（Pipe）、通訊端（socket，或稱網路插座，以下通稱通訊端）等。在同一台機器上共享資料的最底層機制是記憶體映射檔案，如果在同一台機器上的多個處理程序間進行通訊，所有機制歸根結底都會用到記憶體映射檔案，如果要求低銷耗和高性能，記憶體映射檔案無疑是最好的選擇。這種資料共享機制透過兩個或多個處理程序映射同一個檔案映射物件的視圖來實作，這表示在處理程序間共享相同的記憶體分頁面，當一個處理程序在檔案映射物件的視圖中寫入資料時，其他處理程序會在它們的視圖中立刻看到變化。

在呼叫 CreateFileMapping 函數時，如果把 hFile 參數設定為 INVALID_HANDLE_VALUE，系統會使用頁面交換檔建立一個檔案映射物件，基於頁面交換檔的檔案映射物件通常用於處理程序間共享資料。下面實作一個透過記憶體映射檔案在處理程序間共享資料的範例 MemoryMappingFile_Process，我們可以啟動本程式的多個實例，在任何一個程式實例的編輯方塊中輸入內容時，當前程式實例編輯控制項中的內容會立即顯示到所有程式實例的靜態控制項中，程式執行效果如圖 3.16 所示。

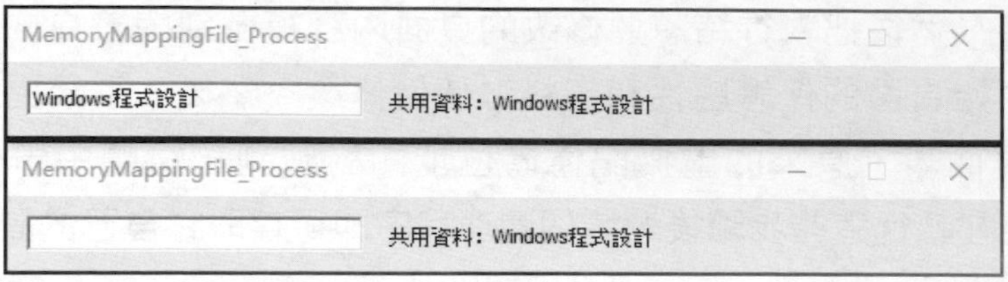

▲ 圖 3.16

在 WM_INITDIALOG 訊息中，程式呼叫 CreateFileMapping 函數建立或開啟一個 4096 位元組大小的命名檔案映射物件，並呼叫 MapViewOfFile 函數把檔案映射物件 hFileMap 的全部映射到處理程序的虛擬位址空間中，得到一個共享記憶體指標 lpMemory，然後建立一個計時器，每一秒鐘在靜態控制項中更新顯示一次共享記憶體的資料。讀者可以執行本程式的多個實例進行測試。每當編輯控制項中的內容改變時，程式讀取編輯控制項中的內容到共享記憶體 lpMemory 中，在 WM_TIMER 訊息中，程式把共享記憶體的內容顯示到靜態控制項中。

關閉對話方塊時，程式呼叫 UnmapViewOfFile 函數撤銷記憶體映射，呼叫 CloseHandle 函數關閉檔案映射物件控制碼，一個程式實例關閉檔案映射物件控制碼並不會影響其他實例繼續使用檔案映射物件。如前所述，所有核心物件的資料結構中通常都包含安全性描述元和引用計數欄位，建立或開啟一個檔案映射物件都會導致引用計數加 1，而呼叫 CloseHandle 函數則會導致引用計數減 1，只要引用計數不為 0，系統就不會銷毀它。

完整程式請參考 MemoryMappingFile_Process 專案。

如果要建立一個命名檔案映射物件，而系統中已經存在一個相同名稱的其他核心物件，例如互斥量（Mutex）物件、訊號量（Semaphore）物件等，那麼呼叫 CreateFileMapping 函數建立該名稱的檔案映射物件會失敗，傳回值為 NULL，呼叫 GetLastError 函數傳回 ERROR_INVALID_HANDLE，因此建立命名檔案映射物件時應該保證名稱在系統中唯一。本程式的檔案映射物件名稱使用了一個 GUID 字串。如果需要生成一個 GUID，可以在 VS 中點擊工具選單 → 建立 GUID(G) 命令。如果需要在程式中動態生成一個 GUID，可以呼叫 CoCreateGuid 函數，例如下面的程式：

```
GUID guid;
TCHAR szGUID[64] = { 0 };

//生成一個 GUID
CoCreateGuid(&guid);
//轉為字串
wsprintf(szGUID, TEXT("%08X-%04X-%04X-%02X%02X-%02X%02X%02X%02X%02X%02X"),
    guid.Data1, guid.Data2, guid.Data3,
    guid.Data4[0], guid.Data4[1], guid.Data4[2], guid.Data4[3],
    guid.Data4[4], guid.Data4[5], guid.Data4[6], guid.Data4[7]);
```

3.4.3 使用記憶體映射檔案來處理大型檔案

使用記憶體映射檔案的第 3 步為：呼叫 MapViewOfFile 函數把檔案映射物件 hFileMap 的部分或全部映射到處理程序的虛擬位址空間中，傳回一個記憶體指標 lpMemory，即可透過該指標來讀寫檔案，這一步操作是映射檔案映射物件的視圖到虛擬位址空間中。但是對 32 位元處理程序來說，可用的使用者模式位址空間只有 2G，超過 2G 的記憶體映射檔案無法一次性全部映射到處理程序的虛擬位址空間中。對於大型檔案，可以採取多次映射的方法，在呼叫 CreateFileMapping 函數為 hFile 檔案物件建立或開啟一個檔案映射核心物件後，每次呼叫 MapViewOfFile 函數只映射一部分檔案映射物件，完成對已映射部分的存取後，我們可以撤銷對這一部分的映射，然後把檔案映射物件的另一部分映射到視圖中，一直重複這個過程，直到完成對整個檔案映射物件的存取。需要注意的是，MapViewOfFile 函數的檔案映射物件偏移量參數必須指定為記憶體分配細微性的整數倍。下面的自訂函數 CopyLargeFile 實作了對大型檔案的複製操作：

```
BOOL CopyLargeFile(LPCTSTR lpFileName1, LPCTSTR lpFileName2)
{
    HANDLE hFile1, hFile2, hFileMap;
```

```
    LPVOID lpMemory;

    // 開啟檔案 1
    hFile1 = CreateFile(lpFileName1, GENERIC_READ, FILE_SHARE_READ,
         NULL, OPEN_EXISTING, FILE_ATTRIBUTE_NORMAL, NULL);
    if (hFile1 == INVALID_HANDLE_VALUE)
         return FALSE;

    // 建立檔案 2
    hFile2 = CreateFile(lpFileName2, GENERIC_READ | GENERIC_WRITE,
         FILE_SHARE_READ, NULL, CREATE_ALWAYS, FILE_ATTRIBUTE_NORMAL, NULL);
    if (hFile2 == INVALID_HANDLE_VALUE)
         return FALSE;

    // 為 hFile1 檔案物件建立一個檔案映射核心物件
    hFileMap = CreateFileMapping(hFile1, NULL, PAGE_READONLY, 0, 0, NULL);
    if (!hFileMap)
         return FALSE;

    // 獲取檔案大小，記憶體分配細微性
    __int64 qwFileSize;
    DWORD dwFileSizeHigh;
    SYSTEM_INFO si;
    qwFileSize = GetFileSize(hFile1, &dwFileSizeHigh);
    qwFileSize += (((__int64)dwFileSizeHigh) << 32);
    GetSystemInfo(&si);

    // 把檔案映射物件 hFileMap 不斷映射到處理程序的虛擬位址空間中
    __int64 qwFileOffset = 0;    // 檔案映射物件偏移量
    DWORD dwBytesInBlock;        // 本次映射大小
    while (qwFileSize > 0)
    {
         dwBytesInBlock = si.dwAllocationGranularity;
         if (qwFileSize < dwBytesInBlock)
              dwBytesInBlock = (DWORD)qwFileSize;

         lpMemory = MapViewOfFile(hFileMap, FILE_MAP_READ,
              (DWORD)(qwFileOffset >> 32), (DWORD)(qwFileOffset &
0xFFFFFFFF), dwBytesInBlock);
         if (!lpMemory)
```

```
            return FALSE;

        //對已映射部分操作
        WriteFile(hFile2, lpMemory, dwBytesInBlock, NULL, NULL);

        //取消本次映射，進行下一輪映射
        UnmapViewOfFile(lpMemory);
        qwFileOffset += dwBytesInBlock;
        qwFileSize -= dwBytesInBlock;
    }

    //清理工作
    CloseHandle(hFileMap);
    CloseHandle(hFile1);
    CloseHandle(hFile2);

    return TRUE;
}
```

在上面的範例中，每次只映射記憶體分配細微性大小，除檔案複製操作外，讀者可以根據需要對大型檔案進行各種操作。

3.5 APC 非同步程序呼叫

ReadFile 函數用於以同步或非同步方式從指定的檔案或其他 I/O 裝置讀取資料，WriteFile 函數用於以同步或非同步方式向指定的檔案或其他 I/O 裝置寫入資料。如果需要以非同步方式讀寫檔案或其他 I/O 裝置，可以使用專為非同步 I/O 設計的 ReadFileEx 和 WriteFileEx 函數。常用的 I/O 裝置包括檔案、檔案串流、物理磁碟、卷冊、主控台緩衝區、通訊資源、郵件槽和管道等。

ReadFileEx/WriteFileEx 函數用於在指定的檔案或其他 I/O 裝置中讀取 / 寫入資料，系統會非同步報告其完成狀態，在讀取 / 寫入操作完成（或取消）並且呼叫執行緒處於可通知的（也稱可提醒的）等候狀態時呼叫指定的完成常式（回呼函數）。ReadFileEx/WriteFileEx 的函數原型如下所示：

```
BOOL WINAPI ReadFileEx(
    _In_    HANDLE       hFile,              // 檔案或其他 I/O 裝置的控制碼
    _Out_   LPVOID       lpBuffer,           // 接收檔案或其他 I/O 裝置資料的緩衝區
    _In_    DWORD        nNumberOfBytesToRead,     // 要讀取的位元組數
    _Inout_ LPOVERLAPPED lpOverlapped,             // 指向 OVERLAPPED 結構的指標
    _In_    LPOVERLAPPED_COMPLETION_ROUTINE lpCompletionRoutine);
                                                   // 完成常式的指標
BOOL WINAPI WriteFileEx(
    _In_    HANDLE       hFile,           // 檔案或其他 I/O 裝置的控制碼
    _In_    LPCVOID      lpBuffer,        // 要寫入檔案或其他 I/O 裝置的資料的緩衝區
    _In_    DWORD        nNumberOfBytesToWrite,  // 要寫入的位元組數
    _Inout_ LPOVERLAPPED lpOverlapped,            // 指向 OVERLAPPED 結構的指標
    _In_    LPOVERLAPPED_COMPLETION_ROUTINE lpCompletionRoutine);
                                                          // 完成常式的指標
```

- hFile 參數用於指定檔案或其他 I/O 裝置的控制碼，呼叫 Create File 函數的時候 dwFlagsAndAttributes 參數需要包含 FILE_FLAG_OVERLAPPED 標識。
- lpOverlapped 參數是一個指向 OVERLAPPED 結構的指標，該結構用於提供一些非同步 I/O 操作期間需要使用的資料。該結構的定義如下所示：

```
typedef struct _OVERLAPPED {
   ULONG_PTR Internal;        //I/O 請求的狀態碼
   ULONG_PTR InternalHigh;    // 已傳輸的位元組數
   union {
      struct {
          DWORD Offset;       // 指定為從檔案開始讀取 / 寫入的位元組偏移的低 32 位元
                              (僅適用於檔案)
          DWORD OffsetHigh;   // 指定為從檔案開始讀取 / 寫入的位元組偏移的高 32 位元
                              (僅適用於檔案)
      } DUMMYSTRUCTNAME;
      PVOID Pointer;
   } DUMMYUNIONNAME;
   HANDLE  hEvent;         //ReadFileEx/WriteFileEx 函數忽略該欄位，可用於其他目的
} OVERLAPPED, * LPOVERLAPPED;
```

- 在使用 OVERLAPPED 結構前，必須將所有欄位初始化為 0，然

後設定需要的欄位。對於支援位元組偏移的檔案，必須指定要從檔案開始讀取 / 寫入的位元組偏移，Offset 和 OffsetHigh 欄位分別用於指定從檔案開始讀取 / 寫入的位元組偏移的低 32 位元和高 32 位元；對於不支援位元組偏移的其他 I/O 裝置，忽略 Offset 和 OffsetHigh 欄位。要寫入檔案尾端，可以將 Offset 和 OffsetHigh 欄位都指定為 0xFFFFFFFF。進行同步讀取 / 寫入的時候，系統會自動維護一個檔案指標；但是非同步讀取 / 寫入的時候，呼叫執行緒可能會連續發出多個非同步 I/O 請求，例如連續多次呼叫 ReadFileEx/WriteFileEx 函數，無法確定哪一個 I/O 請求最先完成，因此在非同步 I/O 操作中檔案指標沒有意義，每一次 ReadFileEx/WriteFileEx 函數呼叫都需要定義一個 OVERLAPPED 結構並設定該結構的 Offset 和 OffsetHigh 欄位。

- 在讀取 / 寫入操作完成（或取消）並且呼叫執行緒處於可通知的等候狀態時系統會呼叫 lpCompletionRoutine 參數指定的完成常式，因此 ReadFileEx/WriteFileEx 函數忽略 hEvent 欄位，程式可以將該欄位用於其他目的，例如設定為某資料型態變數或自訂資料結構的指標。
- 在讀取 / 寫入操作完成（或取消）並且呼叫執行緒處於可通知的等候狀態時，系統會呼叫 lpCompletionRoutine 參數指定的完成常式。

完成常式的定義形式如下所示：

```
VOID WINAPI OverlappedCompletionRoutine(
    _In_     DWORD dwErrorCode,                    //I/O 請求的狀態碼
    _In_     DWORD dwNumberOfBytesTransfered,      // 已傳輸的位元組數
    _Inout_  LPOVERLAPPED lpOverlapped);           // 當初呼叫 I/O 函數時指定的
                                                     OVERLAPPED 結構的指標
```

lpOverlapped 參數指向當初呼叫非同步 I/O 操作函數時指定的 OVERLAPPED 結構，一定要確保該結構在整個非同步 I/O 操作期間沒有被釋放，直到完成常式傳回。

執行到完成常式，說明讀取 / 寫入操作已經完成或取消，可以透過 OVERLAPPED 結構的 Internal 和 InternalHigh 欄位分別獲取 I/O 請求的

狀態碼和已傳輸的位元組數，當然也可以透過完成常式的 dwErrorCode 和 dwNumberOfBytesTransfered 參數獲取這兩個值，效果是一樣的。如果非同步 I/O 操作成功完成並且執行完成常式，則 dwErrorCode 參數的值為 0（ERROR_SUCCESS）。要確定非同步 I/O 操作是否成功完成，可以檢查 dwErrorCode 參數是否為 0，並呼叫 GetOverlappedResult 函數，然後呼叫 GetLastError 函數獲取錯誤程式。

前面一直在強調，當讀取 / 寫入操作完成（或取消）並且呼叫執行緒處於可通知的等候狀態時系統會呼叫 lpCompletionRoutine 參數指定的完成常式，使呼叫執行緒處於可通知的等候狀態的方法就是呼叫 SleepEx、MsgWaitForMultipleObjectsEx、WaitForSingleObjectEx 或 WaitForMultipleObjectsEx 一類的等待函數，這些函數都比較簡單，這裡不再列出函數原型。

如果 ReadFileEx/WriteFileEx 函數執行成功，則傳回值為 TRUE；如果函數執行失敗，則傳回值為 FALSE，可以透過呼叫 GetLastError 函數獲取錯誤程式。

- 函數執行成功，通常非同步 I/O 操作還在進行中，當非同步 I/O 操作完成後，如果呼叫執行緒處於可通知的等候狀態，則系統會呼叫 lpCompletionRoutine 參數指定的完成常式，完成常式執行結束後，等待函數才傳回，等待函數的傳回值為 WAIT_IO_COMPLETION。
- 函數執行成功，通常非同步 I/O 操作還在進行中，當非同步 I/O 操作完成後，如果呼叫執行緒沒有處於可通知的等候狀態，則直到呼叫執行緒呼叫相關等待函數進入可通知的等候狀態，系統才會去呼叫 lpCompletionRoutine 參數指定的完成常式，完成常式執行結束後，等待函數傳回，等待函數的傳回值為 WAIT_IO_COMPLETION。

當系統建立一個執行緒時，會同時建立一個與該執行緒相連結的 APC（Asynchronous Procedure Call，非同步程序呼叫）佇列。通俗地講，APC 是在執行緒中非同步執行的回呼函數。呼叫 ReadFileEx/WriteFileEx 函數後，系統會將完成常式的位址傳遞給裝置驅動程式，裝置驅動程式會在發出 I/O 請求的執行緒的 APC 佇列中增加一項，該項包含完成常式的位址和發出 I/O 請求時所使用的 OVERLAPPED 結構的位址，當完成 I/O 請求時，只要發出 I/O 請求的執行緒處於可通知的等候狀態，系統就會呼叫完成常式並傳入 I/O 請求的狀態碼、已傳輸的位元組數和 OVERLAPPED 結構的位址（如果執行緒正在忙於處理其他事情，則完成常式不會被立即呼叫）。

呼叫等待函數時，如果執行緒的 APC 佇列中沒有項目，那麼等待函數會一直等待，直到逾時時間已過、APC 佇列中出現了一項或手動向 APC 佇列中增加了一項。如果執行緒的 APC 佇列中出現了一項，系統會將 APC 佇列中的那一項取出（同時刪除該項），然後呼叫完成常式並傳入 I/O 請求的狀態碼、已傳輸的位元組數和 OVERLAPPED 結構的位址，完成常式執行完畢，系統會再次檢查 APC 佇列中是否還有其他項目，如果有，則會繼續處理，如果沒有，則等待函數傳回。

可通知 I/O 程式設計機制允許程式連續發出多個 I/O 請求，例如連續多次呼叫 ReadFileEx/WriteFileEx 函數，但是呼叫 ReadFileEx/WriteFileEx 函數的執行緒必須對操作結果進行處理，對 ReadFileEx/WriteFileEx 函數來說，就是在讀取 / 寫入操作完成（或取消）並且呼叫執行緒處於可通知的等候狀態時系統會呼叫 lpCompletionRoutine 參數指定的完成常式，我們可以在完成常式中對操作結果進行處理。如果呼叫 ReadFileEx/WriteFileEx 函數後接著呼叫上述等待函數進入等候狀態，那麼使用 ReadFileEx/ WriteFileEx 一類的可通知 I/O 函數就失去了意義。

非同步 I/O 也稱為重疊 I/O（Overlapped I/O），發出非同步 I/O 操作的函數會立即傳回，即使操作尚未完成，這使呼叫執行緒在後台執行耗時的 I/O 操作的同時可以自由地執行其他任務，這就是重疊的概念。我認為正確的使用方法是，呼叫耗時的非同步 I/O 操作函數後，呼叫執行緒可以接著做其他事情，在適當的時候再去呼叫上述等待函數以使呼叫執行緒進入可通知的等候狀態（等待完成通知）。ReadFileEx、WriteFileEx 和

SetWaitableTimer 等函數都使用 APC 完成通知回呼機制。

上述內容主要是為了幫助讀者更進一步地理解 9.4 節而準備的，關於 WriteFileEx 函數的簡單範例程式參見 Chapter3\ReadWriteCompletionAlertable 專案。

CancelIo 函數用於取消呼叫執行緒為指定檔案或其他 I/O 裝置發出的所有未完成的非同步 I/O 操作，該函數不會取消其他執行緒為指定檔案或其他 I/O 裝置發出的非同步 I/O 操作：

```
BOOL WINAPI CancelIo(_In_ HANDLE hFile);        // 檔案或其他 I/O 裝置的控制碼
```

要取消當前處理程序的另一個執行緒中的非同步 I/O 操作可以使用 CancelIoEx 函數，該函數可以取消指定檔案或其他 I/O 裝置發出的未完成的非同步 I/O 操作：

```
BOOL WINAPI CancelIoEx(
    _In_ HANDLE hFile,                          // 檔案或其他 I/O 裝置的控制碼
    _In_opt_ LPOVERLAPPED lpOverlapped);        // 用於非同步 I/O 操作的 OVERLAPPED 結構
                                                   的位址
```

lpOverlapped 參數指定為用於非同步 I/O 操作的 OVERLAPPED 結構的位址，使用了 lpOverlapped 參數指向的 OVERLAPPED 結構的非同步 I/O 操作會被取消；如果 lpOverlapped 參數指定為 NULL，那麼 hFile 參數指定的檔案或其他 I/O 裝置發出的所有非同步 I/O 操作都會被取消。

呼叫 CancelSynchronousIo 函數可以取消指定執行緒中未完成的同步 I/O 操作：

```
BOOL WINAPI CancelSynchronousIo(_In_  HANDLE hThread);
                              // 執行緒控制碼，需要 THREAD_TERMINATE 存取權限
```

APC 區分使用者模式和核心模式，這裡不討論核心模式 APC。基於 APC 個人電腦機制可以實作執行緒間通訊。QueueUserAPC 函數用於將一個使用者模式 APC 物件增加到指定執行緒的 APC 佇列：

```
DWORD WINAPI QueueUserAPC(
    _In_ PAPCFUNC  pfnAPC,   //APC 回呼函數指標，當指定的執行緒處於可通知的等候狀態時
                               將呼叫該函數
    _In_ HANDLE    hThread,  // 執行緒控制碼，必須具有 THREAD_SET_CONTEXT 存取權限
    _In_ ULONG_PTR dwData);  // 傳遞給 APC 函數的參數
```

如果函數執行成功，則傳回值為非零；如果函數執行失敗，則傳回值為 0，可以呼叫 GetLastError 函數獲取錯誤程式。

APC 回呼函數的定義格式如下所示：

```
VOID APCProc(_In_ ULONG_PTR Parameter);
//Parameter 是 QueueUserAPC 函數傳遞過來的參數
```

下面以一個簡單的例子來說明 QueueUserAPC 函數可以用於執行緒間通訊。主執行緒建立了一個工作執行緒，工作執行緒呼叫了 WaitForSingleObjectEx 函數，正在等待某核心物件觸發，如果主執行緒需要退出（終止應用程式），工作執行緒也應該得體地退出（例如終止正在執行的任務並進行清理工作）。對於此類場景，呼叫 QueueUserAPC 函數是一個比較好的解決方案，主執行緒可以呼叫 QueueUserAPC 函數將一個 APC 物件增加到工作執行緒的 APC 佇列，工作執行緒呼叫的 WaitForSingleObjectEx 函數正處於可通知的等候狀態，所以 WaitForSingleObjectEx 函數會馬上傳回，傳回值為 WAIT_IO_COMPLETION，工作執行緒可以透過 WaitForSingleObjectEx 函數的傳回值確定是核心物件觸發還是主執行緒通知自己退出。請結合下面的程式進行理解：

```
#include <Windows.h>

// 函數宣告
DWORD WINAPI ThreadProc(LPVOID lpParameter);
VOID WINAPI APCProc(ULONG_PTR Parameter);

int main()
{
```

```
    // 建立工作執行緒並把事件物件傳遞過去
    HANDLE hEvent = CreateEvent(NULL, TRUE, FALSE, NULL);
    HANDLE hThread = CreateThread(NULL, 0, ThreadProc, (LPVOID)hEvent, 0,
NULL);

    // 做其他工作
    Sleep(5000);

    // 通知工作執行緒退出
    QueueUserAPC(APCProc, hThread, NULL);
    WaitForSingleObject(hThread, INFINITE);
    CloseHandle(hThread);
    CloseHandle(hEvent);

    return 0;
}

DWORD WINAPI ThreadProc(LPVOID lpParameter)
{
    HANDLE hEvent = (HANDLE)lpParameter;

    // 在可通知狀態下等待
    DWORD dwRet = WaitForSingleObjectEx(hEvent, INFINITE, TRUE);
    if (dwRet == WAIT_OBJECT_0)
    {
        // 事件物件已觸發
        MessageBox(NULL, TEXT("事件物件已觸發"), TEXT("提示"), MB_OK);
    }
    else if (dwRet == WAIT_IO_COMPLETION)
    {
        // 主執行緒通知退出
        MessageBox(NULL, TEXT("主執行緒通知退出"), TEXT("提示"), MB_OK);
    }

    return 0;
}

VOID WINAPI APCProc(ULONG_PTR Parameter)
{
    // 這裡什麼也不需要做
}
```

CHAPTER

04 處理程序

處理程序（Process）是系統中正在執行的可執行檔，可執行檔一旦執行就成為處理程序，是一個動態的概念，是一個活動的實體。處理程序是一個正在執行的可執行檔所使用資源的總和，包括虛擬位址空間、程式、資料、物件控制碼、環境變數等。當一個可執行檔被同時多次執行時，產生的是多個處理程序，雖然它們由同一個檔案執行而來，但是它們的虛擬位址空間相互隔離，類似於不同的可執行檔在執行。

執行一個可執行檔就是建立了一個處理程序。本章將學習如何在程式中動態建立一個處理程序，多個處理程序之間如何進行通訊，處理程序的列舉和偵錯等。

4.1 建立處理程序

執行一個程式可以呼叫 ShellExecute 函數。該函數可以開啟的物件包括可執行檔、文件檔案和網址等：

```
HINSTANCE ShellExecute(
    _In_opt_ HWND      hwnd,          // 父視窗的控制碼，不需要可以設定為 NULL
    _In_opt_ LPCTSTR lpOperation,   // 要執行的操作
    _In_     LPCTSTR lpFile,        // 要操作的檔案或資料夾
    _In_opt_ LPCTSTR lpParameters,  // 如果 lpFile 指定的是可執行檔，為命令列參數
    _In_opt_ LPCTSTR lpDirectory,  // 要操作的檔案的預設工作目錄，可以設定為 NULL
    _In_     INT      nShowCmd);  // 顯示標識，同 ShowWindow 函數的 nCmdShow 參數
```

- lpOperation 參數指定要執行的操作，可以是表 4.1 所示的值之一。

表 4.1

操作類型	含義
open	開啟 lpFile 參數指定的檔案或資料夾（由連結的預設程式開啟）
explore	透過資源管理器開啟 lpFile 參數指定的資料夾
edit	啟動編輯器（通常是記事本）並開啟 lpFile 參數指定的文件，如果不是文件檔案，則函數呼叫會失敗
print	列印 lpFile 參數指定的檔案，如果不是文件檔案，則函數呼叫會失敗
find	從 lpDirectory 參數指定的目錄開始搜尋

- lpFile 參數指定要操作的檔案或資料夾，如果指定的是一個可執行檔，lpParameters 參數可以設定為命令列參數，在其他情況下可以設定為 NULL。
- lpDirectory 參數指定要操作的檔案的預設工作目錄，如果設定為 NULL，則使用目前的目錄。

如果函數執行成功，則傳回值是一個大於 32 的 HINSTANCE 類型值；如果函數執行失敗，則可能傳回表 4.2 所示的值。

表 4.2

常數	含義
0	作業系統記憶體或資源不足
ERROR_FILE_NOT_FOUND	找不到指定的檔案
ERROR_PATH_NOT_FOUND	找不到指定的路徑
ERROR_BAD_FORMAT	.exe 檔案無效
SE_ERR_ACCESSDENIED	作業系統拒絕對指定檔案的存取
SE_ERR_ASSOCINCOMPLETE	檔案名稱連結不完整或無效
SE_ERR_DLLNOTFOUND	找不到指定的動態連結程式庫
SE_ERR_FNF	找不到指定的檔案
SE_ERR_NOASSOC	沒有與給定檔案副檔名連結的應用程式，如果嘗試列印不可列印的檔案，也會傳回該錯誤
SE_ERR_OOM	沒有足夠的記憶體來完成操作
SE_ERR_PNF	找不到指定的路徑
SE_ERR_SHARE	發生共享衝突

要執行指定的程式還可以呼叫 WinExec 函數，提供該函數是為了與 16 位元 Windows 系統相容，新應用程式應該使用 CreateProcess 函數：

```
UINT WINAPI WinExec(
    _In_ LPCSTR lpCmdLine,    // 要執行的應用程式的命令列（檔案名稱加可選參數）
    _In_ UINT   uCmdShow);    // 顯示標識，同 ShowWindow 函數的 nCmdShow 參數
```

如果函數執行成功，則傳回值大於 31。

要執行一個可執行檔，也可以呼叫 CreateProcess 函數，該函數為指定名稱的可執行檔建立處理程序以及處理程序的主執行緒。如果某個處理程序建立了一個新的處理程序，被建立的處理程序稱為子處理程序，建立它的處理程序稱為父處理程序，子處理程序可以從父處理程序繼承環境變數以及其他物件，還可以在子處理程序中繼續建立孫處理程序。子處理程序獨立於父處理程序執行，當系統終止一個處理程序時，不會終止該處理程序建立的任何子處理程序。CreateProcess 的函數原型如下：

```
BOOL WINAPI CreateProcess(
        _In_opt_      LPCTSTR      lpApplicationName, // 要執行的可執行檔的名稱
        _Inout_opt_   LPTSTR       lpCommandLine,     // 命令列參數
        _In_opt_      LPSECURITY_ATTRIBUTES     lpProcessAttributes,
        // 新處理程序的安全屬性結構，可為 NULL
        _In_opt_      LPSECURITY_ATTRIBUTES     lpThreadAttributes,
        // 新處理程序的主執行緒安全屬性結構，可為 NULL
        _In_          BOOL                      bInheritHandles,
        // 呼叫處理程序的一些控制碼是否可被新處理程序繼承
        _In_          DWORD                     dwCreationFlags,
        // 建立標識和處理程序的優先順序，可設為 0
        _In_opt_      LPVOID                    lpEnvironment,
        // 指向新處理程序的環境區塊的指標，可為 NULL
        _In_opt_      LPCTSTR                   lpCurrentDirectory,
        // 指定新處理程序的目前的目錄，可為 NULL
        _In_          LPSTARTUPINFO             lpStartupInfo,
        // 指向 STARTUPINFO 或 STARTUPINFOEX 結構
        _Out_         LPPROCESS_INFORMATION     lpProcessInformation);
        // 指向 PROCESS_INFORMATION 結構的指標
```

- lpApplicationName 參數指定要執行的可執行檔的名稱，如果該參數設定為 NULL，則需要在 lpCommandLine 參數中包含可執行檔名稱。
- lpCommandLine 參數指定命令列參數，如果 lpApplicationName 參數設定為 NULL，則命令列參數的第一個組成部分用來指定可執行檔名（位於 lpCommandLine 參數的最前面並由空白字元與後面的字串分開）；如果兩個參數都不為 NULL，則 lpApplicationName 參數指定可執行檔名稱，lpCommandLine 參數指定命令列參數。lpCommandLine 參數是一個 _Inout_opt_ 可選的輸入輸出參數，因此應該指定為一個緩衝區指標，而不能使用常字串。例如：

```
TCHAR szCommandLine[MAX_PATH] = TEXT("Notepad  D:\\Test.txt");
CreateProcess(NULL, szCommandLine, ...);
```

函數將執行記事本程式並開啟 D:\Test.txt 檔案。

如上面的程式所示，本書建議把 lpApplicationName 參數設定為 NULL，只使用 lpCommandLine 一個參數，命令列參數的第一個組成部分用來指定可執行檔名，如果可執行檔名沒有副檔名，預設副檔名是 .exe，可執行檔名既可以指定完整路徑名稱也可以指定相對路徑名稱。如果是相對路徑名稱，則函數按以下順序查詢可執行檔。

（1）呼叫處理程序 .exe 檔案所在的目錄。
（2）呼叫處理程序的目前的目錄。
（3）Windows 系統目錄。
（4）Windows 目錄。
（5）PATH 環境變數中列出的目錄。

如果使用 lpApplicationName 參數指定可執行檔名，則必須指定副檔名，系統不會自動假設檔案名稱有一個 .exe 副檔名，可執行檔名既可以指定完整路徑名稱也可以指定相對路徑名稱，如果是相對路徑名稱，函數會假設可執行檔位於目前的目錄，函數不會在其他任何目錄中查詢檔案，如果目前的目錄中不存在指定的可執行檔，函數呼叫會失敗。如果使用 lpApplicationName 參數指定可執行檔名，應該指定一個完整路徑名稱，例如下面的程式：

```
TCHAR szCommandLine[MAX_PATH] = TEXT(" D:\\Test.txt"); // 字串開始有一個空格
CreateProcess(TEXT("C:\\Windows\\System32\\Notepad.exe"), szCommandLine,
...);
```

要執行一個批次檔，需要將 lpApplicationName 參數設定為 cmd.exe，並將 lpCommandLine 參數設定為：/c 加上批次檔的名稱。

- lpProcessAttributes 參數是一個指向新處理程序的安全屬性結構的指標，通常設定為 NULL。
- lpThreadAttributes 參數是一個指向新處理程序的主執行緒安全屬性結構的指標，通常設定為 NULL。
- bInheritHandlcs 參數指定呼叫處理程序的一些可繼承控制碼是否可以被新處理程序繼承，通常設定為 FALSE。
- dwCreationFlags 參數指定建立標識和處理程序的優先順序。建立標識可以是表 4.3 所示的值的組合。

表 4.3

建立標識	值	含義
DEBUG_PROCESS	0x00000001	父處理程序希望偵錯子處理程序以及子處理程序將來生成的所有處理程序，在任何一個子處理程序（被偵錯工具）中發生特定事件時，會通知父處理程序（偵錯器）
DEBUG_ONLY_THIS_PROCESS	0x00000002	類似於 DEBUG_PROCESS，但是只有在子處理程序中發生特定事件時，父處理程序才會得到通知，如果子處理程序又生成了新的處理程序，那麼在這些孫處理程序中發生特定事件時，偵錯器不會收到通知
CREATE_SUSPENDED	0x00000004	新處理程序的主執行緒處於暫停狀態，後續可以透過呼叫 ResumeThread 函數恢復執行

建立標識	值	含義
EXTENDED_STARTUPINFO_PRESENT	0x00080000	使用擴充的啟動資訊建立處理程序，lpStartupInfo 參數是一個指向 STARTUPINFOEX 結構的指標
CREATE_UNICODE_ENVIRONMENT	0x00000400	預設情況下，lpEnvironment 參數指向的環境區塊使用 ANSI 字元，指定該標識後，將使用 Unicode 字元
CREATE_DEFAULT_ERROR_MODE	0x04000000	預設情況下，新處理程序會繼承呼叫處理程序的錯誤模式，設定該標識後，新處理程序不會繼承呼叫處理程序的錯誤模式，將使用預設錯誤模式
DETACHED_PROCESS	0x00000008	用於主控台使用者介面（Console User Interface，CUI）處理程序，預設情況下，新處理程序使用父處理程序的主控台視窗，指定該標識後，新處理程序不會使用父處理程序的主控台視窗，程式可以透過呼叫 AllocConsole 函數來建立一個新的主控台，該標識不能與 CREATE_NEW_ CONSOLE 一起使用
CREATE_NEW_CONSOLE	0x00000010	用於主控台使用者介面處理程序，預設情況下，新處理程序使用父處理程序的主控台視窗，指定該標識後，系統會為新處理程序新建一個主控台視窗，該標識不能與 DETACHED_PROCESS 一起使用
CREATE_NO_WINDOW	0x08000000	用於主控台使用者介面處理程序，指定該標識表示不要建立主控台視窗，如果不是主控台應用程式，或與 CREATE_NEW_CONSOLE 或 DETACHED_PROCESS 一起使用，則忽略該標識

處理程序的優先順序可以設定為表 4.4 所示的值。

表 4.4

優先順序	值	含義
REALTIME_PRIORITY_CLASS	0x00000100	即時，具有最高優先順序的處理程序。即時優先順序類別處理程序的執行緒優先於所有其他處理程序的執行緒，通常用於一些執行重要任務的系統處理程序

優先順序	值	含義
HIGH_PRIORITY_CLASS	0x00000080	高，用於執行時間緊迫的任務。該類別處理程序的執行緒先佔正常或空閒優先順序類別處理程序執行緒的時間切片，應該謹慎使用
ABOVE_NORMAL_PRIORITY_CLASS	0x00008000	高於標準，處理程序的優先順序高於NORMAL_PRIORITY_CLASS，低於HIGH_PRIORITY_CLASS
NORMAL_PRIORITY_CLASS	0x00000020	標準，正常優先順序
BELOW_NORMAL_PRIORITY_CLASS	0x00004000	低於標準，處理程序的優先順序高於IDLE_PRIORITY_CLASS，低於NORMAL_PRIORITY_CLASS
IDLE_PRIORITY_CLASS	0x00000040	低，處理程序的執行緒僅在系統空閒時執行，並且可以被執行在更高優先順序類別中的任何處理程序的執行緒先佔，用於一些不太重要的程式例如螢幕保護裝置程式

- lpEnvironment 參數是一個指向新處理程序的環境區塊的指標，通常可以設定為 NULL 表示新處理程序會繼承父處理程序的環境變數。
- lpCurrentDirectory 參數指定新處理程序的目前的目錄，通常可以設定為 NULL 表示新處理程序將具有和呼叫處理程序相同的當前磁碟和目錄。
- lpStartupInfo 參數是一個指向 STARTUPINFO 或 STARTUPINFOEX 結構的指標：

```
typedef struct _STARTUPINFO {
    DWORD   cb;                 // 該結構的大小
    LPTSTR  lpReserved;         // 保留欄位，必須為 NULL
    LPTSTR  lpDesktop;          // 桌面的名稱，通常設定為 NULL
    LPTSTR  lpTitle;            // 主控台視窗的標題
    DWORD   dwX;                // 視窗左上角的 X 座標，以像素為單位，螢幕座標
    DWORD   dwY;                // 視窗左上角的 Y 座標，以像素為單位，螢幕座標
    DWORD   dwXSize;            // 視窗的寬度，以像素為單位
    DWORD   dwYSize;            // 視窗的高度，以像素為單位
    DWORD   dwXCountChars;      // 主控台視窗中螢幕緩衝區的寬度，以字元列為單位
```

```
    DWORD       dwYCountChars;          // 主控台視窗中螢幕緩衝區的高度，以字元行為單位
    DWORD       dwFillAttribute;        // 主控台視窗的文字顏色和背景顏色
    DWORD       dwFlags;                // 位元遮罩，指定該結構的哪個欄位有效
    WORD        wShowWindow;            // 顯示標識，同 ShowWindow 函數的 nCmdShow 參數
    WORD        cbReserved2;            // 保留欄位，必須為 0
    LPBYTE    lpReserved2;              // 保留欄位，必須為 NULL
    HANDLE    hStdInput;                // 標準輸入控制碼，預設是鍵盤緩衝區
    HANDLE    hStdOutput;               // 標準輸出控制碼，預設是主控台視窗的緩衝區
    HANDLE    hStdError;                // 標準錯誤控制碼，預設是主控台視窗的緩衝區
} STARTUPINFO, *LPSTARTUPINFO;

typedef struct _STARTUPINFOEX {
    STARTUPINFO                         StartupInfo;          //STARTUPINFO 結構的指標
    PPROC_THREAD_ATTRIBUTE_LIST    lpAttributeList; // 屬性清單，該清單由
} STARTUPINFOEX, *LPSTARTUPINFOEX;  // InitializeProcThreadAttributeList
                                        函數建立
```

要設定擴充屬性，請使用 STARTUPINFOEX 結構並在 dwCreationFlags 參數中指定 EXTENDED_ STARTUPINFO_PRESENT 標識。

dwFlags 欄位是一個位元遮罩，指定該結構的哪個欄位有效，常用的標識如表 4.5 所示。

表 4.5

標識	含義
STARTF_USESIZE	dwXSize 和 dwYSize 欄位有效
STARTF_USESHOWWINDOW	wShowWindow 欄位有效
STARTF_USEPOSITION	dwX 和 dwY 欄位有效
STARTF_USECOUNTCHARS	dwXCountChars 和 dwYCountChars 欄位有效
STARTF_USEFILLATTRIBUTE	dwFillAttribute 欄位有效
STARTF_USESTDHANDLES	hStdInput、hStdOutput 和 hStdError 欄位有效

大部分的情況下並不需要新處理程序的視窗有特殊之處，只需呼叫 GetStartupInfo 函數獲取當前處理程序的 STARTUPINFO 結構並傳遞給 CreateProcess 函數即可：

```
VOID WINAPI GetStartupInfo(_Out_ LPSTARTUPINFO lpStartupInfo);
//STARTUPINFO 結構的指標
```

■ lpProcessInformation 參數是一個指向 PROCESS_INFORMATION 結構的指標，該結構傳回新處理程序的處理程序控制碼、主執行緒控制碼、處理程序 ID 和主執行緒 ID：

```
typedef struct _PROCESS_INFORMATION {
     HANDLE hProcess;
     HANDLE hThread;
     DWORD dwProcessId;
     DWORD dwThreadId;
} PROCESS_INFORMATION, *PPROCESS_INFORMATION, *LPPROCESS_INFORMATION;
```

在建立一個新的處理程序時，系統會為新處理程序建立一個處理程序核心物件和一個執行緒核心物件。在建立時，每個核心物件的引用計數為 1，在 CreateProcess 函數傳回前，系統會使用完全存取權限來開啟處理程序核心物件和執行緒核心物件，並將控制碼放入 PROCESS_INFORMATION 結構的 hProcess 和 hThread 欄位中，在內部開啟這兩個核心物件會導致引用計數再加 1，因此當函數傳回後每個核心物件的引用計數變為 2。如果不需要這兩個核心物件控制碼，則應該即時呼叫 CloseHandle 函數關閉控制碼。

在建立一個處理程序核心物件時，系統會為該物件分配一個獨一無二的 ID；在建立一個執行緒核心物件時，系統同樣會為該物件分配一個獨一無二的 ID。處理程序 ID（Process ID，PID）和執行緒 ID 共享同一個號碼池，因此處理程序和執行緒不可能有相同的 ID，系統中也不會有其他核心物件的 ID 與處理程序、執行緒 ID 相同。開啟工作管理員查看詳細資訊，可以看到系統中有一個 ID 為 0 的系統空閒處理程序（System Idle Process），該處理程序時刻顯示系統空閒 CPU 百分比，系統空閒處理程序的執行緒數量始終等於電腦的 CPU 數量，實際上系統空閒處理程序是系統虛構出來的處理程序。

如果一個程式要使用 ID 來追蹤處理程序和執行緒，需要注意的是，處理程序和執行緒 ID 會被系統重用。例如在建立一個處理程序後，系統會初始化一個處理程序核心物件，假設系統為處理程序核心物件分配的

ID 為 5276，此時如果再建立一個新的處理程序核心物件，系統不會將同一個 ID 號分配給它。但是，如果第一個處理程序核心物件已經釋放，系統就可以將 5276 分配給下一個建立的處理程序核心物件。一個程式如果使用 ID 來引用處理程序或執行緒，可能是不可靠的。

雖然 CreateProcess 函數的參數比較多，但是大多數參數只需要設定為 NULL 即可，例如下面的程式將執行記事本程式並開啟 D:\Test.txt 檔案：

```
TCHAR szCommandLine[MAX_PATH] = TEXT("Notepad D:\\Test.txt");
STARTUPINFO si = { sizeof(STARTUPINFO) };
PROCESS_INFORMATION pi = { 0 };

GetStartupInfo(&si);
if (CreateProcess(NULL, szCommandLine, NULL, NULL, FALSE, 0, NULL, NULL,
&si, &pi))
{
    CloseHandle(pi.hThread);
    CloseHandle(pi.hProcess);
}
```

透過呼叫 GetModuleHandle 函數可以獲取呼叫處理程序中指定模組的模組控制碼（模組基底位址）：

```
HMODULE WINAPI GetModuleHandle(_In_opt_ LPCTSTR lpModuleName);
```

lpModuleName 參數指定為在呼叫處理程序的位址空間中載入的模組的名稱，如果系統找到了指定名稱的模組，則函數會傳回該模組的控制碼；如果沒有找到指定模組，則傳回值為 NULL。

lpModuleName 參數設定為 NULL 表示獲取呼叫處理程序的可執行檔模組載入到的基底位址。注意，即使呼叫 GetModuleHandle(NULL) 的程式是在一個 DLL 檔案中，傳回值仍然是可執行檔模組的基底位址，而非 DLL 檔案模組的基底位址。

GetModuleFileName 函數用於獲取當前處理程序中已載入模組的

完整路徑，要獲取另一個處理程序中已載入模組的完整路徑可以使用 GetModuleFileNameEx 函數：

```
DWORD WINAPI GetModuleFileName(
    _In_opt_    HMODULE    hModule,      // 模組控制碼，設定為 NULL 表示獲取當前
                                            處理程序的可執行檔完整路徑
    _Out_       LPTSTR     lpFilename,   // 傳回模組 hModule 對應的檔案完整路徑
    _In_        DWORD      nSize);       // lpFilename 緩衝區的大小，以字元為單位
DWORD WINAPI GetModuleFileNameEx(
    _In_        HANDLE     hProcess,     // 包含模組 hModule 的處理程序控制碼
    _In_opt_    HMODULE    hModule,      // 模組控制碼，設定為 NULL 表示獲取
                                            hProcess 處理程序的可執行檔完整路徑
    _Out_       LPTSTR     lpFilename,   // 傳回模組 hModule 對應的檔案完整路徑
    _In_        DWORD      nSize);       //lpFilename 緩衝區的大小，以字元為單位
```

hProcess 參數指定包含模組 hModule 的處理程序控制碼，必須具有對該處理程序控制碼的 PROCESS_QUERY_ INFORMATION 和 PROCESS_VM_READ 存取權限。如果函數執行成功，則傳回值是複製到緩衝區中的字元個數，不包括終止的空白字元；如果函數執行失敗，則傳回值為 0。GetModuleFileNameEx 函數需要 Psapi.h 標頭檔。

在建立一個子處理程序後，父處理程序可能需要與子處理程序進行通訊，CreateProcess 函數呼叫會馬上傳回，但是子處理程序的載入以及初始化需要一些時間，這時可以呼叫 WaitForInputIdle 函數來等待子處理程序初始化完畢，該函數會暫停呼叫執行緒直到指定的處理程序初始化完畢或函數等待逾時傳回。WaitForInputIdle 的字面意思是等待輸入空閒，即沒有待處理的輸入，正在等待使用者輸入：

```
DWORD WINAPI WaitForInputIdle(
    _In_ HANDLE hProcess,               // 處理程序控制碼，等待該處理程序輸入空閒
    _In_ DWORD   dwMilliseconds);       // 等待時間，以毫秒為單位，設定為 INFINITE
                                           表示永久等待
```

函數的傳回值及含義如表 4.6 所示。

表 4.6

傳回值	含義
0	等待成功
WAIT_TIMEOUT	逾時時間已過
WAIT_FAILED	發生錯誤

4.2 多個處理程序間共享核心物件

可以透過呼叫 GetCurrentProcess 函數來得到當前處理程序的控制碼，透過呼叫 GetCurrentThread 函數來得到呼叫執行緒的控制碼：

```
HANDLE WINAPI GetCurrentProcess(void);
HANDLE WINAPI GetCurrentThread(void);
```

GetCurrentProcess 函數獲取的是當前處理程序的偽控制碼，處理程序偽控制碼是一個代表當前處理程序的特殊常數，值通常為 0xFFFFFFFF（-1）。同樣，GetCurrentThread 獲取的是呼叫執行緒的偽控制碼，執行緒偽控制碼是一個代表當前執行緒的特殊常數，值通常為 0xFFFFFFFE（-2）。偽控制碼不能由子處理程序繼承，當不再需要偽控制碼時，不需要將其關閉，使用偽控制碼呼叫 CloseHandle 函數無效。

可以透過呼叫 GetCurrentProcessId 函數來得到當前處理程序的 ID，透過呼叫 GetCurrentThreadId 函數來得到呼叫執行緒的執行緒 ID：

```
DWORD WINAPI GetCurrentProcessId(void);
DWORD WINAPI GetCurrentThreadId(void);
```

可以透過呼叫 GetProcessId 函數來獲取指定處理程序控制碼的處理程序 ID，透過呼叫 GetThreadId 來獲取指定執行緒控制碼的執行緒 ID：

```
DWORD WINAPI GetProcessId(_In_ HANDLE Process);
DWORD WINAPI GetThreadId(_In_ HANDLE Thread);
```

如果已經有一個處理程序的 ID，則可以透過呼叫 OpenProcess 函數來獲取該處理程序的控制碼。呼叫 OpenProcess 函數成功開啟一個處理程序控制碼會導致處理程序物件引用計數加 1，當不再需要處理程序控制碼時應該呼叫 CloseHandle 函數關閉控制碼：

```
HANDLE WINAPI OpenProcess(
    _In_ DWORD   dwDesiredAccess,    // 對處理程序的存取權限
    _In_ BOOL    bInheritHandle,     // 傳回的處理程序控制碼是否可以被呼叫處理
                                        程序的子處理程序繼承
    _In_ DWORD   dwProcessId);       // 處理程序 ID
```

dwDesiredAccess 參數指定對處理程序的存取權限，系統會根據目標處理程序的安全性描述元檢查 dwDesiredAccess 參數所指定的存取權限。要開啟一個目標處理程序並獲得完全存取權限，呼叫處理程序必須啟用 SE_DEBUG_NAME（#define SE_DEBUG_NAME TEXT ("SeDebugPrivilege")）特權，後面會介紹呼叫處理程序如何啟用該特權。常用的存取權限可以是表 4.7 所示的組合。

表 4.7

常數	值	含義
PROCESS_QUERY_INFORMATION	0x0400	可以獲取處理程序的相關資訊，例如存取權杖、退出碼和處理程序優先順序
PROCESS_SET_INFORMATION	0x0200	可以設定處理程序的相關資訊，例如處理程序優先順序
PROCESS_SUSPEND_RESUME	0x0800	可以暫停或恢復處理程序
PROCESS_TERMINATE	0x0001	可以透過呼叫 TerminateProcess 函數終止處理程序
PROCESS_DUP_HANDLE	0x0040	可以透過呼叫 DuplicateHandle 函數複製控制碼
PROCESS_VM_OPERATION	0x0008	可以修改處理程序的位址空間，例如寫入記憶體、修改頁面保護屬性
PROCESS_VM_READ	0x0010	可以對處理程序的位址空間進行讀取操作

常數	值	含義
PROCESS_VM_WRITE	0x0020	可以對處理程序的位址空間進行寫入操作
PROCESS_CREATE_PROCESS	0x0080	可以建立處理程序
PROCESS_CREATE_THREAD	0x0002	可以建立執行緒
SYNCHRONIZE	0x00100000	可以呼叫等待函數等待處理程序終止
PROCESS_ALL_ACCESS		所有可能的存取權限

如果函數執行成功，則傳回值是指定 ID 的處理程序控制碼；如果函數執行失敗，則傳回值為 NULL。如果開啟系統空閒處理程序或 csrss 處理程序等系統關鍵處理程序，函數呼叫也會失敗。

根據一個執行緒控制碼，可以透過呼叫 GetProcessIdOfThread 來獲取其所在處理程序的 ID：

```
DWORD WINAPI GetProcessIdOfThread(_In_ HANDLE  hThread);
```

我們經常需要建立、開啟和處理各種核心物件，例如事件物件、檔案物件、檔案映射物件、互斥量物件、訊號量物件、處理程序物件、執行緒物件、可等待的計時器物件等，每個核心物件是由系統核心分配和管理的小型態資料結構，其結構成員維護著與物件有關的資訊，少數成員例如安全性描述元和引用計數等是所有物件共有的，其他大多數成員是不同類型的物件所特有的，舉例來說，處理程序物件有一個處理程序 ID、一個基本優先順序和一個退出碼，而檔案物件有一個檔案偏移、共享模式等。為了增強作業系統的可靠性，核心物件的控制碼值是與處理程序相關的，如果把一個處理程序中的核心物件控制碼值傳遞給另一個處理程序中的執行緒（透過某種處理程序間通訊方式），那麼另一個處理程序就會根據該控制碼值在其當前處理程序控制碼表中的索引來引用一個可能完全不同的核心物件。

很多時候我們需要在多個處理程序中共享同一個核心物件，例如利用檔案映射物件可以在多個處理程序之間共享資料，事件物件、互斥量物件、訊號量物件等通常可以用於不同處理程序或相同處理程序中的執行緒同步。如何在多個處理程序中共享同一個核心物件，具體方法如下。

（1）為核心物件命名，大部分建立核心物件的函數可以指定一個名稱，使用這個名稱可以在其他處理程序中開啟該核心物件，核心物件的名稱區分大小寫，最多包含 MAX_PATH 個字元。

（2）當處理程序之間具有父子關係時，可以使用核心物件控制碼繼承。如果父處理程序有一個或多個核心物件控制碼可以繼承，那麼父處理程序生成一個子處理程序後，子處理程序就可以存取父處理程序的這些核心物件。要想使用核心物件控制碼繼承，必須完成以下兩個方面的工作。

- 建立核心物件的函數通常都有一個 SECURITY_ATTRIBUTES 結構的參數，通常設定為 NULL，表示使用預設的安全屬性，傳回的物件控制碼不可以被呼叫處理程序的子處理程序繼承，這裡不可以再把 SECURITY_ATTRIBUTES 結構參數設定為 NULL，可以按以下方式使用：

```
SECURITY_ATTRIBUTES sa;
sa.nLength = sizeof(SECURITY_ATTRIBUTES);
sa.lpSecurityDescriptor = NULL;
sa.bInheritHandle = TRUE;
hHandle = Create核心物件(&sa, ...);
```

  以上程式初始化了一個 SECURITY_ATTRIBUTES 結構，sa.lpSecurityDescriptor = NULL; 表示核心物件使用預設的安全屬性，bInheritHandle 欄位設定為 TRUE，表示核心物件控制碼可以被子處理程序繼承。

- 可以透過呼叫 CreateProcess 函數生成一個子處理程序，CreateProcess 函數的 bInheritHandles 參數應該設定為 TRUE，表示父處理程序的一些可繼承控制碼可以被子處理程序繼承。如果子處理程序呼叫 CreateProcess 函數又生成了它自己的子處理程序並將

bInheritHandles 參數設定為 TRUE，那麼孫處理程序也會繼承這些核心物件控制碼，但是核心物件控制碼的繼承只會在生成子處理程序的時候發生。如果在父處理程序之後又建立了新的核心物件，並同樣將它們的控制碼設定為可以繼承，則正在執行的子處理程序不會繼承這些新控制碼。繼承核心物件控制碼會導致引用計數加 1，因此不需要時應該呼叫 CloseHandle 函數關閉控制碼。

（3）呼叫 DuplicateHandle 函數複製核心物件控制碼。

DuplicateHandle 函數用於複製核心物件控制碼，複製核心物件控制碼會導致核心物件的引用計數加 1：

```
BOOL WINAPI DuplicateHandle(
  _In_   HANDLE     hSourceProcessHandle, // 來源處理程序控制碼
  _In_   HANDLE     hSourceHandle,        // 來源處理程序 hSourceProcessHandle
                                             中的來源核心物件控制碼
  _In_   HANDLE     hTargetProcessHandle, // 目標處理程序控制碼
  _Out_  LPHANDLE lpTargetHandle,         // 目標核心物件控制碼的指標
  _In_   DWORD      dwDesiredAccess,      // 新控制碼的存取權限，可以設定為 0
  _In_   BOOL       bInheritHandle,       // 新控制碼是否可以被目標處理程序的
                                             子處理程序繼承，通常設定為 TRUE
  _In_   DWORD      dwOptions);           // 操作選項，可以設定為 0
```

dwOptions 參數指定操作選項，可以設定為 0，或表 4.8 所示的值的組合。

表 4.8

常數	值	含義
DUPLICATE_CLOSE_SOURCE	0x00000001	呼叫函數後關閉源控制碼，如果指定該標識，函數呼叫後核心物件的引用計數不變
DUPLICATE_SAME_ACCESS	0x00000002	複製控制碼與來源控制碼具有相同的存取權限，指定該標識的情況下會忽略 dwDesiredAccess 參數，通常可以指定該標識

函數複製來源處理程序 hSourceProcessHandle 中的來源核心物件控制碼 hSourceProcessHandle 到 lpTargetHandle 參數中，函數執行成功，lpTargetHandle 控制碼值就是相對於目標處理程序 hTargetProcessHandle

的控制碼值，hSourceHandle 和 lpTargetHandle 引用的是同一個核心物件，例如複製的是檔案控制代碼，那麼兩個控制碼的當前檔案偏移始終相同。

來源處理程序或目標處理程序（或既是來源處理程序又是目標處理程序）或第三個處理程序都可以呼叫 DuplicateHandle 函數複製核心物件控制碼，如果不是在目標處理程序中呼叫 DuplicateHandle 函數，則需要一些處理程序間通訊機制將目標控制碼傳遞到目標處理程序中。lpTargetHandle 控制碼值是相對於目標處理程序 hTargetProcessHandle 的控制碼值，不可以在呼叫處理程序中呼叫 CloseHandle 函數關閉目標控制碼，因為該控制碼值對應的可能是呼叫處理程序中另一個不同的核心物件，即 lpTargetHandle 控制碼值只對目標處理程序有意義。

DuplicateHandle 函數可以用於在 32 位元和 64 位元處理程序之間複製控制碼，生成的控制碼是 32 位元或 64 位元大小。

4.3 處理程序終止

處理程序可以透過以下 3 種方式終止。

（1）主執行緒的進入點函數傳回（強烈推薦的方式）。

（2）處理程序中的任何一個執行緒呼叫 ExitProcess 函數（要儘量避免使用這種方式）。

（3）另一個處理程序中的執行緒呼叫 TerminateProcess 函數（要儘量避免使用這種方式）。

當一個處理程序終止時，系統會執行以下操作。

（1）處理程序中的所有其他執行緒都被標記為終止。

（2）該處理程序分配的所有資源都將被釋放。

（3）所有核心物件控制碼都會被關閉，引用計數會減 1，核心物件會不會釋放取決於引用計數是否為 0。

（4）處理程序程式從記憶體中刪除。

（5）處理程序物件的退出碼從 STILLL_ACTIVE 變為主執行緒函數的傳回值，或 ExitProcess、TerminateProcess 函數設定的退出碼（系統建立處理程序物件時的退出碼被設定為 STILL_ACTIVE）。

（6）處理程序物件的狀態變為有訊號狀態。

透過主執行緒的進入點函數傳回並結束一個處理程序是正常、自然的結束方式，系統會執行正確的清理工作，例如執行緒分配的 C++ 物件都會呼叫解構函數釋放，為執行緒堆疊分配的記憶體也會得到釋放。

ExitProcess 函數用於終止呼叫處理程序及其所有執行緒：

```
VOID WINAPI ExitProcess(_In_ UINT uExitCode);  //uExitCode 會被設定為處理程
                                                序和所有執行緒的退出碼
```

ExitProcess 函數不會傳回，因為處理程序已經終止，如果在 ExitProcess 函數呼叫後還有其他程式，那麼這些程式永遠不會執行。

實際上，當主執行緒的進入點函數（WinMain、wWinMain、main 或 wmain）傳回時，會傳回到 C/C++ 執行函數庫啟動程式中，後者將正確清理處理程序使用的全部 C/C++ 執行時期資源，釋放 C/C++ 執行時期資源後，C/C++ 執行函數庫啟動程式將顯性呼叫 ExitProcess 函數，並將進入點函數的傳回值傳遞給它。不管處理程序中是否還有其他執行緒正在執行，只要程式的主執行緒進入點函數傳回，C/C++ 執行函數庫啟動程式就會呼叫 ExitProcess 函數來終止處理程序。注意，如果在進入點函數中呼叫的是 ExitThread 函數，而非呼叫 ExitProcess 或進入點函數傳回，程式的主執行緒將停止執行，但是只要處理程序中還有其他執行緒正在執行，處理程序就不會終止。

C/C++ 應用程式應該避免顯性呼叫 ExitProcess 函數，因為不能呼叫 C/C++ 執行函數庫啟動程式來執行清理工作，C++ 物件的解構函數也得不到執行。

ExitProcess 函數只能用於終止呼叫處理程序，TerminateProcess 函數則可以終止呼叫處理程序或其他處理程序及其所有執行緒：

```
BOOL WINAPI TerminateProcess(
    _In_ HANDLE hProcess,      // 處理程序控制碼，必須具有對該處理程序的
                                  PROCESS_TERMINATE 存取權限
    _In_ UINT    uExitCode); //uExitCode 會被設定為處理程序和所有執行緒的退出碼
```

TerminateProcess 函數是非同步的，如果需要確保處理程序已終止，可以呼叫 WaitForSingleObject 函數。

TerminateProcess 函數用於無條件地終止一個處理程序，被終止的處理程序得不到自己要被終止的通知，處理程序不能被正確清理，並且不能阻止它自己被強行終止（除非透過一些安全機制），只有在無法透過其他方式強制一個處理程序退出時，才應該呼叫該函數。

呼叫 ExitProcess 或 TerminateProcess 函數，處理程序可能沒有機會執行清理工作，但是作業系統會在處理程序終止後進行徹底清理，確保不會洩露任何系統資源。

要獲取一個處理程序的退出碼可以呼叫 GetExitCodeProcess 函數：

```
BOOL WINAPI GetExitCodeProcess(
    _In_    HANDLE  hProcess,        // 處理程序控制碼，必須具有對該處理程序的
                                       PROCESS_QUERY_INFORMATION 存取權限
    _Out_ LPDWORD lpExitCode);    // 傳回處理程序退出碼
```

該函數會立即傳回，如果函數執行成功但是處理程序尚未終止，則傳回的退出碼為 STILL_ACTIVE。

4.4 處理程序間通訊

Windows 提供了多種機制，使應用程式之間能夠快速、方便地共享資料和資訊，這些機制包括 RPC、COM、OLE、DDE、Windows 訊息（例如 WM_COPYDATA）、剪貼簿、郵件槽（Mailslot）、管道（Pipe）、通訊端（socket）等。前面已經學習了透過記憶體映射檔案在多個處理程序間共享資料，剪貼簿和通訊端是後面章節的話題，本節主要介紹透

過 WM_COPYDATA、郵件槽、管道進行處理程序間通訊（InterProcess Communication，IPC）的方法。

首先我們再來回顧一下 SendMessage 和 PostMessage 函數。SendMessage 函數將指定的訊息發送到一個或多個視窗，為指定的視窗呼叫視窗過程，直到視窗過程處理完訊息後函數才傳回，傳回值為指定訊息處理的結果，即當視窗過程處理完該訊息後，Windows 才把控制權交還給緊接在 SendMessage 呼叫的下一行敘述；與 SendMessage 函數不同的是，PostMessage 函數將一個訊息投遞到一個執行緒的訊息佇列後立即傳回，即把訊息發送到指定視窗控制碼所在執行緒的訊息佇列再由執行緒來分發。

另外需要注意的是，非同步發送訊息函數 PostMessage（還有 SendNotifyMessage 和 SendMessageCallback）的 wParam 和 lParam 參數中不能傳遞指標，因為這些函數立即傳回，函數傳回後指標指向的記憶體會被釋放，函數呼叫會失敗，呼叫 GetLastError 函數傳回 ERROR_MESSAGE_SYNC_ONLY，即訊息只能與同步操作一起使用。

4.4.1 WM_COPYDATA

呼叫發送訊息函數 SendMessage、SendNotifyMessage、SendMessageCallback 和 PostMessage、PostThreadMessage 向其他處理程序發送訊息時，只能發送系統訊息（0～WM_USER 1）。透過發送訊息的方式在處理程序間通訊通常使用 WM_COPYDATA (0x004A) 訊息，該訊息的 wParam 參數是目標處理程序的視窗控制碼，lParam 參數是一個指向 COPYDATASTRUCT 結構的指標，該結構包含要傳遞的資料。目標處理程序視窗過程處理完 WM_COPYDATA 訊息後應傳回 TRUE。COPYDATASTRUCT 結構在 WinUser.h 標頭檔中定義如下：

```
typedef struct tagCOPYDATASTRUCT {
    ULONG_PTR      dwData;    // 傳遞給目標處理程序的資料，32 位元或 64 位元無號整數
    DWORD          cbData;    // lpData 欄位指向的資料的大小，以位元組為單位
    _Field_size_bytes_(cbData) PVOID lpData;
```

```
                                    // 傳遞給目標處理程序的資料的指標，可以設定為 NULL
} COPYDATASTRUCT, * PCOPYDATASTRUCT;
```

- lpData 欄位可以指定為指向任何資料型態的指標。如果只需要傳遞一個簡單的資料型態，可以只設定 dwData 欄位。有時可能需要根據不同場合傳遞不同類型的資料結構，這時可以把 dwData 欄位設定為代表不同資料型態的標識值，而 lpData 欄位則指向具體的資料結構，在目標處理程序中根據 dwData 欄位的不同標識值，強制轉換 lpData 欄位為對應資料結構的指標即可。
- 在發送 WM_COPYDATA 訊息時，系統會根據 cbData 欄位指定的大小分配一塊共享記憶體，並把 lpData 欄位指向的資料複製到共享記憶體中，然後將共享記憶體映射到目標處理程序，即呼叫處理程序和目標處理程序的 lpData 欄位指向的是同一塊記憶體，只是作了不同的映射，目標處理程序處理完 WM_ COPYDATA 訊息後，系統會釋放共享記憶體。需要注意的是，目標處理程序不可以修改共享記憶體的資料，共享記憶體僅在訊息處理期間有效。如果目標處理程序需要在訊息處理完畢後存取共享記憶體，應該提前把共享記憶體資料複製到自己所屬處理程序的緩衝區中。

接下來實作一個範例程式 CopyDataDemo，程式執行效果如圖 4.1 所示，為了演示透過 WM_ COPYDATA 訊息在兩個處理程序之間通訊的效果，需要兩個程式，一個用於發送資料，另一個用於接收資料。

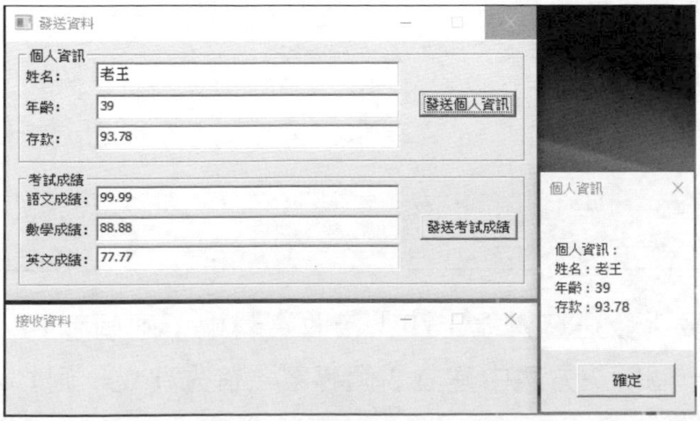

▲ 圖 4.1

如果使用者在「發送資料端」按下「發送個人資訊」按鈕，程式會向「接收資料端」發送包含個人資訊群組方塊中 3 個編輯控制項的內容；如果使用者在「發送資料端」按下「發送考試成績」按鈕，程式會向「接收資料端」發送包含考試成績群組方塊中 3 個編輯控制項的內容。如前所述，有時可能需要根據不同場合傳遞不同類型的資料結構，這時可以把 dwData 欄位設定為代表不同資料型態的標識值，而 lpData 欄位則指向具體的資料結構。為此，我們定義 2 個代表不同資料結構的常數標識，並分別定義代表個人資訊（姓名、年齡、存款）和考試成績（語文、數學、英文）的 2 個資料結構，因為「發送資料端」和「接收資料端」程式都需要這些定義，因此定義在一個標頭檔案中，DataStructure.h 標頭檔的內容如下：

```
#pragma once

//常數定義
#define PERSONDATA  1
#define SCOREDATA   2

//資料結構定義
typedef struct _PersonStruct
{
    TCHAR   m_szName[32];       //姓名
    int     m_nAge;             //年齡
    double  m_dMoney;           //存款
}PersonStruct, *PPersonStruct;

typedef struct _ScoreStruct
{
    double  m_dChinese;         //語文
    double  m_dMath;            //數學
    double  m_dEnglish;         //英文
}ScoreStruct, *PScoreStruct;
```

因為需要「發送資料端」和「接收資料端」兩個程式，為了便於管理，我們在一個解決方案中建立 2 個專案，首先建立一個 CopyDataDemo 專案，然後增加 CopyDataDemo.cpp 原始檔案，以及對話方塊資源等；

CopyDataDemo 專案作為「發送資料端」，還需要一個「接收資料端」，在 VS 左側的方案總管視圖中，用滑鼠按右鍵解決方案，然後選擇增加→新建專案，再建立一個 CopyDataDemo_ Receive 專案，然後增加 CopyDataDemo_Receive.cpp 原始檔案，以及對話方塊資源等，現在一個解決方案中有 2 個專案。如果需要編譯其中一個專案，用滑鼠按右鍵專案名稱，然後選擇設為啟動專案即可。

CopyDataDemo.cpp 原始檔案的內容如下：

```
#include <windows.h>
#include <tchar.h>
#include "resource.h"
#include "DataStructure.h"

// 函數宣告
INT_PTR CALLBACK DialogProc(HWND hwndDlg, UINT uMsg, WPARAM wParam,
LPARAM lParam);

int WINAPI WinMain(HINSTANCE hInstance, HINSTANCE hPrevInstance, LPSTR
lpCmdLine, int nCmdShow)
{
    DialogBoxParam(hInstance, MAKEINTRESOURCE(IDD_MAIN), NULL,
DialogProc, NULL);
    return 0;
}

INT_PTR CALLBACK DialogProc(HWND hwndDlg, UINT uMsg, WPARAM wParam,
LPARAM lParam)
{
    COPYDATASTRUCT cds = { 0 };
    PersonStruct ps = { 0 };
    ScoreStruct ss = { 0 };
    TCHAR szBuf[32] = { 0 };
    HWND hwndTarget;

    switch (uMsg)
    {
    case WM_COMMAND:
        switch (LOWORD(wParam))
```

```
        {
        case IDC_BTN_PERSON:
            // 查詢具有指定類別名稱視窗名稱視窗
            hwndTarget = FindWindow(TEXT("#32770"), TEXT(" 接收資料 "));
            if (hwndTarget)
            {
                // 獲取姓名、年齡、存款
                GetDlgItemText(hwndDlg, IDC_EDIT_NAME, ps.m_szName,
_countof (ps.m_ szName));
                ps.m_nAge = GetDlgItemInt(hwndDlg, IDC_EDIT_AGE,
NULL, FALSE);
                GetDlgItemText(hwndDlg, IDC_EDIT_MONEY, szBuf,
_countof(szBuf));
                ps.m_dMoney = _ttof(szBuf);

                // 發送 WM_COPYDATA 訊息
                cds.dwData = PERSONDATA;
                cds.cbData = sizeof(PersonStruct);
                cds.lpData = &ps;
                SendMessage(hwndTarget, WM_COPYDATA, (WPARAM)
hwndTarget, (LPARAM) &cds);
            }
            break;

        case IDC_BTN_SCORE:
            // 查詢具有指定類別名稱視窗名稱視窗控制碼
            hwndTarget = FindWindow(TEXT("#32770"), TEXT(" 接收資料 "));
            if (hwndTarget)
            {
                // 獲取語文、數學、英文成績
                GetDlgItemText(hwndDlg, IDC_EDIT_CHINESE, szBuf,
_countof(szBuf));
                ss.m_dChinese = _ttof(szBuf);
                GetDlgItemText(hwndDlg, IDC_EDIT_MATH, szBuf,
_countof(szBuf));
                ss.m_dMath = _ttof(szBuf);
                GetDlgItemText(hwndDlg, IDC_EDIT_ENGLISH, szBuf,
_countof(szBuf));
                ss.m_dEnglish = _ttof(szBuf);

                // 發送 WM_COPYDATA 訊息
```

```
                    cds.dwData = SCOREDATA;
                    cds.cbData = sizeof(ScoreStruct);
                    cds.lpData = &ss;
                    SendMessage(hwndTarget, WM_COPYDATA, (WPARAM)
hwndTarget, (LPARAM) &cds);
                }
                break;

            case IDCANCEL:
                EndDialog(hwndDlg, 0);
                break;
            }
            return TRUE;
        }

    return FALSE;
}
```

CopyDataDemo_Receive.cpp 原始檔案的內容如下：

```
#include <windows.h>
#include <strsafe.h>
#include "resource.h"
#include "../CopyDataDemo/DataStructure.h"

// 函數宣告
INT_PTR CALLBACK DialogProc(HWND hwndDlg, UINT uMsg, WPARAM wParam,
LPARAM lParam);

int WINAPI WinMain(HINSTANCE hInstance, HINSTANCE hPrevInstance, LPSTR
lpCmdLine, int nCmdShow)
{
    DialogBoxParam(hInstance, MAKEINTRESOURCE(IDD_MAIN), NULL,
DialogProc, NULL);
    return 0;
}

INT_PTR CALLBACK DialogProc(HWND hwndDlg, UINT uMsg, WPARAM wParam,
LPARAM lParam)
{
```

```
    PCOPYDATASTRUCT pCDS;
    PPersonStruct pPS;
    PScoreStruct pSS;
    TCHAR szBuf[128] = { 0 };

    switch (uMsg)
    {
    case WM_COMMAND:
        switch (LOWORD(wParam))
        {
        case IDCANCEL:
            EndDialog(hwndDlg, 0);
            break;
        }
        return TRUE;

    case WM_COPYDATA:
        pCDS = (PCOPYDATASTRUCT)lParam;
        if (pCDS->dwData == PERSONDATA)
        {
            pPS = (PPersonStruct)(pCDS->lpData);
            StringCchPrintf(szBuf, _countof(szBuf),
                TEXT("個人資訊：\n姓名：%s\n年齡：%d\n存款：%.2lf"),
                pPS->m_szName, pPS->m_nAge, pPS->m_dMoney);
            MessageBox(hwndDlg, szBuf, TEXT("個人資訊"), MB_OK);
        }
        else if (pCDS->dwData == SCOREDATA)
        {
            pSS = (PScoreStruct)pCDS->lpData;
            StringCchPrintf(szBuf, _countof(szBuf),
                TEXT("考試成績：\n語文：%6.2lf\n數學：%6.2lf\n英文：
%6.2lf"),
                pSS->m_dChinese, pSS->m_dMath, pSS->m_dEnglish);
            MessageBox(hwndDlg, szBuf, TEXT("考試成績"), MB_OK);
        }
        return TRUE;
    }

    return FALSE;
}
```

在「發送資料端」程式中，點擊「發送個人資訊」或「發送考試成績」按鈕時，首先應該確定「接收資料端」程式是否正在執行，FindWindow 函數用於查詢具有指定視窗類別和視窗標題的視窗：

```
HWND WINAPI FindWindow(
    _In_opt_ LPCTSTR lpClassName,      // 視窗類別，不區分大小寫
    _In_opt_ LPCTSTR lpWindowName);    // 視窗標題，不區分大小寫
```

- 視窗類別可以是透過呼叫 RegisterClass 或 RegisterClassEx 函數註冊的視窗類別名稱，也可以是任何預先定義的控制項類別名稱，例如對話方塊的視窗類別為 #32770。lpClassName 參數可以設定為 NULL，函數將查詢視窗標題與 lpWindowName 參數匹配的任何視窗。
- lpWindowName 參數指定視窗標題，該參數也可以設定為 NULL，函數將查詢視窗類別與 lpClassName 參數匹配的任何視窗。

如果函數執行成功，則傳回值是具有指定視窗類別和視窗標題的視窗的控制碼；如果函數執行失敗，則傳回值為 NULL。

因為簡單好用，以前我們一直使用 wsprintf 函數格式化字串，但是本例中需要輸出浮點數，由於 wsprintf 函數不支援輸出浮點數，所以這裡使用更安全的 C 執行函數庫新增函數 StringCchPrintf，也是微軟建議使用的格式化字串函數，該函數需要 strsafe.h 標頭檔：

```
HRESULT StringCchPrintf(
    _Out_ LPTSTR  pszDest,      // 目標緩衝區，接收從 pszFormat 及其參數建立的格式
                                   化的以零結尾的字串
    _In_  size_t  cchDest,      // 目標緩衝區的大小，以字元為單位，允許的最大字元數
                                   為 STRSAFE_MAX_CCH
    _In_  LPCTSTR pszFormat,    // 格式字串
    _In_          ...);         // 不定數目的參數
```

4.4.2 管道

管道是一種透過共享記憶體進行處理程序間通訊的技術，管道有兩個端點，單向管道允許一個處理程序從管道的一端寫入資料，另一個處理程序可以從管道的另一端讀取資料，而雙向（也稱雙工）管道的每一個端點都可以讀寫資料。

管道有兩種類型：匿名管道和具名管線。匿名管道是一種未命名的單向管道，通常用於在同一台電腦的父處理程序和子處理程序之間傳輸資料，匿名管道不支援非同步讀取和寫入操作。具名管線可以用於在同一台電腦上的處理程序之間或網路上不同電腦上的處理程序之間進行通訊，建立管道的處理程序稱為管道伺服器，連接到管道的處理程序稱為管道用戶端，具名管線提供的是一種對等通訊，任何處理程序都可以充當伺服器或用戶端。

1. 匿名管道

CreatePipe 函數用於建立一個匿名管道：

```
BOOL WINAPI CreatePipe(
    _Out_      PHANDLE                  hReadPipe,          // 傳回管道的讀取控制碼
    _Out_      PHANDLE                  hWritePipe,         // 傳回管道的寫入控制碼
    _In_opt_   LPSECURITY_ATTRIBUTES    lpPipeAttributes,   // 含義同其他核心物件
                                                               的安全屬性結構
    _In_       DWORD                    nSize);   // 管道緩衝區的大小，以位元組為單
                                                     位，可以設定為 0 表示使用預設大小
```

匿名管道建立成功後，對於管道的操作就如同讀寫檔案一樣簡單，可以呼叫 WriteFile 函數向管道的寫入控制碼寫入資料，呼叫 ReadFile 函數從管道的讀取控制碼讀取資料。匿名管道的原理如圖 4.2 所示。

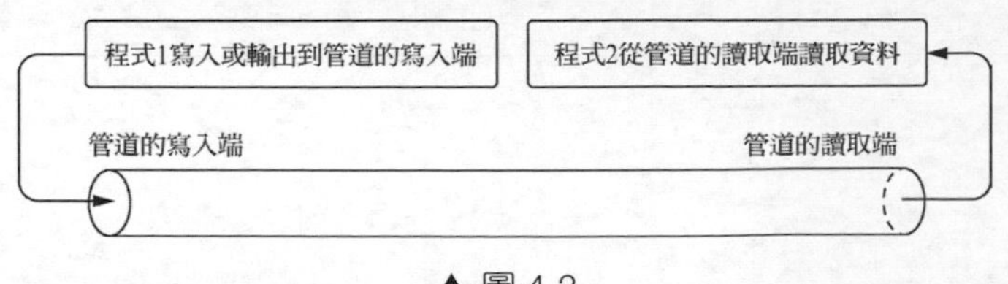

▲ 圖 4.2

當不再需要讀寫資料時，應該呼叫 CloseHandle 函數關閉匿名管道的讀取控制碼 hReadPipe 和寫入控制碼 hWritePipe。

匿名管道是一種未命名的單向管道，通常用於在同一台電腦的父處理程序和子處理程序之間傳輸資料，因此在建立匿名管道時，CreatePipe 函數的 lpPipeAttributes 參數通常不能再指定為 NULL，因為我們希望子處理程序可以繼承這個管道核心物件，按以下方式建立一個匿名管道：

```
HANDLE hReadPipe, hWritePipe;
SECURITY_ATTRIBUTES sa = { sizeof(sa) };
sa.bInheritHandle = TRUE;
CreatePipe(&hReadPipe, &hWritePipe, &sa, 0);
```

Ping.exe 是 Windows 系統目錄中的網路診斷工具，用於檢查網路是否連通，讀者可以開啟 cmd，輸入 ping IP 位址（或網址）查看效果，如圖 4.3 所示。

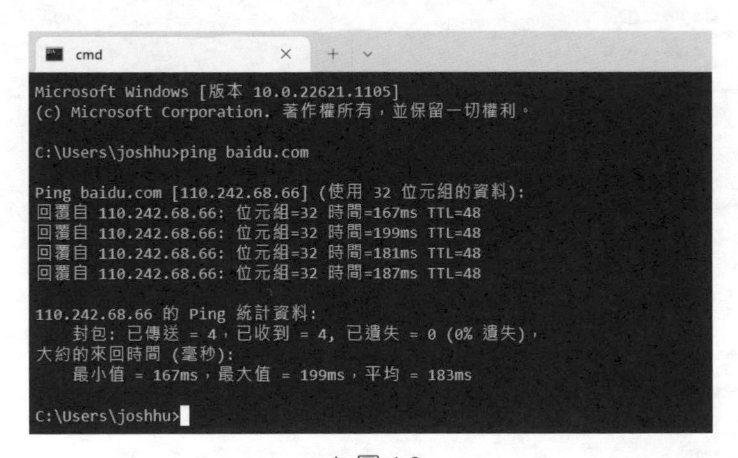

▲ 圖 4.3

接下來實作一個範例程式 AnonymousPipes，程式執行效果如圖 4.4 所示。

▲圖 4.4

程式呼叫 CreateProcess 函數建立一個子處理程序，命令列參數為 ping 網址，把子處理程序 ping 的輸出重新導向到匿名管道的寫入控制碼，然後在程式中讀取匿名管道的讀取控制碼，並顯示到編輯控制項中。AnonymousPipes.cpp 原始檔案的內容如下：

```
#include <windows.h>
#include <tchar.h>
#include <strsafe.h>
#include "resource.h"

// 常數定義
#define BUF_SIZE    1024

// 全域變數
HWND g_hwndDlg;

// 函數宣告
INT_PTR CALLBACK DialogProc(HWND hwndDlg, UINT uMsg, WPARAM wParam,
LPARAM lParam);

// 執行緒函數
DWORD WINAPI ThreadProc(LPVOID lpParameter);

int WINAPI WinMain(HINSTANCE hInstance, HINSTANCE hPrevInstance, LPSTR
lpCmdLine, int nCmdShow)
{
    DialogBoxParam(hInstance, MAKEINTRESOURCE(IDD_MAIN), NULL,
DialogProc, NULL);
```

```
    return 0;
}

INT_PTR CALLBACK DialogProc(HWND hwndDlg, UINT uMsg, WPARAM wParam,
LPARAM lParam)
{
    switch (uMsg)
    {
    case WM_INITDIALOG:
        g_hwndDlg = hwndDlg;
        //初始化編輯控制項
        SetDlgItemText(hwndDlg, IDC_EDIT_URL, TEXT("www.baidu.com"));
        return TRUE;

    case WM_COMMAND:
        switch (LOWORD(wParam))
        {
        case IDC_BTN_PING:
            //建立執行緒
            CloseHandle(CreateThread(NULL, 0, ThreadProc, NULL, 0,
NULL));
            break;

        case IDCANCEL:
            EndDialog(hwndDlg, 0);
            break;
        }
        return TRUE;
    }

    return FALSE;
}

DWORD WINAPI ThreadProc(LPVOID lpParameter)
{
    //建立匿名管道
    HANDLE hReadPipe, hWritePipe;
    SECURITY_ATTRIBUTES sa = { sizeof(sa) };
    sa.bInheritHandle = TRUE;
    CreatePipe(&hReadPipe, &hWritePipe, &sa, 0);
```

```
    //建立子處理程序，把子處理程序 Ping 的輸出重新導向到匿名管道的寫入控制碼
    STARTUPINFO si = { sizeof(si) };
    si.dwFlags = STARTF_USESTDHANDLES | STARTF_USESHOWWINDOW;
    si.hStdOutput = si.hStdError = hWritePipe;
    si.wShowWindow = SW_HIDE;
    PROCESS_INFORMATION pi;

    //命令列參數拼接為：Ping www.baidu.com 的形式
    TCHAR szCommandLine[MAX_PATH] = TEXT("Ping ");
    TCHAR szURL[256] = { 0 };
    GetDlgItemText(g_hwndDlg, IDC_EDIT_URL, szURL, _countof(szURL));
    StringCchCat(szCommandLine, _countof(szCommandLine), szURL);

    //建立 Ping 子處理程序
    if (CreateProcess(NULL, szCommandLine, NULL, NULL, TRUE, 0, NULL,
NULL, &si, &pi))
    {
        CHAR szBuf[BUF_SIZE + 1] = { 0 };
        CHAR szOutput[BUF_SIZE * 8] = { 0 };
        DWORD dwNumOfBytesRead;

        CloseHandle(pi.hThread);
        CloseHandle(pi.hProcess);

        while (TRUE)
        {
            //讀取匿名管道的讀取控制碼
            ZeroMemory(szBuf, sizeof(szBuf));
            ReadFile(hReadPipe, szBuf, BUF_SIZE, &dwNumOfBytesRead,
NULL);
            if (dwNumOfBytesRead == 0)
                break;

            //Ping 主控台的輸出是 ANSI 編碼，因此使用 StringCchCatA 和
SetDlgItemTextA
            //把讀取到的資料追加到 szOutput 緩衝區
            StringCchCatA(szOutput, _countof(szOutput), szBuf);
            //顯示到編輯控制項中
            SetDlgItemTextA(g_hwndDlg, IDC_EDIT_CONTENT, szOutput);
        }
```

```
    }

    CloseHandle(hReadPipe);
    CloseHandle(hWritePipe);
    return 0;
}
```

完整程式請參考 Chapter4\AnonymousPipes 專案。

也可以建立兩個匿名管道，以達到每個處理程序都可以讀寫管道的目的，兩個匿名管道的通訊原理如圖 4.5 所示。

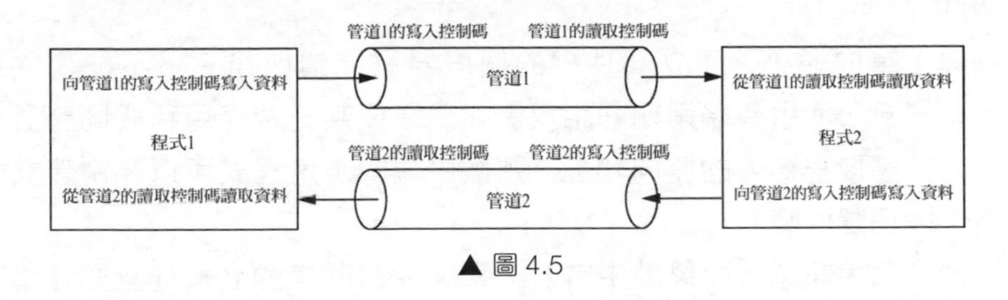

▲ 圖 4.5

2. 具名管線

具名管線提供一種對等通訊，任何處理程序都可以充當伺服器或用戶端，可以透過單向或雙向具名管線的方式在一個伺服器和多個用戶端之間進行通訊。

伺服器處理程序可以透過呼叫 CreateNamedPipe 函數建立具名管線核心物件的實例，一個具名管線的最大實例個數為 PIPE_UNLIMITED_INSTANCES(255)，伺服器處理程序和每一個用戶端處理程序的通訊都需要一個具名管線實例控制碼，即同一時刻可以連接的最大用戶端個數是 PIPE_UNLIMITED_INSTANCES (255)，具名管線的所有實例共享同一個具名管線，但是每個實例都有自己的緩衝區和控制碼。有了具名管線實例控制碼，可以透過呼叫 ConnectNamedPipe 函數等待用戶端連接。當完成與一個用戶端處理程序的通訊以後，伺服器處理程序可以透過呼叫 DisconnectNamedPipe 函數斷開連接，從而重新連接到新的用戶端處理程序。用戶端處理程序可以透過呼叫 CreateFile 或 CallNamedPipe 函數連接到一個正在等待連接的具名管線上，連接成功以後可以透過呼叫讀寫檔案函數讀寫具名管線。關於具名管線的用法，請自行參考 MSDN。

4.4.3 郵件槽

郵件槽是一種處理程序間單向通訊機制，建立並擁有郵件槽的處理程序稱為郵件槽伺服器，郵件槽伺服器可以從郵件槽中讀取資料，其他處理程序可以開啟郵件槽並寫入資料，這些處理程序稱為郵件槽用戶端。對於郵件槽的操作就如同讀寫檔案一樣簡單，郵件槽工作方式有三大特點。

（1）單向通訊。建立郵件槽的伺服器只能讀取訊息，不能寫入訊息，而用戶端則剛好相反。如果需要某一端應用程式同時具備讀取與寫入的雙向功能，那麼兩端的應用程式可以分別建立兩個郵件槽。

（2）廣播訊息。如果域中有若干電腦使用同樣的名稱建立郵件槽，那麼郵件槽用戶端可以一次性向所有的名稱相同郵件槽伺服器發送訊息，域是共享群組名稱的工作站和伺服器群組。

（3）資料封包傳輸。郵件槽對訊息的傳輸為資料封包方式，即用戶端只負責資料的發送，而伺服器端並不回應用戶端發送的資料是否已經接收到。

CreateMailslot 函數用於建立一個指定名稱的郵件槽核心物件：

```
HANDLE WINAPI CreateMailslot(
  _In_     LPCTSTR          lpName,            // 郵件槽名稱，格式：\\.\mailslot\
                                                  mailslotname
  _In_     DWORD            nMaxMessageSize,   // 可以寫入郵件槽的單筆訊息的最大大小，
                                                  以位元組為單位
  _In_     DWORD            lReadTimeout,      // 等待寫入郵件槽的時間，以毫秒為單位
  _In_opt_ LPSECURITY_ATTRIBUTES lpSecurityAttributes);
                                               // 含義同其他核心物件的安全屬性結構
```

■ lpName 參數指定郵件槽的名稱，格式為：\\.\mailslot\mailslotname。
■ nMaxMessageSize 參數指定可以寫入郵件槽的單筆訊息的最大大小，以位元組為單位，如果設定為 0 表示任意大小。
■ lReadTimeout 參數指定等待寫入郵件槽的時間，以毫秒為單位，設定為 0 表示如果郵件槽中沒有可以讀取的訊息則立即傳回，或設定為 MAILSLOT_WAIT_FOREVER(-1) 表示一直等待到郵件槽中有訊息可以讀取。

如果函數執行成功，則傳回一個郵件槽控制碼，伺服器可以透過該控制碼從郵件槽中讀取資料；如果函數執行失敗，則傳回值為 INVALID_HANDLE_VALUE。如果指定名稱的郵件槽已經存在，則函數呼叫會失敗，傳回值為 INVALID_HANDLE_VALUE，呼叫 GetLastError 函數傳回錯誤程式 ERROR_ALREADY_EXISTS。

用戶端可以透過呼叫 CreateFile 函數開啟郵件槽以獲得一個郵件槽控制碼，然後可以呼叫 WriteFile 函數向郵件槽寫入資料。

伺服器在呼叫 ReadFile 函數讀取資料前，應該先呼叫 GetMailslotInfo 函數來確定郵件槽中是否有訊息：

```
BOOL WINAPI GetMailslotInfo(
    _In_        HANDLE    hMailslot,          // 郵件槽控制碼
    _Out_opt_  LPDWORD lpMaxMessageSize,  // 傳回郵件槽的單筆訊息的最大大小，以位元組
                                              為單位，可設定為 NULL
    _Out_opt_  LPDWORD lpNextSize,        // 傳回下一筆訊息（也就是待讀取訊息）的大
                                              小，以位元組為單位
    _Out_opt_  LPDWORD lpMessageCount,    // 傳回待讀取訊息的總數量
    _Out_opt_  LPDWORD lpReadTimeout);    // 傳回讀取操作可以等待的時間，以毫秒為單
                                              位，可設定為 NULL
```

■ hMailslot 參數指定郵件槽控制碼，即先前呼叫 CreateMailslot 函數傳回的控制碼。
■ lpMaxMessageSize 參數傳回郵件槽的單筆訊息的最大大小，以位元組為單位，該值可能大於或等於在建立郵件槽的 CreateMailslot

函數的 nMaxMessageSize 參數中指定的值，該參數通常可以設定為 NULL。

- lpNextSize 參數傳回下一筆訊息（也就是待讀取訊息）的大小，以位元組為單位，如果傳回值為 MAILSLOT_NO_MESSAGE (–1)，則表示已經沒有待讀取訊息。
- lpMessageCount 參數傳回待讀取訊息的總數量。
- lpReadTimeout 參數傳回讀取操作可以等待的時間，以毫秒為單位，該參數通常可以設定為 NULL。

當不再需要讀寫資料時，應該呼叫 CloseHandle 函數關閉郵件槽控制碼。郵件槽的簡單範例程式可以參見 Mailslot 專案。

4.5 處理程序列舉

4.5.1 TlHelp32 系列函數

要列舉系統中當前正在執行的處理程序列表，最常用的是 TlHelp32 系列函數。可以透過呼叫 CreateToolhelp32Snapshot 函數捕捉系統中當前正在執行的所有處理程序的快照，得到一個處理程序列表，然後可以呼叫 Process32First 和 Process32Next 函數遍歷快照中記錄的處理程序清單，上述函數需要 TlHelp32.h 標頭檔。

CreateToolhelp32Snapshot 函數原型如下：

```
HANDLE WINAPI CreateToolhelp32Snapshot(
    _In_ DWORD dwFlags,              // 標識，用於指定快照中需要傳回的物件
    _In_ DWORD th32ProcessID);       // 處理程序 ID，設定為 0 表示當前處理程序
```

- dwFlags 參數是一個標識，用於指定快照中需要傳回的物件，CreateToolhelp32Snapshot 函數可以傳回系統中當前正在執行的處理程序列表、執行緒列表，也可以傳回一個處理程序的堆積清單、模組清單，dwFlags 參數可以是表 4.9 所示的值的組合。

表 4.9

標識	值	含義
TH32CS_SNAPPROCESS	0x00000002	列舉系統中的所有處理程序
TH32CS_SNAPTHREAD	0x00000004	列舉系統中的所有執行緒
TH32CS_SNAPHEAPLIST	0x00000001	列舉 th32ProcessID 參數指定處理程序中的所有堆積
TH32CS_SNAPMODULE	0x00000008	列舉 th32ProcessID 參數指定處理程序中的所有模組。在 32 位元處理程序中指定該標識獲取的是 32 位元模組，在 64 位元處理程序中指定該標識獲取的是 64 位元模組，要在 64 位元處理程序中同時獲取 32 位元模組可以同時指定 TH32CS_SNAPMODULE32 標識
TH32CS_SNAPMODULE32	0x00000010	列舉 64 位元處理程序中的 32 位元模組，該標識可以與 TH32CS_SNAPMODULE 或 TH32CS_SNAPALL 結合使用
TH32CS_SNAPALL		包括系統中所有處理程序清單、執行緒列表，以及 th32ProcessID 參數中指定處理程序的堆積和模組的清單，等效於 TH32CS_SNAPPROCESS | TH32CS_SNAPTHREAD | TH32CS_SNAPHEAPLIST | TH32CS_SNAPMODULE
TH32CS_INHERIT	0x80000000	表示快照控制碼可繼承

- th32ProcessID 參數指定處理程序 ID，當 dwFlags 參數指定是 TH32CS_SNAPHEAPLIST、TH32CS_ SNAPMODULE、TH32CS_SNAPMODULE32 或 TH32CS_SNAPALL 標識時才會用到該參數，設定為 0 表示當前處理程序。如果 dwFlags 參數指定的是 TH32CS_SNAPPROCESS 或 TH32CS_ SNAPTHREAD 標識用於列舉系統中的所有處理程序清單或執行緒列表，則會忽略該參數。

如果函數執行成功，則傳回值是指定快照的控制碼；如果函數執行失敗，則傳回值為 INVALID_ HANDLE_VALUE。不再需要快照控制碼時應該呼叫 CloseHandle 函數關閉控制碼。

Process32First 函數用於獲取快照中第一個處理程序的資訊，在成功獲取到第一個處理程序的資訊後，可以繼續迴圈呼叫 Process32Next 函數獲取快照中其他處理程序的資訊，直到函數傳回 FALSE，Process32Next 函數每次獲取一個處理程序的資訊：

```
BOOL WINAPI Process32First(
    _In_   HANDLE              hSnapshot,    // 快照控制碼
    _Out_  LPPROCESSENTRY32 lppe);    // 用於傳回處理程序資訊的 PROCESSENTRY32 結構
BOOL WINAPI Process32Next(
    _In_   HANDLE              hSnapshot,
    _Out_  LPPROCESSENTRY32 lppe);
```

lppe 參數是一個指向 PROCESSENTRY32 結構的指標，函數在該結構中傳回一個處理程序的資訊，該結構在 TlHelp32.h 標頭檔中定義如下：

```
typedef struct tagPROCESSENTRY32 {
    DWORD       dwSize;                  // 該結構的大小
    DWORD       cntUsage;                // 該欄位不再使用，始終為 0
    DWORD       th32ProcessID;           // 處理程序 ID
    ULONG_PTR   th32DefaultHeapID;       // 該欄位不再使用，始終為 0
    DWORD       th32ModuleID;            // 該欄位不再使用，始終為 0
    DWORD       cntThreads;              // 處理程序啟動的執行緒個數
    DWORD       th32ParentProcessID;     // 處理程序的父處理程序 ID
    LONG        pcPriClassBase;          // 處理程序建立的執行緒的基本優先順序
    DWORD       dwFlags;                 // 該欄位不再使用，始終為 0
    TCHAR       szExeFile[MAX_PATH];     // 處理程序的可執行檔的名稱
} PROCESSENTRY32, *PPROCESSENTRY32;
```

th32ProcessID 欄位傳回處理程序 ID，有了處理程序 ID 即可透過呼叫 OpenProcess 函數獲得處理程序控制碼，利用處理程序控制碼對處理程序進行各種操作。

szExeFile 欄位傳回不帶路徑的可執行檔名稱，要獲取一個處理程序對應的可執行檔的完整路徑可以使用 QueryFullProcessImageName 函數：

```
BOOL WINAPI QueryFullProcessImageName(
    _In_       HANDLE hProcess,     // 處理程序控制碼，必須具有對該處理程序的
```

```
                                      PROCESS_QUERY_INFORMATION 存取權限
    _In_      DWORD  dwFlags,       // 傳回的路徑格式，通常設定為 0
    _Out_     LPTSTR lpExeName,     // 用於傳回可執行檔路徑的緩衝區
    _Inout_   PDWORD lpdwSize);     // 指定緩衝區的大小，傳回複製到緩衝區中的字元數
                                      （不包括終止的空白字元）
```

dwFlags 參數指定傳回的路徑格式，可以設定為 0 表示普通格式，或設定為 PROCESS_NAME_ NATIVE 表示本機系統路徑格式，例如：\Device\HarddiskVolume3\Windows\System32\svchost.exe。

也可以使用 GetModuleFileNameEx 函數，hModule 參數設定為 NULL 表示獲取 hProcess 處理程序的可執行檔完整路徑，例如 GetModuleFileNameEx(hProcess, NULL, szPath, _countof(szPath))。如果是為了獲取一個處理程序對應的可執行檔的完整路徑，使用 QueryFullProcessImageName 函數的效率更高一些。

通常可以使用下面的程式列舉系統中的所有處理程序：

```
HANDLE hSnapshot;
PROCESSENTRY32 pe = { sizeof(PROCESSENTRY32) };
BOOL bRet;

hSnapshot = CreateToolhelp32Snapshot(TH32CS_SNAPPROCESS, 0);
if (hSnapshot == INVALID_HANDLE_VALUE)
{
      MessageBox(g_hwndDlg, TEXT("CreateToolhelp32Snapshot 函數呼叫失敗"),
TEXT("提示"), MB_OK);
      return FALSE;
}

bRet = Process32First(hSnapshot, &pe);
while (bRet)
{
      //對 pe.th32ProcessID 處理程序進行處理

      bRet = Process32Next(hSnapshot, &pe);
}
```

```
CloseHandle(hSnapshot);
return TRUE;
```

接下來實作一個列舉系統中所有處理程序清單的範例程式 Process List，程式執行效果如圖 4.6 所示，處理程序清單使用一個清單檢視控制項進行展示，每一個清單項表示一個處理程序的相關資訊，包括處理程序的可執行檔的圖示、處理程序名稱、處理程序 ID、父處理程序 ID、處理程序的可執行檔的完整路徑。用滑鼠按右鍵一個清單項，會彈出一個快顯功能表，其中包括更新處理程序列表、結束該處理程序、開啟檔案所在位置、暫停處理程序和恢復處理程序等選單項。

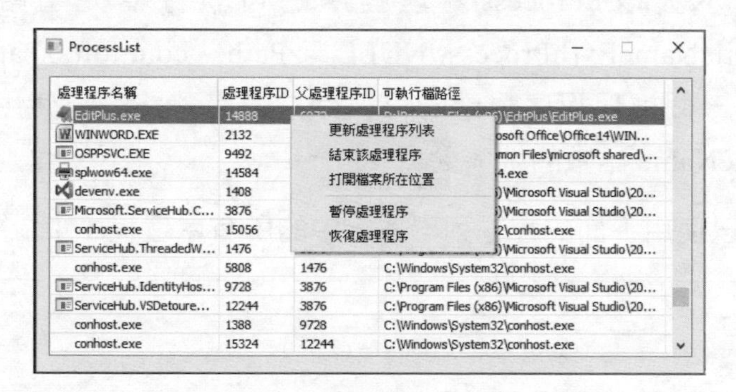

▲ 圖 4.6

ProcessList.cpp 原始檔案的內容如下：

```
#include <windows.h>
#include <Commctrl.h>
#include <TlHelp32.h>
#include <Psapi.h>
#include <tchar.h>
#include "resource.h"

#pragma comment(lib, "Comctl32.lib")

#pragma comment(linker,"\"/manifestdependency:type='win32' \
    name='Microsoft.Windows.Common-Controls' version='6.0.0.0' \
    processorArchitecture='*' publicKeyToken='6595b64144ccf1df' language='*'\"")

// 全域變數
```

```
HINSTANCE g_hInstance;
HWND g_hwndDlg;                     // 對話方塊視窗控制碼
HIMAGELIST g_hImagListSmall;        // 清單檢視控制項所用的影像清單

// 函數宣告
INT_PTR CALLBACK DialogProc(HWND hwndDlg, UINT uMsg, WPARAM wParam, LPARAM
lParam);
// 顯示處理程序清單
BOOL GetProcessList();
// 暫停、恢復處理程序
VOID SuspendProcess(DWORD dwProcessId, BOOL bSuspend);

int WINAPI WinMain(HINSTANCE hInstance, HINSTANCE hPrevInstance, LPSTR
lpCmdLine, int nCmdShow)
{
    g_hInstance = hInstance;

    DialogBoxParam(hInstance, MAKEINTRESOURCE(IDD_MAIN), NULL, DialogProc,
NULL);
    return 0;
}

INT_PTR CALLBACK DialogProc(HWND hwndDlg, UINT uMsg, WPARAM wParam, LPARAM
lParam)
{
    LVCOLUMN lvc = { 0 };
    POINT pt = { 0 };
    int nSelected, nRet;
    LVITEM lvi = { 0 };
    TCHAR szProcessName[MAX_PATH] = { 0 }, szProcessID[16] = { 0 },
szBuf[MAX_ PATH] = { 0 };
    HANDLE hProcess;
    HMENU hMenu;
    BOOL bRet = FALSE;

    switch (uMsg)
    {
    case WM_INITDIALOG:
        g_hwndDlg = hwndDlg;
```

```
        //設定清單檢視控制項的擴充樣式
        SendMessage(GetDlgItem(hwndDlg, IDC_LIST_PROCESS),
LVM_SETEXTENDEDLI STVIEWSTYLE, 0, LVS_EX_FULLROWSELECT | LVS_EX_GRIDLINES);

        //設定列標題：處理程序名稱、處理程序ID、父處理程序ID、可執行檔路徑
        lvc.mask = LVCF_SUBITEM | LVCF_WIDTH | LVCF_TEXT;
        lvc.iSubItem = 0; lvc.cx = 150; lvc.pszText = TEXT("處理程序名稱");
        SendMessage(GetDlgItem(hwndDlg, IDC_LIST_PROCESS),
LVM_INSERTCOLUMN, 0, (LPARAM)&lvc);
        lvc.iSubItem = 1; lvc.cx = 60; lvc.pszText = TEXT("處理程序ID");
        SendMessage(GetDlgItem(hwndDlg, IDC_LIST_PROCESS),
LVM_INSERTCOLUMN, 1, (LPARAM)&lvc);
        lvc.iSubItem = 2; lvc.cx = 60; lvc.pszText = TEXT("父處理程序ID");
        SendMessage(GetDlgItem(hwndDlg, IDC_LIST_PROCESS),
LVM_INSERTCOLUMN, 2, (LPARAM)&lvc);
        lvc.iSubItem = 3; lvc.cx = 260; lvc.pszText = TEXT("可執行檔路徑");
        SendMessage(GetDlgItem(hwndDlg, IDC_LIST_PROCESS),
LVM_INSERTCOLUMN, 3, (LPARAM)&lvc);

        //為清單檢視控制項設定影像清單
        g_hImagListSmall = ImageList_Create(GetSystemMetrics(SM_CXSMICON),
            GetSystemMetrics(SM_CYSMICON), ILC_MASK | ILC_COLOR32, 500, 0);
        SendMessage(GetDlgItem(g_hwndDlg, IDC_LIST_PROCESS),
LVM_SETIMAGELIST,
            LVSIL_SMALL, (LPARAM)g_hImagListSmall);

        //顯示處理程序清單
        GetProcessList();
        return TRUE;

    case WM_COMMAND:
        switch (LOWORD(wParam))
        {
        case ID_REFRESH:
            //顯示處理程序清單
            GetProcessList();
            break;

        case ID_TERMINATE:
            //結束選定處理程序
            nSelected = SendMessage(GetDlgItem(g_hwndDlg, IDC_LIST_PROCESS),
```

```
LVM_GETSELECTIONMARK, 0, 0);

            //確定要結束處理程序嗎
            lvi.iItem = nSelected; lvi.iSubItem = 0;
            lvi.mask = LVIF_TEXT;
            lvi.pszText = szProcessName;
            lvi.cchTextMax = _countof(szProcessName);
            SendMessage(GetDlgItem(g_hwndDlg, IDC_LIST_PROCESS),
LVM_GETITEM, 0, (LPARAM)&lvi);
            wsprintf(szBuf, TEXT("確定要結束 %s 處理程序嗎？"), lvi.pszText);
            nRet = MessageBox(hwndDlg, szBuf, TEXT("結束處理程序"),
MB_OKCANCEL | MB_ICONINFORMATION | MB_DEFBUTTON2);
            if (nRet == IDCANCEL)
                return FALSE;

            //獲取處理程序控制碼
            lvi.iSubItem = 1;
            lvi.pszText = szProcessID;
            lvi.cchTextMax = _countof(szProcessID);
            SendMessage(GetDlgItem(g_hwndDlg, IDC_LIST_PROCESS),
LVM_GETITEM, 0, (LPARAM)&lvi);
            hProcess = OpenProcess(PROCESS_TERMINATE, FALSE, _ttoi(lvi.
pszText));
            if (hProcess)
            {
                //結束處理程序
                bRet = TerminateProcess(hProcess, 0);
                CloseHandle(hProcess);
            }

            if (!bRet)
            {
                wsprintf(szBuf, TEXT("結束 %s 處理程序失敗"), szProcessName);
                MessageBox(hwndDlg, szBuf, TEXT("錯誤訊息"), MB_OK);
            }
            else
            {
                //刪除清單項
                SendMessage(GetDlgItem(g_hwndDlg, IDC_LIST_PROCESS),
LVM_DELETEITEM, nSelected, 0);
            }
```

```
                break;

            case ID_OPEN:
                //開啟檔案所在位置
                nSelected = SendMessage(GetDlgItem(g_hwndDlg, IDC_LIST_PROCESS),
LVM_GETSELECTIONMARK, 0, 0);
                lvi.iItem = nSelected; lvi.iSubItem = 3;
                lvi.mask = LVIF_TEXT;
                lvi.pszText = szProcessName;
                lvi.cchTextMax = _countof(szProcessName);
                SendMessage(GetDlgItem(g_hwndDlg, IDC_LIST_PROCESS),
LVM_GETITEM, 0, (LPARAM)&lvi);

                //開啟父目錄並選定指定檔案的命令：Explorer.exe /select,檔案名稱
                wsprintf(szBuf, TEXT("/select,%s"), lvi.pszText);
                ShellExecute(hwndDlg, TEXT("open"), TEXT("Explorer.exe"),
szBuf, NULL, SW_SHOW);
                break;

            case ID_SUSPEND:
                //暫停處理程序
                nSelected = SendMessage(GetDlgItem(g_hwndDlg, IDC_LIST_PROCESS),
LVM_GETSELECTIONMARK, 0, 0);
                lvi.iItem = nSelected; lvi.iSubItem = 1;
                lvi.mask = LVIF_TEXT;
                lvi.pszText = szProcessID;
                lvi.cchTextMax = _countof(szProcessID);
                SendMessage(GetDlgItem(g_hwndDlg, IDC_LIST_PROCESS),
LVM_GETITEM, 0, (LPARAM)&lvi);
                SuspendProcess(_ttoi(lvi.pszText), TRUE);
                break;

            case ID_RESUME:
                //恢復處理程序
                nSelected = SendMessage(GetDlgItem(g_hwndDlg, IDC_LIST_PROCESS),
LVM_GETSELECTIONMARK, 0, 0);
                lvi.iItem = nSelected; lvi.iSubItem = 1;
                lvi.mask = LVIF_TEXT;
                lvi.pszText = szProcessID;
                lvi.cchTextMax = _countof(szProcessID);
```

```
                SendMessage(GetDlgItem(g_hwndDlg, IDC_LIST_PROCESS),
LVM_GETITEM, 0, (LPARAM)&lvi);
                SuspendProcess(_ttoi(lvi.pszText), FALSE);
                break;

            case IDCANCEL:
                ImageList_Destroy(g_hImagListSmall);
                EndDialog(hwndDlg, 0);
                break;
            }
            return TRUE;

        case WM_NOTIFY:
            if (((LPNMHDR)lParam)->idFrom == IDC_LIST_PROCESS && ((LPNMHDR)
lParam)-> code == NM_RCLICK)
            {
                if (((LPNMITEMACTIVATE)lParam)->iItem < 0)
                    return FALSE;

                // 如果可執行檔路徑一列為空，則禁用結束該處理程序、開啟檔案所在位置、暫停
                  處理程序、結束處理程序選單
                nSelected = SendMessage(GetDlgItem(g_hwndDlg, IDC_LIST_PROCESS),
LVM_GETSELECTIONMARK, 0, 0);
                hMenu = LoadMenu(g_hInstance, MAKEINTRESOURCE(IDR_MENU));
                lvi.iItem = nSelected; lvi.iSubItem = 3;
                lvi.mask = LVIF_TEXT;
                lvi.pszText = szProcessName;
                lvi.cchTextMax = _countof(szProcessName);
                SendMessage(GetDlgItem(g_hwndDlg, IDC_LIST_PROCESS),
LVM_GETITEM, 0, (LPARAM)&lvi);
                if (_tcsicmp(lvi.pszText, TEXT("")) == 0)
                {
                    EnableMenuItem(hMenu, ID_TERMINATE, MF_BYCOMMAND |
MF_DISABLED);
                    EnableMenuItem(hMenu, ID_OPEN, MF_BYCOMMAND |
MF_DISABLED);
                    EnableMenuItem(hMenu, ID_SUSPEND, MF_BYCOMMAND |
MF_DISABLED);
                    EnableMenuItem(hMenu, ID_RESUME, MF_BYCOMMAND |
MF_DISABLED);
```

```
            }

            // 彈出快顯功能表
            GetCursorPos(&pt);
            TrackPopupMenu(GetSubMenu(hMenu, 0), TPM_LEFTALIGN |
TPM_TOPALIGN, pt.x, pt.y, 0, hwndDlg, NULL);
        }
        return TRUE;
    }

    return FALSE;
}

BOOL GetProcessList()
{
    HANDLE hSnapshot;
    PROCESSENTRY32 pe = { sizeof(PROCESSENTRY32) };
    BOOL bRet;
    HANDLE hProcess;
    TCHAR szPath[MAX_PATH] = { 0 };
    TCHAR szBuf[16] = { 0 };
    DWORD dwLen;
    SHFILEINFO fi = { 0 };
    int nImage;
    LVITEM lvi = { 0 };

    // 刪除影像列表中的所有影像
    ImageList_Remove(g_hImagListSmall, -1);
    // 刪除所有清單項
    SendMessage(GetDlgItem(g_hwndDlg, IDC_LIST_PROCESS), LVM_DELETEALLITEMS,
0, 0);

    hSnapshot = CreateToolhelp32Snapshot(TH32CS_SNAPPROCESS, 0);
    if (hSnapshot == INVALID_HANDLE_VALUE)
    {
        MessageBox(g_hwndDlg, TEXT("CreateToolhelp32Snapshot 函數呼叫失敗"),
TEXT ("提示"), MB_OK);
        return FALSE;
    }

    bRet = Process32First(hSnapshot, &pe);
```

```
    while (bRet)
    {
        nImage = -1;
        ZeroMemory(szPath, sizeof(szPath));
        hProcess = OpenProcess(PROCESS_QUERY_INFORMATION, FALSE,
pe.th32ProcessID);
        if (hProcess)
        {
            //獲取可執行檔路徑
            dwLen = _countof(szPath);
            QueryFullProcessImageName(hProcess, 0, szPath, &dwLen);
            //獲取程式圖示
            SHGetFileInfo(szPath, 0, &fi, sizeof(SHFILEINFO), SHGFI_ICON |
SHGFI_SMALLICON);
            if (fi.hIcon)
                nImage = ImageList_AddIcon(g_hImagListSmall, fi.hIcon);

            CloseHandle(hProcess);
        }

        lvi.mask = LVIF_TEXT | LVIF_IMAGE;
        lvi.iItem = SendMessage(GetDlgItem(g_hwndDlg, IDC_LIST_PROCESS),
LVM_GETITEMCOUNT, 0, 0);
        //第 1 列，處理程序名稱
        lvi.iSubItem = 0; lvi.pszText = pe.szExeFile; lvi.iImage = nImage;
        SendMessage(GetDlgItem(g_hwndDlg, IDC_LIST_PROCESS),
LVM_INSERTITEM, 0, (LPARAM)&lvi);
        if (fi.hIcon)
            DestroyIcon(fi.hIcon);

        //第 2 列，處理程序 ID
        lvi.mask = LVIF_TEXT;
        lvi.iSubItem = 1; _itot_s(pe.th32ProcessID, szBuf, _countof(szBuf),
10); lvi.pszText = szBuf;
        SendMessage(GetDlgItem(g_hwndDlg, IDC_LIST_PROCESS), LVM_SETITEM,
0, (LPARAM)&lvi);

        //第 3 列，父處理程序 ID
        lvi.iSubItem = 2; _itot_s(pe.th32ParentProcessID, szBuf, _countof
(szBuf), 10); lvi.pszText = szBuf;
        SendMessage(GetDlgItem(g_hwndDlg, IDC_LIST_PROCESS), LVM_SETITEM,
```

```
0, (LPARAM)&lvi);

        //第 4 列，可執行檔路徑
        lvi.iSubItem = 3; lvi.pszText = szPath;
        SendMessage(GetDlgItem(g_hwndDlg, IDC_LIST_PROCESS), LVM_SETITEM,
0, (LPARAM)&lvi);

        bRet = Process32Next(hSnapshot, &pe);
    }

    CloseHandle(hSnapshot);
    return TRUE;
}

VOID SuspendProcess(DWORD dwProcessId, BOOL bSuspend)
{
    HANDLE hSnapshot;
    THREADENTRY32 te = { sizeof(THREADENTRY32) };
    BOOL bRet;
    HANDLE hThread;

    hSnapshot = CreateToolhelp32Snapshot(TH32CS_SNAPTHREAD, 0);
    if (hSnapshot == INVALID_HANDLE_VALUE)
        return;

    bRet = Thread32First(hSnapshot, &te);
    while (bRet)
    {
        if (te.th32OwnerProcessID == dwProcessId)
        {
            hThread = OpenThread(THREAD_SUSPEND_RESUME, FALSE,
te.th32ThreadID);
            if (hThread)
            {
                if (bSuspend)
                    SuspendThread(hThread);
                else
                    ResumeThread(hThread);

                //關閉執行緒控制碼
```

```
                CloseHandle(hThread);
            }
        }

        bRet = Thread32Next(hSnapshot, &te);
    }

    CloseHandle(hSnapshot);
    return;
}
```

在 WM_INITDIALOG 訊息中，程式設定清單檢視控制項的擴充樣式；因為清單檢視控制項是 LVS_ REPORT 報表視圖樣式，因此需要透過發送 LVM_INSERTCOLUMN 訊息增加列標題；另外，每一個清單項的前面需要顯示一個程式小圖示，所以需要建立一個影像清單，並發送 LVM_SETIMAGELIST 訊息把影像清單分配給清單檢視控制項；最後呼叫自訂函數 GetProcessList 顯示處理程序清單。

在自訂函數 GetProcessList 中，為了獲取處理程序的可執行檔的圖示，使用了 SHGetFileInfo 函數，把該函數最後一個參數設定為 SHGFI_ICON | SHGFI_SMALLICON 表示要獲取程式的小圖示，圖示控制碼透過 SHFILEINFO 結構的 hIcon 欄位傳回，有了圖示控制碼即可透過呼叫 ImageList_AddIcon 函數將其增加到清單檢視控制項的影像清單中。

程式對 WM_NOTIFY 訊息的處理就是彈出一個快顯功能表，快顯功能表的子功能表項包括更新處理程序列表、結束該處理程序、開啟檔案所在位置、暫停處理程序和恢復處理程序。如果一個清單項中的可執行檔圖示為空，或可執行檔路徑為空，通常說明該處理程序是重要的系統處理程序。作為普通使用者沒有足夠的許可權去呼叫 OpenProcess 函數開啟重要的系統處理程序獲取其資訊，因此對於可執行檔路徑一列為空的清單項，我們禁用快顯功能表的結束該處理程序、開啟檔案所在位置、暫停處理程序、結束處理程序等子功能表項。重要的系統處理程序不可以隨意暫停或結束，否則會導致系統崩潰。

程式對 WM_COMMAND 訊息的處理，以及對更新處理程序列表、結束該處理程序選單項的處理，都很簡單，查看對開啟檔案所在位置選單項的處理，即 case ID_OPEN 邏輯，我們希望在資源管理器中開啟檔案所在位置，並選中該檔案，開啟指定檔案的父目錄並選定指定檔案的命令是「Explorer.exe /select, 檔案名稱」，建構該命令並呼叫 ShellExecute 函數即可。

對於暫停處理程序和恢復處理程序，微軟公司並沒有提供類似於 SuspendProcess 和 ResumeProcess 的 API 函數，因為 Windows 中不存在暫停和恢復處理程序的概念，系統從來不會為處理程序排程 CPU 時間。如果需要暫停一個處理程序中的所有執行緒，可以列舉該處理程序中的所有執行緒，指定 TH32CS_SNAPTHREAD 標識並呼叫 CreateToolhelp32Snapshot 函數可以獲取系統中的所有執行緒清單。列舉執行緒列表使用的是 Thread32First 和 Thread32Next 函數，這兩個函數需要一個 THREADENTRY32 結構參數，將處理程序 ID 與 THREADENTRY32 結構的 th32OwnerProcessID 欄位進行比較即可確定一個執行緒是否屬於指定處理程序，然後可以對該執行緒實施暫停或恢復操作，具體參見自訂函數 SuspendProcess。關於 THREADENTRY32 結構和 OpenThread 函數的用法，讀者可以自行參考 MSDN。

注意，自訂函數 SuspendProcess 並不是 100% 安全的，CreateToolhelp32Snapshot 函數獲取的只是一個執行緒列表快照，在列舉完一個處理程序中的所有執行緒並暫停所有執行緒前，可能該處理程序中有一個執行緒又建立了新的執行緒，新執行緒在執行緒列表快照中並不存在。另外，在列舉過程中，可能處理程序中的執行緒已經銷毀，而此時其他處理程序正好建立了一個執行緒，並且執行緒 ID 與剛剛銷毀的執行緒 ID 相同，這種情況下，操作物件就是其他處理程序中的執行緒。當然，這種情況發生的機率比較小。

在偵錯處理程序時，也可以暫停該處理程序中的所有執行緒，偵錯器處理 WaitForDebugEvent 函數傳回的偵錯事件時，Windows 將暫停被偵錯處理程序中的所有執行緒，直到偵錯器呼叫 ContinueDebugEvent 函數，後續章節將介紹這些內容。

按 Ctrl + F5 複合鍵編譯執行程式，程式列出了系統中所有正在執行的處理程序列表，但是對於個別重要的系統處理程序無法獲取到程式圖示和檔案路徑。透過 Chapter4\ProcessList\Debug\ProcessList.exe 路徑按兩下執行程式，可以發現不顯示圖示和檔案路徑的清單項特別多，將清單檢視拉到最底部可以看到 ProcessList 處理程序，其父處理程序是 Explorer.exe 資源管理器處理程序。如果在 VS 中按 Ctrl + F5 複合鍵編譯執行程式，則 ProcessList 處理程序的父處理程序是 devenv.exe 即 VS 程式。VS 程式作為 ProcessList 處理程序的父處理程序，具有對 ProcessList 處理程序的偵錯許可權，偵錯許可權是一個等級比較高的許可權，因此處理程序清單中可以顯示大部分清單項的程式圖示和檔案路徑。另外，如果一個處理程序的父處理程序不是 Explorer.exe，基本可以斷定該處理程序正在被偵錯，這一點可以用於反偵錯、破解。

使一個程式具有偵錯許可權，或其他某個特權等級別，需要提升許可權。要為一個處理程序設定某個特權名稱，首先需要呼叫 OpenProcessToken 函數開啟與處理程序連結的存取權杖以獲得一個存取權杖控制碼 hToken，然後呼叫 LookupPrivilegeValue 函數獲取指定的特權名稱在系統中的本機唯一識別碼（LUID），最後呼叫 AdjustTokenPrivileges 函數啟用存取權杖控制碼 hToken 中指定的特權名稱（LookupPrivilegeValue 函數獲取到的 LUID 代表特權名稱），這些函數需要 Psapi.h 標頭檔，後面會介紹存取權杖。相關函數原型定義：

```
BOOL OpenProcessToken(
    _In_       HANDLE     ProcessHandle,    // 處理程序控制碼，獲取該處理程序的存取
                                            權杖控制碼
    _In_       DWORD      DesiredAccess,    // 請求的存取權杖存取類型，可以指定為
                                            TOKEN_ALL_ACCESS
    _Outptr_   PHANDLE    TokenHandle);     // 傳回與 ProcessHandle 處理程序連結的
                                            存取權杖控制碼
```

不再需要存取權杖控制碼時應該呼叫 CloseHandle 函數關閉控制碼。

```
BOOL LookupPrivilegeValue(
    _In_opt_ LPCTSTR lpSystemName,    // 系統名稱，設定為 NULL 表示本機系統
    _In_     LPCTSTR lpName,      // 特權名稱，例如常數 SE_DEBUG_NAME 表示偵錯許可權
    _Out_    PLUID   lpLuid);     // 傳回特權 lpName 在 lpSystemName 系統中的本機唯一
                                     識別字 LUID
BOOL AdjustTokenPrivileges(
    _In_      HANDLE  TokenHandle,              // 處理程序的存取權杖控制碼
    _In_      BOOL    DisableAllPrivileges, // 是否禁用所有特權，通常設定為 FALSE
    _In_opt_  PTOKEN_PRIVILEGES  NewState,     // 指向 TOKEN_PRIVILEGES 結構的指標
    _In_      DWORD              BufferLength, // PreviousState 參數指向的緩衝
                                                  區的大小，以位元組為單位
    _Out_opt_ PTOKEN_PRIVILEGES  PreviousState, // 傳回處理程序的先前特權狀態的
                                                  TOKEN_PRIVILEGES 結構
    _Out_opt_ PDWORD    ReturnLength); // 傳回 PreviousState 參數所需的緩沖區大小
```

後面 3 個參數通常可以分別設定為 0、NULL 和 NULL。需要注意的是，AdjustTokenPrivileges 函數無法向存取權杖增加新許可權，該函數只能啟用或禁用存取權杖的現有許可權。

TOKEN_PRIVILEGES 結構在 winnt.h 標頭檔中定義如下：

```
typedef struct _TOKEN_PRIVILEGES {
   DWORD PrivilegeCount;       //Privileges 陣列的陣列元素個數
   LUID_AND_ATTRIBUTES Privileges[ANYSIZE_ARRAY]; //LUID_AND_ATTRIBUTES 結構陣列
} TOKEN_PRIVILEGES, * PTOKEN_PRIVILEGES;

typedef struct _LUID_AND_ATTRIBUTES {
   LUID Luid;              // 代表特權名稱的本機唯一識別碼 LUID
   DWORD Attributes;       //SE_PRIVILEGE_ENABLED 表示啟用，SE_PRIVILEGE_REMOVED
                             表示移除，None 表示禁用
} LUID_AND_ATTRIBUTES, * PLUID_AND_ATTRIBUTES;

#define ANYSIZE_ARRAY  1
```

TOKEN_PRIVILEGES.Privileges 欄位是一個 LUID_AND_ATTRIBUTES 結構陣列，每個 LUID_ AND_ATTRIBUTES 結構包含代表特權名稱的本機唯一識別碼 LUID 和啟用、禁用、移除指定特權的操作常數。

在 ProcessList 程式中建立一個自訂函數 AdjustPrivileges，並在 WM_INITDIALOG 訊息中呼叫以提升本處理程序的特權：

```
BOOL AdjustPrivileges(HANDLE hProcess, LPCTSTR lpPrivilegeName)
{
    HANDLE hToken;
    TOKEN_PRIVILEGES tokenPrivileges;

    if (OpenProcessToken(hProcess, TOKEN_ALL_ACCESS, &hToken))
    {
        LUID luid;
        if (LookupPrivilegeValue(NULL, lpPrivilegeName, &luid))
        {
            tokenPrivileges.PrivilegeCount = 1;
            tokenPrivileges.Privileges[0].Luid = luid;
            tokenPrivileges.Privileges[0].Attributes = SE_PRIVILEGE_ENABLED;
            if (AdjustTokenPrivileges(hToken, FALSE, &tokenPrivileges, 0, NULL,
NULL))
                return TRUE;
        }

        CloseHandle(hToken);
    }

    return FALSE;
}
```

本例為 AdjustPrivileges 函數宣告的 lpPrivilegeName 參數設定了預設值 SE_DEBUG_NAME 偵錯特權。

▨ 列舉執行緒清單、模組清單、堆積清單

CreateToolhelp32Snapshot 函數的 dwFlags 參數設定為 TH32CS_SNAPTHREAD 可以列舉系統中的所有執行緒，函數傳回系統中當前正在執行的所有執行緒列表。列舉執行緒列表使用的是 Thread32First 和 Thread32Next 函數，這兩個函數需要一個 THREADENTRY32 結構參數。

dwFlags 參數設定為 TH32CS_SNAPMODULE 可以列舉指定處理程序中的所有模組，函數傳回指定處理程序中的所有模組清單。列舉模組清單使用的是 Module32First 和 Module32Next 函數，這兩個函數需要一個 MODULEENTRY32 結構參數。

dwFlags 參數設定為 TH32CS_SNAPHEAPLIST 可以列舉指定處理程序中的所有堆積，函數傳回指定處理程序中的所有堆積列表。列舉堆積列表使用的是 Heap32First 和 Heap32Next 函數，這兩個函數需要一個 HEAPENTRY32 結構參數。

4.5.2 EnumProcesses 函數

系統維護正在執行的處理程序的清單，透過呼叫 EnumProcesses 函數來獲取這些處理程序的 ID，並透過呼叫 OpenProcess 函數獲取其處理程序控制碼，有了處理程序控制碼即可對其進行各種操作：

```
BOOL EnumProcesses(
    _Out_    DWORD*    lpidProcess,        // 接收處理程序 ID 清單的 DWORD 陣列
    _In_     DWORD     cb,                 // lpidProcess 陣列的大小，以位元組為單位
    _Out_    LPDWORD   lpcbNeeded);        // 傳回的位元組數，*lpcbNeeded /
                                              sizeof(DWORD) 是列舉到的處理程序個數
```

該函數需要 Psapi.h 標頭檔。在呼叫 EnumProcesses 函數時無法預測有多少個處理程序，因此接收處理程序 ID 清單的 DWORD 陣列應該足夠大，例如 1024。EnumProcesses 函數呼叫成功，*lpcbNeeded/sizeof（DWORD）就是列舉到的處理程序個數。

透過 EnumProcesses 函數只能獲取正在執行的處理程序 ID 列表，無法獲取 Process32First 和 Process32Next 函數的 PROCESSENTRY32 結構參數等豐富資訊，處理程序的一些具體資訊需要使用者自行設法獲取。

NtQueryInformationProcess 函數用於獲取指定處理程序的資訊，該函數存在於 Ntdll.dll 動態連結程式庫中，需要 Winternl.h標頭檔，還需要 Ntdll.lib 匯入函數庫。NtQueryInformationProcess 函數原型如下：

```
NTSTATUS WINAPI NtQueryInformationProcess(
    _In_   HANDLE           ProcessHandle,    //要獲取其資訊的處理程序控制碼
    _In_   PROCESSINFOCLASS ProcessInformationClass, //要獲取的處理程序資訊的類型
    _Out_  PVOID            ProcessInformation,      //傳回所請求資訊的緩衝區
    _In_   ULONG            ProcessInformationLength, //ProcessInformation
                                                   緩衝區的大小，以位元組為單位
    _Out_opt_ PULONG        ReturnLength); //傳回所請求資訊的大小，可以設定為 NULL
```

ProcessInformationClass 參數指定要獲取的處理程序資訊的類型，PROCESSINFOCLASS 是一個列舉類型：

```
typedef enum _PROCESSINFOCLASS {
    ProcessBasicInformation = 0,
    ProcessDebugPort = 7,
    ProcessWow64Information = 26,
    ProcessImageFileName = 27,
    ProcessBreakOnTermination = 29
} PROCESSINFOCLASS;
```

ProcessInformationClass 參數指定為不同的列舉值代表獲取不同的處理程序資訊，如表 4.10 所示。

表 4.10

列舉值	含義
ProcessBasicInformation	這種情況下 ProcessInformation 參數需要指定為一個指向 PROCESS_BASIC_INFORMATION 結構的指標，其中包括指定處理程序是否正在被偵錯的處理程序環境區塊 PEB 結構、處理程序 ID 和父處理程序 ID 等欄位。建議使用 CheckRemoteDebuggerPresent 函數來確定一個處理程序是否正在被偵錯，使用 GetProcessId 函數獲取處理程序 ID
ProcessDebugPort	這種情況下 ProcessInformation 參數需要指定為一個指向 DWORD_PTR 類型變數的指標，該值是該處理程序的偵錯器的通訊埠編號，非零值表示該處理程序正在 Ring 3 偵錯器的控制下執行。建議使用 CheckRemoteDebuggerPresent 或 IsDebuggerPresent 函數來確定一個處理程序是否正在被偵錯

列舉值	含義
ProcessWow64Information	這種情況下 ProcessInformation 參數需要指定為一個指向 ULONG_PTR 類型變數的指標，如果該值不為 0，則說明該處理程序正在 WOW64 環境中執行；如果該值為 0，則說明該處理程序未在 WOW64 環境中執行（WOW64 是 x86 模擬器，允許 Win32 程式在 64 位元 Windows 系統上執行）。建議使用 IsWow64Process 函數來確定一個處理程序是否在 WOW64 環境中執行
ProcessImageFileName	一般不用。這種情況下 ProcessInformation 參數需要指定為一個指向 UNICODE_STRING 結構的指標，其中包含該處理程序的檔案名稱欄位。建議使用 QueryFullProcessImageName 或 GetProcessImageFileName 函數來獲取一個處理程序的檔案名稱
ProcessBreakOnTermination	在這種情況下，ProcessInformation 參數需要指定為一個指向 ULONG 類型變數的指標，如果該值不為 0，則說明該處理程序是系統關鍵處理程序（不可以隨意結束處理程序，否則會導致系統崩潰）；如果該值等於 0，則說明該處理程序不是系統關鍵處理程序。建議使用 IsProcessCritical 函數來確定一個處理程序是否為系統關鍵處理程序（需要 PROCESS_QUERY_LIMITED_INFORMATION 存取權限）

NtQueryInformationProcess 函數的傳回值是一個 NTSTATUS 類型：

```
typedef _Return_type_success_(return >= 0) LONG NTSTATUS;
```

在驅動程式開發過程中，開發者經常使用 NTSTATUS 類型傳回狀態，可以透過使用 NT_SUCCESS 巨集檢測狀態是否正確。

Ntdll.dll 動態連結程式庫中還有一個 ZwQueryInformationProcess 函數。在使用者層，NtQueryInformationProces 函數和 ZwQueryInformationProcess 函數是同一個函數，具有相同的函數位址。

這裡解釋一下與 ProcessBasicInformation 和 ProcessBreakOnTermination 列舉值相關的知識。

1. PROCESS_BASIC_INFORMATION 結構

該結構在 Winternl.h 標頭檔中定義如下：

```
typedef struct _PROCESS_BASIC_INFORMATION {
    PVOID Reserved1;                    // 保留欄位
    PPEB PebBaseAddress;                // 處理程序環境區塊 PEB 結構的指標
    PVOID Reserved2[2];                 // 保留欄位
    ULONG_PTR UniqueProcessId;          // 處理程序 ID
    PVOID Reserved3;                    // 保留欄位，但實際上是父處理程序 ID
} PROCESS_BASIC_INFORMATION, * PPROCESS_BASIC_INFORMATION;
```

稍後詳細講解關於處理程序環境區塊 PEB 結構的知識。

2. 系統關鍵處理程序

ProcessInformationClass 參數指定為列舉值 ProcessBreakOnTermination 的情況下，可以判斷一個處理程序是否為系統關鍵處理程序，或可以使用 IsProcessCritical 函數來確定一個處理程序是否為系統關鍵處理程序（需要 PROCESS_QUERY_LIMITED_INFORMATION 存取權限）。

如何設定一個處理程序為系統關鍵處理程序？可以使用 Ntdll.dll 動態連結程式庫中的未公開函數 RtlSetProcessIsCritical。設定一個處理程序為系統關鍵處理程序後，透過任何方式結束處理程序均會導致系統崩潰，包括其他處理程序呼叫 TerminateProcess 或自身正常結束，所以該函數可以用於保護處理程序不被非法結束，在需要正常結束時，取消設定自身為系統關鍵處理程序即可。

Ntdll.dll 是一個系統核心級動態連結程式庫，位於 Kernel32.dll 和 User32.dll 等動態連結程式庫中的大部分 API 函數最終是透過呼叫 Ntdll.dll 中的函數實作的，其中大都是微軟未公開的函數。讀者可以透過 Chapter4\Depends.exe 開啟 Ntdll.dll 來查看大量的匯出函數。

要呼叫一個未公開函數，通常需要透過呼叫 LoadLibrary / LoadLibraryEx 函數自行載入未公開函數所在的動態連結程式庫到處理程序位址空間中，然後透過呼叫 GetProcAddress 函數獲取該函數在動態連結程式庫中的位址，最後透過 GetProcAddress 函數傳回的函數指標進行函數呼叫。

LoadLibrary 函數用於將指定的模組載入到呼叫處理程序的位址空間中：

```
HMODULE LoadLibrary(_In_ LPCTSTR lpLibFileName);
//模組名稱，可以使用相對路徑或絕對路徑
```

lpLibFileName 參數指定模組名稱，可以使用相對路徑或絕對路徑。模組名稱可以是函數庫模組（.dll 檔案）或可執行模組（.exe 檔案），如果載入的是函數庫模組（.dll 檔案）則可以省略副檔名。載入一個模組可能會導致該模組載入其他模組，因為任何一個 .exe 或 .dll 檔案的執行通常都離不開其他模組的支援（例如呼叫其他模組中的函數）。如果函數執行成功，則傳回值是模組的控制碼。模組控制碼是一個模組載入到一個處理程序虛擬位址空間中的基底位址，因此模組控制碼是相對於處理程序的，一個處理程序中獲取到的模組控制碼不可以用於其他處理程序。如果函數執行失敗，則傳回值為 NULL。

如果確定一個模組已經載入到處理程序位址空間中，例如 Kernel32.dll、User32.dll 和 Gdi32.dll 是 Windows API 的三大模組，Ntdll.dll 是使用者級程式進入系統核心的入口，這些動態連結程式庫模組（以下簡稱 DLL 模組）一定會被載入，這時可以透過呼叫前面介紹的 GetModuleHandle 函數獲取一個模組載入到的基底位址，該函數傳回其模組控制碼。無論一個模組是否已經載入到處理程序位址空間中，呼叫 LoadLibrary/ LoadLibraryEx 函數總是可以傳回其模組控制碼。

系統為每個處理程序維護處理程序中所有已載入模組的引用計數，呼叫 LoadLibrary 函數會增加引用計數（使用 GetModuleHandle 函數獲取模組控制碼不會增加引用計數）；當不再需要所載入的模組時，應該呼叫 FreeLibrary 函數釋放該模組，FreeLibrary 函數會減少引用計數，如果引用計數為 0，則系統會從處理程序的位址空間中取消模組的映射，模組控制碼不再有效：

```
BOOL FreeLibrary(_In_ HMODULE hLibModule);  //模組控制碼
```

有了模組控制碼，可以透過呼叫 GetProcAddress 函數獲取其中一個函數的位址：

```
FARPROC GetProcAddress(
    _In_ HMODULE hModule,      // 模組控制碼
    _In_ LPCSTR lpProcName); // 函數名稱或函數序數（函數序數後面再講），區分大小寫，
                              const CHAR * 類型
```

如果函數執行成功，則傳回值為函數指標類型 FARPROC，即匯出函數的位址；如果函數執行失敗，則傳回值為 NULL：

```
#ifdef _WIN64
    typedef INT_PTR(FAR WINAPI* FARPROC)();
#else
    typedef int     (FAR WINAPI* FARPROC)();
#endif
```

LoadLibrary、GetProcAddress 和類似功能的函數在加密解密領域使用率特別高。接下來實作一個範例程式 RtlSetProcessIsCritical，該程式動態載入 Ntdll.dll，獲取其匯出函數 RtlSetProcessIsCritical 的函數位址並呼叫以設定程式自身為系統關鍵處理程序。RtlSetProcessIsCritical.cpp 原始檔案的部分內容如下：

```
typedef NTSTATUS(__cdecl* pfnRtlSetProcessIsCritical)(_In_ BOOL NewValue,
_Out_ opt_ PBOOL OldValue, _In_ BOOL CheckFlag);
pfnRtlSetProcessIsCritical pRtlSetProcessIsCritical;

INT_PTR CALLBACK DialogProc(HWND hwndDlg, UINT uMsg, WPARAM wParam, LPARAM
lParam)
{
    static HMODULE hNtdll;

    switch (uMsg)
    {
    case WM_INITDIALOG:
        hNtdll = LoadLibrary(TEXT("Ntdll.dll"));
        if (hNtdll)
```

```
        {
            pRtlSetProcessIsCritical = (pfnRtlSetProcessIsCritical)
GetProcAddress (hNtdll, "RtlSetProcessIsCritical");
            if (pRtlSetProcessIsCritical)
                pRtlSetProcessIsCritical(TRUE, NULL, FALSE);
            else
                FreeLibrary(hNtdll);
        }
        return TRUE;

    case WM_COMMAND:
        switch (LOWORD(wParam))
        {
        case IDCANCEL:
            if (pRtlSetProcessIsCritical)
                pRtlSetProcessIsCritical(FALSE, NULL, FALSE);
            if (hNtdll)
                FreeLibrary(hNtdll);
            EndDialog(hwndDlg, 0);
            break;
        }
        return TRUE;
    }

    return FALSE;
}
```

完整程式參見 Chapter4\RtlSetProcessIsCritical 專案。

如前所述，如果 GetProcAddress 函數執行成功，則傳回值為函數指標類型 FARPROC，即匯出函數的位址，這只是一個 int 類型的函數指標，還必須將傳回的函數指標強制轉為具體函數指標類型，因此我們定義了函數指標 pfnRtlSetProcessIsCritical。RtlSetProcessIsCritical 是微軟未公開的函數，沒有相關標頭檔，MSDN 也查詢不到函數用法，但很容易透過 Depends.exe 工具獲取到函數名稱，透過名稱可以判斷其功能，然後透過反組譯獲取其函數呼叫約定、函數參數等。本例中，在程式正常退出時，需要取消設定自身為系統關鍵處理程序，避免系統崩潰或工作檔案得不到儲存。

對於列舉處理程序，還可以透過呼叫 Wtsapi32.dll 提供的 WTS EnumerateProcesses 函數，或使用 Ntdll.dll 中的未公開函數 Nt(Zw)Query SystemInformation，實際上 CreateToolhelp32Snapshot、EnumProcesses 和 WTSEnumerateProcesses 這些函數都是透過呼叫 Ntdll 中的 Nt(Zw) Query SystemInformation 函數實作的。

4.5.3 處理程序環境區塊 PEB

對於惡意軟體，最簡單的處理程序偽裝方式是修改可執行檔名稱，例如將檔案名稱修改為 svchost.exe、services.exe 和 Explorer.exe 等系統處理程序名稱，另外還需要把可執行檔複製到系統目錄，這樣一來處理程序清單中顯示的是系統目錄中的某個「系統可執行檔」。

將 NtQueryInformationProcess 函數的 ProcessInformationClass 參數設定為 ProcessBasicInformation，該函數即可透過 ProcessInformation 參數傳回一個 PROCESS_BASIC_INFORMATION 結構的指標，該結構包含處理程序環境區塊 PEB 結構的指標、處理程序 ID 和父處理程序 ID 等欄位，處理程序環境區塊 PEB 位於使用者位址空間，存取比較方便。

處理程序環境區塊 PEB 結構的定義以下（注意，該結構可能會隨著系統版本的不同而不同）：

```
typedef struct _PEB {
    BYTE Reserved1[2];
    BYTE BeingDebugged;          // 值為 0 或 1，表示當前處理程序是否正在被偵錯
    BYTE Reserved2[1];
    PVOID Reserved3[2];
    PPEB_LDR_DATA Ldr;           // 指向包含處理程序已載入模組資訊的 PEB_LDR_DATA 結構
    PRTL_USER_PROCESS_PARAMETERS ProcessParameters; // 指向包含處理程序檔案路徑和
                                                      命令列參數的結構
    PVOID Reserved4[3];
    PVOID AtlThunkSListPtr;
    PVOID Reserved5;
    ULONG Reserved6;
    PVOID Reserved7;
    ULONG Reserved8;
```

```
    ULONG AtlThunkSListPtr32;
    PVOID Reserved9[45];
    BYTE Reserved10[96];
    PPS_POST_PROCESS_INIT_ROUTINE PostProcessInitRoutine;
    BYTE Reserved11[128];
    PVOID Reserved12[1];
    ULONG SessionId;            //階段 ID，後面會介紹 Session 階段
} PEB, * PPEB;
```

除 BeingDebugged、Ldr、ProcessParameters 和 SessionId 外，其他欄位都是不建議使用的保留欄位。

IsDebuggerPresent 函數透過讀取 PEB.BeingDebugged 欄位的值來判斷程式是否正在被偵錯。要確定其他處理程序是否正在被偵錯可以使用 CheckRemoteDebuggerPresent 函數（該函數有一個處理程序控制碼參數）。

1. Ldr 欄位

Ldr 欄位是指向包含處理程序已載入模組資訊的 PEB_LDR_DATA 結構的指標，該結構的定義如下：

```
typedef struct _PEB_LDR_DATA {
    BYTE  Reserved1[8];
    PVOID Reserved2[3];
    LIST_ENTRY InMemoryOrderModuleList;
} PEB_LDR_DATA, * PPEB_LDR_DATA;
```

Ldr → InMemoryOrderModuleList 欄位是處理程序已載入模組的雙向鏈結串列頭，雙向鏈結串列頭是一個 LIST_ ENTRY 結構，作為雙向鏈結串列頭的 LIST_ENTRY 結構的含義如下：

```
typedef struct _LIST_ENTRY {
    struct _LIST_ENTRY* Flink;     //指向鏈結串列中第一個節點的指標，如果鏈結串列為
                                     空則指向鏈結串列頭
    struct _LIST_ENTRY* Blink;     //指向鏈結串列中最後一個節點的指標，如果鏈結串列
                                     為空則指向鏈結串列頭
} LIST_ENTRY, * PLIST_ENTRY, * RESTRICTED_POINTER PRLIST_ENTRY;
```

計算第一個節點的程式如下：

```
PLIST_ENTRY pListEntry = pbi.PebBaseAddress->Ldr->InMemoryOrderModuleList.
Flink;
```

雙向鏈結串列的每個節點是一個 LIST_ENTRY 結構，作為節點的 LIST_ENTRY 結構的含義如下：

```
typedef struct _LIST_ENTRY {
    struct _LIST_ENTRY* Flink;     // 指向鏈結串列中的下一個節點，如果是最後一個節點
                                      則指向鏈結串列頭
    struct _LIST_ENTRY* Blink;     // 指向鏈結串列中的上一個節點，如果是第一個節點則
                                      指向鏈結串列頭
} LIST_ENTRY, * PLIST_ENTRY, * RESTRICTED_POINTER PRLIST_ENTRY;
```

雙向鏈結串列的每個節點是一個 LIST_ENTRY 結構，但是透過這樣的 LIST_ENTRY 結構無法獲取模組的具體資訊，事實上每個節點都是指向一個 LDR_DATA_TABLE_ENTRY 結構的 InMemoryOrderLinks 欄位的指標，LDR_DATA_TABLE_ENTRY 結構包含模組的基底位址、檔案路徑、校驗和和時間戳記等欄位，該結構在 winternl.h 標頭檔中定義如下：

```
typedef struct _LDR_DATA_TABLE_ENTRY {
    PVOID           Reserved1[2];
    LIST_ENTRY      InMemoryOrderLinks;     //LIST_ENTRY 結構
    PVOID           Reserved2[2];
    PVOID           DllBase;                // 模組基底位址
    PVOID           Reserved3[2];
    UNICODE_STRING  FullDllName;       // 模組檔案完整路徑的 UNICODE_STRING 結構
    BYTE            Reserved4[8];
    PVOID           Reserved5[3];
    union {
        ULONG       CheckSum;               // 校驗和
        PVOID       Reserved6;
    } DUMMYUNIONNAME;
    ULONG           TimeDateStamp;          // 時間戳記
} LDR_DATA_TABLE_ENTRY, * PLDR_DATA_TABLE_ENTRY;
```

LIST_ENTRY 節點的位址減 8 是 LDR_DATA_TABLE_ENTRY 結構的位址，但是考慮相容性不應該直接減 8，微軟公司提供了 CONTAINING_RECORD 巨集用於透過一個欄位的位址計算結構的基底位址：

```
#define CONTAINING_RECORD(address, type, field) ((type *)((PCHAR)(address)- \
                                     (ULONG_PTR)(&((type *)0)->field)))
```

ANSI C 標準允許將值為 0 的常數強制轉為任意一種類型的指標，轉換結果是一個 NULL 指標，因此 (type *)0 的結果是一個類型為 type * 的 NULL 指標。利用 NULL 指標存取 type 結構的成員變數是非法的，但是 &((type *)0) → field 的意圖僅是計算 field 欄位的位址，這種情況下編譯器不會生成存取 type 結構的程式，type 的基底位址為 0，因此計算出來的 field 欄位的位址是該欄位相對於 type 結構基底位址的偏移。

我們也可以自行定義一個計算指定欄位在結構中的偏移的巨集：

```
#define FIELD_OFFSET(type, field)    ((ULONG_PTR)(&((type *)0)->field))
```

UNICODE_STRING 結構的定義如下所示：

```
typedef struct _UNICODE_STRING {
    USHORT Length;              // 字串緩衝區的長度（以位元組為單位），不包括終止空白字元
    USHORT MaximumLength;       // 字串緩衝區的長度（以位元組為單位），包括終止空白字元
    PWSTR  Buffer;              // 寬字串緩衝區
} UNICODE_STRING;
```

列舉指定處理程序已載入模組資訊的程式如下：

```
PROCESS_BASIC_INFORMATION pbi = { 0 };
PLIST_ENTRY pListEntry = NULL;
PLDR_DATA_TABLE_ENTRY pDataTableEntry = NULL;

// 獲取指定處理程序的 PROCESS_BASIC_INFORMATION 結構
NtQueryInformationProcess(GetCurrentProcess(), ProcessBasicInformation,
```

```
    &pbi, sizeof(PROCESS_BASIC_INFORMATION), NULL);

// 處理程序已載入模組的雙向鏈結串列的第一個節點
pListEntry = pbi.PebBaseAddress->Ldr->InMemoryOrderModuleList.Flink;

// 如果鏈結串列為空，則第一個節點指向鏈結串列頭
if (pListEntry != &(pbi.PebBaseAddress->Ldr->InMemoryOrderModuleList))
{
    // 最後一個節點的 Flink 指向鏈結串列頭
    while (pListEntry != &(pbi.PebBaseAddress->Ldr->InMemoryOrderModuleList))
    {
        // 處理每一個節點
        pDataTableEntry = CONTAINING_RECORD(pListEntry, LDR_DATA_TABLE_
ENTRY, InMemoryOrderLinks);

        //pListEntry 指向下一個節點
        pListEntry = pListEntry->Flink;
    }
}
```

2. ProcessParameters 欄位

ProcessParameters 欄位是包含處理程序檔案路徑和命令列參數的 RTL_USER_PROCESS_PARAMETERS 結構：

```
typedef struct _RTL_USER_PROCESS_PARAMETERS {
    BYTE Reserved1[16];
    PVOID Reserved2[10];
    UNICODE_STRING ImagePathName;        // 處理程序檔案完整路徑
    UNICODE_STRING CommandLine;          // 傳遞給處理程序的命令列參數
} RTL_USER_PROCESS_PARAMETERS, * PRTL_USER_PROCESS_PARAMETERS;
```

我們可以修改任意處理程序的處理程序環境區塊 PEB 中的 ProcessParameters 欄位指向的 RTL_USER_ PROCESS_PARAMETERS 結構，以修改處理程序檔案完整路徑和傳遞給處理程序的命令列參數，但是這種方法並不是很有效，透過呼叫 GetModuleFileNameEx、QueryFull ProcessImageName 或 GetProcessImageFileName 等函數依然可以獲取被修改處理程序的正確路徑。在 Windows 10 64 位元系統中，程式必

須編譯為 64 位元才可以修改指定處理程序的 RTL_USER_PROCESS_PARAMETERS 結構。在 Chapter4\Explorer 專案編譯為 64 位元的情況下，透過 Process Explorer 處理程序查看工具查看到的是修改後的處理程序檔案路徑和命令列參數資訊，但是在工作管理員和我們自行撰寫的 ProcessList 程式中，處理程序偽裝失敗。

4.6 處理程序偵錯

4.6.1 讀寫其他處理程序的位址空間

當以合適的許可權獲取到一個處理程序的控制碼後，可以透過呼叫 ReadProcessMemory 和 WriteProcessMemory 函數讀寫該處理程序的位址空間，並且能夠對其他處理程序的位址空間進行讀寫。

ReadProcessMemory 函數用於讀取指定處理程序位址空間位址處的記憶體資料，WriteProcessMemory 函數用於向指定處理程序位址空間的位址處寫入資料：

```
BOOL WINAPI ReadProcessMemory(
    _In_        HANDLE    hProcess, //處理程序控制碼，需要 PROCESS_VM_READ 存取權限
    _In_        LPCVOID   lpBaseAddress, //hProcess 處理程序中的基底位址，從此處開始
                                        讀取資料
    _Out_       LPVOID    lpBuffer,     //傳回 hProcess 處理程序中 lpBaseAddress
                                        位址開始的 nSize 位元組的資料
    _In_        SIZE_T    nSize,        //要讀取的位元組數
    _Out_opt_   SIZE_T*   lpNumberOfBytesRead); //傳回實際讀取的位元組數，可以設
                                                定為 NULL
BOOL WINAPI WriteProcessMemory(
    _In_        HANDLE    hProcess,     //處理程序控制碼，需要 PROCESS_VM_WRITE
                                        和 PROCESS_VM_OPERATION 存取權限
    _In_        LPVOID    lpBaseAddress,//hProcess 處理程序中的基底位址，從此處開
                                        始寫入資料
    _In_        LPCVOID   lpBuffer,     //要寫入的資料
    _In_        SIZE_T    nSize,        //要寫入的位元組數
```

```
    _Out_opt_   SIZE_T*    lpNumberOfBytesWritten);  // 傳回實際寫入的位元組數，可
                                                        以設定為 NULL
```

需要兩個程式演示讀寫其他處理程序位址空間函數 ReadProcessMemory 和 WriteProcessMemory 的用法。目的程式 Test 的原始檔案內容如下：

```
#include <Windows.h>

BOOL g_bLegalCopy = FALSE;

int WINAPI WinMain(HINSTANCE hInstance, HINSTANCE hPrevInstance, LPSTR
lpCmdLine, int nCmdShow)
{
    // 判斷軟體是否為正版的程式，如果是則設定全域變數 g_bLegalCopy 為 TRUE

    if (g_bLegalCopy)
        MessageBox(NULL, TEXT(" 正版軟體 "), TEXT(" 歡迎 "), MB_OK);
    else
        MessageBox(NULL, TEXT(" 盜版軟體 "), TEXT(" 鄙視 "), MB_OK);

    return 0;
}
```

可以透過序號或其他手段來判斷 Test 程式是否為正版軟體。如果是正版軟體，則設定全域變數 g_bLegalCopy 為 TRUE，然後透過判斷 g_bLegalCopy 的值設定是否彈出正版軟體或盜版軟體的訊息方塊。就本例來說，會始終彈出盜版軟體訊息方塊。

我們的目的是使 Test.exe 程式總是彈出正版軟體訊息方塊。在目標軟體載入到記憶體中時，我們可以修改目標處理程序關鍵位址處的記憶體資料以達到破解的目的，這稱為記憶體更新。要實施記憶體更新，前期需要透過 OllyDBG（OD）等偵錯器對目標軟體進行偵錯追蹤，找到關鍵程式和關鍵位址。使用 OllyDBG 開啟 Test.exe 程式，關鍵的反組譯程式如圖 4.7 所示。

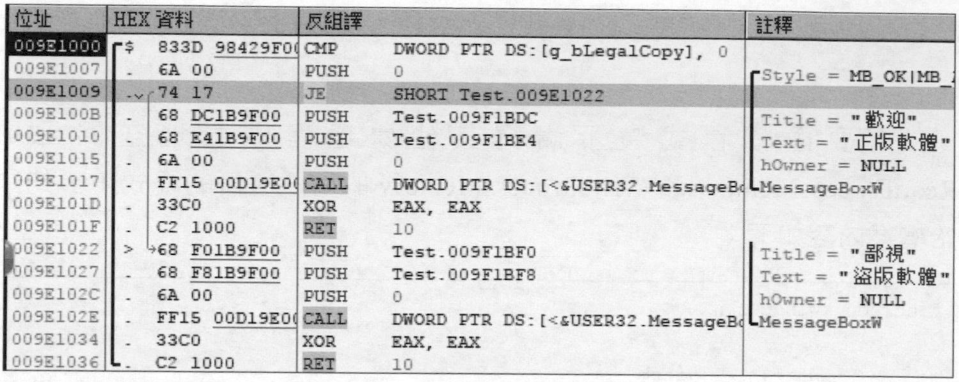

位址	HEX 資料	反組譯		註釋
009E1000	$ 833D 98429F00	CMP	DWORD PTR DS:[g_bLegalCopy], 0	
009E1007	. 6A 00	PUSH	0	Style = MB_OK|MB_
009E1009	.v 74 17	JE	SHORT Test.009E1022	
009E100B	. 68 DC1B9F00	PUSH	Test.009F1BDC	Title = "歡迎"
009E1010	. 68 E41B9F00	PUSH	Test.009F1BE4	Text = "正版軟體"
009E1015	. 6A 00	PUSH	0	hOwner = NULL
009E1017	. FF15 00D19E00	CALL	DWORD PTR DS:[<&USER32.MessageBo	MessageBoxW
009E101D	. 33C0	XOR	EAX, EAX	
009E101F	. C2 1000	RET	10	
009E1022	> 68 F01B9F00	PUSH	Test.009F1BF0	Title = "鄙視"
009E1027	. 68 F81B9F00	PUSH	Test.009F1BF8	Text = "盜版軟體"
009E102C	. 6A 00	PUSH	0	hOwner = NULL
009E102E	. FF15 00D19E00	CALL	DWORD PTR DS:[<&USER32.MessageBo	MessageBoxW
009E1034	. 33C0	XOR	EAX, EAX	
009E1036	. C2 1000	RET	10	

▲ 圖 4.7

注意，當使用 OllyDBG 載入 Test.exe 程式時，0x009E1000 並不是程式的進入點（Entry Point）。在編譯 C/C++ 程式時會增加一些 C/C++ 初始化程式，執行程式時會首先執行這些初始化程式，然後轉去執行 WinMain 函數。

點擊 OllyDBG 的查看選單→記憶體命令，可以開啟記憶體視窗，記憶體視窗中展示了 Test.exe 處理程序中整個虛擬位址空間的模組分佈情況，Test.exe 主程式模組的記憶體分佈如表 4.11 所示。

表 4.11

位址	大小	擁有者	區段	包含	類型	存取	初始存取
009E0000	00001000	Test		PE 檔案表頭	Imag	R	RWE
009E1000	0000C000	Test	.text	SFX, 程式	Imag	R	RWE
009ED000	00006000	Test	.rdata	資料 , 輸入表	Imag	R	RWE
009F3000	00002000	Test	.data		Imag	R	RWE
009F5000	00001000	Test	.rsrc	資源	Imag	R	RWE
009F6000	00001000	Test	.reloc		Imag	R	RWE

在表 4.11 的第 2 行 0x009E1000 中，0x0000C000 位元組大小的記憶體空間是 Test.exe 的 .text 區段，該區段儲存的是程式的可執行程式，0x009E1000 是 WinMain 函數的位址。第 1 行 0x009E0000 是可執行模組的基底位址，從 0x009E0000 開始的 0x00001000 位元組大小的記憶體空

間是 PE 檔案表頭。從區段一列中可以看到 .rdata、.data、.rsrc 和 .reloc，這些區段分別用來儲存只讀取資料、資料、資源和重定位資訊，不同的區段具有不同的記憶體保護屬性，後面會詳細介紹有關區段和 PE 檔案格式的內容。

我們可以修改反組譯程式第一行 DS:[g_bLegalCopy] 記憶體位址處的資料為 1，這樣一來 009E1009 行的 JE 指令就不會跳躍，程式會彈出正版軟體訊息方塊；也可以把 009E1009 行的 JE 指令使用 NOP 指令填充，NOP 是空操作指令，該指令不會產生任何結果，僅在消耗幾個時鐘週期的時間後繼續執行後續指令，NOP 指令的機器碼是 0x90，而此處的 JE 指令是 2 位元組 0x1774，因此可以使用 0x9090 替換 009E1009 行的 JE 指令，無論全域變數 g_bLegalCopy 的值為 TRUE 還是 FALSE，永遠只會彈出正版軟體訊息方塊。

009E1009 行的 JE 指令的機器碼（Hex 資料列）是 0x1774，位元組順序是資料的長度跨越多位元組時資料被儲存的順序，CPU 對位元組順序的處理方式有兩種：大端序方式（Big Endian）和小端序方式（Little Endian）。在大端序方式中，資料的高位元組被放置在連續儲存區域的首位，例如一個 32 位元的十六進位數 0x12345678 在記憶體中的儲存方式是 0x12,0x34,0x56,0x78；而在小端序方式中，資料的低位元組被放置在連續儲存區域的首位，上述資料在記憶體中的儲存方式為 0x78,0x56,0x34,0x12。Intel 系列處理器使用的是小端序方式（所以我們常常看到記憶體中的多位元組數倒過來放置），而某些 RISC 架構的處理器例如 IBM 的 Power-PC 則使用大端序方式。位元組順序指的是跨越多位元組的資料，單位元組資料無論採用哪種儲存方式都是相同的順序，例如下面的小端序方式記憶體空間：

```
0x00DAA03C  78 56 34 12 00 00 00 00 00 00 00 00 00 00 00 00  xV4.............
```

0x00DAA03C 位址處的 DWORD 資料為 0x12345678，0x00DAA03C 位址處的 WORD 資料為 0x5678，0x00DAA03C 位址處的 BYTE 資料為 0x78。

在找到目標軟體的關鍵位址後，接下來需要使用載入器程式載入目標軟體，在目標軟體執行前修改其關鍵程式。LoadTest 程式的原始檔案內容如下：

```
#include <windows.h>
#include "resource.h"

//函數宣告
INT_PTR CALLBACK DialogProc(HWND hwndDlg, UINT uMsg, WPARAM wParam, LPARAM
lParam);

int WINAPI WinMain(HINSTANCE hInstance, HINSTANCE hPrevInstance, LPSTR
lpCmdLine, int nCmdShow)
{
    DialogBoxParam(hInstance, MAKEINTRESOURCE(IDD_MAIN), NULL, DialogProc,
NULL);
    return 0;
}

INT_PTR CALLBACK DialogProc(HWND hwndDlg, UINT uMsg, WPARAM wParam, LPARAM
lParam)
{
    TCHAR szCommandLine[MAX_PATH] = TEXT("Test.exe");
    STARTUPINFO si = { sizeof(STARTUPINFO) };
    PROCESS_INFORMATION pi = { 0 };
    LPVOID lpBaseAddress = (LPVOID)0x009E1009;
    WORD wCodeOld, wCodeNew = 0x9090;

    switch (uMsg)
    {
    case WM_COMMAND:
        switch (LOWORD(wParam))
        {
        case IDC_BTN_LOADTEST:
            GetStartupInfo(&si);
            if (CreateProcess(NULL, szCommandLine, NULL, NULL, FALSE,
CREATE_ SUSPENDED,
                NULL, NULL, &si, &pi))
            {
```

```
                if (ReadProcessMemory(pi.hProcess, lpBaseAddress,
&wCodeOld, sizeof(WORD), NULL))
                {
                    // 目標處理程序 lpBaseAddress 位址處的資料內容是否為
                      0x1774，如果是，則替換
                    if (wCodeOld == 0x1774)
                    {
                        // 改寫機器碼
                        WriteProcessMemory(pi.hProcess, lpBaseAddress,
                            &wCodeNew, sizeof(WORD), NULL);
                        ResumeThread(pi.hThread);
                    }
                    else
                    {
                        MessageBox(hwndDlg, TEXT("目標軟體版本錯誤"),
TEXT("錯誤訊息"), MB_OK);
                        TerminateProcess(pi.hProcess, 0);
                    }
                }

                CloseHandle(pi.hThread);
                CloseHandle(pi.hProcess);
            }
            break;

        case IDCANCEL:
            EndDialog(hwndDlg, 0);
            break;
        }
        return TRUE;
    }

    return FALSE;
}
```

在 Windows Vista 及以上版本的系統中，PE 檔案（可執行檔）支援動態基底位址，在 VS 中可以用滑鼠按右鍵專案名稱，然後選擇屬性→設定屬性→連結器→進階→隨機基址和固定基址命令，可以看到預設情況下已經設定了隨機基址。該技術稱為位址空間佈局隨機化（Address

Space Layout Randomization，ASLR）。為了增強系統安全性，可執行檔每次載入到的記憶體基底位址都會隨機變化，程式中用到的 DLL 檔案載入到的記憶體基底位址也會隨機變化，並且處理程序的堆疊以及堆積的基底位址也會隨機變化。如果不採用 ASLR，可執行檔載入的預設基底位址為 0x00400000，DLL 檔案載入的預設基底位址為 0x10000000，利用 ASLR 技術增加了惡意使用者撰寫漏洞程式的難度。在上述反組譯程式中，Test 程式的虛擬基底位址為 0x009E0000，程式碼部分通常位於偏移 0x1000 的位置，即 0x009E1000，JE 指令位於程式碼部分偏移 9 位元組的位址處，即 0x009E1009，但是在 Test 程式每次執行時期，可執行檔載入到的基底位址可能都會發生變化，而 LoadTest 程式假設 Test 程式的基底位址始終是 0x009E0000，這是存在嚴重錯誤的。

ReadProcessMemory（需要 PROCESS_VM_READ 存取權限）和 WriteProcessMemory（需要 PROCESS_ VM_WRITE 和 PROCESS_VM_OPERATION 存取權限）函數可以讀寫其他處理程序的位址空間，由 CreateProcess 函數傳回的處理程序控制碼具有對子處理程序的 PROCESS_ALL_ACCESS 所有可能的存取權限，可以自由讀寫子處理程序的位址空間，但是如果是使用 OpenProcess 函數獲取的處理程序控制碼，需要指定相關存取權限，否則會讀寫失敗。

4.6.2 獲取一個以暫停模式啟動的處理程序模組基底位址

對於一個執行中的處理程序，可以透過呼叫 EnumProcessModules/EnumProcessModulesEx 函數獲取該處理程序中每個模組的控制碼：

```
BOOL WINAPI EnumProcessModules(
    _In_  HANDLE     hProcess,      // 處理程序控制碼
    _Out_ HMODULE* lphModule,       // 接收模組控制碼清單的陣列
    _In_  DWORD      cb,            //lphModule 陣列的大小，以位元組為單位
    _Out_ LPDWORD    lpcbNeeded);   // 傳回所需的位元組數，*lpcbNeeded /
                                      sizeof(HMODULE) 是模組個數
```

類似於 EnumProcesses 函數，我們很難預測一個處理程序中有多少個模組，因此可以指定一個比較大的 HMODULE 陣列以接收模組控制碼清單，或可以兩次呼叫 EnumProcessModules 函數，透過 lpcbNeeded 參數傳回的位元組數分配合理大小的陣列，然後再次呼叫 EnumProcessModules 函數。

列舉到的第一個模組控制碼是主程式模組的控制碼，因此如果只需要獲取主程式模組的基底位址可以按以下方式呼叫 EnumProcessModules 函數，不需要再呼叫 Module32Next 函數繼續列舉。

```
HMODULE hModule;
DWORD dwNeeded;
EnumProcessModules(hProcess, &hModule, sizeof(HMODULE), &dwNeeded);
```

還可以透過呼叫 CreateToolhelp32Snapshot 函數列舉一個正在執行處理程序中的所有模組，例如：

```
HANDLE hSnapshot;
MODULEENTRY32 me = { sizeof(MODULEENTRY32) };
BOOL bRet;

hSnapshot = CreateToolhelp32Snapshot(TH32CS_SNAPMODULE, pi.dwProcessId);
if (hSnapshot == INVALID_HANDLE_VALUE)
    return FALSE;

bRet = Module32First(hSnapshot, &me);
while (bRet)
{
    //對列舉到的模組操作

    bRet = Module32Next(hSnapshot, &me);
}

CloseHandle(hSnapshot);
```

EnumProcessModules / EnumProcessModulesEx 函數或 CreateToolhelp32Snapshot 函數只能列舉一個正在執行中處理程序的所有模組。在

LoadTest 程式中，呼叫 CreateProcess 函數建立 Test 子處理程序，為了能夠在 Test 程式執行前有機會呼叫 ReadProcessMemory 或 WriteProcessMemory 函數讀寫其位址空間，我們把 CreateProcess 函數的 dwCreationFlags 參數設定為 CREATE_SUSPENDED 暫停狀態，這時候子處理程序還沒有初始化完畢，因此呼叫相關模組列舉函數不會成功，可以使用下面將要介紹的偵錯 API 解決這個問題。

其實，對於透過呼叫 CreateProcess 函數並把 dwCreationFlags 參數設定為 CREATE_SUSPENDED 建立的處理程序，也可以透過其他一些方法獲取到主程式模組的基底位址。

- 第一種方法是透過呼叫 GetThreadContext 函數獲取目標處理程序主執行緒環境，context.Eax 暫存器的值是程式進入點位址，有了程式進入點位址，可以透過呼叫 VirtualQueryEx 函數查詢處理程序虛擬位址空間中的頁面資訊，其中 MEMORY_BASIC_INFORMATION.AllocationBase 是空間區域的基底位址，也是可執行模組的基底位址。
- 第二種方法，雖然是以暫停模式啟動的目標處理程序，但是可執行模組本身已經在記憶體中映射，只是程式中需要使用的一些其他 DLL 模組還沒有映射，因此可以透過呼叫 GetSystemInfo 函數查詢處理程序位址空間的最小記憶體位址、最大記憶體位址和頁面大小，從最小記憶體位址 lpMinAppAddress 開始遞增查詢第一個具有 MEM_IMAGE 類型的頁面（頁面狀態為已提交），這個具有 MEM_ IMAGE 類型的頁面屬於可執行模組的空間區域。同樣，MEMORY_BASIC_INFORMATION. AllocationBase 是空間區域的基底位址，也是可執行模組的基底位址。

GetSuspendProcessBase 程式實作了這兩種方法，GetSuspendProcessBase.cpp 原始檔案的內容如下：

```
#include <Windows.h>
#include <Psapi.h>
```

```
#include <tchar.h>

int WINAPI WinMain(HINSTANCE hInstance, HINSTANCE hPrevInstance, LPSTR
lpCmdLine, int nCmdShow)
{
    TCHAR szCommandLine[MAX_PATH] = TEXT("ThreeThousandYears.exe");//目的程式
    MEMORY_BASIC_INFORMATION mbi = { 0 };    // VirtualQueryEx 參數
    SIZE_T nBufSize;                         // VirtualQueryEx 傳回值
    TCHAR szImageFile[MAX_PATH] = { 0 };     //目的程式完整路徑
    TCHAR szBuf[MAX_PATH * 2] = { 0 };       //緩衝區

    //方法1
    STARTUPINFO si = { sizeof(STARTUPINFO) };
    PROCESS_INFORMATION pi = { 0 };
    CONTEXT context = { 0 };

    //建立一個暫停的處理程序
    GetStartupInfo(&si);
    CreateProcess(NULL, szCommandLine, NULL, NULL, FALSE, CREATE_SUSPENDED,
NULL, NULL, &si, &pi);

    //獲取目標處理程序主執行緒環境
    context.ContextFlags = CONTEXT_ALL;
    GetThreadContext(pi.hThread, &context);

    //context.Eax 是程式進入點位址
    nBufSize = VirtualQueryEx(pi.hProcess, (LPVOID)context.Eax, &mbi,
sizeof(mbi));
    if (nBufSize > 0)
    {
        GetMappedFileName(pi.hProcess, (LPVOID)context.Eax, szImageFile,
_countof (szImageFile));
        wsprintf(szBuf, TEXT("%s 基底位址：0x%p"), szImageFile, mbi.
AllocationBase);
        MessageBox(NULL, szBuf, TEXT(" 提示 "), MB_OK);
    }

    //方法2
    SYSTEM_INFO systemInfo = { 0 };
    LPVOID lpMinAppAddress = NULL;
```

```
    //獲取處理程序位址空間的最小、最大記憶體位址和頁面大小
    GetSystemInfo(&systemInfo);
    lpMinAppAddress = systemInfo.lpMinimumApplicationAddress;

    //從最小記憶體位址開始查詢第一個具有 MEM_IMAGE 類型的頁面（頁面狀態為已提交）
    while (lpMinAppAddress < systemInfo.lpMaximumApplicationAddress)
    {
        ZeroMemory(&mbi, sizeof(MEMORY_BASIC_INFORMATION));
        nBufSize = VirtualQueryEx(pi.hProcess, lpMinAppAddress, &mbi,
sizeof(mbi));
        if (nBufSize == 0)
        {
            lpMinAppAddress = (LPBYTE)lpMinAppAddress + systemInfo.
dwPageSize;
            continue;
        }

        switch (mbi.State)
        {
        case MEM_RESERVE:
        case MEM_FREE:
            lpMinAppAddress = (LPBYTE)(mbi.BaseAddress) + mbi.RegionSize;
            break;

        case MEM_COMMIT:
            if (mbi.Type == MEM_IMAGE)
            {
                GetMappedFileName(pi.hProcess, lpMinAppAddress,
szImageFile, _countof (szImageFile));
                wsprintf(szBuf, TEXT("%s 基底位址：0x%p"), szImageFile,
mbi. AllocationBase);
                MessageBox(NULL, szBuf, TEXT("提示"), MB_OK);
                break;
            }

            lpMinAppAddress = (LPBYTE)(mbi.BaseAddress) + mbi.RegionSize;
            break;
        }
```

```
        // 找到後退出迴圈
        if (mbi.Type == MEM_IMAGE)
            break;
    }

    ResumeThread(pi.hThread);
    CloseHandle(pi.hThread);
    CloseHandle(pi.hProcess);

    return 0;
}
```

如何證明獲取到的可執行模組基底位址是否正確？ThreeThousandYears 程式正常執行後，開啟 WinHex，工具選單項→開啟記憶體，找到 ThreeThousandYears 處理程序即可看到可執行模組 ThreeThousandYears.exe 的基底位址。選擇 ThreeThousandYears 處理程序的「整個記憶體」，點擊「確定」按鈕，可以看到處理程序整個位址空間的記憶體資料，如圖 4.8 所示。

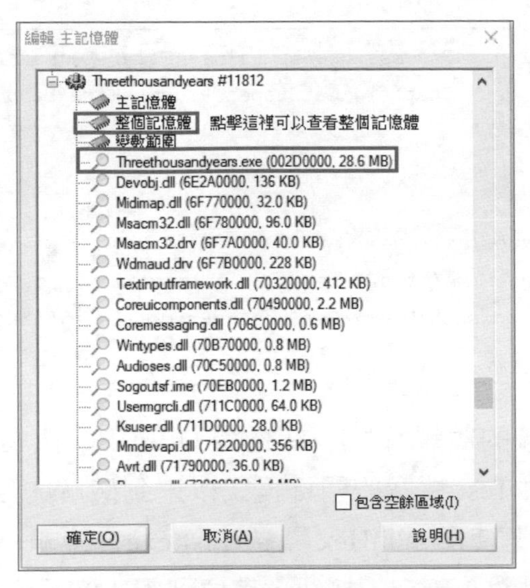

▲ 圖 4.8

本程式中實際上無須呼叫 GetMappedFileName 函數獲取模組檔案的完整路徑，這裡只是為了額外介紹一個函數。GetMappedFileName 函數用於檢查指定的記憶體位址是否位於指定處理程序的位址空間中，如果是，則傳回處理程序所對應可執行檔的名稱：

```
DWORD GetMappedFileName(
    _In_  HANDLE hProcess,    //處理程序控制碼，必須具有 PROCESS_QUERY_INFORMATION
                                和 PROCESS_VM_READ 存取權限
    _In_  LPVOID lpv,         //記憶體位址
    _Out_ LPTSTR lpFilename, //傳回可執行檔名稱的緩衝區
    _In_  DWORD  nSize);      //緩衝區的大小，以字元為單位
```

如果函數執行成功，則傳回值是複製到緩衝區中的字串長度；如果函數執行失敗，則傳回值為 0。

注意，傳回的檔案名稱路徑是 \Device\HarddiskVolume2\ 形式的本機系統路徑格式，如果本書的原始程式碼檔案在 F 磁碟，那麼路徑是 HarddiskVolume4。就本程式而言，不建議使用 GetMappedFileName 函數，而是使用 GetModuleFileNameEx 或 QueryFullProcessImageName 函數，如下所示：

```
GetModuleFileNameEx(pi.hProcess, NULL, szImageFile, _countof(szImageFile));
//傳回 F:\Source\Windows\Chapter4\GetSuspendProcessBase\Debug\
ThreeThousandYears.exe

//或
DWORD dwLen = _countof(szImageFile);
QueryFullProcessImageName(pi.hProcess, 0, szImageFile, &dwLen);
//傳回 F:\Source\Windows\Chapter4\GetSuspendProcessBase\Debug\
ThreeThousandYears.exe
```

對於 Test 這樣的簡單程式，在透過 OllyDBG 偵錯器找到關鍵程式後，可以直接修改 Test 檔案的關鍵程式以達到破解的目的，這稱為檔案更新（靜態更新）。使用 WinHex 開啟 Test.exe，搜尋→查詢十六進位數值，輸入 7417，點擊「確定」按鈕，定位到圖 4.9 所示的位址處。

```
Offset   0  1  2  3  4  5  6  7   8  9 10 11 12 13 14 15
  1024  83 3D 98 42 41 00 00 6A  00 74 17 68 DC 1B 41 00   ▌=▌BA  j t hÜ A
```

▲ 圖 4.9

把圖中的 7417 修改為 9090，儲存檔案即可實作破解目的。

4.6.3 偵錯 API

偵錯一個程式需要在呼叫 CreateProcess 函數建立子處理程序時將 dwCreationFlags 參數指定為 DEBUG_ PROCESS 或 DEBUG_ONLY_ THIS_PROCESS 標識；建立子處理程序即被偵錯處理程序後，當被偵錯處理程序中發生偵錯事件時，Windows 會暫停被偵錯處理程序中的所有執行緒並向父處理程序即偵錯器發送一個偵錯事件通知，偵錯器需要迴圈呼叫 WaitForDebugEvent 函數等待偵錯事件；在處理完一個偵錯事件後，需要呼叫 ContinueDebugEvent 函數恢復被偵錯處理程序的執行並等待下一個偵錯事件的發生。

對於正在執行中的處理程序，可以透過呼叫 DebugActiveProcess 函數使該處理程序進入被偵錯狀態。透過 OllyDBG 檔案選單下的附加選單項可以選擇要附加的處理程序，把一個正在執行中的處理程序附加到 OllyDBG 中進行偵錯，使用的就是該函數：

```
BOOL WINAPI DebugActiveProcess(_In_ DWORD dwProcessId);     //處理程序 ID
```

要停止對指定處理程序的偵錯可以呼叫 DebugActiveProcessStop 函數：

```
BOOL DebugActiveProcessStop(_In_ DWORD dwProcessId);        //處理程序 ID
```

偵錯一個程式使用的是 CreateProcess 函數，呼叫 CreateProcess 函數的處理程序稱為偵錯器，CreateProcess 函數建立的處理程序稱為被偵錯處理程序，很明顯被偵錯處理程序是偵錯器的子處理程序，當偵錯器處理程序結束時被偵錯處理程序也會結束，但是在非偵錯場合即 CreateProcess 函數的 dwCreationFlags 參數沒有指定 DEBUG_PROCESS 或 DEBUG_ONLY_THIS_PROCESS 標識的情況下，父處理程序退出並不會影響子處理程序。執行先前版本的 Armadillo（穿山甲）加密殼加密過的程式時透過 CreateProcess 函數建立被偵錯處理程序，被偵錯處理程序才是真正的原程式（也被加密過），使用 OllyDBG 偵錯工具偵錯 Armadillo 加密殼加密過的程式實際上偵錯的是一個偵錯器，沒有實際意義，這時候可以透過呼叫 DebugActiveProcessStop 函數使 Armadillo 偵錯器停止對被偵錯處理程序的偵錯，父子處理程序脫離關係，該過程稱為剝離處理程序，然後可以附加 Armadillo 的被偵錯處理程序繼續進行偵錯。

WaitForDebugEvent 函數用於等待正在偵錯的處理程序發生偵錯事件：

```
BOOL WINAPI WaitForDebugEvent(
    _Out_ LPDEBUG_EVENT lpDebugEvent,   // 傳回有關偵錯事件資訊的 DEBUG_EVENT 結構
    _In_  DWORD         dwMilliseconds);   // 等待偵錯事件發生的毫秒數
```

（1）lpDebugEvent 參數傳回有關偵錯事件資訊的 DEBUG_EVENT 結構，該結構在 minwinbase.h 標頭檔中定義如下：

```
typedef struct _DEBUG_EVENT {
    DWORD dwDebugEventCode;             // 偵錯事件類型
    DWORD dwProcessId;                  // 發生偵錯事件的處理程序的 ID
    DWORD dwThreadId;                   // 發生偵錯事件的執行緒的 ID
    union {                             // 聯合體：
        EXCEPTION_DEBUG_INFO Exception;              //EXCEPTION_DEBUG_EVENT
        CREATE_THREAD_DEBUG_INFO CreateThread;   //CREATE_THREAD_DEBUG_EVENT
        CREATE_PROCESS_DEBUG_INFO CreateProcessInfo;//CREATE_PROCESS_DEBUG_
EVENT
        EXIT_THREAD_DEBUG_INFO ExitThread;           //EXIT_THREAD_DEBUG_EVENT
        EXIT_PROCESS_DEBUG_INFO ExitProcess;         //EXIT_PROCESS_DEBUG_EVENT
        LOAD_DLL_DEBUG_INFO LoadDll;                 //LOAD_DLL_DEBUG_EVENT
        UNLOAD_DLL_DEBUG_INFO UnloadDll;             //UNLOAD_DLL_DEBUG_EVENT
        OUTPUT_DEBUG_STRING_INFO DebugString;    //OUTPUT_DEBUG_STRING_EVENT
        RIP_INFO RipInfo;                            //RIP_EVENT
    } u;
} DEBUG_EVENT, * LPDEBUG_EVENT;
```

dwDebugEventCode 欄位表示偵錯事件類型，可以是表 4.12 所示的值之一。

表 4.12

偵錯事件類型	值	含義
EXCEPTION_DEBUG_EVENT	1	被偵錯處理程序中發生異常事件，被偵錯處理程序開始執行第一行指令時會發生本事件，後續在發生偵錯中斷（遇到 int3 或單步中斷）以及發生異常時也會發生本事件。u.Exception 欄位是一個 EXCEPTION_DEBUG_INFO 結構
CREATE_THREAD_DEBUG_EVENT	2	被偵錯處理程序中建立了一個新執行緒（被偵錯處理程序的主執行緒被建立時不會發生本事件）。u.CreateThread 欄位是一個 CREATE_THREAD_DEBUG_INFO 結構
CREATE_PROCESS_DEBUG_EVENT	3	處理程序被建立，當呼叫 CreateProcess 函數建立被偵錯處理程序（還未開始執行），或正在執行中的處理程序被 DebugActiveProcess 函數附加到偵錯器中時會發生本事件。u.CreateProcessInfo 欄位是一個 CREATE_PROCESS_DEBUG_INFO 結構
EXIT_THREAD_DEBUG_EVENT	4	被偵錯處理程序中某個執行緒結束。u.ExitThread 欄位是一個 EXIT_THREAD_ DEBUG_INFO 結構
EXIT_PROCESS_DEBUG_EVENT	5	被偵錯處理程序退出。u.ExitProcess 欄位是一個 EXIT_PROCESS_DEBUG_INFO 結構
LOAD_DLL_DEBUG_EVENT	6	被偵錯處理程序載入一個 DLL 時發生本事件，當系統根據可執行檔檔案表頭中的匯入表載入 DLL 時會發生本事件，被偵錯處理程序呼叫 LoadLibrary 函數載入 DLL 時也會發生本事件。u.LoadDll 欄位是一個 LOAD_DLL_DEBUG_INFO 結構
UNLOAD_DLL_DEBUG_EVENT	7	當一個 DLL 從被偵錯處理程序中移除時發生本事件。u.UnloadDll 欄位是一個 UNLOAD_DLL_DEBUG_INFO 結構
OUTPUT_DEBUG_STRING_EVENT	8	當被偵錯處理程序呼叫 DebugOutputString 函數時發生本事件，被偵錯處理程序可以透過這種方法向偵錯器發送訊息字串。u.DebugString 欄位是一個 OUTPUT_DEBUG_STRING_INFO 結構
RIP_EVENT	9	偵錯發生錯誤。u.RipInfo 欄位是一個 RIP_INFO 結構

關於發生不同偵錯事件時所用的結構的具體含義，後續再進行詳細介紹。

dwProcessId 欄位是發生偵錯事件的處理程序的 ID，dwThreadId 欄位是發生偵錯事件的執行緒的 ID，呼叫 CreateProcess 函數建立被偵錯處理程序時，PROCESS_INFORMATION 結構參數可以傳回子處理程序的處理程序 ID 和執行緒 ID。如果呼叫 CreateProcess 函數時將 dwCreation Flags 參數指定為 DEBUG_PROCESS，則偵錯事件可能發生在孫處理程序中，這時 dwProcessId 和 dwThreadId 欄位表示孫處理程序的 ID。

（2）dwMilliseconds 參數指定等待偵錯事件發生的毫秒數，如果設定為 0，函數將測試偵錯事件並立即傳回；如果設定為 INFINITE，則函數會一直等待直到發生偵錯事件。

當偵錯器使用 WaitForDebugEvent 函數獲取到一個偵錯事件並進行處理後，被偵錯處理程序還處於暫停狀態，要恢復被偵錯處理程序的執行可以呼叫 ContinueDebugEvent 函數：

```
BOOL WINAPI ContinueDebugEvent(
    _In_ DWORD dwProcessId,        // 被恢復執行的處理程序 ID，使用 DEBUG_EVENT 結構
                                      中傳回的名稱相同欄位即可
    _In_ DWORD dwThreadId,         // 被恢復執行的執行緒 ID，使用 DEBUG_EVENT 結構中
                                      傳回的名稱相同欄位即可
    _In_ DWORD dwContinueStatus); // 繼續執行選項，通常指定為 DBG_CONTINUE
```

dwContinueStatus 參數表示繼續執行選項，可以是表 4.13 所示的值之一。

表 4.13

常數	含義
DBG_CONTINUE	如果 dwThreadId 參數指定的執行緒發生了 EXCEPTION_DEBUG_EVENT 偵錯事件，則停止所有異常處理並繼續執行該執行緒，然後將異常標記為已處理；對於任何其他偵錯事件，該標識只是繼續執行執行緒
DBG_EXCEPTION_NOT_HANDLED	如果 dwThreadId 參數指定的執行緒發生了 EXCEPTION_DEBUG_EVENT 偵錯事件，則使用被偵錯處理程序的結構化例外處理常式處理；否則處理程序將終止。對於任何其他偵錯事件，該標識只是繼續執行執行緒。通常用於加殼程式，把異常交給加殼程式的例外處理常式

常數	含義
DBG_REPLY_LATER	用於 Windows 10 1507 或更新版本，繼續執行 dwThreadId 參數指定的執行緒，再次觸發相同的異常

偵錯器通常可以按照以下方式處理偵錯事件：

```
DEBUG_EVENT debugEvent;

while (TRUE)
{
    // 等待偵錯事件發生
    WaitForDebugEvent(&debugEvent, INFINITE);

    // 處理偵錯事件，也可以使用 switch 敘述
    if (debugEvent.dwDebugEventCode == EXCEPTION_DEBUG_EVENT)
    {
        // 被偵錯處理程序中發生異常事件
        switch (debugEvent.u.Exception.ExceptionRecord.ExceptionCode)
        {
        case EXCEPTION_BREAKPOINT:          // 中斷點中斷
            break;

        case EXCEPTION_SINGLE_STEP:         // 單步中斷
            break;

        case EXCEPTION_ACCESS_VIOLATION:    // 存取違規
            break;

        default:
            break;
        }
    }

    else if (debugEvent.dwDebugEventCode == CREATE_THREAD_DEBUG_EVENT)
    {
        // 被偵錯處理程序中建立了一個新執行緒
        // 可以呼叫 GetThreadContext、SetThreadContext 函數獲取、修改執行緒的暫存器，
        // 可以呼叫 SuspendThread、ResumeThread 函數暫停、恢復執行緒執行
    }
```

```
else if (debugEvent.dwDebugEventCode == CREATE_PROCESS_DEBUG_EVENT)
{
    // 處理程序被建立
    // 可以呼叫 GetThreadContext、SetThreadContext 函數獲取、修改執行緒的暫存器
    // 可以呼叫 SuspendThread、ResumeThread 函數暫停、恢復執行緒執行
    // 可以呼叫 ReadProcessMemory、WriteProcessMemory 函數讀取、寫入處理程序的
       虛擬記憶體
    CloseHandle(debugEvent.u.CreateProcessInfo.hFile);
}

else if (debugEvent.dwDebugEventCode == EXIT_THREAD_DEBUG_EVENT)
{
    // 被偵錯處理程序中某個執行緒結束
}

else if (debugEvent.dwDebugEventCode == EXIT_PROCESS_DEBUG_EVENT)
{
    // 被偵錯處理程序退出
    break;
}

else if (debugEvent.dwDebugEventCode == LOAD_DLL_DEBUG_EVENT)
{
    // 被偵錯處理程序載入一個 DLL
    CloseHandle(debugEvent.u.LoadDll.hFile);
}

else if (debugEvent.dwDebugEventCode == UNLOAD_DLL_DEBUG_EVENT)
{
    // 一個 DLL 從被偵錯處理程序中移除
}

else if (debugEvent.dwDebugEventCode == OUTPUT_DEBUG_STRING_EVENT)
{
    // 被偵錯處理程序呼叫 DebugOutputString 函數
}

else if (debugEvent.dwDebugEventCode == RIP_EVENT)
{
    // 偵錯發生錯誤
```

```
    }

    // 偵錯器處理 WaitForDebugEvent 函數傳回的偵錯事件時，Windows 將暫停被偵錯處理程序
      中的所有執行緒
    // 處理完一個偵錯事件後呼叫 ContinueDebugEvent 函數恢復執行緒執行並繼續等待下一個偵
      錯事件
    ContinueDebugEvent(debugEvent.dwProcessId, debugEvent.dwThreadId,
DBG_CONTINUE);
}
```

我們透過前面介紹的偵錯 API 技術改寫 LoadTest 程式，Chapter4\LoadTest2\LoadTest\LoadTest.cpp 原始檔案的部分內容如下：

```
INT_PTR CALLBACK DialogProc(HWND hwndDlg, UINT uMsg, WPARAM wParam, LPARAM
lParam)
{
    TCHAR szCommandLine[MAX_PATH] = TEXT("Test.exe");
    STARTUPINFO si = { sizeof(STARTUPINFO) };
    PROCESS_INFORMATION pi = { 0 };
    LPVOID lpBaseAddr;
    WORD wCodeOld, wCodeNew = 0x9090;

    switch (uMsg)
    {
    case WM_COMMAND:
        switch (LOWORD(wParam))
        {
        case IDC_BTN_LOADTEST:
            GetStartupInfo(&si);
            if (!CreateProcess(NULL, szCommandLine, NULL, NULL, FALSE,
DEBUG_ONLY_ THIS_PROCESS,
                NULL, NULL, &si, &pi))
                break;

            DEBUG_EVENT debugEvent;
            while (TRUE)
            {
                // 等待偵錯事件發生
                WaitForDebugEventEx(&debugEvent, INFINITE);
```

```
                //處理偵錯事件
                if (debugEvent.dwDebugEventCode == CREATE_PROCESS_DEBUG_EVENT)
                {
                    lpBaseAddr = (LPBYTE)(debugEvent.u.CreateProcessInfo.
lpBaseOf Image) + 0x1009;
                    if (ReadProcessMemory(pi.hProcess, lpBaseAddr, &wCodeOld,
sizeof (WORD), NULL))
                    {
                        //目標處理程序 lpBaseAddr 位址處的資料內容是否為 0x1774，
                          如果是，則替換
                        if (wCodeOld == 0x1774)
                        {
                            WriteProcessMemory(pi.hProcess, lpBaseAddr,
&wCodeNew, sizeof (WORD), NULL);
                        }
                        else
                        {
                            MessageBox(hwndDlg, TEXT("目標軟體版本錯誤"), TEXT
("提示"), MB_OK);
                            TerminateProcess(pi.hProcess, 0);
                        }
                    }

                    CloseHandle(debugEvent.u.CreateProcessInfo.hFile);
                }

                else if (debugEvent.dwDebugEventCode == EXIT_PROCESS_DEBUG_
EVENT)
                {
                    MessageBox(hwndDlg, TEXT("被偵錯處理程序退出"), TEXT
("提示"), MB_OK);
                    break;
                }

                //處理完一個偵錯事件後呼叫 ContinueDebugEvent 函數恢復執行緒執行並繼續
                  等待下一個偵錯事件
                ContinueDebugEvent(debugEvent.dwProcessId, debugEvent.
dwThreadId, DBG_CONTINUE);
            }
```

```
            CloseHandle(pi.hThread);
            CloseHandle(pi.hProcess);
            break;

        case IDCANCEL:
            EndDialog(hwndDlg, 0);
            break;
        }
        return TRUE;
    }

    return FALSE;
}
```

編譯執行程式，點擊「載入 Test 程式」按鈕，彈出正版軟體訊息方塊。處理偵錯事件用到了 while 迴圈，因此最好建立一個新執行緒負責處理偵錯事件。完整程式參見 Chapter4\LoadTest2 專案。

▨ 偵錯事件 CREATE_PROCESS_DEBUG_EVENT 與 CREATE_PROCESS_DEBUG_INFO 結構

當呼叫 CreateProcess 函數建立被偵錯處理程序（還未開始執行），或正在執行中的處理程序被 DebugActiveProcess 函數附加到偵錯器中時，會發生 CREATE_PROCESS_DEBUG_EVENT 事件，u.CreateProcessInfo 欄位是一個 CREATE_PROCESS_DEBUG_ INFO 結構，該結構包含被偵錯處理程序的一些資訊：

```
typedef struct _CREATE_PROCESS_DEBUG_INFO {
    HANDLE hFile;     // 處理程序的可執行映射檔案的控制碼，偵錯器可以使用該控制碼讀取寫入
                         映射檔案
    HANDLE hProcess;  // 處理程序控制碼，偵錯器可以使用該控制碼讀寫處理程序的記憶體
    HANDLE hThread;   // 初始執行緒的控制碼，偵錯器可以讀寫執行緒的暫存器，還可以暫停、
                         恢復執行緒
    LPVOID lpBaseOfImage;             // 可執行檔載入到的基底位址
    DWORD  dwDebugInfoFileOffset;     // 可執行檔中偵錯資訊的偏移量
    DWORD  nDebugInfoSize;            // 檔案中偵錯資訊的大小，以位元組為單位，如果
                                         該值為 0 則沒有偵錯資訊
    LPVOID lpThreadLocalBase;         // 與執行緒本機儲存區有關
```

```
    LPTHREAD_START_ROUTINE lpStartAddress;   // 指向執行緒起始位址的指標
    LPVOID                 lpImageName;      // 可執行檔名稱
    WORD                   fUnicode;         // 如果為非零值，表示 lpImageName 是
                                                Unicode，零值表示 ANSI
} CREATE_PROCESS_DEBUG_INFO, * LPCREATE_PROCESS_DEBUG_INFO;
```

4.6.4 記憶體更新

接觸過加密 / 解密的讀者一定聽説過加殼這個概念，加殼是指將可執行檔的程式和資料經過各種加密手段轉換變形後得到加密檔案，並增加一段用於還原加密檔案的程式（解密程式），這樣在程式執行時，解密程式會還原加密檔案為原可執行檔，使用者並不會感覺到程式被改動過，這段用於解密還原的程式就像是一層殼用於保護原可執行檔。

加殼方案有兩個：壓縮和加密。壓縮方案可以將可執行檔的內容壓縮儲存，減少檔案佔用的磁碟空間，這時殼程式是解壓縮程式；而加密方案則是為了保證可執行檔的內容不被隨意修改（如前所述，使用十六進位編輯器修改關鍵程式），這時殼程式就是解密程式，一般解密程式中會同時包含有反偵錯、追蹤模組。在被加殼的檔案中，原可執行檔的程式和資料已經面目全非，使用十六進位編輯器很難找到特徵碼，所以無法採用修改檔案的方法製作靜態更新。

要對加過殼的軟體進行修改可以首先將它脱殼還原為原可執行檔並儲存，具體來説就是偵錯追蹤解密程式，等解密程式將加密檔案還原後立刻儲存記憶體中的原可執行檔資料。但是除一些加密強度不高的殼可以透過偵錯、追蹤、脱殼完全恢復原來的檔案外，在大多數情況下的脱殼效果並不令人滿意。在這種情況下，動態記憶體更新技術會派上用場，而且載入器程式應該具有偵錯器的功能，可以模擬手工使用 OllyDBG 等偵錯器進行追蹤的過程，一直追蹤到殼程式執行完畢，原可執行檔的程式被恢復後再打記憶體更新，前面講過的偵錯 API 可以幫助我們實作這一點。

下面使用壓縮殼 UPX 為 Test 程式加殼，載入器程式使用偵錯 API 進

行偵錯、追蹤加殼後的 Test 程式，等執行到關鍵位址時，實作記憶體更新。Chapter4\Test\Release\Test_UPX.exe 是加殼後的 Test 程式，OllyDBG 載入 Test_UPX 程式，彈出訊息方塊：「模組 'Test_UPX' 的快速統計報告表明其程式碼部分可能被壓縮，加密，或包含大量的嵌入資料．程式分析將是非常不可靠或完全錯誤的．您仍要繼續分析嗎？」，點擊「否（N）」按鈕。反組譯程式如圖 4.10 所示。

位址	HEX 資料	反組譯
00908AA0	60	pushad
00908AA1	BE 00E08F00	mov esi, 008FE000
00908AA6	8DBE 0030FFFF	lea edi, dword ptr [esi+FFFF3000]
00908AAC	57	push edi
00908AAD	83CD FF	or ebp, FFFFFFFF
00908AB0	EB 10	jmp short 00908AC2
00908AB2	90	nop
00908AB3	90	nop

▲ 圖 4.10

可以看到，反組譯程式與加殼以前完全不同，程式進入點（殼的進入點）已經不是原 Test 程式的進入點，但是不管如何加殼變換，殼解密程式一定會解密原可執行檔的程式，並在解密完後執行原可執行檔的程式。問題的關鍵是如何在偵錯、追蹤解密程式解密完畢轉去執行原可執行檔進入點程式時中斷，這時加密檔案已經被還原，我們可以對程式的程式打記憶體更新。

尋找 OEP（Original Entry Point，原程式進入點）是脫殼領域永恆的話題，pushad 指令用於將 8 個通用暫存器的值存入堆疊，popad 指令用於從堆疊中恢復 8 個通用暫存器的值。殼解密程式是一段子程式（函數），對 UPX 殼來說，在解密還原原程式前透過 pushad 指令儲存通用暫存器的值，解密完畢透過 popad 指令恢復通用暫存器的值，因此通常在執行 popad 指令後，離 OEP 就不再遙遠。用滑鼠按右鍵反組譯程式區域，然後選擇查詢→命令，彈出查詢命令對話方塊（不要選取整數個區塊），輸入 popad，點擊「查詢」按鈕，如圖 4.11 所示。

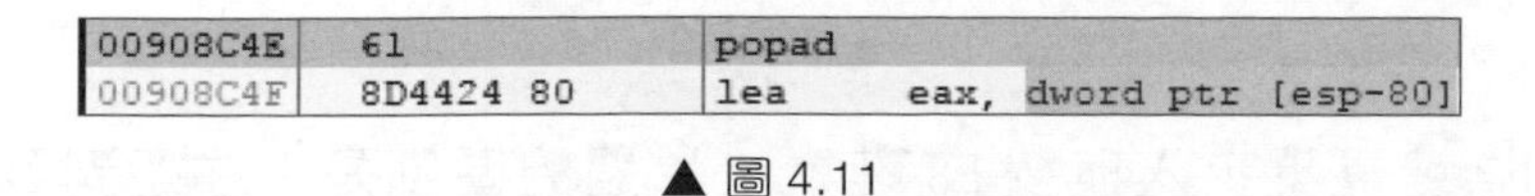

00908C4E	61	popad
00908C4F	8D4424 80	lea eax, dword ptr [esp-80]

▲ 圖 4.11

用滑鼠按右鍵 00908C4E 這一行，然後選擇中斷點→執行到選定位置（快速鍵 F4），此時我們可以透過 F8 單步執行逐步追蹤。在單步執行時，如果遇到迴圈指令往上跳躍，則通常我們應該在該指令的下一行指令上 F4，如圖 4.12 所示。

```
00908C53   ┌>6A 00          push    0
00908C55   │ 39C4           cmp     esp, eax
00908C57  ^└ 75 FA          jnz     short 00908C53
00908C59     83EC 80        sub     esp, -80
00908C5C  -  E9 2A86FEFF    jmp     008F128B
00908C61     0000           add     byte ptr [eax], al
```

▲ 圖 4.12

單步執行到 00908C57 這一行，有一條向上的紅色跳躍線。如果是紅色，則表示跳躍會實作；如果是灰色，則表示跳躍不會實作，這時應該選中 00908C59 這一行，繼續按 F4 鍵。00908C5C jmp 008F128B 這一行就是跳躍到 OEP，單步到達 OEP。到達 OEP 後繼續按 F8 鍵，如圖 4.13 所示。

```
008F11FD   68 00008F00   push   8F0000
008F1202   E8 F9FDFFFF   call   008F1000
008F1207   8BF0          mov    esi, eax
008F1209   E8 60060000   call   008F186E
```

▲ 圖 4.13

008F1202 call 008F1000 這一行就是 call 進 WinMain 函數，按 F7 鍵單步步入，到達 WinMain 函數，如圖 4.14 所示。

```
008F1000    833D 98429000   cmp    dword ptr [904298], 0
008F1007    6A 00           push   0
008F1009  v 74 17           je     short 008F1022          008F1022
008F100B    68 DC1B9000     push   901BDC                  ASCII ""k蟂"
008F1010    68 E41B9000     push   901BE4                  ASCII "ckHro忲N"
008F1015    6A 00           push   0
008F1017    FF15 00D18F00   call   dword ptr [8FD100]      USER32.MessageBoxW
008F101D    33C0            xor    eax, eax
008F101F    C2 1000         ret    10
008F1022    68 F01B9000     push   901BF0
008F1027    68 F81B9000     push   901BF8
008F102C    6A 00           push   0
008F102E    FF15 00D18F00   call   dword ptr [8FD100]      USER32.MessageBoxW
008F1034    33C0            xor    eax, eax
008F1036    C2 1000         ret    10
```

▲ 圖 4.14

按 F7 鍵單步步入與按 F8 鍵單步步過的區別是：在遇到 call 指令

時，按 F7 鍵會進入 call 呼叫內部，而按 F8 鍵則不會。這是我們熟悉的反組譯程式，用滑鼠按右鍵 008F1009 這一行，然後選擇二進位→用 NOP 填充，按 F9 鍵執行程式，彈出正版軟體訊息方塊。

注意，每次執行 Test_UPX 程式的進入點位址可能都是不同的，OEP 和 WinMain 的位址也可能是不固定的。關於 OEP 和 WinMain：在使用 VS 編譯器時，編譯器會在 WinMain 函數前面增加一些 C/C++ 啟動程式，執行完 C/C++ 啟動程式後再呼叫 WinMain 函數，因此一個程式的進入點位址並不是 WinMain。

注意，對於 UPX 殼，查詢 OEP 使用的是堆疊平衡原理，該方法對於其他加殼程式不一定有效。

▨ 偵錯事件 EXCEPTION_DEBUG_EVENT 與 EXCEPTION_DEBUG_INFO 結構

被偵錯處理程序開始執行第一行指令時會發生 EXCEPTION_DEBUG_EVENT 偵錯事件，後續在發生偵錯中斷（遇到 int3 或單步中斷）和發生異常時也會發生本事件。u.Exception 欄位是一個 EXCEPTION_ DEBUG_INFO 結構，該結構包含異常資訊：

```
typedef struct _EXCEPTION_DEBUG_INFO {
    EXCEPTION_RECORD ExceptionRecord;    //EXCEPTION_RECORD 結構，包含異常資訊
    DWORD            dwFirstChance;      // 是否是第一次發生異常
} EXCEPTION_DEBUG_INFO, * LPEXCEPTION_DEBUG_INFO;
```

其中，ExceptionRecord 欄位是一個 EXCEPTION_RECORD 結構：

```
typedef struct _EXCEPTION_RECORD {
    DWORD                      ExceptionCode;        // 異常程式
    DWORD                      ExceptionFlags;       // 異常標識
    struct _EXCEPTION_RECORD*  ExceptionRecord;
    PVOID                      ExceptionAddress;     // 發生異常的位址
    DWORD                      NumberParameters;
    ULONG_PTR           ExceptionInformation[EXCEPTION_MAXIMUM_PARAMETERS];
} EXCEPTION_RECORD, * PEXCEPTION_RECORD;
```

ExceptionCode 欄位表示異常程式，常用的異常程式如表 4.14 所示。

表 4.14

異常程式	含義
EXCEPTION_BREAKPOINT	遇到中斷點，例如 int3 中斷點 以 OllyDBG 為例，用滑鼠按右鍵反組譯程式中的一行，然後選擇中斷點→切換（快速鍵 F2），就是下了一個 int3 中斷點，int3 是最常用的普通中斷點，其原理是把指令的第 1 位元組修改為 0xCC，當執行到該行指令發現第 1 位元組是 0xCC 時就會觸發一個異常並暫停，即 debugEvent.u.Exception. ExceptionRecord.ExceptionCode 等於 EXCEPTION_BREAKPOINT，然後偵錯器會把該指令的第一位元組修改回原來的位元組指令，並把指令指標暫存器 EIP 的值減 1，以重新執行該指令，int3 中斷點也稱為 CC 中斷點、CC 指令
EXCEPTION_SINGLE_STEP	追蹤陷阱或單步中斷 OllyDBG 偵錯選單中的單步步入（快速鍵 F7）就是單步中斷。單步中斷的原理是當執行到一行指令時，如果發現標識暫存器的 TF 位元為 1，就會觸發一個異常並暫停，即 debugEvent.u.Exception. ExceptionRecord.ExceptionCode 等於 EXCEPTION_SINGLE_STEP，觸發異常後系統會自動把標識暫存器的 TF 位置 0，因此如果需要每執行完一行指令後都觸發單步中斷，在處理完偵錯事件後應該把標識暫存器的 TF 位元重新置 1。標識暫存器前 16 位元的部分含義如下。 • 第 0 位元：CF。 • 第 2 位元：PF。 • 第 4 位元：AF。 • 第 6 位元：ZF。 • 第 7 位元：SF。 • 第 8 位元：TF。 • 第 9 位元：IF。 • 第 10 位元：DF。 • 第 11 位元：OF。
EXCEPTION_ACCESS_VIOLATION	執行緒試圖讀取或寫入對其沒有適當存取權限的虛擬位址

再次使用 OllyDBG 偵錯 Test_UPX，Test_UPX 程式的進入點變為 0x00278AA0，如圖 4.15 所示。

```
00278AA0   60              pushad
00278AA1   BE 00E02600     mov     esi, 0026E000
00278AA6   8DBE 0030FFFF   lea     edi, dword ptr [esi+FFFF3000]
```

▲ 圖 4.15

popad 指令的位址變為 0x00278C4E，如圖 4.16 所示。

```
00278C4E   61          popad
00278C4F   8D4424 80   lea      eax, dword ptr [esp-80]
00278C53   6A 00       push     0
00278C55   39C4        cmp      esp, eax
```

▲ 圖 4.16

WinMain 變為 0x00261000，如圖 4.17 所示。

```
002611FD   68 00002600   push   00260000
00261202   E8 F9FDFFFF   call   00261000
00261207   8BF0          mov    esi, eax
00261209   E8 60060000   call   0026186E
```

```
00261000    833D 98422700 00  cmp    dword ptr [274298], 0
00261007    6A 00             push   0
00261009  ˅ 74 17             je     short 00261022
0026100B    68 DC1B2700       push   00271BDC              ASCII """k蝺"
00261010    68 E41B2700       push   00271BE4              ASCII "ckHro怷N"
00261015    6A 00             push   0
00261017    FF15 00D12600     call   dword ptr [26D100]    USER32.MessageBoxW
0026101D    33C0              xor    eax, eax
0026101F    C2 1000           retn   10
00261022    68 F01B2700       push   00271BF0
00261027    68 F81B2700       push   00271BF8
0026102C    6A 00             push   0
0026102E    FF15 00D12600     call   dword ptr [26D100]    USER32.MessageBoxW
00261034    33C0              xor    eax, eax
00261036    C2 1000           retn   10
```

▲ 圖 4.17

開啟 OllyDBG 的查看選單→記憶體，如圖 4.18 所示。

位址	大小	擁有者	區段	包含	類型	存取	初始存取
00260000	00001000	Test_UPX		PE 檔案表頭	Imag	R	RWE
00261000	0000D000	Test_UPX	UPX0		Imag	R	RWE
0026E000	0000B000	Test_UPX	UPX1	程式	Imag	R	RWE
00279000	00001000	Test_UPX	.rsrc	資料,輸入表	Imag	R	RWE

▲ 圖 4.18

Test_UPX 程式載入到的基底位址為 0x00260000，UPX0 區段的基底位址為 0x00261000，這正是 WinMain 函數的位址，Test_UPX 程式的進入點位址為 0x00278AA0，可以看到這個位址屬於 UPX1 區段的範圍。對 UPX 殼來說，解密程式解密加密檔案的資料到 UPX0 區段，解密完畢跳躍到 UPX0 區段執行。

Test_UPX 程式的 popad 指令的位址為 0x00278C4E，Test_UPX 程式載入到的基底位址為 0x00260000，0x00278C4E-0x00260000 等於 0x00018C4E，這個差值應該是不變的。透過 Test_UPX 程式載入到的基底位址加上差值很容易得到 popad 指令的位址，在該位址處設定一個 int3 中斷點，當程式執行到 popad 指令時中斷，這時解密程式已經執行完畢，可以對 Test_UPX 程式載入到的基底位址 + 0x1000 + 0x9 位址處打記憶體更新。LoadTest_UPX.cpp 原始檔案的部分內容如下：

```
INT_PTR CALLBACK DialogProc(HWND hwndDlg, UINT uMsg, WPARAM wParam, LPARAM
lParam)
{
    TCHAR szCommandLine[MAX_PATH] = TEXT("Test_UPX.exe");
    STARTUPINFO si = { sizeof(STARTUPINFO) };
    PROCESS_INFORMATION pi = { 0 };
    static LPVOID lpPopad, lpPatch;  //popad 位址（基底位址 +0x18C4E），更新位址
                                       （基底位址 +0x1000+0x9）
    BYTE bInt3 = 0xCC;               //popad 指令位址處寫入 int3 指令的機器碼 0xCC
    BYTE bOld = 0x61;                // 恢復 popad 指令的機器碼
    WORD wCodeNew = 0x9090;
    DEBUG_EVENT debugEvent;
    CONTEXT context;

    switch (uMsg)
    {
    case WM_COMMAND:
        switch (LOWORD(wParam))
        {
        case IDC_BTN_LOADTEST:
            GetStartupInfo(&si);
            if (!CreateProcess(NULL, szCommandLine, NULL, NULL, FALSE,
DEBUG_ONLY_ THIS_PROCESS,
                NULL, NULL, &si, &pi))
                break;

            while (TRUE)
            {
                // 等待偵錯事件發生
                WaitForDebugEvent(&debugEvent, INFINITE);
```

```
        //處理程序被建立
        if (debugEvent.dwDebugEventCode == CREATE_PROCESS_DEBUG_EVENT)
        {
            //lpPopad, lpPatch
            lpPopad = (LPBYTE)(debugEvent.u.CreateProcessInfo.
lpBaseOfImage) + 0x18C4E;
            lpPatch = (LPBYTE)(debugEvent.u.CreateProcessInfo.
lpBaseOfImage) + 0x1000 + 0x9;
            //popad指令處下int3中斷點
            WriteProcessMemory(pi.hProcess, lpPopad, &bInt3, 1, NULL);

            CloseHandle(debugEvent.u.CreateProcessInfo.hFile);
        }

        //被偵錯處理程序中發生異常事件
        else if (debugEvent.dwDebugEventCode == EXCEPTION_DEBUG_EVENT)
        {
            switch (debugEvent.u.Exception.ExceptionRecord.
ExceptionCode)
            {
            case EXCEPTION_BREAKPOINT:          //中斷點中斷
                context.ContextFlags = CONTEXT_CONTROL;
                GetThreadContext(pi.hThread, &context);
                //執行int3指令後才會發生異常，這時eip已經指向了下一行指令
                if (context.Eip == (DWORD)((LPBYTE)lpPopad + 1))
                {
                    //popad指令處的int3中斷點改回原popad指令
                    WriteProcessMemory(pi.hProcess, lpPopad, &bOld,
1, NULL);
                    //記憶體更新，JE指令修改為兩個NOP指令
                    WriteProcessMemory(pi.hProcess, lpPatch,
&wCodeNew, 2, NULL);

                    //重新執行popad指令
                    context.Eip -= 1;
                    SetThreadContext(pi.hThread, &context);
                }
                break;
```

```
                    case EXCEPTION_SINGLE_STEP:            //單步中斷
                        break;
                    }

                }

                //被偵錯處理程序退出
                else if (debugEvent.dwDebugEventCode == EXIT_PROCESS_DEBUG_
EVENT)
                {
                    break;
                }

                //處理完一個偵錯事件後呼叫 ContinueDebugEvent 函數恢復執行緒執行並繼
                  續等待下個事件
                ContinueDebugEvent(debugEvent.dwProcessId, debugEvent.
dwThreadId, DBG_CONTINUE);
            }

            CloseHandle(pi.hThread);
            CloseHandle(pi.hProcess);
            break;

        case IDCANCEL:
            EndDialog(hwndDlg, 0);
            break;
        }
        return TRUE;
    }

    return FALSE;
}
```

完整程式參見 Chapter4\LoadTest_UPX 專案。

4.6.5 執行緒環境

每個執行緒都有屬於自己的一組 CPU 暫存器，稱為執行緒環境。執行緒環境反映了執行緒上一次執行時其 CPU 暫存器的狀態。Windows 為系統中的所有執行緒迴圈分配時間切片，當暫停一個執行緒時，為了以後能夠將它恢復執行，系統必須先將執行緒的執行環境儲存下來。當執行緒在下一個時間切片被恢復執行時，再將執行環境恢復原樣。對一個執行緒來說，只要所有的暫存器值沒有改變，執行緒環境就沒有改變。執行緒的 CPU 暫存器全部儲存在一個 CONTEXT 結構（在 winnt.h 標頭檔中定義）中，CONTEXT 結構本身儲存在執行緒核心物件中，Windows 使用 CONTEXT 結構儲存執行緒的狀態，以便執行緒在下一次獲得 CPU 時間切片時，從上次停止的位址處繼續執行。

CONTEXT 結構是 Windows 系統中唯一與硬體平台相關的結構，因為 Windows 系統可以在不同的硬體平台上執行，只是暫存器的名稱有所區別，CONTEXT 結構的定義也對應改變。對 Win32 程式來說，CONTEXT 結構的欄位包括 Eax、Ebx、Ecx 和 Edx 等：

```
typedef struct DECLSPEC_NOINITALL _CONTEXT {
    // 執行緒環境標識
    DWORD ContextFlags;

    //ContextFlags 指定為 CONTEXT_DEBUG_REGISTERS 標識，則獲取、設定偵錯暫存器的值
    DWORD   Dr0;
    DWORD   Dr1;
    DWORD   Dr2;
    DWORD   Dr3;
    DWORD   Dr6;
    DWORD   Dr7;

    //ContextFlags 指定為 CONTEXT_FLOATING_POINT 標識，則獲取、設定浮點暫存器的值
    FLOATING_SAVE_AREA FloatSave;

    //ContextFlags 指定為 CONTEXT_SEGMENTS 標識，則獲取、設定段暫存器的值
    DWORD   SegGs;
    DWORD   SegFs;
    DWORD   SegEs;
    DWORD   SegDs;

    //ContextFlags 指定為 CONTEXT_INTEGER 標識，則獲取、設定整數暫存器的值
    DWORD   Edi;
```

```
    DWORD   Esi;
    DWORD   Ebx;
    DWORD   Edx;
    DWORD   Ecx;
    DWORD   Eax;

    //ContextFlags 指定為 CONTEXT_CONTROL 標識，則獲取、設定控制暫存器的值
    DWORD   Ebp;
    DWORD   Eip;
    DWORD   SegCs;                        //MUST BE SANITIZED
    DWORD   EFlags;                       //MUST BE SANITIZED
    DWORD   Esp;
    DWORD   SegSs;

    //ContextFlags 指定為 CONTEXT_EXTENDED_REGISTERS 標識，則獲取、設定擴充暫存器的值
    BYTE    ExtendedRegisters[MAXIMUM_SUPPORTED_EXTENSION];
} CONTEXT;

typedef CONTEXT* PCONTEXT;
```

用於獲取和設定執行緒環境的函數分別是 GetThreadContext 和 SetThreadContext 函數：

```
BOOL WINAPI GetThreadContext(
    _In_        HANDLE      hThread,        // 執行緒控制碼
    _Inout_     LPCONTEXT   lpContext);     //CONTEXT 結構的指標
BOOL WINAPI SetThreadContext(
    _In_        HANDLE      hThread,        // 執行緒控制碼
    _In_ const LPCONTEXT lpContext);        //CONTEXT 結構的指標
```

呼叫 GetThreadContext 和 SetThreadContext 函數前，CONTEXT.ContextFlags 應該設定為需要獲取或設定的暫存器標識，例如 ContextFlags 指定為 CONTEXT_DEBUG_REGISTERS 標識表示獲取、設定偵錯暫存器的值，指定為 CONTEXT_FLOATING_POINT 標識表示獲取、設定浮點暫存器的值，指定為 CONTEXT_SEGMENTS 標識表示獲取、設定段暫存器的值，指定為 CONTEXT_INTEGER 標識表示獲取、設定整數暫存器

的值，指定為 CONTEXT_CONTROL 標識表示獲取、設定控制暫存器的值，指定為 CONTEXT_EXTENDED_REGISTERS 標識表示獲取、設定擴充暫存器的值。另外，如果需要獲取、設定多個類別暫存器的值，還有以下定義：

```
#define CONTEXT_FULL (CONTEXT_CONTROL | CONTEXT_INTEGER | CONTEXT_SEGMENTS)
#define CONTEXT_ALL  (CONTEXT_CONTROL | CONTEXT_INTEGER | CONTEXT_SEGMENTS | \
    CONTEXT_FLOATING_POINT | CONTEXT_DEBUG_REGISTERS | CONTEXT_EXTENDED_
REGISTERS)
```

此外，呼叫 GetThreadContext 和 SetThreadContext 函數前，應該暫停執行緒的執行，在獲取、設定相關暫存器的值後再恢復執行緒的執行，防止函數執行到一半時被 Windows 切換，但是在偵錯事件中沒有這個必要，因為在呼叫 ContinueDebugEvent 函數前，目標執行緒不會恢復執行。

這兩個函數出現最多的場合就是設定指令指標暫存器 Eip 的值，使執行緒轉去另一個位址處執行。呼叫這兩個函數，必須具有對目標執行緒的 THREAD_GET_CONTEXT 或 THREAD_SET_CONTEXT 存取權限，當然偵錯器具有對被偵錯處理程序執行緒的所有存取權限。

對於 LoadTest_UPX 範例程式，相信讀者很容易結合註釋進行理解，在 popad 指令位址處設定一個 int3 普通中斷點即可解決問題，非常簡單。但是不可以一開始直接在 WinMain 位址處下斷，因為在執行到 popad 指令前，解密程式還沒有執行完畢，開始時 UPX0 區段中的資料全為 0。

ReadProcessMemory 和 WriteProcessMemory 函數可以隨意讀寫指定處理程序的位址空間，GetThreadContext 和 SetThreadContext 函數可以隨意讀寫指定執行緒的執行緒環境。這一切都建立在對目的程式充分了解的基礎上，前期需要透過 OllyDBG 一類的偵錯器追蹤偵錯，完全明白程式的執行流程。

呼叫 SetThreadContext 函數時應該謹慎，例如下面的程式：

```
CONTEXT Context;
Context.Eip = 0;
SetThreadContext(hThread, &Context);
ResumeThread(hThread);
```

在以合適的許可權獲取到一個執行緒的控制碼後，我們可以讀寫該執行緒的執行緒環境，上述程式會導致目標執行緒存取違規，目標執行緒所屬處理程序會終止並退出。

4.7 視窗間諜

接下來實作一個視窗間諜應用程式 WindowSearch，程式介面如圖 4.19 所示。

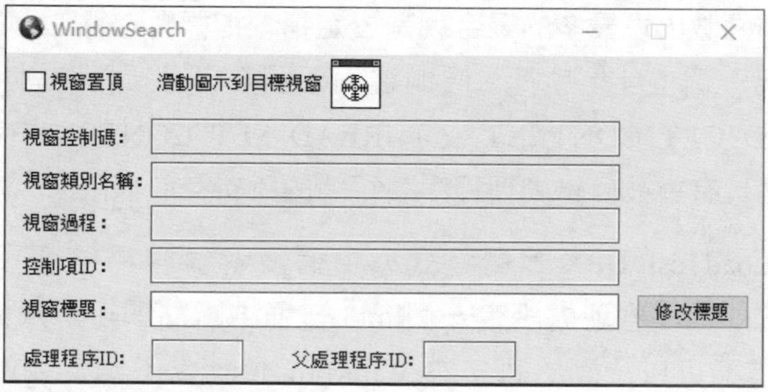

▲ 圖 4.19

影像靜態控制項中的影像在正常狀態下如圖 4.20（1）所示，當使用者滑動影像靜態控制項中的靶心部分時，影像靜態控制項中的影像如圖 4.20（2）所示，滑鼠游標如圖 4.20（3）所示。影像靜態控制項中的影像正常狀態下是 Normal.ico，當使用者按下滑鼠左鍵滑動的時候變為 Drag.ico（向影像靜態控制項發送 STM_SETIMAGE 訊息），並且滑鼠游標變為 Drag.cur（呼叫 SetCursor 函數），給使用者的感覺好像是 Normal.ico 影像中的靶心部分被滑動出來一樣。

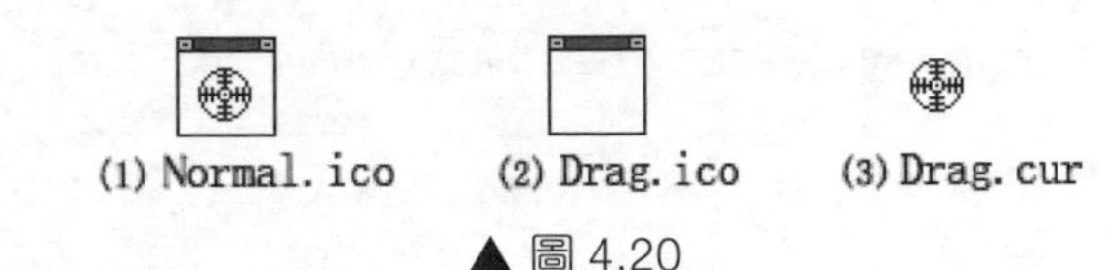

▲ 圖 4.20

當使用者滑動時，程式啟動一個 200ms 的計時器，程式處理 WM_TIMER 訊息，即時獲取滑鼠游標所處位置的視窗資訊，包括視窗控制碼、視窗類別、視窗過程、視窗標題、處理程序 ID 和父處理程序 ID，如果是子視窗控制項還會顯示控制項 ID，另外為了提示使用者滑鼠游標所處位置是哪個視窗，程式在視窗周圍繪製一個閃動的矩形。請讀者自行測試本程式。

WindowSearch.cpp 原始檔案的內容如下：

```
#include <windows.h>
#include <TlHelp32.h>
#include "resource.h"

#pragma comment(linker,"\"/manifestdependency:type='win32' \
    name='Microsoft.Windows.Common-Controls' version='6.0.0.0' \
    processorArchitecture='*' publicKeyToken='6595b64144ccf1df' language
='*'\"")

// 全域變數
HINSTANCE g_hInstance;

// 函數宣告
INT_PTR CALLBACK DialogProc(HWND hwndDlg, UINT uMsg, WPARAM wParam, LPARAM
lParam);
// 獲取目標視窗控制碼
HWND SmallestWindowFromPoint(POINT pt);
// 獲取父處理程序 ID
DWORD GetParentProcessIDByID(DWORD dwProcessId);

int WINAPI WinMain(HINSTANCE hInstance, HINSTANCE hPrevInstance, LPSTR
lpCmdLine, int nCmdShow)
{
   g_hInstance = hInstance;
```

```
    DialogBoxParam(hInstance, MAKEINTRESOURCE(IDD_MAIN), NULL, DialogProc,
NULL);
    return 0;
}

INT_PTR CALLBACK DialogProc(HWND hwndDlg, UINT uMsg, WPARAM wParam, LPARAM
lParam)
{
    static HCURSOR hCursorDrag; // 滑動時的游標控制碼
    static HICON hIconNormal;   // 正常情況下影像靜態控制項所用的圖示控制碼
    static HICON hIconDrag;     // 滑動時的影像靜態控制項所用的圖示控制碼
    static HWND hwndTarget;     // 目標視窗控制碼
    static HDC hdcDesk;         // 桌面裝置環境控制碼，用於在目標視窗周圍繪製閃動矩形
    RECT rect;
    POINT pt;
    DWORD dwProcessID, dwParentProcessID, dwCtrlID;
    TCHAR szBuf[128] = { 0 };
    LPTSTR lpBuf = NULL;
    int nLen;

    switch (uMsg)
    {
    case WM_INITDIALOG:
        // 為對話方塊程式左上角設定一個圖示
        SendMessage(hwndDlg, WM_SETICON, ICON_SMALL, (LPARAM)LoadIcon
(g_hInstance, MAKEINTRESOURCE(IDI_ICON_MAIN)));

        // 滑動時的游標控制碼，正常情況下和滑動時的影像靜態控制項所用的圖示控制碼
        hCursorDrag = LoadCursor(g_hInstance, MAKEINTRESOURCE(IDC_CURSOR_DRAG));
        hIconNormal = LoadIcon(g_hInstance, MAKEINTRESOURCE(IDI_ICON_NORMAL));
        hIconDrag = LoadIcon(g_hInstance, MAKEINTRESOURCE(IDI_ICON_DRAG));

        // 桌面裝置環境，用於在目標視窗周圍繪製閃動矩形
        hdcDesk = CreateDC(TEXT("DISPLAY"), NULL, NULL, NULL);
        SelectObject(hdcDesk, CreatePen(PS_SOLID, 2, RGB(255, 0, 255)));
        SetROP2(hdcDesk, R2_NOTXORPEN);
        return TRUE;

    case WM_COMMAND:
        switch (LOWORD(wParam))
```

```
        {
        case IDC_CHK_TOPMOST:
            // 視窗置頂
            if (IsDlgButtonChecked(hwndDlg, IDC_CHK_TOPMOST) == BST_CHECKED)
                SetWindowPos(hwndDlg, HWND_TOPMOST, 0, 0, 0, 0, SWP_NOSIZE |
SWP_NOMOVE);
            else
                SetWindowPos(hwndDlg, HWND_NOTOPMOST, 0, 0, 0, 0, SWP_NOSIZE
| SWP_NOMOVE);
            break;

        case IDC_BTN_MODIFYTITLE:
            // 修改標題
            nLen = SendMessage(GetDlgItem(hwndDlg, IDC_EDIT_WINDOWTITLE),
WM_ GETTEXTLENGTH, 0, 0);
            lpBuf = new TCHAR[nLen + 1];
            SendMessage(GetDlgItem(hwndDlg, IDC_EDIT_WINDOWTITLE), WM_GETTEXT,
                (nLen + 1), (LPARAM)lpBuf);
            SendMessage(hwndTarget, WM_SETTEXT, 0, (LPARAM)lpBuf);
            delete[] lpBuf;
            break;

        case IDCANCEL:
            DeleteDC(hdcDesk);
            EndDialog(hwndDlg, 0);
            break;
        }
        return TRUE;

    case WM_LBUTTONDOWN:
        // 開始滑動
        GetWindowRect(GetDlgItem(hwndDlg, IDC_STATIC_ICON), &rect);
        GetCursorPos(&pt);
        if (PtInRect(&rect, pt))
        {
            SetCapture(hwndDlg);
            SetCursor(hCursorDrag);
            SendMessage(GetDlgItem(hwndDlg, IDC_STATIC_ICON), STM_SETIMAGE,
                IMAGE_ICON, (LPARAM)hIconDrag);
            SetTimer(hwndDlg, 1, 200, NULL);
```

```
        }
        return TRUE;

    case WM_LBUTTONUP:
        //停止滑動
        ReleaseCapture();
        SendMessage(GetDlgItem(hwndDlg, IDC_STATIC_ICON), STM_SETIMAGE,
            IMAGE_ICON, (LPARAM)hIconNormal);
        KillTimer(hwndDlg, 1);
        return TRUE;

    case WM_TIMER:
        GetCursorPos(&pt);
        hwndTarget = SmallestWindowFromPoint(pt);
        //顯示視窗控制碼
        wsprintf(szBuf, TEXT("0x%08X"), (UINT_PTR)hwndTarget);
        SetDlgItemText(hwndDlg, IDC_EDIT_WINDOWHANDLE, szBuf);

        //顯示視窗類別
        GetClassName(hwndTarget, szBuf, _countof(szBuf));
        SetDlgItemText(hwndDlg, IDC_EDIT_CLASSNAME, szBuf);

        //顯示視窗過程
        wsprintf(szBuf, TEXT("0x%08X"), (ULONG_PTR)GetClassLongPtr
(hwndTarget, GCLP_WNDPROC));
        SetDlgItemText(hwndDlg, IDC_EDIT_WNDPROC, szBuf);

        //如果是子視窗控制項，顯示 ID
        if (dwCtrlID = GetDlgCtrlID(hwndTarget))
        {
            wsprintf(szBuf, TEXT("%d"), dwCtrlID);
            SetDlgItemText(hwndDlg, IDC_EDIT_CONTROLID, szBuf);
        }
        else
        {
            SetDlgItemText(hwndDlg, IDC_EDIT_CONTROLID, TEXT(""));
        }

        //顯示視窗標題
        nLen = SendMessage(hwndTarget, WM_GETTEXTLENGTH, 0, 0);
```

```
        if (nLen > 0)
        {
            lpBuf = new TCHAR[nLen + 1];
            SendMessage(hwndTarget, WM_GETTEXT, (nLen + 1), (LPARAM)lpBuf);
            SendMessage(GetDlgItem(hwndDlg, IDC_EDIT_WINDOWTITLE),
WM_SETTEXT, 0, (LPARAM)lpBuf);
            delete[] lpBuf;
        }
        else
        {
            SendMessage(GetDlgItem(hwndDlg, IDC_EDIT_WINDOWTITLE),
WM_SETTEXT, 0, (LPARAM) TEXT(""));
        }

        // 顯示處理程序 ID
        GetWindowThreadProcessId(hwndTarget, &dwProcessID);
        wsprintf(szBuf, TEXT("%d"), dwProcessID);
        SetDlgItemText(hwndDlg, IDC_EDIT_PROCESSID, szBuf);

        // 顯示父處理程序 ID
        if ((dwParentProcessID = GetParentProcessIDByID(dwProcessID)) >= 0)
        {
            wsprintf(szBuf, TEXT("%d"), dwParentProcessID);
            SetDlgItemText(hwndDlg, IDC_EDIT_PARENTPROCESSID, szBuf);
        }
        else
        {
            SetDlgItemText(hwndDlg, IDC_EDIT_PARENTPROCESSID, TEXT(""));
        }

        // 目標視窗周圍矩形閃動
        GetWindowRect(hwndTarget, &rect);
        if (rect.left < 0) rect.left = 0;
        if (rect.top < 0) rect.top = 0;
        Rectangle(hdcDesk, rect.left, rect.top, rect.right, rect.bottom);
        // 繪製洋紅色矩形
        Sleep(200);
        Rectangle(hdcDesk, rect.left, rect.top, rect.right, rect.bottom);
        // 抹除洋紅色矩形
        return TRUE;
```

```
    }

    return FALSE;
}

HWND SmallestWindowFromPoint(POINT pt)
{
    RECT rect, rcTemp;
    HWND hwnd, hwndParent, hwndTemp;

    hwnd = WindowFromPoint(pt);
    if (hwnd != NULL)
    {
        GetWindowRect(hwnd, &rect);
        hwndParent = GetParent(hwnd);

        // 如果 hwnd 視窗具有父視窗
        if (hwndParent != NULL)
        {
            // 查詢和 hwnd 同一等級的下一個 Z 順序視窗
            hwndTemp = hwnd;
            do
            {
                hwndTemp = GetWindow(hwndTemp, GW_HWNDNEXT);

                // 如果與 hwnd 同一等級的下一個 Z 順序視窗包含指定的座標點 pt 並且可見
                GetWindowRect(hwndTemp, &rcTemp);
                if (PtInRect(&rcTemp, pt) && IsWindowVisible(hwndTemp))
                {
                    // 找到的視窗是不是比 hwnd 視窗更小
                    if (((rcTemp.right - rcTemp.left) * (rcTemp.bottom -
rcTemp.top)) < ((rect.right - rect.left) * (rect.bottom - rect.top)))
                    {
                        hwnd = hwndTemp;
                        GetWindowRect(hwnd, &rect);
                    }
                }
            } while (hwndTemp != NULL);
        }
    }
```

```
    return hwnd;
}

DWORD GetParentProcessIDByID(DWORD dwProcessId)
{
    HANDLE hSnapshot;
    PROCESSENTRY32 pe = { sizeof(PROCESSENTRY32) };
    BOOL bRet;

    hSnapshot = CreateToolhelp32Snapshot(TH32CS_SNAPPROCESS, 0);
    if (hSnapshot == INVALID_HANDLE_VALUE)
        return -1;

    bRet = Process32First(hSnapshot, &pe);
    while (bRet)
    {
        if (pe.th32ProcessID == dwProcessId)
            return pe.th32ParentProcessID;

        bRet = Process32Next(hSnapshot, &pe);
    }

    CloseHandle(hSnapshot);
    return -1;
}
```

自訂函數 SmallestWindowFromPoint 用於根據滑鼠游標位置獲取滑鼠游標下的視窗控制碼，單純使用 WindowFromPoint 函數可以獲取指定座標處的視窗的視窗控制碼，但是可能不準確，例如當滑鼠游標位於一個程式的子視窗控制項上時，我們希望獲取到的是這個子視窗控制項的視窗控制碼，而非主程式的視窗控制碼。與 WindowFromPoint 函數不同，GetParent 函數用於獲取指定視窗的父視窗控制碼：

```
HWND WINAPI WindowFromPoint(_In_ POINT Point);     // 指定座標
HWND WINAPI GetParent(_In_ HWND hWnd);             // 指定視窗
```

GetWindow 函數用於獲取與指定視窗具有指定關係的視窗的控制碼：

```
HWND WINAPI GetWindow(
    _In_ HWND hWnd,          //指定視窗
    _In_ UINT uCmd);         //指定關係
```

uCmd 參數用於指定要獲取的視窗控制碼與 hWnd 視窗的關係，可以是表 4.15 所示的值之一。

表 4.15

常數	值	含義
GW_HWNDFIRST	0	同一等級中 Z 順序最高的視窗
GW_HWNDLAST	1	同一等級中 Z 順序最低的視窗
GW_HWNDNEXT	2	同一等級中下一個 Z 順序視窗
GW_HWNDPREV	3	同一等級中上一個 Z 順序視窗
GW_CHILD	5	Z 順序最高的子視窗，也就是第一個子視窗

有了視窗控制碼，可以透過呼叫 GetWindowThreadProcessId 函數獲取建立該視窗的處理程序 ID 和執行緒 ID：

```
DWORD WINAPI GetWindowThreadProcessId(
    _In_         HWND     hWnd,                 //視窗控制碼
    _Out_opt_    LPDWORD lpdwProcessId);        //傳回建立該視窗的處理程序 ID
```

如果函數執行成功，則傳回值是建立該視窗的執行緒的 ID。

4.8 範例：一個程式退出時刪除自身

要實作程式退出時刪除自身，方法有很多，下面我們採取呼叫 CreateProcess 函數建立處理程序啟動 cmd.exe 執行批次檔的方式來實作。DeleteProgramSelf.cpp 原始檔案內容如下：

```
#include <windows.h>
#include <tchar.h>
#include <strsafe.h>
```

```
#include "resource.h"

//函數宣告
INT_PTR CALLBACK DialogProc(HWND hwndDlg, UINT uMsg, WPARAM wParam, LPARAM
lParam);

int WINAPI WinMain(HINSTANCE hInstance, HINSTANCE hPrevInstance, LPSTR
lpCmdLine, int nCmdShow)
{
    DialogBoxParam(hInstance, MAKEINTRESOURCE(IDD_MAIN), NULL, DialogProc,
NULL);
    return 0;
}

INT_PTR CALLBACK DialogProc(HWND hwndDlg, UINT uMsg, WPARAM wParam, LPARAM
lParam)
{
    CHAR szApplicationName[MAX_PATH] = { 0 };                //本程式檔案路徑
    TCHAR szCmdPath[MAX_PATH] = { 0 };                       //cmd.exe 檔案路徑
    TCHAR szBatFilePath[MAX_PATH];                           //.bat 檔案路徑
    TCHAR szBatFileName[MAX_PATH] = TEXT("刪除程式.bat");  //.bat 檔案名稱

    CHAR szBatFileContent[MAX_PATH * 3] = { 0 };             //.bat 檔案內容
    CHAR szBatFileContentFormat[MAX_PATH] =
        { "@ping 127.0.0.1 -n 5 >nul\r\ndel \"%s\"\r\ndel %%0" };
    HANDLE hFile;

    TCHAR szCommandLine[MAX_PATH] = TEXT("/c ");    // CreateProcess 的
                                                       lpCommandLine 參數
    STARTUPINFO si = { sizeof(STARTUPINFO) };
    si.dwFlags = STARTF_USESHOWWINDOW;
    si.wShowWindow = SW_HIDE;
    PROCESS_INFORMATION pi = { 0 };

    switch (uMsg)
    {
    case WM_COMMAND:
        switch (LOWORD(wParam))
        {
        case IDCANCEL:
```

```
            //本程式檔案路徑
            GetModuleFileNameA(NULL, szApplicationName,
_countof(szApplication Name));

            //cmd.exe 檔案路徑
            GetEnvironmentVariable(TEXT("ComSpec"), szCmdPath,
_countof(szCmd Path));

            //.bat 檔案路徑，放到系統臨時目錄
            GetTempPath(_countof(szBatFilePath), szBatFilePath);
            if (szBatFilePath[_tcslen(szBatFilePath) - 1] != TEXT('\\'))
                StringCchCat(szBatFilePath, _countof(szBatFilePath),
TEXT("\\"));
            StringCchCat(szBatFilePath, _countof(szBatFilePath),
szBatFileName);

            //建立 .bat 檔案，寫入內容
            hFile = CreateFile(szBatFilePath, GENERIC_READ | GENERIC_WRITE,
                FILE_SHARE_READ, NULL, CREATE_ALWAYS, FILE_ATTRIBUTE_
NORMAL, NULL);
            wsprintfA(szBatFileContent, szBatFileContentFormat,
szApplicationName);
            WriteFile(hFile, szBatFileContent, strlen(szBatFileContent),
NULL, NULL);
            CloseHandle(hFile);

            //建立處理程序，執行 .bat 批次檔
            StringCchCat(szCommandLine, _countof(szCommandLine),
szBatFilePath);
            if (CreateProcess(szCmdPath, szCommandLine, NULL, NULL, FALSE,
                CREATE_NEW_CONSOLE, NULL, NULL, &si, &pi))
            {
                CloseHandle(pi.hThread);
                CloseHandle(pi.hProcess);
            }

            EndDialog(hwndDlg, 0);
            break;
        }
        return TRUE;
```

```
    }

    return FALSE;
}
```

批次檔的內容如下：

```
@ping 127.0.0.1 -n 5 >nul
del "F:\Source\Windows\Chapter4\DeleteProgramSelf\Debug\DeleteProgramSelf.exe"
del %0
```

上述 3 行內容中每一行的含義如下。

- 第 1 行是透過 ping 本機電腦命令使批次檔延遲 5 秒再繼續執行，目的是等待目標處理程序退出銷毀。
- 第 2 行是刪除目的檔案，加 "" 是防止目的檔案路徑中存在空格。
- 第 3 行是刪除批次檔自身。

完整程式參見 Chapter4\DeleteProgramSelf 專案。

CHAPTER

05 剪貼簿

許多文件、資料處理程式都提供了剪下、複製和貼上功能，當使用者選擇剪下或複製選單項時，程式會把資料傳遞到剪貼簿，這些資料採用特定的格式，例如文字、點陣圖；當使用者選擇貼上選單項後，程式會檢查剪貼簿中是否包含本程式可用的資料格式，如果包含，則把資料從剪貼簿傳遞到該程式。

Windows 剪貼簿是一種比較簡單的同時銷耗比較小的處理程序間通訊方式，使用剪貼簿傳遞資料使開發人員不必過多地考慮資料儲存的共享空間，簡化通訊過程。Windows 系統支援剪貼簿 IPC 的基本機制是由系統預留的一塊全域共享記憶體，可被各處理程序用於暫時儲存資料。寫入資料的處理程序首先建立一個全域區塊，並將資料寫入該區塊；接收資料的處理程序透過剪貼簿機制獲取到該區塊的控制碼，並完成對該區區塊資料的讀取。

5.1 剪貼簿常用函數與訊息

Windows 在 User32.dll 中為剪貼簿提供了一組 API 函數和幾種訊息，還包括多種剪貼簿資料格式，使處理程序能夠以指定格式讀取剪貼簿中的資料。為了學習後續章節，本節首先介紹一些剪貼簿函數和相關訊息，方便讀者進行大致了解。

5.1.1 基本剪貼簿函數

（1）OpenClipboard 函數用於開啟剪貼簿：

```
BOOL OpenClipboard(_In_opt_ HWND hWndNewOwner);
```

hWndNewOwner 參數指定與剪貼簿相連結的視窗控制碼。如果另一個程式已經開啟了剪貼簿但沒有關閉，則 OpenClipboard 函數呼叫會失敗。成功呼叫 OpenClipboard 函數開啟剪貼簿後，在呼叫 CloseClipboard 函數關閉剪貼簿前，其他應用程式無法使用剪貼簿。

（2）EmptyClipboard 函數用於清空剪貼簿中的資料：

```
BOOL EmptyClipboard();
```

呼叫 EmptyClipboard 函數後，OpenClipboard 函數的 hWndNewOwner 參數指定的視窗會成為剪貼簿的新所有者。如果呼叫 OpenClipboard 函數時把 hWndNewOwner 參數設定為 NULL，則 EmptyClipboard 函數會將剪貼簿所有者設定為 NULL，這會導致後續呼叫 SetClipboardData 函數設定剪貼簿資料失敗。

（3）SetClipboardData 函數用於把指定格式的資料寫入剪貼簿中：

```
HANDLE SetClipboardData(
    _In_      UINT    uFormat,    //要寫入剪貼簿中資料的格式
    _In_opt_  HANDLE hMem);       //uFormat 參數指定格式資料的控制碼
```

- uFormat 參數用於指定要寫入剪貼簿中資料的格式，一些常見的標準剪貼簿資料格式如表 5.1 所示。

表 5.1

常數	值	含義
CF_TEXT	1	ANSI 文字格式
CF_UNICODETEXT	13	Unicode 文字格式
CF_BITMAP	2	裝置相關點陣圖

常數	值	含義
CF_DIB	8	裝置無關點陣圖
CF_SYLK	4	符號連結（SYLK）格式
CF_WAVE	12	標準波形格式的音訊資料
CF_OWNERDISPLAY	0x80	所有者顯示格式，HMEM 參數必須設定為 NULL。剪貼簿所有者必須顯示和更新剪貼簿檢視器視窗，並接收 WM_ASKCBFORMATNAME、WM_HSCROLLCLIPBOARD、WM_PAINTCLIPBOARD、WM_SIZECLIPBOARD 和 WM_VSCROLLCLIPBOARD 訊息

此外，應用程式還可以建立自己的剪貼簿資料格式，由應用程式定義的剪貼簿資料格式稱為「註冊剪貼簿資料格式」。舉例來說，如果文字處理程式使用標準文字格式將帶顏色、格式的文字複製到剪貼簿，則顏色、格式資訊將遺失，解決方法是註冊一個新的剪貼簿資料格式。

■ hMem 參數指定具有指定格式資料的控制碼。如果該參數設定為 NULL，則表示直到程式自身或其他程式對剪貼簿中的資料請求存取時，程式才會將指定格式的資料寫入剪貼簿中，這就是延遲提交技術。

注意，呼叫 SetClipboardData 函數後，hMem 所指定的記憶體物件被系統擁有，程式不應該將它釋放、鎖定或挪作他用。

如果在呼叫 OpenClipboard 開啟剪貼簿時指定了一個為 NULL 的視窗控制碼，則會導致 SetClipboardData 函數呼叫失敗。如果函數執行成功，則傳回值是剪貼簿資料的控制碼；如果函數執行失敗，則傳回值為 NULL。

（4）GetClipboardData 函數用於從剪貼簿中獲取指定格式的資料：

```
HANDLE GetClipboardData(_In_ UINT uFormat);
```

如果函數執行成功，則傳回值是指定格式的剪貼簿資料的控制碼；如果函數執行失敗，則傳回值為 NULL。

（5）CloseClipboard 函數用於關閉剪貼簿：

```
BOOL CloseClipboard();
```

在完成對剪貼簿資料的修改、存取後，應該即時呼叫 CloseClipboard 函數關閉剪貼簿，這使其他程式能夠開啟並存取剪貼簿。每次成功呼叫 OpenClipboard 函數後都應該有一次 CloseClipboard 函數呼叫，無論何時只能有一個程式可以開啟剪貼簿，如果一個程式呼叫 OpenClipboard 函數開啟剪貼簿以後一直沒有呼叫 CloseClipboard 函數關閉剪貼簿，那麼這期間其他所有程式都不能使用剪貼簿。

（6）RegisterClipboardFormat 函數用於註冊一個新的剪貼簿資料格式：

```
UINT RegisterClipboardFormat(_In_ LPCTSTR lpszFormat);
                                    //lpszFormat 指定剪貼簿格式名稱，不區分大小寫
```

如果函數執行成功，則傳回值標識已註冊的剪貼簿資料格式；如果指定名稱的格式已經存在，則函數傳回已存在的格式標識值。已註冊剪貼簿資料格式的值在 0xC000 ～ 0xFFFF 之間，函數傳回的格式標識值可以作為一個有效的剪貼簿資料格式來使用，註冊一個新的剪貼簿資料格式則允許多個應用程式使用相同的已註冊剪貼簿資料格式來複製和貼上資料。

（7）GetClipboardFormatName 函數用於獲取已註冊剪貼簿資料格式的名稱：

```
int GetClipboardFormatName(
    _In_  UINT    format,             //已註冊的剪貼簿資料格式標識值
    _Out_ LPTSTR lpszFormatName,      //接收剪貼簿資料格式名稱的緩衝區
    _In_  int     cchMaxCount);       //緩衝區的長度（以字元為單位）
```

如果函數執行成功，則傳回值是複製到緩衝區中的字元個數；如果函數執行失敗，則傳回值為 0。

（8）CountClipboardFormats 函數用於獲取剪貼簿中具有不同剪貼簿資料格式的數量：

```
int CountClipboardFormats();
```

如果函數執行成功，則傳回值為非零；如果函數執行失敗，則傳回值為 0。

（9）EnumClipboardFormats 函數用於列舉剪貼簿中當前可用的剪貼簿資料格式：

```
UINT EnumClipboardFormats(_In_ UINT format);
```

在列舉格式前必須先呼叫 OpenClipboard 函數開啟剪貼簿，否則列舉函數會執行失敗。要列舉剪貼簿資料格式，需要迴圈呼叫 EnumClipboardFormats 函數，第一次呼叫時 format 參數設定為 0，函數傳回第一個可用的剪貼簿資料格式，對於後續呼叫，將 format 參數設定為上次呼叫的傳回值即可，直到函數傳回 0。列舉剪貼簿資料格式的程式通常是以下格式：

```
UINT uFormat = 0;

uFormat = EnumClipboardFormats(0);
while (uFormat)
{
    // 做一些工作

    uFormat = EnumClipboardFormats(uFormat);
}
```

要把資料寫入剪貼簿，在開啟剪貼簿後必須呼叫 EmptyClipboard 函數清除當前剪貼簿中的內容，而不可以在原有資料項目的基礎上追加新的資料項目。但是，可以在呼叫 EmptyClipboard 和 CloseClipboard 函數之間多次呼叫 SetClipboardData 函數來寫入多個不同格式的資料項目。例如：

```
TCHAR szText[] = TEXT("老王，你好");
LPTSTR lpText = NULL;
HBITMAP hBitmap = NULL;

lpText = (LPTSTR)HeapAlloc(GetProcessHeap(), HEAP_ZERO_MEMORY,
    (_tcslen(szText) + 1) * sizeof(TCHAR));
if (lpText)
     StringCchCopy(lpText, _tcslen(szText) + 1, szText);
hBitmap = LoadBitmap(g_hInstance, MAKEINTRESOURCE(IDB_BITMAP));

OpenClipboard(hwndDlg);
EmptyClipboard();
SetClipboardData(CF_UNICODETEXT, lpText);  // lpText 參數指定為 Unicode 字串指標
SetClipboardData(CF_BITMAP, hBitmap);      // hBitmap 參數指定為點陣圖控制碼
CloseClipboard();
```

自身處理程序或其他處理程序中可以按以下方式獲取對應的資料：

```
LPTSTR lpStr;
OpenClipboard(hwndDlg);
// 獲取 Unicode 字串指標
lpStr = (LPTSTR)GetClipboardData(CF_UNICODETEXT);
// 獲取點陣圖控制碼
hBitmap = (HBITMAP)GetClipboardData(CF_BITMAP);
CloseClipboard();
```

在獲取剪貼簿中指定格式的資料前，可能需要先確定剪貼簿中是否包含該格式的資料，這可以透過呼叫 IsClipboardFormatAvailable 函數實作：

```
BOOL IsClipboardFormatAvailable(_In_ UINT format); // 標準或註冊剪貼簿格式
```

如果剪貼簿中包含指定格式的資料，則傳回值為非零；否則傳回值為 0。

對於包含多資料項目的剪貼簿資料，可以呼叫 CountClipboardFormats 和 EnumClipboardFormats 函數獲取當前剪貼簿中存在的資料格式的數量和具體的資料格式標識值。

呼叫 EmptyClipboard 函數後，OpenClipboard 函數的 hWndNewOwner 參數指定的視窗會成為剪貼簿的新所有者，剪貼簿所有者用於提供剪貼簿資料，任何程式都可以開啟剪貼簿並獲取其中的資料（不需要成為所有者），在再次呼叫 OpenClipboard 和 EmptyClipboard 兩個函數前，剪貼簿所有者不會改變。

5.1.2 剪貼簿相關的訊息

在建立剪貼簿資料後，在其他處理程序清空剪貼簿資料前，這些資料會一直佔據記憶體空間。如果在剪貼簿中放置的資料量過大就會浪費記憶體空間，降低對資源的使用率。為了避免這種浪費，可以採取延遲提交（Delayed Rendering），由資料提供處理程序先建立一個指定資料格式的空（NULL）剪貼簿資料區塊，直到自身處理程序或其他處理程序需要資料或自身處理程序要終止執行時期才真正提交資料。

延遲提交的實作並不複雜，剪貼簿所有者處理程序在呼叫 SetClipboardData 函數時將資料控制碼參數設定為 NULL 即可，延遲提交的所有者處理程序需要做的後續工作是對 WM_RENDERFORMAT、WM_DESTROYCLIPBOARD 和 WM_RENDERALLFORMATS 等剪貼簿延遲提交訊息的處理。

注意，在複製檔案時，可以複製一個任意大小的檔案，這時剪貼簿中儲存的只是檔案的資訊，並非整個檔案本身；只有在複製非檔案格式，例如文字、圖片等時，剪貼簿中儲存的才是來源資料本身。

1. WM_RENDERFORMAT

如果剪貼簿所有者採用了延遲提交，當有處理程序對剪貼簿中的資料進行請求，例如呼叫 GetClipboardData 函數時，剪貼簿所有者的視窗過程會收到 WM_RENDERFORMAT 訊息，該訊息的 wParam 參數表示所需的剪貼簿資料格式，剪貼簿所有者可以呼叫 SetClipboardData 函數設定指定格式的資料。視窗過程處理完該訊息後，應該傳回 0。

一個處理程序可以按以下方式採用延遲提交：

```
OpenClipboard(hwnd);
EmptyClipboard();
SetClipboardData(CF_UNICODETEXT, NULL);    //建立一個 CF_UNICODETEXT 資料格式的空
                                             剪貼簿資料區塊
CloseClipboard();
```

當自身處理程序或其他處理程序呼叫 GetClipboardData 函數從剪貼簿讀取資料時，剪貼簿所有者可以按以下方式處理 WM_RENDERFORMAT 訊息：

```
TCHAR szText[] = TEXT("我是延遲提交的字串資料");
LPVOID lpMemory = HeapAlloc(GetProcessHeap(), HEAP_ZERO_MEMORY,
    (_tcslen(szText) + 1) * sizeof(TCHAR));
if (lpMemory)
{
    StringCchCopy((LPTSTR)lpMemory, _tcslen(szText) + 1, szText);
    //將記憶體中的資料放置到剪貼簿
    SetClipboardData(wParam, lpMemory);
}
```

2. WM_DESTROYCLIPBOARD

在其他地方開啟了剪貼簿並且呼叫 EmptyClipboard 函數清空剪貼簿的內容，接管剪貼簿的所有權時，系統會向剪貼簿所有者處理程序發送 WM_DESTROYCLIPBOARD 訊息，以通知該處理程序對剪貼簿所有權的喪失。視窗過程處理完該訊息後，應該傳回 0。

3. WM_RENDERALLFORMATS

如果剪貼簿所有者採用了延遲提交，當延遲提交所有者處理程序將要終止時，那麼系統會發送一筆 WM_ RENDERALLFORMATS 訊息，通知其開啟並清除剪貼簿資料（OpenClipboard、EmptyClipboard），然後呼叫 SetClipboardData 函數設定所需格式的資料，最後關閉剪貼簿（CloseClipboard）。該訊息的 wParam 和 lParam 參數都沒有用到，視窗過程處理完該訊息後，應該傳回 0。

透過剪貼簿通訊的 5 種基本情況複習如下。

(1) 文字剪貼簿。文字剪貼簿具有 CF_TEXT 格式，在文字剪貼簿中傳遞的資料是不帶任何格式資訊的 ANSI 字串，因為可以把任何資料格式化為 ANSI 字串資訊，所以文字剪貼簿可以用於儲存任何資料。

(2) 點陣圖剪貼簿。點陣圖剪貼簿具有 CF_BITMAP 格式，呼叫 SetClipboardData 函數時需要提供點陣圖控制碼，而呼叫 GetClipboardData 函數時傳回的是點陣圖控制碼。

(3) 自訂格式。除使用預先定義的剪貼簿資料格式外，也可以在程式中使用自訂的資料格式。呼叫 RegisterClipboardFormat 函數可以註冊自訂資料格式，函數傳回系統分配的資料格式整數標識值。

(4) 延遲提交。延遲提交可以充分利用記憶體資源，資料量較大時尤為重要，前面已經解釋過。

(5) 多項資料。設定剪貼簿資料前首先需要呼叫 EmptyClipboard 函數清空剪貼簿，而不能追加資料，但是可以在開啟剪貼簿後連續多次呼叫 SetClipboardData 函數為剪貼簿設定多項資料。

5.2 使用剪貼簿進行處理程序間通訊

為了演示在不同處理程序間共享剪貼簿資料，需要撰寫兩個程式，一個負責寫入不同格式的剪貼簿資料，另一個負責讀寫端不同格式的資料。執行效果如圖 5.1 所示。

寫入端分別演示了剪貼簿的 5 種基本使用方式。

- 寫入文字：讀取文字資料編輯方塊中使用者輸入的字串然後寫入剪貼簿中。
- 寫入點陣圖：把當前螢幕截圖寫入剪貼簿中。
- 自訂資料：把自訂結構的資料寫入剪貼簿中。

- 延遲提交：延遲提交螢幕截圖點陣圖資料。
- 多項資料：同時設定文字 / 點陣圖 / 自訂 3 種資料。

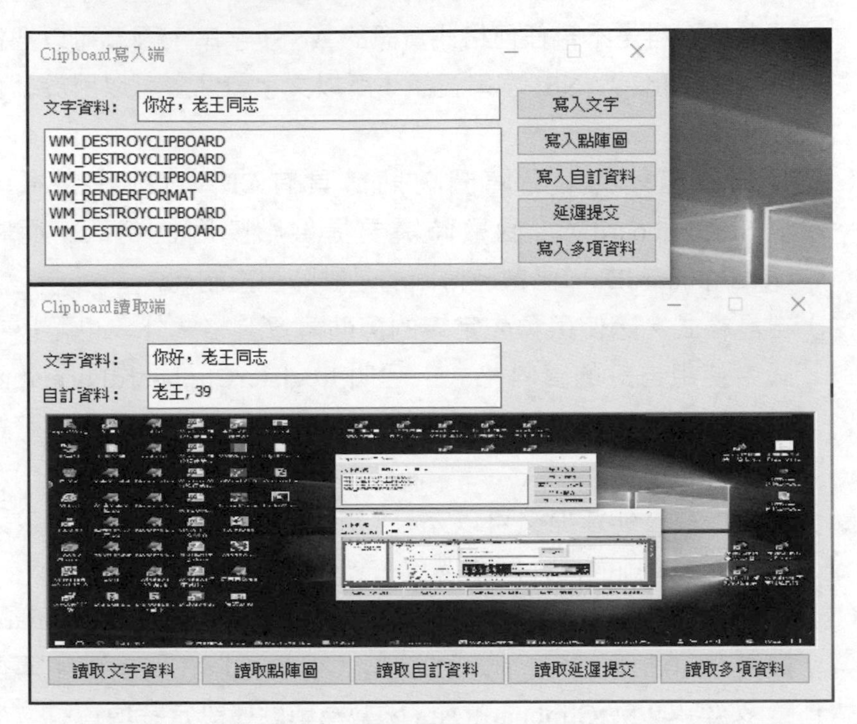

▲ 圖 5.1

Clipboard.rc 資源指令檔的主要內容如下：

```
IDD_MAIN DIALOGEX 200, 100, 309, 92
STYLE DS_SETFONT | DS_MODALFRAME | DS_FIXEDSYS | WS_MINIMIZEBOX | WS_POPUP |
WS_CAPTION | WS_SYSMENU
CAPTION "Clipboard 寫入端 "
FONT 8, "MS Shell Dlg", 400, 0, 0x1
BEGIN
    LTEXT           " 文字資料：",IDC_STATIC,7,10,41,8
    EDITTEXT        IDC_EDIT_TEXT,52,7,176,14,ES_AUTOHSCROLL
    LISTBOX         IDC_LIST_MSG,7,24,221,61,LBS_NOINTEGRALHEIGHT |
                    WS_VSCROLL | WS_TABSTOP
    PUSHBUTTON      " 寫入文字 ",IDC_BTN_TEXT,235,7,68,14
    PUSHBUTTON      " 寫入點陣圖 ",IDC_BTN_BITMAP,235,23,68,14
    PUSHBUTTON      " 寫入自訂資料 ",IDC_BTN_CUSTOM,235,39,68,14
```

```
    PUSHBUTTON      "延遲提交",IDC_BTN_DELAY,235,55,68,14
    PUSHBUTTON      "寫入多項資料",IDC_BTN_MULTIPLE,235,71,68,14
END
```

ClipboardRead.rc 資源指令檔的主要內容如下：

```
IDD_MAIN DIALOGEX 200, 100, 387, 167
STYLE DS_SETFONT | DS_MODALFRAME | DS_FIXEDSYS | WS_MINIMIZEBOX | WS_POPUP |
WS_CAPTION | WS_SYSMENU
CAPTION "Clipboard讀取端"
FONT 8, "MS Shell Dlg", 400, 0, 0x1
BEGIN
    LTEXT           "文字資料：",IDC_STATIC,7,10,41,8
    EDITTEXT        IDC_EDIT_TEXT,56,7,172,14,ES_AUTOHSCROLL
    LTEXT           "自訂資料：",IDC_STATIC,6,25,49,8
    EDITTEXT        IDC_EDIT_CUSTOM,56,22,172,14,ES_AUTOHSCROLL
    LTEXT           "",IDC_STATIC_BITMAP,7,38,373,106,WS_BORDER
    PUSHBUTTON      "讀取文字資料",IDC_BTN_TEXT,7,146,74,14
    PUSHBUTTON      "讀取點陣圖",IDC_BTN_BITMAP,81,146,74,14
    PUSHBUTTON      "讀取自訂資料",IDC_BTN_CUSTOM,155,146,74,14
    PUSHBUTTON      "讀取延遲提交",IDC_BTN_DELAY,229,146,74,14
    PUSHBUTTON      "讀取多項資料",IDC_BTN_MULTIPLE,303,146,74,14
END
```

其中，作為影像靜態控制項使用的 IDC_STATIC_BITMAP 在這裡透過資源編輯器的工具箱中的 Static Text 增加，靜態文字控制項的預設 ID 為 IDC_STATIC，因為在點擊讀取點陣圖、讀取延遲提交和讀取多項資料按鈕時，需要更換圖片，因此必須自訂一個新的 ID。讀者也可以透過資源編輯器的工具箱中的 Picture Control 增加一個影像靜態控制項，但是以這種方式增加的影像靜態控制項無法在資源編輯器中隨意調整大小，因此這裡使用工具箱中的 Static Text 增加了一個靜態文字控制項，並設定一個邊框（WS_ BORDER），然後在對話方塊初始化訊息 WM_INITDIALOG 中，為靜態文字控制項設定 SS_BITMAP | SS_ REALSIZECONTROL 樣式，使之成為影像靜態控制項。SS_REALSIZECONTROL 樣式的作用是按照控制項的大小縮放顯示點陣圖。

5.2.1 Clipboard 寫入端

(1) 寫入文字資料的步驟。以下是使用者點擊「寫入文字」按鈕時的處理程式：

```
VOID OnBtnText()                          //"寫入文字"按鈕按下
{
    TCHAR szText[128] = { 0 };
    LPTSTR lpStr;

    //開啟剪貼簿
    OpenClipboard(g_hwnd);
    //清空剪貼簿
    EmptyClipboard();
    //獲取文字資料編輯方塊的文字
    GetDlgItemText(g_hwnd, IDC_EDIT_TEXT, szText, _countof(szText));
    //從預設堆積中分配記憶體
    lpStr = (LPTSTR)HeapAlloc(GetProcessHeap(), HEAP_ZERO_MEMORY,
        (_tcslen(szText) + 1) * sizeof(TCHAR));
    if (lpStr)
    {
        //複製文字資料到剛剛分配的記憶體中
        StringCchCopy(lpStr, _tcslen(szText) + 1, szText);
        //將記憶體中的資料放置到剪貼簿
        //SetClipboardData(CF_TEXT, lpStr);
        //SetClipboardData(CF_UNICODETEXT, lpStr);
         SetClipboardData(CF_TCHAR, lpStr);
    }

    //關閉剪貼簿
    CloseClipboard();
}
```

我們的程式既可以編譯為 Unicode 版本，又可以編譯為 ANSI 版本，文字資料格式指定為 CF_TEXT 或 CF_UNICODETEXT 均不合適，因此程式開頭有以下條件編譯敘述：

```
//定義CF_TCHAR，不管程式是Unicode還是ANSI版本，剪貼簿文字資料格式都會被正確設定
#ifdef UNICODE
```

```
    #define CF_TCHAR CF_UNICODETEXT
#else
    #define CF_TCHAR CF_TEXT
#endif
```

（2）寫入點陣圖的步驟，以下是使用者點擊「寫入點陣圖」按鈕時的處理程式：

```
VOID OnBtnBitmap()                          //"寫入點陣圖"按鈕按下
{
    //開啟剪貼簿
    OpenClipboard(g_hwnd);
    //清空剪貼簿
    EmptyClipboard();

    //設定剪貼簿點陣圖資料
    HDC hdcDesk, hdcMem;
    HBITMAP hBmp;
    int nWidth = GetSystemMetrics(SM_CXSCREEN);
    int nHeight = GetSystemMetrics(SM_CYSCREEN);

    hdcDesk = CreateDC(TEXT("DISPLAY"), NULL, NULL, NULL);
    hdcMem = CreateCompatibleDC(hdcDesk);
    hBmp = CreateCompatibleBitmap(hdcDesk, nWidth, nHeight);
    SelectObject(hdcMem, hBmp);
    BitBlt(hdcMem, 0, 0, nWidth, nHeight, hdcDesk, 0, 0, SRCCOPY);
    SetClipboardData(CF_BITMAP, hBmp);

    DeleteObject(hBmp);
    DeleteDC(hdcMem);
    DeleteDC(hdcDesk);

    //關閉剪貼簿
    CloseClipboard();
}
```

（3）寫入自訂資料的步驟，下面是使用者點擊「寫入自訂資料」按鈕時的處理程式：

```
VOID OnBtnCustom()                        //"寫入自訂資料"按鈕按下
{
    LPVOID lpMem;
    //自訂資料
    CUSTOM_DATA customData = { TEXT("老王"), 39 };

    //開啟剪貼簿
    OpenClipboard(g_hwnd);
    //清空剪貼簿
    EmptyClipboard();
    //分配記憶體
    lpMem = HeapAlloc(GetProcessHeap(), HEAP_ZERO_MEMORY, sizeof(CUSTOM_DATA));
    if (lpMem)
    {
        //複製自訂資料到剛剛分配的記憶體中
        memcpy_s(lpMem, sizeof(CUSTOM_DATA), &customData, sizeof(CUSTOM_
DATA));
        //設定剪貼簿自訂資料
        SetClipboardData(g_uFormat, lpMem);
    }

    //關閉剪貼簿
    CloseClipboard();
}
```

在程式開頭，有以下自訂資料結構的定義：

```
//自訂剪貼簿資料格式
typedef struct _CUSTOM_DATA
{
    //假設儲存的是一個人的姓名、年齡
    TCHAR szName[128];
    UINT uAge;
}CUSTOM_DATA, * PCUSTOM_DATA;

//在處理WM_INITDIALOG訊息時，註冊一個新的剪貼簿資料格式：

VOID OnInit(HWND hwndDlg)                 //WM_INITDIALOG
{
    g_hwnd = hwndDlg;
```

```
    g_hwndList = GetDlgItem(hwndDlg, IDC_LIST_MSG);

    //註冊一個自訂剪貼簿資料格式
    g_uFormat = RegisterClipboardFormat(TEXT("RegisterFormat"));
}
```

本程式只是對自訂資料型態進行簡單的顯示，許多字處理程式使用這種技術來儲存包含有字型和格式資訊的文字。前面提到註冊一個新的剪貼簿資料格式使一個以上的應用程式可以使用相同的已註冊剪貼簿資料格式複製和貼上資料，例如 Word。如何確定資料是來自自己的程式的另一個實例，還是來自另一個使用這些格式的程式呢？方法如下。

首先呼叫以下函數獲取剪貼簿所有者：

```
hwndClipOwner = GetClipboardOwner();
```

然後獲取該視窗控制碼的視窗類別名稱：

```
TCHAR szClassName[256];
GetClassName(hwndClipOwner, szClassName, 256);
```

如果獲取到的類別名稱自己的程式類別名稱同，那麼資料就是被程式的另一個實例放入剪貼簿的。

（4）延遲提交的步驟，下面是使用者點擊「延遲提交」按鈕時的處理程式：

```
VOID OnBtnDelay()                       //"延遲提交"按鈕按下
{
    //開啟剪貼簿
    OpenClipboard(g_hwnd);
    //清空剪貼簿
    EmptyClipboard();

    //設定為空的剪貼簿資料（將資料控制碼參數設定為NULL）
    SetClipboardData(CF_BITMAP, NULL);

```

```
    //關閉剪貼簿
    CloseClipboard();
```

延遲提交的所有者處理程序需要做的主要工作是對 WM_RENDERFORMAT、WM_DESTROYCLIPBOARD 和 WM_RENDERALLFORMATS 等剪貼簿延遲提交訊息的處理：

```
VOID OnRenderFormat(UINT uFormat)  //WM_RENDERFORMAT
{
    SendMessage(g_hwndList, LB_ADDSTRING, 0, (LPARAM)TEXT("WM_RENDERFORMAT"));

    //設定剪貼簿點陣圖資料
    HDC hdcDesk, hdcMem;
    HBITMAP hBmp;
    int nWidth = GetSystemMetrics(SM_CXSCREEN);
    int nHeight = GetSystemMetrics(SM_CYSCREEN);
    hdcDesk = CreateDC(TEXT("DISPLAY"), NULL, NULL, NULL);
    hdcMem = CreateCompatibleDC(hdcDesk);
    hBmp = CreateCompatibleBitmap(hdcDesk, nWidth, nHeight);
    SelectObject(hdcMem, hBmp);
    BitBlt(hdcMem, 0, 0, nWidth, nHeight, hdcDesk, 0, 0, SRCCOPY);
    SetClipboardData(uFormat, hBmp);
    DeleteObject(hBmp);
    DeleteDC(hdcMem);
    DeleteDC(hdcDesk);
}

VOID OnDestroyClipbord()              //WM_DESTROYCLIPBOARD
{
    SendMessage(g_hwndList, LB_ADDSTRING, 0, (LPARAM)TEXT("WM_
DESTROYCLIPBOARD"));
}

VOID OnRenderAllFormats()          //WM_RENDERALLFORMATS
{
    SendMessage(g_hwndList, LB_ADDSTRING, 0, (LPARAM)TEXT("WM_
RENDERALLFORMATS"));
    OnBtnBitmap();
}
```

在處理 WM_RENDERFORMAT 訊息時，不需要開啟並清空剪貼簿，只需要根據 wParam 參數舉出的剪貼簿資料格式呼叫 SetClipboardData 函數設定剪貼簿資料即可。

如果剪貼簿所有者採用了延遲提交，當有程式呼叫 EmptyClipboard 函數時，Windows 向剪貼簿所有者發送一個 WM_DESTROYCLIPBOARD 訊息，該訊息指出不再需要用於建立剪貼簿的資料，程式不再是剪貼簿所有者，可以釋放為支援延遲提交而預留的任何資源。

如果程式在自己仍然是剪貼簿所有者時終止，則剪貼簿所有者將收到 WM_RENDERALLFORMATS 訊息，此時應該開啟剪貼簿、清空剪貼簿，設定剪貼簿資料，最後關閉剪貼簿。WM_RENDERALLFORMATS 訊息的 ALL 表示可以延遲提交多項資料格式，這裡僅演示了點陣圖資料的一種格式。

（5）寫入多項資料的步驟，下面是使用者點擊「寫入多項資料」按鈕時的處理程式：

```
VOID OnBtnMultiple()                    //"寫入多項資料"按鈕按下
{
    //開啟剪貼簿
    OpenClipboard(g_hwnd);
    //清空剪貼簿
    EmptyClipboard();

    //文字資料
    TCHAR szText[128] = { 0 };
    LPTSTR lpStr;
    GetDlgItemText(g_hwnd, IDC_EDIT_TEXT, szText, _countof(szText));
    lpStr = (LPTSTR)HeapAlloc(GetProcessHeap(), HEAP_ZERO_MEMORY,
        (_tcslen(szText) + 1) * sizeof(TCHAR));
    if (lpStr)
    {
        StringCchCopy (lpStr, _tcslen(szText) + 1, szText);
        SetClipboardData(CF_TCHAR, lpStr);
    }
```

```
    //點陣圖資料
    HDC hdcDesk, hdcMem;
    HBITMAP hBmp;
    int nWidth = GetSystemMetrics(SM_CXSCREEN);
    int nHeight = GetSystemMetrics(SM_CYSCREEN);
    hdcDesk = CreateDC(TEXT("DISPLAY"), NULL, NULL, NULL);
    hdcMem = CreateCompatibleDC(hdcDesk);
    hBmp = CreateCompatibleBitmap(hdcDesk, nWidth, nHeight);
    SelectObject(hdcMem, hBmp);
    BitBlt(hdcMem, 0, 0, nWidth, nHeight, hdcDesk, 0, 0, SRCCOPY);
    SetClipboardData(CF_BITMAP, hBmp);
    DeleteObject(hBmp);
    DeleteDC(hdcMem);
    DeleteDC(hdcDesk);

    //自訂資料
    LPVOID lpMem;
    CUSTOM_DATA customData = { TEXT("老王"), 39 };
    lpMem = HeapAlloc(GetProcessHeap(), HEAP_ZERO_MEMORY, sizeof(CUSTOM_
DATA));
    if (lpMem)
    {
        memcpy_s(lpMem, sizeof(CUSTOM_DATA), &customData, sizeof(CUSTOM_
DATA));
        SetClipboardData(g_uFormat, lpMem);
    }

    //關閉剪貼簿
    CloseClipboard();
}
```

步驟和前面 4 種大致相同，只不過寫入多項資料的步驟有多個 SetClipboardData 函數呼叫。

5.2.2 Clipboard 讀取端

（1）讀取文字資料的步驟，下面是使用者點擊「讀取文字資料」按鈕時的處理程式：

```
VOID OnBtnText()                    //"讀取文字資料"按鈕按下
{
    LPTSTR lpStr;

    //剪貼簿是否包含 CF_TCHAR 格式的文字
    if (IsClipboardFormatAvailable(CF_TCHAR))
    {
        //開啟剪貼簿
        OpenClipboard(g_hwnd);
        //獲取剪貼簿中文字格式的資料，並複製到 szText 緩衝區
        lpStr = (LPTSTR)GetClipboardData(CF_TCHAR);
        //顯示到編輯方塊中
        SetDlgItemText(g_hwnd, IDC_EDIT_TEXT, lpStr);

        //關閉剪貼簿
        CloseClipboard();
    }
    else
    {
        MessageBox(g_hwnd, TEXT("剪貼簿沒有文字格式的資料！"), TEXT("Error"),
MB_OK);
    }
}
```

（2）讀取點陣圖資料的步驟，下面是使用者點擊「讀取點陣圖」按鈕時的處理程式：

```
VOID OnBtnBitmap()                  //"讀取點陣圖"按鈕按下
{
    //剪貼簿是否包含 CF_BITMAP 格式的資料
    if (IsClipboardFormatAvailable(CF_BITMAP))
    {
        //開啟剪貼簿
        OpenClipboard(g_hwnd);
        //獲取剪貼簿中點陣圖格式的資料
        HBITMAP hBmp = (HBITMAP)GetClipboardData(CF_BITMAP);
        //顯示圖片
        SendDlgItemMessage(g_hwnd, IDC_STATIC_BITMAP, STM_SETIMAGE,
IMAGE_BITMAP, (LPARAM)hBmp);
```

```
        //關閉剪貼簿
        CloseClipboard();
    }
    else
    {
        MessageBox(g_hwnd, TEXT("剪貼簿沒有點陣圖格式的資料！"), TEXT("Error"),
MB_OK);
    }
}
```

顯示圖片的控制項最初是一個普通的靜態文字控制項，在 WM_INITDIALOG 訊息中設定為點陣圖樣式：

```
VOID OnInit(HWND hwndDlg)
{
    g_hwnd = hwndDlg;
    //註冊一個自訂剪貼簿格式，與寫入端使用相同的資料格式名稱，因此傳回相同的格式標識值
    g_uFormat = RegisterClipboardFormat(TEXT("RegisterFormat"));

    //顯示圖片的靜態控制項設定 SS_BITMAP | SS_REALSIZECONTROL 樣式
    LONG lStyle = GetWindowLongPtr(GetDlgItem(g_hwnd, IDC_STATIC_BITMAP),
GWL_STYLE);
    SetWindowLongPtr(GetDlgItem(g_hwnd, IDC_STATIC_BITMAP), GWL_STYLE,
        lStyle | SS_BITMAP | SS_REALSIZECONTROL);
}
```

（3）讀取自訂資料的步驟，下面是使用者點擊「讀取自訂資料」按鈕時的處理程式：

```
VOID OnBtnCustom()                          //"讀取自訂資料"按鈕按下
{
    TCHAR szText[128] = { 0 };
    PCUSTOM_DATA pCustomData;

    //剪貼簿是否包含 g_uFormat 格式的資料
    if (IsClipboardFormatAvailable(g_uFormat))
    {
        //開啟剪貼簿
```

```
        OpenClipboard(g_hwnd);
        //獲取剪貼簿中g_uFormat格式的資料
        pCustomData = (PCUSTOM_DATA)GetClipboardData(g_uFormat);
        wsprintf(szText, TEXT("%s, %d"), pCustomData->szName, pCustomData
->uAge);
        //顯示到編輯方塊中
        SetDlgItemText(g_hwnd, IDC_EDIT_CUSTOM, szText);

        //關閉剪貼簿
        CloseClipboard();
    }
    else
    {
        MessageBox(g_hwnd, TEXT("剪貼簿沒有自訂格式的資料！"), TEXT("Error"),
MB_OK);
    }
}
```

（4）讀取延遲提交資料的步驟，下面是使用者點擊「讀取延遲提交」按鈕時的處理程式：

```
VOID OnBtnDelay()                        //"讀取延遲提交"按鈕按下
{
    //本程式讀取延遲提交實際上讀取的也是點陣圖，所以直接呼叫OnBtnBitmap
    OnBtnBitmap();
}
```

（5）讀取多項資料的步驟，下面是使用者點擊「讀取多項資料」按鈕時的處理程式：

```
VOID OnBtnMultiple()                    //"讀取多項資料"按鈕按下
{
    //清空文字資料編輯方塊、自訂資料編輯方塊和影像靜態控制項的內容
    SetDlgItemText(g_hwnd, IDC_EDIT_TEXT, TEXT(""));
    SetDlgItemText(g_hwnd, IDC_EDIT_CUSTOM, TEXT(""));
    SendDlgItemMessage(g_hwnd, IDC_STATIC_BITMAP, STM_SETIMAGE, IMAGE_BITMAP,
(LPARAM)NULL);

    //開啟剪貼簿
```

```
    OpenClipboard(g_hwnd);
    // 列舉剪貼簿上當前可用的資料格式
    UINT uFormat = EnumClipboardFormats(0);
    while (uFormat)
    {
        // 這裡只處理 3 種格式
        if (uFormat == CF_TCHAR)
        {
            LPTSTR lpStr;

            // 獲取剪貼簿中文字格式的資料，並複製到 szText 緩衝區
            lpStr = (LPTSTR)GetClipboardData(CF_TCHAR);
            // 顯示到編輯方塊中
            SetDlgItemText(g_hwnd, IDC_EDIT_TEXT, lpStr);
        }
        else if (uFormat == CF_BITMAP)
        {
            // 獲取剪貼簿中點陣圖格式的資料
            HBITMAP hBmp = (HBITMAP)GetClipboardData(CF_BITMAP);
            // 顯示圖片
            SendDlgItemMessage(g_hwnd, IDC_STATIC_BITMAP, STM_SETIMAGE,
IMAGE_ BITMAP, (LPARAM)hBmp);
        }
        else if (uFormat == g_uFormat)
        {
            TCHAR szBuf[128] = { 0 };
            PCUSTOM_DATA pCustomData;

            // 獲取剪貼簿中 g_uFormat 格式的資料
            pCustomData = (PCUSTOM_DATA)GetClipboardData(g_uFormat);
            wsprintf(szBuf, TEXT("%s, %d"), pCustomData->szName, pCustomData
->uAge);
            // 顯示到編輯方塊中
            SetDlgItemText(g_hwnd, IDC_EDIT_CUSTOM, szBuf);
        }

        uFormat = EnumClipboardFormats(uFormat);
    }

    // 關閉剪貼簿
```

```
    CloseClipboard();
}
```

開啟剪貼簿，列舉剪貼簿上當前可用的資料格式並分別處理，最後關閉剪貼簿。

向剪貼簿寫入資料需要 4 個函數呼叫：

```
OpenClipboard(hwnd);
EmptyClipboard();
SetClipboardData(uFormat, lpMem);
CloseClipboard();
```

要獲取這些資料則需要 3 個函數呼叫：

```
OpenClipboard(hwnd);
lpMem = GetClipboardData(uFormat);
// 其他程式
CloseClipboard();
```

獲取到資料後，我們可以複製一份剪貼簿資料在程式中使用，也可以在 GetClipboardData 和 CloseClipboard 函數呼叫之間直接使用資料。

完整程式參見 Chapter5\Clipboard 專案。

5.3 監視剪貼簿內容變化

5.3.1 相關函數和訊息

SetClipboardViewer 函數用於將指定視窗增加到剪貼簿檢視器的鏈中：

```
HWND SetClipboardViewer(HWND hWndNewViewer);
```

如果函數執行成功，則 hWndNewViewer 視窗成為新的當前剪貼簿檢視器，傳回值是剪貼簿檢視器鏈中的下一個視窗（程式應該儲存該傳回值）；

如果出現錯誤或剪貼簿檢視器鏈中沒有其他視窗，則傳回值為 NULL。

如果要監視剪貼簿的內容變化，則需要把程式增加到剪貼簿檢視器鏈中，因為每當剪貼簿的內容發生變化時，剪貼簿檢視器就會收到 WM_DRAWCLIPBOARD 訊息。之所以叫作剪貼簿檢視器鏈，是因為當前系統中可能不止有一個剪貼簿檢視器，所有的剪貼簿檢視器組成一個鏈。如前所述，函數呼叫後，hWndNewViewer 成為新的當前剪貼簿檢視器，每當剪貼簿的內容發生變化時，事實上只有當前剪貼簿檢視器會收到 Windows 發送的 WM_DRAWCLIPBOARD 訊息，如果鏈中還有其他剪貼簿檢視器，那麼當前剪貼簿檢視器需要負責把 WM_DRAWCLIPBOARD 訊息傳遞下去，以通知它們剪貼簿的內容發生了變化，這是當前剪貼簿檢視器的責任，也是每一個剪貼簿檢視器的責任，每一個剪貼簿檢視器都應該這樣傳遞剪貼簿內容變化訊息。Windows 只維護一個標識當前剪貼簿檢視器的視窗控制碼，並且只向那個視窗發送 WM_DRAWCLIPBOARD 訊息，通知它剪貼簿內容已經改變。

剪貼簿檢視器程式通常需要向剪貼簿檢視器鏈中的下一個視窗傳遞剪貼簿內容變化訊息即 WM_ DRAWCLIPBOARD：

```
case WM_DRAWCLIPBOARD:
    if (g_hwndNextViewer)
    {
        // 如果剪貼簿檢視器鏈中存在下一個視窗，g_hwndNextViewer 是
          SetClipboardViewer 函數的傳回值
        SendMessage(g_hwndNextViewer, uMsg, wParam, lParam);
    }
```

如果一個程式需要監視剪貼簿內容的變化，則應該在 WM_CREATE 或 WM_INITDIALOG 訊息中呼叫 SetClipboardViewer 函數加入剪貼簿檢視器鏈中：

```
case WM_INITDIALOG:
    g_hwndNextViewer = SetClipboardViewer(hwndDlg);
    break;
```

剪貼簿檢視器程式退出時（例如回應 WM_DESTROY 訊息），必須透過呼叫 ChangeClipboardChain 函數從剪貼簿檢視器鏈中刪除自身。ChangeClipboardChain 函數原型如下：

```
BOOL ChangeClipboardChain(
    _In_ HWND hWndRemove,      //要從鏈中移除的視窗的控制碼
    _In_ HWND hWndNewNext);   //hWndRemove 的下一個視窗控制碼，也就是呼叫
SetClipboard Viewer 傳回的控制碼
```

例如：

```
case WM_COMMAND:
    switch (LOWORD(wParam))
    {
    case IDCANCEL:
        ChangeClipboardChain(hwndDlg, g_hwndNextViewer);
        EndDialog(hwndDlg, IDCANCEL);
        break;
    }
    return TRUE;
```

當程式呼叫 ChangeClipboardChain 時，Windows 會向當前剪貼簿檢視器視窗發送一個 WM_ CHANGECBCHAIN 訊息，該訊息的 wParam 參數是要從鏈中退出的視窗控制碼（ChangeClipboardChain 的第 1 個參數），lParam 是將要退出的視窗的下一個剪貼簿檢視器的視窗控制碼（ChangeClipboardChain 的第 2 個參數）。

我們的程式不一定是當前剪貼簿檢視器，有可能在程式加入剪貼簿檢視器鏈成為新的當前剪貼簿檢視器後，又執行了本程式的其他實例或其他剪貼簿檢視器。為了維護好剪貼簿檢視器鏈，每一個剪貼簿檢視器在處理 WM_CHANGECBCHAIN 訊息時，都應該判斷要退出的那個程式（wParam）是不是自己的下一個剪貼簿檢視器（g_hwndNextViewer）。如果是，就把自己的下一個剪貼簿檢視器（g_hwndNextViewer）的值設為 lParam，這樣整個鏈才是正確的。如果要退出的那個程式（wParam）不是自己的下一個剪貼簿檢視器（g_hwndNextViewer），就負責把有剪貼簿

檢視器程式要退出這個訊息傳遞給下一個剪貼簿檢視器。下面是剪貼簿檢視器處理 WM_CHANGECBCHAIN 訊息的程式：

```
case WM_CHANGECBCHAIN:
     if ((HWND)wParam == g_hwndNextViewer)
          g_hwndNextViewer = (HWND)lParam;
     else if (g_hwndNextViewer)
          SendMessage(g_hwndNextViewer, uMsg, wParam, lParam);
     break;
```

舉例說明剪貼簿檢視器鏈是怎樣工作的。當 Windows 剛開始啟動時，當前剪貼簿檢視器為 NULL：

當前剪貼簿檢視器	NULL

視窗控制碼為 hwnd1 的程式呼叫了 SetClipboardViewer，函數會傳回 NULL，這個傳回值成為呼叫程式裡的 g_hwndNextViewer 的值：

當前剪貼簿檢視器	hwnd1
hwnd1 的下一個檢視器	NULL

視窗控制碼為 hwnd2 的第 2 個程式呼叫 SetClipboardViewer，並且傳回 hwnd1：

當前剪貼簿檢視器	hwnd2
hwnd2 的下一個檢視器	hwnd1
hwnd1 的下一個檢視器	NULL

第 3 個程式（hwnd3）和第 4 個程式（hwnd4）也呼叫了 SetClipboard Viewer，分別傳回 hwnd2 和 hwnd3：

當前剪貼簿檢視器	hwnd4
hwnd4 的下一個檢視器	hwnd3
hwnd3 的下一個檢視器	hwnd2
hwnd2 的下一個檢視器	hwnd1
hwnd1 的下一個檢視器	NULL

當剪貼簿內容發生變化時，Windows 向 hwnd4 發送 WM_DRAWCLIPBOARD 訊息，hwnd4 把訊息傳遞給 hwnd3，hwnd3 傳遞給 hwnd2，hwnd2 傳遞給 hwnd1，hwnd1 則不會繼續往下傳遞。

hwnd2 程式呼叫以下函數退出：

```
ChangeClipboardChain(hwnd2, hwnd1);
```

Windows 會向 hwnd4 發送 WM_CHANGECBCHAIN 訊息，對應的 wParam 等於 hwnd2，lParam 等於 hwnd1。由於 hwnd4 的下一個檢視器是 hwnd3，因此 hwnd4 把這個訊息發送給 hwnd3，hwnd3 注意到 wParam 等於它的下一個檢視器（hwnd2），所以它把下一個檢視器設定成等於 lParam（hwnd1）並且傳回。剪貼簿檢視器看起來如下：

```
當前剪貼簿檢視器          hwnd4
hwnd4 的下一個檢視器      hwnd3
hwnd3 的下一個檢視器      hwnd1
hwnd1 的下一個檢視器      NULL
```

Windows 只維護一個標識當前剪貼簿檢視器的視窗控制碼，並且只向那個視窗發送訊息，每個剪貼簿檢視器視窗都必須處理剪貼簿訊息 WM_CHANGECBCHAIN 和 WM_DRAWCLIPBOARD，呼叫 SendMessage 函數將這些訊息傳遞到剪貼簿檢視器鏈中的下個視窗；同時每個剪貼簿檢視器程式都有責任維護好剪貼簿檢視器鏈。

5.3.2 剪貼簿監視程式 ClipboardMonitor

ClipboardMonitor 範例程式簡單地演示了監測剪貼簿中文字與點陣圖內容的變化，對話方塊中有一個 RichEdit20 豐富文字控制項和一個影像靜態控制項，豐富文字控制項用於即時顯示剪貼簿中的文字資料，如果使用 QQ 截圖截取不同的圖片，則影像靜態控制項中會隨之顯示出不同的圖片，程式執行效果如圖 5.2 所示。

ClipboardMonitor.cpp 原始檔案的內容如下：

```
#include <Windows.h>
#include <Richedit.h>
#include "resource.h"

#ifdef UNICODE
    #define CF_TCHAR CF_UNICODETEXT
```

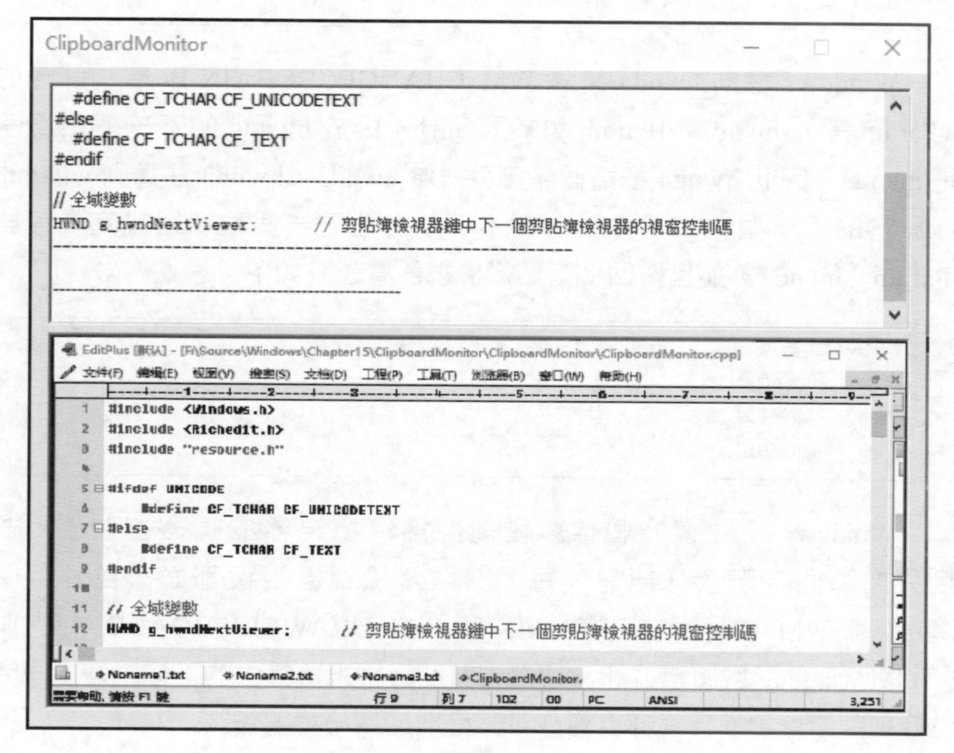

▲ 圖 5.2

```
#else
    #define CF_TCHAR CF_TEXT
#endif

// 全域變數
HWND g_hwndNextViewer;        // 剪貼簿檢視器鏈中下一個剪貼簿檢視器的視窗控制碼

// 函數宣告
INT_PTR CALLBACK DialogProc(HWND hwndDlg, UINT uMsg, WPARAM wParam, LPARAM
lParam);
```

```
int WINAPI WinMain(HINSTANCE hInstance, HINSTANCE hPrevInstance, LPSTR
lpCmdLine, int nCmdShow)
{
    // 載入動態連結程式庫 Riched20.dll
    LoadLibrary(TEXT("Riched20.dll"));

    DialogBoxParam(hInstance, MAKEINTRESOURCE(IDD_MAIN), NULL, DialogProc,
NULL);
    return 0;
}

INT_PTR CALLBACK DialogProc(HWND hwndDlg, UINT uMsg, WPARAM wParam, LPARAM
lParam)
{
    static HWND hwndEdit;
    LONG lStyle;
    LPTSTR lpStr;
    HBITMAP hBmp;
    UINT uFormat;
    TCHAR szSeparator[] = TEXT("\n------------------------------------\n");

    switch (uMsg)
    {
    case WM_INITDIALOG:
        // 顯示圖片的靜態控制項設定 SS_BITMAP | SS_REALSIZECONTROL 樣式
        lStyle = GetWindowLongPtr(GetDlgItem(hwndDlg, IDC_STATIC_BITMAP),
GWL_STYLE);
        SetWindowLongPtr(GetDlgItem(hwndDlg, IDC_STATIC_BITMAP), GWL_STYLE,
            lStyle | SS_BITMAP | SS_REALSIZECONTROL);

        // 將當前程式視窗增加到剪貼簿檢視器鏈中
        g_hwndNextViewer = SetClipboardViewer(hwndDlg);

        hwndEdit = GetDlgItem(hwndDlg, IDC_RICHEDIT);
        return TRUE;

    case WM_COMMAND:
        switch (LOWORD(wParam))
        {
        case IDCANCEL:
```

```
                // 從剪貼簿檢視器鏈中刪除自身
                ChangeClipboardChain(hwndDlg, g_hwndNextViewer);
                EndDialog(hwndDlg, IDCANCEL);
                break;
            }
            return TRUE;

        case WM_DRAWCLIPBOARD:
            // 剪貼簿的內容發生變化
            // 如果剪貼簿檢視器鏈中存在下一個視窗
            if (g_hwndNextViewer)
                SendMessage(g_hwndNextViewer, uMsg, wParam, lParam);

            // 更新顯示
            OpenClipboard(hwndDlg);
            uFormat = EnumClipboardFormats(0);
            while (uFormat)
            {
                // 這裡只處理這 2 種格式
                if (uFormat == CF_TCHAR)
                {
                    lpStr = (LPTSTR)GetClipboardData(CF_TCHAR);
                    SendMessage(hwndEdit, EM_SETSEL, -1, -1);
                    SendMessage(hwndEdit, EM_REPLACESEL, TRUE, (LPARAM)lpStr);
                    SendMessage(hwndEdit, EM_SETSEL, -1, -1);
                    SendMessage(hwndEdit, EM_REPLACESEL, TRUE, (LPARAM)
szSeparator);
                }
                else if (uFormat == CF_BITMAP)
                {
                    hBmp = (HBITMAP)GetClipboardData(CF_BITMAP);
                    SendDlgItemMessage(hwndDlg, IDC_STATIC_BITMAP, STM_SETIMAGE,
                        IMAGE_BITMAP, (LPARAM)hBmp);
                }

                uFormat = EnumClipboardFormats(uFormat);
            }
            CloseClipboard();
            return TRUE;
```

```
    case WM_CHANGECBCHAIN:
        // 處理 WM_CHANGECBCHAIN 訊息，維護好剪貼簿檢視器鏈
        if ((HWND)wParam == g_hwndNextViewer)
            g_hwndNextViewer = (HWND)lParam;
        else if (g_hwndNextViewer)
            SendMessage(g_hwndNextViewer, uMsg, wParam, lParam);
        return TRUE;
    }

    return FALSE;
}
```

因為用到了一個 RichEdit20 豐富文字控制項，所以在 WinMain 函數中呼叫 DialogBoxParam 函數彈出程式對話方塊前，必須呼叫 LoadLibrary 函數載入動態連結程式庫 Riched20.dll，豐富文字控制項的用法與多行編輯控制項類似，需要的讀者可以自行參考 MSDN。

5.3.3 監視剪貼簿的新方法

監視剪貼簿的更改有 3 種方式。以前的方式是建立剪貼簿檢視器視窗，當有程式不能正確地維護剪貼簿檢視器鏈，或剪貼簿檢視器鏈中的某一程式停止回應訊息時就會導致剪貼簿的監視出現問題，這是很難避免的，支持剪貼簿檢視器視窗是為了與早期版本 Windows 的向後相容性。Windows 2000 增加了查詢剪貼簿序號的功能，Windows Vista 增加了對剪貼簿資料格式監聽器的支援，這兩種方式實際上更簡單，新程式應該使用剪貼簿序號或剪貼簿資料格式監聽器。

1. 剪貼簿序號

每當剪貼簿的內容發生變化時，剪貼簿序號的 32 位元值會遞增，程式可以透過呼叫 GetClipboard SequenceNumber 函數來獲取當前剪貼簿序號，透過將傳回的值與先前呼叫傳回的值進行比較，程式可以確定剪貼簿的內容是否已經更改，該方法更適合需要等待當前剪貼簿內容變化結果的程式，但是剪貼簿的內容發生變化時，程式不會得到通知，要在剪

貼簿內容發生變化時得到通知，需要使用剪貼簿檢視器或剪貼簿資料格式監聽器。

2. 剪貼簿資料格式監聽器

程式可以透過呼叫 AddClipboardFormatListener 函數註冊成為剪貼簿資料格式監聽器，當剪貼簿的內容發生變化時，視窗將收到 WM_CLIPBOARDUPDATE 訊息：

```
BOOL AddClipboardFormatListener(HWND hwnd);
```

WM_CLIPBOARDUPDATE 訊息很簡單，wParam 和 lParam 參數均為 0，程式只需要回應這個訊息對剪貼簿內容變化做出處理即可。

如果程式需要移除剪貼簿資料格式監聽器，可以呼叫 RemoveClipboardFormatListener 函數：

```
BOOL RemoveClipboardFormatListener(HWND hwnd);
```

本節範例程式還是 ClipboardMonitor 專案的例子，稍微修改一下即可，具體原始程式碼參見 Clipboard Monitor_Listener 專案。

CHAPTER

06 動態連結程式庫

程式中用到的 Windows API 函數都包含在動態連結程式庫（Dynamic Link Library，DLL）中，其中 3 個最重要的動態連結程式庫（DLL）分別是 Kernel32.dll、User32.dll 和 Gdi32.dll。Kernel32.dll 中包含的函數用來管理記憶體、處理程序以及執行緒等，User32.dll 中包含的函數用來執行與使用者介面相關的任務，例如建立視窗和發送訊息等，Gdi32.dll 中包含的函數用來繪製影像和顯示文字等。此外，Windows 還提供了其他一些動態連結程式庫，舉例來說，AdvAPI32.dll 中包含的函數與物件的安全性、登錄檔的操控以及事件記錄檔有關，ComCtl32.dll 支援所有常用的視窗控制項，Ws2_32.dll 用於 Windows 通訊端網路程式設計。

當執行一個程式時，PE 載入器會為新的處理程序建立一個虛擬位址空間，並將可執行模組映射到新處理程序的位址空間中，PE 載入器繼續解析可執行模組的匯入表，並把匯入表中列出的每個 DLL 映射到處理程序的位址空間中，當可執行模組和所有 DLL 模組都映射到處理程序的位址空間中後，處理程序的主執行緒就開始執行。

動態連結程式庫是 Windows 系統中實作共享函數程式庫的一種方式，大部分動態連結程式庫以副檔名為 .dll 的檔案形式存在，但並不是只有副檔名為 .dll 的檔案才是動態連結程式庫，系統中的某些可執行檔（*.exe）、字型檔案（*.fon）、一些驅動程式（*.drv 和 *.sys）、各種控制項（*.ocx）和輸入法模組（*.ime）等都是動態連結程式庫。一個檔案是不是動態連結程式庫取決於它的檔案結構，DLL 檔案和可執行檔都是標準的 PE 檔案格式，只是檔案表頭中的屬性位元不同。與可執行檔一樣，在動態連結程式庫中也可以定義並使用各種資源，匯入並使用其他動態連結程式庫中的函數。

6.1 靜態程式庫

我們先來了解一下靜態程式庫（Static Link Library），靜態程式庫是副檔名為 .lib 的物件程式庫（Object Library）檔案，在編譯連結時，程式中用到的靜態程式庫中的函數會複製到生成的可執行檔中，因此在發佈軟體時，不需要一同發佈靜態程式庫 .lib 檔案。

建立靜態程式庫 .lib 專案的方法與建立其他 Windows 桌面程式相同，只是在最後需要選擇應用程式類型為靜態程式庫（.lib），如圖 6.1 所示。

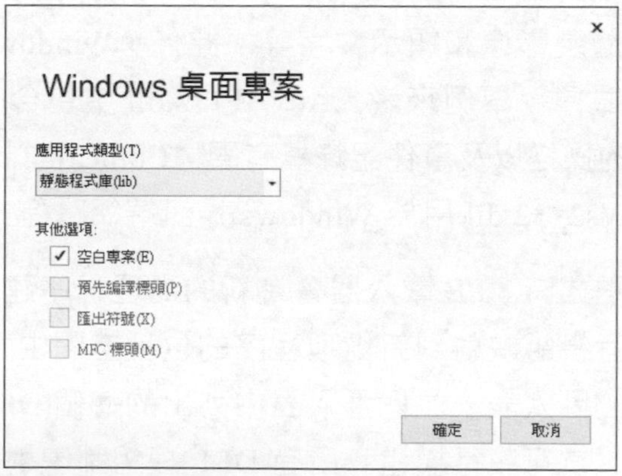

▲ 圖 6.1

接下來我們撰寫一個簡單的靜態程式庫檔案，StaticLinkLibrary.h 標頭檔中的內容為函數宣告：

```
#pragma once

int funAdd(int a, int b);
int funMul(int a, int b);
```

StaticLinkLibrary.cpp 原始檔案中的內容為函數實作：

```
#include "StaticLinkLibrary.h"

int funAdd(int a, int b)
{
    return a + b;
}

int funMul(int a, int b)
{
    return a * b;
}
```

點擊 VS 的生成選單項→生成 StaticLinkLibrary(U) 或按快速鍵 Ctrl + B，即可生成 Chapter6\StaticLinkLibrary\Debug\StaticLinkLibrary.lib 檔案。

接下來建立一個 Win32 桌面應用程式 StaticLinkLibraryTest，Static LinkLibraryTest.cpp 原始檔案的內容如下：

```
#include <Windows.h>
#include "StaticLinkLibrary.h"                //StaticLinkLibrary.h 標頭檔

#pragma comment(lib, "StaticLinkLibrary.lib") //StaticLinkLibrary.lib 物件程式庫

int WINAPI WinMain(HINSTANCE hInstance, HINSTANCE hPrevInstance, LPSTR
lpCmdLine, int nCmdShow)
{
    TCHAR szBuf[256] = { 0 };
    wsprintf(szBuf, TEXT("funAdd(5, 6) = %d\nfunMul(5, 6) = %d"), funAdd(5,
6), funMul(5, 6));
    MessageBox(NULL, szBuf, TEXT("提示"), MB_OK);
}
```

需要注意的是，StaticLinkLibrary 專案中的 StaticLinkLibrary.h 標頭檔，以及生成的 StaticLinkLibrary.lib 物件程式庫檔案，都需要複製到 StaticLinkLibraryTest 專案目錄 Chapter6\StaticLinkLibraryTest\StaticLink LibraryTest 中。

編譯執行程式，程式執行效果如圖 6.2 所示。

▲ 圖 6.2

6.2 動態連結程式庫

靜態程式庫是傳統的共享函數程式庫的一種方式，顯而易見的缺點是，如果有多個程式用到靜態程式庫中的同一個函數，那麼所有這些可執行檔中都會包含一份完全相同的程式，這是對磁碟空間的一種浪費。另一個缺點是，如果某個函數因為發現有錯誤或需要更新演算法而進行版本升級時，必須找到所有使用該函數的可執行檔來重新編譯，否則程式中使用的還是舊版本的程式。另外，Windows 是多工作業系統，如果有多個程式用到靜態程式庫中的同一個函數，並且這些程式同時執行，就會有多份相同的程式被載入記憶體，這是對記憶體空間的一種浪費。

Windows 的解決方法是使用動態連結程式庫。動態連結程式庫也是共享函數程式庫的一種方式，其提供的函數也可以被多個程式使用，但是它和靜態程式庫在使用方法上有很多不同點。靜態程式庫僅在編譯連結時使用，編譯完成後，可執行檔即可脫離函數庫檔案單獨使用，而動態連結程式庫中的程式在程式編譯時並不會被插入可執行檔中，在程式執行時期才將動態連結程式庫的程式載入記憶體，因此稱為「動態連結」。如果有多個程式用到同一個動態連結程式庫，Windows 實體記憶體中只存在一份動態連結程式庫的程式，然後透過分頁機制將這份程式映射到不同處理程序的位址空間中，函數庫程式實際佔用的實體記憶體永遠只有一份。當然，動態連結程式庫使用的資料段會被映射到不同的實體記憶體中，有多少個程式在使用動態連結程式庫就會有多少份資料段，每個使用 DLL 的處理程序都有自己的 DLL 資料副本。

動態連結程式庫是被映射到其他處理程序的位址空間中執行的，它和應用程式可以看作是一體的，應用程式處理程序位址空間是動態連結程式庫的宿主，動態連結程式庫可以使用應用程式的資源，動態連結程式庫中的資源也可以被應用程式使用。

6.2.1 建立 DLL 專案

一個 DLL 可以匯出變數、C++ 類別和函數供其他模組（可執行模組或其他 DLL 模組）使用，在實際開發中，應該避免從 DLL 中匯出變數和 C++ 類別，因為從 DLL 中匯出變數不利於程式維護，由不同 C++ 編譯器或同一個 C++ 編譯器但不同版本編譯生成的 DLL 中的 C++ 類別互不相容。在 DLL 中可以使用兩種函數：內建函數和匯出函數，內建函數只能在 DLL 內部使用，而匯出函數可以被其他模組呼叫，DLL 的主要功能是向外匯出函數供其他模組呼叫。

在包含匯出函數的 DLL 檔案中，匯出資訊儲存在 DLL 檔案的匯出表中，匯出表包括匯出函數的名稱、序數和入口位址等資訊，PE 載入器透過這些資訊來完成動態連結的過程。後面章節會詳細介紹匯出表。

建立動態連結程式庫專案（以下簡稱 DLL 專案）與建立其他 Windows 桌面程式專案相同，只是在最後的步驟中需要選擇應用程式類型為動態連結程式庫（.dll）。接下來建立一個 DLL 專案 DllSample，標頭檔 DllSample.h 的內容如下：

```
#pragma once

// 宣告匯出的變數、類別和函數

#ifdef DLL_EXPORT
    #define DLL_VARABLE    extern "C" __declspec(dllexport)
    #define DLL_CLASS      __declspec(dllexport)
```

```
    #define DLL_API         extern "C" __declspec(dllexport)
#else
    #define DLL_VARABLE     extern "C" __declspec(dllimport)
    #define DLL_CLASS       __declspec(dllimport)
    #define DLL_API         extern "C" __declspec(dllimport)
#endif

/*****************************************************************/
typedef struct _POSITION
{
    int x;
    int y;
}POSITION, * PPOSITION;

//匯出變數
DLL_VARABLE int nValue;     //匯出普通變數
DLL_VARABLE POSITION ps;    //匯出結構變數

//匯出類
class DLL_CLASS CStudent
{
public:
    CStudent(LPTSTR lpName, int nAge);
    ~CStudent();

public:
    LPTSTR  GetName();
    int     GetAge();

private:
    TCHAR   m_szName[64];
    int     m_nAge;
};

//匯出函數
DLL_API int funAdd(int a, int b);
DLL_API int funMul(int a, int b);
```

DllSample.cpp 原始檔案的內容如下：

```
// 定義 DLL 的匯出變數、類別和函數

#include <Windows.h>
#include <strsafe.h>
#include <tchar.h>

#define DLL_EXPORT
#include "DllSample.h"

// 變數
int nValue;    // 普通變數
POSITION ps;   // 結構變數

BOOL APIENTRY DllMain(HMODULE hModule, DWORD ul_reason_for_call, LPVOID
lpReserved)
{
     switch (ul_reason_for_call)
     {
     case DLL_PROCESS_ATTACH:
          nValue = 5;
          ps.x = 6;
          ps.y = 7;
          break;
     case DLL_THREAD_ATTACH:
     case DLL_THREAD_DETACH:
     case DLL_PROCESS_DETACH:
          break;
     }

     return TRUE;
}

// 類別
CStudent::CStudent(LPTSTR lpName, int nAge)
{
     if (m_szName)
          StringCchCopy(m_szName, _countof(m_szName), lpName);

     m_nAge = nAge;
}
```

```
CStudent::~CStudent(){}

LPTSTR CStudent::GetName()
{
    return m_szName;
}

int    CStudent::GetAge()
{
    return m_nAge;
}

//函數
int funAdd(int a, int b)
{
    return a + b;
}

int funMul(int a, int b)
{
    return a * b;
}
```

點擊 VS 的生成選單→生成 DllSample(U) 或按快速鍵 Ctrl + B，即可生成對應的 DLL 檔案，同時生成的還有一個 .lib 匯入函數庫檔案，在其他來源程式中呼叫生成的 DLL 中的函數時，需要用到 DllSample.h、DllSample.lib 和 DllSample.dll 這 3 個檔案。

以 .lib 為副檔名的函數庫有兩種，一種是靜態程式庫的物件程式庫，另一種是動態連結程式庫的匯入函數庫，物件程式庫和匯入函數庫雖然使用相同的副檔名，但是實質上截然不同。物件程式庫中包含函數名稱以及函數的實作程式，而匯入函數庫只包含對應函數的一些基本資訊，函數的具體實作程式存在於 DLL 檔案中。編譯連結 DLL 時，連結程式查詢關於匯出變數、C++ 類別和函數的資訊，並自動生成一個 .lib 檔案，該 .lib 檔案包含一個 DLL 檔案匯出的符號清單，當呼叫一個 DLL 中的函數時，匯入函數庫是必不可少的。

如前所述，在實際開發過程中，應該避免從 DLL 中匯出變數和 C++ 類別，因為從 DLL 中匯出變數不利於程式維護，由不同 C++ 編譯器或同一 C++ 編譯器但不同版本編譯生成的 DLL 中的 C++ 類別互不相容。所以前面的標頭檔 DllSample.h 的內容可以簡化為以下形式：

```
#pragma once

//宣告匯出的函數

#ifdef DLL_EXPORT
    #define DLL_API        extern "C" __declspec(dllexport)
#else
    #define DLL_API        extern "C" __declspec(dllimport)
#endif

//匯出函數
DLL_API int funAdd(int a, int b);
DLL_API int funMul(int a, int b);
```

DllSample.cpp 原始檔案的內容可以簡化為以下形式：

```
//定義 DLL 的匯出函數

#include <Windows.h>
#include <tchar.h>

#define DLL_EXPORT
#include "DllSample.h"

BOOL APIENTRY DllMain(HMODULE hModule, DWORD ul_reason_for_call, LPVOID
lpReserved)
{
    switch (ul_reason_for_call)
    {
    case DLL_PROCESS_ATTACH:
    case DLL_THREAD_ATTACH:
    case DLL_THREAD_DETACH:
    case DLL_PROCESS_DETACH:
        break;
```

```
    }

    return TRUE;
}

//匯出函數
int funAdd(int a, int b)
{
    return a + b;
}

int funMul(int a, int b)
{
    return a * b;
}
```

從一個 DLL 中匯入變數、類別和函數的模組可以稱為可執行模組，匯出變數、類別和函數以供可執行模組使用的模組稱為 DLL 模組，DLL 模組也可以匯入一些包含在其他 DLL 模組中的變數、類別和函數。在建立 DLL 時，應該首先建立一個標頭檔案包含想要匯出的變數、類別和函數的宣告，DLL 的原始檔案中應該包含這個標頭檔案，即 DLL 的原始檔案中含匯出變數、類別和函數的定義。呼叫 DLL 中的函數的可執行模組也需要用到該標頭檔。

__declspec(dllexport) 表示從 DLL 模組中匯出變數、類別和函數，__declspec(dllimport) 表示在可執行模組中匯入 DLL 模組的變數、類別和函數。

DLL_EXPORT 巨集（也可以是其他名稱）應該在 DLL 的原始程式碼中定義，然後再包含標頭檔，例如：

```
// 定義 DLL 的匯出變數、類別和函數

#include <Windows.h>
#include <tchar.h>

#define DLL_EXPORT
#include "DllSample.h"
```

如果 DLL_EXPORT 巨集已經定義，則定義以下巨集：

```
#ifdef DLL_EXPORT
    #define DLL_VARABLE    extern "C" __declspec(dllexport)
    #define DLL_CLASS      __declspec(dllexport)
    #define DLL_API        extern "C" __declspec(dllexport)
```

在要匯出的變數、類別和函數前面使用 DLL_VARABLE、DLL_CLASS 或 DLL_API 巨集，表示要從 DLL 模組中匯出變數、類別和函數。

在可執行模組的原始程式碼中，則不定義 DLL_EXPORT 巨集，而是定義以下巨集表示在可執行模組中匯入 DLL 模組的變數、類別和函數：

```
#else
    #define DLL_VARABLE    extern "C" __declspec(dllimport)
    #define DLL_CLASS      __declspec(dllimport)
    #define DLL_API        extern "C" __declspec(dllimport)
```

在撰寫 C++ 程式時建議使用 extern "C" 宣告，如果撰寫 C 程式則不應該使用 extern "C"。

C++ 編譯器會對 C++ 類別名稱函數名稱和變數名稱進行改編得到一個修飾名稱。這裡以 C++ 對函數名稱的改編為例說明，修飾名稱由編譯器在編譯函數時生成，包括函數名稱和呼叫約定、函數類型、函數參數和其他資訊，透過修飾名稱可以幫助連結器在連結可執行檔時找到正確的函數。刪除 DllSample.h 標頭檔中 DLL_API 巨集的 extern "C" 宣告，重新編譯生成 DLL，然後使用 Depends.exe 開啟 DllSample.dll（見圖 6.3）。

Ordinal ^	Hint	Function	Entry Point
1 (0x0001)	0 (0x0000)	??0CStudent@@QAE@PA_WH@Z	0x00001050
2 (0x0002)	1 (0x0001)	??1CStudent@@QAE@XZ	0x00001080
3 (0x0003)	2 (0x0002)	??4CStudent@@QAEAAV0@ABV0@@Z	0x00001000
4 (0x0004)	3 (0x0003)	?GetAge@CStudent@@QAEHXZ	0x000010A0
5 (0x0005)	4 (0x0004)	?GetName@CStudent@@QAEPA_WXZ	0x00001090
6 (0x0006)	5 (0x0005)	?funAdd@@YAHHH@Z	0x000010B0
7 (0x0007)	6 (0x0006)	?funMul@@YAHHH@Z	0x000010C0
8 (0x0008)	7 (0x0007)	nValue	0x0001328C
9 (0x0009)	8 (0x0008)	ps	0x00013290

▲ 圖 6.3

可以發現，C++ 編譯器使用的函數名稱修飾方式比較複雜，函數名稱前面有一個 "?"，然後是函數名稱，"@@YA" 後面的內容表示參數清單，參數列表的第 1 項表示函數傳回數值型態，其後依次為參數的資料型態，參數列表後面以 "@Z" 標識整個修飾名稱的結束。參數列表以以下代號表示：X 表示 void，D 表示 char，E 表示 unsigned char，F 表示 short，H 表示 int，I 表示 unsigned int，N 表示 double 等。C++ 編譯器採用修飾名稱的重要原因是函數多載，C++ 允許在同一範圍中宣告幾個功能類似的名稱相同函數，但是這些名稱相同函數的形式參數（指參數的個數、類型或順序）必須不同。如果在 DllSample.h 和 DllSample.cpp 中再宣告定義一個傳回值和形式參數均為 double 的 funMul 函數：

```
DLL_API DOUBLE funMul(DOUBLE a, DOUBLE b);

DOUBLE funMul(DOUBLE a, DOUBLE b)
{
    return a * b;
}
```

重新編譯生成 DLL，可以看到上述函數的修飾名為 ?funMul@@YANNN@Z。

C++ 編譯器採用了修飾名稱，因此採用 C++ 修飾方式命名的 DLL 函數無法被其他語言使用，在其他語言撰寫的原始程式碼中呼叫 funAdd、funMul 會出現找不到 ?funAdd@@YAHHH@Z、?funMul@@YAHHH@Z 等錯誤訊息。在函數宣告前面加上 extern "C" 關鍵字後，C++ 會對該函數強制使用標準 C 的函數名稱修飾方式，不會對函數名稱、變數名稱進行改編，在 DLL 中用這種方式匯出的函數可以被其他語言使用；反之，其他語言撰寫的 DLL 函數在 C++ 的標頭檔中進行宣告時，前面也必須增加 extern "C" 關鍵字，這樣 C++ 才會在 lib 檔案中找到正確的函數修飾名稱。

增加 extern "C" 關鍵字後，生成的函數呼叫約定為 __cdecl（C 呼叫約定），函數參數按照從右到左的順序存入堆疊，由函數呼叫方負責平衡堆疊。如果希望使用 __stdcall(WINAPI、CALLBACK 等) 函數呼叫約定，例如：

```
//匯出函數
DLL_API int WINAPI  funAdd(int a, int b);
DLL_API int WINAPI  funMul(int a, int b);
```

當使用 __stdcall 來匯出 C 函數時，編譯器會對函數名稱進行改編，函數名稱前面有一個底線 "_"，然後是函數名稱，函數名稱後面是一個 @ 符號後跟作為參數傳遞給函數的位元組陣列成，如圖 6.4 所示。

1 (0x0001)	0 (0x0000)	??0CStudent@@QAE@PA_WH@Z	0x0004F07B
2 (0x0002)	1 (0x0001)	??1CStudent@@QAE@XZ	0x0004FA1C
3 (0x0003)	2 (0x0002)	??4CStudent@@QAEAAV0@ABV0@@Z	0x0004E2AC
4 (0x0004)	3 (0x0003)	?GetAge@CStudent@@QAEHXZ	0x0004EA90
5 (0x0005)	4 (0x0004)	?GetName@CStudent@@QAEPA_WXZ	0x0004D6E5
6 (0x0006)	5 (0x0005)	_funAdd@8	0x0004EABD
7 (0x0007)	6 (0x0006)	_funMul@8	0x0004EED7
8 (0x0008)	7 (0x0007)	nValue	0x00114E28
9 (0x0009)	8 (0x0008)	ps	0x00114E2C

▲ 圖 6.4

這種情況下，我們可以增加一個 .def 檔案指示編譯器匯出 funAdd 和 funMul 函數，而非 _funAdd@8 和 _funMul@8 函數。用滑鼠按右鍵 VS 左側方案總管中的原始檔案，然後選擇增加→新建項命令，開啟增加新專案對話方塊，選擇 Visual C++ →程式→模組定義檔案（.def），檔案名稱可以設為 DllSample.def，點擊「增加」按鈕，輸入以下內容：

```
EXPORTS
    funAdd
    funMul
```

DllSample.def 檔案中就是一個 EXPORTS 關鍵字，然後下面每一行指定一個要匯出的函數名稱。然後生成 DLL，這樣即可匯出未經改編的 funAdd 和 funMul 函數。

6.2.2 在可執行模組中使用 DLL

我們撰寫一個 Win32 桌面應用程式專案 Test，在原始程式碼中使用 DllSample.dll 匯出的變數、C++ 類別和函數。Test.cpp 原始檔案的內容如下：

```
#include <Windows.h>
#include <strsafe.h>
#include <tchar.h>
#include "DllSample.h"                          //DllSample.h 標頭檔

#pragma comment(lib, "DllSample.lib")  //DllSample.lib 匯入函數庫檔案

int WINAPI WinMain(HINSTANCE hInstance, HINSTANCE hPrevInstance, LPSTR
lpCmdLine, int nCmdShow)
{
    TCHAR szBuf[256] = { 0 };
    TCHAR szBuf2[512] = { 0 };

    // 測試匯出變數
    wsprintf(szBuf, TEXT("nValue = %d\nps.x = %d, ps.y = %d\n"), nValue,
ps.x, ps.y);
    StringCchCopy(szBuf2, _countof(szBuf2), szBuf);

    // 測試匯出類別
    CStudent student((LPTSTR)TEXT("老王"), 40);
    wsprintf(szBuf, TEXT("姓名：%s，年齡：%d\n"), student.GetName(), student.
GetAge());
    StringCchCat(szBuf2, _countof(szBuf2), szBuf);

    // 測試匯出函數
    wsprintf(szBuf, TEXT("funAdd(5, 6) = %d\nfunMul(5, 6) = %d"), funAdd(5,
6), funMul(5, 6));
    StringCchCat(szBuf2, _countof(szBuf2), szBuf);

    MessageBox(NULL, szBuf2, TEXT("提示"), MB_OK);
}
```

在可執行模組原始程式碼中不僅需要包含 DllSample.h，還需要連結 .lib 匯入函數庫檔案，有以下兩種方法。

（1）使用 VS 設定連結資訊。用滑鼠按右鍵專案名稱開啟屬性頁，然後選擇設定屬性→連結器→輸入，在「其它相依性」中輸入所需要的 .lib 檔案。如果 .lib 檔案不在專案的目前的目錄，那麼還需要在「設定屬性→連結器→常規」的「附加函數庫目錄」中輸入該 .lib 檔案所在的路徑，建議把 .lib 檔案複製到專案的目前的目錄。可以看到在「其它相依性」中已經存在 Kernel32.lib、User32.lib、Gdi32.lib 等匯入函數庫檔案，在建立 VS 專案時，最基本的匯入函數庫檔案 VS 已經自動幫我們增加因此在呼叫這些 DLL 中的函數時，只需要包含相關標頭檔，Windows.h 標頭檔中包含了最基本、最常用的一些標頭檔。

（2）使用 #pragma 連結命令，如下所示：

```
#pragma comment(lib, "DllSample.lib")
```

另外，DllSample.dll 也需要複製到專案的目前的目錄。在發佈軟體時，Test.exe 和 DllSample.dll 這兩個檔案需要同時發佈，如果缺少 DllSample.dll，執行 Test.exe 時會提示圖 6.5 所示的錯誤。

我們再看一下如果 dll 檔案中不存在某個函數時的情況，刪除 DllSample.h 標頭檔中最後一行 funMul 函數宣告前面的 DLL_API，這表示 funMul 函數是一個內建函數，不會匯出。重新編譯生成 DLL 檔案，複製到 Test 專案中，執行 Test.exe 會有圖 6.6 所示的錯誤訊息。

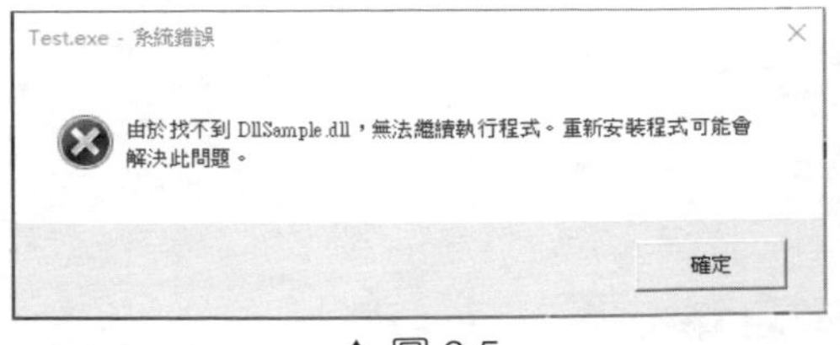

▲ 圖 6.5

▲ 圖 6.6

在可執行模組（或其他 DLL）能夠呼叫一個 DLL 中的函數前，必須將該 DLL 的檔案映射到呼叫處理程序的位址空間中，可以透過兩種方法來達到這一目的：隱式連結和顯性連結。

隱式連結是最常見的連結類型，也是我們一直使用的包含標頭檔和匯入函數庫檔案的方式，在編譯連結生成可執行檔時，系統會把 DLL 檔案名稱以及用到的函數寫入可執行檔的匯入表，這樣一來當執行一個可執行檔時，PE 載入器會解析可執行檔的匯入表，把匯入表中列出的每個 DLL 映射到處理程序的位址空間中，並根據函數名稱在每個 DLL 中查詢匯出函數，後面章節會詳細介紹匯入表。

顯性連結是指在需要呼叫一個 DLL 檔案中的匯出函數時，透過呼叫 LoadLibrary(Ex) 函數自行載入動態連結程式庫到處理程序位址空間中，然後透過呼叫 GetProcAddress 函數獲取匯出函數在動態連結程式庫中的位址，最後透過 GetProcAddress 函數傳回的函數指標進行函數呼叫。在呼叫一些系統 DLL 提供的未公開函數時，通常需要顯性連結。另外顯性連結的好處是無論 DLL 檔案是否存在，在載入 DLL 並使用其中的匯出函數以前可執行檔都可以正常執行。

執行一個可執行檔時，PE 載入器會為處理程序建立虛擬位址空間，並把可執行檔映射到處理程序的位址空間中，然後 PE 載入器會解析可執行檔的匯入表，對所需的 DLL 進行定位並將它們映射到處理程序的位址空間中。匯入表中只包含 DLL 的名稱，不包含 DLL 的路徑，下面是定位 DLL 檔案的順序。

（1）可執行檔目錄。

（2）Windows 系統目錄。

（3）Windows 目錄。

（4）處理程序的目前的目錄。

（5）PATH 環境變數中列出的所有目錄。

C 標準定義了一系列常用的函數，稱為 C 函數庫函數，C 標準僅定義了函數原型，並沒有提供相關實作，這個任務留給了各個支援 C 語言標準的編譯器，每個編譯器通常會實作標準 C 的超集合，稱為 C 執行時期函數庫（C Run Time Libray，CRT 函數庫）。對 VC++ 編譯器來說，它提供的 CRT 函數庫支援 C 標準定義的標準 C 函數，同時也有一些專門針對 Windows 系統特別設計的函數。與 C 語言類似，C++ 也定義了自己的標準，同時編譯器提供相關支援函數庫。

VC++ 完美支援 C/C++ 標準，並按照 C/C++ 標準定義的函數原型實作了 C/C++ 執行時期函數庫。為方便有不同需求的客戶使用，VC++ 分別實作了執行時期函數庫的靜態程式庫 LIB 版本和動態連結程式庫 DLL 版本。在 VS 中，用滑鼠按右鍵專案名稱，然後選擇屬性，開啟屬性頁，設定屬性→ C/C++ →程式生成→執行函數庫，可以看到 4 個選項：多執行緒（/MT）、多執行緒偵錯（/MTd）、多執行緒 DLL（/MD）和多執行緒偵錯 DLL（/MDd）。含義如表 6.1 所示。

表 6.1

選項	含義
/MT	多執行緒靜態程式庫發行版本，編譯器會靜態連結相關 C/C++ 程式庫
/MTd	多執行緒靜態程式庫偵錯版，編譯器會靜態連結相關 C/C++ 程式庫
/MD	多執行緒動態函數庫發行版本，編譯器會動態連結相關 C/C++ 程式庫
/MDd	多執行緒動態函數庫偵錯版，編譯器會動態連結相關 C/C++ 程式庫

對於 MT / MTd，由於已經靜態連結相關 C/C++ 程式庫，在編譯連結時會將用到的 C/C++ 執行函數庫中的函數程式整合到程式中成為程式中的程式，程式體積增大，編譯後的程式可以在其他機器上正常執行；但是對於 MD / MDd，因為是動態連結相關 C/C++ 程式庫，在程式執行時期會動態載入相關的 DLL，程式體積會減小，但是在其他機器上執行時期可能會提示缺少相關動態連結程式庫的錯誤。

在平時做練習時，為了方便偵錯，通常應該編譯為 Debug 偵錯版本，執行函數庫選項可以選擇多執行緒偵錯（/MTd）。在發佈軟體時，通常應該編譯為 Release 發行版本，Release 版本會對程式進行大量最佳化，執行函數庫選項則可以選擇多執行緒（/MT），如圖 6.7 所示。

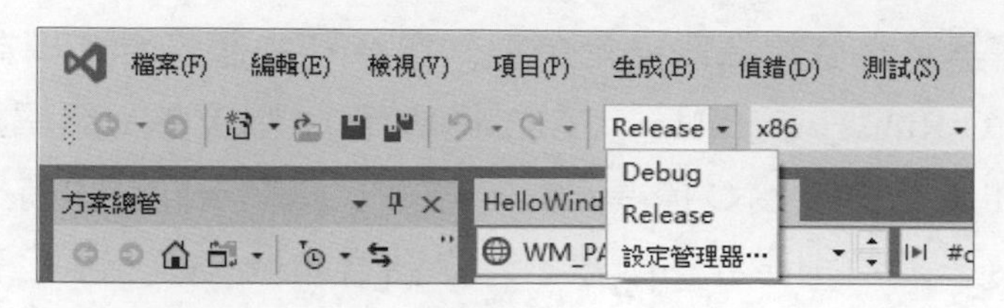

▲ 圖 6.7

6.2.3 進入點函數 DllMain

一個 DLL 可以有一個進入點函數 DllMain（區分大小寫），系統會在不同的時刻呼叫這個進入點函數，當系統加載、移除動態連結程式庫，以及處理程序中有執行緒被建立、退出時，系統會呼叫進入點函數。系統呼叫進入點函數是通知性質，通知 DLL 執行一些與處理程序或執行緒有關的初始化和清理工作，如果 DLL 不需要這些通知，可以不必在原始程式碼中實作該進入點函數，例如要建立一個隻包含資源的 DLL，則不需要實作該函數。進入點函數的格式如下：

```
BOOL APIENTRY DllMain(HMODULE hModule, DWORD ul_reason_for_call, LPVOID
lpReserved)
{
    switch (ul_reason_for_call)
    {
    case DLL_PROCESS_ATTACH:
        //dll 正被映射到處理程序的位址空間中
        break;

    case DLL_PROCESS_DETACH:
        //dll 正在從處理程序的位址空間中移除
        break;

    case DLL_THREAD_ATTACH:
        //處理程序中建立了一個新的執行緒
        break;

    case DLL_THREAD_DETACH:
        //處理程序中有一個執行緒正在退出
        break;
```

```
    }

    return TRUE;
}
```

hModule 參數是 DLL 模組的控制碼，也就是 DLL 載入到處理程序位址空間中的基底位址，如果在動態連結程式庫中定義了資源並且需要載入一個資源，那麼在處理 DLL_PROCESS_ATTACH 時應該儲存這個模組控制碼到一個全域變數中，從 DLL 模組中載入資源時需要使用模組控制碼。

ul_reason_for_call 參數表示呼叫 DLL 進入點函數的原因碼，可以是表 6.2 所示的值之一。

表 6.2

原因碼	值	含義
DLL_PROCESS_ATTACH	1	當系統第一次將一個 DLL 映射到處理程序的位址空間中時（隱式連結或顯性連結），會呼叫 DllMain 函數，並在 ul_reason_for_call 參數中傳入 DLL_PROCESS_ATTACH，如果後續處理程序中有一個執行緒再呼叫 LoadLibrary(Ex) 函數來載入一個已經被映射到處理程序位址空間中的 DLL，則系統只是遞增該 DLL 的引用計數，而不會再次使用 DLL_PROCESS_ATTACH 來呼叫 DllMain 函數。在處理 DLL_PROCESS_ATTACH 時，可以根據需要儲存 DLL 的模組控制碼，然後做一些初始化工作，處理完 DLL_PROCESS_ATTACH 通知以後應傳回 TRUE 表示初始化成功，如果傳回 FALSE，則 DLL 載入會失敗。如果任何一個 DLL 的 DllMain 函數在處理 DLL_PROCESS_ATTACH 時傳回 FALSE，即初始化失敗，則系統會向使用者顯示一個訊息方塊來告訴使用者處理程序無法正常啟動，並把所有的檔案映射從位址空間中清除，然後終止整個處理程序。 如果 ul_reason_for_call 參數是其他原因碼（DLL_PROCESS_DETACH、DLL_THREAD_ ATTACH 或 DLL_THREAD_DETACH），系統會忽略 DllMain 函數的傳回值
DLL_PROCESS_DETACH	0	當系統將一個 DLL 從處理程序的位址空間中撤銷映射時，會呼叫 DLL 的 DllMain 函數，並在 ul_reason_for_call 參數中傳入 DLL_PROCESS_DETACH。DLL 處理這個通知時，應該執

原因碼	值	含義
		行與之相關的清理工作。如果是系統中的某個執行緒呼叫了 TerminateProcess 函數終止處理程序，則系統不會使用 DLL_PROCESS_DETACH 來呼叫每個 DLL 的 DllMain 函數，這表示在處理程序終止前，已映射到處理程序位址空間中的任何 DLL 將沒有機會執行任何清理程式，這可能會導致資料遺失，因此除非萬不得已，我們應該避免使用 TerminateProcess 函數。以 DLL_PROCESS_ATTACH 和 DLL_PROCESS_DETACH 值呼叫 DllMain 函數在動態連結程式庫的生命週期中只可能出現一次
DLL_THREAD_ATTACH	2	當處理程序中建立一個新執行緒時，系統會使用 DLL_THREAD_ATTACH 來呼叫每個 DLL 的 DllMain 函數，這時 DLL 可以執行一些與執行緒相關的初始化工作，當所有 DLL 都完成了對該通知的處理後，系統才允許新執行緒開始執行它的執行緒函數。只有在建立新執行緒時 DLL 已經被映射到處理程序的位址空間中的情況下系統才會使用 DLL_THREAD_ATTACH 來呼叫 DLL 的 DllMain 函數。當系統將一個新的 DLL 映射到處理程序的位址空間中時，如果處理程序中已經有多個執行緒在執行，那麼系統不會允許任何已有的執行緒使用 DLL_THREAD_ATTACH 來呼叫 DLL 的 DllMain 函數。另外，處理程序的主執行緒不會使用 DLL_THREAD_ATTACH 來呼叫 DllMain 函數，在建立處理程序時被映射到處理程序位址空間中的任何 DLL 會收到 DLL_ PROCESS_ATTACH 通知，但不會收到 DLL_THREAD_ATTACH 通知
DLL_THREAD_DETACH	3	當處理程序中有一個執行緒正在退出時，系統會使用 DLL_THREAD_DETACH 呼叫每個 DLL 的 DllMain 函數，這時 DLL 可以執行一些相關的清理工作，只有當每個 DLL 都處理完 DLL_THREAD_DETACH 通知後，系統才會真正終止執行緒。如果系統中某個執行緒呼叫了 TerminateThread 函數終止執行緒，系統不會使用 DLL_THREAD_DETACH 來呼叫所有 DLL 的 DllMain 函數，這表示在執行緒終止前，已映射到處理程序位址空間中的任何 DLL 都將沒有機會執行任何清理程式，這可能會導致資料遺失，因此除非萬不得已，我們應該避免使用 TerminateThread 函數。 如果是因為 DLL 載入失敗、處理程序終止或呼叫 FreeLibrary 函數移除 DLL，則系統不會使用 DLL_THREAD_DETACH 來呼叫每個 DLL 的 DllMain 函數，僅向 DLL 發送 DLL_PROCESS_ DETACH 通知

另外，當 ul_reason_for_call 參數為 DLL_PROCESS_ATTACH 時，如果是隱式連結的 DLL，則 lpvReserved 參數為非 NULL；如果是顯性連結的 DLL，則 lpvReserved 參數為 NULL。當 ul_reason_ for_call 參數為 DLL_PROCESS_DETACH 時，如果是因為呼叫 FreeLibrary 函數或 DLL 載入失敗而移除 DLL，則 lpvReserved 參數為 NULL；如果是因為處理程序終止導致正在移除 DLL，則 lpvReserved 參數為非 NULL。

6.2.4 延遲載入 DLL

延遲載入指的是透過隱式連結的 DLL，可執行模組開始執行時期並不載入延遲載入的 DLL（也不會檢查該 DLL 是否存在），只有當程式中呼叫延遲載入 DLL 中的函數時，系統才會實際載入該 DLL。延遲載入 DLL 有以下特性。

（1）提高應用程式的載入速度。當執行一個程式時，PE 載入器會解析可執行模組的匯入表，並把匯入表中列出的每個 DLL 載入到處理程序的位址空間中，載入每個 DLL 時還會呼叫進入點函數 DllMain 並做一些初始化工作。如果一個應用程式使用了特別多的 DLL，則上述操作會嚴重拖慢程式的載入速度，而延遲載入則可以極佳地解決這個問題，把載入 DLL 的工作延遲到程式中呼叫 DLL 中的函數時完成。

（2）提高應用程式的相容性。當作業系統升級時，一些系統 DLL 中的函數會有所最佳化，系統 DLL 中的匯出函數會有所增加，新版本 DLL 可能提供了舊版本 DLL 中不包含的新函數，如果我們的程式用到了一個只有新版本 DLL 中才具有的函數，而程式卻執行在舊版本作業系統中，則程式初始化時會提示無法定位函數並終止程式的執行。延遲載入可以極佳地解決這個問題，當應用程式初始化時，可以呼叫 GetVersionEx 等函數來檢查作業系統的版本，如果發現程式執行在舊版本作業系統中，則透過其他方法實作該函數的功能。

（3）提高應用程式的可整合性。一個軟體除了可執行檔本身，通常還需要一些 DLL、設定檔、資料庫等檔案，遺失任何一個檔案都可能導致軟體不能正常執行，我們可以透過增加資源的方式把軟體所需的資料檔案增加到可執行檔資源中，執行程式時釋放這些檔案到相關目錄中，但是如果在程式初始化時發現相關目錄中不存在程式執行所需的 DLL，那麼程式的初始化同樣會失敗。延遲載入可以極佳地解決這個問題。採用延遲載入後，可執行模組在開始執行時期並不載入延遲載入的 DLL（也不會檢查該 DLL 是否存在）。

需要注意的是，如果一個 DLL 中匯出了變數，則該 DLL 不支援延遲載入。Kernel32.dll 不能延遲載入，因為延遲載入需要用到該 DLL 中的 LoadLibrary(Ex) 和 GetProcAddress 等函數。不應該在進入點函數 DllMain 中呼叫延遲載入 DLL 中的函數，否則可能會導致程式崩潰。

加密解密是當今資訊社會的永恆話題，以下為 GetMd5.dll 匯出的函數 GetMd5：

```
BOOL GetMd5(LPCTSTR lpFileName, LPTSTR lpMd5)
```

該函數獲取指定檔案 lpFileName 的 MD5，並將計算結果傳回到 lpMd5 參數指定的緩衝區中，MD5、SHA 是常用的加密演算法，完整程式請參考 Chapter6\GetMd5 專案。實際上獲取一個檔案或一段資料的 MD5、SHA 等，不一定必須使用微軟提供的 API，完全可以根據規定演算法撰寫一個自訂函數。

接下來我們實作一個延遲載入 GetMd5.dll 的例子，GetMd5Test.exe 程式執行效果如圖 6.8 所示。

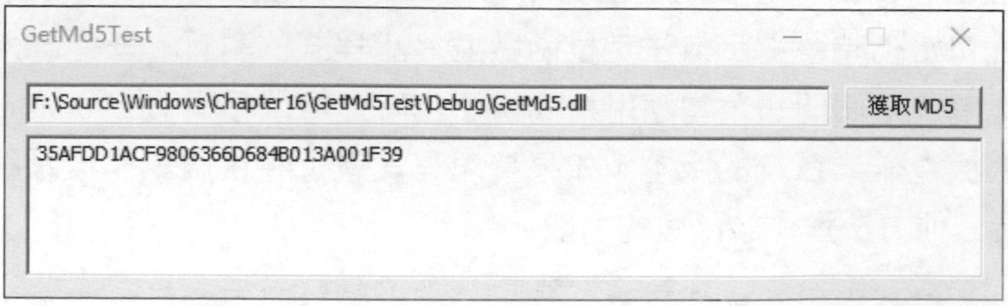

▲ 圖 6.8

與前面介紹的使用 DLL 撰寫可執行程式（例如 Test 程式）的方法完全相同，GetMd5Test 專案同樣需要 GetMd5.h、GetMd5.lib 和 GetMd5.dll，編譯執行程式，一切工作正常，如果刪除 GetMd5.dll，GetMd5Test 程式會初始化失敗。用滑鼠按右鍵專案名稱，然後選擇屬性→設定屬性→連結器→輸入，在延遲載入的 DLL 中輸入 GetMd5.dll，點擊「確定」按鈕，重新編譯執行程式，這時即使刪除了 GetMd5.dll，GetMd5Test 程式仍然可以正常執行。但是，因為不存在 GetMd5.dll，如果按下「獲取 MD5」按鈕，程式會呼叫 GetMd5.dll 中的匯出函數 GetMd5，導致觸發一個異常並終止執行。

前面説過，延遲載入可以提高應用程式的可整合性，我們可以把 GetMd5.dll 這個檔案增加到 GetMd5Test 專案資源中，例如資源類型為自訂類型 "MyDll"，資源 ID 為 IDR_MYDLL，程式處理 WM_INITDIALOG 訊息時可以釋放 GetMd5.dll 到可執行程式的目前的目錄中：

```
    case WM_INITDIALOG:
        //如果目前的目錄中不存在 GetMd5.dll
        if (!PathFileExists(TEXT("GetMd5.dll")))
        {
            hResBlock = FindResource(g_hInstance, MAKEINTRESOURCE(IDR_
MYDLL), TEXT("MyDll"));
            if (!hResBlock)
                return FALSE;
            hRes = LoadResource(g_hInstance, hResBlock);
            if (!hRes)
                return FALSE;
            lpDll = LockResource(hRes);
            dwDllSize = SizeofResource(g_hInstance, hResBlock);

            hFile = CreateFile(TEXT("GetMd5.dll"), GENERIC_READ |
                GENERIC_WRITE, FILE_SHARE_READ, NULL, CREATE_ALWAYS,
                FILE_ATTRIBUTE_NORMAL, NULL);
            if (hFile == INVALID_HANDLE_VALUE)
                return FALSE;
            WriteFile(hFile, lpDll, dwDllSize, NULL, NULL);
```

```
            CloseHandle(hFile);
        }
        return TRUE;
```

完整程式參見 Chapter6\GetMd5Test 專案。

使用者可以在編輯方塊中輸入一個檔案名稱，或滑動一個檔案到對話方塊中，如果是滑動檔案，則程式會回應 WM_DROPFILES 訊息，把所滑動檔案的完整路徑顯示到編輯方塊中。如果 CreateWindowEx 函數的 dwExStyle 參數指定為 WS_EX_ACCEPTFILES，則表示所建立的視窗可以接受拖放檔案，對對話方塊程式來說可以透過對話方塊的 Accept Files 屬性來設定。

如果視窗具有 WS_EX_ACCEPTFILES 樣式，當使用者滑動一個或多個檔案到視窗中時，視窗過程會收到 WM_DROPFILES 訊息，該訊息的 wParam 參數是一個描述所滑動檔案資訊的 HDROP 類型結構控制碼（使用者不需要關心結構控制碼的具體含義，直接使用即可），該控制碼可以用於 DragQueryFile、DragQueryPoint 和 DragFinish 函數呼叫；lParam 參數沒有用到。程式處理完 WM_DROPFILES 訊息後應傳回 0。

DragQueryFile 函數用於查詢所拖放檔案的名稱：

```
UINT DragQueryFile(
    _In_   HDROP  hDrop,        //HDROP 控制碼
    _In_   UINT   iFile,        // 要查詢的檔案的索引，設定為 0xFFFFFFFF 則函數傳回所拖
                                   放檔案的總數
    _Out_  LPTSTR lpszFile,     // 傳回指定索引的檔案名稱的緩衝區
    UINT   cch);                //lpszFile 緩衝區的大小，以字元為單位
```

- iFile 參數指定要查詢的檔案的索引（從 0 開始），設定為 0xFFFFFFFF，函數傳回所拖放檔案的總數。如果該參數的值介於 0 和所拖放檔案的總數之間，函數會將指定索引的檔案名稱複製到 lpszFile 參數指向的緩衝區。
- lpszFile 參數是傳回指定索引的檔案名稱的緩衝區，如果該參數設

定為 NULL，那麼函數會傳回指定索引的檔案名稱所需緩衝區的大小，以字元為單位，不包括終止的空白字元。

如果函數執行成功，則傳回值是複製到 lpszFile 參數指向的緩衝區中的字元數，不包括終止的空白字元。

如果只想獲取所滑動檔案中第一個檔案的檔案名稱，可以按以下方式使用：

```
HDROP hDrop;
TCHAR szFileName[MAX_PATH] = { 0 };

case WM_DROPFILES:
    hDrop = (HDROP)wParam;
    DragQueryFile(hDrop, 0, szFileName, _countof(szFileName));
    return FALSE;
```

如果需要獲取所有滑動檔案的檔案名稱，可以按以下方式使用：

```
HDROP hDrop;
UINT uDragCount;
TCHAR szFileName[MAX_PATH] = { 0 };

case WM_DROPFILES:
    hDrop = (HDROP)wParam;
    uDragCount = DragQueryFile(hDrop, 0xFFFFFFFF, NULL, 0);
    for (UINT i = 0; i < uDragCount; i++)
    {
        DragQueryFile(hDrop, i, szFileName, _countof(szFileName));
        //處理本次查詢到的檔案名稱
    }
```

DragQueryPoint 函數用於查詢滑動操作期間滑鼠指標的位置，DragFinish 函數用於釋放系統為滑動操作所分配的記憶體：

```
BOOL DragQueryPoint(
    _In_  HDROP hDrop,          //HDROP 控制碼
    _Out_ POINT* lppt);         //POINT 結構
VOID DragFinish(HDROP hDrop);   //HDROP 控制碼
```

用滑鼠按右鍵專案名稱，然後選擇屬性→設定屬性→連結器→輸入，在延遲載入的 DLL 中輸入 GetMd5.dll（可以指定多個 DLL，以 ; 分隔），該設定告知編譯器不要在可執行模組的匯入表中設定 GetMd5.dll 及相關函數的資訊，這樣當處理程序初始化時，PE 載入器不會隱式連結該 DLL；同時，該設定使編譯器在可執行模組中建立一個延遲載入匯入表，延遲載入匯入表記錄了可執行模組要匯入的 DLL 及相關函數的資訊，與匯入表不同的是，在可執行模組一開始執行時期這些 DLL 並不會被 PE 載入器載入，只有當程式中呼叫這些 DLL 中的函數時，系統才會實際載入 DLL；編譯器還會在可執行模組中嵌入一個 __delayLoadHelper2 函數，對延遲載入 DLL 中函數的呼叫會跳躍到該函數，該函數會解析延遲載入匯入表，並呼叫 LoadLibrary(Ex) 和 GetProcAddress 等函數完成對延遲載入 DLL 的載入以及函數位址的解析。

當程式中呼叫延遲載入 DLL 中的函數但是 DLL 不存在時，__delayLoadHelper2 函數會拋出一個軟體例外；如果 DLL 已經存在，但是試圖呼叫該 DLL 中一個不存在的函數，__delayLoadHelper2 函數也會拋出一個軟體例外，對於這兩種情況，可以使用結構化異常處理（Structured Exception Handling，SEH）來捕捉異常並使應用程式繼續執行；如果不捕捉該異常，則處理程序將終止。

如果想在不需要延遲載入 DLL 時可以移除該 DLL，可以用滑鼠按右鍵專案名稱，然後選擇屬性→設定屬性→連結器→進階，在移除延遲載入的 DLL 中選擇（/DELAY:UNLOAD），即可在不需要延遲載入 DLL 的地方呼叫 __FUnloadDelayLoadedDLL2 函數移除 DLL，該函數會自動呼叫 FreeLibrary 函數移除 DLL 並重置 DLL 中的函數位址。__FUnloadDelayLoadedDLL2 函數在 delayimp.h 標頭檔中的定義如下：

```
BOOL WINAPI __FUnloadDelayLoadedDLL2(LPCSTR szDll);
```

szDll 參數是一個 ANSI 字串指標，並且區分大小寫。

6.3 執行緒局部儲存

執行緒局部儲存（Thread Local Storage，TLS）相當於一個程式中的 DWORD 陣列形式的全域變數。陣列元素最少為 TLS_MINIMUM_AVAILABLE(64) 個，在需要時系統會分配更多的陣列元素，最多可達 1088 個，這對任何應用程式來説都是足夠的，程式中的每個執行緒可以使用相同的陣列元素索引操作屬於每個執行緒的資料。具體來説，系統會為每個處理程序分配一個 4 字即一個具有 64 個索引（0 ～ 63）的位元陣列，每個位元的值可以是 0（表示未使用）或 1（表示已使用），程式可以從處理程序的位元陣列中申請一個閒置的索引（值為 0 的索引），例如索引 3，程式應該把這個申請到的索引儲存為全域變數，例如 g_dwTlsIndex，建立每個執行緒時，系統會為每個執行緒分配一個 LPVOID 類型的陣列，例如 LPVOID TlsSlots[64]，每個陣列元素都會初始化為 NULL，假設程式具有多個執行緒並且具有相同的執行緒函 數，我們可以把每個執行緒的建立時間儲存到 TlsSlots[g_dwTlsIndex] 參數中，執行緒 1 的 TlsSlots[g_ dwTlsIndex] 可以儲存執行緒 1 的建立時間，執行緒 2 的 TlsSlots[g_dwTlsIndex] 可以儲存執行緒 2 的建立時間，每個執行緒雖然使用相同的索引，但是操作的資料卻與具體執行緒相連結，執行緒 1 不能透過一個索引來存取執行緒 2 的資料，使用 TLS 可以將資料與正在執行的指定執行緒連結起來，透過使用一個全域索引來存取每個執行緒的唯一資料。

在建立執行緒時，系統會為每個執行緒分配一個 LPVOID 類型的陣列，實際上這個 LPVOID 類型的陣列正是執行緒環境區塊 TEB 的 TlsSlots 欄位，建立執行緒時系統會建立一個執行緒環境區塊用於管理執行緒，TEB 結構在 winternl.h 標頭檔中定義如下：

```
typedef struct _TEB {
    PVOID   Reserved1[12];
    PPEB    ProcessEnvironmentBlock;    // 處理程序環境區塊 PEB 結構的指標
    PVOID   Reserved2[399];
    BYTE    Reserved3[1952];
```

```
    PVOID    TlsSlots[64];                           //執行緒儲存槽
    BYTE     Reserved4[8];
    PVOID    Reserved5[26];
    PVOID    ReservedForOle;
    PVOID    Reserved6[4];
    PVOID    TlsExpansionSlots;
} TEB, * PTEB;
```

程式可以透過呼叫 NtCurrentTeb 函數獲取當前執行緒的執行緒環境區塊（TEB）結構的指標。

執行緒局部儲存原理如圖 6.9 所示。

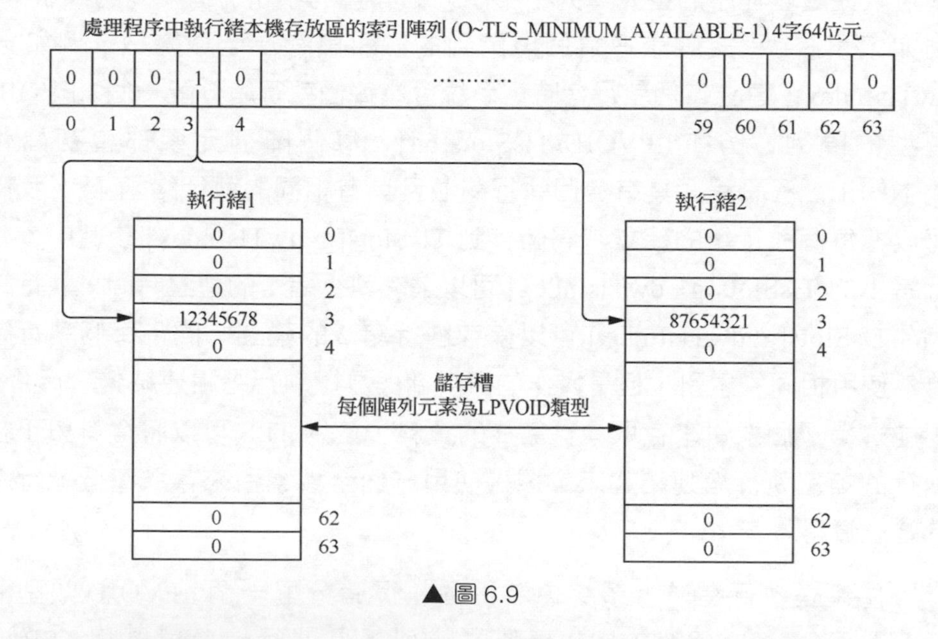

▲圖 6.9

6.3.1 動態 TLS

要使用動態 TLS，首先需要呼叫 TlsAlloc 函數從處理程序中分配一個 TLS 索引，函數會把處理程序位元陣列中該索引處的位元設定為 1 以表示已使用，處理程序中的每個執行緒都可以使用該索引操作屬於自己的資料，分配到的 TLS 索引通常需要儲存到一個全域變數中，每個執行緒都可以存取。如果函數執行成功，則傳回一個 TLS 索引。另外，函數還會把每個執行緒的儲存槽中該索引位置的資料初始化為 NULL，如果函數執行失敗，則傳回值為 TLS_OUT_OF_INDEXES（(DWORD)0xFFFFFFFF）。

然後，執行緒可以透過呼叫 TlsSetValue 函數在儲存槽中的指定索引處寫入資料，該函數的傳回值為 BOOL 類型。執行緒可以透過呼叫 TlsGetValue 函數獲取儲存槽中指定索引處的資料，如果函數執行成功，則傳回值是呼叫執行緒儲存槽中指定索引處的值；如果函數執行失敗，則傳回值為 0，但是傳回值為 0 並不代表函數執行失敗，例如儲存槽中該索引處本來就是儲存的 0 值，因此還應該呼叫 GetLastError 函數確定錯誤程式是否為 ERROR_SUCCESS。

當不再需要索引時，程式應該呼叫 TlsFree 函數釋放 TLS 索引，函數會把處理程序位元陣列中該索引處的位元設定為 0 以表示未使用，以便程式呼叫 TlsAlloc 函數時分配到該索引。TLS 索引個數是有限的，應該節約使用。另外，TlsFree 函數還會把每個執行緒的儲存槽中該索引位置的資料初始化為 NULL。有一點需要注意，如果儲存槽中該索引處儲存的是一個區塊指標，該函數不會釋放該區塊，釋放區塊由程式設計師負責完成，該函數的傳回值為 BOOL 類型。

相關函數宣告如下：

```
DWORD WINAPI TlsAlloc(void);
BOOL WINAPI TlsSetValue(
    _In_      DWORD  dwTlsIndex,     // 由 TlsAlloc 函數分配的 TLS 索引
    _In_opt_  LPVOID lpTlsValue);    // 要儲存在呼叫執行緒的 TLS 插槽中指定索引處的值
LPVOID WINAPI TlsGetValue(_In_ DWORD dwTlsIndex); // 由 TlsAlloc 函數分配的 TLS
                                                     索引
BOOL WINAPI TlsFree(_In_ DWORD dwTlsIndex);   // 由 TlsAlloc 函數分配的 TLS 索引
```

接下來實作一個使用動態 TLS 的範例程式 TlsDemo，程式執行效果如圖 6.10 所示。

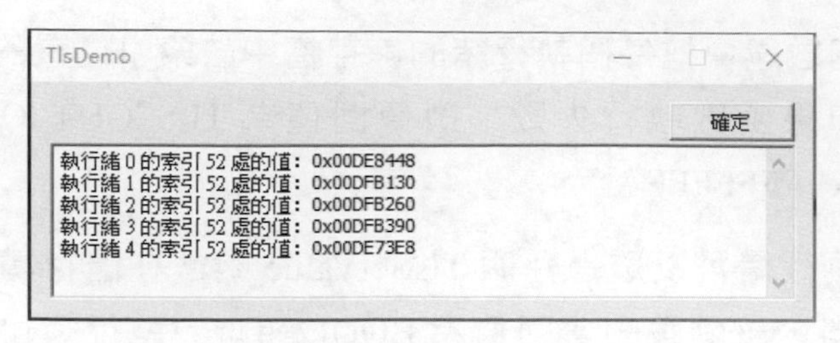

▲ 圖 6.10

使用者點擊「確定」按鈕，程式建立 5 個執行緒，這些執行緒使用相同的執行緒函數，在執行緒函數中分配一個區塊並把區塊位址儲存到對應執行緒的索引為 g_dwTlsIndex 的儲存槽中，然後獲取索引為 g_dwTlsIndex 的儲存槽中的資料並顯示到編輯控制項中。每個執行緒的儲存槽中儲存的只是一個區塊指標，程式可以分配任意大小的區塊並在區塊中儲存任何資料。TlsDemo.cpp 原始檔案的內容如下：

```
#include <windows.h>
#include "resource.h"

// 巨集定義
#define THREADCOUNT 5

// 全域變數
DWORD g_dwTlsIndex;
HWND g_hwndDlg;

// 函數宣告
INT_PTR CALLBACK DialogProc(HWND hwndDlg, UINT uMsg, WPARAM wParam, LPARAM
lParam);
// 執行緒函數
DWORD WINAPI ThreadProc(LPVOID lpParameter);

int WINAPI WinMain(HINSTANCE hInstance, HINSTANCE hPrevInstance, LPSTR
lpCmdLine, int nCmdShow)
{
    DialogBoxParam(hInstance, MAKEINTRESOURCE(IDD_MAIN), NULL, DialogProc,
NULL);
    return 0;
}
```

```
INT_PTR CALLBACK DialogProc(HWND hwndDlg, UINT uMsg, WPARAM wParam, LPARAM
lParam)
{
    HANDLE hThread[THREADCOUNT];

    switch (uMsg)
    {
    case WM_INITDIALOG:
        g_hwndDlg = hwndDlg;
        return TRUE;

    case WM_COMMAND:
        switch (LOWORD(wParam))
        {
        case IDC_BTN_OK:
            // 從處理程序中分配一個 TLS 索引
            g_dwTlsIndex = TlsAlloc();
            if (g_dwTlsIndex == TLS_OUT_OF_INDEXES)
            {
                MessageBox(hwndDlg, TEXT("TlsAlloc 函數呼叫失敗！"), TEXT
("錯誤訊息"), MB_OK);
                return FALSE;
            }

            // 建立 THREADCOUNT 個執行緒
            SetDlgItemText(g_hwndDlg, IDC_EDIT_TLSSLOTS, TEXT(""));
            for (int i = 0; i < THREADCOUNT; i++)
            {
                if ((hThread[i] = CreateThread(NULL, 0, ThreadProc,
(LPVOID)i, 0, NULL)) != NULL)
                CloseHandle(hThread[i]);
            }

            // 等待所有執行緒結束，釋放 TLS 索引
            WaitForMultipleObjects(THREADCOUNT, hThread, TRUE, INFINITE);
            TlsFree(g_dwTlsIndex);
            break;

        case IDCANCEL:
```

```
                EndDialog(hwndDlg, 0);
                break;
            }
            return TRUE;
        }

        return FALSE;
}

DWORD WINAPI ThreadProc(LPVOID lpParameter)
{
        LPVOID lpData = NULL;
        TCHAR szBuf[64] = { 0 };

        lpData = new BYTE[256];
        ZeroMemory(lpData, 256);

        // 在儲存槽中指定索引處寫入的資料
        if (!TlsSetValue(g_dwTlsIndex, lpData))
        {
            wsprintf(szBuf, TEXT("執行緒 %d 呼叫 TlsSetValue 失敗"), (INT)
lpParameter);
            MessageBox(g_hwndDlg, szBuf, TEXT("錯誤訊息"), MB_OK);
            delete[]lpData;
            return 0;
        }

        // 獲取儲存槽中指定索引處的資料
        lpData = TlsGetValue(g_dwTlsIndex);
        if (!lpData && GetLastError() != ERROR_SUCCESS)
        {
            wsprintf(szBuf, TEXT("執行緒 %d 呼叫 TlsGetValue 失敗"), (INT)
lpParameter);
            MessageBox(g_hwndDlg, szBuf, TEXT("錯誤訊息"), MB_OK);
        }
        // 每個執行緒儲存槽中指定索引處的資料顯示到編輯控制項中
        wsprintf(szBuf, TEXT("執行緒 %d 的索引 %d 處的值：0x%p\r\n"), (INT)
lpParameter, g_dwTlsIndex, lpData);
        SendMessage(GetDlgItem(g_hwndDlg, IDC_EDIT_TLSSLOTS), EM_SETSEL, -1, -1);
        SendMessage(GetDlgItem(g_hwndDlg, IDC_EDIT_TLSSLOTS), EM_REPLACESEL,
```

```
TRUE, (LPARAM)szBuf);

    delete[]lpData;
    return 0;
}
```

如果要使用多執行緒下載一個檔案，使用相同的執行緒函數，我們需要在每個執行緒中維護一個檔案偏移變數，每個執行緒寫入檔案中不同的檔案偏移處，使用 TLS 技術可以極佳地解決這個問題。

另外，TLS 技術同樣適用於 DLL，因為 DLL 並不了解宿主程式的程式結構，而在撰寫可執行程式時，如果清楚自己的程式會建立多少個執行緒，我們可以使用一些替代方案為執行緒連結資料，例如對全域變數，可以採取執行緒間同步機制。一般來說如果 DLL 要使用 TLS，可以在處理 DLL_PROCESS_ATTACH 時呼叫 TlsAlloc 函數從處理程序中分配一個 TLS 索引，在處理 DLL_PROCESS_DETACH 時呼叫 TlsFree 函數釋放 TLS 索引，在 DLL 的內建函數和匯出函數中可以呼叫 TlsSetValue、TlsGetValue 函數設定、獲取執行緒局部儲存資料。因為處理程序是 DLL 的宿主，一個 DLL 在處理程序中申請到的 TLS 索引不可以用於引用該 dll 的其他處理程序，僅可以用於當前 DLL 所屬處理程序。

6.3.2 靜態 TLS

與動態 TLS 類似，靜態 TLS 也可以將資料與執行緒連結起來，在使用時並不需要呼叫任何函數，因此靜態 TLS 更易用。使用靜態 TLS 時，可以按以下方式宣告變數：

```
__declspec(thread) LPVOID gt_lpData;
```

__declspec(thread) 首碼告訴編譯器在編譯連結時把變數放到可執行檔的區段中，變數可以宣告為全域變數或靜態變數（靜態全域變數或靜態區域變數），但是不可以為區域變數。區域變數儲存在堆疊中，與特定的執行緒相連結。在命名變數時我們可以使用 gt_ 首碼來表示全域 TLS

變數，用 st_ 首碼來表示靜態 TLS 變數，在編譯連結生成可執行檔時，系統會把所有 TLS 變數放到一個名為 .tls 的區段中（如果編譯為 Release 版本，該區段可能會被最佳化到其他區段中）。後面會介紹關於 PE 檔案區段的概念。

在執行可執行檔時，系統會解析可執行檔中的 .tls 段，並分配一塊足夠大的記憶體來儲存所有的 TLS 變數，當程式中引用其中一個 TLS 變數時，會定位到區塊中的位址處。與動態 TLS 相同，每個執行緒只能存取自己的 TLS 變數，而無法存取屬於其他執行緒的 TLS 變數。

動態連結程式庫 DLL 中也可以使用 TLS 變數。在執行可執行檔時，系統會確定應用程式和所有 DLL 中 .tls 段的大小，系統會分配一塊足夠大的記憶體來儲存應用程式和所有隱式連結 DLL 需要的 TLS 變數。在 Vista 與 Server 2008 系統更新後，如果是顯性連結一個 DLL，系統會自動擴大 TLS 區塊；當顯性移除一個 DLL 時，系統會自動縮小 TLS 區塊。

我們使用靜態 TLS 改寫前面的 TlsDemo 程式，程式如下：

```
#include <windows.h>
#include "resource.h"

// 巨集定義
#define THREADCOUNT 5

// 全域變數
__declspec(thread) LPVOID gt_lpData;
HWND g_hwndDlg;

// 函數宣告
INT_PTR CALLBACK DialogProc(HWND hwndDlg, UINT uMsg, WPARAM wParam, LPARAM
lParam);
// 執行緒函數
DWORD WINAPI ThreadProc(LPVOID lpParameter);

int WINAPI WinMain(HINSTANCE hInstance, HINSTANCE hPrevInstance, LPSTR
lpCmdLine, int nCmdShow)
{
```

```
    DialogBoxParam(hInstance, MAKEINTRESOURCE(IDD_MAIN), NULL, DialogProc,
NULL);
    return 0;
}

INT_PTR CALLBACK DialogProc(HWND hwndDlg, UINT uMsg, WPARAM wParam, LPARAM
lParam)
{
    HANDLE hThread[THREADCOUNT];

    switch (uMsg)
    {
    case WM_INITDIALOG:
        g_hwndDlg = hwndDlg;
        return TRUE;

    case WM_COMMAND:
        switch (LOWORD(wParam))
        {
        case IDC_BTN_OK:
            //建立 THREADCOUNT 個執行緒
            SetDlgItemText(g_hwndDlg, IDC_EDIT_TLSSLOTS, TEXT(""));
            for (int i = 0; i < THREADCOUNT; i++)
            {
                if ((hThread[i] = CreateThread(NULL, 0, ThreadProc,
(LPVOID)i, 0, NULL)) != NULL)
                    CloseHandle(hThread[i]);
            }
            break;

        case IDCANCEL:
            EndDialog(hwndDlg, 0);
            break;
        }
        return TRUE;
    }

    return FALSE;
}
```

```
DWORD WINAPI ThreadProc(LPVOID lpParameter)
{
    TCHAR szBuf[64] = { 0 };

    gt_lpData = new BYTE[256];
    ZeroMemory(gt_lpData, 256);

    // 每個執行緒的靜態 TLS 資料顯示到編輯控制項中
    wsprintf(szBuf, TEXT(" 執行緒 %d 的 gt_lpData 值：0x%p\r\n"), (INT)
lpParameter, gt_lpData);
    SendMessage(GetDlgItem(g_hwndDlg, IDC_EDIT_TLSSLOTS), EM_SETSEL, -1, -1);
    SendMessage(GetDlgItem(g_hwndDlg, IDC_EDIT_TLSSLOTS), EM_REPLACESEL,
TRUE, (LPARAM)szBuf);

    delete[]gt_lpData;
    return 0;
}
```

6.4 Windows 鉤子

鉤子（Hook）是 Windows 訊息處理機制中的監視點，應用程式可以在這裡安裝一個監視副程式（鉤子函數，是一個回呼函數），以便監視系統中的訊息，並在訊息到達目標視窗過程前處理這些訊息，即在目標視窗過程處理發生的訊息前，先由鉤子函數處理。鉤子是應用程式攔截事件（如訊息、滑鼠和擊鍵操作）的一種機制，鉤子函數可以對它接收到的每個事件執行操作，例如修改或捨棄該事件。

Windows 安裝的鉤子有兩種類型：局部鉤子和遠端鉤子。它們處理的訊息範圍不同，局部鉤子稱為局部執行緒鉤子，僅掛鉤屬於自身處理程序的事件。遠端鉤子則可以掛鉤其他處理程序中發生的事件。遠端鉤子又分為兩種：基於其他處理程序中某一執行緒的執行緒鉤子和系統範圍的系統鉤子，前者可以用來捕捉其他處理程序中某一特定執行緒的事件，稱為遠端執行緒鉤子；而系統範圍的系統鉤子可以捕捉系統中所有處理程序的執行緒中發生的事件，稱為遠端系統鉤子或全域鉤子。

SetWindowsHookEx 函數用於將應用程式定義的鉤子函數安裝到鉤子鏈中，鉤子函數用於監視系統中某些類型的事件：

```
HHOOK WINAPI SetWindowsHookEx(
    _In_ int        idHook,        // 要安裝的鉤子函數的類型
    _In_ HOOKPROC   lpfn,          // 指向鉤子函數的指標
    _In_ HINSTANCE  hMod,          // 包含鉤子函數的動態連結程式庫 DLL 的模組控制碼
    _In_ DWORD      dwThreadId); // 與鉤子函數連結的執行緒 ID，也就是要監視的執行緒
```

- idHook 參數指定要安裝的鉤子函數的類型，可以是表 6.3 所示的值之一。

表 6.3

常數	值	含義
WH_GETMESSAGE	3	每當 GetMessage 或 PeekMessage 函數從應用程式訊息佇列中獲取到訊息時系統會呼叫鉤子函數
WH_KEYBOARD	2	每當 GetMessage 或 PeekMessage 函數從應用程式訊息佇列中獲取到鍵盤訊息（WM_KEYUP 或 WM_KEYDOWN）時系統會呼叫鉤子函數
WH_MOUSE	7	每當 GetMessage 或 PeekMessage 函數從應用程式訊息佇列中獲取到滑鼠訊息時系統會呼叫鉤子函數
WH_CALLWNDPROC	4	在系統將訊息發送到目標視窗過程前系統會呼叫鉤子函數
WH_CALLWNDPROCRET	12	在目標視窗過程處理完訊息以後系統會呼叫鉤子函數
WH_DEBUG	9	在呼叫與任何類型的鉤子連結的鉤子函數前先呼叫本鉤子函數，本鉤子函數可以允許或禁止系統呼叫其他鉤子函數，也就是說如果系統中安裝了其他鉤子，在呼叫相關鉤子函數前會先呼叫本鉤子函數
WH_CBT	5	系統在啟動、建立、銷毀、最小化、最大化、移動或調整視窗前、在完成系統命令前、在從系統訊息佇列中刪除滑鼠或鍵盤事件前、在設定鍵盤焦點前、在與系統訊息佇列同步前呼叫鉤子函數，電腦輔助訓練 CBT 應用程式也會使用鉤子函數從系統接收有用的通知
WH_FOREGROUNDIDLE	11	每當前台執行緒即將變為空閒時系統會呼叫鉤子函數
WH_JOURNALRECORD	0	記錄檔記錄鉤子，用來記錄發送給系統訊息佇列的所有訊息，鉤子函數不需要位於動態連結程式庫中

常數	值	含義
WH_JOURNALPLAYBACK	1	記錄檔重播鉤子，用來重播記錄檔記錄鉤子記錄的系統事件，鉤子函數不需要位於動態連結程式庫中
WH_MSGFILTER	-1	當使用者對對話方塊、訊息方塊、選單和捲軸有所操作時，系統在發送對應的訊息前會呼叫鉤子函數，這種鉤子通常是局部的
WH_SYSMSGFILTER	6	同 WH_MSGFILTER，但是是系統範圍的
WH_SHELL	10	當 Windows Shell 程式接收一些通知事件前呼叫鉤子函數，如 Shell 被啟動和重繪等

- lpfn 參數是指向鉤子函數的指標，如果 dwThreadId 參數指定為 0（系統範圍的全域鉤子）或由其他處理程序建立的執行緒 ID（遠端執行緒鉤子），則鉤子函數必須位於動態連結程式庫 DLL 中；否則鉤子函數位於當前處理程序的程式碼中。
- hMod 參數指定包含鉤子函數的動態連結程式庫 DLL 的模組控制碼，如果 dwThreadId 參數指定為由當前處理程序建立的執行緒 ID，則 hMod 參數應該設定為 NULL。
- dwThreadId 參數指定與鉤子函數連結的執行緒 ID（要監視的執行緒），如果該參數設定為 0，則鉤子函數與系統中所有執行緒相連結（監視所有處理程序中的執行緒）；如果該參數設定為其他處理程序建立的執行緒 ID，則表示監視其他處理程序中的執行緒；如果該參數設定為當前處理程序的執行緒 ID，則表示監視當前處理程序中的執行緒。

如果函數執行成功，則傳回值是鉤子函數的控制碼；如果函數執行失敗，則傳回值為 NULL。

當在自身處理程序中安裝了一個局部鉤子時，每當指定的事件發生，Windows 就會呼叫該處理程序中的鉤子函數；但是如果安裝的是遠端鉤子（遠端執行緒鉤子或系統範圍的全域鉤子），則系統不能從其他處理程序的位址空間中呼叫鉤子函數，因為不同處理程序的位址空間是隔離的。由於動態連結程式庫 DLL 可以載入到其他處理程序的位址空間中，因此遠端鉤子的鉤子函數必須位於一個動態連結程式庫 DLL 中。但是有兩個例外，記錄檔記錄鉤子和記錄檔重播鉤子雖然屬於遠端鉤子，但是其鉤子函數可以放在安裝鉤子的程式中，並不需要單獨放在一個動態連結程式庫 DLL 中。

（1）鉤子函數。鉤子函數（鉤子回呼函數）的定義如下：

```
LRESULT CALLBACK HookProc(int nCode, WPARAM wParam, LPARAM lParam);
```

各種不同類型鉤子的鉤子函數的定義是相同的，但是對於不同類型的鉤子，其 nCode、wParam 和 lParam 參數的含義卻各不相同，具體含義在使用時請參考 MSDN 中對 SetWindowsHookEx 函數的解釋。

（2）鉤子鏈。系統支援多種不同類型的鉤子，系統中可以安裝多個不同類型或相同類型的鉤子，並為每種類型的鉤子維護一個鉤子鏈。鉤子鏈是同種類型鉤子的鉤子函數的指標清單，最近加入的鉤子放在鏈結串列的頭部。當一個事件發生時，Windows 呼叫最後安裝的鉤子函數，因為系統中同一類型的鉤子可能安裝了多個，因此一個鉤子函數應該把訊息事件傳遞下去以便其他的鉤子都有獲得處理這一訊息的機會。

CallNextHookEx 函數用於把訊息事件傳遞給鉤子鏈中的下一個鉤子函數：

```
LRESULT WINAPI CallNextHookEx(
    _In_opt_  HHOOK     hhk,          // 忽略該參數
    _In_      int       nCode,        // 鉤子程式，使用鉤子函數的名稱相同參數即可
    _In_      WPARAM    wParam,       //wParam 參數，使用鉤子函數的名稱相同參數即可
    _In_      LPARAM    lParam);      //lParam 參數，使用鉤子函數的名稱相同參數即可
```

該函數的傳回值是鉤子鏈中下一個鉤子函數的傳回值。

安裝鉤子會影響系統的性能，因為系統在處理所有的相關事件時都會呼叫鉤子函數，特別是監視範圍是整個系統範圍的全域鉤子。另外，全域鉤子通常用於偵錯目的，全域鉤子可能與其他應用程式中同一類型的全域鉤子發生衝突。當不再需要鉤子時，應該呼叫 UnhookWindowsHookEx 函數移除安裝在鉤子鏈中的鉤子函數：

```
BOOL WINAPI UnhookWindowsHookEx(_In_ HHOOK hhk);
                              //呼叫 SetWindowsHookEx 函數傳回的鉤子控制碼
```

對於不同類型的鉤子，其鉤子函數的 nCode、wParam 和 lParam 參數的含義各不相同，具體含義請參考 MSDN 中對 SetWindowsHookEx 函數的解釋，這裡以一個 WH_KEYBOARD 類型的全域鉤子為例演示鉤子的用法。WH_KEYBOARD 鍵盤鉤子的鉤子函數定義如下：

```
LRESULT CALLBACK KeyboardProc(
    _In_ int     nCode,      //用來確定如何處理訊息的鉤子程式
    _In_ WPARAM  wParam,     //擊鍵訊息的鍵的虛擬按鍵碼，用於確定哪個鍵被按下或釋放
    _In_ LPARAM  lParam);    //擊鍵訊息的一些附加資訊，包含訊息的重複計數、掃描碼等
```

- nCode 參數用來確定如何處理訊息的鉤子程式，如果 nCode 參數小於 0，則鉤子函數必須將訊息傳遞給 CallNextHookEx 函數並傳回 CallNextHookEx 函數的傳回值，這種情況下不需要做其他處理；如果 nCode 參數為 HC_ACTION(0)，則說明 wParam 和 lParam 參數包含有關擊鍵訊息的資訊，這時候我們應該對擊鍵訊息進行處理，處理完後，應該呼叫 CallNextHookEx 函數將擊鍵訊息傳遞給鉤子鏈中的下一個鉤子函數，當然，鉤子函數也可以透過傳回 TRUE 來捨棄訊息並阻止該訊息的繼續傳遞。
- wParam 和 lParam 參數的含義與系統擊鍵訊息、非系統擊鍵訊息的含義相同，wParam 參數包含虛擬按鍵碼，用於確定哪個鍵被按下或釋放；lParam 參數是擊鍵訊息的一些附加資訊，包含訊息的重複計數、掃描碼、擴充鍵標識、狀態描述碼、先前鍵狀態標識和轉換狀態標識等。

遠端鉤子的鉤子函數必須位於一個動態連結程式庫 DLL 中，每當系統中的處理程序發生指定的事件時，系統會把包含鉤子函數的 DLL 載入到自己的處理程序位址空間中以執行鉤子函數，因此我們需要為鍵盤鉤子撰寫一個 DLL，鉤子安裝函數 SetWindowsHookEx 需要一個動態連結程式庫 DLL 的模組控制碼，這個 DLL 模組控制碼可以從 DllMain 進入點

函數中獲取，因此鉤子的安裝和移除工作也在 DLL 中完成（匯出鉤子的安裝和移除兩個函數），如果是在可執行程式中安裝鉤子還需要額外獲取 DLL 的模組控制碼。

HookDll.h 標頭檔的內容如下：

```
#pragma once

// 宣告匯出的函數

#ifdef DLL_EXPORT
    #define DLL_API       extern "C" __declspec(dllexport)
#else
    #define DLL_API       extern "C" __declspec(dllimport)
#endif

// 匯出函數
DLL_API BOOL InstallHook(int idHook, DWORD dwThreadId, HWND hwnd);
DLL_API BOOL UninstallHook();

// 內建函數
LRESULT CALLBACK KeyboardProc(int nCode, WPARAM wParam, LPARAM lParam);
```

HookDll.cpp 原始檔案的內容如下：

```
// 定義 DLL 的匯出函數

#include <Windows.h>
#include <tchar.h>

#define DLL_EXPORT
#include "HookDll.h"

// 全域變數
HINSTANCE g_hMod;
HHOOK g_hHookKeyboard;
TCHAR g_szBuf[256] = { 0 };

#pragma data_seg("Shared")
```

```
    HWND  g_hwnd = NULL;
#pragma data_seg()

#pragma comment(linker, "/SECTION:Shared,RWS")

BOOL APIENTRY DllMain(HMODULE hModule, DWORD ul_reason_for_call, LPVOID
lpReserved)
{
    switch (ul_reason_for_call)
    {
    case DLL_PROCESS_ATTACH:
        g_hMod = hModule;
        break;

    case DLL_THREAD_ATTACH:
    case DLL_THREAD_DETACH:
    case DLL_PROCESS_DETACH:
        break;
    }

    return TRUE;
}

//匯出函數
BOOL InstallHook(int idHook, DWORD dwThreadId, HWND hwnd)
{
    if (!g_hHookKeyboard)
    {
        g_hwnd = hwnd;

        g_hHookKeyboard = SetWindowsHookEx(idHook, KeyboardProc, g_hMod,
dwThreadId);
        if (!g_hHookKeyboard)
            return FALSE;
    }

    return TRUE;
}

BOOL UninstallHook()
```

```
{
    if (g_hHookKeyboard)
    {
        if (!UnhookWindowsHookEx(g_hHookKeyboard))
            return FALSE;
    }

    g_hHookKeyboard = NULL;
    return TRUE;
}

// 內建函數
LRESULT CALLBACK KeyboardProc(int nCode, WPARAM wParam, LPARAM lParam)
{
    BYTE bKeyState[256];
    COPYDATASTRUCT copyDataStruct = { 0 };

    if (nCode < 0)
        return CallNextHookEx(NULL, nCode, wParam, lParam);

    if (nCode == HC_ACTION)
    {
        GetKeyboardState(bKeyState);
        bKeyState[VK_SHIFT] = HIBYTE(GetKeyState(VK_SHIFT));
        ZeroMemory(g_szBuf, sizeof(g_szBuf));
        ToUnicode(wParam, lParam >> 16, bKeyState, g_szBuf, _countof(g_
szBuf), 0);
        copyDataStruct.cbData = sizeof(g_szBuf);
        copyDataStruct.lpData = g_szBuf;
        SendMessage(g_hwnd, WM_COPYDATA, (WPARAM)g_hwnd,
(LPARAM)&copyDataStruct);
    }

    return CallNextHookEx(NULL, nCode, wParam, lParam);
}
```

WH_KEYBOARD 鍵盤鉤子的鉤子函數的 wParam 參數包含虛擬按鍵碼，可以透過呼叫 ToAscii 函數把虛擬按鍵碼轉為 ANSI 字元，或透過呼叫 ToUnicode 函數把虛擬按鍵碼轉為 Unicode 字元，這兩個函數的用法相同。ToUnicode 函數的用法如下：

```
int WINAPI ToUnicode(
    _In_            UINT   wVirtKey,    //要轉換的虛擬按鍵碼
    _In_            UINT   wScanCode,   //按鍵的掃描碼
    _In_opt_  const BYTE*  lpKeyState,//指向包含當前鍵盤狀態的256位元組陣列的指標
    _Out_           LPWSTR pwszBuff,//接收轉換以後的或多個Unicode字元的緩衝區
    _In_            int    cchBuff, //pwszBuff參數指向的緩衝區的大小，以字元為單位
    _In_            UINT   wFlags); //如果位元0為1，則選單處於活動狀態
```

- wVirtKey 參數指定要轉換的虛擬按鍵碼，使用 WH_KEYBOARD 鍵盤鉤子的鉤子函數的 wParam 參數即可。
- wScanCode 參數指定按鍵的掃描碼，WH_KEYBOARD 鍵盤鉤子的鉤子函數的 lParam 參數是擊鍵訊息的一些附加資訊，包含訊息的重複計數、掃描碼、擴充鍵標識、狀態描述碼、先前鍵狀態標識、轉換狀態標識等，因此 wScanCode 參數使用 lParam 參數的高 16 位元即可（16 ～ 31 位元，lParam >> 16）。
- lpKeyState 參數指定為指向包含當前鍵盤狀態的 256 位元組陣列的指標，每個陣列元素都包含一個按鍵的狀態，陣列元素索引就是虛擬按鍵碼。如果陣列元素的位元組值的高位元為 1，則按鍵按下；如果為 0，則按鍵抬起。這個包含當前鍵盤狀態的 256 位元組陣列可以透過 GetKeyboardState 函數來獲取，對於 Shift、Ctrl 等按鍵，GetKeyboardState 函數獲取到的鍵盤狀態陣列填充的是以 VK_LSHIFT、VK_RSHIFT、VK_LCONTROL、VK_RCONTROL 為索引的陣列元素，而 ToUnicode 函數檢測的是以 VK_SHIFT、VK_CONTROL 為索引的陣列元素，這些按鍵是否按下會影響轉換結果，比如同樣是按鍵 "1"，Shift 鍵沒有按下對應的就是 "1"，按下的話就是 "!"。在本例中我們透過 GetKeyState 函數獲取 Shift 按鍵的狀態然後指定值給 bKeyState[VK_SHIFT]。

得到按鍵對應的字元後，可以透過發送 WM_COPYDATA 訊息把字元發送到監視程式（呼叫 InstallHook 函數的可執行程式）。另外需要注

意，如果鉤取的不是鍵盤訊息而是其他視窗訊息，應該使用 PostMessage 而非 SendMessage 函數，否則可能會導致處理時間過長。

有了包含鉤子函數、安裝、移除鉤子的 DLL 後，我們還需要撰寫一個呼叫安裝、移除鉤子的監視程式，HookApp 程式的介面如圖 6.11 所示。

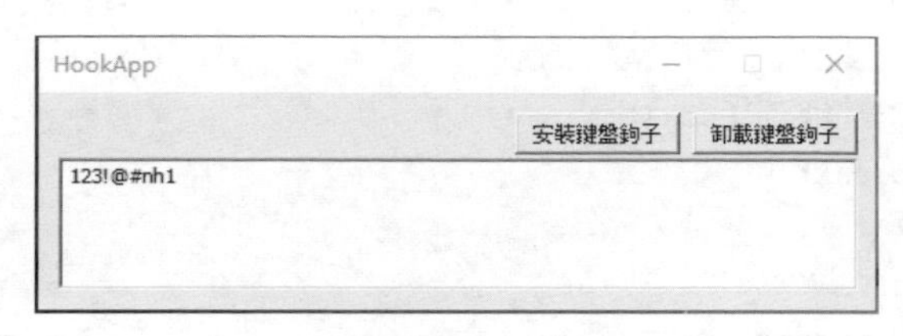

▲ 圖 6.11

點擊「安裝鍵盤鉤子」按鈕後，每當在記事本、Word、QQ 中有鍵盤輸入時都會顯示到編輯控制項中。HookApp.cpp 原始檔案的內容如下：

```
#include <windows.h>
#include "HookDll.h"
#include "resource.h"

#pragma comment(lib, "HookDll.lib")

//函數宣告
INT_PTR CALLBACK DialogProc(HWND hwndDlg, UINT uMsg, WPARAM wParam, LPARAM
lParam);

int WINAPI WinMain(HINSTANCE hInstance, HINSTANCE hPrevInstance, LPSTR
lpCmdLine, int nCmdShow)
{
    DialogBoxParam(hInstance, MAKEINTRESOURCE(IDD_MAIN), NULL, DialogProc,
NULL);
    return 0;
}

INT_PTR CALLBACK DialogProc(HWND hwndDlg, UINT uMsg, WPARAM wParam, LPARAM
lParam)
{
    switch (uMsg)
```

```
    {
    case WM_COMMAND:
        switch (LOWORD(wParam))
        {
        case IDC_BTN_INSTALLHOOK:
            InstallHook(WH_KEYBOARD, 0, hwndDlg);
            break;

        case IDC_BTN_UNINSTALLHOOK:
            UninstallHook();
            break;

        case IDCANCEL:
            UninstallHook();
            EndDialog(hwndDlg, 0);
            break;
        }
        return TRUE;

    case WM_COPYDATA:
        SendMessage(GetDlgItem(hwndDlg, IDC_EDIT_KEYBOARD), EM_SETSEL, -1, -1);
        SendMessage(GetDlgItem(hwndDlg, IDC_EDIT_KEYBOARD), EM_REPLACESEL,
            TRUE, (LPARAM)(LPTSTR)(((PCOPYDATASTRUCT)lParam)->lpData));
        return TRUE;
    }

    return FALSE;
}
```

6.5 在同一個可執行檔的多個實例間共享變數

如前所述，執行一個可執行檔（.exe 或 .dll）的多個實例時，系統不會真正載入多份程式實例到記憶體中，每個程式實例只是可執行檔的記憶體映射視圖，系統會共享一份程式的唯讀頁面（程式可執行程式、只讀取資料），以及寫入頁面（例如全域變數、靜態變數），但是採用了寫入時複製技術，即如果一個可執行檔（.exe 或 .dll）的多個實例中的修改了共享的寫入頁面，系統會為該程式實例分配一塊記憶體儲存剛剛修改的共享的寫入頁面，一個程式實例對寫入頁面進行修改不會影響其他程式實例，例如程式中可能用到了全域變數，該全域變數在每個程式實例中的值可能不同。

但是有時候我們可能需要在一個可執行檔（.exe 或 .dll）的多個實例中共享一些變數，即如果一個程式實例修改了共享變數，則其他所有程式實例都會受到影響，所有程式實例使用相同的共享變數值。

對遠端系統鉤子（全域鉤子）來說，每當系統中的處理程序發生指定的事件時，系統會把包含鉤子函數的 DLL 載入到自己的處理程序位址空間中以執行鉤子函數，在鉤子函數中我們發送 WM_ COPYDATA 訊息到監視程式（視窗控制碼 g_hwnd），全域變數 g_hwnd 需要在 DLL 的多個實例中共享。

本節我們介紹如何在同一個可執行檔（.exe 或 .dll）的多個實例間共享變數。每個 .exe 或 .dll 檔案映射由許多 Section（稱為節區、區段或段）組成，每個標準的段名都以點號開始，例如在編譯器時，編譯器會將可執行程式放在一個名為 .text 的段中，將已初始化的資料放在 .data 段中，將未經初始化的資料放在 .bss 段中，將只讀取資料放在 .rdada 段中，將程式資源放在 .rsrc 段中等。當然，不同編譯器對區段的命名可能是不同的，例如有的編譯器可能會把可執行程式放在名為 .code 的段中。

開啟 PEID，把 Chapter6\HookDll\x64\Debug\HookDll.dll 檔案拖入 PEID，點擊 EP 段右側的 ">" 按鈕，可以看到該 DLL 檔案的節區（段）。每個段都有一些與之相連結的屬性，如表 6.4 所示。

表 6.4

屬性	含義
READ	可以從該段讀取資料
WRITE	可以向該段寫入資料
EXECUTE	可以執行該段的內容
SHARED	該段的內容為多個實例所共享（關閉了寫入時複製機制）

除編譯器所建立的標準區段外，我們還可以使用下面的語法來建立自己的區段：

```
#pragma data_seg("段名")
    變數類型 變數名稱 = 值
#pragma data_seg()
```

舉例來說，在前面的 HookDll.cpp 原始檔案中使用下面的程式建立了一個名為 "Shared" 的區段，它只包含一個 HWND 類型的變數：

```
#pragma data_seg("Shared")
    HWND  g_hwnd = NULL;
#pragma data_seg()
```

當編譯器編譯這段程式時，會建立一個名為 Shared 的區段，並將 pragma 指示符號之間所有的已初始化變數放到這個新的區段中。在上述範例中，g_hwnd 變數被放到了 Shared 區段中，變數後面的 #pragma data_seg() 這一行告訴編譯器停止把已初始化的變數放到 Shared 區段中，重新開始把它們放回到預設的資料段中。

需要注意的是，編譯器只會將已初始化的變數儲存到自訂段中，如果變數沒有初始化那麼編譯器會將該變數放到 Shared 段以外的其他段中，例如：

```
#pragma data_seg("Shared")
    HWND  g_hwnd;
#pragma data_seg()
```

單純建立一個自訂段沒有意義，每個段都有一些與之相連結的屬性，例如 READ 讀取、WRITE 寫入、EXECUTE 可執行以及 SHARED 可共享，如果需要在同一個可執行檔（.exe 或 .dll）的多個實例間共享變數，應該為自訂段指定 READ、WRITE 和 SHARED 屬性。可以透過下面的語法為指定的段設定相關屬性：

```
#pragma comment(linker, "/SECTION:Shared,RWS")
```

上面的程式表示為 Shared 區段設定 R、W、E 和 S 屬性，R 表示 READ，W 表示 WRITE，E 表示 EXECUTE，S 表示 SHARED。

雖然我們可以建立共享段，但是微軟公司並不鼓勵使用共享段，因為一個程式實例對於共享變數的錯誤操作可能會影響其他程式實例。

6.6 注入 DLL

在保護模式下，每個處理程序使用的記憶體位址稱為虛擬位址，每個處理程序都有自己的虛擬位址空間，對 32 位元處理程序來說，可以使用的虛擬位址空間範圍為 0x00000000 ～ 0xFFFFFFFF，即 4GB 大小，虛擬位址空間使應用程式認為它擁有「連續可用的記憶體」，而實際上這些「連續可用的記憶體」通常由多個實體記憶體碎片組成，還有部分暫時儲存在磁碟上，在需要的時候進行資料交換。舉例來說，處理程序 A 在 0x12345678 位址處儲存了一個資料結構，而處理程序 B 也可以在 0x12345678 位址處儲存一個完全不同的資料結構，0x12345678 是一個虛擬位址，程式在執行時還要透過 MMU（記憶體管理單元）把虛擬位址轉為實體記憶體位址，處理程序 A 和 B 雖然都有虛擬位址 0x12345678，但是它們被映射到了不同的實體記憶體位址處。當處理程序 A 中的執行緒存取位於位址 0x12345678 處的記憶體時，它們存取的是處理程序 A 的資料結構；當處理程序 B 中的執行緒存取位於位址 0x12345678 處的記憶體時，它們存取的是處理程序 B 的資料結構。處理程序 A 中的執行緒無法存取位於處理程序 B 的位址空間內的資料結構，反之亦然，處理程序之間的記憶體空間相互獨立、隔離的特性提高了安全性。但是也使處理程序之間的相互通訊，或一個處理程序試圖控制另一個處理程序有一些困難。

本節我們學習如何將一個 DLL 注入另一個處理程序的位址空間中，所謂的 DLL 注入就是使程式 A 強行載入程式 B 指定的 Inject.dll，並執行程式 B 指定的 Inject.dll 中的程式。一開始程式 B 指定的 Inject.dll 並沒有被程式 A 主動載入，但是當程式 B 透過某種手段使程式 A 載入 Inject.dll

後，Inject.dll 就進入了程式 A 的位址空間中，程式 A 將執行 Inject.dll 中的程式，而 Inject.dll 模組的程式邏輯由程式 B 的開發者設計，因此程式 B 的開發者可以對程式 A 進行控制。

6.6.1 透過 Windows 鉤子注入 DLL

前面對 Windows 鉤子的學習使我們了解到，透過安裝遠端執行緒鉤子和遠端全域鉤子都可以將包含鉤子函數的 DLL 載入到其他處理程序的位址空間中。這裡以一個範例來講解這種技術，用滑鼠按右鍵桌面，然後選擇顯示設定，可以設定桌面的解析度，例如一台電腦筆記型電腦解析度為 1366×768，假設更改為 800×600，那麼桌面上的圖示就會重新排列，如果再把解析度改回 1366×768，桌面圖示的排列並不會恢復為原來的樣子，我們必須手動重新排列這些桌面圖示。為此，在更改解析度前，我們可以把桌面上所有圖示的位置儲存到登錄檔中，當恢復解析度設定時，從登錄檔中讀取每個圖示的位置並重新排列這些圖示。不熟悉登錄檔函數的讀者可以先學習第 7 章再來學習這些內容。

在儲存桌面上所有清單項位置時，我們可以列舉桌面上的所有清單項，透過發送 LVM_ GETITEMTEXT 訊息來獲取清單項的文字（wParam 參數指定為清單項的索引，lParam 參數是一個指向 LVITEM 結構的指標），透過發送 LVM_GETITEMPOSITION 訊息來獲取清單項的位置（wParam 參數指定為清單項的索引，lParam 參數是一個指向 POINT 結構的指標。在該結構中傳回清單項左上角的座標），我們可以建立一個子鍵 HKEY_CURRENT_USER\Software\Desktop Item Position Saver，以清單項的文字為鍵名，以清單項的位置為鍵值，在上面的子鍵中為每個清單項建立一個鍵值項。

在恢復桌面上所有清單項位置時，我們可以透過呼叫登錄檔函數 RegEnumValue 列舉 HKEY_ CURRENT_USER\Software\Desktop Item Position Saver 鍵中的所有鍵值項，透過發送 LVM_FINDITEM 訊息來查詢桌面上具有指定清單項文字的清單項（wParam 參數指定開始搜尋的清單項索引，不包括指定項），指定為 -1 表示從頭開始搜尋，lParam 參數是一個指向 LVFINDINFO 結構的指標，該結構包含有關要搜尋的內容的資訊），在桌面上找到符合條件的清單項後可以透過發送 LVM_SETITEMPOSITION 訊息設定該清單項的位置，其中 wParam 參數指定為清單項的索引，lParam 參數指定為一個 DWORD 值，LOWORD(lParam) 表示清單項左上角的 *X* 座標，HIWORD(lParam) 表示清單項左上角的 *Y* 座標。

對於早期的 Win16 系統中存在的子視窗控制項（通常是透過 WM_COMMAND 訊息發送通知碼的控制項，例如按鈕、編輯控制項、列表框、下拉式清單方塊等），我們可以在一個處理程序中向另一個處理程序中的子視窗控制項發送訊息。但是新的子視窗控制項（通常是透過 WM_NOTIFY 訊息發送通知碼的控制項，例如清單檢視控制項、樹狀檢視控制項等）無法跨越處理程序邊界發送訊息，例如 LVM_GETITEMTEXT 訊息的 lParam 參數是一個指向 LVITEM 結構的指標，LVITEM 結構屬於發送訊息的處理程序中的記憶體位址，無法在其他處理程序中引用該記憶體位址。

舉例來說，我們可以在一個處理程序中向另一個處理程序建立的列表框控制項發送一筆 LB_GETTEXT 訊息獲取指定清單項的字串文字，wParam 參數指定為清單項的索引，lParam 參數指定為字串緩衝區。清單項的字串文字可以傳回到發送訊息處理程序的緩衝區中，這是因為作業系統在內部建立了一個記憶體映射檔案並在處理程序間複製字串資料。為什麼微軟公司對早期的 Win16 系統中存在的子視窗控制項進行這樣的處理，而對新的子視窗控制項卻不這樣處理呢？答案是由於相容性，在 Win16 中，所有應用程式都在同一個位址空間中，一個應用程式可以向另一個應用程式建立的視窗發送 LB_GETTEXT 訊息，為了便於將這些 16 位元應用程式移植到 Win32 系統，微軟公司採用記憶體映射檔案的方式在處理程序間傳遞資料，但是對於那些在 16 位元 Windows 中尚未出現的新子視窗控制項，並不存在移植性的問題，因此微軟公司沒有為這些控制項提供上述機制。

開啟 VS 的工具選單→ Spy++，選擇監視選單項→查詢視窗，開啟查詢視窗對話方塊，滑動靶子圖示到桌面上，可以獲取圖 6.12 所示的資訊。

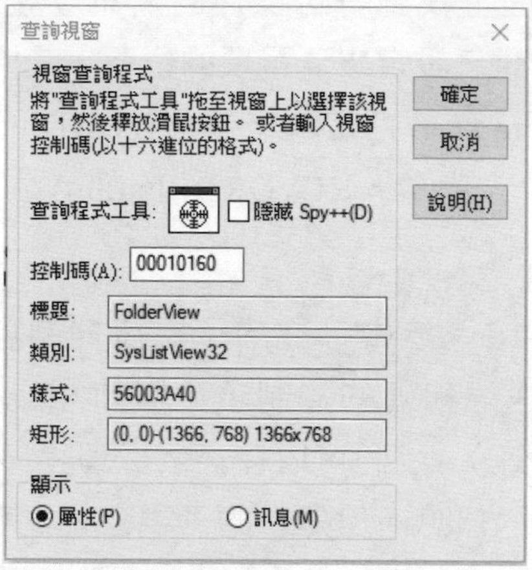

▲ 圖 6.12

當然也可以使用前面我們自己撰寫的 WindowSearch 程式獲取桌面的相關資訊。可以發現桌面實際上是一個 SysListView32 清單檢視控制項（圖示視圖），屬於 Explorer.exe 資源管理器處理程序。對於桌面清單檢視控制項，可以透過將程式注入 Explorer.exe 資源管理器處理程序來對其進行各種操作，本節我們透過安裝 WH_GETMESSAGE 訊息鉤子的方式把對桌面清單項操作的 DLL 注入 Explorer.exe 資源管理器處理程序。

但是如果透過呼叫以下敘述來獲取桌面清單檢視控制項的視窗控制碼通常不會成功：

```
FindWindow(TEXT("SysListView32"), TEXT("FolderView"));
// 透過指定的視窗類別和視窗標題查詢視窗
```

選擇 Spy++ 的監視選單項→視窗，可以開啟視窗列表，把視窗列表滑動到最後，可以看到圖 6.13 所示的資訊。

▲ 圖 6.13

視窗控制碼為 0x00010160 的桌面清單檢視控制項的父視窗是視窗類別為 SHELLDLL_DefView 的視窗，類別名稱 SHELLDLL_ DefView 的視窗的父視窗是視窗類別為 ProgMan 的視窗。視窗類別為 ProgMan 的視窗是程式管理器（Program Manager，屬於 Explorer.exe 處理程序），系統中一定會存在程式管理器 Program Manager，這是為了向後相容那些為舊版本 Windows 設計的應用程式，程式管理器 Program Manager 有且只有一個視窗類別為 SHELLDLL_DefView 的子視窗，視窗類別為 SHELLDLL_DefView 的子視窗有且只有一個視窗類別為 SysListView32 的子視窗（也就是桌面清單檢視控制項）。因此我們可以透過呼叫以下敘述獲取桌面清單檢視控制項的視窗控制碼：

```
GetTopWindow(GetTopWindow(FindWindow(TEXT("ProgMan"), NULL)));
// 後面會介紹這些函數
```

有了桌面清單檢視控制項的視窗控制碼就可以透過呼叫 GetWindowThreadProcessId 函數來獲取建立該視窗的執行緒 ID（屬於 Explorer 資源管理器處理程序），並且可以為該執行緒安裝一個 WH_GETMESSAGE 訊息鉤子。

在做 DLL 注入時需要注意，32 位元 DLL 只能注入 32 位元處理程序，64 位元 DLL 只能注入 64 位元處理程序。呼叫 DLL 匯出的安裝、移除訊息鉤子的程式稱為控制程式，同樣 32 位元處理程序只能使用 32 位元 DLL，64 位元處理程序只能使用 64 位元 DLL，控制程式也必須編譯為 64 位元，這樣一來 64 位元的控制程式可以呼叫 64 位元 DLL 中的安裝鉤子函數，並把該 DLL 注入 64 位元的 Explorer 資源管理器處理程序。

DIPSHookDll.h 標頭檔的內容如下：

```
#pragma once

// 宣告匯出的函數

#ifdef DLL_EXPORT
    #define DLL_API         extern "C" __declspec(dllexport)
```

```
#else
    #define DLL_API        extern "C" __declspec(dllimport)
#endif

// 匯出函數
DLL_API BOOL InstallHook(int idHook, DWORD dwThreadId);
                                    // 兩參數分別是鉤子類型和資源管理器執行緒 ID
DLL_API BOOL UninstallHook();
```

DIPSHookDll.cpp 原始檔案的程式中用到了許多操作登錄檔的函數，而介紹登錄檔則是第 7 章的內容，讀者可以先大致了解本程式，學習完登錄檔後再來重新理解本例的程式，原始檔案內容如下：

```
// 定義 DLL 的匯出函數

#include <Windows.h>
#include <Commctrl.h>
#include "resource.h"

#define DLL_EXPORT
#include "DIPSHookDll.h"

// 全域變數
HINSTANCE g_hMod;
HHOOK g_hHook;
TCHAR g_szRegSubKey[] = TEXT("Software\\Desktop Item Position Saver");

// 內建函數
LRESULT CALLBACK GetMsgProc(int nCode, WPARAM wParam, LPARAM lParam);
INT_PTR CALLBACK DialogProc(HWND hwndDlg, UINT uMsg, WPARAM wParam, LPARAM
lParam);
VOID SaveListViewItemPositions(HWND hwndLV);
VOID RestoreListViewItemPositions(HWND hwndLV);

BOOL APIENTRY DllMain(HMODULE hModule, DWORD ul_reason_for_call, LPVOID
lpReserved)
{
    switch (ul_reason_for_call)
    {
```

```
    case DLL_PROCESS_ATTACH:
        g_hMod = hModule;
        break;

    case DLL_THREAD_ATTACH:
    case DLL_THREAD_DETACH:
    case DLL_PROCESS_DETACH:
        break;
    }

    return TRUE;
}

//匯出函數
BOOL InstallHook(int idHook, DWORD dwThreadId)
{
    if (!g_hHook)
    {
        g_hHook = SetWindowsHookEx(idHook, GetMsgProc, g_hMod, dwThreadId);
        if (!g_hHook)
            return FALSE;
    }

    //訊息鉤子已經安裝，通知資源管理器執行緒呼叫 GetMsgProc 鉤子函數（為了即時回應所以主
      動通知）
    PostThreadMessage(dwThreadId, WM_NULL, 0, 0);

    return TRUE;
}

BOOL UninstallHook()
{
    if (g_hHook)
    {
        if (!UnhookWindowsHookEx(g_hHook))
            return FALSE;
    }

    g_hHook = NULL;
    return TRUE;
```

```
}

//內建函數
LRESULT CALLBACK GetMsgProc(int nCode, WPARAM wParam, LPARAM lParam)
{
    //DLL是否剛被注入
    static BOOL bFirst = TRUE;

    if (nCode < 0)
        return CallNextHookEx(NULL, nCode, wParam, lParam);

    if (nCode == HC_ACTION)
    {
        if (bFirst)
        {
            bFirst = FALSE;

            //在資源管理器處理程序中建立一個伺服器視窗來處理控制程式的請求（儲存、
              恢復桌面圖示等）
            CreateDialogParam(g_hMod, MAKEINTRESOURCE(IDD_MAIN), NULL,
DialogProc, NULL);
        }
    }

    return CallNextHookEx(NULL, nCode, wParam, lParam);
}

INT_PTR CALLBACK DialogProc(HWND hwndDlg, UINT uMsg, WPARAM wParam, LPARAM
lParam)
{
    switch (uMsg)
    {
    case WM_APP:
        if (lParam)
            SaveListViewItemPositions((HWND)wParam);
        else
            RestoreListViewItemPositions((HWND)wParam);
        return TRUE;

    case WM_CLOSE:
```

```
        DestroyWindow(hwndDlg);
        return TRUE;
    }

    return FALSE;
}

VOID SaveListViewItemPositions(HWND hwndLV)
{
    int nCount;
    HKEY hKey;
    LVITEM lvi = { 0 };
    TCHAR szName[MAX_PATH] = { 0 };
    POINT pt;

    // 先刪除舊登錄檔
    RegDeleteKey(HKEY_CURRENT_USER, g_szRegSubKey);

    // 獲取桌面清單項總數
    nCount = SendMessage(hwndLV, LVM_GETITEMCOUNT, 0, 0);

    // 建立子鍵 HKEY_CURRENT_USER\Software\Desktop Item Position Saver
    RegCreateKeyEx(HKEY_CURRENT_USER, g_szRegSubKey, 0, NULL, REG_OPTION_
NON_ VOLATILE,
        KEY_SET_VALUE, NULL, &hKey, NULL);

    lvi.mask = LVIF_TEXT;
    lvi.pszText = szName;
    lvi.cchTextMax = _countof(szName);
    // 為每個清單項建立一個鍵值項，以清單項的文字為鍵名，以清單項的位置為鍵值
    for (int i = 0; i < nCount; i++)
    {
        ZeroMemory(szName, _countof(szName) * sizeof(TCHAR));
        SendMessage(hwndLV, LVM_GETITEMTEXT, i, (LPARAM)&lvi);
        SendMessage(hwndLV, LVM_GETITEMPOSITION, i, (LPARAM)&pt);
        RegSetValueEx(hKey, szName, 0, REG_BINARY, (LPBYTE)&pt, sizeof(pt));
    }

    RegCloseKey(hKey);
}
```

```
VOID RestoreListViewItemPositions(HWND hwndLV)
{
    HKEY hKey;
    TCHAR szName[MAX_PATH] = { 0 };
    POINT pt;
    DWORD dwType;
    LONG_PTR lStyle;
    LONG lResult;
    LVFINDINFO lvfi = { 0 };
    int nItem;

    // 開啟子鍵 HKEY_CURRENT_USER\Software\Desktop Item Position Saver
    RegOpenKeyEx(HKEY_CURRENT_USER, g_szRegSubKey, 0, KEY_QUERY_VALUE, &hKey);

    // 關閉桌面圖示自動排列
    lStyle = GetWindowLongPtr(hwndLV, GWL_STYLE);
    if (lStyle & LVS_AUTOARRANGE)
        SetWindowLongPtr(hwndLV, GWL_STYLE, lStyle & ~LVS_AUTOARRANGE);

    // 列舉子鍵 HKEY_CURRENT_USER\Software\Desktop Item Position Saver 下的所有
      鍵值項
    lResult = ERROR_SUCCESS;
    for (int i = 0; lResult != ERROR_NO_MORE_ITEMS; i++)
    {
        DWORD dwchName = _countof(szName);
        DWORD dwcbDaata = sizeof(pt);
        lResult = RegEnumValue(hKey, i, szName, &dwchName, NULL, &dwType,
(LPBYTE) &pt, &dwcbDaata);
        if (lResult == ERROR_NO_MORE_ITEMS)
            continue;

        // 查詢桌面上具有指定清單項文字的清單項，重新設定該清單項的位置
        lvfi.flags = LVFI_STRING;
        lvfi.psz = szName;
        if ((dwType == REG_BINARY) && (dwcbDaata == sizeof(pt)))
        {
            nItem = SendMessage(hwndLV, LVM_FINDITEM, -1, (LPARAM)&lvfi);
            if (nItem != -1)
                SendMessage(hwndLV, LVM_SETITEMPOSITION, nItem,
```

```
MAKELPARAM (pt.x,pt.y));
            }
        }

        SetWindowLongPtr(hwndLV, GWL_STYLE, lStyle);
        RegCloseKey(hKey);
}
```

控制程式（DIPSHookApp）中有安裝訊息鉤子、儲存桌面圖示、恢復桌面圖示和移除訊息鉤子 4 個按鈕。在控制程式中點擊安裝訊息鉤子時會呼叫 InstallHook 函數，我們呼叫 SetWindowsHookEx 函數為資源管理器執行緒安裝 WH_GETMESSAGE 訊息鉤子，然後透過呼叫 PostThreadMessage 函數發送一個空訊息 WM_NULL 通知資源管理器執行緒呼叫鉤子函數 GetMsgProc。鉤子函數 GetMsgProc 判斷 DLL 是否是剛被注入，如果是，則呼叫 CreateDialogParam 函數在資源管理器處理程序中建立一個伺服器視窗（非模態對話方塊）來處理控制程式的請求。DialogProc 視窗過程用於處理控制程式的請求，當在控制程式中點擊「儲存桌面圖示」按鈕和「恢復桌面圖示」按鈕時，會向伺服器視窗發送 WM_APP 訊息，wParam 參數指定為桌面清單檢視控制項的視窗控制碼，lParam 參數指定為 TRUE 表示儲存桌面圖示，指定為 FALSE 表示恢復桌面圖示；當在控制程式中點擊移除訊息鉤子時，會向伺服器視窗發送 WM_ CLOSE 訊息關閉伺服器視窗，然後呼叫 UninstallHook 函數移除訊息鉤子。

如果想隱藏伺服器視窗，可以在 DLL 專案的資源管理器中把對話方塊的 Visible 屬性設定為 False，這樣一來在工作列、工作管理員中根本看不到關於伺服器視窗的任何蛛絲馬跡。DLL 注入是實作視窗或處理程序隱藏的一種方法，一旦一個 DLL 注入其他處理程序，我們幾乎就可以為所欲為。

伺服器視窗使用的是非模態對話方塊，如前面所述，CreateDialog Param 函數在建立對話方塊後，會根據對話方塊範本是否指定了 WS_VISIBLE 樣式來決定是否顯示對話方塊視窗。如果指定，則顯示；如果沒有指定，則程式需要自行呼叫 ShowWindow 函數來顯示非模態對話方塊。而 DialogBoxParam 函數不管是否指定了 WS_VISIBLE 樣式都會顯示模態對話方塊。

控制程式 DIPSHookApp 的執行效果如圖 6.14 所示。

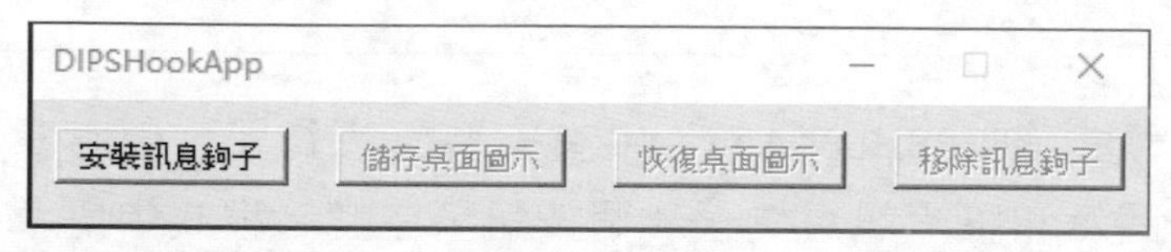

▲ 圖 6.14

DIPSHookApp.cpp 原始檔案的內容如下：

```
#include <windows.h>
#include "resource.h"
#include "DIPSHookDll.h"

#pragma comment(lib, "DIPSHookDll.lib")

// 函數宣告
INT_PTR CALLBACK DialogProc(HWND hwndDlg, UINT uMsg, WPARAM wParam, LPARAM
lParam);

int WINAPI WinMain(HINSTANCE hInstance, HINSTANCE hPrevInstance, LPSTR
lpCmdLine, int nCmdShow)
{
    DialogBoxParam(hInstance, MAKEINTRESOURCE(IDD_MAIN), NULL, DialogProc,
NULL);
    return 0;
}

INT_PTR CALLBACK DialogProc(HWND hwndDlg, UINT uMsg, WPARAM wParam, LPARAM
lParam)
{
    static HWND hwndLV;
    HWND hwndDIPSServer;

    switch (uMsg)
    {
```

```
    case WM_INITDIALOG:
        hwndLV = GetTopWindow(GetTopWindow(FindWindow(TEXT("ProgMan"),
NULL)));
        // 禁用儲存桌面圖示、恢復桌面圖示和移除訊息鉤子按鈕
        EnableWindow(GetDlgItem(hwndDlg, IDC_BTN_SAVE), FALSE);
        EnableWindow(GetDlgItem(hwndDlg, IDC_BTN_RESTORE), FALSE);
        EnableWindow(GetDlgItem(hwndDlg, IDC_BTN_UNINSTALLHOOK), FALSE);
        return TRUE;

    case WM_COMMAND:
        switch (LOWORD(wParam))
        {
        case IDC_BTN_INSTALLHOOK:
            InstallHook(WH_GETMESSAGE, GetWindowThreadProcessId(hwndLV,
NULL));
            // 啟用儲存桌面圖示、恢復桌面圖示和移除訊息鉤子按鈕
            EnableWindow(GetDlgItem(hwndDlg, IDC_BTN_SAVE), TRUE);
            EnableWindow(GetDlgItem(hwndDlg, IDC_BTN_RESTORE), TRUE);
            EnableWindow(GetDlgItem(hwndDlg, IDC_BTN_UNINSTALLHOOK), TRUE);
            break;

        case IDC_BTN_UNINSTALLHOOK:
            // 獲取伺服器視窗控制碼
            hwndDIPSServer = FindWindow(NULL, TEXT("DIPSServer"));
            // 使用 SendMessage 而非 PostMessage，確保移除鉤子以前，伺服器對話方塊
               已經銷毀
            SendMessage(hwndDIPSServer, WM_CLOSE, 0, 0);
            UninstallHook();
            break;

        case IDC_BTN_SAVE:
            // 獲取伺服器視窗控制碼
            hwndDIPSServer = FindWindow(NULL, TEXT("DIPSServer"));
            SendMessage(hwndDIPSServer, WM_APP, (WPARAM)hwndLV, TRUE);
            break;

        case IDC_BTN_RESTORE:
            // 獲取伺服器視窗控制碼
            hwndDIPSServer = FindWindow(NULL, TEXT("DIPSServer"));
            SendMessage(hwndDIPSServer, WM_APP, (WPARAM)hwndLV, FALSE);
```

```
            break;

        case IDCANCEL:
            if (FindWindow(NULL, TEXT("DIPSServer")))
                SendMessage(hwndDlg, WM_COMMAND, IDC_BTN_UNINSTALLHOOK, 0);
            EndDialog(hwndDlg, 0);
            break;
        }
        return TRUE;
    }

    return FALSE;
}
```

GetTopWindow 函數用於查詢與指定父視窗連結的子視窗中 Z 順序位於頂部的子視窗的控制碼，即查詢第一個子視窗的控制碼：

```
HWND WINAPI GetTopWindow(
    _In_opt_ HWND hWnd);     // 父視窗的控制碼，設定為 NULL 則該函數傳回桌面視窗中 Z 順
                                序頂部的視窗控制碼
```

如果函數執行成功，則傳回值是 Z 順序位於頂部的子視窗的控制碼；如果指定的父視窗沒有子視窗，則傳回值為 NULL。

有時候可能需要根據作業系統的不同（是 32 位元還是 64 位元）來決定執行不同的程式，這時候就需要判斷作業系統的類型，前面學過 GetSystemInfo 函數，程式可以根據該函數 SYSTEM_INFO 結構的 wProcessorArchitecture 欄位傳回的值來確定作業系統是 32 位元還是 64 位元。如果 SYSTEM_INFO. wProcessorArchitecture 等於 PROCESSOR_ARCHITECTURE_INTEL(0)，則表明是 32 位元作業系統；如果 SYSTEM_INFO.wProcessor Architecture 等於 PROCESSOR_ARCHITECTURE_AMD64(9) 或 PROCESSOR_ARCHITECTURE_IA64(6)，則表明是 64 位元作業系統。

但是，在 Windows 10 64 位元系統中，把程式編譯為 32 位元，呼叫 GetSystemInfo 函數，SYSTEM_INFO. wProcessorArchitecture 欄位傳回

的值始終等於 PROCESSOR_ARCHITECTURE_INTEL(0)，這顯然是錯誤的。我們可以呼叫 GetNativeSystemInfo 函數，該函數可以將系統資訊傳回到在 WOW64 下執行的應用程式，如果是在一個 64 位元的應用程式中呼叫該函數，那麼它等效於 GetSystemInfo 函數，即不管編譯為 32 位元還是 64 位元程式，呼叫 GetNativeSystemInfo 函數總會得到正確的結果。稍後將解釋 WOW64。讀者可以使用以下自訂函數來判斷作業系統是 32 位元還是 64 位元：

```
BOOL Is64bitSystem()
{
    SYSTEM_INFO si = { 0 };

    GetNativeSystemInfo(&si);
    if (si.wProcessorArchitecture == PROCESSOR_ARCHITECTURE_AMD64 ||
        si.wProcessorArchitecture == PROCESSOR_ARCHITECTURE_IA64)
        return TRUE;
    else
        return FALSE;
}
```

為了讓 32 位元應用程式能夠正常執行在 64 位元版本的 Windows 上，微軟公司提供了一個 Windows 32-bit On Windows 64-bit 模擬層，稱為 WOW64。在 64 位元 Windows 作業系統中，\Windows\System32 目錄下儲存的是 64 位元的系統檔案，而 \Windows\SysWOW64 目錄下儲存的是 32 位元的系統檔案。WOW64 通常會將 32 位元應用程式對 \Windows\System32 目錄的存取重新導向到 \Windows\SysWOW64 目錄，因此 64 位元應用程式會載入 System32 目錄下的相關動態連結程式庫，而 32 位元應用程式則會載入 SysWOW64 目錄下的相關動態連結程式庫。32 位元應用程式以 32 位元 CPU 模式執行，當 32 位元應用程式中發生 API 函數呼叫的時候，WOW64 會將 CPU 模式切換為 64 位元，將 API 函數呼叫中的 32 位元參數擴充到 64 位元，然後發出 64 位元的相關 API 函數呼叫，傳回的時候會將 64 位元的傳回值截斷為 32 位元，並切換回 32 位元 CPU 模式。另外，登錄檔同樣存在重新導向的情況。

如果需要判斷一個處理程序是否正執行在 WOW64 環境中，則可以呼叫 IsWow64Process 函數：

```
BOOL WINAPI IsWow64Process(
   _In_  HANDLE hProcess,              // 處理程序控制碼
   _Out_ PBOOL  Wow64Process);         // 傳回 TRUE 或 FASE
```

hProcess 參數指定處理程序控制碼，必須具有 PROCESS_QUERY_INFORMATION 或 PROCESS_QUERY_ LIMITED_INFORMATION 存取權限；Wow64Process 參數指向的 BOOL 類型變數會傳回 TRUE 或 FASE。如果 32 位元處理程序執行在 WOW64（即 64 位元系統）下，則 *Wow64Process 的值為 TRUE。如果 32 位元處理程序執行在 32 位元 Windows 下或 64 位元處理程序執行在 64 位元 Windows 下，則 *Wow64Process 的值為 FALSE。如果 32 位元處理程序執行在 WOW64 下，則要獲取系統資訊需要呼叫 GetNativeSystemInfo 函數，而非 GetSystemInfo 函數。

還可以使用更新版本的 IsWow64Process2 函數，該函數的使用方法比較簡單，感興趣的讀者可以自行參閱 MSDN。

6.6.2 透過建立遠端執行緒注入 DLL

我們無法操作其他處理程序中的執行緒，但是可以透過呼叫 CreateRemoteThread 函數在其他處理程序中建立一個遠端執行緒以執行程式，CreateRemoteThread 的函數宣告如下：

```
HANDLE WINAPI CreateRemoteThread(
   _In_  HANDLE                    hProcess,            // 在哪個處理程序中建立遠端執行緒
   _In_  LPSECURITY_ATTRIBUTES     lpThreadAttributes,  // 指向執行緒安全屬性結構
                                                          的指標
   _In_  SIZE_T                    dwStackSize,         // 執行緒的堆疊空間大小，
                                                          以位元組為單位
   _In_  LPTHREAD_START_ROUTINE    lpStartAddress,      // 執行緒函數指標
   _In_  LPVOID                    lpParameter,         // 傳遞給執行緒函數的參數
```

```
    _In_  DWORD                  dwCreationFlags,        // 執行緒建立標識
    _Out_ LPDWORD                lpThreadId);            // 傳回執行緒 ID
```

與 CreateThread 函數相比，該函數只是多了一個在哪個處理程序中建立遠端執行緒的 hProcess 參數。有一點需要注意，我們可以在一個處理程序中呼叫 CreateRemoteThread 函數在目標處理程序中建立一個遠端執行緒以執行程式，但是執行緒函數 lpStartAddress 必須位於目標處理程序的位址空間中。

雖然可以在一個處理程序中透過呼叫 CreateRemoteThread 函數在其他處理程序中建立遠端執行緒，但是執行緒函數是一個很難解決的問題，我們無法把本處理程序中的一段可執行程式直接寫入其他處理程序的位址空間中執行。一方面，Windows Vista 以上版本的系統開始可執行檔（PE 檔案）支援動態基底位址，每次執行一個可執行檔，其載入到的基底位址可能是不同的，不同可執行檔所載入到的基底位址也可能是不同的。一個處理程序中用到的全域變數是一個絕對位址（相對於本處理程序），不可以在其他處理程序中直接引用，因為這些記憶體位址在其他處理程序中可能是非法的，很容易引發存取違規。另一方面，我們呼叫的 API 函數所在的 DLL 載入到不同的處理程序中時其基底位址也可能是不同的，一個處理程序中用到的 API 函數位址也是一個絕對位址（相對於本處理程序），同一個 API 函數的位址在不同的處理程序中會隨著 DLL 載入位置的不同而不同。如果在程式中直接呼叫 API 函數，那麼系統會按照當前處理程序的 DLL 載入位置填入函數位址，這顯然是錯誤的。

全域變數和 API 函數位址的定位問題解決起來有一定難度，我們可以採取一種變通的方法。Kernel32.dll、User32.dll 和 Gdi32.dll 都是最常用的動態連結程式庫，在不同的處理程序中，系統會將它們載入相同的記憶體位址處，對這些動態連結程式庫來說，在本處理程序中獲取到的位址可以用在遠端執行緒中，我們可以把 CreateRemoteThread 函數的執行緒函數 lpStartAddress 參數設定為 LoadLibraryA / LoadLibraryW 函數的位址（屬於 Kernel32.dll），透過執行 LoadLibraryA / LoadLibraryW 函數以載入

指定的 dll 執行所需的程式，但是 LoadLibraryA / LoadLibraryW 函數所用的 DLL 位址參數是一個字串，同樣我們不可以把本處理程序中的字串位址傳遞到另一個處理程序中使用，這時可以透過呼叫 VirtualAllocEx 函數在目標處理程序中分配一塊記憶體位址，然後呼叫 WriteProcessMemory 函數在分配的記憶體位址處寫入 DLL 的檔案名稱。在本處理程序中獲取到 LoadLibraryA / LoadLibraryW 函數的位址，用於 CreateRemoteThread 函數的執行緒函數 lpStartAddress 參數，LoadLibraryA / LoadLibraryW 函數所用的 DLL 位址參數則是遠端處理程序中的字串位址。

執行緒函數和 LoadLibraryA / LoadLibraryW 函數的定義幾乎相同，所以可以把執行緒函數設定為 LoadLibraryA / LoadLibraryW 函數的位址：

```
DWORD WINAPI ThreadProc(LPVOID lpParameter);

HMODULE WINAPI LoadLibraryA(_In_ LPCSTR lpLibFileName);
HMODULE WINAPI LoadLibraryW(_In_ LPCWSTR lpLibFileName);
```

把一段可執行程式從一個處理程序中直接複製到其他處理程序中，程式保持不變，這樣做可能會導致在其他處理程序中引用一個不合法的全域變數、API 函數位址（使用的是絕對位址），但是當把一個 DLL 載入到處理程序位址空間時，DLL 內部引用的絕對位址會透過 DLL 的重定位表進行修正，所有 DLL 中使用的絕對位址總會根據 DLL 載入到的基底位址進行重新計算、修正，後面會介紹重定位表。

透過使用遠端執行緒注入 DLL 的步驟複習如下。

（1）呼叫 VirtualAllocEx 函數在遠端處理程序的位址空間中分配一塊記憶體。

（2）呼叫 WriteProcessMemory 函數把要注入的 DLL 的路徑複製到第 1 步分配的記憶體中。

（3）呼叫 GetProcAddress 函數得到 LoadLibraryA/LoadLibraryW 函數（Kernel32.dll 中）的實際位址。

（4）呼叫 CreateRemoteThread 函數在遠端處理程序中建立一個執行緒，新建立的遠端執行緒會立即呼叫 LoadLibraryA/LoadLibraryW 函數，DLL 會被注入遠端處理程序的位址空間中，DLL 的 DllMain 函數會收到 DLL_PROCESS_ATTACH 通知並且可以執行我們想要執行的程式。當 DllMain 函數傳回時，遠端執行緒會從 LoadLibraryA / LoadLibraryW 呼叫傳回，遠端執行緒終止，但 DLL 仍然存在於被注入處理程序中。

相關釋放工作如下所示。

（1）呼叫 VirtualFreeEx 函數釋放第 1 步分配的記憶體。
（2）呼叫 GetProcAddress 得到 FreeLibrary 函數（Kernel32.dll 中）的實際位址。
（3）呼叫 CreateRemoteThrcad 函數在遠端處理程序中建立一個新執行緒，使該執行緒呼叫 FreeLibrary 函數並在參數中傳入已注入 DLL 的模組位址以移除該 DLL。

接下來實作一個範例程式 RemoteApp，程式的執行效果如圖 6.15 所示。

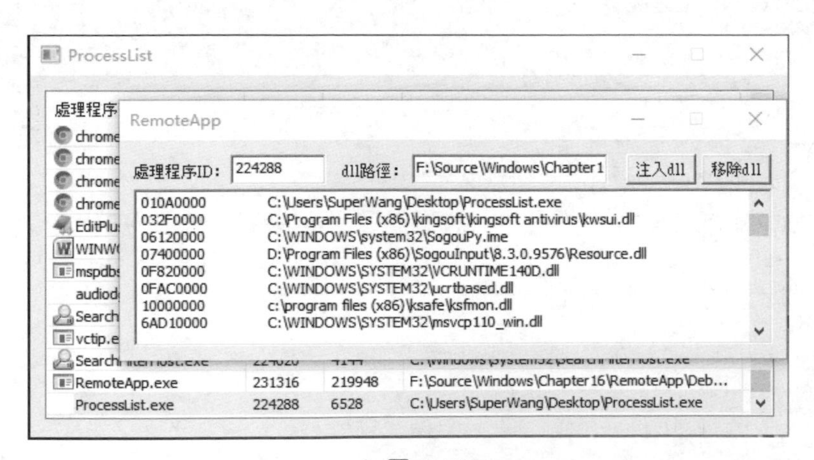

▲ 圖 6.15

點擊「注入 dll」按鈕，程式會將 F:\Source\Windows\Chapter6\RemoteDll\Debug\RemoteDll.dll 注入指定的處理程序中（此處為 Process

List 處理程序 224288），DLL 的 DllMain 函數會收到 DLL_PROCESS_ATTACH 通知，可以執行想要執行的程式。在該通知中，我們遍歷被注入處理程序的位址空間，列出該處理程序使用的所有 DLL 模組，當然也可以在這裡呼叫 CreateThread 函數建立一個執行緒以執行需要的程式。當 DllMain 函數傳回時，遠端執行緒會從 LoadLibraryA / LoadLibraryW 呼叫傳回，遠端執行緒終止。

RemoteDll 專案不需要標頭檔，因為沒有匯出函數，RemoteDll.cpp 原始檔案的內容如下：

```
#include <Windows.h>
#include <tchar.h>

BOOL APIENTRY DllMain(HMODULE hModule, DWORD ul_reason_for_call, LPVOID
lpReserved)
{
    TCHAR szBuf[MAX_PATH] = { 0 };                    // 模組名稱
    LPBYTE lpAddress = NULL;                          // 頁面區域的起始位址
    MEMORY_BASIC_INFORMATION mbi = { 0 };             // 傳回頁面資訊
    int nLen;
    TCHAR szModName[MAX_PATH] = { 0 };
    HWND hwndRemoteApp;

    switch (ul_reason_for_call)
    {
    case DLL_PROCESS_ATTACH:
        // 處理程序 RemoteApp 的視窗控制碼
        hwndRemoteApp = FindWindow(TEXT("#32770"), TEXT("RemoteApp"));

        while (VirtualQuery(lpAddress, &mbi, sizeof(mbi)) == sizeof(mbi))
        {
            // 頁面區域中頁面的狀態為 MEM_FREE 空閒
            if (mbi.State == MEM_FREE)
                mbi.AllocationBase = mbi.BaseAddress;

            if ((mbi.AllocationBase == NULL) || (mbi.AllocationBase == hModule) ||
                (mbi.BaseAddress != mbi.AllocationBase))
            {
```

```
            //如果空間區域的基底位址為 NULL，或空間區域的基底位址是本模組基底位址，
            //或頁面區域的基底位址並不是空間區域的基底位址（每一個模組就是一塊空間區域）
            nLen = 0;
        }
        else
        {
            //獲取載入到空間區域基底位址處的模組檔案名稱
            nLen = GetModuleFileName(HMODULE(mbi.AllocationBase), szModName,
_countof(szModName));
        }

        if (nLen > 0)
        {
            wsprintf(szBuf, TEXT("%p\t%s\r\n"), mbi.AllocationBase, szModName);
            //模組名稱顯示到處理程序 RemoteApp 的編輯控制項中
            SendDlgItemMessage(hwndRemoteApp, 1005, EM_SETSEL, -1, -1);
            SendDlgItemMessage(hwndRemoteApp, 1005, EM_REPLACESEL, TRUE,
(LPARAM)szBuf);
        }
        lpAddress += mbi.RegionSize;
    }
    break;

case DLL_THREAD_ATTACH:
case DLL_THREAD_DETACH:
case DLL_PROCESS_DETACH:
    break;
}

return TRUE;
}
```

RemoteApp.cpp 原始檔案的內容如下：

```
#include <windows.h>
#include <tchar.h>
#include <TlHelp32.h>
#include "resource.h"

//全域變數
```

```
HWND g_hwndDlg;

// 函數宣告
INT_PTR CALLBACK DialogProc(HWND hwndDlg, UINT uMsg, WPARAM wParam, LPARAM
lParam);
DWORD WINAPI ThreadProc(LPVOID lpParameter);
BOOL InjectDll(DWORD dwProcessId, LPTSTR lpDllPath);
BOOL EjectDll(DWORD dwProcessId, LPTSTR lpDllPath);

int WINAPI WinMain(HINSTANCE hInstance, HINSTANCE hPrevInstance, LPSTR
lpCmdLine, int nCmdShow)
{
    DialogBoxParam(hInstance, MAKEINTRESOURCE(IDD_MAIN), NULL, DialogProc,
NULL);
    return 0;
}

INT_PTR CALLBACK DialogProc(HWND hwndDlg, UINT uMsg, WPARAM wParam, LPARAM
lParam)
{
    HANDLE hThread;
    DWORD dwProcessId;
    TCHAR szDllPath[MAX_PATH] = { 0 };

    switch (uMsg)
    {
    case WM_INITDIALOG:
        g_hwndDlg = hwndDlg;

        SetDlgItemText(hwndDlg, IDC_EDIT_PROCESSID, TEXT("請輸入處理程序 ID"));
        SetDlgItemText(hwndDlg, IDC_EDIT_DLLPATH,
            TEXT("F:\\Source\\Windows\\Chapter6\\RemoteDll\\Debug\\RemoteDll.
dll"));
        return TRUE;

    case WM_COMMAND:
        switch (LOWORD(wParam))
        {
        case IDC_BTN_INJECT:
            // 建立新執行緒完成對目標處理程序中 DLL 的注入
```

```
            hThread = CreateThread(NULL, 0, ThreadProc, NULL, 0, NULL);
            if (hThread)
                CloseHandle(hThread);
            break;

        case IDC_BTN_EJECT:
            dwProcessId = GetDlgItemInt(hwndDlg, IDC_EDIT_PROCESSID, NULL,
FALSE);
            GetDlgItemText(hwndDlg, IDC_EDIT_DLLPATH, szDllPath,
_countof(szDllPath));
            EjectDll(dwProcessId, szDllPath);
            break;

        case IDCANCEL:
            EndDialog(hwndDlg, 0);
            break;
        }
        return TRUE;
    }

    return FALSE;
}

DWORD WINAPI ThreadProc(LPVOID lpParameter)
{
    DWORD dwProcessId;
    TCHAR szDllPath[MAX_PATH] = { 0 };

    dwProcessId = GetDlgItemInt(g_hwndDlg, IDC_EDIT_PROCESSID, NULL, FALSE);
    GetDlgItemText(g_hwndDlg, IDC_EDIT_DLLPATH, szDllPath, _countof(szDllPath));
    return InjectDll(dwProcessId, szDllPath);
}

BOOL InjectDll(DWORD dwProcessId, LPTSTR lpDllPath)
{
    HANDLE hProcess = NULL;
    LPTSTR lpDllPathRemote = NULL;
    HANDLE hThread = NULL;

    hProcess = OpenProcess(PROCESS_QUERY_INFORMATION | PROCESS_CREATE_THREAD |
```

```
        PROCESS_VM_OPERATION | PROCESS_VM_WRITE, FALSE, dwProcessId);
    if (!hProcess)
        return FALSE;

    //1. 呼叫 VirtualAllocEx 函數在遠端處理程序的位址空間中分配一塊記憶體
    int cbDllPath = (_tcslen(lpDllPath) + 1) * sizeof(TCHAR);
    lpDllPathRemote = (LPTSTR)VirtualAllocEx(hProcess, NULL, cbDllPath,
        MEM_RESERVE | MEM_COMMIT, PAGE_READWRITE);
    if (!lpDllPathRemote)
        return FALSE;

    //2. 呼叫 WriteProcessMemory 函數把要注入的 DLL 的路徑複製到第 1 步分配的記憶體中
    if (!WriteProcessMemory(hProcess, lpDllPathRemote, lpDllPath, cbDllPath,
NULL))
        return FALSE;

    //3. 呼叫 GetProcAddress 函數得到 LoadLibraryA / LoadLibraryW 函數
    //（Kernel32.dll）的實際位址
    PTHREAD_START_ROUTINE pfnThreadRtn = (PTHREAD_START_ROUTINE)
        GetProcAddress(GetModuleHandle(TEXT("Kernel32")), "LoadLibraryW");
    if (!pfnThreadRtn)
        return FALSE;

    //4. 呼叫 CreateRemoteThread 函數在遠端處理程序中建立一個執行緒
    hThread = CreateRemoteThread(hProcess, NULL, 0, pfnThreadRtn,
lpDllPathRemote, 0, NULL);
    if (!hThread)
        return FALSE;

    WaitForSingleObject(hThread, INFINITE);
    //5. 呼叫 VirtualFreeEx 函數釋放第 1 步分配的記憶體
    if (!lpDllPathRemote)
        VirtualFreeEx(hProcess, lpDllPathRemote, 0, MEM_RELEASE);
    if (hThread)
        CloseHandle(hThread);
    if (hProcess)
        CloseHandle(hProcess);

    return TRUE;
}
```

```
BOOL EjectDll(DWORD dwProcessId, LPTSTR lpDllPath)
{
    HANDLE hSnapshot;
    MODULEENTRY32 me = { sizeof(MODULEENTRY32) };
    BOOL bRet;
    BOOL bFound = FALSE;
    HANDLE hProcess = NULL;
    HANDLE hThread = NULL;

    hSnapshot = CreateToolhelp32Snapshot(TH32CS_SNAPMODULE, dwProcessId);
    if (hSnapshot == INVALID_HANDLE_VALUE)
        return FALSE;

    bRet = Module32First(hSnapshot, &me);
    while (bRet)
    {
        if (_tcsicmp(TEXT("RemoteDll.dll"), me.szModule) == 0 ||
            _tcsicmp(lpDllPath, me.szExePath) == 0)
        {
            bFound = TRUE;
            break;
        }

        bRet = Module32Next(hSnapshot, &me);
    }
    if (!bFound)
        return FALSE;

    hProcess = OpenProcess(PROCESS_QUERY_INFORMATION | PROCESS_CREATE_THREAD |
        PROCESS_VM_OPERATION, FALSE, dwProcessId);
    if (!hProcess)
        return FALSE;

    //6. 呼叫 GetProcAddress 得到 FreeLibrary 函數（Kernel32.dll）的實際位址
    PTHREAD_START_ROUTINE pfnThreadRtn = (PTHREAD_START_ROUTINE)
        GetProcAddress(GetModuleHandle(TEXT("Kernel32")), "FreeLibrary");
    if (!pfnThreadRtn)
        return FALSE;
```

```
    //7. 呼叫 CreateRemoteThread 函數在遠端處理程序中建立一個新執行緒，
    // 讓該執行緒呼叫 FreeLibrary 函數並在參數中傳入已注入 DLL 的模組位址以移除該 DLL
    hThread = CreateRemoteThread(hProcess, NULL, 0, pfnThreadRtn,
me.modBaseAddr, 0, NULL);
    if (!hThread)
        return FALSE;

    WaitForSingleObject(hThread, INFINITE);
    if (hSnapshot != INVALID_HANDLE_VALUE)
        CloseHandle(hSnapshot);
    if (hThread)
        CloseHandle(hThread);
    if (hProcess)
        CloseHandle(hProcess);

    return TRUE;
}
```

6.6.3 透過函數轉發器機制注入 DLL

這裡首先介紹一下函數轉發器（Function Forwarder），函數轉發器是 DLL 的一項特性——將對一個函數的呼叫轉發到另一個 DLL 中某個函數的呼叫。使用 VS 的 Developer Command Prompt 工具，輸入命令 DumpBin -Exports C:\Windows\System32\kernel32.dll，可以看到圖 6.16 所示的介面。

C:\Windows\System32\kernel32.dll 中存在許多被轉發的函數，如果在程式中呼叫 kernel32. AcquireSRWLockExclusive、kernel32.AcquireSRWLockShared 函數，可執行程式會載入 kernel32. dll。當執行這兩個函數時，可執行程式發現這兩個函數已被轉發，於是載入 NtDll.dll，並呼叫 NtDll.RtlAcquireSRWLockExclusive、NtDll.RtlAcquireSRWLockShared 函數，kernel32.dll 中的 AcquireSRWLockExclusive、AcquireSRWLockShared 函數並沒有具體的函數實作。

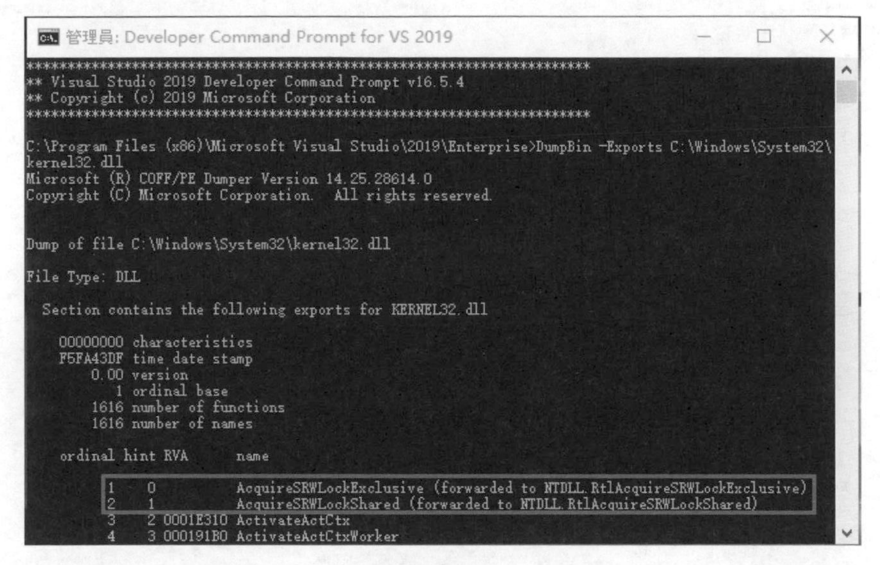

▲ 圖 6.16

實作具有函數轉發器功能的 DLL 可以使用 pragma 指示符號，如下所示：

```
#pragma comment(linker, "/export:SomeFunc=DllWork.SomeOtherFunc")
```

上述 pragma 告知連結器，正在編譯的 DLL 應該匯出一個名為 SomeFunc 的函數，但是實作方式 SomeFunc 函數的是另一個名為 SomeOtherFunc 的函數，該函數包含在一個名為 DllWork.dll 的模組中，我們必須為每個想要轉發的函數單獨建立一行 pragma。

為了方便生成函數轉發程式，可以使用 AheadLib 軟體，讀者可以參考 Chapter6\AheadLib\AheadLib.exe。

這裡以一個簡單的 DLL 講解實作函數轉發器的方法，如果是單純為了實作函數轉發器，則根本不需要包括匯出函數宣告的標頭檔，FunctionForwarderDll.cpp 原始檔案的內容如下：

```
#include <Windows.h>

BOOL APIENTRY DllMain(HMODULE hModule, DWORD ul_reason_for_call, LPVOID
```

```
lpReserved)
{
    switch (ul_reason_for_call)
    {
    case DLL_PROCESS_ATTACH:
        break;

    case DLL_THREAD_ATTACH:
    case DLL_THREAD_DETACH:
    case DLL_PROCESS_DETACH:
        break;
    }

    return TRUE;
}

#pragma comment(linker, "/export:MyMessageBox=User32.MessageBoxW")
```

使用 Depends.exe 查看 FunctionForwarderDll.dll，可以看到匯出了一個名為 MyMessageBox 的函數（見圖 6.17）。

Ordinal ^	Hint	Function	Entry Point
1 (0x0001)	0 (0x0000)	MyMessageBox	User32.MessageBoxW

▲ 圖 6.17

接下來我們撰寫一個呼叫 FunctionForwarderDll.MyMessageBox 函數的可執行程式 FunctionForwarderApp，FunctionForwarderApp.cpp 原始檔案的內容如下所示：

```
#include <windows.h>
#include "resource.h"

// 函數宣告
INT_PTR CALLBACK DialogProc(HWND hwndDlg, UINT uMsg, WPARAM wParam, LPARAM
lParam);

int WINAPI WinMain(HINSTANCE hInstance, HINSTANCE hPrevInstance, LPSTR
lpCmdLine, int nCmdShow)
{
```

```
    DialogBoxParam(hInstance, MAKEINTRESOURCE(IDD_MAIN), NULL, DialogProc,
NULL);
    return 0;
}

INT_PTR CALLBACK DialogProc(HWND hwndDlg, UINT uMsg, WPARAM wParam, LPARAM
lParam)
{
    HMODULE hFunctionForwarder = NULL;
    typedef BOOL(WINAPI* pfnMyMessageBox)(HWND hWnd, LPCTSTR lpText, LPCTSTR
lpCaption, UINT uType);
    pfnMyMessageBox pMyMessageBox = NULL;

    switch (uMsg)
    {
    case WM_INITDIALOG:
        return TRUE;

    case WM_COMMAND:
        switch (LOWORD(wParam))
        {
        case IDC_BTN_MYMESSAGEBOX:
            hFunctionForwarder = LoadLibrary(TEXT("FunctionForwarderDll.dll"));
            if (hFunctionForwarder)
            {
                pMyMessageBox = (pfnMyMessageBox)GetProcAddress
(hFunctionForwarder, "MyMessageBox");
                if (pMyMessageBox)
                    pMyMessageBox(hwndDlg, TEXT("MyMessageBox"), TEXT
("提示"), MB_OK);

                FreeLibrary(hFunctionForwarder);
            }
            break;

        case IDCANCEL:
            EndDialog(hwndDlg, 0);
            break;
        }
        return TRUE;
```

```
    }

    return FALSE;
}
```

程式執行效果如圖 6.18 所示。

▲ 圖 6.18

假設我們知道一個可執行程式會載入一個名為 SomeDll.dll 的動態連結程式庫，則可以利用函數轉發器建立一個名稱相同的 SomeDll.dll，包含函數轉發器功能的 SomeDll.dll 匯出了原 SomeDll.dll 的所有匯出函數，包含函數轉發器功能的 SomeDll.dll 匯出的函數由 SomeDllReplace.dll 實作。包含函數轉發器功能的 SomeDll.dll 和 SomeDllReplace.dll 建立好後，即可將這兩個 .dll 檔案複製到可執行檔目錄中（包含函數轉發器功能的 SomeDll.dll 替換原 SomeDll.dll）。可執行程式呼叫原 SomeDll.dll 中的匯出函數，實際呼叫的是 SomeDllReplace.dll 中的相關函數，包含函數轉發器功能的 SomeDll.dll 和 SomeDllReplace.dll 相當於木馬 DLL，實作了 DLL 綁架。

接下來實作一個簡單的範例，但是涉及幾個專案，包括原 SomeDll.dll 專案（DrawDll），包含函數轉發器功能的 SomeDll.dll 專案（DrawDll2），函數的真正實作 SomeDllReplace.dll 專案（DrawDllReplace），可執行程式專案（DrawApp）。DrawDll.dll 中匯出了一個繪製矩形的函數 DrawRectangle 和繪製橢圓的函數 DrawEllipse，透過 DrawDll2.dll（後期需要改名為 DrawDll.dll，替換掉可執行程式目錄中的原 DrawDll.dll）和 SomeDllReplace.dll。可執行程式 DrawApp 呼叫繪製矩形函數

DrawRectangle 時實際上繪製的是圓形，呼叫繪製橢圓函數 DrawEllipse 時實際上繪製的是矩形。可執行程式 DrawApp 的執行效果如圖 6.19 所示。

▲ 圖 6.19

完整程式請參考 Chapter6\ReplaceDll 專案。

DrawDll 專案是可執行程式 DrawApp 使用的原 DLL，DrawDll.h 標頭檔的內容如下：

```
#pragma once

// 宣告匯出的函數

#ifdef DLL_EXPORT
    #define DLL_API        extern "C" __declspec(dllexport)
#else
    #define DLL_API        extern "C" __declspec(dllimport)
#endif

// 匯出函數
DLL_API VOID DrawRectangle(HWND hwnd);
DLL_API VOID DrawEllipse(HWND hwnd);
```

DrawDll.cpp 原始檔案的內容如下：

```
// 定義 DLL 的匯出函數

#include <Windows.h>
#include <tchar.h>
```

```
#define DLL_EXPORT
#include "DrawDll.h"

BOOL APIENTRY DllMain(HMODULE hModule, DWORD ul_reason_for_call, LPVOID
lpReserved)
{
    switch (ul_reason_for_call)
    {
    case DLL_PROCESS_ATTACH:
    case DLL_THREAD_ATTACH:
    case DLL_THREAD_DETACH:
    case DLL_PROCESS_DETACH:
        break;
    }

    return TRUE;
}

//匯出函數
VOID DrawRectangle(HWND hwnd)
{
    HDC hdc;

    hdc = GetDC(hwnd);
    Rectangle(hdc, 10, 10, 110, 110);
    ReleaseDC(hwnd, hdc);
}

VOID DrawEllipse(HWND hwnd)
{
    HDC hdc;

    hdc = GetDC(hwnd);
    Ellipse(hdc, 10, 10, 110, 110);
    ReleaseDC(hwnd, hdc);
}
```

DrawDll2 專案是函數轉發器，不需要標頭檔，DrawDll2.cpp 原始檔案的內容如下：

```
#include <Windows.h>

BOOL APIENTRY DllMain(HMODULE hModule, DWORD ul_reason_for_call, LPVOID
lpReserved)
{
    switch (ul_reason_for_call)
    {
    case DLL_PROCESS_ATTACH:
        break;

    case DLL_THREAD_ATTACH:
    case DLL_THREAD_DETACH:
    case DLL_PROCESS_DETACH:
        break;
    }

    return TRUE;
}

#pragma comment(linker, "/export:DrawRectangle=DrawDllReplace.DrawRectangle")
#pragma comment(linker, "/export:DrawEllipse=DrawDllReplace.DrawEllipse")
```

DrawDllReplace 專案是被轉發函數的具體實作，DrawDllReplace.h 標頭檔的內容如下：

```
#pragma once

// 宣告匯出的函數

#ifdef DLL_EXPORT
#define DLL_API        extern "C" __declspec(dllexport)
#else
#define DLL_API        extern "C" __declspec(dllimport)
#endif

// 匯出函數
DLL_API VOID DrawRectangle(HWND hwnd);
DLL_API VOID DrawEllipse(HWND hwnd);
```

DrawDllReplace.cpp 原始檔案的內容如下：

```
// 定義 DLL 的匯出函數

#include <Windows.h>
#include <tchar.h>

#define DLL_EXPORT
#include "DrawDllReplace.h"

BOOL APIENTRY DllMain(HMODULE hModule, DWORD ul_reason_for_call, LPVOID
lpReserved)
{
    switch (ul_reason_for_call)
    {
    case DLL_PROCESS_ATTACH:
    case DLL_THREAD_ATTACH:
    case DLL_THREAD_DETACH:
    case DLL_PROCESS_DETACH:
        break;
    }

    return TRUE;
}

// 匯出函數
VOID DrawRectangle(HWND hwnd)
{
    HDC hdc;

    hdc = GetDC(hwnd);
    Ellipse(hdc, 10, 10, 110, 110);
    ReleaseDC(hwnd, hdc);
}

VOID DrawEllipse(HWND hwnd)
{
    HDC hdc;

    hdc = GetDC(hwnd);
```

```
    Rectangle(hdc, 10, 10, 110, 110);
    ReleaseDC(hwnd, hdc);
}
```

可執行程式 DrawApp.cpp 的內容如下：

```
#include <windows.h>
#include "resource.h"
#include "DrawDll.h"

#pragma comment(lib, "DrawDll.lib")

//函數宣告
INT_PTR CALLBACK DialogProc(HWND hwndDlg, UINT uMsg, WPARAM wParam, LPARAM
lParam);

int WINAPI WinMain(HINSTANCE hInstance, HINSTANCE hPrevInstance, LPSTR
lpCmdLine, int nCmdShow)
{
    DialogBoxParam(hInstance, MAKEINTRESOURCE(IDD_MAIN), NULL, DialogProc,
NULL);
    return 0;
}

INT_PTR CALLBACK DialogProc(HWND hwndDlg, UINT uMsg, WPARAM wParam, LPARAM
lParam)
{
    static BOOL bFirst = TRUE;
    static BOOL bRect;
    HDC hdc;
    PAINTSTRUCT ps;

    switch (uMsg)
    {
    case WM_COMMAND:
        switch (LOWORD(wParam))
        {
        case IDC_BTN_DRAWRECT:
            bFirst = FALSE;
            bRect = TRUE;
```

```
                InvalidateRect(hwndDlg, NULL, TRUE);
                break;

            case IDC_BTN_DRAWELLIPSE:
                bFirst = FALSE;
                bRect = FALSE;
                InvalidateRect(hwndDlg, NULL, TRUE);
                break;

            case IDCANCEL:
                EndDialog(hwndDlg, 0);
                break;
            }
            return TRUE;

        case WM_PAINT:
            hdc = BeginPaint(hwndDlg, &ps);
            if (!bFirst)
            {
                if (bRect)
                    DrawRectangle(hwndDlg);
                else
                    DrawEllipse(hwndDlg);
            }
            EndPaint(hwndDlg, &ps);
            return TRUE;
        }

        return FALSE;
}
```

6.6.4 透過 CreateProcess 函數寫入 ShellCode 注入 DLL

呼叫 CreateProcess 函數以暫停模式建立一個子處理程序，在子處理程序的主執行緒執行前，我們可以向子處理程序的位址空間中注入一些程式並率先得以執行，注入的程式執行完成後再轉去執行主執行緒原來的程式，這種方法因為需要注入可執行程式，需要讀者了解組合語言，所以具有一定難度，但是該方法功能強大。

CreateProcessInjectDll 程式執行效果如圖 6.20 所示。

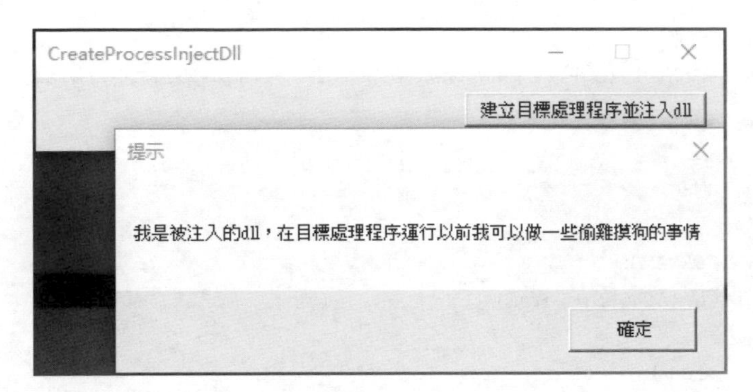

▲ 圖 6.20

點擊「建立目標處理程序並注入 dll」按鈕，程式呼叫 CreateProcess 函數後呼叫 GetThreadContext 函數，目的是獲取主執行緒 EIP 指令指標暫存器的值並儲存，然後呼叫 VirtualAllocEx 函數在目標處理程序中分配一塊讀取寫入可執行的記憶體空間（啟始位址 lpMemoryRemote）用於儲存我們設計的可執行程式 ShellCode，接下來可以呼叫 SetThreadContext 函數把 EIP 指向 lpMemoryRemote，最後呼叫 ResumeThread 函數恢復目標處理程序主執行緒的執行。

CreateProcessInjectDll.cpp 原始檔案的內容如下：

```
#include <windows.h>
#include "resource.h"

//函數宣告
INT_PTR CALLBACK DialogProc(HWND hwndDlg, UINT uMsg, WPARAM wParam, LPARAM
lParam);
BOOL CreateProcessAndInjectDll();

int WINAPI WinMain(HINSTANCE hInstance, HINSTANCE hPrevInstance, LPSTR
lpCmdLine, int nCmdShow)
```

```
{
    DialogBoxParam(hInstance, MAKEINTRESOURCE(IDD_MAIN), NULL, DialogProc,
NULL);
    return 0;
}

INT_PTR CALLBACK DialogProc(HWND hwndDlg, UINT uMsg, WPARAM wParam, LPARAM
lParam)
{
    switch (uMsg)
    {
    case WM_COMMAND:
        switch (LOWORD(wParam))
        {
        case IDC_BTN_CREATE:
            CreateProcessAndInjectDll();
            break;

        case IDCANCEL:
            EndDialog(hwndDlg, 0);
            break;
        }
        return TRUE;
    }

    return FALSE;
}

BOOL CreateProcessAndInjectDll()
{
    STARTUPINFO si = { sizeof(STARTUPINFO) };
    PROCESS_INFORMATION pi = { 0 };
    TCHAR szExePath[MAX_PATH] = TEXT("ThreeThousandYears.exe");
    TCHAR szDllPath[MAX_PATH] = TEXT("MessageBoxDll.dll");
    BOOL bRet;

    //29 位元組的機器指令和 MAX_PATH * sizeof(TCHAR) 位元組要注入的 DLL 的名稱
    BYTE ShellCode[29 + MAX_PATH * sizeof(TCHAR)] =
    {
        0x60,                        //pushad
```

```
        0x9C,                         //pushfd
        0x68,0xAA,0xBB,0xCC,0xDD,        //push [0xDDCCBBAA](0xDDCCBBAA 是目標處
                                          理程序中要注入的 DLL 的名稱)
        0xFF,0x15,0xDD,0xCC,0xBB,0xAA,  //call [0xDDCCBBAA](0xDDCCBBAA 是
                                          LoadLibraryW 函數的位址)
        0x9D,                            //popfd
        0x61,                            //popad
        0xFF,0x25,0xAA,0xBB,0xCC,0xDD,  //jmp [0xDDCCBBAA](0xDDCCBBAA 為目標處
                                          理程序原進入點)
        0xAA,0xAA,0xAA,0xAA,          // 儲存 loadlibraryW 函數位址的 4 位元組資料區域
        0xAA,0xAA,0xAA,0xAA,          // 儲存目標處理程序原進入點位址的 4 位元組資料區域
        0,                            // 後面是儲存要注入的動態連結程式庫名稱的資料區域
    };

    // 以暫停模式建立一個處理程序
    bRet = CreateProcess(szExePath, NULL, NULL, NULL, FALSE, CREATE_
SUSPENDED, NULL, NULL, &si, &pi);
    if (!bRet)
        return FALSE;

    // 獲取目標處理程序主執行緒環境(EIP)
    CONTEXT context;
    context.ContextFlags = CONTEXT_FULL;
    if (!GetThreadContext(pi.hThread, &context))
        return FALSE;

    // 獲得 LoadLibraryW 函數的位址
    DWORD dwLoadLibraryWAddr = (DWORD)GetProcAddress(GetModuleHandle(TEXT
("kernel32.dll")), "LoadLibraryW");
    if (!dwLoadLibraryWAddr)
        return FALSE;

    // 在目標處理程序中分配記憶體，儲存 ShellCode
    LPVOID lpMemoryRemote = VirtualAllocEx(pi.hProcess, NULL, 29 + MAX_PATH *
sizeof(TCHAR), MEM_RESERVE | MEM_COMMIT, PAGE_EXECUTE_READWRITE);
    if (!lpMemoryRemote)
        return FALSE;

    //push [0xDDCCBBAA](0xDDCCBBAA 是目標處理程序中要注入的 DLL 的名稱) 偏移
      ShellCode + 3
```

```
    *(DWORD*)(ShellCode + 3) = (DWORD)lpMemoryRemote + 29;

    //call [0xDDCCBBAA](0xDDCCBBAA 是 LoadLibraryW 函數的位址）偏移 ShellCode + 9
    *(DWORD*)(ShellCode + 9) = (DWORD)lpMemoryRemote + 21;

    //jmp [0xDDCCBBAA](0xDDCCBBAA 為目標處理程序原進入點）偏移 ShellCode + 17
    *(DWORD*)(ShellCode + 17) = (DWORD)lpMemoryRemote + 25;

    // 儲存 loadlibraryW 函數位址的 4 位元組資料區域          偏移 ShellCode + 21
    *(DWORD*)(ShellCode + 21) = dwLoadLibraryWAddr;

    // 儲存目標處理程序原進入點位址的 4 位元組資料區域          偏移 ShellCode + 25
    *(DWORD*)(ShellCode + 25) = context.Eip;

    // 後面是儲存要注入的動態連結程式庫名稱的資料區域           偏移 ShellCode + 29
    memcpy_s(ShellCode + 29, MAX_PATH * sizeof(TCHAR), szDllPath,
sizeof(szDllPath));

    // 把 shellcode 寫入目標處理程序
    if (!WriteProcessMemory(pi.hProcess, lpMemoryRemote, ShellCode,
        29 + MAX_PATH * sizeof(TCHAR), NULL))
        return FALSE;

    // 修改目標處理程序的 EIP，執行被注入的程式
    context.Eip = (DWORD)lpMemoryRemote;
    if (!SetThreadContext(pi.hThread, &context))
        return FALSE;

    // 恢復目標處理程序的執行
    ResumeThread(pi.hThread);

    CloseHandle(pi.hThread);
    CloseHandle(pi.hProcess);
    return TRUE;
}
```

ShellCode 位元組陣列中的粗體部分資料是暫時的佔位元資料，後期需要更改為具體的可用資料。

6.6.5 透過偵錯器寫入 ShellCode 注入 DLL

要想偵錯一個程式，在呼叫 CreateProcess 函數建立子處理程序時只需將 dwCreationFlags 參數指定為 DEBUG_PROCESS 或 DEBUG_ONLY_THIS_PROCESS 標識即可。在載入一個被偵錯處理程序時，會在被偵錯處理程序的主執行緒尚未執行任何程式前自動通知偵錯器（CREATE_PROCESS_DEBUG_EVENT），這時偵錯器可以將一些可執行程式注入被偵錯處理程序的位址空間中，儲存被偵錯處理程序的 CONTEXT 執行緒環境，修改 EIP 指向我們注入的程式以執行，最後恢復被偵錯處理程序原來的 CONTEXT 繼續執行，整個過程對於被偵錯的處理程序而言好像沒有發生任何事情。

6.6.6 透過 APC 個人電腦機制注入 DLL

Windows 為每個執行緒維護一個 APC 佇列，可以透過呼叫 QueueUserAPC 函數將一個使用者模式 APC 物件增加到指定執行緒的 APC 佇列。參考 CreateRemoteThread 遠端執行緒注入 DLL 的原理，可以把 QueueUserAPC 函數的 APC 回呼函數指標設定為 LoadLibraryA / LoadLibraryW 函數的位址，把傳遞給 APC 回呼函數的參數設定為欲載入到目標執行緒中的 DLL 的路徑，這樣一來目標執行緒在執行 APC 的時候就會呼叫 LoadLibraryA / LoadLibraryW 函數載入指定的 DLL。

無法確定目標處理程序中哪個執行緒處於可通知的等候狀態，為了確保成功執行插入 APC，可以向目標處理程序的每個執行緒都注入該 APC。本節的範例程式與透過 CreateRemoteThread 遠端執行緒注入 DLL 的例子類似，參見 Chapter6\APCInjectApp 專案。

6.6.7 透過輸入法機制注入 DLL

使用者切換輸入法時，輸入法管理器會載入所選擇輸入法對應的 .ime 檔案到當前活動處理程序中以使用新選擇的輸入法，.ime 檔案實際上就是一個 DLL 檔案。可以自己建立一個輸入法 .ime 檔案，透過輸入法管理器提供的 API 函數載入自己的 .ime 檔案（相當於使用者選擇了輸入法），在該 .ime 檔案的 DllMain 函數的 DLL_PROCESS_ATTACH 中呼叫 LoadLibrary 函數載入需要注入的 DLL。

輸入法編輯器（Input Method Editors，IME）是 Microsoft 提供的一套輸入法程式設計規範。依照這套規範，開發人員不需要處理太多與輸入法特性相關的操作，例如游標跟隨、輸入捕捉以及字碼轉換後輸出到使用中視窗等，程式設計師只需要使用輸入法管理器 IMM32.dll 提供的 API 函數實作 IME 規範規定必須匯出的相關 API 即可。

筆者使用的是搜狗拼音輸入法，透過 PEInfo 程式（PE 檔案格式深入剖析一章提供的範例程式）開啟 C:\Windows\system32\SogouPy.ime 檔案，可以看到匯出了下列 15 個 API 函數，如圖 6.21 所示。

這裡不是完整地介紹輸入法程式設計，目的僅是透過輸入法機制來注入 DLL，因此我們自己的輸入法 .ime 檔案不需要實作上述 API，只需要在 DllMain 函數的 DLL_PROCESS_ATTACH 中呼叫 LoadLibrary 函數載入需要注入的 DLL 即可。

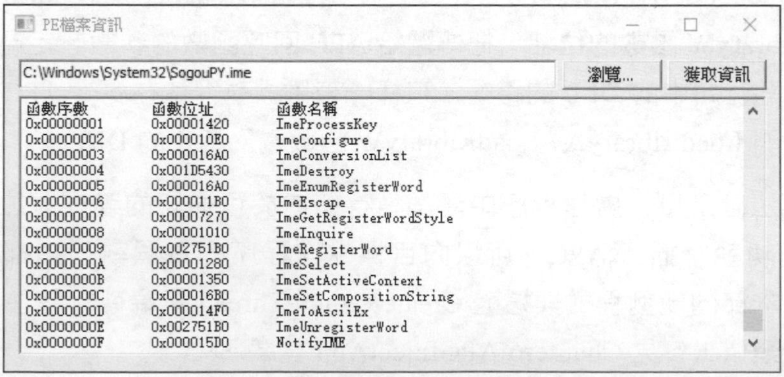

PE檔案資訊

C:\Windows\System32\SogouPY.ime　瀏覽...　獲取資訊

函數序數	函數位址	函數名稱
0x00000001	0x00001420	ImeProcessKey
0x00000002	0x000010E0	ImeConfigure
0x00000003	0x000016A0	ImeConversionList
0x00000004	0x001D5430	ImeDestroy
0x00000005	0x000016A0	ImeEnumRegisterWord
0x00000006	0x000011B0	ImeEscape
0x00000007	0x00007270	ImeGetRegisterWordStyle
0x00000008	0x00001010	ImeInquire
0x00000009	0x002751B0	ImeRegisterWord
0x0000000A	0x00001280	ImeSelect
0x0000000B	0x00001350	ImeSetActiveContext
0x0000000C	0x000016B0	ImeSetCompositionString
0x0000000D	0x000014F0	ImeToAsciiEx
0x0000000E	0x002751B0	ImeUnregisterWord
0x0000000F	0x000015D0	NotifyIME

▲ 圖 6.21

透過輸入法機制注入 DLL 需要 3 個專案，自己的輸入法 MyIME.ime、需要注入的 MyIMETestDll.dll 和可執行程式 MyIMEInstaller.exe（負責安裝、移除和清理自己的輸入法）。為了易於管理，編譯後這 3 個檔案應該放在同一個目錄中。

MyIMEInstaller 程式執行的效果如圖 6.22 所示。

▲ 圖 6.22

在 MyIME.ime 的 DllMain 函數的 DLL_PROCESS_ATTACH 中需要呼叫 LoadLibrary 函數載入需要注入的 MyIMETestDll.dll，筆者把注入 DLL 的路徑寫入記憶體映射檔案中，以下是 MyIMEInstaller 程式在初始化時需要做的工作：

```
case WM_INITDIALOG:
   g_hwndDlg = hwndDlg;

   // 同目錄下注入 dll 的完整路徑
   GetModuleFileName(NULL, szInjectDllName, _countof(szInjectDllName));
   if (lpStr = _tcsrchr(szInjectDllName, TEXT('\\')))
       StringCchCopy(lpStr + 1, _tcslen(TEXT("MyIMETestDll.dll")) + 1,
TEXT("MyIMETestDll.dll"));

   // 建立一個命名檔案映射核心物件，4096 位元組，用於儲存注入 DLL 的完整路徑
   hFileMap = CreateFileMapping(INVALID_HANDLE_VALUE, NULL, PAGE_READWRITE,
       0, 4096, TEXT("DEAE59A6-F81B-4DC4-B375-68437206A1A4"));
   if (!hFileMap)
   {
       MessageBox(hwndDlg, TEXT("CreateFileMapping 呼叫失敗 "), TEXT(" 提示 "),
MB_OK);
       return TRUE;
   }

   // 把檔案映射物件 hFileMap 的全部內容映射到處理程序的虛擬位址空間中
   lpMemory = MapViewOfFile(hFileMap, FILE_MAP_READ | FILE_MAP_WRITE, 0, 0, 0);
   if (!lpMemory)
   {
       MessageBox(hwndDlg, TEXT("MapViewOfFile 呼叫失敗 "), TEXT(" 提示 "),
MB_OK);
       return TRUE;
   }
```

```
    // 複製注入 DLL 的完整路徑到記憶體映射檔案
    StringCchCopy((LPTSTR)lpMemory, MAX_PATH, szInjectDllName);
    return TRUE;
```

用於安裝輸入法的自訂函數 InstallMyIME 的程式如下所示：

```
VOID InstallMyIME()
{
    // 複製 .ime 檔案到系統目錄中
    CopyFile(TEXT("MyIME.ime"), TEXT("C:\\WINDOWS\\system32\\MyIME.ime"), FALSE);

    // 獲取當前預設輸入法的鍵盤配置控制碼（控制碼包括語言 ID 和物理佈局 ID），透過全域變
      數 g_hklDefault 傳回
    SystemParametersInfo(SPI_GETDEFAULTINPUTLANG, 0, &g_hklDefault, FALSE);

    // 安裝自己的輸入法
    g_hklMy = ImmInstallIME(TEXT("MyIME.ime"), TEXT(" 我的輸入法 "));
    StringCchPrintf(g_szKLID, _countof(g_szKLID), TEXT("%08X"), (DWORD)g_hklMy);

    // 如果自己的輸入法安裝成功
    if (ImmIsIME(g_hklMy))
    {
        // 載入自己的輸入法到系統中
        LoadKeyboardLayout(g_szKLID, KLF_ACTIVATE);
        // 投遞一筆 WM_INPUTLANGCHANGEREQUEST 訊息到前台視窗（模擬使用者選擇新的輸入法）
        PostMessage(GetForegroundWindow(), WM_INPUTLANGCHANGEREQUEST,
            INPUTLANGCHANGE_SYSCHARSET, (LPARAM)g_hklMy);
        // 設定為預設輸入法
        SystemParametersInfo(SPI_SETDEFAULTINPUTLANG, 0, &g_hklMy,
SPIF_SENDCHANGE);
        MessageBox(g_hwndDlg, TEXT(" 我的輸入法已經設定為預設輸入法 "), TEXT(" 提示 "),
 MB_OK);
    }
}
```

SystemParametersInfo 函數用於獲取或設定系統參數，可以選擇是否同時更新使用者設定檔並廣播 WM_SETTINGCHANGE 訊息到所有頂級視窗：

```
BOOL WINAPI SystemParametersInfo(
    _In_     UINT  uiAction,     // 要獲取或設定的系統參數
    _In_     UINT  uiParam,      // 輔助參數，其用法和格式取決於要獲取或設定的系統參數
    _Inout_  PVOID pvParam,      // 輔助參數，其用法和格式取決於要獲取或設定的系統參數
    _In_     UINT  fWinIni);     // 是否同時更新使用者設定檔並廣播 WM_SETTINGCHANGE 訊
                                    息到所有頂級視窗
```

- uiAction 參數指定為要獲取或設定的系統參數，包括桌面、圖示、輸入（鍵盤、滑鼠、輸入語言等）、選單、電源、螢幕保護程式、逾時、UI 效果、視窗和協助工具等類別，具體的系統參數很多，請讀者自行參考 MSDN。
- uiParam 和 pvParam 均是輔助參數，其用法和格式取決於要獲取或設定的系統參數。
- fWinIni 參數表示是否同時更新使用者設定檔並廣播 WM_SETTINGCHANGE 訊息到所有頂級視窗。如果設定為 SPIF_UPDATEINIFILE 表示將新的系統參數寫入使用者設定檔；如果設定為 SPIF_SENDCHANGE 表示將新的系統參數寫入使用者設定檔然後廣播 WM_SETTINGCHANGE 訊息到所有頂級視窗；如果不需要可以設定為 0。

ImmInstallIME 函數用於安裝輸入法，在安裝前必須將輸入法檔案 MyIME.ime 複製到系統目錄中，安裝自己的輸入法後會傳回一個鍵盤配置控制碼（也稱為輸入區域設定 ID）到全域變數 g_hklMy 中。這裡順便儲存了其字串形式到全域變數 g_szKLID 中，後面會用到。

LoadKeyboardLayout 函數用於載入自己的輸入法到系統中，但是如果呼叫處理程序沒有具有鍵盤焦點的視窗，那麼函數呼叫會失敗。為了保險起見，可以投遞一筆 WM_INPUTLANGCHANGEREQUEST 訊息到前台視窗（模擬使用者選擇新的輸入法）。

用於移除輸入法的自訂函數 UninstallMyIME 的程式如下：

```
VOID UninstallMyIME()
{
```

```
    // 先設定回原來的預設輸入法
    SystemParametersInfo(SPI_SETDEFAULTINPUTLANG, 0, &g_hklDefault,
SPIF_SENDCHANGE);

    // 移除自己的輸入法
    if (UnloadKeyboardLayout(g_hklMy))
        MessageBox(g_hwndDlg, TEXT("我的輸入法已經移除成功"), TEXT("提示"),
MB_OK);
}
```

當不再需要所安裝的輸入法的時候，應該進行清理。

安裝輸入法後，會建立一個 "HKEY_LOCAL_MACHINE\SYSTEM\ControlSet001\Control\Keyboard Layouts\ 鍵盤配置控制碼 (我這裡為 E0200804)" 子鍵，有圖 6.23 所示的鍵值項。

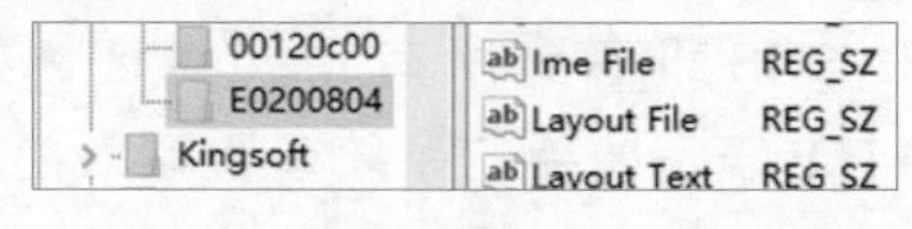

▲ 圖 6.23

同時會在 HKEY_CURRENT_USER\Keyboard Layout\Preload 子鍵下面建立圖 6.24 所示的鍵值項。

▲ 圖 6.24

另外，還要刪除系統目錄中的 MyIME.ime 檔案。用於清理輸入法的自訂函數 ClearMyIME 的程式如下：

```
VOID ClearMyIME()
{
    // 刪除 HKEY_LOCAL_MACHINE\SYSTEM\CurrentControlSet\Control\Keyboard
Layouts\E0200804 子鍵
    TCHAR szSubKey[MAX_PATH] = TEXT("SYSTEM\\CurrentControlSet\\Control\\
Keyboard Layouts\\");
    StringCchCat(szSubKey, _countof(szSubKey), g_szKLID);
```

```
    RegDeleteKey(HKEY_LOCAL_MACHINE, szSubKey);

    // 刪除 HKEY_CURRENT_USER\Keyboard Layout\Preload 下面鍵值為 "E0200804" 的鍵值項
    HKEY    hKey;
    LPCTSTR lpSubKey = TEXT("Keyboard Layout\\Preload");
    DWORD   dwIndex = 0;
    TCHAR   szValueName[16] = { 0 };
    DWORD   dwchValueName;
    TCHAR   szValueData[MAX_PATH] = { 0 };
    DWORD   dwcbValueData;
    LONG    lRet;

    RegOpenKeyEx(HKEY_CURRENT_USER, lpSubKey, 0, KEY_READ | KEY_WRITE, &hKey);
    while (TRUE)
    {
        dwchValueName = _countof(szValueName);
        dwcbValueData = sizeof(szValueData);
        lRet = RegEnumValue(hKey, dwIndex, szValueName, &dwchValueName, NULL,
NULL, (LPBYTE)szValueData, &dwcbValueData);
        if (lRet == ERROR_NO_MORE_ITEMS)
            break;

        if (_tcsicmp(g_szKLID, szValueData) == 0)
            RegDeleteValue(hKey, szValueName);

        dwIndex++;
    }

    // 刪除輸入法檔案
    if (!DeleteFile(TEXT("C:\\WINDOWS\\system32\\MyIME.ime")))
    {
        // 下次重新開機系統後刪除
        MoveFileEx(TEXT("C:\\WINDOWS\\system32\\MyIME.ime"), NULL, MOVEFILE_
DELAY_UNTIL_REBOOT);
        MessageBox(g_hwndDlg, TEXT(" 我的輸入法已清理完畢，重新啟動後刪除 .ime 檔案 "),
TEXT(" 提示 "), MB_OK);
    }
    else
    {
        MessageBox(g_hwndDlg, TEXT(" 我的輸入法已清理完畢 "), TEXT(" 提示 "), MB_OK);
```

```
    }
}
```

前面說過，我們的目的僅是透過輸入法機制來注入 DLL，自己的輸入法 .ime 檔案不需要實作任何 API，因此不需要標頭檔。MyIME.cpp 原始檔案的內容如下所示：

```
#include <Windows.h>
#include <tchar.h>
#include <strsafe.h>

BOOL APIENTRY DllMain(HMODULE hModule, DWORD ul_reason_for_call, LPVOID
lpReserved)
{
    static HANDLE  hFileMap;
    static LPVOID  lpMemory;
    static TCHAR   szInjectDllName[MAX_PATH] = { 0 };       // 注入 DLL 完整路徑
    static HMODULE hModuleInject;                            // 注入 DLL 模組控制碼

    switch (ul_reason_for_call)
    {
    case DLL_PROCESS_ATTACH:
        // 開啟命名檔案映射核心物件，從記憶體映射檔案中獲取注入 DLL 的完整路徑
        hFileMap = CreateFileMapping(INVALID_HANDLE_VALUE, NULL, PAGE_READWRITE,
            0, 4096, TEXT("DEAE59A6-F81B-4DC4-B375-68437206A1A4"));
        if (!hFileMap)
            return FALSE;

        // 把檔案映射物件 hFileMap 的全部內容映射到處理程序的虛擬位址空間中
        lpMemory = MapViewOfFile(hFileMap, FILE_MAP_READ | FILE_MAP_WRITE, 0,
0, 0);
        if (!lpMemory)
            return FALSE;

        // 獲取注入 DLL 的完整路徑
        StringCchCopy(szInjectDllName, _countof(szInjectDllName), (LPTSTR)
lpMemory);

        // 載入注入 DLL
```

```
        hModuleInject = LoadLibrary(szInjectDllName);
        break;

    case DLL_THREAD_ATTACH:
        break;

    case DLL_THREAD_DETACH:
        break;

    case DLL_PROCESS_DETACH:
        UnmapViewOfFile(lpMemory);
        CloseHandle(hFileMap);
        if (hModuleInject)
            FreeLibrary(hModuleInject);
        break;
    }

    return TRUE;
}
```

.ime 檔案必須增加一個版本資訊資源，其中 FILETYPE 設定為 VFT_DRV，FILESUBTYPE 設定為 VFT2_DRV_INPUTMETHOD，其他資訊則無關緊要，否則呼叫 ImmInstallIME 函數安裝輸入法時會失敗。

可以修改編譯得到的 DLL 副檔名為 .ime，或透過專案屬性→設定屬性→進階→目的檔案副檔名，設定為 .ime。

如果 MyIME.ime、MyIMETestDll.dll 和 MyIMEInstaller.exe 均編譯為 32 位元，並且作業系統為 64 位元，呼叫 CopyFile 函數複製輸入法檔案到 C:\Windows\System32，會被檔案系統重新導向，實際寫入 C:\Windows\SysWOW64 目錄中，因此自己的輸入法不能用於 64 位元程式。要想將自己的輸入法應用於 64 位元程式，還必須實作 64 位元版本的 MyIME.ime 和 MyIMETestDll.dll，將 64 位元版本的 MyIME.ime 複製到 C:\Windows\System32 目錄中。

在 WOW64 下執行的應用程式（32 位元程式執行在 64 位元 Windows 上）預設情況下會啟用檔案系統重新導向，要想將檔案寫入 C:\

Windows\System32 目錄中，需要關閉檔案系統的重新導向。

Wow64DisableWow64FsRedirection 函數用於禁用呼叫執行緒的檔案系統重新導向：

```
BOOL WINAPI Wow64DisableWow64FsRedirection(
    _Out_ PVOID* ppOldValue);
    // 一個指向 PVOID 類型變數的指標，傳回一些 WOW64 檔案系統重新導向資訊
```

ppOldValue 參數是一個指向 PVOID 類型變數的指標，函數會透過 *ppOldValue 傳回一些 WOW64 檔案系統重新導向資訊，重新啟用檔案系統重新導向的時候需要使用這些資訊，程式不需要關心更不能修改這些資訊。

禁用檔案系統重新導向會影響呼叫執行緒的所有檔案操作，因此在執行完所需的操作後應該立即重新啟用檔案系統重新導向。Wow64RevertWow64FsRedirection 函數用於恢復呼叫執行緒的檔案系統重新導向：

```
BOOL WINAPI Wow64RevertWow64FsRedirection(
    _In_  PVOID  pOlValue);
    //Wow64DisableWow64FsRedirection 函數傳回的 WOW64 檔案系統重新導向資訊
```

函數會同時釋放 Wow64DisableWow64FsRedirection 函數傳回的檔案系統重新導向資訊。

每次對 Wow64DisableWow64FsRedirection 函數的成功呼叫都必須具有對 Wow64RevertWow64FsRedirection 函數的匹配呼叫，這可以確保重新啟用重新導向並釋放相關的系統資源。例如下面的程式：

```
LPVOID pOldValue = NULL;

Wow64DisableWow64FsRedirection(&pOldValue);
// 檔案操作
//...
Wow64RevertWow64FsRedirection(pOldValue);
```

6.7 Shadow API 技術

在使用 OD 偵錯工具時，通常為 API 函數設定中斷點，比如使用者輸入的註冊碼無效，那麼程式可以呼叫 MessageBox 函數彈出一個註冊失敗的訊息方塊。我們可以為 MessageBoxA / MessageBoxW 函數設定中斷點，這樣一來程式會在系統彈出註冊失敗訊息方塊時中斷，然後我們可以按 F8 鍵單步執行，在程式執行完 MessageBox 函數的內部實作程式後，會傳回到程式中 call MessageBox 指令的下一行，這時候我們可以往上查詢關鍵程式。

加密解密的過程中會涉及 Shadow API 技術，該技術會使 API 函數中斷點故障。程式如下：

```
#include <windows.h>
#include "resource.h"

//函數宣告
INT_PTR CALLBACK DialogProc(HWND hwndDlg, UINT uMsg, WPARAM wParam, LPARAM
lParam);

int WINAPI WinMain(HINSTANCE hInstance, HINSTANCE hPrevInstance, LPSTR
lpCmdLine, int nCmdShow)
{
    DialogBoxParam(hInstance, MAKEINTRESOURCE(IDD_MAIN), NULL, DialogProc,
NULL);
    return 0;
}

INT_PTR CALLBACK DialogProc(HWND hwndDlg, UINT uMsg, WPARAM wParam, LPARAM
lParam)
{
    switch (uMsg)
    {
    case WM_COMMAND:
        switch (LOWORD(wParam))
        {
        case IDC_BTN_OK:
```

```
            MessageBox(hwndDlg, TEXT("內容"), TEXT("標題"), MB_OK);
            //實為 MessageBoxW
            break;

        case IDCANCEL:
            EndDialog(hwndDlg, 0);
            break;
        }
        return TRUE;
    }

    return FALSE;
}
```

程式執行效果如圖 6.25 所示。

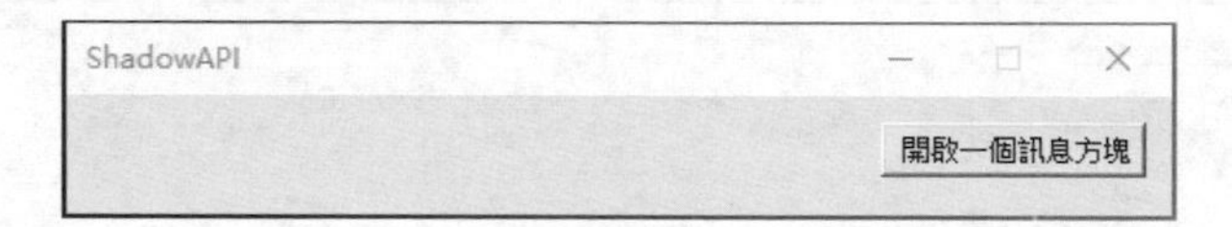

▲ 圖 6.25

當使用者點擊「開啟一個訊息方塊」按鈕時，程式會彈出一個訊息方塊（見圖 6.26）。

```
013B1000  $  55             push    ebp
013B1001  .  8BEC           mov     ebp, esp
013B1003  .  6A 00          push    0x0                          lParam = NULL
013B1005  .  68 20103B01    push    DialogProc                   DlgProc = ShadowAP.Dia
013B100A  .  6A 00          push    0x0                          hOwner = NULL
013B100C  .  6A 65          push    0x65                         pTemplate = 0x65
013B100E  .  FF75 08        push    dword ptr [ebp+0x8]          hInst
013B1011  .  FF15 08D13B01  call    dword ptr [<&USER32.DialogB  DialogBoxParamW
```

▲ 圖 6.26

把 ShadowAPI 程式編譯為 Release 版本，OD 載入 ShadowAPI.exe。

用滑鼠按右鍵反組譯視窗，然後選擇查詢→當前模組中的名稱（標籤）或按快速鍵 Ctrl + N，可以開啟一個函數名稱視窗。該視窗中列出了程式中用到的 API 函數名稱，輸入法切換到英文狀態，輸入 MessageBoxW，如圖 6.27 所示，可以發現程式中用到了 User32.dll 中的 MessageBoxW 函數。

013BD100	.rdata	輸入	USER32.MessageBoxW
013C10FA	.rdata	函數庫	_minfinity
013B12C5	.text	輸出	<ModuleEntryPoint>

▲ 圖 6.27

查看選單→ CPU，回到 CPU 視窗，用滑鼠按右鍵反組譯視窗，然後選擇轉到→運算式快速鍵 Ctrl + G，開啟輸入運算式對話方塊，輸入 MessageBoxW，點擊 "OK" 按鈕，導覽至 MessageBoxW 函數的程式實作處（見圖 6.28）。

7720DB70	8BFF	mov	edi, edi	
7720DB72	55	push	ebp	
7720DB73	8BEC	mov	ebp, esp	
7720DB75	6A FF	push	-0x1	
7720DB77	6A 00	push	0x0	
7720DB79	FF75 14	push	dword ptr [ebp+0x14]	
7720DB7C	FF75 10	push	dword ptr [ebp+0x10]	
7720DB7F	FF75 0C	push	dword ptr [ebp+0xC]	
7720DB82	FF75 08	push	dword ptr [ebp+0x8]	
7720DB85	E8 56FEFFFF	call	MessageBoxTimeoutW	call 7720D9E0
7720DB8A	5D	pop	ebp	
7720DB8B	C2 1000	retn	0x10	

▲ 圖 6.28

這就是 MessageBoxW 函數的完整實作程式（30 位元組），其中呼叫了 User32.MessageBoxTimeoutW 函數。注意這是在 Windows 10 系統中 MessageBoxW 函數的實作程式，在其他作業系統中該函數的具體實作有所不同。例如在 Windows 7 系統中 MessageBoxW 函數的實作程式如圖 6.29 所示。

76EAEA5F	8BFF	mov	edi, edi
76EAEA61	55	push	ebp
76EAEA62	8BEC	mov	ebp, esp
76EAEA64	833D 749AEB76 00	cmp	dword ptr [76EB9A74], 0
76EAEA6B	74 24	je	short 76EAEA91
76EAEA6D	64:A1 18000000	mov	eax, dword ptr fs:[18]
76EAEA73	6A 00	push	0
76EAEA75	FF70 24	push	dword ptr [eax+24]
76EAEA78	68 A49EEB76	push	76EB9EA4
76EAEA7D	FF15 3414E576	call	dword ptr [<&KERNEL32.InterlockedCompareExchange>]
76EAEA83	85C0	test	eax, eax
76EAEA85	75 0A	jnz	short 76EAEA91
76EAEA87	C705 A09EEB76 010	mov	dword ptr [76EB9EA0], 1
76EAEA91	6A 00	push	0
76EAEA93	FF75 14	push	dword ptr [ebp+14]
76EAEA96	FF75 10	push	dword ptr [ebp+10]
76EAEA99	FF75 0C	push	dword ptr [ebp+C]
76EAEA9C	FF75 08	push	dword ptr [ebp+8]
76EAEA9F	E8 49FFFFFF	call	MessageBoxExW
76EAEAA4	5D	pop	ebp
76EAEAA5	C2 1000	retn	10

▲ 圖 6.29

這裡以 Windows 10 為例介紹 Shadow API，我們可以透過呼叫 VirtualAlloc 函數申請一塊記憶體空間 pMessageBoxWNew，把 MessageBoxW 函數的實作程式複製到以 pMessageBoxWNew 為基底位址的記憶體空間中，在程式中需要呼叫 MessageBox 的地方呼叫 pMessageBoxWNew(hwndDlg, TEXT(" 內容 "), TEXT(" 標題 "), MB_OK);。

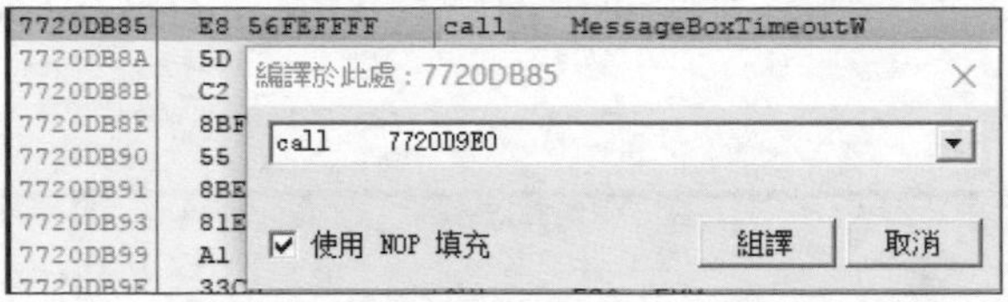

▲ 圖 6.30

如前所述，一個處理程序中用到的全域變數和 API 函數位址是一個絕對位址（相對於本處理程序）。如圖 6.30 所示，在反組譯視窗中按兩下 7720DB85 一行，可以發現 call MessageBoxTimeoutW 就是 call 7720D9E0，這一句反組譯程式的 Hex 資料為 E8 56FEFFFF，E8 表示 call 指令，0xFFFFFE56 實際上是一個相對位址，MessageBoxTimeoutW 函數的地

址是 0x7720D9E0，call MessageBoxTimeoutW 下一行的位址是 0x7720DB8A，0x7720D9E0 0x7720DB8A 等於 0xFFFFFE56。如果把 MessageBoxW 函數的實作程式複製到其他位址，需要更改 call 指令的相對位址 0xFFFFFE56。相對位址 0xFFFFFE56 的位址很容易確定，就是 MessageBoxW 函數起始位址偏移 22 的 DWORD 資料。接下來實作 ShadowMessageBoxW，ShadowAPI.cpp 原始檔案的內容如下：

```
#include <windows.h>
#include "resource.h"

// 函數宣告
INT_PTR CALLBACK DialogProc(HWND hwndDlg, UINT uMsg, WPARAM wParam, LPARAM
lParam);

int WINAPI WinMain(HINSTANCE hInstance, HINSTANCE hPrevInstance, LPSTR
```

```
lpCmdLine, int nCmdShow)
{
   DialogBoxParam(hInstance, MAKEINTRESOURCE(IDD_MAIN), NULL, DialogProc,
NULL);
   return 0;
}

INT_PTR CALLBACK DialogProc(HWND hwndDlg, UINT uMsg, WPARAM wParam, LPARAM
lParam)
{
   typedef int (WINAPI* pfnMessageBoxW)(HWND hWnd, LPCWSTR lpText, LPCWSTR
lpCaption, UINT uType);
   pfnMessageBoxW pMessageBoxW = NULL;
   static pfnMessageBoxW pMessageBoxWNew = NULL;  //分配記憶體空間儲存
                                                  MessageBoxW 函數機器碼
   BYTE bArr[30] = { 0 };                    //儲存 MessageBoxW 函數實作程式的緩衝區
   LPBYTE pMessageBoxTimeoutW = NULL;        //MessageBoxTimeoutW 函數的位址
   DWORD dwReplace;                          //MessageBoxTimeoutW 函數的相對位址

   switch (uMsg)
   {
   case WM_INITDIALOG:
      //獲取 MessageBoxW 函數的位址，並讀取函數資料
      pMessageBoxW = (pfnMessageBoxW)GetProcAddress(GetModuleHandle(TEXT
                  ("User32.dll")), "MessageBoxW");
      ReadProcessMemory(GetCurrentProcess(), pMessageBoxW, bArr,
sizeof(bArr), NULL);

      //分配記憶體空間儲存 MessageBoxW 函數，讀取寫入可執行
      pMessageBoxWNew = (pfnMessageBoxW)VirtualAlloc(NULL, sizeof(bArr),
MEM_ RESERVE | MEM_COMMIT, PAGE_EXECUTE_READWRITE);
      WriteProcessMemory(GetCurrentProcess(), pMessageBoxWNew, bArr,
sizeof(bArr), NULL);

      //獲取 MessageBoxTimeoutW 函數的位址
      pMessageBoxTimeoutW = (LPBYTE)GetProcAddress(GetModuleHandle(TEXT
("User32.dll")), "MessageBoxTimeoutW");

      //計算並修改相對位址，是 pMessageBoxWNew 函數偏移 22 的 DWORD 資料
      dwReplace = pMessageBoxTimeoutW - (LPBYTE)pMessageBoxWNew - 26;
```

```
    WriteProcessMemory(GetCurrentProcess(), (LPBYTE)pMessageBoxWNew + 22,
&dwReplace, 4, NULL);
    return TRUE;

  case WM_COMMAND:
    switch (LOWORD(wParam))
    {
    case IDC_BTN_OK:
   // 如果在偵錯器中對 MessageBoxW 函數設定了 int3 中斷點，有可能第 1 位元組被修改為 0xCC
      if (*(LPBYTE)pMessageBoxWNew == 0xCC)
        *(LPBYTE)pMessageBoxWNew = 0x8B;
      pMessageBoxWNew(hwndDlg, TEXT("內容"), TEXT("標題"), MB_OK);
      break;

    case IDCANCEL:
      EndDialog(hwndDlg, 0);
      break;
    }
    return TRUE;
  }

  return FALSE;
}
```

當使用者點擊「開啟一個訊息方塊」按鈕時，程式依然會彈出一個訊息方塊。OD 載入 ShadowAPI.exe，函數名稱視窗中已經沒有了 MessageBoxW 函數，在 OD 底部的命令視窗中輸入 bp MessageBoxW 然後按 Enter 鍵，表示在 MessageBoxW 函數起始位址處設定 int3 普通中斷點，然而我們按 F9 鍵執行程式，點擊「開啟一個訊息方塊」按鈕，程式並不會中斷下來，訊息方塊正常彈出（見圖 6.31）。Shadow API 技術可以極佳地實作程式反偵錯。

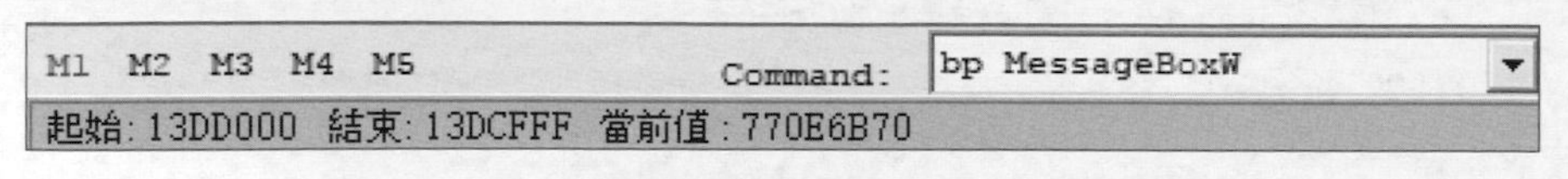

▲ 圖 6.31

關於 Shadow API 技術，應該針對不同的作業系統實作不同的開發方式，微軟已經不建議使用 GetVersionEx 函數判斷作業系統版本，如果需要判斷作業系統版本，則可以使用 Version Helper functions。

如前所述，E8 是 call 指令，後面加上一個相對位址；實際上 call 指令還可以是 FF15，這時後面加上一個絕對位址。還有其他可能的情況，如圖 6.32 所示。

```
0118108E  >  6A 00        push   0x0
01181090  .  68 241C1901  push   01191C24
01181095  .  68 2C1C1901  push   01191C2C
0118109A  .  51           push   ecx
0118109B     FFD0         call   eax          此处call的是MessageBoxW的Shadow
```

▲ 圖 6.32

關於 call 和 jmp 機器碼的幾種情況如表 6.5 所示（32 位元）。

表 6.5

機器碼	指令	含義
0xE8	call	後面的 4 位元組是相對地址
0xFF	call	後面加上一個暫存器
0xFF15	call	後面的 4 位元組是儲存位址的地址
0xE9	jmp	後面的 4 位元組是相對位址，遠跳
0xEB	jmp	後面的 2 位元組是相對位址，近跳
0xFF25	jmp	後面的 4 位元組是儲存位址的地址，遠跳

另外需要注意的是，x86、x64、IA-64 和其他 CPU 的 call、jmp 等指令的機器碼有所不同。

6.8 Hook API 技術

6.8.1 隨機數

隨機數是專門的隨機試驗的結果，在統計學的不同技術中需要使用隨機數，比如在從統計整體中取出具有代表性的樣本時，或在將實驗動物分配到不同的試驗群組中時，或在進行蒙地卡羅模擬法計算時等。產生隨機數有多種不同的方法，這些方法稱為隨機數發生器。隨機數最重要的特性是，它產生的下一個數與前面的數毫無關係。

根據密碼學原理，隨機數的隨機性檢驗可以分為 3 個標準。

（1）統計學偽隨機性：指在替定的隨機位元流樣本中，1 的數量大致等於 0 的數量，例如 "10"、"01"、"00"、"11" 四者數量大致相等，滿足這類要求的數字對人類來說「一眼看上去」是隨機的。

（2）密碼學安全偽隨機性：定義為根據隨機樣本的一部分和隨機演算法，不能有效地演算出隨機樣本的剩餘部分。

（3）真隨機性：定義為隨機樣本不可重現。實際上只要給定邊界條件，真隨機數並不存在，但是如果一個真隨機數樣本的邊界條件十分複雜且難以捕捉，那麼使用這個方法就可以演算出真隨機數。

隨機數也分為 3 類。

（1）虛擬隨機數：滿足第 1 個條件的隨機數。

（2）密碼學安全虛擬隨機數：同時滿足前 2 個條件的隨機數，透過密碼學安全虛擬隨機數生成器計算得出。

（3）真隨機數：同時滿足 3 個條件的隨機數。

在實際應用中通常使用虛擬隨機數就足夠了。這些數列是「似乎」隨機的數，實際上它們是透過一個固定的、可以重複的計算方法產生的。電腦或計算機產生的隨機數有很長的週期性，虛擬隨機數並不是真正的隨機，但是它們具有類似於隨機數的統計特徵，這樣的發生器叫作虛擬隨機數發生器。使用電腦產生真隨機數的方法是獲取 CPU 頻率與溫度的不確定性，以及統計一段時間的每次運算都會產生不同的值、系統時間的誤差以及音效卡的底噪等。

透過 C/C++ 執行函數庫函數 time、srand 和 rand 可以生成一個虛擬隨機數。rand 函數生成的隨機數的範圍為 0 ～ RAND_MAX(32767)。在呼叫 rand 函數前應該先呼叫 srand 函數設定虛擬隨機數生成器的起始種子值，即初始化虛擬隨機數生成器。srand 函數需要一個 unsigned int 類型的參數。如果在呼叫 rand 函數前沒有呼叫 srand 函數，相當於呼叫了 srand(1)。srand 函數的 unsigned int 類型的參數通常可以透過呼叫 time 函數來生成。time 函數用於獲取系統時間，該函數傳回自 1970 年 1 月 1 日午夜以來經過的秒數（協調世界時）。time 函數的傳回值可以直接用作 srand 函數的參數。這幾個函數的原型如下：

```
time_t time(time_t* destTime);
void srand(unsigned int seed);
int rand(void);
```

舉例來說，rand() % 100 得到的是 0 ～ 99 之間的隨機數，如果需要獲取 10 ～ 100 之間的隨機數可以這樣使用：rand() % 91 + 10。

為了進一步提高 rand 函數生成的虛擬隨機數的隨機性，隨時可以呼叫 srand 函數向虛擬隨機數生成器提供一個新的種子。但是下面的程式將生成 10 個完全相同的隨機數：

```
for (int i = 0; i < 10; i++)
{
    srand(time(NULL));
    _tprintf (TEXT("%d\n"), rand());
}
```

因為電腦執行速度太快，而 time 函數獲取到的系統時間以秒為單位，這相當於使用相同的種子值來生成虛擬隨機數，所以生成了 10 個完全相同的數值，這種情況下可以把 srand(time(NULL)); 放到迴圈本體外來避免這個問題。上面的程式每次迴圈都會使用相同的參數呼叫 srand 函數，所以將生成 10 個完全相同的隨機數。如前所述，srand 函數用於設定虛擬隨機數生成器的起始種子值，即初始化虛擬隨機數生成器，如果把 srand(time(NULL)); 放到迴圈本體外，相當於只初始化虛擬隨機數生成器一次，這樣一來就會根據上次生成的隨機數來生成下一個隨機數（下一次生成隨機數時自動更新種子值）。上面的程式如果不呼叫 srand 函數，也不會生成 10 個完全相同的數值，但是每次執行程式所產生的 10 個數是相同的序列。

使用相同的種子值會生成相同的隨機數，有時候可以利用這一特性，有時候應該避免。例如：

```
setlocale(LC_ALL, "chs");
srand(12345678);
_tprintf(TEXT("%d\n"), rand()); // 每次執行始終是 11188
srand(1);
_tprintf(TEXT("%d\n"), rand()); // 每次執行始終是 41
```

GetTickCount 函數用於獲取自系統啟動以來經過的毫秒數，精度更高一些，傳回值是一個 DWORD 類型，可以用於 srand 函數的參數，因此範例程式中在繪製紅色浮水印時用到了 srand(GetTickCount())。

Windows 也提供了生成隨機數的函數，相關函數包括 CryptAcquireContext、CryptGenRandom、CryptReleaseContext，感興趣的讀者請自行參考 MSDN。

6.8.2 透過遠端執行緒注入 DLL 實作 API Hook

很多加密視訊在播放過程中會顯示幾個顏色不同且位置不斷變化的浮動浮水印，因為智慧財產權問題，所以這裡不能以具體的加密視訊為例講解繪製文字的相關函數 Hook。我撰寫了一個類似程式 FloatingWaterMark，程式每隔 2 秒會把藍色浮水印（呼叫的 ExtTextOut）位置變化一下，每隔 5 秒會把紅色浮水印（呼叫的 DrawText）位置變化一下，之所以使用不同的函數繪製浮水印，是為了防止駭客 Hook 了一個

▲ 圖 6.33

API 函數後，其他浮水印可以正常浮動顯示。FloatingWaterMark 程式執行效果如圖 6.33 所示。

在對話方塊中，用到了一個影像靜態控制項（IDC_STATIC_BMP），增加了一個 BMP 影像資源（IDB_EAGLE）。增加影像靜態控制項只需要透過工具箱中的 Picture Control，增加後需要更改 ID 例如 IDC_STATIC_BMP，然後設定影像靜態控制項的 Type 為 Bitmap 類型，設定 Image 為 IDB_EAGLE 即可。完整程式請參考 Chapter6\FloatingWaterMark 專案。

現在以去掉藍色浮水印（呼叫的 ExtTextOut）為例講解相關基礎知識。首先設定 OD 的選項選單→偵錯設定，開啟偵錯選項對話方塊，開啟事件標籤，設定第一次暫停於 WinMain（若位置已知）。預設情況下暫停於系統中斷點，程式在編譯時會增加進一些額外的東西，而直接暫停於 WinMain 比較直觀，有利於我們進行分析。另外如果沒有特別說明，本書中使用的 OD 是看雪網站提供的 OllyDBG（或 OllyIce 中文版）。OD 載入 FloatingWaterMark 程式的 Release 版本，如圖 6.34 所示。

```
OllyICE - FloatingWaterMark.exe - [*G.P.U* - 主執行緒, 模組 - Floating]
檔案(F) 查看(V) 偵錯(D) 外掛程式(P) 選項(T) 視窗(W) 說明(H)
暫停                                   L E M T W H C / K B R

位址      HEX 資料          反組譯                                  註釋
001E1000 ┌$ 55             push  ebp
001E1001 │. 8BEC           mov   ebp, esp
001E1003 │. 6A 00          push  0x0                              ┌lParam = NULL
001E1005 │. 68 20101E00    push  DialogProc                       │DlgProc = Floating.Dia]
001E100A │. 6A 00          push  0x0                              │hOwner = NULL
001E100C │. 6A 65          push  0x65                             │pTemplate = 0x65
001E100E │. FF75 08        push  dword ptr [ebp+0x8]              │hInst
001E1011 │. FF15 40D11E00  call  dword ptr [<&USER32.Dialog       └DialogBoxParamW
001E1017 │. 33C0           xor   eax, eax
001E1019 │. 5D             pop   ebp
001E101A └. C2 1000        retn  0x10
```

▲ 圖 6.34

程式在 WinMain 函數的起始位址處 001E1000 中斷，這時 OD 右下角的堆疊視窗會出現 WinMain 函數的 4 個函數參數和傳回位址，在堆疊視窗第一行的傳回位址處可以看到：00B5F8B0 001E15D6/CALL 到 WinMain 來自 Floating.001E15D1，這說明 WinMain 函數在 001E15D1 位址處被呼叫，WinMain 函數執行完後的傳回位址是 001E15D6。OD 中使用的都是十六進位數值，書寫時為了簡單通常省略 0x 首碼。

這個反組譯視窗中的第 1 列是指令的位址，這個位址會隨著可執行程式主模組載入到的基底位址的不同而變化，但是一行指令與另一行指令的相對位置不會變化；第 2 列的 Hex 資料是該指令對應的十六進位機器碼；第 3 列是程式的反組譯程式；第 4 列是註釋，上圖中的註釋是 OD 軟體自動增加的，我們也可以用滑鼠按右鍵反組譯視窗，然後選擇註釋（快速鍵是 ;）為某一行增加註釋，在偵錯工具過程中，如果遇到了關鍵程式，可以增加一個註釋，以免下次 OD 重新載入時，忘記了該行指令的作用。

OD 是一個動態偵錯工具，將 IDA 與 SoftICE 結合起來，Ring 3 級偵錯器己代替 SoftICE 成為當今最為流行的偵錯解密工具，同時還支援外掛程式擴充功能，是目前最強大的偵錯工具。OD 的其他視窗如圖 6.35 所示。

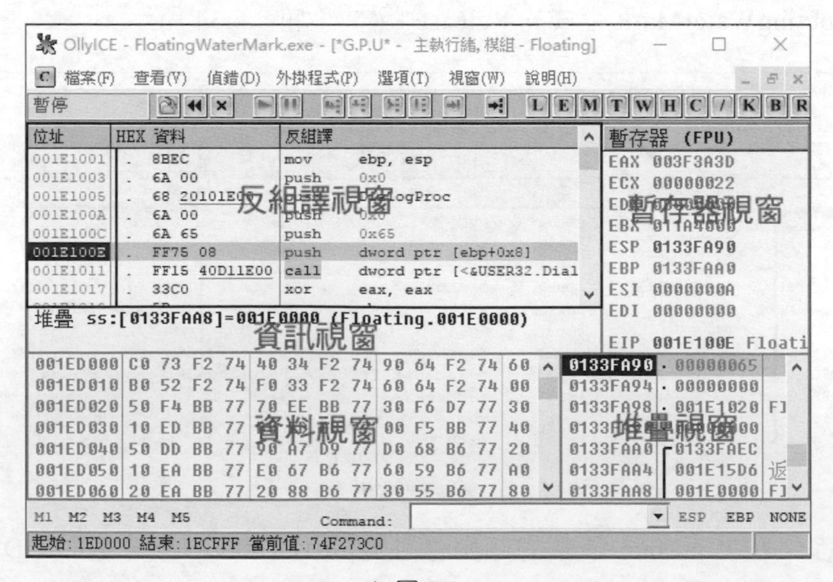

▲ 圖 6.35

（1）反組譯視窗用來顯示被偵錯工具的反組譯程式，用滑鼠按右鍵反組譯視窗，然後選擇介面選項→隱藏標題或顯示標題可以切換是否顯示標題列（位址、HEX 資料、反組譯、註釋），用滑鼠左鍵點擊註釋標籤可以切換註釋顯示的方式。

（2）暫存器視窗用來顯示當前執行緒的 CPU 暫存器內容，點擊標籤暫存器（FPU）可以切換顯示暫存器的方式（暫存器 FPU / 暫存器 MMX / 暫存器 3DNow）。

（3）資訊視窗用來顯示反組譯視窗中選中的或當前執行的指令的參數及跳躍目標位址、字串等。例如上圖中當程式 F8 單步到 001E100E 一行時，資料視窗中顯示：堆疊 ss:[0133FAA8]= 001E0000 (Floating.001E0000)，表示 [ebp + 0x8] 的堆疊位址是 0133FAA8，該位址處的值是 001E0000，可以透過堆疊視窗驗證這一點。

（4）資料視窗通常用來顯示 .data 資料段的資料，也可以顯示 .text 程式碼部分、.rdata 只讀取資料段、.rsrc 資源段、.reloc 重定位段的資料，開啟記憶體視窗→定位到相關區段→在 CPU 資料視窗中查看即可，用滑鼠按右鍵資料視窗可用於切換顯示方式。

（5）堆疊視窗用來顯示當前執行緒的堆疊（通常用於儲存函數的參數、傳回位址和區域變數）。

以上各個視窗的大小可以隨意拖拉調整。

OD 有一個外掛程式選單，選單中的外掛程式儲存在 OD 同目錄的 Plugin 目錄中，在該目錄中增加相關外掛程式 dll 就可以增加外掛程式，有時候我們確實需要外掛程式的幫助，但是外掛程式太多可能會發生衝突導致 OD 不穩定。OD 同目錄中還有一個 UDD 目錄，這個 UDD 目錄的作用是儲存偵錯的工作狀態，比如我們偵錯一個軟體，設定了中斷點，增加了註釋，但是這次沒有做完（分析、破解），這時 OD 就會把我們所做的工作儲存到這個 UDD 目錄中，以便在下次偵錯時可以繼續以前的工作。OD 同目錄中還有一個 ollydbg.ini 檔案，這個是 OD 的設定檔，很多軟體可能都需要 INI 設定檔，後面會有相關章節詳細介紹 INI 設定檔的使用。

除可以直接啟動 OD 來選擇程式進行偵錯外，例如透過檔案選單→開啟，或附加一個正在執行中的處理程序，或把程式拖入 OD，我們還可以把 OD 增加到資源管理器右鍵選單，這樣我們就可以直接在 .exe 及 .dll 檔案上用滑鼠按右鍵，然後選擇「用 OD 開啟」來進行偵錯。要把 OD 增加到資源管理器右鍵選單，可以點擊 OD 的選項選單→增加到資源管理器右鍵選單，開啟「增加到系統資源管理器」對話方塊，先點擊「增加 OD 到系統資源管理器選單」，再點擊「完成」按鈕即可。要從右鍵選單中將其刪除也很簡單，還是開啟「增加到系統資源管理器」對話方塊，點擊「從系統資源管理器選單刪除 OD」，再點擊「完成」按鈕即可。

選項選單下還有介面選項和偵錯設定選單，讀者可以自行查看。對於偵錯設定，目前還沒有學習到裡面選項的含義，因此暫時不能隨意修改。

對於工具列，每一個按鈕都對應著相關選單，這些工具列按鈕只不過是選單項的一種捷徑，方便使用。滑鼠移過在相關工具列按鈕上時，下方狀態列會顯示其功能，讀者可以一個一個測試。

要詳細講解 OD 的各個功能，需要佔用大量篇幅，因此其他功能在我們用到的時候再講解，現在讀者已經對 OD 有了大致的了解。下面介紹程式偵錯過程中常用的幾個快速鍵。

- F9：執行程式，如果沒有設定對應中斷點，則被偵錯的程式將直接開始執行。
- F8：單步步過，每按一次這個快速鍵僅執行一行指令，遇到 CALL 指令不會進入函數內部。
- F7：單步步入，功能與單步步過（F8）類似，區別是遇到 CALL 指令時會進入函數內部，進入後會停留在函數內部的第一行指令上。
- F2：設定普通中斷點（int3，0xCC），定位到相關指令行按 F2 鍵即可，設定 int3 中斷點後指令的位址會變為紅色，再按一次 F2 鍵則會刪除中斷點。注意，設定 int3 中斷點後，OD 中的反組譯程式表面上並沒有變化，但是實際上在記憶體中已經修改為 0xCC。

- F4：執行到選定位置，就是直接執行到選中的指令行所在位置處然後中斷。
- Ctrl + F9：執行到傳回，該命令在執行到一個 ret（傳回指令）指令時中斷，常用於從系統領空（系統 dll 模組的程式中）傳回到偵錯的程式領空（被偵錯工具的程式中）。
- Alt + F9：執行到使用者程式，可用於從系統領空快速傳回到偵錯工具的領空。

上述幾個快速鍵基本上能夠滿足一般的偵錯要求，設定好中斷點，找到感興趣的程式，然後按 F8 鍵或 F7 鍵來逐筆分析指令即可，以上快速鍵都在 OD 的偵錯選單項中。

要刪除藍色浮水印，最簡單直接的做法是修改 call ExtTextOutW 指令行前面幾個 push 指令，也就是修改 ExtTextOutW 的函數參數，例如修改字串開始位置的 *x*、*y* 座標為負數，或修改字串長度參數為 0 等。OD 載入 FloatingWaterMark 程式的 Release 版本，在命令列視窗中（OD 左下角的 Command 編輯方塊）輸入 bpx ExtTextOutW，按 Enter 鍵，導覽至模組間呼叫視窗，可以看到自動為 001E13CF call dword ptr [<&GDI32.ExtTextOutW>] 一行設定了普通中斷點，用滑鼠按右鍵該行，然後選擇反組譯視窗中跟隨，如圖 6.36 所示。

```
001E13BB  .  6A 00          push   0x0                        ┌pSpacing = NULL
001E13BD  .  2BCA           sub    ecx, edx                   │
001E13BF  .  8D45 EC        lea    eax, dword ptr [ebp-0x14]  │
001E13C2  .  D1F9           sar    ecx, 1                     │
001E13C4  .  51             push   ecx                        │StringSize
001E13C5  .  50             push   eax                        │String
001E13C6  .  6A 00          push   0x0                        │pRect = NULL
001E13C8  .  6A 00          push   0x0                        │Options = 0
001E13CA  .  FF75 BC        push   dword ptr [ebp-0x44]       │Y
001E13CD  .  56             push   esi                        │X
001E13CE  .  53             push   ebx                        │hDC
001E13CF  .  FF15 14D01E00  call   dword ptr [<&GDI32.ExtText └ExtTextOutW
001E13D5  >  FF75 B8        push   dword ptr [ebp-0x48]       ┌hObject; Default case
001E13D8  .  53             push   ebx                        │hDC
001E13D9  .  FF15 18D01E00  call   dword ptr [<&GDI32.SelectO └SelectObject
001E13DF  .  FF75 B4        push   dword ptr [ebp-0x4C]       ┌hObject
001E13E2  .  FF15 10D01E00  call   dword ptr [<&GDI32.DeleteO └DeleteObject
```

▲ 圖 6.36

「bpx 函數名稱」是在當前模組中「call 函數名稱」的位址處設定普通中斷點，還有一個「bp 函數名稱」，這個命令是在函數內部的第一行指令上設定普通中斷點，這兩者沒有優劣之分，需要根據實際情況選擇使用哪一個。在 OD 中關閉程式，就是工具列中的 × 按鈕，點擊 OD 的外掛程式選單→ CleanupEx → All(*.udd *.bak) →確定，可以清除 UDD 目錄中的所有 .udd 和 .bak 檔案。OD 重新載入 FloatingWaterMark 程式的 Release 版本，即工具列中的 << 按鈕，在命令列視窗中（OD 左下角的 Command 編輯方塊）輸入 bp ExtTextOutW，按 Enter 鍵，然後點擊工具列中的 B 按鈕開啟中斷點視窗，如圖 6.37 所示。

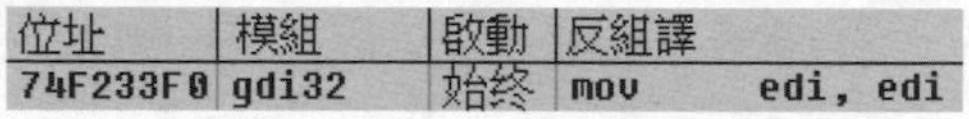

位址	模組	啟動	反組譯
74F233F0	gdi32	始終	mov edi, edi

▲ 圖 6.37

用滑鼠按右鍵該行，然後選擇反組譯視窗中跟隨，如圖 6.38 所示。

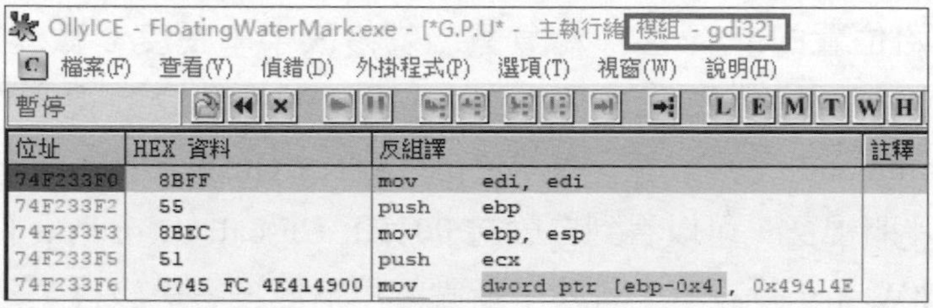

OllyICE - FloatingWaterMark.exe - [*G.P.U* - 主執行緒, 模組 - gdi32]

C 檔案(F) 查看(V) 偵錯(D) 外掛程式(P) 選項(T) 視窗(W) 說明(H)

暫停 L E M T W H

位址	HEX 資料	反組譯	註釋
74F233F0	8BFF	mov edi, edi	
74F233F2	55	push ebp	
74F233F3	8BEC	mov ebp, esp	
74F233F5	51	push ecx	
74F233F6	C745 FC 4E414900	mov dword ptr [ebp-0x4], 0x49414E	

▲ 圖 6.38

可以看到在 Gdi32.ExtTextOutW 函數的起始位址處設定了普通中斷點，這是 Gdi32.dll 系統領空，多數情況下我們並不想在系統領空徘徊（單步執行或其他工作），既然這裡設定了中斷點，可以按 F9 鍵執行，程式在 ExtTextOutW 函數的起始位址處中斷，堆疊視窗如見圖 6.39 所示。

```
006FDA04  75F23E20  ┌CALL 到 ExtTextOutW 来自 gdi32ful.75F23E1A
006FDA08  2001214D  │hDC = 2001214D
006FDA0C  00000000  │X = 0x0
006FDA10  00000000  │Y = 0x0
006FDA14  00001004  │Options = ETO_CLIPPED|1000
006FDA18  006FDA4C  │pRect = 006FDA4C {0.,0.,0.,0.}
006FDA1C  75E99B18  │String = " "
006FDA20  00000001  │StringSize = 0x1
006FDA24  006FDA48  └pSpacing = 006FDA48
```

▲ 圖 6.39

查看第 7 行的 String 字串，這並不是程式中定義的字串，繼續按 F9 鍵執行幾次，結果如圖 6.40 所示。

```
006FF32C  001E13D5  ┌CALL 到 ExtTextOutW 来自 Floating.001E13CF
006FF330  25011C64  │hDC = 25011C64
006FF334  00000187  │X = 187 (391.)
006FF338  000000D6  │Y = D6 (214.)
006FF33C  00000000  │Options = 0
006FF340  00000000  │pRect = NULL
006FF344  006FF394  │String = "用",BB,"    豪贤?
006FF348  00000006  │StringSize = 0x6
006FF34C  00000000  └pSpacing = NULL
```

▲ 圖 6.40

查看堆疊視窗中第 1 行的函數傳回位址和呼叫位址，可以發現這裡的 ExtTextOutW 函數呼叫來自我們的程式。選中並用滑鼠按右鍵第 7 行，然後選擇資料視窗中跟隨，用滑鼠按右鍵資料視窗，然後選擇 Hex → Hex/Unicode(16 位元)，如圖 6.41 所示。

```
006FF394  28 75 37 62 0D 54 1A FF  01 80 8B 73 00 00 00 00  用户名：老王..
006FF3A4  0B 8C E8 A1 D4 F3 6F 00  5B 2B 19 76 60 0D 51 00  谋■  o■瘩■Q
```

▲ 圖 6.41

這是程式中定義的字串。堆疊視窗中的第 1 行是 ExtTextOutW 函數的傳回位址，選中並用滑鼠按右鍵第 1 行，然後選擇反組譯視窗中跟隨，如圖 6.42 所示。

```
OllyICE - FloatingWaterMark.exe - [*G.P.U* - 主執行緒, 模組 - Floating]
檔案(F) 查看(V) 偵錯(D) 外掛程式(P) 選項(T) 視窗(W) 說明(H)
暫停

位址       HEX 資料              反組譯                                    註釋
001E13BB  .  6A 00          push    0x0                                  ┌pSpacing = NULL
001E13BD  .  2BCA           sub     ecx, edx                             │
001E13BF  .  8D45 EC        lea     eax, dword ptr [ebp-0x14]            │
001E13C2  .  D1F9           sar     ecx, 1                               │
001E13C4  .  51             push    ecx                                  │StringSize
001E13C5  .  50             push    eax                                  │String
001E13C6  .  6A 00          push    0x0                                  │pRect = NULL
001E13C8  .  6A 00          push    0x0                                  │Options = 0
001E13CA  .  FF75 BC        push    dword ptr [ebp-0x44]                 │Y
001E13CD  .  56             push    esi                                  │X
001E13CE  .  53             push    ebx                                  │hDC
001E13CF  .  FF15 14D01E00  call    dword ptr [<&GDI32.ExtTextOutW       └ExtTextOutW
001E13D5  > >FF75 B8        push    dword ptr [ebp-0x48]                 ┌hObject; Default c
001E13D8  .  53             push    ebx                                  │hDC
001E13D9  .  FF15 18D01E00  call    dword ptr [<&GDI32.SelectObjec       └SelectObject
```

▲ 圖 6.42

這是程式領空，001E13D5 是 call ExtTextOutW 後的傳回位址，透過這種方法很容易確定程式中 ExtTextOutW 函數呼叫的位置，使用者可以開啟中斷點視窗，用滑鼠按右鍵禁止或刪除無關中斷點，然後在 001E13BB 6A 00 push 0x0;/pSpacing = NULL 一行設定中斷點，然後按 F9 鍵執行程式以便偵錯。

OD 載入程式，可以把二進位的可執行檔反組譯為組合語言程式碼，這是反組譯引擎的功能，有時反組譯引擎可能分析得不是很好，例如組合語言程式碼看上去很雜亂、沒有註釋等，一種應對上述情況的辦法是用滑鼠按右鍵反組譯視窗，然後選擇分析→分析程式，另一種辦法是，用滑鼠按右鍵反組譯視窗，然後選擇分析→從模組中刪除分析，如果以上兩種方法均不奏效，可以重新開啟 OD 載入程式。

利用外掛程式刪除所有 .udd 檔案，重新載入程式，bpx ExtText OutW，按 Enter 鍵，自動開啟模組間呼叫視窗，可以看到 001E13CF call dword ptr [<&GDI32.ExtTextOutW>] 一行的位址一列變成了紅色，這說明對程式中 ExtTextOutW 函數的 call 呼叫已經設定了普通中斷點，用滑鼠按右鍵該行，然後選擇反組譯視窗中跟隨，導覽至 CPU 視窗（即包含反組譯視窗、暫存器視窗、資訊視窗、資料視窗和堆疊視窗的視窗），按兩下 001E13CF 這一指令行的機器碼一列處可以設定或刪除普通中斷點（相當於用滑鼠按右鍵反組譯視窗，然後選擇中斷點→切換，快速鍵 F2），刪除 001E13CF 一行的中斷點，然後在 001E13BB 一行設定中斷點，從該行開始，ExtTextOutW 函數呼叫的參數開始存入堆疊。如果沒有特別說明，設定中斷點均是指 int3 普通中斷點（CC 中斷點）。點擊工具列中的 << 按鈕重新載入程式，按 F9 鍵執行程式，中斷在圖 6.43 所示的介面。

可以看到第 2 行、第 4 行和第 5 行是為了計算字串長度並存入堆疊（ExtTextOutW 函數的倒數第 2 個字串長度參數），選中 001E13C2 一行，按兩下該行的反組譯一列（快速鍵 Space），彈出組合語言於此處對話方塊，可以在這裡修改反組譯程式，輸入 push 0，按 Enter 鍵，接著輸入

nop，按 Enter 鍵，然後點擊組合語言於此處對話方塊的「取消」按鈕。此時的反組譯程式如圖 6.44 所示。

```
001E13BB  .  6A 00           push   0x0                          ┌pSpacing = NULL
001E13BD  .  2BCA            sub    ecx, edx                     │
001E13BF  .  8D45 EC         lea    eax, dword ptr [ebp-0x14]    │
001E13C2  .  D1F9            sar    ecx, 1                       │
001E13C4  .  51              push   ecx                          │StringSize
001E13C5  .  50              push   eax                          │String
001E13C6  .  6A 00           push   0x0                          │pRect = NULL
001E13C8  .  6A 00           push   0x0                          │Options = 0
001E13CA  .  FF75 BC         push   dword ptr [ebp-0x44]         │Y
001E13CD  .  56              push   esi                          │X
001E13CE  .  53              push   ebx                          │hDC
001E13CF  .  FF15 14D01E00   call   dword ptr [<&GDI32.ExtText   └ExtTextOutW
001E13D5  >  FF75 B8         push   dword ptr [ebp-0x48]         ┌hObject; Default case c
001E13D8  .  53              push   ebx                          │hDC
001E13D9  .  FF15 18D01E00   call   dword ptr [<&GDI32.SelectO   └SelectObject
```

▲ 圖 6.43

```
001E13BB  .  6A 00           push   0x0                          ┌pSpacing = NULL
001E13BD  .  2BCA            sub    ecx, edx                     │
001E13BF  .  8D45 EC         lea    eax, dword ptr [ebp-0x14]    │
001E13C2     6A 00           push   0x0
001E13C4     90              nop
001E13C5  .  50              push   eax                          String
001E13C6  .  6A 00           push   0x0                          pRect = NULL
001E13C8  .  6A 00           push   0x0                          Options = 0
001E13CA  .  FF75 BC         push   dword ptr [ebp-0x44]         Y
001E13CD  .  56              push   esi                          X
001E13CE  .  53              push   ebx                          hDC
001E13CF  .  FF15 14D01E00   call   dword ptr [<&GDI32.ExtText   └ExtTextOutW
```

▲ 圖 6.44

點擊工具列中的 B 按鈕開啟中斷點視窗，選中 001E13BB 這一行並用滑鼠按右鍵，然後選擇禁止，也可以選中這一行並用滑鼠按右鍵，然後選擇刪除（Delete 鍵），但是有可能組合語言程式碼修改錯誤，這時需要重新載入程式，然後開啟中斷點視窗選中 001E13BB 這一行並用滑鼠按右鍵，然後選擇啟動，使該中斷點生效。禁止 001E13BB 指令行的中斷點後，按 F9 鍵執行程式，程式執行正常，藍色浮水印消失，程式破解成功。

選中修改過的兩行反組譯程式，如圖 6.45 所示。

用滑鼠按右鍵選中的兩行反組譯程式，然後選擇複製到可執行檔→所有修改→全部複製，彈出一個視窗，在該視窗中用滑鼠按右鍵，然後選擇儲存檔案，儲存檔案為 FloatingWaterMark_ 去藍色浮水印版 .exe，關閉 OD，按兩下執行破解後的檔案進行測試。有興趣的讀者可以自行嘗試刪除紅色浮水印。

001E13BB	. 6A 00	push	0x0	pSpacing = NULL
001E13BD	. 2BCA	sub	ecx, edx	
001E13BF	. 8D45 EC	lea	eax, dword ptr [ebp-0x14]	
001E13C2	6A 00	push	0x0	
001E13C4	90	nop		
001E13C5	. 50	push	eax	String
001E13C6	. 6A 00	push	0x0	pRect = NULL
001E13C8	. 6A 00	push	0x0	Options = 0
001E13CA	. FF75 BC	push	dword ptr [ebp-0x44]	Y
001E13CD	. 56	push	esi	X
001E13CE	. 53	push	ebx	hDC
001E13CF	. FF15 14D01E00	call	dword ptr [<&GDI32.ExtText	ExtTextOutW

▲ 圖 6.45

本節的主題是 Hook API（API 攔截）。攔截 API 的方法有很多，本節主要介紹透過覆蓋被攔截函數一部分程式的方式來攔截 API，其他方法在後面章節中介紹。我們可以修改被攔截函數起始位址處的一些位元組碼為 call 或 jmp 指令來跳躍到自己設計的自訂函數（可以稱之為代理函數），在自訂函數中進行一些處理，例如修改被攔截函數在堆疊中的參數，這相當於堆疊綁架，進行相關處理後可以繼續執行被攔截函數。假設攔截 Gdi32.ExtTextOutW 函數，這是系統 DLL 提供的 API 函數，對該函數的修改不會影響其他處理程序對該函數的呼叫。

如前所述，每個處理程序的位址空間互相隔離，程式不可能從 A 處理程序的某函數跳躍到 B 處理程序的某函數繼續執行。對於自訂函數，我們可以書寫組合語言程式碼，然後寫入目標處理程序，但是讀者可能並不熟悉組合語言；另外，當自訂函數執行完後，應該恢復執行被攔截函數起始位址處未修改的一些指令，然後繼續執行被攔截函數的剩餘部分。

這裡採取原始的手動方式達到攔截 FloatingWaterMark 程式中 ExtTextOutW 函數的目的，即透過建立遠端執行緒來注入 DLL 到 FloatingWaterMark 處理程序中，DLL 中儲存有自訂函數，在同一個處理程序的位址空間中從 ExtTextOutW 函數跳躍到自訂函數是合情合理的。有一個問題需要注意，執行完自訂函數，在跳躍回 ExtTextOutW 函數時，必須保證各暫存器的值和堆疊空間佈局與呼叫 ExtTextOutW 函數前完全一致，否則會導致程式崩潰。

用於注入 DLL 的 FWMApp 程式的程式與 RemoteApp 大致相同，FWMApp 程式執行效果如圖 6.46 所示。

▲ 圖 6.46

FWMApp.cpp 原始檔案的內容如下：

```
#include <windows.h>
#include <tchar.h>
#include "resource.h"

// 函數宣告
INT_PTR CALLBACK DialogProc(HWND hwndDlg, UINT uMsg, WPARAM wParam, LPARAM
lParam);
BOOL InjectDll();
BOOL EjectDll();

int WINAPI WinMain(HINSTANCE hInstance, HINSTANCE hPrevInstance, LPSTR
lpCmdLine, int nCmdShow)
{
   DialogBoxParam(hInstance, MAKEINTRESOURCE(IDD_MAIN), NULL, DialogProc,
NULL);
   return 0;
}

INT_PTR CALLBACK DialogProc(HWND hwndDlg, UINT uMsg, WPARAM wParam, LPARAM
lParam)
{
   switch (uMsg)
   {
   case WM_COMMAND:
      switch (LOWORD(wParam))
      {
```

```
        case IDC_BTN_INJECT:
            InjectDll();
            break;

        case IDC_BTN_EJECT:
            break;

        case IDCANCEL:
            EndDialog(hwndDlg, 0);
            break;
        }
        return TRUE;
    }

    return FALSE;
}

BOOL InjectDll()
{
    TCHAR szCommandLine[MAX_PATH] = TEXT("FloatingWaterMark.exe");
    STARTUPINFO si = { sizeof(STARTUPINFO) };
    PROCESS_INFORMATION pi = { 0 };

    LPCTSTR lpDllPath = TEXT("F:\\Source\\Windows\\Chapter6\\FWMDll\\Release\\
FWMDll.dll");
    LPTSTR lpDllPathRemote = NULL;
    HANDLE hThreadRemote = NULL;

    GetStartupInfo(&si);
    CreateProcess(NULL, szCommandLine, NULL, NULL, FALSE, CREATE_SUSPENDED,
NULL, NULL, &si, &pi);

    //1. 呼叫 VirtualAllocEx 函數在遠端處理程序的位址空間中分配一塊記憶體
    int cbDllPath = (_tcslen(lpDllPath) + 1) * sizeof(TCHAR);
    lpDllPathRemote = (LPTSTR)VirtualAllocEx(pi.hProcess, NULL, cbDllPath,
MEM_COMMIT, PAGE_READWRITE);
    if (!lpDllPathRemote)
        return FALSE;

    //2. 呼叫 WriteProcessMemory 函數把要注入的 DLL 的路徑複製到第 1 步分配的記憶體中
```

```
    if (!WriteProcessMemory(pi.hProcess, lpDllPathRemote, lpDllPath,
cbDllPath, NULL))
        return FALSE;

    //3. 呼叫 GetProcAddress 函數得到 LoadLibraryA / LoadLibraryW 函數 (Kernel32.
dll) 的實際位址
    PTHREAD_START_ROUTINE pfnThreadRtn = (PTHREAD_START_ROUTINE)
        GetProcAddress(GetModuleHandle(TEXT("Kernel32")), "LoadLibraryW");
    if (!pfnThreadRtn)
        return FALSE;

    //4. 呼叫 CreateRemoteThread 函數在遠端處理程序中建立一個執行緒
    hThreadRemote = CreateRemoteThread(pi.hProcess, NULL, 0, pfnThreadRtn,
lpDllPathRemote, 0, NULL);
    if (!hThreadRemote)
        return FALSE;

    WaitForSinglcObject(hThreadRemote, INFINITE);
    ResumeThread(pi.hThread);

    //5. 呼叫 VirtualFreeEx 函數釋放第 1 步分配的記憶體
    if (!lpDllPathRemote)
        VirtualFreeEx(pi.hProcess, lpDllPathRemote, 0, MEM_RELEASE);
    if (!pi.hThread)
        CloseHandle(pi.hThread);
    if (!pi.hProcess)
        CloseHandle(pi.hProcess);

    return TRUE;
}

BOOL EjectDll()
{
    return TRUE;
}
```

這裡沒有實作用於移除 FWMDll.dll 的自訂函數 EjectDll，有興趣的讀者可以自行實作。

FWMDll.dll 不需要匯出函數，因此不需要定義標頭檔，FWMDll.cpp

原始檔案的內容如下：

```
#include <Windows.h>
#include <tchar.h>

//全域變數
LPBYTE pExtTextOutW;

TCHAR szText1[] = TEXT("螢幕");
TCHAR szText2[] = TEXT("使用者名稱");
TCHAR szText3[] = TEXT("購買者");
TCHAR szTextReplace[] = TEXT("                                                    ");
LPTSTR lpStr;

VOID InterceptExtTextOutW(LPTSTR lpText);

BOOL APIENTRY DllMain(HMODULE hModule, DWORD ul_reason_for_call, LPVOID
lpReserved)
{
   BYTE bExtTextOutWCall[] = { 0xFF,  0x74,  0x24,  0x18,  0xE8,  0x00,
0x00,  0x00,  0x00,  0x90,  0x90,  0x90,  0x90 };
   DWORD dwOldProtect;

   switch (ul_reason_for_call)
   {
   case DLL_PROCESS_ATTACH:
      //獲取ExtTextOutW函數的位址
      pExtTextOutW = (LPBYTE)GetProcAddress(GetModuleHandle(TEXT("Gdi32.
dll")), "ExtTextOutW");
      *(LPINT)(bExtTextOutWCall + 5) = (INT)InterceptExtTextOutW - (INT)
pExtTextOutW - 0x9;
      //把ExtTextOutW函數起始處改為Call
      VirtualProtect(pExtTextOutW, 512, PAGE_EXECUTE_READWRITE, &dwOldProtect);
      WriteProcessMemory(GetCurrentProcess(), pExtTextOutW, bExtTextOutWCall,
sizeof(bExtTextOutWCall), NULL);
      VirtualProtect(pExtTextOutW, 512, dwOldProtect, &dwOldProtect);
      break;

   case DLL_THREAD_ATTACH:
   case DLL_THREAD_DETACH:
```

```
    case DLL_PROCESS_DETACH:
        break;
    }

    return TRUE;
}

VOID InterceptExtTextOutW(LPTSTR lpText)
{
    _asm
    {
        pushad
    }

    if ((lpStr = _tcsstr(lpText, szText1)) || (lpStr = _tcsstr(lpText,
szText2)) || (lpStr = _tcsstr(lpText, szText3)))
    {
        memcpy(lpStr, szTextReplace, _tcslen(lpStr) * sizeof(TCHAR));
    }

    _asm
    {
        popad
        // 修改 ExtTextOutW 函數時，有一個 push 和 call，導致 esp 減少了 8 位元組
        add esp, 8

        // 已經恢復各通用暫存器和堆疊空間佈局，開始執行原 ExtTextOutW 函數開頭的一些指
          令行
        mov edi, edi
        push ebp
        mov ebp, esp
        push ecx
        mov dword ptr[ebp - 0x4], 0x49414E

        // 跳躍到修改過的指令的下一行指令行繼續執行，即 ExtTextOutW + 0xD 位址處
        mov eax, pExtTextOutW
        add eax, 0xD
        jmp eax
    }
}
```

為了理解上述 DLL 程式和方便後面的 OD 偵錯，在 FloatingWater Mark.cpp 原始檔案的 WM_INITDIALOG 訊息處理中，在呼叫 SetTimer 建立兩個計時器前增加 Sleep(60000)；命令使 FloatingWaterMark 程式暫停 60 秒後再執行 SetTimer 繪製浮水印，重新編譯 FloatingWaterMark 程式為 Release 版本，複製到 Chapter6\FWMApp\Release 目錄中。

OD 載入 Chapter6\FWMApp\Release\FloatingWaterMark.exe，用滑鼠按右鍵反組譯視窗，然後選擇轉到→運算式或按快速鍵 Ctrl + G，開啟輸入要跟隨的運算式對話方塊，輸入 ExtTextOutW，按 Enter 鍵，如圖 6.47 所示。

OllyICE - FloatingWaterMark.exe - [*G.P.U* - 主執行緒, 模組 - gdi32]

C 檔案(F) 查看(V) 偵錯(D) 外掛程式(P) 選項(T) 視窗(W) 說明(H)

暫停 L E M T W H C / K B R

位址	HEX 資料	反組譯		註釋
74F233F0	8BFF	mov	edi, edi	
74F233F2	55	push	ebp	
74F233F3	8BEC	mov	ebp, esp	
74F233F5	51	push	ecx	
74F233F6	C745 FC 4E414900	mov	dword ptr [ebp-0x4], 0x4	
74F233FD	E8 34870000	call	74F2BB36	
74F23402	84C0	test	al, al	
74F23404	74 24	je	short 74F2342A	
74F23406	FF75 24	push	dword ptr [ebp+0x24]	
74F23409	FF75 20	push	dword ptr [ebp+0x20]	
74F2340C	FF75 1C	push	dword ptr [ebp+0x1C]	
74F2340F	FF75 18	push	dword ptr [ebp+0x18]	
74F23412	FF75 14	push	dword ptr [ebp+0x14]	
74F23415	FF75 10	push	dword ptr [ebp+0x10]	
74F23418	FF75 0C	push	dword ptr [ebp+0xC]	
74F2341B	FF75 08	push	dword ptr [ebp+0x8]	
74F2341E	FF15 FCD8F374	call	dword ptr [0x74F3D8FC]	gdi32ful.ExtTextOutWImpl
74F23424	8BE5	mov	esp, ebp	
74F23426	5D	pop	ebp	
74F23427	C2 2000	retn	0x20	

▲ 圖 6.47

ExtTextOutW 函數內部又呼叫了一個繪製文字的關鍵函數 Gdi32Ful. ExtTextOutWImpl，修改 74F23404（現在是 76F13404）一行的指令為 jmp 即可使繪製文字功能故障（見圖 6.48）。

把該行的第 1 位元組由 74 修改為 EB。無論 Gdi32.dll 每次載入到的基底位址是多少，ExtTextOutW 函數中被修改行與函數起始位址的偏移不會改變，按兩下第 1 行即 ExtTextOutW 函數起始位址處的位址一列，然後下面的每一行指令行的位址都會變為相對於函數起始位址處的偏移，被修改行的第一位元組碼的偏移為 0x14。

76F133F0	8BFF	mov	edi, edi	
76F133F2	55	push	ebp	
76F133F3	8BEC	mov	ebp, esp	
76F133F5	51	push	ecx	
76F133F6	C745 FC 4E41490	mov	dword ptr [ebp-0x4], 0x49	
76F133FD	E8 34870000	call	76F1BB36	
76F13402	84C0	test	al, al	
76F13404	EB 24	jmp	short 76F1342A	
76F13406	FF75 24	push	dword ptr [ebp+0x24]	
76F13409	FF75 20	push	dword ptr [ebp+0x20]	
76F1340C	FF75 1C	push	dword ptr [ebp+0x1C]	
76F1340F	FF75 18	push	dword ptr [ebp+0x18]	
76F13412	FF75 14	push	dword ptr [ebp+0x14]	
76F13415	FF75 10	push	dword ptr [ebp+0x10]	
76F13418	FF75 0C	push	dword ptr [ebp+0xC]	
76F1341B	FF75 08	push	dword ptr [ebp+0x8]	
76F1341E	FF15 FCD8F276	call	dword ptr [0x76F2D8FC]	gdi32ful.ExtTextOutWImpl
76F13424	8BE5	mov	esp, ebp	
76F13426	5D	pop	ebp	
76F13427	C2 2000	retn	0x20	
76F1342A	33C0	xor	eax, eax	
76F1342C	EB F6	jmp	short 76F13424	

▲ 圖 6.48

jmp 到 76F1342A 後，執行 xor eax, eax 指令，該指令的作用是將 eax 的值清零，執行 jmp short 76F13424 跳躍到 76F13424 這一行，執行堆疊清理，然後函數傳回。ExtTextOut 函數的傳回值為 BOOL 類型，傳回值透過 eax 暫存器傳回，eax 清零表示 ExtTextOut 函數執行失敗，因此我們應該修改 76F1342A 一行的 xor eax, eax 指令為兩個 nop，用滑鼠按右鍵 76F1342A 這一行，然後選擇二進位→用 NOP 填充即可。更簡單的方式是直接修改 ExtTextOut 函數第一行的指令為 ret 0x20，使函數直接傳回。為了方便找到 ExtTextOutW，可以在函數首部設定一個中斷點，然後開啟中斷點視窗禁用中斷點，按 F9 鍵執行程式，歌聲已經響起，我們點擊工具列中的 C 按鈕回到 CPU 視窗，60 秒後出現 FloatingWaterMark 程式介面。另外就本例而言，選中 ExtTextOutW 函數中所有修改過的組合語言程式碼→複製到可執行檔→所有修改→全部複製，在彈出的視窗中用滑鼠按右鍵，然後選擇儲存檔案，這種修改方法是不合理的。因為 Gdi32.dll 是系統 DLL 檔案，所以絕不可以修改。

另外，有時試圖簡單地去除浮水印可能會影響程式的其他功能，例如一些加密視訊每隔一段時間就會彈出一個答題對話方塊，只有回答正確，視訊才可以繼續播放（見圖 6.49）。

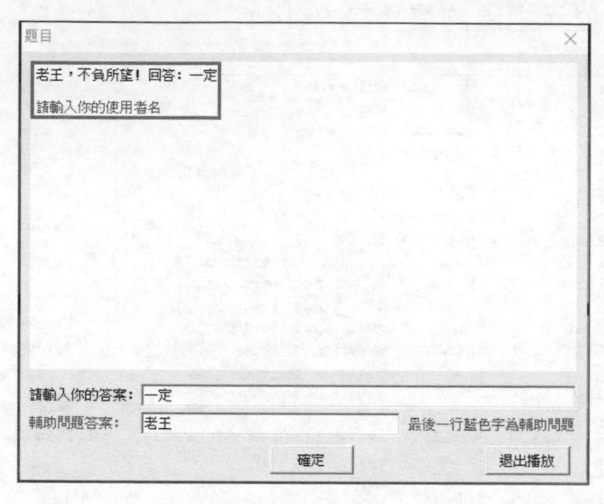

▲ 圖 6.49

圖 6.49 中的題目是透過文字繪製函數繪製出來的，如果修改文字繪製函數去除浮水印，則上面的題目內容就會消失（無法繪製出來），只有知道題目內容而且回答正確才可以繼續播放。當然，我們可以使這個答題對話方塊永遠不會彈出來，將會在後面介紹。

考慮到多方面的原因，我們刪除浮水印字串時應該謹慎操作。OD 載入 Chapter6\FWMApp\Release\FloatingWaterMark.exe，在反組譯視窗中按 Ctrl + G 複合鍵，輸入 ExtTextOutW，按 Enter 鍵，導覽至 ExtTextOutW 函數起始位址處，前提是需要確定輸入焦點在反組譯視窗中，如果輸入焦點正在資料視窗中時按下 Ctrl + G 複合鍵，則是在資料視窗中查詢。在 ExtTextOutW 函數首部設定中斷點，按 F9 鍵執行程式，要等待 60 秒程式介面才會出現，程式在 ExtTextOutW 函數首部中斷，此時堆疊視窗如圖 6.50 所示。

```
00CFDBC4  77703E20  ┌CALL 到 ExtTextOutW 来自 gdi32ful.77703E1A
00CFDBC8  CD012473  │hDC = CD012473
00CFDBCC  00000000  │X = 0x0
00CFDBD0  00000000  │Y = 0x0
00CFDBD4  00001004  │Options = ETO_CLIPPED|1000
00CFDBD8  00CFDC0C  │pRect = 00CFDC0C {0.,0.,0.,0.}
00CFDBDC  77679B18  │String = " "
00CFDBE0  00000001  │StringSize = 0x1
00CFDBE4  00CFDC08  └pSpacing = 00CFDC08
```

▲ 圖 6.50

透過堆疊視窗的第 1 行可以確定本次呼叫並不是源於 FloatingWater Mark 程式，透過 ExtTextOutW 函數的第 6 個字串參數也就是第 7 行可以確定這不是我們需要攔截的字串，我們要攔截的字串是「使用者名稱：老王」，繼續 F9 執行幾次，直到出現圖 6.51 所示的介面。

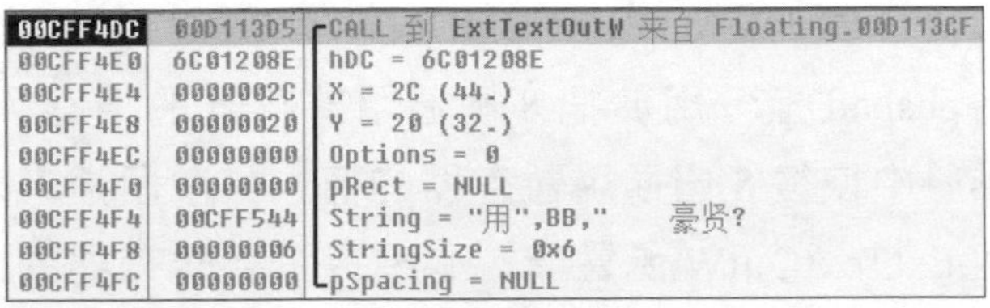

```
00CFF4DC  00D113D5  ┌CALL 到 ExtTextOutW 来自 Floating.00D113CF
00CFF4E0  6C01208E  │hDC = 6C01208E
00CFF4E4  0000002C  │X = 2C (44.)
00CFF4E8  00000020  │Y = 20 (32.)
00CFF4EC  00000000  │Options = 0
00CFF4F0  00000000  │pRect = NULL
00CFF4F4  00CFF544  │String = "用",BB,"     豪贤?
00CFF4F8  00000006  │StringSize = 0x6
00CFF4FC  00000000  └pSpacing = NULL
```

▲ 圖 6.51

選中並用滑鼠按右鍵第 7 行，然後選擇資料視窗中跟隨，按滑鼠右鍵資料視窗→ Hex → Hex/Unicode(16 位元)，可以看到「使用者名稱：老王」。

把這個字串參數傳遞到要注入的 DLL 的自訂函數中，堆疊視窗中第 1 行就是當前堆疊頂指標 ESP，如果不是，則可以在暫存器視窗中選中 ESP →堆疊視窗中跟隨，在堆疊視窗中選中第 1 行，按兩下第 1 列，第 1 列的數值變為相對於當前 ESP 暫存器值的偏移，可以看到 [esp + 0x18] 正是字串的位址，把 ExtTextOutW 函數的第一行改為 push dword ptr [esp + 0x18]，然後 call 到自訂函數，現在不知道自訂函數的位址，可以假設為 0x0FA910F0，繼續修改，輸入 call 0x0FA910F0（見圖 6.52）。

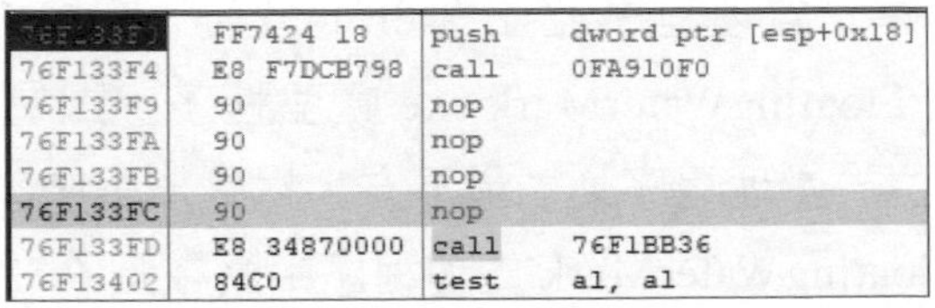

```
76F133EF  FF7424 18     push   dword ptr [esp+0x18]
76F133F4  E8 F7DCB798   call   0FA910F0
76F133F9  90            nop
76F133FA  90            nop
76F133FB  90            nop
76F133FC  90            nop
76F133FD  E8 34870000   call   76F1BB36
76F13402  84C0          test   al, al
```

▲ 圖 6.52

上面的 call 0FA910F0 指令行的 call 位元組碼是 0xE8，表示後面的 4 位元組是相對位址，現在需要結合 FWMDll.cpp 原始程式碼理解我們現在的操作。我們修改了 13 位元組的機器碼，call 位元組碼 0xE8 後面的 4 位元組的相對位址 = 自訂函數的位址 -call 指令下一行的位址，現在讀者應該能理解 FWMDll.cpp 中 DLL_PROCESS_ATTACH 通知的程式含義。ExtTextOutW 函數屬於 Gdi32.dll 中程式碼部分 .text 中的資料，程式碼部分通常是唯讀的，所以必須在修改前呼叫 VirtualProtect 函數修改記憶體分頁屬性為讀取寫入可執行，修改完以後再恢復原保護屬性。

再來看自訂函數 InterceptExtTextOutW，_asm{} 表示嵌入一段組合語言程式碼，pushad 指令用於把 8 個通用暫存器的值存入堆疊，popad 指令用於從堆疊中恢復 8 個通用暫存器的值。如前所述，執行完自訂函數，在跳躍回 ExtTextOutW 函數時，必須保證各暫存器的值和堆疊空間佈局與呼叫 ExtTextOutW 函數以前完全一致，否則程式會崩潰。

中間的 if 判斷用於確定傳遞過來的字串中是否以子字串「螢幕」或「使用者名稱」或「購買者」開頭，如果是，則將其填充為空格，_tcslen 函數獲取到的字元個數不包括字串結尾標識 0，因此 memcpy 函數呼叫不會破壞原字串的字串結尾標識 0，空格字串 szTextReplace 應該定義的長一些，以免不夠覆蓋。要判斷「螢幕」或「購買者」的原因是部分加密視訊中包含以這些字串開頭的浮水印，本程式僅是範例，讀者可以根據需要自行設定。

按兩下執行 Chapter6\FWMApp\Release\FWMApp.exe，點擊「建立處理程序並注入 dll」按鈕，等待 60 秒 FloatingWaterMark 程式介面出現後，程式崩潰。

再次點擊「建立處理程序並注入 dll」按鈕，開啟 OD，點擊檔案選單→附加，找到 FloatingWaterMark.exe 處理程序。因為該處理程序剛剛啟動，所以通常位於處理程序列表最下方，找到後選中該處理程序，點擊「附加」按鈕，FloatingWaterMark 處理程序中斷在圖 6.53 所示的介面。

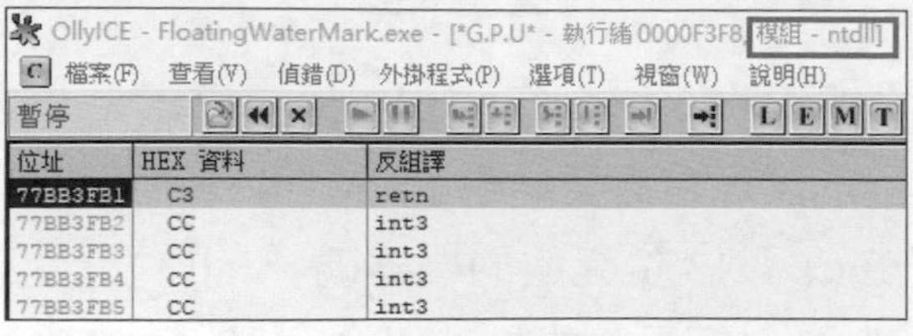

▲ 圖 6.53

按 Ctrl + G 複合鍵，輸入 ExtTextOutW，在 ExtTextOutW 函數首部設定中斷點，按 F9 鍵執行程式，如圖 6.54 所示。

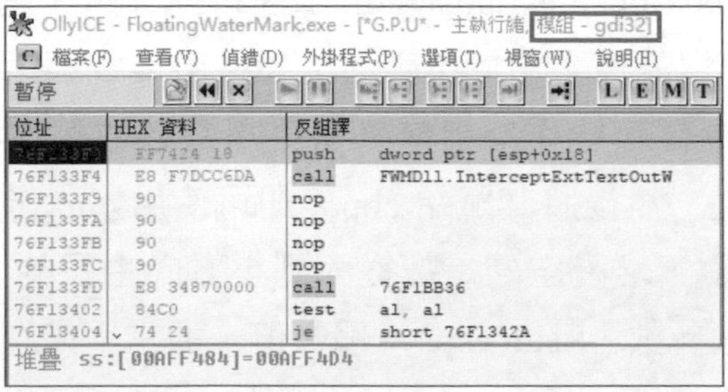

```
OllyICE - FloatingWaterMark.exe - [*G.P.U* - 主執行緒, 模組 - gdi32]
C 檔案(F) 查看(V) 偵錯(D) 外掛程式(P) 選項(T) 視窗(W) 說明(H)
暫停                                                L E M T
位址       HEX 資料          反組譯
76F133F0   FF7424 18        push    dword ptr [esp+0x18]
76F133F4   E8 F7DCC6DA      call    FWMDll.InterceptExtTextOutW
76F133F9   90               nop
76F133FA   90               nop
76F133FB   90               nop
76F133FC   90               nop
76F133FD   E8 34870000      call    76F1BB36
76F13402   84C0             test    al, al
76F13404 ⌄ 74 24            je      short 76F1342A
堆疊 ss:[00AFF484]=00AFF4D4
```

▲ 圖 6.54

可以發現注入的 DLL 對 ExtTextOutW 函數的修改很成功。用滑鼠按右鍵資訊視窗中的「資料視窗中跟隨數值」，在資料視窗中可以看到「使用者名稱：老王」。另外，此時的堆疊視窗如圖 6.55 所示。

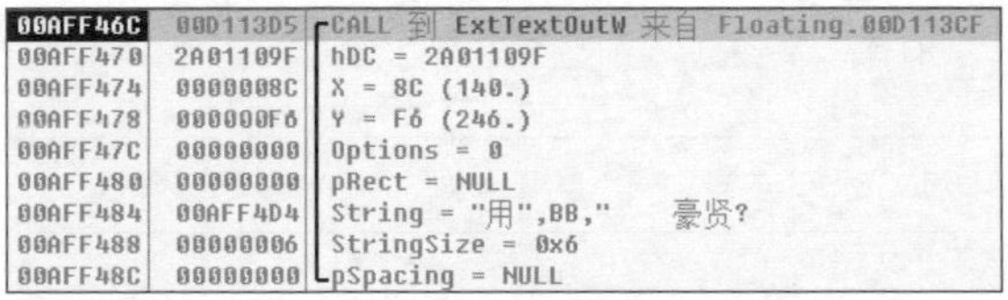

```
00AFF46C  00D113D5  ┌CALL 到 ExtTextOutW 来自 Floating.00D113CF
00AFF470  2A01109F  │hDC = 2A01109F
00AFF474  0000008C  │X = 8C (140.)
00AFF478  000000F6  │Y = F6 (246.)
00AFF47C  00000000  │Options = 0
00AFF480  00000000  │pRect = NULL
00AFF484  00AFF4D4  │String = "用",BB,"    豪贤?
00AFF488  00000006  │StringSize = 0x6
00AFF48C  00000000  └pSpacing = NULL
```

▲ 圖 6.55

由此推斷問題出在自訂函數 InterceptExtText OutW 上，接下來按 F7 鍵單步，進入該函數內部（見圖 6.56）。

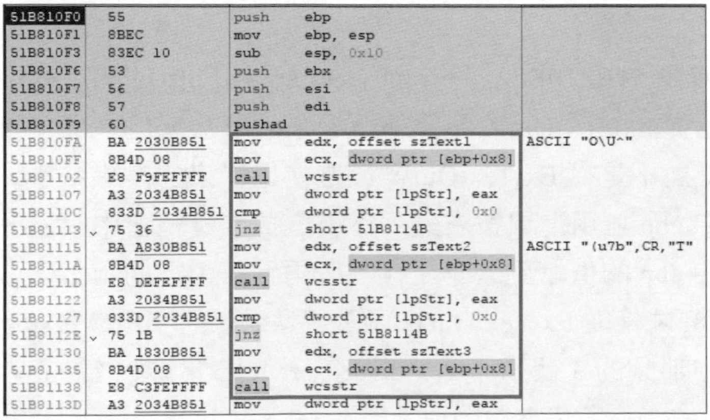

```
51B810F0   55              push    ebp
51B810F1   8BEC            mov     ebp, esp
51B810F3   83EC 10         sub     esp, 0x10
51B810F6   53              push    ebx
51B810F7   56              push    esi
51B810F8   57              push    edi
51B810F9   60              pushad
51B810FA   BA 2030B851     mov     edx, offset szText1                ASCII "O\U^"
51B810FF   8B4D 08         mov     ecx, dword ptr [ebp+0x8]
51B81102   E8 F9FEFFFF     call    wcsstr
51B81107   A3 2034B851     mov     dword ptr [lpStr], eax
51B8110C   833D 2034B851   cmp     dword ptr [lpStr], 0x0
51B81113 ⌄ 75 36           jnz     short 51B8114B
51B81115   BA A830B851     mov     edx, offset szText2                ASCII "(u7b",CR,"T"
51B8111A   8B4D 08         mov     ecx, dword ptr [ebp+0x8]
51B8111D   E8 DEFEFFFF     call    wcsstr
51B81122   A3 2034B851     mov     dword ptr [lpStr], eax
51B81127   833D 2034B851   cmp     dword ptr [lpStr], 0x0
51B8112E ⌄ 75 1B           jnz     short 51B8114B
51B81130   BA 1830B851     mov     edx, offset szText3
51B81135   8B4D 08         mov     ecx, dword ptr [ebp+0x8]
51B81138   E8 C3FEFFFF     call    wcsstr
51B8113D   A3 2034B851     mov     dword ptr [lpStr], eax
```

▲ 圖 6.56

先看前面被選中的 7 行，一個函數在執行前基本上都會先 push ebp;mov ebp,esp;，而 sub esp, 0x10 通常是為函數內部的區域變數開闢空間，之後是 push ebx;push esi;push edi; 這 3 行儲存這 3 個暫存器的值。如前所述，esp 暫存器的值會由於不斷壓堆疊移出堆疊經常發生變化，因此函數內部使用 ebp 暫存器作為指標來引用函數參數和區域變數，首先把 ebp 的值存入堆疊，然後將其賦給 ebp，即可使用 ebp 作為指標來引用函數參數和區域變數，堆疊空間是按從大到小方向生長的，因此 [ebp + 一個數值] 表示函數參數，「sub esp, 一個數值」通常用來在堆疊中為函數內部的區域變數開闢空間，因此 [ebp – 一個數值] 表示函數的區域變數。編譯器為了提高程式的執行速度，編譯時會有所最佳化，有時候會使用暫存器儲存函數參數或區域變數。

我們的初衷是先執行 pushad 指令，所以需要修改上圖中的選中部分，把 pushad 指令放在第一行，用滑鼠按右鍵選中部分，然後選擇二進位→二進位複製

```
55 8B EC 83 EC 10 53 56 57 60
```

修改為

```
60 55 8B EC 83 EC 10 53 56 57
```

然後用滑鼠按右鍵選中部分，再選擇二進位→二進位貼上，即可完成修改。

F8 單步到 51B810FF 一行，mov ecx,dword ptr [ebp + 0x8] 中的 [ebp + 0x8] 表示從 ExtTextOutW 函數傳遞過來的參數，但是現在 [ebp + 0x8] 表示的位址並不是從 ExtTextOutW 函數傳遞過來的字串參數，在暫存器視窗中選中 ebp 並用滑鼠按右鍵，然後選擇堆疊視窗中跟隨，這樣一來堆疊視窗中 ebp 的值就到了第 1 行。按兩下第 1 行的第 1 列，我們發現 [ebp + 0x28] 才是從 ExtTextOutW 函數傳遞過來的字串參數，因此修改圖 6.52 中框中部分的 3 個 mov ecx,dword ptr [ebp + 0x8] 為 mov ecx,dword ptr [ebp + 0x28]。字串參數的位址變為 [ebp + 0x28]，是因為執行 pushad

指令導致存入堆疊的 8 個通用暫存器的值需要 32（0x20）位元組的空間。選中 51B8118D E8 EF0C0000 call memcpy 這一行，按 F4 鍵（相當於用滑鼠按右鍵，然後選擇中斷點→執行到選定位置），按 F8 鍵單步執行 call memcpy 指令後，發現資料視窗中「使用者名稱：老王」變為了空格字串。

反組譯視窗中執行到圖 6.57 所示的介面。

```
51B8118D  E8 EF0C0000      call   memcpy
51B81192  83C4 0C          add    esp, 0xC
51B81195  61               popad
51B81196  83C4 08          add    esp, 0x8
51B81199  8BFF             mov    edi, edi
51B8119B  55               push   ebp
51B8119C  8BEC             mov    ebp, esp
51B8119E  51               push   ecx
51B8119F  C745 FC 4E414900 mov    dword ptr [ebp-0x4], 0x49414E
51B811A6  A1 2434B851      mov    eax, dword ptr [pExtTextOutW]
51B811AB  83C0 0D          add    eax, 0xD
51B811AE  FFE0             jmp    eax
51B811B0  5F               pop    edi
51B811B1  5E               pop    esi
51B811B2  5B               pop    ebx
51B811B3  8BE5             mov    esp, ebp
51B811B5  5D               pop    ebp
51B811B6  C3               retn
```

▲ 圖 6.57

圖中框選出來的部分是用於 InterceptExtTextOutW 函數內部堆疊平衡，選中部分是 FWMDll.cpp 原始檔案中書寫的組合語言程式碼。我們的初衷是執行完 51B81192 一行的 add esp, 0xC 指令後繼續執行下邊框中部分，然後再執行選中部分，即把選中部分移動至 51B811B5 pop ebp 這一行的後面，才可以保證堆疊平衡。現在選中圖 6.58 所示的部分。

```
51B8118D  E8 EF0C0000      call   memcpy
51B81192  83C4 0C          add    esp, 0xC
51B81195  61               popad
51B81196  83C4 08          add    esp, 0x8
51B81199  8BFF             mov    edi, edi
51B8119B  55               push   ebp
51B8119C  8BEC             mov    ebp, esp
51B8119E  51               push   ecx
51B8119F  C745 FC 4E414900 mov    dword ptr [ebp-0x4], 0x49414E
51B811A6  A1 2434B851      mov    eax, dword ptr [pExtTextOutW]
51B811AB  83C0 0D          add    eax, 0xD
51B811AE  FFE0             jmp    eax
51B811B0  5F               pop    edi
51B811B1  5E               pop    esi
51B811B2  5B               pop    ebx
51B811B3  8BE5             mov    esp, ebp
51B811B5  5D               pop    ebp
51B811B6  C3               retn
```

▲ 圖 6.58

用滑鼠按右鍵選中部分，然後選擇二進位→二進位複製

```
83 C4 0C 61 83 C4 08 8B FF 55 8B EC 51 C7 45 FC 4E 41 49 00 A1 24 34 B8 51 83
C0 0D FF E0 5F 5E 5B 8B E5 5D
```

修改為

```
83 C4 0C 5F 5E 5B 8B E5 5D 61 83 C4 08 8B FF 55 8B EC 51 C7 45 FC 4E 41 49 00
A1 24 34 B8 51 83 C0 0D FF E0
```

然後用滑鼠按右鍵選中部分，然後選擇二進位→二進位貼上，即可完成修改。開啟中斷點視窗，禁用所有中斷點，按 F9 鍵執行，音樂響起，藍色浮水印消失，至此，FloatingWaterMark 程式破解成功。

雖然 FWMDll.dll 的 InterceptExtTextOutW 函數還需要二次修改，但是這是為了使編譯器生成組合語言程式碼，而且 FWMDll.cpp 中用到了幾個全域變數，開闢空間儲存這些變數也是一個複雜問題。當選中 InterceptExtTextOutW 函數中所有修改過的組合語言程式碼→複製到可執行檔→所有修改→全部複製時，彈出一個請確定更新重定位對話方塊：「選擇部分包含修改過的重定位 . 當載入 DLL 時，系統將調整重定位 , 並修改您的程式 . 若您不夠仔細，這可能嚴重影響被偵錯的程式 . 您真的要更新可執行檔嗎 ?」，先點擊「否」按鈕，回到 CPU 視窗的 InterceptExtTextOutW 函數中。InterceptExtTextOutW 函數中使用了 szText1、szText2、szText3、szTextReplace、lpStr 和 pExtTextOutW 幾個全域變數，因為 ASLR（Address Space Layout Randomization，位址空間佈局隨機化），程式中用到的動態連結程式庫 DLL 檔案每次載入到的記憶體基底位址可能會隨機變化，函數中用到的全域變數和函數位址會根據 DLL 實際載入到的基底位址，結合 .reloc 重定位表中的資訊進行重新計算。後面章節還會詳細介紹重定位表。現在的 .exe 程式也使用了 ASLR 技術，也有 .reloc 重定位表。回憶對 InterceptExtTextOutW 函數的修改，函數首部一部分程式的修改不影響需要重定位的內容，而且機器碼還是原來的大小，因此不會影響 szText1、szText2、szText3、szTextReplace、 lpStr 這些變數的重定位，受影響的只有全域變數 pExtTextOutW 的重定位，因為後面的組合語言程式碼位置發生了變化（見圖 6.59）。

51B811A5	C745 FC 4E414900	mov	dword ptr [ebp-0x4], 0x49414E
51B811AC	A1 2434B851	mov	eax, dword ptr [pExtTextOutW]

▲ 圖 6.59

關於如何修改和儲存 FWMDll.dll，參見視訊教學 Chapter6\FWMDll.dll 修改與儲存方法 .exe。

自訂函數 InterceptExtTextOutW 使用 _declspec(naked) 修飾符號，該修飾符號告訴編譯器不要在函數中做堆疊處理，例如函數開頭的初始化部分（ebp 作為指標使用、開闢區域變數空間、儲存一些暫存器的值等），以及在函數尾部也不會平衡堆疊、恢復儲存的暫存器的值，甚至沒有 ret 傳回指令。下面是使用 _declspec(naked) 修飾符號的 InterceptExtTextOutW 函數，編譯 DLL 後，不需要對其做任何修改，直接執行 FWMApp 程式注入即可：

```
_declspec(naked)VOID InterceptExtTextOutW(LPTSTR lpText)
{
    _asm
    {
        //大多數函數開頭是這個樣子
        push ebp
        mov  ebp, esp
        sub  esp, 0x10
        push ebx
        push esi
        push edi

        //額外儲存 ecx 和 edx，eax 和 esp 不需要關心
        push ecx
        push edx
    }

    //下面的 C++ 程式中可能會有一些 push 指令，但是編譯器會自動恢復 esp 的值，我們無須關心
    if ((lpStr = _tcsstr(lpText, szText1)) || (lpStr = _tcsstr(lpText,
```

```
szText2)) ||
        (lpStr = _tcsstr(lpText, szText3)))
    {
        memcpy(lpStr, szTextReplace, _tcslen(lpStr) * sizeof(TCHAR));
    }

    _asm
    {
        // 恢復 edx 和 ecx
        pop edx
        pop ecx

        // 大多數函數結尾是這樣
        pop edi
        pop esi
        pop ebx
        mov esp, ebp
        pop ebp

        // 修改 ExtTextOutW 函數時，有一個 push 和 call，導致 esp 減了 8 位元組
        add esp, 8

        // 已經恢復各通用暫存器和堆疊空間佈局，開始執行原 ExtTextOutW 函數開頭的一些
          指令行
        mov  edi, edi
        push ebp
        mov  ebp, esp
        push ecx
        mov  dword ptr[ebp - 0x4], 0x49414E

        // 跳躍到我們修改過的指令的下一行指令行繼續執行，即 ExtTextOutW + 0xD 位址處
        mov eax, pExtTextOutW
        add eax, 0xD
        jmp eax
    }
}
```

eax 暫存器通常作為函數的傳回值來使用，因此上述程式沒有儲存和恢復 eax 暫存器的操作。完整程式請參考 Chapter6\FWMDll2 專案。

需要注意的是，64 位元程式不支援 _declspec(naked) 修飾符號，也不支援內聯組合語言，但是依然有許多方法可以實作在 64 位元程式中撰寫組合語言程式碼（後面會講）。

微軟研究院提供了一個 Detours-master 開放原始碼函數庫，可以實作對 API 的攔截，但是相關文件說明很少。

6.8.3 透過全域訊息鉤子注入 DLL 實作處理程序隱藏

實際上用於列舉處理程序的 CreateToolhelp32Snapshot、Enum Processes 和 WTSEnumerate Processes 等函數都透過呼叫 Ntdll.dll 中的未公開核心函數 ZwQuerySystemInformation 來實作，所以只要 Hook 掉該函數即可實作處理程序隱藏。

ZwQuerySystemInformation 函數用於獲取指定的系統資訊：

```
__kernel_entry  NTSTATUS NTAPI  ZwQuerySystemInformation(
    IN   SYSTEM_INFORMATION_CLASS SystemInformationClass,// 要獲取的系統資訊的類型
    OUT PVOID       SystemInformation,         // 傳回所請求資訊的緩衝區
    IN   ULONG      SystemInformationLength, // 緩衝區的大小，以位元組為單位
    OUT PULONG      ReturnLength OPTIONAL);  // 傳回所請求資訊的大小，可以設定為 NULL
```

SystemInformationClass 參數指定要獲取的系統資訊的類型，該參數是一個 SYSTEM_INFORMATION_ CLASS 列舉類型，可用的值有很多，這裡只列舉兩個，如表 6.6 所示。

表 6.6

列舉值	含義
SystemBasicInformation	在這種情況下，SystemInformation 參數需要指定為一個指向 SYSTEM_BASIC_INFORMATION 結構的指標，該結構包含系統中的邏輯 CPU 個數欄位。建議使用 GetSystemInfo 函數獲取該類別資訊
SystemProcessInformation	在這種情況下，ZwQuerySystemInformation 函數傳回一個 SYSTEM_PROCESS_INFORMATION 結構鏈結串列，每一個結構表示一個處理程序的資訊

SYSTEM_PROCESS_INFORMATION 結構的定義如下：

```
typedef struct _SYSTEM_PROCESS_INFORMATION {
    ULONG          NextEntryOffset;       // 下一個 SYSTEM_PROCESS_INFORMATION 結構
                                             的偏移位址
    ULONG          NumberOfThreads;       // 執行緒數目
    BYTE           Reserved1[48];
    UNICODE_STRING ImageName;             // 處理程序名稱
    KPRIORITY      BasePriority;          // 處理程序優先順序
    HANDLE         UniqueProcessId;       // 處理程序 ID
    PVOID          Reserved2;
    ULONG          HandleCount;           // 控制碼數目
    ULONG          SessionId;             // 階段 ID
    PVOID          Reserved3;
    SIZE_T         PeakVirtualSize;           // 峰值虛擬記憶體大小
    SIZE_T         VirtualSize;               // 當前虛擬記憶體大小
    ULONG          Reserved4;
    SIZE_T         PeakWorkingSetSize;        // 峰值工作集大小
    SIZE_T         WorkingSetSize;            // 當前工作集大小
    PVOID          Reserved5;
    SIZE_T         QuotaPagedPoolUsage;       // 分頁池使用配額
    PVOID          Reserved6;
    SIZE_T         QuotaNonPagedPoolUsage;    // 非分頁池使用配額
    SIZE_T         PagefileUsage;             // 處理程序提交的記憶體總量
    SIZE_T         PeakPagefileUsage;         // 處理程序提交的記憶體總量峰值
    SIZE_T         PrivatePageCount;
    LARGE_INTEGER  Reserved7[6];
} SYSTEM_PROCESS_INFORMATION, * PSYSTEM_PROCESS_INFORMATION;
```

使用者程式如果需要使用 ZwQuerySystemInformation 函數提供的功能，可以呼叫 NtQuerySystem Information 函數，NtQuerySystem Information 函數在 winternl.h 標頭檔中已經宣告，可以直接使用，而使用 ZwQuerySystemInformation 函數的話則需要透過呼叫 GetProcAddress 函數手動獲取。使用 NtQuerySystemInformation 函數獲取處理程序清單的範例請參考 Chapter6\ProcessListNtQuerySystemInformation。

要透過 Hook 掉 ZwQuerySystemInformation 函數實作處理程序隱藏，必須 Hook 掉所有處理程序中對該函數的呼叫。訊息在每個處理程序中無時無刻不在發生，因此我們可以透過安裝全域訊息鉤子 WH_GETMESSAGE 的方式把實作 Hook 功能的 DLL 注入每一個處理程序中。

要實作全域訊息鉤子，必須建立一個 DLL，在 DLL 中匯出安裝全域訊息鉤子的函數 InstallHook 和移除全域訊息鉤子的函數 UninstallHook：

```
//匯出函數
DLL_API BOOL InstallHook(int idHook, DWORD dwThreadId, DWORD dwProcessId);
DLL_API BOOL UninstallHook();
```

呼叫 dll 中的匯出函數的可執行模組的程式介面，如圖 6.60 所示。

▲ 圖 6.60

可執行模組把使用者輸入的要隱藏的處理程序 ID 傳遞給 InstallHook 函數的 dwProcessId 參數。

在 DllMain 函數的 DLL_PROCESS_ATTACH 通知中（系統中的每個處理程序載入該 DLL 時），儲存 DLL 模組控制碼，然後呼叫自訂內建函數 SetJmp，SetJmp 函數首先透過呼叫 GetProcAddress 獲取核心函數 ZwQuerySystemInformation 的函數位址，然後把 ZwQuerySystemInformation 函數首部的程式更改為 Jmp 指令，當系統中每個處理程序呼叫 ZwQuerySystemInformation 函數時跳躍到我們自訂的內建函數 HookZwQuerySystemInformation。SetJmp 函數的程式如下：

```
BOOL SetJmp()
{
    pfnZwQuerySystemInformation ZwQuerySystemInformation = NULL;
    DWORD dwOldProtect;

    ZwQuerySystemInformation = (pfnZwQuerySystemInformation)
        GetProcAddress(GetModuleHandle(TEXT("ntdll.dll")),
"ZwQuerySystemInformation");
```

```
#ifndef _WIN64
    BYTE bDataJmp[5] = { 0xE9, 0x00, 0x00, 0x00, 0x00 };
    *(PINT_PTR)(bDataJmp + 1) = (INT_PTR)HookZwQuerySystemInformation -
        (INT_PTR)ZwQuerySystemInformation - 5;
    // 儲存 ZwQuerySystemInformation 函數的前 5 位元組
    memcpy_s(g_bDataJmp32, sizeof(g_bDataJmp32), ZwQuerySystemInformation,
sizeof(bDataJmp));
#else
    BYTE bDataJmp[12] = { 0x48, 0xB8, 0x00, 0x00, 0x00, 0x00, 0x00, 0x00,
0x00, 0x00, 0xFF, 0xE0 };
    *(PINT_PTR)(bDataJmp + 2) = (INT_PTR)HookZwQuerySystemInformation;
    // 儲存 ZwQuerySystemInformation 函數的前 12 位元組
    memcpy_s(g_bDataJmp64, sizeof(g_bDataJmp64), ZwQuerySystemInformation,
sizeof(bDataJmp));
#endif

    // 修改頁面保護屬性，寫入 jmp 資料
    VirtualProtect(ZwQuerySystemInformation, sizeof(bDataJmp), PAGE_EXECUTE_
READWRITE, &dwOldProtect);
    memcpy_s(ZwQuerySystemInformation, sizeof(bDataJmp), bDataJmp,
sizeof(bDataJmp));
    VirtualProtect(ZwQuerySystemInformation, sizeof(bDataJmp), dwOldProtect,
&dwOldProtect);

    return TRUE;
}
```

Hook API 使用的是 call 指令，本節我們來練習 jmp 指令的用法。在 Windows 10 中工作管理員 Taskmgr.exe 是 64 位元程式，只能注入 64 位元 DLL；而我們撰寫的 ProcessList.exe 是 32 位元程式，只能注入 32 位元 DLL。本節的 HookZwQuerySystemInformation.dll 我們希望既可以編譯為 32 位元又可以編譯為 64 位元，以針對不同的處理程序進行注入。

對於 32 位元程式，jmp 跳躍指令可以寫為「0xE9 + 4 位元組相對位址」的形式，如圖 6.61 所示。

```
OllyICE - ProcessListNtQuerySystemInformation.exe - [*G.P.U* - 主執行緒, 模組 - ntdll]
775A2070 - E9 7BF04E98   jmp    0FA910F0
775A2075   BA 70615B77   mov    edx, 775B6170
775A207A   FFD2          call   edx
775A207C   C2 1000       retn   0x10
```

▲ 圖 6.61

對於 64 位元程式，jmp 跳躍指令可以寫為以下形式：

```
mov rax, 0x1122334455667788    //0x1122334455667788是自訂內建函數HookZwQuery
                                 SystemInformation的位址
jmp rax
```

上述組合語言指令的機器碼，可以透過在 64 位元偵錯器 x64dbg.exe 中輸入以獲取，如圖 6.62 所示。

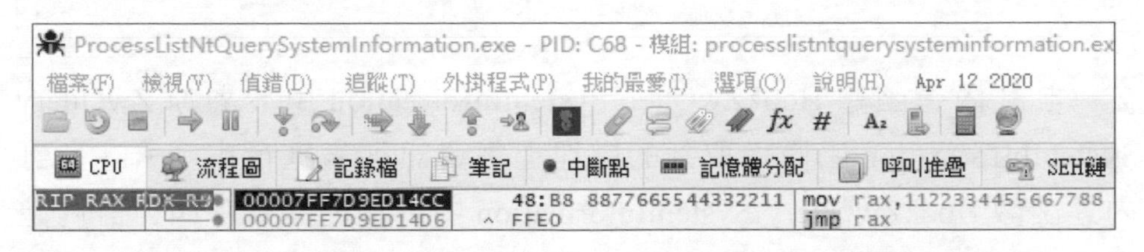

▲ 圖 6.62

自訂內建函數 SetJmp 用於 Hook ZwQuerySystemInformation。用於 UnHook ZwQuerySystem Information 函數的自訂內建函數 ResetJmp 的撰寫方式很簡單，因為 ZwQuerySystemInformation 函數首部的指令已經儲存到全域變數字組陣列 g_bDataJmp32[5] 或 g_bDataJmp64[12] 中：

```
BOOL ResetJmp()
{
    pfnZwQuerySystemInformation ZwQuerySystemInformation = NULL;
    DWORD dwOldProtect;

    ZwQuerySystemInformation = (pfnZwQuerySystemInformation)
        GetProcAddress(GetModuleHandle(TEXT("ntdll.dll")),
"ZwQuerySystemInformation");
```

```
#ifndef _WIN64
    VirtualProtect(ZwQuerySystemInformation, sizeof(g_bDataJmp32),
PAGE_EXECUTE_ READWRITE, &dwOldProtect);
    memcpy_s(ZwQuerySystemInformation, sizeof(g_bDataJmp32), g_bDataJmp32,
sizeof(g_bDataJmp32));
    VirtualProtect(ZwQuerySystemInformation, sizeof(g_bDataJmp32),
dwOldProtect, &dwOldProtect);
#else
    VirtualProtect(ZwQuerySystemInformation, sizeof(g_bDataJmp64),
PAGE_EXECUTE_ READWRITE, &dwOldProtect);
    memcpy_s(ZwQuerySystemInformation, sizeof(g_bDataJmp64), g_bDataJmp64,
sizeof(g_bDataJmp64));
    VirtualProtect(ZwQuerySystemInformation, sizeof(g_bDataJmp64),
dwOldProtect, &dwOldProtect);
#endif

    return TRUE;
}
```

自訂內建函數 HookZwQuerySystemInformation 用於對原 ZwQuery SystemInformation 函數獲取到的處理程序資訊列表進行處理。在自訂內建函數 HookZwQuery SystemInformation 中，首先需要呼叫自訂內建函數 ResetJmp 恢復 ZwQuerySystem Information 函數首部的指令，然後執行原 ZwQuerySystemInformation 函數。系統中的其他處理程序呼叫 ZwQuerySystemInformation 函數不一定是為了獲取處理程序資訊列表，因為 SystemInformationClass 參數可以指定為許多不同的列舉值以獲取不同的系統資訊，因此執行原 ZwQuerySystemInformation 函數後，我們需要判斷本次呼叫是不是為了獲取處理程序資訊列表，如果是，則遍歷處理程序資訊列表找到要隱藏的處理程序，將要隱藏的處理程序資訊從處理程序資訊列表中刪除。HookZwQuerySystemInformation 函數程式如下：

```
NTSTATUS NTAPI HookZwQuerySystemInformation(SYSTEM_INFORMATION_CLASS System
InformationClass,
    PVOID SystemInformation, ULONG SystemInformationLength, PULONG
ReturnLength)
```

```
{
    pfnZwQuerySystemInformation ZwQuerySystemInformation = NULL;
    NTSTATUS status = -1;
    PSYSTEM_PROCESS_INFORMATION pCur = NULL, pPrev = NULL;

    ZwQuerySystemInformation = (pfnZwQuerySystemInformation)
        GetProcAddress(GetModuleHandle(TEXT("ntdll.dll")),
"ZwQuerySystemInformation");

    // 因為首先需要執行原 ZwQuerySystemInformation 函數，所以先恢復函數首部資料
    ResetJmp();
    status = ZwQuerySystemInformation(SystemInformationClass,
        SystemInformation, SystemInformationLength, ReturnLength);
    if (NT_SUCCESS(status) && SystemInformationClass ==
SystemProcessInformation)
    {
        pCur = pPrev = (PSYSTEM_PROCESS_INFORMATION)SystemInformation;
        while (TRUE)
        {
            // 如果是要隱藏的處理程序
            if ((DWORD)pCur->UniqueProcessId == g_dwProcessIdHide)
            {
                if (pCur->NextEntryOffset == 0)
                    pPrev->NextEntryOffset = 0;
                else
                    pPrev->NextEntryOffset += pCur->NextEntryOffset;
            }
            else
            {
                pPrev = pCur;
            }

            if (pCur->NextEntryOffset == 0)
                break;

            pCur = (PSYSTEM_PROCESS_INFORMATION)((LPBYTE)pCur + pCur->
NextEntryOffset);
        }
    }
```

```
    //Hook ZwQuerySystemInformation
    SetJmp();
    return status;
}
```

需要注意的是，一般作業系統是先佔式、多執行緒工作機制，一個執行緒覆蓋被攔截函數起始位址處的程式是需要時間的。在這個過程中，另一個執行緒可能試圖呼叫該被攔截函數，因此可能會導致程式崩潰。完整程式參見 Chapter6\HookZwQuerySystemInformation 專案，讀者可以把 DLL 和可執行模組編譯為 32 位元透過 ProcessList.exe 進行測試，或編譯為 64 位元透過工作管理員的處理程序列表進行測試。

CHAPTER

07

INI 設定檔和登錄檔操作

作業系統和各種應用程式，通常需要使用某種方式來儲存設定資訊。.ini 檔案是 Initialization File 的縮寫，即初始設定檔案，是 Windows 中設定檔所採用的儲存格式，例如 Windows 目錄中的 Win.ini 檔案儲存了桌面設定和與應用程式執行有關的資訊，System.ini 檔案儲存了與硬體規格有關的資訊。INI 檔案是文字檔，可以使用任何文字編輯器對其進行修改，所以安全性不是很好。另外，INI 檔案的結構比較簡單，無法儲存格式複雜的資料，例如很長的二進位資料或換行的字串等。最主要的缺點是單一 INI 檔案的大小不能超過 64KB，如果不同的應用程式都將自己的設定資訊儲存在 Win.ini 或 System.ini 中，那麼這些檔案的大小很快就會超過限制，如果不同應用程式都使用自己的 INI 檔案，那麼集中管理又會成為一個問題。

後來，作業系統改用了一種全新的方式來管理設定資訊，即登錄檔（Registry）。在 Windows 3.x 作業系統中，登錄檔是一個極小的檔案，其檔案名稱為 Reg.dat，其中只儲存了某些檔案類型的應用程式連結，大部分設定被儲存在 Win.ini、System.ini 等多個 INI 檔案中，由於這些初始設定檔案不便於管理和維護，時常出現一些因 INI 檔案遭到破壞而導致系統無法啟動的問題。為了使系統執行得更為穩定、穩固，Windows NT 作業系統開始廣泛使用登錄檔，但是直到 Windows 95 作業系統後，登錄檔才真正成為 Windows 使用者經常接觸的內容，並在其後的作業系統中繼續沿用至今。

登錄檔是 Windows 作業系統中的核心資料庫，其內容儲存於幾個格式由系統定義的二進位檔案中，NT 系統的登錄檔通常由 Windows\System32\Config 目錄中的多個檔案組成，作業系統將這些不同的檔案虛擬成整個登錄檔供系統自身及應用程式使用。登錄檔中儲存有各種參數，直接控制 Windows 的啟動、硬體驅動程式的加載以及一些 Windows 應用程式的執行，從而在整個系統中起核心作用，這些作用包括軟、硬體的相關設定和狀態資訊，例如登錄檔中儲存有應用程式和資源管理器外殼的初始條件、首選項和移除資料等，聯網電腦的整個系統的設定和各種許可，檔案副檔名與應用程式的連結，硬體部件的描述、狀態和屬性，性能記錄和其他底層的系統狀態資訊，以及其他資料等。具體來說，在 Windows 啟動時，登錄檔會對照已有硬體規格資料，檢測硬體資訊；系統核心從登錄檔中讀取資訊，包括要載入驅動程式的裝置資訊、載入次序、核心傳送回它自身的資訊（例如版權編號）等；同時裝置驅動程式也向登錄檔傳送資料，並從登錄檔接收載入和設定參數，一個好的裝置驅動程式會告訴登錄檔它正在使用的系統資源，例如硬體中斷或 DMA 通道等；另外，裝置驅動程式還要報告所發現的設定資料；為應用程式或硬體的執行提供增加新的設定資料的服務。如果登錄檔遭遇破壞，輕則使 Windows 的啟動過程出現異常，重則可能會導致整個 Windows 系統完全癱瘓，因此正確地認識、使用，特別是即時備份以及有問題時恢復登錄檔，對 Windows 使用者來說非常重要。

實際上，Windows 系統對登錄檔檔案的保護非常嚴格。系統在執行時期，登錄檔檔案被作業系統以獨佔方式開啟，其他應用程式無法使用最基本的讀取許可權開啟它們，更不用說對它們進行寫入操作。要對登錄檔檔案操作，必須使用作業系統提供的介面，Windows 為此提供了一系列的登錄檔操作函數，應用程式可以透過它們來完成登錄編輯程式（Regedit 程式）能夠完成的全部功能，甚至包括遠端操作登錄檔以及對 .reg 檔案進行匯入和匯出等操作。

為了提供向下相容性，系統在支援登錄檔操作的同時也支援 INI 檔案的操作，對某些小程式來說，需要儲存的設定資訊並不複雜，使用 INI

檔案可能更加簡單實用，而且儲存於登錄檔中的設定資訊無法隨檔案複製到其他電腦中，如果某些應用程式希望在複製程式的同時複製設定資訊，則可以使用 INI 檔案。

7.1 INI 設定檔

INI 檔案是一種文字格式的設定檔，檔案中的資料組織格式如下：

```
;註釋
[SectionName1]
KeyName1=value1
KeyName2=value2
...
;註釋
[SectionName2]
KeyName1=value1
KeyName2=value2
...
```

INI 檔案中可以儲存多個小節（Section），小節名稱包含在一對中括號 [] 中，一個小節的內容從小節名稱的下一行開始，直到下一個小節開始為止，一個程式可以根據需要建立多個小節，但是需要注意不同的小節不能名稱重複。

每個小節中可以定義多個鍵（Key），每個鍵由一個「鍵名 = 鍵值」格式的字串組成，每個鍵獨自佔用一行，同一個小節中不能存在名稱相同的鍵，但是不同的小節中可以存在名稱相同的鍵。

INI 檔案的註釋以 ; 開始，放在單獨的一行中，註釋可以放在 INI 檔案的任何一行中。

大多數情況下應用程式是在自己的目錄中建立一個獨立的 INI 檔案，而非在系統的 INI 檔案中增加一個小節來儲存程式資訊。

7.1.1 鍵值對的建立、更新與刪除

WritePrivateProfileString 函數用於在指定 INI 檔案的指定小節中建立、更新或刪除鍵值對，該函數還可以刪除指定 INI 檔案中的小節（包括小節名稱和其下面的所有鍵值對），函數宣告如下：

```
BOOL WINAPI WritePrivateProfileString(
    _In_ LPCTSTR lpAppName,       // 小節名稱字串，不區分大小寫
    _In_ LPCTSTR lpKeyName,       // 鍵名字串
    _In_ LPCTSTR lpString,        // 鍵值字串
    _In_ LPCTSTR lpFileName);     //INI 檔案的名稱字串
```

- lpAppName 參數表示小節名稱字串，不區分大小寫。如果指定的小節不存在，則函數會自動建立該小節。
- lpKeyName 參數表示鍵名字串。如果指定的鍵名不存在，函數會自動建立該鍵；如果該參數設定為 NULL，則函數會刪除 lpAppName 參數指定的小節（包括小節名稱和其下面的所有鍵值對）。
- lpString 參數表示鍵值字串，如果該參數設定為 NULL，則函數會刪除 lpKeyName 參數指定的鍵。鍵名不能以;開始，但是鍵值可以使用;，另外鍵值不能定義為多行文字，即字串中不可以包含分行符號，因為在 INI 檔案中一行表示一個鍵值對。
- lpFileName 參數表示 INI 檔案的名稱。如果 lpFileName 參數不包含 INI 檔案的完整路徑，則函數會在 Windows 目錄中搜尋該檔案。如果該檔案不存在，則函數會在 Windows 目錄中自動建立該檔案；如果 lpFileName 參數包含完整路徑和檔案名稱，並且該檔案不存在，則函數會自動建立該檔案，但是指定的目錄必須已經存在。

當指定的 INI 檔案、檔案中的小節和小節中的鍵名都已經存在時，函數使用新鍵值替換掉原來的鍵值；當指定的 INI 檔案存在而小節不存在時，函數自動建立小節並將鍵值對寫入；當指定的 INI 檔案不存在時，函

數會自動建立 INI 檔案。程式不必考慮 INI 檔案是否存在、小節是否存在或鍵值定義是否已經存在的情況，只要呼叫 WritePrivateProfileString 函數就可以保證設定資訊被正確儲存。

INI 檔案區分 Unicode 和 ANSI，如果檔案是使用 Unicode 字元建立的，則函數會將 Unicode 字元寫入檔案；否則函數將寫入 ANSI 字元。

該函數的用法有以下幾種情況。

（1）在指定 INI 檔案的指定小節中建立或更新鍵值對：

```
WritePrivateProfileString(lpAppName, lpKeyName, lpString, lpFileName);
```

（2）在指定 INI 檔案的指定小節中刪除鍵值對：

```
WritePrivateProfileString(lpAppName, lpKeyName, NULL, lpFileName);
```

（3）刪除指定 INI 檔案的指定小節（包括小節名稱和所有鍵值對）：

```
WritePrivateProfileString(lpAppName, NULL, NULL, lpFileName);
```

INI 檔案以文字方式儲存，鍵值也只是一個字串，如果需要儲存一個數數值型態的值，則程式可以使用 wsprintf 函數將數值轉換成字串後再儲存。

7.1.2 獲取鍵值

GetPrivateProfileString 函數用於獲取指定 INI 檔案中指定小節的鍵名對應的鍵值字串，還可以實作列舉指定 INI 檔案中所有小節名稱的功能，也具有列舉指定 INI 檔案中指定小節名稱中所有鍵名的功能，函數宣告如下：

```
DWORD WINAPI GetPrivateProfileString(
    _In_   LPCTSTR lpAppName,            // 小節名稱字串，不區分大小寫
    _In_   LPCTSTR lpKeyName,            // 鍵名字串
    _In_   LPCTSTR lpDefault,            // 預設字串，可以設定為 NULL
```

```
    _Out_ LPTSTR  lpReturnedString,     //接收獲取到的字串緩衝區的指標
    _In_  DWORD   nSize,       //lpReturnedString 參數指向的緩衝區大小，以字元為單位
    _In_  LPCTSTR lpFileName);          //INI 檔案的名稱字串
```

- lpAppName 參數表示小節名稱字串，不區分大小寫。如果該參數設定為 NULL，則函數會將 INI 檔案中的所有小節名稱都複製到 lpReturnedString 參數指定的緩衝區中，每個小節名稱以 0 結尾，最後一個小節名稱的後面會額外附加一個 0，即最後一個小節名稱的後面以 2 個 0 字元結尾，可以透過這種方法列舉指定 INI 檔案中的所有小節名稱。
- lpKeyName 參數表示鍵名字串。如果該參數設定為 NULL，函數會將 lpAppName 參數指定的節中的所有鍵名都複製到 lpReturnedString 參數指定的緩衝區中，每個鍵名以 0 結尾，最後一個鍵名的後面會額外附加一個 0，即最後一個鍵名的後面以 2 個 0 字元結尾，可以透過這種方法列舉指定節中的所有鍵名。
- lpDefault 參數表示預設字串。如果 INI 檔案中沒有 lpKeyName 鍵，函數會將預設字串複製到 lpReturnedString 緩衝區，如果該參數設定為 NULL，則預設為空字串。
- lpReturnedString 參數指定為接收獲取到的字串緩衝區的指標。
- nSize 參數表示 lpReturnedString 參數指向的緩衝區大小，以字元為單位。
- lpFileName 參數表示 INI 檔案的名稱字串，如果該參數不引用檔案的完整路徑，則系統在 Windows 目錄中搜尋 INI 檔案。

函數傳回值是複製到緩衝區中的字元數，不包括終止的空白字元。如果 lpAppName 和 lpKeyName 都不為 NULL，並且提供的目標緩衝區太小而無法容納請求的字串，則該字串將被截斷並後跟一個空白字元，此時傳回值等於 nSize-1。如果 lpAppName 或 lpKeyName 為 NULL，並且提供的目標緩衝區太小而無法容納所有字串，則最後一個字串將被截斷，後跟兩個空白字元，此時傳回值等於 nSize-2。

INI 檔案以文字方式儲存，鍵值也只是一個字串，當時可能儲存的是

一個數值型字串，這時可以呼叫 GetPrivateProfileInt 函數，該函數傳回 UINT 類型的鍵值：

```
UINT WINAPI GetPrivateProfileInt(
    _In_ LPCTSTR lpAppName,     // 小節名稱字串，不區分大小寫
    _In_ LPCTSTR lpKeyName,     // 鍵名字串
    _In_ INT     nDefault,      // 預設數值，INT 類型，如果在 INI 檔案中找不到鍵名，
                                   則傳回該預設值
    _In_ LPCTSTR lpFileName);   //INI 檔案的名稱字串
```

7.1.3 管理小節

GetPrivateProfileString 函數用於在鍵名已知的情況下獲取鍵值，可能有時小節中的鍵名以及鍵名個數未知，比如一個文字編輯軟體需要儲存近期編輯過的檔案名稱列表，它可以建立一個小節如下：

```
[History]
File[0]=C:\Users\SuperWang\Desktop\FWMApp\Release\FloatingWaterMark.txt
File[1]=F:\Source\Windows\Chapter6\FWMApp\Release\FloatingWaterMark.txt
File[2]=C:\Users\SuperWang\Desktop\FWMApp\ 加密系統加密 .txt
File[3]=C:\Users\SuperWang\Desktop\FWMDll\Release\FWMDll.txt
File[4]=F:\Source\Windows\Chapter6\FloatingWaterMark\Release\
FloatingWaterMark.txt
File[5]=C:\Users\SuperWang\Desktop\FWMApp\Release\ 加密系統加密 .txt
...
```

另外，在 INI 檔案中小節的名稱和個數未知的情況下，需要對小節或鍵名進行列舉，上一節中已經介紹了在 GetPrivateProfileString 函數中透過將 lpAppName 或 lpKeyName 參數設定為 NULL 來列舉小節名稱列表或鍵名列表的方法。實際上，Windows 中還有專門用來實作該功能的函數，這些函數可以用來列舉小節和鍵，還有用來一次性修改整個小節內容的函數。

GetPrivateProfileSectionNames 函數用於列舉指定 INI 檔案中的所有小節名稱：

```
DWORD WINAPI GetPrivateProfileSectionNames(
    _Out_ LPTSTR  lpszReturnBuffer,     //指向接收小節名稱列表緩衝區的指標
    _In_  DWORD   nSize,      //lpszReturnBuffer參數指向的緩衝區大小，以字元為單位
    _In_  LPCTSTR lpFileName);       //INI檔案名稱字串
```

- lpszReturnBuffer 參數指定為指向接收小節名稱列表緩衝區的指標，傳回的每個小節名稱以 0 結尾，最後一個小節名稱的後面會額外附加一個 0，即最後一個小節名稱的後面以 2 個 0 字元結尾。
- nSize 參數指定 lpszReturnBuffer 參數指向的緩衝區大小，以字元為單位。
- lpFileName 參數指定 INI 檔案名稱字串，不包含完整路徑則在 Windows 目錄中搜尋檔案，如果該參數設定為 NULL，則函數列舉 Win.ini 檔案中的所有小節名稱。

傳回值是複製到緩衝區中的字元數，不包括終止空白字元。如果緩衝區的大小不足以容納所有小節名稱列表，則傳回值等於 nSize-2。

GetPrivateProfileSection 函數用於獲取指定 INI 檔案的指定小節中的所有鍵值對（鍵名 = 鍵值）：

```
DWORD WINAPI GetPrivateProfileSection(
    _In_  LPCTSTR lpAppName,             //小節名稱字串，不區分大小寫
    _Out_ LPTSTR  lpReturnedString,      //指向接收鍵值對列表緩衝區的指標
    _In_  DWORD   nSize,      //lpReturnedString參數指向的緩衝區大小，以字元為單位
    _In_  LPCTSTR lpFileName);           //INI檔案名稱字串
```

- lpAppName 參數指定小節名稱字串，不區分大小寫。
- lpReturnedString 參數指定指向接收鍵值對列表緩衝區的指標，傳回的每個鍵值對以 0 結尾，最後一個鍵值對的後面會額外附加一個 0，即最後一個鍵值對的後面以 2 個 0 字元結尾。
- nSize 參數指定 lpReturnedString 參數指向的緩衝區大小，以字元為單位。
- lpFileName 參數指定 INI 檔案名稱字串，不包含完整路徑則在 Windows 目錄中搜尋檔案。

傳回值是複製到緩衝區中的字元數，不包括終止空白字元。如果緩衝區的大小不足以容納所有鍵值對列表，則傳回值等於 nSize-2。

GetPrivateProfileSection 函數獲取的是指定 INI 檔案的指定小節中的所有鍵值對（"鍵名 = 鍵值"），實際使用中如果覺得處理"鍵名 = 鍵值"字串來分解鍵名和鍵值比較麻煩，可以呼叫 GetPrivateProfileString 函數列舉鍵名並再次呼叫它來獲取指定鍵的鍵值。

WritePrivateProfileSection 函數用於向指定 INI 檔案的指定小節中批次寫入鍵值對：

```
BOOL WINAPI WritePrivateProfileSection(
    _In_ LPCTSTR lpAppName,       // 小節名稱字串，不區分大小寫
    _In_ LPCTSTR lpString,        // 要寫入指定小節中的鍵值對緩衝區，最大 64KB
    _In_ LPCTSTR lpFileName);     //INI 檔案名稱字串
```

- lpAppName 參數指定小節名稱字串，不區分大小寫。
- lpString 參數指定要寫入指定小節中的鍵值對緩衝區，最大 64KB，定義緩衝區時需要注意每個鍵值對以 0 結尾，最後一個鍵值對的後面應該再額外附加一個 0，即最後一個鍵值對的後面以 2 個 0 字元結尾。
- lpFileName 參數指定 INI 檔案名稱字串，如果不包含完整路徑，則函數在 Windows 目錄中搜尋檔案，如果該檔案不存在，並且 lpFileName 不包含完整路徑，則函數將在 Windows 目錄中建立該檔案。

函數執行後，指定小節中原來的鍵值對定義會被全部刪除，然後寫入 lpString 參數指定的所有新鍵值對。

INI 檔案是為了與 16 位元應用程式相容，微軟建議新的應用程式應該將初始化資訊儲存在登錄檔中，系統將很多 .ini 檔案例如 Control.ini、System.ini 和 Win.ini 等映射到登錄檔：HKEY_LOCAL_MACHINE\SOFTWARE\Microsoft\Windows NT\Current Version\IniFileMapping，但

是對於一些小的應用程式，如果需要儲存一些簡單的設定資料，可以使用 INI 檔案，因為簡單好用。

我們使用軟體時經常需要把軟體滑動到螢幕中一個合適的位置並調整程式視窗為一個合適的大小，後期再次執行程式時我們希望該程式視窗的位置和大小與之前相同。本節將實作這樣一個對話方塊程式範例，對話方塊程式也可以具有最大化按鈕、最小化按鈕以及調整程式視窗大小的功能，這可以分別透過對話方塊的 Maximize Box、Minimize Box 和 Border（設定為 Resizing）屬性來設定。

INIDemo.cpp 原始檔案的內容如下：

```
#include <windows.h>
#include <tchar.h>
#include <strsafe.h>
#include "resource.h"

//函數宣告
INT_PTR CALLBACK DialogProc(HWND hwndDlg, UINT uMsg, WPARAM wParam, LPARAM
lParam);

int WINAPI WinMain(HINSTANCE hInstance, HINSTANCE hPrevInstance, LPSTR
lpCmdLine, int nCmdShow)
{
    DialogBoxParam(hInstance, MAKEINTRESOURCE(IDD_MAIN), NULL, DialogProc,
NULL);
    return 0;
}

INT_PTR CALLBACK DialogProc(HWND hwndDlg, UINT uMsg, WPARAM wParam, LPARAM
lParam)
{
    static TCHAR szFileName[MAX_PATH] = { 0 };            //INI 檔案名稱
    LPCTSTR lpAppName = TEXT("INIDemoPositionSize");      //小節名稱
    LPCTSTR lpKeyNameX = TEXT("X");
    LPCTSTR lpKeyNameY = TEXT("Y");
    LPCTSTR lpKeyNameWidth = TEXT("Width");
    LPCTSTR lpKeyNameHeight = TEXT("Height");
```

```
    UINT unX = 0, unY = 0, unWidth = 0, unHeight = 0;
    RECT rect;
    TCHAR szBuf[16] = { 0 };

    switch (uMsg)
    {
    case WM_INITDIALOG:
        // 獲取當前處理程序的可執行檔完整路徑，然後拼接出 INI 檔案完整路徑
        GetModuleFileName(NULL, szFileName, _countof(szFileName));
        StringCchCopy(_tcsrchr(szFileName, TEXT('\\')) + 1,
_countof(szFileName), TEXT("INIDemo.ini"));

        // 獲取 X、Y、Width、Height 鍵的鍵值
        unX = GetPrivateProfileInt(lpAppName, lpKeyNameX, NULL, szFileName);
        unY = GetPrivateProfileInt(lpAppName, lpKeyNameY, NULL, szFileName);
        unWidth = GetPrivateProfileInt(lpAppName, lpKeyNameWidth, NULL,
szFileName);
        unHeight = GetPrivateProfileInt(lpAppName, lpKeyNameHeight, NULL,
szFileName);

        // 設定程式視窗位置、大小
        if (unWidth && unHeight)
            SetWindowPos(hwndDlg, HWND_TOP, unX, unY, unWidth, unHeight,
SWP_ SHOWWINDOW);
        return TRUE;

    case WM_COMMAND:
        switch (LOWORD(wParam))
        {
        case IDCANCEL:
            // 儲存程式視窗位置、大小
            GetWindowRect(hwndDlg, &rect);
            wsprintf(szBuf, TEXT("%d"), rect.left);
            WritePrivateProfileString(lpAppName, lpKeyNameX, szBuf,
szFileName);
            wsprintf(szBuf, TEXT("%d"), rect.top);
            WritePrivateProfileString(lpAppName, lpKeyNameY, szBuf,
szFileName);
            wsprintf(szBuf, TEXT("%d"), rect.right - rect.left);
            WritePrivateProfileString(lpAppName, lpKeyNameWidth, szBuf,
```

```
szFileName);
            wsprintf(szBuf, TEXT("%d"), rect.bottom - rect.top);
            WritePrivateProfileString(lpAppName, lpKeyNameHeight, szBuf,
szFileName);

            EndDialog(hwndDlg, 0);
            break;
        }
        return TRUE;
    }

    return FALSE;
}
```

因為目前的目錄是可變的，所以程式中沒有使用 GetCurrentDirectory 函數，而是透過 GetModuleFileName 函數獲取當前處理程序的可執行檔完整路徑，然後拼接出 INI 檔案完整路徑。GetWindowRect 函數用於獲取指定視窗的位置與大小，以相對於螢幕左上角的螢幕座標表示。

7.2 登錄檔操作

前面已經介紹過登錄檔的重要性，Windows 中的許多場合都需要使用登錄檔儲存資料，因此登錄檔是一個巨大的資料迷宮。登錄檔中的資料類似於磁碟目錄的多層組織形式，與檔案系統中根目錄、子目錄和檔案的層次劃分類似，登錄檔中的資料階層分為根鍵、子鍵和鍵值項，其中根鍵相當於檔案系統中的根目錄，子鍵相當於子目錄，鍵值項相當於檔案。根鍵和子鍵是為了將不同的鍵值項分類組織而定義的，只有鍵值項中才包含真正的資料。

點擊桌面左下角的開始或搜尋內容，輸入 regedit，開啟登錄編輯程式，可以發現登錄檔中的根鍵有 5 個，其名稱是 Windows 規定的，並且是固定不變的，它們分別是 HKEY_CLASSES_ROOT、HKEY_CURRENT_USER、HKEY_LOCAL_MACHINE、HKEY_USERS 和 HKEY_CURRENT_ CONFIG。每個根鍵中都有一些子鍵，以 HKEY_

LOCAL_MACHINE 根鍵為例，下面有 BCD00000000、HARDWARE、SAM、SECURITY、SOFTWARE 和 SYSTEM 子鍵，HARDWARE 子鍵下面有 ACPI、DESCRIPTION、DEVICEMAP 和 RESOURCEMAP 等子鍵，子鍵和子鍵的關係是相對的，例如一個目錄既可以是其上層目錄的子目錄，又可以是其下層目錄的父目錄。一個子鍵中既可以建立多個子鍵，也可以同時建立多個鍵值項，就像一個目錄中既可以建立多個子目錄，同時也可以儲存多個檔案一樣。登錄編輯程式的程式介面如圖 7.1 所示。

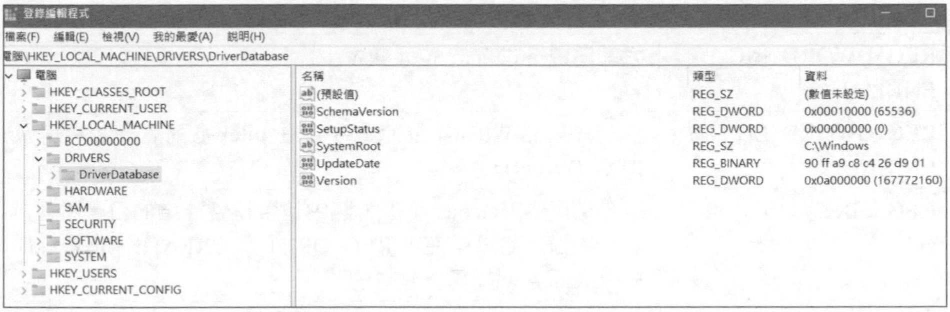

▲ 圖 7.1

每個鍵值項由鍵名和鍵值資料兩部分組成（與檔案名稱和檔案中資料的關係相似），例如某台電腦中 HKEY_LOCAL_MACHINE\HARDWARE\DESCRIPTION\System\BIOS 下的鍵名 BaseBoardManufacturer 對應的鍵值是字串 "LENOVO"，而鍵名 BiosMajorRelease 對應的鍵值是 DWORD 類型的 0x00000001。每個子鍵下面通常有一個沒有名稱的鍵值項，稱為預設鍵，預設鍵通常是 REG_SZ 或 REG_EXPAND_SZ 類型。

與 INI 檔案中的鍵值只能定義為字串不同，登錄檔鍵值資料型態要豐富得多，可用的鍵值資料型態見表 7.1。

表 7.1

鍵值資料型態	含義
REG_SZ	以零結尾的字串，根據使用的是 Unicode 或 ANSI 函數，可以是 Unicode 或 ANSI 字串
REG_DWORD	一個 32 位元數字
REG_QWORD	一個 64 位元數字

鍵值資料型態	含義
REG_BINARY	任何形式的二進位資料
REG_MULTI_SZ	字串序列，格式為 String1\0String2\0String3\0…LastString\0\0
REG_EXPAND_SZ	以零結尾的字串，根據使用的是 Unicode 或 ANSI 函數，可以是 Unicode 或 ANSI 字串，其中包含對環境變數（例如 "%PATH%"）的未擴充引用，要擴充環境變數引用，可以使用 ExpandEnvironmentStrings 函數
REG_DWORD_LITTLE_ENDIAN	小端序數格式的 32 位元數字，在 Intel 系列處理器中等於 REG_DWORD
REG_DWORD_BIG_ENDIAN	大端序數格式的 32 位元數字
REG_QWORD_LITTLE_ENDIAN	小端序數格式的 64 位元數字，在 Intel 系列處理器中等於 REG_QWORD
REG_LINK	以零結尾的 Unicode 字串，其中包含符號連結的目標路徑，該符號連結是透過使用 REG_OPTION_CREATE_LINK 呼叫 RegCreateKeyEx 函數建立的
REG_NONE	沒有定義的數值型態

登錄編輯程式中的 5 個根鍵分散儲存在不同的檔案中，作業系統將這些不同的檔案虛擬成整個登錄檔供系統自身及應用程式使用。HKEY_LOCAL_MACHINE 和 HKEY_USERS 根鍵是登錄檔中的兩大根鍵，其他根鍵都是它們衍生出來的，是這兩大根鍵下面某些子鍵的映射，例如 HKEY_CLASSES_ ROOT 根鍵是 HKEY_LOCAL_MACHINE 根鍵下 SOFTWARE\Classes 子鍵的映射。

登錄檔是一個巨大的資料迷宮，大部分子鍵和鍵值項的含義是未知的，下面對這 5 個根鍵進行簡介。

- HKEY_LOCAL_MACHINE 根鍵中儲存的是系統和軟體的設定，這些設定針對所有使用 Windows 系統的使用者，是一個公共設定資訊，與具體使用者無關。
- HKEY_USERS 根鍵中儲存的是預設使用者（.DEFAULT）、當前登入使用者與軟體（Software）等資訊。其中最重要的是 .DEFAULT 子鍵，.DEFAULT 子鍵的設定針對未來將被建立的新使用者，新使用者根據預設使用者的設定資訊來生成自己的設定檔（包括環境、螢幕、聲音等多種資訊）。

- HKEY_CLASSES_ROOT 根鍵中儲存的是系統中所有資料檔案的資訊，主要記錄不同檔案名稱副檔名的檔案和與之連結的應用程式，當使用者按兩下一個檔案時，系統透過這些資訊啟動對應的應用程式。HKEY_CLASSES_ROOT 根鍵中儲存的資訊與 HKEY_LOCAL_MACHINE\Software\Classes 子鍵中儲存的資訊一致。
- HKEY_CURRENT_USER 根鍵中儲存的資訊是當前使用者的資訊。
- HKEY_CURRENT_CONFIG 根鍵中儲存的是硬體設定檔，該根鍵很少使用，如果在 Windows 中設定了兩套或兩套以上的硬體設定檔，則在系統啟動時會提示使用者選擇使用其中一套設定檔，HKEY_CURRENT_CONFIG 根鍵中儲存的正是當前設定檔的所有資訊。

程式的很多資訊通常儲存在登錄檔中，包括加密程式的使用者名稱註冊碼資訊，在加密解密領域經常用到登錄檔相關操作函數。

7.2.1 子鍵的開啟、關閉、建立和刪除

與操作檔案類似，要對某個子鍵下面的子鍵或鍵值項操作前，首先需要呼叫 RegCreateKeyEx 或 RegOpenKeyEx 函數建立或開啟子鍵以獲得一個子鍵控制碼，然後可以透過該子鍵控制碼在其下面建立、刪除子鍵，建立或設定、查詢、刪除鍵值項。

RegOpenKeyEx 函數用於開啟子鍵以獲取一個子鍵控制碼：

```
LONG WINAPI RegOpenKeyEx(
    _In_       HKEY       hKey,          // 父鍵控制碼
    _In_opt_   LPCTSTR    lpSubKey,      // 子鍵名稱字串
    _In_       DWORD      ulOptions,     // 通常設定為 0
    _In_       REGSAM     samDesired,    // 子鍵的開啟方式，即存取權限
    _Out_      PHKEY      phkResult);    // 傳回開啟的子鍵控制碼
```

- hKey 參數指定父鍵控制碼。
- lpSubKey 參數指定子鍵名稱字串，子鍵名稱不區分大小寫。

與目錄名稱的表示方法類似，一個子鍵的完整名稱是以「根鍵 \ 第 1 層子鍵 \ 第 2 層子鍵 \ 第 *n* 層子鍵」類型的字串來表示的。既然子鍵的完整名稱以這種方式表示，那麼當開啟一個子鍵時，下面的兩種表示方法有什麼不同呢？

- 父鍵 =HKEY_LOCAL_MACHINE，子鍵 =Software\RegTest\MySubkey
- 父鍵 =HKEY_LOCAL_MACHINE\Software，子鍵 =RegTest\MySubkey

實際上這兩種表示方法是完全相同的，在使用 RegOpenKeyEx 函數開啟子鍵時，既可以將 hKey 參數設定為 HKEY_LOCAL_MACHINE 根鍵的控制碼，並將 lpSubKey 參數設定為 "Software\RegTest\MySubkey" 字串；也可以將 hKey 參數設定為 "HKEY_LOCAL_MACHINE\Software" 的控制碼，並將 lpSubKey 參數設定為 "Reg Test\MySubkey" 字串，得到的結果是相同的。但是，使用第一種方法時，hKey 參數可以直接使用常數 HKEY_LOCAL_MACHINE 來表示， 5 個根鍵的名稱分別代表其控制碼，不需要開啟，也不需要關閉根鍵控制碼；而使用第二種方法時，需要先開啟 "HKEY_LOCAL_MACHINE\Software" 子鍵來獲取它的控制碼以作為父鍵控制碼，所以具體使用哪種方法還要根據具體情況靈活選用。

- ulOptions 參數通常設定為 0。
- samDesired 參數指定子鍵的開啟方式，即存取權限，常用的存取權限如表 7.2 所示。

表 7.2

常數	含義
KEY_QUERY_VALUE	可以查詢鍵值項資料
KEY_CREATE_SUB_KEY	可以建立下一層子鍵
KEY_ENUMERATE_SUB_KEYS	可以列舉子鍵
KEY_NOTIFY	當子鍵以及下面的子鍵發生更改時可以接收到通知

常數	含義
KEY_SET_VALUE	可以建立、修改和刪除鍵值項
KEY_READ（同 KEY_EXECUTE）	等於 STANDARD_RIGHTS_READ | KEY_QUERY_VALUE | KEY_ENUMERATE_SUB_ KEYS | KEY_NOTIFY
KEY_WRITE	等於 STANDARD_RIGHTS_WRITE | KEY_SET_VALUE | KEY_CREATE_SUB_KEY
KEY_WOW64_32KEY	表示 64 位元 Windows 上的應用程式應在 32 位元登錄檔視圖上執行，32 位元 Windows 忽略此標識
KEY_WOW64_64KEY	表示 64 位元 Windows 上的應用程式應在 64 位元登錄檔視圖上執行，32 位元 Windows 忽略此標識
KEY_ALL_ACCESS	等於 STANDARD_RIGHTS_REQUIRED | KEY_QUERY_VALUE | KEY_SET_VALUE | KEY_CREATE_SUB_KEY | KEY_ENUMERATE_SUB_KEYS | KEY_NOTIFY | KEY_CREATE_LINK

- phkResult 參數用於傳回開啟的子鍵控制碼。

如果函數執行成功，則傳回值為 ERROR_SUCCESS，並在 phkResult 參數指向的 HKEY 類型變數中傳回子鍵控制碼。如果登錄檔中不存在指定的子鍵，則 RegOpenKeyEx 函數不會建立指定的子鍵，函數執行失敗。

當不再需要開啟的子鍵控制碼時，應該呼叫 RegCloseKey 函數關閉子鍵控制碼：

```
LONG WINAPI RegCloseKey(_In_  HKEY hKey);    //關閉RegOpenKeyEx或RegCreateKeyEx
                                              (開啟或建立)的子鍵控制碼
```

如果函數執行成功，則傳回值為 ERROR_SUCCESS。

RegCreateKeyEx 函數用於建立一個子鍵並傳回子鍵控制碼，如果指定的子鍵已經存在，則該函數會開啟該子鍵並傳回子鍵控制碼：

```
LONG WINAPI RegCreateKeyEx(
    _In_          HKEY        hKey,          //父鍵控制碼
    _In_          LPCTSTR     lpSubKey,      //子鍵名稱字串
    _Reserved_    DWORD       Reserved,      //保留參數，必須為0
    _In_opt_      LPTSTR      lpClass,       //使用者定義的子鍵類別名稱通常設定為NULL
```

```
    _In_         DWORD         dwOptions,     // 子鍵的建立選項，通常設定為
                                                 REG_OPTION_NON_VOLATILE
    _In_         REGSAM        samDesired,    // 子鍵的開啟方式，即存取權限
    _In_opt_     LPSECURITY_ATTRIBUTES lpSecurityAttributes,
                                              // 指向安全屬性結構的指標，通常設定為 NULL
    _Out_        PHKEY         phkResult,     // 傳回建立或開啟的子鍵控制碼
    _Out_opt_    LPDWORD       lpdwDisposition); // 傳回函數的處理結果，可以設定為 NULL
```

hKey、lpSubKey、samDesired 和 phkResult 參數的含義與 RegOpenKeyEx 函數相同。下面介紹其他參數。

- dwOptions 參數表示建立子鍵時的選項，常用的值如表 7.3 所示。
- lpSecurityAttributes 參數是一個指向安全屬性 SECURITY_ATTRIBUTES 結構的指標，該參數通常可以設定為 NULL，表示使用預設的安全屬性，傳回的控制碼不可以被子處理程序繼承。
- lpdwDisposition 參數傳回函數處理的結果，傳回的值如表 7.4 所示。

表 7.3

常數	含義
REG_OPTION_NON_VOLATILE	預設值，子鍵將被儲存在登錄檔中，並在系統重新開機時保留
REG_OPTION_VOLATILE	建立揮發性的子鍵，子鍵被儲存在記憶體中，系統重新開機時子鍵消失
REG_OPTION_BACKUP_RESTORE	如果設定了該標識，函數將忽略 samDesired 參數，並嘗試使用備份或還原子鍵所需的存取權限來開啟子鍵

表 7.4

值	含義
REG_CREATED_NEW_KEY	子鍵不存在並且已經被建立
REG_OPENED_EXISTING_KEY	子鍵已經存在，開啟該子鍵並傳回子鍵控制碼

如果 lpdwDisposition 參數設定為 NULL，則不傳回任何函數處理結果。

如果函數執行成功，則傳回值為 ERROR_SUCCESS。注意，程式無法在 HKEY_USERS 或 HKEY_ LOCAL_MACHINE 根鍵下面建立子鍵，但是可以在這兩個根鍵的子鍵下面建立子鍵。

假設要建立 "HKEY_LOCAL_MACHINE\SOFTWARE\Key1\Key2\Key3" 子鍵，既可以將 hKey 參數設定為 HKEY_LOCAL_MACHINE，將 lpSubKey 參數設定為 "SOFTWARE\Key1\Key2\Key3" 字串；也可以先開啟 "HKEY_LOCAL_MACHINE\SOFTWARE" 子鍵，將 hKey 設定為上面開啟的子鍵控制碼，然後將 lpSubKey 參數設定為 "Key1\Key2\Key3" 字串，這與 RegOpenKeyEx 函數的用法類似。在第二種用法中，開啟父鍵時要包含 KEY_CREATE_SUB_KEY 許可權。當被建立的子鍵的上層子鍵不存在時，函數會自動建立上層子鍵，例如上面的例子中，假如 Key2 子鍵不存在，函數會先在 "HKEY_LOCAL_MACHINE\SOFTWARE\Key1" 下建立 Key2 子鍵，然後在 Key2 子鍵下面繼續建立 Key3 子鍵。

同樣，當不再需要建立或開啟的子鍵控制碼時，應該呼叫 RegCloseKey 函數關閉子鍵控制碼。

RegDeleteKey 函數用於刪除一個子鍵和該子鍵中的所有鍵值項：

```
LONG WINAPI RegDeleteKey(
    _In_ HKEY    hKey,        // 父鍵控制碼，根鍵或 RegCreateKeyEx、RegOpenKeyEx
                                 函數傳回的子鍵控制碼
    _In_ LPCTSTR lpSubKey);  // 子鍵名稱字串
```

如果函數執行成功，則傳回值為 ERROR_SUCCESS。要刪除的子鍵下面必須無子鍵，否則函數執行會失敗。

要刪除一個鍵及其下面的所有子鍵，可以列舉子鍵並分別刪除它們。要遞迴刪除子鍵，可以使用 RegDeleteTree 或 SHDeleteKey 函數，這兩個函數的函數參數與 RegDeleteKey 完全相同。這兩個函數可以刪除指定子鍵下面的所有子鍵和鍵值項，須謹慎使用。

程式的一些資訊通常可以儲存在 HKEY_CURRENT_USER\Software

子鍵或 HKEY_LOCAL_MACHINE\SOFTWARE 子鍵下面，例如 INIDemo 程式的設定資訊可以在 HKEY_CURRENT_USER\Software 子鍵下面建立一個 INIDemo 子鍵，然後在該子鍵下面建立相關鍵值項。例如：

```
HKEY hKey;
LPCTSTR lpSubKey = TEXT("Software\\INIDemo");
LONG lRet;

lRet = RegCreateKeyEx(HKEY_CURRENT_USER, lpSubKey, 0, NULL, REG_OPTION_NON_
VOLATILE,
    KEY_WRITE, NULL, &hKey, NULL);
if (lRet != ERROR_SUCCESS)
{
    MessageBox(hwndDlg, TEXT("建立或開啟子鍵失敗！"), TEXT("提示"), MB_OK);
    return FALSE;
}

// 鍵值項的操作
```

7.2.2 鍵值項的建立或設定、查詢和刪除

建立或開啟一個子鍵後，即可利用該子鍵控制碼在其中管理鍵值項，包括鍵值項的建立或設定、查詢和刪除。RegSetValueEx 函數用於在指定的子鍵中建立或設定鍵值項：

```
LONG WINAPI RegSetValueEx(
    _In_         HKEY        hKey,         //RegCreateKeyEx、RegOpenKeyEx 等函數傳
                                             回的子鍵控制碼
    _In_opt_     LPCTSTR     lpValueName,  // 鍵名字串
    _Reserved_   DWORD       Reserved,     // 保留參數，必須為 0
    _In_         DWORD       dwType,       // lpData 參數指向的資料型態，前面介紹過可用
                                              的鍵值資料型態
    _In_       const BYTE*  lpData,        // 要儲存的鍵值資料
    _In_       DWORD         cbData);  //lpData 參數指向的資料的大小，以位元組為單位
```

- lpValueName 參數指定鍵名字串，如果指定的鍵名不存在，函數會建立該鍵名，如果指定的鍵名已經存在，則函數會更新該鍵名

對應的鍵值；如果該參數設定為空字串或 NULL，則表示建立或設定子鍵中的預設鍵。

- Reserved 參數是保留參數，必須為 0。
- dwType 參數指定 lpData 參數指向的資料型態，前面介紹過可用的鍵值資料型態。
- lpData 參數指定要儲存的鍵值資料。
- cbData 參數表示 lpData 參數指向的資料的大小，以位元組為單位。注意，如果鍵值資料型態為 REG_SZ、REG_EXPAND_SZ 或 REG_MULTI_SZ，那麼 cbData 必須包含 1 個或 2 個終止空白字元的大小；如果鍵值資料型態為 REG_DWORD，那麼該參數可以設定為 sizeof(DWORD)；如果鍵值資料型態為 REG_QDWORD，那麼該參數可以設定為 sizeof(QDWORD)。

如果函數執行成功，則傳回值為 ERROR_SUCCESS。要儲存的鍵值資料的大小受可用記憶體的限制，但是在登錄檔中儲存較大的資料可能會影響性能，因此資料大小大於 2KB 的鍵值資料應作為檔案來儲存，然後把檔案的完整路徑儲存在登錄檔中。

RegQueryValueEx 函數用於獲取指定子鍵中指定鍵名的鍵值資料或鍵值資料型態：

```
LONG WINAPI RegQueryValueEx(
    _In_          HKEY     hKey,          //RegCreateKeyEx、RegOpenKeyEx 等函數傳
                                            回的子鍵控制碼
    _In_opt_      LPCTSTR lpValueName,    // 鍵名字串
    _Reserved_    LPDWORD lpReserved,     // 保留參數，必須為 NULL
    _Out_opt_     LPDWORD lpType,         // 傳回鍵值資料的資料型態，可為 NULL
    _Out_opt_     LPBYTE  lpData,         // 傳回鍵值資料的緩衝區指標，可為 NULL
    _Inout_opt_   LPDWORD lpcbData);      // 指定緩衝區大小，以位元組為單位，函數傳回時
                                            是複製到 lpData 的資料大小
```

- lpValueName 參數指定鍵名字串。如果該參數設定為空字串 "" 或 NULL，則表示獲取子鍵中的預設鍵的鍵值資料或鍵值資料型態。
- lpReserved 參數是保留參數，必須為 NULL。

- lpType 參數指向的 DWORD 類型變數用於傳回鍵值資料的資料型態，如果不需要獲取鍵值資料型態，則該參數可以設定為 NULL。
- lpData 參數指向的緩衝區用於傳回鍵值資料，如果不需要獲取鍵值資料，則該參數可以設定為 NULL。
- lpcbData 參數指定緩衝區大小，以位元組為單位，函數傳回以後該參數是複製到 lpData 緩衝區中的資料大小。只有 lpData 參數設定為 NULL 時，lpcbData 參數才能設定為 NULL。該參數是一個輸入輸出參數，因此，如果是在一個迴圈中呼叫 RegQueryValueEx 函數，每一次迴圈都應該重新初始化該參數。如果僅需要查詢鍵值資料型態，lpData 和 lpcbData 參數都可以設定為 NULL。

如果函數執行成功，則傳回值為 ERROR_SUCCESS。如果 lpData 參數指定的緩衝區不足以容納資料，則函數傳回 ERROR_MORE_DATA 並將所需的緩衝區大小儲存在 lpcbData 指向的變數中。為了分配大小合適的緩衝區，可以把 lpData 參數設定為 NULL，而 lpcbData 參數設定為一個指向 DWORD 類型變數的指標，函數會傳回 ERROR_SUCCESS，並將所需緩衝區的大小（以位元組為單位）儲存在 lpcbData 指向的變數中，然後分配大小合適的緩衝區並再次呼叫 RegQueryValueEx 函數以獲取鍵值資料。

如果鍵值資料型態為 REG_SZ、REG_EXPAND_SZ 或 REG_MULTI_SZ，當初使用者儲存到登錄檔中時，可能沒有正確設定 1 個或 2 個終止空白字元，這種情況下操作 lpData 參數傳回的鍵值資料可能會導致越界操作，RegGetValue 函數的功能與 RegQueryValueEx 類似，但是 RegGetValue 函數會檢查終止的空白字元，如果使用者當初沒有正確設定終止空白字元並且緩衝區大小可以容納額外的空白字元，則函數會自動增加；不然函數執行失敗並傳回 ERROR_MORE_DATA。

RegDeleteValue 函數用於刪除指定子鍵中的指定鍵值項：

```
LONG WINAPI RegDeleteValue(
    _In_       HKEY      hKey, //RegCreateKeyEx、RegOpenKeyEx 等函數傳回的子鍵控制碼
    _In_opt_ LPCTSTR lpValueName); //鍵名字串
```

如果函數執行成功，則傳回值為 ERROR_SUCCESS。

例如 INIDemo 程式的設定資訊使用登錄檔來存取，可以按以下方式使用：

```
#include <windows.h>
#include <tchar.h>
#include "resource.h"

//函數宣告
INT_PTR CALLBACK DialogProc(HWND hwndDlg, UINT uMsg, WPARAM wParam, LPARAM
lParam);

int WINAPI WinMain(HINSTANCE hInstance, HINSTANCE hPrevInstance, LPSTR
lpCmdLine, int nCmdShow)
{
    DialogBoxParam(hInstance, MAKEINTRESOURCE(IDD_MAIN), NULL, DialogProc,
NULL);
    return 0;
}

INT_PTR CALLBACK DialogProc(HWND hwndDlg, UINT uMsg, WPARAM wParam, LPARAM
lParam)
{
    HKEY hKey;
    LPCTSTR lpSubKey = TEXT("Software\\INIDemo");
    LONG lRet;
    LPCTSTR lpValueNameX = TEXT("X");
    LPCTSTR lpValueNameY = TEXT("Y");
    LPCTSTR lpValueNameWidth = TEXT("Width");
    LPCTSTR lpValueNameHeight = TEXT("Height");
    DWORD dwcbData;
    DWORD dwX = 0, dwY = 0, dwWidth = 0, dwHeight = 0;
    RECT rect;
```

```
    switch (uMsg)
    {
    case WM_INITDIALOG:
        // 開啟 HKEY_CURRENT_USER\Software\INIDemo 子鍵
        lRet = RegOpenKeyEx(HKEY_CURRENT_USER, lpSubKey, 0, KEY_READ, &hKey);
        if (lRet != ERROR_SUCCESS)
            return TRUE;

        // 獲取鍵值資料
        dwcbData = sizeof(DWORD);
        RegQueryValueEx(hKey, lpValueNameX, NULL, NULL, (LPBYTE)&dwX,
&dwcbData);
        dwcbData = sizeof(DWORD);
        RegQueryValueEx(hKey, lpValueNameY, NULL, NULL, (LPBYTE)&dwY,
&dwcbData);
        dwcbData = sizeof(DWORD);
        RegQueryValueEx(hKey, lpValueNameWidth, NULL, NULL, (LPBYTE)
&dwWidth, &dwcbData);
        dwcbData = sizeof(DWORD);
        RegQueryValueEx(hKey, lpValueNameHeight, NULL, NULL, (LPBYTE)
&dwHeight, &dwcbData);
        RegCloseKey(hKey);

        // 設定程式視窗位置、大小
        if (dwWidth && dwHeight)
            SetWindowPos(hwndDlg, HWND_TOP, dwX, dwY, dwWidth, dwHeight,
SWP_SHOWWINDOW);
        return TRUE;

    case WM_COMMAND:
        switch (LOWORD(wParam))
        {
        case IDCANCEL:
            // 儲存程式視窗位置、大小
            GetWindowRect(hwndDlg, &rect);
            lRet = RegCreateKeyEx(HKEY_CURRENT_USER, lpSubKey, 0, NULL,
                REG_OPTION_NON_VOLATILE, KEY_WRITE, NULL, &hKey, NULL);
            if (lRet == ERROR_SUCCESS)
            {
                dwX = rect.left;
```

```
                        dwY = rect.top;
                        dwWidth = rect.right - rect.left;
                        dwHeight = rect.bottom - rect.top;

                        RegSetValueEx(hKey, lpValueNameX, 0, REG_DWORD, (LPBYTE)
&dwX, sizeof(DWORD));
                        RegSetValueEx(hKey, lpValueNameY, 0, REG_DWORD, (LPBYTE)
&dwY, sizeof(DWORD));
                        RegSetValueEx(hKey, lpValueNameWidth, 0, REG_DWORD,
(LPBYTE)&dwWidth, sizeof(DWORD));
                        RegSetValueEx(hKey, lpValueNameHeight, 0, REG_DWORD,
(LPBYTE) &dwHeight, sizeof(DWORD));
                        RegCloseKey(hKey);
                    }

                    EndDialog(hwndDlg, 0);
                    break;
                }
                return TRUE;
        }

        return FALSE;
}
```

也可以使用 RegGetValue 函數獲取指定子鍵中指定鍵名的鍵值資料或鍵值資料型態，該函數不需要子鍵控制碼：

```
LONG WINAPI RegGetValue(
    _In_          HKEY      hkey,          // 父鍵控制碼
    _In_opt_      LPCTSTR   lpSubKey,      // 子鍵名稱字串
    _In_opt_      LPCTSTR   lpValueName,   // 鍵名字串
    _In_opt_      DWORD     dwFlags,       // 限制要查詢的鍵值資料型態標識，通常設定為
                                              RRF_RT_ANY
    _Out_opt_     LPDWORD   lpType,        // 傳回鍵值資料的資料型態，可為 NULL
    _Out_opt_     PVOID     pvData,        // 傳回鍵值資料的緩衝區指標，可為 NULL
    _Inout_opt_   LPDWORD   lpcbData);     // 指定緩衝區大小，以位元組為單位，函數傳回時
                                              是複製到 pvData 的資料大小
```

- lpValueName 參數指定鍵名字串。如果該參數設定為空字串或 NULL，則表示獲取子鍵中的預設鍵的鍵值資料或鍵值資料型態。
- dwFlags 參數指定限制要查詢的鍵值資料型態標識，可取的值如表 7.5 所示。

表 7.5

常數	含義
RRF_RT_ANY	無鍵值資料型態限制
RRF_RT_REG_SZ	將類型限制為 REG_SZ
RRF_RT_REG_DWORD	將類型限制為 REG_DWORD
RRF_RT_REG_QWORD	將類型限制為 REG_QWORD
RRF_RT_REG_BINARY	將類型限制為 REG_BINARY
RRF_RT_DWORD	將類型限制為 32 位元 RRF_RT_REG_BINARY | RRF_RT_REG_DWORD
RRF_RT_QWORD	將類型限制為 64 位元 RRF_RT_REG_BINARY | RRF_RT_REG_QWORD
RRF_RT_REG_EXPAND_SZ	將類型限制為 REG_EXPAND_SZ
RRF_RT_REG_MULTI_SZ	將類型限制為 REG_MULTI_SZ
RRF_RT_REG_NONE	將類型限制為 REG_NONE

還可以同時指定以下一個或多個值，如表 7.6 所示。

表 7.6

常數	含義
RRF_NOEXPAND	如果鍵值的資料型態為 REG_EXPAND_SZ，則不要自動擴充環境變數字串
RRF_ZEROONFAILURE	如果 pvData 參數不為 NULL，則在函數執行失敗時將緩衝區中的資料清零
RRF_SUBKEY_WOW6464KEY	如果 lpSubKey 參數不為 NULL，則開啟 lpSubKey 參數指定的具有 KEY_WOW64_64KEY 存取權限的子鍵
RRF_SUBKEY_WOW6432KEY	如果 lpSubKey 參數不為 NULL，則開啟 lpSubKey 參數指定的具有 KEY_WOW64_32KEY 存取權限的子鍵

- lpType 參數指向的 DWORD 類型變數用於傳回鍵值資料的資料型態，如果不需要獲取鍵值資料型態，則該參數可以設定為 NULL。

- pvData 參數指向的緩衝區用於傳回鍵值資料，如果不需要獲取鍵值資料，則該參數可以設定為 NULL。
- lpcbData 參數指定緩衝區大小，以位元組為單位，函數傳回時該參數是複製到 pvData 緩衝區中的資料大小。只有 pvData 參數設定為 NULL 時，lpcbData 參數才能設定為 NULL。如果鍵值資料型態是 REG_SZ、REG_EXPAND_SZ 或 REG_MULTI_SZ，則 lpcbData 參數傳回的緩衝區大小包含 1 個或 2 個終止空白字元。

如果函數執行成功，則傳回值為 ERROR_SUCCESS。如果 pvData 參數指定的緩衝區不足以容納資料，則函數傳回 ERROR_MORE_DATA 並將所需的緩衝區大小儲存在 lpcbData 指向的變數中。為了分配大小合適的緩衝區，可以把 pvData 參數設定為 NULL，而 lpcbData 參數設定為一個指向 DWORD 類型變數的指標，函數會傳回 ERROR_SUCCESS，並將所需緩衝區的大小（以位元組為單位）儲存在 lpcbData 指向的變數中，然後分配大小合適的緩衝區並再次呼叫 RegGetValue 函數以獲取鍵值資料。例如：

```
RegGetValue(HKEY_CURRENT_USER, lpSubKey, lpValueNameX, RRF_ RT_ANY, NULL,
&dwX, &dwcbData)
```

7.2.3 子鍵、鍵值項的列舉

有時候可能需要列舉指定子鍵下的所有子鍵或鍵值項，例如上一章的 DIPSHookDll 專案用到了 RegEnumValue 函數列舉指定子鍵下的所有鍵值項，列舉指定子鍵下的所有子鍵使用的是 RegEnumKeyEx 函數，這與 FindFirstFile 等函數可以一起遍歷一個目錄中的子目錄和檔案不同。

RegEnumKeyEx 函數用於列舉指定子鍵下的所有子鍵的名稱、類別類型和最後寫入時間：

```
LONG RegEnumKeyEx(
    _In_         HKEY      hKey,        //子鍵控制碼，列舉該子鍵下面的所有子鍵
    _In_         DWORD     dwIndex,     //hKey 下子鍵的索引，初始設定為 0，後續每次
                                          呼叫加 1
```

```
    _Out_opt_     LPTSTR    lpName,      // 傳回子鍵名稱，包括終止的空白字元
    _Inout_       LPDWORD   lpcchName,   // 指定 lpName 緩衝區的大小，以字元為單位，
                                            傳回時是實際大小
    _Reserved_    LPDWORD   lpReserved,  // 保留參數，必須為 NULL
    _Out_opt_     LPTSTR    lpClass,     // 傳回子鍵類別名稱通常設定為 NULL
    _Inout_opt_   LPDWORD   lpcchClass,  // 指定 lpClass 緩衝區的大小，以字元為單位，
                                            傳回時是實際大小
    _Out_opt_     PFILETIME lpftLastWriteTime); // 子鍵的最後寫入時間，不需要可以
                                                   設定為 NULL
```

- dwIndex 參數指定 hKey 下子鍵的索引，要列舉所有子鍵應該迴圈呼叫該函數，第 1 次呼叫 RegEnumKeyEx 函數時該參數設定為 0，後續每次呼叫增加 1，直到該函數傳回 ERROR_NO_ MORE_ITEMS。
- lpName 參數傳回子鍵名稱，包括終止的空白字元。
- lpcchName 參數指定 lpName 緩衝區的大小，以字元為單位，指定的緩衝區大小應該包括終止的空白字元，函數傳回時該參數是複製到 lpName 緩衝區中的字元數，但傳回的字元個數不包括終止空白字元。
- lpReserved 參數是保留參數，必須為 NULL。
- lpClass 參數傳回子鍵類別名稱不需要可以設定為 NULL。
- lpcchClass 參數指定 lpClass 緩衝區的大小，以字元為單位，指定的緩衝區大小應該包括終止的空白字元，函數傳回時該參數是複製到 lpClass 緩衝區中的字元數，但傳回的字元個數不包括終止空白字元。只有 lpClass 參數設定為 NULL 時，該參數才可以設定為 NULL。
- lpftLastWriteTime 參數傳回子鍵的最後寫入時間，不需要可以設定為 NULL。

如果函數執行成功，則傳回值為 ERROR_SUCCESS。如果提供的緩衝區太小無法容納傳回的子鍵名稱或子鍵類別名稱則傳回值為 ERROR_MORE_DATA，要解決這個問題，可以先呼叫 RegQueryInfoKey 函數獲取 hKey 子鍵的相關資訊。

通常可以按以下方式列舉指定子鍵下的所有子鍵：

```
DWORD dwIndex;
TCHAR szName[MAX_PATH] = { 0 };
DWORD dwchName;

dwIndex = 0;
while (TRUE)
{
    dwchName = _countof(szName);
    lRet = RegEnumKeyEx(hKey, dwIndex, szName, &dwchName, NULL, NULL, NULL,
NULL);
    if (lRet == ERROR_NO_MORE_ITEMS)
        break;

    //處理列舉到的子鍵

    dwIndex++;
}
```

RegEnumValue 函數用於列舉指定子鍵下的所有鍵值項：

```
LONG WINAPI RegEnumValue(
    _In_          HKEY     hKey,             //子鍵控制碼，列舉該子鍵下面的所有鍵值項
    _In_          DWORD    dwIndex,          //hKey 下鍵值項的索引，初始設定為 0，後
                                               續每次呼叫加 1
    _Out_         LPTSTR   lpValueName,      //傳回鍵名，包括終止的空白字元
    _Inout_       LPDWORD  lpcchValueName, //指定 lpValueName 緩衝區的大小，以字元
                                               為單位，傳回時是實際大小
    _Reserved_    LPDWORD  lpReserved,       //保留參數，必須為 NULL
    _Out_opt_     LPDWORD  lpType,        //傳回鍵值資料型態，不需要可以設定為 NULL
    _Out_opt_     LPBYTE   lpData,        //傳回鍵值資料，不需要可以設定為 NULL
    _Inout_opt_   LPDWORD  lpcbData);     //指定 lpData 緩衝區的大小，以位元組為單位，
                                            傳回時是實際大小
```

- dwIndex 參數指定 hKey 下鍵值項的索引，要列舉所有鍵值項應該迴圈呼叫該函數，第 1 次呼叫 RegEnumValue 函數時該參數設定為 0，後續每次呼叫增加 1，直到該函數傳回 ERROR_NO_MORE_ITEMS。

- lpValueName 參數傳回鍵名，包括終止的空白字元。
- lpcchValueName 參數指定 lpValueName 緩衝區的大小，字元單位，指定的緩衝區大小應該包括終止的空白字元，函數傳回時該參數是複製到 lpValueName 緩衝區中的字元數，但是傳回的字元個數不包括終止空白字元。
- lpReserved 參數是保留參數，必須為 NULL。
- lpType 參數指向的 DWORD 類型變數用於傳回鍵值資料型態，不需要可以設定為 NULL。
- lpData 參數指向的緩衝區用於傳回鍵值資料，不需要可以設定為 NULL。
- lpcbData 參數指定 lpData 緩衝區的大小，以位元組為單位，函數傳回時該參數是複製到 lpData 緩衝區中的位元組數。只有 lpData 參數設定為 NULL 時，該參數才可以設定為 NULL。如果鍵值資料型態為 REG_SZ、REG_EXPAND_SZ 或 REG_MULTI_SZ，則 lpcbData 參數傳回的大小包括 1 個或 2 個終止空白字元的大小，但是當初使用者儲存到登錄檔中時，可能沒有正確設定 1 個或 2 個終止空白字元，這種情況下操作 lpData 參數傳回的鍵值資料可能會導致越界操作，因此應該判斷並處理傳回的鍵值資料以確保字串具有正確的終止空白字元。

如果函數執行成功，則傳回值為 ERROR_SUCCESS。如果 lpData 參數指定的緩衝區不足以容納資料，則函數傳回 ERROR_MORE_DATA 並將所需的緩衝區大小儲存在 lpcbData 指向的變數中。為了分配大小合適的緩衝區，可以把 lpData 參數設定為 NULL，而 lpcbData 參數設定為一個指向 DWORD 類型變數的指標，函數會傳回 ERROR_SUCCESS，並將所需緩衝區的大小（以位元組為單位）儲存在 lpcbData 指向的變數中，然後分配合適大小的緩衝區並再次呼叫 RegEnumValue 函數以獲取鍵值資料。

通常可以按以下方式列舉指定子鍵下的所有鍵值項：

```
DWORD dwIndex;
TCHAR szValueName[MAX_PATH] = { 0 };
BYTE bData[512] = { 0 };
DWORD dwchValueName, dwcbData;

dwIndex = 0;
while (TRUE)
{
    dwchValueName = _countof(szValueName);
    dwcbData = sizeof(bData);
    lRet = RegEnumValue(hKey, dwIndex, szValueName, &dwchValueName, NULL,
NULL,
        bData, &dwcbData);
    if (lRet == ERROR_NO_MORE_ITEMS)
        break;

    // 處理列舉到的鍵值項

    dwIndex++;
}
```

在實際程式設計過程中，應該合理設計緩衝區大小，並合理處理傳回的鍵值資料。現在讀者可以重新查看 DIPSHookDll 專案。

在列舉子鍵和鍵值項時往往會遇到這樣一個問題：登錄檔函數對鍵值資料的長度沒有限制，在分配緩衝區時如果申請太大的記憶體比較浪費，申請太小的記憶體則無法列舉成功，對傳回的子鍵名稱和鍵名也是如此。那麼究竟應該分配多大的緩衝區呢？在列舉前可以先呼叫 RegQueryInfoKey 函數查詢指定子鍵的相關資訊。RegQueryInfoKey 函數傳回的資訊有：一個子鍵下面的子鍵的數量、鍵值項的數量、子鍵名稱和鍵名字串的最大長度以及鍵值資料的最大長度等，根據這些資訊能夠方便地申請合適的緩衝區來保證列舉成功。RegQueryInfoKey 函數宣告如下：

```
LONG WINAPI RegQueryInfoKey(
    _In_            HKEY        hKey,       // 子鍵控制碼
    _Out_opt_       LPTSTR      lpClass,    // 傳回子鍵類別名稱
    _Inout_opt_     LPDWORD     lpcClass,   // lpClass 參數指向的緩衝區的大小，以字元為單位
```

```
    _Reserved_    LPDWORD   lpReserved,            // 保留參數，必須為 NULL
    _Out_opt_     LPDWORD   lpcSubKeys,            // 傳回 hKey 下面所有子鍵的數量
    _Out_opt_     LPDWORD   lpcMaxSubKeyLen,       // 傳回子鍵名稱的最大長度（按
                                                      Unicode），不包含終止字元
    _Out_opt_     LPDWORD   lpcMaxClassLen,        // 傳回子鍵類別名稱最大長度（按
                                                      Unicode），不包含終止字元
    _Out_opt_     LPDWORD   lpcValues,             // 傳回 hKey 下面所有鍵值項的數量
    _Out_opt_     LPDWORD   lpcMaxValueNameLen,// 傳回鍵名的最大長度（按 Unicode），
                                                      不包含終止字元
    _Out_opt_     LPDWORD   lpcMaxValueLen, // 傳回鍵值資料的最大長度，以位元組為單位
    _Out_opt_     LPDWORD   lpcbSecurityDescriptor, // 傳回 hKey 的安全性描述元的大
                                                         小，以位元組為單位
    _Out_opt_     PFILETIME lpftLastWriteTime); // 傳回 hKey 的最後寫入時間
```

如果函數執行成功，則傳回值為 ERROR_SUCCESS。

還有一些不常用的登錄檔函數，例如 RegSaveKey 函數用來將子鍵資訊儲存到指定的檔案中，RegLoadKey 和 RegReplaceKey 函數用來從指定的檔案中恢復登錄檔的子鍵資訊等。

7.2.4 登錄檔應用：程式開機自動執行設定檔案連結

在以下子鍵中建立一個鍵值項，鍵值資料設定為一個程式的完整路徑，該程式可以在開機後自動執行，鍵值資料型態可以是 REG_SZ 或 REG_EXPAND_SZ，需要注意的是鍵名不能與已存在的鍵名衝突：

```
HKEY_LOCAL_MACHINE\Software\Microsoft\Windows\CurrentVersion\Run
HKEY_LOCAL_MACHINE\Software\Microsoft\Windows\CurrentVersion\RunOnce
（僅執行一次）
HKEY_CURRENT_USER\Software\Microsoft\Windows\CurrentVersion\Run
HKEY_CURRENT_USER\Software\Microsoft\Windows\CurrentVersion\RunOnce
（僅執行一次）
```

範例程式如下：

```
HKEY hKey;
LPCTSTR lpSubKey = TEXT("Software\\Microsoft\\Windows\\CurrentVersion\\Run");
LPCTSTR lpValueName = TEXT("INIDemo");     // 鍵名
```

```
LPTSTR lpData = TEXT("F:\\Source\\Windows\\Chapter7\\INIDemo\\Debug\\INIDemo.
exe"); //鍵值
DWORD dwcbData = (_tcslen(lpData) + 1) * sizeof(TCHAR);

RegOpenKeyEx(HKEY_LOCAL_MACHINE, lpSubKey, 0, KEY_WRITE, &hKey);
RegSetValueEx(hKey, lpValueName, NULL, REG_SZ, (LPBYTE)lpData, dwcbData);
RegCloseKey(hKey);
```

注意，如果程式編譯為 32 位元，即 32 位元程式執行在 WOW64 時，實際上是在以下位置建立鍵值項：

```
HKEY_LOCAL_MACHINE\SOFTWARE\WOW6432Node\Microsoft\Windows\CurrentVersion\Run
```

如果程式編譯為 64 位元，則是在我們指定的子鍵中建立鍵值項：

```
HKEY_LOCAL_MACHINE\SOFTWARE\Microsoft\Windows\CurrentVersion\Run
```

出現這個問題的原因是 WOW64 對登錄檔做了重新導向。如果我們使用 32 位元的登錄檔編輯（C:\Windows\SysWOW64\Regedit.exe）在 HKEY_LOCAL_MACHINE/Software 子鍵下面新建一個鍵值項，然後使用 64 位元的登錄編輯程式（C:\Windows\Regedit.exe）查看，會發現這個鍵值項只會出現在 HKEY_ LOCAL_MACHINE/Software/WOW6432Node 子鍵下面，不會出現在 HKEY_LOCAL_MACHINE/Software 子鍵下面，因為 HKEY_LOCAL_MACHINE/Software 子鍵是專門用於儲存 64 位元程式所使用的登錄檔資料的，而 HKEY_LOCAL_MACHINE/Software/WOW6432Node 子鍵是專門用於儲存 32 位元程式所使用的登錄檔資料的。實際上，撰寫出上述程式通常是沒有問題的，作業系統內部怎麼去重新導向、映射我們的鍵值項可以不予理會，如果一定要在指定的位置操作鍵值項，可以在建立或開啟子鍵的時候指定 KEY_WOW64_64KEY 或 KEY_WOW64_32KEY 存取權限。

如果將一個類型的資料檔案與一個可執行檔相連結，可以透過按兩下該類型的資料檔案來執行可執行檔並開啟資料檔案，例如按兩下以 .txt 為副檔名的文字檔，就會自動執行 Notepad.exe 並開啟 .txt 文字檔。檔案連結可以透過在登錄檔的 HKEY_CLASSES_ROOT 根鍵中設定，要為某種副檔名的資料檔案設定連結程式，需要在 HKEY_CLASSES_ROOT 根鍵下設定 2 個子鍵，第 1 個子鍵的名稱是「. 副檔名」，在「. 副檔名」子鍵下設定一個預設鍵，預設鍵的鍵值資料型態是 REG_SZ，鍵值資料是 HKEY_ CLASSES_ROOT 根鍵下另一個子鍵的名稱，在第 2 個子鍵下設定與「. 副檔名」類型態資料檔案相連結的可執行檔名。

如果連結的操作方式是「開啟」，則可以在第 2 個子鍵中繼續建立 "shell\open\command" 子鍵，然後為該子鍵設定預設鍵，預設鍵的鍵值資料型態可以是 REG_SZ 或 REG_EXPAND_SZ，鍵值資料設定為可執行檔的完整路徑，按兩下資料檔案即可自動執行這個可執行檔。如果連結的操作方式是「列印」，則可以在第 2 個子鍵中繼續建立 "shell\print\command" 子鍵，同樣將 command 子鍵的預設鍵設定為執行列印操作的可執行檔名。

HKEY_CLASSES_ROOT\.txt 子鍵的預設鍵的鍵值為 txtfile，HKEY_CLASSES_ROOT\txtfile\shell\open\command 子鍵的預設鍵的鍵值為 %SystemRoot%\system32\NOTEPAD.EXE %1，%1 表示該程式執行時的第 1 個參數。

CHAPTER

08

Windows 異常處理

程式執行過程中難免會發生錯誤。CPU 負責捕捉類似於存取非法記憶體位址或除數為 0 的錯誤程式，並拋出對應的例外，由 CPU 拋出的例外都是硬體異常；作業系統和應用程式也可以拋出例外，這類異常稱為軟體異常。當異常（包括硬體異常和軟體異常）發生後，Windows 或應用程式針對所發生錯誤生成一段處理程式，通常稱為異常處理函數或例外處理常式。

發生異常時，如果程式中沒有相關的異常處理函數，Windows 就會終止處理程序，依次彈出圖 8.1 所示的兩個對話方塊。

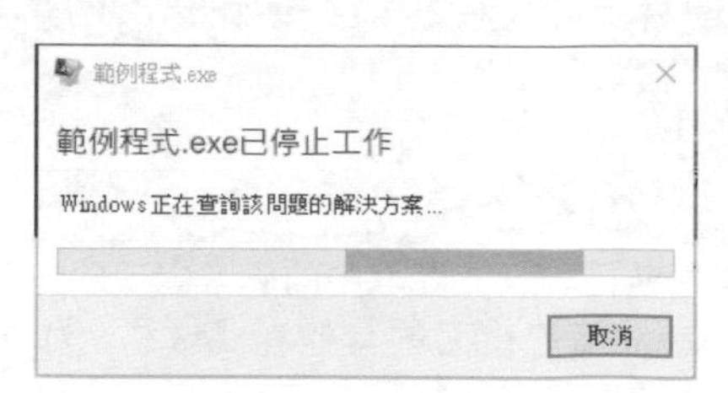

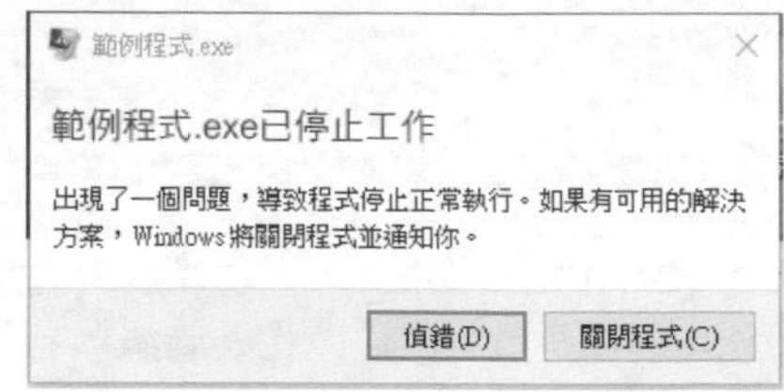

▲ 圖 8.1

8.1 結構化異常處理

8.1.1 try-except 敘述

發生異常時，Windows 允許應用程式自行處理該異常，微軟公司定義了 try-except 敘述用於結構化異常處理（Structured Exception Handling，

SEH）：

```
__try
{
    // 受保護敘述
}
__except （異常過濾運算式）
{
    // 異常處理敘述
}

// 其他程式敘述
```

try 區塊中儲存的是受保護敘述，except 區塊中儲存的是異常處理敘述（例外處理常式）。如果執行受保護敘述發生異常時，則 Windows 會把對程式的控制權轉交給程式自身，並根據異常過濾運算式的值決定是否執行 except 區塊中的異常處理敘述。如果執行受保護敘述時沒有發生異常，則根本不會執行 except 區塊中的異常處理敘述。

異常過濾運算式可以是一個常數值、條件運算式或逗點運算子，還可以是一個函數呼叫。異常過濾運算式也稱為異常過濾程式，該運算式傳回的值用於確定異常的處理方式，運算式的值及其含義如表 8.1 所示。

表 8.1

運算式的值	含義
EXCEPTION_EXECUTE_HANDLER (1)	處理這個異常，執行 except 區塊中的異常處理敘述，然後繼續執行 except 區塊後面的其他程式敘述。如果受保護敘述中發生異常的敘述後面還有其他敘述，則這些敘述是不會繼續執行的，因為一旦一行指令執行失敗後程式就難以保證繼續穩定執行，例如我們呼叫一個記憶體分配函數失敗，之後對記憶體指標的操作都不應該執行，否則程式會不停地拋出例外
EXCEPTION_CONTINUE_SEARCH (0)	不處理該異常，Windows 繼續向上搜尋下一個具有最高優先順序的例外處理常式（不會執行 except 區塊中的異常處理敘述）

運算式的值	含義
EXCEPTION_CONTINUE_EXECUTION (-1)	消除異常，重新執行發生異常的那行敘述（不會執行 except 區塊中的異常處理敘述）。因為我們無法保證正確修復發生異常的敘述，所以這可能會導致無窮迴圈，即在計算異常過濾運算式的值和重新執行出錯敘述之間無限迴圈，因此需要謹慎使用 EXCEPTION_CONTINUE_EXECUTION

下面看幾個有關異常過濾運算式的值 EXCEPTION_EXECUTE_HANDLER、EXCEPTION_CONTINUE_SEARCH 和 EXCEPTION_CONTINUE_EXECUTION 的範例。

下面的函數 CalcHowManyDelimit 用於計算一個字串中指定字元的個數：

```
int CalcHowManyDelimit(LPCTSTR lpStrToken, LPCTSTR lpStrDelimit)
{
    int nHowManyDelimit = -1;            // 傳回 -1 表示失敗
    LPTSTR lpStrTokenTemp = NULL;        // 假設分配臨時緩衝區失敗
    LPTSTR lpToken = NULL;               // 指向被分割出部分的指標
    LPTSTR lpTokenNext = NULL;           // 剩餘未被分解的部分指標

    __try
    {
        // 分配一塊臨時緩衝區 lpStrTokenTemp 用於儲存 lpStrToken 的副本，
          因為 _tcstok_s 會破壞來源字串
        lpStrTokenTemp = new TCHAR[_tcslen(lpStrToken) + 1];
        StringCchCopy (lpStrTokenTemp, _tcslen(lpStrToken) + 1, lpStrToken);

        // 獲取第一個分隔符號
        lpToken = _tcstok_s(lpStrTokenTemp, lpStrDelimit, &lpTokenNext);
        // 如果第一個分隔符號是字串中最後一個字元
        if (lpTokenNext == lpStrTokenTemp + _tcslen(lpStrToken))
            nHowManyDelimit++;

        // 迴圈獲取所有分隔符號
        while (lpToken != NULL)
        {
            nHowManyDelimit++;
```

```
            lpToken = _tcstok_s(NULL, lpStrDelimit, &lpTokenNext);
        }
    }
    __except (EXCEPTION_EXECUTE_HANDLER)
    {
    }

    delete[]lpStrTokenTemp;
    return nHowManyDelimit;
}
```

上述程式有可能出錯的地方是，呼叫者在呼叫 CalcHowManyDelimit 函數時傳入了非法記憶體位址的字串參數，或分配臨時緩衝區時可能出現記憶體分配失敗的情況，其他地方出錯的可能性很小。例如呼叫者在呼叫 CalcHowManyDelimit 函數時傳入了非法記憶體位址的字串參數 lpStrToken，當執行 try 區塊中第一句程式的 _tcslen 函數時會引發一個存取違規，這時 Windows 會把對程式的控制權轉交給程式自身，異常過濾運算式的值為 EXCEPTION_EXECUTE_HANDLER 表示處理這個異常，於是執行 except 區塊中的異常處理敘述（什麼也沒做），然後繼續執行 except 區塊後面的 delete 敘述並傳回 -1，try 區塊中第一句後面的程式不會執行。呼叫 _tcslen 函數時會引發一個存取違規，因此 new 操作符號的記憶體分配工作不會執行，lpStrTokenTemp 的值為 NULL，為 delete 操作符號傳入一個 NULL 值不會出錯。

接下來再看下面的範例，異常過濾運算式可以指定為一個函數呼叫（異常過濾函數），根據不同的情況傳回不同的值：

```
TCHAR g_szBuf[64] = { 0 };

VOID SomeFunc()
{
    LPTSTR lpszBuf = NULL;

    __try
    {
```

```
        *lpszBuf = TEXT('A');
        // 其他程式
    }
    __except (ExceptionFilterFunc(&lpszBuf))
    {
        MessageBox(NULL, TEXT("發生異常"), TEXT("提示"), MB_OK);
    }

    MessageBox(NULL, TEXT("函數執行完畢"), TEXT("提示"), MB_OK);
}

INT ExceptionFilterFunc(LPTSTR* ppStr)
{
    if (*ppStr == NULL)
    {
        *ppStr = g_szBuf;
        return EXCEPTION_CONTINUE_EXECUTION;
    }

    return EXCEPTION_EXECUTE_HANDLER;
}
```

字串指標 lpszBuf 的初值為 NULL。當執行 try 區塊中第一句程式時會引發一個記憶體寫入違規，Windows 把對程式的控制權轉交給程式自身，異常過濾運算式是一個 ExceptionFilterFunc 函數呼叫，於是執行 ExceptionFilterFunc 函數，如果發現傳遞過來的字串指標 lpszBuf 的值為 NULL，就把全域變數緩衝區的位址 g_szBuf 賦給 lpszBuf，然後傳回 EXCEPTION_CONTINUE_EXECUTION 表示重新執行發生異常的 *lpszBuf = TEXT('A'); 敘述。我們推斷 lpszBuf 的值等於 g_szBuf，重新執行可以正確執行。這時 lpszBuf 的值確實等於 g_szBuf，但是 try 區塊的組合語言程式碼可能是下面的樣子：

```
__try
00C9C56C  mov dword ptr [ebp-4], 0
00C9C573  mov eax, dword ptr [lpszBuf]
{
    *lpszBuf = TEXT('A');
```

```
    00C9C576  mov ecx, 41h
    00C9C57B  mov word ptr [eax], cx
    //其他程式
}
```

從組合語言程式碼可以看出，*lpszBuf = TEXT('A'); 敘述被組合語言為兩行組合語言敘述 mov ecx,41h 和 mov word ptr [eax],cx，重新執行的是 00C9C57B 一行的 mov word ptr [eax],cx 敘述，lpszBuf 指標確實不為 NULL，但是 mov word ptr [eax],cx 敘述中的 eax 的值始終為 0。實際結果就是：重新執行 mov word ptr [eax],cx 指令，還是會發生寫入 NULL 位址這樣的違規異常，但是執行 ExceptionFilterFunc 函數，發現傳遞過來的字串指標 lpszBuf 的值不為 NULL，傳回 EXCEPTION_EXECUTE_HANDLER 表示處理這個異常，於是執行 except 區塊中的異常處理敘述 MessageBox，然後繼續執行 except 區塊後面的 MessageBox 敘述，SomeFunc 函數傳回。

如果把 ExceptionFilterFunc 函數進行如下所示的更改，就會形成一個無窮迴圈：

```
INT ExceptionFilterFunc(LPTSTR* ppStr)
{
    if (*ppStr == NULL)
        *ppStr = g_szBuf;

    return EXCEPTION_CONTINUE_EXECUTION;
}
```

因為我們無法保證正確修復發生異常的敘述，所以這可能會導致無窮迴圈，即在計算異常過濾運算式的值和重新執行出錯敘述之間無限迴圈，因此需要謹慎使用 EXCEPTION_CONTINUE_EXECUTION。

再看一個例子，與上面的例子類似，只不過是把 SomeFunc 函數中的 try 區塊中的敘述更換為一個具有結構化異常處理能力的函數呼叫：

```
TCHAR g_szBuf[64] = { 0 };
```

```
VOID SomeFunc()
{
    LPTSTR lpszBuf = NULL;

    __try
    {
        FuncInTry(lpszBuf);
        //其他程式
    }
    __except (ExceptionFilterFunc(&lpszBuf))
    {
        MessageBox(NULL, TEXT("發生異常"), TEXT("提示"), MB_OK);
    }

    MessageBox(NULL, TEXT("函數執行完畢"), TEXT("提示"), MB_OK);
}

VOID FuncInTry(LPTSTR pStr)
{
    __try
    {
        *pStr = TEXT('A');
        //其他程式
    }
    __except (EXCEPTION_CONTINUE_SEARCH)
    {
        //不會執行
    }
}

INT ExceptionFilterFunc(LPTSTR* ppStr)
{
    if (*ppStr == NULL)
    {
        *ppStr = g_szBuf;
        return EXCEPTION_CONTINUE_EXECUTION;
    }

    return EXCEPTION_EXECUTE_HANDLER;
}
```

當執行 SomeFunc 函數中的 try 區塊中第一句程式時，呼叫 FuncInTry 函數並傳入一個 NULL 指標，在 FuncInTry 函數內部會引發一個記憶體寫入違規異常，這樣就會計算 FuncInTry 函數中異常過濾運算式的值，這裡是 EXCEPTION_CONTINUE_SEARCH，該常數表示系統將在呼叫堆疊中向上查詢前一個包含 except 區塊的 try 區塊，並計算這個 try 區塊對應的異常過濾運算式。第 1 次執行 ExceptionFilterFunc 函數會傳回 EXCEPTION_CONTINUE_EXECUTION，表示重新執行 FuncInTry 函數中的設定陳述式，ExceptionFilterFunc 函數中對指標值的修改不會影響 FuncInTry 函數中的 pStr 變數，因此重新執行 FuncInTry 函數中的設定陳述式只會導致同一個異常再次發生。第 2 次執行 ExceptionFilterFunc 函數會傳回 EXCEPTION_EXECUTE_HANDLER 表示處理該異常，於是執行 SomeFunc 函數中的 except 區塊中的異常處理敘述 MessageBox，然後繼續執行 except 區塊後面的 MessageBox 敘述，SomeFunc 函數傳回。

8.1.2 GetExceptionCode 和 GetExceptionInformation

如果應用程式無法從異常中完全恢復，我們可以選擇顯示相關錯誤資訊並捕捉應用程式的內部狀態，從而幫助診斷問題。結構化異常處理提供了兩個可以與 try-except 敘述一起使用的內建函數：GetExceptionCode 和 GetExceptionInformation。

GetExceptionCode 巨集用於獲取剛剛發生的異常的異常程式，只能在異常過濾運算式或例外處理常式區塊內呼叫 GetExceptionCode。如果異常過濾運算式呼叫的是一個函數，則不能在異常過濾函數中呼叫 GetExceptionCode，但是 GetExceptionCode 的傳回值可以作為參數傳遞給異常過濾函數。GetExceptionCode 巨集的相關定義如下：

```
DWORD GetExceptionCode();
#define GetExceptionCode  _exception_code
unsigned long __cdecl _exception_code(void);
```

GetExceptionCode 傳回一個 DWORD 類型的異常程式，常見的異常程式及含義如表 8.2 所示。

表 8.2

異常分類	異常程式	含義
與記憶體相關的異常程式	EXCEPTION_ACCESS_VIOLATION (0xC0000005)	試圖讀取或寫入對其沒有適當存取權限的記憶體地址
	EXCEPTION_DATATYPE_MISALIGNMENT(0x80000002)	試圖從沒有提供自動對齊機制的硬體中讀取沒有對齊的資料。舉例來說，16 位元資料必須在 2 位元組邊界對齊，32 位元資料必須在 4 位元組邊界對齊，依此類推
	EXCEPTION_ARRAY_BOUNDS_EXCEEDED(0xC000008C)	在支援邊界檢查的硬體上存取越界的陣列元素
	EXCEPTION_STACK_OVERFLOW (0xC00000FD)	用光了系統分配給它的堆疊空間
	EXCEPTION_PRIV_INSTRUCTION (0xC0000096)	試圖執行在當前機器模式下不允許執行的指令
	EXCEPTION_ILLEGAL_INSTRUCTION(0xC000001D)	試圖執行一行非法指令
與異常本身相關的異常程式	EXCEPTION_NONCONTINUABLE_EXCEPTION(0xC0000025)	異常過濾運算式傳回 EXCEPTION_CONTINUE_EXECUTION，但是實際上這個類型的異常發生後系統並不允許程式繼續執行
	EXCEPTION_INVALID_DISPOSITION(0xC0000026)	異常過濾運算式傳回 EXCEPTION_EXECUTE_HANDLER、EXCEPTION_CONTINUE_SEARCH 和 EXCEPTION_CONTINUE_EXECUTION 以外的值
與偵錯相關的異常程式	EXCEPTION_BREAKPOINT (0x80000003)	遇到 int 3 中斷點
	EXCEPTION_SINGLE_STEP (0x80000004)	單步中斷
與整數相關的異常程式	EXCEPTION_INT_DIVIDE_BY_ZERO(0xC0000094)	執行緒試圖在整數除法運算中以 0 作為除數
	EXCEPTION_INT_OVERFLOW (0xC0000095)	整數運算的結果超出了該類型規定的範圍

異常程式值的定義有一定規則，每個異常程式值劃分為表 8.3 所示的幾個部分（Customer 表示使用者自訂）。

表 8.3

位元	含義	值
31～30	嚴重性	0=Success 1=Informational 2=Warning 3=error
29	Microsoft/Customer	0=Microsoft 所定義的程式 1=Customer 所定義的程式
28	保留位元	總為 0
27～16	裝置程式	前 256 個值為 Microsoft 所保留
15～0	異常程式	由 Microsoft/Customer 定義的異常程式

例如 EXCEPTION_ACCESS_VIOLATION 的值為 0xC0000005，對應的二進位形式如下：

11 0 0 000000000000 0000000000000101

第 30 位元和第 31 位元都被設為 1，表示這是一個嚴重錯誤，執行緒在這種情況不能繼續往下執行；第 29 位元為 0，表示這個異常程式由 Microsoft 定義；第 0～15 位元的值為 5，表示 Microsoft 將存取違規異常程式定義為 5。

使用 GetExceptionCode 的範例如下：

```
VOID SomeFunc()
{
    int n = 0;

    __try
    {
        int nTemp = 10;
        nTemp /= n;
    }
    __except ((GetExceptionCode() == EXCEPTION_ACCESS_VIOLATION ||
```

```
        GetExceptionCode() == EXCEPTION_INT_DIVIDE_BY_ZERO) ?
        EXCEPTION_EXECUTE_HANDLER : EXCEPTION_CONTINUE_SEARCH)
    {
        switch (GetExceptionCode())
        {
        case EXCEPTION_ACCESS_VIOLATION:
            //處理存取違規
            MessageBox(NULL, TEXT("存取違規"), TEXT("提示"), MB_OK);
            break;

        case EXCEPTION_INT_DIVIDE_BY_ZERO:
            //處理除零錯誤
            MessageBox(NULL, TEXT("除零錯誤"), TEXT("提示"), MB_OK);
            break;
        }
    }

    MessageBox(NULL, TEXT("函數執行完畢"), TEXT("提示"), MB_OK);
}
```

GetExceptionInformation 巨集用於獲取剛剛發生的異常的相關資訊，只能在異常過濾運算式中呼叫該巨集，如果異常過濾運算式呼叫的是一個函數，不能在異常過濾函數中呼叫該巨集，但是該巨集的傳回值可以作為參數傳遞給異常過濾函數。GetExceptionInformation 巨集的相關定義如下：

```
LPEXCEPTION_POINTERS GetExceptionInformation();
#define GetExceptionInformation (struct _EXCEPTION_POINTERS*)_exception_info
void* __cdecl _exception_info();
```

GetExceptionInformation 傳回一個指向 EXCEPTION_POINTERS 結構的指標。EXCEPTION_POINTERS 結構在 winnt.h 標頭檔中定義如下：

```
typedef struct _EXCEPTION_POINTERS {
    PEXCEPTION_RECORD  ExceptionRecord; //指向包含異常資訊的 EXCEPTION_RECORD
                                          結構的指標
    PCONTEXT           ContextRecord;   //指向包含執行緒環境的 CONTEXT 結構的指標
} EXCEPTION_POINTERS, * PEXCEPTION_POINTERS;
```

EXCEPTION_RECORD 結構和 CONTEXT 結構的含義在 4.6 節中已經介紹過。之所以只能在異常過濾運算式中呼叫 GetExceptionInformation，是因為指向 EXCEPTION_RECORD 結構的指標和指向 CONTEXT 結構的指標位於堆疊上，在把控制權轉交給例外處理常式後，這些堆疊上的資料結構就會被銷毀。

EXCEPTION_RECORD 結構有幾個欄位在前面沒有介紹：

```
typedef struct _EXCEPTION_RECORD {
    DWORD                      ExceptionCode;      //異常程式
    DWORD                      ExceptionFlags;     //異常標識
    struct _EXCEPTION_RECORD* ExceptionRecord;
    PVOID                      ExceptionAddress;   //發生異常的位址
    DWORD                      NumberParameters;
    ULONG_PTR    ExceptionInformation[EXCEPTION_MAXIMUM_PARAMETERS];
} EXCEPTION_RECORD, * PEXCEPTION_RECORD;
```

- ExceptionFlags 欄位是異常標識，該欄位可以設定為 0 表示程式可繼續執行的異常，也可以設定為 EXCEPTION_NONCONTINUABLE 表示程式不可繼續執行的異常，在不可繼續的異常發生後繼續執行程式會導致發生 EXCEPTION_NONCONTINUABLE_EXCEPTION 異常。
- 如果發生巢狀結構異常時，則 ExceptionRecord 欄位是一個指向 EXCEPTION_RECORD 結構的指標，其中包含另一個異常的異常資訊；如果沒有發生巢狀結構異常，則該欄位為 NULL。
- NumberParameters 欄位表示與異常連結的參數個數，即 ExceptionInformation 陣列中陣列元素的個數，最多為 EXCEPTION_MAXIMUM_PARAMETERS(15) 個，該欄位的值通常為 0。
- ExceptionInformation 陣列是一組描述異常的附加參數，該欄位的值通常為 NULL。

EXCEPTION_RECORD 結構的最後兩個欄位（NumberParameters 和 ExceptionInformation）提供了關於異常的附加資訊，目前只有 EXCEPTION_ ACCESS_VIOLATION 和 EXCEPTION_IN_PAGE_ERROR

異常提供了附加資訊，其他所有異常的 NumberParameters 值均為 0，如表 8.4 所示。

表 8.4

異常程式	陣列元素含義
EXCEPTION_ACCESS_VIOLATION	ExceptionInformation[0] 包含一個讀寫標識，指出引發這個非法存取的操作類型，該值為 0 表示執行緒試圖讀取不可存取的記憶體位址，該值為 1 表示執行緒試圖寫入不可存取的記憶體位址。當資料執行保護（Data Execution Prevention，DEP）檢測到執行緒執行沒有可執行許可權的記憶體分頁中的程式時，也會拋出 EXCEPTION_ACCESS_VIOLATION 例外，同時 ExceptionInformation[0] 的值被設定為 8。ExceptionInformation[1] 表示不可存取資料的記憶體地址
EXCEPTION_IN_PAGE_ERROR	ExceptionInformation[0] 的含義與 EXCEPTION_ACCESS_VIOLATION 相同。ExceptionInformation[1] 同樣表示不可存取資料的記憶體位址。ExceptionInformation[2] 表示導致異常的 NTSTATUS 程式

如果需要在例外處理常式中使用 EXCEPTION_RECORD 結構和 CONTEXT 結構，可以按以下方式使用：

```
VOID SomeFunc()
{
    EXCEPTION_RECORD ExceptionRecord;
    CONTEXT ContextRecord;

    __try
    {
    }
    __except (ExceptionRecord = *((GetExceptionInformation())->ExceptionRecord),
        ContextRecord = *((GetExceptionInformation())->ContextRecord),
EXCEPTION_EXECUTE_HANDLER)
    {
        // 使用 EXCEPTION_RECORD 結構和 CONTEXT 結構
    }

    // 其他程式
}
```

使用 GetExceptionInformation 的範例如下：

```
VOID SomeFunc()
{
    __try
    {
        //程式
    }
    __except (ExceptionFilterFunc(GetExceptionInformation()))
    {
        //程式
    }

    //程式
}

INT ExceptionFilterFunc(LPEXCEPTION_POINTERS lpExceptionPointers)
{
    TCHAR szBuf[256] = { 0 };

    wsprintf(szBuf, TEXT("非常的址：0x%p，異常程式：0x%X"),
        lpExceptionPointers->ExceptionRecord->ExceptionAddress,
        lpExceptionPointers->ExceptionRecord->ExceptionCode);
    MessageBox(NULL, szBuf, TEXT("提示"), MB_OK);

    return EXCEPTION_EXECUTE_HANDLER;
}
```

8.1.3 利用結構化異常處理進行反偵錯

所有異常處理都從核心底層的例外處理常式開始，底層例外處理常式呼叫使用者層的例外處理常式（如果有）。程式中的每個函數都可以具有自己的例外處理常式，這正是結構化異常處理名稱中結構化的含義，隨著層層函數呼叫，所有的例外處理常式會形成一個 SEH 鏈結串列，try-except 敘述就是在堆疊中建構一個 SEH 節點，最後加入的 SEH 節點位於 SEH 鏈結串列的頭部。需要注意，結構化異常處理是基於執行緒的，每個執行緒都可以有自己的 SEH 鏈結串列。每個 SEH 節點實際上是一個

EXCEPTION_REGISTRATION_ RECORD 結構，該結構在 winnt.h 標頭檔中定義如下：

```
typedef struct _EXCEPTION_REGISTRATION_RECORD {
    struct _EXCEPTION_REGISTRATION_RECORD* Next;    // 指向前一個 SEH 節點的本結構
    PEXCEPTION_ROUTINE                      Handler; // 例外處理常式
} EXCEPTION_REGISTRATION_RECORD;
```

try-except 敘述在堆疊中建構一個 EXCEPTION_REGISTRATION_RECORD 結構到 SEH 鏈結串列的頭部，這個過程使用組合語言程式碼描述如下：

```
push ExceptionHandler  // 例外處理常式
push fs:[0]            // 前一個 SEH 節點的 EXCEPTION_REGISTRATION_RECORD
mov fs:[0] , esp       // 當前 SEH 節點的 EXCEPTION_REGISTRATION_RECORD 指標放入 fs:[0]

// 程式

// 將 fs:[0] 的值恢復為原來的 EXCEPTION_REGISTRATION_RECORD 結構的位址
pop fs:[0]
pop eax
```

fs:[0] 也就是 fs 暫存器偏移 0 的位址處永遠指向當前 SEH 節點的 EXCEPTION_REGISTRATION_ RECORD 結構。函數傳回時應該將 fs:[0] 的值恢復為原來的 EXCEPTION_REGISTRATION_RECORD 結構的位址，最後一行程式 pop eax 僅是為了使堆疊平衡，彈出到 eax 中的值沒有實際用途。執行這兩行指令後，堆疊中的當前 SEH 節點的 EXCEPTION_REGISTRATION_RECORD 結構被釋放。上述組合語言程式碼是結構化異常處理大致的樣子，在不同的作業系統和編譯器上結構化異常處理的具體實作會有所不同，這裡不再深入研究。

當一個異常發生時，系統會首先查看產生異常的處理程序是否正在被偵錯。如果正在被偵錯，則會向偵錯器發送一個 EXCEPTION_DEBUG_EVENT 事件；如果處理程序沒有被偵錯或偵錯器不處理該異常，則會呼叫使用者層的例外處理常式（如果有）。舉例來說，int3 是最常用的普通中斷點，int3 中斷點的原理就是把指令的第 1 位元組修改為 0xCC，當執行到該行指令發現第 1 位元組是 0xCC 時就會觸發一個異常並暫停，然後偵錯器執行異常處理，把該指令的第 1 位元組修改回原來的位元組指令，並把指令指標暫存器 EIP 的值減 1 以重新執行該指令。因為偵錯器已經處理 int3 異常，所以使用者層的例外處理常式將不會得到執行。我們可以利用這一點來檢測程式自身是否正在被偵錯，例如下面的函數：

```
BOOL CheckDebugging()
{
    __try
    {
        RaiseException(EXCEPTION_BREAKPOINT, 0, 0, NULL);
    }
    __except (EXCEPTION_EXECUTE_HANDLER)
    {
        return FALSE;
    }

    return TRUE;
}
```

try 區塊中呼叫 RaiseException 函數觸發一個 EXCEPTION_BREAKPOINT 異常，如果程式正在被偵錯，則不會執行 except 區塊中的 return FALSE 敘述，而是執行 except 區塊後面的 return TRUE 敘述。

可以按以下方式使用 CheckDebugging 函數：

```
if (CheckDebugging())
    MessageBox(hwndDlg, TEXT("處理程序正在被偵錯"), TEXT("提示"), MB_OK);
```

上面的反偵錯程式很容易被反偵錯，OD 可以安裝一個 StrongOD 外掛程式，該外掛程式中有一個 Skip Some Exceptions 選項，選取該選項即可跳過該反偵錯。

如果把 CheckDebugging 函數修改如下，會導致一個寫入 NULL 位址異常：

```
BOOL CheckDebugging()
{
    __try
    {
        //RaiseException(EXCEPTION_BREAKPOINT, 0, 0, NULL);
        LPDWORD lpdw = NULL;
        *lpdw = 0x12345678;
    }
    __except (EXCEPTION_EXECUTE_HANDLER)
    {
        return FALSE;
    }

    return TRUE;
}
```

取消選中 StrongOD 外掛程式的 Skip Some Exceptions 選項，OD 載入程式，按 F9 鍵執行，這種情況下 OD 會接管並處理記憶體存取異常，程式正常執行。

開啟 OD 的選項選單→偵錯設定，開啟異常標籤，取消選中圖 8.2 中的 6 個異常。即發生上述異常時 OD 不會執行處理操作，而是交給程式自身去處理。按 F9 鍵執行，程式中斷在圖 8.3 所示的介面。

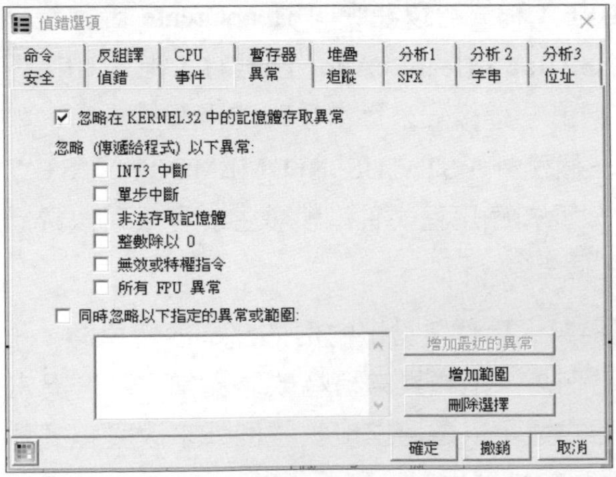

▲ 圖 8.2

```
00DF105A  .  33C0            xor     eax, eax
00DF105C  .  C700 78563412   mov     dword ptr [eax], 0x12345678
```

▲ 圖 8.3

同時，OD 左下角舉出提示（見圖 8.4）。這就是說，OD 並沒有主動接管並處理異常，按下 Shift + F9 複合鍵，會交給程式自身處理異常，程式正常執行。

▲ 圖 8.4

但是 RaiseException 函數觸發的是軟體異常，不屬於上述情況，如果取消選中 StrongOD 外掛程式的 Skip Some Exceptions 選項，按 F9 鍵執行程式，會提示「處理程序正在被偵錯」。

8.1.4 軟體異常

大部分的情況下，呼叫一個函數時，可以透過傳回錯誤程式來指明函數執行失敗，其實當一個函數執行失敗時也可以使函數拋出一個例外而非傳回錯誤程式，由例外處理常式來處理常式錯誤。舉例來說，預設情況下從堆積中分配（HeapAlloc）或重新分配（HeapReAlloc）區塊失敗時會傳回 NULL，程式可以在呼叫 HeapCreate 函數建立私有堆積，或在每次呼叫 HeapAlloc、HeapReAlloc 函數時，指定 HEAP_ GENERATE_EXCEPTIONS 標識，這樣一來每當呼叫這兩個函數時，如果記憶體分配失敗就會拋出一個例外（STATUS_NO_MEMORY 或 STATUS_ACCESS_VIOLATION）以通知應用程式有錯誤發生，程式可以透過結構化例外處理常式來捕捉這個異常。

由 CPU 捕捉某一事件並拋出的例外都是硬體異常，作業系統和應用程式也可以拋出例外，這類異常稱為軟體異常。軟體異常可以身為指明發生的錯誤，程式還可以透過拋出軟體例外來改變程式執行流程，這種方式在加密 / 解密領域應用得比較多。RaiseException 函數用於在呼叫執行緒中拋出一個例外：

```
VOID RaiseException(
  _In_ DWORD              dwExceptionCode,      // 異常程式
  _In_ DWORD              dwExceptionFlags,     // 異常標識，可以為 0 或
                                                   EXCEPTION_NONCONTINUABLE
  _In_ DWORD              nNumberOfArguments, //lpArguments 陣列中的參數個數
  _In_ CONST ULONG_PTR* lpArguments);         // 附加參數陣列
```

- dwExceptionCode 參數指定異常程式，使用者可以自訂異常程式，只要符合前面介紹的 Windows 異常程式的定義規則即可。
- dwExceptionFlags 參數指定異常標識，該參數可以設定為 0 表示程式可繼續執行的異常，也可以設定為 EXCEPTION_NONCONTINUABLE 表示程式不可繼續執行的異常，在不可繼續的異常發生後繼續執行程式會導致發生 EXCEPTION_NONCONTINUABLE_EXCEPTION 異常。一般來說，dwExceptionFlags 參數用來指出異常過濾程式在處理該異常時能否傳回 EXCEPTION_CONTINUE_EXECUTION，如果該參數設定為 EXCEPTION_NONCONTINUABLE，則表示這是一個不可恢復的嚴重錯誤，這時候如果異常過濾程式傳回 EXCEPTION_CONTINUE_EXECUTION，系統就會拋出一個新的 EXCEPTION_NONCONTINUABLE_EXCEPTION 例外。
- nNumberOfArguments 和 lpArguments 參數用於指定拋出例外的附加資訊，通常不需要這兩個參數。

8.2 向量化異常處理（全域）

8.2.1 向量化異常處理簡介

向量化異常處理（Vectored Exception Handling，VEH）是對結構化異常處理的擴充，向量化異常處理是基於處理程序全域的，程式可以註冊一個函數來監視或處理該程式的所有異常，當處理程序中的任何一個執行緒中發生異常時，都去呼叫註冊的這個函數（例外處理常式）。

程式可以透過呼叫 AddVectoredExceptionHandler 函數增加或註冊一個向量化例外處理常式，也可以多次呼叫 AddVectoredExceptionHandler 函數增加多個例外處理常式，所有向量化例外處理常式形成一個 VEH 鏈結串列。AddVectoredExceptionHandler 函數宣告如下：

```
PVOID WINAPI AddVectoredExceptionHandler(
  _In_ ULONG       FirstHandler,          //呼叫例外處理常式的順序，零或非零
  _In_ PVECTORED_EXCEPTION_HANDLER VectoredHandler);
                                          //例外處理常式指標，回呼函數
```

- FirstHandler 參數指定呼叫例外處理常式的順序，如果該參數為非零，則 VectoredHandler 參數指定的例外處理常式是第一個要呼叫的處理常式（VectoredHandler 參數指定的例外處理常式放在 VEH 鏈結串列的頭部），如果該參數為 0，則 VectoredHandler 參數指定的例外處理常式是最後一個要呼叫的處理常式（VectoredHandler 參數指定的例外處理常式放在 VEH 鏈結串列的尾部）。
- VectoredHandler 參數是指向例外處理常式的指標，PVECTORED_EXCEPTION_HANDLER 是例外處理常式函數指標類型：

```
  typedef LONG(NTAPI* PVECTORED_EXCEPTION_HANDLER)(struct _EXCEPTION_
POINTERS* ExceptionInfo);
```

向量化例外處理常式的函數定義應該符合以下格式：

```
LONG CALLBACK VectoredHandler(PEXCEPTION_POINTERS ExceptionInfo);
```

NTAPI、CALLBACK 與 WINAPI 相同，都是 __stdcall 函數呼叫約定。

如果函數執行成功，則傳回值是例外處理常式控制碼，後期需要刪除例外處理常式時會用到該控制碼；如果函數執行失敗，則傳回值為 NULL。

當發生異常時，系統在執行結構化異常過濾程式前，會先按照 VEH 鏈結串列順序一個一個呼叫向量化例外處理常式，如果某個例外

處理常式可以修復發生的問題，則應該傳回 EXCEPTION_CONTINUE_EXECUTION，使拋出例外的指令再次執行，只要某個例外處理常式傳回 EXCEPTION_CONTINUE_EXECUTION，VEH 鏈結串列中的其他例外處理常式和結構化異常過濾程式就不會再被執行；如果一個向量化例外處理常式不能修復發生的問題，則應該傳回 EXCEPTION_CONTINUE_SEARCH，使 VEH 鏈結串列中的其他例外處理常式有機會去處理這個異常。如果所有的向量化例外處理常式都傳回 EXCEPTION_CONTINUE_SEARCH，則結構化異常過濾程式就會執行。需要注意的是，向量化例外處理常式不能傳回 EXCEPTION_ EXECUTE_HANDLER。

當不再需要之前註冊的向量化例外處理常式時，可以呼叫 RemoveVectoredExceptionHandler 將其刪除：

```
ULONG WINAPI RemoveVectoredExceptionHandler(_In_ PVOID pHandler);
```

pHandler 參數是先前呼叫 AddVectoredExceptionHandler 函數註冊的向量化例外處理常式的控制碼。

8.2.2 利用向量化異常處理實作基於中斷點的 API Hook

OD 偵錯器的 int3 中斷點的原理是，把指令的第 1 位元組修改為 0xCC，當執行到該行指令發現第 1 位元組是 0xCC 時就會觸發一個異常並暫停，然後偵錯器執行異常處理，把該指令的第 1 位元組修改回原來的位元組碼，並把指令指標暫存器 EIP 的值減 1 以重新執行該指令。本節我們撰寫一個 VEHBreakPoint.dll，VEHBreakPoint.dll 需要注入其他目標處理程序中，用於監視目標處理程序透過呼叫 LoadLibrary 函數載入了哪些模組。Kernel32.dll 中的 LoadLibrary 函數需要一個字串參數 lpLibFileName 以指定要載入的模組名稱。我們在 LoadLibrary 函數的起始位址處設定一個 int3 中斷點，當程式執行到中斷點位址處時，發現第 1 位元組是 0xCC 就會觸發一個異常並暫停，VEHBreakPoint.dll 需要處理這個異常，因此我們需要註冊一個向量化例外處理常式 LoadLibraryExWBPHandler 處理該異常。

在 LoadLibraryExWBPHandler 函數中，透過 ExceptionInfo->ExceptionRecord->ExceptionCode 可以得到異常程式。如果異常程式是 EXCEPTION_BREAKPOINT，就表示程式執行到了 int3 中斷點位址處，此時堆疊指標 esp 指向的位址是 LoadLibrary 函數的傳回位址，esp + 4 指向的位址是 LoadLibrary 函數的模組名稱字串參數，這時 LoadLibrary 函數的實作程式還沒有執行，我們可以對函數參數進行各種自訂 Hook 操作。執行完自訂 Hook 操作後，需要臨時刪除 int3 中斷點（修改 0xCC 為原指令位元組碼）以重新執行發生 int3 異常的指令，但是刪除 int3 中斷點後程式開始繼續執行，如何攔截下一次 LoadLibrary 函數呼叫呢？執行完自訂操作後，我們臨時刪除 int3 中斷點，透過 ExceptionInfo->ContextRecord->EFlags |= 0x100; 敘述設定一個單步中斷，然後傳回 EXCEPTION_CONTINUE_EXECUTION 以重新執行發生 int3 異常的指令，這樣一來在執行完 LoadLibrary 函數的第一行指令後即可觸發一個 EXCEPTION_ SINGLE_STEP 單步異常並暫停，在處理 EXCEPTION_SINGLE_STEP 單步異常時恢復 LoadLibrary 函數起始位址處的 int3 中斷點，並傳回 EXCEPTION_CONTINUE_ EXECUTION 表示繼續執行程式，等待下一次 int3 異常，觸發 EXCEPTION_SINGLE_STEP 單步異常後系統會自動把標識暫存器的 TF 位置 0，因此這裡並不需要再手動置 0。

如果一個 Windows API 函數需要字串參數，則該函數通常有 A 和 W 兩個版本，從 Windows NT 開始，Windows 的核心版本完全使用 Unicode 來建構，微軟公司也逐漸開始傾向於只提供 API 函數的 Unicode 版本，Kernel32.dll 中的 LoadLibraryA / LoadLibraryW 函數的呼叫關係如下：

```
Kernel32.LoadLibraryW→KernelBase.LoadLibraryW→KernelBase.LoadLibraryExW
Kernel32.LoadLibraryA→KernelBase.LoadLibraryA→KernelBase.LoadLibraryExA
→KernelBase. LoadLibraryExW
```

LoadLibraryA/LoadLibraryW 函數最終都是對 KernelBase.LoadLibraryExW 函數的呼叫，與其對 Kernel32.dll 中的 LoadLibraryA / LoadLibraryW 函數設定中斷點，不如直接對 KernelBase.LoadLibraryExW 函數設定中斷點更直接和通用。

VEHBreakPoint.dll 不需要匯出函數，VEHBreakPoint.cpp 原始檔案的內容如下：

```
#include <Windows.h>

// 全域變數
LPVOID g_pfnLoadLibraryExWAddress;   //LoadLibraryExW 函數位址
BYTE g_bOriginalCodeByte;            // 儲存 LoadLibraryExW 函數的第一個指令碼
HWND g_hwndDlg;                      //CreateProcessInjectDll 程式視窗控制碼

// 函數宣告
// 設定 int3 中斷點（傳回原指令碼）
BYTE SetBreakPoint(LPVOID lpCodeAddr);
// 移除 int3 中斷點
VOID RemoveBreakPoint(LPVOID lpCodeAddr, BYTE bOriginalCodeByte);

// 為 LoadLibraryExW 函數的 int3 中斷點註冊一個向量化例外處理常式
LONG CALLBACK LoadLibraryExWBPHandler(PEXCEPTION_POINTERS ExceptionInfo);

//LoadLibraryExW 函數 int3 中斷後執行使用者所需的自訂操作
VOID LoadLibraryExWCustomActions(LPVOID lpCodeAddr, LPVOID lpStackAddr);

BOOL APIENTRY DllMain(HMODULE hModule, DWORD ul_reason_for_call, LPVOID
lpReserved)
{
    switch (ul_reason_for_call)
    {
    case DLL_PROCESS_ATTACH:
        g_hwndDlg = FindWindow(TEXT("#32770"), TEXT("CreateProcessInjectDll"));

        // 獲取 KernelBase.LoadLibraryExW 函數的位址
        g_pfnLoadLibraryExWAddress = (LPVOID)GetProcAddress(
            GetModuleHandle(TEXT("KernelBase.dll")), "LoadLibraryExW");

        // 為 LoadLibraryExW 函數的 int3 中斷點註冊一個向量化例外處理常式
        AddVectoredExceptionHandler(1, LoadLibraryExWBPHandler);
        // 在 LoadLibraryExW 函數上設定一個 int3 中斷點
        g_bOriginalCodeByte = SetBreakPoint(g_pfnLoadLibraryExWAddress);
        break;
```

```
    case DLL_PROCESS_DETACH:
    case DLL_THREAD_ATTACH:
    case DLL_THREAD_DETACH:
        break;
    }

    return TRUE;
}

//內建函數
LONG CALLBACK LoadLibraryExWBPHandler(PEXCEPTION_POINTERS ExceptionInfo)
{
    DWORD dwExceptionCode = ExceptionInfo->ExceptionRecord->ExceptionCode;

    if (dwExceptionCode == EXCEPTION_BREAKPOINT)
    {
        //檢查是否是我們設定的int3中斷點，如果不是，將它傳遞給其他例外處理常式
        if (ExceptionInfo->ExceptionRecord->ExceptionAddress !=
g_pfnLoad LibraryExWAddress)
            return EXCEPTION_CONTINUE_SEARCH;

        //對LoadLibraryExW函數執行使用者所需的自訂操作
        LoadLibraryExWCustomActions(ExceptionInfo->ExceptionRecord->
ExceptionAddress,
            (LPVOID)(ExceptionInfo->ContextRecord->Esp));

        //臨時移除int3中斷點
        RemoveBreakPoint(g_pfnLoadLibraryExWAddress, g_bOriginalCodeByte);
        //設定單步中斷
        ExceptionInfo->ContextRecord->EFlags |= 0x100;

       //重新執行發生int3異常的指令，因為設定了單步中斷，接下來會單步執行完第一行指令
        return EXCEPTION_CONTINUE_EXECUTION;
    }
    else if (dwExceptionCode == EXCEPTION_SINGLE_STEP)
    {
        if (ExceptionInfo->ExceptionRecord->ExceptionAddress !=
            (LPBYTE)g_pfnLoadLibraryExWAddress + 2)
            return EXCEPTION_CONTINUE_SEARCH;
```

```
            //已經執行完使用者的自訂操作，也已經單步執行完 LoadLibraryExW 函數的第一行敘
              述，重新設定 int3 中斷點，以等待下一次 LoadLibraryExW 函數呼叫
            SetBreakPoint(g_pfnLoadLibraryExWAddress);

            //繼續執行
            return EXCEPTION_CONTINUE_EXECUTION;
        }

        //非 int3 中斷點和單步中斷都不處理
        return EXCEPTION_CONTINUE_SEARCH;
}

BYTE SetBreakPoint(LPVOID lpCodeAddr)
{
        BYTE bOriginalCodeByte;
        BYTE bInt3 = 0xCC;

        //讀取 LoadLibraryExW 函數的第一個指令碼
        ReadProcessMemory(GetCurrentProcess(), lpCodeAddr, &bOriginalCodeByte,
            sizeof(bOriginalCodeByte), NULL);

        //設定 int3 中斷點
        WriteProcessMemory(GetCurrentProcess(), lpCodeAddr, &bInt3,
sizeof(bInt3), NULL);

        return bOriginalCodeByte;
}

VOID RemoveBreakPoint(LPVOID lpCodeAddr, BYTE bOriginalCodeByte)
{
        WriteProcessMemory(GetCurrentProcess(), lpCodeAddr, &bOriginalCodeByte,
            sizeof(bOriginalCodeByte), NULL);
}

VOID LoadLibraryExWCustomActions(LPVOID lpCodeAddr, LPVOID lpStackAddr)
{
        TCHAR szDllName[MAX_PATH] = { 0 };

        ReadProcessMemory(GetCurrentProcess(), (LPVOID)(*(LPDWORD)((LPBYTE)
lpStackAddr + 4)),
```

```
        szDllName, sizeof(szDllName), NULL);

    // 動態連結程式庫名稱顯示到 CreateProcessInjectDll 程式的編輯控制項中
    SendDlgItemMessage(g_hwndDlg, 1002, EM_SETSEL, -1, -1);
    SendDlgItemMessage(g_hwndDlg, 1002, EM_REPLACESEL, TRUE, (LPARAM)
szDllName);
    SendDlgItemMessage(g_hwndDlg, 1002, EM_REPLACESEL, TRUE, (LPARAM) TEXT
("\r\n"));
}
```

對 VEHBreakPoint.dll 進行測試並不需要重新撰寫一個程式，直接使用 Chapter6\CreateProcessInjectDll 專案，把 CreateProcessInjectDll.cpp 原始檔案中 CreateProcessAndInjectDll 函數的 szDllPath 變數修改為 Chapter8\VEHBreakPoint\Debug\VEHBreakPoint.dll 即可，當然，CreateProcessInjectDll 程式需要增加一個多行編輯控制項用於顯示目標處理程序載入的模組名稱，如圖 8.5 所示。

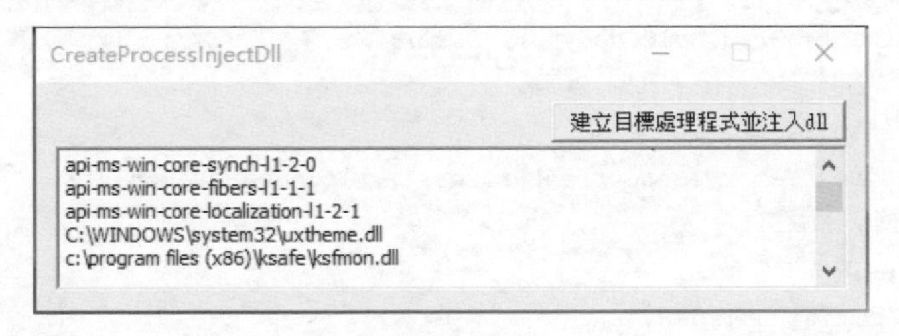

▲ 圖 8.5

另外，獲取 KernelBase.LoadLibraryExW 函數的位址使用的是 GetProcAddress (GetModuleHandle(TEXT ("KernelBase.dll")), "LoadLibraryExW"); 敘述。雖然 CreateProcessInjectDll 程式使用的是 CREATE_SUSPENDED 標識呼叫 CreateProcess 函數建立的目標處理程序，此時子處理程序還沒有初始化完畢、入口程式還沒有執行，但是一些核心模組例如 Kernel32.dll、User32.dll、Gdi32.dll 和 KernelBase.dll 等都已經成功載入。

LoadLibraryEx 函數同樣用於將指定的模組載入到呼叫處理程序的位址空間中，與 LoadLibrary 函數相比，該函數可以指定載入選項：

```
HMODULE WINAPI LoadLibraryEx(
    _In_        LPCTSTR lpLibFileName,    // 模組名稱，可以使用相對路徑或絕對路徑
    _Reserved_  HANDLE  hFile,            // 保留參數，必須為 NULL
    _In_        DWORD   dwFlags);         // 載入選項
```

- lpLibFileName 參數指定模組名稱，可以使用相對路徑或絕對路徑，該函數採用與 CreateProcess 函數的 lpCommandLine 參數相同的搜尋順序來搜尋模組檔案。
- dwFlags 參數指定載入選項，如果該參數設定為 0，則相當於 LoadLibrary 函數。dwFlags 參數常用的值如表 8.5 所示。

表 8.5

常數	含義
DONT_RESOLVE_DLL_REFERENCES (0x00000001)	通常不使用該標識。如果指定了該標識，並且 lpLibFileName 參數指定的是 DLL 模組，則系統不會呼叫 DllMain 進行處理程序和執行緒的初始化與清理工作，另外，系統不會載入 lpLibFileName 模組引用的其他模組（一般來說被載入模組很可能還會載入其他模組）
LOAD_LIBRARY_AS_DATAFILE (0x00000002)	把 lpLibFileName 參數指定的模組作為資料檔案來映射到呼叫處理程序的虛擬位址空間中，映射後該模組沒有可執行屬性，指定該標識來載入 .exe 或 .dll 檔案通常是為了使用其中的資源，LoadLibraryEx 函數會傳回一個模組控制碼，然後可以透過使用傳回的模組控制碼來呼叫相關的載入資源函數。該標識可以與 LOAD_LIBRARY_AS_IMAGE_RESOURCE 一起使用
LOAD_LIBRARY_AS_DATAFILE_EXCLUSIVE (0x00000040)	與 LOAD_LIBRARY_AS_DATAFILE 相似，不同之處在於模組檔案是以獨佔存取模式開啟，從而禁止任何其他程式在當前程式使用該模組檔案的時候對其進行修改。該標識可以與 LOAD_LIBRARY_AS_IMAGE_RESOURCE 一起使用
LOAD_LIBRARY_AS_IMAGE_RESOURCE (0x00000020)	把 lpLibFileName 參數指定的模組作為映射檔案來映射到呼叫處理程序的虛擬位址空間中，系統會對模組中的相對虛擬位址（Relative Virtual Address，RVA）進行修復，這樣一來使用者可以直接使用模組中的虛擬位址，不必再根據模組實際映射到的記憶體位址對它們進行轉換

當不再需要所載入的模組時，應該呼叫 FreeLibrary 函數釋放該模

組，FreeLibrary 函數會減少引用計數。如果引用計數為 0，系統會從處理程序的位址空間中取消模組的映射，模組控制碼不再有效。

透過前面的學習我們知道，當一個異常發生時，系統會首先查看產生異常的處理程序是否正在被偵錯。如果正在被偵錯，則會向偵錯器發送一個 EXCEPTION_DEBUG_EVENT 事件；如果處理程序沒有被偵錯或偵錯器不處理該異常，則會呼叫使用者層的例外處理常式（如果有），偵錯器也相當於一個例外處理常式並被首先呼叫。如果處理程序沒有被偵錯或偵錯器不處理該異常，我們學習過結構化異常處理和基於處理程序全域的向量化異常處理，隨著層層函數呼叫，所有的堆疊上結構化例外處理常式會形成一個 SEH 鏈結串列，程式也可以透過多次呼叫 AddVectoredExceptionHandler 函數來增加多個向量化例外處理常式形成一個向量化鏈結串列，在這種情況下，系統先按照 VEH 鏈結串列順序一個一個呼叫向量化例外處理常式，如果某個向量化例外處理常式可以處理異常，則 VEH 鏈結串列中的其他例外處理常式和結構化異常過濾程式不會再被執行；如果所有的 VEH 例外處理常式都不能處理異常，則結構化異常過濾程式就會執行。關於異常處理優先順序，讀者可以自行測試 ExceptionHandlingPriority 專案。

8.3 頂層未處理異常過濾（全域）

當一個異常發生時，如果處理程序中所有的向量化例外處理常式都不處理這個異常，當前執行緒中所有的結構化例外處理常式也不處理這個異常，就會產生一個未處理異常，Windows 對未處理異常的預設處理方式是結束處理程序。不處理這個異常指的是沒有相關例外處理常式（或異常過濾程式），或例外處理常式（或異常過濾程式）傳回 EXCEPTION_CONTINUE_SEARCH。

程式可以透過呼叫 SetUnhandledExceptionFilter 函數設定一個頂層未處理異常篩檢程式，當處理程序中發生未處理異常時，會呼叫指定的頂層未處理異常篩檢程式函數 lpTopLevelExceptionFilter：

```
LPTOP_LEVEL_EXCEPTION_FILTER SetUnhandledExceptionFilter(
    LPTOP_LEVEL_EXCEPTION_FILTER lpTopLevelExceptionFilter);
    // 頂層未處理異常篩檢程式函數的指標
```

前面說過所有的異常處理都從核心底層的例外處理常式開始，底層例外處理常式再去呼叫使用者層的例外處理常式（如果有），所謂頂層指的是異常處理優先順序，我們知道使用者層有 VEH、SEH 和 UEF，當一個異常發生時，使用者層異常處理的優先順序為 VEH → SEH → UEF。

LPTOP_LEVEL_EXCEPTION_FILTER 資料型態在 errhandlingapi.h 標頭檔中定義如下：

```
typedef LONG(WINAPI* PTOP_LEVEL_EXCEPTION_FILTER)(PEXCEPTION_POINTERS
ExceptionInfo);
typedef PTOP_LEVEL_EXCEPTION_FILTER LPTOP_LEVEL_EXCEPTION_FILTER;
```

頂層未處理異常篩檢程式函數 lpTopLevelExceptionFilter 應該定義為以下格式：

```
LONG WINAPI TopLevelUnhandledExceptionFilter(PEXCEPTION_POINTERS
ExceptionInfo);
```

頂層未處理異常篩檢程式函數可以傳回 EXCEPTION_EXECUTE_HANDLER、EXCEPTION_CONTINUE_ SEARCH 或 EXCEPTION_CONTINUE_EXECUTION（見表 8.6）。

表 8.6

傳回值	含義
EXCEPTION_EXECUTE_HANDLER	實際上使用者設定的頂層未處理異常篩檢程式函數是由 Kernel32.dll 中的 UnhandledExceptionFilter 函數呼叫的，如果頂層未處理異常篩檢程式函數傳回 EXCEPTION_EXECUTE_HANDLER，那麼系統會從 Kernel32.Unhandled ExceptionFilter 函數傳回，並不加提示地終止處理程序
EXCEPTION_CONTINUE_SEARCH	繼續正常執行 Kernel32.UnhandledExceptionFilter 函數，頂層未處理異常篩檢程式是 Windows 提供給使用者的最後處

傳回值	含義
	理異常的機會，傳回 EXCEPTION_CONTINUE_SEARCH 表示異常沒有得到任何處理，因此會執行系統預設的未處理異常程式（終止處理程序，有已終止工作錯誤訊息）
EXCEPTION_CONTINUE_EXECUTION	從 Kernel32.UnhandledExceptionFilter 函數傳回，並重新執行發生異常的指令，我們可以透過修改頂層未處理異常篩檢程式函數的 ExceptionInfo 參數指向的異常資訊來修復異常

SetUnhandledExceptionFilter 函數的傳回值是先前的頂層未處理異常篩檢程式函數的位址，如果先前沒有設定頂層未處理異常篩檢程式函數，則傳回值為 NULL。頂層未處理異常篩檢程式是基於處理程序全域的，處理程序中只可以設定一個頂層未處理異常篩檢程式函數，當呼叫 SetUnhandledExceptionFilter 函數設定一個新的篩檢程式時，就會替換掉先前的篩檢程式函數。如果 SetUnhandledExceptionFilter 函數的 lpTopLevelExceptionFilter 參數設定為 NULL 表示執行 Unhandled ExceptionFilter 函數的系統預設例外處理常式（即將頂層未處理異常篩檢程式函數恢復設定為 UnhandledExceptionFilter）。

頂層未處理異常篩檢程式基於處理程序全域。當一個異常到達這裡時，處理程序記憶體通常已經處於被破壞的狀態，所以頂層未處理異常篩檢程式函數通常不適合傳回 EXCEPTION_CONTINUE_EXECUTION 以重新執行發生異常的指令，在頂層未處理異常篩檢程式函數中通常應該獲取異常資訊向伺服器發送錯誤報告，或 dump 錯誤資訊到本機。

還有很重要的一點，如果處理程序正在被偵錯，則不會執行頂層未處理異常篩檢程式函數的，利用這一特性可以進行反偵錯。但是前面說過實際上使用者設定的頂層未處理異常篩檢程式函數是由 Kernel32.dll 中的 UnhandledExceptionFilter 函數呼叫的，UnhandledExceptionFilter 函數會判斷當前處理程序是否正在被偵錯（透過呼叫 Ntdll.ZwQuery InformationProcess 函數），如果正在被偵錯就不會呼叫使用者設定的頂層未處理異常篩檢程式函數，利用這一特性可以實作反反偵錯。

8.4 向量化繼續處理（全域）

與向量化異常處理類似，還有一個向量化繼續處理（Vectored Continue Handling，VCH）。程式可以透過呼叫 AddVectoredContinue Handler 函數增加或註冊一個向量化繼續處理常式，多次呼叫 Add VectoredContinueHandler 函數增加多個繼續處理常式，所有向量化繼續處理常式都會被增加到鏈結串列中。AddVectoredContinueHandler 與 Add VectoredExceptionHandler 函數的宣告是相同的：

```
PVOID WINAPI AddVectoredContinueHandler(
  _In_ ULONG      FirstHandler,           //呼叫繼續處理常式的順序，零或非零
  _In_ PVECTORED_EXCEPTION_HANDLER VectoredHandler); //繼續處理常式指標，
                                                     回呼函數
```

當不再需要之前註冊的向量化繼續處理常式時，可以呼叫 Remove VectoredContinueHandler 刪除該程式：

```
ULONG WINAPI RemoveVectoredContinueHandler(_In_ PVOID pHandler);
```

pHandler 參數是先前呼叫 AddVectoredContinueHandler 函數註冊的向量化繼續處理常式的控制碼。

向量化繼續處理和向量化異常處理的相關函數使用方法完全相同，在此不再重複敘述。但是，向量化繼續處理和向量化異常處理的行為不同，如圖 8.6 所示。

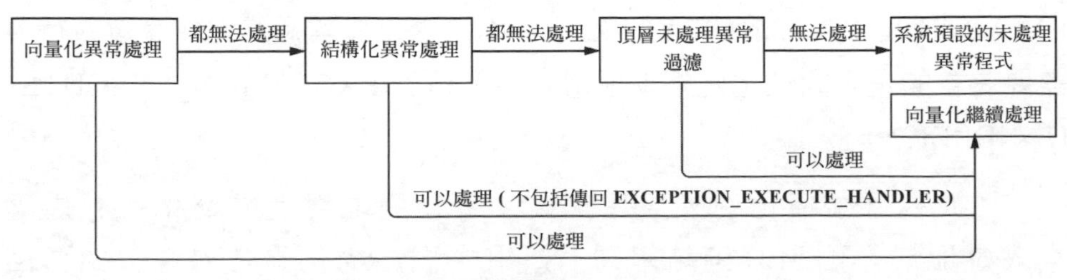

▲ 圖 8.6

在圖 8.6 中，無法處理異常指的是沒有相關例外處理常式（或異常過濾程式），或例外處理常式（或異常過濾程式）傳回 EXCEPTION_CONTINUE_SEARCH；可以處理異常是指正確修復了發生異常的指令並傳回 EXCEPTION_CONTINUE_EXECUTION。可以看到，只有在 VEH、SEH 或 UEF 其中之一可以處理異常的情況下才會執行向量化繼續處理常式。

當一個異常發生時，異常處理過程以下（涉及核心層次的處理過程這裡不作研究）。

（1）通知偵錯器。當一個異常發生時，系統會首先查看產生異常的處理程序是否正在被偵錯。如果正在被偵錯，則會向偵錯器發送一個 EXCEPTION_DEBUG_EVENT 事件；如果處理程序沒有被偵錯或偵錯器不處理該異常，則會呼叫使用者層的例外處理常式（如果有）。

（2）執行向量化例外處理常式。系統在執行結構化異常過濾程式前，會先按照 VEH 鏈結串列順序一個一個呼叫向量化例外處理常式，如果某個向量化例外處理常式可以修復發生的問題，則應該傳回 EXCEPTION_CONTINUE_EXECUTION，使拋出例外的指令再次執行，只要某個向量化例外處理常式傳回 EXCEPTION_ CONTINUE_EXECUTION，VEH 鏈結串列中的其他例外處理常式和結構化異常過濾程式就不會再被執行；如果一個向量化例外處理常式不能修復發生的問題，則應該傳回 EXCEPTION_CONTINUE_SEARCH，以便 VEH 鏈結串列中的其他例外處理常式有機會去處理該異常。如果所有的向量化例外處理常式都傳回 EXCEPTION_CONTINUE_SEARCH，則結構化異常過濾程式會被執行。需要注意的是，向量化例外處理常式不能傳回 EXCEPTION_EXECUTE_HANDLER。

（3）執行結構化例外處理常式。所有的堆疊上結構化例外處理常式會形成一個 SEH 鏈結串列，如果一個結構化異常過濾程式傳回 EXCEPTION_EXECUTE_HANDLER，則表示處理這個異常，執行 except 區塊中的異常處理敘述，其他結構化異常過濾程式不會被執行，頂層未處理異常篩檢程式更不會被執行；如果一個結構化異常過濾程式傳回 EXCEPTION_CONTINUE_SEARCH，則表示不處理這個異常，Windows 繼續向上搜尋下一個具有最高優先順序的結構化異常過濾程式；如果一個結構化異常過濾程式傳回 EXCEPTION_CONTINUE_EXECUTION，則表示重新執行發生異常的指令（不會執行 except 區塊中的異常處理敘述），其他結構化異常過濾程式不會被執行，頂層未處理異常篩檢程式更不會被執行。如果異常過濾程式可以正確修復發生異常的指令，則整個程式可以繼續正常執行，否則會導致相同的異常重複發生。

（4）執行頂層未處理異常篩檢程式函數（處理程序被偵錯時不會被執行）。如果處理程序中所有的向量化例外處理常式都不處理這個異常，當前執行緒中所有的結構化例外處理常式也不處理這個異常，就會產生一個未處理異常，程式可以透過呼叫 SetUnhandledExceptionFilter 函數設定一個頂層未處理異常篩檢程式，當處理程序中發生未處理異常時，會呼叫指定的頂層未處理異常篩檢程式函數。

（5）執行向量化繼續處理常式。

接下來實作一個演示異常處理過程的 ExceptionHandlingProcess 程式，程式執行效果如圖 8.7 所示。

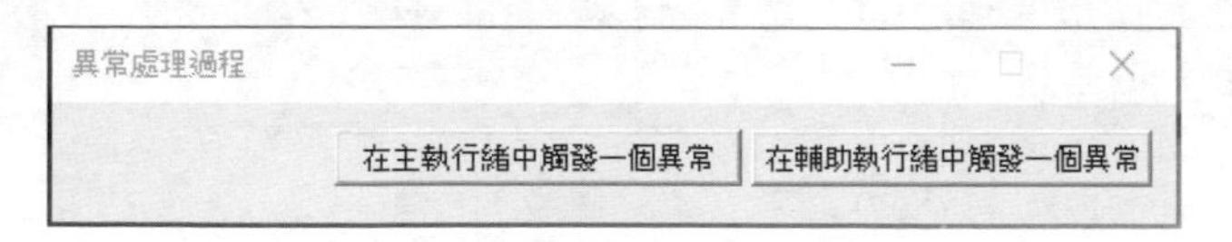

▲ 圖 8.7

ExceptionHandlingProcess.cpp 原始檔案的內容如下。

```
#include <windows.h>
#include "resource.h"

// 全域變數
HWND g_hwndDlg;

// 函數宣告
```

```
INT_PTR CALLBACK DialogProc(HWND hwndDlg, UINT uMsg, WPARAM wParam, LPARAM
lParam);

LONG CALLBACK VectoredExceptionHandler(PEXCEPTION_POINTERS ExceptionInfo);
                                                //向量化例外處理常式
DWORD StructuredExceptionFilter(PEXCEPTION_POINTERS ExceptionInfo);
                                                //結構化異常過濾程式
LONG WINAPI TopLevelUnhandledExceptionFilter(PEXCEPTION_POINTERS
ExceptionInfo);
                                                //頂層未處理異常篩檢程式
LONG CALLBACK VectoredContinueHandler(PEXCEPTION_POINTERS ExceptionInfo);
                                                //向量化繼續處理常式
DWORD WINAPI ThreadProc(LPVOID lpParameter);

int WINAPI WinMain(HINSTANCE hInstance, HINSTANCE hPrevInstance, LPSTR
lpCmdLine, int nCmdShow)
{
    DialogBoxParam(hInstance, MAKEINTRESOURCE(IDD_MAIN), NULL, DialogProc,
NULL);
    return 0;
}

INT_PTR CALLBACK DialogProc(HWND hwndDlg, UINT uMsg, WPARAM wParam, LPARAM
lParam)
{
    static LPVOID lpHandler, lpHandlerContinue;
    HANDLE hThread;
    int n = 10, m = 0, x;
    TCHAR szBuf[32] = { 0 };

    switch (uMsg)
    {
    case WM_INITDIALOG:
        g_hwndDlg = hwndDlg;

        //向量化異常處理
        lpHandler = AddVectoredExceptionHandler(1, VectoredExceptionHandler);
        //向量化繼續處理
        lpHandlerContinue = AddVectoredContinueHandler(1,
VectoredContinueHandler);
```

```
            //頂層未處理異常篩檢程式
            SetUnhandledExceptionFilter(TopLevelUnhandledExceptionFilter);
            return TRUE;

        case WM_COMMAND:
            switch (LOWORD(wParam))
            {
            case IDC_BTN_OK:
                __try
                {
                    //會發生 EXCEPTION_INT_DIVIDE_BY_ZERO 除零異常
                    x = n / m;
                    wsprintf(szBuf, TEXT("%d / %d = %d"), n, m, x);
                    MessageBox(hwndDlg, szBuf, TEXT("已從異常中恢復"), MB_OK);
                }
                __except (StructuredExceptionFilter(GetExceptionInformation()))
                {
                    //除非結構化異常過濾程式傳回 EXCEPTION_EXECUTE_HANDLER，否則這
                      裡不會執行
                    MessageBox(hwndDlg, TEXT("結構化例外處理常式"), TEXT("SEH
提示"), MB_OK);
                }
                break;

            case IDC_BTN_OK2:
                hThread = CreateThread(NULL, 0, ThreadProc, NULL, 0, NULL);
                if (hThread)
                    CloseHandle(hThread);
                break;

            case IDCANCEL:
                RemoveVectoredExceptionHandler(lpHandler);
                RemoveVectoredContinueHandler(lpHandlerContinue);
                EndDialog(hwndDlg, 0);
                break;
            }
            return TRUE;
        }

        return FALSE;
```

```
}

LONG CALLBACK VectoredExceptionHandler(PEXCEPTION_POINTERS ExceptionInfo)
{
    MessageBox(g_hwndDlg, TEXT("向量化例外處理常式"), TEXT("VEH 提示"), MB_OK);

    //ExceptionInfo->ContextRecord->Ecx = 2;  // 把除數設定為 2
    return EXCEPTION_CONTINUE_SEARCH;
}

DWORD StructuredExceptionFilter(PEXCEPTION_POINTERS ExceptionInfo)
{
    MessageBox(g_hwndDlg, TEXT("結構化異常過濾程式"), TEXT("SEH 提示"), MB_OK);

    //ExceptionInfo->ContextRecord->Ecx = 2;  // 把除數設定為 2
    return EXCEPTION_CONTINUE_SEARCH;
}

LONG WINAPI TopLevelUnhandledExceptionFilter(PEXCEPTION_POINTERS ExceptionInfo)
{
    MessageBox(g_hwndDlg, TEXT("頂層未處理異常篩檢程式"), TEXT("UEF 提示"),
MB_OK);

    //ExceptionInfo->ContextRecord->Ecx = 2;  // 把除數設定為 2
    return EXCEPTION_CONTINUE_SEARCH;
}

LONG CALLBACK VectoredContinueHandler(PEXCEPTION_POINTERS ExceptionInfo)
{
    MessageBox(g_hwndDlg, TEXT("向量化繼續處理常式"), TEXT("VCH 提示"), MB_OK);

    return EXCEPTION_CONTINUE_SEARCH;
}

DWORD WINAPI ThreadProc(LPVOID lpParameter)
{
    int n = 10, m = 0, x;
    TCHAR szBuf[32] = { 0 };

    __try
```

```
    {
        //會發生 EXCEPTION_INT_DIVIDE_BY_ZERO 除零異常
        x = n / m;
        wsprintf(szBuf, TEXT("%d / %d = %d"), n, m, x);
        MessageBox(g_hwndDlg, szBuf, TEXT("已從異常中恢復"), MB_OK);
    }
    __except (StructuredExceptionFilter(GetExceptionInformation()))
    {
        //除非結構化異常過濾程式傳回 EXCEPTION_EXECUTE_HANDLER，否則這裡不會執行
        MessageBox(g_hwndDlg, TEXT("來自輔助執行緒：結構化例外處理常式"),
TEXT("SEH 提示"), MB_OK);
    }

    return 0;
}
```

因為除數 m 為 0，所以執行 x = n/m 會導致執行緒發生一個 EXCEPTION_INT_DIVIDE_ BY_ZERO 除零異常。如果程式編譯為 Release 版本，x = n / m 敘述會被編譯為以下組合語言敘述：

```
mov  eax, 0Ah
cdq
xor  ecx, ecx
idiv eax, ecx
```

在組合語言中，idiv 指令是有號數除法指令，xor ecx, ecx 用於把 ecx 清零，ecx 作為除數，因此執行 idiv eax, ecx 會導致發生除零異常，在例外處理常式（或異常過濾程式）中可以透過改變 ExceptionInfo->ContextRecord->Ecx 的值以修復異常。

編譯 ExceptionHandlingProcess 程式為 Release 版本，點擊「在主執行緒中觸發一個異常」或「在輔助執行緒中觸發一個異常」按鈕，都會按照圖 8.8 所示的順序彈出訊息方塊。

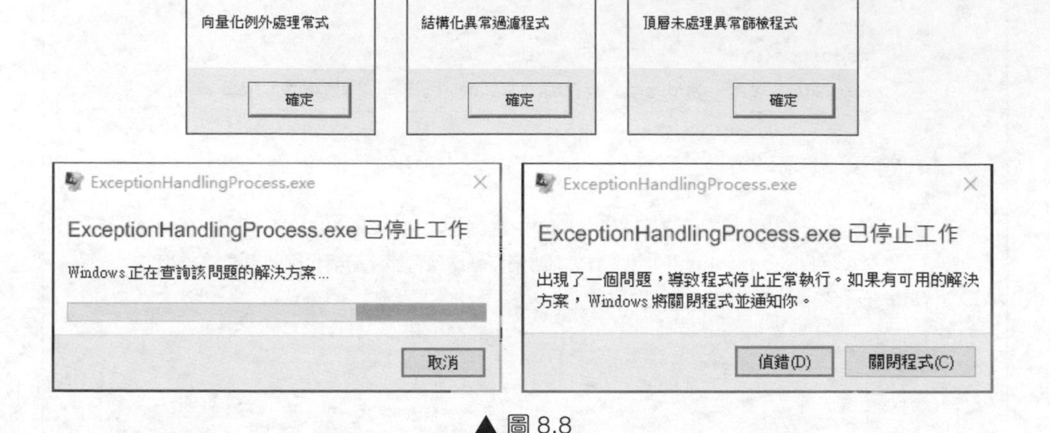

▲ 圖 8.8

因為向量化異常處理、結構化異常處理和頂層未處理異常過濾都傳回 EXCEPTION_CONTINUE_ SEARCH，所以向量化繼續處理常式不會被執行。如果上述 3 個之一可以處理異常，都會導致執行向量化繼續處理常式。

CHAPTER

09

WinSock 網路程式設計

9.1 OSI 參考模型和 TCP/IP 協定組合

開放系統互相連線參考模型（Open System Interconnection Reference Model，簡稱 OSI 參考模型），是一個比較抽象的概念，可以把它理解為網路通訊的參考標準與規範，OSI 參考模型的工作過程劃分為 7 個層次，而 TCP/IP 模型實際上是 OSI 參考模型的簡化版本，它只有 4 個層次。

9.1.1 OSI 參考模型

為了減小網路設計的複雜性，大多數網路模型採用分層結構，對於不同的網路模型，層的數量、名稱、內容和功能都不盡相同。在相同的網路模型中，一台機器上的第 N 層與另一台機器上的第 N 層之間可以利用第 N 層協定進行通訊，協定可以視為雙方就如何進行通訊所達成的一致意見。不同機器中包含的對應層的應用程式實例叫作對等處理程序，在對等處理程序利用協定進行通訊時，實際上並不是直接將資料從一台機器的第 N 層傳送到另一台機器的第 N 層，而是每一層都把資料連同該層的控制資訊打包傳輸給它的下一層，它的下一層把這些內容看作資料，再加上它這一層的控制資訊一起傳輸給更下一層，依此類推，直到最下層，最下層是物理媒體，它進行實際的通訊。相鄰層之間有介面，介面定義下層向上層提供的操作和服務，層和協定的集合被稱為網路架構。

1974 年世界上第一個網路架構 SNA 由 IBM 公司提出，其他公司也相繼提出了自己的網路架構，例如 Digital 公司的 DNA 等，多種網路架構並存，其結果是如果採用 IBM 的系統結構，則只能選用 IBM 的產品，而且只能與同種結構的網路互聯。為了促進電腦網路的發展，國際標準組織 ISO 於 1977 年成立了一個委員會，在現有網路的基礎上提出了不基於具體機型、作業系統或公司的網路架構，稱為開放系統互聯參考模型，該模型的設計目的是成為一個所有銷售商都能實作的開放網路模型，來克服許多使用私有網路模型所帶來的困難和低效性。

OSI 參考模型把網路通訊的工作過程劃分為 7 個層次，它們由低到高分別是物理層（Physical Layer）、資料連結層（Data Link Layer）、網路層（Network Layer）、傳輸層（Transport Layer）、會談層（Session Layer）、展現層（Presentation Layer）和應用層（Application Layer）。第 1 層～第 3 層屬於 OSI 參考模型的低三層，負責建立網路通訊連接的鏈路；第 5 層～第 7 層為 OSI 參考模型的高三層，具體負責點對點的資料通信；第 4 層負責高低層的連接。每層完成一定的功能並直接為其上層提供服務，並且所有層次都互相支援，而網路通訊則可以從上往下（在發送端）或自下而上（在接收端）雙向進行。

OSI 參考模型定義了不同電腦之間互聯的標準，是設計和描述電腦網路通訊的基本框架，在該模型中層與層之間進行對等通訊，當然這種通訊是邏輯上的，真正的通訊都在最底層的物理層實作。每一層完成對應的功能，下一層為上一層提供服務，從而把複雜的通訊過程分成多個獨立的、比較容易解決的子問題。並不是每一次通訊都需要經過 OSI 參考模型的全部 7 層，有的甚至只需要雙方對應的某一層即可，例如物理介面之間的轉接，以及中繼器與中繼器之間的連接只需在物理層中進行即可，而路由器與路由器之間的連接則只需經過網路層以下的 3 層即可。總之，雙方的通訊是在對等層次上進行的，不能在不對稱層次上進行通訊。

七層結構是一個比較抽象的概念，讀者只需要大致了解即可。七層結構對應的資料格式、主要功能與典型裝置如表 9.1 所示。

表 9.1

七層結構	資料格式	功能與連接方式	典型裝置
應用層	資料 ATPU	網路服務與應用程式的介面	終端設備（PC、手機、平板等）
展現層	資料 PTPU	資料表示、資料安全、資料壓縮	終端設備（PC、手機、平板等）
會談層	資料 DTPU	會談層連接到傳輸層的映射；階段連接的流量控制；資料傳輸；階段連接恢復與釋放；階段連接管理、差錯控制	終端設備（PC、手機、平板等）
傳輸層	資料組織成資料段 Segment	用一個定址機制來標識一個特定的應用程式（通訊埠編號）	終端設備（PC、手機、平板等）
網路層	分割和重新組合數據封包 Packet	基於網路層位址（IP 位址）進行不同網路系統間的路徑選擇	閘道、路由器
資料連結層	將位元資訊封裝成資料幀 Frame	在物理層上建立、撤銷、標識邏輯連結和鏈路重複使用以及差錯驗證等功能，透過使用接收系統的硬體位址或物理位址來定址	橋接器、交換機
物理層	傳輸位元（bit）串流	建立、維護和取消物理連接	光纖、同軸電纜、雙絞線、網路卡、中繼器、集線器

1. 物理層

物理層是 OSI 參考模型中最重要且最基礎的一層，它建立在傳輸媒介基礎上，起建立、維護和取消物理連接的作用，實作裝置之間的物理介面。物理層接收和發送一串位元（bit）串流，不考慮資訊的意義和結構。物理層相當於郵局中的搬運工人。

2. 資料連結層

資料連結層在物理層提供位元流服務的基礎上，將位元資訊封裝成資料幀（Frame），造成在物理層上建立、撤銷、標識邏輯連結和鏈路重複使用以及差錯驗證等功能。透過使用接收系統的硬體位址或物理位址來定址，建立相鄰節點之間的資料連結，透過差錯控制提供資料幀在通道上無差錯的傳輸，同時為其上面的網路層提供有效的服務，資料連結層在不可靠的物理媒體上提供可靠的傳輸。資料連結層相當於郵局中的裝拆箱工人。

3. 網路層

網路層也稱為通訊子網層，用於控制通訊子網的操作，是通訊子網與資源子網的介面。在電腦網路中進行通訊的兩個電腦之間可能會經過很多個資料連結，也可能還要經過很多通訊子網，網路層的任務就是選擇合適的網間路由和交換節點，確保資料即時傳送。網路層將解封裝資料連結層收到的幀，提取封包（packet），封包中封裝有網路層封包表頭，其中包含邏輯位址資訊來源網站和目的網站位址的網路位址。如果我們在談論一個 IP 位址，那麼我們是在處理第 3 層的問題，這是「封包」問題，而非第 2 層的「幀」，IP 是第 3 層問題的一部分，此外還有一些路由式通訊協定和位址解析通訊協定（ARP），有關路由的一切事情都在第 3 層處理，位址解析和路由是第 3 層的重要目的。網路層還可以實作壅塞控制、網際互連、資訊封包順序控制及網路記帳等功能。在網路層交換的資料單元的單位是分割和重新組合封包。網路層協定的代表包括 IP、IPX、OSPF 等。網路層相當於郵局中的排序工人。

4. 傳輸層

傳輸層建立在網路層和會談層之間，實質上它是網路架構的高低層之間銜接的介面層，用一個定址機制來標識一個特定的應用程式（通訊埠編號）。傳輸層不僅是一個單獨的結構層，它還是整個分層系統協定的核心，沒有傳輸層整個分層協定就沒有意義。傳輸層的資料單元是由資料組織成的資料段（segment），該層負責獲取全部資訊，因此，它必須追蹤資料單元碎片、隨機數到達的封包和其他在傳輸過程中可能發生的危險。傳輸層的主要功能是從會談層接收資料，根據需要把資料分割成較小的資料片，並把資料傳送給網路層，確保資料片正確到達網路層，從而實作兩層資料的透明傳送，此外傳輸層還要具備差錯恢復、流量控制等功能，以對會談層遮罩通訊子網在這些方面的細節與差異。傳輸層最終目的是為階段提供可靠無誤的資料傳輸。傳輸層協定的代表包括

TCP、UDP、SPX 等。傳輸層相當於公司中來往郵局的送信職員。

5. 會談層

會談層也可以稱為會晤層或對話層，在會談層及以上的高層次中，資料傳送的單位不再另外命名，統稱為封包。會談層不參與具體的傳輸，它提供包括存取驗證和階段管理在內的建立和維護應用之間通訊的機制，例如伺服器驗證使用者登入是由會談層完成的。會談層提供的服務可使應用建立和維持階段，並使階段獲得同步。會談層使用驗證點可使通訊階段在通訊故障時從驗證點繼續恢復通訊，這種能力對傳送大的檔案極為重要。會談層、展現層和應用層組成開放系統的高 3 層，面對應用處理程序提供分佈處理、對話管理、資訊表示、恢復最後的差錯等。會談層相當於公司中收寄信、寫信封與拆信封的秘書。

6. 展現層

展現層向上對應用層提供服務，向下接收來自會談層的服務。展現層是為在應用過程之間傳送的資訊提供表示方法的服務，它關心的只是發出資訊的語法與語義。展現層要完成某些特定的功能，主要有不同資料編碼格式的轉換，提供資料壓縮、解壓縮服務，對資料進行加密、解密，例如影像格式的顯示，就是由位於展現層的協定來支持的。展現層為應用層提供的服務包括語法選擇、語法轉換等，語法選擇是提供一種初始語法和以後修改這種選擇的手段，語法轉換涉及程式轉換和字元集的轉換、資料格式的修改以及對資料結構操作的調配。展現層相當於公司中替老闆寫信的助理。

7. 應用層

應用層是通訊使用者之間的視窗，提供給使用者網路管理、檔案傳輸和交易處理等服務，其中包含若干個獨立的、使用者通用的服務協定模組，應用層為作業系統或網路應用程式提供存取網路服務的介面。網路應用層是 OSI 參考模型的最高層，為網路使用者之間的通訊提供專用的程式。應用層的內容主要取決於使用者的需求，這一層設計的主要問題是分佈資料庫、分佈計算技術、網路作業系統和分佈作業系統、遠端檔案傳輸、電子郵件、終端電話及遠端作業登入與控制等。在 OSI 參考模型的 7 個層次中，應用層是最複雜的，所包含的應用層協定也最多，有些還在研究和開發過程中。應用層協定的代表包括 Telnet、FTP、HTTP、SNMP、DNS 等。

透過 OSI 參考模型的七層架構，資訊可以從一台電腦的應用程式傳輸到另一台電腦的應用程式上。舉例來說，電腦 A 上的應用程式要將資訊發送到電腦 B 的應用程式，則電腦 A 中的應用程式需要將資訊先發送到其應用層（第 7 層），然後該層將資訊發送到展現層（第 6 層），展現層將資料轉送到會談層（第 5 層），如此繼續，直到物理層（第 1 層）。在物理層，資料被放置在物理網路媒介中並被發送至電腦 B；電腦 B 的物理層接收來自物理媒介的資料，然後將資訊向上發送至資料連結層（第 2 層），資料連結層再轉送給網路層，依次繼續直到資訊到達電腦 B 的應用層，最後，電腦 B 的應用層再將資訊傳送給應用程式接收端，從而完成通訊過程。

9.1.2 TCP/IP 協定組合

因為 TCP/IP 協定組合（TCP/IP Protocol Suite）的兩個核心協定 TCP（傳輸控制協定）和 IP（網際網路協定）是該家族中最早透過的標準，所以簡稱 TCP/IP。這些協定最早發源於美國國防部（DoD）的 ARPA 網專案，因此也被稱作 DoD 模型（DoD Model）。TCP/IP 模型實際上是 OSI 參考模型的簡化版本，它只有 4 個層次。TCP/IP 協定組合和 OSI 參考模型之間的對應關係如表 9.2 所示。

表 9.2

<table>
<tr><th>OSI 參考模型</th><th>TCP/IP 協定組合</th><th>各層上對應的協定</th></tr>
<tr><td>應用層</td><td rowspan="3">應用層</td><td rowspan="3">FTP、Http、DNS、Telnet SMTP、SNMP、NFS</td></tr>
<tr><td>展現層</td></tr>
<tr><td>會談層</td></tr>
<tr><td>傳輸層</td><td>傳輸層</td><td>TCP、UDP</td></tr>
</table>

OSI 參考模型	TCP/IP 協定組合	各層上對應的協定
網路層	網路層	IP、ICMP、ARP、RARP
資料連結層	網路介面層	Ethernet 802.3、Token Ring 802.5、X.25、Frame Relay、HDLC、PPP
物理層	未定義	

應用層，對應於 OSI 參考模型的應用層、展現層和會談層；傳輸層，對應於 OSI 參考模型的傳輸層；網路層，對應於 OSI 參考模型的網路層；網路介面層，對應於 OSI 參考模型的資料連結層；物理層未定義。TCP 和 IP 是兩個獨立的協定，它們負責網路中資料的傳輸，TCP 位於 OSI 參考模型的傳輸層，而 IP 則位於網路層。

TCP/IP 的核心協定執行於傳輸層和網路層上，主要包括 TCP、UDP 和 IP，其中 TCP 和 UDP 是以 IP 為基礎封裝的，這兩種協定提供了不同方式的資料通信服務。

1. 網路介面層

在 TCP/IP 參考模型中，網路介面層位於最低層，它負責透過網路發送和接收 IP 資料封包。網路介面層包括各種物理網路通訊協定，例如區域網的 Ethernet（乙太網）協定、Token Ring（權杖環）協定，封包交換網的 X.25 協定等。

2. 網路層

在 TCP/IP 參考模型中，網路層位於第 2 層，它負責將來源主機的封包發送到目的主機，來源主機與目的主機可以在一個網段中，也可以在不同的網段中。網路層包括下面 4 個核心協定。

（1）IP（Internet Protocol，網際網路協定）：主要任務是對封包進行定址和路由，把封包從一個網路轉發到另一個網路。IP 是實作網路之間互聯的基礎協定，連線網際網路的不同國家和地區的、不同作業系統的、成千上萬的電腦要實作相互通訊，就要遵守 IP。

（2）ICMP（Internet Control Message Protocol，網際網路控制封包協定）：用於在 IP 主機和路由器之間傳遞控制訊息。控制訊息是指網路是否連通、主機是否可達、路由是否可用等網路本身的訊息，這些控制訊息雖然並不傳輸使用者資料，但是對使用者資料的傳遞起著重要的作用。ICMP 簡單方便，是探測裝置線上狀態的重要手段之一。

（3）ARP（Address Resolution Protocol，位址解析通訊協定）：可以透過 IP 位址得知其物理位址（MAC 位址）的協定。在 TCP/IP 網路環境下，每個主機都分配了一個 32 位元的 IP 位址，這種網際網路位址是在網際範圍標識主機的一種邏輯位址，為了使封包在物理網路上傳送，必須了解目的主機的物理位址，所以存在 IP 位址和物理位址的轉換問題。

（4）RARP（Reverse Address Resolution Protocol，逆向位址解析通訊協定）：用於完成物理位址向 IP 位址的轉換。

3. 傳輸層

在 TCP/IP 參考模型中，傳輸層位於第 3 層，它負責在應用程式之間實作點對點的通訊。傳輸層中定義了下面兩種協定。

（1）TCP（Transmission Control Protocal，傳輸控制協定）：一種可靠的連線導向的協定，它允許將一台主機的位元組流無差錯地傳送到目的主機（序列確認和封包重發機制）；TCP 同時要完成流量控制功能，協調收發雙方的發送與接收速度，達到正確傳輸的目的。TCP 將上層傳遞的位元組流封包，再繼續傳遞到它的下層網路層，在接收方，TCP 重新集合接收到的封包，將其轉化成為輸出串流。TCP 被廣泛應用於網際網路上的很多經典應用程式，例如電子郵件、檔案傳輸通訊協定（FTP）、Secure SSH 和一些串流媒體應用程式。TCP 和 IP 相結合組成了網際網路協定的核心。

（2）UDP（User Datagram Protocal，使用者資料封包通訊協定）：一

種不可靠的無連線協定。與 TCP 相比，UDP 更加簡單，資料傳輸速率更高。

4. 應用層

在 TCP/IP 參考模型中，應用層位於最高層，其中包括所有與網路相關的高層協定，常用的應用層協定如下。

（1）Telnet（Teletype Network，網路終端協定）：用於實作網路中的遠端登入功能。

（2）FTP（File Transfer Protocol，檔案傳輸通訊協定）：用於實作網路中的互動式檔案傳輸功能。

（3）SMTP（Simple Mail Transfer Protocol，簡單郵件傳輸協定）：用於實作網路中的電子郵件傳送功能。

（4）DNS（Domain Name System，網域名稱系統）：用於實作網路裝置名稱到 IP 位址的映射。

（5）SNMP（Simple Network Management Protocol，簡單網路管理協定）：用於管理與監視網路裝置。

（6）RIP（Routing Information Protocol，路由資訊通訊協定）：用於在網路裝置之間交換路由資訊。

（7）NFS（Network File System，網路檔案系統）：用於網路中不同主機之間的檔案共享。

（8）HTTP（Hyper Text Transfer Protocol，超文字傳輸協定）：網際網路上應用一種廣泛的網路通訊協定，所有的網頁檔案都必須遵守這個標準，設計 HTTP 的初衷是提供一種發佈和接收 HTML 頁面的方法。

9.1.3 通訊端網路程式設計介面

在開發網路應用程式時，最重要的問題就是如何實作不同主機之間的通訊，在 TCP/IP 網路環境中，可以使用通訊端介面來建立網路連接、實作主機之間的資料傳輸。通訊端是什麼？與 TCP/IP 有什麼關係？簡單地說，通訊端是 TCP/IP 下的應用程式設計發展介面（API）。

TCP/IP 標準並沒有定義與該協定進行互動的 API，它只是規定了作業系統應該提供的一般操作，並允許各個作業系統去定義用來實作這些操作的具體 API。在美國政府的支持下，加州大學柏克萊分校開發並推廣了一個包括 TCP/IP 互聯協定的 UNIX，稱為 BSD UNIX（Berkeley Software Distribution UNIX）作業系統，通訊端程式設計介面是這個作業系統的部分，稱為柏克萊通訊端（Berkeley socket）。雖然 TCP/IP 標準允許作業系統設計者開發自己的應用程式設計發展介面，但是由於 BSD UNIX 作業系統的廣泛使用，大多數人接受了柏克萊通訊端程式設計介面，後來的許多作業系統並沒有再開發一套屬於自己的程式設計介面，而是選擇了支援柏克萊通訊端程式設計介面，舉例來說，Windows 作業系統，各種 UNIX 系統（如 Solaris），以及各種 Linux 系統都實作了 BSD UNIX 通訊端程式設計介面，並結合自己的特點有所擴充，各種程式語言也紛紛支援柏克萊通訊端程式設計介面，使它廣泛應用在各種網路程式設計中，使柏克萊通訊端程式設計介面成為工業界事實上的標準與規範，成為開發網路應用軟體的強有力工具。

Linux 作業系統中的通訊端網路程式設計介面幾乎與 UNIX 作業系統的通訊端網路程式設計介面相同，微軟公司以 UNIX 作業系統的柏克萊通訊端規範為標準，定義了 Windows 通訊端規範，全面繼承了柏克萊通訊端網路程式設計介面，這就是 Windows 通訊端（WinSock）的由來。WinSock 是 Windows 環境下的網路程式設計介面，包含與柏克萊通訊端名稱相同的介面函數，用法與柏克萊通訊端程式設計介面一致，但為了充分表現 Windows 的特性，結合 Windows 的訊息機制，WinSock 增加了許多擴充函數。

網路通訊的過程就是由資料的發送者將要發送的資訊寫入一個通訊端，然後透過中間環節傳輸到接收端的通訊端中，以後就可以由接收端的應用程式將資訊從通訊端中取出，因此，兩個應用程式之間的資料傳輸要透過通訊端來完成，通訊端的本質是通訊過程中要使用的一些緩衝區及相關的資料結構。

WinSock 隱藏了 TCP/IP 的複雜性，從網路程式設計者的角度看，兩個網路程式之間的通訊實質上就是它們各自所綁定的通訊端之間的通訊，使網路程式的工作原理和程式設計模型變得十分簡單而且易於理解。

9.2 IP 位址、網路位元組順序和 WinSock 的位址表示法

9.2.1 IP 位址和通訊埠

在同一台電腦中的兩個不同處理程序進行通訊時，透過系統分配的處理程序 ID 可以唯一地標識一個處理程序，也就是說兩個相互通訊的處理程序只要知道對方的處理程序 ID 就可以相互通訊。在網路程式設計中處理程序間的通訊問題要複雜一些，不能簡單地使用處理程序 ID 來標識網路中的不同處理程序，首先要解決如何辨識網路中不同主機的問題；其次因為各個主機系統中都獨立地進行處理程序 ID 分配，並且不同系統中處理程序 ID 的產生與分配策略也不同，所以在網路環境中不能再透過處理程序 ID 來簡單地辨識兩個相互通訊的處理程序。在網路中為了標識通訊的處理程序，首先要標識處理程序所在的主機，其次要標識主機上不同的處理程序。在網際網路中使用 IP 位址來標識不同的主機，使用通訊埠編號來標識主機上不同的處理程序。

IP 位址是 IP 提供的一種統一的位址格式，它為網際網路上的每一個網路和每一台主機都分配一個邏輯位址，以此來遮罩物理位址（MAC 位址）的差異，IP 位址被用來給網際網路上的每台電腦分配一個編號，每台聯網的電腦上都需要有 IP 位址才能正常通訊。我們可以把「個人電腦」比作「一台電話」，「IP 位址」就相當於「電話號碼」，而網際網路中的路由器就相當於電信局的「程式控制交換機」。

常見的 IP 位址分為 IPv4 與 IPv6 兩大類。IPv4 有 4 段數字，32 位元位址長度，由於網際網路的蓬勃發展，IP 位址的需求量越來越大，IPv4 位址已經基本分配完畢。為了擴大位址空間，擬透過 IPv6 重新定義位址

空間，IPv6 採用 128 位元位址長度。在 IPv6 的設計過程中除了一勞永逸地解決了位址短缺問題以外，還考慮了一些在 IPv4 中不好解決的其他問題。

目前應用最廣泛的 IP 位址是基於 IPv4 的，每個 IP 位址的長度為 32 位元，即 4 位元組。通常把 IP 位址中的每位元組使用一個十進位數字來表示，數字之間使用小數點分隔，IPv4 的 IP 位址格式為 XXX.XXX.XXX.XXX，這種 IP 位址標記法被稱為點分十進位標記法。

因為 8 位元二進位數字的最大值為 255，所以 IPv4 的 IP 位址中 XXX 表示 0 ～ 255 之間的十進位數字，例如 113.120.238.227、192.168.0.1、127.0.0.1 等。

每個主機中有許多應用處理程序，僅有 IP 位址是無法區分一台主機中的多個處理程序的，從這個意義上講，網路通訊的位址就不僅是主機的 IP 位址了，還必須包括可以確定一個處理程序的某種標識，TCP/IP 提出了傳輸層協定通訊埠（Protocol Port）的概念，成功地解決了通訊處理程序的標識問題。如果把 IP 位址比作一間房子，則通訊埠就是出入這間房子的門，不過真正的房子只有幾個門，但是一個 IP 位址的通訊埠可以有 65536（2^{16}）個之多。通訊埠是透過通訊埠編號來標記的，每個協定通訊埠由一個正整數標識，如 80、139、445，範圍是 0 ～ 65535（2^{16}-1）。作業系統會給那些有需求的處理程序分配協定通訊埠，當目的主機接收到封包後，將根據封包首部的目的通訊埠編號，把資料發送到對應通訊埠，而與此通訊埠相對應的那個處理程序將領取資料並等待下一組資料的到來。

由於 TCP 和 UDP 兩個協定是獨立的，因此各自的通訊埠編號也相互獨立，比如 TCP 有一個 235 號通訊埠，UDP 也可以有一個 235 號通訊埠，兩者並不衝突。具體來說，TCP 或 UDP 通訊埠的建議分配規則如下：通常小於 256 的通訊埠號稱為知名通訊埠，供一些眾所皆知的服務程式使用，例如 Web 服務通訊埠 80，FTP 服務通訊埠 21；1024 ～ 65535 的通訊埠編號可以供應用程式和一些服務程式使用。

9.2.2 網路位元組順序

位元組順序是當資料的長度跨越多位元組時資料被儲存的順序，CPU 對位元組順序的處理方式有兩種：大端序方式（Big Endian）和小端序方式（Little Endian）。在大端序方式中，資料的高位元組被放置在連續儲存區域的首位，比如一個 32 位元的十六進位數 0x12345678 在記憶體中的儲存方式是 0x12，0x34，0x56，0x78，同樣，IP 位址 192.168.0.1 在記憶體中的儲存方式是 192,168,0,1；而在小端序方式中，資料的低位元組被放置在連續儲存區域的首位，上面的資料在記憶體中的儲存方式變為 0x78,0x56,0x34,0x12 及 1,0,168,192。Intel 系列處理器使用的是小端序方式（所以我們常常看到記憶體中的多位元組數是倒過來放置的），而某些 RISC 架構的處理器例如 IBM 的 Power-PC 都使用大端序方式。

大端序和小端序方式各有好處，不同的處理器採用不同的方式無可厚非，但是要在它們之間進行通訊就必須選定其中一種方式當作標準，否則會造成混淆，比如，某個采用 Intel CPU 的電腦要向某個採用 RISC CPU 電腦的 0x0100 通訊埠發送資料，它按照自己的位元組處理順序在 TCP 封包首部填入代表通訊埠編號的資料 0x00，0x01（小端序方式下的 0x0100），而接收方收到後卻按照自己的方式理解為 0x0001 通訊埠，這就會出現問題。

TCP/IP 統一規定使用大端序方式傳輸資料（也稱為網路位元組順序），這與 Intel x86 系列處理器所使用的方式不同，所以在 x86 平台下的 WinSock 程式設計中，需要在協定中使用的參數必須首先將它們轉為網路位元組順序。不同系列處理器中使用的位元組順序稱為主機位元組順序。

9.2.3 WinSock 的位址表示法

對網路系統管理員或普通使用者而言，IP 位址常用點分十進位法來表示，即用 4 個 0 ～ 255 之間的整數來表示 IP 位址，每個整數之間使用小數點分隔，但是在電腦中並不使用點分法來儲存 IP 位址，而是使用無號長整數來儲存和表示 IP 位址，而且分為網路位元組順序和主機位元組順序兩種格式，需要在協定中使用時必須首先將它們轉為網路位元組順序。

由於在使用 TCP 和 UDP 進行通訊時，必須同時指定 IP 位址和通訊埠編號才能完整地標識一個通信位址，因此在網路程式設計中通常將這兩個參數定義在一個 sockaddr_in 結構中，sockaddr_in 結構是 WinSock 介面中常用的結構之一，其定義如下：

```
struct sockaddr_in{
    short sin_family;  //位址家族（指定位址格式），在通訊端程式設計中只能是 AF_INET
    unsigned short sin_port;      //通訊埠編號，網路位元組順序
    struct in_addr sin_addr;      //IP 位址，網路位元組順序
    char sin_zero[8];};           //空位元組，要設為 0
```

- 第 1 個欄位 sin_family 表示位址家族（指定位址格式），在通訊端程式設計中只能是 AF_INET。
- 第 2 個欄位 sin_port 表示通訊埠編號，是一個無號短整數，使用網路位元組順序。WinSock 提供了一些函數來處理本機位元組順序和網路位元組順序之間的轉換：

```
u_short htons(u_short hostshort);    //把 u_short 類型從主機位元組順序轉為 TCP/IP
                                       網路位元組順序
u_long  htonl(u_long hostlong);      //把 u_long 類型從主機位元組順序轉為 TCP/IP
                                       網路位元組順序
u_short ntohs(u_short netshort);     //把 u_short 類型從 TCP/IP 網路位元組順序轉為
                                       主機位元組順序
u_long  ntohl(u_long netlong);       //把 u_long 類型從 TCP/IP 網路位元組順序轉為
                                       主機位元組順序
```

  類似的還有 WSAHtons、WSAHtonl、WSANtohs、WSANtohl 函數。函數名稱的含義實際上是 n 和 h 的組合（分別代表 network 和 host），中間加上一個 to，並且分為 l 和 s（long 和 short）尾碼。

- 第 3 個欄位 sin_addr 是一個 in_addr 結構，用來表示 IP 位址：

```
typedef struct in_addr {
    union {
        struct {u_char s_b1,s_b2,s_b3,s_b4;} S_un_b; //4 個 u_char 來表示 IP 位址
        struct {u_short s_w1,s_w2;} S_un_w;      //2 個 u_short 來表示 IP 位址
        u_long S_addr;                            //1 個 u_long 來表示 IP 位址
    } S_un;
} IN_ADDR, *PIN_ADDR, FAR *LPIN_ADDR;
```

使用字串 aa.bb.cc.dd 表示 IP 位址時，字串中由點分開的 4 個域是以字串的形式對 in_ addr 結構中 4 個 u_char 值的描述，由於每位元組的數值範圍是 0 ～ 255，因此各域的值不可以超過 255。

給 in_addr 指定值的一種簡單方法是使用 inet_addr 函數，它可以把一個代表 IP 位址的字串轉為網路位元組順序的 u_long 類型。

其反函數是 inet_ntoa，可以把一個 in_addr 類型轉為字串。

```
unsigned long inet_addr(__in  const char* cp);  //點分十進位表示的 IP 位址字串
char* FAR inet_ntoa(__in  struct in_addr in);   //in_addr 結構
```

- 最後 8 位元組沒有使用，是為了與 1.0 版本的 sockaddr 結構大小相同才設定的：

```
struct sockaddr {
    unsigned short sa_family;    // 位址家族
    char sa_data[14];};          // 位址
```

在這個結構中，第 1 個欄位 sa_family 指定了這個位址使用的位址家族；sa_data 欄位儲存的資料在不同的位址家族中可能不同，在此不再深究，讀者了解這是 1.0 版本的結構即可。

在填寫 sockaddr_in 結構的 sin_port 欄位和 sin_addr 欄位時，必須先進行轉換，比如把通訊埠編號 12345 轉換成十六進位是 0x3039，那麼放入 sin_port 欄位的數值應該是轉換後的 0x3930（網路位元組順序）。下面是初始化 sockaddr_in 結構的例子：

```
sockaddr_in sockAddr;
sockAddr.sin_family = AF_INET;
sockAddr.sin_port = htons(12345);
sockAddr.sin_addr.S_un.S_addr = inet_addr("127.0.0.1");
```

上例中，呼叫 htons 函數把通訊埠編號 12345 轉為網路位元組順序的 16 位元無號短整數通訊埠編號，呼叫 inet_addr 函數將一個點分十進位 IP 位址字串轉為網路位元組順序的 32 位元無號長整數 IP 位址。

事實上，inet_addr 和 inet_ntoa 是兩個過時的函數，建議使用 InetPton 和 InetNtop 函數代替：

```
INT WSAAPI InetPton(
    INT           Family,              // 位址家族
    PCWSTR        pszAddrString,       // 點分十進位表示的 IP 位址字串
    PVOID         pAddrBuf);           // 傳回網路位元組順序的 IP 位址
PCWSTR WSAAPI InetNtop(
    INT           Family,              // 位址家族
    const VOID    *pAddr,              // 網路位元組順序的 IP 位址
    PWSTR         pStringBuf,          // 傳回點分十進位表示的 IP 位址字串
    size_t        StringBufSize);      // 以字元為單位的緩衝區長度
```

這兩個函數的 ANSI 版本分別為 inet_pton 和 inet_ntop，在 ws2tcpip.h 標頭檔中有以下定義：

```
#define InetPtonA      inet_pton
#define InetNtopA      inet_ntop

#ifdef UNICODE
    #define InetPton         InetPtonW
    #define InetNtop         InetNtopW
#else
    #define InetPton         InetPtonA
    #define InetNtop         InetNtopA
#endif
```

改寫初始化 sockaddr_in 結構的範例如下：

```
sockaddr_in sockAddr;
sockAddr.sin_family = AF_INET;
sockAddr.sin_port = htons(12345);
inet_pton(AF_INET, "127.0.0.1", &sockAddr.sin_addr.S_un.S_addr);
```

呼叫 inet_pton 和 inet_ntop 函數，需要引入 ws2tcpip.h 標頭檔。

9.3 WinSock 網路程式設計

我們知道，TCP 是基於連接的通訊協定，兩台電腦之間需要建立穩定可靠的連接，並在該連接上實作可靠的資料傳輸；UDP 是一種不可靠的無連線協定，資料傳輸前並不需要建立連接，這就好像發電報或發簡訊一樣，即使對方不在線上，也可以發送資料，但不能保證對方一定會接收到資料。通訊端開發介面位於應用層和傳輸層之間，可以選擇在 TCP 和 UDP 兩種傳輸層協定實作網路通訊。

根據基於的底層協定不同，通訊端開發介面可以提供連線導向和無連接兩種服務方式。在連線導向的服務方式中，每次完整的資料傳輸都要經過建立連接、使用連接和關閉連接的過程，連接相當於一個傳輸管道，因此在資料傳輸過程中，包中不需要指定目的位址，基於連線導向服務方式的應用包括 Telnet 和 FTP 等；在不需連線的服務方式中，每次資料傳輸時並不需要建立連接，因此每個包中必須包含完整的目的位址，並且每個封包都獨立地在網路中傳輸。無連接服務不能保證封包的先後順序以及資料傳輸的可靠性。UDP 提供不需連線的資料封包服務，基於無連接服務的應用包括簡單網路管理協定（SNMP）等。

9.3.1 TCP 網路程式設計的一般步驟

1. 伺服器端

網路應用程式之間進行通訊時，普遍採用客戶端設備 - 伺服器（Client/Server）的互動模式，簡稱 C/S 模式，這是網際網路上應用程式最常用的通訊模式。用戶端和伺服器是指通訊中涉及的兩個應用處理程序，用戶端 - 伺服器方式描述的是處理程序之間服務與被服務的關係，用戶端是服務請求方，伺服器是服務提供方。伺服器程式可以同時處理多個遠端或本機用戶端的請求，不斷地執行以被動等待並接受來自各地用戶端的通訊請求，伺服器程式不需要知道用戶端程式的位址。用戶端程式在通訊時主動向遠端伺服器發起通訊（請求服務），用戶端程式必須知道伺服器程式的位址。

2. 初始化 WinSock 函數庫

為了在網路通訊應用程式中呼叫任意一個 WinSock API 函數，程式需要做的第一件事情是透過 WSAStartup 函數完成對 WinSock 函數庫的初始化：

```
int WSAStartup(
    __in    WORD wVersionRequested,  // 希望使用的 socket 版本
    __out   LPWSADATA lpWSAData);     // 傳回動態連結程式庫的詳細資訊
```

- 第 1 個參數 wVersionRequested 指定程式希望使用的通訊端版本，其中高位元位元組指明副版本編號，低位元位元組指明主版本編號；作業系統利用第 2 個參數傳回動態連結程式庫的詳細資訊。

  在 Windows 95 和 Windows NT 3.51 以及更早的版本中，Windows 通訊端的最新版本為 1.0 或 1.1。Windows 通訊端規範的當前版本是 2.2，需要包含的標頭檔為 WinSock2.h，使用的動態連結程式庫為 Ws2_32.dll，使用的匯入函數庫檔案為 Ws2_32.lib（VS 預設情況下沒有包含這個函數庫檔案，需要自己引入）。程式呼叫 WSAStartup 函數後，作業系統根據請求的通訊端版本來搜尋對應的通訊端函數庫，然後綁定找到的通訊端函數庫到該應用程式中，以後應用程式就可以呼叫該通訊端函數庫中的任何 socket 函數。

- 第 2 個參數 lpWSAData 是一個指向 WSADATA 結構的指標，在這裡傳回動態連結程式庫的詳細資訊：

```
typedef struct WSAData {
    WORD wVersion;                    // 希望程式使用的 Windows 通訊端版本
    WORD wHighVersion;                // 實際可以支援的 Windows 通訊端最新版本
    char szDescription[WSADESCRIPTION_LEN + 1];// 傳回對 Windows 通訊端實作的描述
    char szSystemStatus[WSASYS_STATUS_LEN + 1]; // 傳回相關狀態或設定資訊
    unsigned short iMaxSockets;  // 為版本 1.1 相容而保留，Windows 通訊端版本 2 和
                                    以後，該欄位被忽略
    unsigned short iMaxUdpDg;    // 為版本 1.1 相容而保留，Windows 通訊端版本 2 和
                                    以後，該欄位被忽略
    char FAR* lpVendorInfo;      // 為版本 1.1 相容而保留，Windows 通訊端版本 2 和
                                    以後，該欄位被忽略
} WSADATA, *LPWSADATA;
```

呼叫 WSAStartup 函數初始化 WinSock 函數庫成功，傳回值為 0。

下面的程式演示了支援 Windows 通訊端版本 2.2 的應用程式如何進行 WSAStartup 函數的呼叫：

```
#include <winsock2.h>            // WinSock2 標頭檔，該標頭檔包括 Windows.h

#pragma comment(lib, "Ws2_32")  // WinSock2 匯入函數庫

int main()
{
    WSADATA wsa = { 0 };

    // 初始化 WinSock 函數庫
    if (WSAStartup(MAKEWORD(2, 2), &wsa) != 0)
    {
        MessageBox(NULL, TEXT(" 初始化 WinSock 函數庫失敗！ "), TEXT("WSAStartup
Error"), MB_OK);
        return 0;
    }

    return 0;
}
```

按 F5 鍵偵錯執行，追蹤傳回的 wsa 結構如圖 9.1 所示。

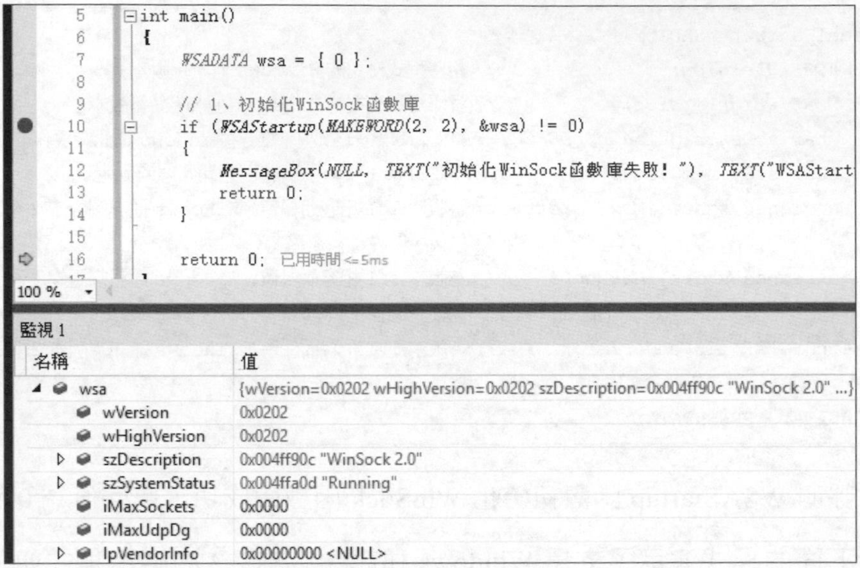

```
 5  int main()
 6  {
 7      WSADATA wsa = { 0 };
 8
 9      // 1、初始化WinSock函數庫
10      if (WSAStartup(MAKEWORD(2, 2), &wsa) != 0)
11      {
12          MessageBox(NULL, TEXT("初始化WinSock函數庫失敗！"), TEXT("WSAStart
13          return 0;
14      }
15
16      return 0;  已用時間 <= 5ms
```

100 %

監視 1

名稱	值
wsa	{wVersion=0x0202 wHighVersion=0x0202 szDescription=0x004ff90c "WinSock 2.0" ...}
wVersion	0x0202
wHighVersion	0x0202
szDescription	0x004ff90c "WinSock 2.0"
szSystemStatus	0x004ffa0d "Running"
iMaxSockets	0x0000
iMaxUdpDg	0x0000
lpVendorInfo	0x00000000 <NULL>

▲圖 9.1

wVersion 和 wHighVersion 傳回的都是十六進位的 0x0202，表示 Ws2_32.dll 希望程式使用的 Windows 通訊端版本和可以支持的 Windows 通訊端最新版本均為 2.2，所以我們呼叫 WSAStartup 函數時，wVersionRequested 參數指定為 MAKEWORD(2, 2) 即可。

當應用程式不再使用 WinSock 函數庫提供的服務時，應該呼叫 WSACleanup 函數釋放 WinSock 資源：

```
int WSACleanup(void);
```

3. 建立用於監聽所有用戶端請求的通訊端

為了使用 WinSock 介面進行通訊，首先必須建立一個用來通訊的物件，這個物件就稱為通訊端（socket），建立通訊端使用 socket 函數：

```
SOCKET WSAAPI socket(
    _In_ int af,            // 位址家族（位址格式）
    _In_ int type,          // 指定通訊端的類型
    _In_ int protocol);     // 配合 type 參數使用，指定協定類型
```

- 第 1 個參數 af 指定位址家族（位址格式），當前支持的值是 AF_INET 或 AF_INET6，它們是 IPv4 和 IPv6 的網際網路位址族格式。
- 第 2 個參數 type 指定通訊端的類型，常用的 TCP/IP 通訊端類型有以下 3 種。
  - SOCK_STREAM：流式通訊端。流式通訊端用於提供連線導向的、可靠的資料傳輸服務，該服務將保證資料能夠實作無差錯、無重複發送，並按順序接收。流式通訊端之所以能夠實作可靠的資料服務，原因在於其使用了傳輸控制協定，即 TCP。
  - SOCK_DGRAM：資料通訊端。資料通訊端提供了一種不需連線的服務，該服務並不能保證資料傳輸的可靠性，資料有可能在傳輸過程中遺失或出現資料重複，且無法保證順序地接收到資料。資料通訊端使用 UDP 進行資料的傳輸，由於資料通訊端不能保證資料傳輸的可靠性，因此對於有可能出現的資料遺失情況需要在程式中做對應的處理。
  - SOCK_RAW：原始通訊端。原始通訊端允許對較低層次的協定直接存取，比如 IP、ICMP，它常用於檢驗新的協定實作，或存取現有服務中設定的新裝置，因為原始通訊端可以自如地控制 Windows 下的多種協定，能夠對網路底層的傳輸機制進行控制，所以可以應用原始通訊端來操控網路層和傳輸層應用。比如，我們可以透過原始通訊端來接收發向本機的 ICMP、IGMP 封包，或接收 TCP/IP 無法處理的 IP 封包，也可以用來發送一些自訂封包表頭或自訂協定的 IP 封包，網路監聽技術很大程度上依賴於原始通訊端。

  原始通訊端與流式通訊端和資料通訊端的區別在於：原始通訊端可以讀寫核心沒有處理的 IP 封包，而流式通訊端只能讀取 TCP 封包，資料通訊端只能讀取 UDP 封包。因此，如果要存取其他協定發送的資料必須使用原始通訊端。
- 第 3 個參數 protocol 配合 type 參數使用，指定協定類型，常用協定有 IPPROTO_TCP、IPPROTO_ UDP 等，分別對應 TCP、UDP。

參數 type 和 protocol 不可以隨意組合，例如 SOCK_STREAM 不可以與 IPPROTO_UDP 組合。當第 3 個參數為 0 時，函數會自動選擇跟第 2 個參數指定的通訊端類型對應的預設協定。

如果函數呼叫成功，則傳回新建通訊端的控制碼，在以後的 bind、listen 和 accept 這 3 個函數呼叫中都會用到該控制碼；如果發生錯誤，則傳回 INVALID_SOCKET（#define INVALID_SOCKET(SOCKET)(~0)），可以透過呼叫 WSAGetLastError 函數獲取錯誤程式。

建立監聽通訊端的程式通常如下：

```
// 建立用於監聽所有用戶端請求的通訊端
SOCKET socketListen = socket(AF_INET, SOCK_STREAM, 0);
if (socketListen == INVALID_SOCKET)
{
    MessageBox(NULL, TEXT("建立監聽通訊端失敗！"), TEXT("socket Error"), MB_OK);
    WSACleanup();
    return 0;
}
```

當不再需要使用建立的通訊端的時候，應該呼叫 closesocket 函數關閉通訊端資源：

```
int closesocket(__in  SOCKET s);     // 要關閉的通訊端控制碼
```

4. 將監聽通訊端與指定的 IP 位址、通訊埠編號綁定

將一個本機位址與監聽通訊端連結起來的函數是 bind：

```
int bind(
    _In_ SOCKET s,                          // 監聽通訊端控制碼
    _In_ const struct sockaddr FAR* name,   // sockaddr_in 結構的位址（包含 IP
                                               位址和通訊埠編號）
    _In_ int namelen);                      //sockaddr_in 結構的長度
```

第 2 個參數是一個 sockaddr 結構，這是為了與 1.0 版本相容，在 2.2 版本中使用的是 sockaddr_in 結構。

如果函數執行成功，則傳回值為 0；如果發生錯誤，則傳回值為 SOCKET_ERROR(-1)，可以呼叫 WSAGetLastError 函數獲取錯誤資訊。

將監聽通訊端與指定的 IP 位址、通訊埠編號綁定的程式如下：

```
// 將監聽通訊端與指定的 IP 位址、通訊埠編號綁定
sockaddr_in sockAddr;
sockAddr.sin_family = AF_INET;
sockAddr.sin_port = htons(8000);
sockAddr.sin_addr.S_un.S_addr = INADDR_ANY;    // 不關心分配給監聽通訊端的本機位址，
                                                 則使用 INADDR_ANY
if (bind(socketListen, (sockaddr*)&sockAddr, sizeof(sockAddr)) == SOCKET_ERROR)
{
    MessageBox(NULL, TEXT(" 將監聽通訊端與指定的 IP 位址、通訊埠編號綁定失敗！"),
TEXT("bind Error"), MB_OK);
    closesocket(socketListen);
    WSACleanup();
    return 0;
}
```

如果不關心分配給監聽通訊端的位址，可以將 IP 位址設定為 INADDR_ANY，表示自動在本機的所有 IP 位址上進行監聽。舉例來說，電腦有 3 個網路卡，設定了 3 個 IP 位址，那麼通訊端會自動在所有 3 個 IP 位址上進行監聽；如果通訊埠編號設定為 0，則系統會自動分配一個唯一通訊埠編號。

程式可以在呼叫 bind 函數以後繼續呼叫 getsockname 函數來獲取分配給它的位址：

```
int getsockname(
    _In_    SOCKET            s,            // 通訊端控制碼
    _Out_   struct sockaddr   *name,        // 傳回位址資訊，sockaddr_in 結構的指標
    _Inout_ int               *namelen);    // 以位元組為單位結構的長度
```

如果函數執行成功，則傳回值為 0，否則傳回值為 SOCKET_ERROR，可以透過呼叫 WSAGet LastError 函數獲取錯誤程式。

5. 使通訊端進入監聽（等待被連接）狀態

listen 函數可以使主動連接通訊端變為被動連接通訊端，使一個處理程序可以接受其他處理程序的請求，從而成為一個伺服器處理程序：

```
int listen(
    _In_ SOCKET s,          // 監聽通訊端控制碼
    _In_ int    backlog);   // 連接佇列的最大長度
```

函數的第 2 個參數指明連接佇列的最大長度，如果 backlog 設定為 SOMAXCONN，則系統會把 backlog 設定為最大合理值，佇列滿了後將拒絕新的連接請求，此時如果有用戶端請求連接將出現錯誤 WSAECONNREFUSED。

如果函數執行成功，則傳回值為 0；如果發生錯誤，則傳回值為 SOCKET_ERROR，可以透過呼叫 WSAGetLastError 函數獲取錯誤程式。

使通訊端進入監聽（等待被連接）狀態的程式如下：

```
// 使監聽通訊端進入監聽（等待被連接）狀態
if (listen(socketListen, SOMAXCONN) == SOCKET_ERROR)
{
    MessageBox(NULL, TEXT("使監聽通訊端進入監聽（等待被連接）狀態失敗！"),
TEXT("listen Error"), MB_OK);
    closesocket(socketListen);
    WSACleanup();
    return 0;
}

// 伺服器監聽中 ...
```

6. 接受一個連接請求，傳回用於伺服器和用戶端通訊的通訊端控制碼

使用 accept 函數接受在監聽通訊端上的連接：

```
SOCKET accept(
    _In_     SOCKET            s,           // 監聽通訊端控制碼
    _Out_    struct sockaddr   *addr,       // 傳回用戶端的位址，sockaddr_in 結構
    _Inout_  int               *addrlen);   // 結構的長度
```

函數從通訊端 s 的等待連接佇列中取出第一個連接，如果函數執行成功，則傳回一個通訊端控制碼，該控制碼是進行實際通訊的通訊端控制碼，後續通訊雙方收發資料都使用該通訊端控制碼，原來用於監聽的通訊端仍然保持監聽狀態，以接受下一個連接的進入；如果函數執行失敗，則傳回 INVALID_SOCKET，可以透過呼叫 WSAGetLastError 函數獲取錯誤程式。

接受連接的範例程式如下：

```
// 迴圈接受連接請求，傳回用於伺服器用戶端通訊的通訊端控制碼
sockaddr_in sockAddrClient; // 呼叫 accept 在 sockaddr_in 中傳回用戶端的 IP 位址、
                               通訊埠編號
int nAddrlen = sizeof(sockAddrClient);

while (TRUE)
{
    socketAccept = accept(socketListen, (sockaddr*)&sockAddrClient, &nAddrlen);
    if (socketAccept == INVALID_SOCKET)
    {
        //MessageBox(NULL, TEXT("本次接受連接請求失敗，已進入下一次 accept 迴圈"),
          TEXT("acceptError"), MB_OK);
        // 繼續接受其他用戶端的連接請求
        continue;
    }

    // 本次接受客戶的連接請求成功
    // 建立一個新的執行緒來負責收發資料
}
```

如果佇列中無等待連接，則 accept 函數會阻塞呼叫處理程序直到新的連接出現。在迴圈中，accept 函數成功傳回就表示一個新的連接已經產

生，但是在迴圈中直接使用新連接進行資料收發是不合理的，因為這樣不能馬上回到 accept 函數處繼續處理其他用戶端的連接請求，所以一般建立一個新的執行緒來負責與新連接進行通訊，而迴圈馬上傳回到 accept 處等待新的連接，新的通訊端控制碼可以透過 lParam 參數傳遞給執行緒函數。迴圈等待用戶端連接請求和建立新執行緒負責通訊，這不是一個很好的解決方法，後面學習完 I/O 非同步模型這個問題會有更好的處理方式。

一定要清楚監聽通訊端和新的通訊通訊端 (socket) 之間的區別。假如用於監聽的通訊端是 #1，那麼前面的 bind，listen 和 accept 等函數都是對 #1 操作的；當 accept 函數傳回通訊端 #2 後，#2 才是和客戶端相連的，所以為了與用戶端進行通訊收發資料而使用的 send 和 recv 等函數都是針對 #2 的。如果連接被用戶端斷開或伺服器主動斷開與某一用戶端的連接，則需要對 #2 呼叫 closesocket；如果伺服器端程式不想再繼續監聽用戶端連接請求，需要對 #1 呼叫 closesocket 函數。

7. 收發資料

在已連接的通訊端上發送資料使用 send 函數：

```
int send(
    _In_          SOCKET    s,            // 已連接的通訊通訊端 (socket) 控制碼
    _In_  const   char      *buf,         // 要發送資料的緩衝區指標
    _In_          int       len,          // 以位元組為單位的緩衝區長度
    _In_          int       flags);       // 標識位元，一般設定為 0
```

如果函數執行成功，則傳回發送的位元組總數，該總數可以小於 len 參數中請求發送的位元組數；不然將傳回 SOCKET_ERROR，可以透過呼叫 WSAGetLastError 函數獲取錯誤程式。

在已連接的通訊端上接收資料使用 recv 函數：

```
int recv(
    _In_   SOCKET    s,              // 已連接的通訊通訊端 (socket) 控制碼
```

```
    _Out_ char        *buf,          // 要接收資料的緩衝區指標
    _In_  int         len,           // 以位元組為單位的緩衝區長度
    _In_  int         flags);        // 標識位元，一般設定為 0
```

如果函數執行成功，則傳回接收到的位元組數，buf 參數所指向的緩衝區將包含接收到的資料；如果通訊連接已被關閉，則傳回值為 0；不然將傳回 SOCKET_ERROR，可以透過呼叫 WSAGetLastError 函數獲取錯誤程式。

8. 用戶端

用戶端的流程要簡單一些。

（1）呼叫 WSAStartup 函數初始化 WinSock 函數庫。

（2）呼叫 socket 函數建立與伺服器進行通訊的通訊端。

（3）呼叫 connect 函數建立與伺服器的連接，sockaddr_in 結構指定為伺服器的 IP 位址與通訊埠編號。

（4）呼叫 send / recv 函數收發資料。

與伺服器建立連接的函數是 connect：

```
int connect(
    _In_ SOCKET                      s,          // 與伺服器進行通訊的通訊端控制碼
    _In_ const struct sockaddr       *name,      //sockaddr_in 結構，指定為伺服器的 IP
                                                   位址與通訊埠編號
    _In_ int                     namelen);   // 以位元組為單位的 sockaddr_in 結構的長度
```

對於連線導向的通訊端（例如 SOCK_STREAM），用戶端需要呼叫 connect 主動發起連接。如果函數執行成功，則傳回值為 0，否則傳回 SOCKET_ERROR，可以透過呼叫 WSAGetLastError 函數獲取錯誤程式。

伺服器與用戶端的通訊流程如圖 9.2 所示。

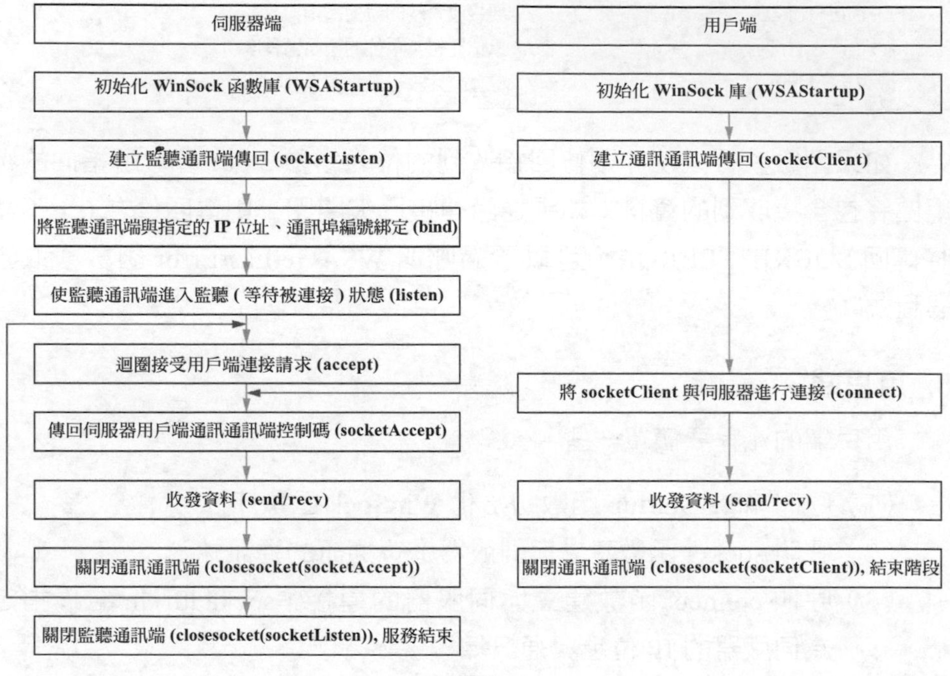

▲ 圖 9.2

9.3.2 TCP 伺服器程式

下面來實作一個伺服器與用戶端簡單通訊的範例。為了方便起見，本章程式均採用 ANSI 字元集編碼，且為了使程式簡潔省略了一些必要的函數傳回值判斷。程式是對話方塊程式，執行效果如圖 9.3 所示。

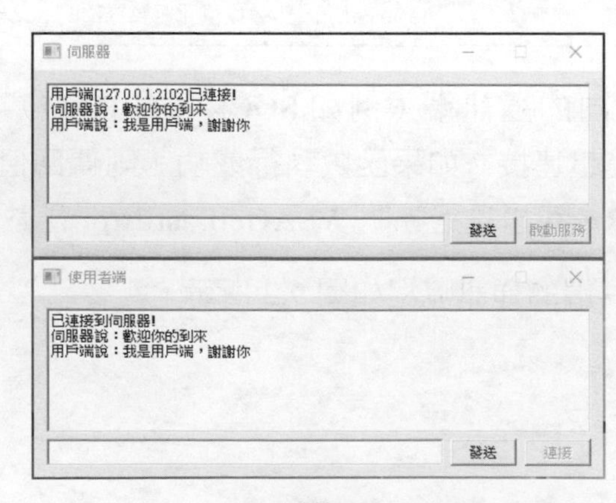

▲ 圖 9.3

伺服器和用戶端都是由一個列表框（負責顯示聊天內容）、一個文字標籤（用於輸入聊天資訊）和兩個按鈕組成。伺服器資源指令檔 Server.rc 的主要內容如下：

```
IDD_SERVER_DIALOG DIALOGEX 200, 100, 309, 81
STYLE DS_SETFONT | DS_MODALFRAME | DS_FIXEDSYS | WS_MINIMIZEBOX | WS_POPUP |
WS_CAPTION | WS_SYSMENU
CAPTION "伺服器"
FONT 8, "MS Shell Dlg", 400, 0, 0x1
BEGIN
    LISTBOX         IDC_LIST_CONTENT,7,7,295,48,LBS_NOINTEGRALHEIGHT |
                    WS_VSCROLL | WS_TABSTOP
    EDITTEXT        IDC_EDIT_MSG,7,58,203,14,ES_AUTOHSCROLL
    PUSHBUTTON      "發送",IDC_BTN_SEND,216,58,42,14
    PUSHBUTTON      "啟動服務",IDC_BTN_START,261,58,42,14
END
```

用戶端資源指令檔 Client.rc 的主要內容如下：

```
IDD_CLIENT_DIALOG DIALOGEX 200, 100, 309, 81
STYLE DS_SETFONT | DS_MODALFRAME | DS_FIXEDSYS | WS_MINIMIZEBOX | WS_POPUP |
WS_CAPTION | WS_SYSMENU
CAPTION "用戶端"
FONT 8, "MS Shell Dlg", 400, 0, 0x1
BEGIN
    LISTBOX         IDC_LIST_CONTENT,7,7,295,48,LBS_NOINTEGRALHEIGHT |
                    WS_VSCROLL | WS_TABSTOP
    EDITTEXT            IDC_EDIT_MSG,7,58,203,14,ES_AUTOHSCROLL
    PUSHBUTTON          "發送",IDC_BTN_SEND,216,58,42,14
    PUSHBUTTON          "連接",IDC_BTN_CONNECT,261,58,42,14
END
```

Server.cpp 原始檔案的內容如下：

```
#include <winsock2.h>               //Winsock2 標頭檔
#include <ws2tcpip.h>               //inet_pton / inet_ntop 需要使用這個標頭檔案
#include "resource.h"

#pragma comment(lib, "Ws2_32")  //Winsock2 匯入函數庫
```

```
// 常數定義
const int BUF_SIZE = 1024;

// 全域變數
HWND g_hwnd;                        // 視窗控制碼
HWND g_hListContent;                // 聊天內容列表框視窗控制碼
HWND g_hEditMsg;                    // 訊息輸入框視窗控制碼
HWND g_hBtnSend;                    // 發送按鈕視窗控制碼

SOCKET g_socketListen = INVALID_SOCKET;    // 監聽通訊端控制碼
SOCKET g_socketAccept = INVALID_SOCKET;    // 通訊通訊端 (socket) 控制碼

// 函數宣告
INT_PTR CALLBACK DialogProc(HWND hwndDlg, UINT uMsg, WPARAM wParam, LPARAM
lParam);
// 對話方塊初始化
VOID OnInit(HWND hwndDlg);
// 按下啟動服務按鈕
VOID OnStart();
// 按下發送按鈕
VOID OnSend();
// 伺服器接收資料執行緒函數
DWORD WINAPI RecvProc(LPVOID lpParam);

int WINAPI WinMain(HINSTANCE hInstance, HINSTANCE hPrevInstance, LPSTR
lpCmdLine, int nCmdShow)
{
    DialogBoxParam(hInstance, MAKEINTRESOURCE(IDD_SERVER_DIALOG), NULL,
DialogProc, NULL);
    return 0;
}

INT_PTR CALLBACK DialogProc(HWND hwndDlg, UINT uMsg, WPARAM wParam, LPARAM
lParam)
{
    switch (uMsg)
    {
    case WM_INITDIALOG:
        OnInit(hwndDlg);
```

```
        return TRUE;

    case WM_COMMAND:
        switch (LOWORD(wParam))
        {
        case IDCANCEL:
            // 關閉通訊端，釋放 WinSock 函數庫
            if (g_socketAccept != INVALID_SOCKET)
                closesocket(g_socketAccept);
            if (g_socketListen != INVALID_SOCKET)
                closesocket(g_socketListen);
            WSACleanup();
            EndDialog(hwndDlg, IDCANCEL);
            break;

        case IDC_BTN_START:
            OnStart();
            break;

        case IDC_BTN_SEND:
            OnSend();
            break;
        }
        return TRUE;
    }

    return FALSE;
}

//////////////////////////////////////////////////////////////////////////
VOID OnInit(HWND hwndDlg)
{
    g_hwnd = hwndDlg;
    g_hListContent = GetDlgItem(hwndDlg, IDC_LIST_CONTENT);
    g_hEditMsg = GetDlgItem(hwndDlg, IDC_EDIT_MSG);
    g_hBtnSend = GetDlgItem(hwndDlg, IDC_BTN_SEND);

    EnableWindow(g_hBtnSend, FALSE);

    return;
```

```
}

VOID OnStart()
{
    WSADATA wsa = { 0 };

    //1. 初始化 WinSock 函數庫
    if (WSAStartup(MAKEWORD(2, 2), &wsa) != 0)
    {
        MessageBox(g_hwnd, TEXT("初始化 WinSock 函數庫失敗！"), TEXT("WSAStartup
Error"), MB_OK);
        return;
    }

    //2. 建立用於監聽所有用戶端請求的通訊端
    g_socketListen = socket(AF_INET, SOCK_STREAM, 0);
    if (g_socketListen == INVALID_SOCKET)
    {
        MessageBox(g_hwnd, TEXT("建立監聽通訊端失敗！"), TEXT("socket Error"),
MB_OK);
        WSACleanup();
        return;
    }

    //3. 將監聽通訊端與指定的 IP 位址、通訊埠編號綁定
    sockaddr_in sockAddr;
    sockAddr.sin_family = AF_INET;
    sockAddr.sin_port = htons(8000);
    sockAddr.sin_addr.S_un.S_addr = INADDR_ANY;
    if (bind(g_socketListen, (sockaddr*)&sockAddr, sizeof(sockAddr)) ==
SOCKET_ERROR)
    {
        MessageBox(g_hwnd, TEXT("將監聽通訊端與指定的 IP 位址、通訊埠編號綁定失敗！
"), TEXT ("bind Error"), MB_OK);
        closesocket(g_socketListen);
        WSACleanup();
        return;
    }

    //4. 使監聽 Socket 進入監聽（等待被連接）狀態
```

```
    if (listen(g_socketListen, 1) == SOCKET_ERROR)
    {
        MessageBox(g_hwnd, TEXT("使監聽 Socket 進入監聽（等待被連接）狀態失敗！"),
TEXT("listen Error"), MB_OK);
        closesocket(g_socketListen);
        WSACleanup();
        return;
    }
    //伺服器監聽中...
    MessageBox(g_hwnd, TEXT("伺服器監聽中..."), TEXT("服務啟動成功"), MB_OK);
    EnableWindow(GetDlgItem(g_hwnd, IDC_BTN_START), FALSE);

    //5. 等待連接請求，傳回用於伺服器用戶端通訊的通訊端控制碼
    sockaddr_in sockAddrClient;    //呼叫 accept 傳回用戶端的 IP 位址、通訊埠編號
    int nAddrlen = sizeof(sockaddr_in);
    g_socketAccept = accept(g_socketListen, (sockaddr*)&sockAddrClient,
&nAddrlen);
    if (g_socketAccept == INVALID_SOCKET)
    {
        MessageBox(g_hwnd, TEXT("接受連接請求失敗！"), TEXT("accept Error"),
MB_OK);
        closesocket(g_socketListen);
        WSACleanup();
        return;
    }

    //6. 接受客戶的連接請求成功，收發資料
    CHAR szBuf[BUF_SIZE] = { 0 };
    CHAR szIP[24] = { 0 };
    inet_ntop(AF_INET, &sockAddrClient.sin_addr.S_un.S_addr, szIP,
_countof(szIP));
    wsprintf(szBuf, "用戶端[%s:%d]已連接！", szIP, ntohs
(sockAddrClient.sin_port));
    SendMessage(g_hListContent, LB_ADDSTRING, 0, (LPARAM)szBuf);

    EnableWindow(g_hBtnSend, TRUE);
    //建立執行緒，接收用戶端資料
    CloseHandle(CreateThread(NULL, 0, RecvProc, NULL, 0, NULL));

    return;
```

```
}

VOID OnSend()
{
    CHAR szBuf[BUF_SIZE] = { 0 };
    CHAR szShow[BUF_SIZE] = { 0 };

    GetWindowText(g_hEditMsg, szBuf, BUF_SIZE);
    wsprintf(szShow, "伺服器說：%s", szBuf);
    SendMessage(g_hListContent, LB_ADDSTRING, 0, (LPARAM)szShow);
    send(g_socketAccept, szShow, strlen(szShow), 0);

    SetWindowText(g_hEditMsg, "");

    return;
}

DWORD WINAPI RecvProc(LPVOID lpParam)
{
    CHAR szBuf[BUF_SIZE] = { 0 };
    int nRet;

    while (TRUE)
    {
        ZeroMemory(szBuf, BUF_SIZE);
        nRet = recv(g_socketAccept, szBuf, BUF_SIZE, 0);
        if (nRet > 0)
        {
            // 收到用戶端資料
            SendMessage(g_hListContent, LB_ADDSTRING, 0, (LPARAM)szBuf);
        }
    }

    return 0;
}
```

9.3.3 TCP 用戶端程式

為了方便管理，我們把伺服器和用戶端放在同一個解決方案中，用滑鼠按右鍵 VS 左側方案總管的解決方案 "Server"（1 個專案），然後選擇增加→新建專案，新建一個名稱為 Client 的專案。這樣就可以在一個解決方案中增加兩個專案，需要編譯時用滑鼠按右鍵該專案，然後選擇設為啟動專案即可。Client.cpp 原始檔案的內容如下：

```
#include <winsock2.h>               //WinSock2 標頭檔
#include <ws2tcpip.h>               //inet_pton / inet_ntop 需要使用這個標頭檔案
#include "resource.h"

#pragma comment(lib, "Ws2_32")//WinSock2 匯入函數庫

// 常數定義
const int BUF_SIZE = 1024;

// 全域變數
HWND g_hwnd;                    // 視窗控制碼
HWND g_hListContent;            // 聊天內容列表框視窗控制碼
HWND g_hEditMsg;                // 訊息輸入框視窗控制碼
HWND g_hBtnSend;                // 發送按鈕視窗控制碼

SOCKET g_socketClient = INVALID_SOCKET; // 通訊通訊端 (socket) 控制碼

// 函數宣告
INT_PTR CALLBACK DialogProc(HWND hwndDlg, UINT uMsg, WPARAM wParam, LPARAM
lParam);
// 對話方塊初始化
VOID OnInit(HWND hwndDlg);
// 按下連接按鈕
VOID OnConnect();
// 按下發送按鈕
VOID OnSend();
// 用戶端接收資料執行緒函數
DWORD WINAPI RecvProc(LPVOID lpParam);

int WINAPI WinMain(HINSTANCE hInstance, HINSTANCE hPrevInstance, LPSTR
lpCmdLine, int nCmdShow)
{
    DialogBoxParam(hInstance, MAKEINTRESOURCE(IDD_CLIENT_DIALOG), NULL,
DialogProc, NULL);
    return 0;
```

```
}

INT_PTR CALLBACK DialogProc(HWND hwndDlg, UINT uMsg, WPARAM wParam, LPARAM
lParam)
{
    switch (uMsg)
    {
    case WM_INITDIALOG:
        OnInit(hwndDlg);
        return TRUE;

    case WM_COMMAND:
        switch (LOWORD(wParam))
        {
        case IDCANCEL:
            // 關閉通訊端，釋放 WinSock 函數庫
            if (g_socketClient != INVALID_SOCKET)
                closesocket(g_socketClient);
            WSACleanup();
            EndDialog(hwndDlg, IDCANCEL);
            break;

        case IDC_BTN_CONNECT:
            OnConnect();
            break;

        case IDC_BTN_SEND:
            OnSend();
            break;
        }
        return TRUE;
    }

    return FALSE;
}

//////////////////////////////////////////////////////////////////////////
VOID OnInit(HWND hwndDlg)
{
    g_hwnd = hwndDlg;
```

```
    g_hListContent = GetDlgItem(hwndDlg, IDC_LIST_CONTENT);
    g_hEditMsg = GetDlgItem(hwndDlg, IDC_EDIT_MSG);
    g_hBtnSend = GetDlgItem(hwndDlg, IDC_BTN_SEND);

    EnableWindow(g_hBtnSend, FALSE);

    return;
}

// 按下連接按鈕
VOID OnConnect()
{
    WSADATA wsa = { 0 };
    sockaddr_in sockAddrServer;

    //1. 初始化 WinSock 函數庫
    if (WSAStartup(MAKEWORD(2, 2), &wsa) != 0)
    {
        MessageBox(g_hwnd, TEXT("初始化 WinSock 函數庫失敗！"), TEXT("WSAStartup
Error"), MB_OK);
        return;
    }

    //2. 建立與伺服器的通訊通訊端 (socket)
    g_socketClient = socket(AF_INET, SOCK_STREAM, 0);
    if (g_socketClient == INVALID_SOCKET)
    {
        MessageBox(g_hwnd, TEXT("建立與伺服器的通訊通訊端 (socket) 失敗！"),
TEXT("socket Error"), MB_OK);
        WSACleanup();
        return;
    }

    //3. 與伺服器建立連接
    sockAddrServer.sin_family = AF_INET;
    sockAddrServer.sin_port = htons(8000);
    inet_pton(AF_INET, "127.0.0.1", &sockAddrServer.sin_addr.S_un.S_addr);
    if (connect(g_socketClient, (sockaddr*)&sockAddrServer,
sizeof(sockAddrServer)) == SOCKET_ERROR)
    {
```

```
        MessageBox(g_hwnd, TEXT("與伺服器建立連接失敗！"), TEXT("connect 
Error"), MB_OK);
        closesocket(g_socketClient);
        WSACleanup();
        return;
    }

    //4. 建立連接成功，收發資料
    SendMessage(g_hListContent, LB_ADDSTRING, 0, (LPARAM)"已連接到伺服器！");
    EnableWindow(GetDlgItem(g_hwnd, IDC_BTN_CONNECT), FALSE);
    EnableWindow(g_hBtnSend, TRUE);

    //建立執行緒，接收伺服器資料
    CreateThread(NULL, 0, RecvProc, NULL, 0, NULL);

    return;
}

//按下發送按鈕
VOID OnSend()
{
    CHAR szBuf[BUF_SIZE] = { 0 };
    CHAR szShow[BUF_SIZE] = { 0 };

    GetWindowText(g_hEditMsg, szBuf, BUF_SIZE);
    wsprintf(szShow, "用戶端說：%s", szBuf);
    SendMessage(g_hListContent, LB_ADDSTRING, 0, (LPARAM)szShow);
    send(g_socketClient, szShow, strlen(szShow), 0);

    SetWindowText(g_hEditMsg, "");

    return;
}

DWORD WINAPI RecvProc(LPVOID lpParam)
{
    CHAR szBuf[BUF_SIZE] = { 0 };
    int nRet;

    while (TRUE)
```

```
    {
        ZeroMemory(szBuf, BUF_SIZE);
        nRet = recv(g_socketClient, szBuf, BUF_SIZE, 0);
        if (nRet > 0)
        {
            // 收到伺服器資料
            SendMessage(g_hListContent, LB_ADDSTRING, 0, (LPARAM)szBuf);
        }
    }

    return 0;
}
```

先執行伺服器，點擊「啟動服務」按鈕，伺服器呼叫 OnStart 函數，依次執行初始化 WinSock 函數庫、建立監聽通訊端、綁定 IP 位址和通訊埠、進入監聽狀態、等待連接請求。如果佇列中沒有等待連接，則 accept 函數會阻塞呼叫處理程序直到新的連接出現，才繼續執行下面的收發資料程式。

執行用戶端，點擊「連接」按鈕，用戶端呼叫 OnConnect 函數，依次執行初始化 WinSock 函數庫、建立通訊通訊端 (socket)、與伺服器建立連接，connect 也是阻塞函數，連接成功前程式不會繼續執行下面的程式。關於伺服器地址，讀者測試時可以開啟 cmd 使用 ipconfig 命令查看本機的內網 IP 位址，或指定為 127.0.0.1（代表本機地址，建議使用）。

建立連接後，伺服器及用戶端均需要開闢一個新的執行緒負責接收資料，而發送資料是透過按下「發送」按鈕時執行 OnSend 函數實作的。

本實例僅實作了一個伺服器和一個用戶端進行通訊的情況，伺服器在接受用戶端連接前程式介面會出現無回應的情況，用戶端在呼叫 connect 函數連接伺服器的過程中也會導致程式介面失去回應。send / recv 等函數也是阻塞函數，關於這些問題，需要使用後面要介紹的非同步 I/O 技術。

9.3.4 UDP 程式設計

TCP 由於可靠、穩定的特點被應用於大部分場合，但是它對系統資源的要求比較高。使用者資料封包通訊協定（User Datagram Protocol，UDP）是 OSI 參考模型中一個簡單的資料封包導向的傳輸層協定，它提供了不需連線的、不可靠的資料傳輸服務。無連接是指它與 TCP 不同在通訊前先與對方建立連接以確定對方的狀態；不可靠是指它直接按照指定 IP 位址和通訊埠編號將封包發送出去，如果對方不在線上會導致資料遺失。UDP 封包沒有可靠性保證、順序保證和流量控制欄位等，可靠性較差，在網路品質差的環境下，UDP 封包遺失情況會比較嚴重，但是因為 UDP 的控制選項較少，所以在資料傳輸過程中延遲小、資料傳輸效率高，適用於那些對可靠性要求不高的應用程式，通常音訊、視訊和普通資料在傳送時使用 UDP 較多，因為它們即使偶爾遺失一兩個封包也不會對接收結果產生太大的影響，比如我們聊天使用的 QQ 使用的就是 UDP。

UDP 程式設計流程如下。

（1）伺服器端程式設計流程如下。

- 初始化 WinSock 函數庫（WSAStartup）。
- 建立通訊端（socket），type 參數指定為 SOCK_DGRAM。
- 綁定 IP 位址和通訊埠（bind）。
- 收發資料（sendto/recvfrom）。
- 關閉連接（closesocket）。

（2）用戶端程式設計流程如下。

- 初始化 WinSock 函數庫（WSAStartup）。
- 建立通訊端（socket），type 參數指定為 SOCK_DGRAM。
- 收發資料（sendto/recvfrom）。
- 關閉連接（closesocket）。

如果需要，用戶端也可以使用 bind 函數綁定 IP 位址和通訊埠編號。

sendto 函數向指定目的地發送資料，適用於發送未建立連接的 UDP 封包：

```
int sendto(
    _In_        SOCKET                      s,         // 通訊端控制碼
    _In_ const  char                        *buf,      // 要發送資料的緩衝區指標
    _In_        int                         len,       // 以位元組為單位的緩衝區長度
    _In_        int                         flags,     // 標識位元，一般設定為 0
    _In_        const struct sockaddr       *to,       //sockaddr_in 結構的目的地位址
    _In_        int                         tolen);    // 結構的長度
```

如果函數執行成功，則傳回發送的位元組總數，該總數可以小於參數 len 指定的位元組數；否則傳回 SOCKET_ERROR，可以透過呼叫 WSAGetLastError 函數獲取錯誤程式。

recvfrom 函數接收資料封包，並傳回來源位址：

```
int recvfrom(
    _In_          SOCKET            s,           // 通訊端控制碼
    _Out_         char              *buf,        // 接收資料的緩衝區指標
    _In_          int               len,         // 以位元組為單位的緩衝區長度
    _In_          int               flags,       // 標識位元，一般設定為 0
    _Out_         struct sockaddr   *from,      // 在這裡傳回來源位址，sockaddr_in 結構
    _Inout_opt_   int               *fromlen);// 結構的長度
```

如果函數執行成功，則傳回接收到的位元組數；如果連接已被關閉，則傳回值為 0，否則傳回 SOCKET_ERROR，可以透過呼叫 WSAGet LastError 函數獲取錯誤程式。

下面以一個簡單的主控台 UDP 伺服器和用戶端範例說明這兩個函數的用法。

UDP 伺服器 UDPServer.cpp 原始檔案的內容如下：

```
#include <winsock2.h>                   //WinSock2 標頭檔
#include <ws2tcpip.h>                   //inet_pton inet_ntop 需要使用這個標頭檔案
#include <stdio.h>
```

```
#pragma comment(lib, "Ws2_32")//WinSock2 匯入函數庫

//常數定義
const int BUF_SIZE = 1024;

int main()
{
    WSADATA wsa = { 0 };
    SOCKET socketSendRecv = INVALID_SOCKET;  //伺服器的收發資料通訊端
    sockaddr_in addrServer, addrClient;      //伺服器、用戶端位址
    int nAddrLen = sizeof(sockaddr_in);      //sockaddr_in 結構的長度
    CHAR szBuf[BUF_SIZE] = { 0 };            //接收資料緩衝區
    CHAR szIP[24] = { 0 };                   //用戶端 IP 位址

    //初始化 WinSock 函數庫
    WSAStartup(MAKEWORD(2, 2), &wsa);

    //建立收發資料通訊端
    socketSendRecv = socket(AF_INET, SOCK_DGRAM, IPPROTO_UDP);

    //將收發資料通訊端綁定到任意 IP 位址和指定通訊埠
    addrServer.sin_family = AF_INET;
    addrServer.sin_port = htons(8000);
    addrServer.sin_addr.S_un.S_addr = INADDR_ANY;
    bind(socketSendRecv, (SOCKADDR *)&addrServer, sizeof(addrServer));

    //從用戶端接收資料，recvfrom 函數會在參數 addrClient 中傳回用戶端的 IP 位址和通
      訊埠編號
    recvfrom(socketSendRecv, szBuf, BUF_SIZE, 0, (SOCKADDR *)&addrClient,
&nAddrLen);
    inet_ntop(AF_INET, &addrClient.sin_addr.S_un.S_addr, szIP, _countof(szIP));
    printf("從用戶端 [%s:%d] 接收到資料：%s\n", szIP, ntohs(addrClient.sin_
port), szBuf);

    //把接收到的資料發送回去
    sendto(socketSendRecv, szBuf, strlen(szBuf), 0, (SOCKADDR *)&addrClient,
nAddrLen);

    //關閉收發資料通訊端，釋放 WinSock 函數庫
    closesocket(socketSendRecv);
```

```
    WSACleanup();
    return 0;
}
```

UDP 用戶端 UDPClient.cpp 原始檔案的內容如下：

```
#include <winsock2.h>              //WinSock2 標頭檔
#include <ws2tcpip.h>              //inet_pton inet_ntop 需要使用這個標頭檔案
#include <stdio.h>

#pragma comment(lib, "Ws2_32")//WinSock2 匯入函數庫

// 常數定義
const int BUF_SIZE = 1024;

int main()
{
    WSADATA wsa = { 0 };
    SOCKET socketSendRecv = INVALID_SOCKET;  // 用戶端的收發資料通訊端
    sockaddr_in addrServer;                  // 伺服器地址
    int nAddrLen = sizeof(sockaddr_in);      //sockaddr_in 結構的長度
    CHAR szBuf[BUF_SIZE] = "你好，老王！";    // 發送資料緩衝區
    CHAR szIP[24] = { 0 };                   // 伺服器 IP 位址

    // 初始化 WinSock 函數庫
    WSAStartup(MAKEWORD(2, 2), &wsa);

    // 建立收發資料通訊端
    socketSendRecv = socket(AF_INET, SOCK_DGRAM, IPPROTO_UDP);

    // 向伺服器發送資料
    addrServer.sin_family = AF_INET;
    addrServer.sin_port = htons(8000);
    inet_pton(AF_INET, "127.0.0.1", &addrServer.sin_addr.S_un.S_addr);
    sendto(socketSendRecv, szBuf, strlen(szBuf), 0, (SOCKADDR *)&addrServer,
nAddrLen);

    // 從伺服器接收資料
    sockaddr_in addr;    // 查看 recvfrom 傳回的伺服器 IP 位址和通訊埠編號
    ZeroMemory(szBuf,  sizeof(szBuf));
```

```
    recvfrom(socketSendRecv, szBuf, BUF_SIZE, 0, (sockaddr *)&addr,
&nAddrLen);
    inet_ntop(AF_INET, &addr.sin_addr.S_un.S_addr, szIP, _countof(szIP));
    printf("從伺服器[%s:%d]傳回資料：%s\n", szIP, ntohs(addr.sin_port), szBuf);

    //關閉收發資料通訊端，釋放WinSock函數庫
    closesocket(socketSendRecv);
    WSACleanup();
    return 0;
}
```

先執行伺服器，然後執行用戶端，效果如圖 9.4 所示。

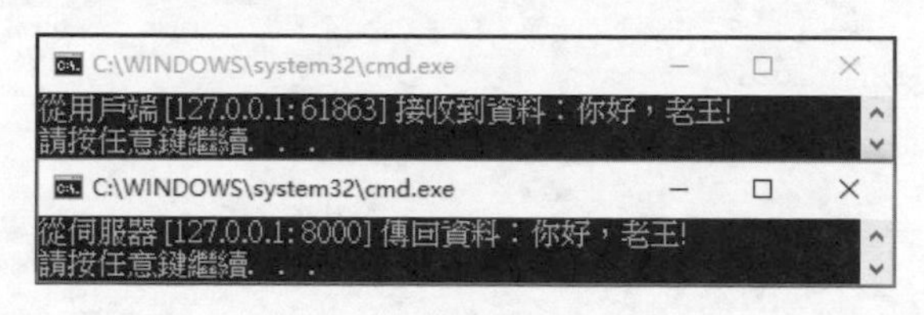

▲ 圖 9.4

為了簡化程式，我們沒有對函數傳回值做判斷。伺服器從用戶端接收資料後列印出接收到的資料，recvfrom 函數會在參數 addrClient 中傳回用戶端的 IP 位址和通訊埠編號，伺服器利用傳回的用戶端的 IP 位址和通訊埠編號使用 sendto 函數向用戶端發送資料；用戶端要與伺服器進行通訊，必須了解伺服器的 IP 位址和通訊埠編號，用戶端首先利用 sendto 函數向伺服器發送資料，然後利用 recvfrom 函數從伺服器接收資料。

需要注意的是，用戶端建立通訊端後，如果首先呼叫的是 sendto 函數，則可以不呼叫 bind 函數顯性地綁定本機位址，系統會自動為程式綁定，再次呼叫 recvfrom 函數也不會失敗（因為通訊端已經綁定）；但是在建立通訊端後，直接呼叫 recvfrom 函數接收資料就會失敗，因為通訊端還沒有綁定。另外，從上面的範例可以看出，對 UDP 來說伺服器和用戶端程式並沒有明顯的區別，用戶端也可以使用 bind 函數綁定 IP 位址和通訊埠編號，這樣一來用戶端即可作為伺服器使用。完整程式請參考 UDPServer 專案。

9.3.5 P2P 技術

P2P（Peer to Peer）稱為點對點或端對端。在 P2P 網路環境中，彼此連接的多台電腦都處於對等地位，各台電腦有相同的功能，無主從之分，一台電腦既可以作為伺服器，設定共享資源供網路中的其他電腦使用，又可以作為工作站，整個網路通常不依賴專用的集中伺服器，也沒有專用的工作站。網路中的每一台電腦既能充當網路服務的請求者，又對其他電腦的請求做出回應，提供資源、服務和內容。通常這些資源和服務包括資訊的共享和交換、運算資源（如 CPU 運算能力共享）、儲存共享（如快取和磁碟空間的使用）、網路共享、印表機共享等。對等網路是一種網路結構的思想，它與目前網路中佔據主導地位的客戶端設備 / 伺服器（Client/Server）系統結構的本質區別是，整個網路結構中不存在中心節點（或中心伺服器），在 P2P 結構中，每一個節點（Peer）大都同時具有資訊消費者、資訊提供者和資訊通訊三方面的功能。從計算模式上來說，P2P 打破了傳統的 C/S 模式，網路中的每個節點的地位都是對等的，每個節點既充當伺服器，為其他節點提供服務，同時也享用其他節點提供的服務。

迅雷下載就使用了 P2P 技術，例如我們想下載一個 Photoshop 軟體，它存在於遠端伺服器上，但是存取伺服器的人很多導致下載速度減慢，如果剛好其他人前兩天下載過這個資源，採用 P2P 加速後，我們不但可以從伺服器上下載，還可以從下載過該資源的用戶端下載，如果有很多人下載過這個資源，那麼下載速度就會很快。P2P 應用程式依賴的是網路中每個參與者電腦的運算能力和頻寬，而不僅是依賴較少的幾台伺服器，從而減輕了網路服務器的負擔。考慮到篇幅原因，本書不詳細講解 P2P 技術，有興趣的讀者可以參考相關圖書。

9.4 WinSock 非同步 I/O 模型

前面的 TCP 伺服器和用戶端範例實作了簡單的網路通訊功能，在實際開發應用中，伺服器往往需要與多個用戶端同時進行通訊，要在

Windows 平台上建構高效、實用的伺服器 / 用戶端應用程式，就需要使用本節介紹的非同步 I/O 技術。本節將介紹阻塞和非阻塞兩種通訊端模式（也叫同步、非同步），以及 5 種非同步 I/O 模型。I/O 是輸入 / 輸出 Input/Output 的意思，對通訊端來說就是接收資料、發送資料等操作。

當建立一個通訊端時，預設情況下它處於阻塞模式，例如前面的 TCP 伺服器範例，伺服器呼叫 accept 函數等待一個用戶端連接時會導致伺服器處理程序阻塞，直到接收到一個用戶端連接後函數才傳回。connect、send、recv 等函數也都是阻塞函數，阻塞模式適用於用戶端較少的簡單網路應用程式。阻塞模式通訊端的好處是使用簡單，但是當需要處理多個通訊端連接時，必須建立多個執行緒，即每一個連接都開闢一個執行緒，這給程式設計帶來了許多不便，所以在實際開發過程中使用最多的還是下面要介紹的非阻塞模式。

非阻塞模式是指在指定通訊端上呼叫 I/O 函數執行操作時，無論操作是否完成，函數都會立即傳回，例如在非阻塞模式下呼叫 recv 函數時，程式會直接讀取網路緩衝區中的資料，無論是否讀到資料，函數都會立即傳回，而不會一直停滯在那等待函數傳回。非阻塞模式併發處理能力強，可以同時建立多個通訊連接，大多數網路程式採用非阻塞模式通訊端。

非阻塞模式通訊端使用起來比較複雜，但是有許多優點。應用程式可以透過呼叫 ioctlsocket 函數顯性地使通訊端工作在非阻塞模式下：

```
int ioctlsocket(
    _In_     SOCKET     s,          // 要設定的通訊端控制碼
    _In_     long       cmd,        // 在通訊端 s 上執行的命令
    _Inout_  u_long     *argp);     // 指向 cmd 參數的指標
```

第 2 個參數 cmd 指定在通訊端 s 上執行的命令，可以使用的命令與含義如表 9.3 所示。

表 9.3

常數	含義
FIONBIO	啟用或禁用通訊端 s 的非阻塞模式。如果要啟用非阻塞模式，則將參數 *argp 設定為非零值；如果要禁用非阻塞模式，則將參數 *argp 設定為 0
FIONREAD	在參數 *argp 中傳回通訊端 s 自動讀取的資料量。如果通訊端 s 是 SOCKET_STREAM 類型，則 FIONREAD 傳回在一次 recv 中所接收的所有資料量，這通常與通訊端中等候的資料總量相同；如果通訊端 s 是 SOCK_DGRAM 類型，則 FIONREAD 傳回通訊端上等候的第一個資料封包大小
SIOCATMARK	用於確認是否所有的頻外資料都已被讀取，這個命令僅適用於 SOCK_STREAM 類型的 Socket 埠，且該 Socket 埠已被設定為可以線上接收頻外資料 (SO_OOBINLINE)。如果沒有頻外資料等待讀取，則該操作傳回 TRUE，否則的話傳回 FALSE

如果函數執行成功，則傳回值為 0，否則傳回值為 SOCKET_ERROR，可以透過呼叫 WSAGetLastError 函數獲取錯誤程式。

在 ioctlsocket 函數中使用 FIONBIO 命令，並將 argp 參數設定為非零值，即可將通訊端 s 設定為非阻塞模式，例如下面的程式：

```
// 設定通訊端為非阻塞模式
ULONG ulArgp = 1;
ioctlsocket(socketListen, FIONBIO, &ulArgp);
```

讀者可以改寫前面的 TCP 伺服器範例並進行測試，在建立監聽通訊端後，設定監聽通訊端為非阻塞模式，然後執行程式，點擊「啟動服務」按鈕，程式會馬上傳回接收連接請求失敗。

設定通訊端為非阻塞模式後，發送和接收資料或管理連接的 WinSock 呼叫將立即傳回，大多數情況下，這些函數呼叫會失敗，呼叫 WSAGetLastError 出錯程式是 WSAEWOULDBLOCK，這表示請求的操作在呼叫期間沒有完成，例如系統輸入緩衝區中沒有待接收的資料，那麼對 recv 函數的呼叫將傳回 WSAEWOULDBLOCK，這就需要對相同的函數呼叫多次，直到它傳回成功為止。

非阻塞呼叫經常以 WSAEWOULDBLOCK 出錯程式表示操作失敗，所以將通訊端設定為非阻塞模式後，關鍵的問題在於如何確定通訊端何時讀取 / 寫入，即確定網路事件何時發生，如果不斷地呼叫函數去測試，程式的性能勢必會受到影響，解決的辦法是使用 WinSock 提供的不同的 I/O 模型，WinSock 提供了 5 種非同步 I/O 模型，分別是 select 模型、WSAAsyncSelect 模型、WSAEventSelect 模型、Overlapped 模型和完成通訊埠（Completion Port）模型。

接下來，我們先實作一個阻塞模式下的多執行緒多用戶端 TCP 伺服器 / 用戶端聊天室程式，然後改寫這個阻塞模式聊天室程式，分別使用 5 種非同步 I/O 模型實作。

9.4.1 阻塞模式下的多執行緒多用戶端通訊端程式設計

本節將改寫前面的 TCP 伺服器用戶端程式，使伺服器可以接受多個用戶端連接，伺服器的發言可以在每一個用戶端顯示，每一個用戶端的發言可以在伺服器和其他用戶端顯示，也就是一個簡單的聊天室程式，具體參見 Server_Multiple 專案。程式介面與以前相同，執行效果如圖 9.5 所示。

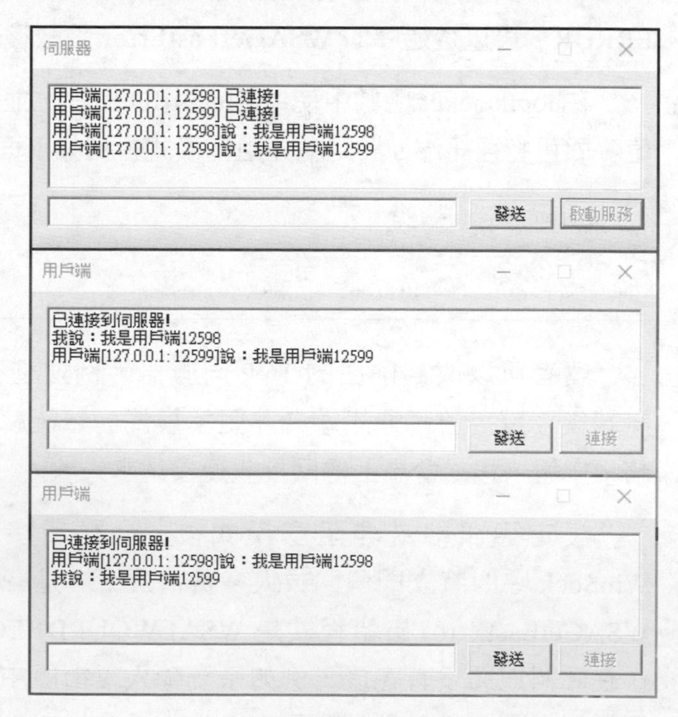

▲ 圖 9.5

因為多個用戶端都可以連接到伺服器，一方面為了確定是哪一個用戶端發言，我們需要記錄下每一個用戶端的 IP 位址和通訊埠編號；另一方面伺服器在收到每一個用戶端訊息時以及伺服器發言時，都需要把訊息發往每一個用戶端，並記錄下與每一個用戶端的通訊通訊端 (socket)，因此每一個用戶端的資訊都需要使用一個結構來儲存，所有的結構體形成一個鏈結串列，對鏈結串列的操作包括伺服器接收到一個用戶端連接時增加一個節點，有一個用戶端下線時從鏈結串列中移除一個節點，根據通訊通訊端 (socket) 控制碼從鏈結串列中查詢一個節點等。為了使程式清晰可見，我們把這些功能放在一個單獨的標頭檔 SOCKETOBJ.h 中，程式如下：

```
#pragma once

// 通訊端物件鏈結串列所用結構
typedef struct _SOCKETOBJ
{
    SOCKET       m_socket;    // 通訊通訊端 (socket) 控制碼
    CHAR         m_szIP[16];  // 用戶端 IP
    USHORT       m_usPort;    // 用戶端通訊埠編號
    _SOCKETOBJ   *m_pNext;    // 下一個通訊端物件結構指標
}SOCKETOBJ, *PSOCKETOBJ;

PSOCKETOBJ g_pSocketObjHeader; // 通訊端物件鏈結串列標頭
int g_nTotalClient;            // 用戶端總數量

CRITICAL_SECTION g_cs;         // 臨界區物件，用於同步對通訊端物件鏈結串列的操作

// 建立一個通訊端物件
PSOCKETOBJ CreateSocketObj(SOCKET s)
{
    PSOCKETOBJ pSocketObj = new SOCKETOBJ;
    if (pSocketObj == NULL)
        return NULL;

    EnterCriticalSection(&g_cs);

    pSocketObj->m_socket = s;
```

```
    //增加第一個節點
    if (g_pSocketObjHeader == NULL)
    {
        g_pSocketObjHeader = pSocketObj;
        g_pSocketObjHeader->m_pNext = NULL;
    }
    else
    {
        pSocketObj->m_pNext = g_pSocketObjHeader;
        g_pSocketObjHeader = pSocketObj;
    }

    g_nTotalClient++;

    LeaveCriticalSection(&g_cs);
    return pSocketObj;
}

//釋放一個通訊端物件
VOID FreeSocketObj(PSOCKETOBJ pSocketObj)
{
    EnterCriticalSection(&g_cs);

    PSOCKETOBJ p = g_pSocketObjHeader;
    if (p == pSocketObj)    //移除的是頭節點
    {
        g_pSocketObjHeader = g_pSocketObjHeader->m_pNext;
    }
    else
    {
        while (p != NULL)
        {
            if (p->m_pNext == pSocketObj)
            {
                p->m_pNext = pSocketObj->m_pNext;
                break;
            }

            p = p->m_pNext;
```

```
        }
    }

    if (pSocketObj->m_socket != INVALID_SOCKET)
        closesocket(pSocketObj->m_socket);
    delete pSocketObj;

    g_nTotalClient--;

    LeaveCriticalSection(&g_cs);
}

//根據通訊端查詢通訊端物件
PSOCKETOBJ FindSocketObj(SOCKET s)
{
    EnterCriticalSection(&g_cs);

    PSOCKETOBJ pSocketObj = g_pSocketObjHeader;
    while (pSocketObj != NULL)
    {
        if (pSocketObj->m_socket == s)
        {
            LeaveCriticalSection(&g_cs);
            return pSocketObj;
        }

        pSocketObj = pSocketObj->m_pNext;
    }

    LeaveCriticalSection(&g_cs);
    return NULL;
}

//釋放所有通訊端物件
VOID DeleteAllSocketObj()
{
    SOCKETOBJ socketObj;
    PSOCKETOBJ pSocketObj = g_pSocketObjHeader;

    while (pSocketObj != NULL)
```

```
    {
        socketObj = *pSocketObj;

        if (pSocketObj->m_socket != INVALID_SOCKET)
            closesocket(pSocketObj->m_socket);
        delete pSocketObj;

        pSocketObj = socketObj.m_pNext;
    }
}
```

因為是多執行緒操作同一個通訊端物件鏈結串列，所以需要一個臨界區物件進行執行緒同步；為了方便操作鏈結串列，需要一個鏈結串列頭全域變數；為了記錄線上用戶端的總數量，需要一個 g_nTotalClient 全域變數。

1. 伺服器端 Server.cpp

在初始化對話方塊時，初始化 WinSock 函數庫，初始化臨界區物件，獲取一些常用對話方塊控制項的視窗控制碼，禁用「發送」按鈕，OnInit 函數程式如下：

```
VOID OnInit(HWND hwndDlg)
{
    WSADATA wsa = { 0 };
    //1. 初始化 WinSock 函數庫
    if (WSAStartup(MAKEWORD(2, 2), &wsa) != 0)
    {
        MessageBox(g_hwnd, TEXT(" 初始化 WinSock 函數庫失敗！ "), TEXT("WSAStartup
Error"), MB_OK);
        return;
    }

    // 初始化臨界區物件，用於同步對通訊端物件的存取
    InitializeCriticalSection(&g_cs);

    g_hwnd = hwndDlg;
    g_hListContent = GetDlgItem(hwndDlg, IDC_LIST_CONTENT);
```

```
    g_hEditMsg = GetDlgItem(hwndDlg, IDC_EDIT_MSG);
    g_hBtnSend = GetDlgItem(hwndDlg, IDC_BTN_SEND);

    EnableWindow(g_hBtnSend, FALSE);

    return;
}
```

按下「啟動服務」按鈕時，操作與前一個範例大致相同，但是第 5 步需要建立一個新執行緒迴圈等待用戶端的連接請求。

我們並沒有呼叫 ioctlsocket 函數設定非阻塞模式，因為設定通訊端為非阻塞模式後，發送和接收資料或管理連接的 WinSock 呼叫將立即傳回，大多數情況下，這些函數呼叫會失敗，呼叫 WSAGetLastError 出錯程式是 WSAEWOULDBLOCK，這表示請求的操作在呼叫期間沒有完成，這就需要多次呼叫相同的函數，直到它傳回成功為止，所以對本例來說設定為非阻塞模式沒有意義。按下「啟動服務」按鈕的 OnStart 函數程式如下：

```
VOID OnStart()
{
    //2. 建立用於監聽所有用戶端請求的通訊端
    g_socketListen = socket(AF_INET, SOCK_STREAM, 0);
    if (g_socketListen == INVALID_SOCKET)
    {
        MessageBox(g_hwnd, TEXT("建立監聽通訊端失敗！"), TEXT("socket Error"),
MB_OK);
        WSACleanup();
        return;
    }

    //3. 將監聽通訊端與指定的 IP 位址、通訊埠編號綁定
    sockaddr_in sockAddr;
    sockAddr.sin_family = AF_INET;
    sockAddr.sin_port = htons(8000);
    sockAddr.sin_addr.S_un.S_addr = INADDR_ANY;
    if (bind(g_socketListen, (sockaddr*)&sockAddr, sizeof(sockAddr)) ==
SOCKET_ERROR)
```

```
    {
        MessageBox(g_hwnd, TEXT("將監聽通訊端與指定的 IP 位址、通訊埠編號綁定失敗！"),
            TEXT("bind Error"), MB_OK);
        closesocket(g_socketListen);
        WSACleanup();
        return;
    }

    //4. 使監聽 Socket 進入監聽（等待被連接）狀態
    if (listen(g_socketListen, SOMAXCONN) == SOCKET_ERROR)
    {
        MessageBox(g_hwnd, TEXT("使監聽 Socket 進入監聽（等待被連接）狀態失敗！"),
            TEXT("listen Error"), MB_OK);
        closesocket(g_socketListen);
        WSACleanup();
        return;
    }
    // 伺服器監聽中 ...
    MessageBox(g_hwnd, TEXT("伺服器監聽中 ..."), TEXT("服務啟動成功"), MB_OK);
    EnableWindow(GetDlgItem(g_hwnd, IDC_BTN_START), FALSE);

    //5. 建立一個新執行緒迴圈等待連接請求
    CloseHandle(CreateThread(NULL, 0, AcceptProc, NULL, 0, NULL));

   return;
}
```

執行緒函數 AcceptProc 迴圈等待用戶端連接請求，接收到一個用戶端連接後呼叫 CreateSocketObj 函數建立一個通訊端物件節點，儲存通訊通訊端 (socket) 控制碼、用戶端 IP 位址、通訊埠編號等，然後在伺服器聊天內容區域顯示「用戶端 [IP: 通訊埠] 已連接！」，啟用「發送」按鈕，最後建立一個執行緒迴圈接收用戶端發送的資料（把通訊通訊端 (socket) 控制碼作為執行緒函數參數）。程式如下：

```
DWORD WINAPI AcceptProc(LPVOID lpParam)
{
    SOCKET socketAccept = INVALID_SOCKET;    // 通訊通訊端 (socket) 控制碼
    sockaddr_in sockAddrClient;
```

```
    int nAddrlen = sizeof(sockaddr_in);
    CHAR szBuf[BUF_SIZE] = { 0 };

    while (TRUE)
    {
        socketAccept = accept(g_socketListen, (sockaddr*)&sockAddrClient,
&nAddrlen);
        if (socketAccept == INVALID_SOCKET)
        {
            Sleep(100);
            continue;
        }

        //6. 接受客戶的連接請求成功
        ZeroMemory(szBuf, BUF_SIZE);
        //建立一個通訊端物件，儲存用戶端 IP 位址、通訊埠編號
        PSOCKETOBJ pSocketObj = CreateSocketObj(socketAccept);
        inet_ntop(AF_INET, &sockAddrClient.sin_addr.S_un.S_addr,
            pSocketObj->m_szIP, _countof(pSocketObj->m_szIP));
        pSocketObj->m_usPort = ntohs(sockAddrClient.sin_port);
        wsprintf(szBuf, "用戶端 [%s:%d] 已連接！", pSocketObj->m_szIP,
pSocketObj-> m_usPort);
        SendMessage(g_hListContent, LB_ADDSTRING, 0, (LPARAM)szBuf);
        EnableWindow(g_hBtnSend, TRUE);

        //建立執行緒，接收用戶端資料
        CloseHandle(CreateThread(NULL, 0, RecvProc, (LPVOID)socketAccept, 0,
NULL));
    }

    return 0;
}
```

執行緒函數 RecvProc 迴圈接收用戶端發送的資料，利用傳遞過來的 lpParam 參數呼叫 FindSocketObj 函數獲取該通訊端對應的通訊端物件，除在伺服器聊天內容區域顯示用戶端發送過來的訊息外，還需要把接收到的資料分發到每一個用戶端。recv 函數傳回值小於等於 0 就說明連接已關閉或出錯，這時我們呼叫 FreeSocketObj 函數移除這個通訊端物件，

如果用戶端線上數量等於 0，則禁用「發送」按鈕：

```
DWORD WINAPI RecvProc(LPVOID lpParam)
{
    SOCKET socketAccept = (SOCKET)lpParam;
    PSOCKETOBJ pSocketObj = FindSocketObj(socketAccept);
    CHAR szBuf[BUF_SIZE] = { 0 };          //接收資料緩衝區
    CHAR szMsg[BUF_SIZE] = { 0 };
    int nRet;                                      //I/O 操作傳回值
    PSOCKETOBJ p;

    while (TRUE)
    {
        ZeroMemory(szBuf, BUF_SIZE);
        nRet = recv(socketAccept, szBuf, BUF_SIZE, 0);
        if (nRet > 0)    //接收到用戶端資料
        {
            ZeroMemory(szMsg, BUF_SIZE); //組合為用戶端[XXX.XXX.XXX.XXX:XXXX]
                                           說：...
            wsprintf(szMsg, "用戶端[%s:%d]說：%s", pSocketObj->m_szIP,
pSocketObj->m_usPort, szBuf);
            SendMessage(g_hListContent, LB_ADDSTRING, 0, (LPARAM)szMsg);

            //把接收到的資料分發到每一個用戶端
            p = g_pSocketObjHeader;
            while (p != NULL)
            {
                if (p->m_socket != socketAccept)
                    send(p->m_socket, szMsg, strlen(szMsg), 0);

                p = p->m_pNext;
            }
        }
       else              //連接已關閉
       {
            ZeroMemory(szMsg, BUF_SIZE); //組合為用戶端[XXX.XXX.XXX.XXX:XXXX]
                                           已退出！
            wsprintf(szMsg, "用戶端[%s:%d] 已退出！", pSocketObj->m_szIP,
pSocketObj->m_usPort);
            SendMessage(g_hListContent, LB_ADDSTRING, 0, (LPARAM)szMsg);
```

```
            FreeSocketObj(pSocketObj);

            //如果沒有用戶端線上，則禁用發送按鈕
            if (g_nTotalClient == 0)
                EnableWindow(g_hBtnSend, FALSE);

            return 0;
        }
    }

    return 0;
}
```

發送功能的實作比較簡單，把要發送的資訊分發到每一個用戶端即可，程式如下：

```
VOID OnSend()
{
    CHAR szBuf[BUF_SIZE] = { 0 };
    CHAR szMsg[BUF_SIZE] = { 0 };

    GetWindowText(g_hEditMsg, szBuf, BUF_SIZE);
    wsprintf(szMsg, "伺服器說：%s", szBuf);
    SendMessage(g_hListContent, LB_ADDSTRING, 0, (LPARAM)szMsg);
    SetWindowText(g_hEditMsg, "");

    //向每一個用戶端發送資料
    PSOCKETOBJ p = g_pSocketObjHeader;
    while (p != NULL)
    {
        send(p->m_socket, szMsg, strlen(szMsg), 0);

        p = p->m_pNext;
    }

    return;
}
```

2. 用戶端 Client.cpp

用戶端程式變化不大，程式如下，讀者可以自行理解：

```
#include <winsock2.h>                   //Winsock2 標頭檔
#include <ws2tcpip.h>                   //inet_pton / inet_ntop 需要使用這個標頭檔案
#include "resource.h"

#pragma comment(lib, "Ws2_32")//Winsock2 匯入函數庫

// 常數定義
const int BUF_SIZE = 4096;

// 全域變數
HWND g_hwnd;                    // 視窗控制碼
HWND g_hListContent;            // 聊天內容列表框視窗控制碼
HWND g_hEditMsg;                // 訊息輸入框視窗控制碼
HWND g_hBtnSend;                // 發送按鈕視窗控制碼
HWND g_hBtnConnect;             // 連接按鈕視窗控制碼

SOCKET g_socketClient = INVALID_SOCKET; // 通訊通訊端 (socket) 控制碼

// 函數宣告
INT_PTR CALLBACK DialogProc(HWND hwndDlg, UINT uMsg, WPARAM wParam, LPARAM
lParam);
// 對話方塊初始化
VOID OnInit(HWND hwndDlg);
// 按下連接按鈕
VOID OnConnect();
// 按下發送按鈕
VOID OnSend();
// 用戶端接收資料的執行緒函數
DWORD WINAPI RecvProc(LPVOID lpParam);

int WINAPI WinMain(HINSTANCE hInstance, HINSTANCE hPrevInstance, LPSTR
lpCmdLine, int nCmdShow)
{
    DialogBoxParam(hInstance, MAKEINTRESOURCE(IDD_CLIENT_DIALOG), NULL,
DialogProc, NULL);
    return 0;
}
```

```
INT_PTR CALLBACK DialogProc(HWND hwndDlg, UINT uMsg, WPARAM wParam, LPARAM
lParam)
{
    switch (uMsg)
    {
    case WM_INITDIALOG:
        OnInit(hwndDlg);
        return TRUE;

    case WM_COMMAND:
        switch (LOWORD(wParam))
        {
        case IDCANCEL:
            if (g_socketClient != INVALID_SOCKET)
                closesocket(g_socketClient);
            WSACleanup();
            EndDialog(hwndDlg, IDCANCEL);
            break;

        case IDC_BTN_CONNECT:
            OnConnect();
            break;

        case IDC_BTN_SEND:
            OnSend();
            break;
        }
        return TRUE;
    }

    return FALSE;
}

//////////////////////////////////////////////////////////////////////////
VOID OnInit(HWND hwndDlg)
{
    g_hwnd = hwndDlg;
    g_hListContent = GetDlgItem(hwndDlg, IDC_LIST_CONTENT);
    g_hEditMsg = GetDlgItem(hwndDlg, IDC_EDIT_MSG);
```

```
    g_hBtnSend = GetDlgItem(hwndDlg, IDC_BTN_SEND);
    g_hBtnConnect = GetDlgItem(hwndDlg, IDC_BTN_CONNECT);

    EnableWindow(g_hBtnSend, FALSE);

    return;
}

// 按下連接按鈕
VOID OnConnect()
{
    WSADATA wsa = { 0 };
    sockaddr_in sockAddrServer;

    //1. 初始化 WinSock 函數庫
    if (WSAStartup(MAKEWORD(2, 2), &wsa) != 0)
    {
        MessageBox(g_hwnd, TEXT("初始化 WinSock 函數庫失敗！"), TEXT("WSAStartup
Error"), MB_OK);
        return;
    }

    //2. 建立與伺服器的通訊通訊端 (socket)
    g_socketClient = socket(AF_INET, SOCK_STREAM, 0);
    if (g_socketClient == INVALID_SOCKET)
    {
        MessageBox(g_hwnd, TEXT("建立與伺服器的通訊通訊端 (socket) 失敗！"),
TEXT("socket Error"), MB_OK);
        WSACleanup();
        return;
    }

    //3. 與伺服器建立連接
    sockAddrServer.sin_family = AF_INET;
    sockAddrServer.sin_port = htons(8000);
    inet_pton(AF_INET, "127.0.0.1", &sockAddrServer.sin_addr.S_un.S_addr);
    if (connect(g_socketClient, (sockaddr*)&sockAddrServer,
sizeof(sockAddrServer)) == SOCKET_ERROR)
    {
        MessageBox(g_hwnd, TEXT("與伺服器建立連接失敗！"), TEXT("connect
```

```
Error"), MB_OK);
        closesocket(g_socketClient);
        WSACleanup();
        return;
    }

    //4. 建立連接成功，收發資料
    SendMessage(g_hListContent, LB_ADDSTRING, 0, (LPARAM)"已連接到伺服器！");
    EnableWindow(g_hBtnConnect, FALSE);
    EnableWindow(g_hBtnSend, TRUE);

    //建立執行緒，接收伺服器資料
    CloseHandle(CreateThread(NULL, 0, RecvProc, NULL, 0, NULL));

    return;
}

//按下發送按鈕
VOID OnSend()
{
    CHAR szBuf[BUF_SIZE] = { 0 };
    CHAR szMsg[BUF_SIZE] = { 0 };

    GetWindowText(g_hEditMsg, szBuf, BUF_SIZE);
    wsprintf(szMsg, "我說：%s", szBuf);
    SendMessage(g_hListContent, LB_ADDSTRING, 0, (LPARAM)szMsg);

    send(g_socketClient, szBuf, strlen(szBuf), 0);

    SetWindowText(g_hEditMsg, "");

    return;
}

DWORD WINAPI RecvProc(LPVOID lpParam)
{
    CHAR szBuf[BUF_SIZE] = { 0 };
    int nRet;

    while (TRUE)
```

```
    {
        ZeroMemory(szBuf, BUF_SIZE);
        nRet = recv(g_socketClient, szBuf, BUF_SIZE, 0);
        if (nRet > 0)    // 收到伺服器資料
        {
            SendMessage(g_hListContent, LB_ADDSTRING, 0, (LPARAM)szBuf);
        }
        else                    // 與伺服器的連接已關閉
        {
            SendMessage(g_hListContent, LB_ADDSTRING, 0, (LPARAM)"與伺服器連接
已關閉！");
            EnableWindow(g_hBtnConnect, TRUE);
            EnableWindow(g_hBtnSend, FALSE);
            closesocket(g_socketClient);
            WSACleanup();

            return 0;
        }
    }

    return 0;
}
```

9.4.2 select 模型

select 模型（選擇模型）是一個在 WinSock 中廣泛使用的 I/O 模型，主要使用 select 函數來管理 I/O，可以同時對多個通訊端進行管理，呼叫 select 函數可以獲取指定通訊端的狀態，然後呼叫相關 WinSock API 函數實作對資料的 I/O 操作。

select 函數使用集合來表示管理的多個通訊端，預設情況下通訊端集合中可以包含 64 個通訊端，最多可以設定的通訊端數量為 1024 個，儘管 select 模型可以同時管理多個連接，但是對集合的管理比較繁瑣，而且在每次發送和接收資料前，都需要呼叫 select 函數判斷通訊端的狀態，這會給 CPU 帶來額外的負擔，從而影響程式的工作效率。

select 函數可以檢查一個或多個通訊端的狀態：

```
int select(
    _In_     int           nfds,          // 忽略，僅用於與柏克萊通訊端相容
    _Inout_ fd_set         *readfds,      // 指向一組通訊端集合的指標，用於檢查可讀性
    _Inout_ fd_set         *writefds,     // 指向一組通訊端集合的指標，用於檢查寫入性
    _Inout_ fd_set         *exceptfds,    // 指向一組通訊端集合的指標，用於檢查錯誤
    _In_    const struct timeval *timeout);   // 函數等待的最大時間，設定為 NULL
                                                 表示無限期等待
```

如果函數執行成功，則傳回發生網路事件的通訊端控制碼的總數；如果超過函數等待的最大時間，則傳回 0；如果發生錯誤，則傳回 SOCKET_ERROR，可以使用 WSAGetLastError 函數獲取錯誤程式。

fd_set 結構可以把多個通訊端連接在一起，形成一個通訊端集合，select 函數可以測試這個集合中哪些通訊端有網路事件發生。fd_set 結構在 WinSock2.h 標頭檔中定義：

```
typedef struct fd_set {
    u_int    fd_count;                   // 通訊端控制碼數目，即下面陣列的大小
    SOCKET   fd_array[FD_SETSIZE];       // 通訊端控制碼陣列
} fd_set;
```

在 WinSock2.h 標頭檔中定義了 4 個巨集，用於操作和檢查通訊端集合如表 9.4 所示。

表 9.4

FD_CLR(s, *set)	從集合中刪除通訊端 s
FD_SET(s, *set)	把通訊端 s 增加到集合中
FD_ISSET(s, *set)	如果通訊端 s 是集合的成員，則傳回非零值；否則傳回 0
FD_ZERO(*set)	初始化通訊端集合為空集合，集合在使用前應該總是清空

傳遞給 select 函數的 3 個 fd_set 結構中，一個是為了檢查可讀性（readfds），另一個是為了檢查寫入性（writefds），還有一個是為了檢查異常或錯誤（exceptfds）。

- 第 1 個參數 readfds 標識要檢查可讀性通訊端的集合。如果通訊端當前處於監聽狀態，一旦接收到連接請求，它就將被標記為

讀取的，從而保證在不阻塞的情況下完成 accept 呼叫。對於其他通訊端，可讀性表示佇列資料可以讀取，從而保證對 recv、WSARecv、WSARecvFrom 或 recvfrom 的呼叫不會阻塞。對於連線導向的通訊端，可讀性還可以指示已經從對方接收到關閉通訊端的請求。如果通訊端發生以下網路事件，當 select 函數傳回時，將更新可讀性通訊端集合。

- 如果 listen 已被呼叫，accept 呼叫正在暫停，接下來將完成 accept 呼叫。
- 可以接收資料。
- 連接已關閉 / 重置 / 終止。

■ 第 2 個參數 writefds 標識要檢查寫入性通訊端的集合。如果通訊端正在處理一個 connect 呼叫（非阻塞），一旦連接建立成功完成，通訊端是寫入的。如果通訊端沒有處理 connect 呼叫，寫入性表示可以呼叫 send、sendto 或 WSASendto 進行發送。如果通訊端發生以下網路事件，當 select 函數傳回時，將更新寫入性通訊端集合。

- 如果處理 connect 呼叫（非阻塞），connect 已經成功。
- 可以發送資料。

■ 第 3 個參數 exceptfds 標識要檢查 OOB 資料是否存在的通訊端，或發生任何異常錯誤的通訊端。如果通訊端發生以下網路事件，當 select 函數傳回時，將更新異常通訊端集合。

- 如果處理 connect 呼叫（非阻塞），connect 呼叫失敗。
- OOB 資料可用於讀取。

select 函數在傳回時，會更新對應的 fd_set 通訊端集合以反映通訊端的讀、寫或異常狀態，即為了檢查通訊端的可讀性或寫入性，在呼叫 select 函數前，我們需要把這些通訊端分別增加到相關的集合中，select 函數在傳回時會更新相關集合，把沒有發生讀取或寫入網路事件的通訊端從集合中移除，select 函數傳回後會把原來的集合破壞，但是我們可以把原來的集合複製一份用於 select 函數呼叫。例如想要測試通訊端 s 是否讀取時，需要將它增加到 readfds 可讀性集合中，然後複製一份 readfds 集合用於 select 函數呼叫，當 select 函數傳回以後再檢查通訊端 s 是否仍然還在 readfds（複製的）集合中，在則說明 s 讀取。3 個參數中的任意兩個都可以是 NULL（至少要有一個不是 NULL），任何不是 NULL 的集合必須至少包含一個通訊端控制碼。

常數 FD_SETSIZE 決定了集合中通訊端的最大數目，FD_SETSIZE 的預設值為 64，可以透過在包含 WinSock2.h 標頭檔前將 FD_SETSIZE 定義為另一個值來修改，但是自訂的值也不能超過 WinSock 下層協定的限制（通常是 1024）。但是如果 FD_SETSIZE 的值設定得太大，伺服器性能就會受到影響，例如假設有 1000 個通訊端，在呼叫 select 函數前就需要將這 1000 個通訊端增加到集合中，select 函數傳回後，又必須檢查這 1000 個通訊端，有些耗時。

- 第 4 個參數 timeout 是一個 timeval 結構，指定 select 函數呼叫的逾時時間。如果把 timeout 參數設定為 NULL，select 呼叫將無限期阻塞，直到至少有一個通訊端滿足指定的條件；如果 timeout 參數初始化為 {0,0}，select 呼叫將立即傳回，這種設定通常用於在一個迴圈中查詢所選通訊端的狀態。timeval 結構在 WinSock2.h 標頭檔中定義如下：

```
struct timeval {
     long     tv_sec;      // 時間間隔，以秒為單位
     long     tv_usec;     // 時間間隔，以微秒為單位
};
```

下面使用 select 模型重寫前面的 Server_Multiple 範例，與 Server_Multiple 專案相比，變化並不大，只是不需要迴圈接收用戶端資料的 RecvProc 函數，而是把這個函數的程式整合到迴圈接受用戶端連接的 AcceptProc 函數中。整個專案只有 AcceptProc 函數的程式有所改變，具體程式如下：

```
DWORD WINAPI AcceptProc(LPVOID lpParam)
{
    SOCKET socketAccept = INVALID_SOCKET;    // 通訊通訊端 (socket) 控制碼
    sockaddr_in sockAddrClient;
    int nAddrlen = sizeof(sockaddr_in);
    CHAR szBuf[BUF_SIZE] = { 0 };
    CHAR szMsg[BUF_SIZE] = { 0 };
    fd_set fd;
    PSOCKETOBJ pSocketObj, p;
    int nRet;

    //1. 初始化一個可讀性 Socket 集合 readfds，增加監聽通訊端控制碼到這個集合
    fd_set readfds;
    FD_ZERO(&readfds);
    FD_SET(g_socketListen, &readfds);

    while (TRUE)
    {
        // 複製一份通訊端集合
        fd = readfds;
        //2. 把 timeout 參數設定為 NULL，select 呼叫將無限期阻塞
        nRet = select(0, &fd, NULL, NULL, NULL);
        if (nRet <= 0)
            continue;

        //3. 將原 readfds 集合與經過 select 函數處理過的 fd 集合比較
        for (UINT i = 0; i < readfds.fd_count; i++)
        {
            if (!FD_ISSET(readfds.fd_array[i], &fd))
                continue;

            if (readfds.fd_array[i] == g_socketListen) // 監聽通訊端，可讀性表示
                                                        需接受新連接
            {
                if (readfds.fd_count < FD_SETSIZE)
                {
                    socketAccept = accept(g_socketListen, (sockaddr*)&sockAddr
Client,&nAddrlen);
                    if (socketAccept == INVALID_SOCKET)
                        continue;
```

```
                    //4. 把通訊通訊端(socket)增加到原 readfds 集合
                    FD_SET(socketAccept, &readfds);

                    //接受客戶的連接請求成功
                    ZeroMemory(szBuf, BUF_SIZE);
                    //建立一個通訊端物件，儲存用戶端 IP 位址、通訊埠編號
                    pSocketObj = CreateSocketObj(socketAccept);
                    inet_ntop(AF_INET, &sockAddrClient.sin_addr.S_un.S_addr,
                        pSocketObj->m_szIP, _countof(pSocketObj->m_szIP));
                    pSocketObj->m_usPort = ntohs(sockAddrClient.sin_port);
                    wsprintf(szBuf, "用戶端[%s:%d]已連接！",
                         pSocketObj->m_szIP, pSocketObj->m_usPort);
                    SendMessage(g_hListContent, LB_ADDSTRING, 0, (LPARAM)szBuf);
                    EnableWindow(g_hBtnSend, TRUE);
                }
                else
                {
                    MessageBox(g_hwnd, TEXT("用戶端連接數太多！"),
TEXT("accept Error"), MB_OK);
                    continue;
                }
            }
            else
            {
                pSocketObj = FindSocketObj(readfds.fd_array[i]);

                ZeroMemory(szBuf, BUF_SIZE);
                nRet = recv(pSocketObj->m_socket, szBuf, BUF_SIZE, 0);
                if (nRet > 0)      //通訊通訊端(socket)，接收到用戶端資料
                {
                    ZeroMemory(szMsg, BUF_SIZE);
                    wsprintf(szMsg, "用戶端[%s:%d]說：%s",
                        pSocketObj->m_szIP, pSocketObj->m_usPort, szBuf);
                    SendMessage(g_hListContent, LB_ADDSTRING, 0, (LPARAM)szMsg);

                    //把接收到的資料分發到每一個用戶端
                    p = g_pSocketObjHeader;
                    while (p != NULL)
                    {
                        if (p->m_socket != pSocketObj->m_socket)
```

```
                    send(p->m_socket, szMsg, strlen(szMsg), 0);

                p = p->m_pNext;
            }
        }
        else                            // 通訊通訊端 (socket)，連接已關閉
        {
            ZeroMemory(szMsg, BUF_SIZE);
            wsprintf(szMsg, "用戶端 [%s:%d] 已退出！",
                pSocketObj->m_szIP, pSocketObj->m_usPort);
            SendMessage(g_hListContent, LB_ADDSTRING, 0, (LPARAM)szMsg);
            FD_CLR(readfds.fd_array[i], &readfds);
            FreeSocketObj(pSocketObj);

            // 如果沒有用戶端線上，則禁用發送按鈕
            if (g_nTotalClient == 0)
                EnableWindow(g_hBtnSend, FALSE);
        }
    }
  }   //for 迴圈
}       //while 迴圈
}
```

使用 select 模型的好處是程式能夠在單一執行緒內同時處理多個通訊端連接，這就避免了阻塞模式下的執行緒膨脹問題。但是前面說過，增加到 fd_set 結構中的通訊端數量是有限制的，在預設情況下，最大值是 FD_SETSIZE（64），最大可以設定為 1024 個。

select 模型的程式設計流程歸納如下。

（1）初始化一個可讀性 Socket 集合 readfds，將監聽通訊端控制碼增加到該集合中。

（2）把可讀性通訊端集合 readfds 複製一份為 fd，用於在 while 迴圈中不斷呼叫 select 函數，select 函數傳回後會把沒有發生讀取網路事件的通訊端從 fd 集合中移除。

（3）將原 readfds 集合與經過 select 函數處理過的 fd 集合進行比較，確定哪些通訊端發生了讀取網路事件並進行處理。

（4）進行下一次 select 呼叫迴圈。

用戶端程式沒有變化。完整程式參見 Server_select 專案。

9.4.3 WSAAsyncSelect 模型

WSAAsyncSelect 模型又稱為非同步選擇模型，允許應用程式以 Windows 訊息的形式接收網路事件通知，它為每個通訊端綁定一個訊息，當在通訊端上出現事先設定的事件時，作業系統會給應用程式發送一個訊息，從而使應用程式可以對該事件做出對應的處理。

WSAAsyncSelect 模型的優點是在系統銷耗不大的情況下可以同時處理多個用戶端連接，許多對性能要求不高的網路應用程式都採用 WSAAsyncSelect 模型，例如 Microsoft 基礎類別庫（Microsoft Foundation Class，MFC）中的 CSocket 類別，其缺點是，即使應用程式不需要視窗，也需要設計一個視窗用於處理通訊端網路事件，而且在一個視窗中處理大量事件也會成為性能瓶頸。

WSAAsyncSelect 模型的核心函數是 WSAAsyncSelect，它可以通知指定的通訊端有網路事件發生，函數原型如下：

```
int WSAAsyncSelect(
    _In_ SOCKET          s,          // 需要訊息通知的通訊端控制碼
    _In_ HWND            hWnd,       // 當網路事件發生時，將接收訊息的視窗
    _In_ unsigned int    wMsg,       // 當網路事件發生時，接收到的訊息類型
    _In_ long            lEvent);    // 指定應用程式感興趣的網路事件組合
```

函數在檢測到由 lEvent 參數指定的任何網路事件發生時在視窗 hWnd 發送 wMsg 訊息。如果函數執行成功，則傳回值為 0；不然傳回值為 SOCKET_ERROR，可以透過呼叫 WSAGetLastError 函數獲取錯誤程式。

呼叫本函數會自動將通訊端設定為非阻塞模式。如果需要將通訊端設定為阻塞模式，首先需要透過呼叫 WSAAsyncSelect 函數清除與通訊端相連結的事件記錄，其中 lEvent 參數設定為 0；然後透過呼叫 ioctlsocket 或 WSAIoctl 將通訊端設定為阻塞模式。

lEvent 參數指定感興趣的網路事件組合，可以指定的網路事件及含義如表 9.5 所示，如果需要指定多個，可以使用逐位元或運算子。

表 9.5

值	含義	事件發生時可以呼叫的函數
FD_READ	希望接收讀取就緒通知	recv、recvfrom、WSARecv 或 WSARecvFrom
FD_WRITE	希望接收寫入就緒通知	send、sendto、WSASend 或 WSASendTo
FD_ACCEPT	希望接收有連接連線通知	accept 或 WSAAccept
FD_CONNECT	希望接收連接完成通知	無
FD_CLOSE	希望接收通訊端關閉通知	無
FD_OOB	希望接收頻外資料到達通知	recv、recvfrom、WSARecv 或 WSARecvFrom
FD_QOS	希望接收通訊端服務品質（QoS）更改通知	WSAIoctl（SIO_GET_QOS 命令）
FD_GROUP_QOS	希望接收通訊端群組服務品質（QoS）更改通知，該選項為保留選項	保留
FD_ROUTING_INTERFACE_CHANGE	希望接收指定目的地的路由介面更改通知	WSAIoctl（SIO_ROUTING_INTERFACE_CHANGE 命令）
FD_ADDRESS_LIST_CHANGE	希望接收通訊端協定族的本機位址清單更改的通知	WSAIoctl（SIO_ADDRESS_LIST_CHANGE 命令）

例如為了接收讀寫通知，必須同時使用 FD_READ 和 FD_WRITE：

```
WSAAsyncSelect(s, hWnd, wMsg, FD_READ | FD_WRITE);
```

對於同一個通訊端，只能在同一個訊息中處理不同的網路事件，而不能為不同的網路事件指定不同的訊息，下面的程式達不到預期目的：

```
WSAAsyncSelect(s, hWnd, wMsg1, FD_READ);
WSAAsyncSelect(s, hWnd, wMsg2, FD_WRITE);
```

在上述程式中，第二次 WSAAsyncSelect 函數呼叫會覆蓋第一次呼叫，即只能實作在發生寫入就緒網路事件時在視窗 hWnd 發送 wMsg2 訊息。

要取消指定通訊端的所有網路事件通知，可以把 lEvent 參數設定為 0：

```
WSAAsyncSelect(s, hWnd, 0, 0);
```

accept 函數傳回的通訊通訊端 (socket) 具有與用於接收它的監聽通訊端相同的事件屬性，因此，為監聽通訊端設定的網路事件也適用於接收的通訊通訊端 (socket)。舉例來說，如果為監聽通訊端設定了 FD_ACCEPT | FD_READ | FD_WRITE 網路事件通知，那麼在該監聽通訊端上接收的任何通訊通訊端 (socket) 也都將具有 FD_ACCEPT | FD_READ | FD_WRITE 網路事件通知。如果需要在新的訊息中處理通訊通訊端 (socket) 的網路事件，或為通訊通訊端 (socket) 指定不同的網路事件通知，可以在接受連接後為通訊通訊端 (socket) 再次呼叫 WSAAsyncSelect 函數指定需要的訊息類型與網路事件集合。

當在指定的通訊端上發生了指定的網路事件之一時，應用程式視窗 hWnd 會接收到訊息 wMsg。訊息的 wParam 參數標識了發生網路事件的通訊端控制碼；lParam 參數的低位元字指定已發生的網路事件，lParam 的高位元字包含錯誤程式，可以使用 WSAGETSELECTERROR 和 WSAGETSELECTEVENT 巨集從 lParam 中提取錯誤程式和事件程式，這些巨集在 WinSock2.h 標頭檔中定義為以下形式：

```
#define WSAGETSELECTEVENT(lParam) LOWORD(lParam)
#define WSAGETSELECTERROR(lParam) HIWORD(lParam)
```

下面使用 WSAAsyncSelect 模型重寫 Server_Multiple 範例。當在指定的通訊端上發生了指定的網路事件之一時，應用程式視窗 hWnd 會接收到訊息 wMsg，因此需要自訂一個訊息類型：

```
const int WM_SOCKET = WM_APP + 1;
```

按下「啟動服務」按鈕時，建立監聽通訊端後，需要為監聽通訊端設定網路事件視窗訊息通知，OnStart 函數程式如下：

```
VOID OnStart()
{
    //2. 建立用於監聽所有用戶端請求的通訊端
    g_socketListen = socket(AF_INET, SOCK_STREAM, 0);
    if (g_socketListen == INVALID_SOCKET)
    {
        MessageBox(g_hwnd, TEXT("建立監聽通訊端失敗！"), TEXT("socket Error"),
MB_OK);
        WSACleanup();
        return;
    }

    //設定監聽通訊端為網路事件視窗訊息通知
    WSAAsyncSelect(g_socketListen, g_hwnd, WM_SOCKET, FD_ACCEPT/* |
FD_CLOSE*/);

    //3. 將監聽通訊端與指定的 IP 位址、通訊埠編號綁定
    sockaddr_in sockAddr;
    sockAddr.sin_family = AF_INET;
    sockAddr.sin_port = htons(8000);
    sockAddr.sin_addr.S_un.S_addr = INADDR_ANY;
    if (bind(g_socketListen, (sockaddr*)&sockAddr, sizeof(sockAddr)) ==
SOCKET_ERROR)
    {
       MessageBox(g_hwnd, TEXT("將監聽通訊端與指定的 IP 位址、通訊埠編號綁定失敗！"),
           TEXT("bind Error"), MB_OK);
       closesocket(g_socketListen);
       WSACleanup();
       return;
    }

    //4. 使監聽 Socket 進入監聽（等待被連接）狀態
    if (listen(g_socketListen, SOMAXCONN) == SOCKET_ERROR)
    {
        MessageBox(g_hwnd, TEXT("使監聽 Socket 進入監聽（等待被連接）狀態失敗！"),
            TEXT("listen Error"), MB_OK);
        closesocket(g_socketListen);
        WSACleanup();
        return;
    }
```

```
    //伺服器監聽中...
    MessageBox(g_hwnd, TEXT("伺服器監聽中..."), TEXT("服務啟動成功"), MB_OK);
    EnableWindow(GetDlgItem(g_hwnd, IDC_BTN_START), FALSE);

    //5. 建立一個新執行緒迴圈等待連接請求
    //CloseHandle(CreateThread(NULL, 0, AcceptProc, NULL, 0, NULL));
}
```

不再需要建立新執行緒等待用戶端連接請求，因為已經設定監聽通訊端為網路事件視窗訊息通知，當有用戶端連接請求時會收到 WM_SOCKET 訊息，網路事件為 FD_ACCEPT，事件處理函數為 OnAccept。在 OnAccept 函數中，接受用戶端連接請求，設定傳回的通訊通訊端 (socket) 為網路事件視窗訊息通知（FD_READ | FD_WRITE | FD_CLOSE）：

```
VOID OnAccept()
{
    SOCKET socketAccept = INVALID_SOCKET;   //通訊通訊端 (sockct) 控制碼
    sockaddr_in sockAddrClient;
    int nAddrlen = sizeof(sockaddr_in);

    socketAccept = accept(g_socketListen, (sockaddr*)&sockAddrClient, &nAddrlen);
    if (socketAccept == INVALID_SOCKET)
        return;

    //設定通訊通訊端 (socket) 為網路事件視窗訊息通知類型
    WSAAsyncSelect(socketAccept, g_hwnd, WM_SOCKET, FD_READ | FD_WRITE | 
FD_CLOSE);

    //6. 接受客戶的連接請求成功
    CHAR szBuf[BUF_SIZE] = { 0 };
    PSOCKETOBJ pSocketObj = CreateSocketObj(socketAccept);
    inet_ntop(AF_INET, &sockAddrClient.sin_addr.S_un.S_addr,
        pSocketObj->m_szIP, _countof(pSocketObj->m_szIP));
    pSocketObj->m_usPort = ntohs(sockAddrClient.sin_port);

    wsprintf(szBuf, "用戶端[%s:%d] 已連接！", pSocketObj->m_szIP, 
pSocketObj->m_usPort);
```

```
    SendMessage(g_hListContent, LB_ADDSTRING, 0, (LPARAM)szBuf);
    EnableWindow(g_hBtnSend, TRUE);
}
```

監聽通訊端和通訊通訊端 (socket) 都已經設定好網路事件，在 WM_SOCKET 訊息中處理接受用戶端連接 FD_ACCEPT、接收用戶端資料 FD_READ、用戶端連接關閉 FD_CLOSE 網路事件：

```
    case WM_SOCKET:
        //wParam 參數標識了發生網路事件的通訊端控制碼
        s = wParam;

        switch (WSAGETSELECTEVENT(lParam))
        {
        case FD_ACCEPT: // 接受用戶端連接
            OnAccept();
            break;

        case FD_READ:   // 接收用戶端資料
            OnRecv(s);
            break;

        case FD_WRITE:  // 發送資料，本例不需要處理，因為是按下發送按鈕後才發送
            break;

        case FD_CLOSE:  // 用戶端連接關閉
            OnClose(s);
            break;
        }
        return TRUE;
```

接收用戶端資料 FD_READ、用戶端連接關閉 FD_CLOSE 網路事件的事件處理函數分別為 OnRecv 和 OnClose：

```
VOID OnRecv(SOCKET s)
{
    PSOCKETOBJ pSocketObj = FindSocketObj(s);
    CHAR szBuf[BUF_SIZE] = { 0 };
    int nRet;
```

```
    nRet = recv(pSocketObj->m_socket, szBuf, BUF_SIZE, 0);
    if (nRet > 0)
    {
        CHAR szMsg[BUF_SIZE] = { 0 };
        wsprintf(szMsg, "用戶端[%s:%d]說：%s", pSocketObj->m_szIP,
pSocketObj->m_usPort, szBuf);
        SendMessage(g_hListContent, LB_ADDSTRING, 0, (LPARAM)szMsg);

        //把接收到的資料分發到每一個用戶端
        PSOCKETOBJ p = g_pSocketObjHeader;
        while (p != NULL)
        {
            if (p->m_socket != pSocketObj->m_socket)
                send(p->m_socket, szMsg, strlen(szMsg), 0);

            p = p->m_pNext;
        }
    }
}

VOID OnClose(SOCKET s)
{
    PSOCKETOBJ pSocketObj = FindSocketObj(s);

    CHAR szBuf[BUF_SIZE] = { 0 };
    wsprintf(szBuf, "用戶端[%s:%d] 已退出！", pSocketObj->m_szIP,
pSocketObj->m_usPort);
    SendMessage(g_hListContent, LB_ADDSTRING, 0, (LPARAM)szBuf);
    FreeSocketObj(pSocketObj);

    //如果沒有用戶端線上，則禁用發送按鈕
    if (g_nTotalClient == 0)
        EnableWindow(g_hBtnSend, FALSE);
}
```

編譯執行，提示 "WSAAsyncSelect"：使用 WSAEventSelect() 代替或定義 _WINSOCK_DEPRECATED_NO_WARNINGS 來禁用過時的 API 警告。

微軟建議我們使用 WSAEventSelect 函數代替 WSAAsyncSelect，或定義 _WINSOCK_DEPRECATED_ NO_WARNINGS 巨集來禁止過時 API 警告，WSAEventSelect 是下一節的話題，我們按提示在原始檔案的開頭定義以下巨集：

```
#define _WINSOCK_DEPRECATED_NO_WARNINGS
```

後期遇到類似錯誤訊息，讀者定義相關巨集即可。重新編譯執行，效果與 Server_Multiple 範例相同。

WSAAsyncSelect 模型的程式設計流程歸納如下。

（1）自訂網路事件通知訊息類型 WM_SOCKET。

（2）設定監聽通訊端為網路事件視窗訊息通知（主要是設定 FD_ACCEPT）。

（3）處理 FD_ACCEPT 網路事件接受用戶端連接請求，設定傳回的通訊通訊端 (socket) 為網路事件視窗訊息通知（FD_READ | FD_WRITE | FD_CLOSE）。

（4）在 WM_SOCKET 訊息中處理接受用戶端連接 FD_ACCEPT、接收用戶端資料 FD_READ、用戶端連接關閉 FD_CLOSE 等網路事件。

用戶端程式沒有變化。完整程式參見 Server_WSAAsyncSelect 專案。

9.4.4 WSAEventSelect 模型

WSAEventSelect 模型又稱為事件選擇模型，它允許在多個通訊端上接收網路事件通知，應用程式在建立通訊端後，呼叫 WSAEventSelect 函數將事件物件與網路事件集合相連結，當網路事件發生時，應用程式以事件的形式接收網路事件通知。WSAEventSelect 模型與 WSAAsyncSelect 模型之間的主要區別是網路事件發生時系統通知應用程式的方式不同，WSAAsyncSelect 模型以訊息形式通知應用程式，而 WSAEventSelect 模型則以事件形式進行通知。select 模型會主動獲取指定通訊端的狀態，而 WSAEventSelect 模型和 WSAAsyncSelect 模型則會被動等待系統通知應用程式通訊端的狀態變化。

注意，在一個執行緒中 WSAEventSelect 模型每次最多只能等待 64 個事件，當通訊端連接數量增加時，必須建立多個執行緒來處理 I/O 請求，這也是 WSAEventSelect 模型的不足之處。

WSAEventSelect 模型的核心函數是 WSAEventSelect，呼叫該函數，可以將一個事件物件與網路事件集合連結在一起，當有網路事件發生時，WinSock 使對應的事件物件觸發，在該事件物件上的等待函數就會傳回。通常做法是，首先呼叫 WSACreateEvent 函數建立一個事件物件，每一個通訊端都需要建立一個事件物件，然後透過 WSAEventSelect 函數為某個通訊端將網路事件組合與這個事件物件連結在一起，接下來呼叫 WSAWaitForMultipleEvents 迴圈等待網路事件的發生，最後呼叫 WSAEnumNetworkEvents 函數獲取指定通訊端發生的網路事件。

WSAEventSelect 函數原型如下：

```
int WSAEventSelect(
    _In_ SOCKET    s,                      // 需要事件通知的通訊端控制碼
    _In_ WSAEVENT hEventObject,            // 與下面的網路事件組合相連結的事件物件
    _In_ long      lNetworkEvents);        // 指定應用程式感興趣的網路事件組合
```

如果函數執行成功，即網路事件與事件物件連結成功，則傳回值為 0，否則傳回值為 SOCKET_ ERROR，可以透過呼叫 WSAGetLastError 函數獲取錯誤程式。

呼叫本函數會自動將通訊端設定為非阻塞模式。如果需要將通訊端設定為阻塞模式，首先透過呼叫 WSAEventSelect 函數清除與通訊端相連結的事件記錄，其中 lNetworkEvents 參數設定為 0，hEventObject 參數設定為 NULL；然後透過呼叫 ioctlsocket 或 WSAIoctl 將通訊端設定為阻塞模式。

lNetworkEvents 參數指定應用程式感興趣的網路事件組合，其設定值範圍與 WSAAsyncSelect 函數的 lEvent 參數相同。舉例來說，為了將事件物件與讀寫網路事件相連結，可以使用 FD_READ | FD_WRITE 呼叫 WSAEventSelect，如下所示：

```
WSAEventSelect(s, hEventObject, FD_READ | FD_WRITE);
```

對於同一個通訊端，無法為不同的網路事件指定不同的事件物件，下面的程式無法達到預期效果：

```
WSAEventSelect(s, hEventObject1, FD_READ);
WSAEventSelect(s, hEventObject2, FD_WRITE);
```

第 2 個 WSAEventSelect 函數呼叫將取消第 1 個呼叫的效果，即只有 FD_WRITE 網路事件將與 hEventObject2 事件物件連結。常規做法是一個通訊端對應一個事件物件和多個網路事件。

要取消指定通訊端上網路事件的連結，lNetworkEvents 參數應設定為 0，hEventObject 參數會被忽略：

```
WSAEventSelect(s, hEventObject, 0);
```

呼叫 accept 函數傳回的通訊通訊端 (socket) 具有與用於接受它的監聽通訊端相同的屬性，因此，為監聽通訊端連結的網路事件也適用於接受的通訊通訊端 (socket)。舉例來說，如果監聽通訊端具有 hEventObject 事件物件與 FD_ACCEPT | FD_READ | FD_WRITE 網路事件的連結，那麼在該監聽通訊端上接受的任何通訊通訊端 (socket) 也將具有與同一事件物件 hEventObject 連結的 FD_ACCEPT | FD_READ | FD_WRITE 網路事件。如果需要不同的 hEventObject 或網路事件，可以在接受連接後為通訊通訊端 (socket) 再次呼叫 WSAEventSelect 函數，指定需要的事件物件或網路事件集合。

呼叫 WSAEventSelect 函數把事件物件與網路事件集合連結在一起後，應用程式可以使用 WSAWaitForMultipleEvents 等待事件物件觸發。下面介紹相關函數。

1. 事件物件相關函數

呼叫 WSAEventSelect 函數前，需要建立一個事件物件，WSACreateEvent 函數可以實作這個功能，函數原型如下：

```
WSAEVENT WSACreateEvent(void);
```

如果沒有發生錯誤，則 WSACreateEvent 將傳回事件物件的控制碼；不然傳回值是 WSA_INVALID_ EVENT(NULL)，可以呼叫 WSAGetLast Error 函數獲取錯誤程式。WSACreateEvent 函數建立一個初始狀態為未觸發的手動重置事件物件，子處理程序不能繼承傳回的事件物件控制碼，事件物件是未命名的。如果程式希望使用自動重置事件而非手動重置事件，則可以使用 CreateEvent 函數。

當有網路事件發生時，與通訊端 s 相連結的事件物件 hEventObject 從未觸發狀態變成已觸發狀態。呼叫 WSAResetEvent 函數可以將事件物件從已觸發狀態重置為未觸發狀態，函數原型如下：

```
BOOL WSAResetEvent(_In_ WSAEVENT hEvent);    // 事件物件控制碼
```

呼叫 WSASetEvent 函數可以將指定的事件物件設定為已觸發狀態，函數原型如下：

```
BOOL WSASetEvent(_In_ WSAEVENT hEvent);      // 事件物件控制碼
```

當不再需要事件物件時需要呼叫 WSACloseEvent 函數關閉事件物件控制碼，釋放事件物件佔用的資源，函數原型如下：

```
BOOL WSACloseEvent(_In_ WSAEVENT hEvent);    // 事件物件控制碼
```

2. WSAWaitForMultipleEvents

呼叫 WSAEventSelect 函數將事件物件與網路事件集合連結在一起後，程式需要等待網路事件的發生，然後對網路事件進行處理。呼叫 WSAWaitForMultipleEvents 函數後，函數處於等候狀態，直到指定的或全部事件物件已觸發或逾時時間已過或當 I/O 完成常式已執行時傳回，函數原型如下：

```
DWORD WSAWaitForMultipleEvents(
    _In_          DWORD      cEvents,          // 下面陣列中事件物件控制碼的數量
    _In_ const    WSAEVENT   *lphEvents,       // 指向事件物件控制碼陣列的指標
    _In_          BOOL       fWaitAll,         // 是否等待所有事件物件變為觸發狀態
    _In_          DWORD      dwTimeout,        // 逾時時間，以毫秒為單位
    _In_          BOOL       fAlertable);      // 當系統將一個 I/O 完成常式放入佇列執行
                                                  時，該函數是否傳回
```

- cEvents 參數指定 lphEvents 陣列中事件物件控制碼的數量，需要注意的是，事件物件控制碼的最大數量是 WSA_MAXIMUM_WAIT_EVENTS(64)。
- fWaitAll 參數指定是否等待陣列中所有的事件物件都變成觸發狀態。如果設定為 TRUE，當 lphEvents 陣列中所有事件物件的狀態變為已觸發狀態時，函數才傳回；如果設定為 FALSE，當 lphEvents 陣列中任何一個事件物件的狀態變為已觸發狀態時，函數就傳回。在第一種情況下說明全部事件物件變為已觸發，傳回值減去 WSA_WAIT_EVENT_0 指示事件物件在陣列中的索引，但是因為傳回值只有一個，所以該索引是所有已觸發事件物件中最小的，也就是事件物件陣列中靠前的陣列元素的索引；在後面的情況下，同樣傳回值減去 WSA_ WAIT_EVENT_0 就是事件物件在陣列中的索引。
- dwTimeout 參數指定逾時時間，以毫秒為單位。如果逾時時間已過，則即使不滿足 fWaitAll 參數指定的條件，函數也會傳回；如果 dwTimeout 參數指定為 0，則函數在測試指定事件物件的狀態後立即傳回；如果 dwTimeout 參數指定為 WSA_INFINITE，則函

數將永遠等待，即逾時時間永不過期。

- fAlertable 參數指定當系統將一個 I/O 完成常式放入佇列以供執行時，函數是否傳回。如果指定為 TRUE，則執行緒處於可通知的等候狀態，並且 WSAWaitForMultipleEvents 函數可以在系統執行 I/O 完成常式時傳回，在這種情況下函數傳回值為 WSA_WAIT_IO_COMPLETION，此時等待的事件物件還沒有被觸發，程式必須再次呼叫 WSAWaitForMultipleEvents 函數；如果指定為 FALSE，則執行緒處於不通知的等候狀態，並且不執行 I/O 完成常式。

如果 WSAWaitForMultipleEvents 函數執行成功，則傳回值是表 9.6 所示的值之一。

表 9.6

傳回值	含義
WSA_WAIT_EVENT_0 到 （WSA_WAIT_EVENT_0 + cEvents - 1）	詳見對 fWaitAll 參數的描述
WSA_WAIT_IO_COMPLETION	詳見對 fAlertable 參數的描述
WSA_WAIT_TIMEOUT	逾時時間已過，並且 fWaitAll 參數指定的條件不滿足

如果 WSAWaitForMultipleEvents 函數執行失敗，則傳回值為 WSA_WAIT_FAILED。

3. WSAEnumNetworkEvents

WSAEnumNetworkEvents 函數用於檢查指定的通訊端發生了哪些網路事件，函數原型如下：

```
int WSAEnumNetworkEvents(
    _In_  SOCKET              s,                    // 通訊端控制碼
    _In_  WSAEVENT            hEventObject,         // 事件物件控制碼
    _Out_ LPWSANETWORKEVENTS lpNetworkEvents);   // 指向 WSANETWORKEVENTS 結構的
                                                    指標
```

■ hEventObject 參數指定事件物件控制碼，如果該參數設定為 NULL 表示不重置事件物件，如果指定了 hEventObject 參數，函數執行後會把 hEventObject 事件物件重置為未觸發狀態。

■ lpNetworkEvents 參數是一個指向 WSANETWORKEVENTS 結構的指標，函數會在該結構中填充發生的網路事件和相關的錯誤程式，該結構在 WinSock2.h 標頭檔中定義：

```
typedef struct _WSANETWORKEVENTS {
    long lNetworkEvents;                    // 發生了哪些 FD_XXX 網路事件
    int iErrorCode[FD_MAX_EVENTS];          // 相關錯誤程式的陣列
} WSANETWORKEVENTS, FAR * LPWSANETWORKEVENTS;
```

iErrorCode 欄位是包含相關錯誤程式的陣列，具有與 lNetworkEvents 欄位中的網路事件位元相同的索引，可用於該陣列的索引包括 FD_READ_BIT、FD_WRITE_BIT 等，關於 iErrorCode 欄位錯誤程式的具體含義參見 MSDN 對 WSAEnumNetworkEvents 函數的說明。

如果函數執行成功，則傳回值為 0 否則傳回值為 SOCKET_ERROR，可以透過呼叫 WSAGetLastError 函數獲取錯誤程式。

下面使用 WSAEventSelect 模型重寫前面的 Server_Multiple 範例。因為需要呼叫 WSAWaitForMultipleEvents 函數在所有事件物件上等待網路事件，所以需要一個表示所有事件物件控制碼的陣列作為函數參數；並確定該事件物件對應的是哪一個通訊端，因此也需要一個表示所有通訊端控制碼的陣列（包括監聽通訊端），這兩個陣列的索引是一一對應的；另外需要一個表示所有事件物件控制碼總數的全域變數。

```
WSAEVENT g_eventArray[WSA_MAXIMUM_WAIT_EVENTS];       // 所有事件物件控制碼陣列
SOCKET g_socketArray[WSA_MAXIMUM_WAIT_EVENTS];        // 所有通訊端控制碼陣列
int g_nTotalEvent;                                    // 所有事件物件控制碼總數
```

按下「啟動服務」按鈕後呼叫 OnStart 函數，建立監聽通訊端，建立事件物件，為監聽通訊端把該事件物件與一些網路事件（主要是 FD_ACCEPT）相連結，然後把事件物件和監聽通訊端控制碼放入相關陣列中；接下來建立一個新執行緒，在所有事件物件上迴圈等待網路事件。OnStart 函數程式如下：

```
VOID OnStart()
{
    //2. 建立用於監聽所有用戶端請求的通訊端
    g_socketListen = socket(AF_INET, SOCK_STREAM, 0);
    if (g_socketListen == INVALID_SOCKET)
    {
        MessageBox(g_hwnd, TEXT("建立監聽通訊端失敗！"), TEXT("socket Error"),
MB_OK);
        WSACleanup();
        return;
    }

    //建立事件物件，為監聽通訊端把該事件物件與一些網路事件相連結
    WSAEVENT hEvent = WSACreateEvent();
    WSAEventSelect(g_socketListen, hEvent, FD_ACCEPT/* | FD_CLOSE*/);
    //把事件物件和監聽通訊端放入相關陣列中
    g_eventArray[g_nTotalEvent] = hEvent;
    g_socketArray[g_nTotalEvent] = g_socketListen;
    g_nTotalEvent++;

    //3. 將監聽通訊端與指定的 IP 位址、通訊埠編號綁定
    sockaddr_in sockAddr;
    sockAddr.sin_family = AF_INET;
    sockAddr.sin_port = htons(8000);
    sockAddr.sin_addr.S_un.S_addr = INADDR_ANY;
    if (bind(g_socketListen, (sockaddr*)&sockAddr, sizeof(sockAddr)) ==
SOCKET_ERROR)
    {
        MessageBox(g_hwnd, TEXT("將監聽通訊端與指定的 IP 位址、通訊埠編號綁定失敗！"),
            TEXT("bind Error"), MB_OK);
        closesocket(g_socketListen);
        WSACleanup();
        return;
    }

    //4. 使監聽 Socket 進入監聽（等待被連接）狀態
    if (listen(g_socketListen, SOMAXCONN) == SOCKET_ERROR)
```

```
    {
        MessageBox(g_hwnd, TEXT("使監聽 Socket 進入監聽（等待被連接）狀態失敗！"),
            TEXT("listen Error"), MB_OK);
        closesocket(g_socketListen);
        WSACleanup();
        return;
    }
    // 伺服器監聽中 ...
    MessageBox(g_hwnd, TEXT("伺服器監聽中 ..."), TEXT("服務啟動成功"), MB_OK);
    EnableWindow(GetDlgItem(g_hwnd, IDC_BTN_START), FALSE);

    // 建立一個新執行緒在所有事件物件上迴圈等待網路事件
    CloseHandle(CreateThread(NULL, 0, WaitProc, NULL, 0, NULL));
}
```

WaitProc 函數用於在所有事件物件上迴圈等待網路事件，在處理接受用戶端連接的 FD_ACCEPT 網路事件時，需要建立一個事件物件，為通訊通訊端 (socket) 把該事件物件與一些網路事件（FD_READ | FD_WRITE | FD_CLOSE）相連結，然後把事件物件和通訊通訊端 (socket) 控制碼放入相關陣列中；處理接收用戶端資料的 FD_READ 網路事件，並處理用戶端連接關閉的 FD_CLOSE 網路事件，在處理 FD_CLOSE 事件時，需要更新事件物件、通訊端控制碼陣列：

```
DWORD WINAPI WaitProc(LPVOID lpParam)
{
    SOCKET socketAccept = INVALID_SOCKET; // 通訊通訊端 (socket) 控制碼
    sockaddr_in sockAddrClient;
    int nAddrlen = sizeof(sockaddr_in);
    int nIndex;                           //WSAWaitForMultipleEvents 傳回值
    WSANETWORKEVENTS networkEvents;       //WSAEnumNetworkEvents 函數使用的結構
    WSAEVENT hEvent;
    PSOCKETOBJ pSocketObj;
    int nRet;                             //I/O 操作傳回值
    CHAR szBuf[BUF_SIZE] = { 0 };
    CHAR szMsg[BUF_SIZE] = { 0 };

    while (TRUE)
    {
```

```
        //在所有事件物件上等待，有任何一個事件物件觸發，函數就傳回
        nIndex = WSAWaitForMultipleEvents(g_nTotalEvent, g_eventArray,
FALSE, WSA_INFINITE, FALSE);
        nIndex = nIndex - WSA_WAIT_EVENT_0;

        //查看觸發的事件物件對應的通訊端發生了哪些網路事件
        WSAEnumNetworkEvents(g_socketArray[nIndex], g_eventArray[nIndex],
&networkEvents);
        //接受用戶端連接 FD_ACCEPT 網路事件
        if (networkEvents.lNetworkEvents & FD_ACCEPT)
        {
            if (g_nTotalEvent > WSA_MAXIMUM_WAIT_EVENTS)
            {
                MessageBox(g_hwnd, TEXT("用戶端連接數太多！"),
TEXT("accept Error"), MB_OK);
                continue;
            }

            socketAccept = accept(g_socketListen, (sockaddr*)
&sockAddrClient, &nAddrlen);
            if (socketAccept == INVALID_SOCKET)
            {
                Sleep(100);
                continue;
            }

            //5. 接受客戶的連接請求成功
            //建立事件物件，為通訊通訊端 (socket) 把該事件物件與一些網路事件相連結
            hEvent = WSACreateEvent();
            WSAEventSelect(socketAccept, hEvent, FD_READ | FD_WRITE |
FD_CLOSE);
            //把事件物件和通訊通訊端 (socket) 放入相關陣列中
            g_eventArray[g_nTotalEvent] = hEvent;
            g_socketArray[g_nTotalEvent] = socketAccept;
            g_nTotalEvent++;

            ZeroMemory(szBuf, BUF_SIZE);
            //建立一個通訊端物件，儲存用戶端 IP 位址、通訊埠編號
            PSOCKETOBJ pSocketObj = CreateSocketObj(socketAccept);
            inet_ntop(AF_INET, &sockAddrClient.sin_addr.S_un.S_addr,
```

```
                pSocketObj->m_szIP, _countof(pSocketObj->m_szIP));
            pSocketObj->m_usPort = ntohs(sockAddrClient.sin_port);
            wsprintf(szBuf, "用戶端 [%s:%d] 已連接！",
                pSocketObj->m_szIP, pSocketObj->m_usPort);
            SendMessage(g_hListContent, LB_ADDSTRING, 0, (LPARAM)szBuf);
            EnableWindow(g_hBtnSend, TRUE);
        }
        // 接收用戶端資料 FD_READ 網路事件
        else if (networkEvents.lNetworkEvents & FD_READ)
        {
            pSocketObj = FindSocketObj(g_socketArray[nIndex]);
            ZeroMemory(szBuf, BUF_SIZE);
            nRet = recv(g_socketArray[nIndex], szBuf, BUF_SIZE, 0);
            if (nRet > 0)    // 接收到用戶端資料
            {
                ZeroMemory(szMsg, BUF_SIZE);
                wsprintf(szMsg, "用戶端 [%s:%d] 說：%s",
                    pSocketObj->m_szIP, pSocketObj->m_usPort, szBuf);
                SendMessage(g_hListContent, LB_ADDSTRING, 0,(LPARAM)szMsg);

                // 把接收到的資料分發到每一個用戶端
                PSOCKETOBJ p = g_pSocketObjHeader;
                while (p != NULL)
                {
                    if (p->m_socket != g_socketArray[nIndex])
                        send(p->m_socket, szMsg, strlen(szMsg), 0);

                    p = p->m_pNext;
                }
            }
        }
        // 發送資料 FD_WRITE 網路事件，本例不需要處理，因為按下發送按鈕才發送
        else if (networkEvents.lNetworkEvents & FD_WRITE)
        {
        }
        // 用戶端連接關閉 FD_CLOSE 網路事件
        else if (networkEvents.lNetworkEvents & FD_CLOSE)
        {
            ZeroMemory(szMsg, BUF_SIZE);
            pSocketObj = FindSocketObj(g_socketArray[nIndex]);
```

```
            wsprintf(szMsg, "用戶端 [%s:%d] 已退出！", pSocketObj->m_szIP,
pSocketObj->m_usPort);
            SendMessage(g_hListContent, LB_ADDSTRING, 0, (LPARAM)szMsg);
            FreeSocketObj(pSocketObj);

            // 更新事件物件、通訊端陣列
            for (int j = nIndex; j < g_nTotalEvent - 1; j++)
            {
                g_eventArray[j] = g_eventArray[j + 1];
                g_socketArray[j] = g_socketArray[j + 1];
            }
            g_nTotalEvent--;

            // 如果沒有用戶端線上了，禁用發送按鈕
            if (g_nTotalClient == 0)
                EnableWindow(g_hBtnSend, FALSE);
        }
    }
}
```

WSAAsyncSelect 模型的程式設計流程歸納如下。

（1）建立一個事件物件控制碼陣列和一個通訊端控制碼陣列。

（2）每建立一個通訊端，就建立一個事件物件，將它們的控制分碼別放入上面兩個陣列中，並呼叫 WSAEventSelect 函數連結通訊端與事件物件。

（3）呼叫 WSAWaitForMultipleEvents 函數在所有事件物件上迴圈等待被觸發，該函數傳回後，呼叫 WSAEnumNetworkEvents 函數查看觸發的事件物件對應的通訊端發生了哪些網路事件。

（4）處理發生的網路事件，繼續在事件物件上等待。

用戶端程式沒有變化。完整程式參見 Server_WSAEventSelect 專案。

9.4.5 Overlapped 模型

Overlapped 模型又稱為重疊模型，重疊模型是真正意義上的非同步 I/O 模型，重疊 I/O 提供了更好的系統性能，其基本設計原理是允許應用程式使用重疊資料結構（OVERLAPPED）一次投遞多個 I/O 請求。在程式中呼叫 I/O 函數後，函數將立即傳回，當 I/O 操作完成後，系統會通知應用程式。對需要很長時間才能完成的操作來說，重疊 I/O 機制尤其有用，因為發起重疊 I/O 操作的執行緒在重疊 I/O 請求發出後可以自由執行其他操作。

系統通知應用程式 I/O 操作已完成的方式有兩種，即事件通知和完成常式。事件通知方式即透過事件來通知應用程式 I/O 操作已完成，而完成常式則指定應用程式在完成 I/O 操作後自動呼叫一個事先定義的回呼函數。

重疊 I/O 模型主要使用以下函數。

（1）WSASocket 函數：用於建立通訊端。
（2）AcceptEx 函數：用於接受用戶端連接。
（3）WSASend 和 WSASendTo 函數：用於發送資料。
（4）WSARecv 和 WSARecvFrom 函數：用於接收資料。
（5）WSAGetOverlappedResult 函數，用於獲取重疊操作結果。

大部分 WinSock 函數的命名全部是小寫字母，如 socket、accept、closesocket、ntohs 等，因為這些函數名稱源於 UNIX 通訊端，而 UNIX 通訊端中的函數命名就是全部小寫。WinSock 介面中由 Windows 系統擴充的函數使用的是標準的 Windows API 命名方式，如 WSAStartup 和 WSACleanup 等，從這裡也可以看出哪些函數是 WinSock 介面特有的擴充函數。本節內容有點複雜，需要讀者仔細閱讀，以加強理解。

1. WSASocket 函數

WSASocket 函數用於建立一個重疊通訊端：

```
SOCKET WSASocket(
    _In_ int                  af,               // 位址家族（即位址格式）
    _In_ int                  type,             // 指定通訊端的類型
    _In_ int                  protocol,         // 配合 type 參數使用，指定協定類型
    _In_ LPWSAPROTOCOL_INFO lpProtocolInfo,     // 指向 WSAPROTOCOL_INFO 結構的指
                                                   標，可以設定為 NULL
    _In_ GROUP                g,                // 保留給未來使用的通訊端群組
    _In_ DWORD                dwFlags);         // 指定通訊端屬性的一組標識
```

- 前 3 個參數的含義與 socket 函數相同。
- 第 4 個參數 lpProtocolInfo 是一個指向 WSAPROTOCOL_INFO 結構的指標，該結構定義要建立的通訊端的特徵，可以設定為 NULL。
- 第 6 個參數 dwFlags 是指定通訊端屬性的一組標識。在重疊 I/O 模型中，dwFlags 參數需要設定為 WSA_FLAG_OVERLAPPED，這樣就可以建立一個重疊通訊端。重疊通訊端可以使用 WSASend、WSASendTo、WSARecv、WSARecvFrom 和 WSAIoctl 等函數進行重疊 I/O 操作，允許同時啟動和處理多個 I/O 操作。

如果 dwFlags 參數設定為 NULL，WSASocket 會建立沒有重疊屬性的通訊端。實際上也可以使用 socket 函數，socket 函數建立的通訊端預設具有重疊屬性。

舉例來說，下面的程式建立了一個支持重疊 I/O 的通訊端：

```
WSASocket(AF_INET, SOCK_STREAM, IPPROTO_TCP, NULL, 0, WSA_FLAG_OVERLAPPED);
```

如果函數執行成功，則傳回新通訊端的控制碼，否則傳回 INVALID_SOCKET，可以透過呼叫 WSAGetLastError 函數獲取錯誤程式。

2. AcceptEx 函數

AcceptEx 函數接受一個用戶端連接，傳回本機和遠端位址，並接收用戶端程式發送的第一區塊資料。AcceptEx 函數將幾個通訊端函數的功能組合在一塊完成，函數成功時執行 3 個任務。

（1）接受新的連接。

（2）傳回伺服器的本機位址和用戶端的遠端位址。

（3）接收由遠端用戶端發送的第一區塊資料。

AcceptEx 函數可以用相對較少的執行緒為大量客戶端設備提供服務，與所有重疊 Windows 函數一樣，可以使用事件物件或完成通訊埠作為完成通知機制。AcceptEx 函數在標頭檔 Mswsock.h 中定義，所需匯入函數庫檔案為 Mswsock.lib：

```
BOOL AcceptEx(
    _In_  SOCKET       sListenSocket,          // 監聽通訊端控制碼
    _In_  SOCKET       sAcceptSocket,          // 通訊通訊端 (socket) 控制碼
    _In_  PVOID        lpOutputBuffer,         // 本函數所傳回資訊的緩衝區
    _In_  DWORD        dwReceiveDataLength,    //lpOutputBuffer 緩衝區中第一區塊
                                                 資料緩衝區的位元組數
    _In_  DWORD        dwLocalAddressLength,  //lpOutputBuffer 緩衝區中為本機位
                                                 址資訊保留的位元組數
    _In_  DWORD        dwRemoteAddressLength,//lpOutputBuffer 緩衝區中為遠端位
                                                 址資訊保留的位元組數
    _Out_ LPDWORD      lpdwBytesReceived,      // 實際接收到的第一區塊資料的位元組數
    _In_  LPOVERLAPPED lpOverlapped);          // 用於處理請求的 OVERLAPPED 結構
```

- 第 1 個參數 sListenSocket 指定監聽通訊端，程式在這個通訊端上等待用戶端連接。
- 第 2 個參數 sAcceptSocket 指定一個還沒有被綁定或連接的通訊端，程式在這個通訊端上接受新的連接，sAcceptSocket 指定的通訊端是使用 socket 或 WSASocket 函數事先建立的。
- 第 3 個參數 lpOutputBuffer 是一個指向緩衝區的指標，該緩衝區接收在新連接上發送的第一區塊資料、伺服器的本機位址和用戶端的遠端位址，該參數不能為 NULL。
- 第 4 個參數 dwReceiveDataLength 指定上面的緩衝區中用於接收第一區塊資料部分的大小，不包括伺服器的本機位址和用戶端的遠端位址。如果該參數為 0，則接受連接時不會接收第一區塊資料。

程式可以利用接受連接時傳遞過來的第一區塊資料執行一些額外的操作，例如假設用戶端登入需要使用者名稱和密碼，用戶端可以利用這個機會把使用者名稱和密碼傳遞過來，伺服器收到資料後，可以檢查使用者名稱和密碼是否正確，如果使用者名稱和密碼不符合要求，可以立即關閉通訊通訊端 (socket)（用戶端需要使用 ConnectEx 函數）。

- 第 5 個參數 dwLocalAddressLength 是為本機位址資訊保留的位元組數，該參數值必須至少比正在使用的傳輸協定的最大位址長度多 16 位元組。
- 第 6 個參數 dwRemoteAddressLength 是為遠端位址資訊保留的位元組數，該參數值必須至少比正在使用的傳輸協定的最大位址長度多 16 位元組，不能為 0。

  本機和遠端位址的緩衝區大小必須比正在使用的傳輸協定的 sockaddr 結構的大小多 16 位元組，例如 sockaddr_in 的大小是 16 位元組，因此必須為本機和遠端位址分別指定至少 32 位元組的緩衝區大小。
- 第 7 個參數 lpdwBytesReceived 是一個指向 DWORD 類型的指標，用於傳回實際接收到的位元組數，該參數只有在同步模式下有意義。如果函數傳回 ERROR_IO_PENDING 並延遲完成操作，則該參數沒有意義，這時必須透過完成通知機制來獲取實際接收到的位元組數。
- 第 8 個參數 lpOverlapped 是用於處理請求的 OVERLAPPED 結構，必須指定該參數，不能為 NULL。

如果沒有發生錯誤，則 AcceptEx 函數成功完成，並傳回 TRUE 值；如果函數執行失敗，則 AcceptEx 傳回 FALSE，可以透過呼叫 WSAGet LastError 函數來獲取錯誤程式。如果 WSAGetLastError 傳回 ERROR_IO_PENDING，則說明操作已成功啟動，但仍在進行中；如果傳回 WSAECONNRESET，則說明連接請求已經傳入，但隨後由遠端用戶端在接收函數呼叫前終止。

AcceptEx 函數在 Mswsock.dll 檔案中匯出，匯入函數庫檔案為 Mswsock.lib，考慮到移植性，AcceptEx 函數的函數指標可以在執行時期透過呼叫 WSAIoctl 函數（指定 SIO_GET_EXTENSION_FUNCTION_POINTER 操作碼）來動態獲得，傳遞給 WSAIoctl 函數的輸入緩衝區必須包含 WSAID_ACCEPTEX，這是一個全域唯一識別碼（GUID），其值標識 AcceptEx 函數。WSAIoctl 函數執行成功時，傳回的輸出緩衝區中包含指向 AcceptEx 函數的指標：

```
int WSAIoctl(
    _In_  SOCKET                s,                  // 通訊端控制碼
    _In_  DWORD                 dwIoControlCode,    // 要執行的操作控制程式
    _In_  LPVOID                lpvInBuffer,        // 指向輸入緩衝區的指標
    _In_  DWORD                 cbInBuffer,         // 輸入緩衝區的大小，以位元組為單位
    _Out_ LPVOID                lpvOutBuffer,       // 指向輸出緩衝區的指標
    _In_  DWORD                 cbOutBuffer,        // 輸出緩衝區的大小，以位元組為單位
    _Out_ LPDWORD               lpcbBytesReturned,    // 指向實際輸出位元組數的指標，
                                                        可以設定為 NULL
    _In_  LPWSAOVERLAPPED       lpOverlapped,         // 指向 WSAOVERLAPPED 結構的指
                                                        標，可以設定為 NULL
    _In_  LPWSAOVERLAPPED_COMPLETION_ROUTINE lpCompletionRoutine);
                                                      // 操作完成時呼叫的完成常式
```

如果函數執行成功，則傳回值為 0，否則傳回值為 SOCKET_ERROR，可以透過呼叫 WSAGetLastError 函數獲取錯誤程式。

獲取 AcceptEx 函數指標的範例程式如下：

```
#include <MSWSock.h>

LPFN_ACCEPTEX lpfnAcceptEx = NULL;    // 輸出緩衝區
GUID GuidAcceptEx = WSAID_ACCEPTEX;  // 輸入緩衝區
DWORD dwBytes;
WSAIoctl(socketListen, SIO_GET_EXTENSION_FUNCTION_POINTER,
    &GuidAcceptEx, sizeof(GuidAcceptEx),
    &lpfnAcceptEx, sizeof(lpfnAcceptEx),
    &dwBytes, NULL, NULL);
```

在使用 AcceptEx 時，可以透過呼叫 GetAcceptExSockaddrs 函數將所傳回的資訊緩衝區解析為 3 個不同的部分（第一區塊資料、本機通訊端位址和遠端通訊端位址）。在 Windows XP 以及更新版本中，當 AcceptEx 函數連接成功並且在接受的通訊端上設定了 SO_UPDATE_ACCEPT_CONTEXT 選項（使用 setsockopt 函數），還可以使用 getsockname 函數獲取與接受的通訊端相連結的本機位址，可以使用 getpeername 函數獲取與所接受的通訊端相連結的遠端位址。GetAcceptExSockaddrs 函數宣告如下：

```
void GetAcceptExSockaddrs(
    _In_  PVOID       lpOutputBuffer,          // 傳遞給 AcceptEx 函數的
                                                  lpOutputBuffer 參數
    _In_  DWORD       dwReceiveDataLength,     // 與傳遞給 AcceptEx 函數的
                                                  dwReceiveDataLength 參數相等
    _In_  DWORD       dwLocalAddressLength,    // 與傳遞給 AcceptEx 函數的
                                                  dwLocalAddressLength 參數相等
    _In_  DWORD       dwRemoteAddressLength,   // 與傳遞給 AcceptEx 函數的
                                                  dwRemoteAddressLength 參數相等
    _Out_ LPSOCKADDR  *LocalSockaddr,          // 傳回本機位址的 sockaddr_in 結構
    _Out_ LPINT       LocalSockaddrLength,     // 本機位址的大小，以位元組為單位
    _Out_ LPSOCKADDR  *RemoteSockaddr,         // 傳回遠端位址的 sockaddr_in 結構
    _Out_ LPINT       RemoteSockaddrLength);   // 遠端位址的大小，以位元組為單位
```

GetAcceptExSockaddrs 函數在 Mswsock.dll 檔案中匯出，匯入函數庫檔案為 Mswsock.lib，考慮到移植性，GetAcceptExSockaddrs 函數的函數指標同樣可以在執行時期透過呼叫 WSAIoctl 函數（指定 SIO_GET_EXTENSION_FUNCTION_POINTER 操作碼）來動態獲得，所需輸入緩衝區和輸出緩衝區如下：

```
LPFN_GETACCEPTEXSOCKADDRS lpfnGetAcceptExSockaddrs = NULL; // 輸出緩衝區
GUID GuidGetAcceptExSockaddrs = WSAID_GETACCEPTEXSOCKADDRS;   // 輸入緩衝區
```

3. WSASend 函數

WSASend 函數在指定的通訊端上發送資料：

```
int WSASend(
    _In_  SOCKET                 s,                  // 通訊端控制碼
    _In_  LPWSABUF               lpBuffers,          // 指向 WSABUF 結構陣列的指標
    _In_  DWORD                  dwBufferCount,      //lpBuffers 陣列中 WSABUF 結構的數量
    _Out_ LPDWORD                lpNumberOfBytesSent, // 如果 I/O 操作立即完成，則傳回指
                                                      向實際傳送的位元組數的指標
    _In_  DWORD                  dwFlags, // 指定 WSASend 函數呼叫行為的標識，可以設定為 0
    _In_  LPWSAOVERLAPPED        lpOverlapped,        // 指向 WSAOVERLAPPED 結構的指標
    _In_  LPWSAOVERLAPPED_COMPLETION_ROUTINE lpCompletionRoutine);// 當發送操
                                                      作完成時呼叫的完成常式
```

- 第 2 個參數 lpBuffers 是一個指向 WSABUF 結構陣列的指標，每個 WSABUF 結構都包含指向緩衝區的指標和緩衝區的長度（以位元組為單位）。

```
typedef struct _WSABUF {
    ULONG len;    // 以位元組為單位緩衝區的長度
    CHAR *buf;    // 緩衝區指標
} WSABUF, FAR * LPWSABUF;
```

- 第 3 個參數 dwBufferCount 指定 lpBuffers 陣列中 WSABUF 結構的數量。
- 第 4 個參數 lpNumberOfBytesSent，如果 I/O 操作立即完成，則傳回實際發送的位元組數。如果 lpOverlapped 參數不是 NULL，則該參數應該設定為 NULL，以避免錯誤結果。只有當 lpOverlapped 參數不是 NULL 時，該參數才能為 NULL。
- 第 6 個參數 lpOverlapped 是一個指向 WSAOVERLAPPED 結構的指標，對於非重疊的通訊端，則忽略該參數。WSAOVERLAPPED 結構在 minwinbase.h 標頭檔中定義如下：

```
typedef struct _OVERLAPPED {
    ULONG_PTR Internal;                //I/O 請求的狀態碼
ULONG_PTR InternalHigh;                // 已傳輸的位元組數

    union {
```

```
        struct {
            DWORD Offset;           // 除檔案物件外，該欄位必須為 0
            DWORD OffsetHigh;       // 除檔案物件外，該欄位必須為 0
        } DUMMYSTRUCTNAME;
        PVOID Pointer;              // 保留欄位
    } DUMMYUNIONNAME;

    HANDLE  hEvent;                 // WSAEVENT 事件物件控制碼
} OVERLAPPED, *LPOVERLAPPED;
#define WSAOVERLAPPED  OVERLAPPED
typedef struct _OVERLAPPED * LPWSAOVERLAPPED;
```

Internal 欄位傳回 I/O 請求的錯誤碼，當發出 I/O 請求時，系統將該欄位設定為 STATUS_PENDING，表示操作尚未開始。

InternalHigh 欄位傳回 I/O 請求所傳輸的位元組數，通常不使用 Internal 和 InternalHigh 欄位。

如果呼叫重疊 I/O 函數時沒有使用完成常式（lpCompletionRoutine 參數為 NULL），那麼 hEvent 欄位必須包含一個有效的 WSAEVENT 事件物件的控制碼。

- 第 7 個參數 lpCompletionRoutine 指定發送操作完成時呼叫的完成常式，對於非重疊的通訊端，則忽略該參數。完成常式函數格式：

```
void CALLBACK CompletionROUTINE(
    IN DWORD            dwError,      // 指定重疊操作的完成狀態，如 lpOverlapped 所示
    IN DWORD            cbTransferred,      // 指定發送的位元組數
    IN LPWSAOVERLAPPED lpOverlapped,
    IN DWORD            dwFlags);           // 通常指定為 0
```

如果沒有發生錯誤並且發送操作立即完成，WSASend 函數的 lpNumberOfBytesSent 參數將傳回實際發送的位元組數，函數傳回 0；否則將傳回 SOCKET_ERROR，可以透過呼叫 WSAGetLastError 函數獲取錯誤程式。錯誤程式 WSA_IO_PENDING 表示已成功啟動重疊操作，並且發送操作將在稍後完成，lpNumberOfBytesSent 參數不會傳回資料，當

重疊操作完成時，透過完成常式中的 cbTransferred 參數（如果指定了完成常式）或透過 WSAGetOverlappedResult 中的 lpcbTransfer 參數獲取發送的位元組數；任何其他錯誤程式都表示未成功啟動重疊操作，並且不會出現發送完成通知。

I/O 操作函數都需要一個 WSAOVERLAPPED（即 OVERLAPPED）結構類型的參數，這些函數被呼叫後會立即傳回，它們依靠應用程式傳遞的 OVERLAPPED 結構管理 I/O 請求的完成，應用程式有兩種方法可以接收到重疊 I/O 請求操作完成的通知。

（1）在與 WSAOVERLAPPED 結構連結的事件物件上等待 I/O 操作完成，事件物件觸發，這是常用的方法。

（2）使用 lpCompletionRoutine 指向的完成常式，完成常式是一個自訂函數，I/O 操作完成後會自動被呼叫，這種方法很少使用，通常將 lpCompletionRoutine 設定為 NULL 即可。

4. WSARecv 函數

WSARecv 函數從一個通訊端接收資料，主要用於重疊模型中：

```
int WSARecv(
    _In_    SOCKET            s,                // 通訊端控制碼
    _Inout_ LPWSABUF          lpBuffers,        // 指向 WSABUF 結構陣列的指標
    _In_    DWORD             dwBufferCount, //lpBuffers 陣列中 WSABUF 結構的數量
    _Out_   LPDWORD           lpNumberOfBytesRecvd,   // 如果 I/O 操作立即完成，則傳
                                                         回實際接收位元組數
    _Inout_ LPDWORD           lpFlags,          // 指定 WSARecv 函數呼叫行為的標識，可
                                                   以設定為 NULL
    _In_    LPWSAOVERLAPPED lpOverlapped,  // 指向 WSAOVERLAPPED 結構的指標
    _In_    LPWSAOVERLAPPED_COMPLETION_ROUTINE lpCompletionRoutine);
                                                // 接收操作完成時呼叫的完成常式
```

WSARecv 的函數參數與 WSASend 函數類似，不再詳細解釋。

如果沒有發生錯誤並且接收操作立即完成，則 lpNumberOfBytes Recvd 參數將傳回實際接收到的位元組數，並且 lpFlags 參數指定的標

識位元也會更新，函數傳回 0，在這種情況下，一旦呼叫執行緒處於可通知狀態，完成常式就將被呼叫；不然將傳回 SOCKET_ERROR，可以透過呼叫 WSAGetLastError 函數獲取錯誤程式，錯誤程式 WSA_IO_PENDING 表示已成功啟動重疊操作，並且稍後將接收完成，在這種情況下，不會更新 lpNumberOfBytesRecvd 和 lpFlags。當重疊操作完成時，透過完成常式中的 cbTransferred 參數（如果指定了完成常式）或透過 WSAGetOverlappedResult 中的 lpcbTransfer 參數獲取接收的位元組數、透過 WSAGetOverlappedResult 的 lpdwFlags 參數獲得標識值。任何其他錯誤程式都表示未成功啟動重疊操作，並且不會出現接收完成通知。

5. I/O 唯一資料（Per-I/O）

AcceptEx、WSASend、WSARecv 等 I/O 操作函數都需要一個指向 OVERLAPPED 結構的 lpOverlapped 參數，為了傳遞更多資訊，我們通常會自訂一個 OVERLAPPED 結構，自訂結構的第一個欄位是 OVERLAPPED 結構，這樣一來自定義結構的位址和欄位 OVERLAPPED 的位址是相同的。例如本節範例程式定義了以下自訂 OVERLAPPED 結構：

```
// 自訂重疊結構，OVERLAPPED 結構和 I/O 唯一資料
typedef struct _PERIODATA
{
    OVERLAPPED  m_overlapped;               // 重疊結構
    SOCKET      m_socket;                   // 通訊通訊端 (socket) 控制碼
    WSABUF      m_wsaBuf;                   // 緩衝區結構
    CHAR        m_szBuffer[BUF_SIZE];       // 緩衝區
    IOOPERATION m_ioOperation;              // 操作類型
    _PERIODATA  *m_pNext;
}PERIODATA, *PPERIODATA;
```

m_overlapped 欄位後面的部分稱為 I/O 唯一資料，或稱單 I/O 資料，因為每次呼叫 I/O 操作函數都需要建立一個這樣的結構，一個 I/O 請求對應一個自訂 OVERLAPPED 結構，在 I/O 操作完成後釋放該結構，需要呼叫 I/O 操作函數時再建立一個對應的自訂 OVERLAPPED 結構，如此迴圈。

該自訂 OVERLAPPED 結構還包括緩衝區欄位，另外，在一個通訊端上有接受連接、接收資料、發送資料等 I/O 請求，m_ioOperation 用於確定是哪個 I/O 請求。

如果想呼叫一個 I/O 函數（例如 WSASend、WSARecv），這些函數需要一個 OVERLAPPED 結構，這時可以將我們的結構強制轉換成一個 OVERLAPPED 結構的指標，或從結構中將 OVERLAPPED 欄位的位址取出來：

```
PERIODATA perIoData;
WSARecv(socket, ..., (OVERLAPPED *)&perIoData, NULL);
//也可以這樣呼叫：
WSARecv(socket, ..., &perIoData.m_overlapped, NULL);
```

具體內容參見本節範例程式。

6. WSAGetOverlappedResult 函數

當程式呼叫 WSAWaitForMultipleEvents 函數在連結到 WSAOVERLAPPED 結構的事件物件上等待重疊 I/O 請求完成後，需要繼續呼叫 WSAGetOverlappedResult 函數，判斷重疊 I/O 呼叫的結果是否成功：

```
BOOL WSAAPI WSAGetOverlappedResult(
    _In_   SOCKET           s,               //通訊端控制碼
    _In_   LPWSAOVERLAPPED  lpOverlapped,    //進行重疊 I/O 操作時的 WSAOVERLAPPED
                                               結構的指標
    _Out_  LPDWORD          lpcbTransfer,    //傳回重疊 I/O 操作實際發送或接收的位元組數
    _In_   BOOL             fWait,           //是否應該等待重疊 I/O 操作完成
    _Out_  LPDWORD          lpdwFlags);      //傳回重疊 I/O 操作的函數呼叫行為標識
```

- 第 2 個參數 lpOverlapped 是呼叫 I/O 操作函數時使用的自訂 OVERLAPPED 結構，我們想辦法把這個結構傳遞過來，用於作為呼叫 WSAGetOverlappedResult 函數的參數。然後透過自訂 OVERLAPPED 結構的 m_ioOperation 欄位確定是哪個操作（接受連接、發送資料、接收資料等）投遞到了這個通訊端控制碼上，

這樣我們就可以在同一個通訊端控制碼上同時管理多個 I/O 操作，具體內容參見本節範例程式。

- 第 4 個參數 fWait 指定函數是否應該等待重疊 I/O 操作完成。如果設定為 TRUE，則函數直到 I/O 操作完成以後才傳回；如果設定為 FALSE 並且 I/O 操作仍在進行中，則函數傳回 FALSE，呼叫 WSAGetLastError 函數傳回 WSA_IO_INCOMPLETE。只有當重疊操作選擇了基於事件的完成通知時，fWait 參數才可以設定為 TRUE。

如果函數執行成功，則傳回值為 TRUE，表示重疊操作已經成功完成，並且 lpcbTransfer 所指向的值已經更新；如果傳回 FALSE，則表示重疊操作沒有完成、或重疊操作已完成但存在錯誤，或由於 WSAGetOverlappedResult 的或多個參數存在錯誤以致無法確定重疊操作的完成狀態，在失敗時不會更新 lpcbTransfer 參數所指向的值。

通常做法是，當使用 WSAOVERLAPPED 結構進行 I/O 呼叫時，例如呼叫 WSASend 和 WSARecv，這些函數會立即傳回，大部分的情況下這些 I/O 呼叫會失敗，傳回值是 SOCKET_ERROR，呼叫 WSAGetLastError 函數會傳回錯誤程式 WSA_IO_PENDING，這個錯誤程式表示 I/0 操作正在進行中，在以後的一段時間內，應用程式應該呼叫 WSAWaitForMultipleEvents 函數在連結到 WSAOVERLAPPED 結構的事件物件上等待重疊 I/O 請求完成，WSAOVERLAPPED 結構在重疊 I/O 請求和隨後的完成之間提供了交流媒介。當重疊 I/O 請求最終完成後，與之連結的事件物件觸發，等待函數傳回，應用程式可以使用 WSAGetOverlappedResult 函數取得重疊操作的結果。

下面使用 Overlapped 模型重寫前面的 Server_Multiple 範例。Overlapped 模型是網路程式設計中比較深入的話題，非網路程式設計專業的讀者可以使用前面介紹的非同步選擇或事件選擇模型；另外，Overlapped 模型實作想法與完成通訊埠模型類似，對於高併發的大型網路專案可以使用下面將要介紹的性能更高、伸縮性更好的完成通訊埠模型。不過，理解 Overlapped 模型也是必要的。

SOCKETOBJ.h 標頭檔的內容沒有改變。每次呼叫 AcceptEx、WSASend、WSARecv 等 I/O 操作函數時都需要一個 OVERLAPPED 結構，I/O 操作完成後應該釋放該結構，為此我們自訂一個 OVERLAPPED 結構，所有自訂 OVERLAPPED 結構形成一個鏈結串列，PERIODATA.h 標頭檔的內容如下，與 SOCKETOBJ.h 標頭檔的實作想法類似：

```
#pragma once

// 常數定義
const int BUF_SIZE = 4096;

//I/O 操作類型：接受連接、接收資料、發送資料
enum IOOPERATION
{
    IO_UNKNOWN, IO_ACCEPT, IO_READ, IO_WRITE
};

// 自訂重疊結構，OVERLAPPED 結構和 I/O 唯一資料
typedef struct _PERIODATA
{
    OVERLAPPED  m_overlapped;                 // 重疊結構
    SOCKET      m_socket;                     // 通訊通訊端 (socket) 控制碼
    WSABUF      m_wsaBuf;                     // 緩衝區結構
    CHAR        m_szBuffer[BUF_SIZE];         // 緩衝區
    IOOPERATION m_ioOperation;                // 操作類型
    _PERIODATA   *m_pNext;
}PERIODATA, *PPERIODATA;

PPERIODATA g_pPerIODataHeader;                // 自訂重疊結構鏈結串列標頭

// 建立一個自訂重疊結構
PPERIODATA CreatePerIOData(SOCKET s)
{
    PPERIODATA pPerIOData = new PERIODATA;
    if (pPerIOData == NULL)
        return NULL;

    ZeroMemory(pPerIOData, sizeof(PERIODATA));
    pPerIOData->m_socket = s;
```

```
    pPerIOData->m_overlapped.hEvent = WSACreateEvent();

    EnterCriticalSection(&g_cs);
    //增加第一個節點
    if (g_pPerIODataHeader == NULL)
    {
        g_pPerIODataHeader = pPerIOData;
        g_pPerIODataHeader->m_pNext = NULL;
    }
    else
    {
        pPerIOData->m_pNext = g_pPerIODataHeader;
        g_pPerIODataHeader = pPerIOData;
    }
    LeaveCriticalSection(&g_cs);

    return pPerIOData;
}

//釋放一個自訂重疊結構
VOID FreePerIOData(PPERIODATA pPerIOData)
{
    EnterCriticalSection(&g_cs);

    PPERIODATA p = g_pPerIODataHeader;
    if (p == pPerIOData)          //移除的是頭節點
    {
        g_pPerIODataHeader = g_pPerIODataHeader->m_pNext;
    }
    else
    {
        while (p != NULL)
        {
            if (p->m_pNext == pPerIOData)
            {
                p->m_pNext = pPerIOData->m_pNext;
                break;
            }

            p = p->m_pNext;
```

```
        }
    }

    if (pPerIOData->m_overlapped.hEvent)
        WSACloseEvent(pPerIOData->m_overlapped.hEvent);
    delete pPerIOData;
    LeaveCriticalSection(&g_cs);
}

//根據事件物件查詢自訂重疊結構
PPERIODATA FindPerIOData(HANDLE hEvent)
{
    EnterCriticalSection(&g_cs);

    PPERIODATA pPerIOData = g_pPerIODataHeader;
    while (pPerIOData != NULL)
    {
        if (pPerIOData->m_overlapped.hEvent == hEvent)
        {
            LeaveCriticalSection(&g_cs);
            return pPerIOData;
        }

        pPerIOData = pPerIOData->m_pNext;
    }

    LeaveCriticalSection(&g_cs);
    return NULL;
}

//釋放所有自訂重疊結構
VOID DeleteAllPerIOData()
{
    PERIODATA perIOData;

    PPERIODATA pPerIOData = g_pPerIODataHeader;
    while (pPerIOData != NULL)
    {
        perIOData = *pPerIOData;
```

```
        if (pPerIOData->m_overlapped.hEvent)
            WSACloseEvent(pPerIOData->m_overlapped.hEvent);
        delete pPerIOData;

        pPerIOData = perIOData.m_pNext;
    }
}
```

PERIODATA 結構和 SOCKETOBJ 結構都有一個 m_socket 欄位，這也是兩個結構相互聯繫的樞鈕。

WSAWaitForMultipleEvents 函數需要一個事件物件陣列，所有 PERIODATA 結構的 m_overlapped 欄位的 hEvent 欄位組成這個事件物件陣列，為此定義以下全域變數：

```
WSAEVENT g_eventArray[WSA_MAXIMUM_WAIT_EVENTS]; // 所有事件物件控制碼陣列
int g_nTotalEvent;                              // 所有事件物件控制碼總數
```

點擊「啟動服務」按鈕呼叫 OnStart 函數，該函數呼叫 WSASocket 建立通訊端，綁定，監聽，建立一個執行緒用於在所有事件物件上迴圈等待 I/O 操作完成，然後投遞幾個接受連接 I/O 請求：

```
VOID OnStart()
{
    //2. 建立用於監聽所有用戶端請求的通訊端
    g_socketListen = WSASocket(AF_INET, SOCK_STREAM, 0, NULL, 0, WSA_FLAG_
OVERLAPPED);
    if (g_socketListen == INVALID_SOCKET)
    {
        MessageBox(g_hwnd, TEXT("建立監聽通訊端失敗！"), TEXT("socket Error"),
MB_OK);
        WSACleanup();
        return;
    }

    //3. 將監聽通訊端與指定的 IP 位址、通訊埠編號綁定
    sockaddr_in sockAddr;
    sockAddr.sin_family = AF_INET;
```

```
    sockAddr.sin_port = htons(8000);
    sockAddr.sin_addr.S_un.S_addr = INADDR_ANY;
    if (bind(g_socketListen, (sockaddr*)&sockAddr, sizeof(sockAddr)) ==
SOCKET_ERROR)
    {
        MessageBox(g_hwnd, TEXT("將監聽通訊端與指定的IP位址、通訊埠編號綁定失敗！"),
            TEXT("bind Error"), MB_OK);
        closesocket(g_socketListen);
        WSACleanup();
        return;
    }

    //4. 使監聽Socket進入監聽（等待被連接）狀態
    if (listen(g_socketListen, SOMAXCONN) == SOCKET_ERROR)
    {
        MessageBox(g_hwnd, TEXT("使監聽Socket進入監聽（等待被連接）狀態失敗！"),
            TEXT("listen Error"), MB_OK);
        closesocket(g_socketListen);
        WSACleanup();
        return;
    }
    //伺服器監聽中...
    MessageBox(g_hwnd, TEXT("伺服器監聽中..."), TEXT("服務啟動成功"), MB_OK);
    EnableWindow(GetDlgItem(g_hwnd, IDC_BTN_START), FALSE);

    //在所有事件物件上迴圈等待網路事件，本程式只用了一個執行緒
    CreateThread(NULL, 0, WaitProc, NULL, 0, NULL);

    //在此先投遞幾個接受連接I/O請求
    for (int i = 0; i < 2; i++)
        PostAccept();
}
```

投遞接受連接 I/O 請求 PostAccept 函數的程式如下，該函數為接受連接建立一個自訂重疊結構，並設定事件物件陣列 g_eventArray：

```
//投遞接受連接I/O請求
BOOL PostAccept()
{
    SOCKET socketAccept = INVALID_SOCKET;    //通訊通訊端(socket)控制碼
```

```
    BOOL bRet;

    socketAccept = WSASocket(AF_INET, SOCK_STREAM, 0, NULL, 0, WSA_FLAG_
OVERLAPPED);
    if (socketAccept == INVALID_SOCKET)
        return FALSE;

    //為接受連接建立一個自訂重疊結構
    PPERIODATA pPerIOData = CreatePerIOData(socketAccept);
    pPerIOData->m_ioOperation = IO_ACCEPT;

    //事件物件陣列
    g_eventArray[g_nTotalEvent] = pPerIOData->m_overlapped.hEvent;
    g_nTotalEvent++;

    bRet = AcceptEx(g_socketListen, socketAccept, pPerIOData->m_szBuffer, 0,
        sizeof(sockaddr_in) + 16, sizeof(sockaddr_in) + 16, NULL,
(LPOVERLAPPED)pPerIOData);
    if (!bRet)
    {
        if (WSAGetLastError() != WSA_IO_PENDING)
            return FALSE;
    }

    return TRUE;
}
```

執行緒函數 WaitProc 用於迴圈等待 I/O 操作完成事件，並處理已完成的 I/O：

```
DWORD WINAPI WaitProc(LPVOID lpParam)
{
    sockaddr_in* pRemoteSockaddr;
    sockaddr_in* pLocalSockaddr;
    int nAddrlen = sizeof(sockaddr_in);
    int nIndex;                                 //WSAWaitForMultipleEvents 傳回值
    PPERIODATA pPerIOData = NULL;               //自訂重疊結構指標
    PSOCKETOBJ pSocketObj = NULL;               //通訊端物件結構指標
    PSOCKETOBJ pSocketObjAccept = NULL;         //通訊端物件結構指標，接受連接成功後建立
    DWORD dwTransfer;                           //WSAGetOverlappedResult 函數參數
```

```
    DWORD dwFlags = 0;                          //WSAGetOverlappedResult 函數參數
    BOOL bRet;
    CHAR szBuf[BUF_SIZE] = { 0 };

    while (TRUE)
    {
        // 在所有事件物件上等待，有任何一個事件物件觸發，函數即傳回
        nIndex = WSAWaitForMultipleEvents(g_nTotalEvent, g_eventArray, FALSE,
1000, FALSE);
        if (nIndex == WSA_WAIT_TIMEOUT || nIndex == WSA_WAIT_FAILED)
            continue;

        nIndex = nIndex - WSA_WAIT_EVENT_0;
        WSAResetEvent(g_eventArray[nIndex]);

        // 獲取指定通訊端上重疊 I/O 操作的結果
        pPerIOData = FindPerIOData(g_eventArray[nIndex]);
        pSocketObj = FindSocketObj(pPerIOData->m_socket);

        bRet = WSAGetOverlappedResult(pPerIOData->m_socket, &pPerIOData->
m_overlapped,
            &dwTransfer, TRUE, &dwFlags);
        if (!bRet)
        {
            if (pSocketObj != NULL)
            {
                ZeroMemory(szBuf, BUF_SIZE);
                wsprintf(szBuf, "用戶端 [%s:%d] 已退出！", pSocketObj->
m_szIP, pSocketObj->m_usPort);
                SendMessage(g_hListContent, LB_ADDSTRING, 0, (LPARAM)szBuf);

                FreeSocketObj(pSocketObj);
            }

            // 釋放自訂重疊結構
            FreePerIOData(pPerIOData);
            // 更新事件物件陣列
            for (int j = nIndex; j < g_nTotalEvent - 1; j++)
                g_eventArray[j] = g_eventArray[j + 1];
            g_nTotalEvent--;
```

```
        //如果沒有用戶端線上，則禁用發送按鈕
        if (g_nTotalClient == 0)
            EnableWindow(g_hBtnSend, FALSE);

        continue;
    }

    //處理已成功完成的 I/O 請求
    switch (pPerIOData->m_ioOperation)
    {
    case IO_ACCEPT:
    {
        pSocketObjAccept = CreateSocketObj(pPerIOData->m_socket);

        ZeroMemory(szBuf, BUF_SIZE);
        GetAcceptExSockaddrs(pPerIOData->m_szBuffer, 0, sizeof(sockaddr_
in) + 16, sizeof(sockaddr_in) + 16, (LPSOCKADDR*)&pLocalSockaddr, &nAddrlen,
            (LPSOCKADDR*)&pRemoteSockaddr, &nAddrlen);
        inet_ntop(AF_INET, &pRemoteSockaddr->sin_addr.S_un.S_addr,
            pSocketObjAccept->m_szIP, _countof(pSocketObjAccept->m_szIP));
        pSocketObjAccept->m_usPort = ntohs(pRemoteSockaddr->sin_port);
        wsprintf(szBuf, "用戶端 [%s:%d] 已連接！", pSocketObjAccept->m_szIP,
            pSocketObjAccept->m_usPort);
        SendMessage(g_hListContent, LB_ADDSTRING, 0, (LPARAM)szBuf);
        EnableWindow(g_hBtnSend, TRUE);

        //釋放自訂重疊結構
        FreePerIOData(pPerIOData);
        //更新事件物件陣列
        for (int j = nIndex; j < g_nTotalEvent - 1; j++)
            g_eventArray[j] = g_eventArray[j + 1];
        g_nTotalEvent--;

        PostRecv(pSocketObjAccept);
        PostAccept();
    }
    break;

    case IO_READ:
```

```
        if (dwTransfer > 0)
        {
            ZeroMemory(szBuf, BUF_SIZE);
            wsprintf(szBuf, "用戶端[%s:%d]說：%s", pSocketObj->m_szIP,
                pSocketObj->m_usPort, pPerIOData->m_szBuffer);
            SendMessage(g_hListContent, LB_ADDSTRING, 0, (LPARAM)szBuf);

            // 把接收到的資料分發到每一個用戶端
            PSOCKETOBJ p = g_pSocketObjHeader;
            while (p != NULL)
            {
                if (p->m_socket != pPerIOData->m_socket)
                    PostSend(p, szBuf, strlen(szBuf));

                p = p->m_pNext;
            }

            PostRecv(pSocketObj);
        }
        else
        {
            ZeroMemory(szBuf, BUF_SIZE);
            wsprintf(szBuf, "用戶端[%s:%d]已退出！", pSocketObj->
m_szIP, pSocketObj->m_usPort);
            SendMessage(g_hListContent, LB_ADDSTRING, 0, (LPARAM)szBuf);

            FreeSocketObj(pSocketObj);

            // 如果沒有用戶端線上，則禁用發送按鈕
            if (g_nTotalClient == 0)
                EnableWindow(g_hBtnSend, FALSE);
        }

        // 釋放自訂重疊結構
        FreePerIOData(pPerIOData);
        // 更新事件物件陣列
        for (int j = nIndex; j < g_nTotalEvent - 1; j++)
            g_eventArray[j] = g_eventArray[j + 1];
        g_nTotalEvent--;
        break;
```

```
        case IO_WRITE:
            if (dwTransfer <= 0)
            {
                ZeroMemory(szBuf, BUF_SIZE);
                wsprintf(szBuf, "用戶端 [%s:%d] 已退出！", pSocketObj->
m_szIP, pSocketObj->m_usPort);
                SendMessage(g_hListContent, LB_ADDSTRING, 0, (LPARAM)szBuf);

                FreeSocketObj(pSocketObj);

                // 如果沒有用戶端線上，則禁用發送按鈕
                if (g_nTotalClient == 0)
                    EnableWindow(g_hBtnSend, FALSE);
            }

            // 釋放自訂重疊結構
            FreePerIOData(pPerIOData);
            // 更新事件物件陣列
            for (int j = nIndex; j < g_nTotalEvent - 1; j++)
                g_eventArray[j] = g_eventArray[j + 1];
            g_nTotalEvent--;
            break;
        }
    }
}
```

這裡主要說明 case IO_ACCEPT 的處理邏輯，執行過程說明我們投遞的 PostAccept 已經接受連接成功，因此建立一個通訊端物件結構增加到通訊端物件鏈結串列中，並儲存相關用戶端資訊，然後釋放自訂重疊結構，更新事件物件陣列，然後在該通訊端上投遞一個接收資料請求，並繼續投遞下一個接受連接請求。再次說明，每次 I/O 函數呼叫都需要建立一個自訂重疊結構並設定事件物件陣列 g_eventArray，而 I/O 操作完成以後需要釋放自訂重疊結構並更新事件物件陣列。case IO_READ 用於對接收到的資料進行處理，並在這個通訊端上投遞下一個接收資料請求。

投遞發送資料 I/O 請求的 PostSend 函數和投遞接收資料 I/O 請求的 PostRecv 函數的程式如下：

```
// 投遞發送資料 I/O 請求
BOOL PostSend(PSOCKETOBJ pSocketObj, LPTSTR pStr, int nLen)
{
    DWORD dwFlags = 0;

    // 為發送資料建立一個自訂重疊結構
    PPERIODATA pPerIOData = CreatePerIOData(pSocketObj->m_socket);
    ZeroMemory(pPerIOData->m_szBuffer, BUF_SIZE);
    strcpy_s(pPerIOData->m_szBuffer, BUF_SIZE, pStr);
    pPerIOData->m_wsaBuf.buf = pPerIOData->m_szBuffer;
    pPerIOData->m_wsaBuf.len = nLen;

    pPerIOData->m_ioOperation = IO_WRITE;

    // 事件物件陣列
    g_eventArray[g_nTotalEvent] = pPerIOData->m_overlapped.hEvent;
    g_nTotalEvent++;

    int nRet = WSASend(pSocketObj->m_socket, &pPerIOData->m_wsaBuf, 1,
        NULL, dwFlags, (LPOVERLAPPED)pPerIOData, NULL);
    if (nRet == SOCKET_ERROR)
    {
        if (WSAGetLastError() != WSA_IO_PENDING)
            return FALSE;
    }

    return TRUE;
}

// 投遞接收資料 I/O 請求
BOOL PostRecv(PSOCKETOBJ pSocketObj)
{
    DWORD dwFlags = 0;

    // 為接收資料建立一個自訂重疊結構
    PPERIODATA pPerIOData = CreatePerIOData(pSocketObj->m_socket);
    ZeroMemory(pPerIOData->m_szBuffer, BUF_SIZE);
```

```
    pPerIOData->m_wsaBuf.buf = pPerIOData->m_szBuffer;
    pPerIOData->m_wsaBuf.len = BUF_SIZE;

    pPerIOData->m_ioOperation = IO_READ;

    //事件物件陣列
    g_eventArray[g_nTotalEvent] = pPerIOData->m_overlapped.hEvent;
    g_nTotalEvent++;

    int nRet = WSARecv(pSocketObj->m_socket, &pPerIOData->m_wsaBuf, 1,
        NULL, &dwFlags, (LPOVERLAPPED)pPerIOData, NULL);
    if (nRet == SOCKET_ERROR)
    {
        if (WSAGetLastError() != WSA_IO_PENDING)
            return FALSE;
    }

    return TRUE;
}
```

完整程式參見 Server_Overlapped 專案，用戶端程式沒有變化。

9.4.6 完成通訊埠模型

在處理大量使用者併發請求時，如果採用一個使用者一個執行緒的方式將造成 CPU 在成千上萬的執行緒之間進行切換，後果是不可想像的。I/O 完成通訊埠（I/O Completion Port，IOCP）模型則不會這樣處理，其理論是平行的執行緒數量必須有一個上限，例如同時發出 500 個客戶請求，那麼不應該允許出現 500 個可執行的執行緒。目前來説，I/O 完成通訊埠模型是 Windows 系統中性能最好的 I/O 模型，它避免了大量使用者併發請求時原有模型採用的方式，極大地提高了程式的平行處理能力。完成通訊埠使用執行緒池處理非同步 I/O 請求，是一種伸縮性最好的 I/O 模型，利用完成通訊埠模型，應用程式可以管理成百上千個通訊端，I/O 完成通訊埠技術廣泛應用於各種類型的高性能伺服器，如 Web 伺服器 Apache。

完成通訊埠實際上是一個 Windows I/O 結構，它可以接收多種物件控制碼，如檔案物件、通訊端物件等，可以把完成通訊埠看作系統維護的佇列，作業系統把重疊 I/O 操作完成的事件通知放到該佇列中，因此稱其為完成通訊埠。I/O 完成通訊埠最初的設計是應用程式發出一些非同步 I/O 請求，當這些請求完成時，裝置驅動把這些工作項目排序到完成通訊埠，在完成通訊埠上等待的執行緒池就可以處理這些完成 I/O。

當通訊端被建立後，可以將其與一個完成通訊埠聯繫起來，一個應用程式可以建立多個工作執行緒用於處理完成通訊埠上的通知事件，通常應該為每個 CPU 建立一個執行緒。

1. 建立 I/O 完成通訊埠物件

CreateIoCompletionPort 函數用於建立一個 I/O 完成通訊埠物件並將其與指定的檔案控制代碼（可以是檔案、通訊端、郵件槽和管道等，本節指的是通訊端控制碼）相連結，或僅建立一個尚未與檔案控制代碼相連結的 I/O 完成通訊埠，以後再進行連結。將檔案控制代碼與 I/O 完成通訊埠進行連結後，即可接收該檔案控制代碼的非同步 I/O 操作完成通知：

```
HANDLE WINAPI CreateIoCompletionPort(
    _In_      HANDLE   FileHandle, //一個已開啟的檔案控制代碼或 INVALID_HANDLE_VALUE
    _In_opt_  HANDLE   ExistingCompletionPort, //一個已存在的 I/O 完成通訊埠控制碼
    _In_      ULONG_PTR CompletionKey,        //完成鍵，傳遞給處理函數的參數
    _In_      DWORD     NumberOfConcurrentThreads); //同時處理 I/O 完成通訊埠的 I/O
                                                    操作的最大執行緒數
```

- 第 1 個參數 FileHandle 可以指定為一個已開啟的檔案控制代碼或 INVALID_HANDLE_VALUE。如果指定為 INVALID_HANDLE_VALUE，則函數僅建立一個 I/O 完成通訊埠，而不將其與檔案控制代碼相連結，在這種情況下 ExistingCompletionPort 參數必須設定為 NULL，CompletionKey 參數將被忽略。
- 第 2 個參數 ExistingCompletionPort 指定為一個已存在的 I/O 完成通訊埠控制碼，該函數將其與 FileHandle 參數指定的檔案控制代

碼相連結，而不會建立新的 I/O 完成通訊埠。如果該參數設定為 NULL，則函數建立新的 I/O 完成通訊埠，此時如果 FileHandle 參數有效，則將其與新的 I/O 完成通訊埠連結；否則不會發生檔案控制代碼連結，函數執行成功傳回新的 I/O 完成通訊埠控制碼。

- 第 3 個參數 CompletionKey 是完成鍵，即傳遞給處理函數的參數。對於每個檔案控制代碼，該完成鍵應該是唯一的，並且在整個內部完成佇列過程中都伴隨檔案控制代碼，當完成封包到達時，它在 GetQueuedCompletionStatus 函數呼叫中傳回。該參數可以視為一個與某個通訊端控制碼連結在一起的「Per-Handle 單控制碼連結資料」或「控制碼唯一資料」，可以將其指定為一個指向某資料結構的指標，在該資料結構中，可以包含通訊端的控制碼以及與通訊端有關的其他資訊如 IP 位址等，為完成通訊埠提供服務的執行緒函數可以透過該參數取得與通訊端控制碼有關的資訊。
- 第 4 個參數 NumberOfConcurrentThreads 指定同時處理 I/O 完成通訊埠的 I/O 操作的最大執行緒數，如果 ExistingCompletionPort 參數不是 NULL，則忽略該參數，因為函數執行的是連結操作；如果該參數為 0，則系統會分配與處理器數量相同的執行緒同時執行。

如果函數執行成功，則傳回 I/O 完成通訊埠的控制碼；如果函數執行失敗，則傳回值是 NULL，可以呼叫 GetLastError 函數獲取錯誤程式。

如果只是建立一個 I/O 完成通訊埠，FileHandle 參數設定為 INVALID_HANDLE_VALUE，ExistingCompletionPort 參數設定為 NULL，CompletionKey 參數將被忽略，NumberOfConcurrentThreads 參數則可以根據需要設定，函數傳回新建立 I/O 完成通訊埠的控制碼；如果需要把一個檔案控制代碼與 I/O 完成通訊埠相連結，FileHandle 參數設定為一個已開啟的檔案控制代碼，ExistingCompletionPort 參數設定為一個已存在的 I/O 完成通訊埠控制碼，CompletionKey 參數可以根據需要設定，NumberOfConcurrentThreads 參數將被忽略，函數傳回

ExistingCompletionPort 參數指定的已存在的 I/O 完成通訊埠控制碼，可以多次呼叫 CreateIoCompletionPort 函數分別將多個檔案控制代碼與一個 I/O 完成通訊埠相連結。

建立一個 I/O 完成通訊埠的範例程式如下：

```
hCompletionPort = CreateIoCompletionPort(INVALID_HANDLE_VALUE, NULL, NULL, 0);
```

上面的程式將參數 NumberOfConcurrentThreads 設定為 0，系統會根據 CPU 的數量來自動設定同時執行的執行緒的最大數量。

成功建立完成通訊埠物件後，即可向這個完成通訊埠物件連結通訊端控制碼。在連結通訊端控制碼前，需要先建立一個或多個工作執行緒（I/O 服務執行緒）在完成通訊埠上執行並處理 I/O 請求，這裡的關鍵問題是應該建立多少個工作執行緒，要注意建立完成通訊埠時指定的執行緒數量和這裡要建立的工作執行緒數量不是一回事。前面我們推薦執行緒數量為處理器的數量，因為每個執行緒都可以從系統獲得一個「原子」性的時間切片，所有執行緒輪流執行並檢查完成通訊埠，而切換執行緒需要額外的銷耗，CreateIoCompletionPort 函數的 NumberOfConcurrentThreads 參數明確告訴系統允許在完成通訊埠上同時執行的執行緒數量；如果建立的工作執行緒多於 NumberOfConcurrentThreads，也僅有 NumberOfConcurrentThreads 個執行緒允許同時執行以處理完成通訊埠上的 I/O 請求。但是有時確實需要建立更多的執行緒，例如某個執行緒呼叫了一個阻塞函數如 Sleep 或 WaitForSingleObject 進入了暫停狀態，則多出來的執行緒中會有一個開始執行，佔據休眠執行緒的位置。結論是，我們希望在完成通訊埠上負責 I/O 處理的工作執行緒與 CreateIoCompletionPort 函數指定的執行緒一樣多，為了避免工作執行緒遇到阻塞（進入暫停狀態），應該建立比 CreateIoCompletionPort 指定的數量還要多的執行緒，通常可以指定為 CPU 數量 2 倍的工作執行緒，以保證 CPU 一直處於滿負荷工作狀態。

有足夠的工作執行緒來處理完成通訊埠上的 I/O 請求後，即可為完成通訊埠連結通訊端控制碼，這時可以使用 CreateIoCompletionPort 函數的前 3 個參數。將一個通訊端 socket 與完成通訊埠 hCompletionPort 相連結：

```
CreateIoCompletionPort((HANDLE)socket, hCompletionPort, (ULONG)
ulCompletionKey, 0);
```

當不再需要 I/O 完成通訊埠時，可以呼叫 CloseHandle 函數關閉 I/O 完成通訊埠控制碼。

2. 等待重疊 I/O 的操作結果

向完成通訊埠連結通訊端控制碼後即可在通訊端上投遞重疊 I/O 請求，在完成通訊埠模型中，發起重疊 I/O 操作的方法與重疊 I/O 模型相似，但等待重疊 I/O 操作結果的方法卻不同。從本質上說，完成通訊埠模型利用了重疊 I/O 機制，在這種機制中，WSASend 和 WSARecv 等 I/O 呼叫會立即傳回，我們的程式負責在以後的某個時間透過一個 OVERLAPPED 結構來接收之前 I/O 請求的結果，在這些 I/O 操作完成時，系統會向完成通訊埠物件發送一個完成封包，I/O 完成通訊埠以先進先出的方式管理這些完成封包（完成佇列），程式可以使用 GetQueuedCompletionStatus 函數取得完成佇列中的完成封包，GetQueuedCompletionStatus 函數還會把完成封包從 I/O 完成通訊埠中退出佇列。函數原型如下：

```
BOOL WINAPI GetQueuedCompletionStatus(
    _In_  HANDLE        CompletionPort,    //CreateIoCompletionPort 函數建立的完
                                             成通訊埠控制碼
    _Out_ LPDWORD       lpNumberOfBytes,   // 傳回已完成的 I/O 操作所發送或接收的位
                                              元組數
    _Out_ PULONG_PTR    lpCompletionKey,   // 傳回與檔案控制代碼相連結的完成鍵，單控
                                              制碼資料
    _Out_ LPOVERLAPPED *lpOverlapped,      // 傳回 I/O 操作函數指定的 OVERLAPPED 結
                                              構的位址
    _In_  DWORD         dwMilliseconds);   // 逾時時間，等待完成封包出現在完成通訊埠
                                              的毫秒數
```

- 與 Overlapped 模型的 WSAGetOverlappedResult 函數相比，WSAGetOverlappedResult 函數的 lpOverlapped 參數是一個輸入參數，指定進行重疊 I/O 操作時的 OVERLAPPED 結構的指標，該指標從 I/O 操作函數傳遞到 WSAGetOverlappedResult 不是很方便，實作起來有些複雜，而 GetQueuedCompletion Status 函數的 lpOverlapped 參數是一個輸出參數，傳回 I/O 操作函數當初指定的 OVERLAPPED 結構的位址，非常方便。
- GetQueuedCompletionStatus 函數會將呼叫執行緒切換到睡眠狀態，直到指定的完成通訊埠佇列中出現一項，或等待逾時時間已過。dwMilliseconds 參數指定逾時時間，如果在指定時間內沒有出現完成封包，則函數逾時，傳回 FALSE，並將 lpOverlapped 設定為 NULL；如果 dwMilliseconds 參數指定為 INFINITE，則函數永遠不會逾時；如果 dwMilliseconds 參數指定為 0 且沒有 I/O 操作已完成並退出佇列，則函數將立即傳回。

如果函數執行成功，則傳回值為 TRUE 否則傳回值為 FALSE，可以透過呼叫 GetLastError 函數獲取錯誤程式。

3. 控制碼唯一資料（Per-Handle）和 I/O 唯一資料（Per-I/O）

一個工作執行緒從 GetQueuedCompletionStatus 函數接收到 I/O 完成通知後，lpCompletionKey 和 lpOverlapped 參數中會包含一些重要的資訊，利用這些資訊可以透過完成通訊埠繼續在一個通訊端上進行其他處理。其中，lpCompletionKey 參數包含「控制碼唯一資料」，即每個通訊端控制碼對應一個控制碼唯一資料，在一個通訊端與完成通訊埠連結到一起時，控制碼唯一資料與一個特定的通訊端控制碼對應起來，即在呼叫 CreateIoCompletionPort 函數時透過 CompletionKey 參數傳遞的資料，大部分的情況下，應用程式會將與 I/O 請求有關的通訊端控制碼及其他相關資訊儲存在這裡。

lpOverlapped 參數則包含了一個 OVERLAPPED 結構，其後跟隨有

「I/O 唯一資料」，I/O 唯一資料可以是追加到一個 OVERLAPPED 結構尾端的、任意位元組數量的資料。

GetQueuedCompletionStatus 函數透過 lpNumberOfBytes 參數得到實際傳輸的位元組數量；透過 lpCompletionKey 參數得到與通訊端連結的控制碼唯一資料（Per-Handle）；透過 lpOverlapped 參數得到投遞 I/O 請求時使用的重疊結構位址，進一步得到 I/O 唯一資料（Per-I/O）。

4. 執行緒池技術

前面提到過，在連結通訊端控制碼前，需要先建立一個或多個工作執行緒（I/O 服務執行緒）在完成通訊埠上執行並處理 I/O 請求，我們可以自行建立這些工作執行緒，但是為了簡化開發人員的工作，Windows 提供了一個（與 I/O 完成通訊埠相配套的）執行緒池機制來簡化執行緒的建立、銷毀以及日常管理。程式不需要自己呼叫 CreateThread，系統會自動為處理程序建立一個預設的執行緒池，並讓執行緒池中的執行緒來呼叫設定的回呼函數，這個回呼函數用於處理 I/O 請求。當這個執行緒完一個 I/O 請求後，系統不會立刻銷毀該執行緒，而是會回到執行緒池，準備處理佇列中的其他工作項，執行緒池會不斷地重複使用其中的執行緒，而不會頻繁地建立和銷毀執行緒。對應用程式來說，這樣做可以顯著地提升性能，因為建立和銷毀執行緒需要一定的系統銷耗，如果有必要，執行緒池會自動建立另一個執行緒來更進一步地為應用程式服務，如果執行緒池檢測到它的執行緒數量已經供過於求，則會銷毀其中一些執行緒。

TrySubmitThreadpoolCallback 函數用於設定執行緒池工作執行緒呼叫的回呼函數：

```
BOOL WINAPI TrySubmitThreadpoolCallback(
    _In_          PTP_SIMPLE_CALLBACK  pfns,   // 回呼函數 SimpleCallback
    _Inout_opt_   PVOID                pv,     // 傳遞給回呼函數 SimpleCallback
                                                  的自訂資料
    _In_opt_      PTP_CALLBACK_ENVIRON pcbe);  // 定義回呼環境的 TP_CALLBACK_
                                                  ENVIRON 結構的指標
```

回呼函數的定義格式如下：

```
VOID CALLBACK SimpleCallback(
    _Inout_  PTP_CALLBACK_INSTANCE Instance, // 定義回呼實例的 TP_CALLBACK_
                                                  INSTANCE 結構的指標
    _Inout_opt_  PVOID           pv);       //TrySubmitThreadpoolCallback
                                                  函數傳遞過來的參數
```

5. 優雅地關閉 I/O 完成通訊埠

在 Windows Vista 及以後的系統中，透過呼叫 CloseHandle 並傳入一個完成通訊埠的控制碼，系統會將所有正在等待 GetQueuedCompletionStatus 傳回的執行緒喚醒，GetQueuedCompletionStatus 函數會馬上傳回 FALSE，此時呼叫 GetLastError 會傳回 ERROR_ABANDONED_WAIT_0，執行緒可以透過這種方式來確定退出的時機。

完成通訊埠的設計初衷是與執行緒池配合使用，下面利用完成通訊埠和執行緒池技術重寫前面的 Server_Multiple 範例。SOCKETOBJ.h 標頭檔的內容沒有變化，SOCKETOBJ 結構依然是為了記錄每一個用戶端的資訊。每個通訊端上的每個 I/O 操作都需要一個基於 OVERLAPPED 結構的自訂結構：

```
//I/O 操作類型
enum IOOPERATION
{
    IO_ACCEPT, IO_READ, IO_WRITE
};

//OVERLAPPED 結構和 I/O 唯一資料
typedef struct _PERIODATA
{
    OVERLAPPED  m_overlapped;       // 重疊結構
    SOCKET      m_socket;           // 通訊通訊端 (socket) 控制碼
    WSABUF      m_wsaBuf;
    CHAR        m_szBuffer[BUF_SIZE];
    IOOPERATION m_ioOperation;      //I/O 操作類型
}PERIODATA, *PPERIODATA;
```

m_socket 欄位主要用於接受連接成功後建立一個基於這個通訊端的通訊端物件結構 SOCKETOBJ。如前所述，GetQueuedCompletionStatus 函數的 lpOverlapped 參數是一個輸出參數，傳回 I/O 操作函數當初指定的 OVERLAPPED 結構的位址，因此不需要像 Overlapped 模型那樣建立 PERIODATA 節點，透過事件物件查詢節點等。

點擊「啟動服務」按鈕，呼叫 OnStart 函數，建立監聽通訊端，綁定，監聽；建立 I/O 完成通訊埠 g_hCompletionPort，設定執行緒池回呼函數，將監聽通訊端與完成通訊埠 g_hCompletionPort 相連結，呼叫 PostAccept 投遞幾個接受連接請求：

```
VOID OnStart()
{
    ULARGE_INTEGER uli = {0};
    //2. 建立用於監聽所有用戶端請求的通訊端
    g_socketListen = WSASocket(AF_INET, SOCK_STREAM, 0, NULL, 0, WSA_FLAG_
OVERLAPPED);
    if (g_socketListen == INVALID_SOCKET)
    {
        MessageBox(g_hwnd, TEXT("建立監聽通訊端失敗！"), TEXT("socket Error"),
MB_OK);
        WSACleanup();
        return;
    }

    //3. 將監聽通訊端與指定的 IP 位址、通訊埠編號綁定
    sockaddr_in sockAddr;
    sockAddr.sin_family = AF_INET;
    sockAddr.sin_port = htons(8000);
    sockAddr.sin_addr.S_un.S_addr = INADDR_ANY;
    if (bind(g_socketListen, (sockaddr*)&sockAddr, sizeof(sockAddr)) ==
SOCKET_ERROR)
    {
       MessageBox(g_hwnd, TEXT("將監聽通訊端與指定的 IP 位址、通訊埠編號綁定失敗！"),
           TEXT("bind Error"), MB_OK);
       closesocket(g_socketListen);
       WSACleanup();
       return;
```

```
    }

    //4. 使監聽 Socket 進入監聽（等待被連接）狀態
    if (listen(g_socketListen, SOMAXCONN) == SOCKET_ERROR)
    {
        MessageBox(g_hwnd, TEXT("使監聽 Socket 進入監聽（等待被連接）狀態失敗！"),
            TEXT("listen Error"), MB_OK);
        closesocket(g_socketListen);
        WSACleanup();
        return;
    }
    // 伺服器監聽中...
    MessageBox(g_hwnd, TEXT("伺服器監聽中..."), TEXT("服務啟動成功"), MB_OK);
    EnableWindow(GetDlgItem(g_hwnd, IDC_BTN_START), FALSE);

    //5. 建立 I/O 完成通訊埠，當 GetQueuedCompletionStatus 函數傳回 FALSE
    // 並且錯誤程式為 ERROR_ABANDONED_WAIT_0 的時候可以確定完成通訊埠已關閉
    g_hCompletionPort = CreateIoCompletionPort(INVALID_HANDLE_VALUE, NULL, 0,
0);

    // 設定執行緒池中工作執行緒的回呼函數，執行緒池會決定如何管理工作執行緒
    TrySubmitThreadpoolCallback(WorkerThreadProc, NULL, NULL);

    // 增加監聽通訊端節點
    PSOCKETOBJ pSocketObj = CreateSocketObj(g_socketListen);
    // 將監聽通訊端與完成通訊埠 g_hCompletionPort 相連結，pSocket 作為控制碼唯一資料
    CreateIoCompletionPort((HANDLE)g_socketListen, g_hCompletionPort, (ULONG_
PTR)pSocketObj, 0);

    // 在此先投遞物理處理器 *2 個接受連接 I/O 請求，GetProcessorInformation 是自訂函數
    uli = GetProcessorInformation();
    for (DWORD i = 0; i < uli.HighPart * 2; i++)
        PostAccept();
}
```

PostAccept 函數中，建立一個 PPERIODATA 結構用於 AcceptEx 函數的 I/O 唯一資料，程式如下：

```
// 投遞接受連接 I/O 請求
BOOL PostAccept()
```

```
{
    PPERIODATA pPerIOData = new PERIODATA;
    ZeroMemory(&pPerIOData->m_overlapped, sizeof(OVERLAPPED));
    pPerIOData->m_ioOperation = IO_ACCEPT;

    SOCKET socketAccept = WSASocket(AF_INET, SOCK_STREAM, 0, NULL, 0, WSA_
FLAG_OVERLAPPED);
    pPerIOData->m_socket = socketAccept;

    BOOL bRet = AcceptEx(g_socketListen, socketAccept, pPerIOData->
m_szBuffer, 0,
        sizeof(sockaddr_in) + 16, sizeof(sockaddr_in) + 16, NULL,
(LPOVERLAPPED)pPerIOData);
    if (!bRet)
    {
        if (WSAGetLastError() != WSA_IO_PENDING)
            return FALSE;
    }

    return TRUE;
}
```

TrySubmitThreadpoolCallback 的回呼函數為 WorkerThreadProc，負責對每個 I/O 請求進行處理：

```
//TrySubmitThreadpoolCallback 的回呼函數
VOID CALLBACK WorkerThreadProc(PTP_CALLBACK_INSTANCE Instance, PVOID Context)
{
    sockaddr_in* pRemoteSockaddr;
    sockaddr_in* pLocalSockaddr;
    int nAddrlen = sizeof(sockaddr_in);
    PSOCKETOBJ pSocketObj = NULL;      // 傳回與通訊端相連結的單控制碼資料
    PPERIODATA pPerIOData = NULL;      // 傳回 I/O 操作函數指定的 OVERLAPPED 結構的位址
    DWORD dwTrans;                     // 傳回已完成的 I/O 操作所發送或接收的位元組數
    PSOCKETOBJ pSocket;                // 接受連接成功以後，增加一個通訊端資訊節點
    BOOL bRet;
    PSOCKETOBJ p;
    CHAR szBuf[BUF_SIZE] = { 0 };

    while (TRUE)
```

```
    {
        bRet = GetQueuedCompletionStatus(g_hCompletionPort, &dwTrans,
            (PULONG_PTR)&pSocketObj, (LPOVERLAPPED*)&pPerIOData, INFINITE);
        if (!bRet)
        {
            if (GetLastError() == ERROR_ABANDONED_WAIT_0)  //完成通訊埠已關閉
            {
                break;
            }
            else                                          //用戶端已關閉
            {
                ZeroMemory(szBuf, BUF_SIZE);
                wsprintf(szBuf, "用戶端 [%s:%d] 已退出！", pSocketObj->
m_szIP, pSocketObj->m_usPort);
                SendMessage(g_hListContent, LB_ADDSTRING, 0, (LPARAM)szBuf);

                //釋放控制碼唯一資料
                FreeSocketObj(pSocketObj);

                //釋放 I/O 唯一資料
                delete pPerIOData;

                //如果沒有用戶端線上，則禁用發送按鈕
                if (g_nTotalClient == 1)       //監聽通訊端佔用了一個結構，所以是 1
                    EnableWindow(g_hBtnSend, FALSE);

                continue;
            }
        }

        //對已完成的 I/O 操作進行處理，進行到這裡，接受連接或資料收發工作已經完成
        switch (pPerIOData->m_ioOperation)
        {
        case IO_ACCEPT:
        {
            //接受連接已成功，建立通訊端資訊結構，增加一個節點
            pSocket = CreateSocketObj(pPerIOData->m_socket);

            //將通訊通訊端 (socket) 與完成通訊埠 g_hCompletionPort 相連結，pSocket
              作為控制碼唯一資料
```

```
        CreateIoCompletionPort((HANDLE)pSocket->m_socket,
            g_hCompletionPort, (ULONG_PTR)pSocket, 0);

        ZeroMemory(szBuf, BUF_SIZE);
        GetAcceptExSockaddrs(pPerIOData->m_szBuffer, 0, sizeof(sockaddr_
in) + 16,
            sizeof(sockaddr_in) + 16, (LPSOCKADDR*)&pLocalSockaddr,
&nAddrlen,
            (LPSOCKADDR*)&pRemoteSockaddr, &nAddrlen);
        inet_ntop(AF_INET, &pRemoteSockaddr->sin_addr.S_un.S_addr,
            pSocket->m_szIP, _countof(pSocket->m_szIP));
        pSocket->m_usPort = ntohs(pRemoteSockaddr->sin_port);
        wsprintf(szBuf, "用戶端[%s:%d]已連接！", pSocket->m_szIP,
pSocket->m_usPort);
        SendMessage(g_hListContent, LB_ADDSTRING, 0, (LPARAM)szBuf);
        EnableWindow(g_hBtnSend, TRUE);

        //釋放 I/O 唯一資料
        delete pPerIOData;

        //投遞一個接收資料請求
        PostRecv(pSocket->m_socket);

        //繼續投遞一個接受連接請求
        PostAccept();
    }
    break;

    case IO_READ:
    {
        ZeroMemory(szBuf, BUF_SIZE);
        wsprintf(szBuf, "用戶端[%s:%d]說：%s", pSocketObj->m_szIP,
            pSocketObj->m_usPort, pPerIOData->m_szBuffer);
        SendMessage(g_hListContent, LB_ADDSTRING, 0, (LPARAM)szBuf);

       //釋放 I/O 唯一資料
       delete pPerIOData;

       //把接收到的資料分發到每一個用戶端
       p = g_pSocketObjHeader;
```

```
            while (p != NULL)
            {
                if (p->m_socket != g_socketListen && p->m_socket !=
pSocketObj->m_socket)
                    PostSend(p->m_socket, szBuf, strlen(szBuf));

                p = p->m_pNext;
            }

            // 繼續投遞接收資料請求
            PostRecv(pSocketObj->m_socket);
        }
        break;

        case IO_WRITE:
            // 釋放 I/O 唯一資料
            delete pPerIOData;
            break;
        }
    }
}
```

執行到 case IO_ACCEPT，說明 PostAccept 函數投遞的接受連接已經成功，建立一個通訊端物件結構，並將通訊通訊端 (socket) 與完成通訊埠 g_hCompletionPort 相連結，然後在這個通訊端上投遞一個接收資料請求，並繼續投遞一個接受連接請求。

case IO_READ 用於對接收到的用戶端資料進行處理，並繼續投遞接收資料請求。case IO_WRITE 是發送資料完成後的處理，這裡只需要釋放 I/O 唯一資料即可。PPERIODATA 結構是每一個 I/O 請求都需要的資料結構，在 case IO_ACCEPT、case IO_READ、case IO_WRITE 處理中不再需要這個結構時必須釋放。

為了管理 I/O 完成通訊埠，系統用到了幾個與 I/O 完成通訊埠相關的資料結構，其中一個是等待中的執行緒佇列（等待處理 I/O 請求），當執行緒池中的每個執行緒呼叫 GetQueuedCompletionStatus 時，呼叫執行緒的執行緒 ID 會被增加到這個等待中的執行緒佇列，這使 I/O 完成通訊埠核心物件始終都能夠知道當前有哪些執行緒正在等待對已完成的 I/O 請求進行處理。當完成通訊埠的 I/O 完成佇列中出現一項時，該完成通訊埠會喚醒等待中的執行緒佇列中的執行緒，這個執行緒會得到已完成 I/O 項中的所有資訊：已傳輸的位元組數、完成鍵和 OVERLAPPED 結構的位址，這些資訊是透過傳給 GetQueuedCompletionStatus 的 lpNumberOfBytes、lpCompletionKey 以及 lpOverlapped 參數來傳回給執行緒的。

投遞發送資料 I/O 請求的函數為 PostSend，投遞接收資料 I/O 請求的函數為 PostRecv，這兩個函數同樣都需要建立一個 PPERIODATA 結構用於收發函數的 I/O 唯一資料：

```
// 投遞發送資料 I/O 請求
BOOL PostSend(SOCKET s, LPTSTR pStr, int nLen)
{
    DWORD dwFlags = 0;
    PPERIODATA pPerIOData = new PERIODATA;
    ZeroMemory(&pPerIOData->m_overlapped, sizeof(OVERLAPPED));
    pPerIOData->m_ioOperation = IO_WRITE;
    ZeroMemory(pPerIOData->m_szBuffer, BUF_SIZE);
    strcpy_s(pPerIOData->m_szBuffer, BUF_SIZE, pStr);
    pPerIOData->m_wsaBuf.buf = pPerIOData->m_szBuffer;
    pPerIOData->m_wsaBuf.len = BUF_SIZE;

   int nRet = WSASend(s, &pPerIOData->m_wsaBuf, 1, NULL, dwFlags,
(LPOVERLAPPED)pPerIOData, NULL);
   if (nRet == SOCKET_ERROR)
    {
       if (WSAGetLastError() != WSA_IO_PENDING)
           return FALSE;
    }

    return TRUE;
}

// 投遞接收資料 I/O 請求
BOOL PostRecv(SOCKET s)
```

```
{
    DWORD dwFlags = 0;
    PPERIODATA pPerIOData = new PERIODATA;
    ZeroMemory(&pPerIOData->m_overlapped, sizeof(OVERLAPPED));
    pPerIOData->m_ioOperation = IO_READ;
    ZeroMemory(pPerIOData->m_szBuffer, BUF_SIZE);
    pPerIOData->m_wsaBuf.buf = pPerIOData->m_szBuffer;
    pPerIOData->m_wsaBuf.len = BUF_SIZE;

    int nRet = WSARecv(s, &pPerIOData->m_wsaBuf, 1, NULL, &dwFlags,
(LPOVERLAPPED)pPerIOData, NULL);
    if (nRet == SOCKET_ERROR)
    {
        if (WSAGetLastError() != WSA_IO_PENDING)
            return FALSE;
    }

    return TRUE;
}

// 按下發送按鈕
VOID OnSend()
{
    CHAR szBuf[BUF_SIZE] = { 0 };
    CHAR szMsg[BUF_SIZE] = { 0 };

    GetWindowText(g_hEditMsg, szBuf, BUF_SIZE);
    wsprintf(szMsg, "伺服器說：%s", szBuf);
    SendMessage(g_hListContent, LB_ADDSTRING, 0, (LPARAM)szMsg);
    SetWindowText(g_hEditMsg, "");

    // 向每一個用戶端發送資料
    PSOCKETOBJ p = g_pSocketObjHeader;
    while (p != NULL)
    {
        if (p->m_socket != g_socketListen)
            PostSend(p->m_socket, szMsg, strlen(szMsg));

        p = p->m_pNext;
    }
}
```

用戶端程式沒有變化，完整程式參見 Server_IOCP 專案。要設計一個穩定的基於 I/O 完成通訊埠的伺服器系統需要考慮很多問題，如果想將它擴充到大型的伺服器 / 用戶端應用程式，必須對更多情況進行處理。

9.4.7 深入介紹 I/O 完成通訊埠

I/O 完成通訊埠為在多 CPU 系統上處理多個併發非同步 I/O 請求提供了一種高效的執行緒模型。與在收到 I/O 請求時建立一個工作執行緒相比，處理多個併發非同步 I/O 請求的處理程序可以透過將 I/O 完成通訊埠與執行緒池結合使用以更快、更高效率地完成。I/O 完成通訊埠是一個核心物件，但是 I/O 完成通訊埠僅與建立它的處理程序相連結，不能在處理程序間共享。建立 I/O 完成通訊埠物件的 CreateIoCompletionPort 函數並沒有一個安全屬性結構參數。建立一個 I/O 完成通訊埠時，系統會建立 5 個資料結構對其進行管理，這 5 個資料結構分別是裝置清單、I/O 完成佇列（先進先出）、等待中的執行緒佇列（後進先出）、已釋放執行緒列表和已暫停執行緒列表。

第 1 個資料結構是一個裝置清單，表示與完成通訊埠相連結的或多個裝置（檔案，還可以是通訊端、郵件槽和管道等），裝置列表中的每一項都引用檔案控制碼和完成鍵。當呼叫 CreateIoCompletionPort 函數時，可以建立一個 I/O 完成通訊埠物件並將其與指定的檔案控制代碼相連結，這會導致在裝置列表中增加一項；當關閉檔案控制代碼時，會從裝置列表中刪除對應的項目。

第 2 個資料結構是一個 I/O 完成佇列。當有一個非同步 I/O 操作已完成時，完成通訊埠會將這個已完成的非同步 I/O 操作增加到 I/O 完成佇列的尾端。I/O 完成佇列中的每一項是一個完成封包，每個完成封包都包含已完成的非同步 I/O 操作已傳輸的位元組數、呼叫 CreateIoCompletionPort 函數時透過 CompletionKey 參數傳遞的完成鍵、I/O 操作函數當初指定的 OVERLAPPED 結構的位址和 I/O 操作的狀態碼。另外，程式可以透過呼叫 PostQueuedCompletionStatus 函數將一個自訂的 I/O 完成封包投遞到 I/O 完成佇列，透過該函數可以執行一些自訂的操作，程式也可以透過該函數與執行緒池中的所有執行緒進行通訊。呼叫 GetQueuedCompletionStatus 函數可以獲得 I/O 完成佇列中的完成封包，該函數還會把對應的完成封包從 I/O 完成佇列中刪除。

PostQueuedCompletionStatus 函數原型如下：

```
BOOL WINAPI PostQueuedCompletionStatus(
    _In_      HANDLE       CompletionPort,   //I/O 完成封包將被投遞到的 I/O 完成通訊
                                               埠的控制碼
    _In_      DWORD        dwNumberOfBytes,  // 要透過 GetQueuedCompletionStatus
                                               函數的 lpNumberOfBytes 參數傳回的值
    _In_      ULONG_PTR    dwCompletionKey,  // 要透過 GetQueuedCompletionStatus
                                               函數的 lpCompletionKey 參數傳回的值
    _In_opt_  LPOVERLAPPED lpOverlapped);    // 要透過 GetQueuedCompletionStatus
                                               函數的 lpOverlapped 參數傳回的值
```

第 3 個資料結構是一個等待中的執行緒佇列，當執行緒池中的執行緒呼叫 GetQueuedCompletionStatus 函數獲取 I/O 完成佇列中的 I/O 完成封包時，呼叫執行緒的執行緒 ID 會被增加到等待中的執行緒佇列中，等待中的執行緒佇列中的每一項都會包含一個執行緒 ID，這使得 I/O 完成通訊埠知道有哪些執行緒正在等待對已完成的 I/O 操作進行處理。

呼叫 GetQueuedCompletionStatus 函數會使呼叫執行緒進入睡眠狀態，當 I/O 完成通訊埠的 I/O 完成佇列中出現一項的時候，I/O 完成通訊埠會喚醒等待中的執行緒佇列中的執行緒，該執行緒會透過 GetQueuedCompletionStatus 函數的 lpNumberOfBytes 參數、lpCompletionKey 參數和 lpOverlapped 參數獲取到已傳輸的位元組數、完成鍵和 OVERLAPPED 結構的位址。

成功呼叫 GetQueuedCompletion Status 函數會刪除 I/O 完成佇列中的對應項目，獲取和刪除 I/O 完成佇列項（完成封包）以先進先出的方式進行。但是，完成通訊埠喚醒呼叫 GetQueuedCompletionStatus 函數的執行緒以後進先出的方式進行，假設等待中的執行緒佇列中有 4 個

執行緒正在等待對已完成的 I/O 操作進行處理，此時如果 I/O 完成佇列中出現了一項，那麼最後一個呼叫 GetQueuedCompletionStatus 函數的執行緒（假設執行緒 A）會被喚醒以處理該項已完成的 I/O 操作，當執行緒 A 處理完該 I/O 完成佇列項後，執行緒 A 會繼續負責呼叫 GetQueuedCompletionStatus 函數獲取 I/O 完成佇列中的完成封包並進入等待中的執行緒佇列，如果現在 I/O 完成佇列中再次出現了一項，執行緒 A 會被喚醒以處理新的 I/O 完成佇列項。如果 I/O 請求比較少，使得一個執行緒就可以輕鬆應付處理，那麼完成通訊埠會始終喚醒同一個執行緒，其他執行緒繼續保持睡眠狀態。透過使用這種後進先出演算法，系統可以將未被排程執行緒的記憶體資源換出到硬碟並清除處理器中對應的快取記憶體。

如果預計會不斷地收到大量的 I/O 操作完成封包，可以呼叫 GetQueuedCompletionStatusEx 函數從 I/O 完成佇列中同時獲取多個完成封包，呼叫該函數可以避免多個執行緒同時等待完成封包，從而避免因為執行緒環境切換而帶來的系統銷耗。GetQueuedCompletionStatusEx 函數原型如下：

```
BOOL WINAPI GetQueuedCompletionStatusEx(
    _In_  HANDLE CompletionPort,        //CreateIoCompletionPort 函數建立的完成通訊
                                          埠控制碼
    _Out_ LPOVERLAPPED_ENTRY lpCompletionPortEntries,   //OVERLAPPED_ENTRY 結構
                                                          陣列
    _In_  ULONG  ulCount,               //OVERLAPPED_ENTRY 結構陣列中的的陣列元素個數
    _Out_ PULONG pulNumEntriesRemoved,  // 從 I/O 完成佇列中實際刪除的完成封包的個數
    _In_  DWORD  dwMilliseconds,        // 逾時時間，等待完成封包出現在完成通訊埠的毫秒
    _In_  BOOL   fAlertable);           // 呼叫執行緒是否處於可通知的等候狀態
```

- lpCompletionPortEntries 參數指定為一個 OVERLAPPED_ENTRY 結構陣列，ulCount 參數指定陣列元素個數，函數會在每個陣列元素中傳回已經完成的 I/O 操作的已傳輸位元組數、完成鍵和 OVERLAPPED 結構的位址。OVERLAPPED_ENTRY 結構在 minwinbase.h 標頭檔中定義如下：

```
typedef struct _OVERLAPPED_ENTRY {
    ULONG_PTR     lpCompletionKey;       // 與檔案控制代碼相連結的完成鍵，單控制碼資料
    LPOVERLAPPED  lpOverlapped;          //I/O 操作函數指定的 OVERLAPPED 結構的位址
    ULONG_PTR     Internal;              // 保留欄位
    DWORD         dwNumberOfBytesTransferred;  // 已完成的 I/O 操作已傳輸（所發送或
                                                  接收）的位元組數
} OVERLAPPED_ENTRY, * LPOVERLAPPED_ENTRY;
```

■ fAlertable 參數指定呼叫執行緒是否處於可通知的等候狀態，通常設定為 FALSE。如果該參數設定為 TRUE 並且 I/O 完成佇列中沒有完成封包，那麼呼叫執行緒會進入可通知的等候狀態，當系統將 I/O 完成常式或 APC 等候到執行緒並且執行時，函數傳回；如果該參數設定為 FALSE，那麼函數在逾時時間已過或獲取到完成封包之前不會傳回。

當至少有一個暫停的 I/O 操作完成時，函數傳回 TRUE，但是也有可能有的 I/O 操作是失敗狀態，因此需要檢查 lpCompletionPortEntries 參數中傳回的每個陣列元素，透過查看 lpCompletionPortEntries[i].lpOverlapped->Internal 欄位來確定哪個 I/O 操作是失敗的。如果逾時時間已過或發生錯誤或完成通訊埠已經關閉，函數傳回 FALSE，可以透過呼叫 GetLastError 函數獲取錯誤程式。如果是因為完成通訊埠已經關閉而傳回 FALSE，呼叫 GetLastError 函數會傳回 ERROR_ABANDONED_WAIT_0。

第 4 個和第 5 個資料結構分別是已釋放執行緒列表和已暫停執行緒列表。當完成通訊埠喚醒一個執行緒時，該執行緒的執行緒 ID 儲存在已釋放執行緒列表中，完成通訊埠透過已釋放執行緒列表可以知道有哪些執行緒已經被喚醒並監視它們的執行情況。如果一個已經釋放的執行緒因為呼叫一些函數從而進入等候狀態，完成通訊埠會將該執行緒的執行緒 ID 從已釋放執行緒列表中移除，然後將這個執行緒 ID 儲存到已暫停執行緒列表中。

根據在建立完成通訊埠時指定的併發執行緒的數量，完成通訊埠將

盡可能多的執行緒保持在已釋放執行緒列表中，如果一個已釋放執行緒（假設執行緒 A）因為一些原因而進入等候狀態，那麼執行緒 A 會進入已暫停執行緒列表，已釋放執行緒列表會縮減一項，現在完成通訊埠就可以釋放另一個正在等待的執行緒。如果執行緒 A 再次被喚醒，那麼它會離開已暫停執行緒列表並重新進入已釋放執行緒列表，這表示有時候已釋放執行緒列表中的執行緒數量會大於允許的最大併發執行緒數量。但是，在正在執行的執行緒數量降低到允許的最大併發執行緒數量前，完成通訊埠不會再繼續喚醒任何其他執行緒，完成通訊埠系統結構假設可執行執行緒的數量只會在很短的一段時間內高於允許的最大併發執行緒數量，一旦執行緒進入下一次迴圈並呼叫 GetQueuedCompletionStatus 函數，可執行執行緒的數量就會迅速下降，這也同時解釋了為什麼執行緒池中的執行緒數量應該大於在完成通訊埠中設定的併發執行緒數量。

下面實作一個基於 I/O 完成通訊埠的檔案複製範例程式 FileCopyDemo。透過對非同步程序呼叫和完成通訊埠模型這兩節的學習，讀者可以很容易理解本程式。程式執行效果如圖 9.6 所示：

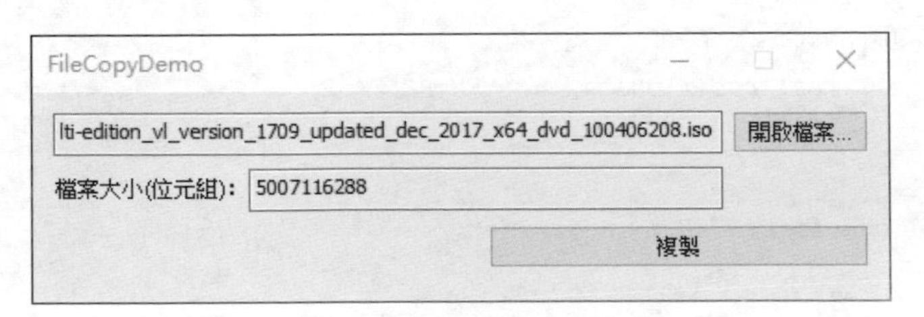

▲ 圖 9.6

使用者點擊「開啟檔案 ...」按鈕，程式呼叫 GetOpenFileName 函數獲取原始檔案路徑並顯示在第 1 個編輯方塊中，同時獲取檔案大小（可以大於 4GB）並顯示在第 2 個編輯方塊中；使用者點擊「複製」按鈕，程式獲取原始檔案路徑，設定目的檔案路徑為「原始檔案名稱_複製.***」的形式（*** 還是原始檔案副檔名），然後呼叫自訂函數 FileCopy 開始複製工作。

本程式中的完成鍵僅用於指定 I/O 操作類型，每一個 I/O 請求都需要一個 OVERLAPPED 結構，為此我們定義了一個 I/O 唯一資料類別，繼承自 OVERLAPPED 結構。如下所示：

```
//I/O 操作類型
enum IOOPERATION { IO_UNKNOWN, IO_READ, IO_WRITE };

//I/O 唯一資料類別，繼承自 OVERLAPPED 結構
class PERIODATA : public OVERLAPPED {
public:
    PERIODATA()
    {
        Internal = InternalHigh = 0;
        Offset = OffsetHigh = 0;
        hEvent = NULL;

        m_nBuffSize = 0;
        m_pData = NULL;
    }

    ~PERIODATA()
    {
        if (m_pData != NULL)
            VirtualFree(m_pData, 0, MEM_RELEASE);
    }

    BOOL AllocBuffer(SIZE_T nBuffSize)
    {
        m_nBuffSize = nBuffSize;
        m_pData = VirtualAlloc(NULL, m_nBuffSize, MEM_COMMIT, PAGE_READWRITE);

        return m_pData != NULL;
    }

    BOOL Read(HANDLE hFile, PLARGE_INTEGER pliOffset = NULL)
    {
        if (pliOffset != NULL)
        {
            Offset = pliOffset->LowPart;
            OffsetHigh = pliOffset->HighPart;
        }
```

```
        return ReadFile(hFile, m_pData, m_nBuffSize, NULL, this);
    }

    BOOL Write(HANDLE hFile, PLARGE_INTEGER pliOffset = NULL)
    {
        if (pliOffset != NULL)
        {
            Offset = pliOffset->LowPart;
            OffsetHigh = pliOffset->HighPart;
        }

        return WriteFile(hFile, m_pData, m_nBuffSize, NULL, this);
    }

private:
    SIZE_T m_nBuffSize;
    LPVOID  m_pData;
};
```

PERIODATA 類別中的 Read/Write 函數分別呼叫的是 ReadFile/WriteFile 函數。檔案控制代碼與 I/O 完成通訊埠相連結後，不能使用 ReadFileEx/WriteFileEx 函數讀寫檔案，因為這兩個函數有自己的非同步 I/O 機制。另外，最好不要透過控制碼繼承或呼叫 DuplicateHandle 函數等方式來共享已經與 I/O 完成通訊埠相連結的檔案控制代碼，使用複製控制碼執行 I/O 操作也會生成完成通知，建議慎重考慮。

還定義了以下常數：

```
#define BUFSIZE              (64 * 1024)     // 緩衝區大小，記憶體分配細微性大小
#define MAX_PENDING_IO_REQS   4              // 最大 I/O 請求數
```

緩衝區大小設定為記憶體分配細微性大小作為每次讀寫的單位，自訂函數 FileCopy 中呼叫 CreateFile 時指定了 FILE_FLAG_NO_BUFFERING 不使用系統快取。就本例來說使用該標識可以稍微提高效率，3.2.7 節已經介紹過使用該標識時需要注意的問題，讀者可以自行回看。

本程式僅是演示基於 I/O 完成通訊埠的檔案操作，自訂函數 FileCopy 的程式如下所示：

```
BOOL FileCopy(LPCTSTR pszFileSrc, LPCTSTR pszFileDest)
{
    HANDLE          hFileSrc = INVALID_HANDLE_VALUE;        // 原始檔案控制碼
    HANDLE          hFileDest = INVALID_HANDLE_VALUE;       // 目的檔案控制碼
    LARGE_INTEGER liFileSizeSrc = { 0 };                     // 原始檔案大小
    LARGE_INTEGER liFileSizeDest = { 0 };                    // 目的檔案大小
    HANDLE          hCompletionPort;                          // 完成通訊埠控制碼
    PERIODATA       arrPerIOData[MAX_PENDING_IO_REQS];        //I/O 唯一資料物件陣列
    LARGE_INTEGER liNextReadOffset = { 0 };                 // 讀取原始檔案使用的檔案偏移
    INT             nReadsInProgress = 0;                   // 正在進行中的讀取請求的個數
    INT             nWritesInProgress = 0;                  // 正在進行中的寫入請求的個數

    // 開啟放原始碼檔案，不使用系統快取，非同步 I/O
    hFileSrc = CreateFile(pszFileSrc, GENERIC_READ, FILE_SHARE_READ, NULL,
OPEN_EXISTING,
        FILE_ATTRIBUTE_NORMAL | FILE_FLAG_NO_BUFFERING | FILE_FLAG_
OVERLAPPED, NULL);
    if (hFileSrc == INVALID_HANDLE_VALUE)
    {
        MessageBox(g_hwndDlg, TEXT(" 開啟檔案失敗 "), TEXT(" 提示 "), MB_OK);
        return FALSE;
    }

    // 建立目的檔案，最後一個參數設定為 hFileSrc 表示目的檔案使用和原始檔案相同的屬性
    hFileDest = CreateFile(pszFileDest, GENERIC_WRITE, FILE_SHARE_READ, NULL,
CREATE_ALWAYS,
        FILE_ATTRIBUTE_NORMAL | FILE_FLAG_NO_BUFFERING | FILE_FLAG_
OVERLAPPED, hFileSrc);
    if (hFileDest == INVALID_HANDLE_VALUE)
    {
        MessageBox(g_hwndDlg, TEXT(" 建立檔案失敗 "), TEXT(" 提示 "), MB_OK);
        return FALSE;
    }

    // 獲取原始檔案大小
    GetFileSizeEx(hFileSrc, &liFileSizeSrc);
```

```
// 目的檔案大小設定為記憶體分配細微性的整數倍
liFileSizeDest.QuadPart = ((liFileSizeSrc.QuadPart / BUFSIZE) * BUFSIZE) +
    (((liFileSizeSrc.QuadPart % BUFSIZE) > 0) ? BUFSIZE : 0);

// 設定目的檔案大小，擴充到記憶體分配細微性的整數倍，這是為了以記憶體分配細微性為單位進
   行 I/O 操作
SetFilePointerEx(hFileDest, liFileSizeDest, NULL, FILE_BEGIN);
SetEndOfFile(hFileDest);

// 建立 I/O 完成通訊埠，並將其與原始檔案和目的檔案的檔案控制代碼相連結，注意使用了不同
   的完成鍵
hCompletionPort = CreateIoCompletionPort(INVALID_HANDLE_VALUE, NULL, 0, 0);
if (hCompletionPort != NULL)
{
    CreateIoCompletionPort(hFileSrc, hCompletionPort, IO_READ, 0);
    CreateIoCompletionPort(hFileDest, hCompletionPort, IO_WRITE, 0);
}
else
{
    return FALSE;
}

// 在此先投遞 MAX_PENDING_IO_REQS（這裡是 4）個寫入操作完成封包，從而開始讀取原始檔
   案工作
for (int i = 0; i < MAX_PENDING_IO_REQS; i++)
{
    arrPerIOData[i].AllocBuffer(BUFSIZE);
    PostQueuedCompletionStatus(hCompletionPort, 0, IO_WRITE,
&arrPerIOData[i]);
    nWritesInProgress++;
}

// 迴圈直到所有 I/O 操作完成
while ((nReadsInProgress > 0) || (nWritesInProgress > 0))
{
    ULONG_PTR  CompletionKey;
    DWORD      dwNumberOfBytesTransferred;
    PERIODATA* pPerIOData;

    GetQueuedCompletionStatus(hCompletionPort, &dwNumberOfBytesTransferred,
```

```
            &CompletionKey, (LPOVERLAPPED*)&pPerIOData, INFINITE);

        switch (CompletionKey)
        {
        case IO_READ:       //讀取原始檔案的一部分操作完成，開始寫入目的檔案
            nReadsInProgress--;
            pPerIOData->Write(hFileDest);
            nWritesInProgress++;
            break;

        case IO_WRITE:      //寫入目的檔案的一部分操作完成，開始讀取原始檔案
            nWritesInProgress--;
            if (liNextReadOffset.QuadPart < liFileSizeDest.QuadPart)
            {
                pPerIOData->Read(hFileSrc, &liNextReadOffset);
                nReadsInProgress++;
                liNextReadOffset.QuadPart += BUFSIZE;
            }
            break;
        }
    }

    //複製操作已經完成，清理工作
    CloseHandle(hFileSrc);
    CloseHandle(hFileDest);
    if (hCompletionPort != NULL)
        CloseHandle(hCompletionPort);

    //設定目的檔案為實際大小，這次不使用 FILE_FLAG_NO_BUFFERING，檔案操作不受磁區大小
      對齊這個限制
    hFileDest = CreateFile(pszFileDest, GENERIC_WRITE, FILE_SHARE_READ, NULL,
OPEN_EXISTING,
        FILE_ATTRIBUTE_NORMAL, NULL);
    if (hFileDest == INVALID_HANDLE_VALUE)
    {
        MessageBox(g_hwndDlg, TEXT("設定目的檔案大小失敗"), TEXT("提示"),
MB_OK);
        return FALSE;
    }
    else
```

```
    {
        SetFilePointerEx(hFileDest, liFileSizeSrc, NULL, FILE_BEGIN);
        SetEndOfFile(hFileDest);
        CloseHandle(hFileDest);
    }

    return TRUE;
}
```

註釋較為詳盡，讀者可以自行理解。

9.4.8 深入介紹執行緒池

執行緒池是代表應用程式高效執行非同步回呼的工作執行緒的集合，主要用於減少應用程式執行緒的數量並提供對工作執行緒的管理。

本節介紹與執行緒池相關的工作物件、計時器物件、等待物件和 I/O 完成物件，這些物件所用的函數基本類似。如果需要建立一個可靠、高效的應用程式，建議使用本節提供的技術。

執行緒池可以應用於以下應用程式：

- 高度平行的應用程式，可以非同步排程大量的小型工作項（例如分散式索引搜尋或網路 I/O）；
- 需要頻繁建立和銷毀執行緒並且每個執行緒都執行很短時間的應用程式，使用執行緒池可以降低執行緒管理的複雜度以及執行緒建立和銷毀所涉及的系統銷耗；
- 在後台平行處理獨立工作項的應用程式（例如載入多個標籤）；
- 在核心物件上執行獨佔等待或在一個物件上等待某個事件從而阻塞的應用程式，使用執行緒池可以減少執行緒環境切換的次數，從而降低執行緒管理的複雜性並提高性能；
- 建立一個執行緒以等待某個事件的應用程式。

1. 以非同步方式呼叫回呼函數

TrySubmitThreadpoolCallback 函數用於請求執行緒池工作執行緒呼叫指定的回呼函數。注意，本節介紹的執行緒池函數包括 TrySubmit ThreadpoolCallback 僅用於 Windows Vista 及以後的作業系統，因為 Windows Vista 對執行緒池進行了重新架構並引入了一組新的執行緒池 API。

呼叫 TrySubmitThreadpoolCallback 函數請求執行緒池工作執行緒呼叫指定的回呼函數透過將一個執行緒池工作物件（工作物件包括一個回呼函數指標和一個 LPVOID 類型的指標等）增加到執行緒池中來實作，這是以非同步方式呼叫函數的一種方法。

程式也可以使用顯性建立工作物件的方法以非同步方式呼叫函數，透過呼叫 CreateThreadpoolWork 函數建立一個工作物件，然後呼叫 SubmitThreadpoolWork 函數將工作物件提交到執行緒池中，執行緒池中的工作執行緒會呼叫 CreateThreadpoolWork 函數指定的回呼函數。

CreateThreadpoolWork 函數用於建立一個執行緒池工作物件，函數原型如下：

```
PTP_WORK WINAPI CreateThreadpoolWork(
    _In_        PTP_WORK_CALLBACK      pfnwk,  // 將工作物件提交到執行緒池中的時候，工作
                                                  執行緒呼叫的回呼函數
    _Inout_opt_ PVOID                  pv,     // 傳遞給回呼函數的自訂資料
    _In_opt_    PTP_CALLBACK_ENVIRON pcbe);  // 定義回呼環境的 TP_CALLBACK_ENVIRON
                                                  結構的指標
```

- pfnwk 參數是一個 PTP_WORK_CALLBACK 類型的回呼函數指標，每次呼叫 SubmitThreadpoolWork 函數將工作物件提交到執行緒池中的時候，執行緒池中的工作執行緒都會呼叫該回呼函數。回呼函數的定義格式：

```
VOID CALLBACK WorkCallback(
    _Inout_      PTP_CALLBACK_INSTANCE Instance,  // 定義回呼實例的 TP_CALLBACK_
```

```
                                          INSTANCE 結構的指標
    _Inout_opt_ PVOID         Context, //CreateThreadpoolWork 函數傳遞過來的參數
    _Inout_     PTP_WORK      Work);    // 定義生成回呼的工作物件的 TP_WORK 結構
```

- pv 參數是傳遞給回呼函數的自訂資料。
- pcbe 參數指定為定義回呼環境的 TP_CALLBACK_ENVIRON 結構的指標。在呼叫 CreateThreadpoolWork 函數前，可以使用 InitializeThreadpoolEnvironment 函數來初始化 TP_CALLBACK_ENVIRON 結構；如果該參數設定為 NULL，則回呼函數會在預設回呼環境（處理程序的預設執行緒池）中執行。

如果函數執行成功，則傳回一個指向定義執行緒池工作物件的 TP_WORK 結構的指標，應用程式不可以修改該結構；如果函數執行失敗，則傳回值為 NULL，可以透過呼叫 GetLastError 函數獲取錯誤程式。

SubmitThreadpoolWork 函數用於將一個工作物件提交到執行緒池中，執行緒池中的工作執行緒會呼叫 CreateThreadpoolWork 函數建立的工作物件的回呼函數。函數原型如下：

```
VOID WINAPI SubmitThreadpoolWork(
    _Inout_ PTP_WORK pwk);      //CreateThreadpoolWork 函數傳回的定義工作物件的
                                  TP_WORK 結構的指標
```

程式可以透過呼叫 SubmitThreadpoolWork 函數一次或多次提交工作物件到執行緒池中，而無須等待先前的回呼完成，因此回呼可以並存執行。為了提高效率，執行緒池可能會限制併發執行執行緒的數量。

在某些情況下，比如記憶體不足或配額限制，TrySubmitThreadpoolCallback 函數呼叫可能會失敗，因此可以使用 CreateThreadpoolWork 函數顯性建立一個工作物件，然後呼叫 SubmitThreadpoolWork 函數將工作物件提交到執行緒池中。我們注意到 SubmitThreadpoolWork 函數的傳回數值型態為 VOID，可以認為該函數呼叫不會失敗。

再介紹兩個與工作物件相關的函數。WaitForThreadpoolWorkCallbacks 函數用於等待工作物件的回呼函數執行完成，該函數還可以選擇是否取消尚未開始執行的工作物件中的回呼函數。函數原型如下：

```
VOID WINAPI WaitForThreadpoolWorkCallbacks(
    _Inout_ PTP_WORK pwk,      //CreateThreadpoolWork 函數傳回的定義工作物件的
                                 TP_WORK 結構的指標
    _In_    BOOL      fCancelPendingCallbacks);  // 是否取消尚未開始執行的工作物件
                                                    中的回呼函數
```

如果工作物件尚未提交，該函數會立即傳回。

CloseThreadpoolWork 函數用於關閉並釋放指定的工作物件：

```
VOID WINAPI CloseThreadpoolWork(
    _Inout_ PTP_WORK pwk);    // CreateThreadpoolWork 函數傳回的定義工作物件的
                                 TP_WORK 結構的指標
```

如果工作物件中沒有未完成的回呼函數，則會立即釋放工作物件；如果工作物件中存在尚未完成的回呼函數，則在回呼函數執行完成後會非同步釋放工作物件。

如果存在與工作物件連結的清理群組，則無須呼叫該函數。呼叫 CloseThreadpoolCleanupGroupMembers 函數會釋放與清理群組連結的工作物件、計時器物件和等待物件。

本小節的範例程式可以參見 Chapter9\ThreadPool\AsyncCallFunction 專案。

2. 每隔一段時間呼叫一個回呼函數

執行緒池計時器物件和可等待計時器物件（Waitable Timer）用法類似，但是如果需要非同步呼叫機制，Microsoft 建議不要使用 APC 個人電腦機制，例如不要透過 SetWaitableTimer/SetWaitableTimerEx 函數的 pfnCompletionRoutine 參數指定的完成常式，而是使用更可靠、高效的執行緒池計時器物件。

CreateThreadpoolTimer 函數建立一個執行緒池計時器物件：

```
PTP_TIMER WINAPI CreateThreadpoolTimer(
    _In_          PTP_TIMER_CALLBACK   pfnti,    // 計時器物件時間已到的時候要呼叫的回
                                                    呼函數
    _Inout_opt_   PVOID                pv,       // 傳遞給回呼函數的自訂資料
    _In_opt_      PTP_CALLBACK_ENVIRON pcbe);    // 定義回呼環境的 TP_CALLBACK_
                                                    ENVIRON 結構的指標
```

- pfnti 參數是一個 PTP_TIMER_CALLBACK 類型的回呼函數指標，計時器物件時間已到時，執行緒池中的工作執行緒會呼叫該回呼函數。回呼函數的定義格式：

```
VOID CALLBACK TimerCallback(
    _Inout_       PTP_CALLBACK_INSTANCE Instance,  // 定義回呼實例的 TP_CALLBACK_
                                                      INSTANCE 結構的指標
    _Inout_opt_   PVOID         Context,  //CreateThreadpoolTimer 函數傳遞過來的參數
    _Inout_       PTP_TIMER     Timer);   // 定義生成回呼的計時器物件的 TP_TIMER 結構
```

- pv 參數是傳遞給回呼函數的自訂資料，pcbe 參數指定為定義回呼環境的 TP_CALLBACK_ ENVIRON 結構的指標，這兩個參數的用法和 CreateThreadpoolWork 函數相同。

如果函數執行成功，則傳回一個指向定義執行緒池計時器物件的 TP_TIMER 結構的指標，應用程式不可以修改該結構；如果函數執行失敗，則傳回值為 NULL，可以透過呼叫 GetLastError 函數獲取錯誤程式。

建立執行緒池計時器物件後，可以透過呼叫 SetThreadpoolTimer 函數設定計時器物件，當計時器物件時間已到時，執行緒池中的工作執行緒會呼叫 CreateThreadpoolTimer 函數建立的計時器物件的回呼函數。函數原型如下：

```
OID WINAPI SetThreadpoolTimer(
    _Inout_   PTP_TIMER pti,              // CreateThreadpoolTimer 函數傳回的定義計
                                             時器物件的 TP_TIMER
    _In_opt_  PFILETIME pftDueTime,       // 指定計時器物件觸發（呼叫回呼函數）的時間，
```

```
                                        UTC 時間
_In_      DWORD      msPeriod,      // 指定計時器物件多久觸發一次，以毫秒為單位
_In_opt_  DWORD      msWindowLength); // 執行計時器物件回呼之前可以延遲的最長時
                                          間，以毫秒為單位
```

- pti 參數指定為 CreateThreadpoolTimer 函數傳回的定義計時器物件的 TP_TIMER 結構的指標。
- pftDueTime 參數指定計時器物件觸發（呼叫回呼函數）的時間，該參數是一個指向 FILETIME 檔案時間結構的指標。如果該參數設定為正數，表示一個 UTC 絕對時間，程式可以取得一個 SYSTEMTIME 時間，呼叫 SystemTimeToFileTime 函數轉為本地檔案時間，然後呼叫 LocalFileTimeToFileTime 函數轉為 UTC 檔案時間；如果該參數設定為 NULL，表示停止呼叫計時器物件的回呼函數，但是正在執行的回呼函數不受影響；如果該參數設定為一個指向欄位全為 0 的 FILETIME 的結構，則立即觸發；如果指定一個相對時間，這時該參數需要設定為負數，以 100 毫微秒為單位。1 秒為 10 000 000 個 100 毫微秒。
- msPeriod 參數表示計時器物件在第一次觸發後每隔多久觸發一次，即計時器物件應該以怎樣的頻度觸發，以毫秒為單位。可以把該參數設定為一個正數，表示計時器物件是週期性的，每經過指定的時間後計時器物件就觸發一次，直到呼叫 Close ThreadpoolTimer 函數關閉計時器物件或呼叫 SetThreadpoolTimer 函數重新設定計時器物件。如果該參數設定為 0，表示計時器物件是一次性的，只會觸發一次。
- msWindowLength 參數指定執行計時器物件回呼前可以延遲的最長時間，以毫秒為單位。函數會在指定的觸發時間到指定的觸發時間加 msWindowLength 毫秒這個範圍內觸發，這增加了隨機性。同時，設定該參數也可以實作讓執行緒池中的工作執行緒批次呼叫回呼函數以節省電源和系統銷耗，如果程式有大量的計時器物件需要在幾乎相同的時間觸發，舉例來說，假設計時器物件

A 在 5 毫秒後觸發，計時器物件 B 在 6 毫秒後觸發，那麼 5 毫秒後計時器物件 A 的回呼函數會被呼叫，然後工作執行緒會回到執行緒池並進入睡眠狀態，隨即該執行緒會被再次喚醒以呼叫計時器物件 B 的回呼函數，為了避免執行緒環境切換以及執行緒喚醒、睡眠這種系統銷耗，程式可以將計時器物件 A 和計時器物件 B 的 msWindowLength 參數設定為 2，現在執行緒池知道計時器物件 A 會在 5 毫秒到 7 毫秒之後觸發，而計時器物件 B 會在 6 毫秒到 8 毫秒之後觸發，這種情況下，執行緒池可以在 6 毫秒時對這兩個計時器物件進行批次處理，執行緒池只會喚醒一個執行緒，先讓它執行計時器物件 A 的回呼函數，再讓它執行計時器物件 B 的回呼函數，最後讓該執行緒回到執行緒池中進入睡眠狀態。如果多個計時器物件的觸發頻度非常接近，透過指定該參數可以節省電源和系統銷耗。

如果需要重新設定計時器物件的觸發時間或頻率，只需要再次呼叫 SetThreadpoolTimer 函數並設定新的參數。

WaitForThreadpoolTimerCallbacks 函數用於等待計時器物件的回呼函數執行完成，該函數還可以選擇是否取消尚未開始執行的計時器物件中的回呼函數。函數原型如下：

```
VOID WINAPI WaitForThreadpoolTimerCallbacks(
    _Inout_ PTP_TIMER pti, // CreateThreadpoolTimer 函數傳回的定義計時器物件的
                              TP_TIMER 結構的指標
    _In_    BOOL      fCancelPendingCallbacks); // 是否取消尚未開始執行的計時器物
                                                   件中的回呼函數
CloseThreadpoolTimer 函數用於關閉並釋放指定的計時器物件：
VOID WINAPI CloseThreadpoolTimer(
    _Inout_ PTP_TIMER pti);    // CreateThreadpoolTimer 函數傳回的定義計時器物件的
                                  TP_TIMER 結構的指標
```

如果計時器物件中沒有未完成的回呼函數，則會立即釋放計時器物件；如果計時器物件中存在尚未完成的回呼函數，則在回呼函數執行完成後會非同步釋放計時器物件。

在某些情況下，計時器物件的回呼函數可能會在呼叫 CloseThreadpoolTimer 函數後執行，為了避免這種情況，應該按以下步驟處理：呼叫 SetThreadpoolTimer/SetThreadpoolTimerEx 函數，並將 pftDueTime 參數設定為 NULL、將 msPeriod 和 msWindowLength 參數設定為 0，即停止呼叫計時器物件的回呼函數；呼叫 WaitForThreadpoolTimerCallbacks 函數，並將 fCancelPendingCallbacks 參數設定為 TRUE，即等待計時器物件的回呼函數執行完成並取消尚未開始執行的計時器物件中的回呼函數；最後呼叫 CloseThreadpoolTimer 函數關閉並釋放計時器物件。

如果存在與計時器物件連結的清理群組，則無須呼叫該函數。呼叫 CloseThreadpoolCleanupGroupMembers 函數會釋放與清理群組連結的工作物件、計時器物件和等待物件。

IsThreadpoolTimerSet 函數用於判斷指定的計時器物件是否已被設定，即是否已經呼叫 SetThreadpoolTimer/ SetThreadpoolTimerEx 函數並且 pftDueTime 參數設定了非 NULL 值。函數原型如下：

```
BOOL WINAPI IsThreadpoolTimerSet(
    _Inout_ PTP_TIMER pti);  // CreateThreadpoolTimer 函數傳回的定義計時器物件的
                                TP_TIMER 結構的指標
```

具體範例程式參見 Chapter9\ThreadPool\TimerObject 專案。

3. 當核心物件觸發的時候呼叫一個回呼函數

有時候程式建立一個執行緒的目的可能是為了等待一個核心物件，有時候甚至會讓多個執行緒等待同一個核心物件，這是對系統資源的極端浪費。本部分內容介紹執行緒池等待物件，與工作物件和計時器物件類似，等待物件主要涉及 CreateThreadpoolWait、SetThreadpoolWait、WaitForThreadpoolWaitCallbacks 和 CloseThreadpoolWait 四個函數。

CreateThreadpoolWait 函數用於建立一個執行緒池等待物件：

```
PTP_WAIT WINAPI CreateThreadpoolWait(
    _In_          PTP_WAIT_CALLBACK     pfnwa,// 等待的核心物件觸發或逾時時間已過的
                                               時候呼叫的回呼函數
    _Inout_opt_  PVOID                 pv,    // 傳遞給回呼函數的自訂資料
    _In_opt_     PTP_CALLBACK_ENVIRON pcbe);// 定義回呼環境的 TP_CALLBACK_ENVIRON
                                               結構的指標
```

- pfnwa 參數是一個 PTP_WAIT_CALLBACK 類型的回呼函數指標，當等待的核心物件觸發或逾時時間已過的時候執行緒池中的工作執行緒會呼叫該回呼函數。回呼函數的定義格式：

```
VOID CALLBACK WaitCallback(
    _Inout_      PTP_CALLBACK_INSTANCE Instance,  // 定義回呼實例的 TP_CALLBACK_
                                                     INSTANCE 結構的指標
    _Inout_opt_  PVOID          Context, //CreateThreadpoolWait 函數傳遞過來的參數
    _Inout_      PTP_WAIT       Wait,     // 定義生成回呼的等待物件的 TP_WAIT 結構
    _In_         TP_WAIT_RESULT  WaitResult);  // 等待結果
```

- pv 和 pcbe 參數的用法和 CreateThreadpoolWork、CreateThreadpool Timer 函數的名稱相同參數類似。

回呼函數的 WaitResult 參數表示等待結果。執行緒池在內部會呼叫 WaitForMultipleObjects 函數，該函數要等待的核心物件控制碼陣列參數 lpHandles 由 SetThreadpoolWait 函數傳入，bWaitAll 參數會被設定為 FALSE。當 lpHandles 陣列中任何一個核心物件觸發時執行緒池中的工作執行緒都會呼叫回呼函數，因此 WaitResult 參數的等待結果可以是 WAIT_OBJECT_0 或 WAIT_TIMEOUT。

如果 CreateThreadpoolWait 函數執行成功，則傳回一個指向定義執行緒池等待物件的 TP_TIMER 結構的指標，應用程式不可以修改該結構；如果函數執行失敗，則傳回值為 NULL，可以透過呼叫 GetLastError 函數獲取錯誤程式。

建立一個執行緒池等待物件後，可以透過呼叫 SetThreadpoolWait 函數設定等待物件，當等待的核心物件觸發或逾時時間已過時，執行緒池

中的工作執行緒會呼叫 CreateThreadpoolWait 函數建立的等待物件的回呼函數。函數原型如下：

```
VOID WINAPI SetThreadpoolWait(
    _Inout_  PTP_WAIT  pwa,          //CreateThreadpoolWait 函數傳回的定義等待物
                                       件的 TP_WAIT 結構的指標
    _In_opt_ HANDLE    h,            // 核心物件控制碼
    _In_opt_ PFILETIME pftTimeout);  // 指定等待物件觸發（呼叫回呼函數）的時間，UTC
                                       時間
```

- h 參數指定為一個核心物件控制碼。如果該參數設定為 NULL，表示停止呼叫等待物件的回呼函數，但是正在執行的回呼函數不受影響。
- pftTimeout 參數指定等待物件觸發（呼叫回呼函數）的時間，該參數是一個指向 FILETIME 檔案時間結構的指標。如果該參數設定為正數，表示一個 UTC 絕對時間，程式可以取得 SYSTEMTIME，呼叫 SystemTimeToFileTime 函數轉為本地檔案時間，然後呼叫 LocalFileTimeToFileTime 函數轉為 UTC 檔案時間；如果該參數設定為 NULL，表示一直等待，逾時時間永不過時；如果該參數設定為一個指向欄位全為 0 的 FILETIME 的結構，則立即逾時；如果指定一個相對時間，這時該參數需要設定為負數，以 100 毫微秒為單位。

有以下兩點需要注意。

(1) 一個等待物件只能等待一個核心物件控制碼，呼叫 SetThreadpoolWait 函數設定等待物件的控制碼會替換之前的控制碼（如果有）；

(2) 當核心物件觸發後，會變為不活躍（Inactive）狀態。如果還需要使用該核心物件，必須重新呼叫 SetThreadpoolWait 函數設定才可以。當然，根據具體場景可以使用不同的參數呼叫 SetThreadpoolWait 函數。

WaitForThreadpoolWaitCallbacks 函數用於等待等待物件的回呼函數執行完成，該函數還可以選擇是否取消尚未開始執行的等待物件中的回呼函數；CloseThreadpoolWait 函數用於關閉並釋放指定的等待物件。這兩個函數的函數原型如下：

```
VOID WINAPI WaitForThreadpoolWaitCallbacks(
    _Inout_ PTP_WAIT pwa,      // CreateThreadpoolWait 函數傳回的定義等待物件的
                                  TP_WAIT 結構的指標
    _In_    BOOL      fCancelPendingCallbacks); // 是否取消尚未開始執行的等待物件
                                                  中的回呼函數
VOID WINAPI CloseThreadpoolWait(
    _Inout_ PTP_WAIT pwa);     // CreateThreadpoolWait 函數傳回的定義等待物件的
                                  TP_WAIT 結構的指標
```

如果等待物件中沒有未完成的回呼函數，則會立即釋放等待物件；如果等待物件中存在尚未完成的回呼函數，則在回呼函數執行完成後會非同步釋放等待物件。

在某些情況下，等待物件的回呼函數可能會在呼叫 Close Threadpool Wait 函數後執行，為了避免這種情況，應該按以下步驟處理：呼叫 SetThreadpoolWait/SetThreadpoolWaitEx 函數，並將 h 參數設定為 NULL，即停止呼叫等待物件的回呼函數；呼叫 WaitForThreadpool WaitCallbacks 函數，並將 fCancelPendingCallbacks 參數設定為 TRUE，即等待等待物件的回呼函數執行完成並取消尚未開始執行的等待物件中的回呼函數；最後呼叫 CloseThreadpoolWait 函數關閉並釋放等待物件。

如果存在與等待物件連結的清理群組，則無須呼叫 CloseThreadpool Wait 函數；如果呼叫 CloseThreadpool CleanupGroupMembers 函數，則會釋放與清理群組連結的工作物件、計時器物件和等待物件。

4. 當非同步 I/O 請求完成的時候呼叫一個回呼函數

執行緒池 I/O 完成物件主要涉及 CreateThreadpoolIo、Start ThreadpoolIo、CancelThreadpoolIo、WaitFor ThreadpoolIoCallbacks 和 CloseThreadpoolIo 五個函數。

CreateThreadpoolIo 函數用於建立一個 I/O 完成物件：

```
PTP_IO WINAPI CreateThreadpoolIo(
    _In_  HANDLE                  fl,      // 要綁定到 I/O 完成物件的檔案控制代碼
    _In_  PTP_WIN32_IO_CALLBACK pfnio,  // 非同步 I/O 操作完成的時候呼叫的回呼函數
    _Inout_opt_ PVOID             pv,      // 傳遞給回呼函數的自訂資料
    _In_opt_    PTP_CALLBACK_ENVIRON  pcbe);  // 定義回呼環境的 TP_CALLBACK_
                                              ENVIRON 結構的指標
```

pfnio 參數是一個 PTP_WIN32_IO_CALLBACK 類型的回呼函數指標，當非同步 I/O 操作完成時執行緒池中的工作執行緒會呼叫該回呼函數。回呼函數的定義格式：

```
VOID CALLBACK IoCompletionCallback(
    _Inout_     PTP_CALLBACK_INSTANCE Instance,    // 定義回呼實例的 TP_CALLBACK_
                                                     INSTANCE 結構的指標
    _Inout_opt_ PVOID         Context,     //CreateThreadpoolIo 函數傳遞過來的參數
    _Inout_opt_ PVOID         Overlapped,//I/O 操作函數當初指定的 OVERLAPPED 結構的位址
    _In_        ULONG         IoResult,    //I/O 操作的結果，NO_ERROR 表示成功，否則失敗
    _In_        ULONG_PTR     NumberOfBytes,// 已完成的非同步 I/O 操作已傳輸的位元組數
    _Inout_     PTP_IO        Io);            // 定義生成回呼的 I/O 完成物件的 TP_IO 結構
```

如果 CreateThreadpoolIo 函數執行成功，則傳回一個指向定義執行緒池 I/O 完成物件的 TP_IO 結構的指標，應用程式不可以修改該結構；如果函數執行失敗，則傳回值為 NULL，可以呼叫 GetLastError 函數獲取錯誤程式。

呼叫 CreateThreadpoolIo 函數建立一個 I/O 完成物件後，在啟動每個非同步 I/O 操作前，必須呼叫 StartThreadpoolIo 函數通知執行緒池開始接收非同步 I/O 完成回呼。當綁定到 I/O 完成物件的檔案控制代碼上的非同步 I/O 操作完成時，執行緒池中的工作執行緒會呼叫 CreateThreadpoolIo 函數建立的 I/O 完成物件的回呼函數。函數原型如下：

```
VOID WINAPI StartThreadpoolIo(
    _Inout_ PTP_IO pio);     //CreateThreadpoolIo 函數傳回的定義 I/O 完成物件的
                               TP_IO 結構的指標
```

需要注意以下幾點。

（1）在啟動每個（注意是每個）非同步 I/O 操作前（例如呼叫 ReadFile/WriteFile 函數），必須呼叫一次 StartThreadpoolIo 函數，否則執行緒池會忽略非同步 I/O 操作完成回呼並導致記憶體破壞；

（2）如果非同步 I/O 操作失敗（操作結果不是 NO_ERROR），必須呼叫 CancelThreadpoolIo 函數取消本次完成通知；

（3）如果綁定到 I/O 完成物件的檔案控制代碼具有 FILE_SKIP_COMPLETION_PORT_ON_SUCCESS 通知模式並且非同步 I/O 操作成功傳回，則不會呼叫 I/O 完成物件的回呼函數，在這種情況下也必須呼叫 CancelThreadpoolIo 函數取消本次完成通知。

CancelThreadpoolIo 函數用於取消透過呼叫 StartThreadpoolIo 函數得到的完成通知：

```
VOID WINAPI CancelThreadpoolIo(
    _Inout_ PTP_IO pio);    //CreateThreadpoolIo 函數傳回的定義 I/O 完成物件的 TP_IO
                              結構的指標
```

WaitForThreadpoolIoCallbacks 函數用於等待 I/O 完成物件的回呼函數執行完成，該函數還可以選擇是否取消尚未開始執行的 I/O 完成物件中的回呼函數。函數原型如下：

```
VOID WINAPI WaitForThreadpoolIoCallbacks(
    _Inout_ PTP_IO pio,      //CreateThreadpoolIo 函數傳回的定義 I/O 完成物件的
                               TP_IO 結構的指標
    _In_    BOOL fCancelPendingCallbacks); // 是否取消尚未開始執行的 I/O 完成物件中
                                             的回呼函數
CloseThreadpoolIo 函數用於關閉並釋放指定的 I/O 完成物件：
VOID WINAPI CloseThreadpoolIo(
    _Inout_ PTP_IO pio);     //CreateThreadpoolIo 函數傳回的定義 I/O 完成物件的
                               TP_IO 結構的指標
```

如果 I/O 完成物件中沒有未完成的回呼函數，則會立即釋放 I/O 完成物件；如果 I/O 完成物件中存在尚未完成的回呼函數，則在回呼函數執行完成以後會非同步釋放 I/O 完成物件。

呼叫該函數前，應該首先關閉連結的檔案控制代碼並等待所有未完成的非同步 I/O 操作完成；呼叫該函數後，程式不可以再向 I/O 完成物件發起任何 I/O 請求。

允許使用者取消操作緩慢或阻塞的 I/O 請求可以增強應用程式的可用性和穩固性，舉例來說，有時一個函數呼叫可能會非常緩慢或阻塞，這時程式可以取消本次操作，並使用新的參數進行再次呼叫，而不需要終止應用程式。I/O 請求可以在執行緒池的任何執行緒上執行，取消執行緒池中執行緒上的 I/O 請求需要同步，因為呼叫取消函數和處理 I/O 請求的執行緒可能不是同一個執行緒，這會導致未知 I/O 操作的取消。為了避免這種情況，在為非同步 I/O 呼叫 CancelIoEx 函數時應該指定所需取消 I/O 請求的 OVERLAPPED 結構的位址，或自己使用同步機制來確保在目標執行緒呼叫 CancelIoEx 函數前沒有再啟動其他 I/O 請求。

5. 當回呼函數傳回時

在回呼函數中可以呼叫 LeaveCriticalSectionWhenCallbackReturns、ReleaseMutexWhenCallbackReturns、ReleaseSemaphoreWhenCallbackReturns、SetEventWhenCallbackReturns 或 FreeLibraryWhenCallbackReturns 函數。當回呼函數執行完成時，執行緒池會釋放指定的關鍵區段物件、互斥量物件、訊號量物件的所有權、將指定的事件物件設定為有訊號狀態或移除指定的動態連結程式庫。這些函數的函數原型如下：

```
VOID WINAPI LeaveCriticalSectionWhenCallbackReturns(
    _Inout_ PTP_CALLBACK_INSTANCE pci,
    _Inout_ PCRITICAL_SECTION     pCS);
VOID WINAPI ReleaseMutexWhenCallbackReturns(
    _Inout_ PTP_CALLBACK_INSTANCE pci,
    _In_    HANDLE                hMutex);
VOID WINAPI ReleaseSemaphoreWhenCallbackReturns(
```

```
    _Inout_ PTP_CALLBACK_INSTANCE pci,
    _In_    HANDLE                hSemaphore,
    _In_    DWORD                 dwReleaseCount);
VOID WINAPI SetEventWhenCallbackReturns(
    _Inout_ PTP_CALLBACK_INSTANCE pci,
    _In_    HANDLE                hEvent);
VOID WINAPI FreeLibraryWhenCallbackReturns(
    _Inout_ PTP_CALLBACK_INSTANCE pci,
    _In_    HMODULE               hModule);
```

參數 pci 直接使用回呼函數的 Instance 參數即可，表示定義回呼實例的 TP_CALLBACK_INSTANCE 結構的指標，也就是執行緒池當前正在處理的工作物件、計時器物件、等待物件或 I/O 完成物件。

呼叫上述函數，當回呼函數執行完成時，執行緒池會自動呼叫 LeaveCriticalSection、ReleaseMutex、ReleaseSemaphore、SetEvent 或 FreeLibrary 函數。

需要注意的是，在回呼函數中只能呼叫上述函數中的其中一個，假設分別呼叫了 LeaveCritical SectionWhenCallbackReturns 和 ReleaseMutex WhenCallbackReturns，那麼後一個呼叫會覆蓋前一個呼叫。

下面簡單介紹一下最後一個函數 FreeLibraryWhenCallbackReturns。假設回呼函數是在動態連結程式庫中實作的，如果程式希望在回呼函數執行完成後移除該動態連結程式庫，在回呼函數中不能呼叫 FreeLibrary 函數，因為動態連結程式庫已經移除，FreeLibrary 傳回時會引發存取違規，而在回呼函數中呼叫 FreeLibraryWhenCallbackReturns 可以成功達到目的。

再介紹兩個可以在回呼函數中使用的函數。CallbackMayRunLong 函數表示回呼函數操作需要較長時間才可以完成：

```
BOOL WINAPI CallbackMayRunLong(_Inout_ PTP_CALLBACK_INSTANCE pci);
```

在回呼函數中呼叫 CallbackMayRunLong 函數表示操作需要較長時間才可以完成，而執行緒池會儘量減少應用程式執行緒的數量，因此本次回呼可能會導致執行緒池佇列中的其他工作項得不到即時處理。如果執行緒池中的另一個執行緒可以用於處理其他工作項或執行緒池能夠建立一個新的執行緒，則函數傳回 TRUE，在這種情況下，當前回呼函數可以放心使用當前執行緒；不然函數傳回 FALSE，在這種情況下，執行緒池在延遲一段時間後會嘗試建立一個新的執行緒，但這會影響執行緒池執行效率。為了提高執行緒池執行效率，如果 CallbackMayRunLong 函數傳回 FALSE，程式可以考慮將該回呼函數分塊，將不同的區塊作為工作項提交到執行緒池的佇列中。

DisassociateCurrentThreadFromCallback 函數用於解除當前正在執行的回呼函數與發起回呼的物件之間的連結，當前執行緒將不再為該物件執行回呼函數，如果當前執行緒是最後一個代表該物件執行回呼的執行緒，那麼任何等待物件回呼完成的執行緒都將被釋放。函數原型如下：

```
VOID WINAPI DisassociateCurrentThreadFromCallback(_Inout_ PTP_CALLBACK_
INSTANCE pci);
```

也就是說，呼叫 DisassociateCurrentThreadFromCallback 函數相當於告訴執行緒池工作已經完成，任何因為呼叫 WaitForThreadpool WorkCallbacks、WaitForThreadpoolTimerCallbacks、WaitForThreadpool WaitCallbacks 或 WaitForThreadpoolIoCallbacks 函數而被阻塞的執行緒可以儘快傳回。

6. 建立自己的執行緒池

前面介紹的建立工作物件、計時器物件、等待物件和 I/O 完成物件的函數都有一個 pcbe 參數，表示定義回呼環境的 TP_CALLBACK_ENVIRON 結構的指標，如果該參數設定為 NULL，則回呼函數會在預設回呼環境 (處理程序的預設執行緒池) 中執行，處理程序預設執行緒池的演算法能夠滿足大多數應用程式的需求。

除了使用處理程序的預設執行緒池，程式還可以透過呼叫 Create Threadpool 函數建立一個新的執行緒池以執行回呼。函數原型如下：

```
PTP_POOL WINAPI CreateThreadpool(_Reserved_ PVOID reserved);
//reserved 是保留參數，必須為 NULL
```

如果函數執行成功，則傳回一個指向定義新分配執行緒池的 TP_POOL 結構的指標，應用程式不可以修改該結構；如果函數執行失敗，則傳回值為 NULL，可以透過呼叫 GetLastError 函數獲取錯誤程式。

建立新的執行緒池物件後，應該接著呼叫 SetThreadpoolThreadMinimum 和 SetThreadpoolThreadMaximum 函數分別設定執行緒池的最小和最大併發執行緒數。預設情況下，最小併發執行緒數為 1，最大併發執行緒數為 500。這兩個函數的函數原型如下：

```
BOOL WINAPI SetThreadpoolThreadMinimum(
    _Inout_ PTP_POOL ptpp,              //CreateThreadpool 函數傳回的定義執行緒池
                                          的 TP_POOL 結構的指標
    _In_    DWORD    dwMinThreadCount); // 最小併發執行緒數
VOID WINAPI SetThreadpoolThreadMaximum(
    _Inout_ PTP_POOL ptpp,              //CreateThreadpool 函數傳回的定義執行緒池
                                          的 TP_POOL 結構的指標
    _In_    DWORD    dwMaxThreadCount); // 最大併發執行緒數
```

如果將最小和最大併發執行緒數設定為相同的值，執行緒池會建立一組執行緒。在執行緒池的生命週期內，這些執行緒永遠不會被銷毀，有時候可能需要這一特性。

要使用新的執行緒池，還必須將執行緒池與回呼環境相連結。SetThreadpoolCallbackPool 函數用於設定指定執行緒池的回呼環境：

```
VOID SetThreadpoolCallbackPool(
    _Inout_ PTP_CALLBACK_ENVIRON pcbe,  // 定義回呼環境的 TP_CALLBACK_ENVIRON 結
                                           構的指標
    _In_    PTP_POOL             ptpp); //CreateThreadpool 函數傳回的定義執行緒池
                                          的 TP_POOL 結構的指標
```

- pcbe 參數指定為定義回呼環境的 TP_CALLBACK_ENVIRON 結構的指標，程式可以透過呼叫 InitializeThreadpoolEnvironment

函數來初始化一個 TP_CALLBACK_ENVIRON 結構以用於該函數。當不再需要回呼環境來建立新的執行緒池物件時，應該呼叫 DestroyThreadpoolEnvironment 函數銷毀回呼環境。InitializeThreadpoolEnvironment 和 DestroyThreadpoolEnvironment 函數原型如下：

```
VOID InitializeThreadpoolEnvironment(
  _Out_   PTP_CALLBACK_ENVIRON pcbe);  // 一個指向 TP_CALLBACK_ENVIRON 結構的指標
VOID DestroyThreadpoolEnvironment(
  _Inout_ PTP_CALLBACK_ENVIRON pcbe);  // 上面函數初始化的 TP_CALLBACK_ENVIRON 結
                                          構的指標
```

- ptpp 參數指定為 CreateThreadpool 函數傳回的定義執行緒池的 TP_POOL 結構的指標。

當不再需要所建立的執行緒池物件時，應該呼叫 CloseThreadpool 函數關閉並釋放執行緒池：

```
VOID WINAPI CloseThreadpool(
   _Inout_  PTP_POOL ptpp);      //CreateThreadpool 函數傳回的定義執行緒池的
                                   TP_POOL 結構的指標
```

如果沒有未完成的工作物件、計時器物件、等待物件或 I/O 完成物件綁定到執行緒池中，則執行緒池會被立即關閉並釋放；不然執行緒池會在未完成的物件被釋放後非同步釋放。

再介紹兩個函數。呼叫 SetThreadpoolCallbackRunsLong 函數表示與回呼環境相連結的回呼函數操作需要較長時間才可以完成：

```
VOID SetThreadpoolCallbackRunsLong(          // 參數 pcbe 指定為
                                               InitializeThreadpoolEnvironment
   _Inout_  PTP_CALLBACK_ENVIRON pcbe);      // 函數初始化的 TP_CALLBACK_ENVIRON 結
                                               構的指標
```

透過這個資訊，執行緒池可以更進一步地確定何時應該建立一個新的執行緒。

呼叫 SetThreadpoolCallbackLibrary 函數表示通知執行緒池只要有未完成的回呼，要確保指定的動態連結程式庫保持載入狀態：

```
VOID SetThreadpoolCallbackLibrary(          // 參數 pcbe 指定為
                                               InitializeThreadpoolEnvironment
    _Inout_  PTP_CALLBACK_ENVIRON pcbe,     // 函數初始化的 TP_CALLBACK_ENVIRON 結
                                               構的指標
    _In_     PVOID                pModule); //DLL 模組控制碼
```

如果回呼函數可能會獲取載入程式鎖，那麼應該呼叫該函數，這樣可以防止在 DllMain 中的執行緒正在等待回呼函數結束而另一個正在執行回呼函數的執行緒嘗試獲取載入程式鎖時發生鎖死。如果包含回呼函數的動態連結程式庫可能被移除，那麼 DllMain 中的清理程式必須在釋放物件前取消未完成的回呼。

7. 執行緒池清理群組

程式可以建立一個執行緒池清理群組（Cleanup Group），透過一個回呼環境 TP_CALLBACK_ENVIRON 結構將工作物件、計時器物件、等待物件或 I/O 完成物件與清理群組相連結，當呼叫釋放清理群組的函數時，會自動清理上述物件。

CreateThreadpoolCleanupGroup 函數用於建立一個執行緒池清理群組：

```
PTP_CLEANUP_GROUP WINAPI CreateThreadpoolCleanupGroup(VOID);
```

如果函數執行成功，則傳回一個指向定義新分配執行緒池清理群組的 TP_CLEANUP_GROUP 結構的指標，應用程式不可以修改該結構；如果函數執行失敗，則傳回值為 NULL，可以透過呼叫 GetLastError 函數獲取錯誤程式。

建立執行緒池清理群組後，應該接著呼叫 SetThreadpoolCallbackCleanupGroup 函數將清理群組與指定的回呼環境相連結：

```
VOID SetThreadpoolCallbackCleanupGroup(
    _Inout_   PTP_CALLBACK_ENVIRON  pcbe,    //TP_CALLBACK_ENVIRON 結構的指標
    _In_      PTP_CLEANUP_GROUP     ptpcg,  // 定義清理群組的 TP_CLEANUP_GROUP 結構
                                              的指標
    _In_opt_  PTP_CLEANUP_GROUP_CANCEL_CALLBACK pfng);  // 清理回呼函數
```

- pcbe 參數指定為 InitializeThreadpoolEnvironment 函數初始化的 TP_CALLBACK_ENVIRON 結構的指標。
- ptpcg 參數指定為 CreateThreadpoolCleanupGroup 函數傳回的定義執行緒池清理群組的 TP_CLEANUP_ GROUP 結構的指標。
- pfng 參數是一個 PTP_CLEANUP_GROUP_CANCEL_CALLBACK 類型的回呼函數的指標。如果在釋放執行緒池連結的物件前取消清理群組，會呼叫該回呼函數；當呼叫 CloseThreadpoolCleanupGroupMembers 函數的時候也會呼叫該回呼函數。

回呼函數的定義格式如下：

```
VOID NTAPI CleanupGroupCancelCallback(
    _Inout_opt_ PVOID ObjectContext,    // 呼叫 CreateThreadpool* 建立物件時指定的
                                          自訂資料
    _Inout_opt_ PVOID CleanupContext); // CloseThreadpoolCleanupGroupMembers
                                          函數傳遞過來的參數
```

呼叫以下函數之一會導致從清理群組中隱式增加一個成員：

```
CreateThreadpoolWork
CreateThreadpoolTimer
CreateThreadpoolWait
CreateThreadpoolIo
```

呼叫以下函數之一會導致從清理群組中隱式刪除一個成員：

```
CloseThreadpoolWork
CloseThreadpoolTimer
CloseThreadpoolWait
CloseThreadpoolIo
```

當然，前提是工作物件、計時器物件、等待物件或 I/O 完成物件會透過回呼環境與清理群組相連結。

CloseThreadpoolCleanupGroupMembers 函數用於釋放指定清理群組中的所有成員，等待所有正在進行中的回呼函數完成，該函數還可以選擇是否取消任何未完成的回呼函數：

```
VOID WINAPI CloseThreadpoolCleanupGroupMembers(
    _Inout_      PTP_CLEANUP_GROUP ptpcg,         // 定義清理群組的 TP_CLEANUP_GROUP
                                                    結構的指標
    _In_         BOOL      fCancelPendingCallbacks, // 是否取消尚未開始執行的物件中
                                                      的回呼函數
    _Inout_opt_  PVOID     pvCleanupContext);        // 傳遞給清理回呼函數的自訂資料
```

- ptpcg 參數指定為 CreateThreadpoolCleanupGroup 函數傳回的定義清理群組的 TP_CLEANUP_GROUP 結構的指標。
- fCancelPendingCallbacks 參數用於指定是否取消尚未開始執行的任何物件中的回呼函數。
- pvCleanupContext 參數是傳遞給清理回呼函數 CleanupGroupCancelCallback 的自訂資料。

CloseThreadpoolCleanupGroupMembers 函數會阻塞，直到所有正在執行的任何回呼函數完成。函數傳回後，清理群組中的任何物件都會被釋放，因此程式不應該再透過呼叫 CloseThreadpoolWork 一類的函數來單獨釋放任何物件。

關閉清理群組不會影響連結的回呼環境，回呼環境會一直存在，直到呼叫 DestroyThreadpoolEnvironment 函數銷毀。

呼叫 CloseThreadpoolCleanupGroupMembers 函數不會關閉清理群組本身，清理群組會一直存在，直到呼叫 CloseThreadpoolCleanupGroup 函數關閉清理群組。函數原型如下：

```
VOID WINAPI CloseThreadpoolCleanupGroup(
    _Inout_  PTP_CLEANUP_GROUP ptpcg);  //CreateThreadpoolCleanupGroup 函數傳回
                                          的 TP_CLEANUP_GROUP 結構
```

9.5 IPHelper API 及其他函數

IPHelper API 可以獲取關於本機電腦的網路設定資訊並透過修改該設定來輔助本機電腦的網路管理，適用於以程式設計方式操作網路和 TCP/IP 設定，典型的應用包括 IP 路由式通訊協定和簡單網路管理協定（SNMP）代理，IPHelper 還提供通知機制，以確保當本機電腦網路設定的某些方面改變時通知應用程式。

IPHelper API 的主要功能如下。

- 獲取網路設定資訊。
- 網路介面卡（網路卡）管理。
- 管理介面，IPHelper 擴充了管理網路介面的能力，在特定的電腦上，介面和介面卡之間存在一一對應關係，介面是 IP 級抽象，而介面卡是資料鏈級抽象。
- 管理 IP 位址。
- 使用位址解析通訊協定 ARP。
- 獲取網際網路協定 IP 和網際網路控制訊息協定 ICMP 的資訊。
- 管理路由。
- 接收網路事件通知。
- 獲取有關傳輸控制協定 TCP 和使用者資料封包通訊協定 UDP 的資訊。

IPHelper API 由動態連結程式庫 IPHLPAPI.dll 提供，標頭檔為 IPHlpApi.h，對應的匯入函數庫檔案為 IPHlpApi.lib。

9.5.1 獲取本機電腦的網路介面卡資訊

GetAdaptersInfo 函數用於獲取本機電腦的網路介面卡資訊：

```
DWORD GetAdaptersInfo(
    _Out_   PIP_ADAPTER_INFO pAdapterInfo,  // 傳回 IP_ADAPTER_INFO 結構類型的鏈
                                               結串列指標
    _Inout_ PULONG           pOutBufLen);   // 緩衝區的大小
```

■ 第 2 個參數 pOutBufLen 指定 pAdapterInfo 參數所指向緩衝區的大小，如果緩衝區的大小不足以容納傳回的介面卡資訊，則 GetAdaptersInfo 函數用所需的大小填充該參數，並傳回錯誤程式 ERROR_ BUFFER_OVERFLOW。如果函數執行成功，則傳回值為 ERROR_SUCCESS。通常我們無法確定緩衝區所需大小，所以可以兩次呼叫 GetAdaptersInfo 函數。第一次呼叫時將 pOutBufLen 參數指向的 ULONG 型變數設定為 0，函數會透過該參數傳回所需的緩衝區大小，然後我們可以開闢這個大小的緩衝區，再進行第二次呼叫，即可傳回所需的介面卡資訊。

■ 第 1 個參數 pAdapterInfo 是一個指向 IP_ADAPTER_INFO 結構類型的鏈結串列指標，該結構在 IPTypes.h 標頭檔中定義如下：

```
typedef struct _IP_ADAPTER_INFO {
    struct _IP_ADAPTER_INFO* Next;              // 指向介面卡列表中下一個介面卡的指標
    DWORD ComboIndex;                           // 保留欄位
    char AdapterName[MAX_ADAPTER_NAME_LENGTH + 4];           // 介面卡的名稱
    char Description[MAX_ADAPTER_DESCRIPTION_LENGTH + 4];   // 介面卡的描述
    UINT AddressLength;                            // 介面卡的 MAC 位址的長度
    BYTE Address[MAX_ADAPTER_ADDRESS_LENGTH];      // 介面卡的 MAC 位址，位元組陣列
    DWORD Index;// 介面卡索引，當禁用再啟用介面卡或其他一些情況下，介面卡索引可能會改變
    UINT Type;                          // 介面卡類型
    UINT DhcpEnabled;                   // 是否為此介面卡啟用動態主機設定通訊協定 (DHCP)
    PIP_ADDR_STRING CurrentIpAddress;       // 保留欄位
    IP_ADDR_STRING IpAddressList;           // 與此介面卡連結的 IPv4 位址清單
    IP_ADDR_STRING GatewayList;             // 介面卡上定義的 IP 位址的預設閘道器
    IP_ADDR_STRING DhcpServer;              // 介面卡上定義的 DHCP 伺服器的 IP 位址
    BOOL HaveWins;              // 此介面卡是否使用 Windows Internet 名稱服務 (WINS)
    IP_ADDR_STRING PrimaryWinsServer;       // 主要 WINS 伺服器的 IPv4 位址
    IP_ADDR_STRING SecondaryWinsServer;     // 輔助 WINS 伺服器的 IPv4 位址
    time_t LeaseObtained;                   // 當前 DHCP 租約的時間
    time_t LeaseExpires;                    // 當前 DHCP 租約期滿的時間
} IP_ADAPTER_INFO, *PIP_ADAPTER_INFO;
```

下面撰寫獲取本機網路設定資訊的主控台程式，本實例獲取到的資訊包括網路介面卡名稱、描述、MAC 位址、IP 位址、子網路遮罩、預設

閘道器和是否啟用 DHCP 等，AdaptersInfo.cpp 原始檔案的內容如下：

```
#include <winsock2.h>                //WinSock2 標頭檔
#include <IPHlpApi.h>
#include <stdio.h>

#pragma comment(lib, "Ws2_32")       //WinSock2 匯入函數庫
#pragma comment(lib, "IPHlpApi")     //IPHlpApi 匯入函數庫

int main()
{
    PIP_ADAPTER_INFO pAdapterInfo = NULL;  //IP_ADAPTER_INFO 結構鏈結串列緩衝區的
                                             指標
    PIP_ADAPTER_INFO pAdapter = NULL;
    ULONG ulOutBufLen = 0;                 // 緩衝區的大小

    // 第一次呼叫傳回所需緩衝區大小，然後分配緩衝區
    GetAdaptersInfo(pAdapterInfo, &ulOutBufLen);
    pAdapterInfo = (PIP_ADAPTER_INFO)new CHAR[ulOutBufLen];

    // 第二次呼叫傳回所需的介面卡資訊
    if (GetAdaptersInfo(pAdapterInfo, &ulOutBufLen) == ERROR_SUCCESS)
    {
        pAdapter = pAdapterInfo;
        while (pAdapter)
        {
            // 介面卡的名稱
            printf(" 介面卡的名稱：\t%s\n", pAdapter->AdapterName);

            // 介面卡的描述
            printf(" 介面卡的描述：\t%s\n", pAdapter->Description);

            // 介面卡的 MAC 位址
            printf(" 介面卡 MAC 位址：\t");
            for (UINT i = 0; i < pAdapter->AddressLength; i++)
            {
                if (i == (pAdapter->AddressLength - 1))
                    printf("%.2X\n", (int)pAdapter->Address[i]);
                else
                    printf("%.2X-", (int)pAdapter->Address[i]);
```

```
            }

            //IP 位址
            printf("IP 位址：\t%s\n", pAdapter->IpAddressList.IpAddress.String);
            // 子網路遮罩
            printf(" 子網路遮罩：\t%s\n", pAdapter->IpAddressList.IpMask.String);

            // 預設閘道器
            printf(" 預設閘道器：\t%s\n", pAdapter->GatewayList.IpAddress.String);

            // 是否為此介面卡啟用動態主機設定通訊協定 (DHCP)
            if (pAdapter->DhcpEnabled)
            {
                printf(" 啟用 DHCP：\t 是 \n");
                printf("DHCP 伺服器：\t%s\n", pAdapter->DhcpServer.IpAddress.
String);
            }
            else
            {
                printf(" 啟用 DHCP：\t 否 \n");
            }

printf("************************************************************\n");

            pAdapter = pAdapter->Next;
        }
    }
    else
    {
        printf("GetAdaptersInfo 函數呼叫失敗！ \n");
    }

    delete[] pAdapterInfo;
    return 0;
}
```

程式執行效果如圖 9.7 所示。

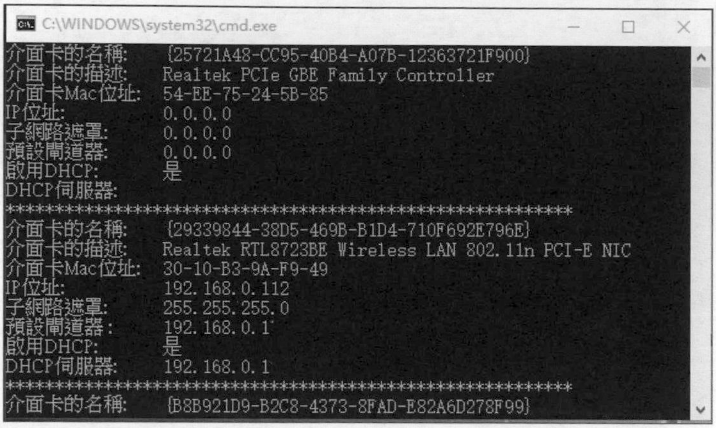

```
C:\WINDOWS\system32\cmd.exe
介面卡的名稱:     {25721A48-CC95-40B4-A07B-12363721F900}
介面卡的描述:     Realtek PCIe GBE Family Controller
介面卡Mac位址:    54-EE-75-24-5B-85
IP位址:           0.0.0.0
子網路遮罩:       0.0.0.0
預設閘道器:       0.0.0.0
啟用DHCP:         是
DHCP伺服器:
**************************************************
介面卡的名稱:     {29339844-38D5-469B-B1D4-710F692E796E}
介面卡的描述:     Realtek RTL8723BE Wireless LAN 802.11n PCI-E NIC
介面卡Mac位址:    30-10-B3-9A-F9-49
IP位址:           192.168.0.112
子網路遮罩:       255.255.255.0
預設閘道器:       192.168.0.1
啟用DHCP:         是
DHCP伺服器:       192.168.0.1
**************************************************
介面卡的名稱:     {B8B921D9-B2C8-4373-8FAD-E82A6D278F99}
```

▲ 圖 9.7

GetAdaptersInfo 函數只能獲取 IPv4 位址的資訊，在 Windows XP 及更新版本系統中，呼叫 GetAdaptersAddresses 函數可以獲取與本機電腦上的網路介面卡相連結的 IPv4 和 IPv6 位址的資訊：

```
ULONG WINAPI GetAdaptersAddresses(
    _In_     ULONG                  Family,          // 要獲取的位址的地址族
    _In_     ULONG                  Flags,           // 要獲取的網址類別型
    _In_     PVOID                  Reserved,        // 保留欄位
    _Inout_  PIP_ADAPTER_ADDRESSES  AdapterAddresses,
                                     // 傳回 IP_ADAPTER_ADDRESSES 結構鏈結串列的指標
    _Inout_  PULONG                 SizePointer);    // 緩衝區的大小
```

- 第 1 個參數 Family 指定要獲取的位址族，可以是以下值。
  - AF_UNSPEC：傳回與 IPv4 或 IPv6 相關的介面卡的 IPv4 和 IPv6 位址。
  - AF_INET：只傳回與 IPv4 相關的介面卡的 IPv4 位址。
  - AF_INET6：只傳回與 IPv6 相關的介面卡的 IPv6 位址。
- 第 4 個參數 AdapterAddresses 是一個指向 IP_ADAPTER_ADDRESSES 結構的指標，定義在 IPTypes.h 標頭檔中，結構比較複雜。

如果函數執行成功，則傳回值為 ERROR_SUCCESS。該函數的用法在此不再舉例，詳情參見 MSDN。

9.5.2 其他函數

1. ConnectEx

ConnectEx 函數建立到指定通訊端的連接，並可以在建立連接後發送一區塊資料（只有連線導向的通訊端才支援 ConnectEx 函數）：

```
BOOL PASCAL ConnectEx(
    _In_      SOCKET     s,                 //通訊端控制碼
    _In_      const struct sockaddr *name, //sockaddr_in 結構，指定伺服器的 IP 位
                                              址與通訊埠編號
    _In_      int        namelen,          //以位元組為單位 sockaddr_in 結構的長度
    _In_opt_  PVOID      lpSendBuffer,     //可選參數，連接建立後要發送資料的緩衝區指標
    _In_      DWORD      dwSendDataLength,//可選參數，以位元組為單位的緩衝區大小
    _Out_     LPDWORD    lpdwBytesSent,   //可選參數，傳回建立連接後實際發送的位元組數
    _In_      LPOVERLAPPED   lpOverlapped);  //重疊結構，不能為空
typedef void(*LPFN_CONNECTEX)();
```

如果函數執行成功，則傳回值為 TRUE；如果執行失敗，則傳回值為 FALSE，可以呼叫 WSAGetLastError 函數獲取錯誤程式，如果 WSAGetLastError 函數傳回 ERROR_IO_PENDING，則說明連接操作已成功啟動但仍在進行中。

ConnectEx 函數的函數指標可以在執行時期透過呼叫 WSAIoctl 函數（指定 SIO_GET_EXTENSION_ FUNCTION_POINTER 操作碼）來動態獲得，GUID 為 WSAID_CONNECTEX。

2. gethostname

gethostname 函數獲取本機電腦的標準主機名稱：

```
int gethostname(
    _Out_ char *name,          //接收本機主機名稱的緩衝區指標
    _In_  int  namelen);       //以位元組為單位緩衝區的長度
```

如果函數執行成功，則傳回值為 0，否則傳回 SOCKET_ERROR，可以透過呼叫 WSAGetLastError 函數獲取錯誤程式。

3. gethostbyname

gethostbyname 函數傳回指定主機名稱的包含主機名稱和位址資訊的 hostent 結構的指標：

```
struct hostent* FAR gethostbyname(
    _In_ const char *name);        // 以零結尾的主機名稱
```

如果函數執行成功，則傳回包含主機名稱和位址資訊的 hostent 結構的指標，否則傳回 NULL，可以透過呼叫 WSAGetLastError 函數獲取錯誤程式。

建議使用 getaddrinfo 函數代替 gethostbyname，getaddrinfo 可以獲取 IPv4 和 IPv6 位址。

hostent 結構的定義如下：

```
struct  hostent {
    char    FAR*        h_name;          // 主機名稱
    char    FAR* FAR* h_aliases;         // 主機名稱的別名
    short               h_addrtype;      // 網址類別型，通常是 AF_INET
    short               h_length;        // 以位元組為單位的位址長度
    char    FAR* FAR* h_addr_list;       // 網路位元組順序的主機地址清單
#define h_addr        h_addr_list[0] };
```

範例程式如下：

```
CHAR szBuf[64];
CHAR szIP[16] = { 0 };;
gethostname(szBuf, _countof(szBuf));
hostent *pHost = gethostbyname(szBuf);
inet_ntop(AF_INET, pHost->h_addr_list[0], szIP, _countof(szIP));
printf("%s\n", szIP);
```

輸出結果如下：

```
192.168.0.112
```

4. TransmitFile

TransmitFile 函數在一個已連接的通訊端上傳輸檔案資料，該函數使用作業系統的快取管理器來獲取檔案資料，在通訊端上提供高性能的檔案資料傳輸：

```
BOOL PASCAL TransmitFile(
    SOCKET            hSocket,                    // 連線導向的通訊端控制碼
    HANDLE            hFile,                      // 已開啟的要傳輸的檔案的檔案控制代碼
    DWORD             nNumberOfBytesToWrite,      // 要傳輸的檔案的位元組數，設定為 0 表
                                                     示傳輸整個檔案
    DWORD             nNumberOfBytesPerSend,      // 每次發送的資料區塊的大小，設定為 0
                                                     表示預設大小
    LPOVERLAPPED      lpOverlapped,                // 指向重疊結構的指標
    LPTRANSMIT_FILE_BUFFERS lpTransmitBuffers,    // 指向傳輸檔案緩衝區資料結構的指標
    DWORD                       dwFlags);          // 函數呼叫行為的一組標識
typedef void(*LPFN_TRANSMITFILE)();
```

- 第 5 個參數 lpOverlapped 是指向重疊結構的指標，如果通訊端控制碼是以重疊方式開啟的，則可以指定該參數以實作非同步 I/O 操作，透過設定重疊結構的 Offset 和 OffsetHigh 欄位，可以指定檔案中開始資料傳輸的 64 位元偏移量。
- 第 6 個參數 lpTransmitBuffers 是指向傳輸檔案緩衝區結構的指標，其中包含在發送檔案資料之前和之後要發送的資料的指標，如果只想傳輸檔案資料，該參數應該設定為 NULL。
- 第 7 個參數 dwFlags 是決定函數呼叫行為的一組標識，dwflags 參數可以指定為 Mswsock.h 標頭檔中定義的表 9.7 所示的選項群組合。

如果函數執行成功，則傳回 TRUE，否則傳回 FALSE，可以透過呼叫 WSAGetLastError 函數獲取錯誤程式。當 lpoverlapped 為 NULL 時，則資料傳輸總是從檔案中的當前位元組偏移量開始；當 lpoverlapped 不為 NULL 時，重疊 I/O 請求可能不會在 TransmitFile 函數傳回前完成，在這種情況下 TransmitFile 函數傳回 FALSE，呼叫 WSAGetLastError 傳回 ERROR_IO_PENDING 或 WSA_IO_PENDING，呼叫者可以在檔案傳

輸操作完成後繼續處理，檔案傳輸操作完成後 Windows 會將重疊結構的 hevent 欄位或 hsocket 指定的通訊端指定的事件設定為已觸發狀態。

表 9.7

標識	意義
TF_DISCONNECT	在 TransmitFile 操作進入等待佇列後，發起一個傳輸層的斷開動作
TF_REUSE_SOCKET	為通訊端控制碼的重新使用作好準備，在 TransmitFile 完成後，通訊端控制碼可用作 AcceptEx 中的客戶端設備通訊端，只有當 TF_DISCONNECT 也被指定時，該標識才會生效
TF_USE_DEFAULT_WORKER	指示檔案傳輸使用系統的預設執行緒，這對大型檔案的發送很有用
TF_USE_SYSTEM_THREAD	該選項指示 TransmitFile 操作使用系統預設執行緒來執行
TF_USE_KERNEL_APC	指明應該使用核心非同步程序呼叫來處理 TransmitFile 請求，而不使用工作執行緒
TF_WRITE_BEHIND	指明 TransmitFile 請求應該立即傳回，即使遠端可能未確認已收到資料，該標識不能與 TF_DISCONNECT 或 TF_REUSE_SOCKET 標識同時使用

TransmitFile 函數的函數指標可以在執行時期透過呼叫 WSAIoctl 函數（指定 SIO_GET_EXTENSION_ FUNCTION_POINTER 操作碼）來動態獲得，GUID 為 WSAID_TRANSMITFILE。

5. URLDownloadToFile

URLDownloadToFile 函數用於從網路上下載一個檔案：

```
HRESULT URLDownloadToFile(
    _In_opt_    LPUNKNOWN   pCaller,     // 如果呼叫的應用程式不是 ActiveX 元件可以設
                                             定為 NULL
    _In_        LPCTSTR     szURL,       // 要下載的 URL 的字串（網路位址），可以是
                                             HTTP 或 HTTPS
    _In_opt_    LPCTSTR     szFileName,  // 要下載的檔案的本機儲存路徑
    _Reserved_  DWORD       dwReserved,  // 保留參數，必須為 0
    _In_opt_    LPBINDSTATUSCALLBACK lpfnCB); // 指向 IBindStatusCallback 介面的
                                                 指標，可以為 NULL
```

例如下面的程式：

```
TCHAR szURL[] = TEXT("https://software-download.microsoft.com/download/pr/
19041.1.191206-1406.vb_release_WindowsSDK.iso");
TCHAR szFileName[] = TEXT("D:\\Downloads \\19041.1.191206-1406.vb_release_
WindowsSDK.iso");

URLDownloadToFile(NULL, szURL, szFileName, 0, NULL);
```

9.5.3 校對時間程式

在美國，國家標準和技術研究所原國家標準局（NIST）負責與世界各地的對應機構一起維護精確的時間，使用者可以開啟網頁獲得提供 NIST 時間服務的伺服器清單，該網頁中列出了十幾個提供 NIST 時間服務的伺服器，舉例來說，第一個叫作 time-a-g. nist.gov，其 IP 位址是 129.6.15.28。網際網路上有 3 種不同的時間服務：日期時間協定（Day time Protocol）（RFC-867）定義了如何使用 ASCII 字串表示準確的日期和時間；時間協定（Time Protocol）提供了一個 32 位數字以表示從 1900 年 1 月 1 日午夜至今的秒數，該時間是 UTC（Coordinated Universal Time，協調世界時，世界標準時間）；第三個協定是網路時間協定（Network Time Protocol），該協定相當複雜。

下面的範例程式用於更新電腦時鐘，所以使用時間協定即可。時間協定傳回從 1900 年 1 月 1 日午夜至今的秒數（假設為 ulTime），更新系統時間的 SetSystemTime 函數需要一個 SYSTEMTIME 結構，我們可以把 SYSTEMTIME 結構的年月日時分秒毫秒欄位設定為 1900 年 1 月 1 日午夜 0 時 0 分 0 毫秒，但是 SYSTEMTIME 結構無法直接加上 ulTime，所以需要先把 SYSTEMTIME 結構轉為表示檔案時間的 FILETIME 結構，FILETIME 結構還需要借助 ULARGE_INTEGER 類型才可以加上 ulTime。為了簡潔起見，本程式使用主控台程式，NetTime.cpp 原始檔案的內容如下：

```
#include <WinSock2.h>
#include <WS2tcpip.h>
#include <stdio.h>

#pragma comment(lib, "ws2_32")

//根據時間協定 Time Protocol 傳回的時間更新系統時間
VOID SetTimeFromTP(ULONG ulTime);

int main()
{
    WSADATA wsa = { 0 };
    SOCKET socketClient = INVALID_SOCKET;
    sockaddr_in addrServer; //時間伺服器的位址
    int nRet;

    //1. 初始化 WinSock 函數庫
    if (WSAStartup(MAKEWORD(2, 2), &wsa) != 0)
        return 0;

    //2. 建立與伺服器進行通訊的通訊端
    if ((socketClient = socket(AF_INET, SOCK_STREAM, IPPROTO_TCP)) ==
INVALID_ SOCKET)
        return 0;

    //3. 使用 connect 函數來請求與伺服器連接
    addrServer.sin_family = AF_INET;
    inet_pton(AF_INET, "132.163.97.1", (LPVOID)(&addrServer.sin_addr.S_un.S_
addr));
    addrServer.sin_port = htons(37);
    if (connect(socketClient, (sockaddr *)&addrServer, sizeof(addrServer))
== SOCKET_ERROR)
        return 0;

    //4. 接收時間協定傳回的時間，自 1900 年 1 月 1 日 0 點 0 分 0 秒 0 毫秒逝去的毫秒數
    ULONG ulTime = 0;
    nRet = recv(socketClient, (PCHAR)&ulTime, sizeof(ulTime), 0);
    if (nRet > 0)
    {
        // 網路位元組序到本機位元組序
```

```
        ulTime = ntohl(ulTime);
        SetTimeFromTP(ulTime);
        printf("成功與時間伺服器的時間同步！\n");
    }
    else
    {
        printf("時間伺服器未能傳回時間！\n");
    }

    closesocket(socketClient);
    WSACleanup();
    return 0;
}

//根據時間協定 Time Protocol 傳回的時間更新系統時間
VOID SetTimeFromTP(ULONG ulTime)
{
    FILETIME ft;
    SYSTEMTIME st;
    ULARGE_INTEGER uli;

    st.wYear = 1900;
    st.wMonth = 1;
    st.wDay = 1;
    st.wHour = 0;
    st.wMinute = 0;
    st.wSecond = 0;
    st.wMilliseconds = 0;

    //系統時間轉為檔案時間才可以加上已經逝去的時間 ulTime
    SystemTimeToFileTime(&st, &ft);

    //檔案時間單位是 1/1000 0000 秒，即 1000 萬分之 1 秒 (100-nanosecond)
    //不要將指向 FILETIME 結構的指標強制轉為 ULARGE_INTEGER * 或 __int64 * 值，
    //因為這可能導致 64 位元 Windows 系統中的對齊錯誤
    uli.HighPart = ft.dwHighDateTime;
    uli.LowPart = ft.dwLowDateTime;
    uli.QuadPart += (ULONGLONG)10000000 * ulTime;
    ft.dwHighDateTime = uli.HighPart;
    ft.dwLowDateTime = uli.LowPart;
```

```
    //再將檔案時間轉為系統時間，更新系統時間
    FileTimeToSystemTime(&ft, &st);

    SetSystemTime(&st);
}
```

完整程式請參考 NetTime 專案。

9.6 系統網路連接的啟用和禁用

啟用、禁用系統網路連接，一種方法是使用 Com 元件提供的介面函數，斷開網路實際上是禁用所有的網路卡，而恢復連接只需要啟用所有網路卡即可。在使用一些加密軟體時，會強迫使用者斷開網路，實作該技術的程式如下：

```
BOOL ConnectNetwork(BOOL bConnect)
{
    HRESULT hr;
    INetConnectionManager*  pNetConnManager;
    INetConnection*         pNetConn;
    IEnumNetConnection*     pEnumNetConn;
    ULONG                   uCeltFetched;

    CoInitializeEx(NULL, 0);
    hr = CoCreateInstance(CLSID_ConnectionManager, NULL, CLSCTX_SERVER,
        IID_INetConnectionManager, (LPVOID*)&pNetConnManager);
    if (FAILED(hr))
        return FALSE;

    pNetConnManager->EnumConnections(NCME_DEFAULT, &pEnumNetConn);
    pNetConnManager->Release();
    if (pEnumNetConn == NULL)
        return FALSE;

    while (pEnumNetConn->Next(1, &pNetConn, &uCeltFetched) == S_OK)
    {
        if (bConnect)
```

```
            pNetConn->Connect();                    //啟用連接
        else
            pNetConn->Disconnect();             //禁用連接
    }

    CoUninitialize();
    return TRUE;
}
```

上述程式需要包含 NetCon.h 標頭檔，如果需要斷開網路，則呼叫 ConnectNetwork 函數時應該傳入 FALSE 參數，如果需要恢復連接，則傳入 TRUE 即可。感興趣的讀者可以自行參考 Com 元件（Windows Shell 程式設計）方面的圖書以理解該函數。範例程式參見 ConnectNetwork 專案。

很多加密軟體動輒禁用使用者的網路卡、滑鼠、鍵盤等任何電腦中已安裝的裝置，我們看一下其實作原理。

UuidFromString 函數用於把一個 UUID 字串轉為 UUID 類型：

```
RPC_STATUS RPC_ENTRY UuidFromStringW(
    _In_opt_ RPC_WSTR   StringUuid,         //UUID 字串
    _Out_ UUID           *Uuid);            // 傳回 UUID 類型
RPC_STATUS RPC_ENTRY UuidFromStringA(
    _In_opt_ RPC_CSTR   StringUuid,         //UUID 字串
    _Out_ UUID           *Uuid);            // 傳回 UUID 類型
RPC_WSTR 和 RPC_CSTR 的定義如下：
typedef _Null_terminated_ unsigned short *RPC_WSTR;
typedef _Null_terminated_ unsigned char  *RPC_CSTR;
```

- StringUuid 參數是一個字串指標，但是呼叫 UuidFromString 函數的 Unicode 版本時應該把字串強制轉為 RPC_WSTR 類型，呼叫 UuidFrom String 函數的 ANSI 版本時應該把字串強制轉為 RPC_CSTR 類型。
- UUID 類型實際上就是 GUID 類型，相關定義如下：

```
typedef  GUID  UUID;
typedef struct _GUID {
```

```
    unsigned long  Data1;
    unsigned short Data2;
    unsigned short Data3;
    unsigned char  Data4[ 8 ];
} GUID;
```

例如下面的範例把字串 "4D36E972-E325-11CE-BFC1-08002BE10318" 轉為 GUID 類型：

```
GUID guid;
UuidFromString((RPC_WSTR)TEXT("4D36E972-E325-11CE-BFC1-08002BE10318"), &guid);
```

如果函數執行成功，則傳回值為 RPC_S_OK；如果指定的 GUID 字串無效，則傳回 RPC_S_ INVALID_STRING_UUID。

上述程式中的 4D36E972-E325-11CE-BFC1-08002BE10318 是網路卡安裝類別 GUID，而非具體某個網路卡。要啟用、禁用其他裝置，則需要指定對應的安裝類別 GUID，裝置的啟用與禁用其實是對該裝置進行重新安裝。

SetupDiGetClassDevs 函數用於傳回一個包含本機上所有被請求裝置的裝置資訊集控制碼：

```
HDEVINFO SetupDiGetClassDevs(
    _In_opt_ const GUID   *ClassGuid,   // 裝置安裝類別或裝置介面類別的 GUID 的指標
    _In_opt_       PCTSTR Enumerator,   //PnP(隨插即用)列舉器的 GUID 或符號名稱，
                                          或 PnP 裝置實例 ID
    _In_opt_       HWND   hwndParent,   // 與裝置資訊集中安裝裝置實例相連結的使用者
                                          介面的視窗控制碼
    _In_           DWORD  Flags);       // 裝置安裝、裝置介面類別標識，用於過濾指定
                                          的裝置資訊集中的裝置
```

- ClassGuid 參數表示裝置安裝類別或裝置介面類別的 GUID 的指標，因為我們要安裝網路卡類別，所以這裡需要設定為網路卡類別 GUID。
- Enumerator 參數表示 PnP（隨插即用）列舉器的 GUID 或符號名

稱，或 PnP 裝置實例 ID，這裡設定為 NULL。

- hwndParent 參數表示與裝置資訊集中安裝裝置實例相連結的視窗控制碼，這裡設定為 NULL。
- Flags 參數是一些標識，用於過濾指定的裝置資訊集中的裝置，該參數可以是以下一個或多個值（這裡只列舉部分標識），如表 9.8 所示。

表 9.8

標識	含義
DIGCF_ALLCLASSES	傳回所有裝置安裝類別或所有裝置介面類別的已安裝裝置列表，此時 ClassGuid 參數應設定為 NULL。要傳回指定的裝置安裝類別或裝置介面類別不能設定 DIGCF_ALLCLASSES，並把 ClassGuid 參數設定為裝置安裝類別或裝置介面類別的 GUID 的指標
DIGCF_PRESENT	僅傳回系統中當前已存在的裝置
DIGCF_PROFILE	僅傳回屬於當前硬體設定檔的裝置

如果函數執行成功，則傳回裝置資訊集的控制碼，該裝置資訊集包含與指定的參數匹配的所有已安裝裝置；如果函數執行失敗，則傳回 INVALID_HANDLE_VALUE，可以透過呼叫 GetLastError 函數獲取錯誤程式。

舉例來說，下面的程式傳回網路介面卡安裝程式類別的所有已存在裝置的裝置資訊集控制碼：

```
GUID guid;
HDEVINFO hDevInfoSet;

// 網路卡安裝類別 GUID
UuidFromString((RPC_WSTR)TEXT("4D36E972-E325-11CE-BFC1-08002BE10318"), &guid);

// 獲取裝置資訊集控制碼
hDevInfoSet = SetupDiGetClassDevs(&guid, NULL, NULL, DIGCF_PRESENT);
if (hDevInfoSet == INVALID_HANDLE_VALUE)
{
    MessageBox(g_hwndDlg, TEXT("獲取裝置資訊集控制碼出錯！"), TEXT("錯誤訊息"),
MB_OK);
```

```
    return FALSE;
}
```

有了裝置資訊集控制碼，即可迴圈呼叫 SetupDiEnumDeviceInfo 函數列舉裝置資訊集（對應裝置類別）中的裝置（可以呼叫 SetupDiGet DeviceRegistryProperty 函數獲取得到的裝置的詳細資訊，判斷是否為所需的裝置），對於列舉到的裝置可以呼叫 SetupDiSetClassInstallParams 函數設定安裝參數，然後呼叫 SetupDiCallClassInstaller 函數執行裝置的安裝（啟用或禁用）。這幾個函數介紹如下。

SetupDiEnumDeviceInfo 函數傳回裝置資訊集中一個裝置的資訊：

```
BOOL SetupDiEnumDeviceInfo(
    _In_  HDEVINFO          DeviceInfoSet, // 裝置資訊集控制碼
    _In_  DWORD             MemberIndex,   // 要獲取其資訊的裝置的從零開始的索引
    _Out_ PSP_DEVINFO_DATA DeviceInfoData);  // 在這個 SP_DEVINFO_DATA 結構中傳
                                             回指定裝置的資訊
```

如果函數執行成功，則傳回值為 TRUE，否則傳回值為 FALSE，可以透過呼叫 GetLastError 函數獲取錯誤程式。程式應該迴圈呼叫 SetupDiEnumDeviceInfo 函數以獲取指定裝置資訊集中所有裝置的資訊，一開始 MemberIndex 參數應該設定為索引 0，在下一次函數呼叫時應該遞增該索引值，直到裝置列舉完畢，這時候函數會傳回 FALSE，呼叫 GetLastError 函數會傳回 ERROR_NO_MORE_ITEMS。

DeviceInfoData 參數是一個指向 SP_DEVINFO_DATA 結構的指標，函數在該結構中傳回指定裝置的資訊，結構在 SetupAPI.h 標頭檔中定義如下：

```
typedef struct _SP_DEVINFO_DATA {
    DWORD cbSize;              // 該結構的大小
    GUID  ClassGuid;           // 裝置安裝類別的 GUID
    DWORD DevInst;             // 裝置實例的控制碼
    ULONG_PTR Reserved;        // 保留欄位
} SP_DEVINFO_DATA, *PSP_DEVINFO_DATA;
```

該結構標識了裝置資訊集中的裝置，其實不需要關心該結構每個欄位的具體含義，只需要設定該結構的 cbSize 欄位即可。在接下來的呼叫 SetupDiSetClassInstallParams 函數設定安裝參數和呼叫 SetupDiCallClassInstaller 函數執行裝置安裝時需要用到該結構。

SetupDiSetClassInstallParams 函數設定或清除裝置資訊集或特定裝置的類別安裝參數：

```
BOOL SetupDiSetClassInstallParams(
    _In_     HDEVINFO                 DeviceInfoSet,    //裝置資訊集控制碼
    _In_opt_ PSP_DEVINFO_DATA         DeviceInfoData,   //SP_DEVINFO_DATA 結構的指標
    _In_opt_ PSP_CLASSINSTALL_HEADER ClassInstallParams,  //設定或清除安裝參數
                                                            的結構
    _In_     DWORD                    ClassInstallParamsSize); //上述結構的大小
```

ClassInstallParams 參數是一個指向 SP_CLASSINSTALL_HEADER 結構的指標，但是在這裡我們不使用該結構，而是使用 SP_PROPCHANGE_PARAMS 結構，這兩個結構的定義如下：

```
typedef struct _SP_PROPCHANGE_PARAMS {
    SP_CLASSINSTALL_HEADER ClassInstallHeader; //該欄位是一個 SP_CLASSINSTALL_
                                                 HEADER 結構
    DWORD                  StateChange;
    DWORD                  Scope;
    DWORD                  HwProfile;
} SP_PROPCHANGE_PARAMS, *PSP_PROPCHANGE_PARAMS;
typedef struct _SP_CLASSINSTALL_HEADER {
    DWORD        cbSize;
    DI_FUNCTION InstallFunction;
} SP_CLASSINSTALL_HEADER, *PSP_CLASSINSTALL_HEADER;
```

SP_PROPCHANGE_PARAMS.ClassInstallHeader.InstallFunction 欄位表示裝置安裝請求程式，需要設定為 DIF_PROPERTYCHANGE 表示要更改裝置的安裝屬性；SP_PROPCHANGE_PARAMS.StateChange 欄位需要設定為 DICS_ENABLE 或 DICS_DISABLE 表示啟用或禁用；SP_PROPCHANGE_PARAMS. Scope 欄位需要設定為 DICS_FLAG_GLOBAL 表示全域作用域。

安裝參數設定好後，可以呼叫 SetupDiCallClassInstaller 函數執行裝置的安裝：

```
BOOL SetupDiCallClassInstaller(
    _In_      DI_FUNCTION        InstallFunction,   // 設定為 DIF_PROPERTYCHANGE
                                                     表示要更改裝置的安裝屬性
    _In_      HDEVINFO           DeviceInfoSet,     // 裝置資訊集控制碼
    _In_opt_  PSP_DEVINFO_DATA   DeviceInfoData);   //SP_DEVINFO_DATA 結構的指標
```

不再需要裝置資訊集控制碼時，呼叫 SetupDiDestroyDeviceInfoList 函數刪除裝置資訊集並釋放相關記憶體：

```
BOOL SetupDiDestroyDeviceInfoList(_In_ HDEVINFO DeviceInfoSet);
```

我們使用剛剛學習的 SetupAPI 知識重寫 Com 元件實作網路連接啟用、禁用的範例，只需要重寫 ConnectNetwork 函數，程式如下：

```
BOOL ConnectNetwork(BOOL bConnect)
{
    GUID guid;
    DWORD dwNewState;
    HDEVINFO hDevInfoSet;
    SP_DEVINFO_DATA spDevInfoData;
    int nDeviceIndex = 0;
    SP_PROPCHANGE_PARAMS spPropChangeParams;

    if (bConnect)
        dwNewState = DICS_ENABLE;       // 啟用
    else
        dwNewState = DICS_DISABLE;      // 禁用

    // 網路卡安裝類別 GUID
    UuidFromString((RPC_WSTR)TEXT("4D36E972-E325-11CE-BFC1-08002BE10318"),
&guid);

    // 獲取裝置資訊集控制碼
    hDevInfoSet = SetupDiGetClassDevs(&guid, NULL, NULL, DIGCF_PRESENT);
    if (hDevInfoSet == INVALID_HANDLE_VALUE)
```

```
    {
        MessageBox(g_hwndDlg, TEXT("獲取裝置資訊集控制碼出錯！"), TEXT("錯誤訊
息"), MB_OK);
        return FALSE;
    }

    //列舉裝置
    ZeroMemory(&spDevInfoData, sizeof(SP_DEVINFO_DATA));
    spDevInfoData.cbSize = sizeof(SP_DEVINFO_DATA);

    ZeroMemory(&spPropChangeParams, sizeof(SP_PROPCHANGE_PARAMS));
    spPropChangeParams.ClassInstallHeader.cbSize = sizeof(SP_CLASSINSTALL_
HEADER);
    spPropChangeParams.ClassInstallHeader.InstallFunction = DIF_PROPERTYCHANGE;
    spPropChangeParams.StateChange = dwNewState;    //啟用或禁用
    spPropChangeParams.Scope = DICS_FLAG_GLOBAL;

    while (TRUE)
    {
        if (!SetupDiEnumDeviceInfo(hDevInfoSet, nDeviceIndex, &spDevInfoData))
        {
            if (GetLastError() == ERROR_NO_MORE_ITEMS)
                break;
        }
        nDeviceIndex++;

        //安裝該裝置
        SetupDiSetClassInstallParams(hDevInfoSet, &spDevInfoData,
            (PSP_CLASSINSTALL_HEADER)&spPropChangeParams, sizeof
(spPropChangeParams));
        SetupDiCallClassInstaller(DIF_PROPERTYCHANGE, hDevInfoSet,
&spDevInfoData);
    }

    //銷毀裝置資訊集控制碼
    SetupDiDestroyDeviceInfoList(hDevInfoSet);
    return TRUE;
}
```

編譯執行程式，點擊「斷開網路」按鈕，發現網路連接並沒有發生

任何變化，透過偵錯追蹤我們發現圖 9.8 所示的介面。

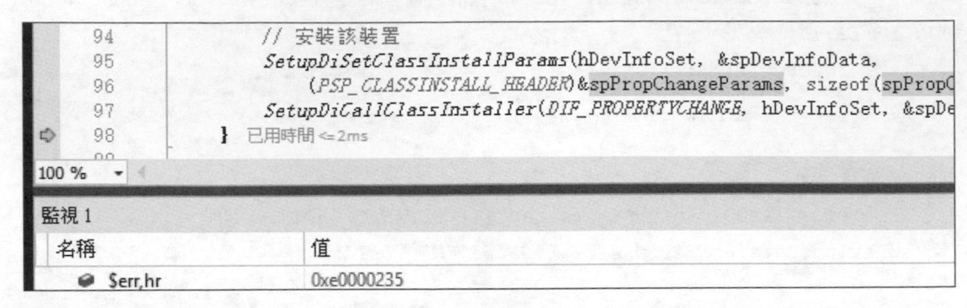

▲ 圖 9.8

對 SetupDiCallClassInstaller 函數的呼叫傳回錯誤程式：0xE0000235。

範例所在系統是 Windows 10 64 位元企業版（1703），現在我們編譯器為 32 位元程式，當在 64 位元系統中以 32 位元程式呼叫 SetupDiCall ClassInstaller 函數時就會出現這個問題，只需要編譯為 64 位元程式即可（見圖 9.9）。

▲ 圖 9.9

編譯執行程式，點擊「斷開網路」按鈕，發現網路連接已經斷開，開啟裝置管理員，可以看到網路介面卡中的所有裝置都已經被禁用（見圖 9.10）。

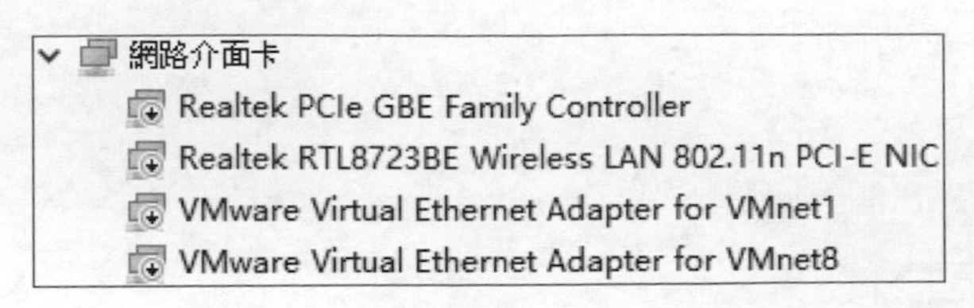

▲ 圖 9.10

點擊「連接網路」按鈕，網路介面卡中的所有裝置即可全部啟用。完整程式參見 ConnectNetwork2 專案。

CHAPTER

10 其他常用 Windows API 程式設計知識

10.1 捷徑

捷徑是 Windows 提供的一種快速啟動程式、開啟檔案或資料夾的方法，捷徑的副檔名通常為 .lnk，另外還有副檔名為 .url 的網頁捷徑等。

捷徑的相關屬性包括捷徑指向的目的檔案路徑、捷徑自身路徑、起始位置（工作目錄）、快速鍵、執行方式（常規視窗、最小化或最大化）、備註（描述）、圖示和命令列參數等。快速鍵屬性指的是為目的檔案設定一個特定執行緒熱鍵，按下快速鍵時會開啟目的檔案。起始位置是指目的檔案在執行過程中需要的一些工作檔案例如設定檔、資料庫檔案或動態連結程式庫等所在的目錄，當程式需要的所有檔案都在同一個目錄中時，可以設定起始位置為程式所在目錄，對於某些有特殊要求的程式，可能需要使用不在同一目錄中的其他檔案，在這種情況下可以在起始位置屬性中指定這些檔案所在的目錄。預設情況下當滑鼠移過在一個捷徑上時，會顯示目的檔案所在目錄，使用者可以透過備註屬性設定為其他自訂字串。

要建立一個 .lnk 捷徑，可以使用 COM 函數庫介面提供的相關函數，例如下面的自訂函數 MyCreateShortcut：

```
/*****************************************************************************
  * 函數功能：      透過呼叫 COM 函數庫介面函數建立程式捷徑
  * 輸入參數的說明：
```

```
    1. lpszDestFileName 參數表示捷徑指向的目的檔案路徑，必須指定
    2. lpszShortcutFileName 參數表示捷徑的儲存路徑（副檔名為 .lnk），必須指定
    3. lpszWorkingDirectory 參數表示起始位置（工作目錄），如果設定為 NULL 表示程式所在
       目錄
    4. wHotKey 參數表示快速鍵，設定為 0 表示不設定快速鍵
    5. iShowCmd 參數表示執行方式，可以設定為 SW_SHOWNORMAL、SW_SHOWMINNOACTIVE 或
       SW_SHOWMAXIMIZED 分別表示常規視窗、最小化或最大化，設定為 0 表示常規視窗
    6. lpszDescription 參數表示備註（描述），可以設定為 NULL
  * 注意：該函數需要使用 tchar.h、Shlobj.h 和 strsafe.h 標頭檔
*********************************************************************************/
BOOL MyCreateShortcut(LPTSTR lpszDestFileName, LPTSTR lpszShortcutFileName,
    LPTSTR lpszWorkingDirectory, WORD wHotKey, int iShowCmd, LPTSTR
lpszDescription)
{
    HRESULT hr;

    if (lpszDestFileName == NULL || lpszShortcutFileName == NULL)
        return FALSE;

    // 初始化 COM 函數庫
    CoInitializeEx(NULL, 0);

    // 建立一個 IShellLink 物件
    IShellLink* pShellLink;
    hr = CoCreateInstance(CLSID_ShellLink, NULL, CLSCTX_SERVER,
IID_IShellLink, (LPVOID*)&pShellLink);
    if (FAILED(hr))
        return FALSE;

    // 使用傳回的 IShellLink 物件中的方法設定捷徑的屬性
    // 目的檔案路徑
    pShellLink->SetPath(lpszDestFileName);

    // 起始位置（工作目錄）
    if (!lpszWorkingDirectory)
    {
        TCHAR szWorkingDirectory[MAX_PATH] = { 0 };
        StringCchCopy(szWorkingDirectory, _countof(szWorkingDirectory),
lpszDestFileName);
        LPTSTR lpsz = _tcsrchr(szWorkingDirectory, TEXT('\\'));
```

```
        *lpsz = TEXT('\0');
        pShellLink->SetWorkingDirectory(szWorkingDirectory);
    }
    else
    {
        pShellLink->SetWorkingDirectory(lpszWorkingDirectory);
    }

    // 快速鍵（低位元組表示虛擬按鍵碼，高位元組表示修飾鍵）
    if (wHotKey != 0)
        pShellLink->SetHotkey(wHotKey);

    // 執行方式
    if (!iShowCmd)
        pShellLink->SetShowCmd(SW_SHOWNORMAL);
    else
        pShellLink->SetShowCmd(iShowCmd);

    // 備註（描述）
    if (lpszDescription != NULL)
        pShellLink->SetDescription(lpszDescription);

    // 呼叫 IShellLink 的父類別 IUnknown 中的 QueryInterface 方法獲取 IPersistFile 物件
    IPersistFile* pPersistFile;
    hr = pShellLink->QueryInterface(IID_IPersistFile, (LPVOID*)&pPersistFile);
    if (FAILED(hr))
    {
        pShellLink->Release();
        return FALSE;
    }
    // 使用獲取到的 IPersistFile 物件中的 Save 方法儲存捷徑到指定位置
    pPersistFile->Save(lpszShortcutFileName, TRUE);

    // 釋放相關物件
    pPersistFile->Release();
    pShellLink->Release();
    // 關閉 COM 函數庫
    CoUninitialize();

    return TRUE;
}
```

10.2 程式開機自動啟動

開機自動啟動是程式設計中經常用到的技術，前面已經介紹了透過將程式的完整路徑寫入登錄檔 Run 子鍵的方式來實作開機自動啟動，本節再介紹以下幾種方法。

（1）把程式的捷徑寫入開機自動啟動程式目錄。

（2）建立任務計畫實作開機自動啟動。

（3）建立系統服務實作開機自動啟動。

10.2.1 將程式的捷徑寫入開機自動啟動程式目錄

前面介紹過 SHGetKnownFolderPath 函數，透過該函數可以獲取一些系統常用目錄的完整路徑，快速啟動目錄及其對應的 GUID 如下。

- 快速啟動目錄（所有使用者）：82A5EA35-D9CD-47C5-9629-E15D2F714E6E。
- 快速啟動目錄（當前使用者）：B97D20BB-F46A-4C97-BA10-5E3608430854。

把程式的捷徑增加到快速啟動目錄後，作業系統啟動時會自動載入對應的程式，實作開機自動啟動。

我們可以呼叫前面介紹的自訂函數 MyCreateShortcut 建立捷徑到快速啟動目錄，AutoRun_Shortcut.cpp 原始檔案的內容如下：

```
#include <windows.h>
#include <tchar.h>
#include <Shlobj.h>
#include <strsafe.h>
#include "resource.h"

// 函數宣告
INT_PTR CALLBACK DialogProc(HWND hwndDlg, UINT uMsg, WPARAM wParam, LPARAM
lParam);
BOOL MyCreateShortcut(LPTSTR lpszDestFileName, LPTSTR lpszShortcutFileName,
```

```
    LPTSTR lpszWorkingDirectory, WORD wHotKey, int iShowCmd, LPTSTR
lpszDescription);

int WINAPI WinMain(HINSTANCE hInstance, HINSTANCE hPrevInstance, LPSTR
lpCmdLine, int nCmdShow)
{
    DialogBoxParam(hInstance, MAKEINTRESOURCE(IDD_MAIN), NULL, DialogProc,
NULL);
    return 0;
}

INT_PTR CALLBACK DialogProc(HWND hwndDlg, UINT uMsg, WPARAM wParam, LPARAM
lParam)
{
    GUID guid = { 0xB97D20BB, 0xF46A, 0x4C97, {0xBA, 0x10, 0x5E, 0x36, 0x08,
0x43, 0x08, 0x54} };
    LPTSTR lpStrStartup;                          // 傳回當前使用者的開機自動啟動程式目錄
    TCHAR szDestFileName[MAX_PATH] = { 0 };       // 可執行檔完整路徑
    TCHAR szFileName[MAX_PATH] = { 0 };           // 可執行檔名稱
    TCHAR szShortcutFileName[MAX_PATH] = { 0 };   // 捷徑的儲存路徑

    switch (uMsg)
    {
    case WM_COMMAND:
        switch (LOWORD(wParam))
        {
        case IDC_BTN_OK:
            // 獲取當前使用者的開機自動啟動程式目錄
            SHGetKnownFolderPath(guid, 0, NULL, &lpStrStartup);

            // 獲取當前處理程序的可執行檔完整路徑
            GetModuleFileName(NULL, szDestFileName, _countof(szDestFileName));

            // 拼湊捷徑的儲存路徑
            // 開機自動啟動程式目錄後面加一個反斜線
            StringCchCopy(szShortcutFileName, _countof(szShortcutFileName),
lpStrStartup);
            if (szShortcutFileName[_tcslen(szShortcutFileName) - 1] !=
TEXT('\\'))
                StringCchCat(szShortcutFileName, _countof(szShortcutFileName),
```

```
TEXT("\\"));
                // 可執行檔名稱 .lnk
                StringCchCopy(szFileName, _countof(szFileName),
_tcsrchr(szDestFileName, TEXT('\\')) + 1);
                *(_tcsrchr(szFileName, TEXT('.')) + 1) = TEXT('\0');
                StringCchCat(szFileName, _countof(szFileName), TEXT("lnk"));
                // 開機自動啟動程式目錄 \ 可執行檔名稱 .lnk
                StringCchCat(szShortcutFileName, _countof(szShortcutFileName),
szFileName);

                // 呼叫自訂函數 MyCreateShortcut 建立捷徑
                MyCreateShortcut(szDestFileName, szShortcutFileName, NULL, 0, 0,
NULL);

                CoTaskMemFree(lpStrStartup);
                break;

            case IDCANCEL:
                EndDialog(hwndDlg, 0);
                break;
            }
            return TRUE;
        }

    return FALSE;
}
```

完整程式參見 Chapter10\AutoRun_Shortcut 專案。

10.2.2 建立任務計畫實作開機自動啟動

透過任務計畫可以將任何指令稿、程式或文件安排在某個時間執行，點擊桌面右下角的開始選單→ 電腦管理（本機）→系統工具→任務計畫程式，或用滑鼠按右鍵桌面的此電腦，然後選擇管理→電腦管理（本機）→系統工具→任務計畫程式，開啟任務計畫程式，即可建立基本任務或建立任務。透過「建立基本任務」精靈可以快速地為常見任務建立計畫，如果需要更多進階選項或設定，例如多工操作或觸發器，則可以使用「建立任務」命令。

觸發器設定為當前使用者登入時，啟動指定目錄中的程式，即可實作開機自動啟動。要程式設計實作建立任務計畫，需要使用 COM 函數庫介面提供的相關函數。任務計畫是 Windows 提供的強大功能，本節不列出相關範例程式原始程式，範例程式請參考 Chapter10\AutoRun_Task 專案，AutoRun_Task 專案實作了建立任務計畫和刪除任務計畫兩個自訂函數，讀者可以直接使用，也可以根據需要進行個性化修改。

10.2.3 建立系統服務實作開機自動啟動

系統服務也是一種應用程式類型，它在後台執行，服務程式沒有視窗、對話方塊等使用者介面，服務程式可以在本機或透過網路提供給使用者一些功能。服務程式可以在系統啟動時自動啟動，也可以由使用者手動啟動，即使沒有使用者登入到系統，服務程式也可以執行。

在 Windows 作業系統的早期版本中，所有服務都與登入的第一個使用者在同一階段中執行，該階段稱為階段 0，在階段 0 中一起執行服務和使用者應用程式會帶來安全風險，因為服務以提升的特權執行，經常會被試圖提高自身特權等級別的惡意程式利用。在 Windows Vista 作業系統及更新版本系統中，採用了階段 0 隔離機制，只有系統處理程序、服務和驅動程式在階段 0 中執行，第一個登入的使用者連接到階段 1，第二個登入的使用者連接到階段 2，依此類推，服務永遠不會與使用者的應用程式在同一階段中執行，這就避免了來自使用者應用程式的攻擊。

服務程式無法向使用者應用程式發送訊息，使用者應用程式也無法向服務程式發送訊息，服務程式無法直接顯示使用者介面例如對話方塊，但是可以透過使用 WTSSendMessage 函數在另一個階段中顯示訊息方塊，如果需要實作更複雜的使用者介面，可以使用 CreateProcessAsUser 函數在使用者階段中建立一個處理程序。微軟公司建議使用客戶端設備 - 伺服器機制，例如遠端程序呼叫 RPC 或具名管線在服務和使用者應用程式之間進行通訊。

1. 實作一個系統服務管理器

單純講解如何建立一個開機自動啟動的服務程式無法理解系統服務的工作原理，本節實作一個系統服務管理器程式 ServiceManager，該程式的功能與用滑鼠按右鍵桌面的此電腦，然後選擇管理→電腦管理（本機）→服務和應用程式→服務，所開啟的系統提供的服務管理程式（services.msc）功能類似。ServiceManager 程式介面如圖 10.1 所示。

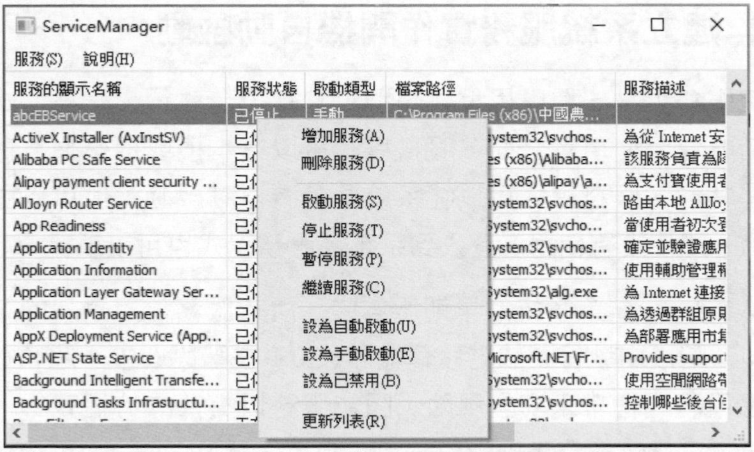

▲ 圖 10.1

首先，列舉服務控制管理器資料庫中的服務，並顯示每個服務的顯示名稱、服務狀態（正在執行、已停止等）、啟動類型（手動、自動和禁用等）、服務程式所在的檔案路徑和服務描述。這裡不再詳細介紹每個函數的具體用法。

OpenSCManager 函數用於建立到指定電腦上的服務控制管理器的連接，並開啟指定的服務控制管理器資料庫，如果函數執行成功，則傳回指定的服務控制管理器資料庫的控制碼；如果函數執行失敗，則傳回值為 NULL。當不再需要服務控制管理器資料庫控制碼時可以呼叫 CloseServiceHandle 函數關閉服務控制碼。

利用服務控制管理器資料庫的控制碼，可以透過呼叫 EnumServicesStatusEx 函數列舉服務控制管理器資料庫中的服務，該函數傳回一個

ENUM_SERVICE_STATUS_PROCESS 結構陣列，每個陣列元素對應著一個服務的資訊，包括服務的服務名稱、顯示名稱、當前狀態（正在執行、已停止等）和服務的處理程序 ID 等。ENUM_SERVICE_STATUS_PROCESS 結構的定義如下：

```
typedef struct _ENUM_SERVICE_STATUS_PROCESS {
  LPTSTR              lpServiceName;      //服務控制管理器資料庫中服務的服務名稱
  LPTSTR              lpDisplayName;      //服務控制程式用來標識服務的顯示名稱
  SERVICE_STATUS_PROCESS ServiceStatusProcess; //該結構包含服務類型、服務當前狀
                                                態、服務的處理程序 ID 等
} ENUM_SERVICE_STATUS_PROCESS, * LPENUM_SERVICE_STATUS_PROCESS;
```

ENUM_SERVICE_STATUS_PROCESS 結構中的 SERVICE_STATUS_PROCESS 結構的定義如下：

```
typedef struct _SERVICE_STATUS_PROCESS {
    DWORD dwServiceType;                  //服務類型
    DWORD dwCurrentState;                 //服務的當前狀態
    DWORD dwControlsAccepted;             //服務可以接受並在其處理函數中處理的控制程式
    DWORD dwWin32ExitCode;                //服務用於報告啟動或停止時發生的錯誤的錯誤程式
    DWORD dwServiceSpecificExitCode;      //服務啟動或停止時如果發生錯誤，服務將傳回服務
                                            的特定錯誤程式
    DWORD dwCheckPoint;               //用於追蹤服務的操作（啟動、停止、暫停或繼續）進度
    DWORD dwWaitHint;                 //啟動、停止、暫停或繼續操作所需的估計時間
    DWORD dwProcessId;                //服務的處理程序 ID
    DWORD dwServiceFlags;             //服務是否在系統處理程序中執行
} SERVICE_STATUS_PROCESS, * LPSERVICE_STATUS_PROCESS;
```

- SERVICE_STATUS_PROCESS 結構的 dwCurrentState 欄位表示服務的當前狀態，可以是表 10.1 所示的值之一。

表 10.1

常數	值	含義
SERVICE_START_PENDING	0x00000002	服務正在啟動
SERVICE_RUNNING	0x00000004	服務正在執行
SERVICE_STOP_PENDING	0x00000003	服務正在停止

常數	值	含義
SERVICE_STOPPED	0x00000001	服務已停止
SERVICE_PAUSE_PENDING	0x00000006	服務正在暫停
SERVICE_PAUSED	0x00000007	服務已暫停
SERVICE_CONTINUE_PENDING	0x00000005	服務正在繼續

- SERVICE_STATUS_PROCESS 結構的 dwControlsAccepted 欄位表示服務可以接受並在其處理函數中處理的控制程式。如果需要控制服務的當前狀態，就需要查詢該欄位的值以確定是否可以停止、暫停等，常用的值如表 10.2 所示。

表 10.2

常數	值	含義
SERVICE_ACCEPT_STOP	0x00000001	服務可以停止，此控制程式允許服務接收 SERVICE_ CONTROL_STOP 通知
SERVICE_ACCEPT_ PAUSE_CONTINUE	0x00000002	服務可以暫停並繼續，此控制程式允許服務接收 SERVICE_CONTROL_ PAUSE 和 SERVICE_CONTROL_CONTINUE 通知

ENUM_SERVICE_STATUS_PROCESS 結構不包含服務的啟動類型（手動、自動和禁用等），程式可以透過呼叫 OpenService 函數開啟服務（第 1 個參數指定為服務控制管理器資料庫控制碼，第 2 個參數指定為服務名稱），函數執行成功則傳回一個服務控制碼，函數執行失敗則傳回值為 NULL。當不再需要的時候可以呼叫 CloseServiceHandle 函數關閉服務控制碼。

有了具體某個服務的控制碼，可以透過呼叫 QueryServiceConfig 函數查詢該服務的設定參數，該函數傳回一個 QUERY_SERVICE_CONFIG 結構，包括服務的啟動類型、檔案路徑等，結構定義如下：

```
typedef struct _QUERY_SERVICE_CONFIG {
    DWORD   dwServiceType;         // 服務類型
    DWORD   dwStartType;           // 何時啟動服務，即啟動類型（手動、自動和禁用等）
    DWORD   dwErrorControl;        // 當服務無法啟動時採取的措施
    LPTSTR  lpBinaryPathName;      // 服務的檔案路徑
```

```
    LPTSTR  lpLoadOrderGroup;     // 服務所屬的載入順序群組的名稱
    DWORD   dwTagId;            // 在 lpLoadOrderGroup 參數指定的群組中此服務的唯一 ID
    LPTSTR  lpDependencies;       // 服務或載入順序群組的名稱的陣列指標
    LPTSTR  lpServiceStartName;  // 服務處理程序在執行時期將登入的帳戶名稱
    LPTSTR  lpDisplayName;        // 服務的顯示名稱
} QUERY_SERVICE_CONFIG, * LPQUERY_SERVICE_CONFIG;
```

QUERY_SERVICE_CONFIG 結構的 dwStartType 欄位表示啟動類型，可以是表 10.3 所示的值之一。

表 10.3

常數	值	含義
SERVICE_BOOT_START	0x00000000	自動啟動（用於驅動程式服務）
SERVICE_SYSTEM_START	0x00000001	手動啟動（用於驅動程式服務）
SERVICE_AUTO_START	0x00000002	自動啟動
SERVICE_DEMAND_START	0x00000003	手動啟動
SERVICE_DISABLED	0x00000004	禁用

如果有部分服務的描述資訊未獲取，可以透過呼叫 QueryServiceConfig2 函數查詢服務的其他設定參數，該函數的第 2 個參數指定為 SERVICE_CONFIG_DESCRIPTION 可以獲取服務的描述資訊（傳回一個 SERVICE_DESCRIPTION 結構），該結構定義如下：

```
typedef struct _SERVICE_DESCRIPTION {
    LPTSTR lpDescription;    // 服務的描述字串
} SERVICE_DESCRIPTION, * LPSERVICE_DESCRIPTION;
```

清單檢視控制項的 LVS_SORTASCENDING 和 LVS_SORTDESCENDING 樣式只可以根據清單項文字進行排序，對於報表格視圖不能簡單地透過指定這兩個樣式來達到對清單項進行排序的目的，因為這會導致子項不能正確顯示。要對報表格視圖進行排序可以發送 LVM_SORTITEMS 訊息，透過該訊息可以根據清單項文字或任何子項進行排序。

對於報表格視圖，當使用者點擊列標題時會收到包含 LVN_COLUMNCLICK 通知碼的 WM_NOTIFY 訊息，訊息的 lParam 參數是一個指向 NMLISTVIEW 結構的指標，NMLISTVIEW.iSubItem 欄位是列的索引，這時程式可以透過發送 LVM_SORTITEMS 訊息根據所點擊的列進行排序。

LVM_SORTITEMS 訊息的 lParam 參數是一個指向應用程式定義的比較函數的指標，系統會呼叫該回呼函數對清單檢視控制項中的所有清單項進行排序，回呼函數定義格式如下：

```
int CALLBACK CompareFunc(LPARAM lParam1, LPARAM lParam2, LPARAM lParamSort);
```

- 參數 lParam1 是參與比較的第 1 個清單項對應的項目資料，參數 lParam2 是參與比較的第 2 個清單項對應的項目資料。項目資料是插入清單項時在 LVITEM 結構的 lParam 欄位中指定的值。
- lParamSort 參數是 LVM_SORTITEMS 訊息的 wParam 參數傳遞過來的程式自訂資料。

如果第 1 項在第 2 項之前，回呼函數應該傳回負值；如果第 1 項在第 2 項之後，回呼函數應該傳回正值；如果兩項相等，則回呼函數應該傳回零。

如果要按服務的顯示名稱進行排序，則插入清單項時應該把顯示名稱的位址作為項目資料；如果要按服務的當前狀態進行排序，則插入清單項時應該把服務的當前狀態作為項目資料。本例要實作使用者點擊服務的顯示名稱、服務狀態和啟動類型時根據所點擊的列進行排序，因此應該使用一個自訂結構作為項目資料：

```
typedef struct _ITEMDATA
{
    TCHAR m_szServiceName[256];     // 服務名稱
    TCHAR m_szDisplayName[256];     // 顯示名稱
    DWORD m_dwCurrentState;         // 服務狀態
    DWORD m_dwControlsAccepted;     // 控制程式
    DWORD m_dwStartType;            // 啟動類型
}ITEMDATA, * PITEMDATA;
```

後期需要使用服務名稱開啟服務，如果需要控制服務的當前狀態就要先確定服務的控制程式，因此增加了 m_szServiceName 和 m_dwControlsAccepted 兩個欄位。

當使用者點擊列標題時，我們處理 WM_NOTIFY 訊息的 LVN_COLUMNCLICK 通知碼，把 ((LPNMLISTVIEW) lParam)->iSubItem 欄位作為 LVM_SORTITEMS 訊息的 wParam 參數，發送 LVM_SORTITEMS 訊息，然後在回呼函數 CompareFunc 中根據所點擊的列取出項目資料的對應欄位進行排序即可。

至此，ServiceManager 程式的介面顯示工作已經完成，為了防止程式原始程式碼過長不易閱讀，建議讀者先閱讀並理解 Chapter10\ServiceManager 專案，各個選單功能的實作參見 Chapter10\ServiceManager2 專案。

2. 控制服務狀態

本節將實作啟動服務、停止服務、暫停服務和繼續服務選單項的功能。前面我們已經在項目資料中儲存了每個服務的當前狀態和控制程式，程式應該根據服務的當前狀態決定啟用還是禁用上述選單項，同時應該確定服務的控制程式是否支援停止服務、暫停服務和繼續服務。本程式在 WM_ INITMENUPOPUP 訊息中呼叫了自訂函數 QueryServiceStatusAndConfig，在顯示彈出選單前，獲取選中服務的當前狀態和設定參數，啟用禁用相關選單項。

QueryServiceStatusEx 函數用於獲取指定服務的當前狀態資訊，包括服務類型、當前狀態、服務的處理程序 ID 等，該函數傳回一個 SERVICE_STATUS_PROCESS 結構（同 EnumServicesStatusEx 函數傳回的 ENUM_SERVICE_STATUS_PROCESS 結構中的 SERVICE_STATUS_PROCESS 結構），本程式在呼叫自訂函數 GetServiceList 獲取服務清單時已經儲存了每個服務的當前狀態和控制程式，因此不需要額外呼叫 QueryServiceStatusEx 函數。

要啟動指定的服務可以呼叫 StartService 函數：

```
BOOL WINAPI StartService(
    _In_      SC_HANDLE hService,       // 服務控制碼，必須具有 SERVICE_START 存取權限
    _In_      DWORD     dwNumServiceArgs,    //lpServiceArgVectors 陣列中的陣
                                              列元素個數
    _In_opt_  LPCTSTR*  lpServiceArgVectors); // 傳遞給服務的 ServiceMain 函數的參
                                               數陣列
```

如果函數執行成功，則傳回值為非零；如果函數執行失敗，則傳回值為 0。

ControlService 函數用於向指定的服務發送控制程式，例如停止服務、暫停服務、繼續服務：

```
BOOL WINAPI ControlService(
    _In_  SC_HANDLE          hService,           // 服務控制碼
    _In_  DWORD              dwControl,          // 控制程式
    _Out_ LPSERVICE_STATUS   lpServiceStatus);   // 傳回最新服務狀態資訊的
                                                    SERVICE_STATUS 結構
```

dwControl 參數指定控制程式，常用的值如表 10.4 所示。

表 10.4

常數	值	含義
SERVICE_CONTROL_STOP	0x00000001	通知服務停止服務，hService 控制碼須具有 SERVICE_STOP 存取權限
SERVICE_CONTROL_PAUSE	0x00000002	通知服務暫停服務，hService 控制碼須具有 SERVICE_PAUSE_CONTINUE 存取權限
SERVICE_CONTROL_CONTINUE	0x00000003	通知暫停的服務應恢復（繼續服務），hService 控制碼須具有 SERVICE_ PAUSE_CONTINUE 存取權限
SERVICE_CONTROL_SHUTDOWN	0x00000005	通知服務系統正在關閉

如果函數執行成功，則傳回值為非零；如果函數執行失敗，則傳回值為 0。

對於啟動服務，本程式定義了自訂函數 StartTheService，對於停止服務、暫停服務、繼續服務，程式定義了自訂函數 ControlCurrentState。

3. 改變服務啟動類型

如前所述，呼叫 QueryServiceConfig 函數可以查詢指定服務的設定參數，該函數傳回一個 QUERY_SERVICE_CONFIG 結構，包括服務的啟動類型、檔案路徑等，呼叫 QueryServiceConfig2 函數可以查詢指定服務的其他設定參數。與之對應的，要更改指定服務的設定參數可以呼叫 ChangeServiceConfig 函數，要更改指定服務的其他設定參數可以呼叫 ChangeServiceConfig2 函數。ChangeServiceConfig 函數宣告如下：

```
BOOL WINAPI ChangeServiceConfig(
    _In_        SC_HANDLE hService,          // 服務控制碼，必須具有 SERVICE_CHANGE_
                                                CONFIG 存取權限
    _In_        DWORD     dwServiceType,     // 服務類型，如果不需要更改可以設定為
                                                SERVICE_NO_CHANGE
    _In_        DWORD     dwStartType,       // 啟動類型，如果不需要更改可以設定為
                                                SERVICE_NO_CHANGE
    _In_        DWORD     dwErrorControl,    // 錯誤控制，如果不需要更改可以設定為
                                                SERVICE_NO_CHANGE
    _In_opt_    LPCTSTR   lpBinaryPathName,  // 服務的檔案路徑
    _In_opt_    LPCTSTR   lpLoadOrderGroup,  // 服務所屬的載入順序群組的名稱
    _Out_opt_   LPDWORD   lpdwTagId,         // 傳回在 lpLoadOrderGroup 參數指定的群
                                                組中此服務的唯一 ID
    _In_opt_    LPCTSTR   lpDependencies,    // 服務或載入順序群組的名稱的陣列指標
    _In_opt_    LPCTSTR   lpServiceStartName,// 服務處理程序在執行時期將登入的帳戶
                                                名稱
    _In_opt_    LPCTSTR   lpPassword,        //lpServiceStartName 參數指定的帳戶名
                                                稱的密碼
    _In_opt_    LPCTSTR   lpDisplayName);    // 服務的顯示名稱
```

如果函數執行成功，則傳回值為非零；如果函數執行失敗，則傳回值為 0。

對於設為自動啟動、設為手動啟動、設為已禁用這些選單項，本程式定義了自訂函數 ChangeTheServiceConfig。

4. 增加和刪除服務

CreateService 函數用於建立一個服務物件，並將其增加到服務控制管理器資料庫中：

```
SC_HANDLE WINAPI CreateService(
    _In_       SC_HANDLE hSCManager,         // SCM 資料庫控制碼，須具有
                                               SC_MANAGER_CREATE_SERVICE 許可權
    _In_       LPCTSTR   lpServiceName,      // 服務名稱，最大長度為 256 個字元
    _In_opt_   LPCTSTR   lpDisplayName,      // 顯示名稱，最大長度為 256 個字元
    _In_       DWORD     dwDesiredAccess,    // 服務的存取權限，可以指定為
                                               SERVICE_ALL_ACCESS
    _In_       DWORD     dwServiceType,      // 服務類型，通常指定為 SERVICE_
                                               WIN32_OWN_PROCESS
    _In_       DWORD     dwStartType,        // 啟動類型，可以指定為 SERVICE_AUTO_
                                               START 自動啟動
    _In_       DWORD     dwErrorControl,     // 錯誤控制，可以設定為 SERVICE_
                                               ERROR_NORMAL
    _In_opt_   LPCTSTR   lpBinaryPathName,   // 服務的檔案路徑，如果路徑包含空格則必須
                                               使用引號括起來
    _In_opt_   LPCTSTR   lpLoadOrderGroup,   // 服務所屬的載入排序群組的名稱，可為
                                               NULL
    _Out_opt_  LPDWORD   lpdwTagId,          // 傳回在 lpLoadOrderGroup 群組中此服
                                               務的唯一 ID，可為 NULL
    _In_opt_   LPCTSTR   lpDependencies,     // 服務或載入順序群組的名稱的陣列指標，
                                               可為 NULL
    _In_opt_   LPCTSTR   lpServiceStartName,   // 服務處理程序在執行時期將登入的帳戶
                                                 名稱，可為 NULL
    _In_opt_   LPCTSTR   lpPassword);          // lpServiceStartName 參數指定的帳
                                                 戶名稱的密碼，可為 NULL
```

如果函數執行成功，則傳回值是服務的控制碼；如果函數執行失敗，則傳回值為 NULL。

要建立一個服務，需要指定檔案路徑、服務名稱、顯示名稱、啟動類型和服務描述等，因此在使用者點擊增加服務選單項時，應該呼叫 DialogBoxParam 函數彈出一個對話方塊供使用者輸入上述資訊（見圖 10.2）。

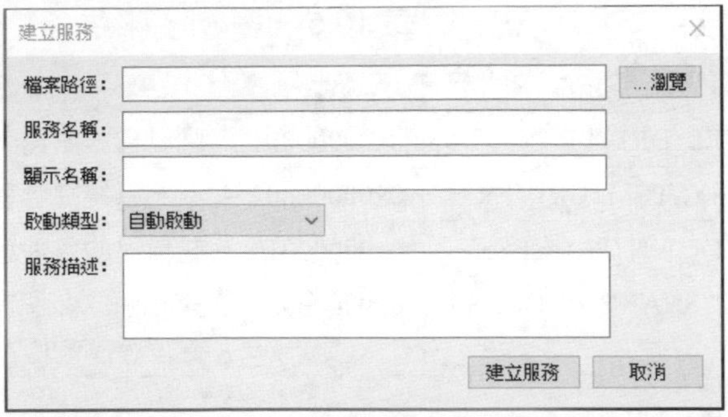

▲ 圖 10.2

使用者點擊「建立服務」按鈕，呼叫自訂函數 CreateAService 建立服務，如果建立服務成功，則建立服務對話方塊的視窗過程傳回 2(*EndDialog*(hwndDlg, 2))，如果建立服務失敗，則傳回 1(*EndDialog*(hwndDlg, 1))，然後主程式可以根據建立服務對話方塊的傳回值以顯示建立服務成功還是失敗。

DeleteService 函數用於將指定的服務從服務控制管理器資料庫中刪除：

```
BOOL DeleteService(_In_ SC_HANDLE hService);// 服務控制碼，必須具有 DELETE 存取權限
```

如果指定的服務正在執行，可以透過呼叫 ControlService 函數來停止正在執行的服務（SERVICE_ CONTROL_STOP 控制程式），然後再刪除。

關於刪除服務選單項，本程式定義了自訂函數 DeleteTheService。

5. 撰寫服務程式

前面多次提到過服務類型的概念，例如 EnumServicesStatusEx 函數傳回的 ENUM_SERVICE_STATUS_ PROCESS 結構中的 SERVICE_STATUS_PROCESS 結構中的 dwServiceType 欄位，QueryServiceConfig 函數傳回的 QUERY_SERVICE_CONFIG 結構中的 dwServiceType 欄位，ChangeServiceConfig 函數的 dwServiceType 參數，CreateService 函數的 dwServiceType 參數等，服務類型可以是表 10.5 所示的值之一。

表 10.5

常數	值	含義
SERVICE_KERNEL_DRIVER	0x00000001	驅動程式服務
SERVICE_FILE_SYSTEM_DRIVER	0x00000002	檔案系統驅動程式服務
SERVICE_WIN32_OWN_PROCESS	0x00000010	在自己的處理程序中執行的服務
SERVICE_WIN32_SHARE_PROCESS	0x00000020	與一個或多個其他服務共享一個處理程序的服務

一個服務程式可以包含一個或多個服務，使用 SERVICE_WIN32_OWN_PROCESS 類型建立的服務程式僅包含一個服務，使用 SERVICE_WIN32_SHARE_PROCESS 類型建立的服務程式可以包含多個服務（多個服務之間可以共享程式）。

當一個應用程式需要常駐在系統，或隨時為其他應用程式提供服務時，可以使用服務程式，服務程式沒有視窗、對話方塊這些使用者介面，因此服務通常被撰寫為主控台應用程式。服務程式不同於一般的可執行程式，撰寫服務程式需要遵循一定的規範。

當服務控制管理器（SCM）啟動服務程式時，它將等待服務程式呼叫 StartServiceCtrlDispatcher 函數，StartServiceCtrlDispatcher 函數用於將呼叫執行緒連接到服務控制管理器，從而使該執行緒成為服務控制排程執行緒：

```
BOOL WINAPI StartServiceCtrlDispatcher(
    _In_ const SERVICE_TABLE_ENTRY* lpServiceTable);
    // 指向 SERVICE_TABLE_ENTRY 結構陣列的指標
```

lpServiceTable 參數是一個指向 SERVICE_TABLE_ENTRY 結構陣列的指標，每個 SERVICE_ TABLE_ENTRY 結構包含一個服務的服務名稱和服務進入點函數 ServiceMain 的指標，結構陣列的最後一個陣列元素應以空結構結尾。SERVICE_ TABLE_ENTRY 結構的定義如下：

```
typedef struct _SERVICE_TABLE_ENTRY {
    LPTSTR                  lpServiceName;         // 服務名稱
```

```
    LPSERVICE_MAIN_FUNCTION lpServiceProc;        //服務進入點函數指標
} SERVICE_TABLE_ENTRY, * LPSERVICE_TABLE_ENTRY;
```

如果函數執行成功，則傳回值為非零；如果函數執行失敗，則傳回值為 0。函數執行成功後會將呼叫執行緒連接到服務控制管理器，從而使該執行緒成為服務控制排程執行緒，服務控制排程執行緒不會傳回，直到服務處理程序中所有的服務都停止（SERVICE_STOPPED 狀態）。

SCM 透過具名管線向服務控制排程執行緒發送控制請求，服務控制排程執行緒執行以下任務。

（1）建立新執行緒以在啟動新服務時呼叫對應的服務進入點函數 ServiceMain。

（2）呼叫服務對應的處理函數來處理服務控制請求（每個服務都有一個服務控制處理函數 HandlerEx）。

服務進入點函數 ServiceMain（也可以是其他名稱）的定義格式如下：

```
VOID WINAPI ServiceMain(_In_ DWORD  dwArgc, _In_ LPTSTR* lpszArgv);
```

lpszArgv 參數是一個參數字串陣列，該參數陣列是在呼叫 StartService 函數啟動服務時傳遞過來的，第一個參數 lpszArgv[0] 是服務名稱，後面是其他參數 (lpszArgv[1] ～ lpszArgv[dwArgc-1])，如果沒有參數，則 lpszArgv 參數為 NULL。dwArgc 參數表示 lpszArgv 陣列中的參數個數。

當服務控制程式請求啟動一個服務時，SCM 將啟動請求發送到服務控制排程執行緒，服務控制排程執行緒會建立一個新執行緒以執行該服務的 ServiceMain 函數。ServiceMain 函數應執行以下任務。

（1）初始化全域變數。

（2）立即呼叫 RegisterServiceCtrlHandlerEx 函數以註冊一個服務控制處理函數 HandlerEx 來處理對該服務的控制請求，該函數傳回一個服務狀態控制碼 hServiceStatus。

（3）執行初始化工作。如果初始化程式的執行時間很短（少於 1 秒），可以直接在 ServiceMain 函數中執行初始化。如果預計初始化時間將超過 1 秒，則服務應使用以下初始化技術之一。

- 呼叫 SetServiceStatus 函數，該函數需要一個服務狀態控制碼 hServiceStatus 和一個 SERVICE_ STATUS 結構，把 SERVICE_STATUS.dwCurrentState 設定為 SERVICE_RUNNING，SERVICE_STATUS.dwControlsAccepted 設定為 0，然後呼叫 SetServiceStatus 函數，這表示服務正在執行，但不接受任何控制請求，這樣一來 SCM 就可以去管理其他服務，而非一直等待服務初始化完成。建議使用這種初始化方法來提高性能，尤其是對於自動啟動服務。
- 把 SERVICE_STATUS.dwCurrentState 設定為 SERVICE_START_PENDING，SERVICE_STATUS. dwControlsAccepted 設定為 0，然後呼叫 SetServiceStatus 函數，這表示服務正在啟動中，不接受任何控制請求，啟動該服務的程式可以呼叫 QueryServiceStatusEx 函數從 SCM 獲取最新的檢查點值，並使用該值向使用者報告進度。

（4）初始化完成後，呼叫 SetServiceStatus 函數將服務狀態設定為 SERVICE_RUNNING 並指定服務可以接受的控制請求。

（5）執行服務任務。

RegisterServiceCtrlHandlerEx 函數用於註冊一個服務控制處理函數 HandlerEx 來處理對服務的控制請求：

```
SERVICE_STATUS_HANDLE WINAPI RegisterServiceCtrlHandlerEx(
    _In_      LPCTSTR                lpServiceName,    //服務名稱
    _In_      LPHANDLER_FUNCTION_EX lpHandlerProc,    //服務控制處理函數的指標
    _In_opt_  LPVOID                 lpContext);       //使用者自訂資料
```

lpServiceName 參數指定服務名稱；lpContext 參數指定使用者自訂資料，當多個服務共享一個處理程序時，可以透過該參數確定是哪個服務；lpHandlerProc 參數指定服務控制處理函數 HandlerEx 的指標。如果函數

執行成功，則傳回值是服務狀態控制碼；如果函數執行失敗，則傳回值為 0。

服務控制處理函數 HandlerEx（也可以是其他名稱）的定義格式如下：

```
DWORD WINAPI HandlerEx(
    _In_ DWORD  dwControl,       // 控制程式
    _In_ DWORD  dwEventType,     // 發生的事件類型
    _In_ LPVOID lpEventData,     // 事件資料，該資料的格式取決於 dwControl 和
                                    dwEventType 參數的值
    _In_ LPVOID lpContext);      // 從 RegisterServiceCtrlHandlerEx 函數傳遞過來
                                    的使用者自訂資料
```

服務控制處理函數應該根據傳遞過來的控制程式執行對應的任務，並呼叫 SetServiceStatus 函數以將其新的服務狀態報告給 SCM，處理完控制請求後函數可以傳回 NO_ERROR(0)。

接下來撰寫一個服務程式 MyService，主控台程式，MyService.cpp 原始檔案的內容如下：

```
#include <Windows.h>
#include <tchar.h>

// 服務進入點函數
VOID WINAPI ServiceMain(DWORD dwArgc, LPTSTR* lpszArgv);
// 服務控制處理函數
DWORD WINAPI HandlerEx(DWORD dwControl, DWORD dwEventType, LPVOID lpEventData,
LPVOID lpContext);

// 全域變數
TCHAR g_szServiceName[] = TEXT("MyService");      // 服務名稱
SERVICE_STATUS_HANDLE g_hServiceStatus;           // 服務狀態控制碼
SERVICE_STATUS g_serviceStatus = { 0 };           // 服務狀態結構

int _tmain(int argc, TCHAR* argv[])
{
    const SERVICE_TABLE_ENTRY serviceTableEntry[] = { {g_szServiceName,
```

```
ServiceMain}, {NULL, NULL} };

    // 將呼叫執行緒連接到 SCM，從而使該執行緒成為服務控制排程執行緒
    StartServiceCtrlDispatcher(serviceTableEntry);

    return 0;
}

VOID WINAPI ServiceMain(DWORD dwArgc, LPTSTR* lpszArgv)
{
    // 註冊一個服務控制處理函數 HandlerEx，該函數傳回一個服務狀態控制碼 hServiceStatus
    g_hServiceStatus = RegisterServiceCtrlHandlerEx(g_szServiceName,
HandlerEx, NULL);

    g_serviceStatus.dwServiceType = SERVICE_WIN32_OWN_PROCESS;
    g_serviceStatus.dwCurrentState = SERVICE_RUNNING;
    g_serviceStatus.dwControlsAccepted = 0;
    SetServiceStatus(g_hServiceStatus, &g_serviceStatus);

    // 初始化工作
    Sleep(2000);

    g_serviceStatus.dwCurrentState = SERVICE_RUNNING;
    g_serviceStatus.dwControlsAccepted =
        SERVICE_ACCEPT_STOP | SERVICE_ACCEPT_PAUSE_CONTINUE | SERVICE_
ACCEPT_SHUTDOWN;
    SetServiceStatus(g_hServiceStatus, &g_serviceStatus);

    // 執行服務任務，這裡可以是使用者想要執行的任何程式
    ShellExecute(NULL, TEXT("open"),
        TEXT("F:\\Source\\Windows\\Chapter10\\HelloWindows7\\Debug\\
HelloWindows.exe"),
        NULL, NULL, SW_SHOW);
}

DWORD WINAPI HandlerEx(DWORD dwControl, DWORD dwEventType, LPVOID
lpEventData, LPVOID lpContext)
{
    switch (dwControl)
    {
```

```
        case SERVICE_CONTROL_SHUTDOWN:
        case SERVICE_CONTROL_STOP:
             g_serviceStatus.dwCurrentState = SERVICE_STOP_PENDING;
             SetServiceStatus(g_hServiceStatus, &g_serviceStatus);

             //可以執行一些清理操作

             g_serviceStatus.dwCurrentState = SERVICE_STOPPED;
             SetServiceStatus(g_hServiceStatus, &g_serviceStatus);
             break;

        case SERVICE_CONTROL_PAUSE:
             g_serviceStatus.dwCurrentState = SERVICE_PAUSE_PENDING;
             SetServiceStatus(g_hServiceStatus, &g_serviceStatus);
             g_serviceStatus.dwCurrentState = SERVICE_PAUSED;
             SetServiceStatus(g_hServiceStatus, &g_serviceStatus);
             break;

        case SERVICE_CONTROL_CONTINUE:
             g_serviceStatus.dwCurrentState = SERVICE_CONTINUE_PENDING;
             SetServiceStatus(g_hServiceStatus, &g_serviceStatus);
             g_serviceStatus.dwCurrentState = SERVICE_RUNNING;
             SetServiceStatus(g_hServiceStatus, &g_serviceStatus);
            break;
        }

        return NO_ERROR;
}
```

本例中，服務所執行的程式就是呼叫 ShellExecute 函數執行 F:\Source\Windows\Chapter10\HelloWindows7\Debug\HelloWindows.exe 程式，因為服務的特性，HelloWindows.exe 程式不會顯示使用者介面，但是啟動服務後，就會執行 HelloWindows.exe 程式，我們可以聽到歌聲。

按 Ctrl + F5 複合鍵編譯器，然後開啟 F:\Source\Windows\Chapter10\ServiceManager2\Debug\ServiceManager.exe 服務管理程式，點擊增加服務選單項，把 MyService 服務增加進去（見圖 10.3）。

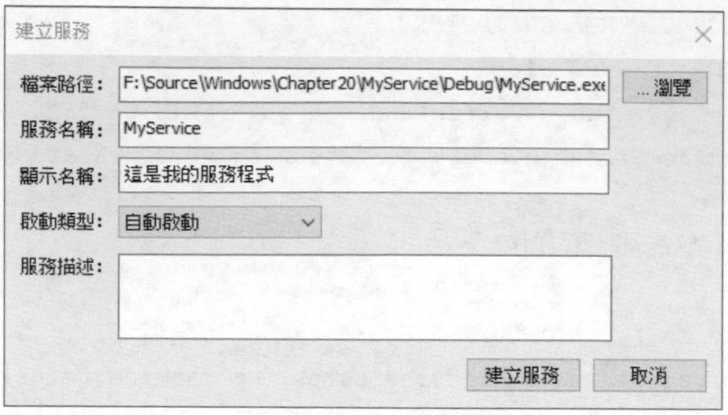

▲ 圖 10.3

增加 MyService 服務後，該服務程式預設處於停止狀態，我們可以用滑鼠按右鍵該服務程式點擊啟動服務選單項，服務啟動成功，歌聲響起。

按下 Ctrl + Alt + Delete 複合鍵選擇登出使用者，MyService 服務程式會正常執行，而且 HelloWindows. exe 程式也會正常執行，因為 HelloWindows.exe 程式屬於階段 0 SYSTEM 使用者，關機重新開機電腦，MyService 服務程式可以開機自動啟動。

開啟工作管理員，切換到詳細資訊標籤，顯示處理程序清單，處理程序清單是一個清單檢視控制項，用滑鼠按右鍵清單檢視控制項的列標題，然後選擇列，選取階段 ID，點擊確定按鈕，可以看到圖 10.4 所示的介面。

▲ 圖 10.4

服務程式 MyService.exe 和 HelloWindows.exe 程式同屬於階段 0，同屬於 SYSTEM 使用者，HelloWindows.exe 的父處理程序是 MyService. exe，MyService.exe 的父處理程序是 services.exe。

6. 突破階段 0 隔離透過服務建立使用者介面

一般來說服務程式被設計為無人看管的無須圖形化使用者介面（GUI）的主控台應用程式，從 Windows Vista 系統開始，服務無法直接與使用者互動，但是某些服務可能偶爾需要與使用者進行互動。服務程式可以透過呼叫 WTSSendMessage 函數在使用者階段中顯示一個訊息方塊，如果需要實作更複雜的使用者介面可以使用 CreateProcessAsUser 函數在使用者階段中建立一個處理程序。

呼叫 WTSSendMessage 函數在使用者階段中顯示訊息方塊的範例程式如下：

```
TCHAR szTitle[] = TEXT("訊息標題");
TCHAR szMessage[] = TEXT("訊息內容");
DWORD dwSessionId;
DWORD dwResponse;

dwSessionId = WTSGetActiveConsoleSessionId();
WTSSendMessage(WTS_CURRENT_SERVER_HANDLE, dwSessionId, szTitle,
sizeof(szTitle), szMessage, sizeof(szMessage), MB_OK, 0, &dwResponse, TRUE);
```

WTSGetActiveConsoleSessionId 函數用於獲取當前連接到物理主控台的階段 ID（Session ID），物理主控台是指螢幕、滑鼠和鍵盤，即獲取當前登入使用者的階段 ID：

```
DWORD WTSGetActiveConsoleSessionId();
```

如果函數執行成功，則傳回當前登入使用者的階段 ID，大部分的情況下函數傳回值是 1；如果當前沒有使用者登入，則函數傳回 0xFFFFFFFF。

本節會用到幾個以 WTS 開頭的函數，WTS（Windows Terminal Services，Windows 終端服務）系列函數可以用於服務層與應用層的互動。

服務程式如果需要在使用者階段中建立一個具有使用者介面的處理程序，可以呼叫 CreateProcessAsUser 函數：

```
BOOL CreateProcessAsUser(
    _In_opt_      HANDLE                    hToken,              // 存取權杖控制碼
    _In_opt_      LPCTSTR                   lpApplicationName,
    _Inout_opt_   LPTSTR                    lpCommandLine,
    _In_opt_      LPSECURITY_ATTRIBUTES     lpProcessAttributes,
    _In_opt_      LPSECURITY_ATTRIBUTES     lpThreadAttributes,
    _In_          BOOL                      bInheritHandles,
    _In_          DWORD                     dwCreationFlags,
    _In_opt_      LPVOID                    lpEnvironment,
    _In_opt_      LPCTSTR                   lpCurrentDirectory,
    _In_          LPSTARTUPINFO             lpStartupInfo,
    _Out_         LPPROCESS_INFORMATION     lpProcessInformation);
```

與 CreateProcess 函數相比，CreateProcessAsUser 函數只是多了一個存取權杖控制碼參數 hToken。

存取權杖是描述處理程序或執行緒的安全環境的核心物件，權杖中的資訊包括與處理程序或執行緒連結的使用者帳戶的 ID 和特權。當使用者登入時，系統透過將使用者密碼與儲存在安全資料庫中的資訊進行比較來驗證使用者密碼，如果密碼透過驗證，系統將生成一個存取權杖，在該使用者帳戶中執行的每個處理程序都有此存取權杖的副本。要透過 CreateProcessAsUser 函數在使用者階段中建立一個處理程序，需要透過呼叫 WTSQueryUserToken 函數查詢當前登入使用者的存取權杖，該函數傳回一個存取權杖控制碼 hUserToken，有了存取權杖控制碼就可以在服務程式中像呼叫 CreateProcess 函數一樣建立處理程序。但是在建立處理程序前最好做以下兩方面的工作（可選操作）。

（1）在使用者帳戶中執行的每個處理程序最好使用使用者存取權杖的副本，可以透過呼叫 DuplicateTokenEx 函數複製一份使用者存取權杖控制碼 hUserTokenDup，用於 CreateProcessAsUser 函數。如果需要，可以呼叫 SetTokenInformation 函數設定 hUserTokenDup 控制碼的存取權杖資訊。

（2）每個處理程序都有一個環境區塊，預設情況下子處理程序會繼承其父處理程序的環境變數，服務程式可以透過呼叫 CreateEnvironment

Block 函數獲取當前登入使用者的環境變數區塊（包括使用者環境變數和系統環境變數），然後把獲取到的環境變數區塊用於 CreateProcessAsUser 函數的 lpEnvironment 參數。

下面先介紹 WTSQueryUserToken、DuplicateTokenEx 和 CreateEnvironmentBlock 這幾個函數的用法。WTSQueryUserToken 函數用於查詢指定階段 ID 對應的登入使用者的主存取權杖：

```
BOOL WTSQueryUserToken(
    _In_  ULONG    SessionId, // 階段 ID，可以透過呼叫 WTSGetActiveConsole
                                 SessionId 函數獲得
    _Out_ PHANDLE phToken); // 傳回 SessionId 參數指定的登入使用者的主存取權杖控制碼
```

如果函數執行成功，則傳回值為非零值；如果函數執行失敗，則傳回值為 0。為了防止使用者權杖洩露，不再需要存取權杖控制碼時必須即時呼叫 CloseHandle 函數關閉控制碼。

DuplicateTokenEx 函數用於複製一份存取權杖控制碼：

```
BOOL WINAPI DuplicateTokenEx(
    _In_        HANDLE                        hExistingToken,     // 一個現有權杖控制碼
    _In_        DWORD                         dwDesiredAccess,    // 新權杖控制碼的存取權限
    _In_opt_    LPSECURITY_ATTRIBUTES         lpTokenAttributes,// 指向 SECURITY_
                                                                   ATTRIBUTES 結構的指標
    _In_        SECURITY_IMPERSONATION_LEVEL ImpersonationLevel, // 新權杖的模擬
                                                                       等級
    _In_        TOKEN_TYPE                    TokenType,          // 新權杖的權杖類型
    _Out_       PHANDLE                       phNewToken);        // 傳回新權杖控制碼
```

- hExistingToken 參數指定為一個現有權杖的控制碼。
- dwDesiredAccess 參數指定新權杖控制碼的存取權限，設定為 0 表示使用與現有權杖控制碼相同的存取權限，設定為 MAXIMUM_ALLOWED 表示使用對呼叫者有效的所有存取權限。
- lpTokenAttributes 參數是一個指向 SECURITY_ATTRIBUTES 結構的指標，該結構為新權杖指定安全性描述元，並指定子處理程

序是否可以繼承權杖，該參數的用法同其他核心物件，通常可以設定為 NULL。

- ImpersonationLevel 參數指定新權杖的模擬等級，該參數是一個 SECURITY_IMPERSONATION_ LEVEL 列舉類型，這裡指定為 SecurityIdentification。
- TokenType 參數指定新權杖的權杖類型，該參數是一個 TOKEN_TYPE 列舉類型，這裡指定為 TokenPrimary，表示新權杖是可以在 CreateProcessAsUser 函數中使用的主權杖，允許模擬用戶端的服務程式建立具有用戶端安全環境的處理程序。
- phNewToken 參數指向接收新權杖控制碼變數的指標。

如果函數執行成功，則傳回非零值；如果函數執行失敗，則傳回值為 0。不再需要權杖控制碼時應該呼叫 CloseHandle 函數關閉。

CreateEnvironmentBlock 函數用於獲取指定使用者的環境變數區塊：

```
BOOL WINAPI CreateEnvironmentBlock(
    _Out_      LPVOID* lpEnvironment,  // 傳回環境變數區塊的指標
    _In_opt_  HANDLE  hToken,          // 存取權杖控制碼，如果設定為 NULL 則傳回的環境
                                          區塊僅包含系統變數
    _In_       BOOL    bInherit);      // 是否繼承當前處理程序的環境變數
```

在把傳回的環境變數區塊用於 CreateProcessAsUser 函數時，CreateProcessAsUser 函數的 dwCreationFlags 參數應該指定 CREATE_UNICODE_ENVIRONMENT 標識，因為預設情況下 lpEnvironment 參數指向的環境變數區塊使用 ANSI 字元，指定該標識後將使用 Unicode 字元。CreateProcessAsUser 函數傳回後，新處理程序將具有環境變數區塊的副本，因此可以呼叫 DestroyEnvironmentBlock 函數釋放環境變數區塊。

下面封裝一個自訂函數 CreateUIProcess 用於在使用者階段中建立一個具有使用者介面的處理程序：

```
BOOL CreateUIProcess(LPCTSTR lpApplicationName, LPTSTR lpCommandLine)
{
```

```
    DWORD dwSessionId;                                  //當前登入使用者的階段 ID
    HANDLE hUserToken = NULL, hUserTokenDup = NULL;     //存取權杖控制碼
    LPVOID lpEnvironment = NULL;
    STARTUPINFO si = { sizeof(STARTUPINFO) };
    PROCESS_INFORMATION pi = { 0 };

    //獲取當前登入使用者的階段 ID
    dwSessionId = WTSGetActiveConsoleSessionId();
    //查詢指定階段 ID 對應的登入使用者的主存取權杖
    WTSQueryUserToken(dwSessionId, &hUserToken);

    //複製一份使用者存取權杖控制碼
    DuplicateTokenEx(hUserToken, MAXIMUM_ALLOWED, NULL, SecurityIdentification,
        TokenPrimary, &hUserTokenDup);
    CloseHandle(hUserToken);

    //獲取當前登入使用者的環境變數區塊
    CreateEnvironmentBlock(&lpEnvironment, hUserTokenDup, FALSE);

    //建立處理程序
    CreateProcessAsUser(hUserTokenDup, lpApplicationName, lpCommandLine,
NULL, NULL, FALSE, CREATE_UNICODE_ENVIRONMENT, lpEnvironment, NULL, &si,
&pi);

    CloseHandle(pi.hThread);
    CloseHandle(pi.hProcess);
    CloseHandle(hUserTokenDup);
    DestroyEnvironmentBlock(lpEnvironment);
    return TRUE;
}
```

把 MyService 專案的 ServiceMain 函數中的 ShellExecute 函數呼叫改為上面的自訂函數：

```
TCHAR szCommandLine[MAX_PATH] =
        TEXT("F:\\Source\\Windows\\Chapter10\\HelloWindows7\\Debug\\
HelloWindows.exe");
CreateUIProcess(NULL, szCommandLine);
```

經過測試，啟動服務後 HelloWindows.exe 程式如約而至成功顯示了使用者介面。此時，開啟工作管理員，可以看到圖 10.5 所示的介面。

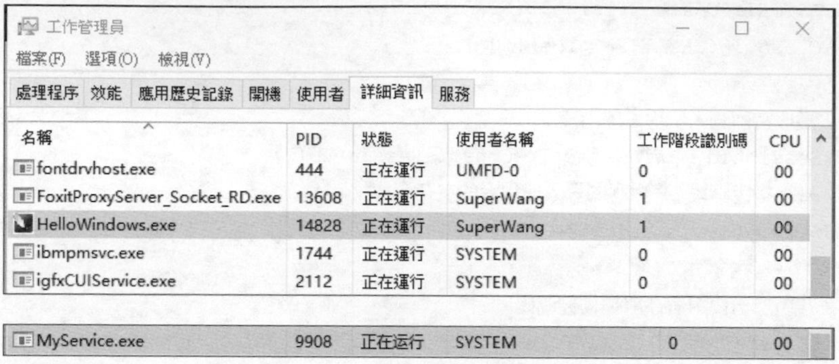

工作管理員

檔案(F) 選項(O) 檢視(V)

處理程序 效能 應用歷史記錄 開機 使用者 詳細資訊 服務

名稱	PID	狀態	使用者名稱	工作階段識別碼	CPU
fontdrvhost.exe	444	正在運行	UMFD-0	0	00
FoxitProxyServer_Socket_RD.exe	13608	正在運行	SuperWang	1	00
HelloWindows.exe	14828	正在運行	SuperWang	1	00
ibmpmsvc.exe	1744	正在運行	SYSTEM	0	00
igfxCUIService.exe	2112	正在運行	SYSTEM	0	00
MyService.exe	9908	正在运行	SYSTEM	0	00

▲ 圖 10.5

HelloWindows.exe 處理程序的父處理程序是 MyService.exe，但是 HelloWindows.exe 屬於當前登入的 SuperWang 使用者階段 1，這是正確的，因為呼叫 CreateProcessAsUser 函數建立處理程序時使用的就是當前登入使用者的存取權杖。如果當前登入使用者 SuperWang 登出，HelloWindows.exe 處理程序一定會結束！當然，重新開機電腦，MyService 服務程式可以開機自動啟動，HelloWindows.exe 處理程序也會正常顯示。

在 Windows 系統中 SYSTEM 使用者擁有最高許可權，以 SYSTEM 使用者身份執行的處理程序可以完成很多常規情況下無法完成的任務。如果希望 HelloWindows.exe 處理程序以 SYSTEM 使用者身份執行，但還是階段 1，可以呼叫 OpenProcessToken 函數獲取與服務處理程序連結的存取權杖，然後呼叫 DuplicateTokenEx 函數複製一份，得到的複製控制碼可以呼叫 SetTokenInformation 函數設定階段 ID 為當前登入使用者，這樣呼叫 CreateProcessAsUser 函數建立的子處理程序就屬於 SYSTEM 使用者。例如下面的程式：

```
BOOL CreateUIProcess(LPCTSTR lpApplicationName, LPTSTR lpCommandLine)
{
    DWORD dwSessionId;                                    // 當前登入使用者的階段 ID
```

```
    HANDLE hProcessToken = NULL, hProcessTokenDup = NULL;  //存取權杖控制碼
    LPVOID lpEnvironment = NULL;
    STARTUPINFO si = { sizeof(STARTUPINFO) };
    PROCESS_INFORMATION pi = { 0 };

    //獲取與服務處理程序連結的存取權杖
    OpenProcessToken(GetCurrentProcess(), TOKEN_ALL_ACCESS, &hProcessToken);

    //複製一份存取權杖控制碼
    DuplicateTokenEx(hProcessToken, MAXIMUM_ALLOWED, NULL,
SecurityIdentification,
        TokenPrimary, &hProcessTokenDup);
    CloseHandle(hProcessToken);

    //設定存取權杖控制碼的階段 ID 為當前登入使用者
    dwSessionId = WTSGetActiveConsoleSessionId();
    SetTokenInformation(hProcessTokenDup, TokenSessionId, &dwSessionId,
sizeof(dwSessionId));

    //獲取當前登入使用者的環境變數區塊
    CreateEnvironmentBlock(&lpEnvironment, hProcessTokenDup, FALSE);

    //建立處理程序
    CreateProcessAsUser(hProcessTokenDup, lpApplicationName, lpCommandLine,
NULL, NULL, FALSE,
        CREATE_UNICODE_ENVIRONMENT, lpEnvironment, NULL, &si, &pi);

    CloseHandle(pi.hThread);
    CloseHandle(pi.hProcess);
    CloseHandle(hProcessTokenDup);
    DestroyEnvironmentBlock(lpEnvironment);
    return TRUE;
}
```

但是同樣 HelloWindows.exe 處理程序會隨著當前登入使用者的登出而終止。階段和使用者這兩個概念之間比較模糊，如果希望 HelloWindows.exe 處理程序執行於 SYSTEM 使用者，階段 0，則需要使用 CreateProcess 或 ShellExecute 一類的函數，階段 0 用於系統處理程序、服務和驅動程式，而非建立使用者介面和使用者進行互動。

10.3 使用者帳戶控制

使用者帳戶控制（User Account Control，UAC）是 Microsoft 在 WindowsVista 及更新版本作業系統中採用的一種安全控制機制，它要求使用者在執行可能會影響電腦執行的操作或執行更改其他使用者的設定的操作以前，提供許可權或管理員密碼，以防止惡意軟體在未經許可的情況下在電腦上進行安裝或對電腦進行更改。簡單地說，就是在執行某些軟體的時候，要求使用者進行授權才能執行它。

在 Windows 系統中使用者帳戶按群組劃分，每個群組中可以有多個成員使用者，例如：

- Administrators 群組；
- Administrator；
- 管理員使用者；
- Users 群組；
- 標準使用者。

使用微軟原版 Windows 鏡像安裝 Windows 時會要求我們輸入一個管理員使用者名稱（作者電腦 SuperWang）。

當使用者登入到電腦時，系統會為使用者建立存取權杖，存取權杖包含授予使用者的存取等級的資訊，包括安全性識別碼（SID）和 Windows 許可權，在預設情況下，標準使用者和管理員使用者（包括 Administrator 和其他管理員使用者）都是以標準使用者的存取權杖存取資源並執行應用程式。

使用者登入後，系統會為使用者建立兩個存取權杖：標準使用者存取權杖和管理員存取權杖，然後系統使用標準使用者存取權杖顯示桌面（Eexplorer.exe），Explorer.exe 作為父處理程序，使用者啟動的其他所有處理程序都將從該父處理程序繼承存取權杖。除非使用者批准應用程式使用管理員存取權杖，否則所有應用程式均以標準使用者存取權杖執行。當使用者執行需要管理員存取權杖的應用程式時，系統會自動提示使用者進行批准，該提示稱為提權提示，可以阻止惡意軟體在使用者不知情的情況下提升許可權。

我們來看新裝系統以後的使用者帳戶控制預設設定。點擊開始，輸入 gpedit.msc，開啟本機群組原則編輯器，電腦設定→ Windows 設定→安全設定→本機策略→安全選項，滑動至最下方，可以看到圖 10.6 所示的介面。

使用者帳戶控制: 標準使用者的提升提示行為	提示憑據
使用者帳戶控制: 管理員批准模式中管理員的提升許可權提示的行為	非 Windows 二進位檔案的同意
使用者帳戶控制: 檢測應用程式安裝並提示提升	已啟用
使用者帳戶控制: 將檔案和登錄檔寫入錯誤虛擬化到每使用者位置	已啟用
使用者帳戶控制: 僅提升安裝在安全位置的 UIAccess 應用程式	已啟用
使用者帳戶控制: 提示提升時切換到安全桌面	已啟用
使用者帳戶控制: 以管理員批准模式運行所有管理員	已啟用
使用者帳戶控制: 用於內建管理員帳戶的管理員批准模式	沒有定義
使用者帳戶控制: 允許 UIAccess 應用程式在不使用安全桌面的情況下提升許可權	已禁用
使用者帳戶控制: 只提升簽名並驗證的可執行檔	已禁用

▲ 圖 10.6

以管理員批准模式執行所有管理員：這是開啟或關閉使用者帳戶控制的設定，使用者可以選擇「已啟用」以開啟使用者帳戶控制，或選擇「已禁用」以關閉使用者帳戶控制，更改後需要重新啟動電腦。關閉使用者帳戶控制後，預設情況下管理員使用者將使用完全管理許可權（管理員存取權杖）執行所有應用程式。

開啟控制台，查看方式選擇小圖示，點擊使用者帳戶 → 更改使用者帳戶控制設定，可以看到圖 10.7 所示的介面。

以上就是使用者新裝系統後的使用者帳戶控制預設設定。當使用者用滑鼠按右鍵程式，然後選擇以管理員身份執行，或要執行的程式需要管理員許可權（管理員存取權杖）時，使用者桌面將切換到安全桌面，安全桌面會讓使用者桌面變暗，並顯示一個提權提示對話方塊，在繼續之前使用者必須對其進行回應，當使用者點擊「是」或「否」時，桌面將切換回使用者桌面，只有 Windows 處理程序才能存取安全桌面。根據要執行的程式是否是 Windows 內部應用程式以及是否具有數位簽章，提權對話方塊所顯示的內容與顏色略有不同。如果當前登入使用者是標準使用者，系統則會彈出一個對話方塊要求使用者輸入管理員密碼以提權。

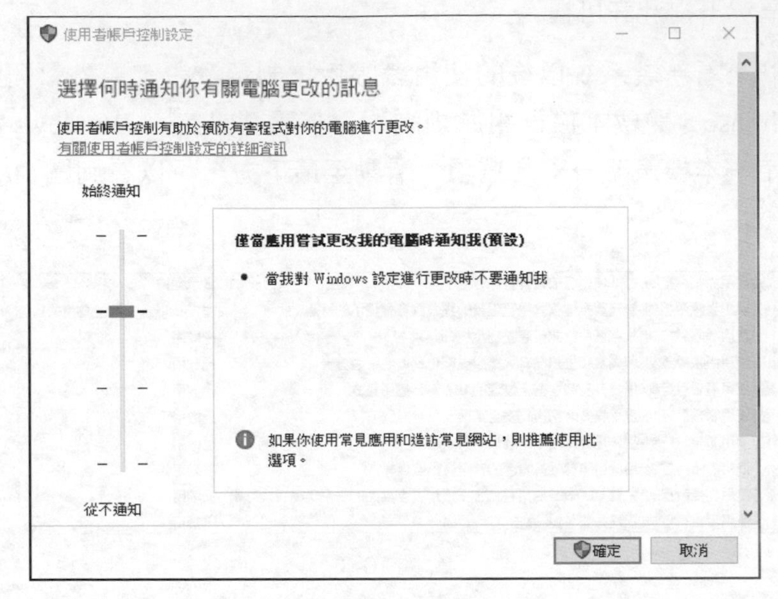

▲ 圖 10.7

10.3.1 自動提示使用者提升許可權

使用者可以用滑鼠按右鍵程式，然後選擇以管理員身份執行，以取得管理員許可權。如果需要在程式執行時期自動提示使用者提升許可權，則可以透過專案屬性來設定，開啟專案屬性→設定屬性→連結器→清單檔案（見圖 10.8）。

啟用使用者帳戶控制(UAC)	是 (/MANIFESTUAC:)
UAC 執行等級	**requireAdministrator (/level='requireAdministrator')**
UAC 繞過 UI 保護	否 (/uiAccess='false')

▲ 圖 10.8

設定 UAC 執行等級為 requireAdministrator (/level='requireAdministrator')。

也可以透過增加一個清單檔案來進行設定，前面已經介紹過清單檔案的撰寫方法。這裡以 Chapter4\ProcessList 專案為例，ProcessList.exe.manifest 檔案的內容如下：

```
<?xml version="1.0" encoding="utf-8" standalone="yes" ?>

<assembly xmlns="urn:schemas-microsoft-com:asm.v1" manifestVersion="1.0" >
  <assemblyIdentity
    version="1.0.0.0"
    processorArchitecture="*"
    name="CompanyName.ProductName.YourApplication"
    type="win32"
  />

  <description>Your application description here.</description>

  <dependency>
    <dependentAssembly>
      <assemblyIdentity
        type="win32"
        name="Microsoft.Windows.Common-Controls"
        version="6.0.0.0"
        processorArchitecture="*"
        publicKeyToken="6595b64144ccf1df"
        language="*"
      />
    </dependentAssembly>
  </dependency>

  <trustInfo xmlns="urn:schemas-microsoft-com:asm.v2">
    <security>
       <requestedPrivileges>
          <requestedExecutionLevel
           level="requireAdministrator"
           uiAccess="false"/>
       </requestedPrivileges>
    </security>
  </trustInfo>
</assembly>
```

level 屬性可用的值及含義如表 10.6 所示。

表 10.6

值	含義
requireAdministrator	應用程式必須以管理員許可權啟動，否則不會執行
highestAvailable	應用程式以當前使用者可以獲得的最高許可權執行
asInvoker	應用程式使用與父處理程序相同的許可權執行

增加清單檔案後，最好在 ProcessList.rc 資源指令檔中增加以下敘述：

```
#define  MANIFEST_RESOURCE_ID  1
MANIFEST_RESOURCE_ID  RT_MANIFEST  "ProcessList.exe.manifest"
```

這表示將清單檔案嵌入 PE 檔案的資源中。

按 Ctrl + F5 複合鍵編譯執行程式，彈出圖 10.9 所示的對話方塊。

▲ 圖 10.9

因為 VS 是以標準使用者許可權啟動的，VS 作為父處理程序，無法啟動要求管理員許可權的程式，我們可以選擇「使用其他憑據重新啟動(R)」，這樣一來 VS 會以管理員許可權重新啟動。

雖然 VS 無法啟動 ProcessList.exe，但是程式已經編譯完畢，開啟 Chapter4\ProcessList\Debug 可以看到 ProcessList.exe 程式圖示上面有一個盾牌圖示，盾牌圖示説明該程式需要以提升許可權執行。按兩下執行 ProcessList.exe，會彈出提權提示對話方塊，選擇是，即可以管理員許可權執行該程式。

使用者如果需要以管理員許可權執行某個程式，可以用滑鼠按右鍵程式，然後選擇屬性，切換到相容性標籤，選取「以管理員身份執行該程式」。上述設定也可以透過寫入登錄檔來實作，在 HKEY_CURRENT_USER\Software\Microsoft\Windows NT\CurrentVersion\AppCompatFlags\Layers 子鍵下面增加一個鍵值項，以可執行檔的完整路徑為鍵名，以字串 "RUNASADMIN" 為鍵值，例如下面的程式：

```
LPCTSTR lpSubKey = TEXT("Software\\Microsoft\\Windows NT\\CurrentVersion\\
AppCompatFlags\\Layers");
LPCTSTR lpValueName = TEXT("F:\\Source\\Windows\\Chapter4\\ProcessList\\
Debug\\ProcessList.exe");
LPTSTR lpData = TEXT("RUNASADMIN");
DWORD dwcbData = (_tcslen(lpData) + 1) * sizeof(TCHAR);
HKEY hKey;

RegCreateKeyEx(HKEY_CURRENT_USER, lpSubKey, 0, NULL, REG_OPTION_NON_VOLATILE,
    KEY_WRITE, NULL, &hKey, NULL);
RegSetValueEx(hKey, lpValueName, NULL, REG_SZ, (LPBYTE)lpData, dwcbData);
RegCloseKey(hKey);
```

10.3.2 利用 ShellExecuteEx 函數以管理員許可權啟動程式

ShellExecuteEx 函數宣告如下：

```
BOOL ShellExecuteEx(_Inout_ SHELLEXECUTEINFO* pExecInfo);
```

pExecInfo 參數是一個指向 SHELLEXECUTEINFO 結構的指標，該結構包含要執行的應用程式的資訊，結構定義如下：

```
typedef struct _SHELLEXECUTEINFOA {
    DWORD          cbSize;
    ULONG          fMask;
    HWND           hwnd;
    LPCTSTR        lpVerb;
    LPCTSTR        lpFile;
```

```
    LPCTSTR      lpParameters;
    LPCTSTR      lpDirectory;
    int          nShow;
    HINSTANCE    hInstApp;
    void*        lpIDList;
    LPCTSTR      lpClass;
    HKEY         hkeyClass;
    DWORD        dwHotKey;
    union {
        HANDLE  hIcon;
        HANDLE  hMonitor;
    } DUMMYUNIONNAME;
    HANDLE      hProcess;
} SHELLEXECUTEINFO, * LPSHELLEXECUTEINFO;
```

lpVerb 欄位指定為 runas 表示以管理員許可權啟動 lpFile 欄位指定的應用程式，系統會彈出一個提權提示對話方塊，或要求使用者輸入管理員密碼以提權（標準使用者）。

例如下面的程式：

```
SHELLEXECUTEINFO sei = { sizeof(sei) };
sei.lpVerb = TEXT("runas");
sei.lpFile = TEXT("F:\\Source\\Windows\\Chapter4\\ProcessList\\Debug\\
ProcessList.exe");
sei.nShow = SW_SHOWNORMAL;
DWORD dwStatus;

if (!ShellExecuteEx(&sei))
{
    dwStatus = GetLastError();
    if (dwStatus == ERROR_CANCELLED)
        MessageBox(hwndDlg, TEXT("使用者拒絕提升許可權"), TEXT("提示"), MB_OK);
    else if (dwStatus == ERROR_FILE_NOT_FOUND)
        MessageBox(hwndDlg, TEXT("指定的檔案沒有找到"), TEXT("提示"), MB_OK);
}
```

10.3.3 繞過 UAC 提權提示以管理員許可權執行

繞過 UAC 提權提示以管理員許可權執行程式應該說是駭客必備的一項技術，方法有很多，但是很多方法在最新的 Windows 系統中已經故障。在 COM 中有一個 COM 提升名字物件（COM Elevation Moniker）技術，該技術允許應用程式以提升的許可權啟動 COM 類別，然後可以呼叫 CMSTPLUA 元件中的 ICMLuaUtil 介面的 ShellExec 方法執行任何程式。

要以管理員許可權啟動 COM 類別，可以使用自訂函數 CoCreate InstanceAsAdmin，該函數在 MSDN 中提供。為 CoCreateInstanceAs Admin 函數指定 CMSTPLUA 元件的 CLSID 和 ICMLuaUtil 介面的 IID，該函數就可以傳回 ICMLuaUtil 介面的指標，然後可以呼叫 ICMLuaUtil 介面的 ShellExec 方法執行任何程式，需要注意的是 ICMLuaUtil 介面需要自己定義。

如果在普通的程式中呼叫以管理員許可權啟動 COM 類別的自訂函數 CoCreateInstanceAsAdmin，還是會觸發 UAC 提權提示，因此要想關閉 UAC 提權提示，呼叫程式應該在系統信任程式中執行，例如 Taskmgr.exe、CompMgmtLauncher.exe 和 rundll32.exe，這些程式已經具有管理員許可權，我們可以透過 DLL 注入等技術，將呼叫程式注入這些系統信任程式的處理程序空間中。

本節介紹透過 rundll32.exe 執行呼叫程式的方法。rundll32.exe 位於 C:\Windows\System32 目錄下，顧名思義就是執行 32 位元動態連結程式庫，當然也可以執行 64 位元動態連結程式庫，rundll32.exe 可以執行動態連結程式庫中的匯出函數，命令格式為以下內容：

```
rundll32.exe DllName FunctionName [Arguments]
```

DllName 指定為需要執行的動態連結程式庫完整路徑名稱（如果 DllName 參數中存在空格，路徑名稱應該使用 "" 括起來），FunctionName 指定為動態連結程式庫中的匯出函數名稱，Arguments 是可選的傳遞給匯出函數的參數。

rundll32.exe 要求的匯出函數原型如下：

```
void CALLBACK FunctionName(HWND hwnd, HINSTANCE hInstance, LPSTR lpCmdLine,
int nCmdShow);
```

因此，我們建立一個 DLL 專案 PassUAC，在 PassUAC.dll 中匯出符合 rundll32.exe 呼叫要求的匯出函數 PassUAC，在 PassUAC 函數中呼叫 CoCreateInstanceAsAdmin 函數以管理員許可權建立 COM 物件，傳回 ICMLuaUtil 介面的指標，然後呼叫 ICMLuaUtil 介面的 ShellExec 方法執行任何程式。完整程式請參考 Chapter10\PassUAC 專案，該專案非常簡單，但是這對沒有 COM 基礎的讀者來說並不容易理解。

透過 rundll32.exe 執行匯出函數則比較簡單，只需要拼湊出命令字串，然後呼叫 ShellExecute 函數執行即可，例如：

```
TCHAR szRundll32Path[MAX_PATH] = TEXT("C:\\Windows\\System32\\rundll32.exe");
TCHAR szDllPath[MAX_PATH] = TEXT("F:\\Source\\Windows\\Chapter10\\PassUAC\\
Debug\\PassUAC.dll");
TCHAR szExcuteFileName[MAX_PATH] = TEXT("F:\\Source\\Windows\\Chapter10\\
ProcessList.exe");
TCHAR szParameters[MAX_PATH] = { 0 };

wsprintf(szParameters, TEXT("\"%s\" %s \"%s\""), szDllPath, TEXT("PassUAC"),
szExcuteFileName);
ShellExecute(NULL, TEXT("open"), szRundll32Path, szParameters, NULL, SW_HIDE);
```

如果需要透過程式設計方式禁用使用者電腦的 UAC，可以把 HKEY_LOCAL_MACHINE\SOFTWARE\Microsoft\Windows\CurrentVersion\Policies\System 下的 EnableLUA 鍵值項設定為 0。

10.4 使用者介面特權隔離

在啟用使用者帳戶控制的情況下，標準使用者和管理員使用者均使用標準使用者許可權，如果 GetMd5Test 程式以管理員許可權執行，那麼當使用者滑動一個檔案到 GetMd5Test 程式視窗中時，是接收不到 WM_

DROPFILES 訊息的。本節介紹強制完整性控制和使用者介面特權隔離這兩個概念。

強制完整性控制（Mandatory Integrity Control，MIC）是一種控制對安全物件存取的機制，該機制是對自由（自主）存取控制的補充，在對安全物件的自由存取控制清單（DACL）進行存取前需要評估，MIC 使用完整性等級和強制策略來評估存取。安全主體和安全物件被分配了完整性等級，完整性等級決定了它們的保護或存取等級，舉例來說，具有低完整性等級的主體無法寫入具有中完整性等級的物件，即使該物件的 DACL 允許進行寫入存取。Windows 定義了四個完整性等級：低、中、高和系統，標準使用者獲得中，提升使用者獲得高。開啟 Process Explorer 程式，預設會顯示系統中正在執行的處理程序清單，用滑鼠按右鍵任何一列的列標題，然後選擇 Select Columns... → Process Image 標籤 →選中 "Integrity Level"，可以看到處理程序列表中有一列是 "Integrity"，表示處理程序的完整性等級。

Windows 訊息子系統採用了強制完整性控制，從而實作了使用者介面特權隔離（User Interface Privilege Isolation，UIPI），UIPI 會阻止一個處理程序向其他完整性等級更高的處理程序所屬的視窗發送訊息，以下訊息除外：WM_NULL、WM_MOVE、WM_SIZE、WM_GETTEXT、WM_GETTEXTLENGTH、WM_GETHOTKEY、WM_GETICON、WM_RENDERFORMAT、WM_DRAWCLIPBOARD、WM_CHANGECBCHAIN、WM_THEMECHANGED。啟用 UIPI 後還有以下限制：不能透過呼叫 SendMessage/ PostMessage 函數向更高許可權處理程序的視窗發送訊息，儘管這兩個函數會被成功呼叫，但是實際上訊息會被刪除；不能使用執行緒掛鉤附加到更高許可權的處理程序；不能使用記錄檔鉤子監控更高許可權的處理程序；不能將 DLL 注入更高許可權的處理程序，等等。但是，低完整性等級的處理程序並未與其他處理程序完全隔離，低完整性等級與較高完整性等級處理程序之間可以使用剪貼簿、共享記憶體、IPC、Socket、COM 介面和具名管線等進行通訊。

完整性等級和使用者帳戶控制、存取權杖等概念息息相關。在啟用使用者帳戶控制的情況下，Explorer. exe 處理程序的完整性等級是中，Explorer.exe 作為父處理程序，使用者啟動的其他所有處理程序都將從該父處理程序繼承存取權杖，因此它們的完整性等級也是中。從資源管理器中用滑鼠拖放檔案到 GetMd5Test 程式視窗，其實就是 Explorer.exe 和 GetMd5Test.exe 兩個處理程序之間的通訊，Explorer.exe 處理程序需要向 GetMd5Test.exe 處理程序發送 WM_DROPFILES 訊息，要想成功發送該訊息，Explorer.exe 處理程序的完整性等級必須低於或等於 GetMd5Test.exe 處理程序。

ChangeWindowMessageFilterEx 函數用於修改指定視窗的 UIPI 訊息篩檢程式：

```
BOOL WINAPI ChangeWindowMessageFilterEx(
    _In_  HWND  hwnd,                        // 要修改其 UIPI 訊息篩檢程式的視窗的控制碼
    _In_  UINT  message,                     // 允許訊息篩檢程式透過或阻止的訊息類型
    _In_  DWORD action,                      // 要執行的操作，透過、阻止或重置
    _Inout_opt_  PCHANGEFILTERSTRUCT pChangeFilterStruct);
                                             // 指向 CHANGEFILTERSTRUCT 結構的指標
```

- action 參數用於指定要執行的操作，可以是表 10.7 中的值之一。

表 10.7

常數	含義
MSGFLT_ALLOW	允許訊息透過 UIPI 訊息篩檢程式，hwnd 視窗能夠接收 message 參數指定的訊息，即使訊息來自較低許可權的處理程序
MSGFLT_DISALLOW	如果訊息來自較低許可權的處理程序，則阻止要傳遞到 hwnd 視窗的 message 參數指定的訊息
MSGFLT_RESET	將 hwnd 參數指定的視窗的 UIPI 訊息篩檢程式重置為預設值

- pChangeFilterStruct 參數是一個指向 CHANGEFILTERSTRUCT 結構的指標，用於獲取函數呼叫的擴充結果資訊。該結構在 WinUser.h 標頭檔中定義如下：

```
typedef struct tagCHANGEFILTERSTRUCT {
    DWORD cbSize;             // 結構的大小，以位元組為單位
    DWORD ExtStatus;          // 函數呼叫的擴充結果資訊
} CHANGEFILTERSTRUCT, * PCHANGEFILTERSTRUCT;
```

還有一個 ChangeWindowMessageFilter，修改的是整個處理程序的 UIPI 訊息篩檢程式：

```
BOOL WINAPI ChangeWindowMessageFilter(
    _In_ UINT  message,       // 允許訊息篩檢程式透過或阻止的訊息類型
    _In_ DWORD dwFlag);       // 要執行的操作，增加 MSGFLT_ADD 或刪除 MSGFLT_REMOVE
```

10.5 視窗的查詢與列舉

有的加密軟體在執行過程中會禁止使用者執行一些偵錯、追蹤或監視軟體，以防止自身被破解。要查看系統中是否正在執行敏感軟體，可以列舉系統中正在執行的處理程序列表，還可以列舉所有頂級視窗並獲取視窗標題。

重疊視窗和快顯視窗都可以是頂級視窗，頂級視窗的父視窗為桌面視窗，因此可以透過列舉桌面視窗的所有子視窗的方式來實作視窗列舉，例如下面的程式：

```
// 獲取桌面視窗的第一個子視窗。GetDesktopWindow 函數用於獲取桌面視窗控制碼
hwnd = GetWindow(GetDesktopWindow(), GW_CHILD);
while (hwnd != NULL)
{
    GetWindowText(hwnd, szTitle, _countof(szTitle));             // 視窗標題
    GetClassName(hwnd, szClassName, _countof(szClassName));  // 視窗類別
    // 其他操作

    // 獲取桌面視窗的下一個子視窗
    hwnd = GetWindow(hwnd, GW_HWNDNEXT);
}
```

開啟 Spy++ 的視窗列表，可以看到該工具同時列舉了頂級視窗的子視窗，但是上面的程式只能列舉頂級視窗。與 FindWindow 函數相同，FindWindowEx 函數也用於查詢具有指定視窗類別和視窗標題的視窗的視窗控制碼，但是 FindWindowEx 函數只查詢指定父視窗中的子視窗：

```
HWND FindWindowEx(
    _In_opt_ HWND      hWndParent,       // 父視窗控制碼，設定為 NULL 表示函數使用桌面
                                            視窗作為父視窗
    _In_opt_ HWND      hWndChildAfter,  // 子視窗控制碼，函數將從該子視窗以後開始搜尋
    _In_opt_ LPCTSTR   lpszClass,        // 視窗類別
    _In_opt_ LPCTSTR   lpszWindow);      // 視窗標題
```

- hWndParent 參數指定父視窗控制碼，設定為 NULL 表示函數使用桌面視窗作為父視窗。
- hWndChildAfter 參數指定一個子視窗控制碼，函數將從該子視窗以後開始查詢，如果該參數設定為 NULL，則表示從 hwndParent 的第一個子視窗開始查詢。

如果 hwndParent 和 hwndChildAfter 參數均指定為 NULL，函數將查詢所有頂級視窗。

- lpszClass 參數指定視窗類別。
- lpszWindow 參數指定視窗標題。

如果函數執行成功，則傳回值是具有指定類別和視窗名稱的視窗控制碼；如果函數執行失敗，則傳回值為 NULL。

上面列舉頂級視窗的程式，在迴圈中處理完一個頂級視窗控制碼以後，可以繼續呼叫下面的程式列舉該視窗中的子視窗：

```
hwndChild = NULL;
while (hwndChild = FindWindowEx(hwnd, hwndChild, NULL, NULL))
{
    // 獲取其他視窗的子視窗標題應該發送 WM_GETTEXT 訊息，而非 GetWindowText
    SendMessage(hwndChild, WM_GETTEXT, _countof(szTitle), (LPARAM)szTitle);
    GetClassName(hwndChild, szClassName, _countof(szClassName));
```

```
    // 其他操作
}
```

要列舉視窗，還有一個更簡單的函數 EnumWindows。呼叫 GetWindow 函數時，可能會陷入無窮迴圈或引用已被銷毀的視窗控制碼，所以 EnumWindows 函數更可靠一些。EnumWindows 函數宣告如下：

```
BOOL EnumWindows(
    _In_ WNDENUMPROC lpEnumFunc,    // 回呼函數
    _In_ LPARAM      lParam);       // 傳遞給回呼函數的參數
```

回呼函數的定義格式如下：

```
BOOL CALLBACK EnumWindowsProc(
    _In_ HWND    hwnd,              // 頂級視窗視窗控制碼
    _In_ LPARAM  lParam);           // 傳遞過來的參數
```

回呼函數可以根據視窗控制碼參數 hwnd 獲取有關視窗的各種資訊，處理完後應該傳回 TRUE 表示繼續列舉，如果想停止列舉可以傳回 FALSE。

EnumWindows 函數只能列舉頂級視窗，要列舉頂級視窗中的子視窗可以使用 EnumChildWindows 函數：

```
BOOL EnumChildWindows(
    _In_opt_ HWND        hWndParent,    // 父視窗控制碼，設定為 NULL 則該函數等效於
                                        EnumWindows
    _In_     WNDENUMPROC lpEnumFunc,    // 回呼函數，定義格式和用法與 EnumWindows
                                        函數的回呼函數相同
    _In_     LPARAM      lParam);       // 傳遞給回呼函數的參數
```

10.6 實作工作列通知區域圖示與氣泡通知

通知區域是工作列的一部分，也稱為系統工作列或狀態欄域，在預設情況下，電池電量、網路狀態和音量控制都會顯示在通知區域。使用者可以透過控制台（查看方式選擇小圖示）→工作列和導覽→通知區域→選擇哪些圖示顯示在工作列上，設定通知區域圖示的自訂顯示。

舉例來說，通知區域中的 QQ 程式圖示，當滑鼠移過在通知區域中的 QQ 圖示上時會顯示一個工具提示，用滑鼠左鍵點擊時會恢復顯示 QQ 程式面板，用滑鼠按右鍵時會彈出一個快顯功能表，當好友的訊息發送過來時，通知區域圖示會顯示為好友圖示圖示並閃動。當滑鼠移過在通知區域中的 QQ 圖示上時顯示的工具提示如圖 10.10 所示。

當發生特定事件的時候，還可以顯示一個氣泡通知以告知使用者，氣泡通知可以包含圖示、標題和文字，如圖 10.11 所示。

▲ 圖 10.10

▲ 圖 10.11

程式可以透過呼叫 Shell_NotifyIcon 函數在通知區域中增加、修改或刪除圖示：

```
BOOL Shell_NotifyIcon(
    _In_ DWORD             dwMessage,        // 要執行的操作
    _In_ PNOTIFYICONDATA   lpData);          // 指向 NOTIFYICONDATA 結構的指標
```

- dwMessage 參數指定要執行的操作，可以是表 10.8 中的值之一（常見值）。

表 10.8

常數	含義
NIM_ADD(0x00000000)	將圖示增加到通知區域，透過 lpdata 的 uID 或 guidItem 欄位指定圖示的 ID 或 GUID
NIM_MODIFY(0x00000001)	修改通知區域中的圖示，透過 lpdata 的 uID 或 guidItem 欄位指定圖示的 ID 或 GUID
NIM_DELETE(0x00000002)	從通知區域中刪除圖示，透過 lpdata 的 uID 或 guidItem 欄位指定圖示的 ID 或 GUID

- lpData 參數是一個指向 NOTIFYICONDATA 結構的指標，該結構的定義如下：

```
typedef struct _NOTIFYICONDATA {
  DWORD cbSize;              // 該結構的大小
  HWND  hWnd;                // 用於接收通知區域中圖示的通知訊息的視窗控制碼
  UINT  uID;                 // 通知區域中圖示的 ID，透過 hWnd 和 uID（或 guidItem）可以
                                確定一個通知區域圖示
  UINT  uFlags;              // 標識，用於指定哪個欄位有效
  UINT  uCallbackMessage;    // 自訂訊息 ID，當在通知區域中的圖示上發生滑鼠事件時會發送該
                                訊息
  HICON hIcon;               // 要增加、修改或刪除的圖示的控制碼
  TCHAR szTip[128];          // 標準工具提示的文字
  DWORD dwState;
  DWORD dwStateMask;
  TCHAR szInfo[256];         // 氣球通知的文字
  union {
       UINT  uTimeout;
       UINT  uVersion;
  } DUMMYUNIONNAME;
  TCHAR szInfoTitle[64];     // 氣球通知的標題
  DWORD dwInfoFlags;
  GUID  guidItem;            // 圖示的 GUID，如果指定了該欄位會覆蓋 uID 欄位
  HICON hBalloonIcon;
} NOTIFYICONDATA, * PNOTIFYICONDATA;
```

uFlags 欄位用於指定哪個欄位有效，可以是表 10.9 中的值的組合。

表 10.9

常數	含義
NIF_MESSAGE(0x00000001)	uCallbackMessage 欄位有效
NIF_ICON(0x00000002)	hIcon 欄位有效
NIF_TIP(0x00000004)	szTip 欄位有效
NIF_STATE(0x00000008)	dwState 和 dwStateMask 欄位有效
NIF_INFO(0x00000010)	szInfo、szInfoTitle、dwInfoFlags 和 uTimeout 欄位有效。要顯示氣球通知可以透過 szInfo 欄位指定文字，要刪除氣球通知可以把 szInfo 欄位設定為一個空字串，要增加通知區域圖示而不顯示氣球通知則不要設定 NIF_INFO 標識（為了避免打擾使用者通常不應該顯示氣球通知）
NIF_GUID(0x00000020)	guidItem 欄位有效
NIF_REALTIME(0x00000040)	與 NIF_INFO 標識結合使用，如果氣球通知無法立即顯示則將其捨棄，該標識用於即時資訊的通知，後期顯示這些資訊將毫無意義或產生誤導

當在通知區域中的圖示上發生滑鼠事件時會發送 NOTIFYICONDATA.uCallbackMessage 欄位指定的自訂訊息，當 NOTIFYICONDATA.uVersion 欄位為 0 或 NOTIFYICON_VERSION 時，訊息的 wParam 參數是通知區域圖示 ID，lParam 參數是具體的滑鼠事件，例如 WM_MOUSEMOVE、WM_LBUTTONUP、WM_RBUTTONUP 等。

接下來實作一個簡單的範例程式 NotifyIcon，當使用者點擊「最小化」按鈕時在通知區域中增加一個圖示並隱藏程式視窗，當使用者點擊「關閉」按鈕時則從通知區域中刪除圖示。在自訂訊息 WM_ TRAYMSG 中，當使用者滑鼠左鍵點擊通知區域圖示時顯示視窗，當使用者用滑鼠按右鍵通知區域圖示時彈出一個快顯功能表。NotifyIcon 程式沒有演示通知區域圖示修改、閃動的功能，如果需要，可以建立一個計時器，在計時器訊息中呼叫 Shell_NotifyIcon 函數並把 dwMessage 參數設定為 NIM_MODIFY，NOTIFYICONDATA.hIcon 欄位設定為 NULL 表示不顯示圖示，設定為其他圖示控制碼則可以顯示其他圖示。完整程式請參考 Chapter10\NotifyIcon 專案。

CHAPTER

11

PE 檔案格式深入剖析

PE（Portable Executable，可移植的執行體）是微軟可執行檔（.exe 或 .dll）採用的格式，PE 格式的目標是使可執行檔可以在不同的 CPU 工作指令下執行，該格式可以相容於 Windows 作業系統的多個版本。PE 格式是作業系統工作方式的寫照，PE 檔案表頭的資料供作業系統加載可執行檔使用，作業系統會根據 PE 檔案表頭的資訊把可執行檔載入記憶體，載入匯入表中提供的動態連結程式庫，根據重定位表修正程式等。不同作業系統的執行方式各不相同，所以 PE 格式也有所不同，PE 格式是 Win32 可執行檔採用的檔案格式，Win64 可執行檔對 PE 格式稍有修改，稱為 PE32+。如果對加密解密感興趣，必須學習 PE 檔案格式。PE 檔案格式的官方文件參見 Chapter11\PECoff_V81.pdf。

PE 檔案格式的基本結構如圖 11.1 所示，透過這幅圖可以直觀地了解 PE 檔案格式，後面會展開講解各個組成部分。

PE 檔案表頭由 DOS 標頭、PE 表頭和節表組成。

（1）DOS 標頭由 DOS MZ 表頭（IMAGE_DOS_HEADER 結構，64 位元組）和 DOS Stub 區塊（DOS 部分的可執行程式，程式位元組數不確定）組成。

（2）PE 表頭實際上是一個 IMAGE_NT_HEADERS32 結構，包含 4 位元組的 PE 表頭標識（PE\0\0）、一個 IMAGE_FILE_HEADER 結構和一個 IMAGE_OPTIONAL_HEADER32 結構。

（3）節表中節區資訊結構 IMAGE_SECTION_HEADER 的個數不固定，節區資訊結構的個數與節區個數相同。

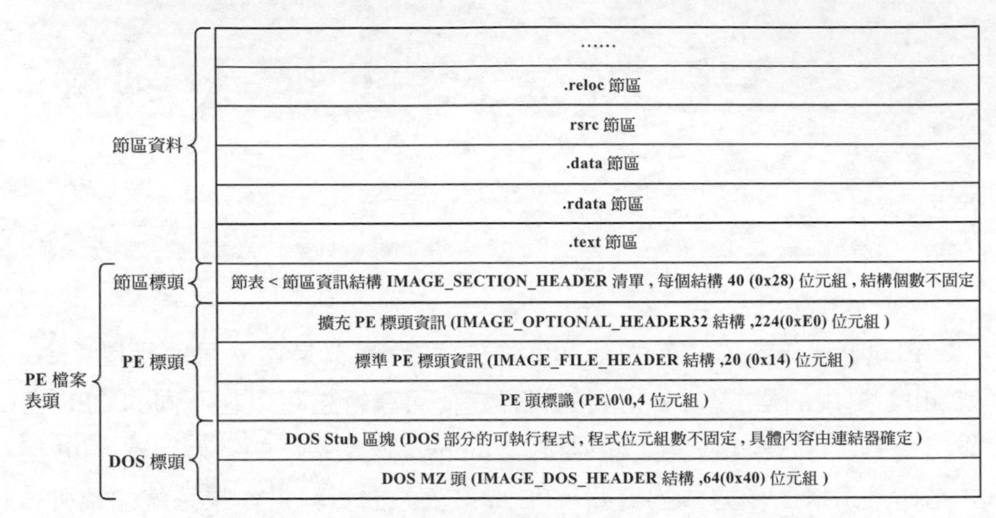

▲ 圖 11.1

介紹一下節區，程式執行需要節區資料來支撐。節區是 PE 檔案資料的一種組織形式，在 PE 檔案中，可執行程式、只讀取資料、匯入表、匯出表、讀取寫入資料、資源和重定位表等按照頁面保護屬性分類儲存在不同的 Section（節、節區、段、區段）中，每個節區的資訊（名稱、位址、大小和屬性等）使用一個 IMAGE_SECTION_HEADER 結構來描述，有多少個節區就需要多少個 IMAGE_SECTION_ HEADER 結構，IMAGE_SECTION_HEADER 結構清單或說陣列組成節表。但是，具有不同用途但是頁面保護屬性相同的資料可能儲存在同一個節區中，例如只讀取資料、匯入表、匯出表等可能都在 .rdata（字面意思是只讀取資料）節區中，節區名稱只是一個記號，程式設計師可以隨意命名，不同編譯器對節區的命名可能不同，例如可執行程式節區可以命名為 .text 或 .code 等。

在接下來的學習過程中，建議讀者使用 WinHex 開啟 Release 版本的 HelloWindows_32.exe、HelloWindows_64.exe、DllSample_32.dll 和 DllSample_64.dll 等檔案，結合可執行檔的具體十六進位資料進行學習。

可執行檔載入記憶體以後稱為 PE 記憶體映射，先來了解幾個相關術語。

（1）虛擬位址（Virtual Address，VA），就是資料在處理程序位址空間中的記憶體位址。

（2）相對虛擬位址（Relative Virtual Address，RVA），就是資料相對於模組基底位址的偏移。

（3）檔案偏移位址（File Offset Address，FOA），就是檔案中資料相對於檔案表頭的偏移。

11.1 DOS 標頭（DOS MZ 表頭和 DOS Stub 區塊）

為了保持與 16 位元系統的相容，PE 格式依舊保留了 16 位元系統下執行標準可執行程式時所必需的檔案表頭（DOS MZ 表頭）和可執行程式（DOS Stub 區塊）。DOS MZ 表頭是一個 IMAGE_DOS_HEADER 結構，64 位元組大小，但是 DOS Stub 可執行程式的大小並不固定，因此整個 DOS 標頭的大小也是不固定的。如果程式執行在 DOS 系統環境下，會簡單地顯示一句 "This program cannot be run in DOS mode"，上述敘述是編譯器自動生成的，程式設計師可以在 DOS Stub 區塊中嵌入任何 DOS 可執行程式。

DOS MZ 表頭是一個 IMAGE_DOS_HEADER 結構，定義如下：

```
typedef struct _IMAGE_DOS_HEADER {   //DOS MZ 表頭，64(0x40) 位元組
    WORD   e_magic;                  // 偏移 0x00，值為 IMAGE_DOS_SIGNATURE(0x5A4D)，
                                        即字元 MZ
    WORD   e_cblp;                   // 偏移 0x02，最後分頁中的位元組數
    WORD   e_cp;                     // 偏移 0x04，檔案中的全部和部分頁數
    WORD   e_crlc;                   // 偏移 0x06，重定位表中的指標數
    WORD   e_cparhdr;                // 偏移 0x08，DOS MZ 表頭的長度，64(0x40) 位元組
    WORD   e_minalloc;               // 偏移 0x0A，所需的最小附加段
    WORD   e_maxalloc;               // 偏移 0x0C，所需的最大附加段
```

```
    WORD    e_ss;                   //偏移 0x0E，DOS 程式的初始 SS 值
    WORD    e_sp;                   //偏移 0x10，DOS 程式的初始 SP 值
    WORD    e_csum;                 //偏移 0x12，補數驗證值
    WORD    e_ip;                   //偏移 0x14，DOS 程式的初始 IP 值
    WORD    e_cs;                   //偏移 0x16，DOS 程式的初始 CS 值
    WORD    e_lfarlc;               //偏移 0x18，重定位表的偏移量
    WORD    e_ovno;                 //偏移 0x1A，覆蓋號
    WORD    e_res[4];               //偏移 0x1C，保留欄位
    WORD    e_oemid;                //偏移 0x24，OEM 識別字
    WORD    e_oeminfo;              //偏移 0x26，OEM 資訊
    WORD    e_res2[10];             //偏移 0x28，保留欄位
    LONG    e_lfanew;               //偏移 0x3C，PE 表頭的偏移位址
} IMAGE_DOS_HEADER, * PIMAGE_DOS_HEADER;
```

DOS 標頭（DOS MZ 表頭和 DOS Stub 區塊）是 Windows 向下相容的遺留產物，因此 DOS 標頭並不重要。重要的只有 DOS MZ 表頭 IMAGE_DOS_HEADER 結構的 e_magic 和 e_lfanew 欄位，前者是 DOS MZ 表頭標識 "MZ"（Mark Zbikowski 先生是 DOS 作業系統的開發者之一，MZ 由此而來），後者指出了 PE 表頭（IMAGE_NT_HEADERS32 結構）的偏移位址，PE 表頭的開始位置總是以 8 位元組為單位對齊，PE 表頭是 PE 檔案格式的重要資料。DOS MZ 表頭中除 e_magic 和 e_lfanew 欄位外，全部填充為 0 也不影響程式的執行。

以 HelloWindows_32.exe 程式為例，檔案偏移 0x40 ～ 0x107 的部分是 DOS Stub 區塊，即程式執行在 DOS 環境中時的可執行程式部分，如果把這一部分全部填充為 0 也絕不影響該程式的執行。需要注意的是 DOS Stub 可執行程式的大小並不固定，程式設計師可以在 DOS Stub 區塊中嵌入任何 DOS 可執行程式。

11.2 PE 表頭（IMAGE_NT_HEADER32 結構）

IMAGE_DOS_HEADER 結構偏移 0x3C 的 LONG 型態資料就是 PE 表頭 IMAGE_NT_HEADERS32 結構的偏移位址，PE 表頭的開始位置總

是以 8 位元組為單位對齊。IMAGE_NT_HEADERS32 結構的定義如下：

```
typedef struct _IMAGE_NT_HEADERS {          //PE 表頭，3 個欄位共 248(0xF8) 位元組
    DWORD                    Signature;      //PE 表頭標識，值為 IMAGE_NT_
                                               SIGNATURE(0x00004550)
    IMAGE_FILE_HEADER        FileHeader;     // 標準 PE 表頭（也稱 COFF 標頭）IMAGE_
                                               FILE_HEADER 結構，20 位元組
    IMAGE_OPTIONAL_HEADER32 OptionalHeader;  // 擴充 PE 表頭 IMAGE_OPTIONAL_
                                                HEADER32 結構，通常是 224 位元組
} IMAGE_NT_HEADERS32, * PIMAGE_NT_HEADERS32;
```

PE 表頭 IMAGE_NT_HEADERS32 結構的第 1 個欄位 Signature 是 PE 表頭標識，值為 IMAGE_NT_ SIGNATURE(0x00004550)，即字元 PE\0\0，4 位元組，這也是 "PE" 這個名稱的由來，可以透過該欄位的值確定一個檔案是不是 PE 檔案。

IMAGE_FILE_HEADER 結構的定義如下：

```
typedef struct _IMAGE_FILE_HEADER {  // 標準 PE 表頭，20(0x14) 位元組
    WORD    Machine;                 // 偏移 0x00，PE 檔案的執行平台
    WORD    NumberOfSections;        // 偏移 0x02，節區的個數，節區個數不固定
    DWORD   TimeDateStamp;           // 偏移 0x04，編譯器建立 PE 檔案時的日期時間，
                                        協調世界時
    DWORD   PointerToSymbolTable;    // 偏移 0x08，供偵錯用，COFF 符號表的偏移
    DWORD   NumberOfSymbols;         // 偏移 0x0C，供偵錯用，COFF 符號表中的符號數量
    WORD    SizeOfOptionalHeader;    // 偏移 0x10，擴充 PE 表頭結構的長度，預設是
、                                       0xE0，但是也可能不固定
   WORD    Characteristics;          // 偏移 0x12，檔案屬性
} IMAGE_FILE_HEADER, * PIMAGE_FILE_HEADER;
```

- Machine 欄位偏移 0x00，表示 PE 檔案的執行平台。Windows 可以執行在 x86、x64 和 IA-64 等多種硬體平台上，但是各種不同硬體平台的機器碼並不相同，因此在不同的硬體平台中編譯的 exe 是無法通用的。Machine 欄位的常見值如表 11.1 所示。

表 11.1

常數	值	含義
IMAGE_FILE_MACHINE_I386	0x014C	x86
IMAGE_FILE_MACHINE_IA64	0x0200	IA-64
IMAGE_FILE_MACHINE_AMD64	0x8664	x64

Machine 欄位的值不可以隨便修改，否則程式無法正常執行。

- NumberOfSections 欄位偏移 0x02，表示節區資訊 IMAGE_SECTION_HEADER 結構的個數，也就是節區（.text、.rdata、.data、.rsrc、.reloc 等）的個數，節區的個數不固定，最大為 96 個。HelloWindows_32.exe 程式有 5 個節區，因此該欄位的值為 0x0005。
- TimeDateStamp 欄位偏移 0x04，表示編譯器建立 PE 檔案時的日期時間，該值表示從 1970 年 1 月 1 日午夜（00:00:00）以來經過的秒數。該欄位的值可以隨意修改而不會影響程式執行，有的連結器在這裡填入固定值，有的則隨意寫入任何值，該時間值與作業系統檔案屬性裡看到的三個時間（建立時間、修改時間和存取時間）沒有任何聯繫。
- PointerToSymbolTable 欄位偏移 0x08，供偵錯用，表示 COFF 符號表的偏移，如果不存在 COFF 符號表則該欄位的值為 0x00000000，該欄位不重要。
- NumberOfSymbols 欄位偏移 0x0C，供偵錯用，表示 COFF 符號表中的符號數量，該欄位不重要。
- SizeOfOptionalHeader 欄位偏移 0x10，表示擴充 PE 表頭結構 IMAGE_OPTIONAL_HEADER32 的長度，對於 32 位元 PE 檔案預設是 0x00E0，對於 64 位元 PE 檔案預設是 0x00F0，但是也可能不固定。使用者可以自行定義這個值的大小，不過修改完後需要注意兩點：需要自行將檔案中 IMAGE_ OPITONAL_

HEADER32 結構的大小擴充為指定的值（一般以 0 補足）；要維持 PE 檔案的對齊特性。

- Characteristics 欄位偏移 0x12，表示檔案屬性。該欄位可以是表 11.2 所示的或多個值。

表 11.2

常數	表示第多少位元為 1	含義
IMAGE_FILE_RELOCS_STRIPPED	0	PE 檔案中不存在重定位資訊，該位元的值通常為 0 表示有重定位資訊
IMAGE_FILE_EXECUTABLE_IMAGE	1	該檔案是可執行檔
IMAGE_FILE_LINE_NUMS_STRIPPED	2	PE 檔案中不存在 COFF 行號
IMAGE_FILE_LOCAL_SYMS_STRIPPED	3	PE 檔案中不存在 COFF 符號表
IMAGE_FILE_AGGRESIVE_WS_TRIM	4	該位元已過時
IMAGE_FILE_LARGE_ADDRESS_AWARE	5	該應用程式可以處理大於 2GB 的記憶體地址
IMAGE_FILE_BYTES_REVERSED_LO	7	該位元已過時
IMAGE_FILE_32BIT_MACHINE	8	只能在 32 位元平台上執行
IMAGE_FILE_DEBUG_STRIPPED	9	PE 檔案中不存在偵錯資訊
IMAGE_FILE_REMOVABLE_RUN_FROM_SWAP	10	如果 PE 檔案位於可移動媒體上，將其複製到交換檔並從交換檔執行
IMAGE_FILE_NET_RUN_FROM_SWAP	11	如果 PE 檔案位於網路上，將其複製到交換檔並從交換檔執行
IMAGE_FILE_SYSTEM	12	該 PE 檔案是系統檔案
IMAGE_FILE_DLL	13	該 PE 檔案是一個 DLL 檔案
IMAGE_FILE_UP_SYSTEM_ONLY	14	該 PE 檔案只能在單一處理器電腦上執行
IMAGE_FILE_BYTES_REVERSED_HI	15	該位元已過時

對 32 位元 .exe 和 .dll 檔案來說，該欄位的值通常如表 11.3 所示。

表 11.3

位	.exe	.dll
0	0	0
1	1	1
2	0	0
3	0	0
4	0	0
5	0	0
6	0	0
7	0	0
8	1	1
9	0	0
10	0	0
11	0	0
12	0	0
13	0	1
14	0	0
15	0	0

也就是說 32 位元 .exe 檔案的該欄位的值通常為 0x0102，32 位元 .dll 檔案的該欄位的值通常為 0x2102。64 位元 .exe 檔案的該欄位的值通常為 0x0022，64 位元 .dll 檔案的該欄位的值通常為 0x2022。

Characteristics 欄位是一個比較重要的欄位，不同的定義將影響系統對 PE 檔案的加載方式，比如，當位元 13 為 1 時表示這是一個 .dll 檔案，系統將呼叫 DLL 的入口函數，否則表示這是一個普通的可執行檔，系統會直接跳躍到入口位址處執行。

IMAGE_OPTIONAL_HEADER32 結構的定義如下：

```
typedef struct _IMAGE_OPTIONAL_HEADER { // 擴充 PE 表頭，224 (0xE0) 位元組
  // 標準欄位 ( 屬於原 COFF 欄位 )
  WORD    Magic;                       // 偏移 0x00，PE 檔案格式標識
  BYTE    MajorLinkerVersion;          // 偏移 0x02，連結器的主版本編號
  BYTE    MinorLinkerVersion;          // 偏移 0x03，連結器的次版本編號
```

```
    DWORD   SizeOfCode;                    // 偏移 0x04，所有可執行程式的總大小
                                              （基於檔案對齊後的大小）
    DWORD   SizeOfInitializedData;         // 偏移 0x08，所有已初始化資料的總大小
                                              （基於檔案對齊後的大小）
    DWORD   SizeOfUninitializedData;       // 偏移 0x0C，所有未初始化資料的總大小
                                              （基於檔案對齊後的大小）
    DWORD   AddressOfEntryPoint;           // 偏移 0x10，程式執行進入點 RVA
    DWORD   BaseOfCode;                    // 偏移 0x14，程式節的 RVA
    DWORD   BaseOfData;                    // 偏移 0x18，資料節的 RVA

    // 擴充欄位
    DWORD   ImageBase;                     // 偏移 0x1C，程式的建議加載位址
    DWORD   SectionAlignment;              // 偏移 0x20，記憶體中節的對齊細微性
    DWORD   FileAlignment;                 // 偏移 0x24，檔案中節的對齊細微性
    WORD    MajorOperatingSystemVersion;   // 偏移 0x28，所需作業系統的主版本編號
    WORD    MinorOperatingSystemVersion;   // 偏移 0x2A，所需作業系統的次版本編號
    WORD    MajorImageVersion;             // 偏移 0x2C，PE 的主版本編號
    WORD    MinorImageVersion;             // 偏移 0x2E，PE 的次版本編號
    WORD    MajorSubsystemVersion;         // 偏移 0x30，所需子系統的主版本編號
    WORD    MinorSubsystemVersion;         // 偏移 0x32，所需子系統的次版本編號
    DWORD   Win32VersionValue;             // 偏移 0x34，保留欄位
    DWORD   SizeOfImage;                   // 偏移 0x38，PE 記憶體映射大小
                                              （基於記憶體對齊後的大小）
    DWORD   SizeOfHeaders;                 // 偏移 0x3C，DOS 標頭 +PE 表頭 + 節表的大小
                                              （基於記憶體對齊後的大小）
    DWORD   CheckSum;                      // 偏移 0x40，校驗和
    WORD    Subsystem;                     // 偏移 0x44，所需的介面子系統
    WORD    DllCharacteristics;            // 偏移 0x46，DLL 檔案屬性（實際上針對所有 PE
                                              檔案）
    DWORD   SizeOfStackReserve;            // 偏移 0x48，初始化時的堆疊大小
    DWORD   SizeOfStackCommit;             // 偏移 0x4C，初始化時實際提交的堆疊大小
    DWORD   SizeOfHeapReserve;             // 偏移 0x50，初始化時的堆積大小
    DWORD   SizeOfHeapCommit;              // 偏移 0x54，初始化時實際提交的堆積大小
    DWORD   LoaderFlags;                   // 偏移 0x58，供偵錯用，載入標識，該欄位已過時
    DWORD   NumberOfRvaAndSizes;           // 偏移 0x5C，下面的資料目錄結構的個數，通常是
                                              16(0x00000010)
    IMAGE_DATA_DIRECTORY DataDirectory[IMAGE_NUMBEROF_DIRECTORY_ENTRIES];
                                           // 偏移 0x60，資料目錄結構陣列
} IMAGE_OPTIONAL_HEADER32, * PIMAGE_OPTIONAL_HEADER32;
```

■ Magic 欄位偏移 0x00，表示 PE 檔案格式標識，可以是表 11.4 所示的值之一。

表 11.4

常數	值	含義
IMAGE_NT_OPTIONAL_HDR_MAGIC	0x010B 或 0x020B	該檔案是可執行映射。在 32 位元程式中該常數定義為 IMAGE_ NT_OPTIONAL_HDR32_MAGIC(0x010B)；在 64 位元程式中該常數定義為 IMAGE_NT_OPTIONAL_HDR64_MAGIC(0x020B)
IMAGE_NT_OPTIONAL_HDR32_MAGIC	0x010B	該檔案是 32 位元可執行映射 (PE)
IMAGE_NT_OPTIONAL_HDR64_MAGIC	0x020B	該檔案是 64 位元可執行映射（PE32+）
IMAGE_ROM_OPTIONAL_HDR_MAGIC	0x0107	該檔案是 ROM 映射

IMAGE_OPTIONAL_HEADER32.Magic 欄位的值如果是 IMAGE_NT_OPTIONAL_HDR32_ MAGIC(0x010B) 說明是一個 32 位元可執行檔，IMAGE_OPTIONAL_HEADER32.Magic 欄位的值如果是 IMAGE_NT_OPTIONAL_HDR64_MAGIC(0x020B) 說明是一個 64 位元可執行檔。

■ MajorLinkerVersion 欄位偏移 0x02，表示連結器的主版本編號，該欄位不重要。

■ MinorLinkerVersion 欄位偏移 0x03，表示連結器的次版本編號，該欄位不重要。

■ SizeOfCode 欄位偏移 0x04，表示所有可執行程式的總大小（基於檔案對齊後的大小），該欄位不重要。

■ SizeOfInitializedData 欄位偏移 0x08，表示所有已初始化資料的總大小（基於檔案對齊後的大小），該欄位不重要。

■ SizeOfUninitializedData 欄位偏移 0x0C，表示所有未初始化資料的總大小（基於檔案對齊後的大小）。未初始化資料在檔案中不佔用空間，但是在被載入到記憶體中後，PE 載入程式會為這些資料分配適當大小的虛擬記憶體空間，該欄位不重要。

- AddressOfEntryPoint 欄位偏移 0x10，對於可執行檔，這是程式執行的起始位址的 RVA；對於裝置驅動程式，這是初始化函數位址的 RVA；對於動態連結程式庫，這是進入點函數位址的 RVA（動態連結程式庫的進入點函數是可選的）。開啟 OD 的選項選單 → 偵錯設定 → 事件標籤，在主模組進入點設定第一次暫停，然後 OD 載入 HelloWindows_32.exe，即可看到可執行程式暫停在「PE 記憶體映射基底位址 + AddressOfEntryPoint 欄位的值」的地方。如果希望可執行檔在執行時期首先執行一段自訂程式，然後再繼續程式的正常執行流程，那麼可以修改該欄位的值使之指向自訂程式的位置，許多病毒程式、加密程式或更新程式都會綁架該欄位的值使其指向其他用途的程式位址。
- BaseOfCode 欄位偏移 0x14，表示程式節的 RVA，即程式節例如 .text 相對於 PE 記憶體映射的偏移位址，程式節通常緊接在 PE 檔案表頭後面。
- BaseOfData 欄位偏移 0x18，表示資料節的 RVA，即資料節例如 .data、.rdata 相對於 PE 記憶體映射的偏移位址。
- ImageBase 欄位偏移 0x1C，表示程式的建議加載位址（PE 記憶體映射基底位址），但是從 Windows Vista 開始 PE 檔案支援動態基底位址位址空間佈局隨機化（Address Space Layout Randomization，ASLR）技術，為了增強系統安全性，可執行檔每次載入到的記憶體基底位址都會隨機變化，程式中用到的動 DLL 檔案載入到的記憶體基底位址也會隨機變化。如果不採用 ASLR，可執行檔載入的預設基底位址為 0x00400000，DLL 檔案載入的預設基底位址為 0x10000000，透過 ASLR 技術增加了惡意使用者撰寫漏洞程式的難度。
- SectionAlignment 欄位偏移 0x20，表示記憶體中節的對齊細微性，即每個節被載入的記憶體位址必須是該欄位指定數值的整數倍。此值必須大於或等於 FileAlignment 欄位的值，預設值為系統的頁面大小即 4KB（0x00001000 位元組），在 PE32+ 中該欄位的值預設為 8KB（0x00002000 位元組）。記憶體中的資料存取以頁面為單位，記憶體對齊是為了提高程式記憶體存取速度。

- FileAlignment 欄位偏移 0x24，表示檔案中節的對齊細微性，即每個節在檔案中的偏移位址必須是該欄位指定數值的整數倍。該值可以是 512 位元組到 64KB 的任意值，預設值為一個磁區的大小即 512 位元組（0x00000200 位元組）。磁區是硬碟物理存取的最小單位，每個磁區通常可以儲存 512 位元組的資料（以後可能發展為 4096 位元組），檔案對齊是為了提高檔案從磁碟載入的效率。如果 SectionAlignment 欄位的值小於系統頁面大小，那麼該欄位的值必須與 SectionAlignment 相同。
- MajorOperatingSystemVersion 欄位偏移 0x28，表示所需作業系統的主版本編號，該欄位不重要。
- MinorOperatingSystemVersion 欄位偏移 0x2A，表示所需作業系統的次版本編號，該欄位不重要。
- MajorImageVersion 欄位偏移 0x2C，表示 PE 的主版本編號，該欄位不重要。
- MinorImageVersion 欄位偏移 0x2E，表示 PE 的次版本編號，該欄位不重要。
- MajorSubsystemVersion 欄位偏移 0x30，表示所需子系統的主版本編號。
- MinorSubsystemVersion 欄位偏移 0x32，表示所需子系統的次版本編號。
- Win32VersionValue 欄位偏移 0x34，是保留欄位，必須為 0x00000000。
- SizeOfImage 欄位偏移 0x38，表示 PE 記憶體映射大小（基於記憶體對齊後的大小），即整個 PE 記憶體映射在記憶體中佔用的記憶體大小，必須是 SectionAlignment 欄位的倍數。
- SizeOfHeaders 欄位偏移 0x3C，表示 DOS 標頭 + PE 表頭 + 節表的大小（基於檔案對齊後的大小），必須是 FileAlignment 欄位的倍數。

- CheckSum 欄位偏移 0x40，表示 PE 檔案校驗和，預設情況下該欄位的值為 0x00000000。可以透過專案屬性→設定屬性→連結器→進階，設定校驗和設定為是（/RELEASE），這樣生成的可執行檔就會存在校驗和。後面會詳細介紹校驗和的相關內容。
- Subsystem 欄位偏移 0x44，表示所需的介面子系統，該欄位決定了系統如何為程式建立初始介面，可以透過專案屬性→設定屬性→連結器→系統→子系統進行設定。該欄位可以是表 11.5 所示的值之一。

表 11.5

常數	值	含義
IMAGE_SUBSYSTEM_UNKNOWN	0	未知子系統
IMAGE_SUBSYSTEM_NATIVE	1	無須子系統（裝置驅動程式和原生系統處理程序）
IMAGE_SUBSYSTEM_WINDOWS_GUI	2	Windows 圖形化使用者介面（GUI）子系統
IMAGE_SUBSYSTEM_WINDOWS_CUI	3	Windows 字元模式（主控台）使用者介面（CUI）子系統
IMAGE_SUBSYSTEM_OS2_CUI	5	OS / 2 CUI 子系統
IMAGE_SUBSYSTEM_POSIX_CUI	7	POSIX CUI 子系統
IMAGE_SUBSYSTEM_WINDOWS_CE_GUI	9	Windows CE 系統
IMAGE_SUBSYSTEM_EFI_APPLICATION	10	可延伸韌體介面（EFI）應用程式
IMAGE_SUBSYSTEM_EFI_BOOT_SERVICE_DRIVER	11	具有啟動服務的 EFI 驅動程式
IMAGE_SUBSYSTEM_EFI_RUNTIME_DRIVER	12	具有執行時期服務的 EFI 驅動程式
IMAGE_SUBSYSTEM_EFI_ROM	13	EFI ROM 映射
IMAGE_SUBSYSTEM_XBOX	14	Xbox 系統
IMAGE_SUBSYSTEM_WINDOWS_BOOT_APPLICATION	16	啟動程式

- DllCharacteristics 欄位偏移 0x46，表示 DLL 檔案屬性（實際上針對所有 PE 檔案），可以是表 11.6 所示的值的組合。

表 11.6

常數	值	含義
IMAGE_DLLCHARACTERISTICS_HIGH_ENTROPY_VA	0x0020	可以處理 64 位元虛擬位址（PE32+）
IMAGE_DLLCHARACTERISTICS_DYNAMIC_BASE	0x0040	可以在載入時重定位，該標識設為 0 即可取消 PE 的 ASLR 功能，如把 DllCharacteristics 欄位由 0x8140 改為 0x8100，每次程式執行就會載入到建議加載位址處
IMAGE_DLLCHARACTERISTICS_FORCE_INTEGRITY	0x0080	強制執行程式完整性檢查
IMAGE_DLLCHARACTERISTICS_NX_COMPAT	0x0100	該 PE 映射與資料執行保護（DEP）相容
IMAGE_DLLCHARACTERISTICS_NO_ISOLATION	0x0200	該映射可辨識隔離，但不應隔離
IMAGE_DLLCHARACTERISTICS_NO_SEH	0x0400	該映射不使用結構化異常處理（SHE）
IMAGE_DLLCHARACTERISTICS_NO_BIND	0x0800	不要綁定 PE 映射
IMAGE_DLLCHARACTERISTICS_WDM_DRIVER	0x2000	WDM 驅動程式
IMAGE_DLLCHARACTERISTICS_ERMINAL_SERVER_AWARE	0x8000	該映射可辨識終端伺服器

- SizeOfStackReserve 欄位偏移 0x48，表示初始化時保留的堆疊大小，該欄位的預設值為 0x00100000（1MB），如果呼叫 CreateThread 函數建立執行緒時 dwStackSize 參數設定為 0，那麼為新執行緒保留的堆疊空間大小也是 1MB。
- SizeOfStackCommit 欄位偏移 0x4C，表示初始化時實際提交的堆疊大小，該欄位的預設值為 0x00001000（4KB）。
- SizeOfHeapReserve 欄位偏移 0x50，表示初始化時保留的堆積大小，即預設堆積。處理程序初始化時，系統會在處理程序的位址空間中建立一個堆積，這個堆積稱為處理程序的預設堆積，初始情況下預設堆積的記憶體空間大小為 0x00100000（1MB），預設堆積是在處理程序開始執行前由系統自動建立的，在處理程序的生命週期中永遠不會被刪除。

- SizeOfHeapCommit 欄位偏移 0x54，表示初始化時實際提交的堆積大小，該欄位的預設值為 0x00001000（4KB）。可以透過專案屬性→設定屬性→連結器→系統，設定堆積保留大小、堆積提交大小、堆疊保留大小和堆疊提交大小。
- LoaderFlags 欄位偏移 0x58，供偵錯用，表示載入標識，該欄位已過時。
- NumberOfRvaAndSizes 欄位偏移 0x5C，表示下面緊挨著的資料目錄結構 IMAGE_DATA_ DIRECTORY 的個數，通常是 16（0x00000010），實際應用中該欄位的值可以為 2 ～ 16。標準 PE 表頭結構 IMAGE_FILE_HEADER.SizeOfOptionalHeader 欄位表示擴充 PE 表頭結構 IMAGE_ OPTIONAL_HEADER32 的長度，預設是 0xE0，但是也可能不固定，因為 IMAGE_OPTIONAL_HEADER32.NumberOfRvaAndSizes 欄位的值並不固定，所以資料目錄結構 IMAGE_DATA_ DIRECTORY 的個數不固定。
- DataDirectory[IMAGE_NUMBEROF_DIRECTORY_ENTRIES] 欄位偏移 0x60，表示資料目錄結構陣列。該欄位可以說是重要的欄位之一，它由 16 個相同的 IMAGE_DATA_DIRECTORY 結構組成。雖然 PE 檔案中的資料是按照載入記憶體後的分頁屬性歸類儲存在不同的節區中，但是這些處於各個節區中的資料按照用途可以分為匯出表、匯入表、資源表和重定位表等資料區塊，同一節區中可能存在多種具有同一頁屬性的不同類型的資料，這 16 個 IMAGE_DATA_DIRECTORY 結構就是用來定義多種不同用途的資料區塊的，透過資料目錄結構陣列可以很容易地定位到具體用途的。

IMAGE_DATA_DIRECTORY 結構的定義如下：

```
typedef struct _IMAGE_DATA_DIRECTORY { //資料目錄結構，每個結構 8 位元組 * 16 個結構
    DWORD   VirtualAddress;              //資料的 RVA 位址
    DWORD   Size;                        //資料的長度
} IMAGE_DATA_DIRECTORY, * PIMAGE_DATA_DIRECTORY;
```

資料目錄清單如下，其中的偏移位址是相對於 IMAGE_OPTIONAL_HEADER32 結構的偏移（見表 11.7）。

表 11.7

偏移地址	陣列索引	常數（常數的值就是陣列索引值）	含義
0x60	0	IMAGE_DIRECTORY_ENTRY_EXPORT	匯出表
0x68	1	IMAGE_DIRECTORY_ENTRY_IMPORT	匯入表
0x70	2	IMAGE_DIRECTORY_ENTRY_RESOURCE	資源表
0x78	3	IMAGE_DIRECTORY_ENTRY_EXCEPTION	異常表
0x80	4	IMAGE_DIRECTORY_ENTRY_SECURITY	屬性證書表
0x88	5	IMAGE_DIRECTORY_ENTRY_BASERELOC	重定位表
0x90	6	IMAGE_DIRECTORY_ENTRY_DEBUG	偵錯資訊
0x98	7	IMAGE_DIRECTORY_ENTRY_ARCHITECTURE	與平台相關的資料
0xA0	8	IMAGE_DIRECTORY_ENTRY_GLOBALPTR	指向全域指標暫存器的值
0xA8	9	IMAGE_DIRECTORY_ENTRY_TLS	執行緒局部儲存
0xB0	10	IMAGE_DIRECTORY_ENTRY_LOAD_CONFIG	載入設定資訊表
0xB8	11	IMAGE_DIRECTORY_ENTRY_BOUND_IMPORT	綁定匯入表
0xC0	12	IMAGE_DIRECTORY_ENTRY_IAT	匯入函數位址表 IAT
0xC8	13	IMAGE_DIRECTORY_ENTRY_DELAY_IMPORT	延遲載入匯入表
0xD0	14	IMAGE_DIRECTORY_ENTRY_COM_DESCRIPTOR	CLR 執行時期頭部資料
0xD8	15		系統保留

在 PE 檔案中查詢特定類型的資料時需要透過 IMAGE_DATA_DIRECTORY 結構陣列，例如透過索引為 0 的 IMAGE_DATA_DIRECTORY 結構可以得到匯出表的 RVA 位址和匯出表的大小，透過索引為 1 的 IMAGE_DATA_DIRECTORY 結構可以得到匯入表的 RVA 位址和匯入表

的大小，透過索引為 12 的 IMAGE_DATA_DIRECTORY 結構可以得到匯入函數位址表 IAT 的 RVA 位址和匯入函數位址表 IAT 的大小等。

後面還會對一些重要的資料例如匯出表、匯入表、重定位表、資源表等詳細說明，這裡先大致說明一下表 11.7 中的 16 種資料。

[0] 匯出表所在的節區通常被命名為 .edata，可執行檔通常不存在匯出表，DLL 檔案通常都會存在匯出表。在包含匯出函數的 DLL 檔案中，匯出資訊儲存在匯出表中，透過匯出表可以得到匯出函數的名稱、序數和入口位址等資訊，PE 載入器透過這些資訊來完成動態連結的過程。有些 DLL 檔案也可能不存在匯出函數，例如用作純資源的 DLL 檔案中就沒有匯出函數，當然也不存在匯出表；另外，可能也會出現包含匯出函數和匯出表的可執行檔。

[1] 匯入表所在的節區通常被命名為 .idata。匯入函數是指在程式中被呼叫但是其可執行程式不在程式中的函數，匯入函數的可執行程式位於 DLL 檔案中，透過匯入表，可以得到程式所需的 DLL 檔案名稱、函數名稱等，當執行一個可執行檔時，PE 載入器會解析可執行檔的匯入表，把匯入表中列出的每個 DLL 映射到處理程序的位址空間中，並根據函數名稱在每個 DLL 中尋找匯出函數，將程式中呼叫匯入函數的指令與函數實際所在的記憶體位址聯繫起來。可執行檔和 DLL 檔案中通常都會存在匯入表。

[2] 資源表所在的節區通常被命名為 .rsrc。幾乎所有的 PE 檔案中都包含資源，包括圖示、游標、點陣圖和選單等標準類型，另外還可以使用自訂類型。資源表是一個多層二叉排序樹，該樹的節點指向 PE 中各種類型的資源，例如圖示、游標、點陣圖和選單等，樹的深度可達 2^{31} 層，但是 PE 中經常使用的只有 3 層，即資源類型層、資源 ID 層和語言內碼表層（簡體中文、繁體中文及英文等）。

[3] 異常表所在的節區通常被命名為 .pdata。異常表是由異常處理函數組成的陣列，這部分資料主要用於基於表的異常處理，適用於除 x86 外所有類型的 CPU，即 Win32 系統中並不存在異常表。

[4] 屬性證書表的作用類似於 PE 檔案的校驗和或 MD5 碼，透過屬性證書可以驗證一個 PE 檔案是否被非法修改過，為 PE 檔案增加屬性證書表可以使該 PE 與屬性證書相連結。

[5] 重定位表所在的節區通常被命名為 .reloc，可執行程式中涉及直接定址的指令都需要重定位，這一點讀者已經有所了解。重定位資訊在編譯時由編譯器生成並儲存在可執行檔的重定位表中，在程式被執行以前由作業系統根據重定位資訊對程式進行修正。

[6] 偵錯資料通常位於一個可捨棄的名為 .debug 的節中，也可以位於 PE 檔案的其他節中，或不在任何節中，偵錯資料描述了 PE 中的一些偵錯資訊。在預設情況下，偵錯資訊並不會映射到處理程序的虛擬位址空間中。

[7] 指向與平台相關的資料，x86、x64 和 IA-64 平台通常不使用這部分資料。

[8] 指向全域指標暫存器的值，這部分資料通常用於 IA-64。

[9] 執行緒局部儲存表所在的節區通常被命名為 .tls。

[10] 載入設定資訊表中儲存著基於結構化異常處理 SEH 的各種異常控制碼，如果在程式執行過程中發生異常，作業系統會根據異常類別對異常進行分發處理，並根據這些控制碼實施程式流程的轉向。

[11] 當執行一個可執行檔時，PE 載入器會解析可執行檔的匯入表，把匯入表中列出的每個 DLL 映射到處理程序的位址空間中，並根據函數名稱在每個 DLL 中尋找匯出函數，將程式中呼叫匯入函數的指令與函數實際所在的記憶體位址聯繫起來。為了提高 PE 的載入效率，可以對一個模組進行綁定，即使用模組中匯入函數的虛擬位址來對匯入表進行前置處理，綁定技術替代 PE 載入器完成了一部分對匯入表的處理工作。

[12] 匯入函數位址表 IAT，是匯入表的一部分，這個雙字陣列裡儲存著所有匯入函數的 VA，呼叫 API 函數時就會跳躍到該 VA 處執行。

[13] 延遲載入匯入表，與延遲載入 DLL 相關。

[14] CLR 執行時期頭部資料所在的節通常被命名為 .cormeta，該資訊是 .NET 框架的重要組成部分，所有基於 .NET 框架開發的程式，其初始化部分都是透過存取這部分定義而實作的。PE 載入時將透過該結構載入程式託管機制需要的所有 DLL 檔案，並完成與 CLR 有關的其他操作。

[15] 系統保留。

11.3 節表（節區資訊結構 IMAGE_SECTION_HEADER 清單）

執行一個可執行檔時，Windows 並不會把整個檔案全部載入虛擬記憶體（頁面交換檔和實體記憶體）中，而是使用記憶體映射檔案技術，這節省了頁面交換檔的空間以及應用程式啟動所需的時間。PE 載入器建立好虛擬位址和 PE 檔案之間的映射關係，只有當真正執行某個記憶體分頁中的指令或存取某一記憶體分頁中的資料時，這個頁面才會被從磁碟提交到實體記憶體。

但是，Windows 載入可執行檔的方式也不完全等於記憶體映射檔案，記憶體映射檔案與磁碟上檔案的資料內容、資料的偏移位置完全相同。而載入可執行檔時，有些資料在載入前會被預先處理（例如需要重定位的資料），載入記憶體後資料之間的相對位置也可能會發生改變，例如一個節區的偏移位址和大小在載入記憶體前後通常是不同的，如圖 11.2 所示。

PE 檔案映射到記憶體時 PE 檔案表頭的情況：載入 DOS 表頭（DOS MZ 表頭和 DOS Stub 區塊）、PE 表頭（IMAGE_NT_HEADERS32 結構）和節表（節區資訊結構 IMAGE_SECTION_HEADER 清單）時，不需要進行額外處理，即 PE 檔案中的 PE 檔案表頭的資料內容、資料的偏移位置和 PE 記憶體映射中完全相同。但是，透過 IMAGE_OPTIONAL_HEADER32. SectionAlignment 和 IMAGE_OPTIONAL_HEADER32. FileAlignment 兩

個欄位我們了解到資料在記憶體中的對齊細微性和在檔案中的對齊細微性通常不同，記憶體對齊細微性通常是 0x1000 位元組，而檔案對齊細微性通常是 0x200 位元組，一般的 PE 檔案的 PE 檔案表頭只需要對齊到 FOA 是 0x400 的位置（其實通常 PE 檔案表頭不足 0x400 位元組，但是後面必須填充為 0 以補足 0x400），而在 PE 記憶體映射中，PE 檔案表頭必須對齊到 0x1000（後面必須填充為 0 以補足 0x1000）。OD 載入 HelloWindows_32.exe，開啟記憶體視窗，可以看到圖 11.3 所示的介面。

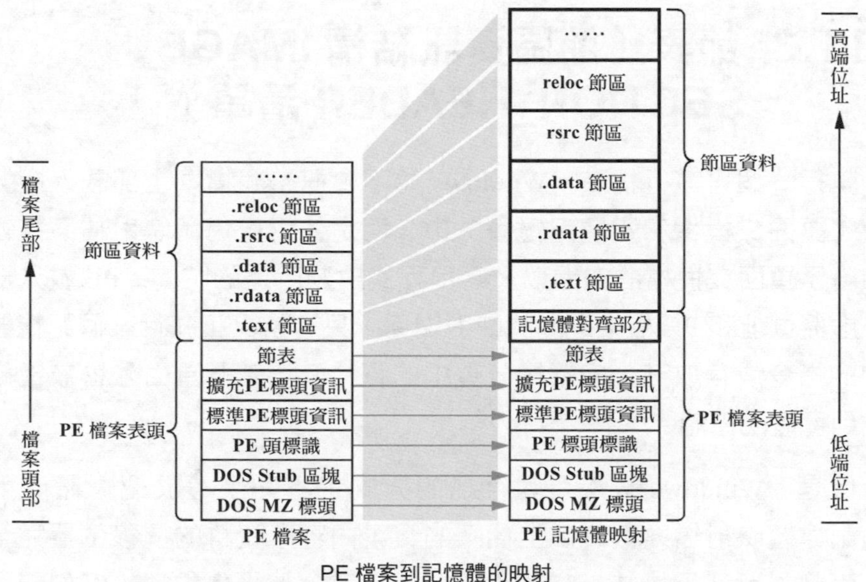

PE 檔案到記憶體的映射

▲ 圖 11.2

位址	大小	擁有者	區段	包含	類型	存取	初始存取
00B40000	00001000	HelloWin		PE 檔案表頭	Imag 01001002	R	RWE
00B41000	0000C000	HelloWin	.text	SFX,程式	Imag 01001002	R	RWE
00B4D000	00006000	HelloWin	.rdata	資料,輸入表	Imag 01001002	R	RWE
00B53000	00002000	HelloWin	.data		Imag 01001002	R	RWE
00B55000	00001000	HelloWin	.rsrc	資源	Imag 01001002	R	RWE
00B56000	00001000	HelloWin	.reloc		Imag 01001002	R	RWE

▲ 圖 11.3

另外，用滑鼠按右鍵圈出來的 PE 檔案表頭這一行，然後選擇在 CPU 資料視窗中查看，再用滑鼠按右鍵資料視窗，然後選擇指定→ PE 檔案表頭，可以看到 PE 檔案表頭資料以及解釋。

PE 檔案映射到記憶體時各個節區的情況如下：同樣，每個節區的偏移位址在檔案中是按照 IMAGE_ OPTIONAL_HEADER32.FileAlignment 欄位指定的值進行對齊的，而在 PE 記憶體映射中是按照 IMAGE_OPTIONAL_HEADER32.SectionAlignment 欄位指定的值進行對齊的，即節區的 RVA 和 FOA 通常是不同的；當然，PE 檔案和 PE 記憶體映射的每個節區的大小也會因為檔案對齊、記憶體對齊單位的不同而發生變化；還有，對未初始化資料來說，通常不會在 PE 檔案中為之預留空間，但是載入到記憶體後，則需要為之分配空間。

PE 表頭 IMAGE_NT_HEADERS32 結構的後面是節區資訊結構 IMAGE_SECTION_HEADER 清單，節區資訊結構的個數與節區個數相同，IMAGE_FILE_HEADER.NumberOfSections 欄位指出了節區的個數，IMAGE_SECTION_HEADER 結構清單或說陣列組成節表。節表中的每一個 IMAGE_SECTION_ HEADER 結構是對一個節區的描述，接下來我們將介紹 IMAGE_SECTION_HEADER 結構。為了對 PE 檔案格式構造有一個更深的了解，我們將結合 HelloWindows_32.exe 的十六進位資料說明各種資料區塊都在哪個節區，節區就相當於是一個容器，具體的資料區塊例如匯入表、匯出表和重定位表等才是最重要的。介紹完節表，我們將詳細介紹匯入表、匯出表和重定位表等重要資料，這是本章的主要內容，很多對 PE 檔案進行加密的軟體就是針對這些重要資料做文章。

節區資訊結構 IMAGE_SECTION_HEADER 用於描述節區的資訊，該結構的定義如下：

```
typedef struct _IMAGE_SECTION_HEADER {  //節表資訊結構，每個結構 40(0x28) 位元組
    BYTE     Name[IMAGE_SIZEOF_SHORT_NAME];     //偏移 0x00，8 位元組的節區名稱，
                                                  UTF-8 字串
    union {
        DWORD    PhysicalAddress;   //偏移 0x08，
        DWORD    VirtualSize;   //偏移 0x08，節區的大小（沒有進行檔案對齊的實際大小）
    } Misc;
    DWORD    VirtualAddress;            //偏移 0x0C，節區的 RVA 位址
    DWORD    SizeOfRawData;             //偏移 0x10，節區的大小（基於檔案對齊後的大小）
    DWORD    PointerToRawData;          //偏移 0x14，節區的檔案偏移位址 FOA
```

```
    DWORD    PointerToRelocations;    // 偏移 0x18，在 .obj 檔案中使用，指向重定位表的
                                         指標
    DWORD    PointerToLinenumbers;    // 偏移 0x1C，供偵錯用，行號表的指標
    WORD     NumberOfRelocations;     // 偏移 0x20，在 .obj 檔案中使用，重定位表的個數
    WORD     NumberOfLinenumbers;     // 偏移 0x22，行號表中行號的數量
    DWORD    Characteristics;         // 偏移 0x24，節區的屬性
} IMAGE_SECTION_HEADER, * PIMAGE_SECTION_HEADER;
```

- Name 欄位偏移 0x00，是 8 位元組的節區名稱，UTF-8 字元。節區名稱並不規定以零結尾，例如節區名稱正好是 8 位元組時，如果節區名稱超過 8 位元組會執行截斷處理。節區名稱只是一個記號，程式設計師可以隨意命名，不同編譯器對節區的命名可能不同，例如同是可執行程式節區可以命名為 .text 或 .code 等。另外，不能透過節區名稱來定位資料，例如資源節區的名稱通常為 .rsrc，透過節表或許可以正確定位到程式資源資料，但是為了確保準確性，應該使用 IMAGE_ OPTIONAL_HEADER32 結構中的資料目錄陣列來定位各種資料。
- Misc.PhysicalAddress 欄位偏移 0x08。
- Misc.VirtualSize 欄位偏移 0x08，表示節區的大小（沒有進行檔案對齊的實際大小）。
- VirtualAddress 欄位偏移 0x0C，表示節區的 RVA 位址，IMAGE_OPTIONAL_HEADER32. SectionAlignment 欄位指定的值的整數倍。
- SizeOfRawData 欄位偏移 0x10，表示節區的大小（基於檔案對齊後的大小），該欄位的值等於 VirtualSize 欄位的值按照 IMAGE_OPTIONAL_HEADER32.FileAlignment 欄位的值對齊以後的大小。
- PointerToRawData 欄位偏移 0x14，節區的檔案偏移位址 FOA。

PE 載入器透過從 PointerToRawData 欄位指定的 FOA 開始，找到 SizeOfRawData 欄位指定的基於檔案對齊後的節區大小，映射到可執行模組的 RVA 為 VirtualAddress 的地方，當然映射後要透過在尾部填充 0 的

方式擴充為 IMAGE_OPTIONAL_HEADER32.SectionAlignment 欄位指定的值的整數倍。

- PointerToRelocations 欄位偏移 0x18，在 .obj 檔案中使用，指向重定位表的指標，該欄位不重要。
- PointerToLinenumbers 欄位偏移 0x1C，供偵錯用，表示行號表的指標，該欄位不重要。
- NumberOfRelocations 欄位偏移 0x20，在 .obj 檔案中使用，表示重定位表的個數，該欄位不重要。
- NumberOfLinenumbers 欄位偏移 0x22，表示行號表中行號的數量，該欄位不重要。
- Characteristics 欄位偏移 0x24，表示節區的屬性，可以是表 11.8 所示的值的組合（常見值）。

表 11.8

常數	值	位元	含義
IMAGE_SCN_CNT_CODE	0x00000020	5	節區包含可執行程式
IMAGE_SCN_CNT_INITIALIZED_DATA	0x00000040	6	節區包含已初始化資料
IMAGE_SCN_CNT_UNINITIALIZED_DATA	0x00000080	7	節區包含未初始化資料
IMAGE_SCN_GPREL	0x00008000	11	節區包含透過全域指標引用的資料
MAGE_SCN_LNK_NRELOC_OVFL	0x01000000	24	節區包含擴充的重定位
IMAGE_SCN_MEM_DISCARDABLE	0x02000000	25	節區可以根據需要捨棄
IMAGE_SCN_MEM_NOT_CACHED	0x04000000	26	節區無法快取
IMAGE_SCN_MEM_NOT_PAGED	0x08000000	27	節區無法分頁
IMAGE_SCN_MEM_SHARED	0x10000000	28	節區可以在記憶體中共享
IMAGE_SCN_MEM_EXECUTE	0x20000000	29	節區包含可執行屬性
IMAGE_SCN_MEM_READ	0x40000000	30	節區包含讀取屬性
IMAGE_SCN_MEM_WRITE	0x80000000	31	節區包含寫入屬性

以 HelloWindows_32.exe 程式為例，各個節區的屬性值的其含義如表 11.9 所示。

表 11.9

節區名稱	屬性值	含義
可執行程式 .text	0x60000020	節區包含可執行程式、節區包含可執行屬性、節區包含讀取屬性
只讀取資料 .rdata	0x40000040	節區包含已初始化資料、節區包含讀取屬性
已初始化資料 .data	0xC0000040	節區包含已初始化資料、節區包含讀取屬性、節區包含寫入屬性
程式資源 .rsrc	0x40000040	節區包含已初始化資料、節區包含讀取屬性
重定位資訊 .reloc	0x42000040	節區包含已初始化資料、節區可以根據需要捨棄、節區包含讀取屬性

當然，節區屬性也可以是其他值，例如當 PE 檔案被加殼工具壓縮後，包含可執行程式的節區往往具有可執行、讀取和寫入屬性，因為解壓程式需要將解壓以後的可執行程式回寫到程式節區中。舉例來說，Chapter4\LoadTest_UPX\Debug\Test_UPX.exe 檔案的 UPX0 節區具有：節區包含未初始化資料、節區包含可執行屬性、節區包含讀取屬性、節區包含寫入屬性。

因為無法確定可執行模組的載入基底位址，所以 PE 檔案中很多欄位都是使用 RVA 相對虛擬記憶體位址，模組基底位址 +RVA 就是 PE 檔案載入到記憶體中後資料的真實虛擬記憶體位址。還有一個 FOA 檔案偏移位址，就是檔案中資料相對於檔案表頭的偏移。透過前面的學習，我們了解到同一資料在 PE 檔案和 PE 記憶體映射中的偏移位址是不同的，當然這主要是指 PE 檔案的節區部分，PE 檔案中的 PE 檔案表頭的資料內容、資料的偏移位置與 PE 記憶體映射中的完全相同。

透過 RVA 可以很容易地在 PE 記憶體映射中定位到需要的資料，但是在 PE 檔案中定位資料則不是很方便，比如透過 IMAGE_DATA_DIRECTORY.VirtualAddress 欄位可以很容易地在 PE 記憶體映射中定位到匯入表、匯出表、重定位表等資料。

在實際程式設計過程中，為了能夠在 PE 檔案或 PE 記憶體映射檔案中定位到需要的資料，需要經過 RVA 到 FOA 的換算，這種換算並沒有一個簡單的公式，可以採取以下方式。

（1）遍歷節表。透過 IMAGE_SECTION_HEADER.VirtualAddress 欄位得到一個節區的起始 RVA，節區的起始 RVA + IMAGE_SECTION_HEADER.SizeOfRawData 等於節區的結束 RVA，然後判斷目標資料（例如匯入表、匯出表、重定位表等）的 RVA 是否位於這個節區的記憶體範圍以內。

（2）如果目標資料的 RVA 位於某個節區的記憶體範圍以內，則使用目標資料的 RVA 減去這個節區的起始 RVA，得到目標資料相對於節區起始位址的偏移量 RVA'。

（3）透過 IMAGE_SECTION_HEADER.PointerToRawData 欄位可以得到一個節區在 PE 檔案中的檔案偏移位址 FOA，這個節區的 FOA + RVA' 等於目標資料在檔案中的偏移位址 FOA。

接下來封裝兩個自訂函數，RVAToFOA 函數用於透過指定類型態資料（例如匯入表、匯出表和重定位表等）的 RVA 得到 FOA，GetSectionNameByRVA 函數用於透過一個 RVA 值獲取所在節區的名稱。兩個函數的定義如下：

```
/*****************************************************************************
  * 函數功能：透過指定類型態資料（例如匯入表、匯出表、重定位表等）的 RVA 得到 FOA
  * 輸入參數的說明：
    1. pImageDosHeader 參數表示 PE 記憶體映射檔案物件在記憶體中的起始位址，必須指定
    2. dwTargetRVA 參數表示目標類型態資料的 RVA，必須指定
  * 傳回值：  傳回 -1 表示函數執行失敗
*****************************************************************************/
INT RVAToFOA(PIMAGE_DOS_HEADER pImageDosHeader, DWORD dwTargetRVA)
{
     INT iTargetFOA = -1;

     //PE 表頭的位址
     PIMAGE_NT_HEADERS32 pImageNtHeader32 =
          (PIMAGE_NT_HEADERS32)((LPBYTE)pImageDosHeader + pImageDosHeader->
e_lfanew);

     //PE 表頭的位址 + sizeof(IMAGE_NT_HEADERS32) 等於節表位址
     PIMAGE_SECTION_HEADER pImageSectionHeader =
```

```
        (PIMAGE_SECTION_HEADER)((LPBYTE)pImageNtHeader32 + sizeof(IMAGE_NT_
HEADERS32));

    // 遍歷節表
    for (int i = 0; i < pImageNtHeader32->FileHeader.NumberOfSections; i++)
    {
        if ((dwTargetRVA >= pImageSectionHeader->VirtualAddress) &&
          (dwTargetRVA <= (pImageSectionHeader->VirtualAddress +
pImageSectionHeader-> SizeOfRawData)))
        {
            iTargetFOA = dwTargetRVA - pImageSectionHeader->VirtualAddress;
            iTargetFOA += pImageSectionHeader->PointerToRawData;
        }

        // 指向下一個節區資訊結構
        pImageSectionHeader++;
    }

    return iTargetFOA;
}

/***************************************************************************
  * 函數功能：透過一個 RVA 值獲取所在節區的名稱
  * 輸入參數的說明：
    1. pImageDosHeader 參數表示 PE 記憶體映射檔案物件在記憶體中的起始位址，必須指定
    2. dwRVA 參數表示一個 RVA 值，必須指定
  * 傳回值：傳回 NULL 表示函數執行失敗，注意傳回的節區名稱字串並不一定以零結尾
***************************************************************************/
LPSTR GetSectionNameByRVA(PIMAGE_DOS_HEADER pImageDosHeader, DWORD dwRVA)
{
    LPSTR lpSectionName = NULL;

    //PE 表頭的位址
    PIMAGE_NT_HEADERS32 pImageNtHeader32 =
        (PIMAGE_NT_HEADERS32)((LPBYTE)pImageDosHeader + pImageDosHeader->
e_lfanew);

    //PE 表頭的位址 + sizeof(IMAGE_NT_HEADERS32) 等於節表位址
    PIMAGE_SECTION_HEADER pImageSectionHeader =
        (PIMAGE_SECTION_HEADER)((LPBYTE)pImageNtHeader32 + sizeof(IMAGE_NT_
```

```
HEADERS32));

    // 遍歷節表
    for (int i = 0; i < pImageNtHeader32->FileHeader.NumberOfSections; i++)
    {
        if ((dwRVA >= pImageSectionHeader->VirtualAddress) &&
            (dwRVA <= (pImageSectionHeader->VirtualAddress +
pImageSectionHeader-> SizeOfRawData)))
        {
            lpSectionName = (LPSTR)pImageSectionHeader;
        }

        // 指向下一個節區資訊結構
        pImageSectionHeader++;
    }

    return lpSectionName;
}
```

接下來實作一個查看 PE 檔案表頭基本資訊的程式 PEInfo，結合前面對 PE 檔案表頭的介紹，很容易理解本程式，完整程式請參考 Chapter11\PEInfo 專案。PEInfo 程式介面如圖 11.4 所示（PE 檔案中不存在的資料目錄沒有列出）。

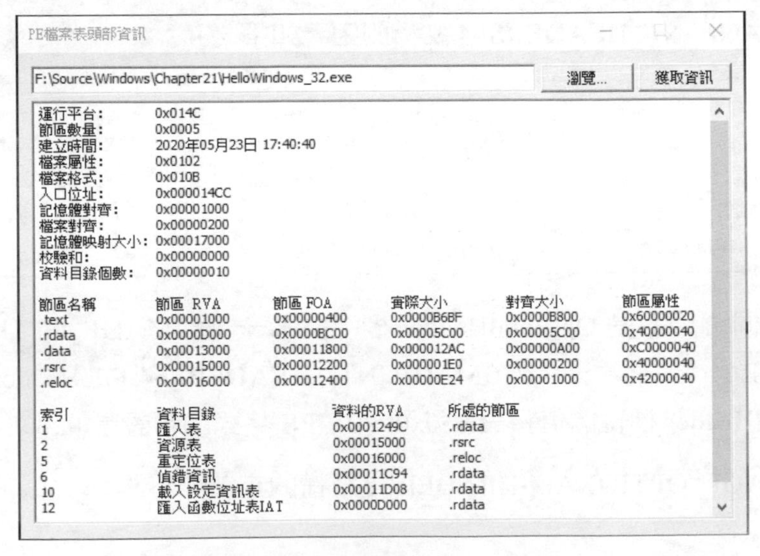

▲ 圖 11.4

11.4 64 位元可執行檔格式 PE32+

PE32+ 的 DOS 標頭同樣由 DOS MZ 表頭（IMAGE_DOS_HEADER 結構，64 位元組）和 DOS Stub 區塊（DOS 部分的可執行程式，程式位元組數不確定）組成。DOS MZ 表頭 IMAGE_DOS_HEADER 結構中只有 e_magic 和 e_lfanew 欄位比較重要，DOS Stub 區塊也同樣不重要。

PE 檔案中的 PE 表頭是一個 IMAGE_NT_HEADERS32 結構，條件編譯定義如下：

```
#ifdef _WIN64
    typedef IMAGE_NT_HEADERS64                   IMAGE_NT_HEADERS;
    typedef PIMAGE_NT_HEADERS64                  PIMAGE_NT_HEADERS;
#else
    typedef IMAGE_NT_HEADERS32                   IMAGE_NT_HEADERS;
    typedef PIMAGE_NT_HEADERS32                  PIMAGE_NT_HEADERS;
```

為了實作 Win32/Win64 系統通用程式設計，可以使用 IMAGE_NT_HEADERS 結構，如果定義了 _WIN64，那麼 IMAGE_NT_HEADERS 被定義為 IMAGE_NT_HEADERS64；否則被定義為 IMAGE_ NT_HEADERS32。

IMAGE_NT_HEADERS64 結構的定義如下：

```
typedef struct _IMAGE_NT_HEADERS64 {
    DWORD                  Signature;        //同 IMAGE_NT_HEADERS32.Signature
    IMAGE_FILE_HEADER      FileHeader;       //同 IMAGE_NT_HEADERS32.FileHeader
    IMAGE_OPTIONAL_HEADER64 OptionalHeader;
} IMAGE_NT_HEADERS64, * PIMAGE_NT_HEADERS64;
```

不同的只是 OptionalHeader 欄位是一個 IMAGE_OPTIONAL_HEADER64 結構。另外 IMAGE_NT_ HEADERS64.FileHeader.SizeOfOptionalHeader 欄位的值預設是 0x00F0（PE 格式的預設是 0x00E0）。

IMAGE_OPTIONAL_HEADER64 結構的定義如下：

```
typedef struct _IMAGE_OPTIONAL_HEADER64 {
    WORD        Magic;
    BYTE        MajorLinkerVersion;
    BYTE        MinorLinkerVersion;
    DWORD       SizeOfCode;
    DWORD       SizeOfInitializedData;
    DWORD       SizeOfUninitializedData;
    DWORD       AddressOfEntryPoint;
    DWORD       BaseOfCode;       // PE 格式中該欄位的下面是 BaseOfData 欄位，表示資
                                     料節的 RVA PE32+ 中不存在 BaseOfData 欄位
    ULONGLONG   ImageBase;        // 程式的建議加載位址，ULONGLONG 類型，而 PE 格式是
                                     DWORD 類型
    DWORD       SectionAlignment;
    DWORD       FileAlignment;
    WORD        MajorOperatingSystemVersion;
    WORD        MinorOperatingSystemVersion;
    WORD        MajorImageVersion;
    WORD        MinorImageVersion;
    WORD        MajorSubsystemVersion;
    WORD        MinorSubsystemVersion;
    DWORD       Win32VersionValue;
    DWORD       SizeOfImage;
    DWORD       SizeOfHeaders;
    DWORD       CheckSum;
    WORD        Subsystem;
    WORD        DllCharacteristics;
    ULONGLONG   SizeOfStackReserve;   // 該欄位是一個 ULONGLONG 類型，而 PE 格式是
                                         DWORD 類型
    ULONGLONG   SizeOfStackCommit;    // 該欄位是一個 ULONGLONG 類型，而 PE 格式是
                                         DWORD 類型
    ULONGLONG   SizeOfHeapReserve;    // 該欄位是一個 ULONGLONG 類型，而 PE 格式是
                                         DWORD 類型
    ULONGLONG   SizeOfHeapCommit;     // 該欄位是一個 ULONGLONG 類型，而 PE 格式是
                                         DWORD 類型
    DWORD       LoaderFlags;
    DWORD       NumberOfRvaAndSizes;
    IMAGE_DATA_DIRECTORY DataDirectory[IMAGE_NUMBEROF_DIRECTORY_ENTRIES];
} IMAGE_OPTIONAL_HEADER64, * PIMAGE_OPTIONAL_HEADER64;
```

IMAGE_NT_HEADERS64.FileHeader.SizeOfOptionalHeader 欄位的值預設是 0x00F0，而 PE 格式的預設值是 0x00E0，多了 0x10 位元組，因為 SizeOfStackReserve、SizeOfStackCommit、SizeOfHeapReserve、SizeOfHeapCommit 這 4 個欄位是 ULONGLONG 類型。在 64 位元可執行檔中，初始化時保留的堆疊大小、初始化時保留的堆積大小（預設堆積）也是 0x0000000000100000（1MB），初始化時實際提交的堆疊大小、初始化時實際提交的堆積大小也是 0x0000000000001000（4KB）。

判斷一個可執行檔是 32 位元還是 64 位元的方式是：IMAGE_NT_HEADERS.OptionalHeader.Magic 欄位的值如果是 IMAGE_NT_OPTIONAL_HDR32_MAGIC（0x010B），則說明是一個 32 位元可執行檔，如果是 IMAGE_NT_OPTIONAL_HDR64_MAGIC（0x020B），則說明是一個 64 位元可執行檔。了解這些內容後，把 PEInfo 程式改寫為既可以查看 PE 檔案也可以查看 PE32+ 檔案就會比較簡單，PEInfo 專案既可以編譯為 32 位元又可以編譯為 64 位元，參見 Chapter11\PEInfo3264 專案。

另外，筆者撰寫了一個把 PE 檔案的 RVA 轉為 FOA 的 RVAToFOA 程式，程式中用到了前面介紹的自訂函數 RVAToFOA，但是對該函數進行改進後，既可以用於 PE 檔案也可以用於 PE32+ 檔案，完整程式請參考 Chapter11\RVAToFOA 專案。

節表、節區資訊結構 IMAGE_SECTION_HEADER 的定義與 PE 格式相同。

11.5 匯入表

16 種資料區塊才是程式執行過程中所需的重要資料，每種資料區塊的資料組織形式各不相同，接下來我們介紹幾種比較重要的資料區塊，例如匯入表、匯出表、重定位表、資源表等。

匯入表中儲存著一個可執行檔需要呼叫的其他模組中的匯出函數。

當 PE 檔案被載入記憶體執行時，PE 載入器才將所需的動態連結程式庫載入程式的位址空間中，將呼叫匯入函數的指令和函數實際所處的記憶體位址聯繫起來，這就是動態連結的概念，動態連結透過 PE 檔案中的匯入表（Import Table）來實作，匯入表中儲存有動態連結程式庫名稱和匯入函數名稱等的相關資訊。

下面以一個簡單的程式為例進行分析，OD 載入 Chapter11\HelloWorld\Debug\HelloWorld.exe（見圖 11.5）。

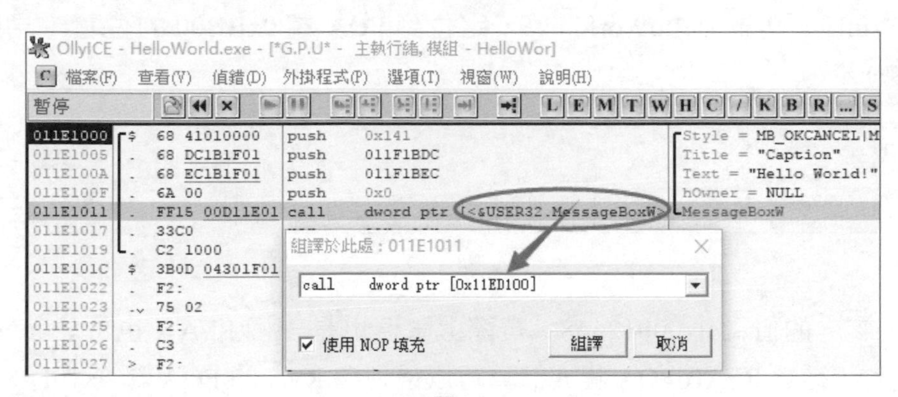

▲ 圖 11.5

在反組譯視窗中選中 call dword ptr [<&USER32.MessageBoxW>] 這一行，用滑鼠按右鍵資料視窗中跟隨，然後選擇記憶體位址，資料視窗中就會自動定位到 0x11ED100 開始的資料。然後，確保在反組譯視窗中選中 call dword ptr [<&USER32.MessageBoxW>] 這一行，用滑鼠按右鍵跟隨或直接按 Enter 鍵，即可定位到 USER32.MessageBoxW 函數的實作程式位址處，如圖 11.6 所示。

▲ 圖 11.6

可以發現 [0x11ED100] 位址處儲存的就是 USER32.MessageBoxW 函數的記憶體位址。

我們再從 PE 檔案角度分析該程式。call dword ptr [<&USER32.MessageBoxW>] 指令實際上就是 call dword ptr [0x11ED100]，透過 OD 的記憶體視窗可以發現 0x11ED100 屬於 .rdata 節區。HelloWorld.exe 的記憶體基底位址為 0x011E0000，RVA：0x11ED100-0x011E0000 = 0xD100，透過 RVAToFOA 程式計算可以得到 FOA 為 0xBB00，使用 WinHex 開啟 HelloWorld.exe，定位到 FOA 為 0xBB00 的位置（見圖 11.7）。

```
HelloWorld.exe
Offset     0  1  2  3  4  5  6  7   8  9  A  B  C  D  E  F
0000BB00  48 25 01 00 00 00 00 00  BF 16 40 00 00 00 00 00  H%       ¿ @
0000BB10  E0 10 40 00 00 00 00 00  00 00 00 00 2D 10 40 00  à @         – @
```

▲ 圖 11.7

該處的值為 0x00012548，實際上該值也是一個 RVA（也位於 .rdata 節區），透過 RVAToFOA 程式計算可以得到該 RVA 的 FOA 為 0x10F48，在 WinHex 中定位到 0x10F48（見圖 11.8）。

```
HelloWorld.exe
Offset     0  1  2  3  4  5  6  7   8  9  A  B  C  D  E  F
00010F40  48 25 01 00 00 00 00 00  86 02 4D 65 73 73 61 67  H%       ▮ Messag
00010F50  65 42 6F 78 57 00 55 53  45 52 33 32 2E 64 6C 6C  eBoxW USER32.dll
00010F60  00 00 AD 05 55 6E 68 61  6E 64 6C 65 64 45 78 63    - UnhandledExc
00010F70  65 70 74 69 6F 6E 46 69  6C 74 65 72 00 00 6D 05  eptionFilter  m
00010F80  53 65 74 55 6E 68 61 6E  64 6C 65 64 45 78 63 65  SetUnhandledExce
00010F90  70 74 69 6F 6E 46 69 6C  74 65 72 00 17 02 47 65  ptionFilter   Ge
00010FA0  74 43 75 72 72 65 6E 74  50 72 6F 63 65 73 73 00  tCurrentProcess
```

▲ 圖 11.8

FOA 為 0x10F48 的位置首先是一個值為 0x0286 的 WORD 值，然後就是 MessageBoxW 函數名稱。

PE 記憶體映射中 0x11ED100 位址處儲存的是 USER32.MessageBoxW 函數的記憶體位址，而 PE 檔案中相同位置處儲存的是一個指向「WORD 值 +MessageBoxW 函數名稱」的 RVA。實際上，PE 載入器根據 PE 檔案中 FOA 為 0xBB00 的地方的 RVA 值得到「WORD 值 +Message

BoxW 函數名稱」，然後根據函數名稱得到函數的實際記憶體位址，再把函數的實際記憶體位址寫入 0x11ED100 位址處。

查看 HelloWorld.exe 的 call MessageBoxW 指令行：

```
011E1011  FF15 00D11E01  call dword ptr [<&USER32.MessageBoxW>]
```

該指令所處的記憶體位址為 0x011E1011，RVA 為 0x1011，FOA 為 0x411，在 WinHex 中定位到 0x411（見圖 11.9）。

HelloWorld.exe

Offset	0	1	2	3	4	5	6	7	8	9	A	B	C	D	E	F	
00000410	00	FF	15	00	D1	40	00	33	C0	C2	10	00	3B	0D	04	30	ÿ Ñ@ 3ÀÂ ; 0
00000420	41	00	F2	75	02	F2	C3	F2	E9	73	02	00	00	56	6A	02	A òu òÃòés Vj

▲ 圖 11.9

可以發現，程式載入到記憶體中後是 call [0x011ED100]；而在檔案中是 call [0x0040D100]，這是因為在編譯器的時候設定的建議加載位址是 0x00400000，在採用 ASLR 技術前，程式的載入基底位址通常是 0x00400000，exe 程式也通常沒有重定位表。不過，建議加載位址和實際加載位址不相同並沒有關係，因為資料定位依靠 RVA 來完成。

接下來介紹匯入表。以 Chapter11\HelloWindows_32.exe 程式為例，透過 PEInfo 程式可以得知該程式的匯入表的 RVA 為 0x0001249C，FOA 為 0x1109C（修改 PEInfo 程式使之顯示資料的 FOA，Chapter11\PEInfo3264）。

匯入表是一個匯入表描述符號結構 IMAGE_IMPORT_DESCRIPTOR（IID）陣列，結構的個數取決於程式要載入的 DLL 檔案的數量，每個結構對應一個 DLL 檔案，例如一個 PE 檔案如果使用了 10 個 DLL 中的匯出函數，就會存在 10 個 IMAGE_IMPORT_DESCRIPTOR 結構來描述這些 DLL 檔案，在所有 IMAGE_IMPORT_DESCRIPTOR 結構的最後以一個內容全為 0 的 IMAGE_IMPORT_DESCRIPTOR 結構作為結束。

IMAGE_IMPORT_DESCRIPTOR 結構的定義如下：

```
typedef struct _IMAGE_IMPORT_DESCRIPTOR {    //20 位元組
    union {
        DWORD   Characteristics;        // 偏移 0x00
        DWORD   OriginalFirstThunk;     // 偏移 0x00，IMAGE_THUNK_DATA32 結構陣
                                           列，是一個 RVA
    } DUMMYUNIONNAME;
    DWORD   TimeDateStamp;   // 偏移 0x04，與綁定有關的時間戳記，通常不用
    DWORD   ForwarderChain;  // 偏移 0x08，第一個被轉發函數的索引，如果沒有轉發則為 -1
    DWORD   Name;            // 偏移 0x0C，指向以 0 結尾的動態連結程式庫名稱字串，是一
                                個 RVA，UTF-8 字串
    DWORD   FirstThunk;      // 偏移 0x10，IMAGE_THUNK_DATA32 結構陣列，是一個 RVA
} IMAGE_IMPORT_DESCRIPTOR;
```

3 個重要欄位如下。

- OriginalFirstThunk 欄位偏移 0x00，指向一個 IMAGE_THUNK_DATA32 結構陣列，是一個 RVA。
- Name 欄位偏移 0x0C，表示指向以零結尾的動態連結程式庫名稱字串，是一個 RVA，UTF-8 字串。
- FirstThunk 欄位偏移 0x10，指向一個 IMAGE_THUNK_DATA32 結構陣列，是一個 RVA。

OriginalFirstThunk 和 FirstThunk 兩個欄位都指向一個 IMAGE_THUNK_DATA32 結構陣列，是一個 RVA，每一個 IMAGE_THUNK_DATA32 結構表示一個匯入函數的資訊，陣列以一個內容全為 0 的 IMAGE_THUNK_DATA32 結構作為結尾。OriginalFirstThunk 欄位的重要性較低。

IMAGE_THUNK_DATA32 結構實際上只是一個 DWORD 類型的雙字，把它定義成結構（內部只有一個聯合體欄位）是因為它在不同的時刻有不同的含義，該結構的定義如下：

```
typedef struct _IMAGE_THUNK_DATA32 {
    union {
        DWORD ForwarderString;
        DWORD Function;              // 匯入函數的記憶體位址
```

```
        DWORD Ordinal;                  //匯入函數的序數
        DWORD AddressOfData;            //IMAGE_IMPORT_BY_NAME 結構的 RVA
    } u1;
} IMAGE_THUNK_DATA32;
```

當 IMAGE_THUNK_DATA32 結構（DWORD 值）的最高位元為 1 時，表示函數以序數的方式進行匯入，這時 DWORD 值的低位元字就是函數的序數，可以使用常數 IMAGE_ORDINAL_FLAG32（0x80000000）進行測試；當 DWORD 值的最高位元為 0 時，表示函數以函數名稱字串的方式進行匯入，這時 DWORD 值是一個指向 IMAGE_IMPORT_BY_NAME 結構的 RVA。

IMAGE_IMPORT_BY_NAME 結構的定義如下：

```
typedef struct _IMAGE_IMPORT_BY_NAME {  //結構大小不確定，因為函數名稱長度不固定
    WORD    Hint;                       //函數編號（用於提高搜尋函數的速度），可以為 0
    CHAR    Name[1];                    //以零結尾的函數名稱字串，UTF-8 字串
} IMAGE_IMPORT_BY_NAME, * PIMAGE_IMPORT_BY_NAME;
```

複習：IMAGE_IMPORT_DESCRIPTOR.FirstThunk 欄位是指向一個 IMAGE_THUNK_DATA32 結構陣列的 RVA，每個 IMAGE_THUNK_DATA32 結構表示一個匯入函數的資訊，IMAGE_THUNK_ DATA32.AddressOfData 欄位是指向 IMAGE_IMPORT_BY_NAME 結構的 RVA，IMAGE_IMPORT_BY_ NAME 結構包含函數編號和函數名稱。

IMAGE_IMPORT_DESCRIPTOR.OriginalFirstThunk 和 IMAGE_IMPORT_DESCRIPTOR.FirstThunk 這兩個欄位都是指向一個 IMAGE_THUNK_DATA32 結構陣列的 RVA，在 PE 檔案中這兩個結構陣列的資料內容完全相同（但是位置不同），這稱為雙橋結構。圖 11.10 中展示了從 User32.dll 中匯入 DispatchMessageW、ShowWindow、RegisterClassExW 和一個以序數為匯入方式的共 4 個匯入函數的匯入表的雙橋結構。

圖 11.10 中，IMAGE_IMPORT_DESCRIPTOR.Name 欄位指向字串 User32.dll，表示要從 User32.dll 中匯入函數；OriginalFirstThunk 和 FirstThunk 欄位指向兩個完全相同的 IMAGE_THUNK_DATA32 陣列，

因為要匯入 4 個函數，所以 IMAGE_THUNK_DATA32 陣列中包含 4 個有效結構，最後以一個內容全為 0 的結構作為結束。前 3 個函數以函數名稱方式進行匯入，IMAGE_THUNK_DATA32 結構的 DWORD 值是一個 RVA，分別指向 3 個 IMAGE_IMPORT_BY_NAME 結構，每一個 IMAGE_IMPORT_BY_NAME 結構的第 1 個欄位是函數的編號，第二個欄位是函數名稱字串；第 4 個函數以序數方式匯入，因此 IMAGE_THUNK_DATA32 結構的 DWORD 值的最高位元為 1，序數為 0x116，組合起來的值是 0x80000116。

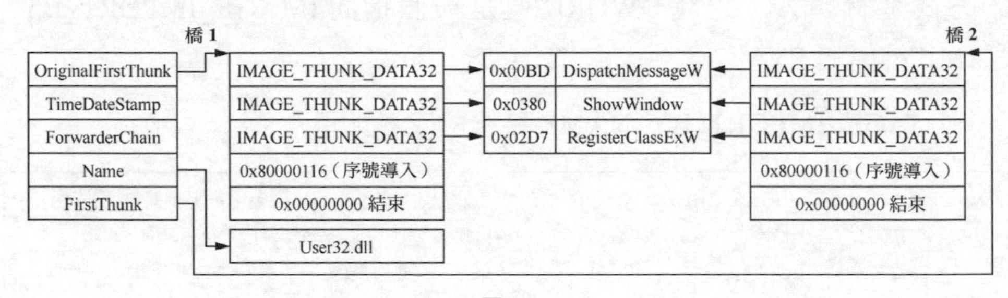

▲ 圖 11.10

在 PE 檔案中 IMAGE_IMPORT_DESCRIPTOR.OriginalFirstThunk 和 IMAGE_IMPORT_DESCRIPTOR. FirstThunk 這兩個欄位指向的 IMAGE_THUNK_DATA32 結構陣列資料內容完全相同，但到了 PE 記憶體映射中是不同的。當 PE 檔案載入記憶體後，圖 11.10 所示的雙橋結構變為圖 11.11 所示的載入記憶體後的雙橋結構。

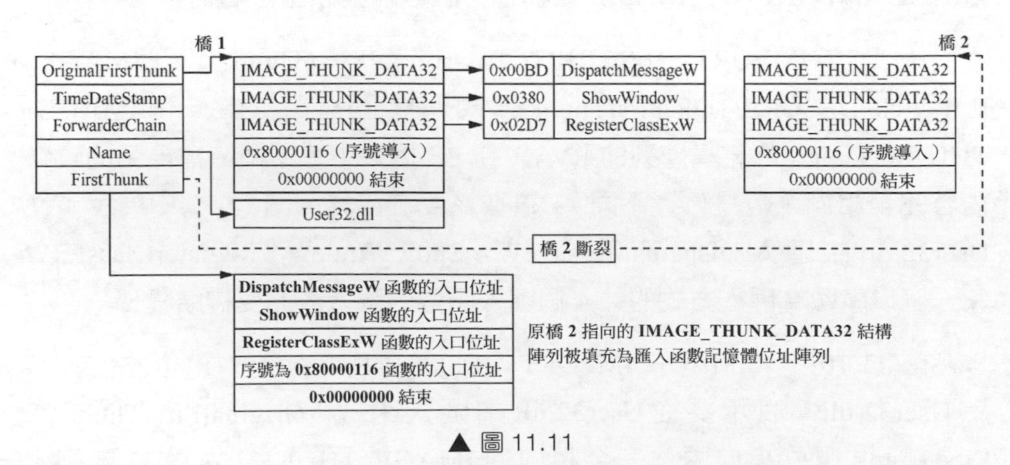

▲ 圖 11.11

分析 HelloWorld.exe 實例時曾介紹過：PE 記憶體映射中 0x11ED100 位址處儲存的是 USER32. MessageBoxW 函數的記憶體位址，而 PE 檔案中相同位置處儲存的是一個指向「WORD 值 + MessageBoxW 函數名稱」的 RVA。當 PE 檔案載入記憶體後，PE 載入器根據 IMAGE_IMPORT_DESCRIPTOR. OriginalFirstThunk 或 IMAGE_IMPORT_DESCRIPTOR. FirstThunk 最終指向的函數名稱獲取到 DLL 中每個函數的實際記憶體位址 VA，然後寫入 IMAGE_IMPORT_DESCRIPTOR.FirstThunk 所指向 IMAGE_ THUNK_DATA32 陣列中的每個陣列元素中。PE 檔案中存在兩份 IMAGE_THUNK_DATA32 陣列並修改其中的一份，是為了最後可以留下一份用來反向查詢函數位址所對應的匯入函數名稱，部分編譯器只使用一份 IMAGE_THUNK_DATA32 陣列，稱為單橋結構。大部分的情況下，把匯入表的 IMAGE_IMPORT_ DESCRIPTOR.OriginalFirstThunk 欄位及其指向的 IMAGE_THUNK_DATA32 陣列填充為 0 不會影響程式執行。

在 PE 記憶體映射中，IMAGE_IMPORT_DESCRIPTOR.FirstThunk 指向的是匯入函數記憶體位址，一個 DLL 中的所有匯入函數記憶體位址順序排列在一起，形成一個匯入函數記憶體位址陣列，所有 DLL 的匯入函數記憶體位址陣列通常也會順序排列在一起，形成匯入函數位址表（Import Address Table，IAT）。匯入表中第一個 IMAGE_IMPORT_DESCRIPTOR 結構的 FirstThunk 欄位通常指向 IAT 的起始位址（但也很可能不是），只有透過資料目錄表的索引為 12 的 IMAGE_DATA_DIRECTORY 結構來定位 IAT 才是可靠的。

IMAGE_IMPORT_DESCRIPTOR.OriginalFirstThunk 最終指向的函數名稱形成一個匯入函數名稱陣列，所有 DLL 的匯入函數名稱陣列通常也會順序排列在一起，形成匯入函數名稱表（Import Name Table，INT）。IMAGE_IMPORT_DESCRIPTOR.OriginalFirstThunk 欄位指向的 IMAGE_THUNK_ DATA32 結構陣列在 PE 檔案載入前後沒有任何變化。

匯入表主要涉及 IMAGE_IMPORT_DESCRIPTOR、IMAGE_THUNK_DATA32 和 IMAGE_IMPORT_ BY_NAME 共 3 個結構，在 PE32+ 中

IMAGE_ IMPORT_DESCRIPTOR 和 IMAGE_IMPORT_BY_NAME 這兩個結構的定義和在 PE 中是完全相同的。不同的是 IMAGE_THUNK_DATA32 結構，條件編譯定義如下：

```
#ifdef _WIN64
    #define IMAGE_ORDINAL_FLAG              IMAGE_ORDINAL_FLAG64
    typedef IMAGE_THUNK_DATA64              IMAGE_THUNK_DATA;
#else
    #define IMAGE_ORDINAL_FLAG              IMAGE_ORDINAL_FLAG32
    typedef IMAGE_THUNK_DATA32              IMAGE_THUNK_DATA;
#endif
```

為了實作 Win32 系統和 Win64 系統通用程式設計，可以使用 IMAGE_THUNK_DATA 結構。如果定義了 _WIN64，那麼 IMAGE_THUNK_DATA 被定義為 IMAGE_THUNK_DATA64；否則被定義為 IMAGE_ THUNK_DATA32。

IMAGE_ORDINAL_FLAG64 用於判斷 IMAGE_THUNK_DATA 是否是按序數匯入的巨集，定義如下：

```
#define IMAGE_ORDINAL_FLAG64 0x8000000000000000
IMAGE_THUNK_DATA64 結構的定義如下所示：
typedef struct _IMAGE_THUNK_DATA64 {
    union {
        ULONGLONG ForwarderString;
        ULONGLONG Function;
        ULONGLONG Ordinal;
        ULONGLONG AddressOfData;
    } u1;
} IMAGE_THUNK_DATA64;
```

與 IMAGE_THUNK_DATA32 不同的僅是每個欄位的資料型態由 DWORD 變為 ULONGLONG。

接下來我們程式設計獲取一個可執行檔的匯入表中所有 DLL 的匯入函數的函數編號和函數名稱，效果如圖 11.12 所示（HelloWindows_32.exe 中的一部分匯入函數）。

```
導入表資訊
dll檔案名稱        函數編號        函數名稱
USER32.dll        0x00BD          DispatchMessageW
USER32.dll        0x0011          BeginPaint
USER32.dll        0x03BA          UpdateWindow
USER32.dll        0x0187          GetMessageW
USER32.dll        0x00A7          DefWindowProcW
USER32.dll        0x0076          CreateWindowExW
USER32.dll        0x02D7          RegisterClassExW
USER32.dll        0x0380          ShowWindow
USER32.dll        0x00F4          EndPaint
USER32.dll        0x03A0          TranslateMessage
USER32.dll        0x0254          LoadIconW
USER32.dll        0x0252          LoadCursorW
USER32.dll        0x02AA          PostQuitMessage

GDI32.dll         0x039E          TextOutW
GDI32.dll         0x02B9          GetStockObject

WINMM.dll         0x0009          PlaySoundW
```

▲ 圖 11.12

這裡把實作該部分功能的程式封裝為自訂函數 GetImportTable，程式很簡單，但是有的程式行比較長，不易閱讀。另外為了可以編譯為 32 位元或 64 位元，以及查看 PE 或 PE32+，程式需要多一些判斷，完整程式參見 Chapter11\PEInfo3264_2 專案：

```
BOOL GetImportTable(PIMAGE_DOS_HEADER pImageDosHeader)
{
    PIMAGE_NT_HEADERS pImageNtHeader;                         //PE 表頭起始位址
    PIMAGE_IMPORT_DESCRIPTOR pImageImportDescriptor; // 匯入表起始位址
    PIMAGE_THUNK_DATA32 pImageThunkData32;      //IMAGE_THUNK_DATA32 陣列起始位址
    PIMAGE_THUNK_DATA64 pImageThunkData64;      //IMAGE_THUNK_DATA64 陣列起始位址
    PIMAGE_IMPORT_BY_NAME pImageImportByName;  //IMAGE_IMPORT_BY_NAME 結構指標
    TCHAR szDllName[128] = { 0 };                       // 動態連結程式庫名稱
    TCHAR szFuncName[128] = { 0 };                      // 函數名稱
    TCHAR szBuf[256] = { 0 };
    TCHAR szImportTableHead[] = TEXT("\r\n\r\n 匯入表資訊：\r\ndll 檔案名稱 \t\t\t\
t\t 函數編號 \t 函數名稱 \r\n");

    //PE 表頭起始位址
    pImageNtHeader = (PIMAGE_NT_HEADERS)((LPBYTE)pImageDosHeader +
pImageDosHeader->e_lfanew);

    // 如果是 PE32+，則把 pImageNtHeader 強制轉為 PIMAGE_NT_HEADERS64
    if (pImageNtHeader->OptionalHeader.Magic == IMAGE_NT_OPTIONAL_HDR64_MAGIC)
    {
```

```
    //是否有匯入表（當然，沒有的可能性不大）
    if (((PIMAGE_NT_HEADERS64)pImageNtHeader)->OptionalHeader.
DataDirectory[1].Size == 0)
        return FALSE;

    //匯入表起始位址
    pImageImportDescriptor = (PIMAGE_IMPORT_DESCRIPTOR)((LPBYTE)
pImageDosHeader + RVAToFOA(pImageNtHeader, ((PIMAGE_NT_HEADERS64)
pImageNtHeader)->OptionalHeader.DataDirectory[1].VirtualAddress));

    SendMessage(g_hwndEdit, EM_SETSEL, -1, -1);
    SendMessage(g_hwndEdit, EM_REPLACESEL, TRUE, (LPARAM)szImportTableHead);
    //遍歷匯入表
    while (pImageImportDescriptor->OriginalFirstThunk ||
        pImageImportDescriptor->TimeDateStamp || pImageImportDescriptor->
ForwarderChain ||
        pImageImportDescriptor->Name || pImageImportDescriptor->FirstThunk)
    {
        //動態連結程式庫名稱
        MultiByteToWideChar(CP_UTF8, 0, (LPSTR)((LPBYTE)pImageDosHeader +
RVAToFOA (pImageNtHeader, pImageImportDescriptor->Name)), -1, szDllName,
_countof (szDllName));

        //IMAGE_THUNK_DATA64 陣列起始位址
        pImageThunkData64 = (PIMAGE_THUNK_DATA64)((LPBYTE)pImageDosHeader +
RVAToFOA (pImageNtHeader, pImageImportDescriptor->FirstThunk));
        while (pImageThunkData64->u1.AddressOfData != 0)
        {
            //按序號匯入還是按函數名稱匯入
            //IMAGE_IMPORT_BY_NAME 結構指標
            pImageImportByName = (PIMAGE_IMPORT_BY_NAME)((LPBYTE)
pImageDosHeader + RVAToFOA (pImageNtHeader, pImageThunkData64->
u1.AddressOfData));

            if (pImageThunkData64->u1.AddressOfData & IMAGE_ORDINAL_FLAG64)
            {
                wsprintf(szFuncName, TEXT("按序號 0x%04X"), pImageThunkData64->
u1.AddressOfData & 0xFFFF);
                wsprintf(szBuf, TEXT("%-48s%s\r\n"), szDllName, szFuncName);
            }
```

```
            else
            {
              MultiByteToWideChar(CP_UTF8, 0, pImageImportByName->Name, -1,
szFuncName, _countof(szFuncName));
              wsprintf(szBuf, TEXT("%-48s0x%04X\t\t%s\r\n"), szDllName,
pImageImportByName->Hint, szFuncName);
            }
            SendMessage(g_hwndEdit, EM_SETSEL, -1, -1);
            SendMessage(g_hwndEdit, EM_REPLACESEL, TRUE, (LPARAM)szBuf);

            // 指向下一個 IMAGE_THUNK_DATA64 結構
            pImageThunkData64++;
         }

         SendMessage(g_hwndEdit, EM_SETSEL, -1, -1);
         SendMessage(g_hwndEdit, EM_REPLACESEL, TRUE, (LPARAM)TEXT("\r\n"));
         // 指向下一個匯入表描述符號
         pImageImportDescriptor++;
      }
   }
   // 如果是 PE 則把 pImageNtHeader 強制轉為 PIMAGE_NT_HEADERS32
   else
   {
      // 是否有匯入表（當然，沒有的可能性不大）
      if (((PIMAGE_NT_HEADERS32)pImageNtHeader)->OptionalHeader.
DataDirectory[1].Size == 0)
         return FALSE;

      // 匯入表起始位址
      pImageImportDescriptor = (PIMAGE_IMPORT_DESCRIPTOR)((LPBYTE)
pImageDosHeader + RVAToFOA(pImageNtHeader, ((PIMAGE_NT_HEADERS32)
pImageNtHeader)->OptionalHeader.DataDirectory[1].VirtualAddress));

      SendMessage(g_hwndEdit, EM_SETSEL, -1, -1);
      SendMessage(g_hwndEdit, EM_REPLACESEL, TRUE, (LPARAM)szImportTableHead);
      // 遍歷匯入表
      while (pImageImportDescriptor->OriginalFirstThunk ||
         pImageImportDescriptor->TimeDateStamp || pImageImportDescriptor->
ForwarderChain || pImageImportDescriptor->Name || pImageImportDescriptor->
FirstThunk)
```

```
    {
        // 動態連結程式庫名稱
        MultiByteToWideChar(CP_UTF8, 0, (LPSTR)((LPBYTE)pImageDosHeader +
RVAToFOA(pImageNtHeader, pImageImportDescriptor->Name)), -1, szDllName,
_countof(szDllName));

        //IMAGE_THUNK_DATA32 陣列起始位址
        pImageThunkData32 = (PIMAGE_THUNK_DATA32)((LPBYTE)pImageDosHeader +
RVAToFOA(pImageNtHeader, pImageImportDescriptor->FirstThunk));
        while (pImageThunkData32->u1.AddressOfData != 0)
        {
            // 按序號匯入還是按函數名稱匯入
            //IMAGE_IMPORT_BY_NAME 結構指標
            pImageImportByName = (PIMAGE_IMPORT_BY_NAME)((LPBYTE)
pImageDosHeader + RVAToFOA(pImageNtHeader, pImageThunkData32->
u1.AddressOfData));

            if (pImageThunkData32->u1.AddressOfData & IMAGE_ORDINAL_FLAG32)
            {
                wsprintf(szFuncName, TEXT("按序號 0x%04X"), pImageThunkData32
->u1.AddressOfData & 0xFFFF);
                wsprintf(szBuf, TEXT("%-48s%s\r\n"), szDllName, szFuncName);
            }
            else
            {
                MultiByteToWideChar(CP_UTF8, 0, pImageImportByName->Name, -1,
szFuncName, _countof(szFuncName));
                wsprintf(szBuf, TEXT("%-48s0x%04X\t\t%s\r\n"), szDllName,
pImageImportByName->Hint, szFuncName);
            }
            SendMessage(g_hwndEdit, EM_SETSEL, -1, -1);
            SendMessage(g_hwndEdit, EM_REPLACESEL, TRUE, (LPARAM)szBuf);

            // 指向下一個 IMAGE_THUNK_DATA32 結構
            pImageThunkData32++;
        }

        SendMessage(g_hwndEdit, EM_SETSEL, -1, -1);
        SendMessage(g_hwndEdit, EM_REPLACESEL, TRUE, (LPARAM)TEXT("\r\n"));
        // 指向下一個匯入表描述符號
```

```
            pImageImportDescriptor++;
        }
    }

    return TRUE;
}
```

11.6 匯出表

透過匯出表可以得到匯出函數的函數名稱、函數序數和入口位址等資訊，PE 載入器透過這些資訊來完成動態連結的過程。可執行檔中通常不存在匯出表，DLL 檔案中通常都會存在匯出表，但是也有特殊情況，例如用作純資源的 DLL 檔案不需要提供匯出函數，也不存在匯出表。另外，有的可執行檔也可以包含匯出函數和匯出表。

在 PE 檔案中，匯出表與匯入表配合使用，既然在匯入表中可以使用函數名稱或函數序數來進行匯入，那麼匯出表中必然也可以使用函數名稱或函數序數這兩種方式來匯出函數。對定義了函數名稱的函數來說，既可以使用函數名稱進行匯出，也可以使用函數序數進行匯出；對沒有定義函數名稱的函數來說，只能使用函數序數進行匯出。

匯出表的起始位置是一個匯出表目錄結構 IMAGE_EXPORT_DIRECTORY，與匯入表中有多個 IMAGE_IMPORT_DESCRIPTOR 結構不同，匯出表中只有一個 IMAGE_EXPORT_DIRECTORY 結構，定義如下：

```
typedef struct _IMAGE_EXPORT_DIRECTORY {      //40 位元組
    DWORD   Characteristics;     // 偏移 0x00，保留欄位
    DWORD   TimeDateStamp;       // 偏移 0x04，時間戳記，通常不用
    WORD    MajorVersion;        // 偏移 0x08，保留欄位
    WORD    MinorVersion;        // 偏移 0x0A，保留欄位
    DWORD   Name;                // 偏移 0x0C，指向模組檔案名稱字串的 RVA，UTF-8 字串
    DWORD   Base;                       // 偏移 0x10，匯出函數的起始序數
    DWORD   NumberOfFunctions;          // 偏移 0x14，匯出函數的總個數
    DWORD   NumberOfNames;              // 偏移 0x18，按函數名稱匯出函數的總數
```

```
    DWORD    AddressOfFunctions;        // 偏移 0x1C，指向匯出函數位址表的 RVA(EAT)
    DWORD    AddressOfNames;            // 偏移 0x20，指向函數名稱位址表的 RVA(ENT)
    DWORD    AddressOfNameOrdinals;  // 偏移 0x24，指向函數序數表的 RVA
} IMAGE_EXPORT_DIRECTORY, * PIMAGE_EXPORT_DIRECTORY;
```

- Name 欄位偏移 0x0C，是指向以零結尾的模組檔案名稱字串的 RVA，UTF-8 字串。模組檔案名稱字串是模組的原始檔案名稱，即使檔案名稱被修改，也可以透過該欄位得到編譯時的原始檔案名稱。
- NumberOfFunctions 欄位偏移 0x14，表示匯出函數的總個數。
- NumberOfNames 欄位偏移 0x18，表示按函數名稱匯出函數的總個數。只有這個數量的函數既可以透過函數名稱方式匯出，也可以透過函數序數方式匯出，剩下的 NumberOfFunctions 減去 NumberOfNames 數量的函數只能透過函數序數方式匯出。該欄位的值只會小於或等於 NumberOfFunctions 欄位的值，如果該欄位的值為 0，則表示所有的函數都是以函數序數方式進行匯出的。
- AddressOfFunctions 欄位偏移 0x1C，是指向匯出函數位址表（EAT）的 RVA。該欄位指向的 RVA 處是全部匯出函數入口位址的 DWORD 陣列，陣列中的每一個 DWORD 值表示一個匯出函數的記憶體位址（RVA 值），陣列元素的個數等於 NumberOfFunctions 欄位的值。
- Base 欄位偏移 0x10，是匯出函數的起始序數。AddressOfFunctions 欄位指向的匯出函數位址表中某一項的索引加上該欄位的值就是對應的匯出函數的函數序數。假設 Base 欄位的值為 x，則匯出函數位址表中第 1 個匯出函數的序數是 x，第 2 個匯出函數的序數是 $x + 1$，依此類推。
- AddressOfNames 欄位偏移 0x20，是指向函數名稱位址表（ENT）的 RVA。該欄位指向的 RVA 處是函數名稱位址的 DWORD 陣列，陣列中的每一個 DWORD 值表示一個函數名稱的 RVA，陣列元素的個數等於 NumberOfNames 欄位的值，按函數名稱匯出的匯出函數名稱字串都在這個 ENT 表中。

- AddressOfNameOrdinals 欄位偏移 0x24，是指向函數序數表的 RVA。該欄位指向的 RVA 處是一個 WORD 陣列，陣列中的每一個 WORD 值表示匯出函數位址表 EAT 的索引。透過函數名稱位址表 ENT 中的索引 *n*，到函數序數表中查詢索引 *n* 對應的 WORD 值（表示匯出函數位址表 EAT 的索引），即可得到函數名稱對應的函數入口位址，AddressOfNames 和 AddressOfNameOrdinals 這兩個欄位是一一對應關係，如圖 11.13 所示。

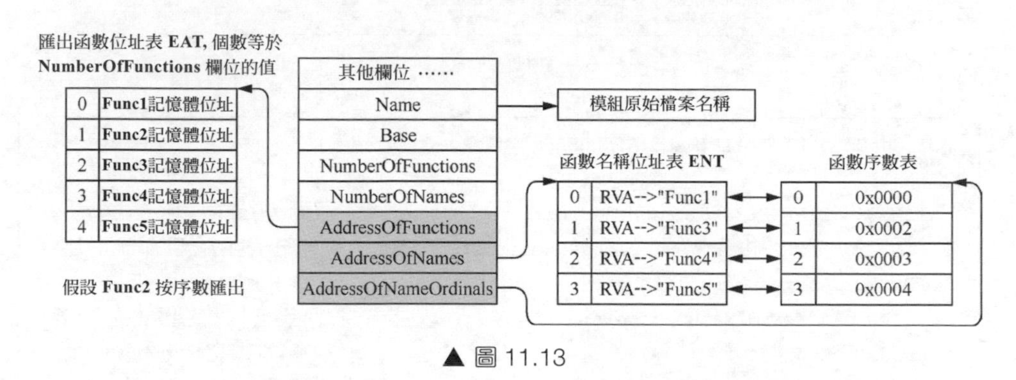

▲ 圖 11.13

舉例來說，從函數名稱位址表 ENT 中取出索引 2，到函數序數表中查詢索引 2 對應的 WORD 值為 0x0003，再到匯出函數位址表 EAT 中查詢索引 0x0003，即可得到 Func4 對應的函數入口位址的 RVA。

要遍歷匯出表中的所有匯出函數，可以迴圈 IMAGE_EXPORT_DIRECTORY.NumberOfFunctions（匯出函數的總個數）次，IMAGE_EXPORT_DIRECTORY.AddressOfFunctions 欄位指向的匯出函數位址表的索引為 0 ～ IMAGE_EXPORT_DIRECTORY.NumberOfFunctions – 1，判斷每個索引是否在 IMAGE_ EXPORT_DIRECTORY.AddressOfNameOrdinals 欄位指向的函數序數表中，如果在，則說明該函數是按函數名稱匯出，否則就是按函數序數匯出。下面的自訂函數 GetExportTable 實作了獲取匯出表基本資訊和獲取匯出表中所有匯出函數的功能，效果如圖 11.14 所示（DllSample_32.dll）。

```
匯出表資訊:
模組原始檔案名稱          DllSample.dll
匯出函數的起始序數        0x00000001
匯出函數的總個數          0x00000009
按名稱匯出函數的個數      0x00000009
匯出函數位址表的RVA       0x000113D8
函數名稱位址表的RVA       0x000113FC
指向函數序數表的RVA       0x00011420

函數序數        函數位址        函數名稱
0x00000001      0x00001050      ??0CStudent@@QAE@PA_WH@Z
0x00000002      0x00001080      ??1CStudent@@QAE@XZ
0x00000003      0x00001000      ??4CStudent@@QAEAAV0@ABV0@@Z
0x00000004      0x000010A0      ?GetAge@CStudent@@QAEHXZ
0x00000005      0x00001090      ?GetName@CStudent@@QAEPA_WXZ
0x00000006      0x000010B0      funAdd
0x00000007      0x000010C0      funMul
0x00000008      0x0001328C      nValue
0x00000009      0x00013290      ps
```

▲ 圖 11.14

```
BOOL GetExportTable(PIMAGE_DOS_HEADER pImageDosHeader)
{
    PIMAGE_NT_HEADERS pImageNtHeader;                        //PE 表頭起始位址
    PIMAGE_EXPORT_DIRECTORY pImageExportDirectory;           // 匯出表目錄結構的起始位址
    PDWORD pAddressOfFunctions;                              // 匯出函數位址表的起始位址
    PWORD pAddressOfNameOrdinals;                            // 函數序數表的起始位址
    PDWORD pAddressOfNames;                                  // 函數名稱位址表的起始位址
    TCHAR szModuleName[128] = { 0 };                         // 模組的原始檔案名稱
    TCHAR szFuncName[128] = { 0 };                           // 函數名稱
    TCHAR szBuf[512] = { 0 };
    TCHAR szExportTableHead[] = TEXT("\r\n 匯出表資訊：\r\n");
    TCHAR szExportTableFuncs[] = TEXT(" 函數序數 \t 函數位址 \t 函數名稱 \r\n");

    //PE 表頭起始位址
    pImageNtHeader = (PIMAGE_NT_HEADERS)((LPBYTE)pImageDosHeader +
pImageDosHeader ->e_lfanew);

    //PE 和 PE32+ 的匯出表目錄結構定位不同
    if (pImageNtHeader->OptionalHeader.Magic == IMAGE_NT_OPTIONAL_HDR64_MAGIC)
    {
        // 是否有匯出表
        if (((PIMAGE_NT_HEADERS64)pImageNtHeader)->OptionalHeader.
DataDirectory[0].Size == 0)
            return FALSE;
        pImageExportDirectory = (PIMAGE_EXPORT_DIRECTORY)((LPBYTE)
pImageDosHeader + RVAToFOA(pImageNtHeader, ((PIMAGE_NT_HEADERS64)
pImageNtHeader)->OptionalHeader.DataDirectory[0].VirtualAddress));
```

```
    }
    else
    {
        // 是否有匯出表
        if (((PIMAGE_NT_HEADERS32)pImageNtHeader)->OptionalHeader.
DataDirectory[0].Size == 0)
            return FALSE;
        pImageExportDirectory = (PIMAGE_EXPORT_DIRECTORY)((LPBYTE)
pImageDosHeader + RVAToFOA(pImageNtHeader, ((PIMAGE_NT_HEADERS32)
pImageNtHeader)->OptionalHeader.DataDirectory[0].VirtualAddress));
    }
    // 匯出函數位址表的起始位址
    pAddressOfFunctions = (PDWORD)((LPBYTE)pImageDosHeader + RVAToFOA
(pImageNtHeader, pImageExportDirectory->AddressOfFunctions));
    // 函數序數表的起始位址
    pAddressOfNameOrdinals = (PWORD)((LPBYTE)pImageDosHeader + RVAToFOA
(pImage NtHeader, pImageExportDirectory->AddressOfNameOrdinals));
    // 函數名稱位址表的起始位址
    pAddressOfNames = (PDWORD)((LPBYTE)pImageDosHeader + RVAToFOA
(pImageNtHeader, pImageExportDirectory->AddressOfNames));

    SendMessage(g_hwndEdit, EM_SETSEL, -1, -1);
    SendMessage(g_hwndEdit, EM_REPLACESEL, TRUE, (LPARAM)szExportTableHead);
    // 匯出表基本資訊
    MultiByteToWideChar(CP_UTF8, 0, (LPSTR)((LPBYTE)pImageDosHeader + RVAToFOA
(pImageNtHeader, pImageExportDirectory->Name)), -1, szModuleName, _countof
(szModuleName));
    wsprintf(szBuf, TEXT("模組原始檔案名稱\t\t%s\r\n匯出函數的起始序數\t0x%08X\r\
n匯出函數的總個數\t0x%08X\r\n按名稱匯出函數的個數\t0x%08X\r\n匯出函數位址表的RVA\
t0x% 08X\r\n函數名稱位址表的RVA\t0x%08X\r\n指向函數序數表的RVA\t0x%08X\r\n\r\n"),
        szModuleName,
        pImageExportDirectory->Base,
        pImageExportDirectory->NumberOfFunctions,
        pImageExportDirectory->NumberOfNames,
        pImageExportDirectory->AddressOfFunctions,
        pImageExportDirectory->AddressOfNames,
        pImageExportDirectory->AddressOfNameOrdinals);
    SendMessage(g_hwndEdit, EM_SETSEL, -1, -1);
    SendMessage(g_hwndEdit, EM_REPLACESEL, TRUE, (LPARAM)szBuf);
```

```
    SendMessage(g_hwndEdit, EM_SETSEL, -1, -1);
    SendMessage(g_hwndEdit, EM_REPLACESEL, TRUE, (LPARAM)szExportTableFuncs);
    // 遍歷匯出表中的所有匯出函數
    for (DWORD i = 0; i < pImageExportDirectory->NumberOfFunctions; i++)
    {
        // 是否是按函數名稱匯出，遍歷函數序數表
        DWORD j;
        for (j = 0; j < pImageExportDirectory->NumberOfNames; j++)
        {
            if (i == pAddressOfNameOrdinals[j])
            {
                // 獲取函數名稱
                MultiByteToWideChar(CP_UTF8, 0, (LPSTR)((LPBYTE)pImageDosHeader +
RVAToFOA(pImageNtHeader, pAddressOfNames[j])), -1, szFuncName,
_countof(szFuncName));
                break;
            }
        }
        // 如果遍歷完函數序數表也沒找到索引 i，則按函數序數匯出
        if (j == pImageExportDirectory->NumberOfNames)
            wsprintf(szFuncName, TEXT("按序數匯出"));

        if (pAddressOfFunctions[i])
        {
            wsprintf(szBuf, TEXT("0x%08X\t0x%08X\t%s\r\n"),
                pImageExportDirectory->Base + i, pAddressOfFunctions[i],
szFuncName);
            SendMessage(g_hwndEdit, EM_SETSEL, -1, -1);
            SendMessage(g_hwndEdit, EM_REPLACESEL, TRUE, (LPARAM)szBuf);
        }
    }

    return TRUE;
}
```

完整程式參見 Chapter11\PEInfo3264_3 專案。

IMAGE_EXPORT_DIRECTORY.NumberOfFunctions 欄位表示匯出函數的總個數，大部分的情況下匯出函數的起始序數是 1，最後一個匯出函數的序數等於 IMAGE_EXPORT_DIRECTORY.NumberOf Functions 欄

位的值，但是也可能存在例外。撰寫動態連結程式庫時，模組定義檔案（*.def）不僅可以指定要匯出的函數名稱，還可以指定該函數的匯出序數，舉例來說，如果把 Chapter6\DllSample 專案的 DllSample.def 檔案改寫為以下形式：

```
EXPORTS
    funAdd @1
    funMul @30
```

則匯出表的情況如圖 11.15 所示。

```
匯出表資訊:
模組原始檔案名稱          DllSample.dll
匯出函數的起始序數        0x00000001
匯出函數的總個數          0x0000001E
按名稱匯出函數的個數      0x00000009
匯出函數位址表的RVA       0x001139A8
函數名稱位址表的RVA       0x00113A20
指向函數序數表的RVA       0x00113A44

函數序數        函數位址        函數名稱
0x00000001      0x0004EABD      funAdd
0x00000002      0x0004F07B      ??0CStudent@@QAE@PA_WH@Z
0x00000003      0x0004FA1C      ??1CStudent@@QAE@XZ
0x00000004      0x0004E2AC      ??4CStudent@@QAEAAV0@ABV0@@Z
0x00000005      0x0004EA90      ?GetAge@CStudent@@QAEHXZ
0x00000006      0x0004D6E5      ?GetName@CStudent@@QAEPA_WXZ
0x00000007      0x00114E28      nValue
0x00000008      0x00114E2C      ps
0x0000001E      0x0004EED7      funMul
```

▲ 圖 11.15

因此，在自訂函數 GetExportTable 中，只有匯出函數的位址不為 0 的情況下才輸出匯出函數的資訊（if (pAddressOfFunctions[i]) 敘述）。

另外，PE 和 PE32+ 的匯出表資料結構是相同的，不同的只是匯出表目錄結構 IMAGE_EXPORT_ DIRECTORY 的定位。

11.7 重定位表

在採用 ASLR 技術前，可執行檔中通常不需要重定位表，但是一個可執行檔中通常需要載入多個 DLL，每個 DLL 都無法保證載入到模組建議加載位址處，因此 DLL 檔案中通常都需要重定位表。在採用 ASLR 技術後，可執行和 DLL 檔案通常都需要重定位表。

程式中涉及絕對位址的運算元（例如函數、全域變數）都需要進行重定位，重定位資訊是在編譯時由編譯器生成並儲存在可執行檔中的，在可執行檔被執行以前由 PE 載入器根據重定位資訊修正程式。其實，重定位的演算法很簡單，即運算元的絕對位址 +（模組實際載入位址 - 模組建議加載位址），模組建議加載位址已經在 PE 表頭中定義過，PE 載入器在載入可執行檔時，模組實際載入位址也可以確定，因此重定位表中只需要儲存需要修正的運算元絕對位址的位址。

重定位表中儲存有需要修正的運算元絕對位址的位址，但是為了節省空間，PE 檔案對絕對位址的位址的儲存方式做了一些最佳化。一個 32 位元的記憶體位址需要 4 位元組，假設有 *n* 個重定位項，則重定位表的總大小是 4×*n* 位元組大小。絕對位址相鄰的重定位項的高位元位址是相同的，假設以分頁為單位（4096 位元組）在一個頁面中定址，只需要 12 位元的記憶體位址。PE 檔案採用的方式是：使用一個 DWORD 值來表示分頁的起始位址，後面緊接著一個 DWORD 值表示重定位項的個數，再往後是一個 WORD（16 位元）陣列來表示每個重定位項，這樣一來佔用的位元組數是 4 + 4 + 2×*n*。當重定位項的個數超過 4 項時，這種方法可以節省空間，事實上，每個程式中需要重定位的絕對位址個數是非常多的。

重定位表是一個重定位區塊結構 IMAGE_BASE_RELOCATION 陣列，IMAGE_BASE_RELOCATION 結構的定義如下：

```
typedef struct _IMAGE_BASE_RELOCATION {     //8 位元組
    DWORD   VirtualAddress;         // 重定位記憶體分頁的起始 RVA
    DWORD   SizeOfBlock;            // 本分頁中重定位區塊的長度（包括本結構的大小），
                                       以位元組為單位
} IMAGE_BASE_RELOCATION;
```

該結構的後面是一個 WORD 陣列來表示每個重定位項，WORD 值的高 4 位元用於表示重定位項的類型，低 12 位元才是相對位址（相對於分頁起始位址）。運算元絕對位址的位址的 RVA 等於 VirtualAddress 欄位的值 + WORD 值的低 12 位元。重定位區塊中重定位項的個數等於 (SizeOfBlock 欄位的值 –sizeof (IMAGE_BASE_RELOCATION)) /

sizeof(WORD)。另外，重定位表（重定位區塊結構陣列）的最後以一個 VirtualAddress 欄位為 0x00000000 的 IMAGE_BASE_RELOCATION 結構（或說結構全為 0）作為結束。

重定位項陣列中 WORD 值的高 4 位元用於表示重定位項的類型，可用的值如表 11.10 所示。

表 11.10

常數	值	含義
IMAGE_REL_BASED_ABSOLUTE	0x0	這個重定位項沒有意義，僅作為按照 DWORD 對齊用
IMAGE_REL_BASED_HIGH	0x1	運算元絕對位址的高 16 位元需要被修正
IMAGE_REL_BASED_LOW	0x2	運算元絕對位址的低 16 位元需要被修正
IMAGE_REL_BASED_HIGHLOW	0x3	運算元絕對位址的 32 位元都需要被修正
IMAGE_REL_BASED_HIGHADJ	0x4	重定位項需要 32 位元，當前項作為高 16 位元，下一個重定位項作為低 16 位元，即該重定位項需要佔用兩個重定位項
IMAGE_REL_BASED_MACHINE_SPECIFIC_5	0x5	對 MIPS 平台的跳躍指令進行基底位址重定位
IMAGE_REL_BASED_RESERVED	0x6	保留
IMAGE_REL_BASED_MACHINE_SPECIFIC_7	0x7	保留
IMAGE_REL_BASED_MACHINE_SPECIFIC_8	0x8	保留
IMAGE_REL_BASED_MACHINE_SPECIFIC_9	0x9	對 MIPS16 平台的跳躍指令進行基底位址重定位
IMAGE_REL_BASED_DIR64	0xA	用於 64 位元程式的 64 位元的運算元絕對位址，即（模組實際載入位址 – 模組建議加載位址）+ 64 位元的運算元絕對位址

對 32 位元程式的重定位項來說，重定位項類型通常為 3，有時為了對齊可能為 0；對 64 位元程式的重定位項來說，重定位項類型通常為 A，有時候為了對齊可能為 0。PE 和 PE32+ 的重定位表資料結構是相同的，不同的只是重定位區塊結構 IMAGE_BASE_RELOCATION 陣列的定位不同。

接下來我們程式設計獲取重定位表中所有需要重定位的運算元絕對位址的位址（RVA 值），效果如圖 11.16 所示（HelloWindows_32.exe），需要注意的是，一個程式的重定位項可能會非常多，因此程式執行會有些慢。

重定位表資訊：

類型	重定位位址	類型	重定位位址	類型	重定位位址	類型	重定位位址
0x3	0x0000100A	0x3	0x00001016	0x3	0x0000101D	0x3	0x0000102A
0x3	0x00001038	0x3	0x00001049	0x3	0x00001069	0x3	0x00001080
0x3	0x00001090	0x3	0x0000109B	0x3	0x000010BC	0x3	0x000010EC
0x3	0x000010F8	0x3	0x000010FF	0x3	0x00001105	0x3	0x0000111B
0x3	0x00001122	0x3	0x0000116A	0x3	0x00001175	0x3	0x0000117C
0x3	0x00001189	0x3	0x000011A2	0x3	0x000011C9	0x3	0x000011E8

▲ 圖 11.16

```
BOOL GetRelocationTable(PIMAGE_DOS_HEADER pImageDosHeader)
{
    PIMAGE_NT_HEADERS pImageNtHeader;                    //PE 表頭起始位址
    PIMAGE_BASE_RELOCATION pImageBaseRelocation;  // 重定位表的起始位址
    PWORD pRelocationItem;                                // 重定位項陣列的起始位址
    DWORD dwRelocationItem;                               // 重定位項的個數
    TCHAR szBuf[64] = { 0 };
    TCHAR szRelocationTableHead[] = TEXT("\r\n 重定位表資訊：\r\n");
    TCHAR szRelocationItemInfo[] = TEXT(" 類型 \t 重定位位址 \t 類型 \t 重定位位址 \t
類型 \t 重定位位址 \t 類型 \t 重定位位址 \t");

    //PE 表頭起始位址
    pImageNtHeader = (PIMAGE_NT_HEADERS)((LPBYTE)pImageDosHeader +
pImageDosHeader ->e_lfanew);

    //PE 和 PE32+ 的重定位表的定位不同
    if (pImageNtHeader->OptionalHeader.Magic == IMAGE_NT_OPTIONAL_HDR64_MAGIC)
    {
        // 是否有重定位表
        if (((PIMAGE_NT_HEADERS64)pImageNtHeader)->OptionalHeader.
DataDirectory[5].Size == 0)
            return FALSE;
        pImageBaseRelocation = (PIMAGE_BASE_RELOCATION)((LPBYTE)pImageDosHeader
+ RVAToFOA(pImageNtHeader, ((PIMAGE_NT_HEADERS64)pImageNtHeader)->
OptionalHeader.DataDirectory[5].VirtualAddress));
    }
    else
```

```
    {
        //是否有重定位表
        if (((PIMAGE_NT_HEADERS32)pImageNtHeader)->OptionalHeader.
DataDirectory[5].Size == 0)
            return FALSE;
        pImageBaseRelocation = (PIMAGE_BASE_RELOCATION)((LPBYTE)pImageDosHeader
+ RVAToFOA(pImageNtHeader, ((PIMAGE_NT_HEADERS32)pImageNtHeader)->
OptionalHeader. DataDirectory[5].VirtualAddress));
    }

    SendMessage(g_hwndEdit, EM_SETSEL, -1, -1);
    SendMessage(g_hwndEdit, EM_REPLACESEL, TRUE, (LPARAM)szRelocationTableHead);
    SendMessage(g_hwndEdit, EM_SETSEL, -1, -1);
    SendMessage(g_hwndEdit, EM_REPLACESEL, TRUE, (LPARAM)szRelocationItemInfo);

    //遍歷重定位表
    while (pImageBaseRelocation->VirtualAddress != 0)
    {
        //重定位項陣列的起始位址
        pRelocationItem = (PWORD)((LPBYTE)pImageBaseRelocation + sizeof(IMAGE_
BASE_RELOCATION));
        //重定位項的個數
        dwRelocationItem = (pImageBaseRelocation->SizeOfBlock - sizeof(IMAGE_
BASE_RELOCATION)) / sizeof(WORD);

        for (DWORD i = 0; i < dwRelocationItem; i++)
        {
            wsprintf(szBuf, TEXT("0x%X\t0x%08X\t"), pRelocationItem[i] >> 12,
pImageBaseRelocation->VirtualAddress + (pRelocationItem[i] & 0x0FFF));
            //4群組一行
            if (i % 4 == 0)
            {
                SendMessage(g_hwndEdit, EM_SETSEL, -1, -1);
                SendMessage(g_hwndEdit, EM_REPLACESEL, TRUE, (LPARAM)TEXT("\r\n"));
            }
            SendMessage(g_hwndEdit, EM_SETSEL, -1, -1);
            SendMessage(g_hwndEdit, EM_REPLACESEL, TRUE, (LPARAM)szBuf);
        }
        //分頁與分頁之間隔一行
        SendMessage(g_hwndEdit, EM_SETSEL, -1, -1);
```

```
        SendMessage(g_hwndEdit, EM_REPLACESEL, TRUE, (LPARAM)TEXT("\r\n"));

        // 指向下一個重定位區塊結構
        pImageBaseRelocation = (PIMAGE_BASE_RELOCATION)((LPBYTE)
pImageBaseRelocation + pImageBaseRelocation->SizeOfBlock);
    }

    return TRUE;
}
```

完整程式參見 Chapter11\PEInfo3264_4 專案。讀者可以 OD 載入 HelloWindows_32.exe，自行測試幾個重定位位址判斷是否都是絕對位址，重定位位址是一個 RVA，需要加上 HelloWindows_32.exe 的模組基底位址。

11.8 模擬 PE 載入器直接載入可執行檔到處理程序記憶體中執行

許多病毒木馬都具有模擬 PE 載入器的功能，它們把可執行檔直接載入到記憶體中執行，以此逃避防毒軟體的攔截檢測。另外，對 DLL 來說，用滑鼠按右鍵 OD 的反組譯視窗，然後選擇查詢→當前模組中的名稱（標籤），可以看到程式中呼叫了哪些 DLL 中的哪些 API，並對可疑的 API 設定中斷點，而如果採用上述記憶體載入執行技術，就不會曝露這些資訊。最好的方法是把 PE 檔案儲存在程式的資源中並進行加密，獲取資源控制碼、資源資料指標、解密，然後模擬 PE 載入器進行載入，而不需要先把可執行檔釋放到本機。

要模擬 PE 載入器，至少涉及對 PE 記憶體映射中重定位表、匯入表和匯出表等的操作，需要以下步驟。

（1）把程式資源中或磁碟上的目標可執行檔讀取到處理程序記憶體中，得到一個可執行檔資料指標 lpMemory，如果可執行檔已經加密還需要解密操作。

(2) 呼叫 VirtualAlloc 函數在處理程序的記憶體位址空間中分配合適大小的讀取寫入可執行記憶體 lpBaseAddress，把 lpMemory 指向的可執行檔資料按照記憶體對齊細微性寫入 lpBaseAddress，現在處理程序中已經具有了 PE 記憶體映射。
(3) 對 PE 記憶體映射的重定位表中的所有重定位項進行修正。
(4) 遍歷匯入表，載入目標可執行檔所需的 DLL，獲取所有匯入函數的記憶體位址，填充 PE 記憶體映射的匯入函數位址表 IAT。
(5) 修改 PE 記憶體映射的建議加載位址為 lpBaseAddress。
(6) 計算 PE 記憶體映射的入口位址。
(7) 根據每個節區的屬性設定其對應記憶體分頁的記憶體保護屬性。
(8) 從入口位址處開始執行（可執行檔和 DLL 檔案的執行方法不同）。

完成上述步驟，目標可執行檔通常都可以正常執行，但是對於一些經過特別處理的可執行檔，上述操作可能還不夠，因為大多數情況下我們載入自己製作的熟悉的可執行檔，所以處理起來並沒有問題。

RunExecutableInMemory 程式可以載入一個可執行檔或 DLL 檔案到 RunExecutableInMemory 的處理程序位址空間中執行。注意，RunExecutableInMemory 程式如果編譯為 32 位元，只能載入 PE 檔案；如果編譯為 64 位元，只能載入 PE32+，因此程式少了許多可執行檔是 PE 或 PE32+ 的判斷，但是為了使程式可以編譯為 32 位元或 64 位元，依然存在部分 PE 或 PE32+ 的判斷。透過本程式可以透徹地理解 PE 檔案格式。程式的執行效果如圖 11.17 所示。

RunExecutableInMemory 程式也可以載入 DLL 檔案，這裡撰寫了一個 DLL 測試檔案 DllTest.dll，程式首先執行了 DLL 的進入點函數 DllMain，然後呼叫了 DllTest.dll 中的匯出函數 ShowMessage。程式首先彈出左邊的正在執行 DllMain 進入點函數訊息方塊，點擊確定按鈕後彈出右邊的「我是匯出函數」訊息方塊（見圖 11.18）。

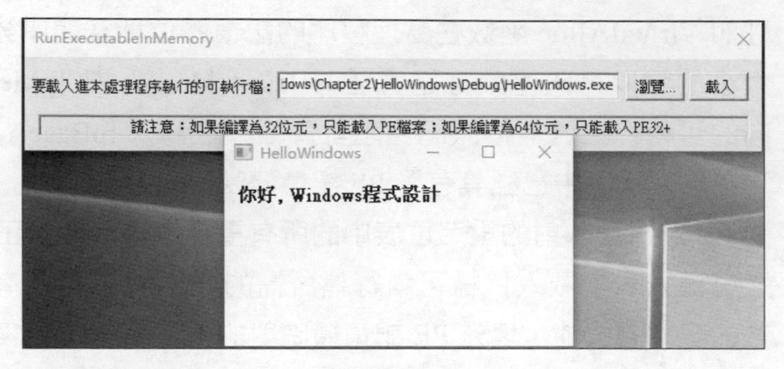

▲ 圖 11.17

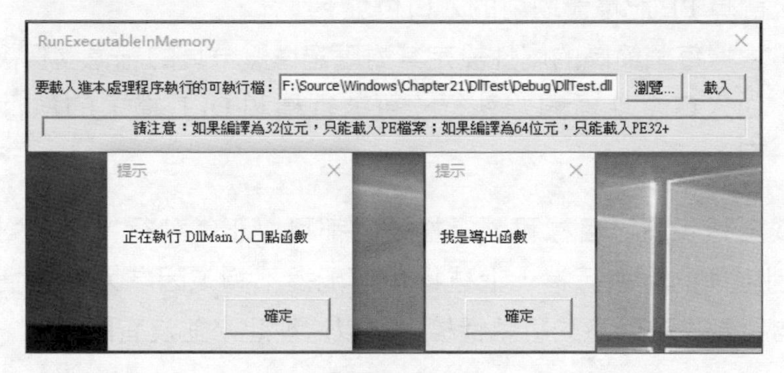

▲ 圖 11.18

模擬 PE 載入器直接載入可執行檔到處理程序記憶體中執行的核心是自訂函數 LoadExecutable：

```
BOOL LoadExecutable(LPVOID lpMemory)      //lpMemory 是 PE 記憶體映射檔案基底位址
{
    PIMAGE_DOS_HEADER pImageDosHeader;   // 記憶體映射檔案中的 DOS 標頭起始位址
    PIMAGE_NT_HEADERS pImageNtHeader;    // 記憶體映射檔案中的 PE 表頭起始位址
    SIZE_T nSizeOfImage;                 //PE 記憶體映射大小(基於記憶體對齊後的大小)
    LPVOID lpBaseAddress;              // 在本處理程序中分配記憶體用於加載可執行檔
    DWORD dwSizeOfHeaders;      //DOS 標頭 +PE 表頭 + 節表的大小(基於記憶體對齊後的大小)
    WORD wNumberOfSections;     // 可執行檔的節區個數
    PIMAGE_SECTION_HEADER pImageSectionHeader;   // 節表的起始位址

    // 獲取 PE 記憶體映射大小
    pImageDosHeader = (PIMAGE_DOS_HEADER)lpMemory;
    pImageNtHeader = (PIMAGE_NT_HEADERS)((LPBYTE)pImageDosHeader +
```

```
pImageDosHeader->e_lfanew);
    nSizeOfImage = pImageNtHeader->OptionalHeader.SizeOfImage;

    // 在本處理程序的記憶體位址空間中分配 nSizeOfImage + 20 位元組大小的讀取寫入可執行記
      憶體多出的 20 位元組後面會用到
    lpBaseAddress = VirtualAlloc(NULL, nSizeOfImage + 20, MEM_COMMIT,
PAGE_EXECUTE_READWRITE);
    ZeroMemory(lpBaseAddress, nSizeOfImage + 20);

    //*********************************************************************
    // 把可執行檔按 pImageNtHeader.OptionalHeader.SectionAlignment 對齊細微性映射到
      分配的記憶體中
    dwSizeOfHeaders = pImageNtHeader->OptionalHeader.SizeOfHeaders;
    wNumberOfSections = pImageNtHeader->FileHeader.NumberOfSections;

    // 獲取節表的起始位址
    pImageSectionHeader =
        (PIMAGE_SECTION_HEADER)((LPBYTE)pImageNtHeader + sizeof(IMAGE_NT_
HEADERS));

    // 載入 DOS 標頭 + PE 表頭 + 節表
    memcpy_s(lpBaseAddress, dwSizeOfHeaders, (LPVOID)pImageDosHeader,
dwSizeOfHeaders);

    // 載入所有節區到節表中指定的 RVA 處
    for (int i = 0; i < wNumberOfSections; i++)
    {
        if (pImageSectionHeader->VirtualAddress == 0 || pImageSectionHeader->
SizeOfRawData == 0)
        {
            pImageSectionHeader++;
            continue;
        }

        memcpy_s((LPBYTE)lpBaseAddress + pImageSectionHeader->VirtualAddress,
            pImageSectionHeader->SizeOfRawData,
            (LPBYTE)pImageDosHeader + pImageSectionHeader->PointerToRawData,
            pImageSectionHeader->SizeOfRawData);

        pImageSectionHeader++;
```

```
    }
    //*********************************************************************

    // 映射到處理程序中的 DOS 標頭和 PE 表頭起始位址
    PIMAGE_DOS_HEADER pImageDosHeaderMap;      // 映射到處理程序中的 DOS 標頭起始位址
    PIMAGE_NT_HEADERS pImageNtHeaderMap;       // 映射到處理程序中的 PE 表頭起始位址
    pImageDosHeaderMap = (PIMAGE_DOS_HEADER)lpBaseAddress;
    pImageNtHeaderMap = (PIMAGE_NT_HEADERS)((LPBYTE)pImageDosHeaderMap +
pImageDosHeaderMap->e_lfanew);

    //*********************************************************************
    // 修正映射到處理程序中的 PE 記憶體映射的重定位程式
    PIMAGE_BASE_RELOCATION pImageBaseRelocationMap; // 映射到處理程序中的重定位表
                                                        的起始位址
    PWORD pRelocationItem;                    // 重定位項陣列的起始位址
    DWORD dwRelocationItem;                   // 重定位項的個數
    PDWORD pdwRelocationAddress;              //PE 重定位位址
    PULONGLONG pullRelocationAddress;         //PE32+ 重定位位址
    DWORD dwRelocationDelta;                  //PE 實際載入位址與建議加載位址的差值
    ULONGLONG ullRelocationDelta;             //PE32+ 實際載入位址與建議加載位址的差值

    // 獲取重定位表的起始位址
    pImageBaseRelocationMap = (PIMAGE_BASE_RELOCATION)((LPBYTE)
pImageDosHeaderMap + pImageNtHeaderMap->OptionalHeader.DataDirectory[5].
VirtualAddress);

    // 這裡不判斷是否存在重定位表，因為大部分的情況下都存在

    // 遍歷重定位表
    while (pImageBaseRelocationMap->VirtualAddress != 0)
    {
        // 重定位項陣列的起始位址
        pRelocationItem = (PWORD)((LPBYTE)pImageBaseRelocationMap +
sizeof(IMAGE_BASE_RELOCATION));
        // 重定位項的個數
        dwRelocationItem = (pImageBaseRelocationMap->SizeOfBlock -
            sizeof(IMAGE_BASE_RELOCATION)) / sizeof(WORD);

        for (DWORD i = 0; i < dwRelocationItem; i++)
        {
```

```
            //區分 PE 和 PE32+ 的重定位
            if (pRelocationItem[i] >> 12 == 3)
            {
                pdwRelocationAddress = (PDWORD)((LPBYTE)pImageDosHeaderMap +
                    pImageBaseRelocationMap->VirtualAddress +
(pRelocationItem[i] & 0x0FFF));
                dwRelocationDelta = (DWORD)pImageDosHeaderMap -
                    pImageNtHeaderMap->OptionalHeader.ImageBase;
                *pdwRelocationAddress += dwRelocationDelta;
            }
            else if (pRelocationItem[i] >> 12 == 0xA)
            {
                pullRelocationAddress = (PULONGLONG)((LPBYTE)
pImageDosHeaderMap + pImageBaseRelocationMap->VirtualAddress +
(pRelocationItem [i] & 0x0FFF));
                ullRelocationDelta = (ULONGLONG)pImageDosHeaderMap -
                    pImageNtHeaderMap->OptionalHeader.ImageBase;
                *pullRelocationAddress += ullRelocationDelta;
            }
        }

        // 指向下一個重定位區塊結構
        pImageBaseRelocationMap = (PIMAGE_BASE_RELOCATION)((LPBYTE)pImage
BaseRelocationMap + pImageBaseRelocationMap->SizeOfBlock);
    }
//**************************************************************************

    //**************************************************************************
    // 修正映射到處理程序中的 PE 記憶體映射的匯入函數位址表 IAT
    PIMAGE_IMPORT_DESCRIPTOR pImageImportDescriptor;// 映射到處理程序中的匯入表起
                                                     始位址
    PIMAGE_THUNK_DATA pImageThunkData;          //IMAGE_THUNK_DATA 陣列起始位址
    PIMAGE_IMPORT_BY_NAME pImageImportByName;   //IMAGE_IMPORT_BY_NAME 結構指標
    TCHAR szDllName[MAX_PATH] = { 0 };          // 動態連結程式庫名稱
    HMODULE hDll;                               //DLL 模組控制碼
    DWORD dwFuncAddress;                        //32 位元函數位址
    ULONGLONG ullFuncAddress;                   //64 位元函數位址

    // 是否有匯入表 ( 當然，沒有的可能性不大 )
    if (pImageNtHeaderMap->OptionalHeader.DataDirectory[1].Size != 0)
```

```
    {
        //匯入表起始位址
        pImageImportDescriptor = (PIMAGE_IMPORT_DESCRIPTOR)((LPBYTE)
pImageDosHeaderMap + pImageNtHeaderMap->OptionalHeader.DataDirectory[1].
VirtualAddress);

        //遍歷匯入表
        while (pImageImportDescriptor->OriginalFirstThunk ||
pImageImportDescriptor-> TimeDateStamp ||
            pImageImportDescriptor->ForwarderChain || pImageImportDescriptor
->Name || pImageImportDescriptor->FirstThunk)
        {
            //在處理程序中載入 DLL
            MultiByteToWideChar(CP_UTF8, 0,
                (LPSTR)((LPBYTE)pImageDosHeaderMap + pImageImportDescriptor->
Name), -1, szDllName, _countof(szDllName));
            hDll = LoadLibrary(szDllName);

            //IMAGE_THUNK_DATA 陣列起始位址
            pImageThunkData = (PIMAGE_THUNK_DATA)((LPBYTE)pImageDosHeaderMap +
                pImageImportDescriptor->FirstThunk);
            while (pImageThunkData->u1.AddressOfData != 0)
            {
                //區分 PE 和 PE32+ 的 IAT
                if (pImageNtHeaderMap->OptionalHeader.Magic == IMAGE_NT_
OPTIONAL_HDR32_MAGIC)
                {
                    //按序號匯入還是按函數名稱匯入
                    if (pImageThunkData->u1.AddressOfData & IMAGE_ORDINAL_
FLAG32)
                    {
                        //獲取載入的 DLL 中函數的位址
                        dwFuncAddress = (DWORD)GetProcAddress(hDll,
                            (LPSTR)(pImageThunkData->u1.AddressOfData & 0xFFFF));
                    }
                    else
                    {
                        //IMAGE_IMPORT_BY_NAME 結構指標
                        pImageImportByName = (PIMAGE_IMPORT_BY_NAME)
                            ((LPBYTE)pImageDosHeaderMap + pImageThunkData->
```

```
u1.AddressOfData);

                        // 獲取載入的 DLL 中函數的位址
                        dwFuncAddress = (DWORD)GetProcAddress(hDll, (LPSTR)p
                                ImageImportByName->Name);
                    }
                    // 修復 IAT 項
                    pImageThunkData->u1.Function = dwFuncAddress;
                }
                else
                {
                    // 按序號匯入還是按函數名稱匯入
                    if (pImageThunkData->u1.AddressOfData & IMAGE_ORDINAL_FLAG64)
                    {
                        // 獲取載入的 DLL 中函數的位址
                        ullFuncAddress = (ULONGLONG)GetProcAddress(hDll,
                          (LPSTR)(pImageThunkData->u1.AddressOfData & 0xFFFF));
                    }
                    else
                    {
                        //IMAGE_IMPORT_BY_NAME 結構指標
                        pImageImportByName = (PIMAGE_IMPORT_BY_NAME)
                            ((LPBYTE)pImageDosHeaderMap + pImageThunkData->
u1.AddressOfData);

                        // 獲取載入的 DLL 中函數的位址
                        ullFuncAddress = (ULONGLONG)GetProcAddress(hDll,
                            (LPSTR)pImageImportByName->Name);
                    }
                    // 修復 IAT 項
                    pImageThunkData->u1.Function = ullFuncAddress;
                }

                // 指向下一個 IMAGE_THUNK_DATA 結構
                pImageThunkData++;
            }

            // 指向下一個匯入表描述符號
            pImageImportDescriptor++;
        }
```

```
    }
    //***********************************************************************

    //***********************************************************************
    // 修改建議加載位址，並執行可執行檔
    LPVOID lpExeEntry;                                    // 可執行檔進入點

    if (pImageNtHeaderMap->OptionalHeader.Magic == IMAGE_NT_OPTIONAL_HDR32_
MAGIC)
    {
        ((PIMAGE_NT_HEADERS32)pImageNtHeaderMap)->OptionalHeader.ImageBase =
(DWORD)lpBaseAddress;

        lpExeEntry = (LPVOID)((LPBYTE)pImageDosHeaderMap +
            ((PIMAGE_NT_HEADERS32)pImageNtHeaderMap)->OptionalHeader.Address
OfEntryPoint);
    }
    else
    {
        ((PIMAGE_NT_HEADERS64)pImageNtHeaderMap)->OptionalHeader.ImageBase =
(ULONGLONG)lpBaseAddress;

        lpExeEntry = (LPVOID)((LPBYTE)pImageDosHeaderMap +
            ((PIMAGE_NT_HEADERS64)pImageNtHeaderMap)->OptionalHeader.
AddressOfEntryPoint);
    }

    // 如果本程式編譯為 64 位元，不支持內聯組合語言，則採取直接寫入可執行機器碼的方式執行
       可執行檔
#ifndef _WIN64
    //mov eax, 0x12345678
    //jmp eax
    BYTE bDataJmp[7] = { 0xB8, 0x00, 0x00, 0x00, 0x00, 0xFF, 0xE0 };
    *(PINT_PTR)(bDataJmp + 1) = (INT_PTR)lpExeEntry;
    memcpy_s((LPBYTE)lpBaseAddress + nSizeOfImage, 7, bDataJmp, 7);
#else
    //mov rax, 0x1234567812345678
    //jmp rax
    BYTE bDataJmp[12] = { 0x48, 0xB8, 0x00, 0x00, 0x00, 0x00, 0x00, 0x00,
0x00, 0x00, 0xFF, 0xE0 };
```

```
    *(PINT_PTR)(bDataJmp + 2) = (INT_PTR)lpExeEntry;
    memcpy_s((LPBYTE)lpBaseAddress + nSizeOfImage, 12, bDataJmp, 12);
#endif

    // 可以根據每個節區的屬性設定其對應記憶體分頁的記憶體保護屬性，此處省略

    // 是可執行檔還是 DLL，如果是可執行檔則執行上面的"jmp 入口位址"指令，否則執行 DllMain
    if (pImageNtHeaderMap->FileHeader.Characteristics & IMAGE_FILE_DLL)
    {
        // 執行 DllMain 進入點函數
        typedef BOOL(APIENTRY* pfnDllMain)(HMODULE hModule, DWORD ulreason,
LPVOID lpReserved);
        pfnDllMain fnDllMain = (pfnDllMain)(lpExeEntry);
        fnDllMain((HMODULE)lpBaseAddress, DLL_PROCESS_ATTACH, 0);

        // 嘗試執行一個匯出函數
        typedef VOID(*pfnShowMessage)();
        // 如果呼叫 GetProcAddress 函數獲取 ShowMessage 函數的位址，會提示找不到指定的
          模組
        /*pfnShowMessage fnShowMessage = (pfnShowMessage)
           GetProcAddress((HMODULE)lpBaseAddress, "ShowMessage");*/

        //GetFuncRvaByName 是自訂函數，用於獲取指定函數的 RVA
        pfnShowMessage fnShowMessage = (pfnShowMessage) ((LPBYTE)
lpBaseAddress + GetFuncRvaByName((PIMAGE_DOS_HEADER)lpBaseAddress,
TEXT("ShowMessage")));
        fnShowMessage();
    }
    else
    {
        // 跳躍到 exe 進入點執行
        typedef VOID(WINAPI* pfnExe)();
        pfnExe fnExe = (pfnExe)((LPBYTE)lpBaseAddress + nSizeOfImage);
        fnExe();
    }
    //*************************************************************************

    return TRUE;
}
```

程式有些複雜，但是很容易理解，完整程式參見 Chapter11\RunExecutableInMemory 專案。

如果要呼叫載入的 DLL 中的匯出函數，透過 GetProcAddress 函數獲取 ShowMessage 函數的位址會提示找不到指定模組的錯誤訊息，因此這裡定義了以下兩個自訂函數：

```
// 在 DLL 記憶體映射中根據函數序數獲取函數位址 (RVA 值 )
INT GetFuncRvaByOrdinal(PIMAGE_DOS_HEADER pImageDosHeader, DWORD dwOrdinal);
// 在 DLL 記憶體映射中根據函數名稱獲取函數位址 (RVA 值 )
INT GetFuncRvaByName(PIMAGE_DOS_HEADER pImageDosHeader, LPCTSTR lpFuncName);
```

按函數序數 dwOrdinal 獲取 DLL 匯出表中的函數位址的步驟如下。

（1）獲取匯出表目錄結構 IMAGE_EXPORT_DIRECTORY 的起始位址 pImageExportDirectory。

（2）計算指定的函數在匯出函數位址表（EAT）中的索引：dwIndexAddressOfFunctions = dwOrdinal - pImageExportDirectory -> Base。

（3）獲取匯出函數位址表的起始位址 pAddressOfFunctions。

（4）pAddressOfFunctions[dwIndexAddressOfFunctions] 就是指定函數的記憶體位址（RVA 值），該 RVA 值加上 DLL 模組基底位址就是指定函數的真正入口位址。

按函數名稱 lpFuncName 獲取 DLL 匯出表中的函數位址的步驟如下。

（1）獲取匯出表目錄結構 IMAGE_EXPORT_DIRECTORY 的起始位址 pImageExportDirectory。

（2）依次獲取匯出函數位址表的起始位址 pAddressOfFunctions，函數序數表的起始位址 pAddressOfNameOrdinals 和函數名稱位址表（ENT）的起始位址 pAddressOfNames。

（3）以 pImageExportDirectory->NumberOfNames 欄位的值作為迴圈次數，遍歷函數名稱位址表，如果指定的函數名稱與函數名稱位址表中的一項（ENT 中的每一項是指向函數名稱的 RVA）相符合則記下指定函數 lpFuncName 在函數名稱位址表中的索引。

（4）AddressOfNames 和 AddressOfNameOrdinals 這兩個欄位是一一對應的關係，透過函數名稱位址表（ENT）中的索引 n，到函數序數表中查詢索引 n 對應的 WORD 值 [表示匯出函數位址表的索引]，pAddressOfFunctions[n] 就是指定函數的記憶體位址，該 RVA 值加上 DLL 模組基底位址就是指定函數的真正入口位址。

這兩個自訂函數的實作程式參見 Chapter11\RunExecutableInMemory 專案。

這個 RunExecutableInMemory 程式說明：IAT 並不是必須位於匯入表中，而是可以位於 PE 記憶體映射中任何具有寫入許可權的地方，只要 PE 載入器可以定位到所有 IID 項（匯入表描述符號結構 IMAGE_IMPORT_DESCRIPTOR），然後根據函數名稱獲取到函數位址即可，大部分加殼程式會對匯入表、IAT 進行特別處理，以防止被脫殼。另外，一個 DLL 中的所有匯入函數記憶體位址順序排列在一起，形成一個匯入函數記憶體位址陣列，所有 DLL 的匯入函數記憶體位址陣列通常也會順序排列在一起，形成匯入函數位址表 IAT，其實 IAT 完全可以不連續，只要透過 IMAGE_IMPORT_DESCRIPTOR.FirstThunk 欄位可以定位到 IMAGE_THUNK_DATA 結構陣列即可。

透過對 IAT 的了解，我們可以實作另一種 Hook API 的方式，那就是修改某 API 對應的 IAT 項的記憶體位址為我們自訂函數的記憶體位址（也稱為 API 重新導向），但是為了保持堆疊平衡，自訂函數的函數參數、函數呼叫約定、傳回數值型態等必須與目標函數完全一致。

也可以實作把一個 PE 檔案載入到其他處理程序中執行，感興趣的朋友可以自行研究，這裡不再演示。

11.9 執行緒局部儲存表

在編譯連結生成可執行檔時，系統會把所有 TLS 變數放到一個名為 .tls 的節區中（如果編譯為 Release 發行版本，該節區可能會被最佳化到名為 .rdata 的節區中），執行緒局部儲存表用於靜態 TLS。

執行緒局部儲存表是一個 TLS 目錄結構 IMAGE_TLS_DIRECTORY32，該結構的定義如下：

```
typedef struct _IMAGE_TLS_DIRECTORY32 {
    DWORD   StartAddressOfRawData;  // 指向 TLS 範本的起始位址（VA 值）
    DWORD   EndAddressOfRawData;    // 指向 TLS 範本的結束位址（VA 值）
    DWORD   AddressOfIndex;         // 指向 TLS 索引的 DWORD 陣列（VA 值）
    DWORD   AddressOfCallBacks;     // 指向 TLS 回呼函數（PIMAGE_TLS_CALLBACK
                                       類型）指標的陣列（VA 值）
    DWORD   SizeOfZeroFill;         //TLS 範本之後填充 0 的個數
    union {
        DWORD Characteristics;      //TLS 標識
        struct {
            DWORD Reserved0 : 20;
            DWORD Alignment : 4;
            DWORD Reserved1 : 8;
        } DUMMYSTRUCTNAME;
    } DUMMYUNIONNAME;
} IMAGE_TLS_DIRECTORY32;
```

- StartAddressOfRawData 欄位是指向 TLS 範本的起始位址（VA 值），TLS 範本是儲存所有 TLS 變數初始化值的資料區塊，每當建立執行緒時系統都會複製這些資料區塊，因此這些資料一定不能出錯。
- EndAddressOfRawData 欄位是指向 TLS 範本的結束位址（VA 值）。
- AddressOfIndex 欄位是指向 TLS 索引的 DWORD 陣列（VA 值），索引的具體值由 PE 載入器確定。
- AddressOfCallBacks 欄位是指向 TLS 回呼函數（PIMAGE_TLS_

CALLBACK 類型）指標的陣列（VA 值），陣列的最後是一個 NULL 指標（DWORD 值為 0x00000000），如果沒有回呼函數，該欄位指向位置的值為 0x00000000。

上述欄位都是一個 VA 值（絕對位址），因此重定位表中應該有對應的重定位項以修正這些 VA 值。

■ SizeOfZeroFill 欄位表示 TLS 範本之後填充 0 的個數。

透過使用 TLS 回呼函數，可以在程式執行（執行進入點）前執行一段自訂程式，基於這一點可以實作程式反偵錯。程式可以提供一個或多個 TLS 回呼函數，以支援對 TLS 資料進行額外的初始化和清理操作，大部分的情況下回呼函數不會超過一個，但還是將其作為一個陣列來實作，以在需要時另外增加回呼函數，如果回呼函數超過一個，系統會按照它們在陣列中出現的順序呼叫每個回呼函數。TLS 回呼函數的定義格式如下：

```
VOID NTAPI TlsCallback(PVOID DllHandle, DWORD Reason, PVOID Reserved);
```

可以看到 TLS 回呼函數和 DLL 進入點函數 DllMain 的定義格式是類似的。

Reason 參數表示回呼函數被呼叫的原因，可以是表 11.11 所示的值之一。

表 11.11

常數	值	含義
DLL_PROCESS_ATTACH	1	啟動了一個新處理程序（包括第一個執行緒）
DLL_PROCESS_DETACH	0	處理程序將要被終止（包括第一個執行緒）
DLL_THREAD_ATTACH	2	建立了一個新執行緒，建立所有執行緒時都會發送這個通知，除了第一個執行緒
DLL_THREAD_DETACH	3	執行緒將要被終止，終止所有執行緒時都會發送這個通知，除了第一個執行緒

PE32+ 的 TLS 目錄結構是 IMAGE_TLS_DIRECTORY64，條件編譯定義如下：

```
#ifdef _WIN64
    typedef IMAGE_TLS_DIRECTORY64           IMAGE_TLS_DIRECTORY;
#else
    typedef IMAGE_TLS_DIRECTORY32           IMAGE_TLS_DIRECTORY;
#endif
```

IMAGE_TLS_DIRECTORY64 結構的定義如下：

```
typedef struct _IMAGE_TLS_DIRECTORY64 {
    ULONGLONG StartAddressOfRawData;    // 該欄位是一個 ULONGLONG 類型，而 PE 格式是
                                           DWORD 類型
    ULONGLONG EndAddressOfRawData;      // 該欄位是一個 ULONGLONG 類型，而 PE 格式是
                                           DWORD 類型
    ULONGLONG AddressOfIndex;           // 該欄位是一個 ULONGLONG 類型，而 PE 格式是
                                           DWORD 類型
    ULONGLONG AddressOfCallBacks;       // 該欄位是一個 ULONGLONG 類型，而 PE 格式是
                                           DWORD 類型
    DWORD SizeOfZeroFill;
    union {
        DWORD Characteristics;
        struct {
            DWORD Reserved0 : 20;
            DWORD Alignment : 4;
            DWORD Reserved1 : 8;
        } DUMMYSTRUCTNAME;
    } DUMMYUNIONNAME;
} IMAGE_TLS_DIRECTORY64;
```

可以發現，與 IMAGE_TLS_DIRECTORY32 結構不同的只是前 4 個欄位。

接下來我們來改寫 Chapter6\TlsDemo_Static 專案，為之增加 TLS 回呼函數。TlsDemo.cpp 原始程式碼改寫為以下形式：

```
#include <windows.h>
#include "resource.h"

// 巨集定義
#define THREADCOUNT 5
```

```
// 全域變數
__declspec(thread) LPVOID gt_lpData = (LPVOID)0x12345678; // 賦初值是為了分析 TLS
                                                            表時方便查看
HWND g_hwndDlg;

// 函數宣告
INT_PTR CALLBACK DialogProc(HWND hwndDlg, UINT uMsg, WPARAM wParam, LPARAM
lParam);
// 執行緒函數
DWORD WINAPI ThreadProc(LPVOID lpParameter);

//TLS 回呼函數
VOID NTAPI TlsCallback(PVOID DllHandle, DWORD Reason, PVOID Reserved);
// 註冊 TLS 回呼函數
#pragma data_seg(".CRT$XLB")
    PIMAGE_TLS_CALLBACK pTlsCallback = TlsCallback;
#pragma data_seg()

int WINAPI WinMain(HINSTANCE hInstance, HINSTANCE hPrevInstance, LPSTR
lpCmdLine, int nCmdShow)
{
    DialogBoxParam(hInstance, MAKEINTRESOURCE(IDD_MAIN), NULL, DialogProc,
NULL);
    return 0;
}

INT_PTR CALLBACK DialogProc(HWND hwndDlg, UINT uMsg, WPARAM wParam, LPARAM
lParam)
{
    HANDLE hThread[THREADCOUNT];

    switch (uMsg)
    {
    case WM_INITDIALOG:
        g_hwndDlg = hwndDlg;
        return TRUE;

    case WM_COMMAND:
        switch (LOWORD(wParam))
```

```
            {
            case IDC_BTN_OK:
                // 建立 THREADCOUNT 個執行緒
                SetDlgItemText(g_hwndDlg, IDC_EDIT_TLSSLOTS, TEXT(""));
                for (int i = 0; i < THREADCOUNT; i++)
                {
                    if ((hThread[i] = CreateThread(NULL, 0, ThreadProc,
(LPVOID)i, 0, NULL)) != NULL)
                        CloseHandle(hThread[i]);
                }
                break;

            case IDCANCEL:
                EndDialog(hwndDlg, 0);
                break;
            }
            return TRUE;
        }

    return FALSE;
}

DWORD WINAPI ThreadProc(LPVOID lpParameter)
{
    TCHAR szBuf[64] = { 0 };

    gt_lpData = new BYTE[256];
    ZeroMemory(gt_lpData, 256);

    // 每個執行緒的靜態 TLS 資料顯示到編輯控制項中
    wsprintf(szBuf, TEXT("執行緒 %d 的 gt_lpData 值：0x%p\r\n"), (INT)
lpParameter, gt_lpData);
    SendMessage(GetDlgItem(g_hwndDlg, IDC_EDIT_TLSSLOTS), EM_SETSEL, -1, -1);
    SendMessage(GetDlgItem(g_hwndDlg, IDC_EDIT_TLSSLOTS), EM_REPLACESEL,
TRUE, (LPARAM)szBuf);

    delete[]gt_lpData;
    return 0;
}
```

```
VOID NTAPI TlsCallback(PVOID DllHandle, DWORD Reason, PVOID Reserved)
{
      switch (Reason)
      {
      case DLL_PROCESS_ATTACH:
            // 啟動了一個新處理程序（包括第一個執行緒）
            MessageBox(g_hwndDlg, TEXT("我是 TLS 回呼函數"), TEXT("提示"),
MB_OK);
            break;

      case DLL_PROCESS_DETACH:
            // 處理程序將要被終止（包括第一個執行緒）
      case DLL_THREAD_ATTACH:
            // 建立了一個新執行緒，建立所有執行緒時都會發送這個通知，除第一個執行緒外
      case DLL_THREAD_DETACH:
            // 執行緒將要被終止，終止所有執行緒時都會發送這個通知，除第一個執行緒外
            break;
      }
}
```

有改動的程式已經被標識出來。註冊 TLS 回呼函數的方式是增加一個新的節區 .CRT$XLB，CRT 表示使用 C 執行時期機制，$ 後面的 XLB 中，X 表示隨機標識，L 表示 TLS Callback Section，B 可以是 B ～ Y 之間的任意一個字元（A 和 Z 已經被佔用）。

把程式編譯為 Debug x86，可以看到首先彈出「我是 TLS 回呼函數」訊息方塊，點擊確定按鈕後 TlsDemo 出現程式介面。但是如果把程式編譯為 Release x86，TLS 回呼函數訊息方塊並不會彈出，即回呼函數沒有被呼叫，開啟專案屬性對話方塊→設定屬性→ C/C++ →最佳化→全程式最佳化，設定為否，點擊確定按鈕，再次編譯執行程式，回歸正常。

接下來重點研究 AddressOfCallBacks 欄位，指向 TLS 回呼函數（PIMAGE_TLS_CALLBACK 類型）指標的陣列（VA 值）。使用 PEInfo 程式開啟 Chapter11\TlsDemo_Static\Debug\TlsDemo.exe，可以看到圖 11.19 所示的介面。

節區名稱	節區 RVA	節區 FOA	實際大小	對齊大小	節區屬性
.text	0x00001000	0x00000400	0x0000B8CF	0x0000BA00	0x60000020
.rdata	0x0000D000	0x0000BE00	0x00005DCE	0x00005E00	0x40000040
.data	0x00013000	0x00011C00	0x00001328	0x00000A00	0xC0000040
.rsrc	0x00015000	0x00012600	0x00000330	0x00000400	0x40000040
.reloc	0x00016000	0x00012A00	0x00000EB0	0x00001000	0x42000040

索引	資料目錄	資料的RVA	資料的大小	資料的FOA	所處的節區
1	匯入表	0x00012754	0x0000003C	0x00011554	.rdata
2	資源表	0x00015000	0x00000330	0x00012600	.rsrc
5	重定位表	0x00016000	0x00000EB0	0x00012A00	.reloc
6	偵錯負	0x00011CCC	0x00000070	0x00010ACC	.rdata
9	執行緒局部存	0x00011DF8	0x00000018	0x00010BF8	.rdata
10	載入設定資訊表	0x00011D40	0x00000040	0x00010B40	.rdata
12	匯入函數位址表IAT	0x0000D000	0x00000124	0x0000BE00	.rdata

▲ 圖 11.19

OD 載入 Chapter11\TlsDemo_Static\Debug\TlsDemo.exe，首先彈出「我是 TLS 回呼函數」訊息方塊，點擊確定按鈕後出現反組譯程式，透過記憶體視窗可以看到 TlsDemo 程式載入的基底位址為 0x00D70000，那麼執行緒局部儲存表 TLS 目錄結構 IMAGE_TLS_DIRECTORY32 的記憶體位址是 0x00D70000 + 0x00011DF8，等於 0x00D81DF8，資料視窗中定位到 0x00D81DF8（見圖 11.20）。

```
00D81DF8 FC 22 D8 00 04 23 D8 00 FC 38 D8 00 54 D1 D7 00 ?? ╫#???T炎.
00D81E08 00 00 00 00 00 00 30 00 00 00 00 00 00 00 00 00 ......0.........
```

▲ 圖 11.20

用滑鼠按右鍵圖 11.20 中選中的 AddressOfCallBacks 欄位的值，然後選擇資料視窗中跟隨 DWORD（見圖 11.21）。

```
00D7D154 00 10 D7 00 00 00 00 00 00 00 00 00 52 41 D7 00 .■?........RA?
```

▲ 圖 11.21

選中部分就是 TLS 回呼函數（PIMAGE_TLS_CALLBACK 類型）指標的陣列，可以看到只有一個 TLS 回呼函數，記憶體位址為 0x00D71000。

在反組譯視窗中定位到 0x00D71000（見圖 11.22）。

這正是我們撰寫的 TLS 回呼函數 TlsCallback。如果在第一行設定中斷點，OD 重新載入程式，就會中斷在 TLS 回呼函數的起始位址處。

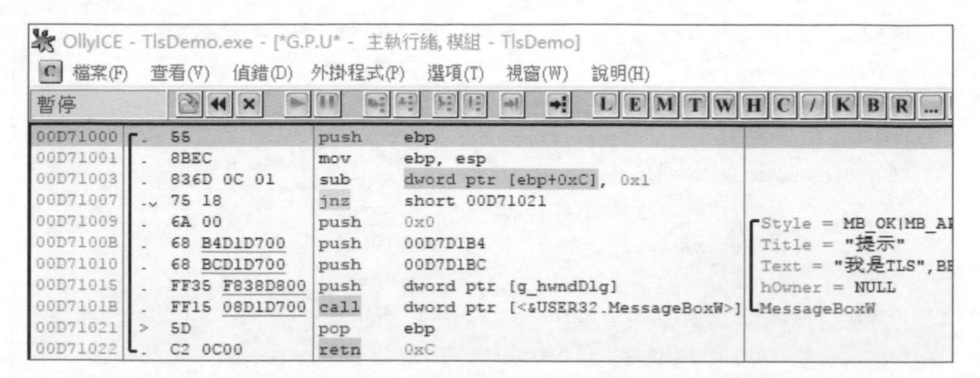

▲ 圖 11.22

OD 的 StrongOD 外掛程式有一個 "Break On Tls" 選項，選中該項後，載入程式時會自動中斷在 TLS 回呼函數的起始位址處。另外，可以開啟 OD 的選項選單項→偵錯設定→事件標籤，設定第一次暫停於系統中斷點，這樣一來 OD 載入程式時就會中斷在系統領空，此時還沒有執行 TLS 回呼函數。

11.10 載入設定資訊表

載入設定資訊表是一個載入設定目錄結構 IMAGE_LOAD_CONFIG_DIRECTORY32，載入設定資訊表最初僅用於定義一些作業系統載入 PE 時用到的一些附加資訊，這些資訊之所以被單獨定義，是因為資訊量比較大、資訊類型比較複雜，無法被標準 PE 表頭和擴充 PE 表頭的資料結構所容納。載入設定資訊表後被用作異常處理，其中儲存了基於結構化異常處理 SEH 的各種異常控制碼，當程式發生異常時，作業系統會根據異常類別對異常進行分發處理，並根據這些控制碼實施程式流程的轉向，從而保證系統能從程式異常中全身而退。

IMAGE_LOAD_CONFIG_DIRECTORY32 結構的定義如下：

```
typedef struct _IMAGE_LOAD_CONFIG_DIRECTORY32 {   //164(0xA4)位元組
    DWORD    Size;                                //0x00，該結構的大小，0x000000A4
    DWORD    TimeDateStamp;                       //0x04，
    WORD     MajorVersion;                        //0x08，
```

```
    WORD    MinorVersion;                       //0x0A，
    DWORD   GlobalFlagsClear;                   //0x0C，
    DWORD   GlobalFlagsSet;                     //0x10，
    DWORD   CriticalSectionDefaultTimeout;      //0x14，
    DWORD   DeCommitFreeBlockThreshold;         //0x18，
    DWORD   DeCommitTotalFreeThreshold;         //0x1C，
    DWORD   LockPrefixTable;                    //0x20，
    DWORD   MaximumAllocationSize;              //0x24，
    DWORD   VirtualMemoryThreshold;             //0x28，
    DWORD   ProcessHeapFlags;                   //0x2C，
    DWORD   ProcessAffinityMask;                //0x30，
    WORD    CSDVersion;                         //0x34，
    WORD    DependentLoadFlags;                 //0x36，
    DWORD   EditList;                           //0x38
    DWORD   SecurityCookie;                     //0x3C，
    DWORD   SEHandlerTable;                 //0x40，指向 SEH 例外處理常式 RVA 陣列，VA 值
    DWORD   SEHandlerCount;                     //0x44，SEH 例外處理常式的個數
    DWORD   GuardCFCheckFunctionPointer;        //0x48，
    DWORD   GuardCFDispatchFunctionPointer;     //0x4C，
    DWORD   GuardCFFunctionTable;               //0x50，
    DWORD   GuardCFFunctionCount;               //0x54，
    DWORD   GuardFlags;                         //0x58，
    IMAGE_LOAD_CONFIG_CODE_INTEGRITY CodeIntegrity;       //0x5C，
    DWORD   GuardAddressTakenIatEntryTable;               //0x68，
    DWORD   GuardAddressTakenIatEntryCount;               //0x6C，
    DWORD   GuardLongJumpTargetTable;                     //0x70，
    DWORD   GuardLongJumpTargetCount;                     //0x74，
    DWORD   DynamicValueRelocTable;                       //0x78，
    DWORD   CHPEMetadataPointer;                          //0x7C，
    DWORD   GuardRFFailureRoutine;                        //0x80，
    DWORD   GuardRFFailureRoutineFunctionPointer;         //0x84，
    DWORD   DynamicValueRelocTableOffset;                 //0x88，
    WORD    DynamicValueRelocTableSection;                //0x8C，
    WORD    Reserved2;                                    //0x8E，
    DWORD   GuardRFVerifyStackPointerFunctionPointer;     //0x90，
    DWORD   HotPatchTableOffset;                          //0x94，
    DWORD   Reserved3;                                    //0x98，
    DWORD   EnclaveConfigurationPointer;                  //0x9C，
    DWORD   VolatileMetadataPointer;                      //0xA0，
} IMAGE_LOAD_CONFIG_DIRECTORY32, * PIMAGE_LOAD_CONFIG_DIRECTORY32;
```

- SEHandlerTable 欄位是指向 SEH 例外處理常式 RVA 位址的 DWORD 陣列（按 RVA 從小到大排序），該欄位的值是一個 VA 值，僅適用於 x86 平台。
- SEHandlerCount 欄位表示 SEH 例外處理常式的個數，僅適用於 x86 平台。

PE32+ 的載入設定目錄結構是 IMAGE_LOAD_CONFIG_DIRECTORY 64，條件編譯定義如下：

```
#ifdef _WIN64
    typedef IMAGE_LOAD_CONFIG_DIRECTORY64      IMAGE_LOAD_CONFIG_DIRECTORY;
#else
    typedef IMAGE_LOAD_CONFIG_DIRECTORY32      IMAGE_LOAD_CONFIG_DIRECTORY;
#endif
```

IMAGE_LOAD_CONFIG_DIRECTORY64 結構中有 25 個欄位的類型由 DWORD 變為 ULONGLONG，因此該結構的大小為 164 + 100 等於 264（0x108）位元組，可以參見 WinNt.h 標頭檔中關於該結構的定義。

11.11 資源表

PE 和 PE32+ 的資源群組織方式相同，都是按照類似於檔案系統的目錄組織方式。資源可以包括圖示、游標、點陣圖和選單等十幾種標準類型，還可以使用自訂類型，每種類型的資源中可能存在多個資源項。這些資源項使用不同的 ID 或名稱來分辨。對於某個資源項，還可以同時存在不同內碼表的版本（例如簡體中文、繁體中文和英文等）。採取類似於檔案系統的目錄組織方式可以極佳地對程式資源進行歸類，比如建立一個第 1 層目錄，其中有圖示、游標、點陣圖和選單等子目錄；假設有 *n* 個圖示，則可以在圖示子目錄下再以圖示 ID 為目錄名稱建立 *n* 個第 2 層子目錄；同一 ID 的資源可能存在不同內碼表的版本，這樣可以在第 2 層子目錄下再以內碼表 ID 為目錄名稱建立第 3 層子目錄，第 3 層子目錄中的資料可以指向真正的資源資料。要查詢某個資源，可以根據資源類型

→資源 ID →資原始程式碼分頁這樣的順序逐層進入對應的子目錄找到正確的資源。PE 和 PE32+ 的資源群組織方式如圖 11.23 所示。

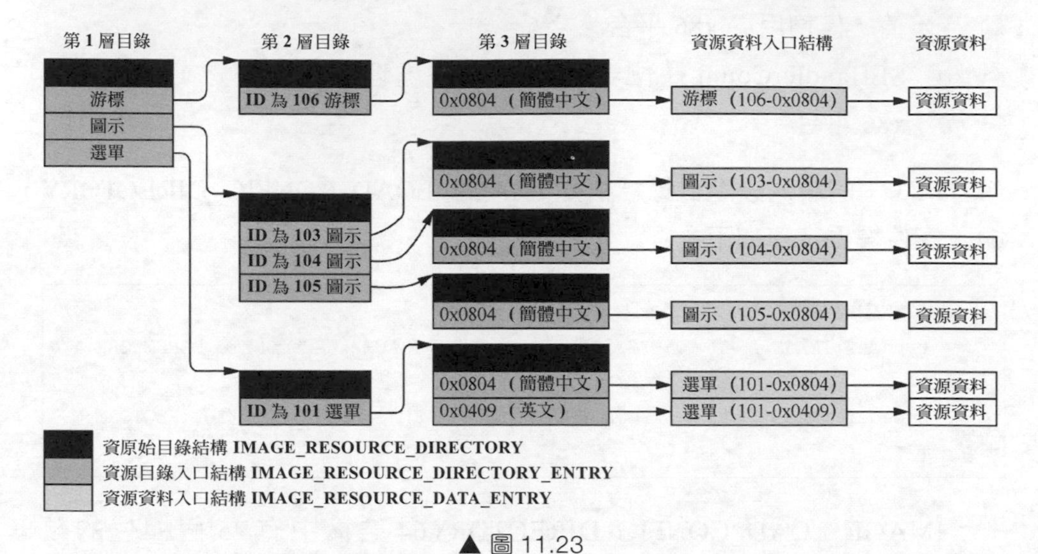

▲ 圖 11.23

第 1 層目錄按照資源類型進行劃分，例如游標、圖示和選單等子目錄；第 2 層目錄按照資源 ID 進行劃分，例如同樣是第 1 層目錄「圖示」下面的子目錄，可以有 ID 為 103 的圖示、ID 為 104 的圖示等子目錄；第 3 層目錄按照內碼表例如簡體中文、繁體中文和英文等進行劃分，例如同樣是第 2 層目錄「ID 為 101 選單」下面的子目錄，可以有簡體中文和英文子目錄。注意，第 1 層到第 3 層目錄的資料結構是相同的，都是由一個資原始目錄結構 IMAGE_RESOURCE_DIRECTORY 和緊接其後的若干個資源目錄入口結構 IMAGE_RESOURCE_DIRECTORY_ENTRY 組成，這一系列資料結構可以稱為資原始目錄表，而每個資源目錄入口結構 IMAGE_RESOURCE_DIRECTORY_ENTRY 可以稱為資原始目錄項。

資原始目錄結構 IMAGE_RESOURCE_DIRECTORY 的定義如下：

```
typedef struct _IMAGE_RESOURCE_DIRECTORY {  //16 位元組
    DWORD   Characteristics;        // 資源標識，通常為 0x00000000
    DWORD   TimeDateStamp;          // 資源編譯器建立資源的時間戳記，通常為 0x00000000
    WORD    MajorVersion;              // 主版本編號，通常為 0x0000
    WORD    MinorVersion;              // 次版本編號，通常為 0x0000
```

```
    WORD    NumberOfNamedEntries;    //以名稱命名的資源目錄入口結構的個數
    WORD    NumberOfIdEntries;       //以ID命名的資源目錄入口結構的個數
    // IMAGE_RESOURCE_DIRECTORY_ENTRY DirectoryEntries[]; //該結構後面緊接著資源
                                                            目錄入口結構陣列
} IMAGE_RESOURCE_DIRECTORY, * PIMAGE_RESOURCE_DIRECTORY;
```

（1）用於第 1 層目錄，資源類型可以是標準資源類型或自訂資源類型，標準資源類型（例如 ICON、CURSOR 等）在編譯資源指令檔時會被解釋為 255 以下的 ID 數字，而自訂資源類型可以是一個字串或 255 ～ 65535 中的 ID 數字，因此 IMAGE_RESOURCE_DIRECTORY 結構使用 NumberOfNamedEntries 和 NumberOfIdEntries 兩個欄位分別表示以名稱命名的資源目錄入口結構的個數和以 ID 命名的資源目錄入口結構的個數，即以名稱命名的資源類型個數和以 ID 命名的資源類型個數這兩個欄位的值相加得到緊接在本結構後面資源目錄入口結構 IMAGE_RESOURCE_DIRECTORY_ENTRY 的總數。

（2）用於第 2 層目錄，資源 ID 可以是一個字串或 1 ～ 65535 之間的 ID 數字，因此 IMAGE_ RESOURCE_DIRECTORY 結構使用 NumberOf NamedEntries 和 NumberOfIdEntries 兩個欄位分別表示以名稱命名的資源目錄入口結構的個數和以 ID 命名的資源目錄入口結構的個數，即以名稱命名的資源 ID 個數和以 ID 命名的資源 ID 個數兩個欄位的值相加得到緊接在本結構後面資源目錄入口結構 IMAGE_RESOURCE_DIRECTORY_ENTRY 的總數。

（3）用於第 3 層目錄，與標準資源類型相同，每種標準語言都有預先定義的 ID，但是也可能存在非標準語言。

資源目錄入口結構 IMAGE_RESOURCE_DIRECTORY_ENTRY 的定義如下：

```
typedef struct _IMAGE_RESOURCE_DIRECTORY_ENTRY {    //8位元組
    union {
        struct {
            DWORD NameOffset : 31;
```

```
            DWORD NameIsString : 1;
        } DUMMYSTRUCTNAME;
        DWORD     Name;                 // 資源類型或資源 ID 或內碼表 ID
        WORD      Id;
    } DUMMYUNIONNAME;
    union {
        DWORD       OffsetToData;       // 資源資料入口結構或指向下一個資原始目錄表
        struct {
            DWORD   OffsetToDirectory : 31;
            DWORD   DataIsDirectory : 1;
        } DUMMYSTRUCTNAME2;
    } DUMMYUNIONNAME2;
} IMAGE_RESOURCE_DIRECTORY_ENTRY, * PIMAGE_RESOURCE_DIRECTORY_ENTRY;
```

這個結構看上去很複雜，但是有用的只有 Name 和 OffsetToData 兩個欄位，該結構的大小為 8 位元組。

■ Name 欄位：如果該欄位 DWORD 值的最高位元即位 31 是 0，則該欄位的低位元字作為一個 ID 來使用；如果該欄位 DWORD 值的最高位元即位元 31 是 1，則該欄位的值（& 0x7FFFFFFF）是一個指向 IMAGE_RESOURCE_DIR_STRING_U 結構的偏移量（相對於資源表），該結構包含 Unicode 字串的長度和 Unicode 字串兩個欄位，因為 IMAGE_RESOURCE_DIR_STRING_U 結構有一個 Unicode 字串長度欄位，所以 Unicode 字串欄位並不是以零結尾。

  當 IMAGE_RESOURCE_DIRECTORY_ENTRY.Name 欄位用於不同層次目錄時，其含義不同。

  • 用於第 1 層目錄，該欄位的值表示資源類型，例如標準資源類型 ICON、CURSOR，自訂資源類型 MYDATA。前面說過標準資源類型例如 ICON、CURSOR 等在編譯資源指令檔時會被解釋為 255 以下的 ID 數字，因此對於標準資源類型使用該欄位的低位元字表示標準資源類型 ID；對於自訂資源類型，如果該欄位 DWORD 值的最高位元（即位元 31）是 1，該欄位的值（& 0x7FFFFFFF）是一個指向 IMAGE_RESOURCE_DIR_STRING_U 結構的偏移量（相對於資源表），IMAGE_RESOURCE_DIR_STRING_U.NameString 欄位表示資源類型 Unicode 字串，但是自訂資源類型也可以是 255 ～ 65535 中的 ID 數字，如果該欄位的最高位元（即位元 31）是 0，那麼低位元字表示自訂資源類型 ID。不管程式使用 Unicode 還是 ANSI 字元集程式資源中的字串都是使用 Unicode 編碼，稍後介紹標準資源類型例如 ICON、CURSOR 等對應的 ID。

- 用於第 2 層目錄，該欄位的值表示資源 ID 或資源名稱，資源 ID 可以是一個字串或 1 ～ 65535 之間的 ID 數字。是 ID 的情況下該欄位的低位元字表示資源 ID；是字串的情況下該欄位的值（& 0x7FFFFFFF）是一個指向 IMAGE_RESOURCE_DIR_STRING_U 結構的偏移量（相對於資源表）。
- 用於第 3 層目錄，該欄位的值表示內碼表 ID。稍後介紹常見語言的內碼表 ID。

■ OffsetToData 欄位：如果該欄位 DWORD 值的最高位元即位 31 是 0，那麼該欄位的值是一個指向資源資料入口結構 IMAGE_RESOURCE_DATA_ENTRY 的偏移量（相對於資源表），這種情況通常出現在第 3 層目錄中；如果該欄位 DWORD 值的最高位元即位 31 是 1，那麼該欄位的值（& 0x7FFFFFFF）是一個指向資原始目錄表的偏移量（相對於資源表），也就是指向一個資原始目錄結構 IMAGE_RESOURCE_DIRECTORY 和緊接其後的若干個資源目錄入口結構 IMAGE_ RESOURCE_DIRECTORY_ENTRY，這種情況通常出現在第 1 層和第 2 層目錄中。

IMAGE_RESOURCE_DIR_STRING_U 結構的定義如下：

```
typedef struct _IMAGE_RESOURCE_DIR_STRING_U {
    WORD    Length;
    WCHAR   NameString[1];
} IMAGE_RESOURCE_DIR_STRING_U, * PIMAGE_RESOURCE_DIR_STRING_U;
```

最後就是第 3 層目錄指向的資源資料入口結構 IMAGE_RESOURCE_DATA_ ENTRY：

```
typedef struct _IMAGE_RESOURCE_DATA_ENTRY { //16 位元組
  DWORD   OffsetToData; // 資源資料區塊的 RVA
  DWORD   Size;         // 資源資料區塊的大小（位元組單位）
  DWORD   CodePage;     // 用於解碼資源資料中碼位元值的內碼表，通常是 Unicode 內碼表，
                           值通常為 0x00000000
  DWORD   Reserved;     // 保留欄位
} IMAGE_RESOURCE_DATA_ENTRY, * PIMAGE_RESOURCE_DATA_ENTRY;
```

預先定義的資源類型如表 11.12 所示。

表 11.12

常數	值	含義
RT_CURSOR	1	游標
RT_BITMAP	2	點陣圖
RT_ICON	3	圖示
RT_MENU	4	選單
RT_DIALOG	5	對話方塊
RT_STRING	6	字串表
RT_FONTDIR	7	字型目錄
RT_FONT	8	字型
RT_ACCELERATOR	9	快速鍵
RT_RCDATA	10	應用程式定義的資源
RT_MESSAGETABLE	11	訊息表
RT_GROUP_CURSOR	12	游標組
RT_GROUP_ICON	14	圖示組
RT_VERSION	16	程式版本
RT_DLGINCLUDE	17	提供符號名稱的標頭檔
RT_PLUGPLAY	19	隨插即用資源
RT_VXD	20	VXD
RT_ANICURSOR	21	動態游標
RT_ANIICON	22	動態圖示
RT_HTML	23	HTML
RT_MANIFEST	24	清單檔案

常見語言的內碼表 ID 如表 11.13 所示。

表 11.13

內碼表 ID	中英文說明
0x0000	中性語言 Language Neutral
0x0400	程式預設語言 Process Default Language
0x0404	中文（台灣）Chinese（Taiwan）
0x0804	中文（中國）Chinese（PRC）
0x0C04	中文（香港）Chinese（Hong Kong SAR, PRC）
0x1004	中文（新加坡）Chinese（Singapore）
0x0409	英文（美國）English（United States）
0x0809	英文（英國）English（United Kingdom）
0x0411	日語 Japanese
0x0412	韓語 Korean
0x0419	俄語 Russian

下面實作一個遍歷程式資源的 GetPEResource 程式，程式執行效果如圖 11.24 所示。左側是一個樹狀檢視控制項，右側是用於顯示選中資源項資源資料的多行編輯控制項，但該功能暫未實作。注意，對於自訂資源類型（例如上圖中的前 3 個），資源資料入口結構 PIMAGE_RESOURCE_DATA_ENTRY.OffsetToData 欄位指向的就是原生資源資料的 RVA，但是對於標準資源類型，指向的資源資料和資源檔原生資料可能不是完全相同，需要額外處理。例如我們的 Chapter10\HelloWindows7\Debug\HelloWindows.exe 程式資源指令檔中只是增加了 ID 為 103、104 和 105 這 3 個圖示，但是資源表中存在圖示群組（ID 為 103 ～ 105）和圖示（ID 為 2 ～ 4）兩個資源類型，ID 為 103 的圖示是一個羽毛圖示，很明顯圖示類型下 ID 為 2 的資源資料入口結構指出的資料大小更接近 Feather.ico 的實際檔案大小，而圖示群組下 ID 為 103 的資源資料入口結構指出的資料大小比較小，只是一些圖示檔案表頭資料，關於如何解析各種標準資源類型，限於篇幅關係，本書不做介紹。

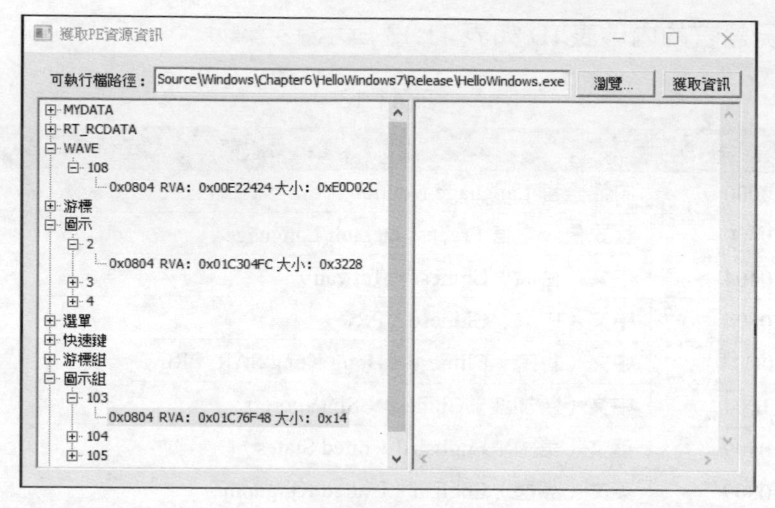

▲ 圖 11.24

實作遍歷程式資源的核心是自訂函數 GetResourceInfo：

```
// 全域變數
LPCTSTR arrResType[] = { TEXT(" 未知類型 "), TEXT(" 游標 "), TEXT(" 點陣圖 "),
    TEXT(" 圖示 "), TEXT(" 選單 "), TEXT(" 對話方塊 "), TEXT(" 字串表 "), TEXT(" 字型
    目錄 "), TEXT(" 字型 "), TEXT(" 快速鍵 "), TEXT(" 程式自訂資源 "), TEXT(" 訊息表
    "), TEXT(" 游標群組 "), TEXT(" 未知類型 "), TEXT(" 圖示群組 "), TEXT(" 未知類型
    "), TEXT(" 程式版本 "), TEXT(" 提供符號名稱的標頭檔 "), TEXT(" 未知類型 "),
    TEXT(" 隨插即用資源 "), TEXT("VXD"), TEXT(" 動態游標 "), TEXT(" 動態圖示 "),
    TEXT("HTML"), TEXT(" 清單檔案 ") };

/*****************************************************************************
  * 函數功能：      獲取資源資訊
  * 輸入參數的說明：
    1. pImageRes 參數表示第 1 層目錄中的資原始目錄結構起始位址，也就是資源表的起始位址，
       必須指定
    2. pImageResDir 參數表示第 1 ～ 3 層目錄中的資原始目錄結構起始位址，必須指定
    3. hTreeParent 參數表示樹狀檢視控制項中父節點的控制碼，必須指定
    4. dwLevel 參數指定為數值 1 ～ 3，表示當前呼叫本函數是為了獲取第幾層目錄的資訊，必須
       指定
  * 該函數為遞迴函數
*****************************************************************************/
BOOL GetResourceInfo(PIMAGE_RESOURCE_DIRECTORY pImageRes, PIMAGE_RESOURCE_
DIRECTORY pImageResDir, HTREEITEM hTreeParent, DWORD dwLevel)
```

```
{
    PIMAGE_RESOURCE_DIRECTORY pImageResDirSub;    //下一層資原始目錄結構起始位址
    PIMAGE_RESOURCE_DIRECTORY_ENTRY pImageResDirEntry; //資源目錄入口結構陣列起
                                                        始位址
    WORD wNums;                                   //資源目錄入口結構陣列個數
    PIMAGE_RESOURCE_DATA_ENTRY pImageResDataEntry;  //資源資料入口結構起始位址
    PIMAGE_RESOURCE_DIR_STRING_U pString;
    HTREEITEM hTree;
    TVINSERTSTRUCT tvi = { 0 };
    TCHAR szResType[128] = { 0 }, szResID[128] = { 0 }, szLanguageID[128] = { 0 };
    TCHAR szBuf[256] = { 0 };

    //資源目錄入口結構陣列起始位址
    pImageResDirEntry = (PIMAGE_RESOURCE_DIRECTORY_ENTRY)((LPBYTE)
pImageResDir + sizeof(IMAGE_RESOURCE_DIRECTORY));
    //資源目錄入口結構陣列個數
    wNums = pImageResDir->NumberOfNamedEntries + pImageResDir->NumberOfIdEntries;

    tvi.item.mask = TVIF_TEXT;
    tvi.hInsertAfter = TVI_LAST;
    tvi.hParent = hTreeParent;

    if (dwLevel == 1)
    {
        //遍歷資源目錄入口結構陣列
        for (WORD i = 0; i < wNums; i++)
        {
            //資源類型
            if (pImageResDirEntry[i].Name & 0x80000000)
            {
                pString = (PIMAGE_RESOURCE_DIR_STRING_U)
                    ((LPBYTE)pImageRes + (pImageResDirEntry[i].Name &
0x7FFFFFFF));
                StringCchCopy(szResType, pString->Length + 1, pString->
NameString);
            }
            else
            {
                if (LOWORD(pImageResDirEntry[i].Name) <= 24)
                    wsprintf(szResType, TEXT("%s"), arrResType[LOWORD
```

```
(pImageResDirEntry[i].Name)]);
                else
                    wsprintf(szResType, TEXT("%d(自訂 ID)"),
LOWORD(pImageResDirEntry[i].Name));
            }
            tvi.item.pszText = szResType;
            hTree = (HTREEITEM)SendMessage(g_hwndTree, TVM_INSERTITEM, 0,
(LPARAM)&tvi);

            // 遞迴進入第 2 層
            pImageResDirSub = (PIMAGE_RESOURCE_DIRECTORY)
                ((LPBYTE)pImageRes + (pImageResDirEntry[i].OffsetToData &
0x7FFFFFFF));
            GetResourceInfo(pImageRes, pImageResDirSub, hTree, 2);
        }
    }
    else if (dwLevel == 2)
    {
        // 遍歷資源目錄入口結構陣列
        for (WORD i = 0; i < wNums; i++)
        {
            // 資源 ID
            if (pImageResDirEntry[i].Name & 0x80000000)
            {
                pString = (PIMAGE_RESOURCE_DIR_STRING_U)
                    ((LPBYTE)pImageRes + (pImageResDirEntry[i].Name &
0x7FFFFFFF));
                StringCchCopy(szResID, pString->Length + 1, pString->
NameString);
            }
            else
            {
                wsprintf(szResID, TEXT("%d"), LOWORD(pImageResDirEntry[i].
Name));
            }
            tvi.item.pszText = szResID;
            hTree = (HTREEITEM)SendMessage(g_hwndTree, TVM_INSERTITEM, 0,
(LPARAM)&tvi);

            // 遞迴進入第 3 層
```

```
            pImageResDirSub = (PIMAGE_RESOURCE_DIRECTORY)
                ((LPBYTE)pImageRes + (pImageResDirEntry[i].OffsetToData &
0x7FFFFFFF));
            GetResourceInfo(pImageRes, pImageResDirSub, hTree, 3);
        }
    }
    else
    {
        // 遍歷資源目錄入口結構陣列
        for (WORD i = 0; i < wNums; i++)
        {
            // 語言 ID
            if (pImageResDirEntry[i].Name & 0x80000000)
            {
                pString = (PIMAGE_RESOURCE_DIR_STRING_U)
                    ((LPBYTE)pImageRes + (pImageResDirEntry[i].Name &
0x7FFFFFFF));
                StringCchCopy(szLanguageID, pString->Length + 1, pString->
NameString);
            }
            else
            {
                wsprintf(szLanguageID, TEXT("0x%04X"), LOWORD
(pImageResDirEntry[i].Name));
            }

            // 資源資料入口結構起始位址
            pImageResDataEntry = (PIMAGE_RESOURCE_DATA_ENTRY)
                ((LPBYTE)pImageRes + (pImageResDirEntry[i].OffsetToData));
            wsprintf(szBuf, TEXT("%s  RVA：0x%08X 大小：0x%X"),
                szLanguageID, pImageResDataEntry->OffsetToData,
pImageResDataEntry->Size);

            tvi.item.mask = TVIF_TEXT | TVIF_PARAM;
            tvi.item.pszText = szBuf;
            tvi.item.lParam = (LPARAM)pImageResDataEntry;// 儲存資源資料入口結構
                                                          起始位址到項目資料
            SendMessage(g_hwndTree, TVM_INSERTITEM, 0, (LPARAM)&tvi);

            // 遞迴出口
```

```
            return TRUE;
        }
    }

    return TRUE;
}
```

完整程式參見 Chapter11\GetPEResource 專案。

程式資源查看、編輯工具有 eXeScope、PExplorer、Restorator 和 ResourceHacker 等，後兩者支援 PE/PE32+，透過這些工具可以對未加殼的程式資源進行修改。

11.12 延遲載入匯入表

延遲載入指的是透過隱式連結的 DLL，可執行模組開始執行時期並不載入延遲載入的 DLL（也不會檢查該 DLL 是否存在），只有當程式中呼叫延遲載入 DLL 中的函數時，系統才會實際載入該 DLL。設定延遲載入 DLL 以後，編譯器在編譯器時會在 PE 檔案中建立一個延遲載入匯入表，延遲載入匯入表記錄了可執行模組要匯入的 DLL 以及相關函數的資訊。

與匯入表類似，延遲載入匯入表是一個延遲載入描述結構 IMAGE_DELAYLOAD_DESCRIPTOR 陣列，結構的個數取決於程式要延遲載入的 DLL 檔案的數量，每個結構對應一個 DLL 檔案，最後以一個內容全為 0 的 IMAGE_DELAYLOAD_DESCRIPTOR 結構作為結束。IMAGE_DELAYLOAD_DESCRIPTOR 結構的定義如下：

```
typedef struct _IMAGE_DELAYLOAD_DESCRIPTOR {
    union {
        DWORD AllAttributes;     // 如果最高位元為 1 說明是延遲載入版本 2
        struct {
            DWORD RvaBased : 1;
            DWORD ReservedAttributes : 31;
        } DUMMYSTRUCTNAME;
    } Attributes;
```

```
    DWORD DllNameRVA;            // 指向以零結尾的延遲載入 DLL 名稱字串，RVA，UTF-8 字串
    DWORD ModuleHandleRVA;                  // 延遲載入 DLL 模組控制碼的 RVA
    DWORD ImportAddressTableRVA;            // 延遲載入 DLL 的 IAT 的起始位址，RVA
    DWORD ImportNameTableRVA;               // 延遲載入 DLL 的 INT 的起始位址，RVA
    DWORD BoundImportAddressTableRVA;  // 可選的延遲載入 DLL 的綁定 IAT 的起始位址，
                                          RVA
    DWORD UnloadInformationTableRVA;   // 可選的延遲載入 DLL 的移除 IAT 的起始位址，
                                          RVA
    DWORD TimeDateStamp;                    // 如果未綁定則為 0，否則為綁定的時間戳記
} IMAGE_DELAYLOAD_DESCRIPTOR, * PIMAGE_DELAYLOAD_DESCRIPTOR;
```

重要的欄位是 DllNameRVA、ModuleHandleRVA、ImportAddressTableRVA 和 ImportNameTableRVA。與匯入表相同，可以說 ImportAddressTableRVA 和 ImportNameTableRVA 欄位指向的都是一個 IMAGE_THUNK_DATA 結構陣列的 RVA，每一個 IMAGE_THUNK_DATA 結構表示一個匯入函數的資訊，陣列的最後以一個內容全為 0 的 IMAGE_THUNK_DATA 結構作為結束。

匯入表的 IAT 是由 PE 載入器在載入可執行檔時進行修正，但是延遲載入匯入表的 IAT 中的每一項在 PE 檔案中都已經是一個函數位址 VA。當然，該函數位址 VA 需要進行重定位，重定位表中會存在延遲載入匯入表 IAT 每一項的 RVA 位址。

11.13 校驗和與 CRC

校驗和是透過對一段資料按照一定演算法進行計算以後生成的值，通常作為判斷這段資料是否被非法修改的依據。IMAGE_NT_HEADERS.OptionalHeader.CheckSum 欄位是一個 DWORD 值，該值的計算步驟如下。

（1）將 IMAGE_NT_HEADERS.OptionalHeader.CheckSum 欄位的值清 0。

（2）以 WORD 為單位對資料區塊進行帶進位的累加，大於 WORD 部分自動溢位。

（3）將累加和與檔案的長度相加即可得到 PE 檔案的校驗和。

Windows 系統目錄下有一個動態連結程式庫 ImageHlp.dll，該 DLL 專門用來操作 PE 檔案，其中 CheckSumMappedFile 和 MapFileAndCheckSum 這兩個函數都可以用於計算檔案校驗和。

MapFileAndCheckSum 函數用於計算指定檔案的校驗和：

```
DWORD MapFileAndCheckSum(
    _In_   PCTSTR Filename,     // 要為其計算校驗和的檔案的檔案名稱
    _Out_  PDWORD HeaderSum,    // 接收原始校驗和的變數的指標
    _Out_  PDWORD CheckSum);    // 接收計算的校驗和的變數的指標
```

如果函數執行成功，則傳回值為 CHECKSUM_SUCCESS(0)。

CheckSumMappedFile 函數用於計算指定 PE 檔案的校驗和：

```
PIMAGE_NT_HEADERS CheckSumMappedFile(
    _In_   PVOID  BaseAddress,//PE 記憶體映射檔案的基底位址
    _In_   DWORD  FileLength, // 檔案大小，以位元組為單位
    _Out_  PDWORD HeaderSum,  // 接收原始校驗和的變數的指標
    _Out_  PDWORD CheckSum);  // 接收計算的校驗和的變數的指標
```

如果函數執行成功，則傳回值是 PE 記憶體映射檔案中 IMAGE_NT_HEADERS 結構的指標，呼叫者可以透過傳回的指標修改 IMAGE_NT_HEADERS.OptionalHeader.Check Sum 欄位的值；如果函數執行失敗，則傳回值為 NULL。

這裡有一個範例程式 CheckSum，可以分別使用自訂演算法和 MapFileAnd CheckSum 函數計算校驗和，程式執行效果如圖 11.25 所示。

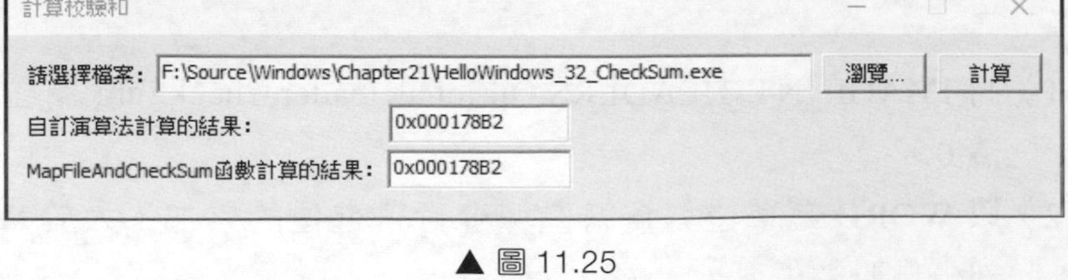

計算校驗和
請選擇檔案： F:\Source\Windows\Chapter21\HelloWindows_32_CheckSum.exe 瀏覽... 計算
自訂演算法計算的結果： 0x000178B2
MapFileAndCheckSum函數計算的結果： 0x000178B2

▲ 圖 11.25

完整程式請參考 Chapter11\CheckSum 專案。注意，自訂演算法僅作為參考。

循環容錯驗證（Cyclic Redundancy Check，CRC）是一種根據網路封包或電腦檔案等資料產生簡短固定位數驗證碼的一種通道編碼技術，主要用來檢測、驗證資料傳輸或儲存後可能出現的錯誤，它是利用除法及餘數的原理來進行錯誤偵測的。

在資料傳輸過程中，無論傳輸系統的設計多麼完美，差錯總會存在，這種差錯可能會導致在鏈路上傳輸的或多個幀被破壞（出現位元差錯，0 變為 1，或 1 變為 0），從而導致接收方接收到錯誤的資料。為了儘量提高接收方接收資料的正確率，在接收方接收資料前需要對資料進行差錯檢測，當且僅當檢測的結果為正確時接收方才真正接收資料。檢測的方式有多種，常見的有同位、網際網路校驗和循環容錯驗證等。循環容錯驗證是一種用於驗證通訊鏈路上數位傳輸準確性的計算方法（透過某種數學運算來建立資料位元和驗證位元的約定關係）。發送方使用某種公式計算出需要傳送資料的驗證值，並將此值附加在被傳送資料的後面，接收方則對同一資料進行相同的計算，通常應該得到相同的結果，如果兩個驗證結果不一致，則說明發送過程中出現了差錯，接收方可以要求發送方重新發送該資料。在電腦網路通訊中使用 CRC 驗證相對於其他驗證方法有一定的優勢，CRC 可以高比例地糾正資訊傳輸過程中的錯誤，可以在極短的時間內完成資料驗證碼的計算，並迅速完成校正過程，透過封包自動重發的方式使電腦的通訊速度大幅提高，對通訊效率和安全提供了保障。由於 CRC 演算法檢驗的檢錯能力極強，且檢測成本較低，因此在編碼器和電路的檢測中使用較為廣泛，在檢錯的正確率與速度、成本等方面，都比同位等驗證方式具有優勢，因此 CRC 成為電腦資訊通訊領域最為普遍的驗證方式。

常用的 CRC 版本有 CRC-8、CRC-12、CRC-16、CRC-CCITT、CRC-32 和 CRC-32C 等，每個版本的具體演算法有所不同，WinRAR、NERO、ARJ、LHA 等壓縮軟體採用的是 CRC-32，磁碟機的讀寫採用了

CRC-16，通用影像儲存格式例如 GIF、TIFF 等也都採用 CRC 作為檢錯手段。

要計算一個檔案或一段資料的 CRC-32，可以按照規定演算法實作一個自訂函數，或使用 NtDll.dll 中的 RtlComputeCrc32 函數。下面實作一個計算 CRC-32 的自訂函數 CRC32：

```
#define Poly 0xEDB88320                    //CRC-32 標準

VOID GenerateCRC32Table(PUINT pCRC32Table)
{
    UINT nCrc;

    for (UINT i = 0; i < 256; i++)
    {
        nCrc = i;
        for (int j = 0; j < 8; j++)
        {
            if (nCrc & 0x00000001)
                nCrc = (nCrc >> 1) ^ Poly;
            else
                nCrc = nCrc >> 1;
        }

        pCRC32Table[i] = nCrc;
    }
}

UINT CRC32(LPBYTE lpData, UINT nSize)
{
    UINT CRC32Table[256] = { 0 };          //CRC-32 查詢表
    UINT nCrc = 0xFFFFFFFF;

    // 生成 CRC-32 查詢表
    GenerateCRC32Table(CRC32Table);

    // 計算 CRC-32
    for (UINT i = 0; i < nSize; i++)
        nCrc = CRC32Table[(nCrc ^ lpData[i]) & 0xFF] ^ (nCrc >> 8);
```

```
    return nCrc ^ 0xFFFFFFFF;            //逐位元反轉
}
```

也可以使用 NtDll.dll 中的 RtlComputeCrc32 函數，速度更快一些，例如：

```
//RtlComputeCrc32 計算 CRC-32
typedef UINT(WINAPI* pfnRtlComputeCrc32)(INT dwInitial, LPVOID lpData, INT
nLen);
pfnRtlComputeCrc32 fnRtlComputeCrc32;

fnRtlComputeCrc32 = (pfnRtlComputeCrc32)
    GetProcAddress(GetModuleHandle(TEXT("NtDll.dll")), "RtlComputeCrc32");
nCRC = fnRtlComputeCrc32(0, lpMemory, liFileSize.LowPart); //第一個參數指定為 0
```

完整程式請參考 Chapter11\CRC32 專案。

一個程式的程式碼部分（通常是 .text 或 .code）在 PE 檔案載入前後不會發生變化，因此有的加密程式會對程式碼部分進行 CRC-32 檢驗，程式碼部分的起始位置和大小可以透過節表獲取，計算出程式碼部分的 CRC-32 值（可以對這個值進行加密）後，可以儲存在 PE 檔案的某個地方，在程式執行過程中計算 PE 記憶體映射中的程式碼部分的 CRC-32 值，並與先前儲存的值進行比較，以此判斷程式是否正在被偵錯（例如 int3 中斷點就是透過修改機器碼為 0xCC）或被非法修改。

透過 PEID 的 Krypto Analyzer 外掛程式可以查詢一個程式用到了哪些知名加密演算法。

11.14 64 位元程式中如何書寫組合語言程式碼（以獲取 CPUID 為例）

64 位元程式中不支援內聯組合語言，不過，也有一些方法可以實作在程式中嵌入組合語言程式碼。舉例來說，微軟提供了一系列 intrinsic 函數（定義在 intrin.h 等標頭檔中），intrinsic 系列函數比較多，如果需要詳細了解，那麼讀者可以自行參考 MSDN，其中 __cpuid 和 __cpuidex 這兩個函數是微軟對組合語言指令 cpuid 的封裝，可以獲取 CPU 的資訊及其支援的功能：

```
void __cpuid(
    _Out_ int cpuInfo[4],           // 傳回 CPU 資訊及其支持的功能
    _In_  int function_id);         // 指定要獲取的基本資訊（功能號，通常可以是 0 ～ 3）
void __cpuidex(
    _Out_ int cpuInfo[4],           // 傳回 CPU 資訊及其支持的功能
    _In_  int function_id,          // 指定要獲取的基本資訊（功能號，通常可以是 0 ～ 3）
    _In_  int subfunction_id);      // 指定要獲取的擴充資訊
```

cpuid 指令可以獲取 CPU 的資訊（例如 CPU 的型號和家族等）和 CPU 支援的功能（例如是否支援 MMX、SSE 和 FPU 指令等）。cpuid 指令有兩組功能，一組傳回基本資訊，另一組傳回擴充資訊。cpuid 指令的用法如下：

```
mov eax, 功能號
cpuid
```

執行上述指令後，透過 eax、ebx、ecx 和 edx 傳回所需的資訊。如果需要獲取基本資訊，功能號的最高位元即位 31 設定為 0，例如 1（0x00000001）；如果需要獲取擴充資訊，功能號的最高位元即位 31 設定為 1，例如 0x80000001。要詳細了解各個功能號以及傳回的資訊的含義，需要閱讀 Intel 指令手冊，限於篇幅關係這裡不再詳細說明。intrinsic 函數 __cpuid 和 __cpuidex 就是把傳回的 eax ～ edx 的值分別放入 cpuInfo[0] ～ cpuInfo[3]。

一些需要獲取使用者 CPUID 的綁定電腦的軟體通常使用功能號 1 來獲取 CPU 的資訊，接下來我們實作一個獲取 CPUID 的 GetCPUID 程式，該程式透過 intrinsic 函數 __cpuid 和自訂函數 GetCPUID（組合語言程式碼）兩種方法來實作，程式執行效果如圖 11.26 所示。

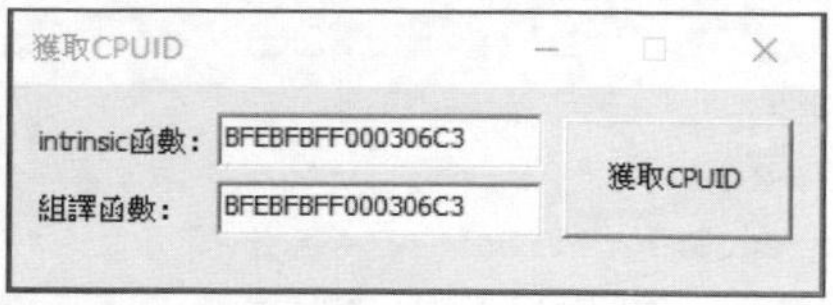

▲ 圖 11.26

可以發現與 Chapter3\GetComputerPhysicalInfoByWMI\Debug\GetComputerPhysicalInfoByWMI.exe 程式獲取到的 CPUID 資訊相同。

建立一個對話方塊程式空白專案，GetCPUID.cpp 原始檔案的內容如下：

```
#include <windows.h>
#include <intrin.h>
#include "resource.h"

// 函數宣告
INT_PTR CALLBACK DialogProc(HWND hwndDlg, UINT uMsg, WPARAM wParam, LPARAM
lParam);
// 宣告引用外部函數
EXTERN_C VOID GetCPUID(int cpuInfo[4], int function_id);

int WINAPI WinMain(HINSTANCE hInstance, HINSTANCE hPrevInstance, LPSTR
lpCmdLine, int nCmdShow)
{
    DialogBoxParam(hInstance, MAKEINTRESOURCE(IDD_MAIN), NULL, DialogProc,
NULL);
    return 0;
}

INT_PTR CALLBACK DialogProc(HWND hwndDlg, UINT uMsg, WPARAM wParam, LPARAM
lParam)
{
    int arrCpuInfo[4] = { 0 };
    TCHAR szBuf[32] = { 0 };

    switch (uMsg)
    {
    case WM_COMMAND:
        switch (LOWORD(wParam))
```

```
        {
        case IDC_BTN_GET:
            //intrinsic 函數
            __cpuid(arrCpuInfo, 1);
            wsprintf(szBuf, TEXT("%08X%08X"), arrCpuInfo[3], arrCpuInfo[0]);
            SetDlgItemText(hwndDlg, IDC_EDIT_INTRINSIC, szBuf);

            // 自訂組合語言函數
            ZeroMemory(arrCpuInfo, sizeof(arrCpuInfo));
            GetCPUID(arrCpuInfo, 1);
            wsprintf(szBuf, TEXT("%08X%08X"), arrCpuInfo[3], arrCpuInfo[0]);
            SetDlgItemText(hwndDlg, IDC_EDIT_ASM, szBuf);
            break;

        case IDCANCEL:
            EndDialog(hwndDlg, 0);
            break;
        }
        return TRUE;
    }

    return FALSE;
}
```

EXTERN_C VOID GetCPUID(int cpuInfo[4], int function_id); 敘述用於宣告引用外部函數 GetCPUID。

然後，我們再增加一個 Test.asm 組合語言原始檔案，內容如下：

```
.code

GetCPUID proc
    mov r8, rcx
    mov eax, edx
    cpuid
    mov dword ptr [r8], eax
    mov dword ptr [r8 + 0Ch], edx
    ret
GetCPUID endp

end
```

雖然 64 位元程式不支援內聯組合語言，但是 VS 是可以編譯組合語言原始檔案 .asm。用滑鼠按右鍵方案總管原始檔案下面的 Test.asm，然後選擇屬性，開啟 Test.asm 屬性頁對話方塊，設定屬性→常規，項類型選擇自訂生成工具，然後點擊「應用」按鈕，此時左側的樹狀檢視控制項中會多出一個自訂生成工具子項。

設定屬性→自訂生成工具→常規，命令列一項輸入：

```
ml64 /Fo $(IntDir)%(fileName).obj /c %(fileName).asm
```

輸出一項輸入：

```
$(IntDir)%(fileName).obj
```

點擊「確定」按鈕，設定完成。

$(IntDir) 巨集表示當前生成設定目錄，例如 Chapter11\GetCPUID\GetCPUID\x64\Debug\ 或 Chapter11\GetCPUID\GetCPUID\x64\Release\，上面命令列一項所輸入內容的意思是使用 ml64.exe 編譯 xxx.asm 為 xxx.obj 到生成設定目錄下（/Fo 用於指定輸出的 .obj 檔案名稱，/c 表示僅進行編譯不自動進行連結），輸出一項所輸入的內容表示告訴連結器到哪裡查詢 xxx.obj 檔案以完成連結工作。設定情況截圖參見 Chapter11\GetCPUID\AsmConfig.png。

按 Ctrl + F5 複合鍵，程式成功編譯執行，如果需要編譯為 Release x64，對於 Test.asm 還需要進行同樣的設定。這種嵌入組合語言程式碼的方法實際上是呼叫其他 .obj 檔案中的函數。在連結階段，連結器會把各個 .obj 目的檔案與需要用到的函數庫綁定連結到一塊形成可執行檔。

實際應用中，對於簡單的組合語言程式碼，如果不喜歡使用 asm 檔案，也可以透過嵌入 ShellCode 的方式達到同樣的目的，具體參見 GetCPUIDI 專案，讀者可以根據實際情況靈活使用。

11.15 Detours-master 函數庫

Detours-master 函數庫提供了攔截 API 函數的功能，實作原理是將目標函數的前幾行指令替換為無條件跳躍到使用者提供的自訂函數的 jmp 指令。在自訂函數中可以執行一些攔截處理，當自訂函數完成攔截處理後，恢復執行目標函數被覆蓋的前幾行指令，並繼續執行目標函數的後續部分，目標函數執行完後，自訂函數傳回，整個流程和 6.8.2 節中的例子極其類似。

自訂函數在內部實作層次上被一分為二為兩個函數。執行攔截處理的稱為 Detour 函數（繞行函數），Detour 函數的函數參數、函數呼叫約定和傳回數值型態等必須與目標函數完全一致；負責恢復執行目標函數被覆蓋的前幾行指令並跳躍到目標函數後續部分的功能可以單獨放到一個函數中，稱為 Trampoline 函數（跳板函數），Trampoline 函數在 Detour 函數中被呼叫。

Detours-master 函數庫支援 ARM、ARM64、x86、x64 和 IA-64 平台。除了可以對 API 函數進行攔截，透過 Detours-master 函數庫還可以修改可執行檔的匯入表，向可執行檔中增加資料，以及將 DLL 載入到目標處理程序中等。

Detours-master 函數庫的當前版本是 4.0.1。舉例來說，可以下載 Detours-master 函數庫並解壓到 F:\Source\Windows\Detours-master 資料夾。Detours-master 提供了 Makefile 檔案，因此編譯工作比較簡單。開始 → Visual Studio 2019 → x86 Native Tools Command Prompt for VS 2019，輸入：

```
F:
cd F:\Source\Windows\Detours-master
nmake
```

稍等一會兒，可以發現 Detours-master 資料夾中生成了 include、lib.X86 和 bin.X86 這 3 個子資料夾。bin.X86 目錄中的內容是一些範例程式，include 和 lib.X86 目錄中的檔案是使用 Detours-master 函數庫提供的 API 介面所需的標頭檔和 .lib 檔案。注意，生成的 .lib 檔案是靜態程式庫。

如果需要生成 x64 版本的 .lib 檔案，可以開啟 x64 Native Tools Command Prompt for VS 2019 工具並輸入上述命令，x86 和 x64 所需的標頭檔是相同的，也可以透過 VS 開啟 vc 目錄中的 Detours.sln 解決方案檔案並選擇所需的解決方案設定和平台來進行編譯。

11.15.1 注入 DLL 的撰寫

現在，我們透過 Detours-master 函數庫提供的相關 API 來實作 6.8.2 節的例子。新建一個 DLL 空白專案 InjectDll，InjectDll.cpp 原始檔案的內容如下所示（無須標頭檔）：

```
#include <windows.h>
#include <tchar.h>
#include "..\..\..\Detours-master\include\detours.h"

// 編譯為 x86 時需要使用的 .lib
#pragma comment(lib, "..\\..\\..\\Detours-master\\lib.X86\\detours.lib")
// 編譯為 x64 時需要使用的 .lib
//#pragma comment(lib, "..\\..\\..\\Detours-master\\lib.X64\\detours.lib")

// 目標函數指標（加 static 關鍵字說明僅用於本檔案）
static BOOL(WINAPI* OriginalExtTextOutW)(HDC hdc, int x, int y, UINT options,
    const RECT* lprect, LPCWSTR lpString, UINT c, const INT* lpDx) =
ExtTextOutW;

// 自訂函數
BOOL WINAPI DetourExtTextOutW(HDC hdc, int x, int y, UINT options,
    RECT* lprect, LPCWSTR lpString, UINT c, INT* lpDx)
{
    TCHAR szText1[] = TEXT("螢幕");
    TCHAR szText2[] = TEXT("使用者名稱");
    TCHAR szText3[] = TEXT("購買者");
    TCHAR szTextReplace[] = TEXT("                                        ");
```

```
    LPCTSTR lpStr;

    if ((lpStr = _tcsstr(lpString, szText1)) ||
        (lpStr = _tcsstr(lpString, szText2)) ||
        (lpStr = _tcsstr(lpString, szText3)))
    {
        memcpy((LPVOID)lpStr, szTextReplace, _tcslen(lpStr) * sizeof(TCHAR));
    }

    OriginalExtTextOutW(hdc, x, y, options, lprect, lpString, c, lpDx);

    return TRUE;
}

BOOL APIENTRY DllMain(HMODULE hModule, DWORD ul_reason_for_call, LPVOID
lpReserved)
{
    //如果當前處理程序是輔助處理程序，則不執行任何處理
    if (DetourIsHelperProcess())
        return TRUE;

    if (ul_reason_for_call == DLL_PROCESS_ATTACH)
    {
        //恢復當前處理程序的匯入表
        DetourRestoreAfterWith();

        //開啟（開始）事務
        DetourTransactionBegin();
        //指定更新執行緒
        DetourUpdateThread(GetCurrentThread());
        //執行 Hook 處理
        DetourAttach(&(PVOID&)OriginalExtTextOutW, DetourExtTextOutW);
        //提交事務
        DetourTransactionCommit();
    }
    else if (ul_reason_for_call == DLL_PROCESS_DETACH)
    {
        DetourTransactionBegin();
        DetourUpdateThread(GetCurrentThread());
        //執行 Unhook 處理
```

```
        DetourDetach(&(PVOID&)OriginalExtTextOutW, DetourExtTextOutW);
        DetourTransactionCommit();
    }

    return TRUE;
}
```

完整程式請參考 Chapter11\Detours\InjectDll 專案。

執行 DetourAttach 函數後，自訂函數 DetourExtTextOutW 中的 OriginalExtTextOutW 被修改為指向 Trampoline 函數（負責恢復執行目標函數被覆蓋的前幾行指令並跳躍到目標函數後續部分），這就是前面所說的「自訂函數在內部實作層次上被一分為二為兩個函數」的含義。讀者可以自行偵錯研究 Detours-master 對於 ExtTextOutW 函數的 Hook 實作方法。

接下來介紹 InjectDll 用到的幾個 API 函數。可執行模組可以透過呼叫 DetourCreateProcessWithDllEx 或 DetourCreateProcessWithDlls 函數將 InjectDll 載入到目標處理程序中，內部實作方法是修改目標處理程序的匯入表，將 InjectDll 對應的匯入表描述符號結構放在匯入表的最前部，這樣一來就可以在目標處理程序啟動後但在執行任何程式前載入 InjectDll，在 InjectDll 中透過呼叫 DetourAttach 函數執行 Hook 處理。

Detours-master 支援從 64 位元父處理程序建立 32 位元目標處理程序或從 32 位元父處理程序建立 64 位元目標處理程序，即 32 位元父處理程序可以建立 32 位元或 64 位元目標處理程序，64 位元父處理程序也可以建立 32 位元或 64 位元目標處理程序。從 64 位元父處理程序建立 32 位元目標處理程序或從 32 位元父處理程序建立 64 位元目標處理程序時，DetourCreateProcessWithDllEx 或 DetourCreateProcessWithDlls 函數必須建立臨時輔助處理程序，方法是將 InjectDll 載入到 rundll32.exe 處理程序並透過呼叫 DetourFinishHelperProcess 函數來建立一個輔助處理程序，輔助處理程序會載入 InjectDll 的副本，透過輔助處理程序可以確保使用正確的 32 位元或 64 位元程式來修改目標處理程序的匯入表。這種情況下必須注意以下兩點。

（1）InjectDll 必須匯出 DetourFinishHelperProcess 函數並將其匯出序數（函數序數）設定為 1，否則目標處理程序無法正常啟動。

（2）InjectDll 應該在其 DllMain 函數中呼叫 DetourIsHelperProcess 函數以檢查 InjectDll 所屬的當前處理程序是輔助處理程序還是目標處理程序，如果是輔助處理程序，那麼不應該執行 Hook 處理，DllMain 函數直接傳回 TRUE 即可。

DetourIsHelperProcess 函數用於檢查 InjectDll 所屬的當前處理程序是輔助處理程序還是目標處理程序：

```
BOOL DetourIsHelperProcess(VOID);
```

如果當前處理程序是輔助處理程序，則傳回值為 TRUE；如果當前處理程序是目標處理程序，則傳回值為 FALSE。

呼叫 DetourCreateProcessWithDllEx 或 DetourCreateProcessWithDlls 函數會修改目標處理程序的匯入表。為了確保目標處理程序可以正常執行，建立目標處理程序並且 InjectDll 被載入後，應該恢復其匯入表，通常應該在 InjectDll 的 DllMain 函數的 DLL_PROCESS_ATTACH 中呼叫 DetourRestoreAfterWith 函數來恢復目標處理程序的匯入表。DetourRestoreAfterWith 函數原型如下：

```
BOOL DetourRestoreAfterWith(VOID);
```

事務是一系列原子性、獨佔性的操作。要進行事務工作，首先需要開啟（開始）事務，然後是一系列操作，最後提交事務，只有在提交事務後所做的操作才會生效。呼叫 DetourAttach 函數執行 Hook 處理或呼叫 DetourDetach 函數執行 Unhook 處理前需要先呼叫 DetourTransactionBegin 函數開啟事務，之後則需要呼叫 DetourTransactionCommit 函數提交事務，DetourUpdateThread 函數用於指定需要更新的執行緒（受事務影響的執行緒）。下面是這幾個函數的原型。

（1）開啟（開始）事務的函數如下：

```
LONG DetourTransactionBegin(VOID);
```

（2）指定更新執行緒的函數如下：

```
LONG DetourUpdateThread(_In_ HANDLE hThread);  //執行緒控制碼，由
                                                  GetCurrentThread()傳回
```

（3）執行 Hook 處理的函數如下：

```
LONG DetourAttach(
    _Inout_ PVOID* ppPointer,      //目標函數指標的位址
    _In_    PVOID  pDetour);       //自訂函數的位址
```

（4）執行 Unhook 處理的函數如下：

```
LONG DetourDetach(
    _Inout_ PVOID* ppPointer,
    _In_    PVOID  pDetour);
```

（5）提交事務的函數如下：

```
LONG DetourTransactionCommit(VOID);
```

11.15.2 將注入 DLL 載入到目標處理程序中

DetourCreateProcessWithDllEx 函數用於建立一個新處理程序並將指定的 DLL 載入到該處理程序中，而 DetourCreateProcessWithDlls 函數用於建立一個新處理程序並將指定的或多個 DLL 載入到該處理程序中。這兩個函數的原型如下：

```
BOOL DetourCreateProcessWithDllEx(
  _In_opt_     LPCTSTR                  lpApplicationName,
  _Inout_opt_  LPTSTR                   lpCommandLine,
  _In_opt_     LPSECURITY_ATTRIBUTES    lpProcessAttributes,
  _In_opt_     LPSECURITY_ATTRIBUTES    lpThreadAttributes,
```

```
  _In_          BOOL                        bInheritHandles,
  _In_          DWORD                       dwCreationFlags,
  _In_opt_      LPVOID                      lpEnvironment,
  _In_opt_      LPCTSTR                     lpCurrentDirectory,
  _In_          LPSTARTUPINFOW              lpStartupInfo,
  _Out_         LPPROCESS_INFORMATION       lpProcessInformation,
  _In_          LPCSTR                      lpDllName,  // 要注入的 DLL 的名稱，CHAR*
  _In_opt_      PDETOUR_CREATE_PROCESS_ROUTINEW pfCreateProcessW);
                                               // 替換 CreateProcessW 的新函數指標
BOOL DetourCreateProcessWithDlls(
  _In_opt_      LPCTSTR                     lpApplicationName,
  _Inout_opt_   LPTSTR                      lpCommandLine,
  _In_opt_      LPSECURITY_ATTRIBUTES       lpProcessAttributes,
  _In_opt_      LPSECURITY_ATTRIBUTES       lpThreadAttributes,
  _In_          BOOL                        bInheritHandles,
  _In_          DWORD                       dwCreationFlags,
  _In_opt_      LPVOID                      lpEnvironment,
  _In_opt_      LPCTSTR                     lpCurrentDirectory,
  _In_          LPSTARTUPINFOW              lpStartupInfo,
  _Out_         LPPROCESS_INFORMATION       lpProcessInformation,
  _In_          DWORD                       nDlls,    //rlpDlls 陣列中的陣列元素個數
  _In_          LPCSTR*                     rlpDlls, // 要注入的 DLL 的名稱陣列，CHAR*
  _In_opt_      PDETOUR_CREATE_PROCESS_ROUTINEW pfCreateProcessW);
                                               // 替換 CreateProcessW 的新函數指標
```

pfCreateProcessW 參數指定為替換標準 CreateProcessW 函數的新函數指標。如果使用標準 CreateProcessW 函數，則該參數可以設定為 NULL。

DetourCreateProcessWithDllEx 或 DetourCreateProcessWithDlls 函數在內部呼叫 CreateProcessW 函數時，會把 dwCreationFlags 參數設定為 CREATE_SUSPENDED 以暫停模式建立目標處理程序，這兩個函數會修改目標處理程序的匯入表，將指定的 DLL 對應的匯入表描述符號結構放置在匯入表的最前部，然後恢復目標處理程序的執行，系統會最先載入指定的 DLL。這兩個函數會備份目標處理程序的匯入表以便將來恢復。

現在，我們透過 Detours-master 函數庫提供的相關 API 來實作 6.8.2 節中的可執行模組。

呼叫 DetourCreateProcessWithDllEx 或 DetourCreateProcessWithDlls 函數時，應該確保 InjectDll 中匯出了函數序數為 1 的 DetourFinishHelperProcess 函數，否則目標處理程序無法正常啟動。我們為 InjectDll 增加模組定義檔案 InjectDll.def：

```
EXPORTS
    DetourFinishHelperProcess @1
```

然後分別編譯 32 位元和 64 位元版本，將它們重新命名為 InjectDll32.dll 和 InjectDll64.dll。

新建一個 Win32 專案 CreateProcessWithDll，程式執行效果如圖 11.27 所示。

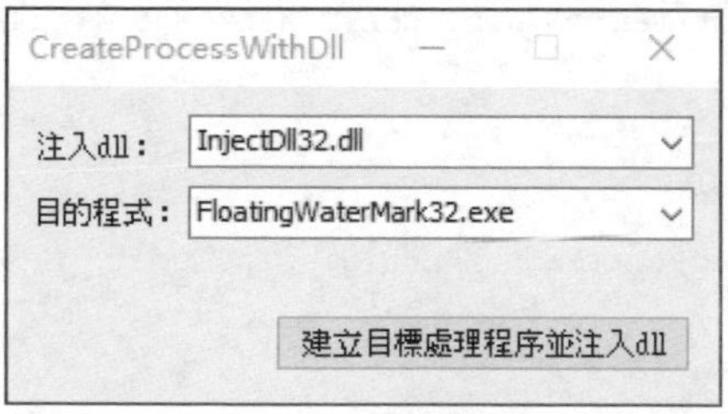

▲ 圖 11.27

注入 DLL 下拉式清單方塊可以選擇 InjectDll32.dll 或 InjectDll64.dll，目的程式下拉式清單方塊可以選擇 FloatingWaterMark32.exe 或 FloatingWaterMark64.exe。為了避免引用錯誤，CreateProcessWithDll.exe、InjectDll32.dll 或 InjectDll64.dll、FloatingWaterMark32.exe 或 FloatingWaterMark64.exe 應該放置在同一個資料夾中。DetourCreateProcessWithDllEx 或 DetourCreateProcessWithDlls 函數有一定的校正能力，假設 CreateProcessWithDll.exe 編譯為 32 位元，注入 DLL 選擇 InjectDll32.dll，目的程式選擇 FloatingWaterMark64.exe，這兩個函數發現目的程式是 64 位元，會自動載入 InjectDll64.dll（當然目錄中必須存在該 DLL），不過我認為不應該依賴這個特性，注入 DLL 和目的程式的位數始終應該保持一致。不管 CreateProcessWithDll.exe 編譯為 32 位元還是 64 位元，都可以正確載入 32 位元或 64 位元目的程式。

CreateProcessWithDll.cpp 原始檔案的內容如下：

```
#include <windows.h>
#include <tchar.h>
#include <CommCtrl.h>
#include "..\..\..\Detours-master\include\detours.h"
#include "resource.h"

// 編譯為 x86 時需要使用的 .lib
#pragma comment(lib, "..\\..\\..\\Detours-master\\lib.X86\\detours.lib")
// 編譯為 x64 時需要使用的 .lib
//#pragma comment(lib, "..\\..\\..\\Detours-master\\lib.X64\\detours.lib")

#pragma comment(linker,"\"/manifestdependency:type='win32' \
    name='Microsoft.Windows.Common-Controls' version='6.0.0.0' \
    processorArchitecture='*' publicKeyToken='6595b64144ccf1df'
language='*'\"")

// 函數宣告
INT_PTR CALLBACK DialogProc(HWND hwndDlg, UINT uMsg, WPARAM wParam, LPARAM
lParam);

int WINAPI WinMain(HINSTANCE hInstance, HINSTANCE hPrevInstance, LPSTR
lpCmdLine, int nCmdShow)
{
    DialogBoxParam(hInstance, MAKEINTRESOURCE(IDD_MAIN), NULL, DialogProc,
NULL);
    return 0;
}

INT_PTR CALLBACK DialogProc(HWND hwndDlg, UINT uMsg, WPARAM wParam, LPARAM
lParam)
{
    HWND hwndComboDllPath;
    HWND hwndComboTarget;
    CHAR szInjectDll[MAX_PATH] = { 0 };          // 注入 DLL 路徑
    TCHAR szTargetProcess[MAX_PATH] = { 0 };   // 目的程式路徑
    STARTUPINFO si = { sizeof(STARTUPINFO) };
    PROCESS_INFORMATION pi = { 0 };
    BOOL bRet = FALSE;
```

```
    switch (uMsg)
    {
    case WM_INITDIALOG:
        hwndComboDllPath = GetDlgItem(hwndDlg, IDC_COMBO_DLLPATH);
        hwndComboTarget = GetDlgItem(hwndDlg, IDC_COMBO_TARGET);

        // 注入 DLL 下拉式清單方塊增加一些清單項
        SendMessage(hwndComboDllPath, CB_ADDSTRING, 0, (LPARAM)
TEXT("InjectDll32.dll"));
        SendMessage(hwndComboDllPath, CB_ADDSTRING, 0, (LPARAM)
TEXT("InjectDll64.dll"));
        SendMessage(hwndComboDllPath, CB_SETCURSEL, 0, 0);

        // 目的程式下拉式清單方塊增加一些清單項
        SendMessage(hwndComboTarget, CB_ADDSTRING, 0, (LPARAM)
TEXT("FloatingWaterMark32.exe"));
        SendMessage(hwndComboTarget, CB_ADDSTRING, 0, (LPARAM)
TEXT("FloatingWaterMark64.exe"));
        SendMessage(hwndComboTarget, CB_SETCURSEL, 0, 0);
        return TRUE;

    case WM_COMMAND:
        switch (LOWORD(wParam))
        {
        case IDC_BTN_CREATE:
            GetDlgItemTextA(hwndDlg, IDC_COMBO_DLLPATH, szInjectDll,
_countof(szInjectDll));
            GetDlgItemText(hwndDlg, IDC_COMBO_TARGET, szTargetProcess,
_countof(szTargetProcess));

            GetStartupInfo(&si);
            bRet = DetourCreateProcessWithDllEx(NULL, szTargetProcess, NULL,
NULL, FALSE, 0, NULL, NULL, &si, &pi, szInjectDll, NULL);
            if (!bRet)
                MessageBox(hwndDlg, TEXT("建立目標處理程序失敗！"), TEXT("錯誤訊
息"), MB_OK);
            break;
        }
        return TRUE;
```

```
        case WM_CLOSE:
            EndDialog(hwndDlg, 0);
            return TRUE;
        }

        return FALSE;
}
```

再介紹幾個相關的函數。相比 DetourAttach，DetourAttachEx 函數可以傳回 Detour 函數、Trampoline 函數和目標函數的位址：

```
LONG DetourAttachEx(
    _Inout_   PVOID*                ppPointer,         // 目標函數指標的位址
    _In_      PVOID                 pDetour,           // 自訂函數的位址
    _Out_opt_ PDETOUR_TRAMPOLINE* ppRealTrampoline, // 傳回 Trampoline 函數的位址
    _Out_opt_ PVOID*                ppRealTarget,      // 傳回目標函數的位址
    _Out_opt_ PVOID*                ppRealDetour);     // 傳回 Detour 函數的位址
```

DetourFindFunction 函數用於從指定的模組中查詢指定函數的位址：

```
PVOID DetourFindFunction(
    _In_ LPCSTR pszModule,        // 模組名稱，CHAR*
    _In_ LPCSTR pszFunction);     // 函數名稱，CHAR*
```

如果函數執行成功，則傳回指定函數的記憶體位址；如果函數執行失敗，則傳回值為 NULL。

DetourCodeFromPointer 函數用於獲取指定函數的程式實作位址：

```
PVOID DetourCodeFromPointer(
    _In_         PVOID  pPointer,        // 目標函數指標
    _Out_opt_  PVOID* ppGlobals);      // 傳回目標函數的全域（或靜態）資料的位址，不需
                                          要可以設定為 NULL
```

如果函數執行成功，則傳回目標函數的程式實作位址。

解 釋 一 下 DetourFindFunction 和 DetourCodeFromPointer 函 數 的 區

別。有時候獲取到的函數位址處可能是一個 jmp 指令，然後跳躍到函數的程式實作處，呼叫 DetourCodeFromPointer 函數傳回的是目標函數的程式實作位址。OD 載入 Chapter11\Detours\CreateProcessWithDll\Release\FloatingWaterMark32.exe，反組譯視窗中 Ctrl + G，輸入 GetCurrentProcess，點擊 "OK" 按鈕，看到圖 11.28 所示的介面。

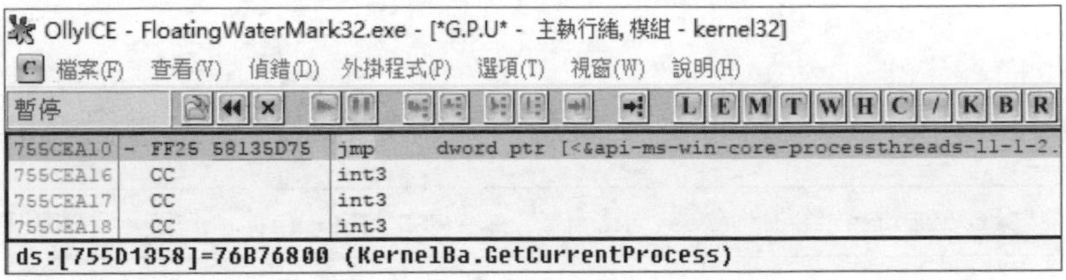

▲ 圖 11.28

呼叫 kernel32.GetCurrentProcess 的結果實際上是 jmp 到 KernelBase.GetCurrentProcess，後者的實作方法如圖 11.29 所示。

▲ 圖 11.29

請看以下程式：

```
LPVOID lpGetCurrentProcess = NULL, lpRealGetCurrentProcess = NULL, lpGlobals
= NULL;
TCHAR szBuf[512] = { 0 };

lpGetCurrentProcess = DetourFindFunction("kernel32", "GetCurrentProcess");
lpRealGetCurrentProcess = DetourCodeFromPointer(lpGetCurrentProcess,
&lpGlobals);
wsprintf(szBuf, TEXT("函數指標：0x%p\n函數程式實作位址：0x%p\n全域（或靜態）資料的
位址：0x%p\n"),
    lpGetCurrentProcess, lpRealGetCurrentProcess, lpGlobals);
MessageBox(NULL, szBuf, TEXT("提示"), MB_OK);
```

結果如圖 11.30 所示。

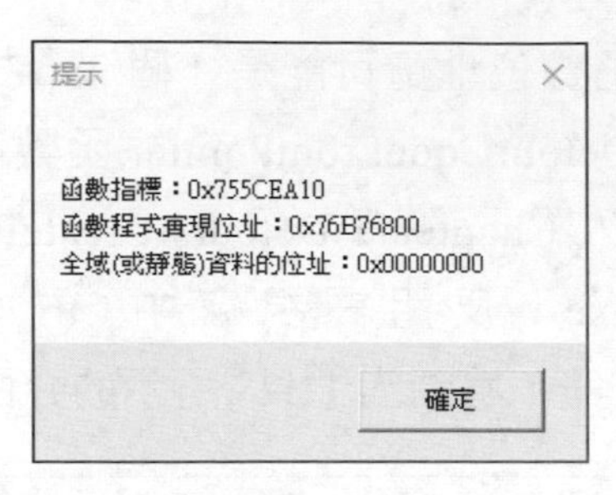

▲ 圖 11.30

DetourEnumerateModules 函數用於列舉處理程序中的模組：

```
HMODULE DetourEnumerateModules(_In_opt_ HMODULE hModuleLast);  // 模組控制碼
```

第 1 次呼叫的時候，hModuleLast 參數應該設定為 NULL，函數傳回下一個模組的控制碼，以傳回的模組控制碼迴圈呼叫該函數，直到函數傳回 NULL。

列舉到一個模組後，可以透過呼叫 DetourGetEntryPoint 函數獲取模組的進入點，透過呼叫 DetourGetModuleSize 函數獲取模組的大小。這兩個函數的原型如下：

```
PVOID DetourGetEntryPoint(
   _In_opt_ HMODULE hModule); // 模組控制碼，設定為 NULL 則傳回呼叫處理程序的可執行模
                                 組的進入點
ULONG DetourGetModuleSize(
   _In_     HMODULE hModule); // 模組控制碼
```

DetourEnumerateExports 函數用於列舉模組的匯出函數：

```
BOOL DetourEnumerateExports(
   _In_     HMODULE hModule,       // 模組控制碼
   _In_opt_ PVOID   pContext,      // 傳遞給回呼函數的參數
   _In_     PF_DETOUR_ENUMERATE_EXPORT_CALLBACK pfExport); // 回呼函數
```

每列舉到一個匯出函數，都會呼叫一次回呼函數，回呼函數的定義格式如下：

```
BOOL CALLBACK ExportFunc(
    _In_opt_ PVOID  pContext,    //DetourEnumerateExports 函數傳遞過來的參數
    _In_     ULONG  nOrdinal,    // 函數序數
    _In_opt_ LPCSTR pszName,     // 函數名稱
    _In_opt_ PVOID  pCode);      // 函數的程式實作位址
```

如果需要繼續列舉，則回呼函數傳回值為 TRUE；如果需要中止列舉，則傳回值為 FALSE。

DetourEnumerateImports 函數用於列舉模組的匯入表：

```
BOOL DetourEnumerateImports(
  _In_opt_ HMODULE hModule,    // 模組控制碼
  _In_opt_ PVOID   pContext,   // 傳遞給 pfImportFile 和 pfImportFunc 的參數
  _In_opt_ PF_DETOUR_IMPORT_FILE_CALLBACK pfImportFile,   // 每列舉到一個 DLL，
                                                            都會呼叫一次
  _In_opt_ PF_DETOUR_IMPORT_FUNC_CALLBACK pfImportFunc); // 每列舉到一個匯入函
                                                            數，都會呼叫一次
```

每列舉到一個 DLL，都會呼叫一次回呼函數 pfImportFile；每列舉到一個匯入函數，都會呼叫一次回呼函數 pfImportFunc。還有一個 DetourEnumerateImportsEx 函數，僅是回呼函數 pfImportFunc 傳回的資訊稍有不同，有需要的讀者可以自行查閱說明文件。

11.15.3 編輯可執行檔

DetourBinaryOpen 函數用於將可執行檔的內容讀取記憶體：

```
PDETOUR_BINARY DetourBinaryOpen(_In_ HANDLE hFile);    // 檔案控制代碼
```

如果函數執行成功，則傳回值是指向 detours 二進位檔案物件的指標 (typedef VOID * PDETOUR_ BINARY)；如果函數執行失敗，則傳回值為 NULL。

DetourBinarySetPayload 函數用於向 detours 二進位檔案物件中增加資料：

```
PVOID DetourBinarySetPayload(
    _In_ PDETOUR_BINARY pBinary,      //DetourBinaryOpen 函數傳回的 detours 二進位
                                        檔案物件的指標
    _In_ REFGUID        rguid,        // 要增加的資料的 GUID（開發人員自行設定）
    _In_ PVOID          pData,        // 要增加的資料的指標
    _In_ DWORD          cbData);      // 要增加的資料的大小（位元組單位）
```

如果函數執行成功，則傳回值是資料實際寫入到的記憶體位址；如果函數執行失敗，則傳回值為 NULL。

DetourBinaryFindPayload 函數用於從 detours 二進位檔案物件中查詢指定 GUID 的資料：

```
PVOID DetourBinaryFindPayload(
    _In_   PDETOUR_BINARY pBinary,     //DetourBinaryOpen 函數傳回的 detours 二進位
                                         檔案物件的指標
    _In_   REFGUID        rguid,       // 要查詢的資料的 GUID
    _Out_  DWORD *        pcbData);    // 傳回查詢到的資料的大小（位元組單位）
```

如果函數執行成功，則傳回值是指定資料的記憶體位址；如果函數執行失敗，則傳回值為 NULL。

DetourBinaryDeletePayload 函數用於從 detours 二進位檔案物件中刪除指定 GUID 的資料，DetourBinaryPurgePayloads 函數用於從 detours 二進位檔案物件中刪除所有的資料。這兩個函數的原型如下：

```
BOOL DetourBinaryDeletePayload(
    _In_ PDETOUR_BINARY pBinary,      //DetourBinaryOpen 函數傳回的 detours 二進位
                                        檔案物件的指標
    _In_ REFGUID        rguid);       // 要刪除的資料的 GUID
BOOL DetourBinaryPurgePayloads(
    _In_ PDETOUR_BINARY pBinary);     //DetourBinaryOpen 函數傳回的 detours 二進位
                                        檔案物件的指標
```

DetourBinaryEditImports 函數用於修改 detours 二進位檔案物件的匯入表：

```
BOOL DetourBinaryEditImports(
    _In_      PDETOUR_BINARY pBinary,    //DetourBinaryOpen 函數傳回的 detours 二進
                                                位檔案物件的指標
    _In_opt_ PVOID           pContext,   // 傳遞給各個回呼函數的參數
    _In_opt_ PF_DETOUR_BINARY_BYWAY_CALLBACK  pfByway,
    _In_opt_ PF_DETOUR_BINARY_FILE_CALLBACK   pfFile,
    _In_opt_ PF_DETOUR_BINARY_SYMBOL_CALLBACK pfSymbol,
    _In_opt_ PF_DETOUR_BINARY_COMMIT_CALLBACK pfFinal);
```

DetourBinaryEditImports 函數會遍歷 detours 二進位檔案物件的匯入表，在不同的時候會呼叫不同的回呼函數，程式可以在回呼函數中執行所需的編輯操作，關於各個回呼函數，有需要的讀者可以自行查閱說明文件。

DetourBinaryResetImports 函數用於重置 detours 二進位檔案物件的匯入表：

```
BOOL DetourBinaryResetImports(
    _In_ PDETOUR_BINARY pBinary); //DetourBinaryOpen 函數傳回的 detours 二進位檔案
                                         物件的指標
```

DetourBinaryWrite 函數用於將更新寫入檔案，DetourBinaryClose 函數用於關閉開啟的 detours 二進位檔案物件。這兩個函數的原型如下：

```
BOOL DetourBinaryWrite(
    _In_ PDETOUR_BINARY pBinary,     //DetourBinaryOpen 函數傳回的 detours 二進位檔案
                                         物件的指標
    _In_ HANDLE hFile);              // 檔案控制代碼
BOOL DetourBinaryClose(
    _In_ PDETOUR_BINARY pBinary);    //DetourBinaryOpen 函數傳回的 detours 二進位檔案
                                         物件的指標
```

11.16 透過修改模組匯入表中的 IAT 項來 Hook API

透過對 IAT 的了解，我們可以實作另一種 Hook API 的方式，那就是修改某 API 對應的 IAT 項的記憶體位址為我們自訂函數的記憶體位址，但是為了堆疊平衡，自訂函數的函數參數、函數呼叫約定、傳回數值型態等必須與目標函數完全一致。

我們透過修改 IAT 項的方式來實作 6.8.2 節的例子中的 DLL。在注入 DLL 的 DllMain 函數的 DLL_ PROCESS_ATTACH 中執行下列工作。

（1）修改處理程序可執行模組匯入表中 ExtTextOutW 函數對應的 IAT 項的記憶體位址為我們自訂函數 HookExtTextOutW 的記憶體位址，但是處理程序中其他模組也可以呼叫 ExtTextOutW 函數，因此我們應該修改處理程序所有模組匯入表中 ExtTextOutW 函數對應的 IAT 項；

（2）處理程序中所有模組都可以隨時透過呼叫 Kernel32.dll 中的 LoadLibraryA、LoadLibraryW、LoadLibraryExA、LoadLibraryExW 函數來載入一個可以呼叫 ExtTextOutW 函數的模組，載入該模組可能會導致載入其他依賴模組，因此還應該 Hook 掉 LoadLibrary* 函數，修改處理程序所有模組匯入表中 LoadLibrary* 函數對應的 IAT 項為我們自訂函數 HookLoadLibrary* 的記憶體位址，在 HookLoadLibrary* 函數中執行相關處理；

（3）處理程序中所有模組都可以隨時透過呼叫 Kernel32.dll 中的 GetProcAddress 函數來動態獲取 ExtTextOutW 函數的記憶體位址並呼叫，因此還應該 Hook 掉 GetProcAddress 函數，修改處理程序所有模組匯入表中 GetProcAddress 函數對應的 IAT 項為我們自訂函數 HookGetProcAddress 的記憶體位址。

ImageDirectoryEntryToDataEx 函數用於從普通 PE 檔案或 PE 記憶體映射中查詢指定的資料目錄（例如匯入表）的記憶體位址：

```
PVOID IMAGEAPI ImageDirectoryEntryToDataEx(
    _In_       PVOID                  pBase,          //PE 或 PE 記憶體映射的基底位址
    _In_       BOOLEAN                bMappedAsImage,  // 是否是 PE 記憶體映射
    _In_       USHORT                 nDirectoryEntry, // 資料目錄索引
    _Out_      PULONG                 pSize,           // 傳回資料目錄的大小
    _Out_opt_  PIMAGE_SECTION_HEADER* pFoundHeader);   // 傳回資料目錄所在的節區的
                                                          資訊
```

nDirectoryEntry 參數用於指定資料目錄索引，例如 IMAGE_DIRECTORY_ENTRY_EXPORT 表示匯出表，IMAGE_DIRECTORY_ENTRY_IMPORT 表示匯入表等。如果函數執行成功，則傳回值是指定資料目錄的記憶體位址；如果函數執行失敗或不存在指定的資料目錄，則傳回值為 NULL。

修改處理程序所有模組匯入表中 ExtTextOutW 函數對應的 IAT 項為我們自訂函數 HookExtTextOutW 的記憶體位址。這裡封裝了 ReplaceIATInOneMod 和 ReplaceIATInAllMod 兩個函數，前者用於替換處理程序的指定模組匯入表中的 IAT 項，後者透過呼叫 TlHelp32 系列函數來列舉處理程序模組，為每個模組呼叫 ReplaceIATInOneMod 函數。這兩個函數如下所示：

```
// 替換處理程序的指定模組匯入表中的 IAT 項 ( 匯入函數位址 )
BOOL ReplaceIATInOneMod(HMODULE hModule, LPCSTR pszDllName, PROC pfnTarget,
PROC pfnNew)
{
    ULONG                      ulSize;                     // 匯入表的大小
    PIMAGE_IMPORT_DESCRIPTOR pImageImportDesc = NULL;// 匯入表起始位址
    PIMAGE_THUNK_DATA          pImageThunkData = NULL;  //IMAGE_THUNK_DATA 陣列起
                                                           始位址
    // 獲取匯入表起始位址
    pImageImportDesc = (PIMAGE_IMPORT_DESCRIPTOR)ImageDirectoryEntryToDataEx
(hModule, TRUE,
        IMAGE_DIRECTORY_ENTRY_IMPORT, &ulSize, NULL);
    if (!pImageImportDesc)
        return FALSE;
```

```
    // 遍歷匯入表，查詢目標函數
    while (pImageImportDesc->OriginalFirstThunk || pImageImportDesc->

TimeDateStamp ||
        pImageImportDesc->ForwarderChain || pImageImportDesc->Name ||
pImageImportDesc->FirstThunk)
    {
        if (_stricmp(pszDllName, (LPSTR)((LPBYTE)hModule + pImageImportDesc->
Name)) == 0)
        {
            pImageThunkData = (PIMAGE_THUNK_DATA)((LPBYTE)hModule +
pImageImportDesc->FirstThunk);
            while (pImageThunkData->u1.AddressOfData != 0)
            {
                PROC* ppfn = (PROC*)&pImageThunkData->u1.Function;
                if (*ppfn == pfnTarget)
                {
                    DWORD dwOldProtect;
                    BOOL bRet = FALSE;

                    // 替換目標 IAT 項的值為 pfnNew
                    VirtualProtect(ppfn, sizeof(pfnNew), PAGE_READWRITE,
&dwOldProtect);
                    bRet = WriteProcessMemory(GetCurrentProcess(), ppfn, &pfnNew,
sizeof(pfnNew), NULL);
                    VirtualProtect(ppfn, sizeof(pfnNew), dwOldProtect,
&dwOldProtect);

                    return bRet;
                }

                // 指向下一個 IMAGE_THUNK_DATA 結構
                pImageThunkData++;
            }
        }

        // 指向下一個匯入表描述符號
        pImageImportDesc++;
    }
```

```
    return FALSE;
}

//替換處理程序的所有模組匯入表中的 IAT 項(匯入函數位址)
VOID ReplaceIATInAllMod(LPCSTR pszDllName, PROC pfnTarget, PROC pfnNew)
{
    MEMORY_BASIC_INFORMATION mbi = { 0 };
    HMODULE                    hModuleThis;      //當前程式所處的模組
    HANDLE                     hSnapshot = INVALID_HANDLE_VALUE;
    MODULEENTRY32              me = { sizeof(MODULEENTRY32) };
    BOOL                       bRet = FALSE;

    VirtualQuery(ReplaceIATInAllMod, &mbi, sizeof(mbi));
    hModuleThis = (HMODULE)mbi.AllocationBase;

    hSnapshot = CreateToolhelp32Snapshot(TH32CS_SNAPMODULE,
GetCurrentProcessId());
    if (hSnapshot == INVALID_HANDLE_VALUE)
        return;

    bRet = Module32First(hSnapshot, &me);
    while (bRet)
    {
        if (me.hModule != hModuleThis)          //排除當前程式所處的模組
            ReplaceIATInOneMod(me.hModule, pszDllName, pfnTarget, pfnNew);

        bRet = Module32Next(hSnapshot, &me);
    }

    CloseHandle(hSnapshot);
}
```

呼叫 ReplaceIATInAllMod 修改處理程序所有模組匯入表中 LoadLibrary* 函數對應的 IAT 項為我們自訂函數 HookLoadLibrary* 的記憶體位址。例如 HookLoadLibraryA 函數：

```
HMODULE WINAPI HookLoadLibraryA(LPCSTR lpLibFileName)
{
    //呼叫原 LoadLibraryA 函數
```

```
    HMODULE hModule = OrigLoadLibraryA(lpLibFileName);

    //原 LoadLibraryA 函數執行完畢，處理程序所有模組的匯入表中的相關 IAT 項再替換一次
    if (hModule != NULL)
    {
        ReplaceIATInAllMod("gdi32.dll", (PROC)OrigExtTextOutW, (PROC)
HookExtTextOutW);
        ReplaceIATInAllMod("kernel32.dll", (PROC)OrigLoadLibraryA, (PROC)
HookLoadLibraryA);
        ReplaceIATInAllMod("kernel32.dll", (PROC)OrigLoadLibraryW, (PROC)
HookLoadLibraryW);
        ReplaceIATInAllMod("kernel32.dll", (PROC)OrigLoadLibraryExA, (PROC)
HookLoadLibraryExA);
        ReplaceIATInAllMod("kernel32.dll", (PROC)OrigLoadLibraryExW, (PROC)
HookLoadLibraryExW);
        ReplaceIATInAllMod("kernel32.dll", (PROC)OrigGetProcAddress, (PROC)
HookGetProcAddress);
    }

    return hModule;
}
```

呼叫 ReplaceIATInAllMod 修改處理程序所有模組匯入表中 GetProcAddress 函數對應的 IAT 項為我們自訂函數 HookGetProcAddress 的記憶體位址。HookGetProcAddress 函數如下：

```
FARPROC WINAPI HookGetProcAddress(HMODULE hModule, LPCSTR lpProcName)
{
    //呼叫原 GetProcAddress 函數
    FARPROC pfn = OrigGetProcAddress(hModule, lpProcName);

    //如果原 GetProcAddress 函數獲取的是 ExtTextOutW 函數的位址，則替換
    if (pfn == (FARPROC)OrigExtTextOutW)
        pfn = (FARPROC)HookExtTextOutW;

    return pfn;
}
```

DllMain 函數如下：

```
BOOL APIENTRY DllMain(HMODULE hModule, DWORD ul_reason_for_call, LPVOID
lpReserved)
{
   switch (ul_reason_for_call)
   {
   case DLL_PROCESS_ATTACH:
      ReplaceIATInAllMod("gdi32.dll", (PROC)OrigExtTextOutW, (PROC)
HookExtTextOutW);
      ReplaceIATInAllMod("kernel32.dll", (PROC)OrigLoadLibraryA, (PROC)
HookLoadLibraryA);
      ReplaceIATInAllMod("kernel32.dll", (PROC)OrigLoadLibraryW, (PROC)
HookLoadLibraryW);
      ReplaceIATInAllMod("kernel32.dll", (PROC)OrigLoadLibraryExA, (PROC)
HookLoadLibraryExA);
      ReplaceIATInAllMod("kernel32.dll", (PROC)OrigLoadLibraryExW, (PROC)
HookLoadLibraryExW);
      ReplaceIATInAllMod("kernel32.dll", (PROC)OrigGetProcAddress, (PROC)
HookGetProcAddress);

   case DLL_THREAD_ATTACH:
   case DLL_THREAD_DETACH:
   case DLL_PROCESS_DETACH:
      break;
   }

   return TRUE;
}
```

完整程式參見 ReplaceIATEntry 專案。

再討論一下延遲載入 DLL 的情況，只有當程式中呼叫延遲載入 DLL 中的函數時，系統才會呼叫 LoadLibrary* 函數（通常是 LoadLibrary ExA）載入該 DLL，並呼叫 GetProcAddress 獲取函數位址。可以在自訂函數 HookLoadLibrary* 中進行處理，如果載入的是延遲載入 DLL，則替換該模組匯出表中的指定 EAT 項（匯出函數位址）。這裡封裝了一個 ReplaceEATInOneMod 函數用於替換指定模組匯出表中的 EAT 項：

```
BOOL ReplaceEATInOneMod(HMODULE hModule, LPCSTR pszFuncName, PROC pfnNew)
{
    ULONG                   ulSize;                              // 匯出表的大小
    PIMAGE_EXPORT_DIRECTORY pImageExportDir = NULL;      // 匯出表起始位址
    PDWORD                  pAddressOfFunctions = NULL;// 匯出函數位址表的起始位址
    PWORD                   pAddressOfNameOrdinals = NULL;// 函數序數表的起始位址
    PDWORD                  pAddressOfNames = NULL;   // 函數名稱位址表的起始位址

    // 獲取匯出表起始位址
    pImageExportDir = (PIMAGE_EXPORT_DIRECTORY)ImageDirectoryEntryToDataEx
(hModule, TRUE,
        IMAGE_DIRECTORY_ENTRY_EXPORT, &ulSize, NULL);
    if (!pImageExportDir)
        return FALSE;

    // 匯出函數位址表、函數序數表、函數名稱位址表的起始位址
    pAddressOfFunctions = (PDWORD)((LPBYTE)hModule + pImageExportDir->
AddressOfFunctions);
    pAddressOfNameOrdinals = (PWORD)((LPBYTE)hModule + pImageExportDir->
AddressOfNameOrdinals);
    pAddressOfNames = (PDWORD)((LPBYTE)hModule + pImageExportDir->
AddressOfNames);

    // 遍歷函數名稱位址表
    for (DWORD i = 0; i < pImageExportDir->NumberOfNames; i++)
    {
        if (_stricmp(pszFuncName, (LPSTR)((LPBYTE)hModule +
pAddressOfNames[i])) != 0)
            continue;

        // 已經找到目標函數，獲取匯出函數位址
        PROC* ppfn = (PROC*)&pAddressOfFunctions[pAddressOfNameOrdinals[i]];
        pfnNew = (PROC)((LPBYTE)pfnNew - (LPBYTE)hModule);    //To RVA

        DWORD dwOldProtect;
        BOOL bRet = FALSE;

        // 替換目標 EAT 項的值為 pfnNew
        VirtualProtect(ppfn, sizeof(pfnNew), PAGE_READWRITE, &dwOldProtect);
        bRet = WriteProcessMemory(GetCurrentProcess(), ppfn, &pfnNew,
```

```
sizeof(pfnNew), NULL);
        VirtualProtect(ppfn, sizeof(pfnNew), dwOldProtect, &dwOldProtect);

        return bRet;
    }

    return FALSE;
}
```

GetMd5Test 程式呼叫了延遲載入 GetMd5.dll 中的 GetMd5 函數，對於 GetMd5 函數的 Hook，自訂函數 HookLoadLibrary* 的處理以下（以 HookLoadLibraryA 為例）：

```
HMODULE WINAPI HookLoadLibraryA(LPCSTR lpLibFileName)
{
    // 呼叫原 LoadLibraryA 函數
    HMODULE hModule = OrigLoadLibraryA(lpLibFileName);

    // 原 LoadLibraryA 函數執行完畢，處理程序所有模組的匯入表中的相關 IAT 項再替換一次
    if (hModule != NULL)
    {
        ReplaceIATInAllMod("kernel32.dll", (PROC)OrigLoadLibraryA, (PROC)
HookLoadLibraryA);
        ReplaceIATInAllMod("kernel32.dll", (PROC)OrigLoadLibraryW, (PROC)
HookLoadLibraryW);
        ReplaceIATInAllMod("kernel32.dll", (PROC)OrigLoadLibraryExA, (PROC)
HookLoadLibraryExA);
        ReplaceIATInAllMod("kernel32.dll", (PROC)OrigLoadLibraryExW, (PROC)
HookLoadLibraryExW);

        if (strstr(lpLibFileName, "GetMd5.dll"))
            ReplaceEATInOneMod(hModule, "GetMd5", (PROC)HookGetMd5);
    }

    return hModule;
}
```

自訂函數 HookGetMd5：

```
BOOL HookGetMd5(LPCTSTR lpFileName, LPTSTR lpMd5)
{
    MessageBox(NULL, TEXT("延遲載入 dll 中的 GetMd5 函數已被 Hook"), TEXT("提示"),
MB_OK);

    return TRUE;
}
```

效果如圖 11.31 所示。

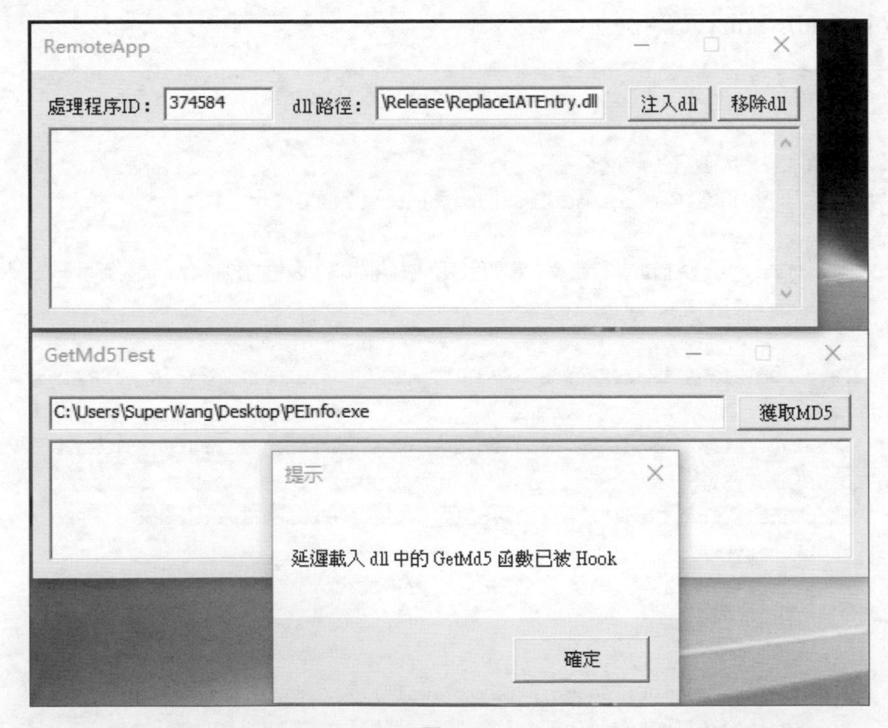

▲ 圖 11.31

完整程式請參考 ReplaceIATEntry2 專案。

既然延遲載入的原理是呼叫 LoadLibrary* 函數載入 DLL 並呼叫 GetProcAddress 獲取函數位址，僅 Hook 掉 GetProcAddress 函數也是可以的，例如：

```
FARPROC WINAPI HookGetProcAddress(HMODULE hModule, LPCSTR lpProcName)
{
   //呼叫原 GetProcAddress 函數
   FARPROC pfn = OrigGetProcAddress(hModule, lpProcName);

   //如果原 GetProcAddress 函數獲取的是 GetMd5 函數的位址，則替換
   if (_stricmp(lpProcName, "GetMd5") == 0)
      pfn = (FARPROC)HookGetMd5;

   return pfn;
}
```

完整程式請參考 Chapter6\ReplaceIATEntry3 專案。

關於透過修改模組匯入表中的 IAT 項來 Hook API，本節介紹了常見的場景。對一些加密保護很厲害的軟體來說，這些方法可能無法奏效，因為它們都會包含反偵錯、反追蹤和反 Hook 等功能。Hook 技術建立在對目標軟體充分了解的基礎上，這是加密解密、逆向工程的討論範圍。

NOTE

NOTE

NOTE

NOTE

NOTE